JIXIE CAILIAO
XUANZE YU YINGYONG SHOUCE

机械材料
选择与应用手册

张文华　编著

化学工业出版社

·北京·

本书以机械产品常用金属材料为重点，介绍了各类金属材料的基本知识、成分和性能特点及影响因素，以及保证和提高材料使用功能的生产、加工、热处理、表面处理等内容；根据对典型零件的功能分析和材料在不同工况条件下的使用特征，说明了材料选择和应用原则；结合典型零件失效分析，讨论了失效原因和应采取的对策。

书后以附录形式为读者提供了金属材料方面常用数据资料。

本书可供机械产品设计或制造单位的设计、工艺、热处理及材料采购、检验、质量控制等各类人员使用，也可作为科研单位和工科院校金属材料、机械设计、机械加工等专业教师、学生的参考资料。

图书在版编目（CIP）数据

机械材料选择与应用手册/张文华编著. —北京：化学
工业出版社，2019.8
ISBN 978-7-122-34209-6

Ⅰ.①机…　Ⅱ.①张…　Ⅲ.①机械制造材料-技术手册
Ⅳ.①TH14-62

中国版本图书馆 CIP 数据核字（2019）第 057581 号

责任编辑：项　潋　张兴辉	文字编辑：陈　喆
责任校对：边　涛	装帧设计：韩　飞

出版发行：化学工业出版社（北京市东城区青年湖南街 13 号　邮政编码 100011）
印　　装：大厂聚鑫印刷有限责任公司
787mm×1092mm　1/16　印张 56　字数 1428 千字　2020 年 1 月北京第 1 版第 1 次印刷

购书咨询：010-64518888　　　售后服务：010-64518899
网　　址：http://www.cip.com.cn
凡购买本书，如有缺损质量问题，本社销售中心负责调换。

定　　价：198.00 元

版权所有　违者必究

序

　　作者张文华为原沈阳水泵厂热处理车间主任、热处理处处长、教授研究员级高级工程师，长期在生产一线从事材料及材料热处理方面的试验研究工作，通过生产科研过程，积累了丰富的生产实际经验。

　　《机械材料选择与应用手册》一书，凝聚了他几十年的心血。本书从金属材料基本知识、标准介绍入手，结合机械产品的特点，对其材料、性能、特点、检验和质量保证等方面都进行了详细的论述，并对核电产品材料选用等方面的特殊要求进行了阐述，列举了有代表性零件和典型材料选择应用实例及零件失效分析。

　　本书是对机械行业企业管理、设计、工艺、采购、质检、质保、营销等各类人员进行材料选择、应用和质量保证等各方面工作都具有很高价值的参考指导性资料。

中国通用机械工业协会泵业分会秘书长

胡晓峰

2017 年 6 月 13 日

前言

FOREWORD

　　各类机械产品使用的材料主要是金属材料。金属材料的正确选择与应用是发挥其功能潜力、保证产品质量和安全性、提高产品寿命的重要条件之一。随着科学技术进步和国民经济建设的飞速发展，在国防、石油、化工、发电、海洋开发、原子能等各领域中使用的机械设备对材料的要求越来越高。所以，涉及机械产品设计、工艺、热处理、材料及材料采购、检验、质量控制等各方面人员对金属材料的了解需求更加强烈，他们迫切需要一本内容系统、全面、可信、实用、便查的金属材料方面的综合性书籍。

　　为此，作者在广泛征求机械设计、工艺、材料及其采购、检验、质量控制等各方面的专家、工程技术人员、教授二十余人意见的基础上，结合本人几十年来在工厂从事材料和材料处理的工作实践，编写了这本《机械材料选择与应用手册》。

　　本书共十章，内容包括金属材料基本知识、牌号（包括中国与部分国家材料牌号对比）、分类、用途，材料成形知识，影响材料性能的因素，材料检验和试验方法，材料采购和验收要点，不同工况条件下对材料的要求及选择应用原则等，并结合典型零件失效分析，讨论了材料选择、处理的合理性和纠正措施。

　　书后附录部分为读者提供了与金属材料相关的术语、外文缩写和有关数据。

　　本书在编写时力求采用最新标准、准确的数据和经过验证的实例。在行文上尽量采用通俗、简单、明了的词语，增强本书的实用性和可读性。在本书编写之前和编写过程中，得到了多位专家、教授及许多同志的关注并提出宝贵意见，借此机会向他们表示真诚的感谢。

　　本书在编写过程中，借鉴和引用了国内外同行的文献、资料和试验结果，在此一并表示感谢。

　　由于作者水平有限，书中难免有不足之处，恳请读者批评指正。

编著者

2018 年 7 月

目录
CONTENTS

第1章

金属材料的相关知识

1.1 概述

金属材料在各行各业都得到了广泛应用，人们的生活已经离不开金属材料。其之所以受到人们的重视并获得广泛应用，是因为它具有人们所需要的性能，如力学性能、化学性能、物理性能及可随人们的意愿而进行铸造、加工、焊接、热处理等的性能。金属材料的这些特性，极大地满足了人们的期望和要求。

金属材料的这些可供人们选择和应用的性能，特别是能依人们的意愿和需要去改变、调整其性能的特性，都是由金属材料的组织结构所决定的。

1.2 金属材料的晶体结构

金属材料自高温液态冷却凝固成固体状态，在固态下是晶体，它们的结晶状态往往决定其性质。晶体中的原子（或分子）在三维空间中是有规则、周期性排列的，原子的排列方式是不尽相同的，不同的原子排列方式决定了金属的不同性能，或者说，当金属的原子排列发生改变时，也就会使金属的某些性质发生改变。在原子排列方式相同的情况下，结构上的某些变化也可能会改变金属的某些性能。

为了说明金属的原子排列，我们有必要了解一些结晶学的知识。

1.2.1 空间点阵和晶格

金属同其他结晶物质一样，其质点（原子、分子）是规则排列的，即相同的质点在空间中是周期性重复出现的。为便于理解这些质点在空间的排列，可以把它们想象为规则排列在空间的无数个几何点，先确定一个中心点，之后，在结构中与原始几何点相当的点在空间中的排列方式称为空间点阵（这里所说的相当的点，是指在这些点的周围，相对于几何点的某个相同方向和相同距离处要有一个相同的质点）。点阵中的各点称作结点，想象中的、原子在晶体中排列方式的空间格架叫结晶格子，简称晶格。

按照布拉菲（A. Bravais）用数学方法求出的空间点阵形式共有 14 种，这 14 种空间点阵形式如图 1-1 所示，各空间点阵名称见表 1-1。

1.2.2 晶胞

为了说明结点在空间中排列的特点，可以在点阵中取出一个基本单元（一般是取一个最小

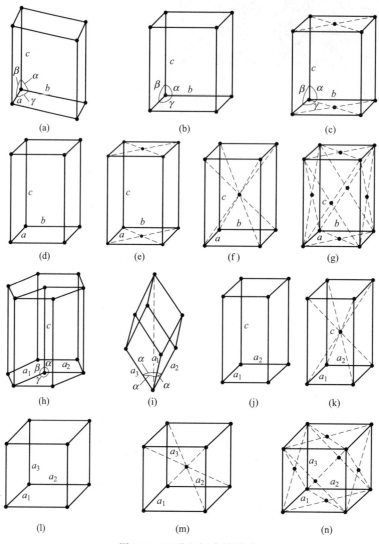

图 1-1　14 种空间点阵形式

表 1-1　空间点阵与结晶系

结晶系	空间点阵	棱边长度及夹角关系	图号
三斜晶系	简单三斜点阵	$a \neq b \neq c$，$\alpha \neq \beta \neq \gamma \neq 90°$	1-1(a)
单斜晶系	简单单斜点阵	$a \neq b \neq c$，$\alpha = \gamma = 90° \neq \beta$	1-1(b)
	底心单斜点阵		1-1(c)
正交晶系	简单正交点阵	$a \neq b \neq c$，$\alpha = \beta = \gamma = 90°$	1-1(d)
	底心正交点阵		1-1(e)
	体心正交点阵		1-1(f)
	面心正交点阵		1-1(g)
正方(四角)晶系	简单正方点阵	$a = b \neq c$，$\alpha = \beta = \gamma = 90°$	1-1(j)
	体心正方点阵		1-1(k)
六方(六角)晶系	简单六方点阵	$a_1 = a_2 = a_3 \neq c$，$\alpha = \beta = 90°$，$\gamma = 120°$	1-1(h)
菱方(三角)晶系	简单菱方点阵	$a = b = c$，$\alpha = \beta = \gamma \neq 90°$	1-1(i)
立方晶系	简单立方点阵	$a = b = c$，$\alpha = \beta = \gamma = 90°$	1-1(l)
	体心立方点阵		1-1(m)
	面心立方点阵		1-1(n)

六面体），在这个单元里，点的排列可以代表全部空间点阵的特征，这个单元称为单位点阵或晶胞（也有的称为单胞），所以，整个点阵可看成是由大小、形状和位向相同的晶胞组成。

1.2.3 晶系

根据晶胞的外形即棱边长度之间关系和夹角不同，将晶体进行分类，可将 14 种空间点阵分成 7 种类型，即 7 个结晶体系列，简称结晶系，这 7 个结晶系的名称见表 1-1。

1.2.4 常用金属结构类型

常用的金属（特别是铁碳合金）结构类型有三种，即体心立方、面心立方和密排六方。

（1）体心立方晶格

体心立方晶格的晶胞如图 1-2（a）所示。晶胞是一个立方体，在立方体的八个角和中心各有一个原子，即体心立方晶胞含有 $\frac{1}{8}\times 8+1=2$ 个原子，晶胞原子致密度为 0.68。

（2）面心立方晶格

面心立方晶格的晶胞如图 1-2（b）所示。晶胞是一个立方体，在六方体的八个角和六个面的中心各有一个原子，即面心立方晶胞含有 $\frac{1}{8}\times 8+\frac{1}{2}\times 6=4$ 个原子，晶胞原子致密度为 0.74。

（3）密排六方晶格

密排六方晶格的晶胞如图 1-2（c）所示。晶胞是一个六立柱体，在

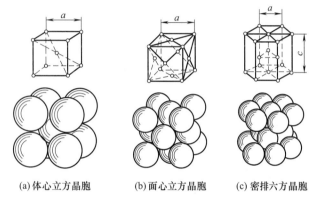

(a)体心立方晶胞　　(b)面心立方晶胞　　(c)密排六方晶胞

图 1-2　三种常见金属晶格的晶胞示意图

柱体的十二个角和上、下底面的中心各有一个原子，在柱体中间还有三个原子，即密排六方晶胞含有 $\frac{1}{6}\times 12+\frac{1}{2}\times 2+3=6$ 个原子，密排六方晶胞的原子密度为 0.74。

除上面常见的三种晶格类型外，在钢中还有正方系晶格（如淬火马氏体）、正交系晶格（如渗碳体）等。金属具有不同晶体结构时，会有不同的性质。所以，一种材料当晶体结构通过某种工艺方法改变时，其性质也会随之改变。

1.2.5 实际金属晶体结构的特点

在实际金属晶体中，原子的排列并非像理想的那样完整，在晶体的某些部位，由于某种原因，原子排列的规律性可能遭到破坏，这些破坏以不同的形式表现出来，构成缺陷，金属结构中缺陷的存在会对材料的性质产生不同的影响。

（1）点缺陷

点缺陷是指长、宽、高尺寸都很小的缺陷。

① 点阵空位。原子具有能量，所以，原子是以自己的平衡位置为中心不断振动着的，当受某种因素影响，某一瞬间，其振动能量突然增大，使其具备了克服周围原子对它的牵制作用，有可能脱离原来的平衡位置逃走，这时，原子原来的位置便形成了无原子的空位。空

位形成以后，周围点阵将发生畸变，点阵能量增加。而当空位周围的原子也获得能量时，有可能会跳动到已经形成的空位处，从而形成一个新的空位，造成空位的移动。这种原子和空位的移动实际上就是金属晶体中原子扩散的主要方式之一。

有人认为，空位运动引起的扩散与蠕变速度有关。如果空位在晶粒交界处汇集，便会形成小裂纹，如果在应力作用下，裂纹不断扩大，会引起金属的断裂。

金属在经冷加工或辐照后，点阵中的空位数目会增加。

② 间隙原子和代位原子。逃离平衡位置的原子，如果在其他原子中间停留和存在，则称为间隙原子。间隙原子的出现，会引起周围原子点阵的局部畸变，其本身也会受到周围原子的挤压。所以，形成的这种间隙原子具有相当大的能量。

当金属经受加工或高能粒子的轰击时，会有足够的能量产生大量的间隙原子。

如果有异类原子占据了金属晶体点阵上的原子的位置，称这种原子为代位原子。这种异类原子性质与原来金属原子的性质不同，这种代位原子周围也将发生点阵畸变。

无论是间隙原子还是代位原子，引发的金属点阵畸变都将对金属的性质产生影响。

(2) 线缺陷

线缺陷是指在金属晶体的某一平面上，沿着某一方向向外伸展开的一种缺陷。这种缺陷在一个方向上的尺寸很长，另外两个方向尺寸很短。这类缺陷的具体表现形式是各种类型的位错（原子沿某一方向的位置错移）。位错的存在也使点阵发生畸变，甚至可以使畸变区域两块近于完整的晶体分割开来。

以线位错形式表现出来的线缺陷，对金属的范性形变、强度、疲劳、蠕变、相变等都产生重要作用。

(3) 面缺陷

面缺陷是指两个方向尺寸很大，而第三个方向的尺寸很小的缺陷。金属的面缺陷主要发生在晶体表面和晶粒间界。

① 晶体表面。在晶体表面的原子与晶体内部的原子不同，晶体表面是与空间接触的，没有本身原子作对称的结合。所以，表面原子必须调整位置，以维持比较稳定的状态，此时，它们的势能增高，产生表面能，金属晶体的表面能取决于其晶体结构和晶体的表面曲率及表面状态。表面能的这种性质对晶体生长、固态相变都产生重要作用。

金属晶体表面原子能量增高也是其容易被腐蚀的原因之一。

② 晶粒间界。金属大部分是多晶体。多晶体是指许多晶体的集聚体。由于晶体的生成条件不同，各晶体的外貌不能反映晶体内部原子的排列规律。多晶体就是由许多位向不同的小晶体组成的，这些小晶体称为晶粒，晶粒之间的交界称为晶粒间界（简称晶界）。

晶界处的原子排列与晶粒内部不同，晶界处的原子同时受相邻晶粒不同位向的综合影响，呈无规则排列，原子偏离平衡位置，晶格畸变较大。所以，这些原子的平均能量较晶内原子高。晶界处原子的不规则排列和较高的能量状态，影响到金属的性能、变形和固态相变等过程，主要表现在以下几个方面。

a. 晶界处原子的不规则排列，使金属的塑性变形受到阻碍，使金属硬度和强度升高，可见，金属晶粒越细，则晶界越多，金属的硬度和强度就越高。

b. 晶界处原子能量较高，故晶界处熔点较低，金属加热时，熔化首先从晶界处开始，热处理温度超高时，先从晶界处产生"过烧"。

c. 晶界处的能量较高，原子处于不稳定状态，在腐蚀环境中易受腐蚀。

d. 处于较高能量的晶界，会有自发地向低能状态转化的趋势，结果，使晶界总面积减小，引起晶粒长大。

e. 晶界处原子的不规则排列，还会使晶界处的原子扩散速度加快。

f. 晶界处的高能量，容易满足相变时的能量起伏条件。因此，相变时，在晶界处易形成相变核心。

1.3 金属的同素异晶转变

有一些金属在结晶之后继续冷却时，还会发生晶体结构变化，从一种晶格变成另一种晶格，金属在固态下的晶格转变叫同素异晶转变（也叫同素异构转变）。

以铁为例，铁从液态结晶成固态时，具有体心立方晶格，称 δ-Fe，继续冷却到约 1394℃时，δ-Fe 转变为具有面心立方晶格的 γ-Fe，继续冷却到约 912℃时，又从 γ-Fe 转变为立心立方晶格的 α-Fe，见图 1-3。

另外，铁在约 770℃ 以下具有铁磁性，770℃ 以上无铁磁性。

由于铁能够发生同素异晶转变，因此可以通过热处理方法改变其组织结构，从而改变其性能。

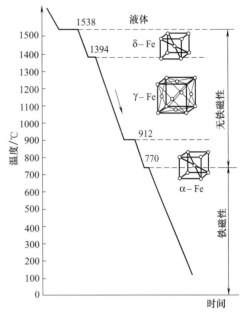

图 1-3 铁的同素异构转变

1.4 铁碳合金中的基本组织

钢和铸铁是目前应用最广泛的材料，尽管其品种繁多、成分不同，但都是以铁和碳两种元素为基础的合金，通称为铁碳合金。只不过是由于成分差别和在不同的温度区间，有不同的组织而已。纯铁是指相对纯净的铁，其具有两种晶格形式，即体心立方晶格和面心立方晶格。如前所述，铁自液态冷却凝固开始至 1390℃左右的温度区间，具有体心立方晶格，称为 δ-Fe，在约 912℃至室温的温度区间内，也是体心立方晶格，称 α-Fe，而在 1390～912℃ 的温度区间内具有面心立方晶格，称为 γ-Fe。见图 1-3。但是，我们在工程实际中，更多应用的是纯铁与碳组成的合金。铁碳合金的基本组织一般是指在铁碳平衡状态图上反映出的组织。

1.4.1 铁素体

铁素体是碳在 α-Fe 中的间隙型固溶体。碳在 α-Fe 中最大溶解量约为 0.0218%，（约在 727℃时），铁素体一般存在于 912℃以下。铁素体在光学显微镜下呈多边形晶粒，见图 1-4。铁素体强度和硬度都很低，但塑性很好。

1.4.2 奥氏体

奥氏体是碳在 γ-Fe 中的间隙式固溶体，碳在 γ-Fe 中最大溶解量约为 2.11%（约在

1148℃时），对于一般钢中，奥氏体存在于 1394～912℃之间，但在一部分铬镍不锈钢中，在室温仍具有奥氏体组织，因此叫奥氏体不锈钢。在光学显微镜下，奥氏体呈多边形晶粒，见图1-5。奥氏体塑性好，但强度和硬度较低。

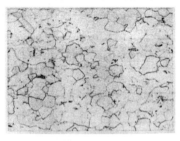

图 1-4　铁素体（800×）

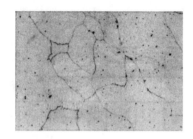

图 1-5　奥氏体（1600×）

1.4.3　渗碳体

渗碳体是铁与碳的间隙式化合物，晶体点阵为正交点阵，化学式近似于 Fe_3C。渗碳体属于亚稳定的化合物，在一定条件下，可能分解为石墨状的自由碳。渗碳体硬而且脆。

1.4.4　珠光体

珠光体是奥氏体共析转变形成的铁素体与渗碳体的机械混合物，珠光体依形成条件不同可为片状或球状，分别称片状珠光体（见图1-6）和球状珠光体（见图1-7）。珠光体的性能介于铁素体和渗碳体之间，片状珠光体比球状珠光体的硬度和强度略高一些。

1.4.5　莱氏体

莱氏体是铁碳合金液态结晶时形成的共晶转变产物，是奥氏体与渗碳体的机械混合物，其中的奥氏体部分在冷却至约 727℃时转变成珠光体，所以，在室温时，莱氏体是珠光体和渗碳体的混合物，见图1-8。莱氏体也是硬而脆的相。莱氏体在铸铁中存在。

图 1-6　片状珠光体（1600×）

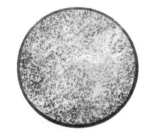

图 1-7　球状珠光体（800×）

图 1-8　莱氏体（1600×）

以上几种组织的特性见表1-2。

表 1-2　铁碳合金的基本组织及性能

组织名称	铁素体	奥氏体	渗碳体	珠光体	莱氏体
代　号	α或F	γ或A	Fe_3C	P	Ld
定　义	碳在 α-Fe 中的间隙式固溶体	碳在 γ-Fe 中的间隙式固溶体	铁与碳的化合物	共析转变形成的铁素体与渗碳体的机械混合物	共晶转变形成的奥氏体与渗碳体的机械混合物

组织名称		铁素体	奥氏体	渗碳体	珠光体	莱氏体
晶　格		体心立方	面心立方	复杂的正交（斜方）晶格	—	—
含碳量/%		0＜C＜0.0218（室温时,不超过0.005;727℃时,可达0.0218)	0＜C≤2.11（727℃时为0.77,1148℃时可达2.11)	6.69	平均为0.77	平均为4.3
力学性能	硬度(HB)	约80	170～220	约800	200～280(片状)160～190(球状)	＞700
	R_m/MPa	245～294	390～550	—	784～833(片状)588～637(球状)	—
	A/%	30～50	40～50	约0	10～20(片状)20～25(球状)	—
	a_k/(kJ/m^2)	29.4	—	约0	—	—
性能特点		强度和硬度低,塑性和韧性好	塑性很好,强度和硬度比铁素体高	硬而脆	介于铁素体和渗碳体之间	硬而脆
金相特征		呈明亮的多边形晶粒	呈多边形晶粒,晶界较铁素体平直,晶粒内常出现孪晶	在钢和铸铁中与其他相共存时,呈片状、粒状、网状或板状。用硝酸、酒精腐蚀时,为白亮色;用苦味酸钠腐蚀时,为黑色	渗碳体呈片状（片状珠光体)或粒状（球状珠光体)分布在铁素体基体上。放大倍数高时,片状珠光体呈层片状	奥氏体（冷却到727℃将转变成珠光体)分布在渗碳体基体上
备　注		低于770℃时具有磁性δ-Fe(存在于1394～1538℃)也具有体心立方晶体,故碳在δ-Fe中的固溶体称为δ铁素体或高温铁素体	无磁性力学性能与含碳量和温度有关铁碳二元合金中的奥氏体存在于727℃以上	230℃以下具有弱铁磁性。熔点1227℃	—	727℃以下,莱氏体由珠光体（由奥氏体转变而来)和渗碳体组成,这种莱氏体叫低温莱氏体,或变态莱氏体,用L'_d表示

此外，铁碳合金在固态从高温以不同速度冷却或在不同温度恒温保持，以及在淬火后回火时，还可常见到以下组织。

1.4.6　贝氏体

贝氏体是钢从高温奥氏体状态过冷到珠光体转变温度区与马氏体转变开始温度之间，等温或连续冷却通过这个温度区间形成的组织。贝氏体实际上是过饱和碳的铁素体和渗碳体的混合物，是一种非平衡状态的组织。其中在这个温度区间上半部形成的贝氏体呈羽毛状，叫上贝氏体见图1-9，在下半部形成的贝氏体呈针状，叫下贝氏体见图1-10。

贝氏体具有比珠光体更高的硬度和强度。

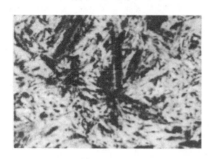

图 1-9　上贝氏体（1600×）

图 1-10　下贝氏体

1.4.7　马氏体

马氏体是钢自高温奥氏体状态以较快速度冷却到马氏体转变温度以下，通过无扩散的共格切变转变成的产物，实质上是碳在 α-Fe 中的过饱和固溶体。依钢的成分及转变条件不同，马氏体有多种形态，常见的有针状马氏体（见图 1-11）及板条状马氏体。

淬火获得的马氏体经低温回火后称回火马氏体。

马氏体有很高的硬度、很大的脆性。

1.4.8　索氏体

索氏体是钢从奥氏体冷却或过冷到珠光体转变区上部温度区间时的转变产物，是铁素体薄层和渗碳体薄层交替更迭的化合物，实质上是很细的珠光体组织，这种索氏体也叫淬火索氏体，它与珠光体相比有更高的硬度和强度。

我们平时接触较多的是淬火马氏体在较高温度下回火后获得的、在铁素体基体内分布着粒状碳化物的组织，这种索氏体叫回火索氏体，见图 1-12。回火索氏体具有良好的强度和塑性、韧性，是机械部件需要的组织状态。

1.4.9　托氏体（屈氏体）

托氏体是钢从奥氏体冷却或过冷到珠光体转变区下部温度区间时的转变产物，在高倍金相显微镜下可见其是极细小的铁素体和极细小的渗碳体的混合物。当马氏体回火时，在一定的温度区间会转变成在铁素体基体上分布着极细小的碳化物颗粒的组织，叫回火托氏体，见图 1-13。

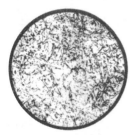

图 1-11　针状马氏体
（1600×）

图 1-12　回火索氏体
（1600×）

图 1-13　回火托氏体
（1600×）

铁碳合金中各种组织的性能比较见表 1-3。

表 1-3 铁碳合金中各种组织的性能比较

组织		硬度 （HBS）	R_m /MPa	A /%	a_k /(kJ/m²)	线胀系数 α/K^{-1}	比体积(20℃) /(cm³/g)
铁素体		约 80	245～294	30～50	约 2942	—	0.1271
渗碳体		约 800	—	—	约 0	—	0.131±0.001
奥氏体		170～220	390～550	40～50	—	18×10^{-6}～ 20×10^{-6}	0.1212+0.0033(C%)
珠光体	片状	200～280	784～833	10～20			0.1271+0.0005(C%)
	珠状	160～190	588～637	20～25			
索氏体		250～320	883～1079	10～20			0.1271+0.0005(C%)
屈氏体		330～400	1128～1373	5～10			0.1271+0.0005(C%)
贝氏体	上贝氏体	42～48HRC					0.1271+0.0015(C%)
	下贝氏体	50～55HRC					
马氏体	板条(低碳)	600～700HBW	1177～1569	—	≥588	12×10^{-6}～ 14×10^{-6}	0.1271+0.00265(C%)
	片状(高碳)			—			
莱氏体		>700HBW	—	—	—	—	—

1.5 铁碳合金状态图（相图）

钢在加热和冷却过程中，均发生组织结构的变化，常称为相变。不同成分组成的铁碳合金在不同的温度下会具有何种组织结构，这可根据铁碳合金状态图（相图）来分析确定。

1.5.1 铁碳合金状态图

在铁碳合金中，含碳量超过其在铁中的溶解度后，在不同条件下会以渗碳体（Fe_3C）或石墨两种形式存在。过剩的碳以渗碳体形式存在时，合金组织处于准平衡状态；以石墨形式存在时，合金组织处于平衡状态。所以，平时看到的铁碳平衡状态图以两种方式表示出来，见图 1-14，实线表示的是铁-渗碳体（Fe_3C）合金状态图，虚线表示的是铁-石墨（C）合金状态图。

图 1-14 比较完全地表达了铁和碳组成的合金成分、温度和平衡（准平衡）组织之间的关系。

图中各特性点的温度、含碳量和含义见表 1-4。各特性线的含义见表 1-5。各相区的相组成和组织代号见表 1-6。

表 1-4 Fe-Fe_3C 及 Fe-C 合金状态图中的特性点

点	温度/℃	$w(C)$/%	说　明
A	1538	0	纯铁的熔点
B	1495	0.53	包晶线的端点
C	1148	4.3	共晶点(Fe-Fe_3C 系)
C'	1154	4.26	共晶点(Fe-C 系)
D	1227	6.69	渗碳体的熔点

点	温度/℃	$w(C)/\%$	说　明
E	1148	2.11	碳在 A 中的最大溶解度(Fe-Fe₃C 系)
E'	1154	2.08	碳在 A 中的最大溶解度(Fe-C 系)
F	1148	6.69	共晶线的端点(Fe-Fe₃C 系)
F'	1154	6.69	共晶线的端点(Fe-C 系)
G	912	0	α-Fe ⟷ γ-Fe 同素异构转变点
H	1495	0.09	包晶线的端点
J	1495	0.17	包晶点
K	727	6.69	共析线的端点(Fe-Fe₃C 系)
K'	738	6.69	共析线的端点(Fe-C 系)
M	770	0	α-Fe 的磁性转变点
N	1394	0	γ-Fe ⟷ δ-Fe 同素异构转变点
O	770	约 0.50	铁素体的磁性转变点
P	727	0.0218	Fe-Fe₃C 系碳在 A 中的最大溶解度
P'	738	约 0.02	Fe-C 系碳在 A 中的最大溶解度
Q	约 600	0.008	碳在 F 中的常温溶解度
S	727	0.77	Fe-FeC 系中的共析点
S'	738	0.68	Fe-C 系中的共析点

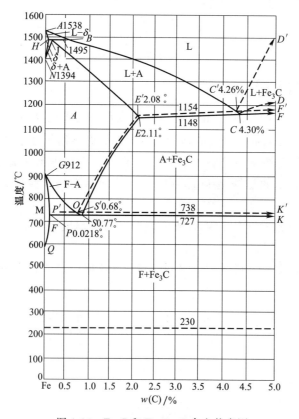

图 1-14　Fe-C 和 Fe-Fe₃C 合金状态图

表 1-5 Fe-Fe$_3$C 及 Fe-C 合金状态图中的特性线

特性线	说　　明	特性线	说　　明
AB	δ 相的液相线	GP	A→F 终温线
BC	A 的液相线	ES	A→Fe$_3$C 始温线（A_{cm}）
CD	Fe$_3$C 的液相线	ES'	A→G 始温线（Fe-C 系）
CD'	石墨的液相线（Fe-C 系）	PQ	碳在 F 中的溶解度线
AH	δ 的固相线	$P'Q$	碳在 F 中的溶解度线（Fe-C 系）
JE	A 的固相线	MO	F 的磁性转变线
JE'	A 的固相线（Fe-C 系）	HJB	$L_B+\delta_H \rightleftharpoons A_J$ 包晶转变线
HN	δ→A 始温线	ECF	$L_C \rightleftharpoons A_E+Fe_3C$ 共晶转变线
JN	δ→A 终温线	$E'C'F'$	$L \rightleftharpoons A_E+G$ 共晶转变线（Fe-C 系）
GS	A→F 始温线（A_3）	PSK	$A_S \rightleftharpoons F_P+Fe_3C$ 共析转变线（Al）
GS'	A→F 始温线（Fe-C 系）	$P'S'K'$	$A_S \rightleftharpoons F_P+G$ 共析转变线（Fe-C 系）
230℃水平线	Fe$_3$C 的磁性转变线		

表 1-6 Fe-Fe$_3$C 状态图中的相区

单相区			两相区		三相区	
相区范围	相组成	代号	相区范围	相组成	相区范围	相组成
$ABCD$ 线以上	液相	L	$ABHA$	L+δ	HJB 线	L+δ+A
$AHNA$	δ 铁素体（δ 固溶体）	δ	$NHJN$	δ+A	ECF 线	L+A+Fe$_3$C
$NJESGN$	奥氏体	A 或 γ	$BCEJB$	L+A	PSK 线	A+F+Fe$_3$C
GPQ 线以左	铁素体	F+α	$CDFC$	L+Fe$_3$C		
$DFKL$ 垂线	渗碳体	Fe$_3$C	$GSPG$	A+F		
			$ESKFE$	A+Fe$_3$C		
			PSK 线以下	F+Fe$_3$C		

　　铁碳合金状态图可以使我们了解铁碳合金组织随成分变化的规律并推断出合金性能变化的规律，是研究钢铁材料的基础。但这个状态图是在极其缓慢的加热和冷却条件下（近于平衡条件）得到的，如果加热和冷却速度加快，则各组织的转变温度、相区范围都可能与该图中表示的相偏离，还可能出现这个状态图上没有表示出来的不平衡组织，如贝氏体、马氏体等。另外，从这个图中只可能知道在近于平衡条件下发生的组织转变，却看不出组织转变发生的过程，所经历的阶段和时间。特别是其只表示出很纯的铁和碳组成的合金状态。实际上，使用的钢铁材料含有许多的杂质元素，如硅、锰、磷、硫等，而出于某种需要，还会有意地加入其他合金元素，如铬、镍、钼等，这些杂质和合金元素都会对相变点和相的成分及相区域的大小、形状产生影响。所以，铁碳合金状态图存在局限性。

1.5.2　合金元素对铁碳合金状态图的影响

　　合金元素加入铁碳合金后，对铁碳合金状态图产生的影响主要表现在以下几个方面。

　　（1）改变临界温度

　　临界温度即相变温度，对于某一具体钢来说也可称为临界点或相变点，也就是金属或合金在加热或冷却过程中发生组织转变的温度。如铁碳合金状态图中，加热时珠光体向奥氏体或冷却时奥氏体向珠光体转变的温度叫 A_1，考虑实际固态转变特点，加热时的 A_1 记 A_{c_1}，冷却时的 A_1 记 A_{r_1}。同样，有 A_3 及 A_{c_3} 和 A_{r_3}，有 A_{cm} 及 $A_{c_{cm}}$ 和 $A_{r_{cm}}$。在诸多合金元素中，有的会使临界温度提高，如铬、钼、钨等；有的会使临界温度降低，如锰、镍等；有的可能影响不大，见图 1-15。

（2）改变共析点的位置

铁碳合金状态图中的 S 点，即共析碳钢从奥氏体冷却发生共析转变温度点，在不同合金元素影响下会向含碳量高的方向移动（右移），如钛、钒、铌等；也有可能向含碳量低的方向移动（左移），如硅、镍、锰、铬等，见图 1-15。

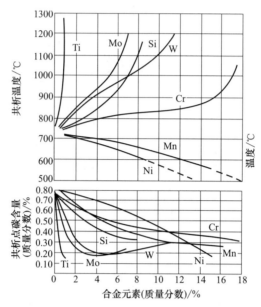

图 1-15　几种合金元素对共析温度（A_1）及共析点含碳量的影响

（3）扩大或缩小奥氏体区

有的合金元素可使铁碳合金状态图中的奥氏体区扩大，甚至使钢在室温时仍是奥氏体，如镍（图 1-16）、锰等；有的合金元素则可使奥氏体区缩小，甚至使其消失，如铬（图 1-17）、钛、硅等。

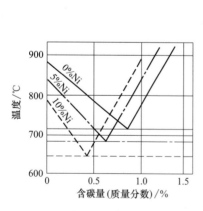

图 1-16　镍对奥氏体相区的影响

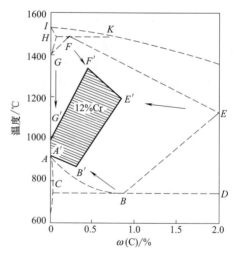

图 1-17　12％Cr 对 Fe-C 平衡图的影响

总之，合金元素对铁碳合金状态图的影响是复杂的，特别是当几种合金元素同时存在时，这种影响和作用就更为复杂。

1.6　钢的结晶和固态相变

铁碳合金状态图上的各种成分的铁碳合金，按其碳的含量和组织特征，通常可分为三类，即纯铁 $[w(C)<0.02\%]$；钢 $[0.02\%\leqslant w(C)\leqslant2.11\%]$；生铁（铸铁）$[2.11\%<w(C)\leqslant6.69\%]$。它们自液态冷却结晶后，在固态下还会发生组织转变，即相变。下面以钢为例，说明其结晶和固态相变过程（在平衡或接近平衡状态的相变）。

1.6.1　共析钢

从图 1-14 可见，在 S 点，合金从奥氏体共析转变为珠光体，所以，将具有 S 点成分的铁碳合金叫共析钢，S 点碳的成分约为 0.77%。

共析钢的结晶和固态相变过程示意图见图 1-18，其从高温液态（L）开始结晶时（约1483℃），首先结晶出奥氏体（A）；结晶完成后（约 1378℃）组织为单一奥氏体（A），继续冷却至共析转变温度（约 727℃）时，共析转变为珠光体（F＋Fe₃C）。所以，共析碳钢缓慢冷后室温组织是珠光体（F＋Fe₃C），见图 1-19。

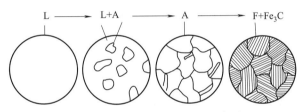

图 1-18　共析钢的结晶过程示意图

图 1-19　珠光体（1600×）

1.6.2　亚共析钢

图 1-14 中，共析点 S 以左成分的碳钢，即 $0.02\%\leqslant w(C)<0.77\%$ 的碳钢，叫亚共析钢，其在自奥氏体状态冷却过程中，在发生共析转变前，先析出铁素体（F）。

亚共析钢结晶和固态相变过程示意图见图 1-20，其从高温液态（L）开始结晶时，首先结晶出奥氏体，结晶完成后组织为单一奥氏体，继续冷却至 GS 温度时（依碳含量不同温度不同），先从奥氏体（A）中析出铁素体（F），再冷却至约 727℃ 共析转变温度时，剩余的奥氏体（A）共析转变成珠光体（F＋Fe₃C）。所以，亚共析钢的室温组织为铁素体（F）＋

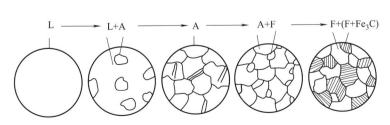

图 1-20　亚共析钢结晶过程示意图

图 1-21　35 碳钢退火组织、
铁素体＋珠光体（800×）

珠光体（F+Fe₃C），不同含碳量的亚共析钢室温状态组织中的铁素体含量不同，含碳量越少，铁素体含量越多。图1-21是含碳量约为0.35%的碳钢退火后的铁素体+珠光体的组织。

1.6.3　过共析钢

图1-14中，共析点S以右成分的碳钢，即$0.77\% < w(C) \leqslant 2.11\%$的碳钢，叫过共析钢，其在自奥氏体冷却过程中，在发生共析转变前，先析出渗碳体（F+Fe₃C）。

过共析钢结晶和固态相变过程示意图见图1-22。其从高温液态（L）开始结晶时，首先结晶出奥氏体（A），结晶完成后组织为单一奥氏体，继续冷却至SE温度时（依含碳量不同温度不同），先从奥氏体（A）中析出渗碳体（Fe₃C），再冷却至约727℃共析转变温度时，剩余的奥氏体（A）共析转变成珠光体（F+Fe₃C），所以过共析钢的室温组织为渗碳体（Fe₃C）+珠光体（F+Fe₃C），不同含碳量的过共析钢室温状态组织中的渗碳体含量不同，含碳量越多，渗碳体含量也越多。图1-23是含碳量约为1.2%的碳钢T12钢退火后的渗碳体+珠光体的组织。

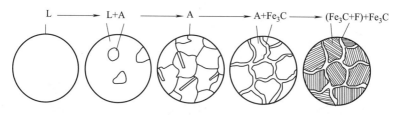

图1-22　过共析钢结晶过程示意图

相似道理，$2.11\% < w(C) \leqslant 6.69\%$的铁碳合金，即生铁，也称铸铁，也依据含碳量和结晶后的组织不同，分为共晶铸铁 [$w(C) = 4.3\%$]；亚共晶铸铁 [$2.11\% < w(C) < 4.3\%$]和过共晶铸铁 [$4.3\% < w(C) \leqslant 6.69\%$]。它们室温组织分别为莱氏体（见图1-8）、莱氏体+珠光体（见图1-24）和莱氏体+渗碳体（见图1-25）。

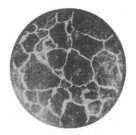

图1-23　T12钢退火组织，渗碳体+珠光体（800×）　　图1-24　莱氏体+珠光体（400×）　　图1-25　莱氏体+渗碳体（400×）

上面提到的组织和转变都是在极其缓慢冷却条件下发生的转变和得到的组织，是近于平衡状态下的组织。在实际生产和应用中的钢铁材料加热和冷却转变特点和获得的组织特点，在以后的各章节中予以说明。

1.7　钢的过冷奥氏体转变曲线图及应用

如前所述，为了获得所需要的性能，可以通过热处理方法实现，将钢加热到奥氏体状态后，选择正确的冷却速度和冷却方式是决定所得到的组织和性能的关键。因为不同的冷却速度可获得不同的组织和性能。表1-7表示了45钢以不同冷却方式可获得的组织和性能。

表 1-7 不同冷却方式对45钢力学性能的影响

冷却方式	R_m/MPa	$R_{p0.2}$/MPa	A/%	Z/%	硬度（HRC）
炉冷	530	280	32.5	78.3	15～18
空冷	670～720	340	15～18	45～50	18～24
油冷	900	620	18～20	48	40～50
水冷	1100	720	7～8	12～14	52～60

在热处理生产中，加热后钢件的冷却速度一般有两种，一种是将奥氏体化的钢快速冷却到临界点以下的某一温度保温，之后冷却到室温，叫等温冷却；另一种是将奥氏体化的钢以一定的速度连续降到室温，叫连续冷却。

1.7.1 钢的等温转变及奥氏体等温转变曲线（TTT曲线）

等温转变是指将奥氏体化的钢，快速冷却到某一温度并保持，使钢在这一设定的温度下发生组织转变，如钢的等温退火、等温淬火等。

为了得到需要的组织和性能，应选择合适的等温温度和合理的保温时间，这常常借助于钢的等温转变曲线图，也叫 TTT 曲线，也叫 C 曲线或 S 曲线。对于碳钢来说，含碳量不同，TTT 曲线形状上略有不同。图 1-26 是简化了的共析钢的 TTT 曲线图。图中有两条 C 形曲线：左边的曲线是奥氏体转变开始线；右边的曲线是奥氏体转变终了线。图中还有三条水平线：自上而下，第一条是 A_1 线，位于曲线的上方，A_1 线相当于图 1-14 中的 PSK 线，即共析转变线，A_1 线以上，奥氏体是稳定的，不会发生转变，记 A；A_1 线以下，奥氏体不稳定，会发生转变，记

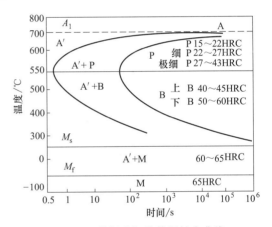

图 1-26 共析碳钢的等温转变曲线

A'。其等温转变产物可能是珠光体或贝氏体。第二条线是 M_s 线，位于曲线下方，是奥氏体向马氏体转变的开始温度线，即在 M_s 线以下的不稳定奥氏体会转变成马氏体。第三条线位于 M_s 线下方，是奥氏体向马氏体转变终止的温度线，记为 M_f，即在 M_f 以下温度，不稳定的奥氏体转变停止。由图可见，两条曲线和三条水平线将图形分为六个区域，自上而下、自左而右分别是：奥氏体稳定区（A）；过冷（不稳定）奥氏体区（A'）；过冷奥氏体和转变产物共存区（$A'+P$，$A'+B$）；转变产物区（P，B）；过冷奥氏体和马氏体共存区（$A'+M$）；马氏体区（M）。

从过冷奥氏体等温转变曲线可以看出以下规律。

① 在等温过程中，过冷奥氏体需要一段时间后才开始转变。这段时间叫转变孕育期（从曲线图纵坐标向右至第一条曲线之间）。

② 孕育区和转变终了所需的时间（两条曲线之间）随温度不同而变化。从 A_1 开始，孕育区和转变所需的时间随转变温度降低而缩短，当达到一定温度后，又随转变温度降低而延长，在图 1-26 的曲线图中，孕育期和转变时间最短时的温度约为 550℃，这里的过冷奥氏体最不稳定，转变时间最短，通常将该处叫曲线的"鼻子"。

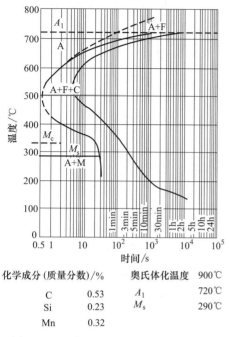

③根据转变温度和转变产物的不同，可将曲线图分为三个区域：a. 从A_1到"鼻子"处温度为高温转变区，转变产物为珠光体（P），称为珠光体转变区；b. 从"鼻子"处温度到M_s温度为中温转变区，转变产物为贝氏体（B），称为贝氏体转变区；c. 从M_s温度到M_f温度为低温转变区，转变产物为马氏体，称为马氏体转变区；d. 低于M_s温度时，过冷奥氏体向马氏体的转变没有孕育期，转变速度极快，转变量随温度降低而增加。到M_f温度时，停止转变。

图1-26是被简化了的共析钢过冷奥氏体等温转变区线，实际上依钢中碳含量不同、加热条件的不同及存在的合金元素影响，不同牌号的钢过冷奥氏体等温转变曲线形状不同。如亚共析钢的过冷奥氏体等温转变曲线，在"鼻子"上部多一条先共析铁素体析出线；而过共析钢的过冷奥氏体等温转变曲线，在"鼻子"上部多一条先共析渗碳体析出线。图1-27是亚共析钢（50钢）的过

化学成分(质量分数)/%		奥氏体化温度	900℃
C	0.53	A_1	720℃
Si	0.23	M_s	290℃
Mn	0.32		

图1-27　50钢过冷奥氏体等温转变曲线

冷奥氏体等温转变曲线，上部虚线即为先共析铁素体析出线。

1.7.2　钢的连续转变及奥氏体连续转变曲线（CCT曲线）

在生产实用上，钢的热处理绝大多数是在连续冷却条件下进行的，如淬火、正火等。所以，奥氏体等温转变曲线图就不适用了，这时，钢的奥氏体连续冷却转变曲线图就具有了重要意义。

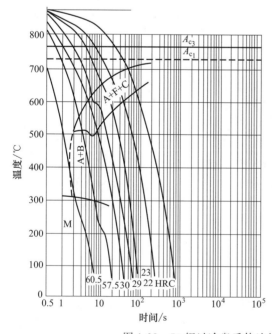

化学成分	(质量分数)/%	奥氏体化温度	875℃
C	0.50	奥氏体化时间	15min
Si	0.24		
Mn	0.67		
S	0.022		
P	0.031		

图1-28　50钢过冷奥氏体连续冷却转变曲线

图 1-28 是 50 钢过冷奥氏体连续冷却转变曲线图，与图 1-27 比较，因为两种曲线图的制作方法不同，在形状上略有差别，但两者在本质上是相同的，图 1-28 上还绘出了多条表示不同冷却速度的冷却曲线，图中也具有不同组织的六个区域（此图上未标示出 M_f 线），两图主要有以下差异。

① 连续冷却时，过冷奥氏体的转变是在一个温度范围内完成的，所以，连续冷却得到的组织不均匀，往往得到几种组织的混合物。

② 连续冷却转变曲线比等温转变曲线向右向下移动，说明连续冷却时的转变温度较低，孕育期较长。

③ 从连续冷却转变曲线上可见，不同冷却速度条件下获得的组织和硬度不同。几条连续冷却曲线从右向左，冷却速度越来越快，其所获得的组织和硬度也不同，自右第一至第五条冷却曲线代表的冷却速度，在室温下均获得铁素体和珠光体的混合组织，但冷却速度快者因组织更细密，其硬度更高一些。第六条冷却曲线表示的冷却速度更快一些，室温后会得到少量铁素体和珠光体及贝氏体的混合物，其硬度也更高。而第七条冷却曲线表示的冷却速度最快，所以其不发生珠光体和贝氏体转变，直接冷却到 M_s 点以下温度，发生马氏体转变，室温下得到的基本上是淬火马氏体组织，其硬度也最高。

利用奥氏体连续冷却转变曲线，可根据热处理件的尺寸、在采用的冷却介质中的冷却速度来确定可能得到的组织。因此钢的过冷奥氏体连续冷却转变曲线更具有实用价值。

1.7.3 合金元素对过冷奥氏体转变曲线的影响

合金元素加入铁碳合金中后，依据其是否形成碳化物及其含量大小，对过冷奥氏体的稳定性会产生不同作用，也就是对其转变产生不同作用，这反映在过冷奥氏体转变曲线图上是曲线位置和形状的变化，主要作用形式（以贝氏体 TTT 曲线为例）如下。

① 不形成碳化物或弱碳化物形成元素，如硅、磷、镍、铜、锰等，对珠光体和贝氏体转变影响不大，转变曲线形状基本不变，位置向右移动。

② 碳化物形成元素，如钛、钒、铬、钼、钨等，使珠光体转变迟缓，使珠光体转变曲线大幅度右移，对贝氏体转变影响不大，使贝氏体转变曲线右移的幅度不太大。又由于它们对珠光体和贝氏体转变影响的差异，转变曲线在不同程度上分离开，有的甚至使转变曲线失去原来形状。

③ 钴有使碳化物扩散的作用，加速奥氏体的转变，使曲线左移。

④ 镍、锰有使曲线下移的作用，而硅、铝有使曲线略向上移的作用。

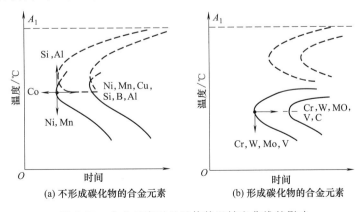

(a) 不形成碳化物的合金元素　　　(b) 形成碳化物的合金元素

图 1-29　合金元素对贝氏体等温转变曲线的影响

⑤ 合金元素对马氏体转变点的影响也有不同，钴、铝有提高 M_s 点的作用，其他合金元素则不同程度地降低 M_s 点。

合金元素对贝氏体等温转变曲线的影响见图 1-29。

图 1-30 和图 1-31 分别是 50CrMo 合金结构钢的过冷奥氏体等温转变曲线（TTT 曲线）图和连续冷却转变曲线（CCT 曲线）图。将其分别与图 1-27 和图 1-28 对比，可见铬、钼元素对 50 碳钢转变曲线的影响效果。

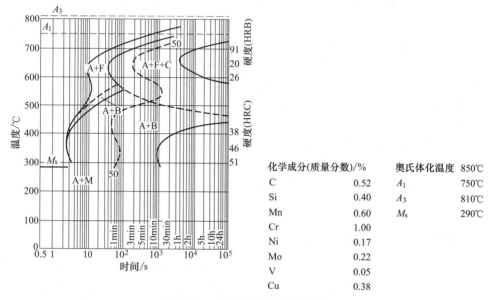

化学成分(质量分数)/%		奥氏体化温度	850℃
C	0.52	A_1	750℃
Si	0.40	A_3	810℃
Mn	0.60	M_s	290℃
Cr	1.00		
Ni	0.17		
Mo	0.22		
V	0.05		
Cu	0.38		

图 1-30　50CrMo 钢 TTT 曲线

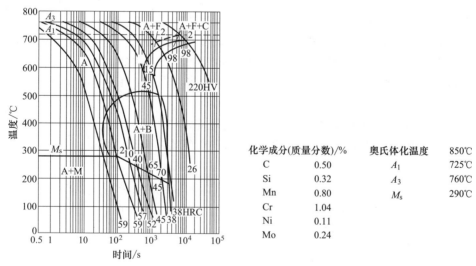

化学成分(质量分数)/%		奥氏体化温度	850℃
C	0.50	A_1	725℃
Si	0.32	A_3	760℃
Mn	0.80	M_s	290℃
Cr	1.04		
Ni	0.11		
Mo	0.24		

图 1-31　50CrMo 钢 CCT 曲线

1.8　钢中合金元素的作用

纯铁碳合金由于自身的不足，在使用上受到限制，为了满足多方面的需要，在铁碳合金中添加合金元素，构成各类的合金钢和合金铸铁。

人们依据合金元素的特性和期望得到的效果，有目的地向铁碳合金中加入一种或几种合金元素。有的是为改善材料的工艺性能，便于生产和提高质量，如净化钢水质量；提高钢水流动性，便于铸造和提高铸件质量；改善钢材的锻轧性能，提高锻轧件质量；增加钢材的淬硬性和淬透性，保证材料的热处理质量；减小冷热裂纹倾向、提高焊接质量等。更多的是为提高材料的使用性能，如提高强度、硬度、耐磨性能；改善材料的塑性、韧性；增加材料的耐蚀性（耐腐蚀性）、抗高温氧化性等。有的还为使材料具有某些特殊性能等。

钢铁材料这些性能的改善，不但与添加合金元素的种类和数量有关，还与合金元素之间的相互作用有关。

本节主要从通用机械泵零部件选材的特点和实际出发，对一些合金元素在铁碳合金中的作用予以简要说明。

在介绍这些合金元素之前，有必要对碳在钢中的作用加以讨论。

如前所述，在纯铁碳合金中，碳可以溶入 α-Fe 或 γ-Fe 中形成铁素体或奥氏体，过剩的碳还可与铁形成碳化物或渗碳体。

由于 α-Fe 和 γ-Fe 的晶格类型不同，它们可溶解的碳量也不同，从图 1-14 中可知，碳在 α-Fe 中最大溶解量是在约 727℃ 时为 0.0218%（P 点），在 γ-Fe 中最大溶解量是在约 1148℃ 时为 2.11%（E 点）。碳对铁素体和奥氏体的强度影响是通过固溶强化方式实现的，当碳溶解量越多时，引起晶格扭曲越强烈，固溶体强度也就越高。而渗碳体的斜方晶格的晶格类型决定了其性能是硬而脆。

当碳钢从奥氏体状态以较缓慢的冷却条件冷却时，会发生组织转变，产生珠光体、贝氏体等组织，这类组织的性能取决于组织组成物本身的性能和它们相对量的多少以及分布形态。各组织的性能特点如表 1-3 所示，各组成物之间含量比例取决于钢中含碳量的多少。在亚共析钢 [0.02% ≤ w（C）< 0.77%] 中，随钢中含碳量的增加，珠光体量增加，铁素体量减少；而在过共析钢 [0.77% < w（C）≤ 2.11%] 中，随含碳量增加，渗碳体量增加，珠光体量减少。因此，得到的组织性能，总的变化趋势是随含碳量的增加强度增加而塑、韧性降低，见图 1-32 [图中强度曲线在 w（C）> 0.9% 时呈下降现象，与渗碳体呈网状分布有关]。

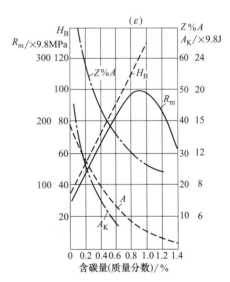

图 1-32　含碳量对钢的力学性能影响

当对钢进行快速冷却淬火时，得到的组织是马氏体，马氏体是碳在 α-Fe 中的过饱和固溶体，碳的过饱和程度决定晶格畸变程度，也就决定了其强度大小，所以，随钢中含碳量的增加，淬火马氏体的硬度和强度也增加。可见，无论碳钢冷却后获得什么组织，总的规律是随钢中含碳量的增加，强度、硬度上升而塑性、韧性下降，见图 1-33。

碳在钢中的作用最不利的是使不锈钢的耐腐蚀性变差，这是因为不锈钢中决定耐腐蚀性能的重要合金元素是铬，铬又极易与碳形成碳化物，所以，含碳量增加会使钢中的铬与碳结合成碳化物析出，降低了固溶体中的含铬量，从而降低钢的耐腐蚀性，特别是含铬的碳化物

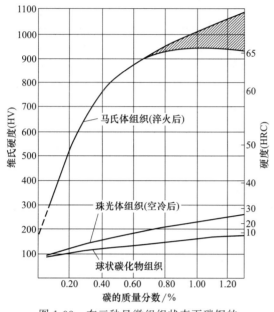

图 1-33 在三种显微组织状态下碳钢的
近似硬度与含碳量之间的关系

（上部曲线）完全硬化的马氏体；（中间曲线）轧后
正常空冷时形成的层状组织（带有先共析组成物）；
（下部曲线）碳化物被球化到很粗大时的情
况——工业上可能获得的最低硬度

沿晶粒界析出时，会在其周围形成贫铬区，这是造成奥氏体不锈钢产生晶间腐蚀的根本原因，见图 1-34。

由此可见，碳在钢中的作用具有两重性，即提高钢的硬度、强度、耐磨性，而降低钢的塑性、韧性和耐腐蚀性。

对碳在钢中的作用有了基本的了解之后，再对合金元素在钢中的主要作用进行分析。合金元素在钢中的作用是通过它们与铁和碳的作用及它们彼此间相互关系来体现的，也与它们在钢中的分布形态有关。

依据合金元素与碳的关系，可将其大致分为三类。

① 不形成碳化物的元素。它们只以原子状态存在于铁素体和奥氏体中，这类合金元素有硅、铝、铜、镍、钴等，它们在固溶体中的溶解度各有不同。

② 强碳化物形成元素。这些元素和碳有极强的亲和力，只要有足够的碳，在适当的条件下，它们就会形成碳化物，只有在缺少碳的情况下才有可能进入固溶体中。

这类元素主要有钒、锆、铌、钽等。

③ 弱碳化物形成元素。介于上述两类合金元素之间，在钢中，它们一部分以原子状态进入固溶体；另一部分进入渗碳体，置换出其中部分铁原子，形成置换式渗碳体。这类元素主要有锰、铬、钨、钼等。

合金元素溶于固溶体中时，对固溶体的强化作用见图 1-35。

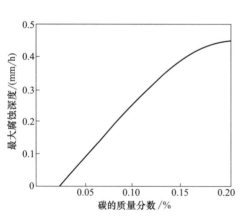

图 1-34 18Cr-8Ni 不锈钢中含
碳量与晶间腐蚀深度的关系

（敏化处理 1000h 在 $CuSO_4$-H_2SO_4 中试验）

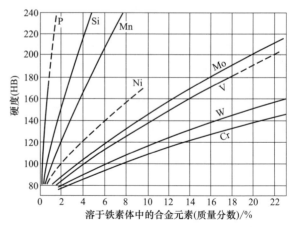

图 1-35 各种合金元素对铁素体的固溶硬化作用

钢中的合金元素除溶解于固溶体和形成合金碳化物外，一些元素又可能与钢中的氧、氮、硫等元素形成氧化物、氮化物或硫化物，它们以夹杂物的形式分布于钢的基体中，给钢的质量带来有害作用。

下面对一些合金元素分别予以讨论。

1.8.1 硅（Si）

硅的熔点约为1410℃。在钢中固溶于奥氏体和铁素体中，不形成碳化物。

① 硅固溶于奥氏体和铁素体中，有强化固溶体的作用，提高硬度和强度，但降低塑性和韧性。

② 硅与氧的亲和力强，常与铝一起做脱氧剂，提高钢液温度和钢水质量，改善铸造性能。

③ 硅降低碳在铁素体中的扩散速度，增加钢的回火稳定性，有利于钢的综合性能。

④ 钢中硅的含量达到1%～2%时，在钢表面易形成SiO_2薄膜，提高钢的抗氧化性能。

⑤ 硅在钢中的存在，会增加锻轧加工时的带状组织倾向。

⑥ 焊接时易形成低熔点硅酸盐，降低焊接质量。

⑦ 硅会增加钢材中铁素体冷变形硬化率，不利于材料冷加工。

⑧ 含硅钢材导热性差，表面易脱碳，不利于热加工。

硅常用于普通低合金钢、合金结构钢、弹簧钢、耐热钢，特别是电工材料硅钢片等钢材的生产。

1.8.2 锰（Mn）

锰的熔点约为1244℃，在钢中与奥氏体形成无限固溶体，也可固溶于铁素体中，锰也可形成碳化物，但不强烈。

① 锰固溶于奥氏体和铁素体中，起到强化作用。

② 锰降低钢共析点的含碳量，减缓奥氏体向珠光体的转变速度，这会细化珠光体组织，从而增加珠光体强度。

③ 锰降低钢中A_{r_1}和M_s点的温度，提高钢的淬透性。

④ 锰与钢中硫形成MnS，减少了FeS，所以，会降低钢的热脆性，从而改善钢的热加工性能。

⑤ 锰是扩大γ相区和稳定奥氏体的元素，可以代替不锈钢中部分镍元素。

⑥ 锰与硫形成MnS夹杂物，加工时易断屑，所以，能提高材料切削加工性能。

⑦ 锰因能提高淬透性和降低马氏体点，对焊接性能不利。

⑧ 锰增加钢的过热敏感性，在较高温度加热时易引起晶粒粗大，且有回火脆性。

锰常用于普通低合金钢、合金结构钢、弹簧钢、轴承钢，特别是易切削钢的生产。

1.8.3 磷（P）

磷的熔点约为44℃，在钢中几乎没有益处，一般作为残存的有害元素。

① 磷有对奥氏体和铁素体的强化作用，但其副作用更大，所以，几乎不利用磷来进行强化。

② 在钢中与铁以磷化物形式存在时，其是低熔点共晶物，不利于材料的热加工和焊接。

③ 磷在钢中有严重的偏析倾向，降低钢材质量。

④ 磷能提高钢的回火脆性的敏感性，降低材料的韧性。

⑤ 磷与铜配合可适当提高钢的耐大气腐蚀能力，与硫、锰配合可提高切削加工性，此时的含磷量可达 0.08%～0.15%。

磷只应用在少量的钢如少量的易切削钢中。

1.8.4 硫 (S)

硫的熔点约为 118℃。硫是钢中的残存元素，大多数情况下被视为有害元素。

① 硫与铁形成低熔点化合物，其存在、特别是以网状分布时，易引起热加工时的过热和过烧，有损于热加工质量。

② 硫将导致焊缝热裂和产生 SO_2 气孔、缩松，影响焊接质量。

③ 硫化物夹杂严重降低钢材韧性。

④ 硫与锰形成的 MnS 化合物易使加工切屑断裂，提高切削加工性能。这时钢中硫的含量可控制在 0.15%～0.3%。

⑤ 在马氏体不锈钢中提高硫的含量，利用 MnS 夹杂的软、润特性，作为摩擦副零件材料，这时硫的含量可控制在 0.2%～0.3%。

硫作为有用元素，只用于易切削钢和摩擦材料用钢中。

1.8.5 铬 (Cr)

铬的熔点约为 1920℃，铬是中等程度的形成碳化物元素，含量少时存在于奥氏体或铁素体中，含量高时可形成铬的碳化物。铬还可与铁形成金属间化合物 σ 相。

① 铬熔入奥氏体或铁素体中，有明显的固溶强化作用，提高钢的硬度和强度。

② 铬能减缓奥氏体的分解速度，明显提高钢的淬透性。

③ 铬能显著改善钢的抗氧化性，当含量大于 12% 时，可明显提高钢的耐腐蚀性能，是各类不锈钢中最重要的合金元素。

④ 铬可减小奥氏体的分解速度，提高钢的淬透性。

⑤ 铬与碳形成的合金碳化物，可提高钢的耐磨性能。

⑥ 钢中含铬量太高时，易形成硬而脆的金属间化合物，如 σ 相等，严重降低钢的塑性和韧性。

⑦ 高铬钢的导热性差，在热加工和热处理时应缓慢加热，防止产生裂纹。

铬被广泛地应用于合金结构钢、弹簧钢、轴承钢、工具钢、高速钢以及不锈钢和耐热钢的生产。

1.8.6 镍 (Ni)

镍的熔点约为 1453℃。镍与铁形成无限固溶体，是稳定奥氏体的重要元素，镍不形成碳化物。

① 镍可无限溶于奥氏体中，起到固溶强化的作用。

② 镍降低钢的临界转变温度和元素的扩散速度，提高钢的淬透性。

③ 镍能起到细化铁素体晶粒的作用，显著改善钢的低温性能，降低脆化温度，提高塑性、韧性。

④ 镍与铬配合能显著提高钢的耐腐蚀性能，是奥氏体不锈钢的重要合金元素。

⑤ 镍会使铸钢的枝晶组织严重，易在锻轧时形成带状组织，降低钢材质量。

镍被广泛地应用于合金结构钢、不锈钢、耐热钢及一些特殊材料的生产。

1.8.7 钼 (Mo)

钼的熔点约为 2610℃，钼能溶于奥氏体和铁素体中，更易形成碳化物。

① 钼溶于奥氏体和铁素体中，对奥氏体和铁素体有固溶强化作用。

② 钼形成碳化物，特别是含量高形成特殊碳化物时，弥散分布在钢的基体上，有二次硬化作用，还有提高回火稳定性的作用。

③ 钼与铬、锰配合可显著提高钢的淬透性。

④ 钼可提高钢的钝化效果，不锈钢中加入钼可提高在有机酸和还原酸中的耐腐蚀性能。

⑤ 钼易形成 MoO_3，可加速钢的氧化作用，不利于钢的应用。

⑥ 钼与铬、锰同时存在于钢中时，对其他元素导致的回火脆性有抑制作用。

钼被广泛地应用于合金结构钢、弹簧钢、轴承钢、工具钢、不锈钢和耐热钢的生产。

1.8.8 钒 (V)

钒的熔点约为 1730℃。钒能溶于奥氏体和铁素体中形成固溶体，更易与碳形成碳化物。

① 钒溶入奥氏体和铁素体中，起到强化固溶体的作用，提高钢的硬度和强度。

② 钒形成的碳化物稳定、细小、难熔，提高钢的淬透性，细化晶粒，并降低钢在加热时的过热敏感性。

③ 钒的碳化物可产生二次硬化作用，并提高回火稳定性。

④ 含钒碳化物硬，可提高材料耐磨性能。

⑤ 钒与氧有一定的亲和力，可作为冶炼时的脱氧剂。

钒被广泛地应用于普通合金钢、合金结构钢、弹簧钢、轴承钢、工具钢、高速钢和耐热钢的生产。

1.8.9 钛 (Ti)

钛的熔点约为 1668℃。钛可溶于奥氏体和铁素体中形成固溶体，钛还是极强的形成碳化物的元素。

① 钛溶于奥氏体和铁素体中，对奥氏体和铁素体有固溶强化作用。

② 钛与碳形成 TiC，这是一种结合力很强的碳化物，稳定，不易分解，有阻止钢晶粒长大的作用。

③ 钢中钛含量达到一定值时，会形成 $TiFe_2$，弥散析出，产生沉淀硬化作用。

④ 钛比铬更容易形成碳化物，所以，在不锈钢中优先形成碳化物，这促使铬能稳定地保留在固溶体中，保证钢的耐腐蚀性能，特别是耐晶间腐蚀的性能。

⑤ 钛与氧有一定的亲和力，可用于钢水的脱氧。

⑥ 奥氏体不锈钢中钛的含量太高时，可促使形成 δ 铁素体，不利于热加工。

钛被广泛地应用于普通低合金钢、合金结构钢、合金工具钢、高速钢及不锈钢和耐热钢的生产。

1.8.10 铌（Nb）

铌的熔点约为1950℃。铌在奥氏体和铁素体中有一定的溶解度，是强碳化物形成元素。

① 铌和碳形成稳定性很强的NbC，不易分解，有阻止钢晶粒长大的作用。

② 铌在不锈钢中能优先与碳形成碳化物，使铬稳定地存在于固溶体中，保证不锈钢的耐腐蚀性，特别是耐晶间腐蚀性能。

③ 铌能形成极细的碳化物，对钢有二次硬化作用，并且提高回火稳定性。

铌被广泛地应用于普通低合金结构钢、合金结构钢、不锈钢和耐热钢的生产，也用于无磁钢的生产。

1.8.11 钨（W）

钨的熔点约为3380℃。钨能部分溶于奥氏体和铁素体中形成固溶体，是强碳化物形成元素。

① 钨能形成特殊的碳化物，明显细化晶粒、提高红硬性、耐磨性和抗回火稳定性。

② 钨增加钢的比热容，强烈降低钢的导热性，进行含钨钢材的热加工和热处理时，必须严格控制加热速度。

③ 在含钨的铸态钢中，极易产生成分偏析。

钨被广泛应用于合金结构钢、弹簧钢、合金工具钢，特别是高速钢的生产。在有的不锈钢和耐热钢中，也添加一定含量的钨。

1.8.12 铝（Al）

铝的熔点约为660℃。铝不形成碳化物，主要溶于铁素体中。

① 铝对铁素体有很强的固溶强化作用，提高钢的强度。

② 铝与氧有很强的亲和力，常用于钢水的脱氧，铝还有对钢的细化晶粒作用，提高钢的晶粒粗化温度。

③ 钢中的铝达到一定量时，起到钝化作用，提高在氧化性酸中的耐腐蚀性。

④ 当钢中有镍元素时，在时效过程中会析出镍铝金属间化合物，有明显的沉淀硬化效果。

⑤ 铝与氮作用形成很硬的化合物，明显提高钢的表面硬度和强度。

⑥ 在一定的含量范围内，铝能降低钢的淬透性。

铝被广泛地应用于渗氮钢、不锈钢、耐热钢及电热合金和磁性材料的生产。

1.8.13 铜（Cu）

铜的熔点约为1083℃。铜溶于奥氏体和铁素体中，在钢中不形成碳化物。

① 铜溶于铁素体中，有固溶强化作用。在固溶经时效后，有明显的沉淀强化作用。

② 铜加入钢中，可提高在大气中的耐腐蚀能力。

③ 在不锈钢中加入铜，可提高在硫酸中的耐腐蚀能力。

④ 铜可以提高钢水的流动性，改善铸造性能。

⑤ 含铜的钢材在锻、轧加工时会产生热脆性、降低热加工质量。

铜被应用于普通低合金钢、钢轨钢、不锈钢的生产。

1.8.14 硼（B）

硼的熔点约为 2040℃。硼可溶于奥氏体和铁素体中形成固溶体，与碳形成 B_4C 化合物，硼与氮和氧有强的亲和力。

① 硼在钢中能抑制铁素体晶核形成，延长先共析铁素体的转变过程，所以，能增加钢的淬透性。

② 硼吸收中子的能力很强，在原子能工业中，用于制作屏蔽热中子构件时，控制硼含量为 $0.5\%\sim1.2\%$；而在制作另外一些构件时，为保持核反应中的中子平衡，减少对中子的吸收，应严格控制材料中的含硼量在 0.0018% 以下。

③ 硼在钢中，有使晶粒长大的倾向。

④ 钢中硼含量超过一定值时，会导致钢的热脆性。

硼被应用于合金结构钢、普通低合金钢、弹簧钢、耐热钢的生产。

1.8.15 钴（Co）

钴的熔点约为 1492℃，钴可无限固溶于铁素体中，不形成碳化物。

① 钴溶于铁素体中，强化钢的基体强度，对塑、韧性不利。

② 钴在淬火钢回火时，抑制碳化物分解，提高抗回火的稳定性。

③ 钴加入高速钢中，在回火时有二次硬化效果，提高硬度和红硬性。

④ 钴能加速碳在奥氏体中的扩散速度，会加速钢在冷却时的高温、中温转变速度，从而降低钢的淬透性和钢的综合性能。

⑤ 钴的同位素钴 60 的半衰期很长，在原子能工业中，为减少回路中腐蚀物产生的感生放射性的危害，要严格控制一些构件材料的含钴量。一般情况下控制 $w(Co) < 0.08\% \sim 0.20\%$，更严格的控制在 $Co < 0.06\%$。

钴一般在高速钢、马氏体时效钢及热强钢中得以应用。

1.8.16 稀土元素（RE）

稀土元素是元素周期表中ⅢB 的镧系元素及钇、钪在内的元素。

① 稀土元素在钢中可与硫、氧、氢等化合，起到脱硫和除气的作用，消除一些有害作用，净化钢水，改善钢的质量。

② 稀土元素可提高钢的塑性、韧性，特别是可提高其低温冲击韧性。

③ 稀土元素可细化钢的晶粒度，改善钢的综合性能。

④ 稀土元素能提高钢水的流动性，提高铸件的质量。

⑤ 稀土元素还可以改善钢的焊接性能。

稀土元素应用于许多钢种的添加。

1.8.17 氮（N）

氮是很强的形成和稳定奥氏体的元素，可溶于奥氏体和铁素体中，在钢中不形成碳化物，但可与铝、钛形成化合物。

① 氮可溶于奥氏体和铁素体中，有一定的固溶强化作用。

② 氮是形成稳定奥氏体的元素，所以，在不锈钢中可代替一部分镍。

③ 氮可与铬、铝、钒、钛等元素形成高硬度的氮化物，通过渗氮可以强化工件表面。

④ 氮加入双相不锈钢中，可提高材料在含氯离子介质中耐点腐蚀和耐缝隙腐蚀的性能。

⑤ 氮容易引起铸钢中产生的疏松和气孔。

氮应用于普通低合金钢、不锈钢、高温抗氧化钢的生产。

1.8.18　氢（H）

氢可溶于奥氏体和铁素体中，氢在钢中是有害元素。

① 氢残留在钢中会使钢产生严重的点状偏析、白点、氢脆等，有损于钢的性能。

② 钢中的氢化物极易引起焊接热影响区的开裂。

在重要构件中，要严格控制氢的含量。

1.8.19　氧（O）

氧可微量溶于奥氏体和铁素体中。

氧在钢中可与多种元素形成氧化物，以夹杂形式分布于钢中，严重降低钢的力学性能，特别是降低钢的塑性、韧性和抗疲劳性能。

氧是要严格控制的有害元素。

上面分别说明了一些合金元素在钢中的作用和可能产生的影响。

在具体合金钢中，常常有多种合金元素同时存在，它们之间的作用有的可能互补，有的可能互相抵消。所以，合金元素在钢中的作用是复杂的。因此，在讨论某具体钢种时，应进行全面分析，方能得出正确的结论。

第2章
金属材料的分类、编号、识别及主要特性

各类机械使用工况条件复杂多变，这里以泵为例，泵作为一种流体机械设备，需要采用大量的金属材料，根据使用条件（如使用环境的温度、输送介质种类、浓度、温度、流速、压力、是否含杂质、颗粒，是否有辐照等）的不同，对材料的选择有很大的差别和严格的要求。

近几十年来，由于对国外机械制造技术的引进和国外机械产品在国内的使用，人们可以采用的金属材料更多样化、复杂化，采用的材料标准也更多。所以，对国内外相应的一些材料标准、牌号、特点的了解、分析、应用，对机械设备用材料的正确选择和应用也越来越显得重要。本章内容主要介绍目前经常采用的一些材料标准及相关知识。

2.1 金属材料的分类

金属材料有许多分类方法，如按化学成分、按冶炼方法、按材料品质、按用途、按金相组织、按制造加工方式等。

本书从机械用材料的使用特点和实用性考虑，对金属材料以用途特征为主要原则、兼顾金相组织和热处理特点的方法进行分类和说明，见表2-1。

表 2-1　机械常用金属材料分类

	纯金属				
金属	合金	黑色金属及合金 （以铁基为主）	钢	碳钢	普通碳素结构钢 优质碳素结构钢（含碳素弹簧钢） 非调质钢
				合金钢	合金结构钢 （含合金弹簧钢） 珠光体型耐热钢
				不锈钢	铁素体不锈钢 奥氏体不锈钢 双相不锈钢 马氏体不锈钢 沉淀硬化不锈钢

金属	合金	黑色金属及合金 （以铁基为主）	铸铁	灰铸铁	
				球墨铸铁	
				可锻铸铁	
				抗磨铸铁	
				耐蚀铸铁	高硅耐蚀铸铁
					高镍奥氏体铸铁
		有色金属及合金 （以镍、铜、铝、 钛合金为主）	耐蚀合金	铁镍基耐蚀合金	
				镍基耐蚀合金	
			高温合金	铁基高温合金	
				镍基高温合金	
				钴基高温合金	
			铜及铜合金		
			铝及铝合金		
			钛及钛合金		
			铸造轴承合金		

2.1.1 纯金属

只有一种元素构成的金属称纯金属，如铁（Fe）、铬（Cr）、铝（Al）、铜（Cu）等。这里"纯"的概念是相对的，因为在工程实际使用的纯金属中，都或多或少地含有冶炼过程中残留的其他元素，常称杂质。依据金属中杂质元素含量的多少，可将纯金属分成不同的等级。

以加工纯铜为例，依据杂质含量的多少（纯度不同），加工纯铜可分为一号铜、二号铜、三号铜，其中：

一号铜的杂质含量≤0.05%；

二号铜的杂质含量>0.05%，但≤0.10%；

三号铜的杂质含量>0.10%，但≤0.30%。

纯金属强度都很低，如纯铝的抗拉强度只有80~100MPa。所以，在机械产品中，应用纯金属很少，只用于密封材料或垫片等。

2.1.2 合金

由两种或两种以上的金属元素或以金属元素和半金属元素，如碳（C）、硅（Si）、硼（B）等组成的材料称为合金。如钢是铁和碳的合金，黄铜是铜和锌（Zn）的合金。当然，与纯金属一样，合金中也不可避免地存在杂质元素，可根据杂质元素含量的多少确定材料级别。合金结构钢的质量分级见表2-2。

表 2-2 合金结构钢的质量分级

钢级别	P	S	Cu	Cr	Ni	Mo
	质量分数/%　不大于					
优质钢	0.030	0.030	0.30	0.30	0.30	0.10
高级优质钢（A）	0.020	0.020	0.25	0.30	0.30	0.10
特级优质钢（E）	0.020	0.010	0.25	0.30	0.30	0.10

合金都比各种纯金属具有更优良的性能，从而得到更广泛的应用。

机械用金属材料95%以上是各类合金材料。

2.1.3 黑色金属及合金

黑色金属和合金是指铁、锰、铬和以铁、锰、铬为合金元素组成的合金。如钢、铸铁是最常见的合金。

黑色金属及合金的大致分类见表2-3。

表 2-3 黑色金属与合金分类

类型	生产过程	化学成分特点	品种与用途
纯铁	特殊冶金技术	纯度高的铁,其他元素含量降至最低值	①制造特殊性能要求的器件;②用以配制合金
铁合金	电冶金等技术	以铁为主或铁与其他金属的合金	如硅铁、锰铁、铬铁、钒铁、钼铁、钛铁等。①用作合金元素添加剂;②炼钢时的脱氧剂、脱硫剂等
生铁	在高炉中铁矿石经还原制得铁水,浇铸成锭	含碳量在2%以上的铁,含有较多杂质,硬而脆	①炼钢生铁用作炼钢的炉料;②铸造生铁用作熔炼浇注铸铁件所需铁水的炉料
铸铁	熔铁炉可采用冲天炉、感应电炉等,以铸造生铁和回炉铁、废钢为主要炉料,铁水浇铸成型铸件	含碳量在2%以上的铁-碳合金,含有Si、Mn、S、P或其他合金元素,S、P作为杂质对待	按其中碳的存在形态可分为:①灰铸铁,其中碳大部分以片状石墨形态存在;②白口铸铁,其中碳完全以渗碳体或碳化物形态存在;③球墨铸铁,其中碳大部以球状石墨形态存在;④可锻铸铁,由白口铸铁经石墨化退火制得,其中碳大部以团絮状石墨形态存在;⑤蠕墨铸铁,其中碳大部分以蠕虫状石墨形态存在
钢	转炉炼钢、电炉炼钢、平炉炼钢等,以炼钢生铁和废钢为主要炉料,钢水用于铸锭、连铸或浇注成型铸件或锻、轧成型材	含碳量小于2%的铁-碳合金,含有Si、Mn、S、P及其他合金元素,S、P作为杂质对待	生产量最大,用途最为广泛的金属材料,按其含碳量可分为低碳钢、中碳钢及高碳钢;按钢中合金元素的含量可分为非合金钢、低合金钢及合金钢;按钢的性能特点与用途可分为:结构钢、工具钢、高速工具钢、弹簧钢、易切削钢、电工硅钢、轴承钢、不锈钢、耐热钢等
铁基精密合金	真空电炉熔炼	具有特殊物理性能的合金,以铁等为主要成分,含有多量合金元素	按其性能特点与用途可分为:软磁合金、永磁合金、弹性合金、膨胀合金、热双金属、电阻合金等
铁基高温合金	电炉熔炼	以铁为主要成分,含有多量的镍等合金元素	用于在高温下工作的热动力部件

2.1.4 有色金属及合金

有色金属及合金是指除铁、锰、铬以外的其他金属及以它们为主组成的合金,如黄铜、锰青铜等是典型的有色合金。

工业上常用的有色金属合金见表2-4。

表 2-4　工业上常用有色金属合金分类

合金类型	合金品种	合金系列
铜合金	普通黄铜	Cu-Zn 合金,可变形加工或铸造
	特殊黄铜	在 Cu-Zn 基础上尚含有 Al、Si、Mn、Pb、Sn、Fe、Ni 等合金元素,可变形加工或铸造
	锡青铜	在 Cu-Sn 基础上加入 P、Zn、Pb 等合金元素,可变形加工或铸造
	特殊青铜	不以 Zn、Sn 或 Ni 为主要合金元素的铜合金,有铝青铜、硅青铜、锰青铜、铍青铜、锆青铜、铬青铜、镉青铜、镁青铜等,可变形加工或铸造
	普通白铜	Cu-Ni 合金,可变形加工
	特殊白铜	在 Cu-Ni 基础上加入其他合金元素,有锰白铜、铁白铜、锌白铜、铝白铜等,可变形加工
铝合金	变形铝合金	以变形加工方法生产管、棒、线、型、板、带、条、锻件等,根据性能和用途又分为:硬铝、防锈铝、超硬铝、锻铝和特殊铝等。合金系列有:工业纯铝(>99%)、Al-Cu[①] 或 Al-Cu-Li[①]、Al-Mn、Al-Si、Al-Mg、Al-Mg-Si[①]、Al-Zn-Mg[①]、Al-Li-Sn、Zr、B、Fe 或 Cu[①] 等
	铸造铝合金	浇注异形铸件用的铝合金,合金系列有工业纯铝、Al-Cu[①]、Al-Si-Cu 或 Al-Mg-Si[①]、Al-Si、Al-Mg、Al-Zn-Mg[①]、Al-Li-Sn、Zr、B 或 Cu[①],Al-Li 系合金是用于航空、航天工业的新型铝合金
镁合金	变形镁合金	以变形加工方法生产板、棒、型、管、线、锻件等,合金系列有 Mg-Al-Zn-Mn、Mg-Al-Zn-Cs、Mg-Al-Zn-Zr、Mg-Th-Zr、Mg-Th-Mn 等,其中含 Zr、Th 的镁合金可时效硬化
	铸造镁合金	合金系与变形合金类似,砂型铸造的镁合金中还可含有 1.2%～3.2%的稀土元素或 2.5%的 Be
钛合金	α 钛合金	具有 α(密排六方 HCP)固溶体的晶体结构,含有稳定 α 相和固溶强化的合金元素铝(提高 α/β 转变温度)以及固溶强化的合金元素铜与锡,铜还有沉淀强化作用。合金系是 Ti-Al、Cu-Sn
	近 α 钛合金	通过化学成分调整和不同的热处理制度可形成 α 或 α+β 的相结构,以满足某些性能要求
	α-β 钛合金	同时含有稳定 α 相的合金元素铝和稳定 β 相(降低 α/β 转变温度)的合金元素钒或钽、钼、铌,在室温下具有 α+β 的相结构。合金系为 Ti-Al-V、Ta、Mo、Nb
	β 钛合金	含有稳定 β 相的合金元素钒或钼,快冷后在室温下为亚稳 β 结构。合金系为 Ti-V、Mo、Ta、Nb
		钛合金与铝合金、镁合金、铍合金同属轻有色金属。钛合金具有中等的密度,很高的比强度与比刚度,良好的耐热性能和很强的耐蚀性能,主要用于航空航天和化工设备
高温合金	镍基高温合金	高温合金是指在 1000℃左右高温下仍具有足够的持久强度、蠕变强度、热疲劳强度、高温韧性及足够的化学稳定性的热强性材料,用于在高温下工作的热动力部件。合金系为 Ni-Cr-Al、Ni-Cr-Al-Ti 等,常含有其他合金元素
	钴基高温合金	合金系为 Co-Cr、Ni-W、Mo-Mn-Si-C 等
锌合金	变形加工锌合金	合金系为 Zn-Cu 等
	铸造锌合金	合金系为 Zn-Al 等
轴承合金	铅基轴承合金	合金系为 Pb-Sn、Pb-Sb、Pb-Sb-Sn 等
	锡基轴承合金	合金系为 Sn-Sb 等
	其他轴承合金	合金系为铜合金、铝合金等
硬质合金	碳化钨	以钴作为黏结剂的合金,用于切削铸铁或制成矿山用钻头
	碳化钨、碳化钛	以钴作为黏结剂,用于钢材的切削
	碳化钨、碳化钛、碳化铌	以钴作为黏结剂,具有较高的高温性能和耐磨性,用于加工合金结构钢和镍铬不锈钢

合金类型	合金品种	合 金 系 列
精密合金	软磁合金	Ni-Fe 等
	永磁合金	Fe-Co、Fe-Ni-Al、RE-Co、Nd-Fe-B、Mn-Al-C、Cu-Ni-Fe、Cu-Ni-Co、Pt-Co 等
	低膨胀合金	因瓦合金 Fe-36Ni、超因瓦合金 Fe-36Ni-5Co、Co-37Fe-9Cr 等
	定膨胀合金	Ni-Fe、Fe-Ni-Cr、Fe-Ni-Co 等
	高弹性合金	Fe-Ni-Cr-Ti-Al、铜基合金、镍基合金(Ni-2Be)、钴基合金(Co-Ni-Cr)等
	恒弹性合金	Fe-Ni-Cr-Ti 等
	导电材料	Cu、Al、Al-Si-Mg 等
	精密电阻合金	Cu-Mn、Ni-Cr、Fe-Cr-Al 等
	电热合金	Fe-Cr-Al、Ni-Cr 等
	热电偶材料	Pt、Pt-Rh、Ir、Ir-Rh、Ni-Cr、Ni-Si、Ni-Al、Cu-Ni 等
	电触点材料	Ag 及其合金，W、Mo 及其合金，Cu-W 等
	非晶态精密合金	金属-半金属型如(Ni、Co、Fe)-(Si、B、P、C)，后过渡族金属元素-前过渡族金属元素型如 (Ni、Co、Fe)-(Zr-Ti)等，主要用作磁性材料

① 可时效硬化型。

2.2 钢铁材料牌号表示方法

金属材料牌号的表示，各国有不同的标准和方法，而且有的在不断修改和完善。本书中以目前采用的有效标准为主，但考虑老标准和老方法有的仍在使用，必要时对其以新旧对照的形式予以说明，以方便使用。

各国家都有自己的金属材料牌号表示方法、标准和规则，有的国家还有几种不同的标准体系和不同的表示方法。近些年，欧洲的一些工业国家用国际标准化组织制定的表示方法代替原来自己国家的牌号表示方法，采用统一的表示方法成为一种趋势。

本书中涉及以下标准（标准化机构）：

GB——（中国）国家标准；

YB——（中国）冶金部标准；

JIS——日本工业标准；

ГОСТ——俄罗斯标准；

ACI——美国合金铸造学会；

ASM——美国金属学会；

AISI——美国钢铁学会；

SAE——美国汽车工程师学会；

ASTM——美国材料试验协会；

ASME——美国机械工程师学会；

ISO——国际标准化组织；

DIN——德国工业标准；

BS——英国标准；

NF——法国标准；

SS——瑞典标准；

SIS——瑞典工业标准；

KS——韩国标准；

EN——欧洲标准；

AFNOR——法国标准化协会；

RCC-M——压水堆核岛设备的设计与监造规则。

2.2.1 中国钢铁材料牌号表示方法（GB）

我国金属材料牌号表示方法主要以 GB/T 221 的规定为准，本书所列钢号也以该标准的规定为准。但是，从 1995 年开始，我国为适应现代化管理需要建立了金属材料数字化体系，即 GB/T 17616《钢铁及合金牌号统一数字代号体系》规定的统一数字代号表示方法（简称 ISC 代号）。本书在每种金属材料（主要是钢和铁）按 GB/T 221《钢铁产品牌号表示方法》规定的牌号内容后，以附件方式介绍相应材料按 ISC 代号方法确定的原则。在本书相关章节中，将材料的牌号及代号同时标注，供读者采用。

根据 GB/T 221 的规定，我国钢铁牌号表示方法采用汉语拼音字母、化学元素符号和阿拉伯数字相结合的原则。

钢铁牌号中的化学元素采用常用的化学元素符号（化学元素周期表中的元素符号），混合稀土元素记"RE"，见表 2-5。

表 2-5　常用元素符号

元素名称	化学元素符号	元素名称	化学元素符号	元素名称	化学元素符号
铁	Fe	锂	Li	锕	Ac
锰	Mn	铍	Be	硼	B
铬	Cr	镁	Mg	碳	C
镍	Ni	钙	Ca	硅	Si
钴	Co	锆	Zr	硒	Se
铜	Cu	锡	Sn	碲	Te
钨	W	铅	Pb	砷	As
钼	Mo	铋	Bi	硫	S
钒	V	铯	Cs	磷	P
钛	Ti	钡	Ba	氮	N
铝	Al	镧	La	氧	O
铌	Nb	铈	Ce	氢	H
钽	Ta	钐	Sm	稀土金属	RE[①]

① 不是国际化学元素符号。

产品名称、用途、特性和工艺方法等内容，采用汉语拼音的缩写字母表示，见表 2-6。

表 2-6　中国钢号所采用的缩写字母及其含义（以字母排序）

采用的缩写字母	在钢号中位置	含　义	缩写字母来源	
			汉字	拼音
A	尾	质量等级符号	—	
B	尾	质量等级符号	—	
b	尾	半镇静钢	半	ban
C	尾	①船用钢（旧钢号）	船	chuan
	尾	②质量等级符号		
D	尾	质量等级符号	—	
d	尾	低淬透性钢	低	di
DG	头	电讯用取向高磁感硅钢	电高	dian gao

采用的缩写字母	在钢号中位置	含　义	缩写字母来源	
			汉字	拼音
DR	头	电工用热轧硅钢	电热	dian re
DT	头	电磁纯铁	电铁	dian tie
DZ	头	地质钻探管用钢	地质	di zhi
E	尾	质量等级符号	—	
F	头	热锻用非调质钢	非	fei
	尾	沸腾钢	沸	fei
	头	含钒生铁	钒	fan
G	头	滚动轴承钢	滚	gun
GH	头	变形高温合金	高合	gao he
g	尾	锅炉用钢	锅	guo
gC	尾	多层或高压容器用钢	高层	gao ceng
H	头	焊接用钢	焊	han
	尾	保证淬透性钢	—	
HP	尾	焊接气瓶用钢	焊瓶	han ping
HT	头	灰铸铁	灰铁	hui tie
J	中	精密合金	精	jing
JZ	头	机车车轴用钢	机轴	ji zhou
K	头	①铸造高温合金	—	
	尾	②矿用钢	矿	kuang
KT	头	可锻铸铁	可铁	ke tie
L	头	①汽车大梁用钢	梁	liang
	尾	②炼钢用生铁	炼	lian
LZ	头	车辆车轴用钢	辆轴	liang zhou
M	头	锚链钢	锚	mao
ML	头	铆螺钢	铆螺	mao luo
NH	尾	耐候钢	耐候	nai hou
NM	头	耐磨生铁	耐磨	nai mo
NS	头	耐蚀合金	耐蚀	nai shi
Q	头	①屈服点（碳素结构钢、低合金钢用）	屈	qu
	中	②电工用冷轧取向硅钢	取	qu
	头	③球墨铸铁用生铁	球	qiu
q	尾	桥梁用钢	桥	qiao
QG	中	电工用冷轧取向高磁感硅钢	取高	qu gao
QT	头	球墨铸铁	球铁	qiu tie
R	层	压力容器用钢	容	rong
RT	头	耐热铸铁	热铁	re tie
S	头	管线用钢	—	
SM	头	塑料模具钢	塑模	su mu
T	头	碳素工具钢	碳	tan
TL	头	脱碳低磷粒铁	脱磷	tuo lin
TZ	尾	特殊镇静钢	特静	te zhen
U	头	钢轨钢	轨	gui
W	中	电工用冷轧无取向硅钢片	无	wu
Y	头	易切削钢	易	yi
YF	头	易切削非调质钢	易非	yi fei
Z	尾	①镇静钢	镇	zhen
	头	②铸造用生铁	铸	zhu
ZG	头	铸钢	铸钢	zhu gang
ZU	头	轧辊用铸钢	铸辊	zhu gun

钢铁中化学元素的含量（质量分数）用阿拉伯数字表示。

另外，在 GB/T 13304.1《钢分类　第 1 部分：按化学成分分类》中，明确划分了非合金钢（其中含碳素钢和优质碳素钢）、低合金钢和合金钢中化学元素含量的基本界限值，见表 2-7。

表 2-7　非合金钢、低合金钢和合金钢合金元素规定含量界限值（GB/T 13304.1—2008）

合金元素	合金元素规定含量界限值(质量分数)/%		
	非合金钢	低合金钢	合金钢
Al	＜0.10	—	≥0.10
B	＜0.0005	—	≥0.0005
Bi	＜0.10	—	≥0.10
Cr	＜0.30	0.30～＜0.50	≥0.50
Co	＜0.10	—	≥0.10
Cu	＜0.10	0.10～＜0.50	≥0.50
Mn	＜1.00	1.00～＜1.40	≥1.40
Mo	＜0.05	0.05～＜0.10	≥0.10
Ni	＜0.30	0.30～＜0.50	≥0.50
Nb	＜0.02	0.02～＜0.06	≥0.06
Pb	＜0.40	—	≥0.40
Se	＜0.10	—	≥0.10
Si	＜0.50	0.50～＜0.90	≥0.90
Te	＜0.10	—	≥0.10
Ti	＜0.05	0.05～＜0.13	≥0.13
W	＜0.10	—	≥0.10
V	＜0.04	0.04～＜0.12	≥0.12
Zr	＜0.05	0.05～＜0.12	≥0.12
La 系(每一种元素)	＜0.02	0.02～＜0.05	≥0.05
其他规定元素(S、P、C、N 除外)	＜0.05	—	≥0.05

注：1. 因为海关关税的目的而区分非合金钢、低合金钢和合金钢时，除非合同或订单中另有协议，表中 Bi、Pb、Se、Te、La 系和其他规定元素（S、P、C 和 N 除外）的规定界限值可不予考虑。

2. La 系元素含量，也可作为混合稀土含量总量。

3. 表中"—"表示不规定，不作为划分依据。

在过去的习惯称呼还有低碳钢 $[w(C)＜0.25\%]$、中碳钢 $[w(C)=0.25\%～0.60\%]$、高碳钢 $[w(C)＞0.60\%]$ 和低合金钢（合金元素总量的质量分数≤5%）、中合金钢（合金元素总量的质量分数为 5%～10%）、高合金钢（合金元素总量的质量分数＞10%）等。

（1）碳素结构钢

碳素结构钢曾称普通碳素钢，以钢材最低屈服点命名。

牌号由三部分组成：

第一部分为字母"Q"，是"屈"（qu）字汉语拼音第一字母，表示屈服点。

第二部分由三位数字组成，即该材料的最低屈服点值，单位为 MPa（一般不标示）。

第三部分以英文字母和汉语拼音字头表示，其中英文字母为 A、B、C 或 D 的其中一个，表示钢材质量，A 级最低，D 级最高，这个质量等级主要反映在杂质元素含量控制和冲击吸收功的要求上。后面的汉语拼音字头表示钢的脱氧方式，"Z"表示镇（zhen）静钢；"b"表示半（ban）镇静钢；"F"表示沸（fei）腾钢；"TZ"表示特（te）殊镇（zhen）静钢。

专门用途的碳素钢在钢号尾部以汉语拼音字母表示，如 Q235q 为桥梁钢。在实际使用时，常不标示脱氧方式。

【例】　Q215B

表示最低屈服点为 215MPa 的 B 级碳素结构钢，Q215B 与 Q215A 在成分上的差别是硫含量最大值分别为 0.045% 和 0.050%；在性能上的差别是 Q215B 要求保证 20℃ 时的冲击吸收功最小值为 27J，而 Q215A 不要求冲击吸收功。

（2）优质碳素结构钢

钢号以两位阿拉伯数字表示钢含碳量的万分数，即钢的平均含碳量×10^4 表示。如含碳量为 0.45% 的钢记"45"。

其中含锰量较高［$w(Mn)$：0.70%～1.00%］的，在牌号尾部加"Mn"表示。

脱氧方式表示方法同碳素结构钢。

依据对硫、磷含量的控制程度，又分优质碳素结构钢［$w(S)$≤0.035%；$w(P)$≤0.035%］；高级优质碳素结构钢［$w(S)$≤0.030%；$w(P)$≤0.030%］，在尾部加"A"；特级优质碳素结构钢［$w(S)$≤0.020%；$w(P)$≤0.025%］，在尾部加"E"。

【例】　45A

表示平均含碳量为 0.45%（实际含碳量为 0.42%～0.50%）的高级优质碳素结构钢。

（3）碳素工具钢

钢号前加字母"T"表示碳（Tan）素工具钢，其后以阿拉伯数字表示平均含碳量的千分数；即钢的平均含碳量×10^3，如果控制较低的硫、磷含量，在其后加字母"A"。

【例】　T8A

表示平均含碳量为 0.8%（0.75%～0.84%）、含磷量≤0.030%（一般为 0.035%）的优质碳素工具钢。

（4）合金结构钢

头部两位数字表示钢的含碳量的万分数，以平均含碳量×10^4 表示。

钢中的合金元素以化学元素符号表示（见表 2-5）。其含量通常以平均含量的百分数在其后标出，合金元素平均含量＜1.5% 时，只标元素符号而不标含量，但有时为强调区别其中某一合金元素的不同，在该元素后标注"1"，如 12CrMoV 和 12Cr1MoV（前者铬含量为 0.4%～0.6%，后者铬含量为 0.90%～1.20%）；当合金元素平均含量≥1.5%、≥2.5%、≥3.5% 时，在该元素符号后分别标注"2""3""4"等；钢中的钒、钛、铝、硼、稀土等微量合金元素，仍需在钢号中标出其元素符号，不标注含量。

同一成分的合金钢，由于对含硫、磷杂质元素含量的控制不同，在钢号后面或许不加符号。不加符号视为一般优质合金钢；加"A"表示高级优质合金钢；加"E"表示特级优质合金钢见表 2-2。

某些专门用途的合金钢在钢号前或钢号后加注代表用途符号（见表 2-6）。

【例 1】　25Cr2MoV

碳：0.22%～0.29%；硅：0.17%～0.37%；锰：0.40%～0.70%；铬：1.50%～

1.80%；钼：0.25%～0.35%；钒：0.15%～0.35%。

【例2】 ML 40Cr

主要元素碳：0.37%～0.44%；铬：0.8%～1.10%；是专门用于冷镦制作铆钉和螺钉的钢材。

（5）弹簧钢

碳素弹簧钢牌号表示方法与优质碳素钢相同，合金弹簧钢牌号表示方法与合金结构钢相同。

（6）合金工具钢

合金工具钢钢号的平均含碳量≥1.0%时不标出；平均含碳量<1.0%时，以平均含碳量×10³表示，即以平均含碳量的千分数表示。

合金元素以化学元素符号表示（见表2-5）。其含量通常以平均含量的百分数在其后标出，合金元素平均含量<1.5%时，只标出元素符号而不标含量，对含铬量很低的合金工具钢，以平均含铬量×10³标注，并在数字前加"0"以示区别。当合金元素平均含量≥1.5%、≥2.5%、≥3.5%等时，在该元素符号后分别标注"2""3""4"等；钢中的钒、钛、铝、硼、稀土等微量合金元素，仍需在钢号中标出其元素符号，不标注含量。在合金工具钢中的含磷量控制为≤0.030%，含硫量控制为≤0.030%。

【例1】 9CrSi

表示含碳 0.85%～0.95%、硅 1.20%～1.60%、锰 0.30%～0.60%、铬 0.95%～1.25%的合金工具钢。

【例2】 Cr06

表示含碳 1.30%～1.45%、硅≤0.40%、锰≤0.40%、铬 0.50%～0.70%的合金工具钢。

（7）模具钢

牌号表示方法与合金工具钢相同。

（8）高速工具钢

高速工具钢牌号中，一般不标碳的含量，只标出各种合金元素平均含量的百分数，有些高速钢基本元素及含量相同，只是碳含量略有差别，为显示这种差别，在其中含碳量较高的牌号前加"C"。

【例】 W6Mo5Cr4V3

表示含碳 1.00%～1.10%、硅 0.20%～0.45%、锰 0.15%～0.40%、磷≤0.030%、硫≤0.030%、铬 3.75%～4.50%、钼 4.75%～6.50%、钒 2.25%～2.75%、钨 5.00%～6.75%的高速工具钢。而 CW6Mo5Cr4V3，除含碳量为 1.15%～1.25%比 W6Mo5Cr4V3 略高外，其他合金元素的含量完全相同。

（9）轴承钢

专门用于制作轴承的材料有高碳铬轴承钢和渗碳轴承钢，材料牌号前加"G"即滚（gun）动轴承用钢。

高碳铬轴承钢的碳含量不予标出，铬含量以平均含量×10³ 即以铬的千分数表示，其中还有加硅（含硅量为 0.45%～0.75%）和加锰（含锰量为 0.95%～1.25%）的，这时分别以化学元素符号标出，不标出含量。

【例1】 GCr15SiMn

表示含碳 $0.95\%\sim1.05\%$、硅 $0.45\%\sim0.75\%$、锰 $0.95\%\sim1.25\%$、铬 $1.40\%\sim$ 1.65% 的高碳铬轴承钢。

渗碳轴承钢中的含碳量和合金元素及含量的表示与合金结构钢相同。

【例 2】 G20CrMo

表示含碳 $0.17\%\sim0.23\%$、硅 $0.20\%\sim0.35\%$、锰 $0.65\%\sim0.95\%$、铬 $0.35\%\sim$ 0.65%、钼 $0.08\%\sim0.15\%$ 的渗碳轴承钢。

此外，还有采用不锈钢和耐热钢制作轴承的，所采用的材料牌号均按其所属钢种规定的方法表示。

（10）不锈钢

① 碳含量的表示。在 GB/T 1220—1992 及以前的版本中，依据碳的含量不同，按如下规则标注：

$w(C)\leqslant0.03\%$ 时，在钢号前标注 "00"；

$w(C)\leqslant0.08\%$ 时，在钢号前标注 "0"；

$w(C)<0.15\%$ 时，在钢号前标注 "1"；

$w(C)\geqslant0.15\%$ 时，用平均含碳量 $\times10^3$ 表示，记在钢号前部。

在 GB/T 1220—2007 中，对不锈钢含碳量的表示方法有所改变，大致规则见表 2-8，仍标注在钢号前部。

表 2-8　碳含量的标注方法

C/% 不大于	0.01	0.02	0.03	0.04	0.05	0.06	0.07	0.08	0.09	0.10	0.11	0.12	0.15	>0.15
标　注	008	—	022	03	—	—	05	06	07	—	—	10	12	平均含量 $\times10^4$

② 合金元素含量的表示。钢中的主要合金元素含量用数字表示在相应合金元素的后面，以合金元素平均含量的百分数标注；微量合金元素，如钛、铌、氮、钒等，在钢中虽然含量很低，也应以合金元素符号标出，但不必标注含量。

【例 1】 0Cr17Ni12Mo2（06Cr17Ni12Mo2）

表示含碳 $\leqslant0.08\%$、铬 $16.00\%\sim18.00\%$、镍 $10.00\%\sim14.00\%$、钼 $2.00\%\sim3.00\%$ 的奥氏体不锈钢。

【例 2】 9Cr18MoV（90Cr18MoV）

表示含碳 $0.85\%\sim0.95\%$、铬 $17.00\%\sim19.00\%$、钼 $1.00\%\sim1.30\%$、钒 $0.07\%\sim$ 0.12% 的马氏体不锈钢。

括号内是用新表示方法表示的牌号。

（11）耐热钢

耐热钢号的表示方法与不锈钢钢号的表示方法相同。

（12）铸钢

目前，我国铸钢牌号有以下两种表示方法。

① 主要以力学性能表示的钢号　这类牌号是由 "ZG" 字头后另加两组用数字表示的力学性能值。两组数字中间加 "-"。第一组数字表示钢的屈服强度（MPa）；第二组数字表示钢的抗拉强度（MPa），需要时可附加前缀或后缀字母。

【例 1】 ZG200-400

表示屈服强度为 200MPa 和抗拉强度为 400MPa 的铸造碳钢（这个牌号铸钢曾用 ZG15

表示）。

【例2】 ZGH200-400

表示屈服强度为200MPa和400MPa的焊接结构用铸钢，其与ZG200-400在强度、韧性等力学指标完全相同，但考虑焊接性的要求，对其在含碳量和碳当量方面有控制要求。ZG200-400含碳量控制在≤0.2%，无碳当量要求，而ZGH200-400的含碳量控制在0.16%～0.17%之间，而且要求碳当量 $CE(\%)=C+\dfrac{Mn}{6}+\dfrac{Cr+Mo+V}{5}+\dfrac{Ni+Cu}{15}$ 的计算值≤0.38。

② 主要以化学成分表示的钢号 这类牌号是由"ZG"字头后加碳和合金元素符号及含量表示的。其表示方法与相应种类的锻轧钢号相同。

【例】 ZG1Cr18Ni9

基本相当于1Cr18Ni9，但成分含量上略有差别。

（13）铸铁牌号表示方法

根据GB/T 5612标准规定，我国铸铁牌号的表示方法是在前缀字母后或加注力学性能（如灰铸铁、蠕墨铸铁、球墨铸铁、可锻铸铁等），或加注化学成分（如抗磨铸铁、冷硬铸铁、耐蚀铸铁、耐热铸铁等），或同时加注合金元素符号及抗拉强度（如耐磨铸铁等）等方式表示。各种铸铁的前缀字母代号见表2-9。

表 2-9　铸铁牌号前缀代号（汉语拼音）

铸铁名称	代号	铸铁名称	代号
灰铸铁	HT	抗磨白口铸铁	KmTB(BTM)
蠕墨铸铁	RuT	抗磨球墨铸铁	MQT
球墨铸铁	QT	冷硬铸铁	LT
黑心可锻铸铁	KTH	耐蚀铸铁	ST
白心可锻铸铁	KTB	耐热铸铁	RT
珠光体可锻铸铁	KTZ	耐热球墨铸铁	RQT
耐磨铸铁	MT		

【例1】 HT250

表示单铸（φ30mm）试块保证的抗拉强度不低于250MPa。

【例2】 QT 400-18

表示单铸（φ30mm）试块抗拉强度不低于400MPa、伸长率不低于18%的球墨铸铁。

【例3】 Ru T 420

表示单铸（φ30mm）试块抗拉强度不低于420MPa的蠕墨铸铁。

【例4】 KTH 370-12

表示试样的最低抗拉强度不低于370MPa、伸长率不低于12%的黑心可锻铸铁。其试样直径规定为φ12mm或φ15mm。

以力学性能表示的各类铸铁，其是在规定的单铸试块上测试的性能值，在实际生产时，有可能采用不同型式或尺寸的附铸试棒，这时检测的性能值合格与否还与实际铸件的壁厚有关，壁厚越大，规定的合格值越低，如果从铸件上切取试样检测，则规定的合格值又有不同程度的降低。这可以在相应的标准中查取，另外，各牌号铸铁可能达到的其他力学性能参考值也可查阅相应标准。

【例5】 MTCuMo-175

表示加入铜和钼的抗拉强度不低于 175MPa 的耐磨铸铁。

【例 6】　KmTBMn5W3（BTMMn5W3）

表示含 4.0%～6.0% 的锰和含 2.5%～3.5% 的钨的抗磨白口铸铁。

抗磨白口铸铁一般规定在不同状态的硬度值。

【例 7】　LTCrMo

表示含铬 0.20%～0.60% 和钼 0.20%～0.60% 的冷硬铸铁。

【例 8】　STSi15Mo3RE

表示含 14.25%～15.75% 的硅和含 3.00%～4.00% 的钼及不大于 0.10% 的稀土元素的耐蚀铸铁。

【例 9】　RTCr16

表示含 15.00%～18.00% 的铬的耐热铸铁。耐热铸铁主要考核在高温区间的抗拉强度。

（14）高温合金牌号表示方法

高温合金的锻轧材，也称变形高温合金，其牌号采用汉语拼音"GH"再加 4 位数字表示，第 1 位数字表示分类号，其中：

1——固溶强化型铁基合金；

2——时效硬化型铁基合金；

3——固溶强化型镍基合金；

4——时效硬化型镍基合金。

第 2～4 位数字表示合金编号。

铸造高温合金牌号采用字母"K"后加 3 位数字表示，第 1 位数字表示分类号，含义同变形高温合金；第 2 和第 3 位数字表示合金编号。

【例 1】　GH1015

表示固溶强化型铁基高温合金之一种。

【例 2】　K401

表示时效硬化型镍基铸造高温合金之一种。

（15）耐蚀合金

耐蚀合金牌号采用前缀字母后加 3 位数字表示。其中前缀字母含义为：

NS——变形耐蚀合金；

HNS——焊接用耐蚀合金；

ZNS——铸造耐蚀合金。

前缀字母后面的三位数字含义如下。

第 1 位数字表示合金分类号，其中：

1——固溶强化型铁基合金；

2——时效硬化型铁基合金；

3——固溶强化型镍基合金；

4——时效硬化型镍基合金。

第 2 位数字表示合金系列，其中：

1——NiCr 系合金；

2——NiMo 系合金；

3——NiCrMo 系合金；

4——NiCrMoCu 系合金。

第 3 位数字为合金序号。

【例 1】 NS111

表示固溶强化型铁基 NiCr 系列的变形耐蚀合金之一种。

【例 2】 NS341

表示固溶强化型镍基 NiCrMoCu 系列变形耐蚀合金之一种。

（16）堆焊用焊条牌号表示方法

我国堆焊用焊条目前按 GB/T 984 标准规定方法，牌号是由前缀字母"ED"及后面附加的表示熔敷金属类型、药皮类型、采用焊接电流类型等特征的符号或数字组成。其中：

第 1 个字母 E 表示焊条；

第 2 个字母 D 表示堆焊用；

ED 后面第 1 位至倒数第 3 位表示熔敷金属特点，见表 2-10。

表 2-10 焊条型号和熔敷金属化学组成类型

型号分类	熔敷金属化学组成类型	型号分类	熔敷金属化学组成类型
EDP××-××	普通低、中合金钢	EDD××-××	高速钢
EDR××-××	热强合金钢	EDZ××-××	合金铸件
EDCr××-××	高铬钢	EDZCr××-××	高铬铸件
EDCrMn××-××	高铬锰钢	EDCoCr××-××	钴基合金
EDCrNi××-××	高铬镍钢	EDW××-××	碳化钨
EDMn××-××	高锰钢	EDT××-××	特殊型

最后两位数字表示药皮类型和焊接电流类型，见表 2-11。

表 2-11 焊条型号、药皮类型和焊接电源

焊 条 型 号	药 皮 类 型	焊 接 电 源
ED××-00	特殊型	交流或直流
ED××-03	钛钙型	交流或直流
ED××-15	低氢钠型	直流
ED××-16 ED××-08	低氢钾型 石墨型	交流或直流

如果同一基本型号内有几个分型号，可用字母 A、B、C 等或 A_1、A_2 等区分。

【例 1】 EDPCrMnSi-15

表示熔敷金属中含有铬、锰、硅元素的普通型堆焊焊条，药皮类型为低氢钠型，焊接电流是直流电源。

【例 2】 EDZ-B1-08

表示熔敷金属为合金铸件的堆焊焊条的一种，药皮类型为石墨型，焊接电源可为直流电源或交流电源。

堆焊焊条牌号表示方法还有一种是焊接行业规定的方法，以前缀字母"D"表示堆焊用焊条，后面用 3 位数字区分熔敷金属类型和采用的电源类型。

【例 3】 D102

即相当于国标堆焊焊条 EDPMn2-03。

堆焊焊条行业牌号与国标型号对照表见表 2-12。

表 2-12 堆焊焊条行业牌号与国标型号对照

牌　　号	型　　号	牌　　号	型　　号
D102	EDPMn2-03	D237	EDPCrMoV-A1-15
D106	EDPMn2-16	D256	EDMn-A-16
D107	EDPMn2-15	D266	EDMn-B-16
D112	EDPCrMo Al-03	D276	EDCrMn-B-15
D126	EDPMn3-16	D277	EDCrMn-B-15
D127	EDPMn3-15	D307	EDD-D-15
D132	EDPCrMo-A2-03	D317	EDRCrMoWV-A3-15
D146	EDPMn4-16	D322	EDRCrMoWV-A1-03
D156	—	D327	EDRCrMoWV-A1-15
D167	EDPMn6-15	D327A	EDRCrMoWV-A2-15
D172	EDPCrMo-A3-03	D337	EDRCrW-15
D207	EDPCrMnSi-15	D397	EDRCrMnMo-15
D212	EDPCrMo-A4-03	D502	EDCr-A1-03
D217A	EDPCrMo-A4-15	D507	EDCr-A1-15
D227	EDPCrMoV-A2-15	D646	EDZCr-B-16
D507Mo	EDCr-A2-15	D667	EDZCr-C-15
D507MoNb	EDCr-A1-15	D678	EDZ-B1-08
D512	EDCr-B-03	D687	EDZ-D-15
D516M	EDCrMn-A-16	D698	EDZ-B2-08
D516MA		D707	EDW-A-15
D517	EDCr-B-15	D717	EDW-B-15
D547	EDCrNi-A-15	D802	EDCoCr-A-03
D547Mo	EDCrNi-B-15	D812	EDCoCr-B-03
D557	EDCrNi-C-15	D822	EDCoCr-C-03
D567	EDCrMn-D-15	D842	EDCoCr-D-03
D577	EDCrMn-C-15	D007	EDTV-15
D608	EDZ-A1-08	D017	—
D618	—	D027	—
D628	—	D036	—
D642	EDZCr-B-03	—	—

中国钢铁牌号统一数字代号（ISC）表示方法

我国标准 GB/T 17616《钢铁及合金牌号统一数字代号体系》(ISC) 规定了我国钢铁及合金的统一数字代号的表示方法，这个体系规定的基本原则和主要内容如下。

① 将钢铁和合金分为 15 个类型，每个类型以一个英文字母表示，见表 2-13。

表 2-13 我国钢铁及合金的类型与统一数字代号

钢铁及合金的类型	英　文　名　称	前缀字母	统一数字代号
合金结构钢(含冷镦钢)	alloy structural steel	A	A××××××
轴承钢	bearing steel	B	B××××××
铸铁、铸钢和铸造合金	cast iron，cast steel and cast alloy	C	C××××××
电工用钢和纯铁	electrical steel and iron	E	E××××××
铁合金和生铁	ferro alloy and pig iron	F	F××××××

钢铁及合金的类型	英文名称	前缀字母	统一数字代号
高温合金和耐蚀合金	heat resisting and corrosion resisting alloy	H	H××××
精密合金及其他特殊物理性能材料	precision alloy and other special physical character materials	J	J××××
低合金钢	low alloy steel	L	L××××
杂类材料	miscellaneous materials	M	M××××
粉末及粉末材料	powders and powder materials	P	P××××
快淬金属及合金	quick quench metals and alloys	Q	Q××××
不锈、耐蚀和耐热钢	stainless, corrosion resisting and heat resisting steel	S	S××××
工具钢	tool steel	T	T××××
非合金钢	unalloyed steel	U	U××××
焊接用钢和合金	steel and alloy for welding	W	W××××

② 在表示类型的英文字母后以 5 位数字分别表示各类型钢铁产品的分类（第 1 位数字）和不同分类内的编组及同一编组内区别不同牌号的顺序号、特性值、质量等级等（第 2～5 位数字）。

a. 非合金钢（碳钢）编组与统一数字代号。非合金钢（碳钢）的类型字母为"U"，U 后面第一位数字表示非合金钢的编组，见表 2-14。

表 2-14　非合金钢编组与统一数字代号

统一数字代号	非合金钢编组
U0××××	（暂空）
U1××××	非合金一般结构及工程结构钢（表示强度特性值的钢）
U2××××	非合金机械结构钢（包括非合金弹簧钢，表示成分特性值的钢）
U3××××	非合金特殊专用结构钢（表示强度特性值的钢）
U4××××	非合金特殊专用结构钢（表示成分特性值的钢）
U5××××	非合金特殊专用结构钢（表示成分特性值的钢）
U6××××	非合金铁道专用钢
U7××××	非合金易切削钢

第 2～4 位数字或表示强度值（屈服强度或抗拉强度），或表示含碳量的特性值。第 5 位数字表示不同质量等级或脱氧程度的代号。

【例】 U20452

表示平均含碳量为 0.45% 的优质碳素结构钢（第 5 位数字 2 表示优质，3 表示高级优质，6 表示特级优质等），即 45 钢。

b. 低合金钢的编组与数字统一代号。低合金钢的类型字母为"L"，L 后第 1 位数字表示该类型材料的编组，见表 2-15。

表 2-15　低合金钢编组与统一数字代号

统一数字代号	低合金钢编组
L0××××	低合金一般结构钢（表示强度特性值的钢）
L1××××	低合金专用结构钢（表示强度特性值的钢）
L2××××	低合金专用结构钢（表示成分特性值的钢）
L3××××	低合金钢筋用钢（表示强度特性值的钢）
L4××××	低合金钢筋用钢（表示成分特性值的钢）

统一数字代号	低合金钢编组
L5××××	低合金耐候钢
L6××××	低合金铁道专用钢
L9××××	其他低合金钢

L0、L1 和 L3 组钢 L 后的第 2～4 位数字表示强度特性值（屈服强度或抗拉强度），其他编组钢中的 L 后第 2 位数字表示合金元素系列，第 3、4 位数字表示含碳量的特性值；第 5 位数字表示质量等级，如 1 表示 A 级，2 表示 B 级等。

【例】 L03451

表示屈服强度为 345MPa 的 A 级钢，即表示 Q345A 钢。

c. 合金结构钢编组与数字统一代号。合金结构钢类型字母为"A"，A 后第 1 位数字表示合金结构钢的编组，见表 2-16。

表 2-16 合金结构钢编组与统一数字代号

统一数字代号	合金结构钢（包括合金弹簧钢和冷镦钢）编组
A0××××	Mn(×)、MnMo(×)系钢
A1××××	Mn(×)、MnMo(×)系钢
A2××××	Cr(×)、CrSi(×)、CrMn(×)、CrV(×)、CrMnSi(×)系钢
A3××××	CrMo(×)、CrMoV(×)系钢
A4××××	CrNi(×)系钢
A5××××	CrNiMo(×)、CrNiW(×)系钢
A6××××	Ni(×)、NiMo(×)、NiCoMo(×)、Mo(×)、MoWV(×)系钢
A7××××	B(×)、MnB(×)、SiMnB(×)系钢
A8××××	（暂空）
A9××××	其他合金结构钢

注：（×）表示该合金系列中还包括其他合金元素（下同）。

第 2 位数字表示同一编组中的不同编号，第 3、4 位数字表示含碳量的特性值，第 5 位数字表示不同质量等级或专门用途。

【例 1】 A20402

表示含碳量为 0.40% 左右（0.37%～0.44%）的含铬优质合金结构钢，即代表 40Cr 钢。

【例 2】 A30303

表示含碳量为 0.30% 左右（0.26%～0.34%）的高级优质铬钼合金结构钢，即 30CrMoA 钢。

d. 不锈钢的编组与统一数字代号。不锈钢的类型字母为 S（含耐热钢），字母 S 后的第 1 位字母表示钢的分类，见表 2-17。

表 2-17 不锈、耐蚀和耐热钢编组与统一数字代号

统一数字代号	不锈、耐蚀和耐热钢编组	统一数字代号	不锈、耐蚀和耐热钢编组
S0××××	（暂空）	S3××××	奥氏体型钢
S1××××	铁素体型钢	S4××××	马氏体型钢
S2××××	奥氏体-铁素体型钢	S5××××	沉淀硬化型钢

第 2、3 位数字或表示不同钢组（奥氏体不锈钢、马氏体不锈钢）或表示含铬量特性值（铁素体不锈钢，奥氏体-铁素体双相不锈钢、沉淀硬化不锈钢）。第 4 位数字表示辅助元素

种类，如 5—氮、7—铝、8—铜、9—钼等。第 5 位数字表示低碳、超低碳或含有易切削元素如硫、硒、铅等。而马氏体不锈钢第 4、5 位数字表示含碳量的特性值。

【例1】 S30210

表示含碳量不超过 0.15％的铬镍奥氏体不锈钢，相当于美国 ASTM 标准中 302 型不锈钢，即为 12Cr18Ni10（原 1Cr18Ni9）钢。

【例2】 S11710

表示含碳≤0.12％、铬 17％左右的铁素体不锈钢，即 10Cr17（原 1Cr17）钢。

【例3】 S42030

表示含碳 0.30％左右（0.26％～0.35％）的马氏体不锈钢，相当于美国 ASTM 标准中 420 钢组，即 30Cr13（原 3Cr13）钢。

【例4】 S51740

表示含铬 17％左右（17.0％～17.5％）的沉淀硬化不锈钢。即 05Cr17Ni4Cu4Nb（原 0Cr17Ni4Cu4Nb）钢。

【例5】 S22553

表示含碳 ≤0.03％、铬 25％左右（24.0％～26.0％）且含氮的双相不锈钢，即 022Cr25Ni6Mo3N 钢。

e. 高温合金和耐蚀合金的编组与统一数字代号。

高温合金和耐蚀合金的类型字母为 "H"，H 后面的第 1 位数字表示本类型材料的编组，即合金种类，见表 2-18。

表 2-18　高温合金和耐蚀合金编组与统一数字代号

统一数字代号	高温合金和耐蚀合金编组
H0××××	耐蚀合金（包括固溶强化型铁镍基合金、时效硬化型铁镍基合金、固溶强化型镍基合金、时效硬化型镍基合金）
H1××××	高温合金（固溶强化型铁镍基合金）
H2××××	高温合金（时效硬化型铁镍基合金）
H3××××	高温合金（固溶强化型镍基合金）
H4××××	高温合金（时效硬化型镍基合金）
H5××××	高温合金（固溶强化型钴基合金）
H6××××	高温合金（时效硬化型钴基合金）

第 2～4 位数字与耐蚀合金牌号中的三位特征数字相同，第 5 位数字为顺序号。

【例】 H10350

表示 GH1035 合金。

f. 铸铁、铸钢和铸造合金编组与统一数字代号。

铸铁、铸钢和铸造合金类型字母为 "C"，C 后面的第 1 位数字表示本类型材料的编组，见表 2-19。

表 2-19　铸铁、铸钢及铸造合金编组与统一数字代号

统一数字代号	铸铁、铸钢及铸造合金编组
C0××××	铸铁（包括灰铸铁、球墨铸铁、黑心可锻铸铁、珠光体可锻铸铁、白心可锻铸铁、抗磨白口铸铁、中锰抗磨球墨铸铁、高硅耐蚀铸铁、耐热铸铁等）
C1××××	铸铁（暂空）

统一数字代号	铸铁、铸钢及铸造合金编组
C2××××	非合金铸钢(包括一般非合金铸钢、含锰非合金铸钢、一般工程和焊接结构用非合金铸钢、特殊专用非合金铸钢等)
C3××××	低合金铸钢
C4××××	合金铸钢(不锈耐热铸钢、铸造永磁钢除外)
C5××××	不锈耐热铸钢
C6××××	铸造永磁钢和合金
C7××××	铸造高温合金和耐蚀合金

铸铁中的第 2 位数字表示铸铁类型,如 0 表示灰铸铁,1 表示球墨铸铁等;第 3、4 位数字表示抗拉强度或合金元素含量;第 5 位数字表示顺序号。

铸钢中的第 2 位数字表示铸钢的种类,第 3、4 位数字表示铸钢含碳量的特性值,其与原铸钢牌号相对应。

【例 1】 C01402

表示球墨铸铁 QT 400-18。

【例 2】 C20450

表示铸钢 ZG45。

2.2.2 日本钢铁材料牌号表示方法(JIS)

日本工业标准(JIS)钢号系统的特点是不仅表示出钢材种类,还表示出用途、种类和制品类型。

材料牌号第一部分以英文字母 S(Steel)表示钢,F(Ferrum)表示铁;第二部分或以英文字母或以罗马字母表示用途、种类、规格等内容。常用主要字母及含义见表 2-20。

表 2-20 常用字母含义

英文字母	罗马字母	含义	属性及所在位置
B(bar)	—	棒材	品类(后缀)
B(bolt)	—	螺栓钢	用途(第 3 位·U 后)
C(casting)	—	铸造	工艺方法(第 2 位·S 后或 C 后)
—	D(daisu)	模具钢	用途(第 3 位·K 后)
D(ductile)	—	韧性的	特性(第 3 位·C 后)
F(ferrum)	—	铁	种类(第 1 位)
F(forging)	—	锻造	工艺方法(第 2 位·S 后)
H(high speed)	—	高速钢	用途(第 3 位·K 后)
H(high temperature)	—	高温	特性(后缀)
—	J(jikuke)	轴承钢	用途(第 3 位·U 后)
—	K(kogu)	工具钢	用途(第 2 位·S 后)
—	K(kozou)	结构用钢	用途(第 3 位·T 后)
L(low temperature)	—	低温	特性(后缀)
M(malleable)	—	可锻的	特性(第 3 位·C 后)
P(pipe)	—	管	用途(第 3 位·T 后)
P(plate)	—	板材	品类(第 2 位·S 后)
P(pressure)	—	压力	特性(第 3 位)

英文字母	罗马字母	含义	属性及所在位置
P(spring)	—	弹簧钢	用途(第3位·U后)
S(special)	—	刀具钢	用途(第3位·K后)
S(stainless)	—	不锈钢	特性(第3位·U后)
S(steel)	—	钢	种类(第1位)
S(strip)	—	带材	品类(后缀)
—	T(tanzo)	锻模钢	用途(第3位·K后)
T(tupe)	—	管材	品类(第2位·S后)
U(use)	—	使用	用途(第2位·S后)
W(wire)	—	练(丝)材	品类(第2位·S后)
—	Y(ycuse)	焊接	用途(后缀)

对于合金结构钢，为进一步区分所含合金元素种类，在"S"后以化学元素符号或代号表示，几种主要合金元素单独存在或几种元素组合存在时的符号见表2-21。

表 2-21　几种合金元素标记

元　　素	锰	钼	铬	镍	铝
单独存在	Mn	Mo	Cr	Ni	Al
组合存在	Mn	M	C	N	A

钢号第三部分以数字表示钢的序号或最低抗拉强度值。

钢号主体后，可附加后缀符号表示钢材品类、成形方法（见表2-20）、热处理状态等内容，其中热处理状态符号见表2-22。

表 2-22　热处理状态符号

符　　号	热处理状态	符　　号	热处理状态
A	退火	S	固溶处理(对奥氏体或双相不锈钢)
N	正火		调质处理(对马氏体钢)
Q	淬火回火	SR	消除应力处理

各类钢牌号表示方法举例说明如下：

（1）普通碳素结构钢

S＋字母＋最低抗拉强度值

【例】 SS400

表示普通碳素钢，最低抗拉强度为 400MPa〔有时也标为 41kgf/mm² （1kgf/mm² ＝ 9.80665MPa）〕。

（2）优质碳素结构钢

S＋含碳量＋字母代号

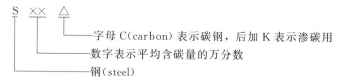

【例】　S45C

表示平均含碳量为 0.45％的优质碳素结构钢。

（3）合金结构钢

S＋元素符号＋合金元素含量代号＋平均含碳量万分数＋后缀。

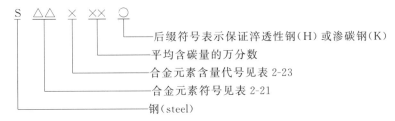

表 2-23　主要合金元素含量标记和元素含量的对应关系（JIS）　　　　　　％

分类	锰钢	锰铬钢		铬钢	铬钼钢		镍铬钢		镍铬钼钢		
元素	Mn	Mn	Cr	Cr	Cr	Mo	Ni	Cr	Ni	Cr	Mo
主要元素含量标记	2	>1.00 ~<1.30	>1.00 ~<1.30	>0.30 ~<0.90	>0.20 ~<0.80	>0.30 ~<0.80	>0.15 ~<0.30	>1.00 ~<2.00	>0.25 ~<1.25	>0.20 ~<0.70	>0.20 ~<1.00	>0.15 ~<0.40
	4	>1.30 ~<1.60	>1.30 ~<1.60	>0.30 ~<0.90	>0.80 ~<1.40	>0.80 ~<1.40	>0.15 ~<0.30	>2.00 ~<2.50	>0.25 ~<1.25	>0.70 ~<2.00	>0.40 ~<1.50	>0.15 ~<0.40
	6	>1.60	>1.60	>0.30 ~<0.90	>1.40 ~<2.00	>1.40		>0.15 ~<0.30	>2.50 ~<3.00	>0.25 ~<1.25	>2.00 ~<3.50	>1.00	>0.15 ~<1.10
	8	—	—	—	>2.00	>0.80 ~<1.40	>0.30 ~<0.60	>3.00	>0.25 ~<1.25	>3.50	>0.70 ~<1.50	>0.15 ~<0.40

【例】　SCM415

表示含铬 0.90％～1.20％、钼 0.15％～0.30％、含碳 0.13％～0.18％的铬钼型合金结构钢。

（4）弹簧钢

S＋钢种符号的字母＋数字顺序号。

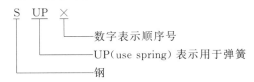

【例】　SUP6

表示弹簧用钢第 6 种。

（5）不锈钢

S＋钢种符号＋数字表示钢种和顺序号＋后缀字母。

表示钢种和顺序号的数字意义基本上采用美国 AISI 标准中的规定。

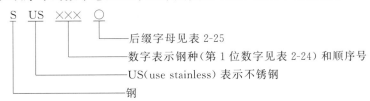

表 2-24	第 1 位数字含义		表 2-25	后缀字母含义

数字	代表含义
2	铬锰镍氮型(节镍型)奥氏体钢
3	铬镍型奥氏体钢
4	高铬马氏体或高铬铁素体型钢
5	低铬马氏体型钢(用于耐热钢)
6	沉淀硬化型不锈钢

后缀字母	代表含义
L	低碳
H	高碳
N	含氮
F	易切削
J_1、J_2、A、B、C	主要元素相同,个别元素含量有差别

【例 1】 SUS304

表示含碳≤0.08%、铬 18.00%～20.00%、镍 8.00%～10.50%的铬镍奥氏体型不锈钢。

【例 2】 SUS304LN

表示含碳≤0.03%、铬 17.00%～19.00%、镍 8.50%～11.50%、N 0.12%～0.22%的超低碳、加氮的铬镍奥氏体不锈钢。

【例 3】 SUS410

表示含碳≤0.15%、铬 11.50%～13.50%的马氏体不锈钢。

(6) 耐热钢

日本标准中的耐热钢牌号表示分两种情况,第一种是采用部分不锈钢作耐热钢使用,其牌号完全与不锈钢牌号相同;第二种是采用日本耐热钢符号"UH",但后边的用来表示钢种和顺序号的数字又分两种情况,即一种是采用美国 AISI 中耐热钢中的数字编号方法,另一种是在 AISI 标准中没有的、只在日本应用的耐热钢,则仍沿用日本以前的一位或两位数字表示。

用字头和数字表示的耐热钢牌号是:

S＋钢种符号＋数字表示钢种和顺序号 (顺序号可能是一位、二位或三位数)。

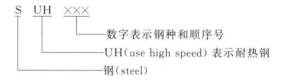

【例 1】 SUH31

表示含碳 0.35%～0.45%、硅 1.50%～2.50%、铬 14.00%～16.00%、镍 13.00%～15.00%、钨 2.00%～3.00%的耐热钢。

【例 2】 SUH309

表示含碳≤0.20%、铬 22.00%～24.00%、镍 12.00%～15.00%的耐热钢。

(7) 铸钢

日本不同类型的铸钢牌号有不同的表示方法。

① 普通碳素铸钢。S＋铸钢符号字母＋最低抗拉强度。

【例】 SC410

表示最低抗拉强度为 410MPa 的普通碳素铸钢（以前最低抗拉强度曾用 42kgf/mm^2 表示）。

② 一般工程用碳素铸钢。数字组合＋数字组合。

【例】 200-400

表示最低屈服强度为 200MPa，最低抗拉强度为 400MPa 的工程用碳素铸钢。

当采用焊接时，加后缀 W（Welding），这时该钢有具体的碳、硅、锰元素含量控制。

③ 结构用高强度铸钢。S＋钢种符号＋合金元素符号＋数字表示顺序号。

【例】 SCMn2

表示含锰的高强度铸钢第 2 种。

④ 不锈铸钢。S＋钢种符号＋不锈钢符号＋数字表示顺序号。

【例】 SCS1

表示含碳≤0.15％、铬 11.50％～14.00％ 的马氏体不锈铸钢。

⑤ 耐热铸钢。S＋钢种符号＋耐热钢符号＋数字表示顺序号。

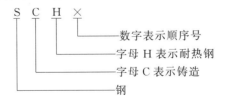

⑥ 高温高压用铸钢。S＋钢种符号＋钢种特征符号＋数字表示顺序号。

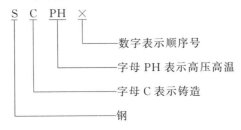

【例】 SCPH1

表示高温高压铸钢第 1 种。

⑦ 低温高压铸钢。S＋钢种符号＋钢种特征符号＋数字表示顺序号。

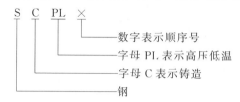

【例】 SCPL2

表示低温高压铸钢第 2 种。

（8）铸铁牌号表示方法

日本铸铁分多种，都是以字头 FC 表示，之后加字母或数字表示铸铁种类和顺序号。

① 灰铸铁。F＋C＋数字表示的单铸试棒最低抗拉强度。

【例】 FC150

表示单铸试样最低抗拉强度为 150MPa 的灰铸铁（最低抗拉强度曾用 15kgf/mm² 表示）。

对于不同尺寸的附铸试块或不同壁厚的铸件取样的实测值允许有偏差，规定在相应的标准中。

② 球墨铸铁。F＋C＋D＋数字表示的最低抗拉强度和最低伸长率。

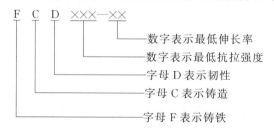

【例】 FCD 350-22

表示最低抗拉强度为 350MPa、最低伸长率为 22％的球墨铸铁（最低抗拉强度曾用 40kgf/mm² 表示）。对于不同壁厚的铸件取样和附铸试块的实测值允许有偏差值，规定在相应标准中。

③ 可锻铸铁。F＋C＋M＋特征字母＋数字表示的最低抗拉强度和最低伸长率。其中特征字母分别有 W 表示白色，B 表示黑色，P 表示珠光体。

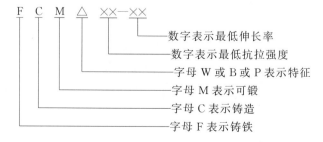

【例】 FCMB27-06

表示最低抗拉强度为 27kgf/mm^2、最低延伸率（伸长率、断后伸长率）为 6% 的白心可锻铸铁（最低抗拉强度也曾用 270MPa 表示）。

（9）高温合金牌号表示方法

高温合金也叫耐热合金。日本高温合金牌号表示是采用高温合金俗称"镍铬铁"的英文字头表示。即 NCF，其中 N 表示镍、C 表示铬、F 表示铁。之后加数字表示编号。

【例】 NCF600

表示 600 号高温合金。

（10）耐蚀合金牌号表示方法

同高温合金。

（11）堆焊材料牌号表示方法

日本堆焊焊条有铁基和钴基两大类。铁基堆焊焊条牌号以字母 D 表示焊条，后加 F，钴基堆焊焊条在字母 D 后加元素符号 Co 表示，在 DF 或 DCo 后以数字或字母表示主要合金元素或成分上的差别。

【例 1】 DF2A

表示铁基堆焊焊条中的 2A 型。

【例 2】 DCoCrB

表示含铬的钴基堆焊焊条中的 B 型。

2.2.3 韩国钢铁材料牌号表示方法（KS）

韩国钢铁材料一般采用韩国国家标准（KS）确定的牌号表示方法。

KS 标准钢铁牌号大多采用英文字母加数字表示，牌号的主体结构基本上由三部分组成。

① 第一部分是表示钢、铁或铸造状态的字母：S 表示钢的锻、轧材料，放在牌号前第一位；C 表示铸造的钢或铁，放在第二位。

② 第二部分是表示钢的成分类型、钢的用途类型等的字母。

第二部分钢的字母含义见表 2-26。

表 2-26 牌号采用的字母及代表的材料种类

牌号的字母	材料种类	牌号的字母	材料种类
S××C	碳素结构钢	SPS	弹簧钢
SMn	含锰结构钢	STB	轴承钢
SCr	铬结构钢	STC	碳素工具钢
SCM	铬钼结构钢	STD	合金工具钢
SNC	镍铬结构钢	STF	合金工具钢
SACM	铬钼铝结构钢	STS	不锈钢
SUM	易切削结构钢	STR	耐热钢

牌号的字母	材料种类	牌号的字母	材料种类
NCF	耐热合金	SCPH	高温高压用铸钢
SC	碳素铸钢	SCPL	低温高压用铸钢
SCMnH	高锰铸钢	GC	灰铸铁
SCS	不锈铸钢	GCD	球墨铸铁
SCH	耐热铸钢	MC	可锻铸铁

③ 第三部分是数字，对于不同类型的钢，或表示强度值或表示成分或表示顺序号。有时在钢号主体后加后缀字母。

（1）普通碳素钢

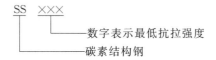

【例】 SS330

表示最低抗拉强度为330MPa的普通碳素钢。

（2）优质碳素结构钢（机械结构用碳素钢）

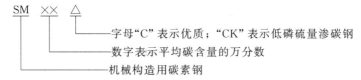

【例】 SM15C

表示平均含碳量为0.15%（0.13%～0.18%）的优质碳素结构钢。

（3）合金结构钢

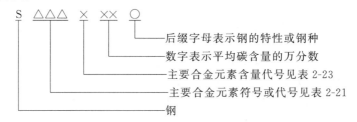

【例】 SCM418

表示平均碳含量为0.18%（0.16%～0.21%），含铬0.9%～1.2%、钼0.15%～0.30%的合金结构钢。

如加后缀字母 H——保证淬透性；TK——钢管；CP——冷轧板；CS——冷轧带；HP——热轧板；HS——热轧带。

（4）弹簧钢

【例】 SPS1

表示含碳0.75%～0.90%、锰0.30%～0.60%、硅0.15%～0.35%的弹簧钢，在弹簧

钢中编号为"1"。

（5）不锈钢

其中数字编号中，第 1 位数字含义：

2——节镍奥氏体不锈钢；

3——铬镍奥氏体不锈钢；

4——高铬马氏体不锈钢或低碳铁素体不锈钢；

6——沉淀硬化不锈钢。

第 2、3 位数字代表序号（编号）。

数字后可加字母表示特别情况：

L——超低碳；

A，B，J_1，J_2——主要成分相同、个别元素不同的钢号。

【例 1】 STS304L

表示含碳≤0.30％、铬 18.0％～20.0％、镍 9.0％～13.0％的铬镍奥氏体不锈钢。

【例 2】 STS410J1

表示含碳 0.08％～0.18％、铬 11.5％～14.0％、钼 0.30％～0.60％的高铬马氏体不锈钢，其与 STS410 的区别在于 STS410 的碳含量≤0.15％。

（6）耐热钢

【例】 STR309

表示含碳≤0.20％、铬 22.0％～24.0％、镍 12.0％～15.0％的耐热钢。

（7）铸钢

① 碳素铸钢：

【例】 SC360

表示最低抗拉强度为 360MPa 的碳素铸钢［曾以 SC37（kgf/mm^2）表示］。

② 不锈铸钢：

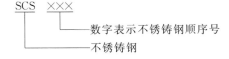

【例 1】 SCS2

表示含碳 0.16％～0.24％、铬 11.5％～14.0％的马氏体不锈铸钢。

【例2】 SCS12

表示含碳≤0.20%、铬18.0%～21.0%、镍8.0%～11.0%的奥氏体不锈铸钢。

③ 耐热铸钢：

【例】 SCH21

表示含碳≤0.40%、铬24.0%～28.0%、镍4.0%～6.0%的耐热钢。

（8）铸铁牌号表示方法

KS标准中铸铁的牌号依铸铁种类不同，用不同字母表示：

GC——灰口铸铁；

GCD——球墨铸铁；

BMC——黑心可锻铸铁；

WMC——白心可锻铸铁。

字母后面以数字表示最低抗拉强度。

【例1】 GC-100

表示 φ30mm试棒试验最低抗拉强度为100MPa的灰铸铁［曾用GC-10（kgf/mm^2）表示］。

【例2】 GCD370

表示最低抗拉强度为370MPa的球墨铸铁［曾用GCD37（kgf/mm^2）表示］。

（9）高温、耐蚀合金牌号表示方法

KS标准中规定镍铬铁高温耐蚀合金，不分以哪种元素为基，均统一编号，以字母NCF表示，其后用数字编号。

【例】 NCF60

表示含碳≤0.10%、铬21.0%～25.0%、镍58.0%～63.0%、铝1.0%～1.7%的高温耐蚀合金。

（10）堆焊材料牌号表示方法

KS标准中堆焊材料以字母DF表示，字母后以数字表示序号，有时以字母A、B或C为后缀表示成分差别。

2.2.4 俄罗斯钢铁材料牌号表示方法（ГОСТ）

ГОСТ标准是苏联国家标准，现在，俄罗斯仍沿用这个标准。按照ГОСТ标准确定的钢铁牌号表示方法中，凡是涉及合金元素时，均采用俄文字母的代号表示，而在英文或其他文献中，对ГОСТ钢号常采用相应的拉丁字母，合金元素的俄文字母代号和拉丁字母代号见表2-27。

表 2-27　钢号中表示各种合金元素的俄文字母（代号）

代　　号	合金元素名称		相应的拉丁字母[1]
	俄文	汉字及化学符号	
А	Азот	氮(N)	A
Ъ	Ннобий	铌(Nb)	B

代 号	合金元素名称		相应的拉丁字母[①]
	俄文	汉字及化学符号	
В	Волвфрам	钨（W）	V
Г	Марганец	锰（Mn）	G
Д	Мели	铜（Cu）	D
К	Кобалвт	钴（Co）	K
М	Молибден	钼（Mo）	M
Н	Никелв	镍（Ni）	N
Л	Форфор	磷（P）	P
Р	Бор	硼（B）	R
С	Кремний	硅（Si）	S
Т	Титан	钛（Ti）	T
У	углерол	碳（C）	U
Ф	Ванадий	钒（V）	F
Х	Хром	铬（Cr）	Ch
Ц	Цирконий	锆（Zr）	Ts
Ю	Алюмииий	铝（Al）	Ju

① 在英文或其他文种的文献资料中，对 Гост 钢号常常采用相应的拉丁字母表示。

ГОСТ 标准中对钢铁材料一些特性也多采用俄文字母表示，如 КП——沸腾钢；СП——镇静钢；ЦС——半镇静钢；У——碳素工具钢；Щ—轴承钢等。

（1）普通碳素钢

普通碳素钢以 СТ 表示，其后用数字表示序号，以区别质量保证项目。

1——保证 R_m、$R_{p0.2}$、A 及冷弯性能；

2——同时保证化学成分；

3——同时保证 20℃时的冲击韧性；

4——同时保证 −20℃时的冲击韧性；

5——经时效处理（对钢板保证 −20℃时的冲击韧性）；

6——同时保证冲击韧性（−40℃，只适用于钢板）。

如果钢中含锰量较高，还应加注符号"Г"。

在老钢号中还曾以字母 Б 或 В 作前缀，表示是乙类钢或特类钢（不加前缀表示为甲类钢）。

【例】 Ст- 3гпс

表示含有较高含锰量的、应保证 R_m、$R_{p0.2}$、A、冷弯性能、化学成分及 20℃条件下的冲击韧性的普通半镇静碳素钢。

（2）优质碳素结构钢

以两位数字表示钢的平均含碳量的万分数值，如果含锰量较高，在后面加注字母"Г"，对于硫、磷控制较严的高级优质钢后面加字母"A"。

【例】 45A

表示平均含碳量为 0.45%（0.42%～0.50%）的高级优质碳素钢。

（3）合金结构钢

俄罗斯的合金结构钢以化学元素表示，但采用的代表符号为俄文字母（见表 2-27）。钢号前面以数字表示平均含碳量的万分数值，后面依次用俄文字母表示主要合金元素，合金元素含量（单个元素）大于或等于 1.45% 时，在对应元素符号后面加数字"2"，小于 1.45%

时不标数字。个别元素含量大于 2.0％时，以平均含量的百分数表示，控制较低硫磷含量的高级优质钢在后面加字母"A"。

【例 1】 35XM

表示平均含碳量为 0.35％（0.25％～0.34％），含铬 0.80％～1.10％、钼 0.15％～0.25％的铬钼合金结构钢。

【例 2】 25X2H4MA

表示平均含碳量为 0.25％（0.21％～0.28％），含铬 1.35％～1.45％、镍 4.00％～4.40％、钼 0.30％～0.40％的高级优质铬镍钼合金结构钢。

（4）弹簧钢

碳素弹簧钢和合金弹簧钢的表示方法分别与碳素结构钢和合金结构钢牌号表示方法相同。

【例 1】 75

表示平均含碳量为 0.75％（0.72％～0.80％）的碳素弹簧钢。

【例 2】 60C2A

表示平均含碳量为 0.60％（0.58％～0.63％）、平均含硅量为 2.0％（1.60％～2.00％）的优质合金弹簧钢。

（5）不锈钢

俄罗斯不锈钢牌号由数字和字母表示，牌号前面用数字表示碳平均含量的万分数，之后用俄文字母表示合金元素（见表 2-27），合金元素含量以平均含量的百分数标注在对应元素的后面，平均含量不足 1.0％或微量元素可以不标出数字，只标元素代号。

【例】 12X18H12T

表示含碳≤0.12％、铬 17.0％～19.0％、镍 11.0％～13.0％、钛为 5×C～0.7％的奥氏体不锈钢。

（6）耐热钢

耐热钢牌号表示方法与不锈钢相同。

【例】 10X23H18

表示含碳≤0.10％、铬 22.0％～25.0％、镍 17.0％～20.0％的铬镍型耐热钢。

（7）铸钢

在俄罗斯 ΓOCT 标准中，以俄文字母"Л"表示铸钢，加在牌号的尾部，而含碳量、合金元素字母代号、合金元素的含量表示方法与对应锻轧材料相应类别的牌号表示方法相同。

【例 1】 45Л

表示铸造 45 钢。

【例 2】 12X18H12TЛ

表示铸造的奥氏体不锈钢 1X18H12T。

（8）铸铁

① 灰铸铁。灰铸铁用俄文字母"СЧ"表示，字母后用数字表示最低抗拉强度值。

【例】 СЧ15

表示以 ϕ30mm 试棒测得的最低抗拉强度为 150MPa 的灰铸铁，这个强度一般与实际壁厚为 15mm 的铸件性能相当，实际壁厚小于或大于 15mm 铸件的实际性能允许大于或小于 150MPa，如 СЧ15 牌号铸件壁厚为 4mm 时，强度可达 220MPa，而壁厚为 50mm 时强度约为 105MPa。

② 球墨铸铁。球墨铸铁用俄文字母 ВЧ 表示，字母后用数字表示最低抗拉强度，但其保证的是包括屈服强度、伸长率和硬度的一组性能，为了保证这组性能指标，对于不同壁厚的铸件，在碳和硅的含量上允许适当调整。

【例】 ВЧ40

表示抗拉强度≥400MPa、屈服强度≥250MPa、伸长率≥15%、硬度为 140～202HB 的球墨铸铁。

③ 可锻铸铁。可锻铸铁用俄文字母 КЧ 表示，字母后用两组数字分别表示最低抗拉强度和最低伸长率。

【例】 КЧ33-8

表示抗拉强度≥323MPa、伸长率≥8%、硬度为 100～163HB 的可锻铸铁（323MPa 由旧标准 33kgf/mm^2 换算而来）。

④ 抗磨铸铁。抗磨铸铁以俄文字母 АЧ 表示，АЧ 后分别以 С（片状石墨）、В（球状石墨）、К（团絮状石墨）表示组织中石墨的形态，最后以字母表示同类型抗磨铸铁中成分和硬度上的差异。

【例】 АЧС-2

表示含铬、镍、钛的珠光体抗磨铸铁，其硬度为 180～229HB。

⑤ 合金铸铁。所谓合金铸铁是为保证某些特殊性能，分别加入铬、硅、铝、锰或镍的铸铁，有的也适当添加一些其他合金元素。

合金铸铁用俄文字母 Ч 为头，其后分别以所添加的合金元素代号和含量的百分数表示。

【例 1】 ЧС17М3

表示含硅 16.0%～18.0%、钼 2.0%～3.0% 的高硅铸铁。

【例 2】 ЧН15Д7

表示含镍 14.0～16.0%、铜 5.0%～8.0% 的高镍铸铁。

(9) 高温合金和耐蚀合金牌号表示方法

俄罗斯高温合金和耐蚀合金基本上是铬镍铁合金，一般含镍量小于 50% 称铁基合金，大于 50% 称镍基合金。

这两类合金的牌号仍按原来的标注方法，一般不标注含碳量，合金元素按铬、镍及其他所含元素依次以俄文字母标示，其中镍以数字标示出平均含量的百分数，其他合金元素只标出字母代号而不标示其含量。

【例 1】 ХН45Ю

表示含镍 44.0%～46.0%、铬 15.0%～17.0%、铝 2.90%～3.90% 的铁基合金。

【例 2】 ХН56ВМТЮ

表示含镍约 56%、铬 19.0%～22.0%、钨 9.00%～11.00%、钼 4.00%～6.00%、硼≤0.08%、钛 1.10%～1.60%、铝 2.10%～2.60% 的镍基合金。

(10) 堆焊焊条牌号表示方法

堆焊焊条以俄文字母 Э 表示，字母后以数字表示平均含碳量万分数，之后以俄文字母表示合金元素类别和含量的百分数，个别低含量元素只标元素代号而不标含量。

【例 1】 Э-15Г5

表示平均含碳量为 0.15%（0.12%～0.18%）、含锰 4.1%～5.2% 的堆焊焊条。

【例2】 Э-120X12Г2СФ

表示平均含碳量为 1.2%（1.00%～1.40%），含铬 10.5%～13.5%、锰 1.6%～2.4%、硅 1.00%～1.70%、钒 1.0%～1.5%的堆焊焊条。

堆焊焊丝以俄文字母 НЦ 表示，字母后碳及合金元素的表示方法与堆焊焊条相似。

【例3】 Нц50X6ФМС

表示平均含碳量为 0.50%（0.45%～0.55%），含铬 5.50%～6.50%、钒 0.35%～0.55%、钼 1.20%～1.60%、硅 0.80～1.20%的堆焊焊丝。

2.2.5 美国钢铁材料牌号表示方法（SAE、AISI、ASTM、UNS、ASI）

美国标准化机构比较多，各有自己的钢铁材料标准体系和规范，所以，美国钢铁材料牌号表示方法也有多种。不同标准体系中，材料牌号表示方法也有相互联系之处。这里结合我们最常用的、典型的钢铁材料表示方法予以说明。

目前我们经常见到的多为 SAE、AISI、ASTM 和 UNS 等编号体系，核电产品材料采用的 ASME 规范材料篇中的材料基本上与 ASTM 体系相同。此外，在不同钢种中还习惯于采用不同体系的表示方法。

（1）SAE 体系编号规则

SAE 编号体系主要在碳素结构钢和合金结构钢中应用较多。

SAE 体系是将钢用四位阿拉伯数字表示，其中前面两位数字表示钢的种类（含相同种类但元素含量有差别），后两位数字表示含碳量的万分数。前两位数字代表钢种规则见表2-28。

表 2-28　SAE 编号系统

数字系统	钢组分类
00××	碳素或低合金铸钢
01××	高强度铸钢
10××	碳素钢[$w(\mathrm{Mr}) \leqslant 1.0\%$]
11××	含硫易切削钢
12××	含硫和含硫磷易切削钢
13××	锰钢[$w(\mathrm{Mn}) = 1.75\%$]
15××	较高含锰量碳素钢
23××	镍钢[$w(\mathrm{Ni}) = 3.5\%$]
25××	镍钢[$w(\mathrm{Ni}) = 5\%$]
31××	镍铬钢[$w(\mathrm{Ni}) = 1.25\%, w(\mathrm{Cr}) = 0.65\%/0.8\%$]
32××	镍铬钢[$w(\mathrm{Ni}) = 1.75\%, w(\mathrm{Cr}) = 1.07\%$]
33××	镍铬钢[$w(\mathrm{Ni}) = 3.5\%, w(\mathrm{Cr}) = 1.50\%/1.57\%$]
34××	镍铬钢[$w(\mathrm{Ni}) = 3.0\%, w(\mathrm{Cr}) = 0.77\%$]
40××	钼钢[$w(\mathrm{Mo}) = 0.2\%/0.25\%$]
41××	铬钼钢[$w(\mathrm{Cr}) = 0.5\%/0.8\%/0.95\%, w(\mathrm{Mo}) = 0.12\%/0.2\%/0.25\%/0.30\%$]
43××	镍铬钼钢[$w(\mathrm{Ni}) = 1.82\%, w(\mathrm{Cr}) = 0.5\%/0.8\%, w(\mathrm{Mo}) = 0.25\%$]
43BV××	镍铬钼钢,含硼和钒
44××	钼钢[$w(\mathrm{Mo}) = 0.4\%/0.52\%$]
46××	镍钼钢[$w(\mathrm{Ni}) = 0.85\%/1.82\%, w(\mathrm{Mo}) = 0.2\%/0.25\%$]
47××	铬镍钼钢[$w(\mathrm{Ni}) = 1.05\%, w(\mathrm{Cr}) = 0.45\%, w(\mathrm{Mo}) = 0.2\%/0.35\%$]
48××	镍钼钢[$w(\mathrm{Ni}) = 3.5\%, w(\mathrm{Mo}) = 0.25\%$]

数字系统	钢组分类
50××	铬钢[$w(Cr)=0.27\sim0.65\%$]
51××	铬钢[$w(Cr)=0.8\sim1.05\%$]
61××	铬钒钢
71××	钨铬钢[$w(W)=3.5\%/16.5\%$，$w(Cr)=3.5\%$]
72××	钨铬钢[$w(W)=1.75\%$，$w(Cr)=0.75\%$]
81××	镍铬钼钢[$w(Ni)=0.3\%$，$w(Cr)=0.4\%$，$w(Mo)=0.12\%$]
86××	镍铬钼钢[$w(Ni)=0.5\%$，$w(Cr)=0.5\%$，$w(Mo)=0.20\%$]
87××	镍铬钼钢[$w(Ni)=0.55\%$，$w(Cr)=0.5\%$，$w(Mo)=0.25\%$]
88××	镍铬钼钢[$w(Ni)=0.55\%$，$w(Cr)=0.5\%$，$w(Mo)=0.35\%$]
92××	硅锰钢
93××	镍铬钼钢[$w(Ni)=3.25\%$，$w(Cr)=1.2\%$，$w(Mo)=0.12\%$]
94××	镍铬钼钢[$w(Ni)=0.45\%$，$w(Cr)=0.4\%$，$w(Mo)=0.12\%$]
97××	镍铬钼钢[$w(Ni)=0.55\%$，$w(Cr)=0.2\%$，$w(Mo)=0.20\%$]
98××	镍铬钼钢[$w(Ni)=1.0\%$，$w(Cr)=0.8\%$，$w(Mo)=0.25\%$]

有时在数字中间加入某些字母，如加 B 表示含硼，加 L 表示含铅等。在后面加 H 表示有淬透性要求，加 LC 表示超低碳等。

（2）AISI 体系编号规则

AISI 体系对结构钢的表示基本与 SAE 体系相同。对不锈钢和耐热钢是采用三位数字表示，其中第一位数字表示钢的类型；后两位数字表示序号。

（3）ASTM 体系编号规则

ASTM 钢号编号规则基本上与 AISI 体系相同。

（4）UNS 体系编号规则

UNS 体系的钢号编制规则基本上是在原有的其他编号规则基础上稍加变动、调整编制出来的。其编号基本规则是由一个代表钢或合金的前缀字母和另加五位数字组成的。其中前缀字母的含义：

D——规定力学性能的钢材；

G——碳素和合金结构钢，含轴承钢；

H——保证淬透性钢（H 钢）；

T——工具钢；

S——不锈钢和耐热钢；

N——镍和镍基合金；

K——低合金钢；

J——碳素铸钢和合金铸钢、不锈铸钢和耐热铸钢；

F——铸铁；

W——焊接材料。

前缀后的四位数字含义与 SAE 系统基本一致，但 S1×××× 表示为沉淀硬化不锈钢。第五位数字一般情况下为"0"，必要时为其他数字，以示标记某些差别。

除以上四种常见编号系统外，对于铸造不锈钢和耐热不锈钢还常采用 ACI（美国合金铸造学会）系统表示法。

ACI 系统编号主要是由英文字母、数字及表示微量元素的代号组成的。

第一个英文字母有 C 和 H 两种，其中 C 表示用于 650℃ 以下的不锈铸钢；H 表示用于 650℃ 或 650℃ 以上的耐热铸钢。

第二个英文字母（即 C 或 H 后的字母）表示钢中含镍量的范围，见表 2-29。

表 2-29　ACI 钢号第二个英文字母所表示的含镍量（质量分数）　　　　　　　%

字母	含镍量范围	字母	含镍量范围	字母	含镍量范围
A	<1.0	F	9.0～12.0	T	33.0～37.0
B	<2.0	H	11.0～14.0	U	37.0～41.0
C	<4.0	I	14.0～18.0	W	58.0～62.0
D	4.0～7.0	K	18.0～22.0	X	64.0～68.0
E	8.0～11.0	N	23.0～27.0	—	—

在 C 类铸钢中，在第二个字母后画一短线，短线后以数字表示含碳量的万分数值；H 类铸钢中不标注含碳量。

在 C 类铸钢后面有时还标注字母，以表示钢中加入其他合金元素的种类，如 C 表示加铌、M 表示加钼、N 表示加氮等，后加 F 或 Fa 表示该钢属于易切削钢。

各类材料常见牌号表示方法举例如下。

（1）碳素结构钢

① SAE 系统表示法（即四位数字表示法）。

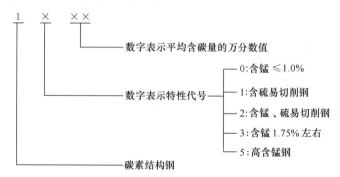

【例】　1045

表示平均含碳量为 0.45%（0.43%～0.50%）的碳素结构钢。其含锰量小于 1.00%（0.60%～0.90%）。

② UNS 系统表示法。UNS 系统碳素结构钢表示法基本与 SAE 系统相同，但在数字前加字母 G，在四位数字后加数字 0。

【例】　G10450

其与 SAE 系统中 1045 钢相同。

③ ASTM 系统表示法。ASTM 系统的碳素结构钢表示方法与 SAE 系统相同，即以四位数字表示。

【例】　1045

其与 SAE 中 1045 钢相同，即含碳 0.45% 的碳素结构钢。

（2）合金结构钢

① SAE 系统表示法。SAE 体系对合金结构钢以四位数字表示。

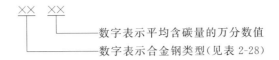

数字表示平均含碳量的万分数值
数字表示合金钢类型(见表2-28)

【例】 3140

表示平均含碳量为 0.40%（0.38%～0.43%），含镍 1.25%（1.10%～1.40%）、铬 0.55%～0.75%的镍铬合金结构钢。

② UNS 系统表示法。UNS 系统合金结构钢表示方法基本与 SAE 系统表示法相同，但在四位数字前加字母 G，在四位数字后加数字 0。

【例】 G31400

其与 SAE 系统中 3140 钢相同。

③ ASTM 系统表示法。ASTM 系统中合金结构钢表示方法完全与 SAE 系统表示方法相同。如 ASTM 3140 钢，即 SAE 系统中 3140 钢。

④ AISI 系统表示法。AISI 系统中的合金结构钢表示方法基本上与 SAE 系统中四位数字表示法相同，但有时在四位数字前加字母表示特性，如 E3140 钢，即表示用电炉冶炼的 3140 钢。

（3）弹簧钢

美国弹簧钢不同系统的表示方法，与合金结构钢不同系统表示方法相同。

（4）不锈钢

① AISI 和 ASTM 系统。AISI 和 ASTM 系统采用三位数字表示不锈钢。第 1 位数字表示钢的类型，第 2、3 位数字表示具体钢号在该类型钢中的序号，第 1 位数字的具体含义：

2——铬锰镍氮奥氏体不锈钢；

3——铬镍奥氏体不锈钢；

4——高铬马氏体不锈钢和低碳高铬铁素体不锈钢；

5——低铬马氏体不锈钢（主要是耐热钢）；

6——耐热钢和耐热镍基合金，其中 63 表示沉淀硬化不锈钢。

牌号后面有的加后缀字母表示特性，如 L 表示低碳，H 表示高碳 N，Se 表示另加入的元素。

【例1】 303

303 属于铬镍奥氏体不锈钢中第 3 号，主要成分：$w(C) \leqslant 0.15\%$；$w(Cr) = 17.0\% \sim 19.0\%$；$w(Ni) = 8.0\% \sim 10.0\%$；$w(Zr)$ 或 $w(Mo) \leqslant 0.6\%$。

【例2】 303Se

303Se 与 303 两种钢的主要成分如碳、铬、镍相同，但 303Se 钢中的 $w(Se) \geqslant 0.15$。

② UNS 系统。UNS 系统采用一个英文字母和随后的五个数字表示。S 即表示不锈钢和耐热钢，J 表示铸钢。后面数字中的第 1 位表示不锈钢的类型，后四位数字表示顺序号。第 1 位数字表示的含义为：

1——沉淀硬化不锈钢；

2——节镍奥氏体不锈钢（含耐热钢）；

3——铬-镍奥氏体不锈钢（含耐热钢）；

4——马氏体和铁素体及沉淀硬化不锈钢；

5——含铬耐热钢。

UNS 系统不锈钢中字母 S 后面的三位数字与 AISI 系统中表示不锈钢的三位数字相同（沉淀硬化不锈钢除外），后两位数字表示某些特性。

【例 1】 S30323

S30323 钢对应于 AISI 系统中 303Se 钢。

【例 2】 S17400

S17400 在 UNS 系统中表示含碳≤0.07％、铬 15.5％～17.5％、镍 3.00％～5.00％、铜 3.00％～5.00％、铌 0.15％～0.45％的沉淀硬化不锈钢，其对应 AISI 或 ASTM 系统中的 630 钢。

③ ACI 系统。ACI 系统主要用于铸造不锈钢或铸造耐热钢（见表 2-29）。

【例 1】 CF-8M

CF-8M 钢为含碳≤0.08％、铬 18.0％～21.0％、镍 9.0％～12.0％、钼 2.0％～3.0％的奥氏体铸造不锈钢。

该钢用于 650℃以下（字母 C 表示），含镍量为 9.0％～12.0％（字母 F 表示），含碳量≤0.08％（用数字 8 表示含碳量的万分数），含钼（用字母 M 表示）。

【例 2】 CA-40F

CA-40F 表示含碳量不大于 0.40％、含镍量＜1.0％的易切削铸造不锈钢，该钢的使用温度不应高于 650℃。

（5）耐热钢

耐热钢牌号表示方法基本与不锈钢相同。

但在 SAE 系统中，耐热钢以五位数字表示，其中前三位数字表示耐热钢类型，后两位数字表示序号。

302××——铬锰镍奥氏体不锈耐热钢；

303××——铬镍奥氏体不锈耐热钢；

514××——高铬马氏体和低碳高铬铁素体不锈耐热钢；

515××——低铬马氏体不锈耐热钢；

60×××——用于 650℃以下的耐热钢（铸钢）；

70×××——用于 650℃以上的耐热钢（铸钢）。

（6）铸钢

① ASTM 系统工程与结构铸钢的牌号通常以数字表示抗拉强度-屈服强度值。

而 UNS 系统是以字母"J"打头，后面有五位数字，第 2、3 位数字表示最低含碳量的万分数×100，后两位数字一般以 00 或 01 表示，以区别在成分或性能上的不同。

【例】 415-205 或 J03000

表示最低抗拉强度为 415MPa，最低屈服强度为 205MPa，该钢含碳量≤0.30％。

使用时应注意，在过去旧钢号中抗拉强度和屈服强度的计量单位为 kgf/mm^2，所以是以两位数表示的。

② 不锈铸钢和耐热铸钢的牌号表示通常采用 ACI 系统表示。

【例 1】 CF-8M

表示含碳≤0.08%、铬 18.0%～21.0%、镍 9.0%～12.0%、钼 2.0%～3.0%的奥氏体不锈铸钢。

【例2】 CA-40F

表示含碳 0.20%～0.40%、铬 11.5%～14.0%、镍≤1.0%、硫 0.20%～0.40%的含硫马氏体不锈铸钢。

(7) 铸铁牌号表示方法

① 灰铸铁。ASTM 系统的单铸试棒最低抗拉强度［以 1000psi（1psi＝6894.76Pa）为计量单位］表示，后面根据试棒规格、尺寸不同分别以 A、B、C、S 表示，分别代表直径为 22.4mm、30.5mm、50.8mm 及 S 型试棒。

UNS 系统以 F1 表示灰铸铁，其后三位数字表示单铸试棒最低抗拉强度值（以 MPa 为计量单位），最后一位数字以 1 表示。

【例】 45A 或 F13101

表示最低抗拉强度为 45×1000psi（310MPa）的灰铸铁。

② 球墨铸铁。ASTM 系统以单铸试棒的最低抗拉强度-最低屈服强度-最低伸长率表示，其中强度计量单位为 1000psi。

UNS 系统以 F3 表示球墨铸铁，F3 后三位数字表示最低屈服强度（以 MPa 为计量单位），最后一位数字以 0 表示。

【例】 65-45-12 或 F33100

表示最低抗拉强度为 65×1000psi（448MPa）、最低屈服强度为 45×1000psi（310MPa）、最低伸长率为 12%的球墨铸铁。

③ 可锻铸铁。ASTM 系统由最低屈服强度和最低伸长率表示，两者之间加字母 M。

UNS 系统以 F2 表示可锻铸铁，F2 后三位数字表示最低屈服强度。

【例】 310M8 或 F23130

表示最低屈服强度为 310MPa、最低伸长率为 8%的可锻铸铁。

④ 耐磨铸铁。ASTM 系统将耐磨白口铸铁分成三级。Ⅰ级为镍铬型、Ⅱ级为铬钼型、Ⅲ级为铬型，每级又依据具体成分或含量差别以字母 A、B、C 等加以区分。

UNS 系统以 F4500 表示耐磨铸铁，之后以 0～9 区别成分差别。

【例】 ⅡB 或 F45005

表示铬钼型耐磨铸铁第 B 种。

⑤ 耐蚀铸铁。美国耐蚀铸铁通常以 ASTM A518M 规范中确定的三个型号表示，各型号在含碳量、铬量、钼量上略有差别，含硅量相同，均属高硅耐蚀铸铁。

【例】 ASTM A518M 2 型

表示 2 型高硅铸铁，含碳 0.75%～1.15%、硅 14.20%～14.75%、铬 3.25%～5.00%、钼 0.40%～0.60%的高硅耐蚀铸铁。

⑥ 奥氏体铸铁。美国铸铁标准中，奥氏体灰铸铁和奥氏体球墨铸铁采用 ASTM A436 和 ASTM A439 中的牌号表示方法。奥氏体灰铸铁分 1、1b、2、2b、3、4、5、6 共八个牌号。对应 UNS 系统为 F41000～41007。奥氏体球墨铸铁分 D-2、D-2B、D-2C、D-3、D-3A、D-4、D-5、D-5B、D-5S 共九个牌号，对应 USN 系统为 F43000～43007（其中 D-5S 无对应牌号），不同牌号间在合金成分、含量、性能上均有差别。

【例】 ASTM A436 1b 或 F41001

表示含碳≤3.00%，含硅、锰、铬、镍、铜的奥氏体灰铸铁。其抗拉强度不低于207MPa，硬度为149～212HB。

（8）高温合金牌号表示方法

美国高温合金牌号表示尚无统一标准，我们常见的高温合金牌号主要是采用一些公司、企业的商业牌号，如 Monel（蒙乃尔合金）、Hastelloy（哈氏合金）等，有一种常见牌号是 AMS（Aerospace Material Specification）即美国宇宙空间材料标准规定的牌号，通常是在 AMS 后加四位数字表示。这里不一一列举，可在本书高温合金对照表中查阅，见表 2-193。

（9）耐蚀合金牌号表示方法

美国耐蚀合金常见的也是一些商业牌号，或按 UNS 系统的编号方法，字头以 N（镍基合金）表示，其后用五位数字表示，其中前两位数字表示成分组别（见表 2-30），后三位数字表示顺序号。

表 2-30 UNS 系统镍和镍基合金牌号系列

UNS	分组及特征	UNS	分组及特征
N01×××	（保留）	N08×××	Ni-Fe-Cr 合金,固溶强化
N02×××	商业纯 Ni 合金	N09×××	Ni-Fe-Cr 合金,沉淀硬化
N03×××	（保留）	N10×××	Ni-Mo 合金,固溶强化
N04×××	Ni-Cu 合金,固溶强化	N11×××	（保留）
N05×××	Ni-Cr 合金,沉淀硬化	N12×××	（保留）
N06×××	Ni-Cr 合金,固溶强化	N13×××	Ni-Co 合金,沉淀硬化
N07×××	Ni-Cr 合金,沉淀硬化		

具体牌号参见耐蚀合金对照表（表 2-187）。

（10）堆焊焊条牌号表示方法

美国堆焊焊条多采用 AWS（American Welding Society）即美国焊接学会制定的牌号表示方法。以采用字头 E 后面加注合金元素符号表示，其中 E 后第一个合金元素符号表示以此合金元素为基，第二个合金元素符号表示除基础合金元素之外的主加合金元素，最后以字母 A、B、C 表示该种堆焊焊条在其他成分上的差别。也有 UNS 系统表示牌号，字头 W 表示堆焊焊条，后加五位数字，其中第一位数字为 7，第二位数字表示基础元素的不同，后三位数字表示该类堆焊焊条中的其他成分差别。

【例】 ECoCr-B 或 W73012

表示含铬的钴基堆焊焊条中的 B 类。

2.2.6 德国钢铁材料牌号表示方法（DIN）

德国钢铁牌号的表示方法目前常见有两种系统，即 DIN 17006 系统和 DIN 17007 系统。

（1）DIN 17006 系统钢铁材料牌号表示方法

该系统钢铁材料牌号表示由三部分组成：

① 表示钢的强度或化学成分的主体部分；

② 冠在主体前面来表示冶炼或原始特征的字母；

③ 附在主体后面表示供应保证条件或热处理状态的数字或字母。

数字或字母表示的含义见表 2-31，多数情况下，②、③两部分可省略。

表 2-31　DIN 17006 体系牌号的主体部分以及所采用的字母和数字的含义

熔炼方法 （代表字母）	原始特征 （代表字母）	主体部分	保证范围 （代表数字）	处理状态 （代表字母）
B—贝氏炉钢 E—电炉钢（一般的） GS—铸钢 I—感应炉钢 LE—电弧炉钢 M—平炉钢 PP—熟铁 SS—焊接用钢 T—托马斯钢 Ti—坩埚钢 W—转炉钢 附加字母： B—碱性 Y—酸性	A—耐时效的 G—含较高的磷和（或）硫 H—半镇静钢 K—含较低的磷和（或）硫 L—耐碱脆的 P—可压焊的（可锻焊的） Q—可冷镦的（可挤压的，可冷变形的） R—镇静钢 S—可熔焊的 U—沸腾钢 Z—可拉伸的	①按照材料强度： 主体符号"St" 抗拉强度下限 ②按照化学成分： 碳素符号 含碳量 合金元素符号 合金含量 或 前置字母 X 含碳量 合金元素符号 合金含量	1—屈服点 2—弯曲或顶锻试验 3—冲击韧性 4—屈服点和弯曲或顶锻试验 5—弯曲或顶锻试验及冲击韧性 6—屈服点及冲击韧性 7—屈服点和弯曲或顶锻试验及冲击韧性 8—高温强度或蠕变强度 9—电气特性或磁性 无数字—弯曲或顶锻试验（每炉一个试样）	A—经回火的 B—经处理获得最好的可切削性 E—经渗碳淬火的 G—经软化退火的 H—经淬火的 HF—表面经火焰淬火的 HI—表面经高频感应淬火的 K—经冷加工的（如冷轧、冷拉等） N—经正火的 NT—经渗氮的 S—经消除应力退火的 U—未经处理的 V—经调质的

其中主体部分又分为以最低抗拉强度或化学成分两种表示方法：

① 按材料强度表示。钢号主体由字母"St"和其后用数字表示的最低抗拉强度值组成。这种方法只适用于碳钢（相当于我国普通碳素钢）。

② 按材料化学成分表示。这种表示方法适用于碳素钢（相当于我国优质碳素钢）、合金钢、不锈钢、耐热钢等多种钢种。

碳素钢以字母"C"表示在牌号前部，之后以数字表示碳含量的万分数值。按照碳素钢的不同质量级别，可在"C"后加注英文字母 k、m、f 或 g，其中"k"表示控制较低磷、硫含量的优质钢；"m"表示硫含量为 0.020%～0.035% 的优质钢；"f"表示用于表面淬火钢；"g"表示供冷镦用钢。

合金结构钢由表示碳含量万分数的数字、所含主要的合金元素的元素符号和合金元素含量代表数字组成。合金元素以化学元素符号并按含量多少依次排列，而主要合金元素含量的代表数字以设定的倍数值表示，见表 2-32。

表 2-32　低合金钢和合金钢合金元素含量值的表示方法

合金元素	倍数（平均含量的%乘以）
Cr,Co,Mn,Ni,Si,W	4
Al,Be,Cu,Mo,Nb,Pb,Ta,Ti,V,Zr	10
Ce,N,P,S	100
B	1000

有热处理状态要求时，用表 2-31 表示的代表字母加注在牌号尾部。

包括不锈钢和耐热钢在内的高合金钢（一种合金元素含量≥5%）以字母"X"表示在牌号前部，之后以数字表示碳含量的万分数，其后用化学元素符号依含量多少按次排列表示所含的主要合金元素，而主要合金元素的含量的百分数以数字依次排列在后。含量较少的合金元素只标注元素符号而不标注含量。

铸钢的表示方法是在主体前加"GS-"（碳素铸钢和合金铸钢）或"G-"（高合金铸钢、

不锈铸钢、耐热铸钢）。而主体部分的表示与锻、轧钢相似。

在 DIN17006 系统中，铸铁是以前缀字母后或加数字表示最低抗拉强度，或加合金元素符号及数字表示含量的方法表示。

铸铁前缀依类别不同，含义见表 2-33。

表 2-33　铸铁前缀字母的含义

字母	含义	字母	含义
GG	灰铸铁	GTS	黑心可锻铸铁
GGG	球墨铸铁	GTW	白心可锻铸铁
GGV	蠕墨铸铁	GGL	片状石墨奥氏体铸铁
GGK	冷硬铸铁	GGG	球状石墨奥氏体铸铁
GGZ	离心铸铁件	G-X	抗磨铸铁

（2）DIN17007 系统钢铁材料牌号表示方法

DIN17007 系统钢铁材料牌号用七位数字表示。

第一位数字表示材料类别，见表 2-34。

表 2-34　第一位数字含义

数字	含义	数字	含义
0	生铁和铁合金	3	轻金属
1	钢或铸钢	4～8	非金属
2	重金属		

第二、三位数字表示钢组号（只列出通用机械材料部分）。

00～06　　普通碳素钢；

08～09　　硅、锰含量较高的钢；

11～12　　优质碳素结构钢；

40～45　　不锈钢；

46　　　　耐大气腐蚀钢；

47～48　　耐热钢；

49　　　　高温合金；

50～85　　合金结构钢。

第四、五位数字表示在同一钢种中，在碳含量和合金元素含量上的差异。

第六位数字表示钢的冶炼特性，具体含义：

0——不定的或无意义的；

1——沸腾碱性转炉钢（托马斯钢）；

2——镇静碱性转炉钢（托马斯钢）；

3——特殊冶炼方法沸腾钢，例如特殊精炼转炉钢；

4——特殊冶炼方法镇静钢，例如特殊精炼转炉钢；

5——沸腾平炉钢；

6——镇静平炉钢；

7——沸腾氧气吹炼钢；

8——镇静氧气吹炼钢；

9——电炉钢。

第七位数字表示热处理状态，具体含义：

0——不经处理或自由处理（在变形加工后，不希望或不保证进行热处理）；

1——正火；

2——软化退火；

3——热处理后具有良好的切削加工性；

4——韧性调质；

5——调质；

6——硬性调质；

7——冷变形；

8——弹簧硬化冷变形；

9——根据特殊规定的处理。

有时，第六、七位数字不予标出。

各种钢具体表示方法举例如下。

（1）普通碳素钢（以强度表示）

【例】 QSt37-3U

表示最低抗拉强度为 37kgf/mm^2（360～440MPa）、可用于冷镦的、未经热处理的普通碳素钢材料。对应数字牌号为 1.0114。

（2）优质碳素结构钢（以化学成分表示）

【例】 CK22N

表示控制磷、硫含量的，含碳量为 0.22%（0.15%～0.26%）、经正火处理的优质碳素结构钢。对应数字牌号为 1.1151。

（3）合金结构钢

【例】 42CrMo4V

表示平均含碳量为 0.42%（0.38%～0.45%）、含铬 0.90%～1.20%、钼 0.15%～

0.30％的合金结构钢，调质热处理状态。对应数字牌号为1.7225。

（4）弹簧钢

同合金结构钢。

（5）不锈钢和耐热钢

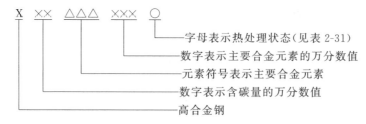

【例】 X20CrMo13

表示平均含碳量为0.20％（0.17％～0.22％），含铬12.00％～14.00％、钼0.90％～1.30％的马氏体不锈钢。未强调热处理状态。对应数字牌号为1.4120。

（6）铸钢

① 碳素铸钢。在DIN17006中规定碳素铸钢有两种表示方法。

以最低抗拉强度表示：

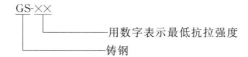

【例】 GS-45

表示保证最低抗拉强度为45kgf/mm^2（441MPa）的碳素铸钢。对应数字牌号为1.0446。

以化学成分表示：

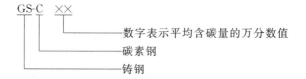

【例】 GS-C10

表示平均含碳量为0.10％的碳素铸钢。

② 合金铸钢。通常用化学成分表示。

【例】 GS-12CrMo19.5

表示平均含碳量为0.12％（0.08％～0.15％），含铬4.5％～5.5％、钼0.45％～0.55％的合金铸钢。对应数字牌号为1.7363。

③ 高合金铸钢（铸造不锈钢、铸造耐热钢）。

【例】 G-X6CrNi18.9

表示含碳≤0.06%、铬18.0%～20.0%、镍9.0%～11.0%的奥氏体不锈钢。数字牌号为1.4308。

（7）铸铁牌号表示方法

铸铁牌号表示方法依铸铁种类不同而异，不同种类铸铁的字头代号见表2-33。

① 其中灰铸铁、球墨铸铁、蠕墨铸铁、可锻铸铁是在字头符号后以数字表示最低抗拉强度或以数字表示最低抗拉强度和最低伸长率。

【例1】 GG-20

表示单铸试棒最低抗拉强度为20kgf/mm^2（196MPa）的灰铸铁。对应数字牌号为0.6020。

【例2】 GTS-45-06

表示单铸试棒最低抗拉强度为45kgf/mm^2（441MPa）、最低伸长率为6%的黑心可锻铸铁。对应数字牌号为0.8145。

② 特殊铸铁通过在字头符号后加注化学元素符号和数字表示的合金元素含量百分数值来表示。

【例】 GGL-NiMn13.7

表示镍含量为12.0%～14.0%、锰含量为6.0%～7.0%的奥氏体合金铸铁。数字牌号为0.6652。

（8）耐蚀合金和高温合金牌号表示方法

德国耐蚀合金依种类不同有两种表示方法：

① 铁基耐蚀合金牌号表示与耐热钢牌号表示相同。

【例】 X15CrMo12-1

表示平均含碳量为0.15%（0.12%～0.17%），含铬11.00%～12.00%、钼1.00%～1.30%，其余为铁的铁基合金。

② 镍基或钴基合金牌号表示是分别以镍或钴的元素符号在前，之后依所含的其他主要合金以化学元素符号和随其后的数字表示含量百分数值的方式，含量较少的合金元素只标出化学元素符号，不标注含量。

【例1】 NiCr19CoMo

表示平均含铬量为19.00%（18.00%～20.00%），还含有钴和钼的镍基合金。

【例2】 CoCr20W15Ni

表示平均含铬量为20.00%（19.00%～21.00%），平均含钨量为15.00%（14.00%～16.00%），还含有镍的钴基合金。

2.2.7 英国钢铁材料牌号表示方法（BS）

英国BS标准钢铁材料牌号表示方法依据锻轧钢、铸钢、铸铁种类不同有不同的表示准则。

对于锻轧型的钢材牌号基本上由字母和数字组成。字母在中间，字母的表示含义为：

A（analyse）——材料按化学成分供应。

M（mechanical）——保证力学性能供应。

H（hardenability）——保证淬透性的材料。

S（stainless）——不锈钢或耐热钢材料。

字母前面一般有三位数字，这三位数字依据碳素钢、合金钢、不锈（耐热）钢表示出不同意义，如在碳钢中，这三位数字表示含锰量或含硫量的差别；在合金钢中，这三位数字表示合金系列组别；在不锈钢或耐热钢中，这三位数字表示钢种类及不同组别顺序号。

字母前第 1、2 位数字具体含义见表 2-35 和表 2-36。

表 2-35　钢号中第 1 位数字所表示的钢类

第一位数字	0	1	2
钢类	碳素钢		
	普通含锰量	较高含锰量	易切削
第一位数字	3	4	5～9
钢类	不锈钢		
	奥氏体型	马氏体和铁素体型	参见表 2-36

表 2-36　合金钢钢号中第 1、2 位数字表示的钢组系列

第一、二位数字	钢组系列	第一、二位数字	钢组系列
50	Ni 钢	78	MnNiMo 钢
51	（保留备用）	79	（保留备用）
52	Cr 钢[平均 $w(Cr)<1\%$]	80	NiCrMo 钢[平均 $w(Ni)<1\%$]
53	Cr 钢[平均 $w(Cr)\geqslant1\%$]	81	NiCrMo 钢[平均 $w(Ni)=1\%～1.5\%$]
54～59	（保留备用）	82	NiCrMo 钢[平均 $w(Ni)=1.5\%～3\%$]
60	MnMo 钢	83	NiCrMo 钢[平均 $w(Ni)=3\%～4.5\%$]
61～62	（保留备用）	84～86	（保留备用）
63	NiCr 钢[平均 $w(Ni)<1.1\%$]	87	CrNiMo 钢[Cr 为主元素,$w(Cr)>1\%$]
64	NiCr 钢[平均 $w(Ni)=1.1\%～2.5\%$]	88	（保留备用）
65	NiCr 钢[平均 $w(Ni)=2.5\%～4.5\%$]	89	CrMoV 钢
66	NiMo 钢	90	CrMoAl 钢
67～69	（保留备用）	91	（保留备用）
70	CrMo 钢[平均 $w(Cr)<1.1\%$]	92	SiMnMo 钢
71	（保留备用）	93	（保留备用）
72	CrMo 钢[平均 $w(Cr)\geqslant3\%$]	94	MnNiCrMo 钢
73	CrV 钢	95～99	（保留备用）
74～77	（保留备用）		

字母后面两位数字在碳钢和合金钢中表示含碳量的万分数值；在不锈钢中则表示基本成分相同钢组中不同牌号的区分号。

对于铸钢牌号是以字母及字母后面的数字表示，铸钢字母表示铸钢种类见表 2-37，而字母后数字表示序号。

表 2-37　铸钢字母含义

字母	A	AL 或 BL	B	BT	AW	BW	AM
含义	碳素铸钢	低温铸钢	高温铸钢	高强铸钢	抗磨铸钢	抗磨蚀铸钢	高磁导率铸钢

BS 标准中铸铁牌号表示方法依铸铁种类不同而有差别，如灰铸铁和球墨铸铁用数字表示抗拉强度，而抗磨铸铁和奥氏体铸铁则用字母加数字表示。

BS 标准中各类材料牌号表示举例如下：

（1）碳素钢

英国碳素钢又分为普通含锰量、较高含锰量和易切削三种，具体牌号的表示方法也略有区别。

① 普通含锰量碳素钢。

【例】 040A10

表示平均含碳量为 0.10%（0.08%～0.13%）、含锰 0.30%～0.50%、保证化学成分供应的碳素钢。

② 较高含锰量碳素钢。

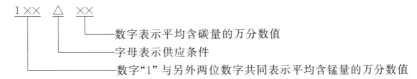

【例】 150M19

表示平均含碳量为 0.19%（0.15%～0.23%）、含锰 1.30%～1.70%、按力学性能供应的碳素钢。

③ 含硼碳素钢。

【例】 185H40

表示平均含碳量为 0.40%（0.36%～0.45%）、含锰量较高、含硼的碳素钢，保证淬透性供应。

④ 易切削碳素钢。

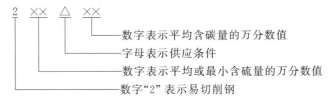

【例】 214M15

表示平均含碳量为 0.15%（0.12%～0.18%）、含硫 0.10%～0.18%、保证力学性能的易切削碳素钢。

（2）合金结构钢

合金结构钢包括合金弹簧钢、合金轴承钢等，也是用数字和供应条件字母表示，不同钢种、钢组主要取决于前三位数字。第1、2位数字代表含义见表2-36，第3位数字表示同钢组中的区别号。

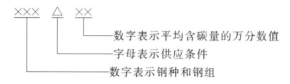

数字表示平均含碳量的万分数值
字母表示供应条件
数字表示钢种和钢组

【例1】 708A30

表示平均含碳量为0.30%（0.28%～0.33%），含铬0.90%～1.20%、钼0.15%～0.25%，保证化学成分的铬钼合金钢。

【例2】 822M17

表示平均含碳量为0.17%（0.14%～0.20%），含镍1.75%～2.25%、铬1.30%～1.70%、钼0.15%～0.25%，保证力学性能的镍铬钼合金钢。

（3）弹簧钢

弹簧钢牌号表示方法同合金结构钢。

（4）不锈钢和耐热钢

按BS标准表示的不锈钢和耐热钢牌号，也是以数字和字母表示的，字母为"S"，第1位数字表示钢的类型，如：

2——铬锰镍氮型奥氏体不锈钢或耐热钢。

3——铬镍型或铬镍钼型奥氏体不锈钢或耐热钢。

4——马氏体或铁素体不锈钢或耐热钢。

第2、3位数字表示钢的特性、化学成分或钢组。第1～3位数字含义基本上与美国AI-SI标准相同。

字母"S"后的两位数字表示碳含量基本相同的钢组中的不同区分号。

【例1】 304S11

表示含碳量≤0.030%，含铬17.0%～19.0%、镍9.0%～12.0%的铬镍奥氏体不锈钢。

【例2】 420S29

表示含碳量为0.14%～0.20%、含铬11.5%～13.5%的马氏体不锈钢。

（5）铸钢

① 碳素铸钢和合金铸钢牌号是以字母和其后数字表示的，字母含义见表2-37，字母后面的数字表示序号。

【例1】 A4

表示含碳0.18%～0.25%、锰1.2%～1%的碳素铸钢（4号碳素铸钢）。

【例2】 B3

表示含碳≤0.18%、铬2.00%～2.75%、钼0.90%～1.20%、锰0.4%～0.7%的高温用铬钼铸钢（3号高温用铸钢）。

② 铸造不锈钢和铸造耐热钢牌号的表示方法基本上与锻轧不锈钢和耐热钢相似，但字母"S"变为字母"C"，字母的前三位数字和后两位数字表示的含义相同，有特殊要求时，在牌号后标注。

【例1】 304C12

表示含碳≤0.03%、铬17.00%～21.00%、镍8.00%～12.00%的奥氏体铸造不锈钢。

【例2】 304C12T196

表示含碳≤0.03%、铬17.00%～21.00%、镍8.00%～12.00%的奥氏体铸造不锈钢，但除保证一般性能外，还保证在-196℃的条件下的冲击值A_{kv}≥41J。

（6）铸铁牌号表示方法

BS标准确定的铸铁牌号表示方法依据铸铁种类不同而不同。

① 灰铸铁。灰铸铁牌号是用三位数字表示单铸试棒保证的最低抗拉强度。而实际铸件根据壁厚不同允许下降。

【例】 150

表示单铸试棒最低抗拉强度为150MPa的灰铸铁。

② 球墨铸铁。球墨铸铁的牌号用两组数字表示，两组数字之间用斜线分隔。上组数字表示单铸试棒最低抗拉强度；下组数字表示最低伸长率。

【例】 800/2

表示最低抗拉强度为800MPa、最低伸长率为2%的球墨铸铁。

③ 可锻铸铁。可锻铸铁牌号由字母和后面的两组数字表示，字母B表示黑心可锻铸铁，W表示白心可锻铸铁，P表示球状石墨可锻铸铁，字母后两组数字分别表示ϕ12mm单铸试棒的最低抗拉强度和最低伸长率。

【例】 W40-05

表示单铸试棒最低抗拉强度为40kgf/mm²（392MPa），最低伸长率为5%的白心可锻铸铁。

④ 抗磨铸铁。抗磨铸铁牌号是以数字和其后的字母表示的。数字"1"表示非合金或低合金抗磨铸铁；"2"表示镍铬抗磨铸铁；"3"表示高铬抗磨铸铁。数字后常加注A～E之间的一个字母，作为顺序号。

【例】 3A

表示含铬14.00%～17.00%，还含有少量镍、钼、铜的高铬耐磨铸铁。

⑤ 奥氏体铸铁。奥氏体铸铁牌号是以字母F（片状石墨）或S（球状石墨）为头，其后用数字作为顺序号的方法表示的。

【例】 S2

表示球状石墨状态的奥氏体铸铁。

（7）耐蚀合金牌号表示方法

英国耐蚀合金基本分成铁基耐蚀合金和镍基耐蚀合金两大类，但牌号表示方法没有区别，都是以字母"NA"和其后用数字表示顺序号的方法。

【例1】 NA2

表示镍基合金之一种。

【例2】 NA16

表示铁基耐蚀合金之一种。

2.2.8 法国钢铁材料牌号表示方法（NF）

法国钢铁材料大致分为非合金钢和合金钢两大类。其中非合金钢中普通用途钢（相当于我国普通碳素钢）是以字母"A"和其后以数字表示的最低抗拉强度的方法表示，而另一类结构用碳素钢（相当于我国优质碳素钢）原则上是以字母"C"和其后以数字表示的平均含碳量的万分数值的方法表示。

而合金钢则多以钢中合金元素的法文字母代号和合金元素含量代号表示，合金元素含量代号是以数字（与含量倍数相关）表示的。法国标准中规定的元素的法文字母代号和含量倍数见表2-38。

表 2-38 钢号中表示合金元素的法文字母代号和含量倍数

元素名称及化学符号	钢号中采用的字母	倍　数	元素名称及化学符号	钢号中采用的字母	倍　数
铬　Cr	C	4	钼　Mo	D	10
钴　Co	K	4	铌　Nb	Nb	10
锰　Mn	M	4	铅　Pb	Pb	10
镍　Ni	N	4	钽　Ta	Ta	10
硅　Si	S	4	钛　Ti	T	10
钨　W	W	4①	钒　V	V	10
铝　Al	A	10	锆　Zr	Zr	10
铍　Be	Be	10	氮　N	Az	100
铜　Cu	U	10	硼　B	B	1000

① 旧标准中 W 的倍数为 10。

高合金钢在牌号前加字母"Z"，其后用化学元素符号表示合金元素，用数字表示含量百分数值。

（1）普通碳素钢

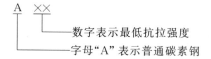

【例】　A42

表示最低抗拉强度为 42kgf/mm² （或 420MPa）的普通碳素钢。

（2）优质碳素钢

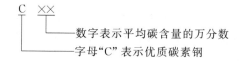

【例】　C45

表示平均含碳量为 0.45%（0.40%～0.50%）的碳素钢（如果前为 XC，则表示该牌号碳素钢的磷、硫含量控制更低）。

（3）合金结构钢

合金结构钢是以数字表示的含碳量万分数值和合金元素法文字母及合金元素含量倍数数字表示。字母代号和倍数数字见表2-38。

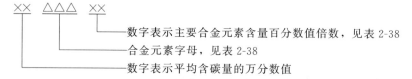

【例】　34CD4

表示平均含碳量为 0.34%（0.30%～0.37%），含铬 0.90%～1.20%、钼 0.15%～0.30%的合金结构钢。

（4）弹簧钢

弹簧钢牌号表示方法同合金结构钢。

（5）不锈钢

不锈钢牌号前冠以字母"Z"，之后用数字表示钢的平均含碳量的万分数值，碳含量后面是用法文字母表示的主要合金元素，最后是用数字表示的主要合金元素的百分数值。主要合金元素和含量依含量高低顺序排列，次要合金元素只标注合金元素代号，不标注含量。

【例】 Z6CND17-12

表示含碳≤0.07％、铬16.00％～18.00％、镍11.00％～13.00％、钼2.50％～3.00％的奥氏体不锈钢。

（6）耐热钢

耐热钢牌号的表示方法同不锈钢。

【例】 Z8NC32-21

表示含碳≤0.10％、镍30.0％～35.0％、铬19.00％～23.00％的耐热钢，其还含有少量的铝和钛元素。

（7）铸钢

现在我们看到或采用的法国铸钢牌号表示方法有两种。一种是1994年前采用的表示方法（称旧标准），其是在钢牌号尾部加字母"M"，主体部分与各自对应的锻轧材牌号表示方法相同。这种表示方法仍在大量使用，包括核电材料（RCC-M 规范 材料篇）的铸钢材料也还采用这个牌号表示方法。

【例1】 25CD4M

表示平均含碳量为0.25％（0.22％～0.28％），含铬0.80％～1.20％、钼0.15％～0.35％的铸造合金钢。

【例2】 Z3CND19-10M

表示含碳≤0.04％、铬12.00％～18.00％、镍9.00％～12.00％、钼2.25％～2.75％的奥氏体不锈钢铸件。

另一种是1994年后，逐渐向欧洲标准转化的新表示方法。铸钢的新表示方法与旧表示方法的主要区别是以字母"G"加在牌号最前部，合金元素不用法文字母代号而采用国际化学元素符号，而碳和合金元素含量的表示方法与旧标准相似。

【例3】 G25CrMo4

表示平均含碳量为0.25％（0.22％～0.28％），含铬0.80％～1.20％、钼0.15％～0.35％的铸造合金钢。

【例4】 GX4CrNi13-4

表示含碳≤0.06％、铬12.0％～13.5％、镍4.00％～5.50％的马氏体不锈铸钢。

（8）铸铁牌号表示方法

法国铸铁牌号依种类不同，冠以不同的字母代号，见表2-39。

表 2-39 铸铁前缀字母表示含义

字母	FGL	FGS	MB	MN	FB	L	S
铸铁种类	灰铸铁	球墨铸铁	白心可锻铸铁	黑心可锻铸铁	抗磨铸铁	片状石墨奥氏体铸铁	球状石墨奥氏体铸铁

其中灰铸铁、球墨铸铁，白心可锻铸铁和黑心可锻铸铁，在字头后用数字表示最低抗拉强度或最低抗拉强度与最低伸长率，抗磨铸铁和奥氏体铸铁在字头后用字母代号表示合金元素，用数字表示含量的百分数。

【例1】 FGL-150

表示附铸试棒最低抗拉强度为150MPa的灰铸铁。实际铸件依据壁厚不同，指标允许下降。

【例2】 FGS-400-15

表示最低抗拉强度为400MPa、最低伸长率为15％的球墨铸铁。

【例3】 L-NM13-7

表示平均含镍量为13.0％（12.0％～14.0％）、含锰6.0％～7.0％的片状石墨奥氏体铸铁。

（9）耐蚀合金和耐热合金牌号表示方法

法国的耐蚀合金和耐热合金通称特殊合金，按基本元素不同分铁基合金和镍基合金。铁基合金以元素符号"Fe"为头，其后用化学元素符号表示主要合金元素，用数字表示主要合金元素含量的百分数值，镍基合金以元素符号"Ni"开头，其后同样用化学元素符号和数字表示所含的主要合金元素和含量的百分数值。

【例1】 Fe-Ni36

表示平均含镍量为36.0％的铁基合金。

【例2】 Ni-Mo28

表示平均含钼量为28.0％（26.0％～30.0％）的镍基合金，这种合金还含有钒和钴。

2.2.9 瑞典钢铁材料牌号表示方法（SS）

瑞典钢铁材料牌号表示方法以前多采用瑞典工业标准即SIS（Svensk Industry Standard）标准，现在基本上采用瑞典国家标准即SS（Svensk Standard）标准，主要用四位数字表示。

（1）钢牌号表示方法

表示钢牌号的四位数字含义见表2-40。

表 2-40　钢号中四位数字含义

第一位数字	第二位数字		第三、四位数字
1：碳钢	1,2,3,4	不同含碳量的低碳钢	表示同一钢类、不同钢组或同一钢组内成分不同的钢号
	5,6	中等含碳量的碳钢,主要是调质或表面淬火用钢	
	7	弹簧钢	
	8	碳素工具钢	
	9	易切削钢	
2：合金钢（含不锈钢、耐热钢）	0	硅钢	
	1	锰钢	
	2	铬钢	
	3	高铬钢	
	4	（暂空）	
	5	高镍钢	
	6	细晶粒钢	
	7	合金工具钢	
	8	（暂空）	
	9	含铝、钒钢	

【例1】 SS1211

表示平均含碳量≤0.12%的普通碳素钢。

【例2】 SS1665

表示含碳量为0.5%～0.6%的优质碳素钢。

【例3】 SS1770

表示含碳0.65%～0.80%、硅0.15%～0.40%、锰0.50%～0.80%的碳素弹簧钢。

【例4】 SS1922

表示含碳0.12%～0.18%、硅0.10%～0.40%、锰0.80%～1.20%、硫0.15%～0.25%的易切削钢。

【例5】 SS2082

表示含碳0.50%～0.60%、硅1.50%～2.00%、锰0.60%～0.90%的含硅合金钢。

【例6】 SS2108

表示含碳≤0.20%、锰0.90%～1.60%的含锰合金钢。

【例7】 SS2216

表示含碳0.10%～0.18%、铬0.70%～1.10%的含铬合金钢。

【例8】 SS2304

表示含碳0.26%～0.35%、铬12.5%～14.0%的高铬不锈钢。

【例9】 SS2371

表示含碳≤0.030%、铬17.0%～19.0%、镍8.0%～11.0%、氮0.12%～0.22%的铬镍不锈钢。

【例10】 SS2562

表示含碳≤0.025%、铬19.0%～21.0%、镍24.0%～26.0%、钼4.0%～5.0%、铜1.2%～2.0%的高铬高镍合金。

（2）铸铁牌号表示方法

SS标准中，铸铁牌号也是用四位数字表示。其中第一、二位数字表示铸铁类型，其中01表示灰铸铁；07表示球墨铸铁；08表示可锻铸铁。第三、四位数字在灰铸铁中表示最低抗拉强度，在球墨铸铁和可锻铸铁中无确定含义。在四位数字后还有两位表示状态的数字，其中00表示铸态，02表示退火，03表示淬火回火。

【例1】 0115-00

表示最低抗拉强度为 $15 \mathrm{kgf/mm}^2$（147MPa）的铸态灰铸铁。

【例2】 0717-00

表示球墨铸铁、铸造状态。

【例3】 0862-03

表示可锻铸铁，淬火回火状态。

（3）堆焊焊条（丝）牌号表示方法

瑞典标准中的堆焊材料多采用伊沙公司（ESAB）的牌号。如堆焊焊条常用 OK Selectrode ××.×× 表示，堆焊焊丝常用 OK Tubrod ××.×× 表示，其中 ××.×× 为数字，用来表示牌号的不同。

2.2.10 欧洲标准钢铁材料牌号表示方法 (EN)

欧洲标准化委员会 (CEN) 在 1992 年制定了当时欧洲 18 个国家一致同意的钢铁牌号表示方法准则，力图在欧洲范围内推行统一的钢铁材料牌号表示方法，其中钢号分以符号表示 (EN 10027-1) 和以数字表示 (EN 10027 2) 两种。

(1) EN 10027-1 以符号表示法

该体系的一种表示方法是以字母和数字一起来表示钢的用途和特性 (力学性能、物理性能、化学性能等)。还常用一些附加符号表示使用条件、表面状态、热处理条件等。

表示用途的字母：

S——结构钢；

P——压力用途钢；

L——管道用钢；

E——工程用钢；

G——铸造钢。

字母后面以数字表示最低抗拉强度或最低屈服强度。

表示特性的附加符号主要有热处理状态，见表 2-41。

表 2-41　EN 标准中热处理代号

字　母	含　义	字　母	含　义
A	退火	AT	固溶处理
N	正火	P	沉淀硬化
AC	球化退火	WW	热加工
NT	正火、回火	C	冷作硬化处理
QT	淬火、回火	S	冷剪切预处理

质量级别代号主要有：

JR——硫、磷含量分别≤0.045%，保证 20℃时冲击吸收功；

J0——硫、磷含量分别≤0.040%，保证 0℃时冲击吸收功；

J2——硫、磷含量分别≤0.035%，保证 -20℃时冲击吸收功。

这种牌号表示法主要应用于生产型材的普通碳素钢。

另一种表示方法是以化学成分表示材料牌号。

① 碳钢 (非合金钢)。以字母 C 表示，其后用数字表示平均含碳量的万分数值。某些钢号后面标注字母 "E" 表示其中硫含量≤0.035%；加 "R" 表示硫含量控制在 0.020%～0.040%；不加符号表示控制硫、磷量均≤0.045%。

② 普通合金结构钢 (任何一种合金元素不大于 5.0%)。以数字表示平均含碳量的万分数值，其后以元素符号表示所含合金元素，顺序按含量高低依次排列，两个或两个以上合金元素含量相同时，依字母顺序排列，合金元素的平均值应乘以一个系数 (参见表 2-32)。各元素的整数值与相应元素符号顺序相同。含量较低的元素只标出符号，不标含量。

③ 较高合金元素含量 (其中一个元素≥5.0%) 的合金钢 (不含高速钢，含不锈钢，耐热钢等)。以字母 "X" 表示，字母后用数字表示平均含碳量的万分数，所含合金元素按含量高低用元素符号依次排列，合金元素含量依高低顺序用数字表示在后面，用 "-" 隔开。含量较低的元素只标符号，不标含量。

（2）EN 10027-2 以数字表示法

该体系以七位数字表示材料牌号，其中：

第一位数表示材料组别，如"1"表示钢，第二、三位数字表示钢组号（只列出通用机械材料部分），其中：

00～07 表示普通碳素钢；

11～13 表示优质碳素结构钢；

40～45 表示不锈钢；

46 表示高镍合金；

47～48 表示耐热钢；

49 表示高温合金；

50～85 表示合金钢；

87～89 表示非热处理合金钢。

第四、五位数字表示在同一种钢中，在碳含量和合金元素含量或性能上的差异。

第六、七位数字备用。

钢号举例如下。

【例1】 S235JR

表示含碳量≤0.17%，含锰量≤1.40%，含硫、磷量分别为≤0.045%，保证20℃时冲击吸收功≥27J 的普通碳素结构钢。

数字牌号为 1.0037。

【例2】 C45E

表示平均碳含量为 0.45%（0.42%～0.50%），控制硫、磷含量分别为≤0.035%的工程用优质碳素钢。

数字牌号为 1.1191。

【例3】 34Cr4

表示平均碳含量为 0.34%（0.30%～0.37%）、含铬 0.90%～1.20%的合金结构钢。

数字代号为 1.7033。

【例4】 X12CrNi25-21

表示含碳≤0.15%、铬 24.00%～26.00%、镍 19.00%～22.00%的耐热钢。

数字代号为 1.4845。

【例5】 X15CrMo12-1

表示含碳 0.12%～0.17%、铬 11.0%～12.0%、钼 1.00%～1.30%的高温合金。

数字代号为 1.4920。

【例6】 GX2CrNi19-11

表示含碳≤0.030%、铬 18.0%～20.0%、镍 9.00%～12.0%的铸造不锈钢。

现在，一些欧洲国家在采用本国钢铁材料牌号标准的同时也采用欧洲标准，这时在标准标志前加注本国标准标志，如 BS-EN（英国）、NF-EN（法国）等。

2.2.11 国际标准化组织钢铁材料牌号表示方法（ISO)

国际标准化组织采用的钢铁材料牌号方法，在 1985 年前大部分以序号或强度表示，没有形成系统和规律；1986 年后，基本上采用欧洲标准的表示方法。这里以现行的钢铁材料表示方法为主进行介绍和说明。旧标准采用的表示方法在某些情况下还有应用，所以，尽可能采用新旧方法对照的方式予以说明，为使用者提供方便。

目前国际标准化组织采用的钢铁材料牌号表示方法基本上与欧洲钢铁材料牌号表示方法相同。

对于非合金结构钢和非合金工程用钢（相当于我国的普通碳素钢）采用前缀字母和力学强度为主的表示方法。其中前缀字母"C"表示结构用钢，"E"表示工程用钢。对于需经过热处理使用的机械结构用非合金钢（相当于我国的优质碳素钢）、合金结构钢、不锈钢、耐热钢等采用以化学成分为原则的表示方法。其中合金元素用化学元素符号表示，含量以数字表示。材料牌号后面可用字母做后缀表示质量级别、材料供货状态、特性、热处理状态等。不同质量等级的后缀字母、热处理状态后缀字母和材料特性后缀字母分别见表 2-42 和表 2-43。

表 2-42 ISO 标准中表示不同质量等级的后缀字母

质量等级符号[①]	温度/℃	A_{kV}/J(不小于)	质量等级符号[①]	温度/℃	A_{kV}/J(不小于)
A		不规定	E	−50	27
B	20	27	CC	0	40
C	0	27	DD	−20	40
D	−20	27			

① E，CC，DD 主要用于高强度钢钢号的后缀，此处一并介绍。

表 2-43 ISO 标准中表示热处理状态等级的后缀字母及其含义

代表字母	含　义	代表字母	含　义
TU	未处理	TQF	经形变热处理
TA	经退火（软化退火）	TQB	经等温淬火
TAC	经球化退火	TP	经沉淀硬化处理
TM	经热机械处理	TT	经回火
TN	经正火（或控轧）	TSR	经消除应力处理
TS	经固溶处理	TS	为改善冷剪切性能的处理
TQ	经淬火		
TQW	经水淬	H	保证淬透性的
TQO	经油淬	E	用于冷镦的
TQA	经空冷淬火	TC	经冷加工的
TQS	经盐浴淬火	THC	经热/冷加工的

常见的前缀字母和表示控制 P、S 含量及钢材特性的后缀字母分别见表 2-44 和表 2-45。

表 2-44 ISO 标准中常见的前缀字母

字母	含　义	字母	含　义
C	热处理碳素钢	CE	冷挤压或顶锻钢
CF	表面淬火钢	CC	非热处理顶锻用钢

表 2-45 ISO 标准中控制磷、硫含量及钢材特性的后缀字母

字母	含　义	字母	含　义
M2	有最小含硫量要求	R	沸腾钢
E4	无最小含硫量要求	X	非沸腾钢
F	细晶粒钢	K	镇静钢
C	粗晶粒钢	B	含硼钢

钢号举例：

（1）普通碳素结构钢

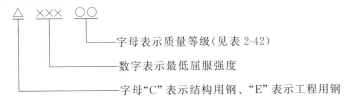

字母表示质量等级（见表2-42）

数字表示最低屈服强度

字母"C"表示结构用钢、"E"表示工程用钢

【例】 E235A

表示最低屈服强度为235MPa、不保证冲击吸收功的工程用碳素钢。对应旧钢号为Fe360（旧钢号前缀为"Fe"，数字表示的是最低抗拉强度）。

（2）优质碳素结构钢

字母表示钢的特性（见表2-45）

数字表示钢的平均含碳量的万分数值

字母表示钢的用途

【例1】 C45E4

表示平均含碳量为0.45%（0.42%～0.50%）、含硫量≤0.035%的调质型碳素钢。

【例2】 CE35B

表示平均含碳量为0.35%（0.32%～0.39%）、含硼的冷镦冷挤压碳素钢。

（3）合金结构钢

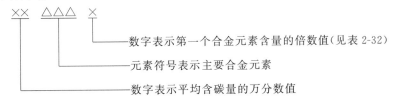

数字表示第一个合金元素含量的倍数值（见表2-32）

元素符号表示主要合金元素

数字表示平均含碳量的万分数值

有时在牌号后加字母表示含磷、硫量情况或热处理状态。

【例】 42CrMo4TQ

表示平均含碳量为0.42%（0.38%～0.45%），含铬0.90%～1.20%、钼0.15%～0.30%的经过淬火回火的合金结构钢。

（4）弹簧钢

弹簧钢牌号表示方法同合金结构钢。

（5）不锈钢

不锈钢牌号前冠字母"X"，之后分别用元素符号表示合金元素，用数字表示碳和合金元素的含量。

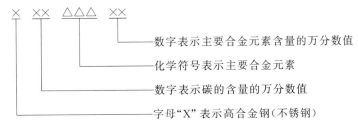

数字表示主要合金元素含量的万分数值

化学符号表示主要合金元素

数字表示碳的含量的万分数值

字母"X"表示高合金钢（不锈钢）

旧牌号以数字表示，无规律。

【例1】 X2CrNiMoN17-11-2

表示含碳≤0.03%、铬 16.00%～18.00%、镍 10.00%～12.50%、钼 2.00%～3.00%、氮 0.12%～0.22%的奥氏体不锈钢。

对应旧牌号近于 19N。

【例2】 X17CrNi16-2

表示平均碳含量为 0.17%（0.12%～0.22%）、含铬 15.00%～17.00%、镍 1.50%～2.50%的不锈钢。

对应旧牌号近似于 9b。

（6）耐热钢

耐热钢牌号表示方法同不锈钢。

旧钢号表示方法是字母"H"后加数字顺序号。

【例】 X10CrAlSi25

表示含碳≤0.12%、铬 23.00%～26.00%、铝 1.20%～1.70%、硅 0.70%～1.40%的耐热钢。

对应旧牌号是 H6。

（7）铸钢牌号表示方法

① 碳素铸钢。碳素铸钢牌号主体部分以两组数字表示，其中第一组数字表示最低屈服强度，第二组数字表示最低抗拉强度，铸钢的一些特性以字母表示在牌号后面，如 W 表示保证焊接性、H 表示高温耐热、L 表示低温等。其中承压碳素铸钢牌号前加字母"C"、C 后数字×10 表示强度值。

【例】 200-400W

表示最低屈服强度为 200MPa、最低抗拉强度为 400MPa、保证焊接性的碳素铸钢。

② 不锈铸钢和耐热铸钢。不锈铸钢和耐热铸钢牌号前冠字母"C"，后用数字表示顺序号，一些特性以字母标注在牌号后。

【例】 C47

表示 47 号不锈铸钢（相当于我国 ZG1Cr18Ni9）。

（8）铸铁牌号表示方法

ISO 标准中的铸铁牌号依铸铁种类不同有不同的表示方法。

① 灰铸铁。灰铸铁以一组数字表示最低抗拉强度。

【例】 150

表示单铸试块最低抗拉强度为 150MPa 的灰铸铁。实际铸件性能依铸件有效厚度不同有调整。

② 球墨铸铁。球墨铸铁牌号以两组数字表示，第一组数字表示最低抗拉强度；第二组数字表示最低伸长率。

【例】 400-15

表示最低抗拉强度为 400MPa、最低伸长率为 15%的球墨铸铁。

③ 可锻铸铁。可锻铸铁牌号也是以两组数字表示，第一组数字表示最低抗拉强度；第二组数字表示最低伸长率，其中白心可锻铸铁牌号前加字母"W"，黑心可锻铸铁牌号前加字母"B"。

【例】 B35-10

表示最低抗拉强度为 $35kgf/mm^2$（343MPa）、最低伸长率为 10％的黑心可锻铸铁。

④ 奥氏体铸铁。奥氏体铸铁主体部分以所含主要合金元素（以化学元素符号表示）和以数字表示的主要合金元素含量的百分数值表示。片状石墨奥氏体铸铁在牌号前加字母"L"，球状石墨奥氏体铸铁在牌号前加字母"S"。

【例】 L-NiSiCr 30-5-5

表示含镍 28.0％～32.0％、硅 5.0％～6.0％、铬 4.5％～5.5％的呈片状石墨的奥氏体铸铁。

（9）耐蚀合金和耐热合金牌号的表示方法

ISO 标准中的耐蚀合金和耐热合金基本是镍基合金，其牌号中第一个元素符号为 Ni，之后以合金元素符号和数字表示主要合金元素类别和含量百分数及含碳量万分数值。

旧牌号以字母"H"后加数字顺序号表示。

【例】 NiCr15Fe8

表示含碳≤0.15％、铬 14.0％～17.0％、铁 6.0％～10.0％的镍基合金。

对应旧牌号是 H21。

2.2.12 核泵常用钢铁材料牌号表示方法

目前，我国核电用泵材料主要采用两种标准。

第一种是由美国机械工程师学会（ASME）制定的《ASME 锅炉及压力容器规范》材料篇（第Ⅱ卷）中的 A 篇（铁基材料）、B 篇（非铁基材料）、C 篇（焊接材料），习惯上称为 ASME 材料。

第二种是由法国核岛设备设计制造协会（AFCEN）制定的《压水堆核岛机械设备的设计与建造规范》(RCC-M 规范) 中材料篇（第Ⅱ卷），即 M 篇，习惯上称为 RCC-M 材料。

（1）ASME 规范材料牌号的表示方法

ASME 材料基本上完全（或稍有改动）采用美国材料与试验协会（ASTM）的材料规范。

ASME 材料规范的内容不仅有成分、性能要求，还对材料生产全过程的各个制造和检验环节都有相应的明确规定，因此能满足订货要求。它是材料生产厂、材料用户和标准规范制定部门等各方都可接受的一个规范，具有严密性和可操作性。

这个材料规范编制的特点是以材料类型、主要用途和使用特性为原则，在某一具体标准中又常以不同级别（grade）和类别（class）定位。在一个材料标准中，同一个级别可能包含几种材料，一种材料也可能归属于不同级别，甚至存在于不同材料标准中。使用时应予注意。

ASME 材料标准是采用 ASTM 标准，但为示区别，ASME 标准在 ASTM 对应标准号前加 S，例如 ASME SA194/SA194M 采用 ASTM A194/A194M。

在 ASME 材料标准中，具体材料牌号多采用美国钢铁学会（AISI）的材料牌号表示方法，如 ASME SA193 B8 的材料按 AISI 牌号表示为 AISA 304。

在实际应用中，应按 ASME 材料标准中确定的标志规范，如标 ASME SA 193 B8 而不标 AISA 304。

（2）RCC-M 规范材料牌号的表示方法

RCC-M 规范的材料篇根据材料用途、类别、使用条件分类编制，每一具体标准都包含材料成分、性能、制造方法、检验与试验标准、验收标准等具体内容，很有针对性和实用性。

RCC-M 规范中材料牌号基本采用法国国家标准（NF）中规定的钢铁材料牌号表示方法，但在具体应用时应同时注明 RCC-M 的标准号和材料牌号，如 RCC-M M5120 42CrMo4，不标42CrMo4。

使用 RCC-M 标准中的材料时，对于锻轧材或铸材的种类标志应清楚、明确。

2.2.13　钢铁材料的商业牌号

随着使用条件的多样化和某些特殊的需要，通用的标准材料已不能满足要求，一些材料生产企业、公司根据要求研发、生产一些具有特点的材料，作为公司专利或出于技术保密考虑，这些材料不采用统一的牌号表示规则，有的以公司名称或以材料特征、用途确定材料牌号，这便是我们常说的商业牌号。常用材料中常常采用一些商业牌号材料，这些商业牌号有的和一些标准材料牌号相似，但却有区别。所以在使用这些牌号材料时应予以注意。机械用材料常见的商业牌号见相应钢种介绍内容。

2.3　有色金属及合金牌号表示方法

有色金属及合金种类、品种、状态很多，所以牌号的表示方法也比较复杂。本节只介绍通用机械零件可能涉及的一些有色金属和合金的牌号常见表示方法。

2.3.1　中国有色金属及合金牌号表示方法（GB）

我国有色金属牌号表示方法的基本原则是以汉语拼音字头为前缀表示种类，见表2-46。代号后或以数字表示顺序号或以化学元素符号及数字表示所含主要合金元素的种类和含量，最后还以汉语拼音表示产品状态、特性等。其中产品状态代号和热处理状态代号见表 2-47。

表 2-46　常用有色金属、合金名称及代号

名称	铜	黄铜	青铜	白铜	铝	镁	镍	钛及合金
代号	T	H	Q	B	L	M	N	T、TA

表 2-47　有色金属供应状态或热处理状态的表示方法

供应状态代号	含　义	热处理状态代号	含　义
R	热轧、热挤	T1	人工时效
M	退火（软）	T2	退火
CZ	淬火，自然时效	T4	淬火（固溶处理）自然时效
CS	淬火，人工时效	T5	淬火（固溶处理）+不完全人工时效
Y	硬	T6	淬火（固溶处理）+完全人工时效
Y1	3/4 硬	T7	淬火（固溶处理）+稳定化回火
Y2	1/2 硬	T8	淬火（固溶处理）+软化回火
Y3	1/3 硬	F	铸态
Y4	1/4 硬	C	淬火
CZY	淬火，自然时效，硬化		
CSY	淬火，人工时效，硬化		
TY	特硬		
TM	特软		

（1）铜及铜合金

纯铜也叫紫铜，铜与其他合金元素组成的合金叫铜合金，如黄铜、青铜、白铜等。

① 纯铜。纯铜代号为汉语拼音字母"T"，无氧纯铜记"TU"，真空纯铜记"TK"。在代号后加数字，表示该种纯铜的序号，不同序号的纯铜在成分上略有差别，有时在牌号后标注状态。

【例】 T1-M

表示 1 号纯铜，其含铜量不小于 99.95％，产品状态为退火。

② 黄铜。黄铜是铜和锌（Zn）的合金，有的还加入其他合金元素，根据加入合金元素的名称，分别叫锰黄铜、硅黄铜等。

黄铜代号为汉语拼音字母"H"，后加数字表示铜的含量百分数值，除铜外，其余为锌。

【例1】 H70

表示平均含铜量为 70％ 的黄铜，其余 30％ 左右为锌。

除加入铜、锌之外还有加锰的叫锰黄铜，加硅的叫硅黄铜，加锡（Sn）的叫锡黄铜等。这时在代号"H"后加该元素符号，同时在铜含量后以数字表示该元素的含量。

【例2】 HSn70-1

表示平均含铜量为 70％、平均含锡量为 1％、其余为锌含量的锡黄铜（有的黄铜除主加元素外，还含有少量其他元素）。

铸造黄铜的代号为汉语拼音字母"Z"，代号后用元素符号依次表示合金元素的种类，在元素符号后以数字表示该元素平均含量（铜含量不标注）。

【例3】 ZCuZn25Al6Fe3Mn3

表示含锌 25％、铝 6％、铁 3％、锰 3％ 的铸造黄铜，铜含量在 60％～66％ 之间。

③ 青铜。青铜是铜和锡、铝（Al）、硅、锰、铬、铍（Be）、镉（Cd）、锆（Zr）、钛（Ti）等元素组成的合金统称。其中，除铜元素外，主加元素为锡的叫锡青铜，主加元素为铝的叫铝青铜，主加元素为铍的叫铍青铜。

青铜的代号为汉语拼音字母"Q"，代号后为主加元素符号，再后面是以数字表示主加元素、辅加元素的含量百分数值。

【例1】 QSn4-3

表示锡平均含量为 4％、锌平均含量为 3％、其余为铜的锡青铜。

铸造青铜牌号表示方法与铸造黄铜相同。

④ 白铜。以镍为主要合金元素的铜基合金叫白铜；除铜、镍元素外，还加入铁元素的叫铁白铜；加锰元素的叫锰白铜等。

白铜的代号为汉语拼音字母"B"，还加有其他合金元素的则在代号后以该元素符号标注，再后分别以数字表示镍和加入元素的含量百分数值。

【例1】 B5

表示平均含镍量为 5％ 的白铜。

【例2】 BMn3-12

表示平均含镍量为 3％、平均含锰量为 12％ 的锰白铜。

（2）铝及铝合金

铝及铝合金分为加工（变形）铝和铸造铝两类。

铝和铝合金的牌号以数字和英文字母组合构成，第 1 位数字表示其组别，含义见表 2-48。

第 2 位为英文字母，其中 A 表示铝和铝合金原始型，其他字母表示铝和铝合金的改进型。纯铝英文字母后的数字表示最低铝含量的百分数，如果精确到 0.01％时则表示小数点后的两位数字。铝合金英文字母后面的两位数字表示同一组中不同的铝合金。

表 2-48　第 1 位数字含义

数字	组　　别	数字	组　　别
1	纯铝(铝含量不小于 99.00％)	5	以镁为主要合金元素的铝合金
2	以铜为主要合金元素的铝合金	6	以镁和硅为主要合金元素的铝合金
3	以锰为主要合金元素的铝合金	7	以锌为主要合金元素的铝合金
4	以硅为主要合金元素的铝合金	8	以其他元素为主要合金元素的铝合金

【例 1】　1A99

表示纯度大于 99.99％的纯铝，曾用牌号 LG5。

【例 2】　2A10

表示以铜（3.9％～4.5％）为主要加入元素的铝合金，曾用牌号 LY10。

【例 3】　2B50

表示以铜（1.8％～2.6％）为主要加入元素的改进型铝合金，曾用牌号 LD6。

【例 4】　3A21

表示以锰（1.0％～1.6％）为主要加入元素的铝合金，曾用牌号 LF21。

此外也可以用国际铝及铝合金牌号表示方法，即用四位数字表示。

第 1 位数字含义可参见表 2-48。纯铝的第 2 位数字表示生产中对杂质的控制种类数，铝合金的第 2 位数字表示对合金的修改次数。纯铝的最后两位数字表示最低铝含量的百分数，如果精确到 0.01％时则表示小数点后的两位数字。铝合金的最后两位数字无特殊意义仅表示同一系列中的不同合金。

【例 5】　1050

表示纯度大于 99.50％的纯铝，对杂质元素没有特殊控制。

【例 6】　2219

表示以铜为主要加入元素，并且经过两次修改的铝合金，相当于曾用牌号 LY19。

铸铝以汉语拼音字母 Z 表示，后面加所含合金元素及含量的百分数值，合金元素以化学元素符号表示。根据规定，每种铸造合金还有对应代号以 ZL 表示，后面数字表示顺序号。

【例 7】　ZAlSi7Mg

表示含硅 6.5％～7.5％和镁 0.25％～0.45％的铸造铝合金，代号是 ZL101。

（3）钛及钛合金牌号的表示方法

① 加工（变形）钛和钛合金的牌号以其具有的退火状态下的金相组织不同分类，"TA"表示具有 α 组织，"TB"表示具有 β 组织，"TC"表示具有 α+β 组织。其后以数字表示成分或用途上的差异。

【例 1】　TA5

表示含 3.3％～4.7％铝的具有 α 组织的钛合金。

【例 2】　TB2

表示含 2.5％～3.5％铝、4.7％～5.7％锡、4.7％～5.7％钒和 7.5％～8.5％铬的具有

β组织的钛合金。

【例3】 TC2

表示含有3.5%～5.0%铝和0.8%～2.0%锰的具有α+β两相组织的钛合金。

② 铸造钛及钛合 铸造纯钛以字母Z后面加钛的元素符号Ti及数字表示，其中数字表示质量等级。铸造钛合金以在ZTi字母后面加所加入的合金元素符号和含量百分数值表示。

【例1】 ZTi-3

表示三级铸造纯钛，代号ZTiA3。

【例2】 ZTiA16V4

表示含5.5%～6.8%铝、3.5%～4.5%钒的铸造钛合金，代号ZTC4。

（4）轴承合金

轴承合金其实是铸造有色金属的一类，其主要用来制作滑动轴承。其牌号表示是根据主合金元素不同分别以ZSn、ZPb、ZCu、ZAl打头分别表示锡基、铅基、铜基和铝基轴承合金，其后再依次用元素符号和数字表示辅加元素及平均含量。

【例1】 ZSnSb8Cu4

表示含7.0%～8.0%铅和3.0%～4.0%铜的锡基轴承合金。

【例2】 ZCuSn5Pb5Zn5

表示锡、铅、锌含量均为4.0%～6.0%的铜基轴承合金。

2.3.2 日本有色金属及合金牌号表示方法（JIS）

日本有色金属牌号的表示方法原则上是以英文字母及后面的四位数字表示。

（1）铜及铜合金加工产品牌号表示方法

日本铜及铜合金加工产品以英文字母"C"（英文copper的字头）表示。C后第1位数字表示铜及铜合金的类型，见表2-49。

表 2-49　C后第1位数字表示的意义

数字	表 示 意 义	数字	表 示 意 义
1	纯铜、高铜系合金	6	Cu-Al 及 Cu-Sn 合金
2	Cu-Zn 系合金	7	Cu-Ni 及 Cu-Ni-Zn 系合金
3	Cu-Zn-Pb 系合金	8	暂不用
4	Cu-Zn-Sn 系合金	9	暂不用
5	Cu-Sn 及 Cu-Sn-Pb 系合金		

第2、3位数字表示铜及不同成分铜合金的种类特性。第4位数字为0时表示基本合金，为其他数字时表示改进型合金。

【例1】 C2680

表示含铜64.0%～68.0%、其余为锌的铜锌合金，即黄铜，该牌号为基本型合金。

【例2】 C6161

表示含铝7.0%～10.0%的改进型铝青铜。

（2）铝及铝合金加工产品牌号表示方法

日本铝及铝加工产品以英文字母"A"（英文aluminium的字头）表示，A后第1位数字表示铝及铝合金系列，见表2-50。

表 2-50　A后第一位数字表示的意义

数字	表 示 意 义	数字	表 示 意 义
1	铝（含量≥99.00％）	6	Al-Mg-Si 系合金
2	Al-Cu-Mg 系合金	7	Al-Zn-Mg 系合金
3	Al-Mn 系合金	8	其他合金
4	Al-Si 系合金	9	暂不用
5	Al-Mg 系合金	—	—

第 2 位数字为 0 时表示基本合金，为其他数字时表示改进型合金。第 3、4 位数字表示纯铝的铝含量，或表示铝合金序号。

【例】　A3004

表示含锰 0.8％～1.4％的铝锰合金。

在日本有色金属产品牌号后，还常以英文字母表示产品类型，如 P 表示板材，W 表示线材，T 表示管材等。

（3）钛及钛合金牌号表示方法

日本钛及钛合金的牌号表示由四部分组成，第一部分以字母 "T" 表示钛或钛合金；第二部分用英文字母表示产品形状或用途，如 B——棒材、F——锻件、T——管材、R——带材、W——线材、P——板材等；第三部分用数字表示最小抗拉强度；第四部分用英文字母表示加工方法。

【例】　TP28H

表示最低抗拉强度不小于 $28kgf/mm^2$（275MPa）的钛合金板材，由热轧成形。

（4）轴承合金牌号表示方法

日本以字母 "J" 表示轴承合金，"J" 字母前加注该轴承合金的基本元素代号：W——锡铅基合金；A——铝基合金；K——铜铅基合金。字母后以数字表示序号。

【例】　WJ1

表示锡铅基一号轴承合金，相当于我国 ZSnSbCu4 合金。

2.3.3　俄罗斯有色金属及合金牌号表示方法 (ГОСТ)

俄罗斯有色金属材料牌号采用化学元素或产品名称的俄文字母代号后加成分数字或顺序号表示。常见的有色金属元素的俄文字母代号见表 2-51。

表 2-51　有色金属元素俄文字母代号

元素名称	元素符号	俄文字母	元素名称	元素符号	俄文字母	元素名称	元素符号	俄文字母
铝	Al	А	锰	Mn	Мц	铅	Pb	С
铍	Be	Б	铜	Cu	М	硒	Se	С
钨	W	В	钼	Mo	М	锑	Sb	С
铁	Fe	Ж	镍	Ni	Н	钛	Ti	Т
钴	Co	К	铌	Nb	Нб	磷	P	Ф
硅	Si	К	锡	Sn	О	铬	Cr	Х
镁	Mg	Мг	铂	Pt	Пл	锌	Zn	Ц

（1）铜及铜合金牌号表示方法

纯铜以字母 M 及后面表示纯度或质量级别的字母或数字表示，如 МВЧк 表示高纯度阴极铜。

铜合金牌号都用俄文字母表示，如 Л 表示黄铜；Бр 表示青铜；Б 表示轴承合金等。在字母后面加表示合金元素的俄文字母和含量百分数值。

【例1】 БрОФ6.5-0.15

表示含锡 6.5% 左右、含磷 0.15% 左右的锡磷青铜。

铸造铜合金牌号表示基本与加工铜合金相同。过去有的在牌号后面加表示铸造状态的俄文字母"Л"。

【例2】 ЛС59-1Л

表示含铜 59.0% 左右、含铅 1% 左右的铸造黄铜合金。

（2）铝及铝合金牌号表示方法

铝的俄文字母代号为"А"，加工变形的纯铝以 Ад 表示，字母后面加表示质量等级的数字。

【例1】 Ад1

表示含铝量大于 99.3% 的纯铝加工材料。

铝合金的牌号是以字母 А 为头，其后为代表主加合金元素的俄文字母和表示主加元素含量百分数的数字表示。

【例2】 АМг1

表示含镁 0.7%～1.6% 的铝镁合金。

（3）钛及钛合金牌号表示方法

俄罗斯钛及钛合金由字母"Т"表示；"Т"字母前加注研制该材料的部门代号，用英文字母表示；两位字母后用数字表示合金序号。

【例】 АТ4

表示苏联科学院研制的 4 号钛合金。

（4）轴承合金牌号表示方法

俄罗斯轴承合金以俄文字母"Б"表示，锡基轴承合金在字母"Б"后加表示含锡量百分数的数字表示，如 Б91 表示含锡 91% 左右的锡基轴承合金，相当于我国 ZSnSbCu4 合金。铅基轴承合金在字母"Б"后再加注辅加元素的代号字母，如 БН 表示含辅加元素镍的铅基轴承合金。

2.3.4 美国有色金属及合金牌号表示方法（ASTM）

美国有色金属牌号表示原则是以字母及后面的五位数字表示。其中有色金属所用字母均采用该合金元素英文的字头，如铝用 A 表示；铜用 C 表示；镍用 N 表示；锌用 Z 表示。其他不常用的有色金属一般用字母 L 或 M 表示，但在后面的五位数字有区别。

（1）铜及铜合金牌号表示方法

美国有色金属牌号中，以字母"C"表示铜和铜合金，其后以五位数字来区别具体牌号，其中：

C10000～C15999 为纯铜加工铜；

C16000～C79999 为铜合金，在铜合金中，又有不同主加元素的铜合金类别区分；

C80000～C81199 为铸造铜；

C81300～C99999 为铸造铜合金。

C 字母后的第 1、2 位数字可区分不同系列的铜合金或辨认该合金中的主要合金元素；

第3～5位数字区别同类型合金中的主合金元素含量或辅加元素种类的不同。

【例1】 C22600

表示含锌量为13%左右的铜锌合金。

【例2】 C90700

表示含锡10%左右、含铅1%左右的铸造铜锡铅合金。

（2）铝及铝合金牌号表示方法

美国目前采用四位数字表示铝和铝合金，其中第1位数字1表示纯铝，2～8表示加入不同合金元素的铝合金，9为备用数字。

纯铝以第1位数字1表示；第2位数字用以表示对杂质含量的限制，其中0表示对杂质含量不需特别控制，1～9表示对一个或多个杂质元素有特定要求；第3、4位数字表示纯铝含量百分数的小数点后两位（纯铝原则上含铝量大于99%）。

【例1】 1075

表示含铝量大于99.75%、对杂质元素不控制的纯铝。

铝合金代号的4位数字中，第1位数字有2～8共7个，其中2代表铝铜合金、3代表铝锰合金、4代表铝硅合金等；第2位数字用以表示该合金是原始合金（以0表示）还是在原始合金基础上发展起来的新型合金；第3、4位数字无具体特定意义。

【例2】 2011

表示含铜5.0%～6.0%的铝铜合金。

（3）钛及钛合金牌号表示方法

美国钛及钛合金由字母"R"表示（R还可表示其他类有色金属），"R"字母后用五位数字表示，为50001～59999，表示序号。

而在ASTM标准中，以数字顺序号表示。

【例1】 Grode1

表示第1组纯钛。

【例2】 Grade6

表示α型钛合金之一种。

2.3.5 德国有色金属及合金牌号表示方法（DIN）

德国工业标准DIN中，有色金属及合金的牌号表示方法有两个体系，即由标记字母、化学元素符号及阿拉伯数字组成的体系和由数字组成的体系。

（1）以字母、元素符号和数字表示

这种表示方法主要由字母表示制造方法或状态；由化学元素符号表示所含主要合金元素；由数字表示主要合金元素含量的百分数。

① 表示制造方法或状态的字母，见表2-52。

② 牌号中的成分部分，主要由基体金属和主要合金元素的化学符号及表示这些元素平均质量百分数的阿拉伯数字组成，基体元素在前，各合金元素按含量高低依次排列，含量相同的按元素符号字母顺序排列。

（2）以数字表示

数字表示方法是以7位数字表示，其中第1位数字表示组别号，第2～5位数字表示类别号，第6、7位数字为附加号主要表示状态。

表 2-52 表示制造方法、特性和状态的字母含义（部分）

字母	含义	字母	含义
G	铸造	OF	无氧铜
GK	冷铸锭	KE	电解铜或锌
GZ	离心铸锭	SE	微磷脱氧
GD	压铸锭	SW	低磷脱氧
GC	连铸锭	SF	高磷脱氧
GL	轴承合金	W	软态
P	挤制	g	淬火
Wh	轧制	G	回火
Zh	拉制	bo	扩散退火
H	冶炼	ta	部分人工时效
LC	低碳	wa	人工时效
F	高纯（指 Zn）	K	保证晶粒度
R	高纯（指 Al）	H	维氏硬度标记

第 1 位代表组别号的数字，对于有色金属及合金有"2"（除铁以外的重金属）和"3"（轻金属）。

第 1～5 位代表组别和类别的数字，主要有：

2.0000～2.0199——纯铜；

2.0200～2.0449——黄铜；

2.0450～2.0599——特殊黄铜；

2.1000～2.1159——青铜；

2.0700～2.0799——白铜；

3.0100～3.0499——纯铝；

3.0500～3.2799——铝合金；

3.7000～3.7099——纯钛；

3.7100～3.7199——钛合金。

第 6、7 位数字代表状态，主要有：

铸件类型：

01——砂模铸件；

02——金属模铸件；

03——离心铸件；

04——连续铸件；

05——压铸件；

热处理状态：

40——固溶处理；

41——固溶处理及室温时效硬化；

42——固溶处理及室温时效的变种；

43——均匀化；

44——加热急速冷却。

铜及铜合金牌号举例：

【例 1】 OF-Cu

表示含铜≥99.95%的无氧铜。数字代号为 2.0040。

【例 2】 CuZn5

表示含铜 94.0%～96.0%、锌为余量约 5.0%的黄铜。

数字牌号为 2.0220。

【例 3】 CuZn31Si1

表示含铜 66.0%～70.0%、硅 0.70%～1.30%，锌为余量约 31.0%的硅黄铜。

数字代号为 2.0490。

【例 4】 CuSn4

表示含锡 3.5%～4.5%、其余为铜约 96.0%的锡青铜。

数字代号为 2.1016。

【例 5】 CuNi12Zn24

表示含镍 11.0%～13.0%、铜 6.30%～66.0%，其余为锌约 24.0%的白铜。

数字代号为 2.0730。

【例 6】 G-CuZn15

表示含铜 83.0%～87.5%、锌为余量约 15%的铸造黄铜合金。

数字代号为 2.0241.01。

铝及铝合金牌号举例：

【例 1】 Al99.5R

表示含铝≥99.5%的纯铝产品。

【例 2】 Al99.9Mg1

表示含铝≥99.9%、含镁的铝合金。

钛及钛合金牌号举例：

【例】 TiNi0.8Mo0.3

表示含镍 0.60%～0.90%、钼 0.20%～0.40%，其余为钛的钛合金。

2.3.6　英国有色金属及合金牌号表示方法（BS）

英国对有色金属牌号没有制定统一的方法标准，但有一些基本的表示原则。

（1）铜和铜合金的牌号表示方法

英国铜和铜合金是以英文字母为代号表示的，如："C"表示纯铜；"CZ"表示黄铜；"PB"表示磷青铜；"CA"表示铝青铜；"CS"表示硅青铜等。各类铜和铜合金在字头后面加以符号或数字，或表示特性，或表示序号，以表示在特性或成分上的差别。

【例 1】 CZ101

表示 90 号黄铜。

【例 2】 CA102

表示含铝 5%左右的铝青铜。

（2）铝及铝合金牌号的表示方法

英国铝及铝合金牌号表示方法由四部分组成：

第一部分：以字母"H"或"N"分别表示可以或不可以通过热处理方法强化。

第二部分用字母表示产品形状或加工工艺方法，如：T——管材；G——线材；P——板材；F——锻材；E——挤压材。

第三部分用数字表示成分不同的铝或铝合金。

第四部分以字母 A、B 或 C 表示纯度，通常省略。

【例】 NT4

表示成分中含 1.7%～2.4% 镁的铝管材，其不用热处理方法强化。

（3）钛及钛合金牌号表示方法

英国钛合金以化学元素符号表示，之后为辅加元素的化学元素符号，由含量高低顺序排列，并用数字表示辅加元素含量的百分数，标注在对应元素符号前。

【例】 Ti-6Al-4V

表示含铝 6% 左右、含钒 4% 左右的钛合金。

2.3.7 法国有色金属及合金牌号表示方法（NF）

法国有色金属牌号表示方法依种类不同有不同的表示规则，如铜及铜合金用化学元素符号及表示合金含量的数字表示，而铝及铝合金的牌号则用数字表示。

（1）铜及铜合金牌号表示方法

纯铜是以铜的化学元素符号"Cu"表示，其后以英文大写字母区别纯铜的类型。

【例 1】 Cu-ETP

表示电解精炼铜。

加工铜合金牌号是以基体金属元素、合金化元素的化学元素符号结合表示合金化元素含量的数字表示。其中基体元素铜的元素符号写在前面，后面是合金化元素的元素符号依含量多少依次排列，在各合金化元素的符号后面以数字表示其含量的百分数值（含量≤1%时不标），但，当某种合金元素表明合金类别或对合金特性起主要作用时，该元素应放在"铜"元素符号后面。

【例 2】 CuZn35Pb2

表示含锌 35% 左右、含铅 2.0% 左右的铜锌合金。

【例 3】 CuNi18Zn27

表示含镍 18% 左右、含锌 27% 左右的镍锌铜合金，在这种合金中，镍对特性起主导作用。

铸造铜合金牌号表示方法与加工铜合金牌号表示方法一致，但，在牌号后标注铸造方法代号。

【例 4】 CuZn40Y30

表示用金属模浇铸的含锌 40% 左右的黄铜铸件。

（2）铝和铝合金牌号表示方法

法国变形铝和铝合金牌号用四位数字表示，第 1 位数字表示铝或铝合金的组别，其中 1 表示纯铝（99% 以上），2～8 表示含有不同主加元素的铝合金，见表 2-53。

表 2-53　数字含义

数字	含　义	数字	含　义
1	纯度≥99% 的铝	6	铝-镁-硅系
2	铝-铜系	7	铝-锌系
3	铝-锰系	8	铝-其他元素合金系
4	铝-硅系	9 和 0	暂未用
5	铝-镁系	—	—

纯铝牌号中第 2~4 位数字表示纯度，其中第 2 位数字为 0 时表示不需特殊控制杂质，如果要对一个或数个主要杂质进行控制，则用 1~9 中的一个数字表示；第 3、4 位数字表示铝纯度（一般＞99％）百分数小数点之后的两位数值。

【例1】 1060

表示铝纯度≥99.60％、不对杂质特殊控制的铝加工品。

铝合金牌号中第 2 位数字为 0 时表示原始合金，1~9 时，表示该合金修正的次数；第 3、4 位数字没有特殊含义，只是区别该类合金中的不同号。

【例2】 4047

表示含硅 11.0％~13.0％的铝硅原始合金。

（3）钛及钛合金牌号表示方法

法国钛和钛合金以字母"T"表示，T 字母后面用规定的字母表示的合金元素代号表示辅加元素，辅加元素含量以数字表示在该元素代号后面。

【例】 TA6V

表示含 6％左右铝、含钒的钛合金。

（4）轴承合金牌号表示方法

法国轴承合金以三位数字表示，第一位数字表示轴承合金类型：1——锡基轴承合金；2——铅基轴承合金；3——锡锌基轴承合金。第二位数字表示质量：0——标准轴承合金；1——优质轴承合金。第三位数字为合金号，数字越小表示基本元素含量越高。

【例1】 111

表示一号锡基优质轴承合金。

【例2】 201

表示一号标准铅基轴承合金。

2.3.8 国际标准化组织有色金属及合金牌号表示方法（ISO）

国际标准化组织对某些有色金属制定了统一的国际标准。

（1）铜及铜合金牌号表示方法

纯铜，也叫非合金铜，其牌号的表示方法是以化学元素符号为头，之后用英文字母表示铜的种类，在元素符号与英文字母之间用一短横线隔开。

【例1】 Cu-CRTP

表示化学精炼铜。

铜合金牌号由基本元素铜、主加或辅加元素的化学元素符号以及表明其含量的数字组成。当合金中有两种以上元素时，除非为识别该合金元素时必须列出成分，否则可省略。当需要标示出几种合金元素时，按含量多少依次排列，但当某种元素有决定性功能时，将其列在铜元素符号之后位置。

【例2】 CuAl10Fe5Ni5

表示含铝 10％左右、铁 5％左右、镍 5％左右的铝青铜。

铸造铜合金牌号表示方法与加工铜合金相同，过去有的在牌号前加注铸造方法前缀，如 GS 为砂型铸造、GZ 为离心铸造等。

（2）铝及铝合金牌号表示方法

加工用纯铝的牌号由化学元素符号及表示金属纯度的百分含量的数字表示，百分含量一般取小数点后一位。当加入元素含量≥0.10%时标示元素符号、不标示含量数值。

【例1】 Al99.0Cu

表示铝纯度为99.0%，并含有铜的铝。

铝合金牌号由基体金属元素符号与所加合金元素的符号组成，当合金元素含量≥1%时以百分数值标示在该元素符号后面；不足1%时，只标出元素符号。

【例2】 AlMg3

表示含镁3%左右的铝镁合金。

加工用铝及铝合金也可用四位数字表示（参见法国铝及铝合金牌号表示方法）。

当采用国际标准化组织规定的有色金属牌号书写时，常在牌号前冠以"ISO"以示区别，但也经常省略。

（3）钛及钛合金牌号表示方法

国际标准化组织规定的钛及钛合金牌号是以化学元素符号表示，基础元素钛之外的其他辅加元素也以化学元素符号表示，辅加元素的含量百分数以数字标示在该元素符号之前。

【例】 Ti-6Al-4V

表示含6%左右铝和4%左右钒的钛合金。

2.3.9　欧洲标准化委员会有色金属及合金牌号表示方法（EN）

在欧洲标准中，有色金属及合金牌号有两种表示方法，一种是以化学元素符号、标记字母及数字表示；另一种是以数字为主的数字编号方法。

（1）铜及铜合金牌号表示方法

纯铜：以化学元素符号Cu表示，其后是类型代号，中间用一短线分开。

【例1】 Cu-ETP

表示电解精炼韧铜。

铜合金：以基本元素铜的化学元素符号和其后用化学元素符号表示所含的辅加合金元素，由含量的高低依次排列，辅加元素的含量的百分数以阿拉伯数字标注在相应元素之后。

【例2】 CuZn35Pb3

表示含锌35%左右、含铅3%左右的铅黄铜。

用数字编号方法表示的铜及铜合金，以字母"C"为头，之后是用字母表示的用途、种类；字母后是用三位数字表示的材料代号，代号区位是000～999；最后用字母标注该合金类别。

【例3】 CW300G

表示锻制的铜铝合金。

（2）铝及铝合金牌号表示方法

欧洲标准中铝及铝合金牌号是以字母和元素符号及阿拉伯数字表示的。

以字母"A"表示铝，以字母"W""C"等表示锻材、铸材或材料特征、种类。之后用化学元素符号表示所含的辅加元素，用数字表示相应合金元素含量的百分数。

【例1】 AW-AlMg2.5

表示含镁2.5%左右的锻制铝合金。

用数字编号方法表示铝及铝合金时，以A表示铝，再用一位字母表示种类与特性；之后第1位数字表示合金类型，第二位数字0表示原始合金，1～9表示对杂质的控制条件；

最后两位数字表示编号。

【例2】 AW5052

表示含镁的锻制铝合金，相当于 AW-AlMg2.5。

2.4 常用金属材料的特性及用途

金属材料种类繁多，应用广泛。机械产品中根据产品类型、使用工况条件和零部件功能的不同，采用的金属材料也多种多样。这里对机械产品常用的金属材料予以介绍。

2.4.1 普通碳素结构钢

对碳含量和性能范围，磷、硫等元素含量控制较宽的碳素钢称为普通碳素钢，作为结构用途的称为普通碳素结构钢。

普通碳素结构钢对碳、磷、硫及其他残余元素含量控制范围较宽，其具有基本的力学性能，强度不高，低温韧性较差，但有良好的塑性、焊接性和机械加工工艺性能。普通碳素结构钢热处理效果不好，一般不经热处理（有时可以退火）而直接使用。

普通碳素结构钢不具有耐腐蚀性能，也不作考核指标。

普通碳素结构钢常用来制造棒材、板材及其他型材，主要用于无腐蚀条件下的、不重要的机械零部件或结构件。

普通碳素结构钢依据对碳含量和锰含量的控制，可具有不同的强度等级和工艺特性，适用于不同的工况条件。

Q195、Q215 钢碳含量较低，强度不高，塑性好，特别是具有优良的焊接性能和良好的压力加工性能，用于制造不承受大负荷的零部件，如垫铁、地脚螺栓、销子、垫圈、铆钉等，也可用于生产冲压件、焊接结构件。

Q235 是较常用的工程结构用钢，其含碳量高于 Q195 和 Q215，所以强度略有提高，具有一定的塑性、韧性、可焊性和冷冲压性，可用于制作建筑构件、小负荷的机械零部件，如支架、拉杆、连杆、轴、紧固件、销等。

Q255 和 Q275 具有更高的含碳量，也就具有更高的强度，而塑性、韧性、可焊性、压力加工性能较差，可用于制作承受一定负荷和一定强度要求的零部件，如螺栓、螺母、轴、拉杆、链轮、齿轮、键、接管等。

通用机械中的机座、法兰、键、小轴等常用普通碳素结构钢制造。

我国标准 GB/T 700—2006《碳素结构钢》中所列钢号和化学成分见表 2-54，力学性能见表 2-55，碳素结构钢的冷弯性能见表 2-56，碳素结构钢的中外牌号对照见表 2-57。

表 2-54 碳素结构钢化学成分（熔炼分析）（GB/T 700—2006）

牌号	统一数字代号[①]	等级	厚度（或直径）/mm	脱氧方法	化学成分（质量分数）/%　不大于				
					C	Si	Mn	P	S
Q195	U11952	—	—	F、Z	0.12	0.30	0.50	0.035	0.040
Q215	U12152	A	—	F、Z	0.15	0.35	1.20	0.045	0.050
	U12155	B							0.045
Q235	U12352	A	—	F、Z	0.22	0.35	1.40	0.045	0.050
	U12355	B			0.20[②]				0.045
	U12358	C		Z	0.17			0.040	0.040
	U12359	D		TZ				0.035	0.035

牌号	统一数字代号[1]	等级	厚度(或直径)/mm	脱氧方法	化学成分(质量分数)/%,不大于				
					C	Si	Mn	P	S
Q275	U12752	A	—	F、Z	0.24	0.35	1.50	0.045	0.050
	U12755	B	≤40	Z	0.21			0.045	0.045
			>40	Z	0.22				
	U12758	C	—	Z	0.20			0.040	0.040
	U12759	D	—	TZ				0.035	0.035

① 表中为镇静钢、特殊镇静钢牌号的统一数字,沸腾钢牌号的统一数字代号如下:

Q195F——U11950;

Q215AF——U12150,Q215BF——U12153;

Q235AF——U12350,Q235BF——U12353;

Q275AF——U12750。

② 经需方同意,Q235B的含碳量可不大于0.22%。

表 2-55 碳素结构钢力学性能 (GB/T 700—2006)

牌号	等级	R_{eH}[1]/MPa ≥						R_m[2]/MPa	A/% ≥					冲击试验(纵向)	
		厚度(或直径)/mm							厚度(或直径)/mm					温度/℃	A_{kV}/J ≥
		≤16	>16~40	>40~60	>60~100	>100~150	>150~200		≤40	>40~60	>60~100	>100~150	>150~200		
Q195		195	185	—	—	—	—	315~430	33	—	—	—	—	—	—
Q215	A	215	205	195	185	175	165	335~450	31	30	29	27	26	—	—
	B													+20	27
Q235	A	235	225	215	215	195	185	370~500	26	25	24	22	21	—	—
	B													+20	27[3]
	C													0	
	D													−20	
Q275	A	275	265	255	245	225	215	410~540	22	21	20	18	17	—	—
	B													+20	27
	C													0	
	D													−20	

① Q195 的屈服强度值仅供参考,不作交货条件。

② 厚度>100mm 的钢材,抗拉强度下限允许降低 20MPa。宽带钢 (包括剪切钢板)抗拉强度上限不作交货条件。

③ 厚度<25mm 的 Q235B 级钢材,如供方能保证冲击吸收功值合格,经需方同意,可不作校验。

表 2-56 碳素结构钢冷弯性能 (GB/T 700—2006)

牌号	试样方向	冷弯试验 $180°B=2a$[1]		牌号	试样方向	冷弯试验 $180°B=2a$[1]	
		钢材厚度(或直径)[2]/mm				钢材厚度(或直径)[2]/mm	
		≤60	>60~100			≤60	>60~100
		弯心直径 d				弯心直径 d	
Q195	纵	0		Q235	纵	a	2a
	横	0.5a			横	1.5a	2.5a
Q215	纵	0.5a	1.5a	Q275	纵	1.5a	2.5a
	横	a	2a		横	2a	3a

① B 为试样宽度,a 为试样厚度 (或直径)。

② 钢材厚度 (或直径)>100mm 时,弯曲试验由双方协商确定。

表 2-57 碳素结构钢中外牌号对照表

中国 GB		国际标准	欧洲标准		德国	
牌号	曾用牌号	ISO	EN	Mat. No.	DIN	W. Nr
Q195	A1　B1	HR2	S185	1.0035	A185(St33)	1.0035
Q215A	A2	HR1	—	—	USt34-2	1.0028
Q215B	C2		—	—	RSt34-2	1.0034
Q235A	A3	Fe360B	S235JR	1.0038	S235JR S235JRG1 S235JRG2 (St37-2 USt37-2 Rst37-2)	1.0037 1.0036 1.0038
Q235B		Fe360B	S235IR	1.0038		
Q235C	C3	Fe360C	S235J0	1.0014		
Q235D		Fe360D	S235J2	1.0117		
Q255A	A4	—	—	—	St44-2	1.0044
Q255D	C4	—	—	—		
Q275	C5	Fe430A	S275JR S275J0 S275J2	1.0040 1.0143 1.0145	S275J2G3 S275J2G4 (St44-3N)	1.0144 1.0145

英国	法国	瑞典	美国		俄罗斯	日本	韩国
BS	NF	SS	ASTM	UNS	ГОСТ	JIS	KS
040A10 (S185)	A33 (S185)	—	A285MGr. B	—	Ст. 1кп Ст. 1сп Ст. 1пс	—	—
040A12	A34	1370	A283MGr. C A583MGr. 58	— —	Ст. 2кп-2-3 Ст. 2пс-2-3 Ст. 2сп-2-3	SS330(SS34)	SS330
S235JR S235JRG1 S235JRG2	S235JR S235JRG1 S235JRG2 (E24-2 E24-2NE)	1311 1312	A570Gr. A A570Gr. D A283MGrD	K02 501 K02 502	Ст. 3кп-2 Ст. 3кп-3 Ст. 3кп-4 БСт. 3кп-2	SS400(SS41)	SS400
43B	E28-2	1412	A709MGr. 36	—	Ст. 4кп-2 Ст. 4кп-3 БСт. 4кп-2	SM400A SM400B (SM41A SM41B)	—
S275J2G3 S275J2G4 (43D)	S275J2G3 S275J2G4	1430	—	K02 901	Ст. 5кп-2 Ст. 5кс БСт. 5кс-2	SS490 (SS50)	SS490

2.4.2 低合金高强度钢

低合金高强度钢，实际上是在普通碳素钢的基础上加入少量的合金元素，如锰、钛、铌、钒等，合金元素总加入量一般不超过 3.0%。加入的合金元素含量虽不太高，却可提高钢的淬透性，细化晶粒，增加组织稳定性，改善钢的塑性、韧性，提高钢的强度，还可提高一定的抗大气腐蚀性能。低合金高强度钢比普通碳素钢具有更优良的性能，从而得到更广泛的应用。低合金高强度钢可以在热轧状态下供货，也可以在正火或回火状态下供货，在实际使用时不必再经过其他热处理。

低合金高强度钢可生产成各种棒材、板材、带材和其他型材，用于制造容器、管道以及船舶、桥梁等焊接构件，也可以制造有一定强度要求的机械零部件。在机械产品生产中可用于制造紧固件、机座、支架、轴等零部件。

低合金高强度钢不耐腐蚀，也不作考核。

我国标准 GB/T 1591《低合金高强度结构钢》中，热轧钢的牌号和化学成分见表 2-58，其力学性能见表 2-59，冲击试验（夏比 V 形）吸收能量值见表 2-60，弯曲试验见表 2-61，新旧牌号对照见表 2-62。正火轧制钢和热机械轧制钢的相关资料参见 GB/T 1591—2018。

表 2-58 低合金高强度结构钢（热轧钢部分）牌号及化学成分（摘自 GB/T 1591—2018）

钢级	质量等级	碳① 直径或厚度/mm ≤40② 不大于	>40 不大于	硅	锰	磷③	硫③	铌④	钒⑤
						不大于			
Q355	B	0.24		0.55	1.60	0.035	0.035	—	—
	C	0.20	0.22			0.030	0.030		
	D	0.20	0.22			0.025	0.025		
Q390	B	0.20		0.55	1.70	0.035	0.035	0.05	0.13
	C					0.030	0.030		
	D					0.025	0.025		
Q420⑦	B	0.20		0.55	1.70	0.035	0.035	0.05	0.13
	C					0.030	0.030		
Q460⑦	D	0.20		0.55	1.80	0.030	0.030	0.05	0.13

牌号		化学成分(质量分数)							
钢级	质量等级	钛	铬	镍	铜	钼	氮⑥	硼	—
				不大于					
Q355	B	—	0.30	0.30	0.40	—	0.012	—	—
	C								
	D						—		
Q390	B	0.05	0.30	0.50	0.40	0.10	0.015	—	—
	C								
	D								
Q420⑦	B	0.05	0.30	0.80	0.40	0.20	0.015	—	—
	C								
Q460⑦	D	0.05	0.30	0.80	0.40	0.20	0.015	0.004	—

① 公称厚度大于 100mm 的型钢，碳含量可由供需双方协商确定。

② 公称厚度大于 30mm 的钢材，碳含量不大于 0.22%。

③ 对于型钢和棒材其磷和硫含量上限值可提高 0.005%。

④ Q390、Q420 最高可到 0.07%，Q460 最高可到 0.11%。

⑤ 最高可到 0.20%。

⑥ 如果钢中酸溶铝 ALs 含量不小于 0.015% 或全铝 ALt 不小于 0.020% 或添加了其他固氮合金元素，氮元素含量不作限制，固氮元素应在质量证明书中注明。

⑦ 仅适用于型钢和棒材。

表 2-59　低合金高强度结构钢（热轧钢部分）力学性能（摘自 GB/T 1591—2018）

上屈服强度 R_{eH} 及抗拉强度 R_m 下各分栏均为公称厚度或直径/mm。

钢级	质量等级	上屈服强度 R_{eH}[①]/MPa ≥									抗拉强度 R_m/MPa				断后伸长率 A/% ≥						
钢级	质量等级	≤16	>16~40	>40~63	>63~80	>80~100	>100~150	>150~200	>200~250	>250~400	≤100	>100~150	>150~250	>250~400	试样方向	≤40	>40~63	>63~100	>100~150	>150~250	>250~400
Q355	B、C、D	355	345	335	325	315	295	285	275	265②	470~630	450~600	450~600	450~600②	纵向	22	21	20	18	17	17②
															横向	20	19	18	18	17	17②
Q390	B、C、D	390	380	360	340	340	320	—	265	—	490~650	470~620	—	—	纵向	21	20	20	19	—	—
															横向	20	19	19	18	—	—
Q420③	B、C	420	410	390	370	370	350	—	—	—	520~680	500~650	—	—	纵向	20	19	19	19	—	—
Q460③	C	460	450	430	410	410	390	—	—	—	550~720	530~700	—	—	纵向	18	17	17	17	—	—

① 当屈服不明显时，可用规定塑性延伸强度 $R_{p0.2}$ 代替上屈服强度。
② 只适用于质量等级为 D 的钢板。
③ 只适用于型钢和棒材。

表 2-60 夏比（V 型缺口）冲击试验的温度和冲击吸收能量（摘自 GB/T 1591—2018）

牌号		以下试验温度的冲击吸收能量最小值 KV_2/J									
钢级	质量等级	20℃		0℃		−20℃		−40℃		−60℃	
		纵向	横向	纵向	横向	纵向	横向	纵向	横向	纵向	横向
Q355、Q390、Q420	B	34	27	—	—	—	—	—	—	—	—
Q355、Q390、Q420、Q460	C	—	—	34	27	—	—	—	—	—	—
Q355、Q390	D	—	—	—	—	34[①]	27[①]	—	—	—	—

① 仅适用于厚度大于 250mm 的 Q355D 钢板。

注：冲击试验取纵向试样。经供需双方协商，也可取横向试样。

表 2-61 弯曲试验（GB/T 1591—2018）

试样方向	180°弯曲试验 D——弯曲压头直径，a——试样厚度或直径	
	公称厚度或直径/mm	
	≤16	>16～100
对于公称宽度不小于 600mm 的钢板及钢带，拉伸试验取横向试样；其他钢材的拉伸试验取纵向试样	$D=2a$	$D=3a$

表 2-62 低合金高强度结构钢（热轧钢部分）牌号对照（摘自 GB/T 1591—2018）

中国牌号	ISO630-2 (2011)	ISO630-3 (2012)	EN10025-2 (2004)	EN10025-3 (2004)
Q345B	S355B	—	S355JR	—
Q345C	S355C	—	S355J0	—
Q345D	S355D	—	S355J2	—
Q460C	S450C	—	S450J0	—

2.4.3 优质碳素结构钢

与普通碳素钢相比，优质碳素结构钢所含杂质如磷、硫及非金属夹杂物少，质量更纯净，具有更优良的性能。优质碳素结构钢中的大部分钢种可以通过热处理手段调整性能，所以应用更广泛。优质碳素结构钢以锰含量的多少分为普通含锰量优质碳素结构钢和高含锰量优质碳素结构钢，提高了锰含量的优质碳素结构钢具有更高的淬透性，热处理后具有更高的屈服点、强度、硬度和耐磨性能，但塑性和韧性稍差。

大部分优质碳素结构钢可采用热处理方法调整性能，以满足不同条件的使用要求。

碳含量小于 0.25％的优质碳素结构钢强度低，塑、韧性好，压力加工和焊接性优良，可制造载荷小、无太高强度要求但有较高塑性和韧性要求的机械零件，如摩擦片、容器、垫片、支架、筋板、机座等。还可采用渗碳处理，经过渗碳处理的零部件在保证心部有良好塑、韧性条件下，表面具有高硬度、高强度和高耐磨性，用以制造齿轮、链轮、套筒、小轴等。

碳含量在 0.25％～0.60％范围内的优质碳素结构钢可通过热处理方法在较大范围内改

善性能，满足不同条件下的使用要求。这类钢还具有良好的切削加工性能，但压力加工和焊接性能较差。这类钢经过调质热处理可得到较好的综合力学性能，广泛应用于制造各类机械零部件，如轴、推力盘、平衡盘、联轴器、螺柱、螺母、泵体、键，在采用表面处理后，可用于制造齿轮、套筒、轴套、密封环等。

碳含量大于 0.6% 的优质碳素结构钢，热处理后具有较高的硬度、强度，但塑、韧性差，适用于制造有抗磨要求的机械零件，也广泛用于制作圆形弹簧，扁形弹簧等弹性元件。

优质碳素结构钢不耐腐蚀，也不作考核，所以，只用于无腐蚀条件下使用的零件。

我国标准 GB/T 699—2015《优质碳素结构钢》中列出的钢号和化学成分见表 2-63，力学性能见表 2-64，锻件用碳素结构钢的牌号、化学成分、力学性能见表 2-65（GB/T 17107—1997）。在锻件用碳素结构钢标准中给出了不同钢号在热处理状态下，不同截面尺寸锻件可保证的力学性能值。优质碳素结构钢中外牌号对照见表 2-66。

表 2-63　优质碳素结构钢的牌号、统一数字代号及化学成分（GB/T 699—2015）

序号	统一数字代号	牌号	化学成分（质量分数）/%							
			C	Si	Mn	P	S	Cr	Ni	Cu[①]
						≤				
1	U20082	08[②]	0.05~0.11	0.17~0.37	0.35~0.65	0.035	0.035	0.10	0.30	0.25
2	U20102	10	0.07~0.13	0.17~0.37	0.35~0.65	0.035	0.035	0.15	0.30	0.25
3	U20152	15	0.12~0.18	0.17~0.37	0.35~0.65	0.035	0.035	0.25	0.30	0.25
4	U20202	20	0.17~0.23	0.17~0.37	0.35~0.65	0.035	0.035	0.25	0.30	0.25
5	U20252	25	0.22~0.29	0.17~0.37	0.50~0.80	0.035	0.035	0.25	0.30	0.25
6	U20302	30	0.27~0.34	0.17~0.37	0.50~0.80	0.035	0.035	0.25	0.30	0.25
7	U20352	35	0.32~0.39	0.17~0.37	0.50~0.80	0.035	0.035	0.25	0.30	0.25
8	U20402	40	0.37~0.44	0.17~0.37	0.50~0.80	0.035	0.035	0.25	0.30	0.25
9	U20452	45	0.42~0.50	0.17~0.37	0.50~0.80	0.035	0.035	0.25	0.30	0.25
10	U20502	50	0.47~0.55	0.17~0.37	0.50~0.80	0.035	0.035	0.25	0.30	0.25
11	U20552	55	0.52~0.60	0.17~0.37	0.50~0.80	0.035	0.035	0.25	0.30	0.25
12	U20602	60	0.57~0.65	0.17~0.37	0.50~0.80	0.035	0.035	0.25	0.30	0.25
13	U20652	65	0.62~0.70	0.17~0.37	0.50~0.80	0.035	0.035	0.25	0.30	0.25
14	U20702	70	0.67~0.75	0.17~0.37	0.50~0.80	0.035	0.035	0.25	0.30	0.25
15	U20702	75	0.72~0.80	0.17~0.37	0.50~0.80	0.035	0.035	0.25	0.30	0.25
16	U20802	80	0.77~0.85	0.17~0.37	0.50~0.80	0.035	0.035	0.25	0.30	0.25
17	U20852	85	0.82~0.90	0.17~0.37	0.50~0.80	0.035	0.035	0.25	0.30	0.25
18	U21152	15Mn	0.12~0.18	0.17~0.37	0.70~1.00	0.035	0.035	0.25	0.30	0.25
19	U21202	20Mn	0.17~0.23	0.17~0.37	0.70~1.00	0.035	0.035	0.25	0.30	0.25
20	U21252	25Mn	0.22~0.29	0.17~0.37	0.70~1.00	0.035	0.035	0.25	0.30	0.25
21	U21302	30Mn	0.27~0.34	0.17~0.37	0.70~1.00	0.035	0.035	0.25	0.30	0.25
22	U21352	35Mn	0.32~0.39	0.17~0.37	0.70~1.00	0.035	0.035	0.25	0.30	0.25
23	U21402	40Mn	0.37~0.44	0.17~0.37	0.70~1.00	0.035	0.035	0.25	0.30	0.25
24	U21452	45Mn	0.42~0.50	0.17~0.37	0.70~1.00	0.035	0.035	0.25	0.30	0.25
25	U21502	50Mn	0.48~0.56	0.17~0.37	0.70~1.00	0.035	0.035	0.25	0.30	0.25
26	U21602	60Mn	0.57~0.65	0.17~0.37	0.70~1.00	0.035	0.035	0.25	0.30	0.25
27	U21652	65Mn	0.62~0.70	0.17~0.37	0.90~1.20	0.035	0.035	0.25	0.30	0.25
28	U21702	70Mn	0.67~0.75	0.17~0.37	0.90~1.20	0.035	0.035	0.25	0.30	0.25

① 热压力加工用钢的铜含量应不大于 0.20%。

② 用铝脱氧的镇静钢，碳、锰含量下限不限，锰含量上限为 0.45%，硅含量不大于 0.03%，全铝含量为 0.020%~0.070%，此时牌号为 08Al。

注：未经用户同意不得有意加入本表中未规定的元素。应采取措施防止从废钢或其他原料中带入影响钢性能的元素。

表 2-64　优质碳素结构钢的力学性能

序号	牌号	试样毛坯尺寸[①]/mm	推荐的热处理制度[③]			力学性能					交货硬度（HBW）	
			正火	淬火	回火	抗拉强度 R_m/MPa	下屈服强度 R_{eL}[④]/MPa	断后伸长率 A/%	断面收缩率 Z/%	冲击吸收能量 KU_2/J	未热处理钢	退火钢
			加热温度/℃			≥					≤	
1	08	25	930	—	—	325	195	33	60	—	131	—
2	10	25	930	—	—	335	205	31	55	—	137	—
3	15	25	920	—	—	375	225	27	55	—	143	—
4	20	25	910	—	—	410	245	25	55	—	156	—
5	25	25	900	870	600	450	275	23	50	71	170	—
6	30	25	880	860	600	490	295	21	50	63	179	—
7	35	25	870	850	600	530	315	20	45	55	197	—
8	40	25	860	840	600	570	335	19	45	47	217	187
9	45	25	850	840	600	600	355	16	40	39	229	197
10	50	25	830	830	600	630	375	14	40	31	241	207
11	55	25	820	—	—	645	380	13	35	—	255	217
12	60	25	810	—	—	675	400	12	35	—	255	229
13	65	25	810	—	—	695	410	10	30	—	255	229
14	70	25	790	—	—	715	420	9	30	—	269	229
15	75	试样[②]	—	820	480	1080	880	7	30	—	285	241
16	80	试样[②]	—	820	480	1080	930	6	30	—	285	241
17	85	试样[②]	—	820	480	1130	980	6	30	—	302	255
18	15Mn	25	920	—	—	410	245	26	55	—	163	—
19	20Mn	25	910	—	—	450	275	24	50	—	197	—
20	25Mn	25	900	870	600	490	295	22	50	71	207	—
21	30Mn	25	880	860	600	540	315	20	45	63	217	187
22	35Mn	25	870	850	600	560	335	18	45	55	229	197
23	40Mn	25	860	840	600	590	355	17	45	47	229	207
24	45Mn	25	850	840	600	620	375	15	40	39	241	217
25	50Mn	25	830	830	600	645	390	13	40	31	255	217
26	60Mn	25	810	—	—	690	410	11	35	—	269	229
27	65Mn	25	830	—	—	735	430	9	30	—	285	229
28	70Mn	25	790	—	—	785	450	8	30	—	285	229

① 钢棒尺寸小于试样毛坯尺寸时，用原尺寸钢棒进行热处理。

② 留有加工余量的试样，其性能为淬火＋回火状态下的性能。

③ 热处理温度允许调整范围：正火±30℃，淬火±20℃，回火±50℃；推荐保温时间：正火不少于 30min，空冷；淬火不少于 30min，75、80 和 85 钢油冷，其他钢棒水冷；600℃回火不少于 1h。

④ 当屈服现象不明显时，可用规定塑性延伸强度 $R_{p0.2}$ 代替。

注：1. 表中的力学性能适用于公称直径或厚度不大于 80mm 的钢棒。

2. 公称直径或厚度大于 80～250mm 的钢棒，允许其断后伸长率、断面收缩率比本表的规定分别降低 2%（绝对值）和 5%（绝对值）。

3. 公称直径或厚度大于 120～250mm 的钢棒允许改锻（轧）成 70～80mm 的试料取样检验，其结果应符合本表的规定。

表2-65 锻件用碳素结构钢的牌号、化学成分及力学性能（GB/T 17107—1997）

序号	牌号	\multicolumn{10}{化学成分}C	Si	Mn	Cr	Ni	Mo	V	S	P	Cu	热处理状态	截面尺寸(直径或厚度)/mm	试样方向	σ_b/MPa 不小于	σ_s/MPa 不小于	δ_5/% 不小于	ψ/% 不小于	A_{kU}/J 不小于	硬度(HB)
1	Q235	0.14~0.22	≤0.30	0.30~0.65	≤0.30	≤0.30	—	—	≤0.050	≤0.045	≤0.30	—	≤100	纵向	330	210	23	—	—	—
													100~300	纵向	320	195	22	43	—	—
													300~500	纵向	310	185	21	38	—	—
													500~700	纵向	300	175	20	38	—	—
2	15	0.12~0.19	0.17~0.37	0.35~0.65	≤0.25	≤0.25	—	—	≤0.035	≤0.035	≤0.25	正火+回火	≤100	纵向	320	195	27	55	47	97~143
													100~300	纵向	310	165	25	50	47	97~143
													300~500	纵向	300	145	24	45	43	97~143
3	20	0.17~0.24	0.17~0.37	0.35~0.65	≤0.25	≤0.25	—	—	≤0.035	≤0.035	≤0.25	正火或正火+回火	≤100	纵向	340	215	24	50	43	103~156
													100~250	纵向	330	195	23	45	39	103~156
													250~500	纵向	320	185	22	40	39	103~156
													500~1000	纵向	300	175	20	35	35	103~156
4	25	0.22~0.30	0.17~0.37	0.50~0.80	≤0.25	≤0.25	—	—	≤0.035	≤0.035	≤0.25	正火或正火+回火	≤100	纵向	420	235	22	50	39	112~170
													100~250	纵向	390	215	20	48	31	112~170
													250~500	纵向	380	205	18	40	31	112~170
5	30	0.27~0.35	0.17~0.37	0.50~0.80	≤0.25	≤0.25	—	—	≤0.035	≤0.035	≤0.25	正火或正火+回火	≤100	纵向	470	245	19	48	31	126~179
													100~300	纵向	460	235	19	46	27	126~179
													300~500	纵向	450	225	18	40	27	126~179
													500~800	纵向	440	215	17	35	28	126~179
6	35	0.32~0.40	0.17~0.37	0.50~0.80	≤0.25	≤0.25	—	—	≤0.035	≤0.035	≤0.25	正火+回火	≤100	纵向	510	265	18	43	28	149~187
													100~300	纵向	470	255	18	40	24	149~187
													300~500	纵向	470	235	17	37	24	143~187
													500~750	纵向	450	225	16	32	20	137~187
													750~1000	纵向	430	215	15	28	20	137~187
												调质	≤100	纵向	550	295	19	48	47	156~207
													100~300	纵向	530	275	18	40	39	156~207
												正火+回火	100~300	切向	470	245	13	30	20	—
													300~500	切向	450	225	12	28	20	—
													500~750	切向	430	215	11	24	16	—
													750~1000	切向	410	205	10	22	16	—

序号	牌号	C	Si	Mn	Cr	Ni	Mo	V	S	P	Cu	热处理状态	截面尺寸（直径或厚度）/mm	试样方向	σb/MPa 不小于	σs/MPa 不小于	δ5/% 不小于	ψ/% 不小于	Aku/J 不小于	硬度(HB)
7	40	0.37~0.45	0.17~0.37	0.50~0.80	≤0.25	≤0.25	—	—	≤0.035	≤0.035	≤0.25	正火+回火	≤100	纵向	550	275	17	40	24	143~207
												正火+回火	100~250	纵向	530	265	17	36	24	143~207
												正火+回火	250~500	纵向	510	255	16	32	20	143~207
												正火+回火	500~1000	纵向	490	245	15	30	20	143~207
												调质	≤100	纵向	615	340	18	40	39	196~241
												调质	100~250	纵向	590	295	17	35	31	189~229
												调质	250~500	纵向	560	275	17	—	—	163~219
8	45	0.42~0.50	0.17~0.37	0.50~0.80	≤0.25	≤0.25	—	—	≤0.035	≤0.035	≤0.25	正火或正火+回火	≤100	纵向	590	295	15	38	23	170~217
												正火或正火+回火	100~300	纵向	570	285	15	35	19	163~217
												正火或正火+回火	300~500	纵向	550	275	14	32	19	163~217
												正火或正火+回火	500~1000	纵向	530	265	13	30	15	156~217
												调质	≤100	纵向	630	370	17	40	31	207~302
												调质	100~250	纵向	590	345	18	35	31	197~286
												调质	250~500	纵向	590	345	17	—	—	187~255
												正火+回火	100~300	切向	540	275	10	25	16	—
												正火+回火	300~500	切向	520	265	10	23	16	—
												正火+回火	500~750	切向	500	255	9	21	12	—
												正火+回火	750~1000	切向	480	245	8	20	12	—
9	50	0.47~0.55	0.17~0.37	0.50~0.80	≤0.25	≤0.25	—	—	≤0.035	≤0.035	≤0.25	正火+回火	≤100	纵向	610	310	13	35	23	—
												正火+回火	100~300	纵向	590	295	12	33	19	—
												正火+回火	300~500	纵向	570	285	12	30	19	—
												正火+回火	500~750	纵向	550	265	12	28	15	—
												调质	≤16	纵向	700	500	14	30	31	—
												调质	16~40	纵向	650	430	16	35	31	—
												调质	40~100	纵向	630	370	17	40	31	—
												调质	100~250	纵向	590	345	17	35	31	—
												调质	250~500	纵向	590	345	17	—	—	—
10	55	0.52~0.60	0.17~0.37	0.50~0.80	≤0.25	≤0.25	—	—	≤0.035	≤0.035	≤0.25	正火+回火	≤100	纵向	645	320	12	35	23	187~229
												正火+回火	100~300	纵向	625	310	11	28	19	187~229
												正火+回火	300~500	纵向	610	305	10	22	19	187~229

注：除 Q235 之外的牌号使用废钢冶炼时 Cu 含量不大于 0.30%。

表2-66 优质碳素结构钢中外牌号对照表

中国GB 牌号	曾用牌号	国际标准 ISO	欧洲标准 EN	欧洲标准 Mat. No.	德国 DIN	德国 W. Nr	英国 BS	法国 NF	瑞典 SS	美国 ASTM	美国 UNS	俄罗斯 ГОСТ	日本 JIS	韩国 KS
05F	—	—	—	—	D6-2	1.0314	015A03	FM5—	—	1005	G10050	05КП	—	—
08F	—	—	—	—	USt14	—	—	FM8—	—	≈1008	≈G10080	08КП	SPH1	SM9CK
10F	—	—	—	—	USt13	—	—	FM10	—	≈1010	≈G10100	10КП	SPH2	—
15F	—	—	—	—	—	—	—	FM15	—	≈1015	≈G10150	15КП	SPH3	—
08	—	—	—	—	—	—	≈040A10	XC6	—	1008	G10080	08	S09CK	—
10	—	—	C10E	1.1121	C10 Ck10	1.0301 1.1121	040A10 045M10	C10 XC10	1265	1010	G10100	10	S10C	SM10C
15	—	—	C15E	1.1141	C15 Ck15	1.0401 1.1141	040A15 080M15	C15 XC15	1350 1370	1015	G10150	15	S15C	SM15C
20	—	—	C22E	1.1151	C22E CK22	1.1151 1.1151	C22E 070M20	C22E XC18	1435	1020	G10200	20	S20C	SM20C
25	—	C25E4	—	—	C25E CK25	1.1158 1.1158	C25E 070M25	C25E XC25	—	1025	G10250	25	S25C	SM25C
30	—	C30E4	—	—	C30E CK30	1.1178 1.1178	C30E 080M30	C30E XC32	—	1030	S10300	30	S30C	SM30C
35	—	C35E4	C35E	1.1181	C35E Ck35	1.1181 1.1181	C35E 080M35	C35E XC38	1572	1035	G10350	35	S35C	SM35C
40	—	C40E4	C40E	1.1186	C40E Ck40	1.1186 1.1186	C40E 080M40	C40E XC42	—	1040	G10400	40	S40C	SM40C
45	—	C45E4	C45E	1.1191	C45E Ck45	1.1191 1.1191	C45E 080M45	C45E XC48	1660	1045	G10450	45	S45C	SM45C
50	—	C50E4	C50E	1.1206	C50E Ck53	1.1210 1.1210	C50E 080M50	C50E	1674	1050	G10500	50	S50C	SM50C

| 中国 GB | | 国际标准 | 欧洲标准 | | 德国 | | 英国 | 法国 | 瑞典 | 美国 | | 俄罗斯 | 日本 | 韩国 |
牌号	曾用牌号	ISO	EN	Mat. No.	DIN	W. Nr	BS	NF	SS	ASTM	UNS	ГОСТ	JIS	KS
55	—	C55E4	C55E	1.1203	C55E Ck55	1.1203 1.1203	C55E 070M55	C55E XC55	1665	1055	G10550	55	S55C	SM55C
60	—	C60E4	C60E	1.1221	C60E Ck60	1.1221 1.1221	C60E 070M60	C60E XC60	1678	1060	G10600	60	S58C	SM58C
65	—	—	—	—	Ck67	1.1231	060A67	XC65	—	1065	G10650	65	—	—
70	—	—	C70D	1.0615	Ck70	1.1234	060A72 070A72	C70 XC70	—	1070	G10700	70	—	—
75	—	—	C75D	1.0614	—	—	070A78 070A78	C75 XC75	—	1075	G10750	75	—	—
80	—	—	C80D	1.0622	—	—	060A83 080A83	C80 XC80	—	1080	G10800	80	—	—
85	—	—	C85D	1.0616	—	—	060A86 080A86	C86 XC85	—	1085	G10850	85	—	—
15Mn	—	—	C16E	1.1148	15Mn3	1.0467	080A15	12M5	1430	1016	G10160	15Г	—	—
20Mn	—	—	C22E	1.1151	21Mn4	1.0469	080A20	20M5	1434	1022	G10220	20Г	—	—
25Mn	—	—	—	—	—	—	080A25	—	—	1026	G10260	25Г	—	—
30Mn	—	—	—	—	30Mn4	1.1146	080A30	32M5	—	1033	G10330	30Г	—	—
35Mn	—	—	C35E	1.1181	36Mn4	1.1156	080A35	35M5	—	1037	G10370	35Г	—	—
40Mn	—	—	C40E	1.1186	40Mn4	1.1157	080A40	40M5	—	1039	G10390	40Г	—	—
45Mn	—	—	C45E	1.1191	—	—	080A47	45M5	1672	1046	G10460	45Г	—	—
50Mn	—	—	C50E	1.1206	—	—	080A52	—	1674	1053	G10530	50Г	—	—
60Mn	—	—	C60E	1.1221	60Mn3	1.0642	080A62	—	1678	1062	G10620	60Г	—	—

2.4.4 合金结构钢

合金结构钢是在优质碳素钢的基础上加入一种或几种合金元素形成的。由于合金元素的加入提高了钢的淬透性、增加了抗回火稳定性，在热处理后会得到比碳素钢更优良的性能。合金元素促使高温奥氏体的稳定性提高，在比较缓慢的冷却条件下获得满意的淬火效果，所以，许多大截面、形状复杂的机械零件也采用合金结构钢制造。采用合金结构钢并通过合理的热处理方法，使得机械零件能得到希望的各种力学性能。

碳含量小于0.30%的合金结构钢可以用来制造对强度要求不高、截面尺寸不大的机械零部件，如轴、曲轴、螺栓、螺母、连杆、轴套等，这类合金结构钢也可以进行渗碳热处理，再经过淬火、回火处理后，使零件内部有优良的塑韧性，而表面具有高硬度、高强度、高耐磨性能，用于制造齿轮、齿套、齿圈、凸轮轴、活塞杆、蜗杆、套筒等。

碳含量大于0.30%的合金结构钢通过调质热处理可获得优良的综合力学性能，用于制造各类机械零部件，如轴、曲轴、齿轮轴、螺栓、螺母、泵体、泵盖、联轴器、平衡盘、推力盘、键等；采用高频表面淬火用来制造齿轮、齿圈、密封环、套筒等。

某些合金元素的加入，还会使钢具有某些特殊的性能，如加钼、钒的钢具有热强性能，可用于制造较高温度下使用的构件；加铬、钼、铝的钢可通过渗氮处理得到高硬度、高耐磨性和耐腐蚀性的表面，专门用于渗氮零件。

合金结构虽具有一定的合金元素，但达不到耐腐蚀的含量。所以，合金结构钢不耐腐蚀，也不作考核指标，只可用于无腐蚀环境下工作的零部件。

我国标准GB/T 3077—2015《合金结构钢》中列出的钢号和化学成分见表2-67，力学性能见表2-68，锻件用合金结构钢的牌号、化学成分及力学性能见表2-69（GB/T 17107—1997），合金结构钢中外牌号对照见表2-70。

2.4.5 弹簧钢

用于制造弹性元件的材料应该具有高的弹性极限、抗拉强度、屈服强度，还应有一定的塑性和韧性，具有较高的抗疲劳强度，在交变应力作用下能保持稳定的尺寸、形状。弹簧钢的碳含量一般在0.60%～1.05%之间，为提高性能，还加入不同的合金元素，如锰、硅、铬、钒等。作为弹性元件，弹簧钢一般在淬火和中温回火后，在回火托氏体组织状态下使用。这类钢还特别要求质量纯净和优良的表面质量。

在我国的弹簧钢标准GB/T 1222—2016《弹簧钢》中只列出了碳素弹簧钢和合金弹簧钢。它们不耐腐蚀，但是在某些条件下和使用环境中，对弹簧还要求具有耐腐蚀性、抗氧化性、高强度等，这时，可在满足弹簧钢的基本要求条件下，在不锈钢、耐热钢或耐热耐蚀合金中选择。

在我国标准GB/T 1222—2016《弹簧钢》中列出的碳钢和中碳合金弹簧钢材料牌号和成分见表2-71，力学性能见表2-72，弹簧钢中外牌号对照见表2-73。

2.4.6 不锈钢

不锈钢是指在有腐蚀介质（如气体、酸、碱、盐及其溶液、海水等）的条件下，具有抵抗腐蚀能力的金属材料。为适应不同腐蚀条件下的耐腐蚀能力，研制和生产了不同成分、不

表2-67 合金结构钢的牌号、统一数字代号及化学成分（GB/T 3077—2015）

钢组	序号	统一数字代号	牌号	化学成分（质量分数）/%										
				C	Si	Mn	Cr	Mo	Ni	W	B	Al	Ti	V
Mn	1	A00202	20Mn2	0.17~0.24	0.17~0.37	1.40~1.80	—	—	—	—	—	—	—	—
	2	A00302	30Mn2	0.27~0.34	0.17~0.37	1.40~1.80	—	—	—	—	—	—	—	—
	3	A00352	35Mn2	0.32~0.39	0.17~0.37	1.40~1.80	—	—	—	—	—	—	—	—
	4	A00402	40Mn2	0.37~0.44	0.17~0.37	1.40~1.80	—	—	—	—	—	—	—	—
	5	A00452	45Mn2	0.42~0.49	0.17~0.37	1.40~1.80	—	—	—	—	—	—	—	—
	6	A00502	50Mn2	0.47~0.55	0.17~0.37	1.40~1.80	—	—	—	—	—	—	—	—
MnV	7	A01202	20MnV	0.17~0.24	0.17~0.37	1.30~1.60	—	—	—	—	—	—	—	0.07~0.12
SiMn	8	A10272	27SiMn	0.24~0.32	1.10~1.40	1.10~1.40	—	—	—	—	—	—	—	—
	9	A10352	35SiMn	0.32~0.40	1.10~1.40	1.10~1.40	—	—	—	—	—	—	—	—
	10	A10422	42SiMn	0.39~0.45	1.10~1.40	1.10~1.40	—	—	—	—	—	—	—	—
SiMnMoV	11	A14202	20SiMn2MoV	0.17~0.23	0.90~1.20	2.20~2.60	—	0.30~0.40	—	—	—	—	—	0.05~0.12
	12	A14262	25SiMn2MoV	0.22~0.28	0.90~1.20	2.20~2.60	—	0.30~0.40	—	—	—	—	—	0.05~0.12
	13	A14372	37SiMn2MoV	0.33~0.39	0.60~0.90	1.60~1.90	—	0.40~0.50	—	—	—	—	—	0.05~0.12

钢组	序号	统一数字代号	牌号	C	Si	Mn	Cr	Mo	Ni	W	B	Al	Ti	V
B	14	A70402	40B	0.37~0.44	0.17~0.37	0.60~0.90	—	—	—	—	0.0008~0.0035	—	—	—
B	15	A70452	45B	0.42~0.49	0.17~0.37	0.60~0.90	—	—	—	—	0.0008~0.0035	—	—	—
B	16	A70502	50B	0.47~0.55	0.17~0.37	0.60~0.90	—	—	—	—	0.0008~0.0035	—	—	—
MnB	17	A712502	25MnB	0.23~0.28	0.17~0.37	1.00~1.40	—	—	—	—	0.0008~0.0035	—	—	—
MnB	18	A713502	35MnB	0.32~0.38	0.17~0.37	1.10~1.40	—	—	—	—	0.0008~0.0035	—	—	—
MnB	19	A71402	40MnB	0.37~0.44	0.17~0.37	1.10~1.40	—	—	—	—	0.0008~0.0035	—	—	—
MnB	20	A71452	45MnB	0.42~0.49	0.17~0.37	1.10~1.40	—	—	—	—	0.0008~0.0035	—	—	—
MnMoB	21	A72202	20MnMoB	0.16~0.22	0.17~0.37	0.90~1.20	—	0.20~0.30	—	—	0.0008~0.0035	—	—	—
MnVB	22	A73152	15MnVB	0.12~0.18	0.17~0.37	1.20~1.60	—	—	—	—	0.0008~0.0035	—	—	0.07~0.12
MnVB	23	A73202	20MnVB	0.17~0.23	0.17~0.37	1.20~1.60	—	—	—	—	0.0008~0.0035	—	—	0.07~0.12
MnVB	24	A73402	40MnVB	0.37~0.44	0.17~0.37	1.10~1.40	—	—	—	—	0.0008~0.0035	—	—	0.05~0.10
MnTiB	25	A74202	20MnTiB	0.17~0.24	0.17~0.37	1.30~1.60	—	—	—	—	0.0008~0.0035	—	0.04~0.10	—
MnTiB	26	A74252	25MnTiBRE①	0.22~0.28	0.20~0.45	1.30~1.60	—	—	—	—	0.0008~0.0035	—	0.04~0.10	—
Cr	27	A20152	15Cr	0.12~0.17	0.17~0.37	0.40~0.70	0.70~1.00	—	—	—	—	—	—	—
Cr	28	A20202	20Cr	0.18~0.24	0.17~0.37	0.50~0.80	0.70~1.00	—	—	—	—	—	—	—

钢组		序号	统一数字代号	牌号	化学成分(质量分数)/%										
钢	组				C	Si	Mn	Cr	Mo	Ni	W	B	Al	Ti	V
Cr		29	A20302	30Cr	0.27~0.34	0.17~0.37	0.50~0.80	0.80~1.10	—	—	—	—	—	—	—
		30	A20352	35Cr	0.32~0.39	0.17~0.37	0.50~0.80	0.80~1.10	—	—	—	—	—	—	—
		31	A20402	40Cr	0.37~0.44	0.17~0.37	0.50~0.80	0.80~1.10	—	—	—	—	—	—	—
		32	A20452	45Cr	0.42~0.49	0.17~0.37	0.50~0.80	0.80~1.10	—	—	—	—	—	—	—
		33	A20502	50Cr	0.47~0.54	0.17~0.37	0.50~0.80	0.80~1.10	—	—	—	—	—	—	—
CrSi		34	A21382	38CrSi	0.35~0.43	1.00~1.30	0.30~0.60	1.30~1.60	—	—	—	—	—	—	—
CrMo		35	A30122	12CrMo	0.08~0.15	0.17~0.37	0.40~0.70	0.40~0.70	0.40~0.55	—	—	—	—	—	—
		36	A30152	15CrMo	0.12~0.18	0.17~0.37	0.40~0.70	0.80~1.10	0.40~0.55	—	—	—	—	—	—
		37	A30202	20CrMo	0.17~0.24	0.17~0.37	0.40~0.70	0.80~1.10	0.15~0.25	—	—	—	—	—	—
		38	A30252	25CrMo	0.22~0.29	0.17~0.37	0.60~0.90	0.90~1.20	0.15~0.30	—	—	—	—	—	—
		39	A30302	30CrMo	0.26~0.33	0.17~0.37	0.40~0.70	0.80~1.10	0.15~0.25	—	—	—	—	—	—
		40	A30352	35CrMo	0.32~0.40	0.17~0.37	0.40~0.70	0.80~1.10	0.15~0.25	—	—	—	—	—	—
		41	A30422	42CrMo	0.38~0.45	0.17~0.37	0.50~0.80	0.90~1.20	0.15~0.25	—	—	—	—	—	—
		42	A30502	50CrMo	0.46~0.54	0.17~0.37	0.50~0.80	0.90~1.20	0.15~0.30	—	—	—	—	—	—

钢组	序号	统一数字代号	牌号	化学成分（质量分数）/%										
				C	Si	Mn	Cr	Mo	Ni	W	B	Al	Ti	V
CrMoV	43	A31122	12CrMoV	0.08~0.15	0.17~0.37	0.40~0.70	0.30~0.60	0.25~0.35	—	—	—	—	—	0.15~0.30
	44	A31352	35CrMoV	0.30~0.38	0.17~0.37	0.40~0.70	1.00~1.30	0.20~0.30	—	—	—	—	—	0.10~0.20
	45	A31132	12Cr1MoV	0.08~0.15	0.17~0.37	0.40~0.70	0.90~1.20	0.25~0.35	—	—	—	—	—	0.15~0.30
	46	A31252	25Cr2MoV	0.22~0.29	0.17~0.37	0.40~0.70	1.50~1.80	0.25~0.35	—	—	—	—	—	0.15~0.30
	47	A31262	25Cr2Mo1V	0.22~0.29	0.17~0.37	0.50~0.80	2.10~2.50	0.90~1.10	—	—	—	—	—	0.30~0.50
CrMoAl	48	A33382	38CrMoAl	0.35~0.42	0.20~0.45	0.30~0.60	1.35~1.65	0.15~0.25	—	—	—	0.70~1.10	—	—
CrV	49	A23402	40CrV	0.37~0.44	0.17~0.37	0.50~0.80	0.80~1.10	—	—	—	—	—	—	0.10~0.20
	50	A23502	50CrV	0.47~0.54	0.17~0.37	0.50~0.80	0.80~1.10	—	—	—	—	—	—	0.10~0.20
CrMn	51	A22152	15CrMn	0.12~0.18	0.17~0.37	1.10~1.40	0.40~0.70	—	—	—	—	—	—	—
	52	A22202	20CrMn	0.17~0.23	0.17~0.37	0.90~1.20	0.90~1.20	—	—	—	—	—	—	—
	53	A22402	40CrMn	0.37~0.45	0.17~0.37	0.90~1.20	0.90~1.20	—	—	—	—	—	—	—
CrMnSi	54	A24202	20CrMnSi	0.17~0.23	0.90~1.20	0.80~1.10	0.80~1.10	—	—	—	—	—	—	—
	55	A24252	25CrMnSi	0.22~0.28	0.90~1.20	0.80~1.10	0.80~1.10	—	—	—	—	—	—	—
	56	A24302	30CrMnSi	0.28~0.34	0.90~1.20	0.80~1.10	0.80~1.10	—	—	—	—	—	—	—
	57	A24352	35CrMnSi	0.32~0.39	1.10~1.40	0.80~1.10	1.10~1.40	—	—	—	—	—	—	—

钢组	序号	统一数字代号	牌号	化学成分(质量分数)/%										
---	---	---	---	C	Si	Mn	Cr	Mo	Ni	W	B	Al	Ti	V
CrMnMo	58	A34202	20CrMnMo	0.17~0.23	0.17~0.37	0.90~1.20	1.10~1.40	0.20~0.30	—	—	—	—	—	—
CrMnMo	59	A34402	40CrMnMo	0.37~0.45	0.17~0.37	0.90~1.20	0.90~1.20	0.20~0.30	—	—	—	—	—	—
CrMnTi	60	A26202	20CrMnTi	0.17~0.23	0.17~0.37	0.80~1.10	1.00~1.30	—	—	—	—	—	0.04~0.10	—
CrMnTi	61	A26302	30CrMnTi	0.24~0.32	0.17~0.37	0.80~1.10	1.00~1.30	—	—	—	—	—	0.04~0.10	—
CrNi	62	A40202	20CrNi	0.17~0.23	0.17~0.37	0.40~0.70	0.45~0.75	—	1.00~1.40	—	—	—	—	—
CrNi	63	A40402	40CrNi	0.37~0.44	0.17~0.37	0.50~0.80	0.45~0.75	—	1.00~1.40	—	—	—	—	—
CrNi	64	A40452	45CrNi	0.42~0.49	0.17~0.37	0.50~0.80	0.45~0.75	—	1.00~1.40	—	—	—	—	—
CrNi	65	A40502	50CrNi	0.47~0.54	0.17~0.37	0.50~0.80	0.45~0.75	—	1.00~1.40	—	—	—	—	—
CrNi	66	A41122	12CrNi2	0.10~0.17	0.17~0.37	0.30~0.60	0.60~0.90	—	1.50~1.90	—	—	—	—	—
CrNi	67	A41342	34CrNi2	0.30~0.37	0.17~0.37	0.60~0.90	0.80~1.10	—	1.20~1.60	—	—	—	—	—
CrNi	68	A42122	12CrNi3	0.10~0.17	0.17~0.37	0.30~0.60	0.60~0.90	—	2.75~3.15	—	—	—	—	—
CrNi	69	A42202	20CrNi3	0.17~0.24	0.17~0.37	0.30~0.60	0.60~0.90	—	2.75~3.15	—	—	—	—	—
CrNi	70	A42302	30CrNi3	0.27~0.33	0.17~0.37	0.30~0.60	0.60~0.90	—	2.75~3.15	—	—	—	—	—
CrNi	71	A42372	37CrNi3	0.34~0.41	0.17~0.37	0.30~0.60	1.20~1.60	—	3.00~3.50	—	—	—	—	—

钢组	序号	统一数字代号	牌号	化学成分（质量分数）/%										
				C	Si	Mn	Cr	Mo	Ni	W	B	Al	Ti	V
CrNi	72	A43122	12Cr2Ni4	0.10~0.16	0.17~0.37	0.30~0.60	1.25~1.65	—	3.25~3.65	—	—	—	—	—
	73	A43202	20Cr2Ni4	0.17~0.23	0.17~0.37	0.30~0.60	1.25~1.65	—	3.25~3.65	—	—	—	—	—
	74	A50152	15CrNiMo	0.13~0.18	0.17~0.37	0.70~0.90	0.45~0.65	0.45~0.60	0.70~1.00	—	—	—	—	—
	75	A50202	20CrNiMo	0.17~0.23	0.17~0.37	0.60~0.95	0.40~0.70	0.20~0.30	0.35~0.75	—	—	—	—	—
	76	A50302	30CrNiMo	0.28~0.33	0.17~0.37	0.70~0.90	0.70~1.00	0.25~0.45	0.60~0.80	—	—	—	—	—
	77	A50300	30Cr2Ni2Mo	0.26~0.34	0.17~0.37	0.50~0.80	1.80~2.20	0.30~0.50	1.80~2.20	—	—	—	—	—
CrNiMo	78	A50300	30Cr2Ni4Mo	0.26~0.33	0.17~0.37	0.50~0.80	1.20~1.50	0.30~0.60	3.30~4.30	—	—	—	—	—
	79	A50342	34Cr2Ni2Mo	0.30~0.38	0.17~0.37	0.50~0.80	1.30~1.70	0.15~0.30	1.30~1.70	—	—	—	—	—
	80	A50352	35Cr2Ni4Mo	0.32~0.39	0.17~0.37	0.50~0.80	1.60~2.00	0.25~0.45	3.60~4.10	—	—	—	—	—
	81	A50402	40CrNiMo	0.37~0.44	0.17~0.37	0.50~0.80	0.60~0.90	0.15~0.25	1.25~1.65	—	—	—	—	—
	82	A50400	40CrNi2Mo	0.38~0.43	0.17~0.37	0.60~0.80	0.70~0.90	0.20~0.30	1.65~2.00	—	—	—	—	—
CrMnNiMo	83	A50182	18CrMnNiMo	0.15~0.21	0.17~0.37	1.10~1.40	1.00~1.30	0.20~0.30	1.00~1.30	—	—	—	—	—
CrNiMoV	84	A51452	45CrNiMoV	0.42~0.49	0.17~0.37	0.50~0.80	0.80~1.10	0.20~0.30	1.30~1.80	—	—	—	—	0.10~0.20

| 钢组 | 序号 | 统一数字代号 | 牌号 | 化学成分（质量分数）/% | | | | | | | | | | |
				C	Si	Mn	Cr	Mo	Ni	W	B	Al	Ti	V
CrNiW	85	A52182	18Cr2Ni4W	0.13~0.19	0.17~0.37	0.30~0.60	1.35~1.65	—	4.00~4.50	0.80~1.20	—	—	—	—
	86	A52252	25Cr2Ni4W	0.21~0.28	0.17~0.37	0.30~0.60	1.35~1.65	—	4.00~4.50	0.80~1.20	—	—	—	—

① 稀土元素按 0.05% 计算加入，成品分析结果供参考。

注：1. 未经用户同意不得有意加入本表中未规定的元素。应采取措施防止从废钢或其他原料中带入影响钢性能的元素。

2. 表中各牌号可按高级优质钢或特级优质钢订货，但应在牌号后加字母"A"或"E"。

表 2-68 **合金结构钢力学性能**（GB/T 3077—2015）

| 钢组 | 序号 | 牌号 | 试样毛坯尺寸①/mm | 推荐的热处理制度 | | | | | 力学性能 | | | | | 供货状态为退火或高温回火钢棒布氏硬度（HBW） |
| | | | | 淬火 | | | 回火 | | 抗拉强度 R_m/MPa | 下屈服强度 R_{eL}②/MPa | 断后伸长率 A/% | 断面收缩率 Z/% | 冲击吸收能量 $KU_2$②/J | |
				加热温度/℃ 第1次淬火	第2次淬火	冷却剂	加热温度/℃	冷却剂	不小于					不大于
Mn	1	20Mn2	15	850 880	—	水、油 水、油	200 440	水、空气 水、空气	785	590	10	40	47	187
	2	30Mn2	25	840		水	500	水	785	635	12	45	63	207
	3	35Mn2	25	840		水	500	水	835	685	12	45	55	207
	4	40Mn2	25	840		水、油	540	水	885	735	12	45	55	217
	5	45Mn2	25	840		油	550	水、油	885	735	10	45	47	217
	6	50Mn2	25	820		油	550	水、油	930	785	9	40	39	229
MnV	7	20MnV	15	880		水、油	200	水、空气	785	590	10	40	55	187
SiMn	8	27SiMn	25	920		水	450	水、油	980	835	12	40	39	217
	9	35SiMn	25	900		水	570	水、油	885	735	15	45	47	229
	10	42SiMn	25	880		水	590	水	885	735	15	40	47	229
SiMnMoV	11	20SiMn2MoV	试样	900		油	200	水、空气	1380	—	10	45	55	269
	12	25SiMn2MoV	试样	900		油	200	水、空气	1470	—	10	40	47	269
	13	37SiMn2MoV	25	870		水、油	650	水、空气	980	835	12	50	63	269

钢组	序号	牌号	试样毛坯尺寸①/mm	推荐的热处理制度					力学性能					供货状态为退火或高温回火钢棒布氏硬度(HBW)
				淬火			回火		抗拉强度 R_m/MPa	下屈服强度 R_{eL}②/MPa	断后伸长率 A/%	断面收缩率 Z/%	冲击吸收能量 $KU_2$②/J	
				加热温度/℃		冷却剂	加热温度/℃	冷却剂						不大于
				第1次淬火	第2次淬火						不小于			
B	14	40B	25	840	—	水	550	水	785	635	12	45	55	207
	15	45B	25	840	—	水	550	水	835	685	12	45	47	217
	16	50B	20	840	—	油	600	空气	785	540	10	45	39	207
MnB	17	25MnB	25	850	—	油	500	水、油	835	635	10	45	47	207
	18	35MnB	25	850	—	油	500	水、油	930	735	10	45	47	207
	19	40MnB	25	850	—	油	500	水、油	980	785	10	45	47	207
	20	45MnB	25	840	—	油	500	水、油	1030	835	9	40	39	217
MnMoB	21	20MnMoB	15	880	—	油	200	油、空气	1080	885	10	50	55	207
MnVB	22	15MnVB	15	860	—	油	200	水、空气	885	635	10	45	55	207
	23	20MnVB	15	860	—	油	200	水、空气	1080	885	10	45	55	207
	24	40MnVB	25	850	—	油	520	水、油	980	785	10	45	47	207
	25	20MnTiB	15	860	—	油	200	水、空气	1130	930	10	45	55	187
	26	25MnTiBRE	试样	860	—	油	200	水、空气	1380	—	10	40	47	229
MnTiB	27	15Cr	15	880	770~820	水、油	180	油、空气	685	490	12	45	55	179
	28	20Cr	15	880	780~820	水、油	200	水、空气	835	540	10	40	47	179
	29	30Cr	25	860	—	油	500	水、油	885	685	11	45	47	187
	30	35Cr	25	860	—	油	500	水、油	930	735	11	45	47	207
	31	40Cr	25	850	—	油	520	水、油	980	785	9	45	47	207
	32	45Cr	25	840	—	油	520	水、油	1030	835	9	40	39	217
	33	50Cr	25	830	—	油	520	水、油	1080	930	9	40	39	229
CrSi	34	38CrSi	25	900	—	油	600	水、油	980	835	12	50	55	255
CrMo	35	12CrMo	30	900	—	空气	650	空气	410	265	24	60	110	179
	36	15CrMo	30	900	—	空气	650	空气	440	295	22	60	94	179
	37	20CrMo	15	880	—	水、油	500	水、油	885	685	12	50	78	197

钢组	序号	牌号	试样毛坯尺寸①/mm	推荐的热处理制度 淬火 加热温度/℃ 第1次淬火	第2次淬火	淬火 冷却剂	回火 加热温度/℃	回火 冷却剂	力学性能 抗拉强度 R_m/MPa	下屈服强度 R_{eL}②/MPa	断后伸长率 A/%	断面收缩率 Z/%	冲击吸收能量 $KU_2$②/J	供货状态为退火或高温回火·钢棒布氏硬度(HBW)
											不小于			不大于
CrMo	38	25CrMo	25	870	—	水、油	600	水、油	900	600	14	55	68	229
	39	30CrMo	15	880	—	油	540	水、油	930	735	12	50	71	229
	40	35CrMo	25	850	—	油	550	水、油	980	835	12	45	63	229
	41	42CrMo	25	850	—	油	560	水、油	1080	930	12	45	63	229
	42	50CrMo	25	840	—	油	560	水、油	1130	930	11	45	48	248
CrMoV	43	12CrMoV	30	970	—	空气	750	空气	440	225	22	50	78	241
	44	35CrMoV	25	900	—	油	630	水、油	1080	930	10	50	71	241
	45	12Cr1MoV	30	970	—	空气	750	空气	490	245	22	50	71	179
	46	25Cr2MoV	25	900	—	油	640	空气	930	785	14	55	63	241
	47	25Cr2Mo1V	25	1040	—	空气	700	空气	735	590	16	50	47	241
CrMoAl	48	38CrMoAl	30	940	—	水、油	640	水、油	980	835	14	50	71	229
CrV	49	40CrV	25	880	—	油	650	油	885	735	10	50	71	241
	50	50CrV	25	850	—	油	500	水、空气	1280	1130	10	40	—	255
CrMn	51	15CrMn	15	880	—	油	200	水、空气	785	590	12	50	47	179
	52	20CrMn	15	850	—	油	200	水、空气	930	735	10	45	47	187
	53	40CrMn	25	840	—	油	550	水、油	980	835	9	45	47	229
CrMnSi	54	20CrMnSi	25	880	—	油	480	水、油	785	635	12	45	55	207
	55	25CrMnSi	25	880	—	油	480	水、油	1080	885	10	40	39	217
	56	30CrMnSi	25	880	—	油	540	水、油	1080	835	10	45	39	229
	57	35CrMnSi	试样	加热到880℃,于280~310℃等温淬火					1620	1280	9	40	31	241
			试样	950	890	油	230	空气、油						
CrMnMo	58	20CrMnMo	15	850	—	油	200	水、油	1180	885	10	45	55	217
	59	40CrMnMo	25	850	—	油	600	水、油	980	785	10	45	63	217
CrMnTi	60	20CrMnTi	15	880	870	油	200	空气、油	1080	850	10	45	55	217
	61	30CrMnTi	试样	880	850	油	200	水、油	1470	—	9	40	47	229

钢组	序号	牌号	试样毛坯尺寸①/mm	推荐的热处理制度					力学性能					供货状态为退火或高温回火钢棒布氏硬度(HBW)
				淬火			回火		抗拉强度 R_m/MPa	下屈服强度 R_{eL}②/MPa	断后伸长率 A/%	断面收缩率 Z/%	冲击吸收能量 $KU_2$②/J	不大于
				加热温度/℃		冷却剂	加热温度/℃	冷却剂		不小于	不小于	不小于	不小于	
				第1次淬火	第2次淬火									
CrNi	62	20CrNi	25	850	—	水、油	460	水、油	785	590	10	50	63	197
	63	40CrNi	25	820	—	油	500	油	980	785	10	45	55	241
	64	45CrNi	25	820	—	油	530	油	980	785	10	45	55	255
	65	50CrNi	25	820	—	油	500	油	1080	835	8	40	39	255
	66	12CrNi2	15	860	780	水、油	200	水、空气	785	590	12	50	63	207
	67	34CrNi2	25	840	—	水、油	530	水、油	930	735	11	45	71	241
	68	12CrNi3	15	860	780	油	200	空气	930	685	11	50	71	217
	69	20CrNi3	25	830	—	水、油	480	水、油	930	735	11	55	78	241
	70	30CrNi3	25	820	—	油	500	油	980	785	9	45	63	241
	71	37CrNi3	25	820	—	油	500	油	1130	980	10	50	47	269
	72	12Cr2Ni4	15	860	780	油	200	水、空气	1080	835	10	50	71	269
	73	20Cr2Ni4	15	880	780	油	200	水、空气	1180	1080	10	45	63	269
CrNiMo	74	15CrNiMo	15	850	—	油	200	空气	930	750	10	40	46	197
	75	20CrNiMo	15	850	—	油	200	空气	980	785	9	40	47	197
	76	30CrNiMo	25	850	—	油	500	水、油	980	785	10	50	63	269
	77	40CrNiMo	25	850	—	油	600	水、油	980	835	12	55	78	269
	78	40CrNi2Mo	25	正火890	850	油	560~580	油	1050	980	12	45	48	269
			试样	正火890	850	油	220两次回火	油	1790	1500	6	25	—	
	79	30Cr2Ni2Mo	25	850	—	油	520	油	980	835	10	50	71	269
	80	34Cr2Ni2Mo	25	850	—	油	540	油	1080	930	10	50	71	269
	81	30Cr2Ni4Mo	25	850	—	油	560	油	1080	930	10	50	71	269
	82	35Cr2Ni4Mo	25	850	—	油	560	油	1130	980	10	50	71	269

续表

钢组	序号	牌号	推荐的热处理制度 淬火 加热温度/℃ 第1次淬火	第2次淬火	冷却剂	回火 加热温度/℃	冷却剂	试样毛坯尺寸①/mm	力学性能 抗拉强度 R_m/MPa	下屈服强度 R_{eL}②/MPa	断后伸长率 A/% 不小于	断面收缩率 Z/%	冲击吸收能量 $KU_2$③/J	供货状态为退火或高温回火、钢棒的布氏硬度(HBW) 不大于
CrMnNiMo	83	18CrMnNiMo	830	—	油	200	空气	15	1180	885	10	45	71	269
CrNiMoV	84	45CrNiMoV	860	—	油	460	油	试样	1470	1330	7	35	31	269
CrNiW	85	18Cr2Ni4W	950	850	空气	200	水、空气	15	1180	835	10	45	78	269
	86	25Cr2Ni4W	850	—	油	550	水、油	25	1080	930	11	45	71	269

① 钢棒尺寸小于试样毛坯尺寸时,用原尺寸钢棒进行热处理。

② 当屈服现象不明显时,可用规定塑性延伸强度 $R_{p0.2}$ 代替。

③ 直径小于16mm的圆钢和厚度小于12mm的方钢、扁钢,不做冲击试验。

注:1. 表中所列热处理温度允许调整范围:淬火±15℃,低温回火±20℃,高温回火±50℃。

2. 硼钢在淬火前可先经正火,正火温度应不高于其淬火温度;铬锰钛钢第一次淬火可用正火代替。

表 2-69 锻件用合金结构钢的牌号、化学成分及力学性能(GB/T 17107—1997)

序号	牌号	化学成分(质量分数)/% C	Si	Mn	Cr	Ni	Mo	V	其他	热处理状态	截面尺寸(直径或厚度)/mm	力学性能 试样方向	σ_b/MPa 不小于	σ_s/MPa 不小于	δ_5/% 不小于	ψ/% 不小于	A_{ku}/J 不小于	硬度(HB)
1	30Mn2	0.27~0.34	0.17~0.37	1.40~1.80	—	—	—	—	—	调质	≤100	纵向	685	440	15	50	—	—
											100~300	纵向	635	410	16	45	—	—
										正火+回火	≤100	纵向	620	315	18	45	—	207~241
											100~300	纵向	580	295	18	43	23	207~241
2	35Mn2	0.32~0.39	0.17~0.37	1.40~1.80	—	—	—	—	—	调质	≤100	纵向	745	590	16	50	47	229~269
											100~300	纵向	690	490	16	45	47	229~269
										正火+回火	≤100	纵向	690	355	16	38	—	187~241
											100~300	纵向	670	335	15	35	—	187~241
3	45Mn2	0.42~0.49	0.17~0.37	1.40~1.80	—	—	—	—	—	正火+回火	≤600	纵向	470	265	15	30	39	—
											600~900	纵向	450	255	14	30	39	—
4	20SiMn	0.16~0.22	0.60~0.80	1.00~1.30	—	—	—	—	—	正火+回火	900~1200	纵向	440	245	14	30	39	—
											≤300	切向	490	275	14	30	27	—

序号	牌号	C	Si	Mn	Cr	Ni	Mo	V	其他	热处理状态	截面尺寸(直径或厚度)/mm	试样方向	σb/MPa 不小于	σs/MPa 不小于	δ5/% 不小于	ψ/% 不小于	AkU/J 不小于	硬度(HB)
4	20SiMn	0.16~0.22	0.60~0.80	1.00~1.30	—	—	—	—	—	正火+回火	300~500	切向	470	265	13	28	23	—
											500~750	切向	440	245	11	24	19	—
											750~1000	切向	410	225	10	22	19	—
5	35SiMn	0.32~0.40	1.10~1.40	1.10~1.40	—	—	—	—	—	调质	≤100	纵向	785	510	15	45	47	229~286
											100~300	纵向	735	440	14	35	39	271~265
											300~400	纵向	685	390	13	30	35	215~255
											400~500	纵向	635	375	11	28	31	196~255
6	42SiMn	0.39~0.45	1.10~1.40	1.10~1.40	—	—	—	—	—	调质	≤100	纵向	785	510	15	45	31	229~286
											100~200	纵向	735	460	14	35	23	217~269
											200~300	纵向	685	440	13	30	23	217~255
											300~500	纵向	635	375	10	28	20	196~255
7	50SiMn	0.46~0.54	0.80~1.10	0.80~1.10	—	—	—	—	—	调质	≤100	纵向	835	540	15	40	39	229~286
											100~200	纵向	735	490	15	35	39	217~269
											200~300	纵向	685	440	14	30	31	207~255
8	20MnMo	0.17~0.23	0.17~0.37	0.90~1.30	—	—	0.15~0.25	—	—	调质	≤300	纵向	500	305	14	40	39	—
											300~500	纵向	470	275	14	40	39	—
9	20MnMoNb	0.16~0.23	0.17~0.37	1.20~1.50	—	—	0.45~0.60	—	Nb 0.020~0.045	调质	≤300	切向	500	305	14	32	31	—
											300~500	切向	470	275	13	30	31	—
10	42MnMoV	0.38~0.45	0.17~0.37	1.20~1.50	—	—	0.20~0.30	0.10~0.20	—	调质	100~300	纵向	635	490	15	45	47	187~229
											300~500	纵向	590	440	15	45	47	187~229
											500~800	纵向	490	345	15	45	39	—
											100~300	切向	610	430	12	32	31	—
											300~500	切向	570	400	12	30	24	—
11	50SiMnMoV	0.45~0.55	0.50~0.70	1.50~1.80	—	—	0.30~0.50	0.20~0.30	—	调质	100~300	纵向	885	735	12	40	31	269~302
											300~500	纵向	885	635	12	33	31	255~286
											500~800	纵向	835	610	12	35	23	241~286

序号	牌号	化学成分（质量分数）/%								热处理状态	截面尺寸（直径或厚度）/mm	试样方向	力学性能					硬度(HB)
		C	Si	Mn	Cr	Ni	Mo	V	其他				σ_b/MPa 不小于	σ_s/MPa 不小于	δ_5/% 不小于	ψ/% 不小于	A_{ku}/J 不小于	
12	37SiMn2MoV	0.33~0.39	0.60~0.90	1.60~1.90	—	—	0.40~0.50	0.05~0.12	—	调质	100~200	纵向	865	685	14	40	31	269~302
										调质	200~400	纵向	815	635	14	40	31	241~286
										调质	400~600	纵向	765	590	14	40	31	229~269
13	15Cr	0.12~0.18	0.17~0.37	0.40~0.70	0.70~1.00	—	—	—	—	正火+回火	≤100	纵向	390	195	26	50	39	111~156
										正火+回火	100~300	纵向	390	195	23	45	35	111~156
14	20Cr	0.18~0.24	0.17~0.37	0.50~0.80	0.70~1.00	—	—	—	—	正火+回火	≤100	纵向	430	215	19	40	31	123~179
										正火+回火	100~300	纵向	430	215	18	35	31	123~167
										调质	≤100	纵向	470	275	20	40	35	137~179
										调质	100~300	纵向	470	245	19	40	31	137~197
15	30Cr	0.27~0.34	0.17~0.37	0.50~0.80	0.80~1.10	—	—	—	—	调质	≤100	纵向	615	395	17	40	43	187~229
16	35Cr	0.32~0.39	0.17~0.37	0.50~0.80	0.80~1.10	—	—	—	—	调质	100~300	纵向	615	395	15	35	39	187~229
17	40Cr	0.37~0.44	0.17~0.37	0.50~0.80	0.80~1.10	—	—	—	—	调质	≤100	纵向	735	540	15	45	39	241~286
										调质	100~300	纵向	685	490	14	45	31	241~286
										调质	300~500	纵向	685	440	10	35	23	229~269
										调质	500~800	纵向	590	345	8	30	16	217~255
18	50Cr	0.47~0.54	0.17~0.37	0.50~0.80	0.80~1.10	—	—	—	—	调质	≤100	纵向	835	540	10	40	—	241~286
										调质	100~300	纵向	785	490	10	40	—	241~286
19	12CrMo	0.08~0.15	0.17~0.37	0.40~0.70	0.40~0.70	—	0.40~0.55	—	—	正火+回火	≤100	纵向	440	275	20	50	55	≤159
										正火+回火	100~300	纵向	440	275	20	45	55	≤159
20	15CrMo	0.12~0.18	0.17~0.37	0.40~0.70	0.80~1.10	—	0.40~0.55	—	—	淬火+回火	≤100	切向	440	275	20	—	55	116~179
										淬火+回火	100~300	切向	440	275	20	—	55	116~179
										淬火+回火	300~500	纵向	430	255	19	55	47	116~179
21	25CrMo	0.22~0.29	0.17~0.37	0.50~0.80	0.90~1.20	—	0.15~0.30	—	—	调质	17~40	纵向	780	600	14	55	49	
										调质	40~100	纵向	690	450	15	60	—	
										调质	100~160	纵向	640	400	16	60	—	
22	30CrMo	0.26~0.34	0.17~0.37	0.40~0.70	0.80~1.10	—	0.15~0.25	—	—	调质	≤100	纵向	620	410	16	40	49	196~240
										调质	100~300	纵向	590	390	15	40	44	196~240
23	35CrMo	0.32~0.40	0.17~0.37	0.40~0.70	0.80~1.10	—	0.15~0.25	—	—	调质	≤100	纵向	735	540	15	45	47	207~269
										调质	100~300	纵向	685	490	15	40	39	207~269

序号	牌号	C	Si	Mn	Cr	Ni	Mo	V	其他	热处理状态	截面尺寸(直径或厚度)/mm	试样方向	σ_b/MPa 不小于	σ_s/MPa 不小于	δ_5/% 不小于	ψ/% 不小于	A_{ku}/J 不小于	硬度(HB)
23	35CrMo	0.32~0.40	0.17~0.37	0.40~0.70	0.80~1.10	—	0.15~0.25	—	—	调质	300~500	纵向	635	440	15	35	31	207~269
											500~800	纵向	590	390	12	30	23	—
											100~300	切向	635	440	11	30	27	—
											300~500	切向	590	390	10	24	24	—
											500~800	切向	540	345	9	20	20	—
24	42CrMo	0.38~0.45	0.17~0.37	0.50~0.80	0.90~1.20	—	0.15~0.25	—	—	调质	≤100	纵向	900	650	12	50	—	—
											100~160	纵向	800	550	13	50	—	—
											160~250	纵向	750	500	14	55	—	—
											250~500	纵向	690	460	15	—	—	—
											500~750	纵向	590	390	16	—	—	—
25	50CrMo	0.46~0.54	0.17~0.37	0.50~0.80	0.90~1.20	—	0.15~0.30	—	—	调质	≤100	纵向	900	700	12	50	—	—
											100~160	纵向	850	650	13	50	—	—
											160~250	纵向	800	550	14	50	—	—
											250~500	纵向	740	540	14	—	—	—
											500~750	纵向	690	490	15	—	—	—
26	34CrMo1	0.30~0.38	0.17~0.37	0.40~0.70	0.70~1.20	—	0.40~0.55	—	—	调质	100~300	纵向	765	590	15	40	47	—
											300~500	纵向	705	540	15	40	39	—
											500~750	纵向	665	490	14	35	31	—
											750~1000	纵向	635	440	13	35	31	—
27	16CrMn	0.14~0.19	0.17~0.37	1.00~1.30	0.80~1.10	—	—	—	—	渗碳+淬火+回火	≤30	纵向	780	590	10	40	—	—
											30~63	纵向	640	440	11	40	—	—
28	20CrMn	0.17~0.22	0.17~0.37	1.10~1.40	1.00~1.30	—	—	—	—	渗碳+淬火+回火	≤30	纵向	980	680	8	35	—	—
											30~63	纵向	790	540	10	35	—	—
29	20CrMnTi	0.17~0.23	0.17~0.37	0.80~1.10	1.10~1.30	—	—	—	Ti 0.04~0.10	调质	≤100	纵向	615	395	17	45	47	—

续表

序号	牌号	化学成分（质量分数）/%								热处理状态	截面尺寸（直径或厚度）/mm	试样方向	力学性能					硬度（HB）
		C	Si	Mn	Cr	Ni	Mo	V	其他				σb/MPa 不小于	σs/MPa 不小于	δ5/% 不小于	ψ/% 不小于	AkU/J 不小于	
30	20CrMnMo	0.17~0.23	0.17~0.37	0.90~1.20	1.10~1.40	—	0.20~0.30	—	—	渗碳+淬火+回火	≤30	纵向	1080	785	7	40	—	—
31	35CrMnMo	0.30~0.40	0.17~0.37	1.10~1.40	1.10~1.40	—	0.25~0.35	—	—	调质	30~100	纵向	835	490	15	40	31	207~269
											>100~300	纵向	785	590	14	45	43	207~269
											300~500	纵向	735	540	13	40	39	207~269
											500~800	纵向	685	490	12	35	31	207~269
32	40CrMnMo	0.37~0.45	0.17~0.37	0.90~1.20	0.90~1.20	—	0.20~0.30	—	—	调质	≤100	纵向	885	735	12	40	39	—
											100~250	纵向	835	640	12	30	39	—
											250~400	纵向	785	530	12	40	31	—
											400~500	纵向	735	480	12	35	23	—
33	20CrMnMoB	0.17~0.23	0.17~0.37	1.20~1.50	1.50~1.80	—	0.45~0.55	—	加入量 B 0.001~0.0035	调质	≤100	纵向	900	785	13	40	39	277~331
											100~300	纵向	880	735	13	40	39	225~302
											300~500	纵向	835	685	13	40	39	241~286
											500~800	纵向	785	635	13	40	39	241~286
34	30CrMn2MoB	0.27~0.35	0.17~0.37	1.40~1.80	0.90~1.20	—	0.45~0.55	—	加入量 B 0.001~0.0035	调质	100~300	切向	845	735	12	35	39	269~302
											300~600	切向	805	685	12	35	39	255~286
											100~300	纵向	880	715	12	40	31	255~302
											300~500	纵向	835	665	12	40	31	255~302
											500~800	纵向	785	615	12	40	31	241~286
35	32Cr2MnMo	0.28~0.36	0.17~0.37	1.10~1.40	1.70~2.10	—	0.40~0.50	—	—	调质	100~300	纵向	830	685	14	49	59	255~302
											300~500	纵向	785	635	12	40	49	255~302
											500~750	纵向	735	590	12	35	30	241~286
36	30CrMnSi	0.27~0.34	0.90~1.20	0.80~1.10	0.80~1.10	—	—	—	—	调质	≤100	纵向	735	590	12	35	35	235~293
											100~300	纵向	685	460	13	35	35	228~269
37	35CrMnSi	0.32~0.39	1.10~1.40	0.80~1.10	1.10~1.40	—	—	—	—	调质	≤100	纵向	785	640	12	35	31	241~293
											100~300	纵向	685	540	12	35	31	223~269
38	12CrMoV	0.08~0.15	0.17~0.37	0.40~0.70	0.30~0.60	—	0.25~0.35	0.15~0.30	—	正火+回火	≤100	纵向	470	245	22	48	39	143~179
											100~300	纵向	430	215	20	40	39	123~167

序号	牌号	C	Si	Mn	Cr	Ni	Mo	V	其他	热处理状态	截面尺寸(直径或厚度)/mm	试样方向	σ_b/MPa 不小于	σ_s/MPa 不小于	δ_5/% 不小于	ψ/% 不小于	A_{kU}/J 不小于	硬度(HB)
39	12Cr1MoV	0.08~0.15	0.17~0.37	0.40~0.70	0.90~1.20	—	0.25~0.35	0.15~0.30	—	正火+回火	≤100	纵向	440	245	19	50	39	123~167
											100~300	纵向	430	215	19	48	39	123~167
											300~500	纵向	430	215	18	40	35	123~167
											500~800	纵向	430	215	16	35	31	123~167
40	24CrMoV	0.20~0.28	0.17~0.37	0.30~0.60	1.20~1.50	—	0.50~0.60	0.15~0.30	—	调质	100~300	纵向	735	590	16	—	47	—
											300~500	纵向	685	540	16	—	47	—
41	35CrMoV	0.30~0.38	0.17~0.37	0.40~0.70	1.00~1.30	—	0.20~0.30	0.10~0.20	—	调质	100~200	切向	880	745	12	40	47	—
											200~240	切向	860	705	12	35	47	—
42	30Cr2MoV	0.26~0.34	0.17~0.37	0.40~0.70	2.30~2.70	—	0.15~0.25	0.10~0.20	—	调质	≤150	纵向	830	735	15	50	47	219~277
											150~250	纵向	735	590	16	50	47	219~277
											250~500	纵向	635	440	16	50	47	219~277
43	28Cr2Mo1V	0.22~0.32	0.30~0.50	0.50~0.80	1.50~1.80	—	0.60~0.80	0.20~0.30	—	调质	≤100	纵向	835	735	15	50	47	269~302
											100~300	纵向	735	635	15	40	47	269~302
											300~500	纵向	685	565	14	35	47	269~302
44	40CrNi	0.37~0.44	0.17~0.37	0.50~0.80	0.45~0.75	1.00~1.40	—	—	—	调质	≤100	纵向	735	590	14	45	47	223~277
											100~300	纵向	685	540	13	40	39	207~262
											300~500	纵向	635	440	13	35	39	197~235
											500~800	纵向	615	395	11	30	31	187~229
45	40CrNiMo	0.37~0.44	0.17~0.37	0.50~0.80	0.60~0.90	1.25~1.65	0.15~0.25	—	—	淬火+回火	≤80	纵向	980	835	12	55	78	—
											80~100	纵向	980	835	11	50	74	—
											100~150	纵向	980	835	10	45	70	—
											150~250	纵向	980	835	9	40	66	—
										调质	100~300	纵向	785	640	12	38	39	241~293
											300~500	纵向	685	540	12	33	35	207~262
46	34CrNi1Mo	0.30~0.40	0.17~0.37	0.50~0.80	1.30~1.70	1.30~1.70	0.20~0.30	—	—	调质	≤100	纵向	850	735	15	45	55	277~321
											100~300	纵向	765	636	14	40	47	262~311

化学成分(质量分数)/% ；力学性能

序号	牌号	C	Si	Mn	Cr	Ni	Mo	V	其他	热处理状态	截面尺寸(直径或厚度)/mm	试样方向	σb/MPa 不小于	σs/MPa 不小于	δ5/% 不小于	ψ/% 不小于	AkU/J 不小于	硬度(HB)
46	34CrNi1Mo	0.30~0.40	0.17~0.37	0.50~0.80	1.30~1.70	1.30~1.70	0.20~0.30	—	—	调质	300~500	纵向	685	540	14	35	39	235~277
											500~800	纵向	635	490	14	32	31	212~248
47	34CrNi3Mo	0.30~0.40	0.17~0.37	0.50~0.80	0.70~1.10	2.75~3.25	0.25~0.40	—	—	调质	≤100	纵向	900	785	14	40	55	269~341
											100~300	纵向	850	735	14	38	47	262~321
											300~500	纵向	805	685	13	35	39	241~302
											500~800	纵向	755	590	12	32	32	241~302
48	15Cr2Ni2	0.12~0.17	0.17~0.37	0.30~0.60	1.40~1.70	1.40~1.70	—	—	—	渗碳+淬火+回火	≤30	纵向	880	640	9	40	—	—
											30~63	纵向	780	540	10	40	—	—
49	20Cr2Ni4	0.17~0.23	0.17~0.37	0.30~0.60	1.25~1.65	3.25~3.65	—	—	—	调质	试样毛坯尺寸 φ15	纵向	1175	1080	10	45	62	—
50	17Cr2Ni2Mo	0.14~0.19	0.17~0.37	0.30~0.60	1.50~1.80	1.40~1.70	0.25~0.35	—	—	渗碳+淬火+回火	≤30	纵向	1080	790	8	35	—	—
											30~63	纵向	980	690	8	35	—	—
51	30Cr2Ni2Mo	0.26~0.34	0.17~0.37	0.30~0.60	1.80~2.20	1.80~2.20	0.30~0.50	—	—	调质	≤100	纵向	1100	900	10	45	—	—
											100~160	纵向	1000	800	11	50	—	—
											160~250	纵向	900	700	12	50	—	—
											250~500	纵向	830	635	12	50	—	—
											500~1000	纵向	780	590	12	—	—	—
52	34Cr2Ni2Mo	0.30~0.38	0.17~0.37	0.40~0.70	1.40~1.70	1.40~1.70	0.15~0.30	—	—	调质	≤100	纵向	1000	800	11	50	—	—
											100~160	纵向	900	700	12	55	—	—
											160~250	纵向	800	600	13	55	—	—
											250~500	纵向	740	540	14	—	—	—
53	15CrNiMoV	0.12~0.19	0.17~0.37	0.40~0.70	0.50~1.00	0.80~1.20	0.20~0.35	0.10~0.20	—	调质	100~300	纵向	685	585	15	60	110	190~240
											300~500	纵向	635	535	14	55	100	190~240
54	34CrNi3MoV	0.30~0.40	0.17~0.37	0.50~0.80	1.20~1.50	3.00~3.50	0.25~0.40	0.10~0.20	—	调质	≤100	纵向	900	785	14	40	47	269~321
											100~300	纵向	855	735	14	38	39	248~311
											300~500	纵向	805	685	13	33	31	235~293
											500~800	纵向	735	590	12	30	31	212~262

续表

序号	牌号	C	Si	Mn	Cr	Ni	Mo	V	其他	热处理状态	截面尺寸（直径或厚度）/mm	试样方向	σb/MPa 不小于	σs/MPa 不小于	δ5/% 不小于	ψ/% 不小于	Aku/J 不小于	硬度（HB）
55	37CrNi3MoV	0.32~0.42	0.17~0.37	0.25~0.50	1.20~1.50	3.00~3.50	0.35~0.45	0.10~0.25	—	调质	≤100	纵向	900	785	13	40	47	269~321
											100~300	纵向	855	735	12	38	39	248~311
											300~500	纵向	805	685	11	33	31	235~293
											500~800	纵向	735	590	10	30	31	212~262
56	24Cr2Ni4MoV	0.22~0.28	0.17~0.37	0.30~0.60	1.50~1.80	3.30~3.80	0.40~0.55	0.05~0.15	—	调质	100~300	纵向	1000	870	12	45	70	—
											300~500	纵向	950	850	13	50	70	—
											500~750	纵向	900	800	15	50	65	—
											750~1000	纵向	850	750	15	50	65	—
57	18Cr2Ni4W	0.13~0.19	0.17~0.37	0.30~0.60	1.35~1.65	4.00~4.50	—	—	W0.80~1.20	淬火+回火	≤80	纵向	1180	835	10	45	78	—
											80~100	纵向	1180	835	9	40	74	—
											100~150	纵向	1180	835	8	35	70	—
											150~250	纵向	1180	835	7	30	66	—

注：本标准适用于冶金、矿山、船舶、工程机械设备中经整体热处理的一般锻件。

表 2-70　合金结构钢中外牌号对照表

中国 GB 牌号	曾用牌号	国际标准 ISO	欧洲标准 EN	Mat. No.	德国 DIN	W. Nr	英国 BS	法国 NF	瑞典 SS	美国 ASTM	美国 UNS	俄罗斯 ГОСТ	日本 JIS	韩国 KS
20Mn2	—	22Mn6	20Mn5	1.1169	20Mn6	1.1169	150Mn19	20M5	—	1320	G13200	20Г2	SMn420	SMn420
30Mn2	—	28Mn6	30Mn5	1.1165	30Mn5	1.1165	150Mn28	32M5	—	1330	G13300	30Г2	—	—
35Mn2	—	36Mn6	36Mn5	1.1167	36Mn5	1.1167	150Mn36	35M5	2120	1335	G13350	35Г2	SMn433	SMn433
40Mn2	—	42Mn6	—	—	—	—	—	40M5	—	1340	G13400	40Г2	SMn438	SMn438
45Mn2	—	—	46Mn7	1.0912	46Mn7	1.0912	—	45M5	—	1345	G13450	45Г2	SMn443	SMn443
50Mn2	—	—	50Mn7	1.0913	50Mn7	1.0913	—	55M5	—	—	—	50Г2	—	—
15MnV	—	—	15MnV5	1.5213	15MnV5	1.5213	—	—	—	—	—	—	—	—
20MnV	—	—	20MnV6	1.5217	20MnV6	1.5217	—	—	—	—	—	—	—	—
42MnV	—	—	42MnV7	1.5223	42MnV7	1.5223	—	—	—	—	—	—	—	—
27SiMn	—	—	—	—	—	—	—	—	—	—	—	27Cr	—	—
35SiMn	—	—	37MnSi5	1.5122	37MnSi5	1.5122	En46	38MS5	—	—	—	35Cr	—	—
42SiMn	—	—	46MnSi4	1.5121	46MnSi4	1.5121	—	—	—	—	—	42Cr	—	—

中国 GB 牌号	曾用牌号	国际标准 ISO	欧洲标准 EN	欧洲标准 Mat. No.	德国 DIN	德国 W. Nr	英国 BS	法国 NF	瑞典 SS	美国 ASTM	美国 UNS	俄罗斯 ГОСТ	日本 JIS	韩国 KS
40B	—	—	—	—	—	—	170H41	—	—	1040B	—	—	—	—
45B	—	—	—	—	—	—	—	—	—	1045B	—	—	—	—
50B	—	—	—	—	—	—	—	—	—	1050B	—	—	—	—
40MnB	—	—	—	—	40MnB4	1.5527	185H40	38MB5	—	1541B	—	—	—	—
15Cr	—	—	15Cr3	1.7015	15Cr3	1.7015	523A14 523M15	12C3	—	5115	G51150	15X	SCr415	SCr415
20Cr	—	20Cr4	20Cr4	1.7015	20Cr4	1.7027	527A20	18C3	—	5120	G51200	20X	SCr420	SCr420
30Cr	—	—	28Cr4	1.7030	28Cr4	1.7030	530A30	32C4	—	5130	G51300	30X	SCr430	SCr430
35Cr	—	34Cr4	34Cr4	1.7033	34Cr4	1.7033	530A35	38C4	—	5135	G51350	35X	SCr435	SCr435
40Cr	—	41Cr4	41Cr4	1.7035	41Cr4	1.7035	530A40 530M40	42C4	2245	5140	G51400	40X	SCr440	SCr440
45Cr	—	—	—	—	—	—	—	45C4	—	5145	G51450	45X	SCr445	SCr445
50Cr	—	—	—	—	—	—	—	50C4	—	5150	G51500	50X	—	—
12CrMo	—	13CrMo44	13CrMo44	1.7335	13CrMo44	1.7335	—	12CD4	2216	4119	G41190	12XM	—	—
15CrMo	—	—	15CrMo5	1.7262	15CrMo5	1.7262	—	15CD4.05	—	—	—	15XM	SCM415	SCM415
20CrMo	—	18CrMo4	20CrMo5	1.7264	20CrMo5	1.7264	CDS12	20CD4	—	4118	G41180	20XM	SCM420	SCM420
25CrMo	—	—	25CrMo4	1.7218	25CrMo4	1.7218	—	25CD4	2225	—	—	25XM	SCM425	SCM425
30CrMo	—	—	—	—	—	—	—	30CD4	—	4130	G41300	30XM	SCM430	SCM430
35CrMo	—	34CrMo4	34CrMo4	1.7220	34CrMo4	1.7220	708A37	35CD4	2234	4135	G41350	35XM	SCM435	SCM435
42CrMo	—	42CrMo4	42CrMo4	1.7225	42CrMo4	1.7225	708M40	42CD4	2244	4140	G41400	42XM	SCM440	SCM440
12CrMoV	—	—	—	—	—	—	—	—	—	—	—	12XMФ	—	—
35CrMoV	—	—	—	—	—	—	—	—	—	—	—	35XMФ	—	—
25Cr2MoVA	—	—	24CrMoV55	1.7733	24CrMoV55	1.7733	—	—	—	—	—	25X2MФA	—	—
25Cr2Mo1VA	—	—	—	—	—	—	—	—	—	—	—	25X2M1ФA	—	—
38CrMoAl	—	41CrAlMo74	41CrAlMo7	1.8509	41CrAlMo7	1.8509	905M39	40CAD612	2490	—	—	38XMЮA	SACM645	—
20CrV	—	—	21CrV4	1.7510	21CrV4	1.7510	—	—	—	6120	G61200	20XФ	—	—
40CrV	—	—	—	—	—	—	—	—	—	—	—	40XФA	—	—
50CrVA	—	—	51CrV4	1.8159	51CrV4	1.8159	735A50	50CV4	2230	6150	G61500	50XФA	SUP10	SUP6

| 中国 GB | | 国际标准 | 欧洲标准 | | 德国 | | 英国 | 法国 | 瑞典 | 美国 | | 俄罗斯 | 日本 | 韩国 |
牌号	曾用牌号	ISO	EN	Mat. No.	DIN	W. Nr	BS	NF	SS	ASTM	UNS	ГОСТ	JIS	KS
15CrMn	—	—	16MnCr4	1.7131	16MnCr4	1.7131	—	16MC4	2511	5115	G51150	15ХГ	—	—
20CrMn	—	20MnCr5	20MnCr5	1.7147	20MnCr5	1.7147	—	20MC5	—	5120	G51200	20ХГ	SMnC420	SMnC420
40CrMn	—	41Cr4	41Cr4	1.7035	41Cr4	1.7035	41Cr4	41Cr4	—	—	—	40ХГ	—	—
20CrMnSi	—	—	—	—	—	—	—	—	—	—	—	20ХГС	—	—
25CrMnSi	—	—	—	—	—	—	—	—	—	—	—	25ХГС	—	—
30CrMnSi	—	—	—	—	—	—	—	—	—	—	—	30ХГС	—	—
30CrMnSiA	—	—	—	—	—	—	—	—	—	—	—	30ХГСА	—	—
35CrMnSiA	—	—	—	—	—	—	—	—	—	—	—	35ХГСА	—	—
20CrMnMo	—	—	—	—	—	—	—	—	—	—	—	18ХГМ	SCM421	SCM421
40CrMnMo	—	42CrMo4	42CrMo4	1.7225	42CrMo4	1.7225	708A12	—	—	4142	G41420	40ХГМ	SCM440	SCM440
20CrMnTi	—	—	—	—	—	—	—	—	—	—	—	18ХГТ	—	—
40CrMnTi	—	—	30MnCrTi4	1.8401	30MnCrTi4	1.8401	—	—	—	—	—	30ХГТ	—	—
20CrNi	—	—	—	—	—	—	637M17	—	—	3120	—	20ХН	—	—
40CrNi	—	—	40NiCr6	1.5711	40NiCr6	1.5711	640M40	—	—	3140	G31400	40ХН	—	—
45CrNi	—	—	—	—	—	—	—	—	—	3145	—	45ХН	—	—
50CrNi	—	—	—	—	—	—	—	—	—	3150	—	50ХН	—	—
12CrNi2	—	—	14NiCr10	1.5732	14NiCr10	1.5732	—	14NC11	—	3415	—	12ХН2	SNC415	SNC415
12CrNi3	—	15NiCr13	14NiCr14	1.5752	14NiCr14	1.5752	—	14NC12	—	—	—	12ХН3А	SNC815	SNC815
20CrNi3	—	—	—	—	—	—	—	20NC11	—	—	—	20ХН3А	—	—
30CrNi3	—	—	31NiCr14	1.5755	31NiCr14	1.5755	653M31	30NC11	—	3435	—	30ХН3А	SNC836	SNC836
12Cr2Ni4	—	—	14NiCr18	1.5860	14NiCr18	1.5860	659M15	12NC15	—	3310	—	12Х2Н4А	SNC815	SNC815
20Cr2Ni4	—	—	—	—	—	—	—	—	—	3316	—	20Х2Н4А	—	—
20CrNiMo	—	20NiCrMo2	21NiCrMo2	1.6523	21NiCrMo2	1.6523	805M20	20NCD4	3506	8620	G86200	20ХНМ	SNCM220	SNCM220
40CrNiMo	—	—	36CrNiMo4	1.6511	36CrNiMo4	1.6511	816M40	40NCD3	—	4340	G43400	40ХНМ	SNCM439	SNCM439
45CrNiMoVA	—	—	—	—	—	—	—	—	—	—	—	45ХН2МФА	—	—

表2-71 弹簧钢牌号和化学成分（GB/T 1222—2016）

序号	统一数字代号	牌号	化学成分（质量分数）/%											
			C	Si	Mn	Cr	V	W	Mo	B	Ni	Cu②	P	S
1	U20652	65	0.62~0.70	0.17~0.37	0.50~0.80	≤0.25	—	—	—	—	≤0.35	≤0.25	≤0.030	≤0.030
2	U20702	70	0.67~0.75	0.17~0.37	0.50~0.80	≤0.25	—	—	—	—	≤0.35	≤0.25	≤0.030	≤0.030
3	U20802	80	0.77~0.85	0.17~0.37	0.50~0.80	≤0.25	—	—	—	—	≤0.35	≤0.25	≤0.030	≤0.030
4	U20852	85	0.82~0.90	0.17~0.37	0.50~0.80	≤0.25	—	—	—	—	≤0.35	≤0.25	≤0.030	≤0.030
5	U21653	65Mn	0.62~0.70	0.17~0.37	0.90~1.20	≤0.25	—	—	—	—	≤0.35	≤0.25	≤0.030	≤0.030
6	U21702	70Mn	0.67~0.75	0.17~0.37	0.90~1.20	≤0.25	—	—	—	—	≤0.35	≤0.25	≤0.030	≤0.030
7	A76282	28SiMnB	0.24~0.32	0.60~1.00	1.20~1.60	≤0.25	—	—	—	0.0008~0.0035	≤0.35	≤0.25	≤0.025	≤0.020
8	A77406	40SiMnVBE①	0.39~0.42	0.90~1.35	1.20~1.55	—	0.09~0.12	—	—	0.0008~0.0025	≤0.35	≤0.25	≤0.020	≤0.012
9	A77552	55SiMnVB	0.52~0.60	0.70~1.00	1.00~1.30	≤0.35	0.08~0.16	—	—	0.0008~0.0035	≤0.35	≤0.25	≤0.025	≤0.020
10	A11383	38Si2	0.35~0.42	1.50~1.80	0.50~0.80	≤0.25	—	—	—	—	≤0.35	≤0.25	≤0.025	≤0.020
11	A11603	60Si2Mn	0.56~0.64	1.50~2.00	0.70~1.00	≤0.35	—	—	—	—	≤0.35	≤0.25	≤0.025	≤0.020
12	A22553	55CrMn	0.52~0.60	0.17~0.37	0.65~0.95	0.65~0.95	—	—	—	—	≤0.35	≤0.25	≤0.025	≤0.020
13	A22603	60CrMn	0.56~0.64	0.17~0.37	0.70~1.00	0.70~1.00	—	—	—	—	≤0.35	≤0.25	≤0.025	≤0.020
14	A22609	60CrMnB	0.56~0.64	0.17~0.37	0.70~1.00	0.70~1.00	—	—	—	0.0008~0.0035	≤0.35	≤0.25	≤0.025	≤0.020
15	A34603	60CrMnMo	0.56~0.64	0.17~0.37	0.70~1.00	0.70~1.00	—	—	0.25~0.35	—	≤0.35	≤0.25	≤0.025	≤0.020
16	A21553	55SiCr	0.51~0.59	1.20~1.60	0.50~0.80	0.50~0.80	—	—	—	—	≤0.35	≤0.25	≤0.025	≤0.020
17	A21603	60Si2Cr	0.56~0.64	1.40~1.80	0.40~0.70	0.70~1.00	—	—	—	—	≤0.35	≤0.25	≤0.025	≤0.020
18	A24563	56Si2MnCr	0.52~0.60	1.60~2.00	0.70~1.00	0.20~0.45	—	—	—	—	≤0.35	≤0.25	≤0.025	≤0.020
19	A45523	52SiCrMnNi	0.49~0.56	1.20~1.50	0.70~1.00	0.70~1.00	—	—	—	—	0.50~0.70	≤0.25	≤0.025	≤0.020
20	A28553	55SiCr-V	0.51~0.59	1.20~1.60	0.50~0.80	0.50~0.80	0.10~0.20	—	—	—	≤0.35	≤0.25	≤0.025	≤0.020
21	A28603	60Si2CrV	0.56~0.64	1.40~1.80	0.40~0.70	0.90~1.20	0.10~0.20	—	—	—	≤0.35	≤0.25	≤0.025	≤0.020
22	A28600	60Si2MnCrV	0.56~0.64	1.50~2.00	0.70~1.00	0.20~0.40	0.10~0.20	—	—	—	≤0.35	≤0.25	≤0.025	≤0.020
23	A23503	50CrV	0.46~0.54	0.17~0.37	0.50~0.80	0.80~1.10	0.10~0.20	—	—	—	≤0.35	≤0.25	≤0.025	≤0.020
24	A25513	51CrMnV	0.47~0.55	0.17~0.37	0.70~1.10	0.90~1.20	0.10~0.25	—	—	—	≤0.35	≤0.25	≤0.025	≤0.020
25	A36523	52CrMnMoV	0.48~0.56	0.17~0.37	0.70~1.10	0.90~1.20	0.10~0.20	—	0.15~0.30	—	≤0.35	≤0.25	≤0.025	≤0.020
26	A27303	30W4Cr2V	0.26~0.34	0.17~0.37	≤0.40	2.00~2.50	0.50~0.80	4.00~4.50	—	—	≤0.35	≤0.25	≤0.025	≤0.020

① 40SiMnVBE 为专利牌号。

② 根据需方要求，并在合同中注明，钢中残余铜含量可不大于0.20%。

表 2-72　弹簧钢力学性能（GB/T 1222—2016）

序号	牌　号	热处理制度[①]			力学性能,不小于				
		淬火温度 /℃	淬火介质	回火温度 /℃	抗拉强度 R_m/MPa	不屈服强度 R_{eL}[②]/MPa	断后伸长率		断面收缩率 Z/%
							A/%	$A_{11.3}$/%	
1	65	840	油	500	980	785	—	9.0	35
2	70	830	油	480	1030	835	—	8.0	30
3	80	820	油	480	1080	930	—	6.0	30
4	85	820	油	480	1130	980	—	6.0	30
5	65Mn	830	油	540	980	785	—	8.0	30
6	70Mn[③]	850	—	—	785	450	8.0		30
7	28SiMnB[④]	900	水或油	320	1275	1180	—	5.0	25
8	40SiMnVBE[④]	880	油	320	1800	1680	9.0		40
9	55SiMnVB	860	油	460	1375	1225	—	5.0	30
10	38Si2	880	水	450	1300	1150	8.0		35
11	60Si2Mn	870	油	440	1370	1375	—	5.0	20
12	55CrMn	840	油	485	1225	1080	9.0		20
13	60CrMn	840	油	490	1225	1080	9.0		20
14	60CrMnB	840	油	490	1225	1080	9.0		20
15	60CrMnMo	860	油	450	1450	1300	6.0		30
16	55SiCr	860	油	450	1450	1300	6.0		25
17	60Si2Cr	870	油	420	1765	1570	6.0		20
18	56Si2MnCr	860	油	450	1500	1350	6.0		25
19	52SiCrMnNi	860	油	450	1450	1300	6.0		35
20	55SiCrV	860	油	400	1650	1600	5.0		35
21	60Si2CrV	850	油	410	1860	1665	6.0		20
22	60Si2MnCrV	860	油	400	1700	1650	5.0		30
23	50CrV	850	油	500	1275	1130	10.0		40
24	51CrMnV	850	油	450	1350	1200	6.0		30
25	52CrMnMoV	860	油	450	1450	1300	6.0		35
26	30W4Cr2V[⑤]	1075	油	600	1470	1325	7.0		40

① 表中热处理温度允许调整范围为：淬火，±20℃；回火，±50℃（28MnSiB 钢±30℃）。根据需方要求，其他钢回火可按±30℃进行。

② 当检测钢材屈服现象不明显时，可用 $R_{p0.2}$ 代替 R_{eL}。

③ 70Mn 的推荐热处理制度为：正火 790℃，允许调整范围为±30℃。

④ 典型力学性能参数参见 GB/T 1222—2016 标准附录 D。

⑤ 30W4Cr2V 除抗拉强度外，其他力学性能检验结果供参考，不作为交货依据。

注：1. 力学性能试验采用直径 10mm 的比例试样，推荐取留有少许加工余量的试样毛坯（一般尺寸为 11mm～12mm）。

2. 对于直径或边长小于 11mm 的棒材，用原尺寸钢材进行热处理。

3. 对于厚度小于 11mm 的扁钢，允许采用矩形试样，当采用矩形试样时，断面收缩率不作为验收条件。

表2-73　弹簧钢中外牌号对照表

中国 GB 牌号	曾用牌号	国际标准 ISO	欧洲标准 EN	欧洲标准 Mat. No.	德国 DIN	德国 W. Nr	英国 BS	法国 NF	瑞典 SS	美国 AISI	美国 UNS	俄罗斯 ГOCT	日本 JIS	韩国 KS
65	—	DAB	C60E C67S	1.1121 1.1231	CK67	1.1231	060A67	XC65	1770	1065	G-10650	65	SUP2 S65C-SP	≈SPS3
70	—	DAB	C70D	1.0615	—	—	070A72	XC70	1778	1070	G-10700	70	S70C-SP	—
75	—	DAB	C75S	1.1248	CK75	1.1248	—	—	1778	1074	G-10740	75	—	—
80	—	SC	—	—	—	—	C60A83	—	—	1080	G-10800	80	—	SPS1
85	—	SC DH	C86D C85S	1.0616 1.1269	CK85	1.1269	060A86	XC85	≈1774	1086	G-10860	85	SUP3 SK5-CSP	—
60Mn	—	—	C60E	1.1121	—	—	080A64	—	—	—	—	60T	SUP9A S60C-CSP	—
65Mn	—	C60E4	—	—	CK67	1.1231	080A67	—	—	1566	G-15660	65T	S65C-CSP	—
55Si2Mn	—	55SiCr7	—	—	55Si7	1.0904	250A53	55SC	2085	9255	G-92550	55C2	—	—
60Si2Mn	—	61SiCr7	61SiCr7	1.7108	60Si7	1.0909	251H60 250A58	60SC	—	9260	G-92600	60C2	SUP6	SPS3
60Si2CrA	—	55SiCr6-3	54CiCr6	1.7102	60SiCr7	1.0961	685H57	60SC7	—	—	—	60C2XA	—	—
60Si2CrVA	—	—	—	—	—	—	—	—	—	—	—	60C2XФA	—	—
55CrMnA	—	55Cr3	55Cr3	1.7176	55Cr3	1.7176	≈527A60	55C3	—	5155	G-51550	55XT	SUP9	SPS5
60CrMnA	—	60Cr3	60Cr3	1.7177	—	—	527A60	—	—	5160	G-51600	—	SUP9A	SPS5A
50CrVA	—	51CrV4	51CrV4	1.8159	51CrV4	1.8159	735A50	50CV4	2230	6150	G-61500	50XФA	SUP10	SPS6
60CrMnMoA	—	60CrMo3-3	—	—	≈51CrMoV4	1.7701	705H60	≈51CDV4	—	4161	G-41610	—	SUP13	SPS9
60CrMnBA	—	60CrB3	—	—	≈52MnCrMnB3	1.7318	—	—	—	51B60	G-51601	60XTP	SUP11A	SPS7

同组织和不同特性的不锈钢。通常把不锈钢分为铁素体不锈钢、奥氏体不锈钢、奥氏体-铁素体双相不锈钢、马氏体不锈钢和沉淀硬化不锈钢五类。

铁素体不锈钢一般含铬 11.0%～30.0%，基本不含镍，其具有稳定的铁素体组织，不能通过热处理方法调整性能，铁素体不锈钢经退火处理后具有一定的强度、塑性，但脆性较大。铁素体不锈钢对硝酸等氧化性介质有较好的耐腐蚀性，在含有氯化物的介质中有良好的耐应力腐蚀能力，还具有良好的抗氧化性能。

奥氏体不锈钢含碳量较低，一般铬含量为 17.0%～20.0%，镍含量为 8.0%～11.0%，有的以锰代镍，为进一步提高耐蚀性能，还有的加入钼、铜、硅、钛、铌等合金元素。在常温下具有奥氏体组织，有时含有少量铁素体。奥氏体不锈钢不能用热处理方法调整性能，但可通过冷变形得到一定程度的强化。在固溶状态下，奥氏体不锈钢具有较低的强度、高的塑韧性及较好的低温韧性。奥氏体不锈钢最大的特点是具有较高的耐腐蚀性能，特别是在氧化性介质中耐蚀性更优，加入钛或铌的稳定化了的奥氏体不锈钢具有较好的耐晶间腐蚀能力。奥氏体不锈钢还具有抗氧化性能和良好的焊接性能。

奥氏体-铁素体双相不锈钢的碳含量很低，铬含量为 17.0%～30.0%，镍含量为 3.0%～8.0%，另外还有的加入钼、铜、铝、氮、钨等合金元素，这种合金成分配比的不锈钢具有奥氏体和铁素体两相共存组织，只不过是依据化学成分的比例不同，有的奥氏体含量多些，有的铁素体含量多些。这类钢基本上不能通过热处理方法调整性能。采用固溶化热处理后，具有比奥氏体不锈钢高的强度，塑韧性也好。因其具有高的铬含量和一定的镍含量，碳含量又低，所以具有高的耐腐蚀性能，特别是在含有 Cl⁻ 介质中有较好的耐点腐蚀、耐缝隙腐蚀和耐应力腐蚀的特点。其冷变形能力比奥氏体不锈钢差。

马氏体不锈钢主要含 12.0%～18.0% 的铬，碳含量在 0.1%～0.4% 之间，用于制造工具时碳含量可控制在 0.8%～1.0% 之间。为提高抗回火稳定性还加入钼、钒、铌等合金元素。这类钢经高温加热淬火后，基本是马氏体组织，依据碳和合金元素的差异，有的可能会含有少量铁素体或碳化物，有时也可能有少量残余奥氏体。马氏体不锈钢可通过热处理方法，在很大范围内调整力学性能，以满足不同使用条件下的零部件性能要求。由于大量的合金元素使马氏体不锈钢高温奥氏体更稳定，在较缓慢的冷却条件下也能得到马氏体组织，所以，比相同碳含量的碳素钢有更强的淬透性，能保证较大截面的零部件也获得良好的热处理效果。马氏体不锈钢的耐腐蚀性不如奥氏体不锈钢和双相不锈钢，但在有机酸中有较好的耐蚀性。

沉淀硬化不锈钢的成分特点是有不太高的碳含量，除铬、镍等元素外，还含有铜、铝、钛、铌等可以产生时效沉淀析出物的合金元素。钢在经固溶和时效处理后，具有较好的力学性能，并且可依据时效温度的调整来调整力学性能。这类钢主要是依靠析出沉淀相强化，其碳含量可以控制得很低。因此，其具有比马氏体不锈钢更好的耐腐蚀性能，耐蚀性与铬镍奥氏体不锈钢相当。

我国常见不锈钢的种类、牌号、化学成分见表 2-74～表 2-78；力学性能见表 2-79～表 2-83。JB/T 6398—2018《大型不锈、耐酸、耐热钢锻件》中列出的锻件不锈钢牌号、化学成分及力学性能见表 2-84 和表 2-85，不锈钢中外牌号对照见表 2-86。

2.4.7　耐热钢

耐热钢是指在高温条件下具有抗氧化性能，且具有一定的高温强度、耐热性良好的钢，一般包括抗氧化钢和热强钢两类。

表2-74 奥氏体型不锈钢的化学成分（GB/T 1220—2007）

GB/T 20878 中序号	统一数字代号	新牌号	旧牌号	化学成分（质量分数）/%										
				C	Si	Mn	P	S	Ni	Cr	Mo	Cu	N	其他元素
1	S35350	12Cr17Mn6Ni5N	1Cr17Mn6Ni5N	0.15	1.00	5.50~7.50	0.050	0.030	3.50~5.50	16.00~18.00	—	—	0.05~0.25	—
3	S35450	12Cr18Mn9Ni5N	1Cr18Mn8Ni5N	0.15	1.00	7.50~10.00	0.050	0.030	4.00~6.00	17.00~19.00	—	—	0.05~0.25	—
9	S30110	12Cr17Ni7	1Cr17Ni7	0.15	1.00	2.00	0.045	0.030	6.00~8.00	16.00~18.00	—	—	0.10	—
13	S30210	12Cr18Ni9	1Cr18Ni9	0.15	1.00	2.00	0.045	0.030	8.00~10.00	17.00~19.00	—	—	0.10	—
15	S30317	Y12Cr18Ni9	Y1Cr18Ni9	0.15	1.00	2.00	0.20	≥0.15	8.00~10.00	17.00~19.00	(0.60)	—	—	—
16	S30327	Y12Cr18Ni9Se	Y1Cr18Ni9Se	0.15	1.00	2.00	0.20	0.060	8.00~10.00	17.00~19.00	—	—	—	Se≥0.15
17	S30408	06Cr19Ni10	0Cr18Ni9	0.08	1.00	2.00	0.045	0.030	8.00~11.00	18.00~20.00	—	—	—	—
18	S30403	022Cr19Ni10	00Cr19Ni10	0.030	1.00	2.00	0.045	0.030	8.00~12.00	18.00~20.00	—	—	—	—
22	S30488	06Cr18Ni9Cu3	0Cr18Ni9Cu3	0.08	1.00	2.00	0.045	0.030	8.50~10.50	17.00~19.00	—	3.00~4.00	—	—
23	S30458	06Cr19Ni10N	0Cr19Ni9N	0.08	1.00	2.00	0.045	0.030	8.00~11.00	18.00~20.00	—	—	0.10~0.16	—
24	S30478	06Cr19Ni9NbN	0Cr19Ni10NbN	0.08	1.00	2.00	0.045	0.030	7.50~10.50	18.00~20.00	—	—	0.15~0.30	Nb 0.15
25	S30453	022Cr19Ni10N	00Cr18Ni10N	0.030	1.00	2.00	0.045	0.030	8.00~11.00	18.00~20.00	—	—	0.10~0.16	—
26	S30510	10Cr18Ni12	1Cr18Ni12	0.12	1.00	2.00	0.045	0.030	10.50~13.00	17.00~19.00	—	—	—	—
32	S30908	06Cr23Ni13	0Cr23Ni13	0.08	1.00	2.00	0.045	0.030	12.00~15.00	22.00~24.00	—	—	—	—
35	S31008	06Cr25Ni20	0Cr25Ni20	0.08	1.50	2.00	0.045	0.030	19.00~22.00	24.00~26.00	—	—	—	—

GB/T 20878 中序号	统一数字代号	新牌号	旧牌号	化学成分（质量分数）/%										
				C	Si	Mn	P	S	Ni	Cr	Mo	Cu	N	其他元素
38	S31608	06Cr17Ni12Mo2	0Cr17Ni12Mo2	0.08	1.00	2.00	0.045	0.030	10.00~14.00	16.00~18.00	2.00~3.00	—	—	—
39	S31603	022Cr17Ni12Mo2	00Cr17Ni14Mo2	0.030	1.00	2.00	0.045	0.030	10.00~14.00	16.00~18.00	2.00~3.00	—	—	—
41	S31668	06Cr17Ni12Mo2Ti	0Cr18Ni12Mo3Ti	0.08	1.00	2.00	0.045	0.030	10.00~14.00	16.00~18.00	2.00~3.00	—	—	Ti≥5C
43	S31658	06Cr17Ni12Mo2N	0Cr17Ni12Mo2N	0.08	1.00	2.00	0.045	0.030	10.00~13.00	16.00~18.00	2.00~3.00	—	0.10~0.16	—
44	S31653	022Cr17Ni12Mo2N	00Cr17Ni13Mo2N	0.030	1.00	2.00	0.045	0.030	10.00~13.00	16.00~18.00	2.00~3.00	—	0.10~0.16	—
45	S31688	06Cr18Ni12Mo2Cu2	0Cr18Ni12Mo2Cu2	0.08	1.00	2.00	0.045	0.030	10.00~14.00	17.00~19.00	1.20~2.75	1.00~2.50	—	—
46	S31683	022Cr18Ni14Mo2Cu2	00Cr18Ni14Mo2Cu2	0.030	1.00	2.00	0.045	0.030	12.00~16.00	17.00~19.00	1.20~2.75	1.00~2.50	—	—
49	S31708	06Cr19Ni13Mo3	0Cr19Ni13Mo3	0.08	1.00	2.00	0.045	0.030	11.00~15.00	18.00~20.00	3.00~4.00	—	—	—
50	S31703	022Cr19Ni13Mo3	00Cr19Ni13Mo3	0.030	1.00	2.00	0.045	0.030	11.00~15.00	18.00~20.00	3.00~4.00	—	—	—
52	S31794	03Cr18Ni16Mo5	0Cr18Ni16Mo5	0.04	1.00	2.50	0.045	0.030	15.00~17.00	16.00~19.00	4.00~6.00	—	—	—
55	S32168	06Cr18Ni11Ti	0Cr18Ni10Ti	0.08	1.00	2.00	0.045	0.030	9.00~12.00	17.00~19.00		—	—	Ti 5C~0.70
62	S34778	06Cr18Ni11Nb	0Cr18Ni11Nb	0.08	1.00	2.00	0.045	0.030	9.00~12.00	17.00~19.00	—	—	—	Nb 10C~1.10
64	S38148	06Cr18Ni13Si4①	0Cr18Ni13Si4①	0.08	3.00~5.00	2.00	0.045	0.030	11.50~15.00	15.00~20.00	—	—	—	—

① 必要时，可添加上表以外的合金元素。

注：1. 表中所列成分除标明范围或最小值外，其余均为最大值。括号内数值为可加入或允许含有的最大值。

2. 本标准牌号与国外标准牌号对照参见 GB/T 20878。

表 2-75 奥氏体-铁素体型不锈钢的化学成分（GB/T 1220—2007）

GB/T 20878 中序号	统一数字代号	新牌号	旧牌号	化学成分（质量分数）/%										
				C	Si	Mn	P	S	Ni	Cr	Mo	Cu	N	其他元素
67	S21860	14Cr18Ni11Si4AlTi	1Cr18Ni11Si4AlTi	0.10~0.18	3.40~4.00	0.80	0.035	0.030	10.00~12.00	17.50~19.50	—	—	—	Ti 0.40~0.70 Al 0.10~0.30
68	S21953	022Cr19Ni5Mo3Si2N	00Cr18Ni5Mo3Si2	0.030	1.30~2.00	1.00~2.00	0.035	0.030	4.50~5.50	18.00~19.50	2.50~3.00	—	0.05~0.12	—
70	S22253	022Cr22Ni5Mo3N		0.030	1.00	2.00	0.030	0.020	4.50~6.50	21.00~23.00	2.50~3.50	—	0.08~0.20	—
71	S22053	022Cr23Ni5Mo3N		0.030	1.00	2.00	0.030	0.020	4.50~6.50	22.00~23.00	3.00~3.50	—	0.14~0.20	—
73	S22553	022Cr25Ni6Mo2N		0.030	1.00	2.00	0.035	0.030	5.50~6.50	24.00~26.00	1.20~2.50	—	0.10~0.20	—
75	S25554	03Cr25Ni6Mo3Cu2N		0.04	1.00	1.50	0.035	0.030	4.50~6.50	24.00~27.00	2.90~3.90	1.50~2.50	0.10~0.25	—

注：1. 表中所列成分除注明范围或最小值外，其余均为最大值。
2. 本标准与国外标准牌号对照参见 GB/T 20878。

表 2-76 铁素体型不锈钢的化学成分

GB/T 20878 中序号	统一数字代号	新牌号	旧牌号	化学成分（质量分数）/%									
				C	Si	Mn	P	S	Ni	Cr	Mo	N	其他元素
78	S11348	06Cr13Al	0Cr13Al	0.08	1.00	1.00	0.040	0.030	(0.60)	11.50~14.50	—	—	Al 0.10~0.30
83	S11203	022Cr12	00Cr12	0.030	1.00	1.00	0.040	0.030	(0.60)	11.00~13.50	—	—	—
85	S11710	10Cr17	1Cr17	0.12	1.00	1.00	0.040	0.030	(0.60)	16.00~18.00	—	—	—
86	S11717	Y10Cr17	Y1Cr17	0.12	1.00	1.25	0.060	≥0.15	(0.60)	16.00~18.00	(0.60)	—	—
88	S11790	10Cr17Mo	1Cr17Mo	0.12	1.00	1.00	0.040	0.030	(0.60)	16.00~18.00	0.75~1.25	—	—
94	S12791	008Cr27Mo①	00Cr27Mo①	0.010	0.40	0.40	0.030	0.020	—	25.00~27.50	0.75~1.50	0.015	—
95	S13091	008Cr30Mo2①	00Cr30Mo2①	0.010	0.40	0.40	0.030	0.020	—	28.50~32.00	1.50~2.50	0.015	—

① 允许含有小于或等于 0.50%镍，小于或等于 0.20%铜，而 Ni+Cu≤0.50%；必要时，可添加上表以外的合金元素。

注：1. 表中所列成分除注明范围或最小值外，其余均为最大值。括号内数值为可加入或允许含有的最大值。
2. 本标准与国外标准牌号对照参见 GB/T 20878。

表 2-77 **马氏体型不锈钢的化学成分**（GB/T 1220—2007）

GB/T 20878 中序号	统一数字代号	新牌号	旧牌号	化学成分（质量分数）/%										
				C	Si	Mn	P	S	Ni	Cr	Mo	Cu	N	其他元素
96	S40310	12Cr12	1Cr12	0.15	0.50	1.00	0.040	0.030	(0.60)	11.50~13.00	—	—	—	—
97	S41008	06Cr13	0Cr13	0.08	1.00	1.00	0.040	0.030	(0.60)	11.50~13.50	—	—	—	—
98	S41010	12Cr13①	1Cr13①	0.08~0.15	1.00	1.00	0.040	0.030	(0.60)	11.50~13.50	—	—	—	—
100	S41617	Y12Cr13	Y1Cr13	0.15	1.00	1.25	0.060	≥0.15	(0.60)	12.00~14.00	(0.60)	—	—	—
101	S42020	20Cr13	2Cr13	0.16~0.25	1.00	1.00	0.040	0.030	(0.60)	12.00~14.00	—	—	—	—
102	S42030	30Cr13	3Cr13	0.26~0.35	1.00	1.00	0.040	0.030	(0.60)	12.00~14.00	—	—	—	—
103	S42037	Y30Cr13	Y3Cr13	0.26~0.35	1.00	1.25	0.060	≥0.15	(0.60)	12.00~14.00	(0.60)	—	—	—
104	S42040	40Cr13	4Cr13	0.36~0.45	0.60	0.80	0.040	0.030	(0.60)	12.00~14.00	—	—	—	—
106	S43110	14Cr17Ni2	1Cr17Ni2	0.11~0.17	0.80	0.80	0.040	0.030	1.50~2.50	16.00~18.00	—	—	—	—
107	S43120	17Cr16Ni2		0.12~0.22	1.00	1.50	0.040	0.030	1.50~2.50	15.00~17.00	—	—	—	—
108	S44070	68Cr17	7Cr17	0.60~0.75	1.00	1.00	0.040	0.030	(0.60)	16.00~18.00	(0.75)	—	—	—
109	S44080	85Cr17	8Cr17	0.75~0.95	1.00	1.00	0.040	0.030	(0.60)	16.00~18.00	(0.75)	—	—	—
110	S44096	108Cr17	11Cr17	0.95~1.20	1.00	1.00	0.040	0.030	(0.60)	16.00~18.00	(0.75)	—	—	—
111	S44097	Y108Cr17	Y11Cr17	0.95~1.20	1.00	1.25	0.060	≥0.15	(0.60)	16.00~18.00	(0.75)	—	—	—
112	S44090	95Cr18	9Cr18	0.90~1.00	0.80	0.80	0.040	0.030	(0.60)	17.00~19.00	—	—	—	—
115	S45710	13Cr13Mo	1Cr13Mo	0.08~0.18	0.60	1.00	0.040	0.030	(0.60)	11.50~14.00	0.30~0.60	—	—	—
116	S45830	32Cr13Mo	3Cr13Mo	0.28~0.35	0.80	1.00	0.040	0.030	(0.60)	12.00~14.00	0.50~1.00	—	—	—
117	S45990	102Cr17Mo	9Cr18Mo	0.95~1.10	0.80	0.80	0.040	0.030	(0.60)	16.00~18.00	0.40~0.70	—	—	—
118	S46990	90Cr18MoV	9Cr18MoV	0.85~0.95	0.80	0.80	0.040	0.030	(0.60)	17.00~19.00	1.00~1.30	—	—	V 0.07~0.12

① 相对于 GB/T 20878 调整成分牌号。

注: 1. 表中所列成分除标明范围或最小值外，其余均为最大值。括号内数值为可加入或允许含有的最大值。

2. 本标准牌号与国外标准牌号对照参见 GB/T 20878。

表 2-78 **沉淀硬化型不锈钢的化学成分**（GB/T 1220—2007）

GB/T 20878 中序号	统一数字代号	新牌号	旧牌号	化学成分（质量分数）/%										
				C	Si	Mn	P	S	Ni	Cr	Mo	Cu	N	其他元素
136	S51550	05Cr15Ni5Cu4Nb		0.07	1.00	1.00	0.040	0.030	3.50~5.50	14.00~15.50	—	2.50~4.50	—	Nb 0.15~0.45
137	S51740	05Cr17Ni4Cu4Nb	0Cr17Ni4Cu4Nb	0.07	1.00	1.00	0.040	0.030	3.00~5.00	15.00~17.50	—	3.00~5.00	—	Nb 0.15~0.45

GB/T 20878 中序号	统一数字代号	新牌号	旧牌号	化学成分（质量分数）/%										
				C	Si	Mn	P	S	Ni	Cr	Mo	Cu	N	其他元素
138	S51770	07Cr17Ni7Al	0Cr17Ni7Al	0.09	1.00	1.00	0.040	0.030	6.50~7.75	16.00~18.00	—	—	—	Al 0.75~1.50
139	S51570	07Cr15Ni7Mo2Al	0Cr15Ni7Mo2Al	0.09	1.00	1.00	0.040	0.030	6.50~7.75	14.00~16.00	2.00~3.00	—	—	Al 0.75~1.50

注：1. 表中所列成分除标明范围或最小值外，其余均为最大值。

2. 本标准牌号与国外标准牌号对照参见 GB/T 20878。

表 2-79　经固溶处理的奥氏体型钢棒或试样的力学性能① （GB/T 1220—2007）

GB/T 20878 中序号	统一数字代号	新牌号	旧牌号	规定非比例延伸强度 $R_{p0.2}$②/MPa 不小于	抗拉强度 R_m/MPa 不小于	断后伸长率 A/% 不小于	断面收缩率 Z③/% 不小于	硬度② 不大于		
								HBW	HRB	HV
1	S35350	12Cr17Mn6Ni5N	1Cr17Mn6Ni5N	275	520	40	45	241	100	253
3	S35450	12Cr18Mn9Ni5N	1Cr18Mn8Ni5N	275	520	40	45	207	95	218
9	S30110	12Cr17Ni7	1Cr17Ni7	205	520	40	60	187	90	200
13	S30210	12Cr18Ni9	1Cr18Ni9	205	520	40	60	187	90	200
15	S30317	Y12Cr18Ni9	Y1Cr18Ni9	205	520	40	50	187	90	200
16	S30327	Y12Cr18Ni9Se	Y1Cr18Ni9Se	205	520	40	50	187	90	200
17	S30408	06Cr19Ni10	0Cr18Ni9	205	520	40	60	187	90	200
18	S30403	022Cr19Ni10	00Cr19Ni10	175	480	40	60	187	90	200
22	S30488	06Cr18Ni9Cu3	0Cr18Ni9Cu3	175	480	40	60	187	90	200
23	S30458	06Cr19Ni10N	0Cr19Ni9N	275	550	35	50	217	95	220
24	S30478	06Cr19Ni9NbN	0Cr19Ni10NbN	345	685	35	50	250	100	260
25	S30453	022Cr19Ni10N	00Cr18Ni10N	245	550	40	50	217	95	220
26	S30510	10Cr18Ni12	1Cr18Ni12	175	480	40	60	187	90	200
32	S30908	06Cr23Ni13	0Cr23Ni13	205	520	40	60	187	90	200
35	S31008	06Cr25Ni20	0Cr25Ni20	205	520	40	50	187	90	200
38	S31608	06Cr17Ni12Mo2	0Cr17Ni12Mo2	205	520	40	60	187	90	200
39	S31603	022Cr17Ni12Mo2	00Cr17Ni14Mo2	175	480	40	60	187	90	200
41	S31668	06Cr17Ni12Mo2Ti	0Cr18Ni12Mo3Ti	205	530	40	55	187	90	200
43	S31658	06Cr17Ni12Mo2N	0Cr17Ni12Mo2N	275	550	35	50	217	95	220

GB/T 20878 中序号	统一数字代号	新牌号	旧牌号	规定非比例延伸强度 $R_{p0.2}$[②]/MPa 不小于	抗拉强度 R_m/MPa 不小于	断后伸长率 A/% 不小于	断面收缩率 Z[②]/%	硬度[②] HBW 不大于	硬度[②] HRB 不大于	硬度[②] HV 不大于
44	S31653	022Cr17Ni12Mo2N	00Cr17Ni13Mo2N	245	550	40	50	217	95	220
45	S31688	06Cr18Ni12Mo2Cu2	0Cr18Ni12Mo2Cu2	205	520	40	60	187	90	200
46	S31683	022Cr18Ni14Mo2Cu2	00Cr18Ni14Mo2Cu2	175	480	40	60	187	90	200
49	S31708	06Cr19Ni13Mo3	0Cr19Ni13Mo3	205	520	40	60	187	90	200
50	S31703	022Cr19Ni13Mo3	00Cr19Ni13Mo3	175	480	40	60	187	90	200
52	S31794	03Cr18Ni16Mo5	0Cr18Ni16Mo5	175	480	40	45	187	90	200
55	S32168	06Cr18Ni11Ti	0Cr18Ni10Ti	205	520	40	50	187	90	200
62	S34778	06Cr18Ni11Nb	0Cr18Ni11Nb	205	520	40	50	187	90	200
64	S38148	06Cr18Ni13Si4	0Cr18Ni13Si4	205	520	40	60	207	95	218

① 表2-79仅适用于直径、边长、厚度或对边距离小于等于180mm的钢棒。大于180mm的钢棒，可改锻成180mm的样坯检验，或由供需双方协商，或由供需双方协商，规定允许降低其力学性能的数值。

② 规定非比例延伸强度和硬度，仅当需方要求时（合同中注明）才进行测定，且供方可根据钢棒的尺寸或状态任选一种方法测定硬度。

③ 扁钢不适用，但需方要求时，由供需双方协商。

表 2-80 经固溶处理的奥氏体-铁素体型钢棒试样的力学性能[①] （GB/T 1220—2007）

GB/T 20878 中序号	统一数字代号	新牌号	旧牌号	规定非比例延伸强度 $R_{p0.2}$[②]/MPa 不小于	抗拉强度 R_m/MPa 不小于	断后伸长率 A/% 不小于	断面收缩率 Z[③]/%	冲击吸收功 A_{kU2}[④]/J	硬度[②] HBW 不大于	硬度[②] HRB 不大于	硬度[②] HV 不大于
67	S21860	14Cr18Ni11Si4AlTi	1Cr18Ni11Si4AlTi	440	715	25	40	63	—	—	—
68	S21953	022Cr19Ni5Mo3Si2N	00Cr18Ni5Mo3Si2	390	590	20	40	—	290	30	300
70	S22253	022Cr22Ni5Mo3N		450	620	25	—	—	290	—	—
71	S22053	022Cr23Ni5Mo3N		450	655	25	—	—	290	—	—
73	S22553	022Cr25Ni6Mo2N		450	620	20	—	—	260	—	—
75	S25554	03Cr25Ni6Mo3Cu2N		550	750	25	—	—	290	—	—

① 表2-80仅适用于直径、边长、厚度或对边距离小于等于75mm的钢棒。大于75mm的钢棒，可改锻成75mm的样坯检验或由供需双方协商或由供需双方协商，规定允许降低其力学性能的数值。

② 规定非比例延伸强度和硬度，仅当需方要求时（合同中注明）才进行测定，且供方可根据钢棒的尺寸或状态任选一种方法测定硬度。

③ 扁钢不适用，但需方要求时，由供需双方协商确定。

④ 直径或对边距离小于等于16mm的圆钢、六角钢、八角钢和边长或厚度小于等于12mm的方钢，扁钢不做冲击试验。

表2-81 经退火处理的铁素体型钢棒或试样的力学性能①

GB/T 20878 中序号	统一数字代号	新牌号	旧牌号	规定非比例延伸强度 $R_{p0.2}$②/MPa	抗拉强度 R_m/MPa	断后伸长率 A/%	断面收缩率 Z①/%	冲击吸收功 A_{kU2}④/J	硬度② HBW 不大于
				不小于					
78	S11348	06Cr13Al	0Cr13Al	175	410	20	60	78	183
83	S11203	022Cr12	00Cr12	195	360	22	60	—	183
85	S11710	10Cr17	1Cr17	205	450	22	50	—	183
86	S11717	Y10Cr17	Y1Cr17	205	450	22	50	—	183
88	S11790	10Cr17Mo	1Cr17Mo	205	450	22	60	—	183
94	S12791	008Cr27Mo	00Cr27Mo	245	410	20	45	—	219
95	S13091	008Cr30Mo2	00Cr30Mo2	295	450	20	45	—	228

① 表2-81仅适用于直径、边长、厚度或对边距离小于或等于75mm的钢棒。大于75mm的钢棒，可改锻成75mm的样坯检验或由供需双方协商，规定允许降低其力学性能的数值。

② 规定非比例延伸强度和硬度，仅当需方要求时（合同中注明）才进行测定。

③ 扁钢不适用，但需方要求时，由供需双方协商确定。

④ 直径或对边距离小于或等于16mm的圆钢、六角钢，八角钢和边长或厚度小于或等于12mm的方钢，扁钢不做冲击试验。

表2-82 经热处理的马氏体型钢棒或试样的力学性能①（GB/T 1220—2007）

GB/T 20878 中序号	统一数字代号	新牌号	旧牌号	组别	经淬火后回火后试样的力学性能和硬度							退火后钢棒的硬度② HBW 不大于
					规定非比例延伸强度 $R_{p0.2}$/MPa	抗拉强度 R_m/MPa	断后伸长率 A/%	断面收缩率 Z②/%	冲击吸收功 A_{kU2}④/J	HBW	HRC	
					不小于							
96	S40310	12Cr12	1Cr12		390	590	25	55	118	170	—	200
97	S41008	06Cr13	0Cr13		345	490	24	60	—	—	—	183
98	S41010	12Cr13	1Cr13		345	540	22	55	78	159	—	200
100	S41617	Y12Cr13	Y1Cr13		345	540	17	45	55	159	—	200
101	S42020	20Cr13	2Cr13		440	640	20	50	63	192	—	223
102	S42030	30Cr13	3Cr13		540	735	12	40	24	217	—	235
103	S42037	Y30Cr13	Y3Cr13		540	735	8	35	24	217	—	235
104	S42040	40Cr13	4Cr13		—	—	—	—	—	—	50	235
106	S43110	14Cr17Ni2	1Cr17Ni2		—	1080	10	—	39	—	—	285

续表

GB/T 20878 中序号	统一数字代号	新牌号	旧牌号	组别	经淬火回火后试样的力学性能和硬度							退火后钢棒的硬度 HBW
					规定非比例延伸强度 $R_{p0.2}$/MPa	抗拉强度 R_m/MPa	断后伸长率 A/%	断面收缩率 Z②/%	冲击吸收功 A_{kU2}④/J	HBW	HRC	
					不 小 于							不 大 于
107	S43120	17Cr16Ni2⑤		1	700	900~1050	12	45	25(A_{kV})	—	—	295
				2	600	800~950	14					
108	S44070	68Cr17	7Cr17		—	—	—	—	—	—	54	255
109	S44080	85Cr17	8Cr17		—	—	—	—	—	—	56	255
110	S44096	108Cr17	11Cr17		—	—	—	—	—	—	58	269
111	S44097	Y108Cr17	Y11Cr17		—	—	—	—	—	—	58	269
112	S44090	95Cr18	9Cr18		—	—	—	—	—	—	55	255
115	S45710	13Cr13Mo	1Cr13Mo		490	690	20	60	78	192	—	200
116	S45830	32Cr13Mo	3Cr13Mo		—	—	—	—	—	—	50	207
117	S45990	102Cr17Mo	9Cr18Mo		—	—	—	—	—	—	55	269
118	S46990	90Cr18MoV	9Cr18MoV		—	—	—	—	—	—	55	269

① 表2-82仅适用于直径、边长、厚度或对边距离小于或等于75mm的钢棒。大于75mm的钢棒，可改锻成75mm的样坯检验或由供需双方协商，规定允许降低其力学性能的数值。
② 扁钢不适用，但需方要求时，由供需双方协商确定。
③ 采用750℃退火时，其硬度由供需双方协商。
④ 直径或对边距离小于16mm的圆钢、六角钢、八角钢和边长或厚度小于等于12mm的方钢、扁钢不做冲击试验。
⑤ 17Cr16Ni2钢的性能组别应在合同中注明，未注明时，由供需方自行选择。

表 2-83　沉淀硬化型钢棒或试样的力学性能① (GB/T 1220—2007)

GB/T 20878 中序号	统一数字代号	新牌号	旧牌号	热处理		规定非比例延伸强度 $R_{p0.2}$/MPa	抗拉强度 R_m/MPa	断后伸长率 A/%	断面收缩率 Z②/%	硬度⑤	
				类型	组别	不 小 于	不 小 于	不 小 于	不 小 于	HBW	HRC
136	S51550	05Cr15Ni5Cu4Nb		固溶处理	0	—	—	—	—	≤363	≤38
				沉淀硬化 480℃时效	1	1180	1310	10	35	≥375	≥40
				沉淀硬化 550℃时效	2	1000	1070	12	45	≥331	≥35

续表

GB/T 20878 中序号	统一数字代号	新牌号	旧牌号	热处理 类型	热处理条件	组别	规定非比例延伸强度 $R_{p0.2}$/MPa	抗拉强度 R_m/MPa	断后伸长率 A /%	断面收缩率 Z[②] /%	硬度[③] HBW	硬度[③] HRC
							不小于	不小于	不小于			
136	S51550	05Cr15Ni5Cu4Nb		沉淀硬化	580℃时效	3	865	1000	13	45	≥302	≥31
				沉淀硬化	620℃时效	4	725	930	16	50	≥277	≥28
137	S51740	05Cr17Ni4Cu4Nb	0Cr17Ni4Cu4Nb	固溶处理		0	—	—	—	—	≤363	≤38
				沉淀硬化	480℃时效	1	1180	1310	10	40	≥375	≥40
				沉淀硬化	550℃时效	2	1000	1070	12	45	≥331	≥35
				沉淀硬化	580℃时效	3	865	1000	13	45	≥302	≥31
				沉淀硬化	620℃时效	4	725	930	16	50	≥277	≥28
138	S51770	07Cr17Ni7Al	0Cr17Ni7Al	固溶处理		0	≤380	≤1030	20	—	≤229	—
				沉淀硬化	510℃时效	1	1030	1230	4	10	≥388	—
				沉淀硬化	565℃时效	2	960	1140	5	25	≥363	—
139	S51570	07Cr15Ni7Mo2Al	0Cr15Ni7Mo2Al	固溶处理		0	—	—	—	—	≤269	—
				沉淀硬化	510℃时效	1	1210	1320	6	20	≥388	—
				沉淀硬化	565℃时效	2	1100	1210	7	25	≥375	—

① 表2-83 仅适用于直径、边长、厚度或对边距小于或等于75mm的钢棒。大于75mm的钢棒，可改锻成75mm的样坯检验或由供需双方协商，规定允许降低其力学性能的数值。
② 扁钢不适用。但需方要求时，由供需双方协商确定。
③ 供方可根据钢棒的尺寸或状态任选一种方法测定硬度。

表 2-84　化学成分的质量分数（JB/T 6398—2018）　　%

类别	材料牌号	C	Si	Mn	P	S	Cr	Ni	Mo	其他
奥氏体型	12Cr18Ni9	≤0.15	≤1.00	≤2.00	≤0.030	≤0.020	17.00～19.00	8.00～10.00	—	—
	06Cr19Ni10	≤0.08	≤1.00	≤2.00	≤0.030	≤0.020	18.00～20.00	8.00～11.00	—	—
	06Cr18Ni11Ti	≤0.08	≤1.00	≤2.00	≤0.030	≤0.020	17.00～19.00	9.00～12.00	—	Ti≥5C
	06Cr18Ni11Nb	≤0.08	≤1.00	≤2.00	≤0.030	≤0.020	17.00～19.00	9.00～13.00	—	Nb≥10C
	06Cr25Ni20	≤0.08	≤1.00（≤1.50）	≤2.00	≤0.030	≤0.020	24.00～26.00	19.00～22.00	—	—
	20Cr25Ni20	≤0.25	≤1.50	≤2.00	≤0.030	≤0.020	24.00～26.00	19.00～22.00	—	—
马氏体型	12Cr13	≤0.15	≤1.00	≤1.00	≤0.020	≤0.015	11.50～13.50	≤0.60	—	—
	20Cr13	0.16～0.25	≤1.00	≤1.00	≤0.020	≤0.015	12.00～14.00	≤0.60	—	—
	30Cr13	0.26～0.35	≤1.00	≤1.00	≤0.020	≤0.015	12.00～14.00	≤0.60	—	—
	40Cr13	0.36～0.45	≤0.60	≤0.80	≤0.020	≤0.015	12.00～14.00	≤0.60	—	—
	12Cr5Mo	≤0.15	≤0.50	≤0.60	≤0.020	≤0.015	4.00～6.00	≤0.60	0.40～0.60	—
	42Cr9Si2	0.35～0.50	2.00～3.00	≤0.70	≤0.020	≤0.015	8.00～10.00	≤0.60	—	—
	14Cr17Ni2	0.11～0.17	≤0.80	≤0.80	≤0.020	≤0.015	16.00～18.00	1.50～2.50	(0.35～0.50)	V 0.18～0.30

注：1. 钢中残余 Cu 含量不大于 0.20%。

2. 括号内的数字为耐热钢使用时的规定。

3. C 表示碳含量，即碳的质量分数。

表 2-85　锻件力学性能（JB/T 6398—2018）

材料牌号	热处理	拉 伸 性 能				冲击功	硬 度
		$R_{p0.2}$/MPa	R_m/MPa	A_5/%	Z/%	KU_2/J	HBW
12Cr18Ni9	固溶	≥205	≥520	≥40	≥60	—	≤187
06Cr19Ni10	固溶	≥205	≥520	≥40	≥60	—	≤187
06Cr18Ni11Ti	固溶	≥205	≥520	≥40	≥50	—	≤187
06Cr18Ni11Nb	固溶	≥205	≥520	≥40	≥50	—	≤187
06Cr25Ni20	固溶	≥205	≥520	≥40	≥50	—	≤187
20Cr25Ni20	固溶	≥205	≥590	≥40	≥50	—	≤201
12Cr13	淬火回火	≥345	≥540	≥25	≥55	≥78	≥158
20Cr13	淬火回火	≥440	≥635	≥20	≥50	≥63	≥195
30Cr13	淬火回火	≥540	≥735	≥12	≥40	≥24	≥240
40Cr13	淬火回火	≥735	≥930	≥9	—	—	≥279
12Cr5Mo	淬火回火	≥390	≥590	≥18	—	—	176
42Cr9Si2	淬火回火	≥590	≥885	≥19	≥50	—	≥260
14Cr17Ni2	淬火回火	—	≥1080	≥10	—	≥39	≥327

注：以强度为验收依据时，硬度不作为验收依据。

表 2-86　不锈钢中外牌号对照表

奥氏体型不锈钢

中国 GB 牌号	中国 GB 曾用牌号	国际标准 ISO	欧洲标准 EN	欧洲标准 Mat. No.	德国 DIN	德国 W. Nr.	英国 BS	法国 NF	瑞典 SS	美国 ASTM	美国 UNS	俄罗斯 ГОСТ	日本 JIS	韩国 KS
12Cr17Mn6Ni5N	1Cr17Mn6Ni5N	X12CrMnNi17-7-5	X12CrMnNi17-7-5	1.4372	X12CrMnNi17-7-5	1.4372	—	—	—	201	S20100	—	SUS201	—
12Cr18Mn8Ni5N	1Cr18Mn8Ni5N	—	X12CrMnNi18-9-5	1.4373	X12CrMnNi18-9-5	1.4373	284S16	—	—	202	S20200	12Х17Г9АН4	SUS202	—
12Cr17Ni7	1Cr17Ni7	X10CrNi18-8	X10CrNi18-8	1.4310	X12CrNi17-7	1.4310	301S21	Z12CN17-07	—	301	S30100	—	SUS301	—
12Cr18Ni9	1Cr18Ni9	X12CrNi18-8	X12CrNi18-8	1.4300	X12CrNi18-8	1.4300	302S25	Z10CN18-09	—	302	S30200	12Х18Н9	SUS302	—
Y12Cr18Ni9	Y1Cr18Ni9	X10CrNiS18-9	X10CrNiS18-9	1.4305	X10CrNiS18-9	1.4305	303S21	Z10CNF18-09	—	303	S30300	—	SUS303	—
Y12Cr18Ni9Se	Y1Cr18Ni9Se	—	—	—	—	—	303S41	—	—	303Se	S30323	12Х18Н10Е	SUS303Se	—
06Cr19Ni10	(0Cr18Ni9)	X5CrNi18-10	X5CrNi18-10	1.4301	X5CrNi18-10	1.4301	304S15	Z7CN18-09	2332 2333	304	S30400	08Х18Н10	SUS304	—
022Cr19Ni10	(00Cr18Ni10)	X2CrNi19-11	X2CrNi19-11	1.4306	X2CrNi19-11	1.4306	305S12	Z2CN18-10	—	304L	S30403	03Х18Н11	SUS304L	—
06Cr19Ni10N		—	X5CrNi19-9	—	X5CrNi19-9	1.4315	—	—	—	304N	S30451	—	SUS304N1	—
06Cr19Ni10NbN		—	—	—	—	—	—	—	—	XM21	S30452	—	SUS304N2	—
022Cr19Ni10N		X2CrNiN18-10	X2CrNiN18-10	1.4307	X2CrNiN18-10	1.4311	304S62	Z2CN18-10Az	2371	304LN	S30453	—	SUS304LN	—
10Cr18Ni12	1Cr18Ni12 (1Cr18Ni12Ti)	X6CrNi18-12	X4CrNi18-12	1.4303	X4CrNi18-12	1.4303	305S19	Z8CN18-12	—	305	S30500	12Х18Н12Т	SUS305	—
06Cr23Ni13	0Cr23Ni13	X12CrNi23-13	X12CrNi23-13	1.4833	X7CrNi23-14	1.4833	—	Z15CN24-13	—	309S	S30908	—	SUS309S	STS309S
	0Cr25Ni20 (1Cr25Ni20Si2)	X8CrNi25-21	X8CrNi25-21	1.4845	X12CrNi25-21	1.4845	304S24	Z12CN25-20	2361	310S	S31008	—	SUS310S	STS310S
06Cr17Ni12Mo2	0Cr17Ni12Mo2	X5CrNiMo17-12-2	X5CrNiMo17-12-2 X3CrMo17-13-3	1.4401 1.4436	X5CrNiMo17-12-2 X5CrMo17-13-3	1.4401 1.4436	316S16 316S31	Z6CND17-11 Z6CND17-12	2347 2343	316	S31600	—	SUS316	STS316
06Cr17Ni12Mo2Ti	0Cr18Ni12Mo2Ti (0Cr18Ni3Mo3Ti)	X6CrNiMoTi17-12-2	X6CrNiMoTi17-12-2	1.4571	X6CrNiMoTi17-12-2	1.4571	320S31 320S17	Z6CNDT17-12	2350	316Ti	S31635	08Х17Н13М2Т	SUS316Ti	STS316Ti

中国 GB		国际标准	欧洲标准		德国		英国	法国	瑞典	美国		俄罗斯	日本	韩国
牌　号	曾用牌号	ISO	EN	Mat. No.	DIN	W. Nr	BS	NF	SS	ASTM	UNS	ГОСТ	JIS	KS
—	0Cr18Ni12Mo3Ti	X6CrNiMoTi 17-12-2	X6CrNiMoTi 17-12-2	1.4571	X6CrNiMoTi 17-12-2	1.4571	320S17	—	—	—	—	08X17H15M3T	—	—
—	1Cr18Ni12Mo3Ti	—	—	—	—	—	320S31	—	—	—	—	10X17H13M3T	—	—
022Cr17Ni12Mo2	00Cr17Ni14Mo2	X2CrNiMo 18-14-3	X2CrNiMo 18-14-3	1.4435	X2CrNiMo 18-14-3	1.4435	316S11 316S12	Z2CND17-13	2353	316L	S31603	03X17H14M2	SUS316L	STS316L
06Cr17Ni12Mo2N	0Cr17Ni12Mo2N	—	—	—	—	—	—	—	—	316N	S31651	—	SUS316N	STS316N
022Cr17Ni12 Mo2N	00Cr17Ni13 Mo2N	X2CrNiMoN 17-11-2	X2CrNiMoN 17-12-2 X2CrNiMoN 17-13-3	1.4406 1.4429	X2CrNiMoN 17-12-2 X2CrNiMoN 17-13-3	1.4406 1.4429	316S61	Z2CND 17-12Az Z2CND 17-13Az	2375	316LN	S31653	—	SUS316LN	STS316LN
06Cr18Ni12 Mo2Cu2	0Cr18Ni12 Mo2Cu2	—	—	—	—	—	—	—	—	—	—	—	SUS316J1	STS316J1
022Cr18Ni14 Mo2Cu2	00Cr18Ni14 Mo2Cu2	—	—	—	—	—	—	—	—	—	—	—	SUS316JIL	STS316JIL
06Cr19Ni13Mo3	0Cr19Ni13Mo3	—	—	—	X5CrNiMo 17-13-3	1.4449	317S16	—	—	317	S31700	—	SUS317	STS317
022Cr19Ni13Mo3	00Cr19Ni13Mo3 (00Cr17Ni14Mo3)	X2CrNiMo 18-15-4	X2CrNiMo 18-15-4	1.4438	X2CrNiMo 18-15-4	1.4438	317S12	Z2CND19-15	2367	317L	S31703	—	SUS317L	STS317L
03Cr18Ni16Mo5	0Cr18Ni16Mo5	—	—	—	—	—	—	—	—	—	—	—	SUS317J1	STS317J1
—	1Cr18Ni9Ti	X10CrNiTi 18-10	X10CrNiTi 18-10	1.4878	X10CrNiTi 18-9	1.4878	321S20	Z6CNT18-10	2337	321	S32100	12X18H10T	SUS321	STS321
06Cr18Ni11Ti	0Cr18Ni11Ti (0Cr18Ni9Ti)	X6CrNiTi 18-10	X6CrNiTi 18-10	1.4541	X6CrNiTi 18-10	1.4541	321S31	Z6CNT18-10	2337	321	S32100	09X18H10T	SUS321	STS321
06Cr18Ni11Nb	0Cr18Ni11Nb	X6CrNiNb 18-10	X6CrNiNb 18-10	1.4550	X6CrNiNb 18-10	1.4550	347S17 347S31	Z6CNNb 18-10	2338	347	S34700	08Cr18H12Б	SUS347	STS347
0Cr18Ni9Cu3	0Cr18Ni9Cu3	X3CrNiCu 18-9-4	X3CrNiCu 18-9-4	1.4567	X3CrNiCu 18-9-4	1.4567	—	Z3CNU18-10	—	XM7	—	—	SUSXM7	STSXM7

牌号	曾用牌号	ISO	EN	Mat. No.	DIN	W. Nr	BS	NF	SS	ASTM	UNS	ГОСТ	JIS	KS
06Cr18Ni13Si4	0Cr18Ni13Si4	—	—	—	—	—	—	—	—	XM15	S38100	—	XM15J1	STSXM15J1

奥氏体-铁素体型不锈钢

牌号	曾用牌号	ISO	EN	Mat. No.	DIN	W. Nr	BS	NF	SS	ASTM	UNS	ГОСТ	JIS	KS
—	0Cr26Ni5Mo2	—	—	—	—	—	—	—	2324	329	S32900	—	SUS329J1	STS329J1
14Cr18Ni11Si4 AlTi	1Cr18Ni11Si4 AlTi	—	—	—	—	—	—	—	—	—	—	15X18H12 C4TЮ	—	—
00Cr19Ni5 Mo3Si2N	00Cr18Ni5 Mo3Si2	—	—	—	—	—	—	—	—	—	—	—	—	—
022Cr22Ni5 Mo3N	—	X2CrNiMoN 22-5-3	X2CrNiMoN 22-5-3	1.4462	X2CrNiMoN 22-5-3	1.4462	—	—	—	—	S31803	—	SUS329J3L	STS329J3L
022Cr23Ni5 Mo3N	—	—	—	—	—	—	—	—	—	2205	S32205	—	—	—
022Cr25Ni6 Mo2N	—	X3CrNiMoN 27-5-2	X3CrNiMoN 27-5-2	1.4460	X3CrNiMoN 27-5-2	1.4460	—	—	—	—	S31200	—	—	—
03Cr25Ni6Mo3 Cu2N	—	X2CrNiMoCuN 22-6-3	X2CrNiMoCuN 22-6-3	1.4507	X2CrNiMoCuN 22-6-3	1.4507	—	—	—	—	S32550	—	—	—

铁素体型不锈钢

牌号	曾用牌号	ISO	EN	Mat. No.	DIN	W. Nr	BS	NF	SS	ASTM	UNS	ГОСТ	JIS	KS
06Cr13Al	0Cr13Al	X6CrAl13	X6CrAl13	1.4002	X6CrAl13	1.4002	405S17	Z6CA13	2302	405	S40500	—	SUS405	STS405
022Cr12	00Cr12	—	—	—	—	—	—	Z3CT12	—	—	—	—	SUS410L	STS410L
10Cr17	1Cr17	X6Cr17	X6Cr17	1.4016	X6Cr17	1.4016	430S15	Z8C17	2320	430	S43000	12X17	SUS430	STS430
Y10Cr17	Y1Cr17	X14CrMoS17	X14CrMoS17	1.4104	X12CrMoS17	1.4104	—	Z10CF17	—	403F	S43020	—	SUS430F	STS430F
10Cr17Mo	1Cr17Mo	X6CrMo17-1	X6CrMo17-1	1.4113	X6CrMo17-1	1.4113	434S17	Z8CD17-01	2325	434	S43400	—	SUS434	STS434
008Cr30Mo2	00Cr30Mo2	—	—	—	—	—	—	—	—	—	—	—	SUS447J1	STS447J1
008Cr27Mo	00Cr27Mo	X1CrMo26-1	—	1.4131	X1CrMo26-1	1.4131	—	—	—	XM27	S44625	—	SUSXM27	STSXM27

续表

马氏体型不锈钢

中国 GB 牌号	曾用牌号	国际标准 ISO	欧洲标准 EN	Mat. No.	德国 DIN	W. Nr	英国 BS	法国 NF	瑞典 SS	美国 ASTM	UNS	俄罗斯 ГОСТ	日本 JIS	韩国 KS
12Cr12	1Cr12	—	—	—	—	—	403S17	—	2301	403	S40300	08X13	SUS403	STS403
06Cr13	0Cr13	X6Cr13	X6Cr13	1.4000	X6Cr13	1.4000	—	Z6C13	—	405	S40500	—	SUS405	STS405
12Cr13	1Cr13	X12Cr13	X12Cr13	1.4006	X10Cr13	1.4006	410S21	Z12C13	2302	410	S41000	12X13	SUS410	STS410
Y12Cr13	Y1Cr13	X12CrS13	X12CrS13	1.4005	X12CrS13	1.4005	416S21	Z12F13	2380	416	S41600	—	SUS416	STS416
	1Cr13Mo	X12CrMo12-6	—	—	—	—	420S29	—	—	—	—	—	SUS410J1	STS410J1
20Cr13	2Cr13	X20Cr13	X20Cr13	1.4021	X20Cr13	1.4021	420S37	Z20C13	2303	420	S42000	20X13	SUS420J1	STS420J1
30Cr13	3Cr13	X30Cr13	X30Cr13	1.4028	X30Cr13	1.4028	420S45	Z30C13	2304	—	—	—	SUS420J2	STS420J2
Y30Cr13	Y3Cr13	—	—	—	—	—	—	Z30F13	—	420F	S42020	—	SUS420F	STS420F
40Cr13	4Cr13	X39Cr13	X39Cr13	1.4031	X39Cr13	1.4031	—	Z40C14	—	—	—	40X13	—	—
14Cr17Ni2	1Cr17Ni2	X17CrNi16-2	X17CrNi16-2	1.4057	X17CrNi16-2	1.4057	431S29	Z15CN16-02	2321	431	S43100	14X17H2	SUS431	STS431
68Cr17	7Cr17	—	—	—	—	—	—	—	—	440A	S44002	—	SUS440A	STS440A
85Cr17	8Cr17	—	—	—	—	—	—	—	—	440B	S44003	—	SUS440B	STS440B
108Cr17	11Cr17 (9Cr18)	—	—	—	—	—	—	—	—	440C	S44004	95X18	SUS440C	STS440C
Y108Cr17	Y11Cr17	—	—	—	—	—	—	—	—	440F	S44020	—	SUS440F	STS440F

沉淀硬化型不锈钢

中国 GB 牌号	曾用牌号	国际标准 ISO	欧洲标准 EN	Mat. No.	德国 DIN	W. Nr	英国 BS	法国 NF	瑞典 SS	美国 ASTM	UNS	俄罗斯 ГОСТ	日本 JIS	韩国 KS
05Cr17Ni4Cu4Nb	0Cr17Ni4Cu4Nb	X5CrNiCuNb16-4	X5CrNiCuNb16-4	1.4542	X5CrNiCuNb16-4	1.4542	—	Z6CNU17-04	—	630	S17400	—	SUS630	STS630
07Cr17Ni7Al	0Cr17Ni7Al	X7CrNiAl17-7	X7CrNiAl17-7	1.4568	X7CrNiAl17-7	1.4568	—	Z8CNA17-07	—	631	S17700	09X17H7Ю	SUS631	STS631
07Cr15Ni7Mo2Al	0Cr15Ni7Mo2Al	X8CrNiMoAl15-7-2	X8CrNiMoAl15-7-2	1.4532	X8CrNiMoAl15-7-2	1.4532	—	Z8CNDA17-07	—	632	S15700	—	SUS632	STS632

表2-87 奥氏体型耐热钢的化学成分（GB/T 1221—2007）

GB/T 20878 序号	统一数字代号	新牌号	旧牌号	化学成分（质量分数）/%										
				C	Si	Mn	P	S	Ni	Cr	Mo	Cu	N	其他元素
6	S35650	53Cr21Mn9Ni4N	5Cr21Mn9Ni4N	0.48~0.58	0.35	8.00~10.00	0.040	0.030	3.25~4.50	20.00~22.00	—	—	0.35~0.50	—
7	S35750	26Cr18Mn12Si2N	3Cr18Mn12Si2N	0.22~0.30	1.40~2.20	10.50~12.50	0.050	0.030	—	17.00~19.00	—	—	0.22~0.33	—
8	S35850	22Cr20Mn10Ni2Si2N	2Cr20Mn9Ni2Si2N	0.17~0.26	1.80~2.70	8.50~11.00	0.050	0.030	2.00~3.00	18.00~21.00	—	—	0.20~0.30	—
17	S30408	06Cr19Ni10	0Cr18Ni9	0.08	1.00	2.00	0.045	0.030	8.00~11.00	18.00~20.00	—	—	—	—
30	S30850	22Cr21Ni12N	2Cr21Ni12N	0.15~0.28	0.75~1.25	1.00~1.60	0.040	0.030	10.50~12.50	20.00~22.00	—	—	0.15~0.30	—
31	S30920	16Cr23Ni13	2Cr23Ni13	0.20	1.00	2.00	0.040	0.030	12.00~15.00	22.00~24.00	—	—	—	—
32	S30908	06Cr23Ni13	0Cr23Ni13	0.08	1.00	2.00	0.045	0.030	12.00~15.00	22.00~24.00	—	—	—	—
34	S31020	20Cr25Ni20	2Cr25Ni20	0.25	1.50	2.00	0.040	0.030	19.00~22.00	24.00~26.00	—	—	—	—
35	S31008	06Cr25Ni20	0Cr25Ni20	0.08	1.50	2.00	0.040	0.030	19.00~22.00	24.00~26.00	—	—	—	—
38	S31608	06Cr17Ni12Mo2	0Cr17Ni12Mo2	0.08	1.00	2.00	0.045	0.030	10.00~14.00	16.00~18.00	2.00~3.00	—	—	—
49	S31708	06Cr19Ni13Mo3	0Cr19Ni13Mo3	0.08	1.00	2.00	0.045	0.030	11.00~15.00	18.00~20.00	3.00~4.00	—	—	—
55	S32168	06Cr18Ni11Ti	0Cr18Ni10Ti	0.08	1.00	2.00	0.045	0.030	9.00~12.00	17.00~19.00	—	—	—	Ti 5C~0.70
57	S32590	45Cr14Ni14W2Mo	4Cr14Ni14W2Mo	0.40~0.50	0.80	0.70	0.040	0.030	13.00~15.00	13.00~15.00	0.25~0.40	—	—	W 2.00~2.75
60	S33010	12Cr16Ni35	1Cr16Ni35	0.15	1.50	2.00	0.040	0.030	33.00~37.00	14.00~17.00	—	—	—	—

续表

GB/T 20878 序号	统一数字代号	新牌号	旧牌号	化学成分（质量分数）/%										
				C	Si	Mn	P	S	Ni	Cr	Mo	Cu	N	其他元素
62	S34778	06Cr18Ni11Nb	0Cr18Ni11Nb	0.08	1.00	2.00	0.045	0.030	9.00~12.00	17.00~19.00	—	—	—	Nb 10C~1.10
64	S38148	06Cr18Ni13Si4①	0Cr18Ni13Si4①	0.08	3.00~5.00	2.00	0.045	0.030	11.50~15.00	15.00~20.00	—	—	—	—
65	S38240	16Cr20Ni14Si2	1Cr20Ni14Si2	0.20	1.50~2.50	1.50	0.040	0.030	12.00~15.00	19.00~22.00	—	—	—	—
66	S38340	16Cr25Ni20Si2	1Cr25Ni20Si2	0.20	1.50~2.50	1.50	0.040	0.030	18.00~21.00	24.00~27.00	—	—	—	—

① 必要时，可添加上表以外的合金元素。

注：1. 表中所列成分除标明范围或最小值外，其余均为最大值。
2. 本标准牌号与国外标准牌号对照参见 GB/T 20878。

表 2-88　铁素体型耐热钢的化学成分（GB/T 1221—2007）

GB/T 20878 序号	统一数字代号	新牌号	旧牌号	化学成分（质量分数）/%										
				C	Si	Mn	P	S	Ni	Cr	Mo	Cu	N	其他元素
78	S11348	06Cr13Al	0Cr13Al	0.08	1.00	1.00	0.040	0.030	—	11.50~14.50	—	—	—	Al 0.10~0.30
83	S11203	022Cr12	00Cr12	0.030	1.00	1.00	0.040	0.030	—	11.00~13.50	—	—	—	—
85	S11710	10Cr17	1Cr17	0.12	1.00	1.00	0.040	0.030	—	16.00~18.00	—	—	—	—
93	S12550	16Cr25N	2Cr25N	0.20	1.00	1.50	0.040	0.030	—	23.00~27.00	—	(0.30)	0.25	—

注：1. 表中所列成分除标明范围或最大值外，其余均为最大值。括号内值为可加入或允许含有的最大值。
2. 本标准牌号与国外标准牌号对照参见 GB/T 20878。

表 2-89　马氏体型耐热钢的化学成分（GB/T 1221—2007）

GB/T 20878 序号	统一数字代号	新牌号	旧牌号	化学成分（质量分数）/%										
				C	Si	Mn	P	S	Ni	Cr	Mo	Cu	N	其他元素
98	S41010	12Cr13①	1Cr13①	0.08~0.15	1.00	1.00	0.040	0.030	(0.60)	11.50~13.50	—	—	—	—

GB/T 20878 序号	统一数字代号	新牌号	旧牌号	化学成分(质量分数)/%										
				C	Si	Mn	P	S	Ni	Cr	Mo	Cu	N	其他元素
101	S42020	20Cr13	2Cr13	0.16~0.25	1.00	1.00	0.040	0.030	(0.60)	12.00~14.00	—	—	—	—
106	S43110	14Cr17Ni2	1Cr17Ni2	0.11~0.17	0.80	0.80	0.040	0.030	1.50~2.50	16.00~18.00	—	—	—	—
107	S43120	17Cr16Ni2	—	0.12~0.22	1.00	1.50	0.040	0.030	1.50~2.50	15.00~17.00	—	—	—	—
113	S45110	12Cr5Mo	1Cr5Mo	0.18	0.50	0.60	0.040	0.030	0.00	4.00~6.00	0.40~0.60	—	—	—
114	S45610	12Cr12Mo	1Cr12Mo	0.10~0.15	0.50	0.30~0.50	0.035	0.030	0.30~0.60	11.50~13.00	0.30~0.60	0.30	—	—
115	S45710	13Cr13Mo	1Cr13Mo	0.08~0.18	0.60	1.00	0.040	0.030	(0.60)	11.50~14.00	0.30~0.60	—	—	—
119	S46010	14Cr11MoV	1Cr11MoV	0.11~0.18	0.50	0.60	0.035	0.030	0.60	10.00~11.50	0.50~0.70	—	—	V 0.25~0.40
122	S46250	18Cr12MoVNbN	2Cr12MoVNbN	0.15~0.20	0.50	0.50~1.00	0.035	0.030	(0.60)	10.00~13.00	0.30~0.90	—	0.05~0.10	V 0.10~0.40 Nb 0.20~0.60
123	S47010	15Cr12WMoV	1Cr12WMoV	0.12~0.18	0.50	0.50~0.90	0.035	0.030	0.40~0.80	11.00~13.00	0.50~0.70	—	—	W 0.70~1.10 V 0.15~0.30
124	S47220	22Cr12NiWMoV	2Cr12NiMoWV	0.20~0.25	0.50	0.50~1.00	0.040	0.030	0.50~1.00	11.00~13.00	0.75~1.25	—	—	W 0.75~1.25 V 0.20~0.40
125	S47310	13Cr11Ni2W2MoV	1Cr11Ni2W2MoV	0.10~0.16	0.60	0.60	0.035	0.030	1.40~1.80	10.50~12.00	0.35~0.50	—	—	W 1.50~2.00 V 0.18~0.30
128	S47450	18Cr11MoNbVN①	(2Cr11NiMoNbVN)①	0.15~0.20	0.50	0.50~0.80	0.030	0.025	0.30~0.60	10.00~12.00	0.60~0.90	—	0.04~0.09	V 0.20~0.30 Al 0.30 Nb 0.20~0.60
130	S48040	42Cr9Si2	4Cr9Si2	0.35~0.50	2.00~3.00	0.70	0.035	0.030	0.60	8.00~10.00	—	—	—	—
131	S48045	45Cr9Si3	—	0.40~0.50	3.00~3.50	0.60	0.030	0.030	0.60	7.50~9.50	—	—	—	—

GB/T 20878序号	统一数字代号	新牌号	旧牌号	化学成分（质量分数）/%										
				C	Si	Mn	P	S	Ni	Cr	Mo	Cu	N	其他元素
132	S48140	40Cr10Si2Mo	4Cr10Si2Mo	0.35~0.45	1.00~2.60	0.70	0.035	0.030	0.60	9.00~10.50	0.70~0.90	—	—	—
133	S48380	80Cr20Si2Ni	8Cr20Si2Ni	0.75~0.85	1.75~2.25	0.20~0.60	0.030	0.030	1.15~1.65	19.00~20.50	—	—	—	—

① 相对于 GB/T 20878 调整成分牌号。

注：1. 表中所列成分明范围或最小值外，其余均为最大值。括号内值为可加入或允许含有的最大值。

2. 本标准牌号与国外标准牌号对照参见 GB/T 20878。

表 2-90　沉淀硬化型耐热钢的化学成分　（GB/T 1221—2007）

GB/T 20878序号	统一数字代号	新牌号	旧牌号	化学成分（质量分数）/%										
				C	Si	Mn	P	S	Ni	Cr	Mo	Cu	N	其他元素
137	S51740	05Cr17Ni4Cu4Nb	0Cr17Ni4Cu4Nb	0.07	1.00	1.00	0.040	0.030	3.00~5.00	15.00~17.00	—	3.00~5.00	—	Nb 0.15~0.45
138	S51770	07Cr17Ni7Al	0Cr17Ni7Al	0.09	1.00	1.00	0.040	0.030	6.50~7.75	16.00~18.00	—	—	—	Al 0.75~1.50
143	S51525	06Cr15Ni25Ti2MoAlVB	0Cr15Ni25Ti2MoAlVB	0.08	1.00	2.00	0.040	0.030	24.00~27.00	13.50~16.00	1.00~1.50	—	—	Al 0.35 Ti 1.90~2.35 B 0.001~0.010 V 0.10~0.50

注：1. 表中所列成分除明范围或最小值外，其余均为最大值。

2. 本标准牌号与国外标准牌号对照参见 GB/T 20878。

表 2-91　经热处理的奥氏体型钢棒或试样力学性能[①]　（GB/T 1221—2007）

GB/T 中序号	统一数字代号	新牌号	旧牌号	热处理状态	规定非比例延伸强度 $R_{p0.2}$[②]/MPa	抗拉强度 R_m/MPa	断后伸长率 A/%	断面收缩率 Z[②]/%	布氏硬度（HBW[②]）
					不小于				不大于
6	S35650	53Cr21Mn9Ni4N	5Cr21Mn9Ni4N	固溶+时效	560	885	8	—	≥302
7	S35750	26Cr18Mn12Si2N	3Cr18Mn12Si2N	固溶处理	390	685	35	45	248
8	S35850	22Cr20Mn10Ni2Si2N	2Cr20Mn9Ni2Si2N	固溶处理	390	635	35	45	248
17	S30408	06Cr19Ni10	0Cr18Ni9	固溶处理	205	520	40	60	187

GB/T 20878 中序号	统一数字代号	新牌号	旧牌号	热处理状态	规定非比例延伸强度 $R_{p0.2}$②/MPa 不小于	抗拉强度 R_m/MPa 不小于	断后伸长率 A /% 不小于	断面收缩率 Z② /% 不小于	布氏硬度 (HBW)② 不大于
30	S30850	22Cr21Ni12N	2Cr21Ni12N	固溶+时效	430	820	26	20	269
31	S30920	16Cr23Ni13	2Cr23Ni13		205	560	45	50	201
32	S30908	06Cr23Ni13	0Cr23Ni13		205	520	40	60	187
34	S31020	20Cr25Ni20	2Cr25Ni20	固溶处理	205	590	40	50	201
35	S31008	06Cr25Ni20	0Cr25Ni20		205	520	40	50	187
38	S31608	06Cr17Ni12Mo2	0Cr17Ni12Mo2		205	520	40	60	187
49	S31708	06Cr19Ni13Mo3	0Cr19Ni13Mo3		205	520	40	60	187
55	S32168	06Cr18Ni11Ti	0Cr18Ni10Ti		205	520	40	50	187
57	S32590	45Cr14Ni14W2Mo	4Cr14Ni14W2Mo	退火	315	705	20	35	248
60	S33010	12Cr16Ni35	1Cr16Ni35		205	560	40	50	201
62	S34778	06Cr18Ni11Nb	0Cr18Ni11Nb		205	520	40	50	187
64	S38148	06Cr18Ni13Si4	0Cr18Ni13Si4	固溶处理	205	520	40	60	207
65	S38240	16Cr20Ni14Si2	1Cr20Ni14Si2		295	590	35	50	187
66	S38340	16Cr25Ni20Si2	1Cr25Ni20Si2		295	590	35	50	187

① 53Cr21Mn9Ni4N 和 22Cr21Ni12N 仅适用于直径、边长及对边距离或厚度小于或等于 25mm 的钢棒；大于 25mm 的钢棒，可改锻成 25mm 的样坯检验或由供需双方协商确定；大于 180mm 的钢棒，边长及对边距离或厚度小于或等于 180mm 的钢棒，可改锻成 180mm 的样坯检验或由供需双方协商确定。允许降低其力学性能的数值。其余牌号，仅当需方要求时（合同中注明）才进行测定。允许降低其力学性能数值。

② 规定非比例延伸强度和硬度，仅当需方要求时（合同中注明）才进行测定。

③ 扁钢不适用，但需方要求时，可由供需双方协商确定。

表2-92　经退火的铁素体型钢棒或试样的力学性能①　(GB/T 1221—2007)

GB/T 20878 中序号	统一数字代号	新牌号	旧牌号	热处理状态	规定非比例延伸强度 $R_{p0.2}$②/MPa	抗拉强度 R_m/MPa 不小于	断后伸长率 A /% 不小于	断面收缩率 Z② /% 不小于	布氏硬度 (HBW) 不大于
78	S11348	06Cr13Al	0Cr13Al	退火	175	410	20	60	183
83	S11203	022Cr12	00Cr12		195	360	22	60	183
85	S11710	10Cr17	1Cr17		205	450	22	50	183
93	S12550	16Cr25N	2Cr25N		275	510	20	40	201

① 表2-92 仅适用于直径、边长及对边距离或厚度小于或等于 75mm 的钢棒。大于 75mm 的钢棒，可改锻成 75mm 的样坯检验或由供需双方协商确定允许降低其力学性能的数值。

② 规定非比例延伸强度和硬度，仅当需方要求时（合同中注明）才进行测定。

③ 扁钢不适用，但需方要求时，由供需双方协商确定。

表2-93　经淬火回火的马氏体型钢棒或钢棒试样的力学性能①（GB/T 1221—2007）

GB/T 20878 中序号	统一数字代号	新牌号	旧牌号	热处理状态	规定非比例延伸强度 $R_{p0.2}$/MPa	抗拉强度 R_m/MPa	断后伸长率 A/%	断面收缩率 Z②/%	冲击吸收功 A_{kU2}④/J	经淬火回火后的硬度③ HBW	退火后的硬度⑤ HBW 不大于
							不小于				
98	S41010	12Cr13	1Cr13	淬火+回火	345	540	22	55	78	159	200
101	S42020	20Cr13	2Cr13	淬火+回火	440	640	20	50	63	192	223
106	S43110	14Cr17Ni2	1Cr17Ni2	淬火+回火	—	1080	10	—	39	—	—
107	S43120	17Cr16Ni2②		淬火+回火 1	700	900~1050	12	45	25(A_{kv})	—	295
				淬火+回火 2	600	800~950	14	—	—	—	
113	S45110	12Cr5Mo	1Cr5Mo	淬火+回火	390	590	18	—	—	—	200
114	S45610	12Cr12Mo	1Cr12Mo	淬火+回火	550	685	18	60	78	217~248	255
115	S45710	13Cr13Mo	1Cr13Mo	淬火+回火	490	690	20	60	78	192	200
119	S46010	14Cr11MoV	1Cr11MoV	淬火+回火	490	685	16	55	47	—	200
122	S46250	18Cr12MoVNbN	2Cr12MoVNbN	淬火+回火	685	835	15	30	—	≤321	269
123	S47010	15Cr12WMoV	1Cr12WMoV	淬火+回火	585	735	15	45	47	—	—
124	S47220	22Cr12NiWMoV	2Cr12NiMoWV	淬火+回火	735	885	10	25	—	≤341	269
125	S47310	13Cr11Ni2W2MoV⑤	1Cr11Ni2W2MoV⑤	淬火+回火 1	735	885	15	55	71	269~321	269
				淬火+回火 2	885	1080	12	50	55	311~388	
128	S47450	18Cr11NiMoNbVN	(2Cr11NiMoNbVN)	淬火+回火	760	930	12	32	20(A_{kv})	277~331	255
130	S48040	42Cr9Si2	4Cr9Si2	淬火+回火	590	885	19	50	—	≥269	269
131	S48045	45Cr9Si3	4Cr9Si3	淬火+回火	685	930	15	35	—	—	—
132	S48140	40Cr10Si2Mo	4Cr10Si2Mo	淬火+回火	685	885	10	35	—	—	269
133	S48380	80Cr20Si2Ni	8Cr20Si2Ni	淬火+回火	685	885	10	15	8	≥262	321

① 表2-93仅适用于直径、边长及对边距离或厚度小于或等于75mm的钢棒。大于75mm的钢棒，可改锻成75mm的样坯检验或由供需双方协商规定允许降低其力学性能的数值。

② 扁钢不适用，但需方要求时，由供需双方协商确定。

③ 采用750℃退火时，其硬度由供需双方协商。

④ 直径或对边距离小于或等于16mm的圆钢、六角钢和长或厚度小于12mm的方钢、扁钢不做冲击试验。

⑤ 17Cr16Ni2和13Cr11Ni2W2MoV钢的性能组别应在合同中注明，未注明时，由供需方自行选择。

表 2-94 沉淀硬化型钢棒或试样的力学性能[1]（GB/T 1221—2007）

GB/T 20878 中序号	统一数字代号	新牌号	旧牌号	热处理类型	组别	规定非比例延伸强度 $R_{p0.2}$/MPa	抗拉强度 R_m/MPa	断后伸长率 A/%	断面收缩率 Z[2]/%	硬度[3] HBW	硬度[3] HRC
								不小于			
137	S51740	05Cr17Ni4Cu4Nb	0Cr17Ni4Cu4Nb	固溶处理	0	—	—	—	—	≤363	≤38
				沉淀硬化 480℃时效	1	1180	1310	10	40	≥375	≥40
				沉淀硬化 550℃时效	2	1000	1070	12	45	≥331	≥35
				沉淀硬化 580℃时效	3	865	1000	13	45	≥302	≥31
				沉淀硬化 620℃时效	4	725	930	16	50	≥277	≥28
138	S51770	07Cr17Ni7Al	0Cr17Ni7Al	固溶处理	0	≤380	≤1030	20	—	≤229	—
				沉淀硬化 510℃时效	1	1030	1230	4	10	≥388	—
				沉淀硬化 565℃时效	2	960	1140	5	25	≥363	—
143	S51525	06Cr15Ni25Ti2MoAlVB	0Cr15Ni25Ti2MoAlVB	固溶+时效		590	900	15	18	≥248	—

① 表 2-94 仅适用于直径、边长、厚度或对边距离小于等于 75mm 的钢棒。大于 75mm 的钢棒，可改锻成 75mm 的样坯检验或由供需双方协商规定允许降低其力学性能的数值。

② 扁钢不适用，但需方有要求时，由供需双方协商确定。

③ 供方可根据钢棒的尺寸或状态任选一种方法测定硬度。

表 2-95 奥氏体型耐热钢中外牌号对照表

中国 GB 牌号	中国 GB 曾用牌号	国际标准 ISO	欧洲标准 EN	德国 Mat. No.	德国 DIN	英国 W. Nr	英国 BS	瑞典 SS	美国 ASTM	美国 UNS	法国 NF	俄罗斯 ГОСТ	日本 JIS	韩国 KS
53Cr21Mn9Ni4N	5Cr21Mn9Ni4N	—	X5CrMnNiN21-9	1.4871	X5CrMnNiN21-9	1.4871	349S52	—	—	S63008	Z52CMN21-09	55Х20Г9АН	SUH35	STR35
26Cr18Mn12Si2N	3Cr18Mn12Si2N	—	—	—	—	—	—	—	—	—	—	—	—	—
22Cr20Mn10Ni2Si2N	2Cr20Mn10Ni5Si2N	—	—	—	—	—	—	—	—	—	—	—	—	—
06Cr19Ni10	0Cr19Ni10	X5CrNi18-10	X5CrNi18-10	1.4301	X5CrNi18-10	1.4301	304S15	2332 2333	304	S30400	X6CN18-09	08Х18Н10	SUS304	STS304
22Cr21Ni12N	2Cr21Ni12N	—	—	—	—	—	381S34	—	—	—	—	—	SUH37	STR37
16Cr23Ni13	2Cr23Ni13 (1Cr23Ni13)	—	—	—	—	—	309S24	—	309	S30900	Z15CN23-13	20Х23Н12	SUH309	STR309

| 中国 GB | | 国际标准 | 欧洲标准 | | 德国 | | 英国 | 法国 | 瑞典 | 美国 | | 俄罗斯 | 日本 | 韩国 |
牌号	曾用牌号	ISO	EN	Mat. No.	DIN	W. Nr	BS	NF	SS	ASTM	UNS	ГОСТ	JIS	KS
06Cr23Ni13	0Cr23Ni13	H14	X7CrNi23-14	1.4833	X7CrNi23-14	1.4833	—	—	—	309S	S30908	10Х23Н12	SUS309S	STS309S
20Cr25Ni20	2Cr25Ni20	H16	—	—	—	—	310S31	—	—	310	S31000	—	SUH310	STR310
06Cr25Ni20	0Cr25Ni20	H15	X8CrNi25-21	1.4845	X8CrNi25-21	1.4845	304S24	Z12CN25-20	2361	310S	S31008	≈08Х23Н18	SUS310S	STS310S
12Cr25Ni20Si2	1Cr25Ni20Si2	—	X15CrNiSi 25-20	1.4841	X15CrNiSi 25-20	1.4841	—	Z15CNS25-20	—	—	—	20Х25Н20С2	—	—
06Cr17Ni12 Mo2	0Cr17Ni12Mo2	20 20a	X5CrNiMo 17-12-2	1.4401	X5CrNiMo 17-12-2	1.4401	316S16	≈Z6CNDT 17-12	2347	316	S31600	08Х17Н13М2Т	SUS316	STS316
06Cr19Ni13 Mo3	0Cr19Ni13Mo3	25	X5CrNiMo 17-13-3	1.4436	X5CrNiMo 17-13-3	1.4436	317S16	—	—	317	S31700	—	SUS317	STS317
06Cr18Ni11Ti	0Cr18Ni11Ti	15	X6CrNiTi 18-10	1.4541	X6CrNiTi 18-10	1.4541	321S12	Z6CNT18-10	2337	321	S32100	09Х18Н10Т	SUS321	STS321
45Cr14Ni14 W2Mo	4Cr14Ni14 W2Mo	—	—	—	—	—	331S42	—	—	—	—	45Х14Н14В2М	—	—
12Cr6Ni35	1Cr6Ni35	H17	X12CrNiSi 35-16	1.4864	X12CrNiSi 35-16	1.4864	NA17	Z12NCS 35-16	—	330	S08300	—	SUH330	STR330
06Cr18Ni11Nb	0Cr18Ni11Nb	16	X6CrNiNb 18-10	1.4550	X6CrNiNb 18-10	1.4550	347S11 347S31	Z6CNNb 18-10	2338	347	S34700	08Х18Н12Б	SUS347	STS347
06Cr18Ni13Si4	0Cr18Ni13Si4	—	—	—	—	—	—	—	—	XM15	S38100	—	SUSXM15J1	STSXM15J1
16Cr20Ni14Si2	1Cr20Ni14Si2	—	X15CrNiSi 20-12	—	X15CrNiSi 20-12	—	—	Z15CNS 20-12	—	—	—	20Х20Н14С2	—	—
16Cr25Ni20Si2	1Cr25Ni20Si2	—	X15CrNiSi 25-20	1.4841	X15CrNiSi 25-20	1.4841	310S24	Z15CNS 25-20	—	314	S31400	20Х25Н20С2	—	—

表 2-96 铁素体型耐热钢中外牌号对照表

| 中国 GB | | 国际标准 | 欧洲标准 | | 德国 | | 英国 | 法国 | 瑞典 | 美国 | | 俄罗斯 | 日本 | 韩国 |
牌号	曾用牌号	ISO	EN	Mat. No.	DIN	W. Nr	BS	NF	SS	ASTM	UNS	ГОСТ	JIS	KS
06Cr13Al	0Cr13Al	12	06CrAl13	1.4002	06CrAl13	1.4002	405S17	Z6CA13	≈2302	405	S40500	1Х20Ю	SUS405	STR405
022Cr12	00Cr12	—	—	—	—	—	—	—	—	—	—	—	SUS410L	STR410L

中国GB 牌号	中国GB 曾用牌号	国际标准 ISO	欧洲标准 EN	欧洲标准 Mat.No.	德国 DIN	德国 W.Nr	英国 BS	法国 NF	瑞典 SS	美国 ASTM	美国 UNS	俄罗斯 ГОСТ	日本 JIS	韩国 KS
10Cr17	1Cr17	8	X6Cr17	1.4016	X6Cr17	1.4016	430S15	Z8C17	2320	430	S43000	12X17	SUS430	STR430
16Cr25N	2Cr25N	H7	—	—	—	—	—	—	—	446	S44600	—	SUH446	STR446

表 2-97　马氏体（含珠光体）型耐热钢中外牌号对照表

中国GB 牌号	中国GB 曾用牌号	国际标准 ISO	欧洲标准 EN	欧洲标准 Mat.No.	德国 DIN	德国 W.Nr	英国 BS	法国 NF	瑞典 SS	美国 ASTM	美国 UNS	俄罗斯 ГОСТ	日本 JIS	韩国 KS
12Cr13	1Cr13	3	X12Cr13	1.4006	X12Cr13	1.4006	410S21	Z12C3	2302	410	S41000	12X13	SUS410	STS410
20Cr13	2Cr13	4	X20Cr13	1.4021	X20Cr13	1.4021	420S37	Z20C13	—	420	S42000	20X13	SUS420J1	STS420J1
12Cr5Mo	1Cr5Mo	—	—	—	—	—	—	—	—	502	S50200	15X5M	—	—
12Cr12Mo		—	—	—	—	—	—	—	—	—	—	—	—	—
13Cr13Mo	1Cr13Mo	—	—	—	—	—	420S29	—	—	—	—	—	Sus410ji	Sts410j1
14Cr17Ni2	1Cr17Ni2	9	X17CrNi16-2	1.4057	X17CrNi16-2	1.4057	431S29	Z15CN16-02	2321	431	S43100	14X17H2	SUS431	STS431
17Cr16Ni2		—	—	—	—	—	—	—	—	—	—	—	—	—
14Cr11MoV	1Cr11MoV	—	—	—	—	—	—	—	—	—	—	15X11MФ	—	—
18Cr12MoVNbN	2Cr12MoVNbN	—	—	—	—	—	—	Z20CDNbV11	—	—	—	—	—	—
15Cr12WMoV	1Cr12WMoV	—	—	—	—	—	—	—	—	—	—	—	SUH600	STR600
22Cr12NiMoWV	2Cr12NiMoWV	—	—	—	X20CrMoNiWV12-1	1.4935	—	—	—	616	S42200	20X12BHMФ	SUH616	STR616
13Cr11Hi2W2MoV	1Cr11Hi2W2MoV	—	—	—	—	—	—	—	—	—	—	11X11H2B2MФ	—	—
18Cr11HiMoNbVN	2Cr11HiMoNbVN	—	—	—	—	—	—	—	—	—	—	—	—	—
42Cr9Si2	4Cr9Si2	—	X45CrSi9-3	1.4718	X45CrSi9-3	1.4718	401S45	Z45CS9	—	—	—	40X9C2	SUH1	STR1
45Cr9Si3		—	—	—	—	—	—	—	—	—	—	—	SUH3	STR3
40Cr10Si2Mo	4Cr10Si2Mo	—	X40CrSiMo10-2	1.4731	X40CrSiMo10-2	1.4731	—	Z40CD10	—	—	—	40X10C2M	—	—
80Cr20Si2Ni	8Cr20Si2Ni	—	X80CrHiSi20	1.4747	X80CrHiSi20	1.4747	443S65	Z80CSN20-2	—	—	—	—	SUH4	STR4

表 2-98 沉淀硬化型耐热钢中外牌号对照表

中国 GB		国际标准	欧洲标准 EN		德国		英国	法国	瑞典	美国		俄罗斯	日本	韩国
牌号	曾用牌号	ISO	牌号	Mat. No.	DIN	W. Nr	BS	NF	SS	ASTM	UNS	ГОСТ	JIS	KS
05Cr17Ni4Cu4Nb	0Cr17Ni4Cu4Nb	1	X5CrNiCuNi17-4	1.4542	X5CrNiCuNi17-4	1.4542	—	Z6CNU17-04	—	630	S17400	—	SUS630	STS630
07Cr17Ni7Al	0Cr17Ni7Al	2	X7CrNiAl17-7	1.4568	X7CrNiAl17-7	1.4568	—	Z8CNA17-07	—	631	S17700	09Х17Н7Ю	SUS631	STS631
06Cr15Ni25Ti2MoAiVB	0Cr15Ni25Ti2MoAiVB	—	—	—	—	—	286S11	Z6NCTDVB 25-15	—	660	S66286	—	SUH660	STR660

表 2-99 高压锅炉用无缝钢管的牌号和化学成分[①] (GB/T 5310—2017)

序号	钢类别	牌号	化学成分（质量分数）[①]/%														
			C	Si	Mn	Cr	Mo	V	Ti	B	Al_tot	Ni	Cu	Nb	N	W	P	S
																	不大于	
1	优质碳素结构钢	20G	0.17~0.23	0.17~0.37	0.35~0.65	—	—	—	—	—	②	—	—	—	—	—	0.025	0.015
2		20MnG	0.17~0.23	0.17~0.37	0.70~1.00	—	—	—	—	—		—	—	—	—	—	0.025	0.015
3		25MnG	0.17~0.27	0.17~0.37	0.70~1.00	—	—	—	—	—		—	—	—	—	—	0.025	0.015
4	合金结构钢	15MoG	0.12~0.20	0.17~0.37	0.40~0.80	—	0.25~0.35	—	—	—		—	—	—	—	—	0.025	0.015
5		20MoG	0.15~0.25	0.17~0.37	0.40~0.80	—	0.44~0.65	—	—	—		—	—	—	—	—	0.025	0.015
6		12CrMoG	0.08~0.15	0.17~0.37	0.40~0.70	0.40~0.70	0.40~0.55	—	—	—		—	—	—	—	—	0.025	0.015
7		15CrMoG	0.12~0.18	0.17~0.37	0.40~0.70	0.80~1.10	0.40~0.55	—	—	—		—	—	—	—	—	0.025	0.015
8		12Cr2MoG	0.08~0.15	≤0.50	0.40~0.60	2.00~2.50	0.90~1.13	—	—	—		—	—	—	—	—	0.025	0.015
9		12Cr1MoVG	0.08~0.15	0.17~0.37	0.40~0.70	0.90~1.20	0.25~0.35	0.15~0.30	—	—		—	—	—	—	—	0.025	0.010
10		12Cr2MoWVTiB	0.08~0.15	0.45~0.75	0.45~0.65	1.60~2.10	0.50~0.65	0.28~0.42	0.08~0.18	0.0020~0.0080		—	—	—	—	0.30~0.55	0.025	0.015

钢类	序号	牌号	化学成分（质量分数）[①]/%														P 不大于	S 不大于
			C	Si	Mn	Cr	Mo	V	Ti	B	Ni	Altot	Cu	Nb	N	W	P	S
合金结构钢	11	07Cr2MoW2VNbB	0.04~0.10	≤0.50	0.10~0.60	1.90~2.60	0.05~0.30	0.20~0.30	—	0.0005~0.0060	—	≤0.030	—	0.02~0.08	≤0.030	1.45~1.75	0.025	0.010
	12	12Cr3MoVSiTiB	0.09~0.15	0.60~0.90	0.50~0.80	2.50~3.00	1.00~1.20	0.25~0.35	0.22~0.38	0.0050~0.0110	—	—	—	—	—	—	0.025	0.015
	13	15Ni1MnMoNbCu	0.10~0.17	0.25~0.50	0.80~1.20	—	0.25~0.50	—	—	—	1.00~1.30	≤0.050	0.50~0.80	0.015~0.045	≤0.020	—	0.025	0.015
	14	10Cr9Mo1VNbN	0.08~0.12	0.20~0.50	0.30~0.60	8.00~9.50	0.85~1.05	0.18~0.25	—	—	≤0.40	≤0.020	—	0.06~0.10	0.030~0.070	—	0.020	0.010
	15	10Cr9MoW2VNbBN	0.07~0.13	≤0.50	0.30~0.60	8.50~9.50	0.30~0.60	0.15~0.25	—	0.0010~0.0060	≤0.40	≤0.020	—	0.04~0.09	0.030~0.070	1.50~2.00	0.020	0.010
	16	10Cr11MoW2VNbCu1BN	0.07~0.13	≤0.50	≤0.70	10.00~11.50	0.25~0.60	0.15~0.30	—	0.0005~0.0050	≤0.50	≤0.020	0.30~1.70	0.04~0.10	0.040~0.100	1.50~2.50	0.020	0.010
	17	11Cr9Mo1W1VNbBN	0.09~0.13	0.10~0.50	0.30~0.60	8.50~9.50	0.90~1.10	0.18~0.25	—	0.0003~0.0060	≤0.40	≤0.020	—	0.06~0.10	0.040~0.090	0.90~1.10	0.020	0.010
不锈(耐热)钢	18	07Cr19Ni10	0.04~0.10	≤0.75	≤2.00	18.00~20.00	—	—	—	—	8.00~11.00	—	—	—	—	—	0.030	0.015
	19	10Cr18Ni9NbCu3BN	0.07~0.13	≤0.30	≤1.00	17.00~19.00	—	—	—	0.0010~0.0100	7.50~10.50	0.003~0.030	2.50~3.50	0.30~0.60	0.050~0.120	—	0.030	0.010
	20	07Cr25Ni21	0.04~0.10	≤0.75	≤2.00	24.00~26.00	—	—	—	—	19.00~22.00	—	—	—	—	—	0.030	0.015
	21	07Cr25Ni21NbN	0.04~0.10	≤0.75	≤2.00	24.00~26.00	—	—	—	—	19.00~22.00	—	—	0.20~0.60	0.150~0.350	—	0.030	0.015
	22	07Cr19Ni11Ti	0.04~0.10	≤0.75	≤2.00	17.00~20.00	—	—	4C~0.60	—	9.00~13.00	—	—	—	—	—	0.030	0.015
	23	07Cr18Ni11Nb	0.04~0.10	≤0.75	≤2.00	17.00~19.00	—	—	—	—	9.00~13.00	—	—	8C~1.10	—	—	0.030	0.015
	24	08Cr18Ni11NbFG	0.06~0.10	≤0.75	≤2.00	17.00~19.00	—	—	—	—	10.00~12.00	—	—	8C~1.10	—	—	0.030	0.015

① 除非冶炼需要，未经需方同意，不应在钢中有意添加本表中未提及的元素。制造厂应采取所有恰当的措施，以防止废钢和生产过程中所使用的其他材料把会削弱钢材力学性能及适用性的元素带入钢中。

② 20G 钢中 Altot 不大于 0.015%，不作交货要求。

注：1. Altot 指全铝含量。
2. 牌号 08Cr18Ni11NbFG 中的 "FG" 表示细晶粒。

抗氧化钢是指在高温条件下具有不氧化或少氧化的特性，有较强的稳定性。热强钢不仅具有抗氧化和稳定性能，还具有高温条件下耐腐蚀性能和较高的热强性能。所谓的热强性能包括抗高温蠕变性能（在高温和外应力小于材料屈服极限的条件下，随时间延长材料不发生或很少发生塑性变形的能力）、持久强度（在规定的温度和时间内，材料不发生断裂的能力）、抗应力松弛性能（材料在受高温长期应力作用时，在总变形不变的条件下，材料中应力随时间延长而自发下降的现象）、抗热疲劳性能（材料在温度交变条件下不发生破坏的能力）。

耐热钢中通常加入铬、镍、铝、硅、钨、钼、钴等合金元素，其中铬是耐热钢的基本元素，能形成致密的氧化膜，使钢具有高的耐蚀性能和高抗氧化性能；镍能强化基体并提高抗氧化性能；硅、铝可提高抗氧化性能；钨、钴可提高热硬性；钒、钛、铌提高强度和热硬性。

耐热钢按照组织分类可分为奥氏体型耐热钢、铁素体型耐热钢、马氏体型耐热钢、珠光体型耐热钢、沉淀硬化型耐热钢（在有一些标准和资料中把珠光体型耐热钢列入马氏体型耐热钢中）。

我国标准 GB/T 1221—2007《耐热钢棒》中列出的耐热钢牌号和化学成分见表 2-87～表 2-90；力学性能见表 2-91～表 2-94。耐热钢中外牌号对照表见表 2-95～表 2-98。表 2-99～表 2-101 所示是 GB/T 5310—2017《高压锅炉用无缝钢管》标准中提供的可在 500℃ 以下温度使用的管材。可参照这个标准选用锻件及用于吐出接管等有一定温度要求的零件。

表 2-100 高压锅炉用钢管的力学性能（GB/T 5310—2017）

序号	牌 号	拉伸性能				冲击吸收能量 KV_2/J		硬 度		
		抗拉强度 R_m /MPa	下屈服强度或规定塑性延伸强度 R_{eL} 或 $R_{p0.2}$ /MPa	断后伸长率 A/%		纵向	横向	HBW	HV	HRC 或 HRB
				纵向	横向					
				不 小 于						
1	20G	410～550	245	24	22	40	27	120～160	120～160	—
2	20MnG	415～560	240	22	20	40	27	125～170	125～170	—
3	25MnG	485～640	275	20	18	40	27	130～180	130～180	—
4	15MoG	450～600	270	22	20	40	27	125～180	125～180	—
5	20MoG	415～665	220	22	20	40	27	125～180	125～180	—
6	12CrMoG	410～560	205	21	19	40	27	125～170	125～170	—
7	15CrMoG	440～640	295	21	19	40	27	125～170	125～170	—
8	12Cr2MoG	450～600	280	22	20	40	27	125～180	125～180	—
9	12Cr1MoVG	470～640	255	21	19	40	27	135～195	135～195	—
10	12Cr2MoWVTiB	540～735	345	18	—	40	—	160～220	160～230	85～97HRB
11	07Cr2MoW2VNbB	≥510	400	22	18	40	27	150～220	150～230	80～97HRB
12	12Cr3MoVSiTiB	610～805	440	16	—	40	—	180～250	180～265	≤25HRC
13	15Ni1MnMoNbCu	620～780	440	19	17	40	27	185～255	185～270	≤25HRC
14	10Cr9Mo1VNbN	≥585	415	20	16	40	27	185～250	185～265	≤25HRC
15	10Cr9MoW2VNbBN	≥620	440	20	16	40	27	185～250	185～265	≤25HRC
16	10Cr11MoW2VNbCu1BN	≥620	400	20	16	40	27	185～250	185～265	≤25HRC
17	11Cr9Mo1W1VNbBN	≥620	440	20	16	40	27	185～250	185～265	≤25HRC
18	07Cr19Ni10	≥515	205	35				140～192	150～200	75～90HRB
19	10Cr18Ni9NbCu3BN	≥590	235	35				150～219	160～230	80～95HRB
20	07Cr25Ni21	≥515	205	35				140～192	150～200	75～90HRB
21	07Cr25Ni21NbN	≥655	295	30				175～256	—	85～100HRB
22	07Cr19Ni11Ti	≥515	205	35				140～192	150～200	75～90HRB
23	07Cr18Ni11Nb	≥520	205	35				140～192	150～200	75～90HRB
24	08Cr18Ni11NbFG	≥550	205	35				140～192	150～200	75～90HRB

表 2-101　高压锅炉用无缝钢管高温规定塑性延伸强度（GB/T 5310—2017）

序号	牌　　号	高温规定塑性延伸强度 $R_{p0.2}$/MPa 不小于										
		温度/℃										
		100	150	200	250	300	350	400	450	500	550	600
1	20G	—	—	215	196	177	157	137	98	49	—	—
2	20MnG	219	214	208	197	183	175	168	156	151	—	—
3	25MnG	252	245	237	226	210	201	192	179	172	—	—
4	15MoG	—	—	225	205	180	170	160	155	150	—	—
5	20MoG	207	202	199	187	182	177	169	160	150	—	—
6	12CrMoG	193	187	181	175	170	165	159	150	140	—	—
7	15CrMoG	—	—	269	256	242	228	216	205	198	—	—
8	12Cr2MoG	192	188	186	185	185	185	185	181	173	159	—
9	12Cr1MoVG	—	—	—	—	230	225	219	211	201	187	—
10	12Cr2MoWVTiB	—	—	—	—	360	357	352	343	328	305	274
11	07Cr2MoW2VNbB	379	371	363	361	359	352	345	338	330	299	266
12	12Cr3MoVSiTiB	—	—	—	—	403	397	390	379	364	342	
13	15Ni1MnMoNbCu	422	412	402	392	382	373	343	304	—	—	—
14	10Cr9Mo1VNbN	384	378	377	377	376	371	358	337	306	260	198
15	10Cr9MoW2VNbBN	419	411	406	402	397	389	377	359	333	297	251
16	10Cr11MoW2VNbCu1BN[①]	618	603	586	574	562	550	533	511	478	434	374
17	11Cr9Mo1W1VNbBN	413	396	384	377	373	368	362	348	326	295	256
18	07Cr19Ni10	170	154	144	135	129	123	119	114	110	105	99
19	10Cr18Ni9NbCu3BN	203	189	179	170	164	159	155	150	146	142	138
20	07Cr25Ni21	181	167	157	149	144	139	135	132	128	—	—
21	07Cr25Ni21NbN	245	224	209	200	193	189	184	180	175	—	—
22	07Cr19Ni11Ti	184	171	160	150	142	136	132	128	126	123	120
23	07Cr18Ni11Nb	189	177	166	158	150	145	141	139	137	131	114
24	08Cr18Ni11NbFG	185	174	166	159	153	148	144	141	138	135	131

① 表中所列牌号 10Cr11MoW2VNbCu1BN 的数据为材料在该温度下的抗拉强度（R_m）。

2.4.8　铸钢

　　铸钢，顾名思义是采用铸造成形方法制造机械零部件的钢种。锻轧可成形的零件都可铸造成形，一些结构、形状复杂，不能锻轧成形的零件都可采用铸造方法实现。机械产品中许多结构、形状复杂的零件都是采用铸造方法成形的，如机壳、泵壳、叶轮、泵座、导叶等。

　　为了保证铸件质量，要求铸造用钢具有良好的铸造性能，如良好流动性、小的收缩率、低的裂纹敏感性和良好的补焊性能。所以，铸造用钢含碳量一般不大于 0.6%（高锰钢除外），有的加入可改善铸造性能的合金元素。我国用于铸造的钢种很多，各具有不同的特点和功能，主要有：

① GB/T 11352—2009《一般工程用铸造碳钢件》提供铸钢件牌号和化学成分见表2-102，力学性能见表2-103，中外牌号对照见表2-104。

② GB/T 7659—2010《焊接结构用铸钢件》标准中提供的铸钢牌号和化学成分见表2-105，力学性能见表2-106，中外牌号对照见表2-107。

③ JB/T 6402—2018《大型低合金钢铸件》标准中提供的铸钢牌号和化学成分见表2-108，力学性能见表2-109，中外牌号对照见表2-110。

④ GB/T 2100—2017《通用耐蚀钢铸件》标准中提供的铸钢牌号和化学成分见表2-111，力学性能见表2-112，中外牌号对照见表2-113。

⑤ GB/T 6967—2009《工程结构用中、高强度不锈钢铸件》标准中提供的铸钢牌号和化学成分见表2-114，力学性能见表2-115。

⑥ GB/T 16253—1996《承压钢铸件》标准中提供的铸钢牌号和化学成分见表2-116，力学性能见表2-117，中外牌号对照见表2-118。

⑦ GB/T 8492—2014《一般用途耐热钢和合金铸件》标准中提供铸钢牌号和化学成分见表2-119，力学性能见表2-120，中外牌号对照见表2-121和表2-122。

⑧ GB/T 26651—2011《耐磨钢铸件》标准中提供铸钢牌号和化学成分见本章2.5.2耐磨合金钢一节中表2-205，力学性能见表2-206。

表 2-102　一般工程用铸造碳钢件的化学成分（质量分数≤）(GB/T 11352—2009)　　%

牌　号	C	Si	Mn	S	P	残余元素					残余元素总量
						Ni	Cr	Cu	Mo	V	
ZG200-400	0.20		0.80								
ZG230-450	0.30										
ZG270-500	0.40	0.60		0.035	0.035	0.40	0.35	0.40	0.20	0.05	1.00
ZG310-570	0.50		0.90								
ZG340-640	0.60										

注：1. 对上限减少0.01%的碳，允许增加0.04%的锰，对于ZG200-400的锰含量最高至1.00%，其余四个牌号锰含量最高至1.20%。

2. 除另有规定外，残余元素不作为验收依据。

表 2-103　一般工程用铸造碳钢件的力学性能（≥）(GB/T 11352—2009)

牌　号	屈服强度 $R_{eH}(R_{p0.2})$/MPa	抗拉强度 R_m/MPa	伸长率 A_5/%	根据合同选择		
				断面收缩率 Z/%	冲击吸收功 A_{kV}/J	冲击吸收功 A_{kU}/J
ZG200-400	200	400	25	40	30	47
ZG230-450	230	450	22	32	25	35
ZG270-500	270	500	18	25	22	27
ZG310-570	310	570	15	21	15	24
ZG340-640	340	640	10	18	10	16

注：1. 表中所列的各牌号性能，适用于厚度为100mm以下的铸件。当铸件厚度超过100mm时，表中规定的 R_{eH} ($R_{p0.2}$)屈服强度仅供设计使用。

2. 表中冲击吸收功 A_{kU} 的试样缺口为2mm。

表 2-104 一般工程用铸造碳钢件中外牌号对照表

中国 GB		国际标准	欧洲标准		德国	
牌号	曾用牌号	ISO	EN	Mat. No.	DIN	W. Nr
ZG200-400	ZG15	200-400	—	—	GS38	1.0416
ZG230-450	ZG25	230-450	—	—	GS45	1.0446
ZG270-500	ZG35	270-480	—	—	GS52	1.0552
ZG310-570	ZG45	—	—	—	GS60	1.0558
ZG340-640	ZG55	340-550	—	—	—	—

英国	法国	瑞典	美国		俄罗斯	日本	韩国
BS	NF	SS	ASTM	UNS	ГОСТ	JIS	KS
—	—	1306	415-205 (60-30)	J03000	15Л	SC410 (SC42)	SC410 (SC42)
A1	GE230	1305	450-240 (65-35)	J03101	25Л	SC450 (SC46)	SC450 (SC46)
A2	GE280	1505	485-275 (70-40)	J02501	35Л	SC480 (SC49)	SC480 (SC49)
—	GE320	1606	550-345 (80-40)	J05002	45Л	SCC5	SCC5
A5	GE370	—	—	J05000	50Л	—	—

表 2-105 焊接结构用铸钢的化学成分（质量分数）（GB/T 7659—2010）　　　　%

牌　　号	主 要 元 素					残 余 元 素					
	C	Si	Mn	P	S	Ni	Cr	Cu	Mo	V	总和
ZG200-400H	≤0.20	≤0.60	≤0.80	≤0.025	≤0.025	≤0.40	≤0.35	≤0.40	≤0.15	≤0.05	≤1.0
ZG230-450H	≤0.20	≤0.60	≤1.20	≤0.025	≤0.025						
ZG270-480H	0.17~0.25	≤0.60	0.80~1.20	≤0.025	≤0.025						
ZG300-500H	0.17~0.25	≤0.60	1.00~1.60	≤0.025	≤0.025						
ZG340-550H	0.17~0.25	≤0.80	1.00~1.60	≤0.025	≤0.025						

注：1. 实际碳含量比表中碳含量上限每减少 0.01%，允许实际锰含量超出表中锰含量上限 0.04%，但总超出量不得大于 0.2%。

2. 残余元素一般不做分析，如需方有要求时，可做残余元素的分析。

表 2-106 焊接结构用铸钢的力学性能（GB/T 7659—2010）

牌　　号	拉伸性能			根据合同选择	
	上屈服强度 R_{eH} /MPa min	抗拉强度 R_m /MPa min	断后伸长率 A /% min	断面收缩率 Z /% min	冲击吸收功 A_{kV2} /J min
ZG200-400H	200	400	25	40	45
ZG230-450H	230	450	22	35	45
ZG270-480H	270	480	20	35	40
ZG300-500H	300	500	20	21	40
ZG340-550H	340	550	15	21	35

注：当无明显屈服时，测定规定非比例延伸强度 $R_{p0.2}$。

表 2-107　焊接结构用铸钢件中外牌号对照表

中国 GB 牌号	中国 GB 曾用牌号	国际标准 ISO	欧洲标准 EN	欧洲标准 Mat. No.	德国 DIN	德国 W. Nr	英国 BS	法国 NF	瑞典 SS	美国 ASTM	美国 UNS	俄罗斯 ГОСТ	日本 JIS	韩国 KS
ZG200-400H	—	200-400W	GP240GH	1.0621	GS16Mn5	1.1131	—	G16Mn5	1306	GrWCA	J02502	15Л	SCW410 (SCW42)	SCW410
ZG230-450H	—	230-450W	GP240GR	1.0621	GS16Mn5	1.1131	—	G16Mn5	1305	GrWCB	J03002	20Л	SCW450 (SCW46)	SCW450
ZG270-480H	—	270-480W	GP280GH	1.0625	GS20Mn5	1.1120	—	G20Mn5	—	GrWCC	J02503	20ГЛ	SCW480 (SCW49)	SCW480

表 2-108　大型低合金钢铸件的化学成分（质量分数）（JB/T 6402—2018）

%

材料牌号	C	Si	Mn	P	S	Cr	Ni	Mo	V	Cu
ZG20Mn	0.17~0.23	≤0.80	1.00~1.30	≤0.030	≤0.030	—	≤0.80	—	—	—
ZG25Mn	0.20~0.30	0.30~0.45	1.10~1.30	≤0.030	≤0.030	—	—	—	—	—
ZG30Mn	0.27~0.34	0.30~0.50	1.20~1.50	≤0.030	≤0.030	—	—	—	—	≤0.30
ZG35Mn	0.30~0.40	≤0.80	1.10~1.40	≤0.030	≤0.030	—	—	—	—	—
ZG40Mn	0.35~0.45	0.30~0.45	1.20~1.50	≤0.030	≤0.030	—	—	—	—	—
ZG65Mn	0.60~0.70	0.17~0.37	0.90~1.20	≤0.030	≤0.030	—	—	—	—	—
ZG40Mn2	0.35~0.45	0.20~0.40	1.60~1.80	≤0.030	≤0.030	—	—	—	—	—
ZG45Mn2	0.42~0.49	0.20~0.40	1.60~1.80	≤0.030	≤0.030	—	—	—	—	—
ZG50Mn2	0.45~0.55	0.20~0.40	1.50~1.80	≤0.030	≤0.030	—	—	—	—	—
ZG35SiMnMo	0.32~0.40	1.10~1.40	1.10~1.40	≤0.030	≤0.030	—	—	0.20~0.30	—	—
ZG35CrMnSi	0.30~0.40	0.50~0.75	0.90~1.20	≤0.030	≤0.030	0.50~0.80	—	—	—	—
ZG20MnMo	0.17~0.23	0.20~0.40	1.10~1.40	≤0.030	≤0.030	—	—	0.20~0.35	—	—
ZG30Cr1MnMo	0.25~0.35	0.17~0.45	0.90~1.20	≤0.030	≤0.030	0.90~1.20	—	0.20~0.30	—	—
ZG55Cr1MnMo	0.50~0.60	0.25~0.60	1.20~1.60	≤0.030	≤0.030	0.60~0.90	—	0.20~0.30	—	—
ZG40Cr1	0.35~0.45	0.20~0.40	0.50~0.80	≤0.030	≤0.030	0.80~1.10	—	—	—	—
ZG34Cr2Ni2Mo	0.30~0.37	0.30~0.60	0.60~1.00	≤0.030	≤0.030	1.40~1.70	1.40~1.70	0.15~0.35	—	—
ZG15Cr1Mo	0.12~0.20	≤0.60	0.50~0.80	≤0.030	≤0.030	1.00~1.50	—	0.45~0.65	—	—
ZG15Cr1Mo1V	0.12~0.20	0.20~0.60	0.40~0.70	≤0.030	≤0.030	1.20~1.70	—	0.90~1.20	0.25~0.40	—
ZG20CrMo	0.17~0.25	0.20~0.45	0.50~0.80	≤0.030	≤0.030	0.50~0.80	—	0.45~0.65	—	—
ZG20CrMoV	0.18~0.25	0.20~0.60	0.40~0.70	≤0.030	≤0.030	0.90~1.20	—	0.50~0.70	0.20~0.30	—
ZG35Cr1Mo	0.30~0.40	0.30~0.50	0.50~0.80	≤0.030	≤0.030	0.80~1.20	—	0.20~0.30	—	—
ZG42Cr1Mo	0.38~0.45	0.30~0.60	0.60~1.00	≤0.030	≤0.030	0.80~1.20	—	0.20~0.30	—	—
ZG50Cr1Mo	0.46~0.54	0.25~0.50	0.50~0.80	≤0.030	≤0.030	0.90~1.20	—	0.15~0.25	—	—
ZG28NiCrMo	0.25~0.30	0.30~0.80	0.60~0.90	≤0.030	≤0.030	0.35~0.85	0.40~0.80	0.35~0.55	—	—
ZG30NiCrMo	0.25~0.35	0.30~0.60	0.70~1.00	≤0.030	≤0.030	0.60~0.90	0.60~1.00	0.35~0.50	—	—
ZG35NiCrMo	0.30~0.37	0.60~0.90	0.70~1.00	≤0.030	≤0.030	0.40~0.90	0.60~0.90	0.40~0.50	—	—

表 2-109　大型低合金钢铸件的力学性能(JB/T 6402—2018)

材料牌号	热处理状态	R_{eH} /MPa ≥	R_m /MPa ≥	A /% ≥	Z /% ≥	KU_2 或 KU_3 /J ≥	KV_2 或 KV_3 /J ≥	A_{KDVM} /J ≥	HBW ≥	备　注
ZG20Mn	正火+回火	285	495	18	30	39	—	—	145	焊接及流动性良好,用于水压机缸、叶片、喷嘴体、阀、弯头等
ZG20Mn	调质	300	500~650	22	—	—	45	—	150~190	
ZG25Mn	正火+回火	295	≥490	20	35	47	—	—	156~197	—
ZG30Mn	正火+回火	300	550	18	30	—	—	—	163	—
ZG35Mn	正火+回火	345	570	12	20	24	—	—	—	用于承受摩擦的零件
ZG35Mn	调质	415	640	12	25	27	—	27	200~260	
ZG40Mn	正火+回火	350	640	12	30	—	—	—	163	用于承受摩擦和冲击的零件,如齿轮等
ZG40Mn2	正火+回火	395	590	20	35	30	—	—	179	用于承受摩擦的零件,如齿轮等
ZG40Mn2	调质	635	790	13	40	35	—	35	220~270	
ZG45Mn2	正火+回火	392	637	15	30	—	—	—	179	用于模块、齿轮等
ZG50Mn2	正火+回火	445	785	18	37	—	—	—	—	用于高强度零件,如齿轮、齿轮缘等
ZG35SiMnMo	正火+回火	395	640	12	20	24	—	27	—	用于承受负荷较大的零件
ZG35CrMnSi	正火+回火	345	690	14	30	—	—	—	217	用于承受冲击、摩擦的零件,如齿轮、滚轮等
ZG20MnMo	正火+回火	295	490	16	—	39	—	—	156	用于受压容器,如泵壳等
ZG30Cr1MnMo	正火+回火	392	686	15	30	—	—	—	—	用于拉坯机和立柱
ZG55CrMnMo	正火+回火	不规定	不规定	—	—	—	—	—	—	有一定的红硬性,用于手锻模等
ZG40Cr1	正火+回火	345	630	18	26	24	—	—	212	用于高强度齿轮
ZG34Cr2Ni2Mo	调质	700	950~1000	12	—	—	32	—	240~290	用于特别要求的零件,如圆锥齿轮、小齿轮、吊车行走轮、轴等
ZG15Cr1Mo	正火+回火	275	490	20	35	24	—	—	140~220	用于汽轮机
ZG15Cr1Mo1V	正火+回火	345	≥590	17	30	24	—	—	140~220	用于汽轮机、蒸汽室、汽缸等
ZG20Cr1MoV	正火+回火	315	≥590	17	30	24	—	—	140~220	用于570℃下工作的高压阀门
ZG20CrMo	正火+回火	245	460	18	30	30	—	—	135~180	用于齿轮、锥齿轮及高压缸零件等
ZG20CrMo	调质	245	460	18	30	24	—	—	—	
ZG35Cr1Mo	正火+回火	392	588	12	20	23.5	—	—	—	用于齿轮、电炉支承系轴套、齿圈等
ZG35Cr1Mo	调质	490	686	12	25	31	—	27	201	

续表

材料牌号	热处理状态	R_{eH}/MPa ≥	R_m/MPa ≥	A/% ≥	Z/% ≥	KU_2或KU_3/J ≥	KV_2或KV_3/J ≥	A_{KDVM}/J ≥	HBW ≥	备 注
ZG42Cr1Mo	正火+回火	410	569	12	20	—	12	—	—	用于承受高负荷零件、齿轮、锥齿轮等
ZG50Cr1Mo	调质	510	690~830	11	—	—	15	—	200~250	用于减速器零件、齿轮、小齿轮等
	调质	520	740~880	11	—	—	—	34	200~260	
ZG65Mn	正火+回火	不规定	不规定	—	—	—	—	—	187~241	用于球磨机衬板等
ZG28NiCrMo	—	420	630	20	40	—	—	—	—	适用于直径大于300mm的齿轮铸件
ZG30NiCrMo	—	590	730	17	35	—	—	—	—	适用于直径大于300mm的齿轮铸件
ZG35NiCrMo	—	660	830	14	30	—	—	—	—	适用于直径大于300mm的齿轮铸件

注：1. 需方无特殊要求时，KU_2或KU_3、KV_2或KV_3、A_{KDVM}由供方任选一种。

2. 需方无特殊要求时，硬度不作验收依据，仅供设计参考。

表2-110　大型低合金钢铸件中外牌号对照表

中国 GB 牌号	中国 GB 曾用牌号	国际标准 ISO	欧洲标准 EN	欧洲标准 Mat. No.	德国 DIN	德国 W. Nr	英国 BS	法国 NF	瑞典 SS	美国 ASTM	美国 UNS	俄罗斯 ГОСТ	日本 JIS	韩国 KS
ZG20Mn	ZG20SiMn	—	GS-20Mn5	1.1120	GS-20Mn5	1.1120	A4	G-20Mn6	—	LCC	J02505	20ГСЛ	SCW480	SCW480
ZG30Mn	ZG30Mn	G-28Mn6	GS-30Mn5	1.1165	GS-30Mn5	1.1165	A5	G-30Mn6	—	—	—	30ГЛ	SCMn2	SCMn2
ZG35Mn	ZG35SiMn	—	GS37MnSi5	1.5122	GS37MnSi5	1.5122	—	—	—	—	—	35ГСЛ	SCSiMn2	SCSiMn2
ZG40Mn	ZG40Mn	—	G-S40Mn5	1.1168	G-S40Mn5	1.1168	—	—	—	—	—	—	SCMn3	SCMn3
ZG45Mn	ZG45Mn	—	—	—	—	—	—	—	2120	—	—	—	SCMn5	SCMn5
ZG40Cr	ZG401Cr	—	—	—	—	—	—	—	—	—	—	40ХЛ	—	—
ZG30SiMn	ZG30SiMn	—	—	—	—	—	—	—	—	—	—	30ТСЛ	—	—
ZG35CrMnSi	ZG35CrMnSi	—	—	—	—	—	—	—	—	—	—	35ХГСЛ	SCMnCr3	SCMnCr3
ZG20CrMo	ZG20CrMo	—	—	—	—	—	—	—	—	—	—	20ХМЛ	—	—
ZG35Cr1Mo	ZG35CrMo	—	G-35CrMo4	—	G-S34CrMo4	1.7220	—	G-35CrMo4	—	—	J13048	35ХМЛ	SCCrM3	SCCrM3

表 2-111 通用耐蚀钢铸件的化学成分（GB/T 2100—2017）

序号	牌　号	化学成分(质量分数)/%								
		C	Si	Mn	P	S	Cr	Mo	Ni	其他
1	ZG15Cr13	0.15	0.80	0.80	0.035	0.025	11.50~13.50	0.50	1.00	—
2	ZG20Cr13	0.16~0.24	1.00	0.60	0.035	0.025	11.50~14.00	—	—	—
3	ZG10Cr13Ni2Mo	0.10	1.00	1.00	0.035	0.025	12.00~13.50	0.20~0.50	1.00~2.00	—
4	ZG06Cr13Ni4Mo	0.06	1.00	1.00	0.035	0.025	12.00~13.50	0.70	3.50~5.00	Cu 0.50, V 0.05 W 0.10
5	ZG06Cr13Ni4	0.06	1.00	1.00	0.035	0.025	12.00~13.00	0.70	3.50~5.00	—
6	ZG06Cr16Ni5Mo	0.06	0.80	1.00	0.035	0.025	15.00~17.00	0.70~1.50	4.00~6.00	—
7	ZG10Cr12Ni1	0.10	0.40	0.50~0.80	0.030	0.020	11.5~12.50	0.50	0.8~1.5	Cu 0.30 V 0.30
8	ZG03Cr19Ni11	0.03	1.50	2.00	0.035	0.025	18.00~20.00	—	9.00~12.00	N 0.20
9	ZG03Cr19Ni11N	0.03	1.50	2.00	0.040	0.030	18.00~20.00	—	9.00~12.00	N 0.12~0.20
10	ZG07Cr19Ni10	0.07	1.50	1.50	0.040	0.030	18.00~20.00	—	8.00~11.00	—
11	ZG07Cr19Ni11Nb	0.07	1.50	1.50	0.040	0.030	18.00~20.00	—	9.00~12.00	Nb 8C~1.00
12	ZG03Cr19Ni11Mo2	0.03	1.50	2.00	0.035	0.025	18.00~20.00	2.00~2.50	9.00~12.00	N 0.20
13	ZG03Cr19Ni11Mo2N	0.03	1.50	2.00	0.035	0.030	18.00~20.00	2.00~2.50	9.00~12.00	N 0.10~0.20
14	ZG05Cr26Ni6Mo2N	0.05	1.00	2.00	0.035	0.025	25.00~27.00	1.30~2.00	4.50~6.50	N 0.12~0.20
15	ZG07Cr19Ni11Mo2	0.07	1.50	1.50	0.040	0.030	18.00~20.00	2.00~2.50	9.00~12.00	—
16	ZG07Cr19Ni11Mo2Nb	0.07	1.50	1.50	0.040	0.030	18.00~20.00	2.00~2.50	9.00~12.00	Nb 8C~1.00
17	ZG03Cr19Ni11Mo3	0.03	1.50	1.50	0.040	0.030	18.00~20.00	3.00~3.50	9.00~12.00	—
18	ZG03Cr19Ni11Mo3N	0.03	1.50	1.50	0.040	0.030	18.00~20.00	3.00~3.50	9.00~12.00	N 0.10~0.20
19	ZG03Cr22Ni6Mo3N	0.03	1.00	2.00	0.035	0.025	21.00~23.00	2.50~3.50	4.50~6.50	N 0.12~0.20
20	ZG03Cr25Ni7Mo4WCuN	0.03	1.00	1.50	0.030	0.020	24.00~26.00	3.00~4.00	6.00~8.50	Cu 1.00 N 0.15~0.25 W 1.00
21	ZG03Cr26Ni7Mo4CuN	0.03	1.00	1.00	0.035	0.025	25.00~27.00	3.00~5.00	6.00~8.00	N 0.12~0.22 Cu 1.30

序号	牌 号	化学成分（质量分数）/％								
		C	Si	Mn	P	S	Cr	Mo	Ni	其他
22	ZG07Cr19Ni12Mo3	0.07	1.50	1.50	0.040	0.030	18.00～20.00	3.00～3.50	10.00～13.00	—
23	ZG025Cr20Ni25Mo7Cu1N	0.025	1.00	2.00	0.035	0.020	19.00～21.00	6.00～7.00	24.00～26.00	N 0.15～0.25 Cu 0.50～1.50
24	ZG025Cr20Ni19Mo7CuN	0.025	1.00	1.20	0.030	0.010	19.50～20.50	6.00～7.00	17.50～19.50	N 0.18～0.24 Cu 0.50～1.00
25	ZG03Cr26Ni6Mo3Cu3N	0.03	1.00	1.50	0.035	0.025	24.50～26.50	2.50～3.50	5.00～7.00	N 0.12～0.22 Cu 2.75～3.50
26	ZG03Cr26Ni6Mo3Cu1N	0.03	1.00	2.00	0.030	0.020	24.50～26.50	2.50～3.50	5.50～7.00	N 0.12～0.25 Cu 0.80～1.30
27	ZG03Cr26Ni6Mo3N	0.03	1.00	2.00	0.035	0.025	24.50～26.50	2.50～3.50	5.50～7.00	N 0.12～0.25

注：表中的单个值为最大值。

表 2-112 通用耐蚀钢铸件的室温力学性能（GB/T 2100—2017）

序号	牌 号	厚度 t/mm $\leqslant$	屈服强度 $R_{p0.2}$ MPa($\geqslant$)	抗拉强度 R_m/MPa $\geqslant$	伸长率 A/％ $\geqslant$	冲击吸收能量 KV_2/J($\geqslant$)
1	ZG15Cr13	150	450	620	15	20
2	ZG20Cr13	150	390	590	15	20
3	ZG10Cr13Ni2Mo	300	440	590	15	27
4	ZG06Cr13Ni4Mo	300	550	760	15	50
5	ZG06Cr13Ni4	300	550	750	15	50
6	ZG06Cr16Ni5Mo	300	540	760	15	60
7	ZG10Cr12Ni1	150	355	540	18	45
8	ZG03Cr19Ni11	150	185	440	30	80
9	ZG03Cr19Ni11N	150	230	510	30	80
10	ZG07Cr19Ni10	150	175	440	30	60
11	ZG07Cr19Ni11Nb	150	175	440	25	40
12	ZG03Cr19Ni11Mo2	150	195	440	30	80
13	ZG03Cr19Ni11Mo2N	150	230	510	30	80
14	ZG05Cr26Ni6Mo2N	150	420	600	20	30
15	ZG07Cr19Ni11Mo2	150	185	440	30	60
16	ZG07Cr19Ni11Mo2Nb	150	185	440	25	40
17	ZG03Cr19Ni11Mo3	150	180	440	30	80
18	ZG03Cr19Ni11Mo3N	150	230	510	30	80
19	ZG03Cr22Ni6Mo3N	150	420	600	20	30
20	ZG03Cr25Ni7Mo4WCuN	150	480	650	22	50
21	ZG03Cr26Ni7Mo4CuN	150	480	650	22	50
22	ZG07Cr19Ni12Mo3	150	205	440	30	60
23	ZG025Cr20Ni25Mo7Cu1N	50	210	480	30	60
24	ZG025Cr20Ni19Mo7CuN	50	260	500	35	50
25	ZG03Cr26Ni6Mo3Cu3N	150	480	650	22	50
26	ZG03Cr26Ni6Mo3Cu1N	200	480	650	22	60
27	ZG03Cr26Ni6Mo3N	150	480	650	22	50

表 2-113　一般用途耐蚀铸钢件中外牌号对照表

中国 GB 牌号	曾用牌号	国际标准 ISO	欧洲标准 EN	欧洲标准 Mat. No.	德国 DIN	德国 W. Nr	英国 BS	法国 NF	瑞典 SS	美国 ASTM	美国 UNS	俄罗斯 ГОСТ	日本 JIS	韩国 KS
ZG15Cr2	ZG1Cr13	GX12Cr12 (C39CH)	GX12Cr12	1.4001	G-X7Cr13 G-X10Cr13	1.4001 1.4006	410C21	Z12C13M	2302	CA-15	J91150	15Х13Л	SCS1	SCS1
ZG20Cr13	ZG2Cr13	—	—	—	G-X20Cr14	1.4027	420C29	Z20C13M	—	CA-40	J91153	20Х13Л	SCS2	SCS2
ZG10Cr12NiMo	ZG1Cr12NiMo	GX8CrNMoi 12-1	G-X7CrNiMo 12-1	1.4008 (09)	G-X7CrNiMo 12-1	1.4008 (09)	—	—	—	CA15M	J91151	—	SCS3	SCS3
ZG06Cr12Ni4 (Mo)	ZG0Cr13Ni4 (Mo)	GX4CrNi12-4	G-X4CrNi13-4	1.4313	G-X4CrNi13-4	1.4313	—	Z4CN14-4M	—	CA6NM	J91540	08Х14Н7МЛ	SCS6	SCS6
ZG06Cr16 Ni5Mo	ZG0Cr16 Ni5Mo	GX4CrNiMo 16-5-1	G-X4CrNiMo 16-5-1	1.4405	G-X4CrNiMo 16-5-1	1.4405	—	ZCNMI16-5-1M	2387	—	—	—	SCS31	SCS31
—	ZGCr28	—	—	G-X70 Cr29	1.4085	452C11	Z130C 29M	—	—	—	—	—	—	—
ZG03Cr18 Ni10	ZG00Cr18 Ni10	GX2CrNi18-10 (C46)	G-X2CrNi18-9	1.4306	G-X2CrNi18-9	1.4306	304C12	Z2CN18-10M	—	CF-3	J92500	03Х18Н11Л	SCS19A	SCS19A
ZG03Cr18 Ni10N	ZG00Cr18 Ni10N	GX2CrNi 18-10N	—	—	—	—	—	—	—	CF3A	J92500	—	SCS36N	SCS36N
ZG09Cr18Ni9	ZG0Cr18Ni9	GX5CrNi19-9 (C47)	G-X5CrNi18-9	1.4308	G-X6CrNi18-9	1.4308	304C15	Z6CN18-10M	2333	CF-8	J92600	07Х18Н9Л	SCS13 SCS13A	SCS13 SCS13A
ZG12Cr18Ni9	ZG1Cr18Ni9	(C47H)	G-X10CrNi 18-8	1.4312	G-X10CrNi 18-8	1.4312	302C25	Z10CN18-9M	—	CF-20	J92602	10Х18Н9Л	SCS12	SCS12
ZG08Cr19 Ni10Nb	ZG0Cr18Ni9Ti ZG0Cr19Ni10Nb	GX6CrNiNb 19-10(C50)	GX5CrNiNb 18-9	1.4552	GX5CrNiNb 18-9	1.4552	347C17	Z6CNNb 18-10M	—	CF8C	92710	10Х18Н11БЛ	SCS21	SCS21
ZG08Cr19Ni11 Mo2Nb	ZG0Cr18Ni12 Mo2Ti ZG1Cr18Ni12 Mo2Ti	GX5CrNiMoNb 18-10 (C60Nb)	G-X5CrNiMo Nb18-10	1.4581	G-X5CrNiMo Nb18-10	1.4581	—	Z6CND 18-12M	—	—	—	—	SCS22	SCS22

中国 GB		国际标准	欧洲标准		德国		英国	法国	瑞典	美国		俄罗斯	日本	韩国
牌号	曾用牌号	ISO	EN	Mat. No.	DIN	W. Nr	BS	NF	SS	ASTM	UNS	ГОСТ	JIS	KS
ZG03Cr19Ni11Mo2	—	GX2CrNiMo 19-11-2	G-X2CrNiMo 19-11-2	1.4409	G-X2CrNiMo 19-11-2	1.4409	—	—	—	CF-3M	J92800	—	SCS16AX	SCS16AX
ZG03Cr19Ni11Mo2N	—	GX2CrNiMoN 19-11-2	—	—	—	—	—	ZCNMN 19-11-2M	—	CF3MN	J92804	—	SCS16AN	SCS16AN
ZG03Cr19Ni11Mo3	—	GX2CrNiMo 19-11-3	G-X2CrNiMo 18-10	1.4404	G-X2CrNiMo 18-10	1.4404	317C16	ZCNM 19-11-3M	2343-12	CG-3M	J92999	—	SCS35	SCS35
ZG03Cr19Ni11Mo3N	—	GX2CrNiMoN 19-11-3	G-X2CrNiMoN 17-13-4	1.4446	G-X2CrNiMoN 17-13-4	1.4446	317C16N	ZCNMN 19-11-3M	—	CF-3MN	J92804	—	SCS35N	SCS35N
ZG07Cr19Ni11Mo2	ZG0Cr17Ni12Mo2	GX5CrNiMo 19-11-2(C60)	G-X6CrNiMo 18-10	1.4408	G-X6CrNiMo 18-10	1.4408	316C16	ZCNM 19-11-2M	2343	CF-8M	J92900	—	SCS14	SCS14
ZG07Cr19Ni11Mo3	—	GX5CrNiMo 19-11-3	G-X5CrNiMo 19-11-3	1.4412	G-X5CrNiMo 19-11-3	1.4412	—	—	—	CG-8M	J93000	—	SCS34	SCS34
ZG03Cr26Ni5Mo3N	—	GX2CrNiMoN 26-5-3	G-X2CrNiMoN 26-5-3	1.4468	G-X2CrNiMoN 26-5-3	1.4468	—	—	—	—	—	—	SCS33	SCS33
ZG03Cr26Ni5CuMo3N	—	GX2CrNiCuMoN 26-5-3	G-X2CrNiCuMoN 26-5-3	1.4517	G-X2CrNiCuMoN 26-5-3	1.4517	—	—	—	—	—	—	SCS32	SCS32
ZG03Cr14Ni14Si4	—	—	—	—	—	—	—	—	—	—	—	—	—	—

表 2-114 工程结构用中、高强度不锈钢铸件的化学成分（质量分数）（GB/T 6967—2009）%

铸钢牌号	C	Si ≤	Mn ≤	P ≤	S ≤	Cr	Ni	Mo	残余元素 ≤			
									Cu	V	W	总量
ZG20Cr13	0.16～0.24	0.80	0.80	0.035	0.025	11.5～13.5	—	—	0.50	0.05	0.10	0.50
ZG15Cr13	≤0.15	0.80	0.80	0.035	0.025	11.5～13.5	—	—	0.50	0.05	0.10	0.50
ZG15Cr13Ni1	≤0.15	0.80	0.80	0.035	0.025	11.5～13.5	≤1.00	≤0.50	0.50	0.05	0.10	0.50
ZG10Cr13Ni1Mo	≤0.10	0.80	0.80	0.035	0.025	11.5～13.5	0.8～1.80	0.20～0.50	0.50	0.05	0.10	0.50
ZG06Cr13Ni4Mo	≤0.06	0.80	1.00	0.035	0.025	11.5～13.5	3.5～5.0	0.40～1.00	0.50	0.05	0.10	0.50
ZG06Cr13Ni5Mo	≤0.06	0.80	1.00	0.035	0.025	11.5～13.5	4.5～6.0	0.40～1.00	0.50	0.05	0.10	0.50
ZG06Cr16Ni5Mo	≤0.06	0.80	1.00	0.035	0.025	15.5～17.0	4.5～6.0	0.40～1.00	0.50	0.05	0.10	0.50
ZG04Cr13Ni4Mo	≤0.04	0.80	1.50	0.030	0.010	11.5～13.5	3.5～5.0	0.40～1.00	0.50	0.05	0.10	0.50
ZG04Cr13Ni5Mo	≤0.04	0.80	1.50	0.030	0.010	11.5～13.5	4.5～6.0	0.40～1.00	0.50	0.05	0.10	0.50

表 2-115 工程结构用中、高强度不锈钢铸件的力学性能（GB/T 6967—2009）

铸钢牌号		屈服强度 $R_{p0.2}$ /MPa ≥	抗拉强度 R_m /MPa ≥	伸长率 A_5/% ≥	断面收缩率 Z /% ≥	冲击吸收功 A_{kV} /J ≥	布氏硬度 （HBW）
ZG15Cr13		345	540	18	40	—	163～229
ZG20Cr13		390	590	16	35	—	170～235
ZG15Cr13Ni1		450	590	16	35	20	170～241
ZG10Cr13Ni1Mo		450	620	16	35	27	170～241
ZG06Cr13Ni4Mo		550	750	15	35	50	221～294
ZG06Cr13Ni5Mo		550	750	15	35	50	221～294
ZG06Cr16Ni5Mo		550	750	15	35	50	221～294
ZG04Cr13Ni4Mo	HT1[①]	580	780	18	50	80	221～294
	HT2[②]	830	900	12	35	35	294～350
ZG04Cr13Ni5Mo	HT1[①]	580	780	18	50	80	221～294
	HT2[②]	830	900	12	35	35	294～350

① 回火温度应在 600～650℃。

② 回火温度应在 500～550℃。

表 2-116 承压钢铸件的钢号与化学成分（质量分数）（GB/T 16253—1996） %

钢号[①]	C	Si	Mn	P≤	S≤	Cr	Ni	Mo	其他
碳素铸钢[②]									
ZG240-450A	≤0.25	≤0.60	≤1.20	0.035	0.035	—	—	—	—
ZG240-450AG	≤0.25	≤0.60	≤1.20	0.035	0.035	—	—	—	—
ZG240-450B	≤0.20	≤0.60	1.00～1.60	0.035	0.035	—	—	—	—
ZG240-450BG	≤0.20	≤0.60	1.00～1.60	0.035	0.035	—	—	—	—
ZG240-450BD	≤0.20	≤0.60	1.00～1.60	0.030	0.035	—	—	—	—
ZG280-520[③④]	≤0.25	≤0.60	≤1.20	0.035	0.035	—	—	—	—
ZG280-520G[③④]	≤0.25	≤0.60	≤1.20	0.035	0.035	—	—	—	—
ZG280-520D[③]	≤0.25	≤0.60	≤1.20	0.030	0.030	—	—	—	—
铁素体和马氏体合金铸钢									
ZG19MoG	0.15～0.23	0.30～0.60	0.50～1.00	0.035	0.035	≤0.30		0.40～0.60	—
ZG29Cr1MoD	≤0.29	0.30～0.60	0.50～0.80	0.030	0.030	0.90～1.20		0.15～0.30	—
ZG15Cr1MoG	0.10～0.20	0.30～0.60	0.50～0.80	0.035	0.035	1.00～1.50		0.45～0.65	—
ZG14MoVG	0.10～0.17	0.30～0.60	0.40～0.70	0.035	0.035	0.30～0.60	≤0.40	0.40～0.60	V0.22～0.32
ZG12Cr2Mo1G	0.08～0.15	0.30～0.60	0.50～0.80	0.035	0.035	2.00～2.50		0.90～1.20	—

钢号[1]	C	Si	Mn	P≤	S≤	Cr	Ni	Mo	其他
铁素体和马氏体合金铸钢									
ZG16Cr2Mo1G	0.13~0.20	0.30~0.60	0.50~0.80	0.035	0.035	2.00~2.50	—	0.90~1.20	—
ZG20Cr2Mo1D	≤0.20	0.30~0.60	0.50~0.80	0.030	0.030	2.00~2.50	—	0.90~1.20	
ZG17Cr1Mo1VG	0.13~0.20	0.30~0.60	0.50~0.80	0.035	0.035	1.20~1.60[5]	—[6]	0.90~1.20	V0.15~0.35
ZG16Cr5MoG	0.12~0.19	≤0.80	0.50~0.80	0.035	0.035	4.00~6.00	—	0.45~0.65	—
ZG14Cr9Mo1G	0.10~0.17	≤0.80	0.50~0.80	0.035	0.035	8.00~10.00	—	1.00~1.30	—
ZG14Cr12Ni1MoG	0.10~0.17	≤0.80	≤1.00	0.035	0.035	11.5~13.5	≤1.00	≤0.50	—
ZG08Cr12Ni1MoG	0.05~0.10	≤0.80	0.40~0.80	0.035	0.035	11.5~13.5	0.80~1.80	0.20~0.50	—
ZG08Cr12Ni4Mo1G	≤0.08	≤1.00	≤1.50	0.035	0.035	11.5~13.5	3.50~5.00	≤1.00	—
ZG08Cr12Ni4Mo1D	≤0.08	≤1.00	≤1.50	0.035	0.035	11.5~13.5	3.50~5.00	≤1.00	—
ZG23Cr12Mo1NiVG	0.20~0.26	0.20~0.40	0.50~0.70	0.035	0.035	11.3~12.3	0.70~1.00	1.00~1.20	V0.25~0.35
ZG14Ni4D	≤0.14	0.30~0.60	0.50~0.80	0.030	0.030	—	3.00~4.00		
ZG24Ni2MoD	≤0.24	0.30~0.60	0.80~1.20	0.030	0.030	—	1.50~2.00	0.15~0.30	
ZG22Ni3Cr2MoAD	≤0.22	≤0.60	0.40~0.80	0.030	0.030	1.35~2.00	2.50~3.50	0.35~0.60	
ZG22Ni3Cr2MoBD	≤0.22	≤0.60	0.40~0.80	0.030	0.030	1.50~2.00	2.75~3.90	0.35~0.60	
奥氏体不锈铸钢									
ZG03Cr18Ni10	≤0.03	≤2.00	≤2.00	0.045	0.035	17.0~19.0	9.0~12.0	—	
ZG07Cr20Ni10	≤0.07	≤2.00	≤2.00	0.045	0.035	18.0~21.0	8.0~11.0	—	
ZG07Cr20Ni10G	0.04~0.10	≤2.00	≤2.00	0.045	0.035	18.0~21.0	8.0~12.0	—	
ZG07Cr18Ni10D	≤0.07	≤2.00	≤2.00	0.045	0.035	17.0~20.0	9.0~12.0	—	
ZG08Cr20Ni10Nb	≤0.08	≤2.00	≤2.00	0.045	0.035	18.0~21.0	9.0~12.0	—	Nb8×C% ≤1.0
ZG03Cr19Ni11Mo2	≤0.03	≤2.00	≤2.00	0.045	0.035	17.0~21.0	9.0~13.0	2.0~2.5	—
ZG07Cr19Ni11Mo2	≤0.07	≤2.00	≤2.00	0.045	0.035	17.0~21.0	9.0~13.0	2.0~2.5	—
ZG07Cr19Ni11Mo2G	0.04~0.10	≤2.00	≤2.00	0.045	0.035	17.0~21.0	9.0~13.0	2.0~2.5	—
ZG08Cr19Ni11 Mo2Nb	≤0.08	≤2.00	≤2.00	0.045	0.035	17.0~21.0	9.0~13.0	2.0~2.5	Nb8×C% ≤1.0
ZG03Cr19Ni11Mo3	≤0.03	≤2.00	≤2.00	0.045	0.035	17.0~21.0	9.0~13.0	2.5~3.0	—
ZG07Cr19Ni11Mo3	≤0.07	≤2.00	≤2.00	0.045	0.035	17.0~21.0	9.0~13.0	2.5~3.0	—

① 钢号尾部的 "A" "B" 表示不同级别；"G" 表示高温用铸钢；"D" 表示低温用铸钢。

② 碳素铸钢的残余元素含量（质量分数）：$w(Cr)$≤0.40%；$w(Mo)$≤0.15%；$w(Ni)$≤0.40%；$w(Cu)$≤0.40%；$w(V)$≤0.03%；残余元素总含量（Cr+Mo+Ni+Cu+V）不超过1.00%。

③ 碳低于最大值时，$w(C)$ 每降低0.01%，允许 $w(Mn)$ 比上限高0.04%，但 Mn 含量 $w(Mn)$ 不得超过1.40%。

④ 对某些产品，经供需双方同意，可按 $w(Mn)$≤0.90%、$w(C)$≤0.30%（质量分数）供应。

⑤ 对薄截面铸件，允许铬的最低含量 $w(Cr)$ 为1.00%。

⑥ 根据铸件壁厚，镍含量 $w(Ni)$ 可小于1.00%。

表 2-117 承压钢铸件的力学性能（GB/T 16253—1996）

钢 号	σ_b/MPa	σ_s[4]/MPa	δ/%	ψ/%	温度/℃	冲击吸收功[1] A_{kV}/J
	不小于					
碳素铸钢						
ZG240-450A	450~600	240	22	35	室温	27
ZG240-450AG	450~600	240	22	35	室温	27
ZG240-450B	450~600	240	22	35	室温	45

钢 号	σ_b/MPa	$\sigma_s^{③}$/MPa	δ/%	ψ/%	温度/℃	冲击吸收功[①]A_{kV}/J
		不小于				
碳素铸钢						
ZG240-450BG	450～600	240	22	35	室温	45
ZG240-450BD	450～600	240	22	—	−40	27
ZG280-520	520～670	280	18	30	室温	35
ZG280-520G	520～670	280	18	30	室温	35
ZG280-520D	520～670	280	18	—	−35	27
铁素体和马氏体合金铸钢						
ZG19MoG	450～600	250	21	35	室温	25
ZG29Cr1MoD	550～700	370	16	30	−45	27
ZG15Cr1MoG	490～640	290	18	35	室温	27
ZG14MoVG	500～650	320	17	30	室温	13
ZG12Cr2Mo1G	510～660	280	18	35	室温	25
ZG16Cr2Mo1G	600～750	390	18	35	室温	40
ZG20Cr2Mo1D	600～750	390	18	—	−50	27
ZG17Cr1Mo1VG	590～740	420	15	35	室温	24
ZG16Cr5MoG	630～780	420	16	35	室温	25
ZG14Cr9Mo1G	630～780	420	16	35	室温	20
ZG14Cr12Ni1MoG	620～770	450	14	30	室温	20
ZG08Cr12Ni1MoG	540～690	360	18	35	室温	35
ZG08Cr12Ni4Mo1G	750～900	550	15	35	室温	45
ZG08Cr12Ni4Mo1D	750～900	550	15	—	−80	27
ZG23Cr12Mo1NiVG[②]	740～880	540	15	20	室温	21
ZG14Ni4D	460～610	300	20	—	−70	27
ZG24Ni2MoD	520～670	380	20	—	−35	27
ZG22Ni3Cr2MoAD	620～800	450	16	—	−80	27
ZG22Ni3Cr2MoBD	800～950	655	13	—	−60	27
奥氏体不锈铸钢[④]						
ZG03Cr18Ni10	440～640	210	30	—	—	—
ZG07Cr20Ni10	440～640	210	30	—	—	—
ZG07Cr20Ni10G	470～670	230	30	—	—	—
ZG07Cr18Ni10D	440～640	210	30	—	−195	45
ZG08Cr20Ni10Nb	440～640	210	25	—	—	—
ZG03Cr19Ni11Mo2	440～620	210	30	—	—	—
ZG07Cr19Ni11Mo2	440～640	210	30	—	—	—
ZG07Cr19Ni11Mo2G	470～670	230	30	—	—	—
ZG08Cr19Ni11Mo2Nb	440～640	210	25	—	—	—
ZG03Cr19Ni11Mo3	440～640	210	30	—	—	—
ZG07Cr19Ni11Mo3	440～640	210	30	—	—	—

① 夏比 V 形缺口试样，取 3 个试样的平均值。

② 该钢号一般在温度高于 525℃ 的条件下使用。

③ 屈服强度或屈服点。

④ 奥氏体钢在正常状态时具有高的韧性。

表 2-118 承压钢铸件中外牌号对照表

| 中国 GB | | 国际标准 | 欧洲标准 | | 德国 | |
牌号	曾用牌号	ISO	EN	Mat. No.	DIN	W. Nr
ZG240-450B	—	C23-45B	GS-21Mn5 GS-C25	1.0619	GS-21Mn5 GS-C25	1.0619
ZG280-520	—	C26-52	GS-20Mn5	1.1120	GS-20Mn5	1.1120
ZG19MoG	—	C28H	GS-22Mo4	1.5419	GS-22Mo4	1.5419
ZG15Cr1MoG	—	C32H	GS-17CrMo5.5	1.7357	GS-17CrMo5.5	1.7357
ZG12Cr2Mo1G	—	C34AH	GS-18CrMo9.10	1.7379	GS-18CrMo9.10	1.7379
ZG03Cr18Ni10	—	C46				
ZG07Cr20Ni10	—	C47	G-X6CrNi18.9	1.4308	G-X6CrNi18.9	1.4308
ZG07Cr19Ni11 Mo3	—	C61	G-X6CrNiMo 18-10	1.4408	G-X6CrNiMo 18-10	1.4408

| 英国 | 法国 | 瑞典 | 美国 | | 俄罗斯 | 日本 | 韩国 |
BS	NF	SS	ASTM	UNS	ГОСТ	JIS	KS
GP240GH	A420CP-M	1306	WCC	J02503	20ГЛ	SCPH1	SCPH1
GP280GH	A480CP-M	1305	WCB	J03101	20ГСЛ	SCPH2	SCPH2
G20Mo5	20D5-M	—	WC1	J05000	—	SCPH11	SCPH11
G17CrMo5-5	15CD5.05-M	2223	WC6	J05002	—	SCPH21	SCPH21
G17CrMo9-10	15CD9.10-M	2224	WC9	J02501	—	SCPH32	SCPH32
GX2CrNi19-11	Z2CN18.10-M	—	CF3	J92500	—		
GX5CrNi19-10	Z6CN18.10-M	2333	CF8	J92600	07Х18Н9ЛЛ	SCS13	SCS13
GX5CrNiMo 19-11-2	Z6CND18.12-M	—	CF8M	J92900		SCS14A	SCS14A

表 2-119 一般用途耐热钢和合金铸件的化学成分（GB/T 8492—2014）

| 材料牌号 | 主要元素含量(质量分数)/% | | | | | | | | |
	C	Si	Mn	P	S	Cr	Mo	Ni	其他
ZG30Cr7Si2	0.20～0.35	1.0～2.5	0.5～1.0	0.04	0.04	6～8	0.5	0.5	
ZG40Cr13Si2	0.30～0.50	1.0～2.5	0.5～1.0	0.04	0.03	12～14	0.5	1	
ZG40Cr17Si2	0.30～0.50	1.0～2.5	0.5～1.0	0.04	0.03	16～19	0.5	1	
ZG40Cr24Si2	0.30～0.50	1.0～2.5	0.5～1.0	0.04	0.03	23～26	0.5	1	
ZG40Cr28Si2	0.30～0.50	1.0～2.5	0.5～1.0	0.04	0.03	27～30	0.5	1	
ZGCr29Si2	1.20～1.40	1.0～2.5	0.5～1.0	0.04	0.03	27～30	0.5	1	
ZG25Cr18Ni9Si2	0.15～0.35	1.0～2.5	2.0	0.04	0.03	17～19	0.5	8～10	
ZG25Cr20Ni14Si2	0.15～0.35	1.0～2.5	2.0	0.04	0.03	19～21	0.5	13～15	
ZG40Cr22Ni10Si2	0.30～0.50	1.0～2.5	2.0	0.04	0.03	21～23	0.5	9～11	
ZG40Cr24Ni24Si2Nb	0.25～0.5	1.0～2.5	2.0	0.04	0.03	23～25	0.5	23～25	Nb 1.2～1.8
ZG40Cr25Ni12Si2	0.30～0.50	1.0～2.5	2.0	0.04	0.03	24～27	0.5	11～14	
ZG40Cr25Ni20Si2	0.30～0.50	1.0～2.5	2.0	0.04	0.03	24～27	0.5	19～22	
ZG40Cr27Ni4Si2	0.30～0.50	1.0～2.5	1.5	0.04	0.03	25～28	0.5	3～6	
ZG45Cr20Co20Ni20Mo3W3	0.35～0.60	1.0	2.0	0.04	0.03	19～22	2.5～3.0	18～22	Co 18～22 W 2～3
ZG10Ni31Cr20Nb1	0.05～0.12	1.2	1.2	0.04	0.03	19～23	0.5	30～34	Nb 0.8～1.5
ZG40Ni35Cr17Si2	0.30～0.50	1.0～2.5	2.0	0.04	0.03	16～18	0.5	34～36	—
ZG40Ni35Cr26Si2	0.30～0.50	1.0～2.5	2.0	0.04	0.03	24～27	0.5	33～36	—
ZG40Ni35Cr26Si2Nb1	0.30～0.50	1.0～2.5	2.0	0.04	0.03	24～27	0.5	33～36	Nb 0.8～1.8
ZG40Ni38Cr19Si2	0.30～0.50	1.0～2.5	2.0	0.04	0.03	18～21	0.5	36～39	—
ZG40Ni38Cr19Si2Nb1	0.30～0.50	1.0～2.5	2.0	0.04	0.03	18～21	0.5	36～39	Nb 1.2～1.8

材料牌号	主要元素含量（质量分数）/%								
	C	Si	Mn	P	S	Cr	Mo	Ni	其他
ZNiCr28Fe17W5Si2C0.4	0.35～0.55	1.0～2.5	1.5	0.04	0.03	27～30		47～50	W 4～6
ZNiCr50Nb1C0.1	0.10	0.5	0.5	0.02	0.02	47～52	0.5	a	N 0.16 N+C 0.2 Nb 1.4～1.7
ZNiCr19Fe18Si1C0.5	0.40～0.60	0.5～2.0	1.5	0.04	0.03	16～21	0.5	50～55	—
ZNiFe18Cr15Si1C0.5	0.35～0.65	2.0	1.3	0.04	0.03	13～19	—	64～69	—
ZNiCr25Fe20Co15-W5Si1C0.46	0.44～0.48	1.0～2.0	2.0	0.04	0.03	24～26	—	33～37	W 4～6 Co 14～16
ZCoCr28Fe18C0.3	0.50	1.0	1.0	0.04	0.03	25～30	0.5	1	Co 48～52 Fe 20 最大值

注：1. 表中的单个值表示最大值。

2. a 为余量。

表 2-120 一般用途耐热钢和合金铸件的室温力学性能和最高使用温度（GB/T 8492—2014）

牌　　号	屈服强度 $R_{p0.2}$/MPa 大于或等于	抗拉强度 R_m/MPa 大于或等于	断后伸长率 A/% 大于或等于	布氏硬度 （HBW）	最高使用 温度[①]/℃
ZG30Cr7Si2	—	—	—	—	750
ZG40Cr13Si2	—	—	—	300[②]	850
ZG40Cr17Si2	—	—	—	300[②]	900
ZG40Cr24Si2	—	—	—	300[②]	1050
ZG40Cr28Si2	—	—	—	320[②]	1100
ZGCr29Si2	—	—	—	400[②]	1100
ZG25Cr18Ni9Si2	230	450	15	—	900
ZG25Cr20Ni14Si2	230	450	10	—	900
ZG40Cr22Ni10Si2	230	450	8	—	950
ZG40Cr24Ni24Si2Nb1	220	400	4	—	1050
ZG40Cr25Ni12Si2	220	450	6	—	1050
ZG40Cr25Ni20Si2	220	450	6	—	1100
ZG45Cr27Ni4Si2	250	400	3	400[③]	1100
ZG45Cr20Co20Ni20Mo3W3	320	400	6	—	1150
ZG10Ni31Cr20Nb1	170	440	20	—	1000
ZG40Ni35Cr17Si2	220	420	6	—	980
ZG40Ni35Cr26Si2	220	440	6	—	1050
ZG40Ni35Cr26Si2Nb1	220	440	4	—	1050
ZG40Ni38Cr19Si2	220	420	6	—	1050
ZG40Ni38Cr19Si2Nb1	220	420	4	—	1100
ZNiCr28Fe17W5Si2C0.4	220	400	3	—	1200
ZNiCr50Nb1C0.1	230	540	8	—	1050
ZNiCr19Fe18Si1C0.5	220	440	5	—	1100
ZNiFe18Cr15Si1C0.5	200	400	3	—	1100
ZNiCr25Fe20Co15W5Si1C0.46	270	480	5	—	1200
ZCoCr28Fe18C0.3	④	④	④	④	1200

① 最高使用温度取决于实际使用条件，所列数据仅供用户参考，这些数据适用于氧化气氛，实际的合金成分对其也有影响。

② 退火态最大 HBW 硬度值，铸件也可以铸态提供，此时硬度限制就不适用。

③ 最大 HBW 值。

④ 由供需双方协商确定。

表2-121 一般用途耐热铸钢和耐热合金中外牌号对照表

中国 GB 牌号	曾用牌号	国际标准 ISO	欧洲标准 EN	Mat. No.	德国 DIN	W. Nr	英国 BS	法国 NF	瑞典 SS	美国 ASTM	UNS	俄罗斯 ГОСТ	日本 JIS	韩国 KS
ZG30Cr7Si2	—	GX30CrSi7	GX30CrSi7	1.4710	GX30CrSi7	1.4710	—	—	—	—	—	20X5МЛ	SCH4	SCH4
ZG40Cr13Si2	—	GX40CrSi13	GX40CrSi13	1.4729	GX40CrSi13	1.4729	—	Z25C13M	—	—	—	—	SCH1X	SCH1X
ZG40Cr17Si2	—	GX40CrSi17	GX40CrSi17	1.4740	GX40CrSi17	1.4740	—	—	—	—	—	—	SCH5	SCH5
ZG40Cr24Si2	—	GX40CrSi24	GX40CrSi24	1.4745	GX40CrSi24	1.4745	—	—	—	HC (28Cr)	J92065	15X25СЛ	SCH2X1	SCH2X1
ZG40Cr28Si2	—	GX40CrSi28	GX40CrSi28	1.4776	GX40CrSi28	1.4776	—	Z40C28M	—	HC (28Cr)	J92605	15X25СЛ	SCH2X2	SCH2X2
ZGCr29Si2	—	GX130CrSi29	GX130CrSi29	1.4777	GX130CrSi29	1.4777	452C12		—	HC (28Cr)	J92605	—	SCH6	SCH6
ZG25Cr18Ni9Si2	—	GX25CrNiSi 18-9	GX25CrNiSi 18-9	1.4825	GX25CrNiSi 18-9	1.4825	302C35		—	HF (19Cr-9Ni)	J92603	10X18H9Л	SCH31	SCH31
ZG25Cr20Ni14Si2	—	GX25CrNiSi 20-14	GX25CrNiSi 20-14	1.4832	GX25CrNiSi 20-14	11.482	—	—	—	—	—	20X20H14C2Л	SCH32	SCH32
ZG40Cr22Ni10Si2	—	GX40CrNiSi 22-10	GX40CrNiSi 22-10	1.4826	GX40CrNiSi 22-10	1.4826	309C30	Z40CN 20-10M	—	HF (19Cr-9Ni)	J92603	40X24H12CЛ	SCH12X	SCH12X
ZG40Cr24Ni24SiNb	—	GX40CrNiSi Nb24-24	GX40CrNiSi Nb24-24	1.4855	GX40CrNiSi Nb24-24	1.4855	—	—	—	HN (20Cr-25Ni)	J94213	—	SCH33	SCH33
ZG40Cr25Ni12Si2	—	GX40CrNiSi 25-12	GX40CrNiSi 25-12	1.4837	GX40CrNiSi 25-12	1.4837	309C30	—	—	HH (25Cr-12Ni)	J93503	40X24H12CЛ	SCH13X	SCH13X
ZG40Cr25Ni20Si2	—	GX40CrNiSi 25-20	GX40CrNiSi 25-20	1.4848	GX40CrNiSi 25-20	1.4848	310C45	Z40CN 25-20M	—	HK (25Cr-20Ni)	J94224	15X23H18Л	SCH22X	SCH22X

中国 GB		国际标准	欧洲标准		德国		英国	法国	瑞典	美国		俄罗斯	日本	韩国
牌号	曾用牌号	ISO	EN	Mat. No.	DIN	W. Nr	BS	NF	SS	ASTM	UNS	ГОСТ	JIS	KS
ZG40Cr27Ni4Si2	—	GX40CrNiSi 27-4	GX40CrNiSi 27-4	1.4823	GX40CrNiSi 27-4	1.4823	—	Z30CN 26-05M	—	HD (28Cr-5Ni)	J93005	—	SCH11X	SCH11X
ZG40Cr20Co20 Ni20Mo3W3	—	GX40CrNiCo 20-20-20	GX40CrNiCo 20-20-20	1.4874	GX40CrNiCo 20-20-20	1.4874	—	Z40NCK20-20-20M	—	—	—	—	SCH41	SCH41
ZG10Ni31Cr20Nb1	—	GX10NiCrNb 31-20	GX10NiCrNb 31-20	1.4859	GX10NiCrNb 31-20	1.4859	—	—	—	—	—	—	SCH34	SCH34
ZG40Ni35Cr17Si2	—	GX40NiCrSi 35-17	GX40NiCrSi 35-17	1.4806	GX40NiCrSi 35-17	1.4806	330C12	Z40NC 35-15M	—	HT (17Cr-35N)	J94605	—	SCH15X	SCH15X
ZG40Ni35Cr26Si2	—	GX40NiCrSi 35-26	GX40NiCrSi 35-26	1.4857	GX40NiCrSi 35-26	1.4857	—	—	—	HP (26Cr-35Ni)	J95705	—	SCH24X	SCH24X
ZG40Ni35Cr-26 Si2Nb1	—	GX40NiCrSiNb 35-26	GX40NiCrSiNb 35-26	1.4852	GX40NiCrSiNb 35-26	1.4852	—	—	—	HP (26Cr-35Ni)	J95705	—	SCH24XNb	SCH24XNb
ZG40Ni38Cr19Si2	—	GX40NiCrSi 38-19	GX40NiCrSi 38-19	1.4885	GX40NiCrSi 38-19	1.4885	330C12	Z40NC 35-15M	—	HU (19Cr-38Ni)	J95405	—	SCH20X	SCH20X
ZG40Ni38Cr19 Si2Nb1	—	GX40NiCrSiNb 38-19	GX40NiCrSiNb 38-19	1.4849	GX40NiCrSiNb 38-19	1.4849	—	—	—	HU (19Cr-38Ni)	J95405	—	SCH20XNb	SCH20XNb
ZNiCr28Fe17W5 Si2Cu4	—	GX45NiCrWSi 48-28-5	G-NiCr28W	2.4879	G-NiCr28W	2.4879	—	—	—	—	—	—	SCH42	SCH42
ZNi50Nb1C0.1Z	—	GX10NiCrNb 50-50	G-NiCr50Nb	2.4680	G-NiCr50Nb	2.4680	—	—	—	50Cr-50Ni	—	—	SCH43	SCH43
ZNi29Fe18SiC0.5	—	GX50NiCr 52-19	—	—	—	—	—	—	—	—	—	—	SCH44	SCH44

中国 GB 牌 号	中国 GB 曾用牌号	国际标准 ISO	欧洲标准 EN	欧洲标准 Mat. No.	德国 DIN	德国 W. Nr	英国 BS	法国 NF	瑞典 SS	美国 ASTM	美国 UNS	俄罗斯 ГОСТ	日本 JIS	韩国 KS
ZNiFe18Cr15SilC0.5	—	GX50NiCr 65-15	G-NiCr15	2.4815	G-NiCr15	2.4815	—	—	—	—	—	—	SCH45	SCH45
ZNiCr25Fe20Co15W5SiC0.46	—	GX45NiCrCoW 35-25-15-10	—	—	—	—	—	—	—	—	—	—	SCH46	SCH46
ZCoCr28Fe18C0.3	—	GX30CoCr 50-28	G-CoCr28	2.4778	G-CoCr28	2.4778	—	—	—	—	—	—	SCH47	SCH47

表 2-122　耐热铸钢中外牌号对照表

中国 GB 牌 号	中国 GB 曾用牌号	国际标准 ISO	欧洲标准 EN	欧洲标准 Mat. No.	德国 DIN	德国 W. Nr	英国 BS	法国 NF	瑞典 SS	美国 ASTM	美国 UNS	俄罗斯 ГОСТ	日本 JIS	韩国 KS
ZG30Cr26Ni5	ZG3Cr25Ni5	—	G-40CrNiSi 27-4	1.4823	G-40CrNiSi 27-4	1.4823	—	Z30CN26.05M	—	HD	J93005	—	SCH11	SCH11
ZG35Cr26Ni12	—	—	G-X40CrNiSi 25-12	1.4837	G-X40CrNiSi 25-12	1.4837	309C35	—	—	HH	J93503	40X24H12CЛ	SCH13A	SCH13A
ZG30Ni35Cr15	ZG3Ni35Cr15	—	—	—	—	—	330C12	—	—	HT30	—	—	SCH16	SCH16
ZG40Cr28Ni16	—	—	—	—	—	—	—	—	—	HI	J94003	—	SCH18	SCH18
ZG35Ni24Cr18Si2	—	—	—	—	—	—	311C11	—	—	HN	J94213	35X18H24C2Л	SCH19	SCH19
ZG40Cr25Ni20	ZG4Cr25Ni20	—	G-X40CrNiSi 25-20	1.4848	G-X40CrNiSi 25-20	1.4848	—	Z40CN25.20M	—	HK HK40	J94224 J94204	—	SCH22	SCH22
ZG40Cr30Ni20	ZG4Cr30Ni20	—	—	—	—	—	—	Z40CN30.20M	—	HL	J94604	—	SCH23	SCH23
ZG45Ni35Cr26	—	—	G-X45CrNiSi 35-25	1.4875	G-X45CrNiSi 35-25	1.4875	—	—	—	HP	J95705	—	SCH24	SCH24

2.4.9 非调质钢

非调质钢，顾名思义是不用调质的钢。其更深入和确切的含义为：不经过调质热处理就能达到某些钢（如 45、40Cr、35CrMo、42CrMo 等）需要经过调质（即淬火＋高温回火）才能达到的性能，从而可在某些条件下取代调质钢使用的钢材。

非调质钢之所以不用调质处理就能取得满意的力学性能，首先，是因为其在成分设计中加入了微量的可以细化的晶粒，冷却过程中可以均匀、弥散析出第二相，从而使合金得到强化的元素，常加入的微量合金元素有 Ti、V、Nb、B 等；其次，在合金熔炼、锻轧生产过程中采用先进设备和工艺技术，如精炼、真空精炼及控轧等方法，净化了钢水，获得高质量的、纯净的内在质量，并保证加入的微量合金元素能够均匀、弥散地析出第二相，不仅保证获得优良的性能，也保证了在较大截面上的组织和性能的均匀性。简言之，非调质钢优良的性能和特性是生产过程中微合金化技术和控轧控冷技术相互作用的结果。

目前，在非调质钢中已经形成了切削加工用非调质钢、热压力加工用非调质钢、高强高韧非调质钢、冷作强化非调质钢等四大种类。

我国标准 GB/T 15712—2016《非调质机械结构钢》中所列非调质钢的成分和性能分别见表 2-123 和表 2-124。

表 2-123 非调质钢的化学成分（GB/T 15712—2016）

序号	分类	统一数字代号	牌号[①]	化学成分（质量分数）/%									
				C	Si	Mn	S	P	V[②]	Cr	Ni	Cu[③]	其他[④]
1		L22358	F35VS	0.32~0.39	0.15~0.35	0.60~1.00	0.035~0.075	≤0.035	0.06~0.13	≤0.30	≤0.30	≤0.30	Mo≤0.05
2		L22408	F40VS	0.37~0.44	0.15~0.35	0.60~1.00	0.035~0.075	≤0.035	0.06~0.13	≤0.30	≤0.30	≤0.30	Mo≤0.05
3		L22458	F45VS	0.42~0.49	0.15~0.35	0.60~1.00	0.035~0.075	≤0.035	0.06~0.13	≤0.30	≤0.30	≤0.30	Mo≤0.05
4		L22708	F70VS	0.67~0.73	0.15~0.35	0.40~0.70	0.035~0.075	≤0.045	0.03~0.08	≤0.30	≤0.30	≤0.30	Mo≤0.05
5		L22308	F30MnVS	0.26~0.33	0.30~0.80	1.20~1.60	0.035~0.075	≤0.035	0.08~0.15	≤0.30	≤0.30	≤0.30	Mo≤0.05
6	铁素体—珠光体	L22358	F35MnVS	0.32~0.39	0.30~0.60	1.00~1.50	0.035~0.075	≤0.035	0.06~0.13	≤0.30	≤0.30	≤0.30	Mo≤0.05
7		L22388	F38MnVS	0.35~0.42	0.30~0.80	1.20~1.60	0.035~0.075	≤0.035	0.08~0.15	≤0.30	≤0.30	≤0.30	Mo≤0.05
8		L22408	F40MnVS	0.37~0.44	0.30~0.60	1.00~1.50	0.035~0.075	≤0.035	0.06~0.13	≤0.30	≤0.30	≤0.30	Mo≤0.05
9		L22458	F45MnVS	0.42~0.49	0.30~0.60	1.00~1.50	0.035~0.075	≤0.035	0.06~0.13	≤0.30	≤0.30	≤0.30	Mo≤0.05
10		L22498	F49MnVS	0.44~0.52	0.15~0.60	0.70~1.00	0.035~0.075	≤0.035	0.08~0.15	≤0.30	≤0.30	≤0.30	Mo≤0.05
11		L22488	F48MnV	0.45~0.51	0.15~0.35	1.00~1.30	≤0.035	≤0.035	0.06~0.13	≤0.30	≤0.30	≤0.30	Mo≤0.05
12		L22378	F37MnSiVS	0.34~0.41	0.50~0.80	0.90~1.10	0.035~0.075	≤0.045	0.25~0.35	≤0.30	≤0.30	≤0.30	Mo≤0.05

序号	分类	统一数字代号	牌号①	化学成分（质量分数）/%									
				C	Si	Mn	S	P	V②	Cr	Ni	Cu③	其他④
13	铁素体—珠光体	L22418	F41MnSiV	0.38~0.45	0.50~0.80	1.20~1.60	≤0.035	≤0.035	0.08~0.15	≤0.30	≤0.30	≤0.30	Mo≤0.05
14		L26388	F38MnSiNS	0.35~0.42	0.50~0.80	1.20~1.60	0.035~0.075	≤0.035	≤0.06	≤0.30	≤0.30	≤0.30	Mo≤0.05 N:0.010~0.020
15	贝氏体	L27128	F12Mn2VBS	0.09~0.16	0.30~0.60	2.20~2.65	0.035~0.075	≤0.035	0.06~0.12	≤0.30	≤0.30	≤0.30	B 0.001~0.004
16		L28258	F25Mn2CrVS	0.22~0.28	0.20~0.40	1.80~2.10	0.035~0.065	≤0.030	0.10~0.15	0.40~0.60	≤0.30	≤0.30	—

① 当硫含量只有上限要求时，牌号尾部不加"S"。

② 经供需双方协商，可以用铌或钛代替部分或全部钒含量，在部分代替情况下，钒的下限含量应由双方协商。

③ 热压力加工用钢的铜含量应不大于0.20%。

④ 为了保证钢材的力学性能，允许添加氮，推荐氮含量为0.0080%~0.0200%。

表 2-124　直接切削加工用非调质钢的力学性能（GB/T 15712—2016）

表 2-123 中的序号	牌号	公称直径或边长 mm	抗拉强度 R_m/MPa	下屈服强度 R_{eL}/MPa	断后伸长率 A/%	断面收缩率 Z/%	冲击吸收能量① KU_2/J
			不小于				
1	F35VS	≤40	590	390	18	40	47
2	F40VS	≤40	640	420	16	35	37
3	F45VS	≤40	685	440	15	30	35
4	F30MnVS	≤60	700	450	14	30	实测值
6	F35MnVS	≤40	735	460	17	35	37
		>40~60	710	440	15	33	35
7	F38MnVS	≤60	800	520	12	25	实测值
8	F40MnVS	≤40	785	490	15	33	32
		>40~60	760	470	13	30	28
9	F45MnVS	≤40	835	510	13	28	28
		>40~60	810	490	12	28	25
10	F49MnVS	≤60	780	450	8	20	实测值

① 公称直径不大于16mm圆钢或边长不大于12mm方钢不作冲击试验；F30MnVS，F38MnVS、F49MnVS钢提供实测值，不作判定依据。

注：根据需方要求，并在合同中注明，可提供表中未列牌号钢材、公称直径或边长大于60mm钢材的力学性能，具体指标由供需双方协商确定。

　　这里需要说明的是，近些年来，一些钢厂通过提高熔炼、控轧技术水平，通过研究和试验，已把独具特色的非调质钢提供给用户。如某特钢有限公司，由于采用了先进的熔炼和轧制设备，提高了熔炼和控轧技术水平，将开发生产的非调质钢也提高到一个新水平，与GB/T 15712提供的非调质钢相比，降低了含硫量，并在更大截面材料中保证了性能的高水平和均匀性，常见的非调质钢的牌号、成分及保证性能分别见表2-125和表2-126。

表 2-125　企标非调质钢的化学成分（企业标准）

序号	钢种	成分（质量分数）/%								
		C	Si	Mn	S	P	V	Al	Cu	Cr
1	FT4201	0.38～0.45	0.30～0.50	1.20～1.60	≤0.035	≤0.020	0.06～0.15	≤0.030	≤0.20	≤0.30
2	FT4201C	0.38～0.45	0.30～0.50	1.20～1.60	≤0.035	≤0.020	≥0.10	≤0.030	≤0.20	≤0.30
3	FT4203	0.40～0.48	0.20～0.40	0.80～1.30	≤0.035	≤0.020	0.06～0.15	≤0.030	≤0.20	≤0.30
4	FT4204	0.42～0.50	0.50～0.80	1.40～1.80	≤0.035	≤0.020	0.06～0.25	≤0.030	≤0.20	≤0.30
5	FT4102	0.38～0.45	0.20～0.40	0.80～1.20	≤0.035	≤0.020	0.06～0.15	≤0.030	≤0.20	≤0.30
6	FTZ45	0.42～0.47	0.20～0.40	0.70～1.00	≤0.035	≤0.020	—	≤0.030	≤0.20	≤0.30

表 2-126　企标非调质钢的力学性能要求（企业标准）

序号	钢种	钢材直径 ϕ/mm	力学性能					
			抗拉强度 R_m/MPa	屈服强度 R_{eL}/MPa	断后伸长率 A/%	断面收缩率 Z/%	冲击吸收能量 A_{kU2}/J	硬度（HB）
1	FT4201	≥70～≤105	≥900	≥590	≥15	≥35	≥35	245～280
		>105～≤140	≥860	≥560	≥13	≥30	≥30	230～280
2	FT4201C	≥70～≤105	≥900	≥600	≥15	≥35	≥35	245～280
		>105～≤140	≥860	≥580	≥13	≥30	≥30	230～280
3	FT4203	≥70～≤105	≥830	≥530	≥15	≥40	≥40	230～275
		>105～≤140	≥800	≥510	≥13	≥28	≥32	220～275
4	FT4204	≥70～≤105	≥980	≥700	≥12	≥28	≥25	280～330
		>105～≤140	≥950	≥670	≥10	≥20	≥20	280～330
5	FT4102	≥70～≤105	≥740	≥500	≥15.5	≥35	≥40	220～280
		>105～≤140	≥700	≥490	≥14	≥32	≥32	210～270
6	FTZ45	≥70～≤105	≥630	≥370	≥16	≥38	≥45	200～260
		>105～≤140	≥600	≥355	≥16	≥35	≥40	190～245

综上所述，非调质钢在工程应用上显现独具的优势。首先，钢中只加入微量合金元素，比调质合金钢降低了成本；不需要调质热处理，降低了零件生产过程中的热处理成本及由于热处理变形需要矫正的工序和成本；不需要调质热处理，减少了由于零件调质热处理可能产生的变形、脱碳、氧化、开裂的风险，提高零件成材率；不需要调质热处理，减少了热处理工序、矫正工序，大大缩短零件的制造周期。此外，零件不用调质热处理，使产品在制造过程中节约了能源，减少了对环境的污染，取得了良好的社会效益。

目前，非调质钢已广泛用于机械行业，制造曲轴、齿轮、半轴、拉杆、钻杆等各类产品，在通用机械产品生产中也会有更广阔的应用空间，可以代替 45、35CrMo、40Cr、42CrMo 等调质钢。

非调质钢不具有耐腐蚀性能，只能在无腐蚀条件下应用。

2.4.10　灰铸铁

工业上的铸铁是以铁-碳-硅为基础的复杂的铁基合金，一般含碳量为 2.0%～4.0%。为了改善和强化铸铁的某些性能，有时加入铜、镍、钼、铬、钒等合金元素成为合金铸铁。铸铁在机械产品中也是被广泛采用的材料之一，这是因为铸铁具有一些独特的性质。

① 铸铁具有一定的抗拉强度，能满足一些不需承受高应力的零部件的强度要求。

② 有较高的抗压强度，特别是灰铸铁抗压强度可达抗拉强度的 3～4 倍。

③ 铸铁有优良的减振性能，铸铁的组织结构使铸铁具有好的减振性，特别是石墨呈球状存在时，减振性能更好，制成的零件可以减振、减少噪声和防止疲劳破坏。

④ 铸铁中的石墨起到固体润滑作用，在无润滑摩擦的情况下具有良好的耐磨性能。

⑤ 基体中的石墨能分割较硬的基体，切屑易断裂，又具有润滑作用，所以铸铁具有优良的加工性能。

⑥ 铸铁具有较高的热导率。

⑦ 铸铁熔点低，高温条件下的流动性好，收缩性小，铸造应力小，变形小，产生裂纹的倾向性小，极适合铸造零部件。

⑧ 铸铁组织中的石墨电极电位高，铁电极电位低，所以石墨不易腐蚀，当基体腐蚀后，残留的软石墨对表面起到保护作用，尤其是当组织中加入镍时，耐腐蚀效果会更好。

⑨ 大部分铸铁可以通过热处理方法调整性能。

铸铁的基体组织依成分不同可能是铁素体、铁素体＋珠光体或珠光体。而基体中的石墨则依据生产条件和工艺方法不同有不同形态，可有层状、球状、絮状等。铸铁组织中还可能存在渗碳体和磷共晶。某些铸铁可通过热处理获得贝氏体或马氏体组织。

这里讲的灰铸铁即众多铸铁中较简单、应用较广的一种铸铁。

灰铸铁中石墨呈片状分布在基体中，因破断时的断口近灰色，故称其为灰铸铁。由于灰铸铁中是片状石墨，对基体有割裂作用，在受力时产生尖口效应，所以，灰铸铁强度不高，脆性较大，但大量的石墨片的存在对减振性能和耐磨性能发挥积极作用。

依据化学成分控制不同，灰铸铁基体中铁素体和珠光体组织比例不同，随着珠光体含量的增加，其硬度、强度升高而塑性、韧性下降，铸造性能、减振性能和对缺口的敏感性也呈减弱的趋势。所以，在实际应用中，应根据制造零件功能需要选用不同强度级别的灰铸铁。

灰铸铁在某些介质条件下，可具有一定的耐腐蚀能力。

灰铸铁可用来制造机床床身、底座、支架、缸套、泵体、缸体，衬套、叶轮、密封环、填料环等零部件，在有腐蚀条件下使用时，应考虑其耐蚀性能。

我国标准 GB/T 9439—2010《灰铸铁件》中列出八种不同强度级别的灰铸铁牌号和力学性能，见表 2-127，ϕ30mm 单铸试棒和附铸试棒的力学性能见表 2-128，单铸试棒抗拉强度和铸件硬度见表 2-129，灰铸铁的硬度等级和铸件硬度见表 2-130，灰铸铁中外牌号对照见表 2-131。

表 2-127　灰铸铁的牌号和力学性能（GB/T 9439—2010）

牌　号	铸件壁厚 /mm		最小抗拉强度 R_m（强制性值） /MPa		铸件本体预期抗拉强度 R_m(min) /MPa
	＞	≤	单铸试棒	附铸试棒或试块	
HT100	5	40	100	—	—
HT150	5	10	150	—	155
	10	20		—	130
	20	40		120	110
	40	80		110	95
	80	150		100	80
	150	300		90	—

牌　号	铸件壁厚 /mm		最小抗拉强度 R_m（强制性值）/MPa		铸件本体预期 抗拉强度 R_m(min) /MPa
	>	≤	单铸试棒	附铸试棒或试块	
HT200	5	10	200	—	205
	10	20		—	180
	20	40		170	155
	40	80		150	130
	80	150		140	115
	150	300		130	—
HT225	5	10	225	—	230
	10	20		—	200
	20	40		190	170
	40	80		170	150
	80	150		155	135
	150	300		145	
HT250	5	10	250	—	250
	10	20		—	225
	20	40		210	195
	40	80		190	170
	80	150		170	155
	150	300		160	—
HT275	10	20	275	—	250
	20	40		230	220
	40	80		205	190
	80	150		190	175
	150	300		175	—
HT300	10	20	300	—	270
	20	40		250	240
	40	80		220	210
	80	150		210	195
	150	300		190	—
HT350	10	20	350	—	315
	20	40		290	280
	40	80		260	250
	80	150		230	225
	150	300		210	—

注：1. 当铸件壁厚超过300mm时，其力学性能由供需双方商定。

2. 当某牌号的铁液浇注壁厚均匀、形状简单的铸件时，壁厚变化引起抗拉强度的变化，可从本表查出参考数据，当铸件壁厚不均匀，或有型芯时，此表只能给出不同壁厚处大致的抗拉强度值，铸件的设计应根据关键部位的实测值进行。

3. 表中斜体字数值表示指导值，其余抗拉强度值均为强制性值，铸件本体预期抗拉强度值不作为强制性值。

表 2-128 $\phi 30mm$ 单铸试棒和 $\phi 30mm$ 附铸试棒的力学性能（GB/T 9439—2010）

力学性能	材料牌号[①]						
	HT150	HT200	HT225	HT250	HT275	HT300	HT350
	基体组织						
	铁素体＋珠光体	珠 光 体					
抗拉强度 R_m/MPa	150～250	200～300	225～325	250～350	275～375	300～400	350～450
屈服强度 $R_{p0.1}/MPa$	98～165	130～195	150～210	165～228	180～245	195～260	228～285
伸长率 $A/\%$	0.3～0.8	0.3～0.8	0.3～0.8	0.3～0.8	0.3～0.8	0.3～0.8	0.3～0.8
抗拉强度 σ_{db}/MPa	600	720	780	840	900	960	1080
抗压屈服强度 $\sigma_{d0.1}/MPa$	195	260	290	325	360	390	455
抗弯强度 σ_{dB}/MPa	250	290	315	340	365	390	490
抗剪强度 σ_{aB}/MPa	170	230	260	290	320	345	400
扭转强度[②] τ_{tB}/MPa	170	230	260	290	320	345	400
弹性模量[③] $E/\times 10^3 MPa$	78～103	88～113	95～115	103～118	105～28	108～137	123～143
泊松比 ν	0.26	0.26	0.26	0.26	0.26	0.26	0.26
弯曲疲劳强度[④] σ_{bW}/MPa	70	90	105	120	130	140	145
反压应力疲劳极限[⑤] σ_{zdW}/MPa	40	50	55	60	68	75	85
断裂韧性 $K_{IC}/MPa^{3/4}$	320	400	440	480	520	560	650

① 当对材料的机加工性能和抗磁性能有特殊要求时，可以选用 HT100。如果试图通过热处理的方式改变材料金相组织而获得所要求的性能，不宜选用 HT100。

② 扭转疲劳强度 $\tau_{tw}(MPa) \approx 0.42 R_m$。

③ 取决于石墨的数量及形态，以及加载量。

④ $\sigma_{bW} \approx (0.35 \sim 0.50) R_m$。

⑤ $\sigma_{zdW} \approx 0.53 \sigma_{bW} \approx 0.26 R_m$。

表 2-129 单铸试棒的抗拉强度和硬度值（GB/T 9439—2010）

牌　号	最小抗拉强度 R_m/MPa	布氏硬度（HBW）	牌　号	最小抗拉强度 R_m/MPa	布氏硬度（HBW）
HT100	100	≤170	HT250	250	180～250
HT150	150	125～205	HT275	275	190～260
HT200	200	150～230	HT300	300	200～275
HT225	225	170～240	HT350	350	220～290

表 2-130 灰铸铁的硬度等级和铸件硬度（GB/T 9439—2010）

硬度等级	铸件主要壁厚/mm		铸件上的硬度范围（HBW）	
	>	≤	min	max
H155	5	10	—	185
	10	20	—	170
	20	40	—	160
	40	**80**	—	**155**
H175	5	10	140	225
	10	20	125	205
	20	40	110	185
	40	**80**	**100**	**175**
HT195	4	5	190	275
	5	10	170	260
	10	20	150	230
	20	40	125	210
	40	**80**	**120**	**195**
H215	5	10	200	275
	10	20	180	255
	20	40	160	235
	40	**80**	**145**	**215**
H235	10	20	200	275
	20	40	180	255
	40	**80**	**165**	**235**
H255	20	40	200	275
	40	**80**	**185**	**255**

注：1. 黑体数字表示与该硬度等级所对应的主要壁厚的最大和最小硬度值。

2. 在供需双方商定的铸件某位置上，铸件硬度差可以控制在 40HBW 范围内。

表 2-131 灰铸铁中外牌号对照表

中国 GB		国际标准	欧洲标准		德国	
牌号	曾用牌号	ISO	EN	Mat. No.	DIN	W. Nr
HT100	HT10-26	100	EN-GJL-100	0.6010	GG10	0.6010
HT150	HT15-33	150	EN-GJL-150	0.6015	GG15	0.6015
HT200	HT20-40	200	EN-GJL-200	0.6020	GG20	0.6020
HT250	HT25-47	250	EN-GJL-250	0.6025	GG25	0.6025
HT300	HT30-54	300	EN-GJL-300	0.6030	GG30	0.6030
HT350	HT35-60	350	EN-GJL-350	0.6035	GG35	0.6035
HT400	HT40-68	—		0.6040	GG40	0.6040

英国	法国	瑞典	美国		俄罗斯	日本	韩国
BS	NF	SS	AWS	UNS	ГОСТ	JIS	KS
Gr100	FGL100	0110-00	No. 20	F11401	СЧ10	FC100	GC100
Gr150	FGL150	0115-00	No. 25	F11701	СЧ15	FC150	GC150
Gr200	FGL200	0120-00	No. 30	F12101	СЧ20	FC200	GC200
Gr250	FGL250	0125-00	No. 35 No. 40	F12801	СЧ25	FC250	GC250
Gr300	FGL300	0130-00	No. 45	F13101	СЧ30	FC300	GC300
Gr350	FGL350	0135-00	No. 50	F13501	СЧ35	FC350	GC350
Gr400	FGL400	0140-00	No. 60	F14101	СЧ40	—	—

2.4.11 球墨铸铁

球墨铸铁中的石墨在基体中基本呈球形。球状石墨与片状石墨相比，其对基体切割作用小，很少对基体产生缺口效应。所以，球墨铸铁比灰铸铁性能好，强度高，塑、韧性也好。依据化学成分和处理方法不同，球墨铸铁分铁素体基体、铁素体＋珠光体基体、珠光体基体三种类型。随着基体中珠光体比例的增加，硬度、强度、抗疲劳性能、耐磨性能升高，而伸长率、冲击吸收功、减振性能下降。球墨铸铁通过加入合金元素和合理的热处理，可进一步提高韧性和耐磨性能、耐热性能及耐腐蚀性能。不同组织和不同强度级别的球墨铸铁应用也不同。

球墨铸铁在某些介质中具有良好的耐腐蚀性能。

球墨铸铁在通用机械产品中应用比较广泛，可用来制造阀体、泵体、泵盖、叶轮、阀盖、齿轮、曲轴、缸体、缸套、轴瓦、法兰等多种零部件。在选用时，应考虑工况条件的腐蚀性和球墨铸铁的耐腐蚀特性。

为了评价石墨铸铁中石墨球化程度和质量，在我国标准 GB/T 9441《球墨铸铁金相检验》中，将石墨球化强度分为六个级别，对石墨大小也分六个级别。

我国标准 GB/T 1348—2009《球墨铸铁件》中规定的球墨铸铁牌号和单铸试样的力学性能见表 2-132；单铸试样 V 形缺口冲击功见表 2-133；附铸试样的力学性能见表 2-134，附铸试样 V 形口冲击吸收功见表 2-135；不同截面尺寸铸件本体取样屈服强度见表 2-136，球墨铸铁按硬度分类见表 2-137；高强度球墨铸铁 QT500-10 的力学性能见表 2-138，布氏硬度见表 2-139；部分球墨铸铁中外牌号对照见表 2-140。

表 2-132 球墨铸铁单铸试样的力学性能 （GB/T 1348—2009）

材料牌号	抗拉强度 R_m/MPa ≥	屈服强度 $R_{p0.2}$ /MPa ≥	伸长率 A/% ≥	布氏硬度（HBW）	主要基体组织
QT350-22L	350	220	22	≤160	铁素体
QT350-22R	350	220	22	≤160	铁素体
QT350-22	350	220	22	≤160	铁素体
QT400-18L	400	240	18	120~175	铁素体
QT400-18R	400	250	18	120~175	铁素体
QT400-18	400	250	18	120~175	铁素体
QT400-15	400	250	15	120~180	铁素体
QT450-10	450	310	10	160~210	铁素体
QT500-7	500	320	7	170~230	铁素体＋珠光体
QT550-5	550	350	5	180~250	铁素体＋珠光体
QT600-3	600	370	3	190~270	珠光体＋铁素体
QT700-2	700	420	2	225~305	珠光体
QT800-2	800	480	2	245~335	珠光体或索氏体
QT900-2	900	600	2	280~360	回火马氏体或屈氏体＋索氏体

注：1. 字母"L"表示该牌号有低温（−20℃或−40℃）下的冲击性能要求；字母"R"表示该牌号有室温（23℃）下的冲击性能要求。

2. 伸长率是从原始标距 $L_0 = 5d$ 上测得的，d 是试样上原始标距处的直径。

表 2-133 球墨铸铁 V 形缺口单铸试样的冲击功（GB/T 1348—2009）

牌　号	最小冲击功/J					
	室温(23±5)℃		低温(−20±2)℃		低温(−40±2)℃	
	三个试样平均值	个别值	三个试样平均值	个别值	三个试样平均值	个别值
QT350-22L	—	—	—	—	12	9
QT350-22R	17	14	—	—	—	—
QT400-18L	—	—	12	9	—	—
QT400-18R	14	11	—	—	—	—

注：1. 冲击功是从砂型铸造的铸件或者导热性与砂型相当的铸型中铸造的铸块上测得的。用其他方法生产的铸件的冲击功应满足经双方协商的修正值。

2. 这些材料牌号也可用于压力容器。

表 2-134 球墨铸铁附铸试样的力学性能（GB/T 1348—2009）

材料牌号	铸件壁厚/mm	抗拉强度 R_m/MPa ≥	屈服强度 $R_{p0.2}$/MPa ≥	伸长率 A/% ≥	布氏硬度(HBW)	主要基体组织
QT350-22AL	≤30	350	220	22	≤160	铁素体
	>30~60	330	210	18		
	>60~200	320	200	15		
QT350-22AR	≤30	350	220	22	≤160	铁素体
	>30~60	330	220	18		
	>60~200	320	210	15		
QT350-22A	≤30	350	220	22	≤160	铁素体
	>30~60	330	210	18		
	>60~200	320	200	15		
QT400-18AL	≤30	380	240	18	120~175	铁素体
	>30~60	370	230	15		
	>60~200	360	220	12		
QT400-18AR	≤30	400	250	18	120~175	铁素体
	>30~60	390	250	15		
	>60~200	370	240	12		
QT400-18A	≤30	400	250	18	120~175	铁素体
	>30~60	390	250	15		
	>60~200	370	240	12		
QT400-15A	≤30	400	250	15	120~180	铁素体
	>30~60	390	250	14		
	>60~200	370	240	11		
QT450-10A	≤30	450	310	10	160~210	铁素体
	>30~60	420	280	9		
	>60~200	390	260	8		
QT500-7A	≤30	500	320	7	170~230	铁素体+珠光体
	>30~60	450	300	7		
	>60~200	420	290	5		
QT550-5A	≤30	550	350	5	180~250	铁素体+珠光体
	>30~60	520	330	4		
	>60~200	500	320	3		
QT600-3A	≤30	600	370	3	190~270	珠光体+铁素体
	>30~60	600	360	2		
	>60~200	550	340	1		
QT700-2A	≤30	700	420	2	225~305	珠光体
	>30~60	700	400	2		
	>60~200	650	380	1		

材料牌号	铸件壁厚/mm	抗拉强度 R_m/MPa ≥	屈服强度 $R_{p0.2}$/MPa ≥	伸长率 A/% ≥	布氏硬度（HBW）	主要基体组织
QT800-2A	≤30	800	480	2	245～335	珠光体或索氏体
	>30～60	由供需双方商定				
	>60～200					
QT900-2A	≤30	900	600	2	280～360	回火马氏体或索氏体＋屈氏体
	>30～60	由供需双方商定				
	>60～200					

注：1. 从附铸试样测得的力学性能并不能准确地反映铸件本体的力学性能，但与单铸试棒上测得的值相比更接近于铸件的实际性能值。

2. 伸长率在原始标距 $L_0 = 5d$ 上测得，d 是试样上原始标距处的直径，其他规格的标距见 GB/T 1348—2009。

3. 如需球铁 QT500-10，其性能要求见 GB/T 1348—2009。

表 2-135 球墨铸铁 V 形缺口附铸试样的冲击功（GB/T 1348—2009）

牌　号	铸件壁厚/mm	最小冲击功/J					
		室温(23±5)℃		低温(−20±2)℃		低温(−40±2)℃	
		三个试样平均值	个别值	三个试样平均值	个别值	三个试样平均值	个别值
QT350-22AR	≤60	17	14	—	—	—	—
	>60～200	15	12	—	—	—	—
QT350-22AL	≤60	—	—	—	—	12	9
	>60～200	—	—	—	—	10	7
QT400-18AR	≤60	14	11	—	—	—	—
	>60～200	12	9	—	—	—	—
QT400-18AL	≤60	—	—	12	9	—	—
	>60～200	—	—	10	7	—	—

注：从附铸试样测得的力学性能并不能准确地反映铸件本体的力学性能，但与单铸试棒上测得的值相比更接近于铸件的实际性能值。

表 2-136 铸件本体的屈服强度（GB/T 1348—2009）

材料牌号	不同壁厚 t 下的 0.2% 时的屈服强度 $R_{p0.2}$/MPa min			
	t≤50mm	50mm<t≤80mm	80mm<t≤120mm	120mm<t≤200mm
QT400-15	250	240	230	230
QT500-7	290	280	270	260
QT550-5	320	310	300	290
QT600-3	360	340	330	320
QT700-2	400	380	370	360

表 2-137 球墨铸铁按硬度分类（GB/T 1348—2009）

材料牌号	布氏硬度范围（HBW）	其他性能[①]	
		抗拉强度 R_m/MPa ≥	屈服强度 $R_{p0.2}$/MPa ≥
QT-130HBW	<160	350	220
QT-150HBW	130～175	400	250
QT-155HBW	135～180	400	250
QT-185HBW	160～210	450	310
QT-200HBW	170～230	500	320
QT-215HBW	180～250	550	350
QT-230HBW	190～270	600	370
QT-265HBW	225～305	700	420
QT-300HBW	245～335	800	480
QT-330HBW	270～360	900	600

① 当硬度作为检验项目时，这些性能值供参考。

注：300HBW 和 330HBW 不适用于厚壁铸件。

经供需双方同意，可采用较低的硬度范围，硬度差范围在 30～40HBW 可以接受，但对铁素体加珠光体基体的球墨铸铁，其硬度差应小于 30～40HBW。

表 2-138 QT500-10 的力学性能（GB/T 1348—2009）

材料牌号	铸件壁厚 t/mm	抗拉强度 R_m/MPa	屈服强度 $R_{p0.2}$/MPa	伸长率 A/%
		min	min	min
单铸试棒				
QT500-10	—	500	360	10
附铸试棒				
QT500-10A	≤30	500	360	10
	>30～60	490	360	9
	>60～200	470	350	7

表 2-139 QT500-10 的布氏硬度（GB/T 1348—2009）

材料牌号	硬度（HBW）	抗拉强度 R_m/MPa	屈服强度 $R_{p0.2}$/MPa
		min	min
QT-200HBWZ[①]	185～215	500	360

① Z 表示此牌号与附录 C 按硬度分类的 QT-200HBW 的布氏硬度值不同。

注：QT500-10 金相组织是以球形石墨为主，基体组织以铁素体为主，珠光体含量不超过 5%，渗碳体不超过 1%。

表 2-140 球墨铸铁中外牌号对照表

中国 GB		国际标准	欧洲标准		德国	
牌号	曾用牌号	ISO	EN	Mat. No.	DIN	W. Nr
QT400-18	QT40-17	400-18	EN-GJS-400-18	0.7040	GGG40	0.7040
QT450-10	QT42-10	450-10	EN-GJS-450-10	0.7045	—	—
QT500-7	QT50-5	500-7	EN-GJS-500-7	0.7050	GGG50	0.7050
QT600-3	QT60-2	600-3	EN-GJS-600-3	0.7060	GGG60	0.7060
QT700-2	QT70-2	700-2	EN-GJS-700-2	0.7070	GGG70	0.7070
QT800-2	QT80-2	800-2	EN-GJS-800-2	0.7080	GGG80	0.7080
QT900-2	—	900-2	EN-GJS-900-2	0.7090		

英国	法国	瑞典	美国		俄罗斯	日本	韩国
BS	NF	SS	AWS	UNS	ГОСТ	JIS	KS
400/17	FGS370-17	—	60-40-18	F32800	ВЧ40	FCD400	GCD400
420/12	FGS400-12	—	65-45-12	F33100	ВЧ45	FCD450	GCD450
500/7	FGS500-7	0727-02	80-55-06	F33800	ВЧ50	FCD500	GCD500
600/3	FGS600-3	0733-03	80-55-06	F33800	ВЧ60	FCD600	GCD600
700/2	FGS700-2	0737-01	100-70-03	F34800	ВЧ70	FCD700	GCD700
800/2	FGS800-2	—	120-90-02	F36200	ВЧ80	FCD800	GCD800
900/2	—	—	120-90-02	F36200	ВЧ100		

2.4.12 可锻铸铁

可锻铸铁由白口铸铁坯件经退火处理而形成。其只是有一定的塑、韧性，实质上并不可锻造。可锻铸铁可分为白心可锻铸铁、珠光体可锻铸铁和黑心可锻铸铁。可锻铸铁中的石墨呈团絮状，所以，塑性和韧性较好。可锻铸铁依据石墨的形态和基体组织的不同，性能也有差异，适用于制造不同的零部件。可锻铸铁可用于制造轮壳、链轮、制动器、曲轴、连杆、活塞环等。在泵产品中可用于制造泵壳、叶轮、轴套、法兰等。

我国标准 GB/T 9440—2010《可锻铸铁件》中规定的黑心可锻铸铁和珠光体可锻铸铁的力

学性能见表 2-141，白心可锻铸铁的力学性能见表 2-142。可锻铸铁中外牌号对照见表 2-143。

表 2-141 黑心可锻铸铁和珠光体可锻铸铁的力学性能（GB/T 9440—2010）

牌　号	试样直径 $d^{①②}$/mm	抗拉强度 R_m/MPa ⩾	0.2%屈服强度 $R_{p0.2}$/MPa ⩾	伸长率 $A(L_0=3d)$ /% ⩾	布氏硬度 （HBW）
KTH275-05[③]	12 或 15	275	—	5	
KTH300-06[③]	12 或 15	300	—	6	
KTH330-08	12 或 15	330	—	8	⩽150
KTH350-10	12 或 15	350	200	10	
KTH370-12	12 或 15	370	—	12	
KTZ450-06	12 或 15	450	270	6	150～200
KTZ500-05	12 或 15	500	300	5	165～215
KTZ550-04	12 或 15	550	340	4	180～230
KTZ600-03	12 或 15	600	390	3	195～245
KTZ650-02[④⑤]	12 或 15	650	430	2	210～260
KTZ700-02	12 或 15	700	530	2	240～290
KTZ800-01[④]	12 或 15	800	600	1	270～320

① 如果需方没有明确要求，供方可以任意选取两种试棒直径中的一种。

② 试样直径代表同样壁厚的铸件，如果铸件为薄壁件，供需双方可以协商选取直径 6mm 或者 9mm 的试样。

③ KTH275-05 和 KTH300-06 为专门用于保证压力密封性能，而不要求高强度或者高延展性的工作条件。

④ 油淬加回火。

⑤ 空冷加回火。

表 2-142 白心可锻铸铁的力学性能（GB/T 9440—2010）

牌　号	试样直径 d/mm	抗拉强度 R_m/MPa ⩾	0.2%屈服强度 $R_{p0.2}$/MPa ⩾	伸长率 $A(L_0=3d)$ /% ⩾	布氏硬度 （HBW）⩽
KTB350-04	6	270	—	10	
	9	310	—	5	230
	12	350	—	4	
	15	360	—	3	
KTB360-12	6	280	—	16	
	9	320	170	15	200
	12	360	190	12	
	15	370	200	7	
KTB400-05	6	300	—	12	
	9	360	200	8	220
	12	400	220	5	
	15	420	230	4	
KTB450-07	6	330	—	12	
	9	400	230	10	220
	12	450	260	7	
	15	480	280	4	
KTB550-04	6	—	—	—	
	9	490	310	5	250
	12	550	340	4	
	15	570	350	3	

注：1. 所有级别的白心可锻铸铁均可以焊接。

2. 对于小尺寸的试样，很难判断其屈服强度，屈服强度的检测方法和数值由供需双方在签订订单时商定。

3. 试样直径 d 通常取 12mm 或 15mm。

表 2-143　可锻铸铁中外牌号对照表

中国 GB		国际标准	欧洲标准		德国		英国	法国	瑞典	美国		俄罗斯	日本	韩国
牌号	曾用牌号	ISO	EN	Mat. No.	DIN	W. Nr.	BS	NF	SS	AWS	UNS	ГОСТ	JIS	KS
KTH300-06	KT30-6	B30-06	EN-GJMB-300-06	0.8130	—	—	B30/06	EN-GJMB-300-06	0814-00	—	—	КЧ30-6	FCMB30-06 FCMB27-05	BMC270
KTH330-08	KT33-8	—	—	—	—	—	B32/10	—	0815-00	—	—	КЧ33-8	FCMB31-08	BMC310
KTH350-10	KT35-10	B35-10	EN-GJMB-350-10	0.8135	GTS-35-10	0.8135	B35/12	EN-GJMB-350-10	—	32510	F22200	КЧ35-10	FCMB35-10	BMC340
KTH 370-12	KT37-12	—	—	—	—	—	—	—	—	35018	F22400	КЧ37-12	(FCMB37)	BMC360
KTZ450-06	KTZ45-5	P45-06	EN-GJMB-450-6	0.8145	GTS-45-06	0.8145	P45-06	EN-GJMB-450-6	—	45006 45008	F23131 F23130	КЧ45-7	FCMP45-06	PMC440
—	—	—	EN-GJMB-500-5	0.8150	—	—	P50-05	EN-GJMB-500-5	—	50005	F23530	КЧ50-5	FCMP50-05	PMC490
KTZ550-04	KTZ50-4	P55-04	EN-GJMB-550-4	0.8155	GTS-55-04	0.8155	P55-04	EN-GJMB-550-4	—	60004	F24130	КЧ55-4	FCMP55-04	PMC540
—	—	—	EN-GJMB-600-3	0.8160	—	—	P60-03	EN-GJMB-600-3	—	70003	F24830	КЧ60-3	FCMP60-03	PMC590
KTZ650-02	KTZ60-3	P65-02	EN-GJMB-650-2	0.8165	GTS-65-02	0.8165	P65-02	EN-GJMB-650-2	—	80002	F25530	КЧ65-3	FCMP65-02	—
KTZ700-02	KTZ70-2	P70-02	EN-GJMB-700-2	0.8170	GTS-70-02	0.8170	P69-02	EN-GJMB-700-2	0862-03	90001	26230	КЧ70-2	FCMP70-02	PMC690
KTB350-04	—	W35-04	EN-GJMW-350-4	0.8035	GTW-35-04	0.8035	W35-04	EN-GJMW-350-4	—	—	—	—	FCMW34-04	WMC330
KTB380-12	—	W38-12	EN-GJMW-360-12	0.8038	GTW-38-12	0.8038	W38-12	EN-GJMW-360-12	—	—	—	—	FCMW38-12	WMC370
KTB400-05	—	W40-05	EN-GJMW-400-5	0.8040	GTW-40-05	0.8040	W40-05	EN-GJMW-400-5	—	—	—	—	FCMW40-05	—
KTB450-07	—	W45-07	EN-GJMW-450-7	0.8045	GTW-45-07	0.8045	W45-07	EN-GJMW-450-7	—	—	—	—	FCMW45-07	WMC440

2.4.13 耐蚀铸铁

耐蚀铸铁是指铸铁成分中加入可提高材料耐腐蚀能力的合金元素，使其在某些腐蚀介质中具有抗腐蚀能力的铸铁。由于所含合金元素种类和数量的不同，可适用于不同的腐蚀环境。常见的耐蚀铸铁类型见表 2-144。

表 2-144　常见耐蚀铸铁的类型

名　称	化学成分(质量分数)/%									应用范围
	C	Si	Mn	P	Ni	Cr	Cu	Al	其他	
高硅铸铁 (Si15)	0.5~1.0	14.0 16.0	0.3~0.8	≤0.08		—	3.5~8.5	—	Mo 3.0~5.0	除还原性酸以外的酸，加 Cu 适用于碱，加 Mo 适用于氯
高硅铸铁 (Si17)	0.3~0.8	16.0 18.0	0.3~0.8	≤0.08						强酸(还原酸除外)溶液
稀土中硅铸铁	1.0~1.2	10.0~12.0	0.3~0.6	≤0.045		0.6~0.8	1.8~2.2		稀土 0.04~0.10	硫酸、硝酸、苯磺酸
高镍奥氏体球墨铸铁	2.6~3.0	1.5~3.0	0.70~1.25	≤0.08	18.0~32.0	1.5~6.0	5.50~7.5			高温浓烧碱、海水(带泥砂团粒)、还原酸
高镍奥氏体灰铸铁	2.6~3.0	1.0~2.8	0.5~1.50	≤0.08	13.5~32.0	1.25~4.0				高温浓烧碱、海水、还原酸
高铬奥氏体白口铸铁	0.5~2.2	0.5~2.0	0.5~0.8	≤0.1	0~12.0	24.0~36.0	0~6.0			盐浆、盐卤及氧化性酸
高铬铁素体白口铸铁	1.20~3.00	0.50~3.00	<4.0	—	<5.0	12.0~35.0	<3.0			磷酸、硝酸盐、氧化性有机酸
铝铸铁	2.0~3.0	6.0	0.3~0.8	≤0.10		0~1.0		3.15~6.0		氨碱溶液
含铜铸铁	2.5~3.5	1.4~2.0	0.6~1.0				0.4~1.5		Sb 0.1~0.4 Sn 0.4~1.0	污染的大气、海水、硫酸
低铬铸铁	2.5~3.5	1.5~2.2	0.6~1.0			0.5~2.3				海水
低镍铸铁	2.5~3.2	1.0~2.5	0.6~1.0		2.0~4.0					碱、盐溶液、海水

（1）高硅耐蚀铸铁

高硅耐蚀铸铁中，一般含碳量为 0.50%~1.10%，含硅量为 10.0%~18.0%。高硅耐蚀铸铁力学性能较差，抗冲击能力较低，但高硅铸铁对酸性介质如硫酸、硝酸、磷酸、醋酸等均具有较强的耐腐蚀能力，其中含钼的高硅铸铁对含氯化物、氯离子的介质有较强的抗腐蚀能力。

高硅耐蚀铸铁在通用机械中，特别是泵产品中应用较多，可制造泵体、泵盖、叶轮、管道等零部件。在选用时应兼顾考虑其力学性能和耐腐蚀性能。

我国标准 GB/T 8491—2009《高硅耐蚀铸铁件》中规定的高硅耐蚀铸铁牌号和化学成分见表 2-145、力学性能见表 2-146，中外牌号对照见表 2-147。

表 2-145 高硅耐蚀铸铁的化学成分（GB/T 8491—2009）

牌　　号	化学成分（质量分数）/%								
	C	Si	Mn≤	P≤	S≤	Cr	Mo	Cu	残留量 R≤
HTSSi11Cu2CrR	≤1.20	10.00～12.00	0.50	0.10	0.10	0.60～0.80	—	1.80～2.20	0.10
HTSSi15R	0.65～1.10	14.20～14.75	1.50	0.10	0.10	≤0.50	≤0.50	≤0.50	0.10
HTSSi15Cr4MoR	0.75～1.15	14.20～14.75	1.50	0.10	0.10	3.25～5.00	0.40～0.60	≤0.50	0.10
HTSSi15Cr4R	0.70～1.10	14.20～14.75	1.50	0.10	0.10	3.25～5.00	≤0.20	≤0.50	0.10

注：本标准的所有牌号都适用于腐蚀的工况条件，HTSSi15Cr4MoR 尤其适用于强氯化物的工况条件。

表 2-146 高硅耐蚀铸铁的力学性能（GB/T 8491—2009）

牌　　号	最小抗弯强度 σ_{dB}/MPa	最小挠度 f/mm
HTSSi11Cu2CrR	190	0.80
HTSSi15R	118	0.66
HTSSi15Cr4MoR	118	0.66
HTSSi15Cr4R	118	0.66

表 2-147 高硅耐蚀铸铁中外牌号对照表

中国 GB		国际标准	欧洲标准		德国	
牌号	曾用牌号	ISO	EN	Mat. No.	DIN	W. Nr
STSi11Cu2CrRE	—	—	—	—	—	—
STSi15RE	—	—	—	—	—	—
STSi15Mo3RE	—	—	—	—	—	—
STSi15Cr4RE	—	—	—	—	—	—
STSi17RE	—	—	—	—	—	—

英国	法国	瑞典	美国		俄罗斯	日本	韩国
BS	NF	SS	ASTM	UNS	ГОСТ	JIS	KS
Si10	—	—	—	—	ЧС13	—	—
Si14	—	—	A518Gr1	—	ЧС15	—	—
—	—	—	A518Gr2	—	ЧС15М4	—	—
Si14-4	—	—	A518Gr3	—	—	—	—
Si16	—	—	—	—	ЧС17	—	—

（2）奥氏体耐蚀铸铁

在铸铁中加入 13%～30% 的镍，使铸铁中的组织基本是奥氏体基体，石墨呈片状或球状，除镍元素外，还有的加入铬、钼、铜等合金元素。由于奥氏体铸铁是奥氏体基体又是铸材，所以力学性能不够高，但耐腐蚀性非常好，特别是在强碱、弱酸、海水等介质中，如果加入 4.0%～5.0% 的硅元素，则在稀硫酸中有更好的耐腐蚀性能。

奥氏体耐蚀铸铁中石墨呈片状时，也叫奥氏体灰铸铁；呈球状时也叫奥氏体球墨铸铁。

我国标准 GB/T 26648—2011《奥氏体铸铁件》中确定的奥氏体铸铁牌号和化学成分见

表 2-148 和表 2-149；力学性能见表 2-150 和表 2-151；各国奥氏体灰铸铁（片状石墨）牌号对照见表 2-152；各国奥氏体球墨铸铁牌号对照见表 2-153。

(3) 高铬铸铁

高铬铸铁是指含铬为 12.0%～35.0% 的铸铁，因为其主要性能特征是高硬度和高耐磨性，但又具有较好耐蚀性，所以，详见 2.4.14 节抗磨铸铁部分。

表 2-148 奥氏体铸铁的化学成分（一般工程用牌号）(GB/T 26648—2011)

材料牌号	化学成分(质量分数)/%							
	C≤	Si	Mn	Cu	Ni	Cr	P≤	S≤
HTANi15Cu6Cr2	3.0	1.0～2.8	0.5～1.5	5.5～7.5	13.5～17.5	1.0～3.5	0.25	0.12
QTANi20Cr2	3.0	1.5～3.0	0.6～1.5	≤0.5	18.0～22.0	1.0～3.5	0.05	0.03
QTANi20Cr2Nb[①]	3.0	1.5～2.4	0.5～1.5	≤0.5	18.0～22.0	1.0～3.5	0.05	0.03
QTANi22	3.0	1.5～3.0	1.5～2.5	≤0.5	21.0～24.0	≤0.50	0.05	0.03
QTANi23Mn4	2.6	1.5～2.5	4.0～4.5	≤0.5	22.0～24.0	≤0.2	0.05	0.03
QTANi35	2.4	1.5～3.0	0.5～1.5	≤0.5	34.0～36.0	≤0.2	0.05	0.03
QTANi35Si5Cr2	2.3	4.0～6.0	0.5～1.5	≤0.5	34.0～36.0	1.5～2.5	0.05	0.03

① 当 Nb≤[0.353～0.032(Si+64×Mg)] 时，该材料具有良好的焊接性能。Nb 的正常范围是 0.12%～0.20%。

注：对于一些牌号，添加一定量的 Mo 可以提高高温下的力学性能。

表 2-149 奥氏体铸铁的化学成分（特殊用途牌号）(GB/T 26648—2011)

材料牌号	化学成分(质量分数)/%							
	C≤	Si	Mn	Cu	Ni	Cr	P≤	S≤
HTANi13Mn7	3.0	1.5～3.0	6.0～7.0	≤0.5	12.0～14.0	≤0.2	0.25	0.12
QTANi13Mn7	3.0	2.0～3.0	6.0～7.0	≤0.5	12.0～14.0	≤0.2	0.05	0.03
QTANi30Cr3	2.6	1.5～3.0	0.5～1.5	≤0.5	28.0～32.0	2.5～3.5	0.05	0.03
QTANi30Si5Cr5	2.6	5.0～6.0	0.5～1.5	≤0.5	28.0～32.0	4.5～5.5	0.05	0.03
QTANi35Cr3	2.4	1.5～3.0	1.5～2.5	≤0.5	34.0～36.0	2.0～3.0	0.05	0.03

注：对于一些牌号，添加一定量的 Mo 可以提高高温下的力学性能。

表 2-150 奥氏体铸铁的力学性能（一般工程用牌号）(GB/T 26648—2011)

材料牌号	抗拉强度 R_m /MPa ≥	屈服强度 $R_{p0.2}$ /MPa ≥	伸长率 A /% ≥	冲击功(V 形缺口) /J ≥	布氏硬度 (HBW)
HTANi15Cu6Cr2	170	—	—	—	120～215
QTANi20Cr2	370	210	7	13[①]	140～255
QTANi20Cr2Nb	370	210	7	13[①]	140～200
QTANi22	370	170	20	20	130～170
QTANi23Mn4	440	210	25	24	150～180
QTANi35	370	210	20	—	130～180
QTANi35Si5Cr2	370	200	10	—	130～170

① 非强制要求。

表 2-151 奥氏体铸铁的力学性能（特殊用途牌号）(GB/T 26648—2011)

材料牌号	抗拉强度 R_m /MPa ≥	屈服强度 $R_{p0.2}$ /MPa ≥	伸长率 A /% ≥	冲击功(V 形缺口) /J ≥	布氏硬度 (HBW)
HTANi13Mn7	140	—	—	—	120～150
QTANi13Mn7	390	210	15	16	120～150
QTANi30Cr3	370	210	7	—	140～200
QTANi30Si5Cr5	390	240	—	—	170～250
QTANi35Cr3	370	210	7	—	140～190

表 2-152　片状石墨奥氏体铸铁中外牌号对照表

中国 GB 牌号	曾用牌号	国际标准 ISO	欧洲标准 EN	Mat. No.	德国 DIN	W. Nr	英国 BS	法国 NF	瑞典 SS	美国 ASTM	UNS	俄罗斯 ГOCT	日本 JIS	韩国 KS
HTANi13Mn3	—	L-NiMn13 7	—	—	GGL-NiMn13	0.6652	L-NiMn13 7	L-NM13 7	—	—	—	—	FCA-NiMn13 7	—
HTANi15Cu6Cr2	—	L-NiCuCr15 6 2	—	—	GGL-CuCr15 6 2	0.6655	L-NiCuCr15 6 2	L-NUC15 6 2	—	Type 1	F41000	—	FCA-NiCuCr15 6 2	—
(HTANi15Cu6Cr3)	—	L-NiCuCr15 6 3	—	—	GGL-CuCr15 6 3	0.6656	L-NiCuCr15 6 3	L-NUC15 6 3	—	Type 1b	F41001	—	FCA-NiCuCr15 6 3	—
(HTANi20Cr2)	—	L-NiCr20 2	—	—	GGL-Cr20 2	0.6660	L-NiCr20 2	L-NC20 2	—	Type 2	F41002	—	FCA-NiCr20 2	—
(HTANi20Cr3)	—	L-NiCr20 3	—	—	GGL-Cr20 3	0.6661	L-NiCr20 3	L-NC20 3	—	Type 2b	F41003	—	FCA-NiCr20 3	—
(HTANi20Si5Cr3)	—	L-NiSiCr20 5 3	—	—	GGL-SiCr20 5 3	0.6667	L-NiSiCr20 5 3	L-NSC20 5 3	—	—	—	—	FCA-NiSiCr20 5 3	—
(HTANi30Cr3)	—	L-NiCr30 3	—	—	GGL-Cr30 3	0.6676	L-NiCr30 3	L-NC30 3	—	Type 3	F41004	—	FCA-NiCr30 3	—
(HTANi30Si5Cr5)	—	L-NiSiCr30 5 5	—	—	GGL-SiCr30 5 5	0.6680	L-NiSiCr30 5 5	L-NNSC30 5 5	—	Type 4	F41005	—	FCA-NiSiCr30 5 5	—
(HTANi35)	—	L-Ni35	—	—	—	—	—	L-Ni35	—	Type 5	F41006	—	FCA-Ni35	—
(HTANi20Si2Cu4Cr1)	—	—	—	—	—	—	—	—	—	Type 6	F41007	—	—	—

注：括号内为参考牌号。

表 2-153　球状石墨奥氏体铸铁中外牌号对照表

中国 GB 牌号	曾用牌号	国际标准 ISO	欧洲标准 EN	Mat. No.	德国 DIN	W. Nr	英国 BS	法国 NF	瑞典 SS	美国 ASTM	UNS	俄罗斯 ГOCT	日本 JIS	韩国 KS
QTANi13Mn7	—	S-NiMn13 7	—	—	GGG-NiMn13 7	0.7652	S-NiMn13 7	S-NM13 7	—	—	—	—	FCDA-NiMn13 7	—
QTANi20Cr2	—	S-NiCr20 2	—	—	GGG-NiCr20 2	0.7660	S-NiCr20 2	S-NC20 2	—	Type D-2	F43000	—	FCDA-NiCr20 2	—
(QTANi20Cr3)	—	S-NiCr20 3	—	—	GGG-NiCr20 3	0.7661	S-NiCr20 3	S-NC20 3	—	Type D-2B	F43001	—	FCDA-NiCr20 3	—
(QTANi20Si5Cr2)	—	S-NiSiCr20 5 2	—	—	GGG-NiSiCr20 5 2	0.7665	S-NiSiCr20 5 2	S-NSC20 5 2	—	Type D-2C	F43002	—	FCDA-NiSiCr20 5 2	—
QTANi22	—	S-Ni22	—	—	GGG-Ni22	0.7670	S-Ni22	S-N22	—	—	—	—	FCDA-Ni22	—
QTANi23Mn4	—	S-NiMn23 4	—	—	GGG-NiMn23 4	0.7673	S-NiMn23 4	S-NM23 4	—	Type D-2M	F43010	—	FCDA-NiMn23 4	—
(QTANi30Cr1)	—	S-NiCr30 1	—	—	GGG-NiCr30 1	0.7677	S-NiCr30 1	S-NC30 1	—	Type D-3A	F43004	—	FCDA-NiCr30 1	—
QTANi30Cr3	—	S-NiCr30 3	—	—	GGG-NiCr30 3	0.7676	S-NiCr30 3	S-NC30 3	—	Type D-3	F43003	—	FCDA-NiCr30 3	—
QTANi30Si5Cr5	—	S-NiSiCr30 5 5	—	—	GGG-NiSiCr30 5 5	0.7680	S-NiSiCr30 5 5	S-NNSC30 5 5	—	Type D-4	F43005	—	FCDA-NiSiCr30 5 5	—
QTANi35	—	S-Ni35	—	—	GGG-Ni35	0.7683	S-Ni35	S-N35	—	Type D-5	F43006	—	FCDA-Ni35	—
QTANi35Cr3	—	S-NiCr35 3	—	—	GGG-NiCr35 3	0.7685	S-NiCr35 3	S-NC35 3	—	Type D-5B	F43007	—	FCDA-NiCr35 3	—
QTANi20Cr2Nb	—	—	—	—	—	—	—	—	—	—	—	—	—	—
QTANi35Si5Cr2	—	—	—	—	—	—	—	—	—	—	—	—	—	—

注：括号内牌号供参考。

2.4.14 抗磨铸铁（含高铬铸铁）

抗磨铸铁与其他铸铁的主要区别是组织中的自由碳不是以石墨形式存在，而是以大量的合金碳化物（这些碳化物依合金成分不同而不同）存在。这些合金碳化物具有很高的硬度，分布在具有高硬度的珠光体或马氏体基体上。所以，这类铸铁具有很高的硬度和耐磨性能，多用于制造介质中含有硬质颗粒、有较强抗磨损能力的零部件，如泥浆泵、砂浆泵中的泵体、泵盖、叶轮、导叶、衬套以及其他通用机械中的耐磨损件。

因为抗磨铸铁有较高铬含量，所以，还具有较好的耐腐蚀性能。

我国标准 GB/T 8263—2010《抗磨白口铸铁件》中确定的牌号和化学成分见表 2-154；硬度见表 2-155，常用抗磨白口铸铁牌号和化学成分见表 2-156，硬度见表 2-157；部分抗磨白口铸铁中外牌号对照见表 2-158。

表 2-154 抗磨白口铸铁件的牌号及其化学成分（GB/T 8263—2010）

牌　号	化学成分(质量分数)/%								
	C	Si	Mn	Cr	Mo	Ni	Cu	S	P
BTMNi4Cr2-DT	2.4～3.0	≤0.8	≤2.0	1.5～3.0	≤1.0	3.3～5.0	—	≤0.10	≤0.10
BTMNi4Cr2-GT	3.0～3.6	≤0.8	≤2.0	1.5～3.0	≤1.0	3.3～5.0		≤0.10	≤0.10
BTMCr9Ni5	2.5～3.6	1.5～2.2	≤2.0	8.0～10.0	≤1.0	4.5～7.0		≤0.06	≤0.06
BTMCr2	2.1～3.6	≤1.5	≤2.0	1.0～3.0	—	—		≤0.10	≤0.10
BTMCr8	2.1～3.6	1.5～2.2	≤2.0	7.0～10.0	≤3.0	≤1.0	≤1.2	≤0.06	≤0.06
BTMCr12-DT	1.1～2.0	≤1.5	≤2.0	11.0～14.0	≤3.0	≤2.5	≤1.2	≤0.06	≤0.06
BTMCr12-GT	2.0～3.6	≤1.5	≤2.0	11.0～14.0	≤3.0	≤2.5	≤1.2	≤0.06	≤0.06
BTMCr15	2.0～3.6	≤1.2	≤2.0	14.0～18.0	≤3.0	≤2.5	≤1.2	≤0.06	≤0.06
BTMCr20	2.0～3.3	≤1.2	≤2.0	18.0～23.0	≤3.0	≤2.5	≤1.2	≤0.06	≤0.06
BTMCr26	2.0～3.3	≤1.2	≤2.0	23.0～30.0	≤3.0	≤2.5	≤1.2	≤0.06	≤0.06

注：1. 牌号中，"DT"和"GT"分别是"低碳"和"高碳"的汉语拼音大写字母，表示该牌号含碳量的高低。

2. 允许加入微量 V、Ti、Nb、B 和 RE 等元素。

表 2-155 抗磨白口铸铁件的硬度（GB/T 8263—2010）

牌　号	表 面 硬 度					
	铸态或铸态去应力处理		硬化态或硬化态去应力处理		软化退火态	
	HRC	HBW	HRC	HBW	HRC	HBW
BTMNi4Cr2-DT	≥53	≥550	≥56	≥600		
BTMNi4Cr2-GT	≥53	≥550	≥56	≥600		
BTMCr9Ni5	≥50	≥500	≥56	≥600		
BTMCr2	≥45	≥435	—	—		
BTMCr8	≥46	≥450	≥56	≥600	≤41	≤400
BTMCr12-DT	—	—	≥50	≥500	≤41	≤400
BTMCr12-GT	≥46	≥450	≥58	≥650	≤41	≤400
BTMCr15	≥46	≥450	≥58	≥650	≤41	≤400
BTMCr20	≥46	≥450	≥58	≥650	≤41	≤400
BTMCr26	≥46	≥450	≥58	≥650	≤41	≤400

注：1. 洛氏硬度值（HRC）和布氏硬度值（HBW）之间没有精确的对应值，因此，这两种硬度值应独立使用。

2. 铸件断面深度 40% 处的硬度应不低于表面硬度值的 92%。

表 2-156 常用抗磨白口铸铁的牌号和化学成分

牌　号	化学成分（质量分数）/%									
	C	Si	Mn	Cr	Mo	Ni	Cu	W	S	P
KmTBMn2W2	2.5～3.0	0.5～1.5	1.3～1.6	—	—	—		1.2～2.0	≤0.10	≤0.10
KmTBMn5W3	3.0～3.5	0.8～1.3	4.0～6.0					2.5～3.5	≤0.10	≤0.15
KmTBMn5Mo2	3.3～3.8	0.6～1.5	4.0～6.0		1.5～3.0				≤0.10	≤0.15
KmTBW5Cr4	2.5～3.5	0.5～1.0	0.5～1.0	3.5～4.5				4.5～5.5	≤0.10	≤0.15
KmTBNi4Cr2-DT	2.7～3.2	0.3～0.8	0.3～0.8	2.0～3.0	0～1.0	3.0～5.0			≤0.10	≤0.15
KmTBNi4Cr2-GT	3.2～3.6	0.3～0.8	0.3～0.8	2.0～3.0	0～1.0	3.0～5.0			≤0.10	≤0.15
KmTBCr9Ni5Si2	2.5～3.6	1.5～2.2	0.3～0.8	8.0～10.0	0～1.0	4.5～6.5			≤0.10	≤0.15
KmTBCr2Mo1Cu1	2.4～3.6	≤1.0	1.0～2.0	2.0～3.0	0.5～1.0		0.8～1.2		≤0.10	≤0.15
KmTBCr15Mo2-DT	2.0～2.8	≤1.0	0.5～1.0	13.0～18.0	0.5～2.5	0～1.0	0～1.2		≤0.06	≤0.10
KmTBCr15Mo2-GT	2.8～3.5	≤1.0	0.5～1.0	13.0～18.0	0.5～3.0	0～1.0	0～1.2		≤0.06	≤0.10
KmTBCr15Mo3	2.8～3.5	≤1.0	0.3～1.0	14.0～19.0	2.5～3.5	0～1.0			≤0.10	≤0.15
KmTBCr20Mo2Cu1	2.0～3.0	≤1.0	0.5～1.0	18.0～22.0	1.5～2.5	0～1.5	0.8～1.2		≤0.06	≤0.10
KmTBCr26	2.3～3.0	≤1.0	0.5～1.0	23.0～28.0	0～1.0	0～1.5	0～2.0		≤0.06	≤0.10

表 2-157 常用抗磨白口铸铁的硬度（供参考）

牌　号	硬　度					
	铸态或铸态并去应力		硬化态或硬化态并去应力		软化退火态	
	HRC	HB	HRC	HB	HRC	HB
KmTBMn2W2	≥38	≥350	—	—	—	—
KmTBMn5W3	≥53	≥520	—	—	—	—
KmTBMn5Mo2	≥53	≥520	—	—	—	—
KmTBMn5Cr4	50～65	490～688	—	—	—	—
KmTBNi4Cr2-DT	—	—	≥53	≥520	—	—
KmTBNi4Cr2-GT	—	—	≥55	≥550	—	—
KmTBCr9Ni5Si2	—	—	≥55	≥550	—	—
KmTBCr2Mo1Cu1	50～56	490～560	—	—	—	—
KmTBCr15Mo2-DT	40～56	375～560	≥58	≥585	—	—
KmTBCr15Mo2-GT	50～58	490～585	≥58	≥585	—	—
KmTBCr15Mo3	≥40	≥490	≥58	≥600	—	—
KmTBCr20Mo2Cu1	50～58	490～585	≥58	≥585	—	—
KmTBCr26	≥50	≥490	≥56	≥560	—	—

注：两种硬度值不作对应转换，独立使用。

表 2-158　抗磨白口铸铁中外牌号对照表

中国 GB		国际标准	欧洲标准		德国	
牌号	曾用牌号	ISO	EN	Mat. No.	DIN	W. Nr
KmTBNi4Cr2-DT	—	HBW480Cr2	—	—	G-X260NiCr4 2	0.9620
KmTBNi4Cr2-GT	—	HBW510Cr2	—	—	G-X300NiCr4 2	0.9625
KmTBCr9Ni5Si2	—	HBW555Cr9	—	—	G-X300CrNiSi9 5 2	0.9630
KmTBCr15Mo2-GT	—	HBW555Cr18	—	—	G-X300C₁Mo15 3	0.9635
KmTBCr15Mo	—	—	—	—	G-X300CrMoNi15 2 1	0.9640
KmTBCr20Mo2Cu1	—	HBW555Cr21	—	—	G-X260CrMoNi20 2 1	0.9645
KmTBCr26	—	HBW555Cr27	—	—	G-X300Cr27 G-X300CrMo27 1	0.9650
KmTBCr12	—	—	—	—	—	—
KmTBCr2	—	—	—	—	—	—

英国	法国	瑞典	美国		俄罗斯	日本	韩国
BS	NF	SS	ASTM	UNS	ГОСТ	JIS	KS
Gr2A	FBNi4Cr2BC	—	Ⅰ BNi-Cr-Lc	F45001	—	—	—
Gr2B	FBNiCr2HC	—	Ⅰ ACr-Ni-Hc	F45000	ЧН4Х2	—	—
Gr2D Gr2E	FBCr9Ni5	—	Ⅰ DNi-HiCr	F45003	ЧХ9Н5	—	—
Gr3B	—	—	Ⅱ C15%Cr-Mo-Hc	F45006	ЧХ16М2	—	—
Gr3A	FBCr15MoNi	—	—	F45005	ЧХ16	—	—
Gr3C	FBCr20MoNi	—	Ⅱ D20%Cr-Mo-Lc	F45007 F45008	ЧХ22	—	—
Gr3D	FBCr26MoNi	—	Ⅲ A25%Cr	F45009	ЧХ28Д2	—	—
Gr3F	—	—	Ⅱ ACr12%	F45004	ЧХ12	—	—
—	—	—	Ⅰ CNi-Cr-GB	F45002	ЧХ2	—	—

2.4.15　铜及铜合金

纯铜表面近浅红色，在大气中常覆盖有一层近紫色的氧化膜。纯铜有很高的导电性、塑性，但强度较低，在大气、水蒸气、海水中有较好的耐蚀性能。根据含氧量和脱氧方式及成分中微量元素的不同分为不同的种类和牌号，纯铜在通用机械产品中应用不多，有的用来制作垫片、管路等。

我国标准 GB/T 5231—2012《加工铜及铜合金牌号和化学成分》中列出了纯铜和接近于纯铜的不同牌号和化学成分，见表 2-159。加工铜中外牌号对照见表 2-160。

铜合金是在铜中加入某些合金元素形成的合金材料。铜合金具有钢铁材料不具备的某些特性，如有较好的耐腐蚀性、导电性、化学稳定性、加工性能等。所以，铜合金在机械制造行业得到了广泛应用，特别是黄铜和青铜。

黄铜是由一系列不同含量的锌（最高不超过50%）与铜形成的二元铜锌合金。铜和锌组成的黄铜又常称普通黄铜，除锌之外，再加入其他合金元素形成的多元铜合金，根据加入元素种类的不同又分为镍黄铜、铁黄铜、铅黄铜、铝黄铜、锰黄铜、锡黄铜、硅黄铜等。黄铜具有良好的工艺性能、力学性能、导电性、导热性。不同成分种类的黄铜还各自具有不同的特性。在标准 GB/T 5231—2012 中，确定的黄铜牌号和化学成分见表 2-161，部分黄铜的中外牌号对照见表 2-162。

青铜是在铜中加入锡、铝、铬、硅、锰等元素形成的铜合金，依据加入元素的不同，分为锡青铜、铝青铜、铬青铜、硅青铜、锰青铜等多种青铜材料。不同种类的青铜各具特点，如锡青铜有较高的耐腐蚀性，耐低温性能；铝青铜有更好的力学性能、铸造性能；硅青铜强度更高、更耐磨，还耐大气和海水的腐蚀，铸造性能好；锰青铜加工性能和力学性能好，且耐腐蚀、耐热等。

在标准 GB/T 5231—2012 中，列出的青铜牌号和化学成分见表 2-163，加工青铜中外牌号对照见表 2-164。

表2-159

加工铜的化学成分 (GB/T 5231—2012)

化学成分(质量分数)/%

分类	代号	牌号	Cu+Ag(最小值)	P	Ag	Bi①	Sb①	As①	Fe	Ni	Pb	Sn	S	Zn	O
无氧铜	C10100	TU00	99.99②	0.0003	0.0025	0.0001	0.0004	0.0005	0.0010	0.0010	0.0005	0.0002	0.0015	0.0001	0.0005
无氧铜	T10130	TU0	99.97	0.002	—	0.001	0.002	0.002	0.004	0.002	0.003	0.002	0.004	0.003	0.001
无氧铜	T10150	TU1	99.97	0.002	—	0.001	0.002	0.002	0.004	0.002	0.003	0.002	0.004	0.003	0.002
无氧铜	T10180	TU2③	99.95	0.002	—	0.001	0.002	0.002	0.004	0.002	0.004	0.002	0.004	0.003	0.003
无氧铜	C10200	TU3	99.95	—	—	—	—	—	—	—	—	—	—	—	0.0010
银无氧铜	T10350	TU00Ag0.06	99.99	0.002	0.05~0.08	0.0003	0.0005	0.0004	0.0025	0.0006	0.0006	0.0007	—	0.0005	0.0005
银无氧铜	C10500	TUAg0.03	99.95	—	≥0.034	—	—	—	—	—	—	—	—	—	0.0010
银无氧铜	T10510	TUAg0.05	99.96	0.002	0.03~0.05	0.001	0.002	0.002	0.004	0.002	0.004	0.002	0.004	0.003	0.003
银无氧铜	T10530	TUAg0.1	99.96	0.002	0.06~0.12	0.001	0.002	0.002	0.004	0.002	0.004	0.002	0.004	0.003	0.003
银无氧铜	T10540	TUAg0.2	99.96	0.002	0.15~0.25	0.001	0.002	0.002	0.004	0.002	0.004	0.002	0.004	0.003	0.003
银无氧铜	T10550	TUAg0.3	99.96	0.002	0.25~0.35	0.001	0.002	0.002	0.004	0.002	0.004	0.002	0.004	0.003	0.002
锆无氧铜	T10600	TUZr0.15	99.97④	0.002	Zr 0.11~0.21	0.001	0.002	0.002	0.004	0.002	0.003	0.002	0.004	0.003	0.002
纯铜	T10900	T1	99.95	0.001	—	0.001	0.002	0.002	0.005	0.002	0.003	0.002	0.005	0.005	0.02
纯铜	T11050	T2⑤⑥	99.90	—	—	0.001	0.002	0.002	0.005	0.002	0.005	0.002	0.005	—	—
纯铜	T11090	T3	99.70	—	—	0.002	0.002	0.01	—	—	0.01	—	—	—	—
银铜	T11200	TAg0.1-0.01	99.9⑦	0.004~0.012	0.08~0.12	—	—	—	—	0.05	—	—	—	—	0.05
银铜	T11210	TAg0.1	99.5⑧	—	0.06~0.12	0.002	0.005	0.01	0.05	0.2	0.01	0.05	0.01	—	0.1
银铜	T11220	TAg0.15	99.5	—	0.10~0.20	0.002	0.005	0.01	0.05	0.2	0.01	0.05	0.01	—	0.1
磷脱氧铜	C12000	TP1	99.90	0.004~0.012		—	—	—	—	—	—	—	—	—	—
磷脱氧铜	C12200	TP2	99.9	0.015~0.040		—	—	—	—	—	—	—	—	—	—
磷脱氧铜	T12210	TP3	99.9	0.01~0.025		—	—	—	—	—	—	—	—	—	0.01
磷脱氧铜	T12400	TP4	99.90	0.040~0.065		—	—	—	—	—	—	—	—	—	0.002

注(C10100 TU00): Te≤0.0002,Se≤0.0003,Mn≤0.00005,Cd≤0.0001

分类	代号	牌号	Cu+Ag (最小值)	P	Ag	化学成分（质量分数）/%										
						Bi①	Sb①	As①	Fe①	Ni	Pb	Sn	S	Zn	O	Cd
碲铜	T14440	TTe0.3	99.9②	0.001	Te 0.20~0.35	0.001	0.0015	0.002	0.008	0.002	0.01	0.001	0.0025	0.005	—	0.01
	T14450	TTe0.5-0.008	99.8⑩	0.004~0.012	Te 0.4~0.6	0.001	0.003	0.002	0.008	0.005	0.01	0.01	0.003	0.008	—	0.01
	C14500	TTe0.6	99.90⑩	0.004~0.012	Te 0.40~0.7	—	—	—	—	—	—	—	—	—	—	—
	C14510	TTe0.5-0.02	99.85⑩	0.010~0.030	Te 0.30~0.7	—	—	—	—	—	0.05	—	—	—	—	—
硫铜	C14700	TS0.4	99.90⑪	0.002~0.005	—	—	—	—	—	—	—	—	0.20~0.50	—	—	—
锆铜	C15000	TZr0.15⑫	99.80	—	Zr 0.10~0.20	—	—	—	—	—	—	—	—	—	—	—
	T15200	TZr0.2	99.5④	—	Zr 0.15~0.30	0.002	0.005	—	0.05	0.2	0.01	0.05	0.01	—	—	—
	T15400	TZr0.4	99.5④	—	Zr 0.30~0.50	0.002	0.005	—	0.05	0.2	0.01	0.05	0.01	—	—	—
弥散无氧铜	T15700	TUAl0.12	余量	0.002	Al_2O_3 0.16~0.26	0.001	0.002	0.002	0.004	0.002	0.003	0.002	0.004	0.003	—	—

① 砷、铋、锑可不分析，但供方必须保证不大于极限值。
② 此值为铜含量，铜含量（质量分数）不小于99.99%时，其值应由差减法求得。
③ 电工用无氧铜TU2氧含量不大于0.002%。
④ 此值为Cu+Ag+Zr。
⑤ 经双方协商，可供应P不大于0.001%的导电T2铜。
⑥ 电力机车接触材料用纯铜线坯：Bi≤0.0005%，Pb≤0.0005%，O≤0.0050%，O≤0.035%，P≤0.001%，其他杂质总和≤0.03%。
⑦ 此值为Cu+Ag+P。
⑧ 此值为铜含量。
⑨ 此值为Cu+Ag+Te。
⑩ 此值为Cu+Ag+Te+P。
⑪ 此值为Cu+Ag+S+P。
⑫ 此牌号Cu+Ag+Zr不小于99.9%。

表 2-160 加工铜中外牌号对照表

中国 GB 牌号	曾用牌号	国际标准 ISO	欧洲标准 EN	欧洲标准 Mat. No.	德国 DIN	德国 W. Nr	英国 BS	法国 NF	瑞典 SS	美国 ASTM	美国 UNS	俄罗斯 ГОСТ	日本 JIS	韩国 KS
T1	一号铜	Cu-OF	—	—	OF-Cu	—	C103	Cu-c2	—	C10200	—	M0	C1020	—
T2	二号铜	Cu-ETP	—	—	SE-Cu	—	C101 C102	Cu-a2	—	C11000	—	M1	C1100	—
T3	三号铜	Cu-FRTP	—	—	—	—	C104	—	—	C12700	—	M2	C1221	—
TU0	零号无氧铜	—	—	—	—	—	—	—	—	C10100	—	M006	C1011	—
TU1	一号无氧铜	OF-Cu	—	—	OF-Cu	—	—	Cu-c2	—	C10100	—	M06	C1011	—
TU2	二号无氧铜	Cu-OF	—	—	OF-Cu	—	C103	Cu-c2	—	C10200	—	M16	C1020	—
TP1	一号脱氧铜	Cu-DLP	—	—	SW-Cu	—	C103	Cu-b2	—	C12000	—	M1P	C1201	—
TP2	二号脱氧铜	CuDHP	—	—	SF-Cu	—	C106	Cu-b1	—	C12200	—	M2P	C1220	—
TAg0.1	0.1 银铜	CuAg0.1	—	—	CuAg0.1	—	—	—	—	C11660	—	M00.1	—	—

表 2-161 加工黄铜的化学成分（GB/T 5231—2012）

分类		牌号	代号	化学成分（质量分数）/% Cu	Fe①	Pb	Ni	Si	B	As	Zn	杂质总和
铜锌合金	普通黄铜	H95	C21000	94.0~96.0	0.05	0.05	—	—	—	—	余量	0.3
		H90	C22000	89.0~91.0	0.05	0.05	—	—	—	—	余量	0.3
		H85	C23000	84.0~86.0	0.05	0.05	—	—	—	—	余量	0.3
		H80②	C24000	78.5~81.5	0.05	0.05	—	—	—	—	余量	0.3
		H70②	T26100	68.5~71.5	0.10	0.03	—	—	—	—	余量	0.3
		H68	T26300	67.0~70.0	0.10	0.03	—	—	—	—	余量	0.3
		H66	C26800	64.0~68.5	0.05	0.09	—	—	—	—	余量	0.45
		H65	C27000	63.0~68.5	0.07	0.09	—	—	—	—	余量	0.45
		H63	T27300	62.0~65.0	0.15	0.08	—	—	—	—	余量	0.5
		H62	T27600	60.5~63.5	0.15	0.08	—	—	—	—	余量	0.5
		H59	C28200	57.0~60.0	0.3	0.5	—	—	—	—	余量	1.0
	硼砷黄铜	HB90-0.1	C22130	89.0~91.0	0.02	0.02	—	0.5	0.05~0.3	—	余量	0.5③
		HAs85-0.05	C23030	84.0~86.0	0.10	0.03	—	—	—	0.02~0.08	余量	0.3
		HAs70-0.05	C26130	68.5~71.5	0.05	0.05	—	—	—	0.02~0.08	余量	0.4
		HAs68-0.04	T26330	67.0~70.0	0.10	0.03	—	—	—	0.03~0.06	余量	0.3

分类	代号	牌号	化学成分(质量分数)/%								杂质总和
			Cu	Fe①	Pb	Al	Mn	Sn	As	Zn	
铜锌铅合金 铅黄铜	C31400	HPb89-2	87.5~90.5	0.10	1.3~2.5	—	Ni:0.7	—	—	余量	1.2
	C33000	HPb66-0.5	65.0~68.0	0.07	0.25~0.7	—	—	—	—	余量	0.5
	T34700	HPb63-3	62.0~65.0	0.10	2.4~3.0	—	—	—	—	余量	0.75
	T34900	HPb63-0.1	61.5~63.5	0.15	0.05~0.3	—	—	—	—	余量	0.5
	T35100	HPb62-0.8	60.0~63.0	0.2	0.5~1.2	—	—	—	—	余量	0.75
	C35300	HPb62-2	60.0~63.0	0.15	1.5~2.5	—	—	—	—	余量	0.65
	C36000	HPb62-3	60.0~63.0	0.35	2.5~3.7	—	—	—	—	余量	0.85
	T36210	HPb62-2-0.1	61.0~63.0	0.1	1.7~2.8	0.05	0.1	0.1	0.02~0.15	余量	0.55
	T36220	HPb61-2-1	59.0~62.0	—	1.0~2.5	—	—	0.30~1.5	0.02~0.25	余量	0.4
	T36230	HPb61-2-0.1	59.2~62.3	0.2	1.7~2.8	—	—	0.2	0.08~0.15	余量	0.5
	C37100	HPb61-1	58.0~62.0	0.15	0.6~1.2	—	—	—	—	余量	0.55
	C37700	HPb60-2	58.0~61.0	0.30	1.5~2.5	—	—	—	—	余量	0.8
	T37900	HPb60-3	58.0~61.0	0.3	2.5~3.5	—	—	0.3	—	余量	0.8②
	T38100	HPb59-1	57.0~60.0	0.5	0.8~1.9	—	—	—	—	余量	1.0
	T38200	HPb59-2	57.0~60.0	0.5	1.5~2.5	—	—	0.5	—	余量	1.0②
	T38210	HPb58-2	57.0~59.0	0.5	1.5~2.5	—	—	0.5	—	余量	1.0②
	T38300	HPb59-3	57.5~59.5	0.50	2.0~3.0	—	—	—	—	余量	1.2
	T38310	HPb58-3	57.0~59.0	0.5	2.5~3.5	—	—	0.5	—	余量	1.0②
	T38400	HPb57-4	56.0~58.0	0.5	3.5~4.5	—	—	0.5	—	余量	1.2②

分类	代号	牌号	化学成分(质量分数)/%														杂质总和
			Cu	Te	B	Si	As	Bi	Cd	Sn	P	Ni	Mn	Fe①	Pb	Zn	
铜锌锡合金、复杂黄铜 锡黄铜	T41900	HSn90-1	88.0~91.0	—	—	—	—	—	—	0.25~0.75	—	—	—	0.10	0.03	余量	0.2
	C44300	HSn72-1	70.0~73.0	—	—	—	0.02~0.06	—	—	0.8~1.2④	—	—	—	0.06	0.07	余量	0.4
	T45000	HSn70-1	69.0~71.0	—	—	—	0.03~0.06	—	—	0.8~1.3	—	—	—	0.10	0.05	余量	0.3
	T45010	Hsn70-1-0.01	69.0~71.0	—	0.0015~0.02	—	0.03~0.06	—	—	0.8~1.3	—	—	—	0.10	0.35	余量	0.3

化学成分（质量分数）/%

分类	代号	牌号	Cu	Te	B	Si	As	Bi	Cd	Sn	P	Ni	Mn	Fe④	Pb	Zn	杂质总和
铜锌锡合金（锡黄铜）	T45020	HSn70-1-0.01-0.04	69.0~71.0	—	0.0015~0.02	—	0.03~0.06	—	—	0.8~1.3	—	0.05~1.00	0.02~2.00	0.10	0.05	余量	0.3
	T46100	HSn65-0.03	63.5~68.0	—	—	—	—	—	—	0.01~0.2	0.01~0.07	—	—	0.05	0.03	余量	0.3
	T46300	HSn62-1	61.0~63.0	—	—	—	—	—	—	0.7~1.1	—	—	—	0.10	0.10	余量	0.3
	T46410	HSn60-1	59.0~61.0	—	—	—	—	—	—	1.0~1.5	—	—	—	0.10	0.30	余量	1.0
复杂黄铜（铋黄铜）	T49230	HBi60-2	59.0~62.0	—	—	—	—	2.0~3.5	0.01	—	—	—	—	0.2	0.1	余量	0.5①
	T49240	HBi60-1.3	58.0~62.0	—	—	—	—	0.3~2.3	0.01	0.05~1.2⑤	—	—	—	0.1	0.2	余量	0.3①
	C49260	HBi60-1.0-0.05	58.0~63.0	—	—	0.10	—	0.50~1.8	0.001	0.50	0.05~0.15	—	—	0.50	0.09	余量	1.5

化学成分（质量分数）/%

分类	代号	牌号	Cu	Te	As	Si	Bi	Cd	Sn	P	Ni	Mn	Fe④	Pb	Zn	杂质总和
复杂黄铜（铋黄铜）	T49310	HBi60-0.5-0.01	58.5~61.5	0.010~0.015	0.01	—	0.45~0.65	0.01	—	—	—	—	—	0.1	余量	0.5①
	T49320	HBi60-0.8-0.01	58.5~61.5	0.010~0.015	0.01	—	0.70~0.95	0.01	—	—	—	—	—	0.1	余量	0.5①
	T49330	HBi60-1.1-0.01	58.5~61.5	0.010~0.015	0.01	—	1.00~1.25	0.01	—	—	—	—	—	0.1	余量	0.5①
	T49360	HBi59-1	58.0~60.0	—	—	—	0.8~2.0	0.01	0.2	—	—	—	0.2	0.1	余量	0.5①
	C49850	HBi62-1	61.0~63.0	Sb:0.02~0.10	—	0.30	0.50~2.5	—	1.5~3.0	0.04~0.15	—	—	—	0.09	余量	0.9

分类		代号	牌号	化学成分（质量分数）/%													
				Cu	Te	Al	Si	As	Bi	Cd	Sn	P	Ni	Mn	Fe①	Pb	Zn	杂质总和
复杂黄铜	锰黄铜	T67100	HMn64-8-5-1.5	63.0~66.0	—	4.5~6.0	1.0~2.0	—	—	—	0.5	—	0.5	7.0~8.0	0.5~1.5	0.3~0.8	余量	1.0
		T67200	HMn62-3-3-0.7	60.0~63.0	—	2.4~3.4	0.5~1.5	—	—	—	0.1	—	—	2.7~3.7	0.1	0.05	余量	1.2
		T67300	HMn62-3-3-1	59.0~65.0	—	1.7~3.7	0.5~1.3	Cr:0.07~0.27		—	—	—	0.2~0.6	2.2~3.8	0.6	0.18	余量	0.8
		T67310	HMn62-13④	59.0~65.0	—	0.5~2.5⑦	0.05	—	—	—	—	—	0.05~0.5⑧	10~15	0.05	0.03	余量	0.15⑨
		T67320	HMn55-3-1⑩	53.0~58.0	—	—	—	—	—	—	—	—	—	3.0~4.0	0.5~1.5	0.5	余量	1.5

分类		代号	牌号	化学成分（质量分数）/%													
				Cu	Fe①	Pb	Al	Mn	P	Sb	Ni	Si	Cd	Sn	Zn	杂质总和
复杂黄铜	锰黄铜	T67330	HMn59-2-1.5-0.5	58.0~59.0	0.35~0.65	0.3~0.6	1.4~1.7	1.8~2.2	—	—	—	0.6~0.9	—	—	余量	0.3
		T67400	HMn58-2②	57.0~60.0	1.0	0.1	—	1.0~2.0	—	—	—	—	—	—	余量	1.2
		T67410	HMn57-3-1③	55.0~58.5	1.0	0.2	0.5~1.5	2.5~3.5	—	—	0.5	—	—	—	余量	1.3
		T67420	HMn57-2-2-0.5	56.5~58.5	0.3~0.8	0.3~0.8	1.3~2.1	1.5~2.3	—	—	—	0.5~0.7	—	0.5	余量	1.0
	铁黄铜	T67600	HFe59-1-1	57.0~60.0	0.6~1.2	0.20	0.1~0.5	0.5~0.8	—	—	—	—	—	0.3~0.7	余量	0.3
		T67610	HFe58-1-1	56.0~58.0	0.7~1.3	0.7~1.3	—	—	—	—	—	—	—	—	余量	0.5
	锑黄铜	T68200	HSb61-0.8-0.5	59.0~63.0	0.2	0.2	—	—	—	0.4~1.2	0.05~1.2⑳	0.3~1.0	0.01	—	余量	0.5⑫

化学成分(质量分数)/%

分类	代号	牌号	Cu	Fe①	Pb	Al	Mn	P	Sb	Ni	Si	Cd	Sn	Zn	杂质总和
锑黄铜	T68210	HSb60-0.9	58.0~62.0	—	0.2	—	—	—	0.3~1.5	0.05~0.9④	—	0.01	—	余量	0.3③
硅黄铜	T68310	HSi80-3	79.0~81.0	0.6	0.1	—	—	—	—	—	2.5~4.0	—	—	余量	1.5
	T68320	HSi75-3	73.0~77.0	0.1	0.1	—	0.1	0.04~0.15	—	0.1	2.7~3.4	0.01	0.2	余量	0.6③
	C68350	HSi62-0.6	59.0~64.0	0.15	0.09	0.30	—	0.05~0.40	—	0.20	0.3~1.0	—	0.6	余量	2.0
	T68360	HSi61-0.6	59.0~63.0	0.15	0.2	—	—	0.03~0.12	—	0.05~1.0⑤	0.4~1.0	0.01	—	余量	0.3
复杂黄铜 铝黄铜	C68700	HAl77-2	76.0~79.0	0.06	0.07	1.8~2.5	As:0.02~0.06	—	—	—	—	—	—	余量	0.6
	T68900	HAl67-2.5	66.0~68.0	0.6	0.5	2.0~3.0	—	—	—	—	—	—	—	余量	1.5
	T69200	HAl66-6-3-2	64.0~68.0	2.0~4.0	0.5	6.0~7.0	1.5~2.5	—	—	—	—	—	—	余量	1.5
	T69210	HAl64-5-4-2	63.0~66.0	1.8~3.0	0.2~1.0	4.0~6.0	3.0~5.0	—	—	—	0.5	—	0.3	余量	1.3

化学成分(质量分数)/%

分类	代号	牌号	Cu	Fe①	Pb	Al	As	Bi	Mg	Cd	Mn	Ni	Si	Co	Sn	Zn	杂质总和
复杂黄铜 铝黄铜	T69220	HAl61-4-3-1.5	59.0~62.0	0.5~1.3	—	3.5~4.5	—	—	—	—	—	2.5~4.0	0.5~1.5	1.0~2.0	0.2~1.0	余量	1.3
	T69230	HAl61-4-3-1	59.0~62.0	0.3~1.3	—	3.5~4.5	—	—	—	—	—	2.5~4.0	0.5~1.5	0.5~1.0	—	余量	0.7
	T69240	HAl60-1-1	58.0~61.0	0.70~1.50	0.40	0.70~1.50	—	—	—	—	0.1~0.6	—	—	—	—	余量	0.7

续表

分类	代号	牌号	化学成分(质量分数)/%														
			Cu	Fe[①]	Pb	Al	As	Bi	Mg	Cd	Mn	Ni	Si	Co	Sn	Zn	杂质总和
铝黄铜	T69250	HAl59-3-2	57.0~60.0	0.50	0.10	2.5~3.5	—	—	—	—	—	2.0~3.0	—	—	—	余量	0.9
镁黄铜	T69800	HMg60-1	59.0~61.0	0.2	0.1	—	—	0.3~0.8	0.5~2.0	0.01	—	—	—	—	0.3	余量	0.5[⑤]
复杂黄铜 镍黄铜	T69900	HNi65-5	64.0~67.0	0.15	0.03	—	—	—	—	—	—	5.0~6.5	—	—	—	余量	0.3
镍黄铜	T69910	HNi56-3	54.0~58.0	0.15~0.5	0.2	0.3~0.5	—	—	—	—	—	2.0~3.0	—	—	—	余量	0.6

① 抗磁用黄铜的铁的质量分数不大于 0.030%。
② 特殊用途的 H70, H80 的杂质最大值为: Fe0.07%, Sb0.002%, P0.005%, As0.005%, S0.002%, 杂质总和为 0.20%。
③ 此值为表中所列杂质元素实测值总和。
④ 此牌号为管材产品时, Sn 含量最小值为 0.9%。
⑤ 此值为 Sb+B+Ni+Sn。
⑥ 此牌号 P≤0.005%, B≤0.01%, Bi≤0.005%, Sb≤0.005%。
⑦ 此值为 Ti+Al。
⑧ 此值为 Ni+Co。
⑨ 供异型铸造和热锻造用的 HMn57-3-1, HMn58-2 的磷的质量分数大于 0.03%。供特殊使用的 HMn55-3-1 的铝的质量分数不大于 0.1%。
⑩ 此值为 Ni+Sn+B。
⑪ 此值为 Ni+Fe+B。

表 2-162 加工黄铜中外牌号对照表

中国 GB		国际标准	欧洲标准		德国		英国	法国	瑞典	美国		俄罗斯	日本	韩国
牌号	曾用牌号	ISO	EN	Mat. No.	DIN	W. Nr.	BS	NF	SS	ASTM	SAE	ГОСТ	JIS	KS
H96	96黄铜	CuZn5	CuZn5	2.0220	CuZn5	2.0220	CZ125	CuZn5	—	C21000	CA210	Л96	C2100	—
H90	90黄铜	CuZn10	CuZn10	2.0230	CuZn10	2.0230	CZ101	CuZn10	—	C22000	CA220	Л90	C2200	—
H85	85黄铜	CuZn15	CuZn15	2.0240	CuZn15	2.0240	CZ102	CuZn15	—	C23000	CA230	Л85	C2300	—
H80	80黄铜	CuZn20	CuZn20	2.0250	CuZn20	2.0250	CZ103	CuZn20	—	C24000	CA240	Л80	C2400	—

中国 GB		国际标准	欧洲标准		德国		英国	法国	瑞典	美国		俄罗斯	日本	韩国
牌号	曾用牌号	ISO	EN	Mat.No.	DIN	W.Nr	BS	NF	SS	ASTM	SAE	ГОСТ	JIS	KS
H70	70黄铜	CuZn30	CuZn30	2.0265	CuZn30	2.0265	CZ106	CuZn30	—	C26000	CA260	Л70	C2600	—
H68	68黄铜	CuZn33	CuZn33	2.0280	CuZn33	2.0280	—	CuZn33	—	C26200	—	Л68	—	—
H65	65黄铜	CuZn36	CuZn36	2.0335	CuZn36	2.0335	CZ107	CuZn33	—	C27000	CA270	—	C2700	—
H63	63黄铜	CuZn37	CuZn37	2.0321	CuZn37	2.0321	CZ108	CuZn37	—	C27200	—	Л63	C2720	—
H62	62黄铜	CuZn37	CuZn37	2.0321	CuZn37	2.0321	CZ109	CuZn37	—	C28000	—	Л62	C2800	—
H59	59黄铜	CuZn40	CuZn40	2.0360	CuZn40	2.0360	CZ109	CuZn40	—	C28000	—	Л60	C2800	—
HNi65-5	65-5镍黄铜	—	—	—	—	—	—	—	—	—	—	ЛН65-5	—	—
HNi56-3	56-3镍黄铜	—	—	—	—	—	—	—	—	—	—	—	—	—
HFe59-1-1	59-1-1铁黄铜	—	—	—	—	—	—	—	—	C67820	—	ЛЖМц59-1-1	—	—
HFe58-1-1	58-1-1铁黄铜	—	—	—	—	—	—	—	—	—	—	ЛЖС58-1-1	—	—
HPb89-2	89-2铅黄铜	—	—	—	—	—	—	—	—	—	—	—	—	—
HPb66-0.5	66-0.5铅黄铜	—	—	—	—	—	—	—	—	—	—	—	C3450	—
HPb63-3	63-3铅黄铜	CuZn36Pb3	CuZn36Pb3	2.0331	CuZn36Pb3	2.0331	CZ119	—	—	C34500	CA345	ЛС63-3	—	—
HPb63-0.1	63-0.1铅黄铜	CuZn37Pb0.5	—	—	CuZn37Pb0.5	2.0332	—	—	—	C34900	—	—	—	—
HPb62-0.8	62-0.8铅黄铜	CuZn37Pb1	—	—	—	—	—	—	—	C35000	—	—	C3501	—
HPb62-3	62-3铅黄铜	—	—	—	—	—	—	—	—	—	—	—	—	—
HPb62-2	62-2铅黄铜	—	—	—	—	—	—	—	—	—	—	—	—	—
HPb61-1	61-1铅黄铜	CuZn39Pb0.5	CuZn39Pb0.5	—	CuZn39Pb0.5	2.0372	CZ123	—	—	C37100	—	ЛС60-1	C3710	—
HPb60-2	60-2铅黄铜	CuZn38Pb2	—	—	CuZn38Pb2	—	CZ120	—	—	C36000	—	ЛС60-2	C3604	—
HPb59-3	59-3铅黄铜	—	—	—	—	—	—	—	—	—	—	—	—	—
HPb59-1	59-1铅黄铜	CuZn39Pb1	CuZn39Pb1	2.0380	CuZn39Pb2	2.0380	CZ122	—	—	C37710	—	ЛС59-1	C3771	—
HAl77-2	77-2铝黄铜	CuZn20Al2	CuZn20Al2	2.0460	CuZn20Al2	2.0460	CZ110	CuZn20Al2	—	C68700	—	ЛА77-2	C6870	—
HAl67-2.5	67-2.5铝黄铜	—	—	—	—	—	—	—	—	—	—	—	—	—
HAl66-6-3-2	66-6-3-2铝黄铜	—	—	—	—	—	CZ116	—	—	—	—	—	—	—
HAl61-4-3-1	61-4-3-1铝黄铜	—	—	—	—	—	—	—	—	—	—	—	—	—
HAl60-1-1	60-1铝黄铜	CuZn39AlFeMn	—	2.0510	CuZn37Al	2.0510	CZ115	—	—	C67800	—	ЛАЖ60-1-1	C6780	—

中国 GB 牌号	曾用牌号	国际标准 ISO	欧洲标准 EN	Mat. No.	德国 DIN	W. Nr	英国 BS	法国 NF	瑞典 SS	美国 ASTM	SAE	俄罗斯 ГОСТ	日本 JIS	韩国 KS
HAl59-3-2	59-3-2 铝黄铜	—	CuZn35Al	2.0540	CuZn35Al	—	—	—	—	—	—	ЛАН59-3-2	—	—
HMn62-3-3-0.7	62-3-3-0.7 锰黄铜	—	—	—	—	—	—	—	—	—	—	—	—	—
HMn58-2	58-2 锰黄铜	—	CuZn40Mn	—	CuZn40Mn	—	CZ136	—	—	—	—	ЛМц58-2	—	—
HMn57-3-1	57-3-1 锰黄铜	—	CuZn40Mn2Fe1	—	CuZn40Mn2	—	—	—	—	—	—	ЛМцА57-3-1	—	—
HMn55-3-1	55-3-1 黄铜	—	—	—	—	—	—	—	—	—	—	—	—	—
HSn90-1	90-1 锡黄铜	—	—	—	—	—	—	—	—	C40400	—	ЛО90-1	—	—
HSn70-1	70-1 锡黄铜	CuZn28Sn1	CuZn28Sn1	—	CuZn28Sn	2.4710	CZ111	CuZn28Sn1	—	C44300	—	ЛО70-1	C4430	—
HSn62-1	62-1 锡黄铜	—	—	—	—	—	CZ112	—	—	C46200	—	ЛО62-1	C4621	—
HSn60-1	60-1 锡黄铜	CuZn38Sn1	CuZn38Sn1	—	CuZn38Sn	2.0530	CZ113	CuZn38Sn1	—	C46400	—	ЛО60-1	C4640	—
A85A	85A 加砷黄铜	—	—	—	—	—	—	—	—	—	—	—	—	—
A70A	70A 加砷黄铜	CuZn30As	—	—	—	—	CZ126	CuZn30	—	C26130	—	ЛОМш70-1.0-0.5	—	—
A68A	68A 加砷黄铜	CuZn30As	—	—	—	—	CZ126	CuZn30	—	C26130	—	ЛОМш68-0.5	—	—
HSi80-3	80-3 硅黄铜	—	—	—	—	—	—	—	—	—	—	ЛК80-3	—	—

表 2-163 加工青铜的化学成分（GB/T 5231—2012）

化学成分（质量分数）/%

分类	代号	牌号	Cu	Sn	P	Fe	Pb	Al	B	Ti	Mn	Si	Ni	Zn	杂质总和
锡青铜② 铜锡′ 铜锡磷′ 铜锡铅锌合金	T50110	QSn0.4	余量	0.15~0.55	0.001	—	—	—	—	—	—	—	O≤0.035	—	0.1
	T50120	QSn0.6	余量	0.4~0.8	0.01	0.020	—	—	—	—	—	—	—	—	0.1
	T50130	QSn0.9	余量	0.85~1.05	0.03	0.05	—	—	—	—	—	—	—	—	0.1
	T50300	QSn0.5~0.025	余量	0.25~0.6	0.015~0.035	0.010	—	—	—	—	—	—	—	—	0.1
	T50400	QSn1-0.5-0.5	余量	0.9~1.2	0.09	—	0.01	0.01	S≤0.005	—	0.3~0.6	0.3~0.6	—	—	0.1
	C50500	QSn1.5~0.2	余量	1.0~1.7	0.03~0.35	0.10	0.05	—	—	—	—	—	—	0.30	0.95
	C50700	QSn1.8	余量	1.5~2.0	0.30	0.10	0.05	—	—	—	—	—	—	—	0.95
	T50800	QSn4-3	余量	3.5~4.5	0.03	0.05	0.02	0.002	—	—	—	—	—	2.7~3.3	0.2
	C51000	QSn5-0.2	余量	4.2~5.8	0.03~0.35	0.10	0.05	—	—	—	—	—	—	0.30	0.95

分类	代号	牌号	化学成分（质量分数）/%												
			Cu	Sn	P	Fe	Pb	Al	B	Ti	Mn	Si	Ni	Zn	杂质总和
铜锡、铜锡磷、铜锡铅合金 — 锡青铜②	T51010	QSn5-0.3	余量	4.5~5.5	0.01~0.40	0.1	0.02	—	—	—	—	—	0.2	0.2	0.75
	C51100	QSn4-0.3	余量	3.5~4.9	0.03~0.35	0.10	0.05	—	—	—	—	—	—	0.30	0.95
	T51500	QSn6-0.05	余量	6.0~7.0	0.05	0.10	—	—	Ag 0.05~0.12	—	—	—	—	0.05	0.2
	T51510	QSn6.5-0.1	余量	6.0~7.0	0.10~0.25	0.05	0.02	0.002	—	—	—	—	—	0.3	0.4
	T51520	QSn6.5-0.4	余量	6.0~7.0	0.26~0.40	0.02	0.02	0.002	—	—	—	—	—	0.3	0.4
	T51530	QSn7-0.2	余量	6.0~8.0	0.10~0.25	0.05	0.02	0.01	—	—	—	—	—	0.3	0.45
	C52100	QSn8-0.3	余量	7.0~9.0	0.03~0.35	0.10	0.05	—	—	—	—	—	—	0.20	0.85
	T52500	QSn15-1-1	余量	12~18	0.5	0.1~1.0	—	—	0.002~1.2	0.002	0.5	—	—	0.5~2.0	1.0①
铜锡铅合金	T53300	QSn4-4-2.5	余量	3.0~5.0	0.03	0.05	1.5~3.5	0.002	—	—	—	—	—	3.0~5.0	0.2
	T53500	QSn4-4-4	余量	3.0~6.0	0.03	0.05	3.5~4.5	0.002	—	—	—	—	—	3.0~5.0	0.2

分类	代号	牌号	化学成分（质量分数）/%															
			Cu	Al	Fe	Ni	Mn	P	Zn	Sn	Si	Pb	As④	Mg	Sb④	Bi④	S	杂质总和①
铜铬、铜锰、铜铝合金 — 铬青铜	T55600	QCr4.5-2.5-0.6	余量	Cr 3.5~5.5	0.05	0.2~1.0	0.5~2.0	0.005	0.05	—	—	—	Ti 1.5~3.5	—	—	—	—	0.1⑤
锰青铜	T56100	QMn1.5	余量	0.07	0.1	0.1	1.20~1.80	—	—	0.05	0.1	0.01	Cr≤0.1	—	0.005	0.002	0.01	0.3
	T56200	QMn2	余量	0.07	0.1	0.1	1.5~2.5	—	—	0.05	0.1	0.01	0.01	—	0.05	0.002	—	0.5
	T56300	QMn5	余量	—	0.35	—	4.5~5.5	—	0.4	0.1	0.1	0.03	0.002	—	—	—	—	0.9
铝青铜	T60700	QAl5	余量	4.0~6.0	0.5	—	0.5	—	0.5	0.1	0.1	0.03	—	—	—	—	—	1.6
	C60800	QAl6	余量	5.0~6.5	0.10	—	—	0.01	—	—	0.10	0.10	As 0.02~0.35	—	—	—	—	0.7
	C61000	QAl7	余量	6.0~8.5	0.50	—	0.5	0.01	0.20	0.10	0.10	0.02	—	—	—	—	—	1.3
	T61700	QAl9-2	余量	8.0~10.0	0.5	—	1.5~2.5	0.01	1.0	0.1	0.1	0.03	—	—	—	—	—	1.7
	T61720	QAl9-4	余量	8.0~10.0	2.0~4.0	—	0.5	0.01	1.0	0.1	0.1	0.01	—	—	—	—	—	1.7
	T61740	QAl9-5-1-1	余量	8.0~10.0	4.0~6.0	0.5~1.5	0.5~1.5	0.01	0.3	0.1	0.1	0.01	0.01	—	—	—	—	0.6
	T61760	QAl10-3-1.5⑦	余量	8.5~10.0	2.0~4.0	—	1.0~2.0	0.01	0.5	0.1	0.1	0.03	—	—	—	—	—	0.75

分类	代号	牌号	化学成分（质量分数）/%														
			Cu	Al	Fe	Ni	Mn	P	Zn	Sn	Si	Pb	As①	Mg	Sb①	Bi①	S	杂质总和
铜铬、铜锰、铜锡合金		铝青铜 T61780	QAl10-4-4④	余量	9.5~11.0	3.5~5.5	3.5~5.5	0.3	0.01	0.5	0.1	0.1	0.02	—	—	—	—	—	1.0
		T61790	QAl10-4-4-1	余量	8.5~11.0	3.0~5.0	3.0~5.0	0.5~2.0	—	—	—	—	—	—	—	—	—	—	0.8
		T62100	QAl10-5-5	余量	8.0~11.0	4.0~6.0	4.0~6.0	0.5~2.5	—	0.5	0.2	0.25	0.05	—	0.10	—	—	—	1.2
		T62200	QAl11-6-6	余量	10.0~11.5	5.0~6.5	5.0~6.5	0.5	0.1	0.6	0.2	0.2	0.05	—	—	—	—	—	1.5

分类	代号	牌号	化学成分（质量分数）/%													
			Cu	Si	Fe	Ni	Zn	Pb	Mn	Sn	P	As①	Sb①	Al	杂质总和
铜硅合金 硅青铜	C64700	QSi0.6-2	余量	0.40~0.8	0.10	1.6~2.2⑥	0.50	0.09	—	—	—	—	—	—	1.2
	C64720	QSi1-3	余量	0.6~1.1	0.1	2.4~3.4	0.2	0.15	0.1~0.4	0.1	—	—	—	0.02	0.5
	C64730	QSi3-1②	余量	2.7~3.5	0.3	0.2	0.5	0.03	1.0~1.5	0.25	—	—	—	—	1.1
	C64740	QSi3.5-3-1.5	余量	3.0~4.0	1.2~1.8	0.2	2.5~3.5	0.03	0.5~0.9	0.25	0.03	0.002	0.002	—	1.1

① 砷、锑和铋可不分析，但供方必须保证不大于界限值。
② 抗磁用锡青铜铁的质量分数不大于0.020%，QSi3-1铁的质量分数不大于0.030%。
③ 非耐磨材料用QAl10-3-1.5，其锌的质量分数可达1%，但杂质总和应不大于1.25%。
④ 经双方协商，焊接或特殊要求的QAl10-4-4，其锌的质量分数不大于0.2%。
⑤ 此值为表中所列杂质元素实测值总和。
⑥ 此值为Ni+Co。

表2-164　加工青铜中外牌号对照表

中国GB		国际标准	欧洲标准		德国		英国	瑞典	法国	美国		俄罗斯	日本	韩国
牌号	曾用牌号	ISO	EN	W.Nr	Mat.No.	DIN	BS	SS	NF	ASTM	SAE	ГОСТ	JIS	KS
QSn1.5-0.2	1.5-0.2锡青铜	CuSn2	—	—	—	—	—	—	—	C50500	—	БРОФ2-0.5	—	—
QSn4-0.3	4-0.3锡青铜	CuSn4	CuSn4	2.1010	2.1010	CuSn4	PB101	—	CuSn4P	C51100	—	БРОФ4-0.25	C5101	—
QSn4-3	4-3锡青铜	CuSn4Zn2	—	—	—	—	—	—	CuSn5Zn4	—	—	БРОЦ4-3	—	—

中国 GB 牌号	曾用牌号	国际标准 ISO	欧洲标准 EN	欧洲标准 Mat. No.	德国 DIN	德国 W. Nr	英国 BS	法国 NF	瑞典 SS	美国 ASTM	美国 SAE	俄罗斯 ГОСТ	日本 JIS	韩国 KS
QSn4-4-2.5	4-4-2.5青铜	CuSnPb4Zn3	—	—	—	—	—	CuSn4Zn4Pb4	—	—	—	БРОЦ4-4-2.5	C5441	—
QSn4-4-4	4-4-4锡青铜	CuSnPb4Zn3	—	—	—	—	—	CuSn4Zn4Pb4	—	C54400	—	БРОЦ4-4-4	C5441	—
QSn6.5-0.1	6.5-0.1青铜	CuSn6	CuSn6	2.1020	CuSn6	2.1020	PB103	CuSn6P	—	C51900	—	БРОФ6.5-0.15	C5191	—
QSn6.5-0.4	6.5-0.4锡青铜	CuSn6	CuSn6	2.1020	CuSn6	2.1020	PB103	CuSn6P	—	C51900	—	БРОФ6.5-0.4	C5191	—
QSn7-0.2	7-0.2锡青铜	CuSn8	CuSn8	2.1030	CuSn8	2.1030	—	CuSn8P	—	C52100	CA521	БРОФ7-0.2	C5210	—
QSn8-0.3	8-0.3锡青铜	CuSn8	—	—	CuSn8	2.1030	PB104	CuSn8P	—	C52100	—	БРОФ8-0.3	C5210	—
QAl5	5铝青铜	CuAl5	—	—	CuAl5As	2.0916	CA101	CuAl6	—	C60600	—	БРА5	—	—
QAl7	7铝青铜	CuAl7	—	—	CuAl8	2.0920	CA102	CuAl8	—	C61000	—	БРА7	—	—
QAl9-2	9-2铝青铜	CuAl9Mn2	—	—	CuAl9Mn2	2.0960	CA103	—	—	—	—	БРАМц9-2	—	—
QAl9-4	9-4铝青铜	CuAl8Fe3	CuAl8Fe3	—	CuAl8Fe3	2.0930	CA103	CuAl7Fe2	—	C61900	—	БРАЖ9-4	C6190	—
QAl9-5-1-1	9-5-1-1铝青铜	—	—	—	—	—	—	—	—	—	—	—	—	—
QAl10-3-1.5	10-3-1.5铝青铜	—	CuAl10Fe3Mn2	2.0936	CuAl10Fe3Mn2	2.0936	CA105	—	—	C63200	—	БРАЖМц10-3-1.5	C6161	—
QAl10-4-4	10-4-4铝青铜	—	CuAl10Ni5Fe4	2.0966	CuAl10Ni5Fe4	2.0966	—	CuAl10Ni5Fe4	—	C63300	—	БРАЖН10-4-4	C6301	—
QAl10-5-5	10-5-5铝青铜	CuAl10Ni5Fe5	—	—	CuAl10Ni5Fe4	2.0966	CA104	—	—	C63280	—	—	C6301	—
QAl11-6-6	11-6-6铝青铜	—	CuAl11Ni6Fe6	2.0978	CuAl11Ni6Fe6	2.0978	CA104	—	—	C63280	—	—	C6280	—
QBe2	2铍青铜	CuBe2	CuBe2	2.1247	CuBe2	2.1247	CB101	CuBe2	—	C17200	CA172	БРБ2	C1720	—
QBe1.9	1.9铍青铜	CuBe2	CuBe2	2.1247	CuBe2	2.1247	—	CuBe1.9	—	C17200	CA172	БРБНТ1.9	C1720	—
QBe1.9-0.1	1.9-0.1铍青铜	CuBe2	CuBe2	2.1247	CuBe2	2.1247	—	—	—	C17200	CA172	БРБНТ1.9Мг	—	—
QBe1.7	1.7铍青铜	CuBe1.7	—	—	CuBe1.7	2.1245	—	CuBe1.7	—	C17000	CA170	БРБНТ1.7	C1700	—
QBe0.6-2.5	0.6-2.5铍青铜	—	—	—	—	—	—	—	—	C17500	—	—	—	—
QBe0.4-1.8	0.4-1.8铍青铜	—	—	—	—	—	—	—	—	C17500	—	—	C1700	—

中国 GB 牌号	曾用牌号	国际标准 ISO	欧洲标准 EN	Mat. No.	德国 DIN	W. Nr	英国 BS	法国 NF	瑞典 SS	美国 ASTM	SAE	俄罗斯 ГОСТ	日本 JIS	韩国 KS
QBe0.3-1.5	0.3-1.5铍青铜	—	—	—	—		—	—	—	—	—	—	—	—
QSi3-1	3-1硅青铜	CuSi3Mn1	CuSi3Mn	2.1525	CuSi3Mn	2.1525	CS101	—	—	C65500 C65800	—	БРКМц3-1	—	—
QSi1-3	1-3硅青铜	CuNi2Si	CuNi3Si	2.0857	CuNi3Si	2.0857	—	—	—	C64700	—	БРКН1-3	—	—
QSi3.5-3-1.5	3.5-3-1.5硅青铜	—	—	—	—		—	—	—	—	—		—	—
QMn1.5	1.5锰青铜	—	—	—	CuMn2	2.1363	—	—	—	—	—		—	—
QMn2	2锰青铜	—	—	—	CuMn2	2.1363	—	—	—	—	—		—	—
QMn5	5锰青铜	—	—	—	CuMn5	2.1366	—	—	—	—	—	БРМц5	—	—
QZr2	2锆青铜	—	—	—	CuZr		—	—	—	C15000	—		—	—
QZr0.4	0.4锆青铜	—	—	—	—		—	—	—	—	—		—	—
QCr0.5	0.5铬青铜	CuCr1	—	—	CuCr	1.1291	—	—	—	C18100	—	БРХ1	—	—
QCr0.5-0.2-0.1	0.5-0.2-0.1铬青铜	—	—	—	—		—	—	—	C18200	—		—	—
QCr0.6-0.4-0.05	0.6-0.4-0.05铬青铜	CuCrZr	—	—	—		—	—	—	—	—		—	—
QCr1	1铬青铜	—	—	—	—		—	—	—	—	—		—	—
QCd1	1镉青铜	CuCd1	—	—	CuCd1	2.1266	C108	—	—	C16200	—	БРКД1	—	—
QMg0.8	0.8镁青铜	—	—	—	CuMg0.7		—	—	—	—	—	БРМг0.3	—	—
QFe2.5	2.5铁青铜	—	—	—	—		—	—	—	—	—		—	—
QTe0.5	0.5碲青铜	—	—	—	—		—	—	—	—	—		—	—

加工铜、黄铜、青铜产品（圆形棒材、方形棒材和六角形棒材）的力学性能、硬度在标准 GB/T 4423—2007 中有规定，见表 2-165，矩形棒材的力学性能见表 2-166。YS/T 649—2007 标准中规定的铜及铜合金挤制棒材的力学性能见表 2-167。

铜合金大多具有优良的铸造性能，可以铸造成形。铸造铜合金种类较多。我国标准 GB/T 1176—2013《铸造铜及铜合金》中确定的铸造铜合金牌号和化学成分见表 2-168；铸造铜合金力学性能见表 2-169，铸造铜合金中外牌号对照见表 2-170。

铜及铜合金在许多介质中具有良好的耐腐蚀性能，依据合金成分不同，耐腐蚀性能也有差别。

加工铜合金和铸造铜合金在通用机械设备中应用广泛，可制造泵体、泵盖、泵轮、轴套、耐磨环、蜗轮、齿轮、衬套、滑动轴承等零部件。

表 2-165 圆形棒材、方形棒材和六角形棒材的力学性能（GB/T 4423—2007）

牌　　号	状　　态	直径、对边距 /mm	抗拉强度 R_m /MPa	断后伸长率 A /%	布氏硬度（HBW）
			不小于		
T2、T3	Y	3～40	275	10	—
		40～60	245	12	—
		60～80	210	16	—
	M	3～80	200	40	—
TU1、TU2、TP2	Y	3～80	—	—	—
H96	Y	3～40	275	8	—
		40～60	245	10	—
		60～80	205	14	—
	M	3～80	200	40	—
H90	Y	3～40	330	—	—
H80	Y	3～40	390	—	—
	M	3～40	275	50	—
H68	Y_2	3～12	370	18	—
		12～40	315	30	—
		40～80	295	34	—
	M	13～35	295	50	—
H65	Y	3～40	390	—	—
	M	3～40	295	44	—
H62	Y_2	3～40	370	18	—
		40～80	335	24	—
HPb61-1	Y_2	3～20	390	11	—
HPb59-1	Y_2	3～20	420	12	—
		20～40	390	14	—
		40～80	370	19	—
HPb63-0.1 H63	Y_2	3～20	370	18	—
		20～40	340	21	—
HPb63-3	Y	3～15	490	4	—
		15～20	450	9	—
		20～30	410	12	—
	Y_2	3～20	390	12	—
		20～60	360	16	—
HSn62-1	Y	4～40	390	17	—
		40～60	360	23	—

牌　号	状　态	直径、对边距/mm	抗拉强度 R_m/MPa	断后伸长率 A/%	布氏硬度（HBW）
			不小于		
HMn58-2	Y	4～12	440	24	—
		12～40	410	24	—
		40～60	390	29	—
HFe58-1-1	Y	4～40	440	11	—
		40～60	390	13	—
HFe59-1-1	Y	4～12	490	17	—
		12～40	440	19	—
		40～60	410	22	—
QAl9-2	Y	4～40	540	16	—
QAl9-4	Y	4～40	580	13	—
QAl10-3-1.5	Y	4～40	630	8	—
QSi3-1	Y	4～12	490	13	—
		12～40	470	19	—
QSi1.8	Y	3～15	500	15	—
QSn6.5-0.1 QSn6.5-0.4	Y	3～12	470	13	—
		12～25	440	15	—
		25～40	410	18	—
QSn7-0.2	Y	4～40	440	19	130～200
	T	4～40	—	—	≥180
QSn4-0.3	Y	4～12	410	10	—
		12～25	390	13	—
		25～40	355	15	—
QSn4-3	Y	4～12	430	14	—
		12～25	370	21	—
		25～35	335	23	—
		35～40	315	23	—
QCd1	Y	4～60	370	5	≥100
	M	4～60	215	36	≤75
QCr0.5	Y	4～40	390	6	—
	M	4～40	230	40	—
QZr0.2、QZr0.4	Y	3～40	294	6	130[①]
BZn15-20	Y	4～12	440	6	—
		12～25	390	8	—
		25～40	345	13	—
	M	3～40	295	33	—
BZn15-24-1.5	T	3～18	590	3	—
	Y	3～18	440	5	—
	M	3～18	295	30	—
BFe30-1-1	Y	16～50	490	—	—
	M	16～50	345	25	—
BMn40-1.5	Y	7～20	540	6	—
		20～30	490	8	—
		30～40	440	11	—

① 此硬度值为经淬火处理及冷加工时效后的性能参考值。

注：直径或对边距离小于 10mm 的棒材不做硬度试验。

表 2-166 矩形棒材的力学性能 （GB/T 4423—2007）

牌　　号	状　　态	高度/mm	抗拉强度 R_m/MPa	断后伸长率 A/%
			\multicolumn{2}{c}{不小于}	
T2	M	3～80	196	36
	Y	3～80	245	9
H62	Y_2	3～20	335	17
		20～80	335	23
HPb59-1	Y_2	5～20	390	12
		20～80	375	18
HPb63-3	Y_2	3～20	380	14
		20～80	365	19

表 2-167 棒材的力学性能 （YS/T 649）

牌　　号	直径（对边距）/mm	抗拉强度 R_m/MPa	断后伸长率 A/%	布氏硬度（HBW）
T2、T3、TU1、TU2、TP2	≤120	≥186	≥40	—
H98	≤80	≥196	≥35	—
H80	≤120	≥275	≥45	—
H68	≤80	≥295	≥45	—
H62	≤160	≥295	≥35	—
H59	≤120	≥295	≥30	—
HPb59-1	≤160	≥340	≥17	—
HSn62-1	≤120	≥365	≥22	—
HSn70-1	≤75	≥245	≥45	—
HMn58-2	≤120	≥395	≥29	—
HMn55-3-1	≤75	≥490	≥17	—
HMn57-3-1	≤70	≥490	≥16	—
HFe58-1-1	≤120	≥295	≥22	—
HFe59-1-1	≤120	≥430	≥31	—
HAl60-1-1	≤120	≥440	≥20	—
HAl66-6-3-2	≤75	≥735	≥8	—
HAl67-2.5	≤75	≥395	≥17	—
HAl77-2	≤75	≥245	≥45	—
HNi56-3	≤75	≥440	≥28	—
HSi80-3	≤75	≥295	≥28	—
QAl9-2	≤45	≥490	≥18	110～190
	＞45～160	≥470	≥24	—
QAl9-4	≤120	≥540	≥17	110～190
	＞120	≥450	≥13	
QAl10-3-1.5	≤16	≥610	≥9	130～190
	＞16	≥590	≥13	
QAl10-4-4	≤29	≥690	≥5	
QAl10-5-5	＞29～120	≥635	≥6	170～260
	＞120	≥590	≥6	
QAl11-6-6	≤28	≥690	≥4	
	＞28～50	≥635	≥5	
QSi1-3	≤80	≥490	≥11	—
QSi3-1	≤100	≥345	≥23	—
QSi3.5-3-1.5	40～120	≥380	≥35	—
QSn4-0.3	60～120	≥280	≥30	—
QSn4-3	40～120	≥375	≥30	—
QSn6.5-0.1、	≤40	≥355	≥55	—
QSn6.5-0.4	＞40～100	≥345	≥60	
	＞100	≥315	≥64	
QSn7-0.2	40～120	≥355	≥64	≥70
QCd1	20～120	≥196	≥38	≤75
QCr0.5	20～160	≥230	≥35	—
BZn15-20	≤80	≥295	≥33	—
BFe10-1-1	≤80	≥280	≥30	—
BFe30-1-1	≤80	≥345	≥28	—
BAl13-3	≤80	≥685	≥7	—
BMn40-1.5	≤80	≥345	≥28	—

注：直径大于 50mm 的 QAl10-3-1.5 棒材，当断后伸长率 A 不小于 16％时，其抗拉强度可不小于 540MPa。

表 2-168 铸造铜及铜合金主要元素化学成分（GB/T 1176—2013）

序号	合金牌号	合金名称	主要元素含量（质量分数）/%											
			Sn	Zn	Pb	P	Ni	Al	Fe	Mn	Si	其他	Cu
1	ZCu99	99 铸造纯铜	—	—	—	—	—	—	—	—	—	—	≥99.0
2	ZCuSn3Zn8Pb6Ni1	3-8-6-1 锡青铜	2.0~4.0	6.0~9.0	4.0~7.0	—	0.5~1.5	—	—	—	—	—	其余
3	ZCuSn3Zn11Pb4	3-11-4 锡青铜	2.0~4.0	9.0~13.0	3.0~6.0	—	—	—	—	—	—	—	其余
4	ZCuSn5Pb5Zn5	5-5-5 锡青铜	4.0~6.0	4.0~6.0	4.0~6.0	—	—	—	—	—	—	—	其余
5	ZCuSn10P1	10-1 锡青铜	9.0~11.5	—	—	0.8~1.1	—	—	—	—	—	—	其余
6	ZCuSn10Pb5	10-5 锡青铜	9.0~11.0	—	4.0~6.0	—	—	—	—	—	—	—	其余
7	ZCuSn10Zn2	10-2 锡青铜	9.0~11.0	1.0~3.0		—	—	—	—	—	—	—	其余
8	ZCuPb9Sn5	9-5 铅青铜	4.0~6.0	—	8.0~10.0	—	—	—	—	—	—	—	其余
9	ZCuPb10Sn10	10-10 铅青铜	9.0~11.0	—	8.0~11.0	—	—	—	—	—	—	—	其余
10	ZCuPb15Sn8	15-8 铅青铜	7.0~9.0	—	13.0~17.0	—	—	—	—	—	—	—	其余
11	ZCuPb17Sn4Zn4	17-4-4 铅青铜	3.5~5.0	2.0~6.0	14.0~20.0	—	—	—	—	—	—	—	其余
12	ZCuPb20Sn5	20-5 铅青铜	4.0~6.0	—	18.0~23.0	—	—	—	—	—	—	—	其余
13	ZCuPb30	30 铅青铜	—	—	27.0~33.0	—	—	—	—	—	—	—	其余
14	ZCuAl8Mn13Fe3	8-13-3 铝青铜	—	—	—	—	—	7.0~9.0	2.0~4.0	12.0~14.5	—	—	其余
15	ZCuAl8Mn13Fe3Ni2	8-13-3-2 铝青铜	—	—	—	—	1.8~2.5	7.0~8.5	2.5~4.0	11.5~14.0	—	—	其余
16	ZCuAl8Mn14Fe3Ni2	8-14-3-2 铝青铜	—	<0.5	—	—	1.9~2.3	7.4~8.1	2.6~3.5	12.4~13.2	—	—	其余
17	ZCuAl9Mn2	9-2 铝青铜	—	—	—	—	—	8.0~10.0	—	1.5~2.5	—	—	其余
18	ZCuAl8Be1Co1	8-1-1 铝青铜	—	—	—	—	—	7.0~8.5	<0.4	—	—	Be 0.7~1.0 Co 0.7~1.0	其余

序号	合金牌号	合金名称	主要元素含量（质量分数）/%										
			Sn	Zn	Pb	P	Ni	Al	Fe	Mn	Si	其他	Cu
19	ZCuAl9Fe4Ni4Mn2	9-4-4-2铝青铜	—	—	—	—	4.0~5.0*	8.5~10.0	4.0~5.0*	0.8~2.5	—	—	其余
20	ZCuAl10Fe4Ni4	10-4-4铝青铜	—	—	—	—	3.5~5.5	9.5~11.0	3.5~5.5	—	—	—	其余
21	ZCuAl10Fe3	10-3铝青铜	—	—	—	—	—	8.5~11.0	2.0~4.0	—	—	—	其余
22	ZCuAl10Fe3Mn2	10-3-2铝青铜	—	—	—	—	—	9.0~11.0	2.0~4.0	1.0~2.0	—	—	其余
23	ZCuZn38	38黄铜	—	其余	—	—	—	—	—	—	—	—	60.0~63.0
24	ZCuZn21Al5Fe2Mn2	21-5-2-2铝黄铜	＜0.5	其余	—	—	—	4.5~6.0	2.0~3.0	2.0~3.0	—	—	67.0~70.0
25	ZCuZn25Al6Fe3Mn3	25-6-3-3铝黄铜	—	其余	—	—	—	4.5~7.0	2.0~4.0	2.0~4.0	—	—	60.0~66.0
26	ZCuZn26Al4Fe3Mn3	26-4-3-3铝黄铜	—	其余	—	—	—	2.5~5.0	2.0~4.0	2.0~4.0	—	—	60.0~66.0
27	ZCuZn31Al2	31-2铝黄铜	—	其余	—	—	—	2.0~3.0	—	—	—	—	66.0~68.0
28	ZCuZn35Al2Mn2Fe1	35-2-2-1铝黄铜	—	其余	—	—	—	0.5~2.5	0.5~2.0	0.1~3.0	—	—	57.0~65.0
29	ZCuZn38Mn2Pb2	38-2-2锰黄铜	—	其余	1.5~2.5	—	—	—	—	1.5~2.5	—	—	57.0~60.0
30	ZCuZn40Mn2	40-2锰黄铜	—	其余	—	—	—	—	—	1.0~2.0	—	—	57.0~60.0
31	ZCuZn40Mn3Fe1	40-3-1锰黄铜	—	其余	—	—	—	—	0.5~1.5	3.0~4.0	—	—	53.0~58.0
32	ZCuZn33Pb2	33-2铅黄铜	—	其余	1.0~3.0	—	—	—	—	—	—	—	63.0~67.0
33	ZCuZn40Pb2	40-2铅黄铜	—	其余	0.5~2.5	—	—	0.2~0.8	—	—	—	—	58.0~63.0
34	ZCuZn16Si4	16-4硅黄铜	—	其余	—	—	—	—	—	—	2.5~4.5	—	79.0~81.0
35	ZCuNi10Fe1Mn1	10-1-1镍白铜	—	—	—	—	9.0~11.0	—	1.0~1.8	0.8~1.5	—	—	84.5~87.0
36	ZCuNi30Fe1Mn1	30-1-1镍白铜	—	—	—	—	29.5~31.5	—	0.25~1.5	0.8~1.5	—	—	65.0~67.0

注：＊表示铁的含量不能超过镍的含量。

表 2-169 铸造铜及铜合金的室温力学性能 (GB/T 1176—2013)

序号	合金牌号	铸造方法	室温力学性能,不低于			
			抗拉强度 R_m/MPa	屈服强度 $R_{p0.2}$/MPa	伸长率 A/%	布氏硬度(HBW)
1	ZCu99	S	150	40	40	40
2	ZCuSn3Zn8Pb6Ni1	S	175	—	8	60
		J	215	—	10	70
3	ZCuSn3Zn11Pb4	S、R	175	—	8	60
		J	215	—	10	60
4	ZCuSn5Pb5Zn5	S、J、R	200	90	13	60*
		Li、La	250	100	13	65*
5	ZCuSn10P1	S、R	220	130	3	80*
		J	310	170	2	90*
		Li	330	170	4	90*
		La	360	170	6	90*
6	ZCuSn10Pb5	S	195	—	10	70
		J	245	—	10	70
7	ZCuSn10Zn2	S	240	120	12	70*
		J	245	140	6	80*
		Li、La	270	140	7	80*
8	ZCuPb9Sn5	La	230	110	11	60
9	ZCuPb10Sn10	S	180	80	7	65*
		J	220	140	5	70*
		Li、La	220	110	6	70*
10	ZCuPb15Sn8	S	170	80	5	60*
		J	200	100	6	65*
		Li、La	220	100	8	65*
11	ZCuPb17Sn4Zn4	S	150	—	5	55
		J	175	—	7	60
12	ZCuPb20Sn5	S	150	60	5	45*
		J	150	70	6	55*
		La	180	80	7	55*
13	ZCuPb30	J	—	—	—	25
14	ZCuAl8Mn13Fe3	S	600	270	15	160
		J	650	280	10	170
15	ZCuAl8Mn13Fe3Ni2	S	645	280	20	160
		J	670	310	18	170
16	ZCuAl8Mn14Fe3Ni2	S	735	280	15	170
17	ZCuAl9Mn2	S、R	390	150	20	85
		J	440	160	20	95

序号	合金牌号	铸造方法	室温力学性能,不低于			
			抗拉强度 R_m/MPa	屈服强度 $R_{p0.2}$/MPa	伸长率 A/%	布氏硬度(HBW)
18	ZCuAl8Be1Co1	S	647	280	15	160
19	ZCuAl9Fe4Ni4Mn2	S	630	250	16	160
20	ZCuAl10Fe4Ni4	S	539	200	5	155
		J	588	235	5	166
21	ZCuAl10Fe3	S	490	180	13	100[*]
		J	540	200	15	110[*]
		Li、La	540	200	15	110[*]
22	ZCuAl10Fe3Mn2	S、R	490	—	15	110
		J	540	—	20	120
23	ZCuZn38	S	295	95	30	60
		J	295	95	30	70
24	ZCuZn21Al5Fe2Mn2	S	608	275	15	160
25	ZCuZn25Al6Fe3Mn3	S	725	380	10	160[*]
		J	740	400	7	170[*]
		Li、La	740	400	7	170[*]
26	ZCuZn26Al4Fe3Mn3	S	600	300	18	120[*]
		J	600	300	18	130[*]
		Li、La	600	300	18	130[*]
27	ZCuZn31Al2	S、R	295	—	12	80
		J	390	—	15	90
28	ZCuZn35Al2Mn2Fe2	S	450	170	20	100[*]
		J	475	200	18	110[*]
		Li、La	475	200	18	110[*]
29	ZCuZn38Mn2Pb2	S	245	—	10	70
		J	345	—	18	80
30	ZCuZn40Mn2	S、R	345	—	20	80
		J	390	—	25	90
31	ZCuZn40Mn3Fe1	S、R	440	—	18	100
		J	490	—	15	110
32	ZCuZn33Pb2	S	180	70	12	50[*]
33	ZCuZn40Pb2	S、R	220	95	15	80[*]
		J	280	120	20	90[*]
34	ZCuZn16Si4	S、R	345	180	15	90
		J	390	—	20	100
35	ZCuNi10Fe1Mn1	S、J、Li、La	310	170	20	100
36	ZCuNi30Fe1Mn1	S、J、Li、La	415	220	20	140

注:有"*"符号的数据为参考值。

表2-170 铸造铜合金中外牌号对照表

中国 GB		国际标准	欧洲标准		德国		英国	法国	瑞典	美国		俄罗斯	日本	韩国
牌号	曾用牌号	ISO	EN	Mat. No.	DIN	W. Nr	BS	NF	SS	ASTM	SAE	ГОСТ	JIS	KS
ZCuSn3Zn8Pb6Ni1	ZQSn3-8-6-1	—	CuSn3Zn8Pb5-B CuSn3ZnPb5-C	—	G-CuSn2ZnPb	2.1098.01	LG1	CuSn3Zn9Pb1	—	C83800	—	БрО3Ц7С5Н1	CAC401	—
ZCuSn3Zn11Pb4	ZQSn3-11-4	—	CuSn5Zn5Pb5-B CuSn5Zn5Pb5-C	—			—	—	—	C83450	—	БрО3Ц12С5	BC1 CAC401	—
ZCuSn5Pb5Zn5	ZQSn5-5-5	CuPb5Sn5Zn5			G-CuSn5ZnPb	2.1096.01	LG2	CuSn5Zn5Pb5	—	C83600	—	БрО5Ц5С5	BC6 CAC406	—
	ZQSn6-6-3				G-CuSn7ZnPb	2.1090.01	LG3	CuSn7Pb6Zn4	—	C83800	—	БрО6Ц6С3	BC7	—
ZCuSn10P1	ZQSn10-1	CuSn10P	CuSn11P-B CuSn11P-C	—			PB1	—	—	C90700	—	БрО10Ф1	PBC2 CAC502B	—
ZCuSn10Zn2	ZQSn10-2	CuSn10Zn2	CuSn10-B CuSn10-C	—	G-CuSn10Zn	2.1086.01	G1	CuSn12	—	C90500	—	БрО10Ц2	BC3 CAC403	—
ZCuSn10Pb5	ZQSn10-5	—	CuZn11Pb2-B CuSn11Pb2-C	—	G-CuPb5Sn	2.1170.01	—	—	—	C92900	—	БрО10С5	LBC2 CAC602	—
ZCuPb10Sn10	ZQPb10-10	CuPb10Sn10	CuSn10P-B CuSn10P-C	—	G-CuPb10Sn	2.1176.01	LB2	CuPb10Sn10	—	C93700	—	БрО10С10	LBC3 CAC603	—
ZCuPb15Sn8	ZQPb15-8	CuPb15Sn8	CuSn7Pb15-B CuSn7Pb15-C	—	G-CuPb15Sn	2.1182.01	LB1	—	—	C93800	—		LBC4 CAC604	—
ZCuPb17Sn4Zn4	ZQPb17-4-4	—					—	—	—	C94100	—	БрО4Ц4С17		—
ZCuPb20Sn5	ZQPb20-5	CuPb20Sn5	CuSn5Pb20-B CuSn5Pb20-C	—	G-CuPb20Sn	2.1188.01	LB5	CuPb20Sn5	—	C94500	—	БрО5С25	LBBC5 CAC605	—
ZCuPb30	ZQPb30	—					—	—	—	C94300	—	БрС30		—
ZCuAl8Mn13Fe3	ZQAl8-13-3	—					CMA1	—	—	C95700	—		CAC704	—
ZCuAl8Mn13Fe3Ni2	ZQAl8-13-3-2	—					CMA1	—	—	C95700	—	БрА7Мц15Ж3Н2Ц2	ALBC4 CAC704	—
ZCuAl9Mn2	ZQAl9-2	CuAl9	CuAl9-B CuAl9-C	—			—	—	—	C95520	—	БрАМц9-2Л	CAC701	—
ZCuAl9Fe4Ni4Mn2	ZQAl9-4-4-2	CuAl10Fe5Ni5	CuAl10Fe5Ni5-B CuAl10Fe5Ni5-C	—			AB2	CuAl10Fe5Ni5	—	C95810	—	БрА9Ж4Н4МЦ1	ALBC3 CA—C703	—

牌号 (中国 GB)	曾用牌号 (中国 GB)	ISO (国际标准)	EN (欧洲标准)	Mat. No. (欧洲标准)	DIN (德国)	W. Nr (德国)	BS (英国)	NF (法国)	SS (瑞典)	ASTM (美国)	UNS (美国)	ГОСТ (俄罗斯)	JIS (日本)	KS (韩国)
ZCuAl10Fe3	ZQAl10-3	CuAl10Fe3	CuAl10Fe2-B / CuAl10Fe2-C	—	G-CuAl10Fe	2.0940.01	AB1	CuAl10Fe3	—	C95200	—	БрА9Ж3Л	ALBC1 / CAC701-C	—
ZCuAl10Fe3-Mn2	ZQAl10-3-2	CuAl10Fe3	CuAl10Fe2-B / CuAl10Fe2-C	—	—	—	—	—	—	C95500	—	БрА10Ж3Мц2Л	ALBC2 / CAC702-C	—
ZCuZn38	ZH62	CuZn40Pb	CuZn38Al-B / CuZn38Al-C	—	G-CuZn38Al	2.0591.02	BCB1	CuZn40	—	C85700	—	ЛЦ40С	YBsC1	—
ZCuZn25Al6Fe3Mn3	ZHAl25-6-3-3	CuZn25Al6Fe3Mn3	CuZn25Al5Mn4Fe3-B / CuZn25Al5Mn4Fe3-C	—	—	—	HTB3	CuZn23Al4	—	C86300	—	ЛЦ23А6Ж3Мц2	HBsC4C / CAC304-C	—
ZCuZn26Al4Fe3Mn3	ZHAl26-4-3-3	CuZn26Al14Fe3Mn3	CuZn25Al5Mn4Fe3-B / CuZn25Al5Mn4Fe3-C	—	—	—	HTB3	CuZn23Al4	—	C86300	—	ЛЦ23А6Ж3Мц2	HBsC4C / CAC303-C	—
ZCuZn31Al2	ZHAl31-2	—	CuZn37Al1-B / CuZn37Al1-C	—	—	—	—	—	—	C86500	—	ЛЦ30А3	—	—
ZCuZn35Al2-Mn2Fe1	ZHAl35-2-2-1	CuZn35AlFeMn		—	G-CuZn35Al1	2.0592.01	HTB1	CuZn30Al FeMn	—	C86500	—	ЛАМц59-1-1Л	HBsC1 / CAC301-C	—
ZCuZn38Mn2Pb2	ZHMn38-2-2	—		—	—	—	—	—	—	C86700	—	ЛЦ38Мц2С2	HBsC1C	—
ZCuZn40Mn2	ZHMn40-2	—		—	—	—	—	—	—		—	ЛЦ40Мц3Ж	HBsC2C / CAC302-C	—
ZCuZn40Mn3-Fe1	ZHMn40-3-1	—		—	—	—	—	—	—	C86800	—	ЛЦ40МцА	HBsC2 / CAC202	—
ZCuZn33Pb2		CuZn33Pb2	ZCuZn33Pb2-B / ZCuZn33Pb-C	—	—	—	SCB3	—	—	C85400	—		YBsC3 / CAC203	—
ZCuZn40Pb2	ZHPb59-1	CuZn40Pb2	ZCuZn39Pb1Al-B / ZCuZn39Pb1Al-C	—	G-CuZn37Pb	2.0340.02	DCB3	—	—	C85700	—	ЛЦ40СД		—
ZCuZn16Si4	ZHSi80-3	CuZn16Si4	CuZn16Si4-B / CuZn16Si4-C	—	G-CuZn15Si4	2.0492.01	—	—	—	C87400	—	ЛЦ16К4	SZBC1 / CAC803	—

2.4.16 铸造铝合金

铝合金密度小、塑性好、耐蚀性好，还有良好的导电性，有一定的力学性能和工艺性能。铝合金铸造性能优良，铸造铝合金广泛应用于机械产品制造中。铸造铝合金中铝-硅合金力学性能较好，抗腐蚀性能高；铝-铜合金有高的力学性能、高的耐热性；铝-镁合金耐蚀性最好，特别是抗电化学腐蚀性好。

铸造铝合金在机械产品生产中，主要用于制造在某些耐蚀介质中用泵的泵体、叶轮、阀体等。

我国标准 GB/T 1173—2013《铸造铝合金》中确定的牌号和化学成分见表 2-171；力学性能见表 2-172；部分铸造铝合金中外牌号对照见表 2-173。

表 2-171 铸造铝合金的化学成分（GB/T 1173—2013）

合金种类	合金牌号	合金代号	主要元素（质量分数）/%							
			Si	Cu	Mg	Zn	Mn	Ti	其他	Al
Al-Si合金	ZAlSi7Mg	ZL101	6.5~7.5	—	0.25~0.45	—	—	—	—	余量
	ZAlSi7MgA	ZL101A	6.5~7.5	—	0.25~0.45	—	—	0.08~0.20	—	余量
	ZAlSi12	ZL102	10.0~13.0	—	—	—	—	—	—	余量
	ZAlSi9Mg	ZL104	8.0~10.5	—	0.17~0.35	—	0.2~0.5	—	—	余量
	ZAlSi5Cu1Mg	ZL105	4.5~5.5	1.0~1.5	0.4~0.6	—	—	—	—	余量
	ZAlSi5Cu1MgA	ZL105A	4.5~5.5	1.0~1.5	0.4~0.55	—	—	—	—	余量
	ZAlSi8Cu1Mg	ZL106	7.5~8.5	1.0~1.5	0.3~0.5	—	0.3~0.5	0.10~0.25	—	余量
	ZAlSi7Cu4	ZL107	6.5~7.5	3.5~4.5	—	—	—	—	—	余量
	ZAlSi12Cu2Mg1	ZL108	11.0~13.0	1.0~2.0	0.4~1.0	—	0.3~0.9	—	—	余量
	ZAlSi12Cu1Mg1Ni1	ZL109	11.0~13.0	0.5~1.5	0.8~1.3	—	—	—	Ni 0.8~1.5	余量
	ZAlSi5Cu6Mg	ZL110	4.0~6.0	5.0~8.0	0.2~0.5	—	—	—	—	余量
	ZAlSi9Cu2Mg	ZL111	8.0~10.0	1.3~1.8	0.4~0.6	—	0.10~0.35	0.10~0.35	—	余量
	ZAlSi7Mg1A	ZL114A	6.5~7.5	—	0.45~0.75	—	—	0.10~0.20	Be 0~0.07	余量
	ZAlSi5Zn1Mg	ZL115	4.8~6.2	—	0.4~0.65	1.2~1.8	—	—	Sb 0.1~0.25	余量
	ZAlSi8MgBe	ZL116	6.5~8.5	—	0.35~0.55	—	—	0.10~0.30	Be 0.15~0.40	余量
	ZAlSi7Cu2Mg	ZL118	6.0~8.0	1.3~1.8	0.2~0.5	—	0.1~0.3	0.10~0.25	—	余量
Al-Cu合金	ZAlCu5Mn	ZL201	—	4.5~5.3	—	—	0.6~1.0	0.15~0.35	—	余量
	ZAlCu5MnA	ZL201A	—	4.8~5.3	—	—	0.6~1.0	0.15~0.35	—	余量
	ZAlCu10	ZL202	—	9.0~11.0	—	—	—	—	—	余量
	ZAlCu4	ZL203	—	4.0~5.0	—	—	—	—	—	余量
	ZAlCu5MnCdA	ZL204A	—	4.6~5.3	—	—	0.6~0.9	0.15~0.35	Cd 0.15~0.25	余量

合金种类	合金牌号	合金代号	主要元素(质量分数)/%							
			Si	Cu	Mg	Zn	Mn	Ti	其他	Al
Al-Cu合金	ZAlCu5MnCdVA	ZL205A	—	4.6~5.3	—	—	0.3~0.5	0.15~0.35	Cd 0.15~0.25 V 0.05~0.3 Zr 0.15~0.25 B 0.005~0.6	余量
	ZAlR5Cu3Si2	ZL207	1.6~2.0	3.0~3.4	0.15~0.25	—	0.9~1.2	—	Zr 0.15~0.2 Ni 0.2~0.3 RE 4.4~5.0	余量
Al-Mg合金	ZAlMg10	ZL301	—	—	9.5~11.0	—	—	—	—	余量
	ZAlMg5Si	ZL303	0.8~1.3	—	4.5~5.5	—	0.1~0.4	—	—	余量
	ZAlMg8Zn1	ZL305	—	—	7.5~9.0	1.0~1.5	—	0.10~0.20	Be 0.03~0.10	余量
Al-Zn合金	ZAlZn11Si7	ZL401	6.0~8.0	—	0.1~0.3	9.0~13.0	—	—	—	余量
	ZAlZn6Mg	ZL402	—	—	0.5~0.65	5.0~6.5	0.2~0.5	0.15~0.25	Cr 0.4~0.6	余量

注："RE"为"含铈混合稀土",其中混合稀土总量应不少于98%,铈含量不少于45%。

表 2-172　铸造铝合金的力学性能(GB/T 1173—2013)

合金种类	合金牌号	合金代号	铸造方法	合金状态	力学性能 ≥		
					抗拉强度 R_m/MPa	伸长率 A/%	布氏硬度(HBW)
Al-Si合金	ZAlSi7Mg	ZL101	S、J、R、K	F	155	2	50
			S、J、R、K	T2	135	2	45
			JB	T4	185	4	50
			S、R、K	T4	175	4	50
			J、JB	T5	205	2	60
			S、R、K	T5	195	2	60
			SB、RB、KB	T5	195	2	60
			SB、RB、KB	T6	225	1	70
			SB、RB、KB	T7	195	2	60
			SB、RB、KB	T8	155	3	55
	ZAlSi7MgA	ZL101A	S、R、K	T4	195	5	60
			J、JB	T4	225	5	60
			S、R、K	T5	235	4	70
			SB、RB、KB	T5	235	4	70
			J、JB	T5	265	4	70
			SB、RB、KB	T6	275	2	80
			J、JB	T6	295	3	80

合金种类	合金牌号	合金代号	铸造方法	合金状态	力学性能 ≥		
					抗拉强度 R_m/MPa	伸长率 A/%	布氏硬度（HBW）
Al-Si 合金	ZAlSi12	ZL102	SB、JB、RB、KB	F	145	4	50
			J	F	155	2	50
			SB、JB、RB、KB	T2	135	4	50
			J	T2	145	3	50
	ZAlSi9Mg	ZL104	S、R、J、K	F	150	2	50
			J	T1	200	1.5	65
			SB、RB、KB	T6	230	2	70
			J、JB	T6	240	2	70
	ZAlSi5Cu1Mg	ZL105	S、J、R、K	T1	155	0.5	65
			S、R、K	T5	215	1	70
			J	T5	235	0.5	70
			S、R、K	T6	225	0.5	70
			S、J、R、K	T7	175	1	65
	ZAlSi5Cu1MgA	ZL105A	SB、R、K	T5	275	1	80
			J、JB	T5	295	2	80
	ZAlSi8Cu1Mg	ZL106	SB	F	175	1	70
			JB	T1	195	1.5	70
			SB	T5	235	2	60
			JB	T5	255	2	70
			SB	T6	245	1	80
			JB	T6	265	2	70
			SB	T7	225	2	60
			JB	T7	245	2	60
	ZAlSi7Cu4	ZL107	SB	F	165	2	65
			SB	T6	245	2	90
			J	F	195	2	70
			J	T6	275	2.5	100
	ZAlSi12Cu2Mg1	ZL108	J	T1	195	—	85
			J	T6	255	—	90
	ZAlSi12Cu1Mg1Ni1	ZL109	J	T1	195	0.5	90
			J	T6	245	—	100
	ZAlSi5Cu6Mg	ZL110	S	F	125	—	80
			J	F	155	—	80
			S	T1	145	—	80
			J	T1	165	—	90
	ZAlSi9Cu2Mg	ZL111	J	F	205	1.5	80
			SB	T6	255	1.5	90
			J、JB	T6	315	2	100
	ZAlSi7Mg1A	ZL114A	SB	T5	290	2	85
			J、JB	T5	310	3	95
	ZAlSi5Zn1Mg	ZL115	S	T4	225	4	70
			J	T4	275	6	80

合金种类	合金牌号	合金代号	铸造方法	合金状态	力学性能 ≥		
					抗拉强度 R_m/MPa	伸长率 A/%	布氏硬度（HBW）
Al-Si合金	ZAlSi5Zn1Mg	ZL115	S	T5	275	3.5	90
			J	T5	315	5	100
	ZAlSi8MgBe	ZL116	S	T4	255	4	70
			J	T4	275	6	80
			S	T5	295	2	85
			J	T5	335	4	90
	ZAlSi7Cu2Mg	ZL118	SB、RB	T6	290	1	90
			JB	T6	305	2.5	105
Al-Cu合金	ZAlCu5Mg	ZL201	S、J、R、K	T4	295	8	70
			S、J、R、K	T5	335	4	90
			S	T7	315	2	80
	ZAlCu5MgA	ZL201A	S、J、R、K	T5	390	8	100
	ZAlCu10	ZL202	S、J	F	104	—	50
			S、J	T6	163	—	100
	ZAlCu4	ZL203	S、R、K	T4	195	6	60
			J	T4	205	6	60
			S、R、K	T5	215	3	70
			J	T5	225	3	70
	ZAlCu5MnCdA	ZL204A	S	T5	440	4	100
	ZAlCu5MnCdVA	ZL205A	S	T5	440	7	100
			S	T6	470	3	120
			S	T7	460	2	110
	ZAlR5Cu3Si2	ZL207	S	T1	165	—	75
			J	T1	175	—	75
Al-Mg合金	ZAlMg10	ZL301	S、J、R	T4	280	9	60
	ZAlMg5Si	ZL303	S、J、R、K	F	143	1	55
	ZAlMg8Zn1	ZL305	S	T4	290	8	90
Al-Zn合金	ZAlZn11Si7	ZL401	S、R、K	T1	195	2	80
			J	T1	245	1.5	90
	ZAlZn6Mg	ZL402	J	T1	235	4	70
			S	T1	220	4	65

注：1. S——砂型铸造；J——金属型铸造；R——熔模铸造；K——壳型铸造；B——变质处理。

2. F——铸态；T1——人工时效；T2——退火；T4——固溶处理+自然时效；T5——固溶处理+不完全人工时效；T6——固溶处理+完全人工时效；T7——固溶处理+稳定化处理；T8——固溶处理+软化处理。

表2-173　铸造铝合金中外牌号对照表

中国 GB 牌号	中国 GB 曾用牌号	国际标准 ISO	欧洲标准 EN	欧洲标准 Mat. No.	德国 DIN	德国 W. Nr	英国 BS	法国 NF	瑞典 SS	美国 ANSI	美国 UNS	俄罗斯 ГОСТ	日本 JIS	韩国 KS
ZAlSi7Mg	ZL101	Al-Si7Mg(Fe)	AC-AlSi7Mg	3.2371	G-AlSi7Mg	3.2371.61	LM25	A-S7G	—	356.0 A356.0	A03560 A13560	АЛ9	AC4C	—
ZAlSi7MgA	ZL101A	Al-Si7Mg(Fe)	AC-AlSi7Mg	3.2371	G-AlSi7Mg	3.2371.61	LM25	A-S7G03	—	356.2	A13560	АЛ9-1	AC4CH	—
ZAlSi12	ZL102	Al-Si12	AC-AlSi12(b)	3.2581	G-AlSi12	3.2581.01	LM6 LM20	A-S13	—	413.2	A04130	ЛА9-2	AC3A	—
ZAlSi9Mg	ZL104	Al-Si19Mg Al-Si10Mg	AC-AlSi19Mg	3.2381	G-AlSi19Mg	3.2381.01	LM9	A-S9G A-S10G	—	360.0 A360.0	A03600 A13600	АЛ4	AC4A	—
ZAlSi5Cu1Mg	ZL105	Al-Si5Cu1Mg	AC-AlSi5Cu1Mg	—	—	—	LM16		—	355.0 C355.0	A05550 A33550	АЛ5	AC4D	—
ZAlSi5Cu1MgA	ZL105A	Al-Si5Cu1Mg	AC-AlSi5Cu1Mg	—	—	—	LM16		—	C355.0	A03550	АЛ5-1	AC4D	—
ZAlSi8Cu1Mg	ZL106	—	AC-AlSi9Cu1Mg	—	G-AlSi9Cu3	3.1263.01	LM27		—	328.0	A02280	АЛ32	AC4B	—
ZAlSi7Cu4Mg	ZL107	-Al-Si6Cu4	AC-AlSi6Cu4	3.2151	G-AlSi6Cu4	3.2151.01	LM4 LM21	A-S5UZ A-S903	—	319.0	A03190 A03191	АЛ14Б（АК7М2）	AC2B	—
ZAlSi12Cu2Mg1	ZL108	Al-Si12Cu	AC-AlSi12(Cu)	3.2583	G-Al12(Cu)	3.2583	—		—	332.0	A23320	АЛ25	AC3A	—
ZAlSi12Cu1Mg1Ni1	ZL109	—	AC-AlSi12Cu NiMg		G-Al12(Cu)	3.2583	LM13	A-S12UN A-S13	—	336.0 336.1	A03360 A03361	АЛ30	AC3A	—
ZAlSi5Cu6Mg	ZL110	Al-Si6Cu4	AC-AlSi6Cu4	3.2151	G-AlSi6Cu4	3.2151	LM21		—	308.1	—	АЛ10Б（АК5М7）	—	—
ZAlSi9Cu2Mg	ZL111	Al-Si9Cu2Mg	AC-AlSi9Cu3	3.1263	G-AlSi9Cu3	3.1263	LM2	A-S9G	—	328.0	A03540 A03541	АЛ32	AC4B	—
ZAlSi7Mg1A	ZL114	Al-Si7Mg(Fe)	AC-AlSi7Mg0.6	3.2371	G-AlSi7Mg	3.2371	LM25	A-S7G06	—	357.0	A13570	АЛ9	AC4C	—

中国 GB		国际标准	欧洲标准		德国		英国	法国	瑞典	美国		俄罗斯	日本	韩国
牌号	曾用牌号	ISO	EN	Mat. No.	DIN	W. Nr	BS	NF	SS	ANSI	UNS	ГОСТ	JIS	KS
ZAlSi5Zn1Mg	ZL115	—	—	—	—	—	—	—	—	443.0	—	—	—	—
ZAlSi8MgBe	ZL116	—	—	—	—	—	—	—	—	357.0	—	АЛ34	—	—
ZAlCu5Mn	ZL201	Al-Cu5MgMn	—	—	—	—	—	—	—	—	—	АЛ19	—	—
ZAlCu5MnA	ZL201A	Al-Cu5MgMn	—	—	—	—	—	—	—	—	—	АЛ19	—	—
ZAlCu4	ZL203	AlCu4Ti	—	—	G-AlCu4Ti	3.184.61	2L99/2L92	A-U5GT	—	295.0 / B295.0	A02950	АЛ7	AC1A	—
ZAlCu5MnCdA	ZL204	—	—	—	—	—	—	—	—	—	—	—	—	—
ZAlCu5Mn CdVA	ZL205	—	—	—	—	—	—	—	—	—	—	—	—	—
ZAlMg10	ZL301	Al-Mg10	—	—	G-AlMg10	3.359143	LM10	A-G10Y4	—	520.0 / 520.2	A05200 / A05202	АЛ8	AC7B	—
ZAlMg5Si1	ZL303	Al-Mg5Si1	AC-AlMg5(Si)	—	G-AlMg5Si	3.3561.01	LM5	A-G6	—	514.0 / 514.1	A05140 / A05141	АЛ13	AC7A	—
ZAlMg8Zn1	ZL305	—	—	—	—	—	—	A-G6Y4	—	—	—	АЛ29	—	—
ZAlZn11Si7	ZL401	—	—	—	—	—	—	—	—	—	—	АЛ11	—	—
ZAlZn6Mg	ZL402	Al-Zn5Mg	—	—	—	—	LM31	A-Z5G	—	712.0 / 712.2	A07120 / A07122	—	—	—

2.4.17 钛及钛合金

钛以其高强度、高耐腐蚀性、优良的耐热性和低温性能、较小的相对密度等许多特点越来越得到广泛的应用，尤其在航天、航空、核能、海洋、化工等领域发挥重要作用。

工业纯钛的钛含量不低于99%，可含有少量的铁、碳、氧、氮等杂质。

工业纯钛强度较低、塑性好、易于加工成形，冲压性、焊接性也好。工业纯钛在大气、海水中均有较好的耐腐蚀性、抗氧化性。耐腐蚀性一般优于不锈钢。工业纯钛主要用于350℃以下、受力不大、要求高塑性的零部件制造。

以钛为基体金属，还含有其他合金元素，如铝、锡、铬、钼、钒等，并含有少量杂质的合金称钛合金。

α型钛合金中因含有α相的稳定元素（α稳定剂），其在室温状态下的组织是单相α相。α型钛合金经过固溶处理后可以得到强化，但强化效果不大。所以，α型钛合金在室温下强度不高，而在500～600℃的温度范围内可具有较高的强度和蠕变强度。α型钛合金组织稳定、抗氧化性好，耐腐蚀性和焊接加工性也好。α型钛合金适用于制造400～600℃温度区间工作的设备零部件。

β型钛合金是加入稳定β相的合金元素（β稳定剂）的钛合金，在室温下的组织为单相β相。β型钛合金可通过热处理强化获得较高的强度，可用于制造在350℃温度以下工作的设备零部件。

α+β型钛合金是加入一定量稳定β相元素的钛合金，其在室温下具有α+β两相组织，β相含量一般在10%～50%。α+β钛合金可通过热处理方法强化获得良好的综合力学性能和耐腐蚀性能，还具有良好的加工性能。α+β钛合金还可用于制造在500℃温度以下使用的零部件。

钛合金有以锻压加工成形的变形钛合金和在铸造状态下使用的铸造钛合金。

钛和钛合金依据类型不同，分别具有不同的耐腐蚀性能，在许多腐蚀工况条件下使用。

钛及钛合金在通用机械产品中，可用于有特殊条件要求的零部件，如泵体、阀体、缸体、泵盖、阀盖、叶轮、密封环等零部件。

我国标准GB/T 3620.1—2016《钛及钛合金牌号和化学成分》中规定的牌号和化学成分见表2-174；GB/T 2965—2007《钛及钛合金棒材》中规定的室温和高温条件下的棒材力学性能见表2-175和表2-176；加工钛及钛合金中外牌号对照见表2-177；GB/T 15073—2014《铸造钛和钛合金牌号和化学成分》中规定的铸造钛和钛合金牌号和化学成分见表2-178；GB/T 6614—2014《钛合金铸件》中规定的铸造钛合金附铸试样的室温力学性能见表2-179；部分铸造钛及钛合金中外牌号对照见表2-180。

2.4.18 铸造轴承合金

轴承合金本质上是由锡基、铅基或铜基、铝基有色金属合金，在基体合金元素之外再加入一些其他合金元素构成的，这类合金适用于制作滑动轴承，并用铸造方法生产。

铸造轴承合金具有一系列特点，应有足够的硬度、强度、塑性、韧性，良好的耐磨性、耐蚀性、抗疲劳性能和导热性，此外还特别具有抗咬合性、嵌藏性、亲油性以及良好的铸造性能和工艺性能。

锡基轴承合金硬度和强度较低，表面性能良好，具有优良的减摩性和磨合性，但力学性

表2-174 钛及钛合金牌号和化学成分（摘自 GB/T 3620.1—2016）

合金牌号	名义化学成分	化学成分（质量分数）/%														
		主要成分								杂质，不大于						
		Ti	Al	Sn	Mo	Pd	Ni	Si	B	Fe	C	N	H	O	其他元素	
															单一	总和
TA1GELI	工业纯钛	余量	—	—	—	—	—	—	—	0.10	0.03	0.012	0.008	0.10	0.05	0.20
TA1G	工业纯钛	余量	—	—	—	—	—	—	—	0.20	0.08	0.03	0.015	0.18	0.10	0.40
TA1G-1	工业纯钛	余量	≤0.20	—	—	—	—	≤0.08	—	0.15	0.05	0.03	0.003	0.12	—	0.10
TA2GELI	工业纯钛	余量	—	—	—	—	—	—	—	0.20	0.05	0.03	0.008	0.10	0.05	0.20
TA2G	工业纯钛	余量	—	—	—	—	—	—	—	0.30	0.08	0.03	0.015	0.25	0.10	0.40
TA3GELI	工业纯钛	余量	—	—	—	—	—	—	—	0.25	0.05	0.04	0.008	0.18	0.05	0.20
TA3G	工业纯钛	余量	—	—	—	—	—	—	—	0.30	0.08	0.05	0.015	0.35	0.10	0.40
TA4GELI	工业纯钛	余量	—	—	—	—	—	—	—	0.30	0.05	0.05	0.008	0.25	0.05	0.20
TA4G	工业纯钛	余量	—	—	—	—	—	—	—	0.50	0.08	0.05	0.015	0.40	0.10	0.40
TA5	Ti-4Al-0.005B	余量	3.3~4.7	—	—	—	—	—	0.005	0.30	0.08	0.04	0.015	0.15	0.10	0.40
TA6	Ti-5Al	余量	4.0~5.5	—	—	—	—	—	—	0.30	0.08	0.05	0.015	0.15	0.10	0.40
TA7	Ti-5Al-2.5Sn	余量	4.0~6.0	2.0~3.0	—	—	—	—	—	0.50	0.08	0.05	0.015	0.20	0.10	0.40
TA7ELI[1]	Ti-5Al-2.5SnELI	余量	4.50~5.75	2.0~3.0	—	—	—	—	—	0.25	0.05	0.035	0.0125	0.12	0.05	0.30
TA8	Ti-0.05Pd	余量	—	—	—	0.04~0.08	—	—	—	0.30	0.08	0.03	0.015	0.25	0.10	0.40
TA8-1	Ti-0.05Pd	余量	—	—	—	0.04~0.08	—	—	—	0.20	0.08	0.03	0.015	0.18	0.10	0.40
TA9	Ti-0.2Pd	余量	—	—	—	0.12~0.25	—	—	—	0.30	0.08	0.03	0.015	0.25	0.10	0.40
TA9-1	Ti-0.2Pd	余量	—	—	—	0.12~0.25	—	—	—	0.20	0.08	0.03	0.015	0.18	0.10	0.40
TA10	Ti-0.3Mo-0.8Ni	余量	—	—	0.2~0.4	—	0.6~0.9	—	—	0.30	0.08	0.03	0.015	0.25	0.10	0.40

合金牌号	名义化学成分	化学成分（质量分数）/%														
		主要成分								杂质，不大于						
		Ti	Al	Sn	Mo	V	Zr	Si	Nd	Fe	C	N	H	O	其他元素	
															单一	总和
TA11	Ti-8AL-1Mo-1V	余量	7.35~8.35	—	0.75~1.25	0.75~1.25	—	—	—	0.30	0.08	0.05	0.015	0.12	0.10	0.30
TA12	Ti-5.5Al-4Sn-2Zr-1Mo-1Nd-0.25Si	余量	4.8~6.0	3.7~4.7	0.75~1.25	—	1.5~2.5	0.2~0.35	0.6~1.2	0.25	0.08	0.05	0.0125	0.15	0.10	0.40

续表

化学成分（质量分数）/%

合金牌号	名义化学成分	主要成分								杂质,不大于					其他元素	
		Ti	Al	Sn	Mo	V	Zr	Si	Nd	Fe	C	N	H	O	单一	总和
TA12-1	Ti-5.5Al-4Sn-2Zr-1Mo-1Nd-0.25Si	余量	4.5~5.5	3.7~4.7	1.0~2.0	—	1.5~2.5	0.2~0.35	0.6~1.2	0.25	0.08	0.04	0.0125	0.15	0.10	0.30
TA13	Ti-2.5Cu	余量	Cu:2.0~3.0	—	—	—	—	—	—	0.20	0.08	0.05	0.010	0.20	0.10	0.30
TA14	Ti-2.3Al-11Sn-5Zr-1Mo-0.2Si	余量	2.0~2.5	10.52~11.5	0.8~1.2	—	4.0~6.0	0.10~0.50	—	0.20	0.08	0.05	0.0125	0.20	0.10	0.30
TA15	Ti-6.5Al-1Mo-1V-2Zr	余量	5.5~7.1	—	0.5~2.0	0.8~2.5	1.5~2.5	≤0.15	—	0.25	0.08	0.05	0.015	0.15	0.10	0.30
TA15-1	Ti-2.5Al-1Mo-1V-1.5Zr	余量	2.0~3.0	—	0.5~1.5	0.5~1.5	1.0~2.0	≤0.10	—	0.15	0.05	0.04	0.003	0.12	0.10	0.30
TA15-2	Ti-4Al-1Mo-1V-1.5Zr	余量	3.5~4.5	—	0.5~1.5	0.5~1.5	1.0~2.0	≤0.10	—	0.15	0.05	0.04	0.003	0.12	0.10	0.30
TA16	Ti-2Al-2.5Zr	余量	1.8~2.5	—	—	—	2.0~3.0	≤0.12	—	0.25	0.08	0.04	0.006	0.15	0.10	0.30
TA17	Ti-4Al-2V	余量	3.5~4.5	—	—	1.5~3.0	—	0.15	—	0.25	0.08	0.05	0.015	0.15	0.10	0.30
TA18	Ti-3Al-2.5V	余量	2.0~3.5	—	—	1.5~3.0	—	—	—	0.25	0.08	0.05	0.015	0.12	0.10	0.30
TA19	Ti-6Al-2Sn-4Zr-2Mo-0.1Si	余量	5.5~6.5	1.8~2.2	1.8~2.2	—	3.6~4.4	≤0.13	—	0.25	0.05	0.05	0.0125	0.15	0.10	0.30

化学成分（质量分数）/%

合金牌号	名义化学成分	主要成分								杂质,不大于					其他元素	
		Ti	Al	Mo	V	Mn	Zr	Si	Nd	Fe	C	N	H	O	单一	总和
TA20	Ti-4Al-3V-1.5Zr	余量	3.5~4.5	—	2.5~3.5	—	1.0~2.0	≤0.10	—	0.15	0.05	0.04	0.003	0.12	0.10	0.30
TA21	Ti-1Al-1Mn	余量	0.4~1.5	—	—	0.5~1.3	≤0.30	≤0.12	—	0.30	0.10	0.05	0.012	0.15	0.10	0.30
TA22	Ti-3Al-1Mo-1Ni-1Zr	余量	2.5~3.5	0.5~1.5	Ni:0.3~1.0	—	0.8~2.0	≤0.15	—	0.20	0.10	0.05	0.015	0.15	0.10	0.30
TA22-1	Ti-3Al-1Mo-1Ni-1Zr	余量	2.5~3.5	0.2~0.8	Ni:0.3~0.8	—	0.5~1.0	≤0.04	—	0.20	0.10	0.04	0.008	0.10	0.10	0.30
TA23	Ti-2.5Al-2Zr-1Fe	余量	2.2~3.0	—	Fe:0.8~1.2	—	1.7~2.3	≤0.15	—	—	0.10	0.04	0.010	0.15	0.10	0.30
TA23-1	Ti-2.5Al-2Zr-1Fe	余量	2.2~3.0	—	Fe:0.8~1.1	—	1.7~2.3	≤0.10	—	—	0.10	0.04	0.008	0.10	0.10	0.30
TA24	Ti-3Al-2Mo-2Zr	余量	2.5~3.5	1.0~2.5	—	—	1.0~3.0	≤0.15	—	0.30	0.10	0.05	0.015	0.15	0.10	0.30
TA24-1	Ti-3Al-2Mo-2Zr	余量	1.5~2.5	1.0~2.0	—	—	1.0~3.0	≤0.04	—	0.15	0.10	0.04	0.010	0.10	0.10	0.30

合金牌号	名义化学成分	主要成分								杂质,不大于					其他元素	
		Ti	Al	Mo	V	Mn	Zr	Si	Nd	Fe	C	N	H	O	单一	总和
TA25	Ti-3Al-2.5V-0.05Pd	余量	2.5~3.5	—	2.0~3.0	—	—	Pd:0.04~0.08	—	0.25	0.08	0.03	0.015	0.15	0.10	0.40
TA26	Ti-3Al-2.5V-0.1Ru	余量	2.5~3.5	—	2.0~3.0	—	—	Ru:0.08~0.14	—	0.25	0.08	0.03	0.015	0.15	0.10	0.40
TA27	Ti-0.10Ru	余量	—	—	—	Ru0.08~0.14	—	—	—	0.30	0.08	0.03	0.015	0.25	0.10	0.40
TA27-1	Ti-0.10Ru	余量	—	—	—	Ru:0.08~0.14	—	—	—	0.20	0.08	0.03	0.015	0.18	0.10	0.40
TA28	Ti-3Al	余量	2.0~3.0	—	—	—	—	—	—	0.30	0.08	0.05	0.015	0.15	0.10	0.40

合金牌号	名义化学成分	主要成分											杂质,不大于					其他元素	
		Ti	Al	Sn	Mo	V	Cr	Fe	Zr	Pd	Nb	Si	Fe	C	N	H	O	单一	总和
TB2	Ti-5Mo-5V-8Cr-3Al	余量	2.5~3.5	—	4.7~5.7	4.7~5.7	7.5~8.5	—	—	—	—	—	0.30	0.05	0.04	0.015	0.15	0.10	0.40
TB3	Ti-3.5Al-10Mo-8V-1Fe	余量	2.7~3.7	—	9.5~11.0	7.5~8.5	—	0.8~1.2	—	—	—	—	—	0.05	0.04	0.015	0.15	0.10	0.40
TB4	Ti-4Al-7Mo-10V-2Fe-1Zr	余量	3.0~4.5	—	6.0~7.8	9.0~10.5	—	1.5~2.5	0.5~1.5	—	—	—	—	0.05	0.04	0.015	0.20	0.10	0.40
TB5	Ti-15V-3Al-3Cr-3Sn	余量	2.5~3.5	2.5~3.5	—	14.0~16.0	2.5~3.5	—	—	—	—	—	0.25	0.05	0.05	0.015	0.15	0.10	0.30
TB6	Ti-10V-2Fe-3Al	余量	2.6~3.4	—	—	9.0~11.0	—	1.6~2.2	—	—	—	—	—	0.05	0.05	0.0125	0.13	0.10	0.30
TB7	Ti-32Mo	余量	—	—	30.0~34.0	—	—	—	—	—	—	—	0.30	0.08	0.05	0.015	0.20	0.10	0.40
TB8	Ti-15Mo-3Al-2.7Nb-0.25Si	余量	2.5~3.5	—	14.0~16.0	—	—	—	—	≤0.10	2.4~3.2	0.15~0.25	0.40	0.05	0.05	0.015	0.17	0.10	0.40
TB9	Ti-3Al-8V-6Cr-4Mo-4Zr	余量	3.0~4.0	—	3.5~4.5	7.5~8.5	5.5~6.5	—	3.5~4.5	—	—	—	0.30	0.05	0.03	0.030	0.14	0.10	0.40

合金牌号	名义化学成分	主要成分 化学成分(质量分数)/%											杂质,不大于					其他元素	
		Ti	Al	Sn	Mo	V	Cr	Fe	Zr	Pd	Nb	Si	Fe	C	N	H	O	单一	总和
TB10	Ti-5Mo-5V-2Cr-3Al	余量	2.5~3.5	—	4.5~5.5	4.5~5.5	1.5~2.5	—	—	—	—	—	0.30	0.05	0.04	0.015	0.15	0.10	0.40
TB11	Tr-15Mo	余量	—	—	14.0~16.0	—	—	—	—	—	—	—	0.10	0.10	0.05	0.015	0.20	0.10	0.40

合金牌号	名义化学成分	主要成分 化学成分(质量分数)/%										杂质,不大于					其他元素	
		Ti	Al	Sn	Mo	V	Cr	Fe	Mn	Cu	Si	Fe	C	N	H	O	单一	总和
TC1	Ti-2Al-1.5Mn	余量	1.0~2.5	—	—	—	—	—	0.7~2.0	—	—	0.30	0.08	0.05	0.012	0.15	0.10	0.40
TC2	Ti-4Al-1.5Mn	余量	3.5~5.0	—	—	—	—	—	0.8~2.0	—	—	0.30	0.08	0.05	0.012	0.15	0.10	0.40
TC3	Ti-5Al-4V	余量	4.5~6.0	—	—	3.5~4.5	—	—	—	—	—	0.30	0.08	0.05	0.015	0.15	0.10	0.40
TC4	Ti-6Al-4V	余量	5.5~6.75	—	—	3.5~4.5	—	—	—	—	—	0.30	0.08	0.05	0.015	0.20	0.10	0.40
TC4ELI	Ti-6Al-4VELI	余量	5.5~6.5	—	—	3.5~4.5	—	—	—	—	—	0.25	0.08	0.03	0.0120	0.13	0.10	0.30
TC6	Ti-6Al-1.5Cr-2.5Mo-0.5Fe-0.3Si	余量	5.5~7.0	—	2.0~3.0	—	0.8~2.3	0.2~0.7	—	—	0.15~0.40	—	0.08	0.05	0.015	0.18	0.10	0.40
TC8	Ti-6.5Al-3.5Mo-0.25Si	余量	5.8~6.8	—	2.8~3.8	—	—	—	—	—	0.20~0.35	0.40	0.08	0.05	0.015	0.15	0.10	0.40
TC9	Ti-6.5Al-3.5Mo-2.5Sn-0.3Si	余量	5.8~6.8	1.8~2.8	2.8~3.8	—	—	—	—	—	0.2~0.4	0.40	0.08	0.05	0.015	0.15	0.10	0.40
TC10	Ti-6Al-6V-2Sn-0.5Cu-0.5Fe	余量	5.5~6.5	1.5~2.5	—	5.5~6.5	—	0.35~1.0	—	0.35~1.0	—	—	0.08	0.04	0.015	0.20	0.10	0.40

合金牌号	名义化学成分	化学成分（质量分数）/%																
		主要成分										杂质，不大于					其他元素	
		Ti	Al	Sn	Mo	V	Cr	Fe	Zr	Nb	Si	Fe	C	N	H	O	单一	总和
TC11	Ti-6.5Al-3.5Mo-1.5Zr-0.3Si	余量	5.8~7.0	—	2.8~3.8	—	—	—	0.8~2.0	—	0.2~0.35	0.25	0.08	0.05	0.012	0.15	0.10	0.40
TC12	Ti-5Al-4Mo-4Cr-2Zr-2Sn-1Nb	余量	4.5~5.5	1.5~2.5	3.5~4.5	—	3.5~4.5	—	1.5~3.0	0.5~1.5	—	0.30	0.08	0.05	0.015	0.20	0.10	0.40
TC15	Ti-5Al-2.5Fe	余量	4.5~5.5	—	—	—	—	2.0~3.0	—	—	—	—	0.08	0.05	0.015	0.20	0.10	0.40
TC16	Ti-3Al-5Mo-4.5V	余量	2.2~3.8	—	4.5~5.5	4.0~5.0	—	—	—	—	≤0.15	0.25	0.08	0.05	0.012	0.15	0.10	0.30
TC17	Ti-5Al-2Sn-2Zr-4Mo-4Cr	余量	4.5~5.5	1.5~2.5	3.5~4.5	—	3.5~4.5	—	1.5~2.5	—	—	0.25	0.05	0.05	0.0125	0.08~0.13	0.10	0.30
TC18	Ti-5Al-4.75Mo-4.75V-1Cr-1Fe	余量	4.4~5.7	—	4.0~5.5	4.0~5.5	0.5~1.5	0.5~1.5	≤0.30	—	≤0.15	—	0.08	0.05	0.015	0.18	0.10	0.30
TC19	Ti-6Al-2Sn-4Zr-6Mo	余量	5.5~6.5	1.75~2.25	5.5~6.5	—	—	—	3.5~4.5	—	—	0.15	0.04	0.04	0.0125	0.15	0.10	0.40
TC20	Ti-6Al-7Nb	余量	5.5~6.5	—	—	—	—	—	—	6.5~7.5	Ta≤0.5	0.25	0.08	0.05	0.009	0.20	0.10	0.40
TC21	Ti-6Al-2Mo-1.5Cr-2Zr-2Sn-2Nb	余量	5.2~6.8	1.6~2.5	2.2~3.3	—	0.9~2.0	—	1.6~2.5	1.7~2.3	—	0.15	0.08	0.05	0.015	0.15	0.1	0.40
TC22	Ti-6Al-4V-0.05Pd	余量	5.5~6.75	—	—	3.5~4.5	—	—	—	Pd 0.04~0.08	—	0.40	0.08	0.05	0.015	0.20	0.10	0.40
TC23	Ti-6Al-4V-0.1Ru	余量	5.5~6.75	—	—	3.5~4.5	—	—	—	Ru 0.08~0.14	—	0.25	0.08	0.05	0.015	0.13	0.10	0.40
TC24	Ti-4.5Al-3V-2Mo-2Fe	余量	4.0~5.0	—	1.8~2.2	2.5~3.5	—	1.7~2.3	—	—	—	—	0.05	0.05	0.010	0.15	0.10	0.40
TC25	Ti-6.5Al-2Mo-1Sn-1W-0.2Si	余量	6.2~7.2	0.8~2.5	1.5~2.5	—	W 0.5~1.5	—	0.8~2.5	—	0.10~0.25	0.15	0.10	0.04	0.012	0.15	0.10	0.30
TC26	Ti-13Nb-13Zr	余量	—	—	—	—	—	—	12.5~14.0	12.5~14.0	—	0.25	0.08	0.05	0.012	0.15	0.10	0.40

① TA7 ELI牌号的杂质 "Fe＋O" 的总和应不大于 0.32%。

表 2-175 钛及钛合金的纵向室温力学性能 （GB/T 2965—2007）

牌 号	室温力学性能,不小于				备 注
	抗拉强度 R_m/MPa	规定非比例延伸强度 $R_{p0.2}$/MPa	断后伸长率 A/%	断面收缩率 Z/%	
TA1	240	140	24	30	
TA2	400	275	20	30	
TA3	500	380	18	30	
TA4	580	485	15	25	
TA5	685	585	15	40	
TA6	685	585	10	27	
TA7	785	680	10	25	
TA9	370	250	20	25	
TA10	485	345	18	25	
TA13	540	400	16	35	
TA15	885	825	8	20	
TA19	895	825	10	25	
TB2	≤980	820	18	40	淬火性能
	1370	1100	7	10	时效性能
TC1	585	460	15	30	
TC2	685	560	12	30	
TC3	800	700	10	25	
TC4	895	825	10	25	
TC4 ELI	830	760	10	15	
TC6[1]	980	840	10	25	
TC9	1060	910	9	25	
TC10	1030	900	12	25	
TC11	1030	900	10	30	
TC12	1150	1000	10	25	

① TC6 棒材测定普通退火状态的性能。当需方要求并在合同中注明时,方测定等温退火状态的性能。

注：适用于棒材横截面积≤64.5cm², 且矩形棒材截面厚度≤76mm 时。

表 2-176 钛及钛合金的纵向高温力学性能 （GB/T 2965—2007）

牌号	试验温度 /℃	高温力学性能,不小于			
		抗拉强度 R_m/MPa	持久强度/MPa		
			σ_{100h}	σ_{50h}	σ_{35h}
TA6	350	420	390	—	—
TA7	350	490	440	—	—
TA15	500	570	—	470	—
TA19	480	620	—	—	480
TC1	350	345	325	—	—
TC2	350	420	390	—	—
TC4	400	620	570	—	—
TC6	400	735	665	—	—
TC9	500	785	590	—	—
TC10	400	835	785	—	—
TC11[1]	500	685	—	—	640[1]
TC12	500	700	590	—	—

① TC11 钛合金棒材持久强度不合格时,允许再按 500℃的 100h 持久强度 σ_{100h}≥590MPa 进行检验,检验合格则该批棒材的持久强度合格。

表 2-177 加工钛及钛合金中外牌号对照表

中国 GB 牌号	曾用牌号	国际标准 ISO	欧洲标准 EN	欧洲标准 Mat. No.	德国 DIN	德国 W. Nr	英国 BS	法国 NF	瑞典 SS	美国 ASTM	美国 AMS	俄罗斯 ГОСТ	日本 JIS	韩国 KS
TA1	—	Grade1	—	—	Ti2	3.7035	IMI-125	T40 (UT40)	—	Grade1 Ti55A	4902C	BT1-00	KS. 50TP28 (TB28H)	—
TA2	—	Grade2	—	—	Ti3	3.7055	IMI-130	T50 (UT50)	—	Grade2 Ti65A	4900F	BT1-0	KS. 60TP35 (TB39C)	—
TA3	—	Grade3	—	—	Ti4	3.7065	IMI-160	T60 (UT60)	—	Grade2 Ti75A	4901H	BT-1	KS. 85TP49 (TB39H)	—
TA4	—	—	—	—	—	—	—	—	—	—	—	48-T2	—	—
TA5	—	—	—	—	—	—	—	—	—	—	—	48-OT3	—	—
TA6	—	—	—	—	—	—	—	—	—	—	—	BT5	—	—
TA7	—	—	—	—	Ti Al5sN2	—	IMI317	—	—	Grade6	4926F	BT5-1	—	—
TA8	—	—	—	—	—	—	—	—	—	—	—	BT10	—	—
TB2	—	—	—	—	—	—	—	—	—	—	—	—	—	—
TC1	—	—	—	—	—	—	IMI315	—	—	—	—	OT4-1	—	—
TC2	—	—	—	—	—	—	—	—	—	—	—	OT4	—	—
TC4	—	Ti-6Al-4V	—	—	TAl6V4	3.7164	IMI318	TA6V	—	Grade5	4928H	BT6	KS30AV	—
TC6	—	—	—	—	—	—	—	—	—	—	—	BT3-1	—	—
TC7	—	—	—	—	—	—	—	—	—	—	—	AT6	—	—
TC8	—	—	—	—	—	—	—	—	—	—	4970D	BT8	—	—
TC9	—	—	—	—	—	—	—	—	—	—	4979A	—	—	—
TC10	—	—	—	—	—	—	—	—	—	—	—	—	—	—
TC11	—	—	—	—	—	—	—	—	—	—	—	BT9	—	—

表 2-178 铸造钛及钛合金的牌号和化学成分 (GB/T 15073—2014)

化学成分（质量分数）/%

铸造钛及钛合金 牌号	代号	主要成分 Ti	Al	Sn	Mo	V	Zr	Nb	Ni	Pd	杂质，不大于 Fe	Si	C	N	H	O	其他元素 单个	其他元素 总和
ZTi1	ZTA1	余量	—	—	—	—	—	—	—	—	0.25	0.10	0.10	0.03	0.015	0.25	0.10	0.40
ZTi2	ZTA2	余量	—	—	—	—	—	—	—	—	0.30	0.15	0.10	0.05	0.015	0.35	0.10	0.40

铸造钛及钛合金

| 牌号 | 代号 | 主要成分 |||||||| 杂质，不大于 |||||| 其他元素 ||
		Ti	Al	Sn	Mo	V	Zr	Nb	Ni	Pd	Fe	Si	C	N	H	O	单个	总和
											化学成分（质量分数）/%							
ZTi3	ZTA3	余量	—	—	—	—	—	—	—	—	0.40	0.15	0.10	0.05	0.015	0.40	0.10	0.40
ZTiAl4	ZTA5	余量	3.3~4.7	—	—	—	—	—	—	—	0.30	0.15	0.10	0.04	0.015	0.20	0.10	0.40
ZTiAl5Sn2.5	ZTA7	余量	4.0~6.0	2.0~3.0	—	—	—	—	—	—	0.50	0.15	0.10	0.05	0.015	0.20	0.10	0.40
ZTiPd0.2	ZTA9	余量	—	—	—	—	—	—	—	0.12~0.25	0.25	0.10	0.10	0.05	0.015	0.40	0.10	0.40
ZTiMo0.3Ni0.8	ZTA10	余量	—	—	0.2~0.4	—	—	—	0.6~0.9	—	0.30	0.15	0.10	0.05	0.015	0.25	0.10	0.40
ZTiAl6Zr2Mo1V1	ZTA15	余量	5.5~7.0	—	0.5~2.0	0.8~2.5	1.5~2.5	—	—	—	0.30	0.15	0.10	0.05	0.015	0.20	0.10	0.40
ZTiAl4V2	ZTA17	余量	3.5~4.5	—	—	1.5~3.0	—	—	—	—	0.25	0.15	0.10	0.05	0.015	0.20	0.10	0.40
ZTiMo32	ZTB32	余量	—	—	30.0~34.0	—	—	—	—	—	0.30	0.15	0.10	0.05	0.015	0.15	0.10	0.40
ZTiAl6V4	ZTC4	余量	5.50~6.75	—	—	3.5~4.5	—	—	—	—	0.40	0.15	0.10	0.05	0.015	0.25	0.10	0.40
ZTiAl6Sn4.5Nb2Mo1.5	ZTC21	余量	5.5~6.5	4.0~5.0	1.0~2.0	—	—	1.5~2.0	—	—	0.30	0.15	0.10	0.05	0.015	0.20	0.10	0.40

注：1. 其他元素是指钛及钛合金铸件生产过程中固有存在的微量元素，一般包括Al、V、Sn、Mo、Cr、Mn、Zr、Ni、Cu、Si、Nb、Y等（该牌号中含有的合金元素应除去）。

2. 其他元素单个含量和总量只有在需方有要求时才考虑分析。

表2-179 附铸试样的室温力学性能

代号	牌号	抗拉强度 R_m/MPa 不小于	屈服强度 $R_{p0.2}$/MPa 不小于	伸长率 A/% 不小于	硬度（HBW）不大于
ZTA1	ZTi1	345	275	20	210
ZTA2	ZTi2	440	370	13	235
ZTA3	ZTi3	540	470	12	245
ZTA5	ZTiAl4	590	490	10	270
ZTA7	ZTiAl5Sn2.5	795	725	8	335
ZTA9	ZTiPd0.2	450	380	12	235
ZTA10	ZTiMo0.3Ni0.8	483	345	8	235
ZTA15	ZTiAl6Zr2Mo1V1	885	785	5	—

代号	牌号	抗拉强度 R_m/MPa 不小于	屈服强度 $R_{p0.2}$/MPa 不小于	伸长率 A/% 不小于	硬度(HBW) 不大于
ZTA17	ZTiAl4V2	740	660	5	—
ZTB32	ZTiMo32	795	—	2	260
ZTC4	ZTiAl6V4	835(895)	765(825)	5(6)	365
ZTC21	ZTiAl6Sn4.5Nb2Mo1.5	980	850	5	350

注: 括号内的性能指标为氧含量控制较高时测得。

表 2-180 铸造钛合金中外牌号对照表

中国GB 牌号	曾用牌号	国际标准 ISO	欧洲标准 EN	欧洲标准 Mat. No.	德国 DIN	德国 W. Nr	英国 BS	法国 NF	瑞典 SS	美国 ASTM	美国 UNS	俄罗斯 ГОСТ	日本 JIS	韩国 KS
ZTA1	ZTi1	—	—	—	G-Ti2	G-Ti119.2	—	—	—	GradeC-1	—	BT1Л	KS50-c	—
ZTA2	ZTi2	—	—	—	GTi3	G-Ti119.4	—	—	—	GradeC-2	—	—	KS50-LFC	—
ZTA3	ZTi3	—	—	—	GTi4	G-Ti119.5	—	—	—	GradeC-3	—	—	KS-70C	—
ZTA5	ZTiAl4	—	—	—	—	—	—	—	—	—	—	—	—	—
ZTA7	ZTiAl5Sn2.5	—	—	—	—	G-TiAl5Sn2.5	—	—	—	GradeC-6	—	BT5Л	KS115AS-C	—
ZTB32	ZTi32	—	—	—	—	—	—	—	—	—	—	—	—	—
ZTC4	ZTiAl6V4	—	—	—	G-TiAl6V4	G-TiAl6V4	—	—	—	GradeC-5	—	BT6Л	KS130AV-C	—
ZTC21	ZTiAl6Si4.5Nb2-Mo1.5	—	—	—	—	—	—	—	—	—	—	—	—	—

表 2-181 铸造轴承合金的牌号和化学成分(质量分数)(GB/T 1174—1992)

%

种类	合金牌号	Sn	Pb	Cu	Zn	Al	Sb	Ni	Mn	Si	Fe	Bi	As	其他元素总和
锡基	ZSnSb12Pb10Cu4		9.0~11.0	2.5~5.0	0.01	0.01	11.0~13.0	—	—	—	0.1	0.08	0.1	0.55
	ZSnSb12Cu6Cd1	其余	0.15	4.5~6.8	0.05	0.05	10.0~13.0	0.3~0.6	—	—	0.1	—	0.4~0.7	0.55
	ZSnSb11Cu6		0.35	5.5~6.5	0.01	0.01	10.0~12.0	—	—	—	0.1	0.03	0.1	0.55
	ZSnSb8Cu4		0.35	3.0~4.0	0.005	0.005	7.0~8.0	—	—	—	0.1	0.03	0.1	0.55
	ZSnSb4Cu4		0.35	4.0~5.0	0.01	0.01	4.0~5.0	—	—	—	—	0.08	0.1	0.50

注: Cd 1.1~1.6;Fe+Al+Zn≤0.15

种类	合金牌号	Sn	Pb	Cu	Zn	Al	Sb	Ni	Mn	Si	Fe	Bi	As	其他	其他元素总和
铅基	ZPbSb16Sn16Cu2	15.0~17.0	其余	1.5~2.0	0.15	—	15.0~17.0	—	—	—	0.1	0.1	0.3	Cd 1.75~2.25	0.6
铅基	ZPbSb15Sn5Cu3Cd2	5.0~6.0	其余	2.5~3.0	0.15	—	14.0~16.0	—	—	—	0.1	0.1	0.6~1.0	Cd 0.05	0.4
铅基	ZPbSb15Sn10	9.0~11.0	其余	0.7①	0.005	0.005	14.0~16.0	—	—	—	0.1	0.1	0.6	—	0.45
铅基	ZPbSb15Sn5	4.0~5.5	其余	0.5~1.0	0.15	0.01	14.0~15.5	2.5①	—	—	0.1	0.1	0.2	Cd 0.05	0.75
铅基	ZPbSb10Sn6	5.0~7.0	其余	0.7①	0.005	0.005	9.0~11.0	—	—	—	0.1	0.1	0.25	—	0.7
铜基	ZCuSn5Pb5Zn5	4.0~6.0	4.0~6.0	其余	4.0~6.0	0.01	0.25	2.5①	—	0.01	0.30	—	—	P 0.05	0.7
铜基	ZCuSn10P1	9.0~11.5	0.25	其余	0.05	0.01	0.05	0.10	0.05	0.02	0.10	0.005	—	P 0.5~1.0 S 0.10	0.7
铜基	ZCuPb10Sn10	9.0~11.0	8.0~11.0	其余	2.0①	0.01	0.5	2.0①	0.2	0.01	0.25	0.005	—	S 0.05 P 0.05	1.0
铜基	ZCuPb15Sn8	7.0~9.0	13.0~17.0	其余	2.0①	0.01	0.5	2.0①	0.2	0.01	0.25	—	—	S 0.10 P 0.10	1.0
铜基	ZCuPb20Sn5	4.0~6.0	18.0~23.0	其余	2.0①	0.01	0.75	2.5①	0.2	0.01	0.25	0.005	0.10	S 0.10 P 0.10	1.0
铜基	ZCuPb30	1.0	27.0~33.0	其余		0.01	0.2	—	0.3	0.02	0.5	—	—	P 0.10 S 0.10	1.0
铜基	ZCuAl10Fe3	0.3	0.2	其余	0.4	8.5~11.0	—	3.0①	1.0①	0.20	2.0~4.0	—	—	P 0.08	1.0
铝基	ZAlSn6Cu1Ni1	5.5~7.0	—	0.7~1.3	—	其余	—	0.7~1.3	0.1	0.7	0.7	—	—	Ti 0.2 Fe+Si+Mn≤1.0	1.5

① 不计入其他元素总和。

注：凡表格中所列两个元素含量范围，系指该合金主要元素含量范围；表格中所列单一数值，系指允许的其他元素最高含量。

表 2-182　铸造轴承合金的铸态力学性能

种类	合金牌号	铸造方法	力学性能≥		布氏硬度（HB）
			抗拉强度 R_m/MPa	伸长率 A_5/%	
锡基	ZSnSb12Pb10Cu4	J	—	—	29
	ZSnSb12Cu6Cd1	J	—	—	34
	ZSnSb11Cu6	J	—	—	27
	ZSnSb8Cu4	J	—	—	24
	ZSnSb4Cu4	J	—	—	20

续表

种类	合金牌号	铸造方法	力学性能≥		
			抗拉强度 R_m/MPa	伸长率 A_5/%	布氏硬度（HB）
铅基	ZPbSb16Sn16Cu2	J	—	—	30
	ZPbSb15Sn5Cu3Cd2	J	—	—	32
	ZPbSb15Sn10	J	—	—	24
	ZPbSb15Sn5	J	—	—	20
	ZPbSb10Sn6	J	—	—	18
铜基	ZCuSn5Pb5Zn5	S,J	200	13	60①
		Li	250	13	65①
	ZCuSn10P1	S	200	3	80①
		J	310	2	90①
		Li	330	4	90①
	ZCuPb10Sn10	S	180	7	65
		J	220	5	70
		Li	220	6	70
	ZCuPb15Sn8	S	170	5	60①
		J	200	6	65①
		Li	220	8	65①
	ZCuPb20Sn5	S	150	5	45①
		J	150	6	55①
	ZCuPb30	J	—	—	25①
	ZCuAl10Fe3	S	490	13	100①
		J,Li	540	15	110①
铝基	ZAlSn6Cu1Ni1	S	110	10	35①
		J	130	15	40①

① 参考数值。

注：铸造方法一栏中，J为金属型，S为砂型，Li为离心铸造。

表 2-183 铸造轴承合金中外牌号对照表

中国 GB		国际标准	欧洲标准	德国		英国	法国	瑞典	美国		俄罗斯	日本	韩国
牌号	曾用牌号	ISO	EN Mat. No.	DIN	W. Nr	BS	NF	SS	ASTM	UNS	ГОСТ	JIS	KS
ZSnSb12Pb10Cu4	(ZChSn1)	—	—	—	—	—	—	—	锡系 No3	—	—	Wj4	—
ZSnSb11Cu6	(ZChSn2)	—	—	—	—	BS3332/3	—	—	—	—	Б83	Wj3	—
ZSnSb8Cu4	(ZChSn3)	—	—	LgSn89	—	BS3332/12 号	—	—	锡系 No2 锡系 No11	—	Б89	Wj2	—
ZSnSb4Cu4	(ZChSn4)	—	—	—	—	1 号	—	—	锡系 No1	—	Б91	Wj1	—
ZPbSb16Sn16Cu2	(ZChPb1)	—	—	—	—	—	—	—	—	—	Б16	—	—
ZPbSb15Sn5Cu3Cd2	(ZChPb2)	—	—	—	—	—	—	—	—	—	Б6	≈Wj8	—
ZPbSb15Sn10	(ZChPb3)	—	—	LgPbSn10 WM10	—	BS3332/77 号	—	—	铅系 No7 铅系 No15	—	Б7	Wj7	—
ZPbSb15Sn5	(ZChPb4)	—	—	WM5	—	BS3332/76 号	—	—	—	—	Б5	—	—
ZPbSb10Sn6	(ZChPb5)	—	—	—	—	13 号	—	—	铅系 No13	—	—	Wj9	—

表 2-184 耐蚀合金的牌号和化学成分（熔炼分析）（GB/T 15008—2008）

合金牌号	化学成分（质量分数）/%															
	C	Mn	Si	P	S	Cr	Ni	Co	Mo	W	Ti	Al	Cu	Nb	V	Fe
NS111	≤0.10	≤1.50	≤1.00	≤0.030	≤0.015	19.0~23.0	30.0~35.0	—	—	—	0.15~0.60	0.15~0.60	≤0.75	—	—	余量
NS112	0.05~0.10	≤1.50	≤1.00	≤0.030	≤0.015	19.0~23.0	30.0~35.0	—	—	—	0.15~0.60	0.15~0.60	≤0.75	—	—	余量
NS113	≤0.030	0.50~1.50	0.30~0.70	≤0.030	≤0.030	24.0~26.5	34.0~37.0	—	—	—	0.15~0.60	0.15~0.45	—	—	—	余量
NS131	≤0.05	≤1.00	≤0.70	≤0.030	≤0.030	19.0~21.0	42.0~44.0	—	12.5~13.5	—	—	—	—	—	—	余量
NS141	≤0.030	≤1.00	≤0.70	≤0.030	≤0.030	25.0~27.0	34.0~37.0	—	2.0~3.0	—	0.40~0.90	—	3.0~4.0	—	—	余量

合金牌号	化学成分（质量分数）/%															
	C	Mn	Si	P	S	Cr	Ni	Co	Mo	W	Ti	Al	Cu	Nb	V	Fe
NS142	≤0.05	≤1.00	≤0.50	≤0.030	≤0.030	19.5~23.5	38.0~46.0	—	2.5~3.5	—	0.60~1.20	≤0.20	1.5~3.0	—	—	余量
NS143	≤0.07	≤2.00	≤1.00	≤0.030	≤0.030	19.0~21.0	32.0~38.0	—	2.0~3.0	—	—	—	3.0~4.0	8×C~1.00	—	余量
NS311	≤0.06	≤1.20	≤0.50	≤0.020	≤0.020	28.0~31.0	余量	—	—	—	—	≤0.30	—	—	—	≤1.0
NS312	≤0.15	≤1.00	≤0.50	≤0.030	≤0.015	14.0~17.0	余量	—	—	—	—	—	≤0.50	—	—	6.0~10.0
NS313	≤0.10	≤1.00	≤0.50	≤0.030	≤0.015	21.0~25.0	余量	—	—	—	—	1.00~1.70	≤1.00	—	—	10.0~15.0
NS314	≤0.030	≤1.00	≤0.50	≤0.030	≤0.020	35.0~38.0	余量	—	—	—	—	0.20~0.50	—	—	—	≤1.0
NS315	≤0.05	≤0.50	≤0.50	≤0.030	≤0.015	27.0~31.0	余量	—	—	—	—	—	≤0.50	—	—	7.0~11.0
NS321	≤0.05	≤1.00	≤1.00	≤0.030	≤0.030	≤1.00	余量	≤2.5	26.0~30.0	—	—	—	—	—	0.20~0.40	4.0~6.0
NS322	≤0.020	≤1.00	≤1.00	≤0.040	≤0.030	≤1.00	余量	≤1.0	26.0~30.0	—	—	—	—	—	—	≤2.0
NS331	≤0.030	≤1.00	≤0.70	≤0.030	≤0.020	14.0~17.0	余量	—	2.0~3.0	—	0.40~0.90	—	—	—	—	≤8.0
NS332	≤0.030	≤1.00	≤0.70	≤0.030	≤0.030	17.0~19.0	余量	—	16.0~18.0	—	—	—	—	—	—	≤1.0
NS333	≤0.08	≤1.00	≤1.00	≤0.040	≤0.030	14.5~16.5	余量	≤2.5	15.0~17.0	3.0~4.5	—	—	—	—	≤0.35	4.0~7.0
NS334	≤0.020	≤1.00	≤0.08	≤0.040	≤0.030	14.5~16.5	余量	≤2.5	15.0~17.0	3.0~4.5	—	—	—	—	≤0.35	4.0~7.0
NS335	≤0.015	≤1.00	≤0.08	≤0.040	≤0.030	14.0~18.0	余量	≤2.0	14.0~17.0	—	≤0.70	—	—	—	—	≤3.0
NS336	≤0.10	≤0.50	≤0.50	≤0.015	≤0.015	20.0~23.0	余量	≤1.0	8.0~10.0	—	≤0.40	≤0.40	—	3.15~4.15	—	≤5.0
NS341	≤0.030	≤1.00	≤0.70	≤0.030	≤0.030	19.0~21.0	余量	—	2.0~3.0	—	0.4~0.9	—	1.0~2.0	—	—	≤7.0
NS411	≤0.05	≤1.00	≤0.80	≤0.030	≤0.030	19.0~21.0	余量	—	2.0~3.0	—	2.25~2.75	0.40~1.00	—	0.70~1.20	—	5.0~9.0

能较低、抗疲劳性能不足，常用来制造低负荷、使用温度不高的轴承。铅基轴承合金特性与锡基轴承合金相似，可相互代用。锡基和铅基轴承合金适于制作双金属滑动轴承。

铜基轴承合金具有较大的承载能力，抗疲劳强度高、导热性好、耐热性优良，适用于制造中高速、大功率的机械用滑动轴承。铝基轴承合金特性相似于铜基轴承合金。铜基和铝基轴承合金适于制作整体滑动轴承。

水泵用滑动轴承多采用双金属结构轴承，所以常用锡基或铝基轴承合金。

我国标准 GB/T 1174—1992《铸造轴承合金》中确定的铸造轴承合金牌号和化学成分见表 2-181，铸态力学性能见表 2-182，轴承合金中外牌号对照见表 2-183。

2.4.19 耐蚀合金（高镍合金）

耐蚀合金是指在腐蚀介质中有特别抵抗腐蚀能力的合金，其以铬镍为主要元素，再加入其他一些元素构成。根据主要合金元素的组成不同，基本上可分为铁镍基耐蚀合金和镍基耐蚀合金两大类（通常统称高镍合金）。铁镍基耐蚀合金含镍量一般在 30%～50%，并且镍、铁总量不小于 60%，而镍基耐蚀合金中的镍含量大于 50%。

耐蚀合金依据成分和强化方法的不同，可获得不同等级的力学性能。某些耐蚀合金主要功能是其耐蚀性，不同成分、种类的耐蚀合金耐蚀性略有区别。

耐蚀合金在机械设备中的重要部件上应用广泛，可制造特殊条件下使用的轴、泵体、阀体、缸体、叶轮、密封环等零部件，还可用于制造某些承压件。

耐蚀合金分变形耐蚀合金和铸造耐蚀合金两大类。

我国标准 GB/T 15008—2008《耐蚀合金棒》中规定的部分变形耐蚀合金牌号和化学成分见表 2-184，在推荐的热处理条件下达到的力学性能见表 2-185 和表 2-186；部分耐蚀合金中外牌号对照见表 2-187；部分铸造耐蚀合金牌号和化学成分见表 2-188。

表 2-185 推荐的固溶处理温度及拉伸性能（GB/T 15008—2008）

合金牌号	推荐的固溶处理温度/℃	拉伸性能		
		抗拉强度 R_m/MPa	规定非比例延伸强度 $R_{p0.2}$/MPa	断后伸长率 A/%
		不小于		
NS111	1000～1060	515	205	30
NS112	1100～1170	450	170	30
NS113	1000～1050	515	205	30
NS131	1150～1200	590	240	30
NS141	1000～1050	540	215	35
NS142	1000～1050	590	240	30
NS143	1000～1050	540	215	35
NS311	1050～1100	570	245	40
NS312	1000～1050	550	240	30
NS313	1100～1150	550	195	30
NS314	1080～1120	520	195	35
NS315	1000～1050	550	240	30

合金牌号	推荐的固溶处理温度 /℃	拉伸性能		
		抗拉强度 R_m /MPa	规定非比例延伸强度 $R_{p0.2}$ /MPa	断后伸长率 A /%
		不小于		
NS321	1140～1190	690	310	40
NS322	1040～1090	760	350	40
NS331	1050～1100	540	195	35
NS332	1160～1210	735	295	30
NS333	1160～1210	690	315	30
NS334	1150～1200	690	285	40
NS335	1050～1100	690	275	40
NS336	1100～1150	690	275	30
NS341	1050～1100	590	195	40

表 2-186　NS411 推荐的固溶处理温度及力学性能（GB/T 15008—2008）

合金牌号	推荐的固溶处理温度 /℃	拉伸性能			冲击试验	硬度
		抗拉强度 R_m/MPa	规定非比例延伸强度 $R_{p0.2}$/MPa	断后伸长率 A/%	冲击吸收功 A_{kU}/J	HRC
		不小于				
NS411	1080～1100,水冷, 750～780×8h,空冷, 620～650×8h,空冷	910	690	20	≥80	≥32

2.4.20　高温合金

高温合金是指在高温（600～1200℃）条件下具有足够的持久强度、蠕变强度、热疲劳强度、高温韧性和优良的化学稳定性的合金材料。按化学成分和主要合金元素的不同，可分为镍基、铁基、钴基三种类型的高温合金。镍基高温合金中的含镍量一般大于70%，钴基高温合金中的含钴量一般大于60%。

高温合金的强化方式通常有固溶强化和时效强化两种方式，依据高温合金的化学成分和种类选用。

高温合金在机械产品中应用有限，其大多用在高温条件下工作的零部件如蜗轮机、燃气轮机等产品中，也可用于特殊条件下使用的泵、鼓风机、气压机产品上的零件如紧固件等。

我国标准 GB/T 14992—2005《高温合金和金属间化合物高温材料分类和牌号》中，提供的变形高温合金牌号和化学成分见表 2-189，部分高温合金热轧板材在 GB/T 14995—2010《高温合金热轧板材》中规定了在相应热处理状态下的力学性能，见表 2-190。在标准 GB/T 14994—2008《高温合金冷拉棒材》中，规定了部分高温合金冷拉棒材推荐的热处理制度见表 2-191，力学性能见表 2-192，高温合金中外牌号对照见表 2-193。

在 GB/T 14992—2005 标准中还提供了部分铸造高温合金的牌号和化学成分，见表 2-194。在 YB/T 5248—1993《铸造高温合金母合金》标准中规定了部分铸造高温合金的力学性能见表 2-195，部分铸造高温合金中外牌号对照见表 2-196。

表 2-187　部分耐蚀合金中外牌号对照表

中国 GB 牌号	曾用牌号	国际标准 ISO	欧洲标准 EN	欧洲标准 Mat. No.	德国 DIN	W. Nr	英国 BS	法国 NF	瑞典 SS	美国 ASTM	美国 UNS	俄罗斯 ГОСТ	日本 JIS	韩国 KS
NS1101	NS111	—	—	—	X10NiCrAlTi32-20	1.4876	NA15	—	—	Incoloy8000	N08800	—	NCF800	NCF800
NS1102	NS112	—	—	—	X10NiCrAlTi32-20	1.4876	NA15	—	—	Incoloy800H	N08810	—	—	—
NS1402	NS142	—	—	—	NiCr21Mo	2.4858	NA16	—	—	Incoloy825	N08825	—	NCF825	NCF825
NS1403	NS143	—	—	—	—	—	—	—	—	Carpenter20Cb3	N08020	—	—	—
NS3102	NS312	—	—	—	NiCr15Fe	2.4816	NA14	—	—	Inconel600	N06600	—	NCF600	NCF600
NS3103	NS313	—	—	—	NiCr23Fe	2.4851	—	—	—	—	—	—	NCF601	NCF601
NS3105	NS315	—	—	—	—	—	—	—	—	Inconel690	N06690	—	—	—
NS3201	NS321	—	—	—	—	—	—	—	—	HastellyB	N10001	—	—	—
NS3202	NS322	—	—	—	NiMo28	2.4617	NA44	—	—	HastellyB-2	N10665	—	—	—
NS3303	NS333	—	—	—	NiMo16Cr15W	2.4819	NA45	—	—	HastellyC-276	N10276	—	—	—
NS3304	NS334	—	—	—	NiMo16Cr15W	2.4819	NA45	—	—	—	—	—	—	—
NS3305	NS335	—	—	—	NiMo16Cr16Ti	2.4610	—	—	—	HastellyC-4	N06455	—	—	—
NS3306	NS336	—	—	—	NiCr22Mo9Nb	2.4856	NA21 NA43	—	—	Inconel625	N06625	—	NCF625	NCF625
NS3307	NS337	—	—	—	NiCr20Mo15	2.4836	—	—	—	—	—	—	—	—

表 2-188　铸造耐蚀合金的牌号及化学成分（GB/T 15007—2017）

序号	统一数字代号	合金牌号	化学成分（质量分数）/% C	Cr	Ni	Fe	Mo	W	Cu	Al	Ti	Nb	V	Co	Si	Mn	P	S
1	C71301	ZNS1301	≤0.050	19.5~23.5	38.0~44.0	余量	2.5~3.5	—	—	—	—	0.60~1.2	—	—	≤1.0	≤1.0	≤0.03	≤0.03
2	C73101	ZNS3101	≤0.40	14.0~17.0	余量	≤11.0	—	—	—	—	—	—	—	—	≤3.0	≤1.5	≤0.03	≤0.03
3	C73201	ZNS3201	≤0.12	≤1.00	余量	4.0~6.0	26.0~30.0	—	—	—	—	—	0.20~0.60	—	≤1.00	≤1.00	≤0.040	≤0.030
4	C73202	ZNS3202	≤0.07	≤1.00	余量	≤3.0	30.0~33.0	—	—	—	—	—	—	—	≤1.00	≤1.00	≤0.040	≤0.040

序号	统一数字代号	合金牌号	化学成分（质量分数）/%															
			C	Cr	Ni	Fe	Mo	W	Cu	Al	Tl	Nb	V	Co	Si	Mn	P	S
5	C73301	ZNS3301	≤0.12	15.5~17.5	余量	4.5~7.5	16.0~18.0	3.75~5.25	—	—	—	—	0.20~0.40	—	≤1.00	≤1.00	≤0.040	≤0.030
6	C73302	ZNS3302	≤0.07	17.0~20.0	余量	≤3.0	17.0~20.0	—	—	—	—	—	—	—	≤1.00	≤1.00	≤0.040	≤0.030
7	C73303	ZNS3303	≤0.02	15.0~17.5	余量	≤2.0	15.0~17.5	≤1.0	—	—	—	—	—	—	≤0.80	≤1.00	≤0.03	≤0.03
8	C73304	ZNS3304	≤0.02	15.0~16.5	余量	≤1.50	15.0~16.5	—	—	—	—	—	—	—	≤0.50	≤1.00	≤0.020	≤0.020
9	C73305	ZNS3305	≤0.05	20.0~22.50	余量	2.0~6.0	12.5~14.5	2.5~3.5	—	—	—	—	≤0.35	—	≤0.80	≤1.00	≤0.025	≤0.025
10	C74301	ZNS4301	≤0.06	20.0~23.0	余量	≤5.0	8.0~10.0	—	—	—	—	3.15~4.15	—	—	≤1.00	≤1.00	≤0.015	≤0.015

表 2-189　变形高温合金的牌号及其化学成分 （GB/T 14992—2005）

铁或铁镍（镍小于 50%）为主要元素的变形高温合金的化学成分（质量分数）/%

新牌号	原牌号	C	Cr	Ni	Mo	W	Al	Ti	Nb	Fe
GH1015	GH15	≤0.08	19.00~22.00	34.00~39.00	2.50~3.20	4.80~5.80	—	—	1.10~1.60	余
GH1016[1]	GH16	≤0.08	19.00~22.00	32.00~36.00	2.60~3.30	5.00~6.00	—	—	0.90~1.40	余
GH1035[2]	GH35	0.06~0.12	20.00~23.00	35.00~40.00	—	2.50~3.50	≤0.50	0.70~1.20	1.20~1.70	余
GH1040[3]	GH40	≤0.12	15.00~17.50	24.00~27.00	5.50~7.00	—	—	—	—	余
GH1131[4]	GH131	≤0.10	19.00~22.00	25.00~30.00	2.80~3.50	4.80~6.00	—	—	0.70~1.30	余
GH1139[5]	GH139	≤0.12	23.00~26.00	15.00~18.00	—	—	—	—	—	余
GH1140	GH140	0.06~0.12	20.00~23.00	35.00~40.00	2.00~2.50	1.40~1.80	0.20~0.60	0.70~1.20	—	余
GH2035A	GH35A	0.05~0.11	20.00~23.00	35.00~40.00	—	2.50~3.50	0.20~0.70	0.80~1.30	—	余
GH2036	GH36	0.34~0.40	11.50~13.50	7.00~9.00	1.10~1.40	—	—	≤0.12	—	余
GH2038	GH38A	≤0.10	10.00~12.50	18.00~21.00	—	—	≤0.50	2.30~2.80	0.25~0.50	余
GH2130	GH130	≤0.08	12.00~16.00	35.00~40.00	—	—	—	2.40~3.20	—	余
GH2132	GH132	≤0.08	13.50~16.00	24.00~27.00	1.00~1.50	—	≤0.40	1.75~2.35	—	余

新牌号	原牌号	Mg	V	B	Ce	Si	Mn	P 不大于	S 不大于	Cu
GH1015	GH15	—	—	≤0.010	≤0.050	≤0.60	≤1.50	0.020	0.015	0.250
GH1016	GH16	—	0.100~0.300	≤0.010	≤0.050	≤0.60	≤1.80	0.020	0.015	—
GH1035	GH35	—	—	—	≤0.050	≤0.80	≤0.70	0.030	0.020	—
GH1040	GH40	—	—	—	—	0.50~1.00	1.00~2.00	0.030	0.020	0.200
GH1131	GH131	—	—	0.005	—	≤0.80	≤1.20	0.020	0.020	—
GH1139	GH139	—	—	≤0.010	—	≤1.00	5.00~7.00	0.035	0.020	—
GH1140	GH140	—	—	—	≤0.050	≤0.80	≤0.70	0.025	0.015	—
GH2035A	GH35A	≤0.010	—	0.010	0.050	≤0.80	≤0.70	0.030	0.020	—
GH2036	GH36	—	1.250~1.550	—	—	0.30~0.80	7.50~9.50	0.035	0.030	—
GH2038A	GH38A	—	—	≤0.008	—	≤1.00	≤1.00	0.030	0.020	—
GH2130	GH130	—	—	0.020	0.020	≤0.60	≤0.50	0.015	0.015	—
GH2132	GH132	—	0.100~0.500	0.001~0.010	—	≤1.00	1.00~2.00	0.030	0.020	—

铁或铁镍（镍小于50%）为主要元素的变形高温合金的化学成分（质量分数）/%

新牌号	原牌号	C	Cr	Ni	Co	W	Mo	Al	Ti	Fe	Nb
GH2135	GH135	≤0.08	14.00~16.00	33.00~36.00	—	1.70~2.20	1.70~2.20	2.00~2.80	2.10~2.50	余	—
GH2150	GH150	≤0.08	14.00~16.00	45.00~50.00	—	2.50~3.50	4.50~6.00	0.80~1.30	1.80~2.40	余	0.90~1.40
GH2302	GH302	≤0.08	12.00~16.00	38.00~42.00	—	3.50~4.50	1.50~2.50	1.80~2.30	2.30~2.80	余	—
GH2696	GH696	≤0.10	10.00~12.50	21.00~25.00	—	—	1.00~1.60	≤0.80	2.60~3.20	余	—
GH2706	GH706	≤0.06	14.50~17.50	39.00~44.00	—	—	—	≤0.40	1.50~2.00	余	2.50~3.30
GH2747	GH747	≤0.10	15.00~17.00	44.00~46.00	—	—	—	2.90~3.90	3.20~3.65	余	—
GH2761	GH761	0.02~0.07	12.00~14.00	42.00~45.00	—	2.80~3.30	1.40~1.90	1.40~1.85	2.80~3.10	余	—
GH2901	GH901	0.02~0.06	11.00~14.00	40.00~45.00	—	—	5.00~6.50	≤0.30	2.80~3.10	余	—
GH2903	GH903	≤0.05	—	36.00~39.00	14.00~17.00	—	—	0.70~1.15	1.35~1.75	余	2.70~3.50
GH2907	GH907	≤0.06	≤1.00	35.00~40.00	12.00~16.00	—	—	≤0.20	1.30~1.80	余	4.30~5.20
GH2909	GH909	≤0.06	≤1.00	35.00~40.00	12.00~16.00	—	—	≤0.15	1.30~1.80	余	4.30~5.20
GH2984	GH984	≤0.08	18.00~20.00	40.00~45.00	—	2.00~2.40	0.90~1.30	0.20~0.50	0.90~1.30	余	—

新牌号	原牌号	B	Ce	Zr	Si	Mn	P	S	Cu
							不大于		
GH2135	GH135	≤0.015	≤0.030	—	≤0.50	0.40	0.020	0.020	—
GH2150	GH150	≤0.010	≤0.020	≤0.050	≤0.40	0.40	0.015	0.015	0.070
GH2302	GH302	≤0.010	≤0.020	≤0.050	≤0.60	0.60	0.020	0.010	—
GH2696	GH696	≤0.020	—	—	≤0.60	0.60	0.020	0.010	—
GH2706	GH706	≤0.006	—	—	≤0.35	0.35	0.020	0.015	0.300
GH2747	GH747	—	≤0.030	—	≤1.00	1.00	0.025	0.020	—
GH2761	GH761	≤0.015	≤0.030	—	≤0.40	0.50	0.020	0.008	0.200
GH2901	GH901	0.010~0.020	—	—	≤0.40	0.50	0.020	0.008	0.200
GH2903	GH903	0.005~0.010	—	—	≤0.20	0.20	0.015	0.015	—
GH2907	GH907	≤0.012	—	—	0.07~0.35	1.00	0.015	0.015	0.500
GH2909	GH909	≤0.012	—	—	0.25~0.50	1.00	0.015	0.015	0.500
GH2984	GH984	—	—	—	≤0.50	0.50	0.010	0.010	—

镍为主要元素的变形高温合金的化学成分(质量分数)/%

新牌号	原牌号	C	Cr	B	Ni	Co	W	Mo	Al	Ti	Fe	Nb
GH3007	GH5K	≤0.12	20.00~35.00	—	余	—	—	—	—	—	≤8.00	—
GH3030	GH30	≤0.12	19.00~22.00	—	余	—	—	—	≤0.15	0.15~0.35	≤1.50	—
GH3039	GH39	≤0.08	19.00~22.00	—	余	—	—	1.80~2.30	0.35~0.75	0.35~0.75	≤3.00	0.90~1.30
GH3044	GH44	≤0.10	23.50~26.50	—	余	—	13.00~16.00	≤1.50	≤0.50	0.30~0.70	≤4.00	—
GH3128	GH128	≤0.05	19.00~22.00	≤0.005	余	—	7.50~9.00	7.50~9.00	0.40~0.80	0.40~0.80	≤2.00	—
GH3170	GH170	≤0.06	18.00~22.00	≤0.005	余	15.00~22.00	17.00~22.00	8.00~10.00	≤0.50	≤0.15	17.00~20.00	—
GH3536	GH536	0.05~0.15	20.50~23.00	≤0.010	余	0.50~2.50	0.20~1.00	8.00~10.00	≤0.50	≤0.15	17.00~20.00	—
GH3600	GH600	≤0.15	14.00~17.00	—	≥72.00	—	—	—	≤0.35	≤0.50	6.00~10.00	≤1.00

新牌号	原牌号	La	B	Zr	Ce	Si	Mn	P	S	Cu
								不大于		
GH3007	GH5K	—	—	—	—	1.00	0.50	0.040	0.040	0.500~2.000
GH3030	GH30	—	—	—	—	0.80	0.70	0.030	0.020	≤0.200
GH3039	GH39	—	—	—	—	0.80	0.40	0.020	0.012	—
GH3044	GH44	—	—	—	—	0.80	0.50	0.013	0.013	≤0.070
GH3128	GH128	—	≤0.005	≤0.060	≤0.050	0.80	0.50	0.013	0.013	—
GH3170	GH170	0.100	≤0.005	0.100~0.200	—	0.80	0.50	0.013	0.013	—
GH3536	GH536	—	≤0.010	—	—	1.00	1.00	0.025	0.015	≤0.500
GH3600	GH600	—	—	—	—	0.50	1.00	0.040	0.015	≤0.500

镍为主要元素的变形高温合金的化学成分（质量分数）/%

新牌号	原牌号	C	Cr	Ni	Co	W	Mo	Al	Ti	Fe	Nb
GH3625	GH625	≤0.10	20.00~23.00	余	≤1.00	—	8.00~10.00	≤0.40	≤0.40	≤5.00	3.15~4.15
GH3652	GH652	≤0.10	26.50~28.50	余	—	—	—	2.80~3.50	—	≤1.00	—
GH4033	GH33	0.03~0.08	19.00~22.00	余	—	—	—	0.60~1.00	2.40~2.80	≤4.00	—
GH4037	GH37	0.03~0.10	13.00~16.00	余	—	5.00~7.00	2.00~4.00	1.70~2.30	1.80~2.30	≤5.00	—
GH4049	GH49	0.04~0.10	9.50~11.00	余	14.00~16.00	5.00~6.00	4.50~5.50	3.70~4.40	1.40~1.90	≤1.50	—
GH4080A	GH80A	0.04~0.10	18.00~21.00	余	≤2.00	—	—	1.00~1.80	1.80~2.70	≤1.50	—
GH4090	GH90	≤0.13	18.00~21.00	余	15.00~21.00	—	—	1.00~2.00	2.00~3.00	≤1.50	—
GH4093	GH93	≤0.13	18.00~21.00	余	15.00~21.00	—	—	1.00~2.00	2.00~3.00	≤1.0C	—
GH4098	GH98	≤0.10	17.50~19.50	余	5.00~8.00	5.50~7.00	3.50~5.00	2.50~3.00	1.00~1.50	≤3.0C	≤1.50
GH4099	GH99	≤0.08	17.00~20.00	余	5.00~8.00	5.00~7.00	3.50~4.50	1.70~2.40	1.00~1.50	≤2.0C	—

新牌号	原牌号	Mg	V	B	Zr	Ce	Si	Mn	P	S	Cu
									不大于		
GH3625	GH625	—	—	—	—	—	0.50	0.50	0.015	0.015	0.070
GH3652	GH652	—	—	≤0.010	—	≤0.030	0.80	0.30	0.020	0.020	—
GH4033	GH33	—	0.100~0.500	≤0.020	—	≤0.020	0.65	0.40	0.015	0.007	0.070
GH4037	GH37	—	0.200~0.500	≤0.025	—	≤0.020	0.40	0.50	0.015	0.010	0.070
GH4049	GH49	—	—	≤0.008	—	≤0.020	0.50	0.50	0.010	0.010	0.070
GH4080A	GH80A	—	—	≤0.020	≤0.150	—	0.80	0.40	0.020	0.015	0.200
GH4090	GH90	—	—	≤0.020	—	—	0.80	0.40	0.020	0.015	0.200
GH4093	GH93	—	—	—	—	—	1.00	1.00	0.015	0.015	0.200
GH4098	GH98	—	—	≤0.005	—	≤0.020	0.30	0.30	0.015	0.015	0.070
GH4099	GH99	≤0.010	—	≤0.005	—	≤0.020	0.50	0.40	0.015	0.015	—

镍为主要元素的变形高温合金的化学成分（质量分数）/%

新牌号	原牌号	C	Cr	Ni	Co	W	Mo	Al	Ti	Fe	Nb
GH4105	GH105	0.12~0.17	14.00~15.70	余	18.00~22.00	—	4.50~5.50	4.50~4.90	1.18~1.50	≤1.00	—
GH4133	GH33A	≤0.07	19.00~22.00	余	—	—	—	0.70~1.20	2.50~3.00	≤1.50	1.15~1.65
GH4133B	GH4133B	≤0.06	19.00~22.00	余	—	—	—	0.75~1.15	2.50~3.00	≤1.50	1.30~1.70
GH4141	GH141	0.06~0.12	18.00~20.00	余	10.00~12.00	—	9.00~10.50	1.40~1.80	3.00~3.50	≤5.00	—
GH4145	GH145	≤0.08	14.00~17.00	≥70.00	≤1.00	—	—	0.40~1.00	2.25~2.75	5.00~9.50	0.70~1.20
GH4163	GH163	0.04~0.08	19.00~21.00	50.00~55.00	19.00~21.00	—	5.60~6.10	0.30~0.60	1.90~2.40	≤0.70	—
GH4169	GH169	≤0.08	17.00~21.00	余	≤1.00	—	2.80~3.30	0.20~0.80	0.65~1.15	余	4.75~5.50
GH4199	GH199	≤0.10	19.00~21.00	余	—	9.00~11.00	4.00~6.00	2.10~2.60	1.10~1.60	≤4.00	—
GH4202	GH202	≤0.08	17.00~20.00	余	—	4.00~5.00	4.00~5.00	1.00~1.50	2.20~2.80	≤4.00	—
GH4220	GH220	≤0.010	9.00~12.00	余	14.00~15.50	5.00~6.50	5.00~7.00	3.90~4.80	2.20~2.90	≤3.00	—

新牌号	原牌号	Mg	V	B	Zr	Ce	Si	Mn	P	S	Cu
									不大于		
GH4105	GH105	—	—	0.003~0.010	0.070~0.150	—	0.25	0.40	0.015	0.010	0.200
GH4133	GH33A	—	—	≤0.010	—	≤0.010	0.65	0.35	0.015	0.007	0.070
GH4133B	GH4133B	0.001~0.010	—	≤0.010	0.010~0.100	≤0.010	0.65	0.35	0.015	0.007	0.070
GH4141	GH141	—	—	0.003~0.010	≤0.070	—	0.50	0.50	0.015	0.015	0.500
GH4145	GH145	—	—	—	—	—	0.50	1.00	0.015	0.010	0.500
GH4163	GH163	—	—	≤0.005	—	—	0.40	0.60	0.015	0.007	0.200
GH4169	GH169	≤0.010	—	≤0.006	—	—	0.35	0.35	0.015	0.015	0.300
GH4199	GH199	≤0.050	—	≤0.008	—	—	0.55	0.50	0.015	0.015	0.070
GH4202	GH202	—	—	≤0.010	—	≤0.010	0.60	0.50	0.015	0.010	—
GH4220	GH220	≤0.010	0.250~0.800	≤0.020	—	≤0.020	0.35	0.50	0.015	0.009	0.070

镍为主要元素的变形高温合金的化学成分(质量分数)/%

新牌号	原牌号	C	Cr	Ni	V	Co	W	Mo	Al	Ti	Fe	Nb
GH4413	GH413	0.04~0.10	13.00~16.00	余	—	—	5.00~7.00	2.50~4.00	2.40~2.90	1.70~2.20	≤5.00	—
GH4500	GH500	≤0.12	18.00~20.00	余	—	15.00~20.00	—	3.00~5.00	2.75~3.25	2.75~3.25	≤4.00	—
GH4586	GH586	≤0.08	18.00~20.00	余	—	10.00~12.00	2.00~4.00	7.00~9.00	1.50~1.70	3.20~3.50	≤5.00	—
GH4648	GH648	≤0.10	32.00~35.00	余	—	—	4.30~5.30	2.30~3.30	0.50~1.10	0.50~1.10	≤4.00	0.50~1.10
GH4698	GH698	≤0.08	13.00~16.00	余	—	—	—	2.80~3.20	1.30~1.70	2.35~2.75	≤2.00	1.80~2.20
GH4708	GH708	0.05~0.10	17.50~20.00	余	—	≤0.50	5.50~7.50	4.00~6.00	1.90~2.30	1.00~1.40	≤4.00	—
GH4710	GH710	≤0.10	16.50~19.50	余	—	13.50~16.00	1.00~2.00	2.50~3.50	2.00~3.00	4.50~5.50	≤1.00	—
GH4738	GH738(GH684)	0.03~0.10	18.00~21.00	余	—	12.00~15.00		3.50~5.00	1.20~1.60	2.75~3.25	≤2.00	—
GH4742	GH742	0.04~0.08	13.00~15.00	余	—	9.00~11.00	—	4.50~5.50	2.40~2.80	2.40~2.80	≤1.00	2.40~2.80

新牌号	原牌号	La	Mg	V	B	Zr	Ce	Si	Mn	P	S	Cu
										不大于		
GH4413	GH413	—	≤0.005	0.200~1.000	0.020	—	0.020	0.60	0.50	0.015	0.009	0.070
GH4500	GH500	—	—	—	0.003~0.008	≤0.060	—	0.75	0.75	0.015	0.015	0.100
GH4586	GH586	≤0.015	≤0.015	—	≤0.005	—	—	0.50	0.10	0.010	0.010	—
GH4648	GH648	—	—	—	≤0.008	≤0.050	≤0.030	0.40	0.50	0.015	0.010	—
GH4698	GH698	—	≤0.008	—	≤0.005	—	≤0.005	0.60	0.40	0.015	0.007	0.070
GH4708	GH708	—	—	—	≤0.008	≤0.060	≤0.030	0.40	0.50	0.015	0.015	—
GH4710	GH710	—	—	—	0.010~0.030	—	0.020	0.15	0.15	0.015	0.010	0.100
GH4738	GH738(GH684)	—	—	—	0.003~0.010	0.020~0.080	—	0.15	0.10	0.015	0.015	0.100
GH4742	GH742	≤0.100	—	—	≤0.010	—	0.010	0.30	0.40	0.015	0.010	—

钴为主要元素的变形高温合金的化学成分（质量分数）/%

新牌号	原牌号	C	Cr	Ni	Co	W	Mo	Al	Ti	Fe	Nb
GH5188	GH188	0.05~0.15	20.00~24.00	20.00~24.00	余	13.00~16.00	—	—	—	≤3.00	—
GH5605	GH605	0.05~0.15	19.00~21.00	9.00~11.00	余	14.00~16.00	—	—	—	≤3.00	—
GH5941	GH941	≤0.10	19.00~23.00	19.00~23.00	余	17.00~19.00	—	—	—	≤1.50	—
GH6159	GH159	≤0.04	18.00~20.00	余	34.00~38.00	—	6.00~8.00	0.10~0.30	2.50~3.25	8.00~10.00	0.25~0.75
GH6783⑥	GH783	≤0.03	2.50~3.50	26.00~30.00	余	—	—	5.00~6.00	≤0.40	24.00~27.00	2.50~3.50

新牌号	原牌号	La	B	Si	Mn	P	S	Cu
						不大于		
GH5188	GH188	0.030~0.120	≤0.015	0.20~0.50	≤1.25	0.020	0.015	0.070
GH5605	GH605	—	—	≤0.40	1.00~2.00	0.040	0.030	—
GH5941	GH941	—	—	≤0.50	≤1.50	0.020	0.015	0.500
GH6159	GH159	—	≤0.030	≤0.20	≤0.20	0.020	0.010	0.500
GH6783	GH783	—	0.003~0.012	≤0.50	≤0.50	0.015	0.005	0.500

① 氮含量在 0.130~0.250 之间。

② 加钛或加铌，但两者不得同时加入。

③ 氮含量在 0.100~0.200 之间。

④ 氮含量在 0.150~0.300 之间。

⑤ 氮含量在 0.300~0.450 之间。

⑥ 钽含量不大于 0.050。

表 2-190 高温合金热轧板材的力学性能 （GB/T 14995—2010）

合金牌号		试验温度 /℃	检验试样状态	力学性能		
新牌号	原牌号			抗拉强度 R_m /MPa	断后伸长率 A_5 /%	断面收缩率 Z /%
GH1035	GH35	室温	交货状态	≥590	≥35.0	实测
		700		≥345	≥35.0	实测
GH1131①	GH131	室温	交货状态	≥735	≥34.0	实测
		900		≥180	≥40.0	实测
		1000		≥110	≥43.0	实测
GH1140	GH140	室温	交货状态	≥635	≥40.0	≥45.0
		800		≥245	≥40.0	≥50.0

| 合金牌号 | | 检验试样状态 | 试验温度 /℃ | 力学性能 | | |
新牌号	原牌号			抗拉强度 R_m /MPa	断后伸长率 A_5 /%	断面收缩率 Z /%
GH2018	GH18	交货状态+时效(800℃±10℃,保温16h,空冷)	室温	≥930	≥15.0	实测
			800	≥430	≥15.0	实测
GH2132②	GH132	交货状态+时效(700~720℃,保温12~16h,空冷)	室温	≥880	≥20.0	实测
			650	≥735	≥15.0	实测
			550	≥785	≥16.0	实测
GH2302	GH302	交货状态+时效(800℃±10℃,保温16h,空冷)	室温	≥685	≥30.0	实测
			800	≥540	≥6.0	实测
GH3030	GH30	交货状态	室温	≥685	≥30.0	实测
			700	≥295	≥30.0	实测
GH3039	GH39	交货状态	室温	≥735	≥40.0	≥45.0
			800	≥245	≥40.0	≥50.0
GH3044	GH44	交货状态	室温	≥735	≥40.0	实测
			900	≥185	≥30.0	实测
GH3128	GH128	交货状态	室温	≥735	≥40.0	实测
			950	≥175	≥40.0	实测
GH4099	GH99	交货状态+固溶(1200℃±10℃,空冷)+时效(900℃±10℃,保温5h,空冷)	900	≥295	≥23.0	—

① 高温拉伸可由供方任选一组温度，若900℃注明时，按900℃进行检验。
② 高温拉伸可由供方任选一组温度，若合同未注明时，按650℃进行检验。

表2-191 推荐热处理制度（GB/T 14994—2008）

| 牌 号 | 组 别 | | 固 溶 处 理 | 时 效 处 理 |
	组	别		
GH1040	—		1200℃,1h,空冷	700℃,16h,空冷
GH2036	—		1140~1145℃,1h20min,流动水冷却	670℃,12~14h,升温至770~800℃,10~12h,空冷
GH2132	—		980~1000℃,1~2h,油冷	700~720℃,16h,空冷
GH2696	I		—	750℃,16h,炉冷至650℃,16h,空冷
	II		—	750℃,16h,炉冷至650℃,16h,空冷
	III		1100℃,1~2h,油冷	780℃,16h,空冷
	IV		1100~1120℃,3~5h,油冷	840~850℃,3~5h,空冷,700~730℃,16~25h,空冷
GH3030	—		980~1000℃,水冷或空冷	—
GH4033	—		1080℃,8h,空冷	700℃,16h,空冷

牌 号	组 别	固 溶 处 理	时 效 处 理
GH4080A	—	1080℃,15~45min,空冷或水冷	700℃,16h,空冷或 750℃,4h,空冷
GH4090	—	1080℃,1~8h,空冷或水冷	750℃,4h,空冷
GH4169	—	950~980℃,1h空冷	720℃,8h,50℃±10℃/h炉冷到 620℃,8h,空冷

注：1. GH2036合金当碳含量不大于 0.36%时，建议第二阶段时效在 770~780℃进行，而当碳含量大于 0.36%时，则在 790~800℃进行时效。

2. 热处理控温精度除 CH4080A 时效处理为±5℃外，其余均为±10℃。

表 2-192　部分高温合金的力学性能（冷拉棒材）(GB/T 14994—2008)

牌号	试验温度 /℃	瞬时拉伸性能				室温冲击功 A_{KU}/J	布氏硬度 HBW	高温持久性能			
		抗拉强度 R_m/MPa	规定非比例延伸强度 $R_{p0.2}$/MPa	断后伸长率 A/%	断后收缩率 Z/%			试验温度 /℃	试验应力 σ/MPa	时间 /h	断后伸长率 A/%
				不小于						不小于	
GH1040	800	295	—	—	—	—	—	—	—	—	—
GH2036	室温	835	590	15	20	27	311~276	650	375(345)	35(C0)	—
GH2132①	室温	900	590	15	20	—	341~247	650	450(390)	23(1C0)	5(3)
GH2696	室温　I	1260	1050	10	35	—	302~229	—	—	实测	—
	II	1300	1100	10	30	—	229~143	600	570	实测	—
	III	980	685	10	12	24	341~285			50	—
	IV	930	635	10	12	24	341~285			50	—
GH3030	室温	685	—	30	—	—	—	—	—	—	—
GH4033	700	685	620	15	20	—	≥285	700	430(410)	60(80)	—
GH4080A	室温	1000	620	20	—	—	—	750	340	30	—
GH4090	650	820	590	8	—	—	—	870	140	30	—
GH4169②	室温	1270	1030	12	15	—	≥345	650	690	23	4
	650	1000	860	12	15	—					

① GH2132合金若按表 2-191 热处理性能不合格，则可调整时效处理。GH2132 合金高温持久试验拉至 23h 试样不断，则可采用逐渐增加应力的方法进行；间隔 8~16h，以 35MPa 递增加载，如果试样断裂时间大于 48h，断后伸长率 A 应不小于 5%；如果试样断裂时间同大于 48h，断后伸长率 A 应不小于 3%。

② GH4169 合金高温持久试验 23h 后试样不断，可采用逐渐增加应力的方法进行，23h 后，每间隔 8~16h，以 35MPa 递增增加载至断裂，试验结果应符合表 2-192 的规定。

表 2-193 高温合金中外牌号对照表

| 中国 GB | | 国际标准 | 欧洲标准 | | 德国 | | 英国 | 法国 | 瑞典 | 美国 | | | 俄罗斯 | 日本 | 韩国 |
牌号	曾用牌号	ISO	EN	Mat. No.	DIN	W. Nr	BS	NF	SS	AMS	SAE	商业牌号	ГОСТ	JIS	KS
GH1015	GH15	—	—	—	—	—	—						ЭП868	—	—
GH1016	GH16	—	—	—	—	—	—						—	—	—
GH1036	GH35	—	—	—	—	—	—						ЭП703	—	—
GH1040	GH40	—	—	—	—	—	—						ЭП395	—	—
GH1131	GH131	—	—	—	—	—	—						ЭП126	—	—
GH1140	GH140	—	—	—	—	—	N263						ЭП602	—	—
GH2018	GH18	—	—	—	—	—	—						ЭП481	—	—
GH2036	GH36												ЭП696А		
GH2038	GH38A														
GH2130	GH130	—	—	—	—	—	—						ЭП617	—	—
GH2132	GH132	—	—	—	X5CrNiTi26-15	1.4980	DTD5026	Z6NCT25 ATVSMo		5525 5731	HEV7	A286	ЭП786	—	—
GH2135	GH135	—	—	—	—	—	—						ЭП437	—	—
GH2136	GH136	—	—	—	X5CrNiTi26-15	1.4980	—	Z3NCT25 ATVS2				V57		—	—
GH2302	GH302	—	—	—	—	—	—						ЭП617	—	—
GH3030	GH30						N203 N403 DTD703B HR5	NC20T ATGR				—	ЭП435		
GH3039	GH39	—	—	—	—	—	—						ЭП602	—	—
GH3044	GH44	—	—	—	—	—	—						ЭП868	—	—
GH3128	GH128	—	—	—	—	—	—							—	—
GH4033	GH33	—	—	—	—	—	N80A						ЭП437Б	—	—
GH4037	GH37	—	—	—	—	—	N501 N503 DTD747B 2HR2 2HR202	NC20KTA ATGS4		5289	HEV6	—	ЭП617	—	—

中国 GB		国际标准 ISO	欧洲标准		德国		英国	法国	瑞典	美国			俄罗斯	日本	韩国
牌号	曾用牌号	ISO	EN	Mat. No.	DIN	W. Nr	BS	NF	SS	AMS	SAE	商业牌号	ГОСТ	JIS	KS
GH4043	GH43	—	—	—	—	—	—	—	—	—	—	—	ЭП598	—	—
GH4049	GH49	—	—	—	—	—	N115 HR4	NCK15 ATD	—	—	—	—	ЭП929	—	—
GH4133	GH33A	—	—	—	—	—	N80A	—	—	—	—	—	ЭП437Б	—	—
GH4169	GH169	—	—	—	NiCr19NbMo	2.4668	—	NC19FeNb ATGC1	—	5596 5562	XEV-1	Inconel718	—	—	—
—	—	—	—	—	X12CrCoNi21-20	1.4971	—	Z12CNKDW20 ATGX	—	5531 5585	HEV-1	N155	—	SUH661	—
—	GH20	—	—	—	X10NiCrAlTi32-10	1.4876	—	25NC35-20	—	5766 5861	—	Inconel800	—	NCF2B NCF800B	—
—	GH32	—	—	—	NiCr21Fe18Mo	2.4613	HR6 HR204	ATGE	—	5536 5754	—	Hestelloy X	—	—	—
—	GH25	—	—	—	CoCr20W15Ni	2.4964	HR25	NC20WN ATG H	—	5537 5759	—	L605	—	—	—
—	GH80A	—	—	—	NiCr20TiAl	2.4952	DTD736B 2HR1 2HR201 2HR401	NC20TA ATG S3	—	—	—	Nimonic 80A	—	—	—
—	GH141	—	—	—	NiCr19CoMo	2.4973	—	NC20KDTA ATGW2	—	5545 5712	—	Rene 41	—	—	—
—	GH143	—	—	—	—	—	N105 DTD50 07A HR3	NCKD20AZr	—	—	—	—	—	—	—
—	GH145	—	—	—	NiCr15Fe7TiAl	2.4669	—	NC15FeTNbA ATGF	—	5542 5567	—	Inconer X-750	ЭП974	NCF750B	—
—	GH146	—	—	—	NiCr18Co	2.4983	NPK25	NC20KDTA ATGW2	—	5751 5753	—	Udimet 500	—	—	—

| 中国 GB | | 国际标准 | 欧洲标准 | | 德国 | | 英国 | 法国 | 瑞典 | 美国 | | | 俄罗斯 | 日本 | 韩国 |
牌号	曾用牌号	ISO	EN	Mat. No.	DIN	W. Nr	BS	NF	SS	AMS	SAE	商业牌号	ГОСТ	JIS	KS
GH163	—	—	—	—	NiCo20Cr20MoTi	2.4650	N263 HR10 HR206	NCK20D ATGW0	—	—	—	—	—	—	—
GH167	—	—	—	—	—	—	—	—	—	5872A	—	Hastelloy R-135	—	—	—
GH182	—	—	—	—	NiMo16Cr16Ti	2.4610	—	—	—	—	—	Hastelloy C-4	—	—	—
GH333	—	—	—	—	—	—	—	Z6NCKDW45 ATG33	—	5716 5717	—	RA 333	—	—	—
GH600	—	—	—	—	NiCr15Fe	2.4816	—	NC15Fe	—	5665	—	Inconer 600	—	NCF600B	—
GH710	—	—	—	—	—	—	—	NCK18TDA ATGW4	—	—	—	Udimet 710	—	—	—
GH738	—	—	—	—	NiCr19Co14Mo4Ti	2.4654	NPK50	NC20K14 ATGW1	—	5704 5544	—	Waspaloy	—	—	—

| 中国 GB | | 国际标准 | 欧洲标准 | | 德国 | | 英国 | 法国 | 瑞典 | 美国 | | | 俄罗斯 | 日本 | 韩国 |
牌号	曾用牌号	ISO	EN	Mat. No.	DIN	W. Nr	BS	NF	SS	ASTM	UNS	商业牌号	ГОСТ	JIS	KS
—	GH901	—	—	—	NiFeCr12Mo	2.4975	N901 HR53 HR404	Z8NCD	—	5660 5661	—	Udimet 901	ЭП725	—	—
—	GH984	—	—	—	NiCr22Mo9Nb / X4NiCrTi25-15 / NiCr21Mo	2.4856 / 1.4943 / 2.4858	—	NC22FeDNb ATGE2 / ATVS2 / NC22FeDU / NK27CADT	—	5666 5599	—	Inconer 625 / Discaloy / Incoloy 825 / Incoloy 700	—	—	—

表2-194　铸造高温合金的牌号及其化学成分（GB/T 14992—2005）

等轴晶铸造高温合金的化学成分（质量分数）/%

新牌号	原牌号	C	Cr	Ni	Co	W	Mo	Al	Ti	Fe
K211	K11	0.10~0.20	19.50~20.50	45.00~47.00	—	7.50~8.50	—	—	—	余
K213	K13	≤0.10	14.00~16.00	34.00~38.00	—	4.00~7.00	—	1.50~2.00	3.00~4.00	余
K214	K14	≤0.10	11.00~13.00	40.00~45.00	—	6.50~8.00	—	1.80~2.40	4.20~5.00	余
K401	K1	≤0.10	14.00~7.00	余	—	7.00~10.00	≤0.30	4.50~5.50	1.50~2.00	≤0.20
K402	K2	0.13~0.20	10.50~13.50	余	—	6.00~8.00	4.50~5.50	4.50~5.30	2.00~2.70	≤2.00

等轴晶铸造高温合金的化学成分（质量分数）/%

新牌号	原牌号	C	Cr	Ni	Co	W	Mo	Al	Ti	Fe
K403	K3	0.11~0.18	10.00~12.00	余	4.50~6.00	4.80~5.50	3.80~4.50	5.30~5.90	2.30~2.90	≤2.00
K405	K5	0.10~0.18	9.50~11.00	余	9.50~10.50	4.50~5.20	3.50~4.20	5.00~5.80	2.00~2.90	≤0.50
K406	K6	0.10~0.20	14.00~17.00	余	—	—	4.50~6.00	3.25~4.00	2.00~3.00	≤1.00
K406C	K6C	0.03~0.08	18.00~19.00	余	—	—	4.50~6.00	3.25~4.00	2.00~3.00	≤1.00
K407	K7	≤0.12	20.00~35.00	余	—	—	—	—	—	≤8.00

新牌号	原牌号	B	Zr	Ce	Si	Mn	P（不大于）	S	Cu
K211	K11	0.030~0.050	—	—	0.40	0.50	0.040	0.040	—
K213	K13	0.050~0.100	—	—	0.50	0.50	0.040	0.015	—
K214	K14	0.100~0.150	—	—	0.50	0.50	0.015	0.015	—
K401	K1	0.030~0.100	—	—	0.80	0.80	0.015	0.010	—
K402	K2	0.015	—	0.015	0.04	0.04	0.015	0.015	—
K403	K3	0.012~0.022	0.030~0.080	0.015	0.50	0.50	0.020	0.010	—
K405	K5	0.015~0.026	0.030~0.100	0.010	0.50	0.50	0.020	0.010	—
K406	K6	0.050~0.100	0.030~0.080	0.010	0.30	0.10	0.020	0.010	—
K406C	K6C	0.050~0.100	≤0.030	—	0.30	0.10	0.020	0.010	—
K407	K7	—	—	—	1.00	0.50	0.040	0.040	0.500~2.000

新牌号	原牌号	C	Cr	Ni	Co	W	Mo	Al	Ti	Fe	Nb	Ta
K408	K8	0.10~0.20	14.90~17.00	余	9.50~10.50	≤0.10	4.50~6.00	2.50~3.50	1.80~2.50	8.00~12.50	—	—
K409	K9	0.08~0.13	7.50~8.50	余	9.50~10.50	4.50~6.50	5.75~6.25	5.75~6.25	0.80~1.20	≤0.35	≤0.10	4.00~4.50
K412	K12	0.11~0.16	14.00~18.00	余	14.00~16.00	—	3.00~4.50	1.60~2.20	1.60~2.30	≤8.00	—	—
K417	K17	0.13~0.22	8.50~9.50	余	—	—	2.50~3.50	4.80~5.70	4.50~5.00	≤1.00	—	—
K417G	K17G	0.13~0.22	8.50~9.50	余	9.00~11.00	—	2.50~3.50	4.80~5.70	4.10~4.70	≤1.00	—	—
K417L	K17L	0.05~0.22	11.00~15.00	余	3.00~5.00	—	2.50~3.50	4.00~5.70	3.00~5.00	—	—	—
K418	K18	0.08~0.16	11.50~13.50	余	—	—	3.80~4.80	5.50~6.40	0.50~1.00	≤1.00	1.80~2.50	—
K418B	K18B	0.03~0.07	11.00~13.00	余	≤1.00	—	3.80~5.20	5.50~6.50	0.40~1.00	≤0.50	1.50~2.50	—
K419	K19	0.09~0.14	5.50~6.50	余	11.00~13.00	9.50~10.50	1.70~2.30	5.20~5.70	1.00~1.50	≤0.50	2.50~3.30	—
K419H	K19H	0.09~0.14	5.50~6.50	余	11.00~13.00	9.50~10.70	1.70~2.30	5.20~5.70	1.00~1.50	≤0.50	2.25~2.75	—

等轴晶铸造高温合金的化学成分（质量分数）/%

新牌号	原牌号	Hf	Mg	V	B	Zr	Ce	Si	Mn	P（不大于）	S（不大于）	Cu
K408	K8	—	—	—	0.060~0.080	—	0.010	0.60	0.60	0.015	0.020	—
K409	K9	—	—	—	0.010~0.020	0.050~0.100	—	0.25	0.20	0.015	0.015	—
K412	K12	—	—	≤0.300	0.005~0.010	—	—	0.60	0.60	0.015	0.009	—
K417	K17	—	—	0.600~0.900	0.012~0.022	0.050~0.090	—	0.50	0.50	0.015	0.010	—
K417G	K17G	—	—	0.600~0.900	0.012~0.024	0.050~0.090	—	0.20	0.20	0.015	0.010	—
K417L	K17L	—	—	—	0.003~0.012	—	—	—	—	0.010	0.006	—
K418	K18	—	—	—	0.008~0.020	0.060~0.150	—	0.50	0.50	0.015	0.010	—
K418B	K18B	—	—	—	0.005~0.015	0.050~0.150	—	0.50	0.25	0.015	0.010	0.500
K419	K19	—	≤0.003	≤0.100	0.050~0.100	0.030~0.080	—	0.20	0.50	0.015	0.015	0.400
K419H	K19H	1.200~1.600	—	≤0.100	0.050~0.100	0.030~0.080	—	0.20	0.20	—	0.015	0.100

新牌号	原牌号	C	Cr	Ni	Co	W	Mo	Al	Ti	Fe	Nb	Ta
K423	K23	0.12~0.18	14.50~16.50	余	9.00~10.50	≤0.20	7.60~9.00	3.90~4.40	3.40~3.80	≤0.50	≤0.25	—
K423A	K23A	0.12~0.18	14.00~15.50	余	8.20~9.50	≤0.20	6.80~8.30	3.90~4.40	3.40~3.80	≤0.50	≤0.25	—
K424	K24	0.14~0.20	8.50~10.50	余	12.00~15.00	1.00~1.80	2.70~3.40	5.00~5.70	4.20~4.70	2.00	0.50~1.00	—
K430	K430	≤0.12	19.00~22.00	≥75.00	—	—	—	≤0.15	—	≤1.50	—	—
K438	K38	0.10~0.20	15.70~16.30	余	8.00~9.00	2.40~2.80	1.50~2.00	3.20~3.70	3.00~3.50	≤0.50	0.60~1.10	1.50~2.00
K438G	K38G	0.13~0.20	15.30~16.30	余	8.00~9.00	2.30~2.90	1.40~2.00	3.50~4.50	3.20~4.00	≤0.20	0.40~1.00	1.40~2.00
K441	K41	0.02~0.10	15.00~17.00	余	—	12.00~15.00	1.50~3.00	3.10~4.00	—	—	—	—
K461	K461	0.12~0.17	15.00~17.00	余	—	2.10~2.50	3.60~5.00	2.10~2.80	2.10~3.00	6.00~7.50	—	—
K477	K77	0.05~0.09	14.00~15.25	余	≤0.50	—	3.90~4.50	4.00~4.60	3.00~3.70	≤1.00	—	—
K480①	K80	0.15~0.19	13.70~14.30	余	14.00~16.00	3.70~4.30	3.70~4.30	2.80~3.20	4.80~5.20	≤0.35	≤0.10	—
K491	K91	≤0.02	9.50~10.50	余	9.50~10.50	—	2.75~3.25	5.25~5.75	5.00~5.50	≤0.50	—	—

新牌号	原牌号	Hf	Mg	V	B	Zr	Ce	Si	Mn	P（不大于）	S（不大于）	Cu
K423	K23	≤0.250	—	—	0.004~0.008	—	—	≤0.20	0.20	0.010	0.010	—
K423A	K23A	≤0.250	—	—	0.005~0.015	—	—	≤0.20	0.20	0.010	0.010	—
K424	K24	—	—	0.500~1.000	0.015	0.020	0.020	≤0.40	0.40	0.015	0.015	—
K430	K430	—	—	—	—	—	—	≤1.20	1.20	0.030	0.020	0.200
K438	K38	—	—	—	0.005~0.015	0.050~0.150	—	≤0.30	0.20	0.015	0.015	—
K438G	K38G	—	—	—	0.005~0.015	0.050~0.150	—	≤0.01	0.20	0.0005	0.010	0.100
K441	K41	—	—	—	0.001~0.010	≤0.050	—	—	—	0.015	0.010	—

等轴晶铸造高温合金的化学成分(质量分数)/%

新牌号	原牌号	Hf	Mg	V	B	Zr	Ce	Si	Mn	P (不大于)	S (不大于)	Cu
K461	K461	—	—	—	0.100~0.130	—	—	1.20~2.00	0.30	0.020	0.020	—
K477	K77	—	—	—	0.012~0.020	≤0.040	≤0.100	≤0.50	0.20	0.015	0.010	—
K480	K80	≤0.100	≤0.100	≤0.100	0.010~0.020	0.020~0.100	—	≤0.10	0.50	0.015	0.010	0.100
K491	K91	≤0.005	≤0.005	—	0.080~0.120	≤0.040	≤0.100	≤0.10	0.10	0.010	0.010	—

新牌号	原牌号	C	Cr	Ni	Co	W	Mo	Al	Ti	Fe	Nb	Ta
K4002	K002	0.13~0.17	8.00~10.00	余	9.00~11.00	9.00~11.00	≤0.50	5.25~5.75	1.25~1.75	≤0.50	—	2.25~2.75
K4130	K130	<0.01	20.00~23.00	余	≤1.00	≤0.20	9.00~10.50	0.70~0.90	2.40~2.80	≤0.50	≤0.25	—
K4163	K163	0.04~0.08	19.50~21.00	余	18.50~21.00	0.20	5.60~6.10	0.40~0.60	2.00~2.40	0.70	0.25	—
K4169	K4169	0.02~0.08	17.00~21.00	50.00~55.00	≤1.00	—	2.80~3.30	0.30~0.70	0.65~1.15	余	4.40~5.40	≤0.10
K4202	K202	≤0.08	17.00~20.00	余	—	4.00~5.00	4.00~5.00	1.00~1.50	2.20~2.80	≤4.00	—	—
K4242	K242	0.27~0.35	20.00~23.00	余	9.55~11.00	≤0.20	10.00~11.00	≤0.20	≤0.30	≤0.75	≤0.25	—
K4536	K536	≤0.10	20.50~23.00	余	0.50~2.50	0.20~1.00	8.00~10.00	—	—	17.00~20.00	—	—
K4537[2]	K537	0.07~0.12	15.00~16.00	余	9.00~10.00	4.70~5.20	1.20~1.70	2.70~3.20	3.20~3.70	≤0.50	1.70~2.20	—
K4648	K648	0.03~0.10	32.00~35.00	余	—	4.30~5.50	2.30~3.50	0.70~1.30	0.70~1.30	≤0.50	0.70~1.30	—
K4708	K708	0.05~0.10	17.50~20.50	余	—	5.50~7.50	4.00~6.00	1.90~2.30	1.00~1.40	≤4.00	—	—

新牌号	原牌号	Hf	Mg	V	B	Zr	Ce	Si	Mn	P (不大于)	S (不大于)	Cu
K4002	K002	1.300~1.700	≤0.003	≤0.100	0.010~0.020	0.030~0.080	—	≤0.20	≤0.20	0.010	0.010	0.100
K4130	K130	—	—	—	—	—	—	≤0.60	≤0.60	—	—	—
K4163	K163	—	—	—	≤0.005	—	—	≤0.40	≤0.60	—	0.007	0.200
K4169	K4169	—	—	—	≤0.006	≤0.050	—	≤0.35	≤0.35	0.015	0.015	0.300
K4202	K202	—	—	—	≤0.015	—	—	≤0.60	≤0.50	0.015	0.010	—
K4242	K242	—	—	—	—	—	≤0.010	0.20~0.45	0.20~0.50	—	—	—
K4536	K536	—	—	—	≤0.010	—	—	≤1.00	≤1.00	0.040	0.030	—
K4537	K537	—	—	—	0.010~0.020	0.030~0.070	—	—	—	0.015	0.015	—
K4648	K648	—	—	—	≤0.008	—	≤0.030	≤0.30	—	—	0.010	—
K4708	K708	—	—	—	≤0.008	—	≤0.030	≤0.60	≤0.50	0.015	0.015	—

等轴晶铸造高温合金的化学成分（质量分数）/%

新牌号	原牌号	C	Cr	Ni	Co	W	Mo	Al	Ti	Fe	Ta
K605	K605	≤0.40	19.00~21.00	9.00~11.00	余	14.00~16.00	—	—	—	≤3.00	—
K610	K10	0.15~0.25	25.00~28.00	3.00~3.70	余	≤0.50	4.50~5.50	—	—	≤1.50	—
K612	K612	1.70~1.95	27.00~31.00	≤1.50	余	8.00~10.00	≤2.50	1.00	—	≤2.50	—
K640	K40	0.45~0.55	24.50~26.50	9.50~11.50	余	7.00~8.00	—	—	—	≤2.00	—
K640M	K40M	0.45~0.55	24.50~26.50	9.50~11.50	余	7.00~8.00	0.10~0.50	0.70~1.20	0.05~0.30	≤2.00	0.10~0.50
K6188①	K188	0.15	20.00~24.00	9.50~11.50	余	13.00~16.00	—	—	—	3.00	—
K825④	K25	0.02~0.08	余	39.50~42.50	—	1.40~1.80	—	—	0.20~0.40	—	—

新牌号	原牌号	V	B	Zr	Ce	Si	Mn	P	S
								不大于	
K605	K605	—	≤0.030	—	—	≤0.40	1.00~2.00	0.040	0.030
K610	K10	—	—	—	—	≤0.50	≤0.60	0.025	0.025
K612	K612	—	—	—	—	≤1.50	≤1.50	—	—
K640	K40	—	—	—	—	≤1.00	≤1.00	0.040	0.040
K640M	K40M	—	—	0.008~0.040	—	≤1.00	≤1.00	0.040	0.040
K6188	K188	—	≤0.015	—	—	0.20~0.50	≤1.50	0.020	0.015
K825	K25	0.200~0.400	—	0.100~0.300	—	≤0.50	≤0.50	0.015	0.010

定向凝固柱晶高温合金的化学成分（质量分数）/%

新牌号	原牌号	C	Cr	Ni	Co	W	Mo	Al	Ti	Fe	Nb	Ta	Hf
DZ404	DZ4	0.10~0.16	9.00~10.00	余	5.50~6.50	5.10~5.80	3.50~4.20	5.60~6.40	1.60~2.20	≤1.00	—	—	—
DZ405	DZ5	0.07~0.15	9.50~11.00	余	9.50~10.50	4.50~5.50	3.50~4.20	5.00~6.00	2.00~3.00	—	—	—	—
DZ417G	DZ17G	0.13~0.22	8.50~9.50	余	9.00~11.00	—	2.50~3.50	4.80~5.70	4.10~4.70	≤0.50	—	—	—
DZ422	DZ22	0.12~0.16	8.00~10.00	余	9.00~11.00	11.50~12.50	—	4.75~5.25	1.75~2.25	≤0.20	0.75~1.25	—	1.40~1.80
DZ422B⑤	DZ22B	0.12~0.14	8.00~10.00	余	9.00~11.00	11.50~12.50	—	4.75~5.25	1.75~2.25	≤0.25	0.75~1.25	—	0.80~1.10
DZ438G⑥	DZ38G	0.08~0.14	15.50~16.40	余	8.00~9.00	2.40~2.80	1.50~2.00	3.50~4.30	3.50~4.30	≤0.30	0.40~1.00	1.50~2.00	—
DZ4002	DZ002	0.13~0.17	8.00~10.00	余	9.00~11.00	9.00~11.00	≤0.50	5.25~5.75	1.25~1.75	≤0.50	—	2.25~2.75	1.30~1.70
DZ4125	DZ125	0.07~0.12	8.40~9.40	余	9.50~10.50	6.50~7.50	1.50~2.50	4.80~5.40	0.70~1.20	≤0.30	—	3.50~4.10	1.20~1.80
DZ4125L	DZ125L	0.06~0.14	8.20~9.80	余	9.20~10.80	6.20~7.80	1.50~2.50	4.30~5.30	2.00~2.80	≤0.20	—	3.30~4.00	—
DZ640M	DZ40M	0.45~0.55	24.50~26.50	9.50~11.50	余	7.00~8.00	0.10~0.50	0.70~1.20	0.05~0.30	≤2.00	—	0.10~0.50	—

定向凝固柱晶高温合金的化学成分（质量分数）/%

（Pb、Sb、As、Sn、Bi、Ag、Cu 各项为不大于）

新牌号	原牌号	V	B	Zr	Si	Mn	P	S	Pb	Sb	As	Sn	Bi	Ag	Cu
DZ404	DZ4	—	0.012~0.025	≤0.020	0.500	0.500	0.020	0.010	0.001	0.001	0.005	0.002	0.0001	—	—
DZ405	DZ5	—	0.010~0.020	≤0.100	0.500	0.500	0.020	0.010	0.001	0.001	—	—	—	—	—
DZ417G	DZ17G	0.600~0.900	0.012~0.024	—	0.200	0.200	0.005	0.008	0.0005	0.001	0.005	0.002	0.0001	—	0.100
DZ422	DZ22	—	0.010~0.020	≤0.050	0.150	0.120	0.010	0.015	0.0005	—	—	—	0.00005	—	0.100
DZ422B	DZ22B	—	0.010~0.020	≤0.050	0.120	0.120	0.015	0.010	0.005	0.001	—	—	0.00003	—	—
DZ438G	DZ38G	—	0.005~0.015	≤0.015	0.150	0.150	0.0005	0.015	0.001	—	—	0.002	0.0001	—	0.100
DZ4002	DZ002	≤0.100	0.010~0.020	0.030~0.080	0.200	0.200	0.020	0.010	0.0005	0.001	0.001	0.001	0.00005	0.0005	0.100
DZ4125	DZ125	—	0.010~0.020	≤0.080	0.150	0.150	0.010	0.010	0.0005	0.001	0.001	0.001	0.00005	0.0005	—
DZ125L	DZ125L	—	0.005~0.015	≤0.050	0.150	0.150	0.001	0.010	0.0005	0.001	0.001	0.001	0.00005	0.0005	—
DZ640M	DZ40M	—	0.008~0.018	0.100~0.300	1.000	1.000	0.040	0.040	0.0005	0.001	0.001	0.001	0.00005	—	—

单晶高温合金的化学成分（质量分数）/%

新牌号	原牌号	C	Cr	Ni	Co	W	Mo	Cu	Al	Ti	Fe	Nb	Ta	Hf	Re
DD402	DD402	≤0.006	7.00~8.20	余	4.30~4.90	7.60~8.40	0.30~0.70	0.050	5.45~5.75	0.80~1.20	≤0.20	≤0.15	5.80~6.20	≤0.0075	—
DD403	DD3	<0.01	9.00~10.00	余	4.50~5.50	5.00~6.00	3.50~4.50	0.100	5.50~6.20	1.70~2.40	≤0.50	—	—	—	—
DD404	DD4	<0.01	8.50~9.50	余	7.00~8.00	5.00~6.50	1.40~2.00	0.100	3.40~4.20	3.90~4.70	≤0.50	0.35~0.70	3.50~4.80	—	—
DD406	DD6	0.001~0.04	3.80~4.80	余	8.50~9.50	7.00~9.00	1.50~2.50	0.100	5.20~6.20	≤0.10	≤0.30	≤1.20	6.00~8.50	0.050~0.150	1.600~2.400
DD408	DD8⑦	<0.03	15.50~16.50	余	8.00~9.00	5.60~6.40	—	0.100	3.60~4.20	3.60~4.20	≤0.50	0.70~1.20	—	—	—

（续·单晶高温合金 微量元素，质量分数 /%；Zn 为不大于）

新牌号	原牌号	Ga	Tl	Se	Te	Yb	Zn	Mg	[N]	[H]	[O]	B	Zr
DD402	DD402	0.002	0.00003	0.0001	0.00003	0.0001	0.0005	0.008	0.0012	—	0.0010	0.003	0.0075
DD403	DD3	—	—	—	—	—	—	0.003	0.0012	—	0.0010	0.005	0.0075
DD404	DD4	—	—	—	—	—	—	0.003	0.0015	—	0.0015	0.010	0.050
DD406	DD6	—	—	—	—	—	—	0.003	0.0015	0.001	0.0015	0.020	0.100
DD408	DD8	—	—	—	—	—	—	0.003	0.0012	—	0.0012	0.005	0.007

（续·单晶高温合金 微量元素，质量分数 /%；Pb、Sb、As、Sn、Bi、Ag 为不大于）

新牌号	原牌号	Si	Mn	P	S	Pb	Sb	As	Sn	Bi	Ag
DD402	DD402	0.040	0.020	0.005	0.002	0.0002	0.0005	0.0005	0.0015	0.00003	0.0005
DD403	DD3	0.200	0.200	0.010	0.002	0.0005	0.0010	0.0010	0.0010	0.00035	0.0005
DD404	DD4	0.200	0.200	0.010	0.010	0.0005	0.002	0.001	0.001	0.0005	0.0005
DD406	DD6	0.200	0.150	0.018	0.004	0.0005	0.001	0.001	0.001	0.00005	0.0005
DD408	DD8	0.150	0.150	0.010	0.010	0.001	—	0.005	0.002	0.0001	—

① 钨加钼含量不小于 7.70。
② 氮含量小于 0.200。
③ 镧含量在 0.020~0.120 之间。
④ 氮含量小于 0.030。
⑤ 硒含量不大于 0.0001；碲含量不大于 0.00005；铊含量不大于 0.00005。
⑥ 铝加钛含量小于 7.30。
⑦ 铝加钛含量在 7.50~7.90 之间。
注："余"表示余量。

表 2-195 铸造高温合金母合金的力学性能（YB/T 5248—1993）

合金牌号 新牌号	合金牌号 原牌号	试样状态	拉伸性能 试验温度/℃	σb(Rm)/MPa(kgf/mm²) 不小于	σ0.2(Rp0.2)/MPa(kgf/mm²) 不小于	δ(A)/% 不小于	φ(Z)/% 不小于	持久性能 试验温度/℃	应力/MPa(kgf/mm²) 不小于	时间/h 不小于	延伸率/% 不小于
K211	K11	900℃保温5h,空冷						800	137(14) 或118或(12)	(100) (200)	
K213	K13	1100℃保温4h,空冷	700 或750	629(64) 588(60)	—	6.0 4.0	10.0 8.0	700 或750	490(50) 372(38)	40 80	
K214	K14	1100℃保温5h,空冷			—			850	245(25)	60	
K232	K32	1100℃保温3～5h,空冷, 800℃保温16h,空冷	20	686(70)	—	4.0	6.0	750	392(40)	50	
K273		铸态	650	490(50)	—	5.0	—	650	421(43)	80	
K401	K1	1120℃保温10h,空冷						850	245(25)	60	
K403	K3	1210℃±10℃保温4h, 空冷或铸态	800	784(80)	—	2.0	3.0	750 975	647(66) 196(20)	50 40	
K405	K5	铸态	900	637(65)	—	6.0	8.0	750 900 或950	686(70)或706(72) 314(32) 216(22) 235(24)	45 23 80 80 23	
K406	K6	980℃±10℃保温5h,空冷	800	666(68)	—	4.0	8.0	850	250(25) 280(28)	100 50	
K409	K9	1080℃±10℃保温4h,空冷, 900℃±10℃保温10h,空冷						760 980	588(60) 202(20.6)	23 30	
K412	K12	1150℃保温7h,空冷						800	245(25)	40	
K417	K17	铸态	900	637(65)	—	6.0	8.0	900 或950	314(32) 235(24)	70 40	
K417G	K17G	铸态				3.0	—	750	686(70)	30	2.5
K418	K18	铸态	20 或800	755(77) 755(77)	77 —	4.0	6.0	750 或800	608(62) 490(50)	40 45	(3.0) (3.0)
K419	K19	铸态			—	—	—	750 950	686(70) 255(26)	45 80	

合金牌号		拉伸性能					持久性能			延伸率/%	试样状态
新牌号	原牌号	试验温度/℃	σb(Rm)/MPa(kgf/mm²)	σ0.2(Rp0.2)/MPa(kgf/mm²)	δ(A)/%	φ(Z)/%	试验温度/℃	应力/MPa(kgf/mm²)	时间/h		
			不小于							不小于	
K438	K38	800	784(80)	—	3.0	3.0	815	421(43)	70		1120℃保温2h,空冷,800℃保温24h,空冷
							850	363(37)	70		
K640	K40	—					816	208(21.1)	15	6.0	铸态

表 2-196　部分铸造高温合金中外牌号对照表

中国 GB		国际标准	欧洲标准		德国	英国		法国	瑞典	美国		俄罗斯	日本	韩国
牌号	曾用牌号	ISO	EN	Mat.No.	DIN	BS	商业牌号	NF	SS	AMS	商业牌号	ГOCT	JIS	KS
K211	K11	—	—	—	—	—	—	—	—	—	—	ВЖЛ7-45у	—	—
K213	K13	—	—	—	—	—	—	—	—	—	—	ЖС3	—	—
K214	K14	—	—	—	—	—	—	—	—	—	—	АНВ-300	—	—
K401	K1	—	—	—	—	—	—	—	—	—	—	АНВ-300	—	—
K403	K3	—	—	—	—	—	—	—	—	—	—	ЖС6К	—	—
K405	K5	—	—	2.4674	G-NiCo15Cr10AlTiMo	—	—	—	—	—	In 100	ЖС6К17	—	—
K409	K9	—	—	—	—	—	—	—	—	—	B-1900	—	—	—
K412	K12	—	—	—	—	—	—	—	—	—	—	ЖС3	—	—
K417	K17	—	—	2.4674	G-NiCo15Cr10AlTiMo	HC204	NPK-24	NK15CAT	—	5397	In 100	—	—	—
K417G	K17G	—	—	—	—	—	—	—	—	—	Rene 100	—	—	—
K418	K18	—	—	2.4670	G-NiCr13Al6MoNb	HC203	Nimocast-713	NC13AD	—	5931	Inco 713c	—	—	—
K418B	K18B	—	—	—	—	—	—	—	—	—	Inco 713Lc	—	—	—
K419	K19	—	—	—	—	—	—	—	—	—	MN 246	—	—	—
K419H	K19H	—	—	—	—	—	Nimocast-PD16	—	—	—	Rene 125	—	—	—
K438	K38	—	—	—	—	—	—	—	—	—	In 738	—	—	—
K640	K40	—	—	—	—	ANC13	—	KC25NW	—	5382G	X 40	ЖС6	—	—
—	K2	—	—	—	—	—	MM002	NW12KCATH	—	—	MAR-M002	—	—	—
—	K002	—	—	—	—	—	—	—	—	—	—	—	—	—
—	K20	—	—	—	—	—	Nimocast-PD18	—	—	—	TRW V1A	ЖС6У	—	—
—	K22	—	—	—	—	—	—	—	—	—	PWA 1422	ЖС6УНК	—	—
—	K24	—	—	—	—	—	—	—	—	—	FAX 414	ВЖЛТ-12У	—	—
—	K44	—	—	—	—	—	—	—	—	—	—	—	—	—
—	—	—	—	2.4602	NiCr21Mo14W	ANC16	—	NC17DWY	—	5388D	Hastelloy C	—	—	—
—	—	—	—	2.4800	S-NiMo30	ANC15	—	ND27Fe	—	5396A	Hastelloy B	—	—	—

2.5 耐磨用金属材料

耐磨金属材料指以抗磨损为主要功能的金属材料，这里特别指能有效抵抗磨料磨损、冲蚀磨损、汽蚀磨损的金属材料。

不同类型的耐磨金属材料，有不同的耐磨机理。下面以有代表性的耐磨铸铁、耐磨合金钢和高锰系合金钢分别说明。

2.5.1 耐磨铸铁

耐磨铸铁是指以抗磨损为主要功能的铸铁。耐磨铸铁的成分特点是高碳和含有不同比例的铬合金元素，以产生硬质合金碳化铬。其通过淬火和较低温度回火后，具有大量分布在马氏体基体上的合金碳化物，获得很高的硬度，从而提高抗磨损的性能。

耐磨铸铁又依据化学成分、组织特点、游离碳的存在形态等情况分为不同种类。

（1）普通耐磨白口铸铁

普通白口铸铁是应用最早的耐磨铸铁之一，主要用于农用机械、常规无特殊要求的机械耐磨件。

普通白口铸铁的化学成分是以高碳、低硅为特点。随含碳量增高，硬度升高，耐磨性也随之提高。如含碳 2.5% 左右的低碳白口铸铁硬度可达 375HB，而含碳量大于 3.5% 的高碳白口铸铁硬度大于 600HB。为防止高碳产生的石墨化倾向，常控制含硅量不宜太高。普通白口铸铁的组织基本上是珠光体和片状渗碳体。

普通白口铸铁生产工艺简单、成本较低，常见普通白口铸铁化学成分和组织见表 2-197。

表 2-197 普通白口铸铁的化学成分和组织

序号	化学成分（质量分数）/%					金相组织	硬度（HRC）	应 用	热 处 理
	C	Si	Mn	P	S				
1	3.5～3.8	<0.6	0.15～0.20	<0.3	0.2～0.4	渗碳体＋珠光体	—	磨粉机磨片、导板	铸态
2	2.6～2.8	0.7～0.9	0.6～0.8	<0.3	<0.1	渗碳体＋珠光体	—	犁铧①	铸态
3	4.0～4.5	0.4～1.2	0.6～1.0	0.14～0.40	<0.1	莱氏体或莱氏体＋渗碳体	50～55	犁铧①	铸态
4	2.2～2.5	<1.0	0.5～1.0	<0.1	<0.1	贝氏体＋托氏体＋渗碳体	55～59	犁铧①	900℃，1h，淬入230～300℃盐浴保温 1.5h，空冷

① 用于砂性土壤的犁铧。

普通白口铸铁的铸造状态就具有高的硬度，所以通常不需再进行热处理，即铸态使用。普通白口铸铁多用于农业机械或对性能要求不太高的机械零件，如磨粉机和磨片、导板等。

（2）低铬白口铸铁

低铬白口铸铁是指含铬 2% 左右的白口铸铁，加铬主要是为了减少铸铁中的石墨组织，为了调整组织，提高耐磨性还需加入一定量的钼、铜、镍等合金元素，形成的碳化物 $(Cr \cdot Fe)_3C$ 的硬度可达 1000HV。根据热处理状态不同，基体组织可能是珠光体、索氏体、马氏体或是它们的混合组织。我国低铬白口铸铁牌号 BTMCr2（KmTBCr2）其化学成分和性能见表 2-154 和表 2-155。其应在淬火并回火后使用，以保证其高的硬度和小的应力。

（3）中铬白口铸铁

中铬铸铁的含铬量在 7%～11% 之间，由于提高了含铬量，组织中的合金碳化物除（Cr·Fe）$_3$C 外还有（Cr·Fe）$_7$C$_3$，除铬外，为获得马氏体基体组织可适当加入钼、铜等合金元素。中铬耐磨铸铁采用低温（200～300℃）去应力处理或退火处理（920～940℃缓冷），硬度可达 400～450HB，如采用硬化处理（960～980℃空冷），硬度可高达 600HB，耐磨性能更好，我国中铬耐磨铸铁牌号为 BTMCr8（KmTBCr8），其化学成分和性能见表 2-154 和表 2-155。

（4）高铬白口铸铁

高铬白口铸铁含铬量大于 12%，是应用最广泛的耐磨铸铁，由于很高的含铬量，组织中存在（Cr·Fe）C$_3$、（Cr·Fe）$_7$C$_3$ 及（Cr·Fe）$_{23}$C$_6$ 等多种合金碳化物。碳化物硬度可达 1200～1800HV。合金碳化物孤立分布在基体中，对于基体的破坏作用较小，提高铸铁韧性。高铬耐磨铸铁的硬度和耐磨性优于低铬和中铬耐磨铸铁。高铬铸铁成分中通常还加入钼、铜、锰等元素，显著提高淬透性。高铬耐磨铸铁可以在软化处理后进行机械加工，之后进行硬化和去应力处理，提高使用状态时的硬度。

高铬耐磨铸铁由于高的含铬量，除高硬度和高耐磨性外，还具有很好的耐腐蚀性能。高铬铸铁广泛应用于具有磨损和腐蚀条件下工作的零部件制造。渣浆泵、矿山泵中的叶轮、泵体及其他耐磨件都广泛采用高铬耐磨铸铁。可调整铸铁中碳、铬的含量（铬碳比）以获得要求的硬度和耐磨性，满足不同工况条件下的使用需要。常见的高铬耐磨铸铁牌号有 BTMCr12-DT（KmTBCr12-DT）、BTMCr12-GT（KmTBCr12-GT）、BTMCr15（KmTBCr15）、BTMCr20（KmTBCr20）、BTMCr26（KmTBCr26）等，具体化学成分和硬度分别见表 2-154 和表 2-155。

（5）镍硬白口铸铁

镍硬铸铁也可以说是含镍的低、中铬白口铸铁。这类铸铁基本上分含铬 2% 左右和 9% 左右两类。铬促进形成碳化物，构成合金碳化物，从而提高了硬度和耐磨性，铬又有缓和由镍产生的促进碳石墨化的作用。镍可提高淬透性、适应铸造大截面铸件。含铬 2% 左右的白口铸铁中，合金碳化物为（Fe·Cr）$_3$C 型，硬度可达 1100～1150HV，远高于普通碳化物的硬度（900～1000HV）。含铬 9% 左右的镍硬铸铁中的合金碳化物主要是（Cr·Fe）$_7$C$_3$，硬度更高。我国镍硬铸铁的牌号和化学成分见表 2-154，性能见表 2-155 中的 BTMNi4Cr2-DT（KmTBNi4Cr2-DT）、BTMNi4Cr2-GT（KmTBNi4Cr2-GT）及 BTMCr9Ni5（KmTBCr9Ni5）。

镍硬铸铁可用于制造磨煤机磨辊、磨环、球磨机衬板等部件，也可用于制造杂质泵的过流部件，如叶轮、护套等。

（6）马氏体耐磨球墨铸铁

马氏体耐磨球墨铸铁是指通过热处理后可获得马氏体基体和保留球状石墨的铸铁。马氏体球墨铸铁常用于具有冲击作用的磨料磨损工况条件，如水泥球磨机的衬板等。马氏体耐磨球墨铸铁通常采用淬火处理，淬火加热温度为 830～880℃快冷，再经 250℃左右去应力处理，获得马氏体基体及球状石墨，也可能有少量残留奥氏体，硬度大于 50HRC。

马氏体耐磨球墨铸铁化学成分见表 2-198，金相组织及力学性能见表 2-199。

表 2-198　马氏体耐磨球墨铸铁的化学成分（质量分数）　%

C	Si	Mn	S	P	Mg$_{残}$	RE$_{残}$
3.4～3.9	2.2～2.5	0.8～1.2	≤0.03	≤0.15	0.03～0.05	0.03～0.04

表 2-199 马氏体耐磨球墨铸铁的金相组织和力学性能

状　　态	金 相 组 织	硬度（HRC）	冲击韧度 a_K/(J/cm²)
淬火+低温回火	马氏体+球状石墨+残留奥氏体	≥52	≥8

（7）贝氏体耐磨球墨铸铁

贝氏体耐磨球墨铸铁是指通过热处理后可获得贝氏体基体和保留球状石墨的铸铁。贝氏体耐磨球墨铸铁因有较高硬度、一定的韧性和抗冲击疲劳性能而获得广泛应用，常用作球磨机磨球、衬板等耐磨件。贝氏体耐磨球墨铸铁通常在淬火和低温回火状态下使用，淬火温度在 820～900℃，加热保温后快冷，250℃左右回火。可获得贝氏体基体和保留球状石墨，可能同时存在少量马氏体和残留奥氏体。

贝氏体耐磨球墨铸铁的化学成分见表 2-200，金相组织和力学性能见表 2-201。

表 2-200 贝氏体耐磨球墨铸铁的化学成分（质量分数）　　　　　　　　%

C	Si	Mn	P	S	Mg	RE	B
3.4～3.8	2.5～3.5	2.0～3.5	≤0.1	≤0.05	0.03～0.05	0.03～0.05	适量

表 2-201 贝氏体耐磨球墨铸铁的金相组织和力学性能

状　　态	金 相 组 织	硬度（HRC）	冲击韧度 a_K/(J/cm²)
淬火+回火	贝氏体+马氏体+残留奥氏体+球状石墨	≥50	≥10

注：冲击韧度试样为 20mm×20mm×110mm，无缺口。

2.5.2　耐磨合金钢

耐磨合金钢是一类用于磨损工况的特殊性能钢，其主要特征是在磨损条件下具有较高的强度、硬度、韧性和耐磨性。耐磨合金钢以化学成分中合金元素的多少分为耐磨低合金钢、耐磨中合金钢和耐磨高合金钢三类。

（1）耐磨低合金钢

耐磨低合金钢中合金元素的总含量不超过 5%。通常在淬火并低温（中温）回火状态下使用，获得较高的硬度和耐磨性，具有一定的力学性能。

耐磨低合金钢常用于制造矿山机械、水泥机械、电力机械、化工机械、农业机械、工程机械及水轮机和泥浆泵等机械中承受磨损的零件，如衬板、锤环、齿板、斗齿及泵叶轮、耐磨环等。

常作为耐磨用的低合金钢的牌号和化学成分见表 2-202。

（2）耐磨中合金钢

耐磨中合金钢中的合金元素总含量在 5%～10% 之间，通常在正火并低温回火状态下使用，有的也可在淬火并回火状态下使用。热处理后显微组织以马氏体为主，强韧性好，屈服强度较高，硬度较高，在使用中有抗断裂、不变形、耐磨损的特点。多用来制造矿山机械、水泥机械中的球墨和衬板、破碎机锤头、板锤等。

常用耐磨中合金钢的牌号和化学成分见表 2-203。

（3）耐磨高合金钢

耐磨高合金钢中的合金元素总含量大于 10%，多作为铸件使用。经淬火和低温（中温）回火后大多获得板条状回火马氏体，具有较高的硬度等力学性能和耐磨性，主要用于磨料磨损，高速摩擦磨损、高温磨损等工况，多用于制造大型球磨机衬板、线材轧机导辊等。

常用耐磨高合金钢的牌号和成分见表 2-204。

表 2-202　耐磨低合金钢的化学成分

牌号	化学成分（质量分数）/%													推荐热处理
	C	Si	Mn	P	S	Ni	Cr	Mo	Cu	Ti	V	RE	其他	
ZG31Mn2Si	0.26~0.36	0.50~0.80	1.30~1.70	≤0.04	≤0.04	—	—	—	—	—	—	—	—	880℃水冷，200℃回火
ZG31SiMnTi	0.28~0.34	0.80~1.20	1.20~1.50	≤0.03	≤0.03	—	—	—	—	0.06~0.12	—	—	—	950℃水冷，220℃回火
ZG28Mn2MoVB	0.25~0.31	0.30~0.40	1.40~1.80	≤0.03	≤0.03	—	—	0.10~0.40	0.20~0.40		0.08~0.12	—	B 0.001~0.005	880℃水冷，200℃回火
ZG30Cr1Si1MnREB	0.27~0.33	0.8~1.1	1.0~1.5	≤0.003	≤0.003	—	0.8~1.2	—	—	—	—	0.10~0.15	B 0.005~0.007	1020℃水冷，200℃回火
ZG32Ni2Cr2MoRE	0.28~0.36	0.17~0.37	0.50~0.75	—	—	1.50~1.90	0.55~0.85	0.20~0.30	—	—	—	0.03~0.06	—	900℃水冷，200℃回火
ZG31Mn2Cr1SiMoTi	0.28~0.34	0.8~1.2	1.2~1.7	≤0.04	≤0.04	—	1.0~1.5	0.25~0.50	—	0.08~0.12	—	—	—	100℃炉冷至850℃水冷，250℃回火
ZG30CrSi1MnMoV	0.27~0.33	0.80~1.20	1.20~1.40	≤0.04	≤0.04	—	1.10~1.30	0.30~0.50	—	—	0.10~0.20	—	—	900℃水冷，250℃回火
ZG32Ni1Cr1CuSiMnRE	0.30~0.35	0.80~1.20	0.80~1.30	—	—	1.0~1.2	0.8~1.2	—	0.5~1.5	—	—	0.1~0.2	—	1020℃水冷，200℃回火
ZG30SiMnREB	0.25~0.35	0.8~1.1	1.00~1.60	≤0.03	≤0.03	—	—	—	—	—	—	0.10~0.15	B 0.005~0.007	1020℃水冷，200℃回火
ZG35Cr2Si1MnMo	0.30~0.40	0.80~1.40	1.00~1.60	≤0.03	≤0.03	—	1.50~2.50	0.50~1.00	—	—	0.10~0.50	—	—	1000℃水冷，230℃回火
ZG35Cr2Si1MnMoRE	0.30~0.40	0.80~1.40	1.00~1.60	≤0.04	≤0.04	—	1.50~2.50	0.30~0.50	—	—	—	0.10~0.15	—	890℃水冷，200℃回火
ZG38Mn2SiREB	0.35~0.42	0.6~0.9	1.5~2.5	≤0.04	≤0.04	—	—	—	—	—	—	0.02~0.04	B 0.01~0.03	850℃水冷，200℃回火
ZG40Cr1Si1MnMoRE	0.35~0.45	0.80~1.20	0.80~1.50	≤0.04	≤0.04	—	0.80~1.50	0.30~0.50	—	—	—	0.04~0.08	—	880℃水冷，160℃回火
ZG40Cr2Si2MnMo	0.30~0.50	1.00~2.00	≤1.50	≤0.04	≤0.04	—	1.50~2.50	≤1.00	—	—	≤0.30	—	—	900℃油冷，240℃回火
ZG40Si2Cr1MnMoV	0.38~0.42	1.20~1.70	0.80~1.20	≤0.035	≤0.03	—	—	少量	—	—	微量	—	—	920℃油冷，240℃回火

牌　号	化学成分(质量分数)/%													推荐热处理
	C	Si	Mn	P	S	Ni	Cr	Mo	Cu	Ti	V	RE	其他	
ZG50Cr2Mn2SiCuRE	0.45~0.55	0.6~1.2	1.3~1.8	≤0.03	≤0.03	—	1.5~2.5	—	0.5~1.0	—	—	0.1~0.15	—	880℃油冷,220℃回火
ZG50Cr2Ni1SiMnMo	0.3~0.7	0.8~1.2	1.0~1.5	≤0.04	≤0.04	0.5~1.5	1.5~2.5	0.2~1.0	—	—	—	—	—	930℃油冷,320℃回火
ZG49Cr3Si1MnMo	0.45~0.53	0.8~1.0	1.0~1.4	≤0.03	≤0.03	—	2.0~3.0	0.2~0.4	—	—	—	—	—	920℃风冷,250℃回火
ZG50Cr2Mn2SiRE	0.4~0.6	0.8~1.5	1.5~2.0	≤0.03	≤0.03	—	1.0~2.0	—	—	—	—	≤0.003	Mg ≤0.003	920℃风冷,260℃回火
ZG50Si2Mn2Mo	0.4~0.6	1.5~2.0	2.0~3.0	≤0.04	≤0.035	—	—	0.2~0.5	—	—	微量	微量	B微量	880℃风冷,250℃回火
ZG60Cr2Si1MnMoNi	0.4~0.8	0.7~1.3	0.7~1.1	—	—	—	1.5~2.5	0.5~1.0	—	—	—	—	—	880℃风冷,350℃回火
ZG75Cr2Mn2SiMoREB	0.6~0.9	≤1.0	1.2~1.8	≤0.04	≤0.04	—	1.5~2.0	0.2~0.6	—	—	—	0.12~0.20	B 0.004~0.008	950℃风冷,280℃回火
ZG80Cr2SiMnMoVTiRE	0.6~1.0	0.5~1.8	0.7~2.0	—	—	—	1.5~2.2	0.3~0.5	—	—	适量	适量	B适量	900℃风冷,350℃回火

表2-203　耐磨中合金钢的化学成分

钢　号	化学成分(质量分数)/%												推荐热处理
	C	Si	Mn	P	S	Cr	Mo	Cu	V	RE	W	Ce	
ZG35Cr4Mo1W1SiV	0.20~0.50	0.60~1.00	0.40~0.80	≤0.04	≤0.04	3.00~5.00	0.50~1.50	—	约0.30	—	0.50~1.50	—	1000℃空冷,490℃回火
ZG40Cr3Si1MnMoV	0.35~0.45	1.0~1.6	0.8~1.4	≤0.04	≤0.04	2.5~3.5	适量	—	适量	—	—	—	920℃空冷,250℃回火
ZG42Cr2Si2MnMoCe	0.36~0.48	1.50~1.80	0.80~1.10	≤0.035	≤0.035	1.80~2.20	0.20~0.50	—	—	—	—	0.05~0.08	930℃油冷,250℃回火
ZG50Cr3Si1CuMo	0.40~0.60	0.5~1.3	0.5~1.0	≤0.05	≤0.05	2.0~3.2	0.1~0.5	0.4~1.0	—	—	—	—	900℃空冷,250℃回火
ZG50Cr5SiMoRE	0.40~0.60	0.40~0.80	0.50~1.00	≤0.04	≤0.04	4.50~5.50	0.30~0.50	—	约0.2	适量	—	—	1000℃空冷,250℃回火

钢号	化学成分（质量分数）/%												推荐热处理
	C	Si	Mn	P	S	Cr	Mo	Cu	V	RE	W	Ce	
ZG52Mn3Si2Cr1MoRE	0.45~0.60	1.8~2.2	2.5~3.0	≤0.06	≤0.06	1.0~1.3	0.3~0.5	—	—	适量	—	—	900℃空冷，250℃回火
ZG55Cr3SiMnCuMo	0.40~0.70	0.5~1.2	0.8~1.8	≤0.05	≤0.05	2.0~4.0	0.2~1.0	0.2~1.0	—	—	—	—	900℃加热，400℃等温淬火
ZG60Cr4MoVRE	0.50~0.70	0.5~1.3	0.4~0.7	0.035	≤0.035	3.0~5.0	约0.5	—	微量	微量	—	—	900℃空冷，220℃回火
ZG75Cr6SiMnMoRE	0.60~0.90	0.30~1.00	0.50~1.20	≤0.004	≤0.004	4.00~8.00	0.20~0.60	—	—	适量	—	—	920℃空冷，300℃回火
ZG90Cr5Si1MnMoRE	0.7~1.1	0.8~1.2	1.0~1.3	≤0.035	≤0.030	4.5~5.5	0.3~0.7	—	—	约0.3	—	—	930℃风冷，480℃回火

表2-204　耐磨高合金钢的化学成分

钢号	化学成分（质量分数）/%													推荐热处理
	C	Si	Mn	P	S	Ni	Cr	Mo	Co	V	W	RE	其他	
ZG22Cr8Ni2MoTiRE	0.16~0.28	0.3~0.6	0.4~0.8	≤0.05	≤0.05	1.5~2.2	7.0~10.0	0.5~0.8	—	—	—	约0.3	Ti 0.08~0.15	1000℃风冷，280℃回火
ZG55C25Ni3MnSiMoRE	0.30~0.80	0.30~1.20	0.30~1.20	≤0.02	≤0.02	1.00~6.00	22.0~28.0	0.30~0.70	—	—	—	0.02~0.2	—	铸态使用
ZGCr13SiMo	1.2~1.6	0.3~0.8	0.4~1.0	≤0.05	≤0.05	0.15~0.50	11.0~15.0	0.15~0.50	—	—	—	—	—	970℃油冷，480℃回火
ZGW6Mo5Cr4VAlRE	1.4~2.2	≤0.40	≤0.40	≤0.035	≤0.035	—	3.5~4.2	4.5~6.5	—	2.5~4.0	5.0~8.0	0.12~0.2	Al 0.6~1.0	1200℃喷雾冷，550℃回火
ZGCr12V8Co7MoW	1.2~2.5	≤0.8	≤0.8	≤0.04	≤0.04	—	10.0~15.0	≤4.0	0.5~1.0	6.0~10.0	≤4.0	—	—	1130℃油冷，560℃回火
ZGV5Cr5Mo5WCoNbNi	1.8~2.5	—	—	≤0.035	≤0.035	0.8~1.2	4.0~6.0	4.0~6.0	1.5~3.5	3.0~8.0	4.0~6.0	—	Nb 1.0~3.0	1100℃盐浴冷，520℃两次回火

在 GB/T 26651—2011《耐磨钢铸件》标准中提供的铸造耐磨钢牌号和化学成分见表 2-205，力学性能见表 2-206。

表 2-205 耐磨钢铸件的牌号及其化学成分（GB/T 26651—2011）

牌　　号	化学成分（质量分数）/%							
	C	Si	Mn	Cr	Mo	Ni	S	P
ZG30Mn2Si	0.25~0.35	0.5~1.2	1.2~2.2	—	—	—	≤0.04	≤0.04
ZG30Mn2SiCr	0.25~0.35	0.5~1.2	1.2~2.2	0.5~1.2	—	—	≤0.04	≤0.04
ZG30CrMnSiMo	0.25~0.35	0.5~1.8	0.6~1.6	0.5~1.8	0.2~0.8	—	≤0.04	≤0.04
ZG30CrNiMo	0.25~0.35	0.4~0.8	0.4~1.0	0.5~2.0	0.2~0.8	0.3~2.0	≤0.04	≤0.04
ZG40CrNiMo	0.35~0.45	0.4~0.8	0.4~1.0	0.5~2.0	0.2~0.8	0.3~2.0	≤0.04	≤0.04
ZG42Cr2Si2MnMo	0.38~0.48	1.5~1.8	0.8~1.2	1.8~2.2	0.2~0.6		≤0.04	≤0.04
ZG45Cr2Mo	0.40~0.48	0.8~1.2	0.4~1.0	1.7~2.0	0.8~1.2	≤0.5	≤0.04	≤0.04
ZG30Cr5Mo	0.25~0.35	0.4~1.0	0.5~1.2	4.0~6.0	0.2~0.8	≤0.5	≤0.04	≤0.04
ZG40Cr5Mo	0.35~0.45	0.4~1.0	0.5~1.2	4.0~6.0	0.2~0.8	≤0.5	≤0.04	≤0.04
ZG50Cr5Mo	0.45~0.55	0.4~1.0	0.5~1.2	4.0~6.0	0.2~0.8	≤0.5	≤0.04	≤0.04
ZG60Cr5Mo	0.55~0.65	0.4~1.0	0.5~1.2	4.0~6.0	0.2~0.8	≤0.5	≤0.04	≤0.04

注：允许加入微量 V、Ti、Nb、B 和 RE 等元素。

表 2-206 耐磨铸钢及其铸件的力学性能（GB/T 26651—2011）

牌　　号	表面硬度（HRC）	冲击吸收能量 KV_2/J	冲击吸收能量 KU_2/J
ZG30Mn2Si	≥45	≥12	—
ZG30Mn2SiCr	≥45	≥12	—
ZG30CrMnSiMo	≥45	≥12	—
ZG30CrNiMo	≥45	≥12	—
ZG40CrNiMo	≥50	—	≥25
ZG42Cr2Si2MnMo	≥50	—	≥25
ZG45Cr2Mo	≥50	—	≥25
ZG30Cr5Mo	≥42	≥12	—
ZG40Cr5Mo	≥44	—	≥25
ZG50Cr5Mo	≥46	—	≥15
ZG60Cr5Mo	≥48	—	≥10

2.5.3　锰系耐磨钢

锰系耐磨钢是指含锰量大于 7%～25% 的合金钢。从化学合金元素含量看也应属于高合金钢和中合金钢，但因其硬化耐磨机理不同于其他合金钢，多年来各国已将其开发成一个系列材料，常称为高锰钢或中锰钢。

高锰耐磨钢中以 Mn13 系列最有代表性。由于锰含量和碳含量较高，钢的铸态组织为奥氏体及碳化物，经过 1050℃ 左右加热和水冷处理后，绝大部分碳化物固溶于奥氏体中，组织为单相奥氏体，有时可能存在少量碳化物，该钢具有良好的塑性和韧性，裂纹扩展速率很低。Mn13 钢最重要的特点是在较大冲击载荷或接触应力作用下，表面迅速产生加工硬化现象，硬度急剧升高，具有极好的耐磨性能，而内部仍保持良好的韧性，在冲击载荷作用下不断裂。

锰是高锰钢的主要合金元素，锰与碳配合才使钢具有稳定的奥氏体组织，有的加入铬、钼提高强度，但会降低塑、韧性，加铬还会提高硬化性能和耐蚀性。国外的 Mn13 系列钢中，还有的加入镍、钒、钛等合金元素以提高力学性能。在铸态组织中含有大量碳化物，钢的脆性太大，为减少碳化物和提高韧性应采用加热 1040℃ 以上并水冷的热处理方法，因主要作用是提高钢的韧性，故习惯称"水韧处理"。

高锰钢在外力冲击载荷作用下硬度和耐磨性有很大提高，硬度可从不足 20HRC 提高到 37～48HRC，有的甚至可达 55HRC。这种硬度的提高是在外力冲击作用下，表面奥氏体会产生晶面滑移、晶格扭曲并有马氏体形成的结果。有的加入钒、钛、铌合金元素后，还可通过沉淀硬化处理提高硬度和耐磨性。

高锰钢常用来制造有冲击磨损条件下的机械产品零部件，如坦克、挖掘机的履带板，破碎机的衬板、剖齿等。有的还应用于铁轨道岔接头等。

我国标准 GB/T 5680—2010《奥氏体锰钢铸件》中提供的铸钢牌号和化学成分见表 2-207。该标准中包括最常见的 Mn13 系列钢种，也是最常见的钢种，其典型牌号的力学性能见表 2-208。

表 2-207 奥氏体锰钢铸件的牌号及其化学成分（GB/T 5680—2010）

牌　号	化学成分（质量分数）/%								
	C	Si	Mn	P	S	Cr	Mo	Ni	W
ZG120Mn7Mo1	1.05～1.35	0.3～0.9	6～8	≤0.060	≤0.040	—	0.9～1.2	—	—
ZG110Mn13Mo1	0.75～1.35	0.3～0.9	11～14	≤0.060	≤0.040	—	0.9～1.2	—	—
ZG100Mn13	0.90～1.05	0.3～0.9	11～14	≤0.060	≤0.040	—	—	—	—
ZG120Mn13	1.05～1.35	0.3～0.9	11～14	≤0.060	≤0.040	—	—	—	—
ZG120Mn13Cr2	1.05～1.35	0.3～0.9	11～14	≤0.060	≤0.040	1.5～2.5	—	—	—
ZG120Mn13W1	1.05～1.35	0.3～0.9	11～14	≤0.060	≤0.040	—	—	—	0.9～1.2
ZG120Mn13Ni3	1.05～1.35	0.3～0.9	11～14	≤0.060	≤0.040	—	—	3～4	—
ZG90Mn14Mo1	0.70～1.00	0.3～0.6	13～15	≤0.070	≤0.040	—	1.0～1.8	—	—
ZG120Mn17	1.05～1.35	0.3～0.9	16～19	≤0.060	≤0.040	—	—	—	—
ZG120Mn17Cr2	1.05～1.35	0.3～0.9	16～19	≤0.060	≤0.040	1.5～2.5	—	—	—

注：允许加入微量 V、Ti、Nb、B 和 RE 等元素。

表 2-208 奥氏体锰钢及其铸件的力学性能（GB/T 5680—2010）

牌　号	力学性能			
	下屈服强度 R_{eL} /MPa	抗拉强度 R_m /MPa	断后伸长率 A /%	冲击吸收能 KU_2 /J
ZG120Mn13	—	≥685	≥25	≥118
ZG120Mn13Cr2	≥390	≥735	≥20	—

标准中也有含锰量更高的 Mn17 系列钢种，即含锰量高达 16%～19% 的牌号。这类钢由于含锰量更高，增加了奥氏体的稳定性，阻止碳化物析出，从而提高了钢的强度和韧性，特别是在较低温度下工作时的韧性，防止脆断。同时由于锰含量的提高，增大了固溶碳、铬元素的能力，也就可以提高钢的加工硬化能力和耐磨性能。在强度指标上也显得更高，但对塑、韧性指标影响不大。Mn17 型高锰钢力学性能可参见表 2-209。

表 2-209 Mn17 型高锰钢的力学性能

牌　　号	R_m/MPa	$R_{p0.2}/MPa$	$A/\%$	$Z/\%$	硬度（HBW）	KU_2/J
ZG120Mn17	≥750	≥400	≥30	≥35	200～240	≥146
ZG120Mn17Cr2	≥735	≥440	≥15	≥15	200～240	—

标准中还提供了一个含锰量为 6%～8% 的较低锰量耐磨钢牌号。由于含锰量降低，奥氏体稳定性下降，相对于 M13 系列高锰钢在非强烈冲击工况下有更好的耐磨性，另外加入 0.9%～1.2% 的钼可适当提高钢的抗拉强度和屈服强度，甚至略好于 Mn13 钢。

2.6　低温用金属材料

在 0℃ 以下温度使用的材料通常称低温材料，能在 -196℃ 以下温度使用的材料通常称深冷材料或超低温材料。

在严寒地区的桥梁、海洋工程设备都需要用一定的低温性能的材料制造。特别是能源、化工工程中生产、贮存、运输和使用液化石油气、液氧、液氮、液氢的设备更需要低温性能优良的材料，通常使用温度低于 -100℃，甚至有的要低于 -200℃。

目前，作为低温材料在工艺上应用的有低温钢、低碳镍钢、镍基合金、钛及钛合金、铝合金等。

2.6.1　低温用钢

低温对钢的最大影响是脆化，所以，对低温钢的主要评价是在低温条件下的韧性和韧脆转变温度的高低。对低温钢的期望就是在低温时仍具有较高的稳定的塑性、韧性指标。

通常认为，影响钢低温性能的主要因素是化学成分，碳、硅、磷、硫、氮等元素使钢的低温韧性恶化，其中磷的危害最大。锰、镍等元素可提高钢的低温韧性，据试验，每增加 1% 的镍含量，脆性临界转变温度可降低约 20℃。面心立方结构的钢比体心立方结构的钢低温性能好。晶粒细的钢比晶粒粗的钢有更好的韧性。所以，低杂质元素含量的纯净钢、通过热处理可以细化晶粒的钢及奥氏体钢低温性能好。

（1）低温低合金钢

碳钢是典型的体心立方结构，碳钢在低温下的屈服极限和强度极限几乎相等，伸长率和断面收缩率很小，普通碳钢的冷脆极为严重，在 -40～-50℃ 温度范围内，碳钢的冲击值急剧降低而达到冷脆点，因此碳钢的最低使用温度只能到 -50℃。所以，在碳钢基础上添加少量合金元素（合金元素总量通常不超过 3%～5%）构成低合金钢。常加的合金元素有锰、镍、钒、钛、铌等。加入少量合金元素之后，使钢在保证一定的强度、韧性和低的冷脆转变温度的同时还具有良好的可焊性、高的延展性和冷变形性。目前常用的低温低合金钢的化学成分见表 2-210，力学性能见表 2-211。曾经使用的低温低合金钢还有：12MnV、14MnNb、16MnRE、15MnV、15MnTi、16MnNb 等。

（2）奥氏体不锈钢

奥氏体不锈钢属于面心立方晶格结构，不存在脆性转变温度，在低温下具有良好的塑性和韧性，是制造低温设备的重要材料，可应用于 -180℃ 以下使用的工程设备。常用的奥氏体不锈钢有 06Cr19Ni10、022Cr19Ni10、06Cr18Ni11Ti、06Cr19Ni10N、06Cr17Ni12Mo2 等，具体化学成分和力学性能见表 2-74 和表 2-79，奥氏体不锈钢典型低温拉伸性能见表 2-212。

表 2-210 低温低合金钢的化学成分

| 牌　号 | 化学成分(质量分数)/% | | | | | | | P | S |
	C	Si	Mn	Ni	V	Nb	Al	不大于	
16MnDR	≤0.20	0.15～0.50	1.20～1.60	—	—	—	≥0.020	0.025	0.012
15MnNiDR	≤0.18	0.15～0.50	1.20～1.60	0.20～0.60	≤0.06		≥0.020	0.025	0.012
09MnNiDR	≤0.12	0.15～0.50	1.20～1.60	0.30～0.80	—	≤0.04	≥0.020	0.020	0.012

表 2-211 低温低合金钢的力学性能和工艺性能

| 牌　号 | 钢板公称厚度/mm | 拉伸试验[1] | | | 冲击试验 | | 180℃弯曲试验[2]弯心直径($b \geqslant 35mm$) |
| | | 抗拉强度R_m/MPa | 屈服强度R_{eL}/MPa | 伸长率A/% | 温度/℃ | 冲击吸收能量KV_2/J | |
			不小于			不小于	
16MnDR	6～16	490～620	315	21	-40	34	$d=2a$
	>16～36	470～600	295				$d=3a$
	>36～60	460～590	285				
	>60～100	450～580	275		-30	34	
	>100～120	440～570	265				
15MnNiDR	6～16	490～620	325	20	-45	34	$d=3a$
	>16～36	480～610	315				
	>36～60	470～600	305				
09MnNiDR	6～16	440～570	300	23	-70	34	$d=2a$
	>16～36	430～560	280				
	>36～60	430～560	270				
	>60～120	420～550	260				

① 当屈服现象不明显时，采用$R_{p0.2}$。

② 弯曲试验仲裁试样宽度$b=35mm$。

注：a为钢材厚度。

表 2-212 奥氏体不锈钢典型低温拉伸性能

温度/℃	R_m/MPa	σ_s/MPa	A/%	Z/%	缺口强度/MPa
301(冷轧)					
27	1160	1515	15	35	—
-78	1850	1520	17	35	—
-196	2250	1870	19	34	—
-253	2430	2160	3	16	—
304 薄板,退火态,纵向					
24	660	295	75		715
-196	1625	380	42		1450
-253	1806	425	31		1160
-269	1700	570	30		1230
304 棒,退火态,纵向					
24	640	235	76	82	710
-78	1150	300	50	76	—
-196	1520	280	45	66	1060
-253	1860	420	27	54	1120
-269	1720	400	30	55	—

温度 /℃	R_m /MPa	σ_s /MPa	A /%	Z /%	缺口强度 /MPa
304 冷轧,纵向					
24	1320	1190	3	—	1460
−78	1470	1300	10	—	1590
−196	1900	1430	29	—	1910
−253	2010	1560	2	—	2160
304L 薄板,退火态,纵向					
24	660	295	56	—	730
−78	980	250	43	—	1030
−196	1460	275	37	—	1420
−253	1750	305	33	—	1290
−269	1590	405	29	—	1460
304L 冷轧,断面缩减 70%,纵向					
24	1320	1080	3	—	—
−196	1770	1530	14	—	—
−253	1990	1770	2	—	—
310S 锻造,横向					
24	585	260	54	71	800
−196	1100	605	72	52	1350
−269	1300	815	64	45	1600
316 薄板,退火态,纵向					
24	595	275	60	—	—
−253	1580	665	55	—	—
321 棒,退火态,纵向					
24	675	430	55	79	—
−78	1060	385	46	73	—
−196	1540	450	38	60	—
−253	1860	405	35	44	—
347 棒,退火态					
24	670	340	57	76	—
−78	995	475	51	71	—
−196	1470	430	43	60	—
−253	1850	525	38	45	—
A286 棒,时效强化,纵向					
24	1080	760	28	48	1250
−78	1170	780	32	48	—
−196	1410	860	40	48	—
−253	1610	1030	41	46	—
−267	1620	1030	34	46	1490

注：钢号近似对照如下。

301—12Cr17Ni7；304—06Cr19Ni10；304L—022Cr19Ni10；310S—06Cr25Ni20；316—06Cr17Ni12Mo2；321—06Cr18Ni11Ti；347—06Cr18Ni11Nb；A286—0Cr15Ni25Mo1.5Ti2AlB。

（3）镍合金钢

镍合金钢是指含镍 2.5%～9%的钢。镍会增大奥氏体的稳定性，在性能影响上主要表现是在提高室温强度的同时，不会显著降低韧性，可以减小钢对缺口的敏感性。镍是提高钢的低温韧性、降低脆性转变温度的最有效元素。在镍钢中，由韧性向脆性的迁移是在很宽的温度范围内缓慢进行的，随着镍含量的增加，低温韧性提高、脆性转变温度移向更低温度。

但当镍含量大于 9% 时，这种影响变弱。常见的镍钢使用温度可为 −100℃ 或更低。具体牌号和化学成分见表 2-213，力学性能见表 2-214。

表 2-213 镍钢的化学组成

合　金	最低使用温度/℃	组成(质量分数)/%					
		C max	Mn	P max	S max	Si	Ni
3.5Ni(D 级)	−100	0.17	0.7,max	0.035	0.040	0.15~0.30	3.25~3.75
3.5Ni(E 级)	−100	0.20	0.7,max	0.035	0.040	0.15~0.30	3.25~3.75
5Ni	−171	0.30~0.60	0.025	0.025	0.20~0.35	0.20~0.35	4.75~5.25
5.5Ni	−196	0.13	0.90~1.50	0.030	0.030	0.15~0.30	5.0~6.0
8Ni	−171	0.13	0.90,max	0.035	0.040	0.15~0.30	7.5~8.5
9Ni	−196	0.13	0.90,max	0.035	0.040	0.15~0.30	8.5~9.5

表 2-214 典型镍钢的力学性能

温度/℃	R_m/MPa	σ_s/MPa	A/%	Z/%	缺口强度/MPa
5Ni 钢,板,纵向,淬火,回火,回复退火					
24	715	530	32	72	—
−168	930	570	28	68	—
−196	1130	765	30	62	—
9Ni 钢,板,纵向,二次正火和回火					
24	780	680	28	70	945
−151	1030	850	17	61	—
−196	1190	950	25	58	—
−253	1430	1320	18	43	1310
−269	1590	1430	21	59	
9Ni 钢,板,纵向,淬火和回火					
24	770	695	27	69	
−151	995	885	18	42	
−196	1150	960	27	38	

2.6.2　钛及钛合金

钛及钛合金不仅强度高、耐高温、耐腐蚀，还具有良好的低温性能。用于低温条件下使用的主要是纯钛或 α 型钛合金，有部分 α＋β 型钛合金也可作低温材料使用。普通纯度的 α 型钛合金可用于不低于 −196℃ 的条件，而高纯度 α 型钛合金可用至 −253℃。β 型钛合金属体心立方晶格结构，在低温条件下会发生脆性转变及马氏体相变而使塑性降低，因此 β 型钛合金不适合作低温材料。

表 2-215 所示是几种钛及典型合金的力学性能。对应合金的化学成分见表 2-174。

表 2-215 钛及其典型合金的力学性能

温度/℃	R_m/MPa	σ_s/MPa	A/%	Z/%	缺口强度/MPa
Ti-75A 薄板,退火,纵向					
24	580	465	25	—	785
−78	750	615	25	—	—
−196	1050	940	18	—	1100
−253	1280	1190	8	—	875

温度 /℃	R_m /MPa	σ_s /MPa	A /%	Z /%	缺口强度 /MPa
Ti-5Al-2.5Sn 薄板,退火,纵向					
24	850	795	16	—	1130
−78	1080	1020	13	—	1310
−196	1370	1300	14	—	1630
−253	1700	1590	7	—	1430
Ti-5Al-2.5Sn(ELI)薄板,退火,纵向					
24	800	740	16	—	1060
−78	960	880	14	—	1190
−196	1300	1210	16	—	1560
−253	1570	1450	10	—	1670
Ti-5Al-2.5Sn(ELI)锻件,切向					
24	835	760	15	36	—
−78	980	905	12	31	—
−196	1260	1100	15	30	—
−253	1420	1280	13	32	—
Ti-6Al-4V(ELI)薄板,退火,纵向					
24	960	890	12	—	1120
−78	1160	1100	9	—	1220
−196	1500	1420	10	—	1460
−253	1770	1700	4	—	1500
Ti-6Al-4V(ELI)锻件,纵向					
24	970	915	14	40	1330
−78	1160	1120	13	31	1560
−196	1570	1480	11	31	1900
−253	1650	1570	11	24	1820
Ti-13V-11Cr-3Al 固溶处理					
27	946	946	26.5	56	—
−78	1264	1261	16.7	47	—
−196	1927	1885	6.7	21	—
−253	2269	—	0.4	3.4	—

注：对应牌号如下。

Ti-75A—TA3；Ti-5Al-2.5Sn—TA7；Ti-5Al-2.5Sn（ELI）—TA7（ELI）；Ti-6Al-4V（ELI）—TC4（ELI）。

2.6.3　铝及铝合金

铝及铝合金具有面心立方结构，在低温条件下仍能保持其强度、塑性和韧性，铝及铝合金还具有密度小、热导率大、无磁性等特点，所以，其作为低温材料获得了广泛应用。

应用于低温的铝合金主要有两种类型，即固溶强化型和沉淀硬化型（时效强化型）。固溶强化型主要包括：Al-Mn 合金（3000 系）、Al-Mg 合金（5000 系）；沉淀硬化（时效强化）型主要包括：Al-Cu-Mn 合金（2000 系）、Al-Mg-Si 合金（6000 系）、Al-Zn-Mg 合金（7000 系）等。用于低温的铝及铝合金的代表型号和化学成分见表 2-216，性能见表 2-217。

表 2-216　低温中常用的铝合金化学成分

合金牌号 （中国牌号）	化学成分/%							
	Si	Fe	Cu	Mn	Mg	Zn	Cr	Ti
1100(L5)	1%Si	+Fe	0.05~0.2	0.05				0.02~0.10
2219(LY16)	0.2	0.3	3.8~6.8	0.2~0.4	0.02	0.10	—	0.02~0.10

合金牌号	化学成分/%							
（中国牌号）	Si	Fe	Cu	Mn	Mg	Zn	Cr	Ti
3003（LF21）	0.6	0.7	0.05～0.20	1.0～1.5		0.10		
5083（LF5）	0.4	0.4	0.1	0.4～1.0	4.0～4.9	0.25	0.05～0.25	0.15
5086	0.4	0.5	0.1	0.2～0.7	3.5～4.5	0.25	0.05～0.25	0.15
5454	0.25	0.4	0.1	0.5～1.0	2.4～3.0	0.25	0.05～0.20	0.20
5456（LF11）	0.25	0.4	0.1	0.5～1.0	4.7～5.5	0.25	0.05～0.20	0.20
6061（LD2）	0.4～0.8	0.7	0.15～0.4	0.15	0.8～1.2	0.25	0.04～0.35	0.15
7005	0.35	0.40	0.1	0.2～0.7	1.0～1.8	4.0～5.0	0.06～0.20	0.01～0.06

表 2-217　铝合金的力学性能

合金	板厚/mm	取向	温度/℃	R_m/MPa	σ_s/MPa	A/%	Z/%	缺口强度/MPa
5083-O（LF5）	25	纵向	27	322	141	19.5	26	372
			−196	434	158	32	33	420
			−269	557	178	32	33	429
5083-H321（LF5）	25	纵向	27	335	235	15	23	421
			−196	455	274	31.5	33	485
			−269	591	279	29	33	508
6061-T651（LD2）	25	纵向	27	309	291	16.5	50	477
			−196	402	337	23	48	575
			−269	483	379	25.5	42	619
		横向	27	309	278	15.2	42	465
			−196	405	321	20.5	39	555
			−269	485	363	23	33	601
2219-T851（LY10）	25	纵向	27	466	371	11	27	547
			−196	568	440	13.8	30	651
			−269	659	484	15	26	703
		横向	27	457	353	10.2	22	531
			−196	575	462	14	28	630
			−269	674	511	15	23	690
7005-T5351	38	纵向	27	427	379	15	43	594
			−196	578	465	17	27	683
			−269	672	521	17	22	737
A356-T61	19	铸件	27	287	208	8.8	10	354
			−196	356	262	7.1	9	495
			−269	356	262	4	4	412

注：O—退火；H—变形硬化；T—热处理。

2.6.4　镍基合金

镍与铜、铬、铁、钼或这些元素的组合组成镍基合金。镍基合金不但有高的抗腐蚀性能，还随温度的降低逐渐提高强度，但塑性基本不变。在经冷变形后，在很低的温度下仍保持良好的塑性。这些合金大多具有较高的断裂韧性。某些镍基合金可用于−253℃以下的温度。

常用于低温的镍基合金化学成分见表 2-218，力学性能见表 2-219。

表 2-218　镍基合金的化学成分

合金名称	化学成分(质量分数)/%						
	Ni	Cr	Fe	Mn	Si	C	其他元素
Monel K-500	余量	—	1.0	0.6	0.15	0.15	29.5Cu,2.5Al,0.5Ti
Hastelloy B	余量	0.6	5.0	0.8	0.7	0.1	25Co,28Mo,0.2～0.6V
Inconel 600	余量	15.8	7.2	0.2	0.2	0.04	0.1Cu
Inconel 706	39～44	16.0	余量	0.1	0.1	0.04	0.35Al,3.0(Nb+Ta),1.7Ti
Inconel 718	余量	18.6	18.5	—	—	0.04	0.4Al,0.9Ti,5Nb,3.1Mo
Inconel 760	余量	15.0	6.8	0.7	—	0.04	0.8Al,2.5Ti,0.85Nb

表 2-219　镍基合金的力学性能

温度/℃	R_m/MPa	σ_s/MPa	A/%	Z/%	缺口强度/MPa	弹性模量/MPa
Monel-500 薄板,纵向,594℃时效 16h,控制冷却						
24	1030	710	22	—	940	—
−78	1080	765	24	—	1000	—
−196	1230	855	30	—	1120	—
−253	1340	925	30	—	1190	—
Monel-500 棒,纵向,594℃时效 21h,538℃时效 8h,空冷						
24	1080	705	28	54	—	—
−78	1230	895	29	54	—	—
−196	1300	86	32	54	—	—
−253	1420	940	36	52	—	—
Hastelloy B 薄板,冷轧 40%,纵向						
24	1320	1220	3	—	—	—
−78	1530	1430	5	—	—	—
−196	1570	1430	12	—	—	—
−253	1950	1650	16	—	—	—
Inconel-600 棒,冷拔,纵向						
24	940	890	15	56	1230	170
−78	985	910	20	58	—	—
−196	1160	1030	26	62	—	—
−253	1250	1100	30	56	—	—
−257	1280	1210	20	56	1530	220

2.7　高温用金属材料

金属材料在高温下使用时，在组织、性能上都会发生变化。通常认为，金属材料的使用温度超过其熔点温度 0.3 倍时，即属在高温下使用（以绝对温度 K 计算）。

温度对金属材料的影响主要表现在力学性能下降、发生蠕变现象和应力松弛现象，引起显微组织变化，在更高的温度下，还会引起表面氧化。

金属材料随温度升高强度下降的效果是明显的，比如 45 钢在 600℃时的抗拉强度比室温时下降一半左右。更重要的是在高温下的金属材料强度还会随时间的延长而降低，如 20 钢在 450℃时的短时抗拉强度可达 330MPa，但在这个温度下承受 230MPa 的应力，在持续工作 300h 左右即可断裂。在高温长时间的载荷作用下，金属缺口敏感性显著增加，引起塑性降低，断裂性质也会由常温下的穿晶断裂（韧性断裂）变为高温的晶间断裂（脆性断裂）。金属材料的高温蠕变也是重要特性之一，金属材料在一定的温度和压力下，随时间延续会发生缓慢、连续的塑性变形，即发生蠕变。普通碳钢发生蠕变的温度在 $200\sim350℃$ 之间，合金钢发生蠕变的温度在 $400\sim450℃$ 之间，蠕变直接影响到金属零部件的寿命。金属材料在高温下的另一特性是松弛，即在一定高温和一定应力状态下，总变形保持不变而应力随时间逐渐降低的现象。在松弛过程中，弹性变形逐渐减小，塑性变形逐渐增加，所以应力降低。此外，金属材料在长时间高温条件下工作还会发生氧化。

由上可见，长期在高温条件下工作的零件、设备应选择抗蠕变、抗应力松弛、抗氧化性能好、力学性能下降少的金属材料。

钢中含有铬、钼、钨、钒等合金元素，钢质纯净以及晶粒度都会影响金属的高温特性。

高温金属材料通常分耐热钢和耐热合金两大类。我国耐热钢牌号和化学成分、性能、中外牌号对照分别见表 2-87～表 2-98。高温合金牌号和化学成分、力学性能、中外牌号对照分别见表 2-189～表 2-193。铸造高温合金牌号和化学成分、力学性能、中外牌号对照分别见表 2-194～表 2-196。

2.8 耐腐蚀用金属材料

腐蚀是到处存在的，金属材料的腐蚀形态、种类也是多种多样的，有均匀腐蚀、晶间腐蚀、点（孔）腐蚀、缝隙腐蚀、应力腐蚀、腐蚀磨损等。腐蚀发生的多样性一方面是腐蚀条件的原因，如腐蚀介质种类、浓度、温度、压力、流速等对产生的腐蚀形态有影响；另一方面金属材料自身特性也有影响；如金属种类、化学成分、组织状态等。

为适应不同的腐蚀条件可能产生的不同腐蚀破坏形式，出现了多种耐蚀金属材料。碳钢和低合金钢只能在一般环境中承受轻微的腐蚀，在严重的腐蚀条件下，应选用相应的耐腐蚀金属材料，包括耐蚀不锈钢、耐蚀合金及耐蚀有色金属材料，如钛及其合金、铜及其合金、铝及铝合金等。

如前所述，腐蚀条件是复杂的，影响因素是多变的，耐腐蚀材料也是种类繁多，各具特点。所以，耐腐蚀材料选择应用时应慎之又慎，正确选择和应用方能显现好的效果。

本书中介绍的耐腐蚀材料主要有：

（1）不锈钢（2.4.6 节）

不锈钢的牌号和化学成分、力学性能、中外牌号对照参见表 2-74～表 2-86。

（2）铸钢（2.4.8 节）

铸造不锈钢牌号和化学成分、力学性能、中外牌号对照参见表 2-102～表 2-206。

（3）耐蚀合金（含铸造耐蚀合金）（2.4.19 节）

耐蚀合金牌号和化学成分、力学性能、中外牌号对照参见表 2-184～表 2-188。

（4）耐蚀铸铁（2.4.13 节）

耐蚀铸铁牌号和化学成分、力学性能、中外牌号对照参见表 2-144～表 2-153。

（5）铜及铜合金（含铸造铜合金）（2.4.15 节）

铜及铜合金牌号和化学成分、力学性能、中外牌号对照参见表 2-159～表 2-170。

（6）铸造铝合金（2.4.16 节）

铸造铝及铝合金牌号和化学成分，力学性能，中外牌号对照参见表 2-171～表 2-173。

（7）钛及钛合金（含铸造钛合金）（2.4.17 节）

钛及钛合金牌号和化学成分，力学性能，中外牌号对照参见表 2-174～表 2-180。

第3章

金属材料的成形知识

机械零部件使用的金属材料一般制成锻件、棒材、板材、管材、铸件等几大类型。这些材料中，锻件是采用锻造方法成形；棒材、板材、管材等型材通常采用轧制、拉拔等方法成形；而铸件是采用铸造方法成形。

金属材料的不同成形方法各有特点，除了保证材料的形状、尺寸外，对材料组织、性能都有影响，在成形过程中会产生不同的质量效果。在成形过程中也会存在影响质量的不同因素和产生缺陷。材料成形过程中产生的缺陷不仅影响自身质量，也会对由其制成的产品零部件带来质量缺陷，从而对整个机械产品的质量、寿命带来严重影响。

本章结合常用材料的成形方法和特点，按工序予以说明。

3.1　炼钢

炼钢是钢铁材料生产的第一工序，炼钢质量的好坏是直接影响铸件、锻件和其他产品的重要因素。

钢冶炼主要是以生铁、海绵铁、废钢为原料，以不同的设备和方法冶炼成钢。炼钢的基本方法有平炉炼钢法、转炉炼钢法、电炉炼钢法等。这些方法可以熔炼出满足一般使用条件的钢材，为了满足更高质量要求的钢材，还有的采取炉外精炼、电渣重熔等方法，使钢材纯度更高，硫磷及杂质含量更低，氢、氧、氮等有害气体更少的优质钢材。

3.1.1　常见的炼钢方法

炼钢方法很多，各有特点。

3.1.1.1　常规炼钢方法

常规炼钢方法指平炉炼钢法、转炉炼钢法和电炉炼钢法。

（1）平炉炼钢

平炉炼钢是利用煤气、重油等为燃料，在火焰直接加热状态下，将炼钢原料熔化的炼钢方法。根据炉衬使用耐火材料和炉渣性质不同又分为碱性平炉炼钢和酸性平炉炼钢两种。

① 碱性平炉炼钢。所谓碱性平炉炼钢就是在碱性耐火材料（镁砖、铝镁砖等）砌筑的熔炼池内进行熔炼钢液的炼钢方法。碱性平炉炼钢的主要特点：

a. 碱性平炉炼钢采用碱性渣，可以充分去除钢水中的硫、磷元素。所以，对炼钢用的原料控制不严，原料来源广泛，降低成本。

b. 炉渣碱度高，透气性好，使氢在钢液中的溶解度增加，增强扩散能力。因此，钢液中的含氢量一般可控制在 $(6\sim8)\times10^{-6}$。

c. 碱性平炉钢中的非金属夹杂物，特别是硫化物会给钢造成热脆性，并且，钢材经锻造后，硫化物会沿变形方向呈条状分布，从而增加钢材的各向异性，即横向和切向性能远远低于纵向性能。

② 酸性平炉炼钢。在酸性耐火材料（硅砖、石英砂等）砌筑的熔炼池内进行熔炼钢液的炼钢方法，酸性平炉炼钢的主要特点：

a. 酸性平炉炼钢过程不能有效去除钢液中的磷、硫等有害杂质。所以，对炼钢原材料要求较严格，应采用低含磷硫量的材料。

b. 酸性平炉炼钢在冶炼过程中，硅起到还原作用，产生钢液的自动脱氧过程。因此在精炼末期可以减少硅铁、锰铁、铝等脱氧剂材料。所以，钢液中形成的脱氧产物少，钢中的非金属夹杂物少，钢液的纯净度高。

c. 酸性炉渣透气能力差，氢在炉渣中的溶解度和扩散能力小。所以，酸性平炉钢中氢含量较低，一般可达 $(4\sim6)\times10^{-6}$。

d. 酸性炼钢时获得的非金属夹杂物多为不易变形的硅酸盐类夹杂物，钢材锻压时，非金属夹杂物不易随锻压方向变形。所以钢材塑性好，各向性能比较均匀。

由于平炉炼钢消耗能量大、成本高、冶炼周期长等原因，逐渐用转炉炼钢和电炉炼钢取代。

（2）转炉炼钢

转炉炼钢不需要外加热源，主要以液态生铁为炼钢材料，依靠炉内液态生铁的物理热及通入炉内的氧气与铁液中各成分，如碳、锰、硅等元素发生的化学反应生成热为炼钢热源进行炼钢。转炉炼钢也根据炉衬耐火材料种类性质分碱性转炉炼钢和酸性转炉炼钢。由于酸性转炉炼钢不能有效去除生铁中的磷、硫含量，必须采用低磷硫的生铁，其应用受到限制，相对而言，碱性电炉应用更广泛一些。

（3）电炉炼钢

电炉炼钢就是以电为能源、以生铁和废钢为原料的炼钢方法，常见的有电弧炉炼钢和感应电炉炼钢。

① 电弧炉炼钢（EAF）。电弧炉炼钢就是利用电弧产生的高温热效应将金属原料和其他物料一起熔化完成炼钢过程的炼钢方法。电弧炉炼钢钢液温度容易控制，比其他炼钢工艺灵活性更大。电弧炼钢时可根据要求在炉内形成氧化性或还原性气氛，不产生残留于钢中的脱氧产物，钢液纯度高，还可以通过合理的工艺控制去除钢液中的磷硫及氢、可控制氢气含量在 $(5\sim7)\times10^{-6}$。

② 感应电炉炼钢。感应电炉炼钢是利用交流电感应作用，使坩埚内的金属炉料（或钢液）本身发热而完成炼钢过程的炼钢方法。依据坩埚材料的性质不同，可分为酸性感应电炉或碱性感应电炉。感应电炉炼钢时，由于整个熔炼过程中钢液自始至终都处于强烈的电磁搅拌中，因此，钢液成分更容易均匀，宏观偏析小，可以得到成分比较均匀、纯度比较高的钢材。此外，感应电炉炼钢熔炼周期短、热效率高、金属烧损小。但，一次熔炼量有限。

3.1.1.2　二次炼钢方法

由于核电、军工、石化设备的发展需要，对钢材的质量要求越来越高，对钢液的纯度和质量也提出了更严格的要求，这包括钢中的有害气体氧、氢、氮等含量要很低，钢中磷、硫等有害元素和杂质更少，性能更高更稳定，这些要求依靠一般常规炼钢方法难以满足，为适应这种需要，出现了所谓二次炼钢新技术。常见的二次炼钢法如下。

（1）喷射冶金法

喷射冶金法就是利用运载气体把某些粉剂喷射到钢液中，由于气流搅拌作用和粉剂与钢液充分接触的作用，钢液发生快速反应，从而提高钢液的净化速度和效率，使钢液得到了精炼。

通过喷射法可提高钢液的脱硫效果，如喷射硅钙粉处理后，对钢液的脱硫效果可达到 $50\%\sim90\%$，硫可降低到 0.002% 以下；脱氧率可达 $45\%\sim76\%$，氧含量降至 $(10\sim28)\times10^{-6}$。喷射法还可以大大减少钢中非金属夹杂物、改变夹杂物形态，从而改善钢的性能和横向缺口效应。

（2）钢包精炼

钢包精炼就是将用普通炼钢方法获得的低质量的钢液注入钢包中，在钢包中对钢液再精炼的过程。

采用钢包精炼工艺炼钢时，容易控制钢液温度；严格控制钢的化学成分；精确控制钢液的脱氧、脱硫，可控制硫含量在 0.005% 以下。

钢包精炼有多种工艺方法，比如常见的氩氧脱碳精炼法（AOD），即向钢包中的钢液中吹氧和吹氩，这个精炼过程包括了脱碳和脱硫脱氧过程，吹氩增强了钢液的搅拌作用，保证了钢液完全脱氧和加速氧化物成渣过程。

通过氩氧脱碳精炼可以将碳降至 0.005% 以下，硫控制低于 0.003%，对有害气体控制效果也十分明显，可使钢中氮降至 $(25\sim30)\times10^{-6}$，氢降至 2×10^{-6} 以下，氧降至 $(25\sim30)\times10^{-6}$。同时对各种非金属夹杂物也有十分良好的控制效果，钢材的性能优良且均匀。

氩氧精炼法炼钢还特别具有减少铬的损失效能，适宜炼制超低碳不锈钢等特种钢种。

钢包精炼还有 LF 法、CAB 法等。

（3）钢液真空处理

近些年，对钢液在真空条件下处理，即将钢液置于低于大气压力条件下进行操作的精炼技术越来越受到重视，得到了广泛应用。

将钢液放在低于大气压力条件的环境中，降低了氢气、氮气等有害气体分压，从而使钢液中的有害气体逸出，即有效降低了钢液中的有害气体。钢液经真空处理后，钢中氧的含量可降至 $(20\sim30)\times10^{-6}$，氢可降至 2×10^{-6} 以下，氮可降至 50×10^{-6} 以下。同时，钢中非金属夹杂物大大减少，也降低了钢中成分偏析程度。

钢液真空处理方法很多，常见的有 VCD 法、VOD 法等。

① 真空脱碳法（VCD）。真空脱碳法（VCD）也有的叫真空脱氧法，这种方法就是利用低压来提高钢液中碳的活动性，排出钢液中的氧。因为钢液中的氧是 Fe_xO 的形式存在。如果钢液上部一氧化碳分压减小，则钢液中碳和氧的浓度也随之降低，即钢液中的碳可以使 Fe_xO 还原，从而使钢液达到了脱氧的目的。结果使钢液中有害气体、非金属夹杂物都明显降低，大大提高钢的纯净程度。

② 真空吹氧脱碳法（VOD）。真空吹氧脱碳精炼就是在真空条件下吹氧并吹氩搅拌的炉外精炼方法。采用这种方法的结果可以容易地把钢中碳降低到 $0.02\%\sim0.08\%$，并且对铬不氧化和不损耗，而且得到良好的去除气体和夹杂物的效果，是冶炼高质量不锈钢的重要方法。

除 VCD、VOD 精炼方法外，真空处理钢液方法还有 VD 法（真空脱气法）、VID 法

（真空感应脱气法）、VCP法（真空循环脱气法）、LL法（倒包除气法）、VT法（真空浇注法）等。

3.1.1.3 电渣重熔炼钢法（ESR）

电渣重熔技术是在水冷结晶器中，借助于熔融炉渣的电阻热，使电极熔化制造钢锭的方法。

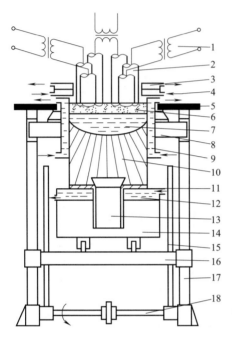

图3-1 200t级电渣重熔炉示意图
1—变压器；2—自耗电极；3—排气装置；
4—保护室；5—工作平台；6—熔渣池；
7—金属熔池；8—支架；9—结晶器；
10—电渣锭；11—引锭板；12—水冷底板；
13—钳把；14—平车；15—丝杠；
16—支承台；17—立板；18—传动装置

电渣重熔炉如图3-1所示。由经过普通方法熔炼出的钢锭作为电极2并接通电源插入熔渣池6中，通电后熔渣产生电阻热，使电极熔化，熔化后的金属液体透过熔渣流入金属熔池7，之后在水冷结晶器9中结晶凝固成渣锭10。完成电渣重熔炼钢过程。这种炼钢方法炼成的钢材有如下特点：

① 在炼钢过程中的任何时间，只有一部分钢呈液态，并在水冷结晶器中快速凝固，而且钢液的凝固可以控制，铸锭组织得到了改善，减少了偏析，所以钢材成分、组织均匀，提高了钢材性能，各向异性倾向小、韧性高。

② 由于熔化的钢液通过熔渣进入熔池，钢液不与空气接触，因此，钢材中气体含量很低，获得低气体、低硫的高纯度钢材，有资料记录，残留铝可控制在 $0.006\% \sim 0.008\%$；氧小于 30×10^{-6}；氢含量小于 2×10^{-6}；硫小于 20×10^{-6}。

③ 电渣重熔钢锭的非金属夹杂物数量少、体积小、分布均匀。优良的结晶条件改变了非金属夹杂物沿晶界分布的特点，残余的夹杂物在凝固过程中细化、增大弥散度。

④ 电渣重熔锭致密度高，铸造缺陷少，所以钢锭锻轧时利用率高。

目前，核电、超临界火电机组使用泵的重要锻件都倾向于选用电渣重熔材料。

3.1.2 钢冶炼时可能产生的质量缺陷及危害

冶炼出质量优良的钢液是生产出高质量钢材的基本条件。

冶炼出钢液的质量好坏，除保证符合标准的化学成分外，还应尽量减少冶金质量缺陷，保证钢液的纯净度，即尽量降低钢中杂质元素和磷硫含量及非金属夹杂物的数量；尽量减少钢中的气体等。

3.1.2.1 钢中的非金属夹杂物及危害

非金属夹杂物是存在于钢中的非金属物质，常见的有硫化物如FeS、MnS、（Fe·Mn）S等；氧化物如FeO、MnO、（Fe·Mn）O、Al_2O_3、Cr_2O_3 等；硅酸盐类夹杂物如 SiO_2、（Fe·Mn）SiO_2 等；氮碳化合物，如TiC、TiN、AlN等。实际上，钢中存在的非金属夹杂物的成分和结构有的更为复杂，如 $MnO\text{-}Al_2O_3\text{-}SiO_2$ 夹杂物，FeO-FeS夹杂物等。

（1）钢中非金属夹杂物的主要来源

这些夹杂物有的是在冶炼过程中被钢液浸蚀掉的耐火材料颗粒、反应产物、小颗粒炉渣等外来夹杂物，也有的是在冶炼过程中对钢液进行脱氧、脱硫过程中的反应产物等内生夹杂物。

（2）钢中非金属夹杂物的危害

钢中存在的非金属夹杂物会对以后钢材加工和使用造成危害。

① 含有较多非金属夹杂物的钢锭在锻压时，有些不变形或难以变形的夹杂物如 Al_2O_3、TiN、硅酸盐夹杂物等不能随金属基体同时变形，非金属夹杂物和金属基体不同的变形能力，使非金属夹杂物和金属基体之间产生空隙，特别是夹杂物存在于晶粒间界上时，有可能引起锻压裂纹，也可能由于夹杂物和金属基体间线胀系数不同而产生内应力，严重时会导致锻压件内部产生微裂纹。

② 钢材进行热处理时，非金属夹杂物析出并存在于晶粒间界上，会影响材料的力学性能，特别是降低材料的塑性和韧性，严重时甚至引起微裂纹。

③ 钢中非金属夹杂物对材料的性能也会带来不利作用，特别是对材料的塑性和韧性产生影响。

④ 含有非金属夹杂物的材料制成零部件使用时，夹杂物可能会引起应力集中，成为疲劳裂纹源，诱发疲劳裂纹的形成。

⑤ 不锈钢中的非金属夹杂物会成为腐蚀源，降低耐腐蚀能力，特别是降低奥氏体不锈钢和奥氏体-铁素体双相不锈钢的耐点腐蚀、耐晶间腐蚀能力。

（3）减少钢中非金属夹杂物的方法

① 减少外来夹杂物的来源，主要选用稳定的高温耐火材料，防止耐火材料受浸蚀造成的颗粒散失。

② 采用良好的工艺方法和严格的操作制度。

③ 在出钢或浇注时采用真空处理技术，采用先进的炼钢设备和炼钢方法。

3.1.2.2 钢中气体及其危害

钢中气体通常指溶解在钢中的氧、氮和氢等气体，它们在炼钢或浇注过程中溶入钢液并保留在钢中。

（1）钢液中气体的主要来源

① 由炼钢炉料（生铁、废钢、铁合金、造渣材料等）带入，特别是炉料不干燥时，炉料中固有气体以及炉料中水分分解、铁锈等不纯物的热分解等都会产生大量的氢、氧、氮等而溶入钢中。

② 由炉气带入，炉气中的 H_2O、H_2、N_2、O_2、CO_2 等经过炉渣或直接与钢液接触而溶入钢中。

③ 与钢液接触的耐火材料也可将气体带入钢液中。

④ 在炼钢或浇注过程中，周围大气，特别是周围潮湿大气对其也有明显影响。

（2）钢中气体的危害

气体存在于钢中，会给以后的加工和使用带来不利作用。

任何气体在高温钢液中的溶解度都远远大于在较低温度下，特别在凝固成固态时的溶解度。所以钢液自高温冷却直至凝固的过程中都会有气体析出。这些析出的气体或以气体形式或以化合物形式存在，无论如何都是有害的。

① 当析出气体以气态存在时，便使钢材存在许多小气孔，这些小气孔在以后的锻压加工时，有的能被焊合，有的不能被焊合残留在钢材内部，这时它们在以后拉轧加工时有可能被拉长形成发纹。小气泡和发纹的存在，实际上破坏了金属基体的连续性，从而降低了钢材的性能，尤其降低钢材的塑性、韧性；还会成为零件的疲劳裂纹源，造成疲劳损坏；也会在热处理过程中诱发产生热处理裂纹。

② 钢中气体还可能以化合物的形式存在，形成非金属夹杂物，这些夹杂物或者在以后加工中引起钢材内部微裂纹，或者在使用过程中成为疲劳裂纹源，诱发零件的疲劳破坏，或者降低材料的力学性能（尤其是材料的塑韧性）和成为不锈钢的腐蚀源、降低耐蚀性。钢中非金属夹杂物尤其以 Fe_4N 的析出和存在产生时效脆化作用突出。

③ 钢中的氢带来的危害尤其以"氢脆""白点"为典型。

在固态钢中，氢常以氢原子（H）或正离子（H^+）形式溶于铁的晶格间隙成为固溶体，由于氢的扩散能力很强，当金属中氢含量超过固溶体中的溶解度时，便有可能析出，并结合为氢分子，分子氢的集聚会产生很大应力，当超过金属强度时便在金属内部形成微裂纹，常称发纹，这种氢聚合形成的发纹破坏了金属基体的连续性，严重降低材料的力学性能，尤其是材料的塑、韧性，即增加了材料的脆性，一般称为"氢脆"。当这种由氢引起的发裂扩大到一定程度时，在钢材的横断面上会呈现边缘清晰、具有银白色光泽的圆形或椭圆形斑点，通常称为"白点"。不同类型钢材能够形成白点的氢的极限含量略有区别，一般认为，当钢中氢含量大于 $(2.5 \sim 3) \times 10^{-6}$ 时，即可产生"白点"。因为白点是较大的发纹，白点的存在对钢的性能会产生致命的破坏力，所以，对一些重要材料中氢的控制是严格的。

（3）钢中气体的控制

① 对炼钢炉料应进行烘烤，并保持炉料清洁，尽量减少由炉料带入钢液中的气体。

② 降低炉气中的有害气体成分含量，采用先进的炼钢工艺。

③ 采用真空除气技术，这是降低钢中气体的有效方法。所以，对于重要的高质量的钢材冶炼和浇注多要求应用真空技术。

3.2 铸锭（模铸）

铸锭是将熔化了的钢液注入钢锭模中，待冷却后凝固成铸锭，以供锻造、轧制使用。

3.2.1 铸锭工艺方法

钢锭的浇注一般有两种方法，即普通铸锭法（在大气条件下浇注）和真空铸锭法（在真空条件下浇注）。

（1）普通铸锭法

普通铸锭法是指将熔炼合格的钢水，在大气条件下注入钢锭模，浇铸成钢锭的方法。

根据浇铸前钢液的含氧量和操作方法不同，分为镇静钢钢锭、沸腾钢钢锭和半镇静钢钢锭。

① 镇静钢钢锭。镇静钢又称全脱氧钢，浇铸前钢水经过充分脱氧，在凝固过程中，钢液中的氧含量低到不会与钢中的碳反应生成一氧化碳。所以，凝固成钢锭后，锭体内气泡较少，这种钢锭只是在头部有较集中的缩孔，锻轧时成坯率可达 85% ～89%，这种钢锭成分

较均匀、组织比较致密。一般镇静钢锭呈上大下小的倒锥体形。

② 沸腾钢钢锭。沸腾钢的钢液中含氧量较高，在浇铸后钢液中的氧与碳发生强烈的碳氧反应，生成大量的一氧化碳气泡使钢液在锭模中沸腾，气泡上浮，与镇静钢锭相比，钢锭中可能残留少量气泡，但钢锭成坯率可达 90%～92%，这类钢锭主要用于低碳钢。沸腾钢钢锭一般呈上小下大锥形。

③ 半镇静钢钢锭。半镇静钢是介于镇静钢和沸腾钢之间的钢种，主要用于中等含碳量和中等质量的结构钢铸锭。

钢锭的形状还依钢锭的用途不同而不同，如生产棒材或型材的钢锭一般为方锭（断面为正方形），生产板材的钢锭一般为扁锭（断面为长方形），生产锻压件的钢锭还有方形、圆形或多角形。

在大气中浇铸钢锭时，大气中的氧等气体会进入钢液中使钢液发生二次氧化，降低钢的质量。为减少浇铸时的大气侵害，可采用惰性气体保护。

（2）真空铸锭法

所谓真空铸锭法就是在铸锭前，将钢液通过中间包浇入置于真空室内的钢锭模中的铸锭方法。真空铸锭时，避免了钢液在浇铸过程中的二次氧化，大大减少了铸锭中的气体和非金属夹杂物，提高了铸锭的纯净度和质量。

3.2.2 铸锭时可能产生的质量缺陷和危害

钢液在铸模中凝固的过程中伴随着各种物理化学现象，如热传导、钢液流动、体积收缩、碳氧反应、成分偏析等。

在铸锭过程中由于条件不好、工艺不良、操作不当、注速或铸温控制不当等因素，铸锭会产生质量缺陷，如表面结疤、重皮、裂纹、内部残余缩孔、皮下气泡、疏松、偏析、夹杂等。铸锭中的这些缺陷有的可在使用前通过加工或在锻轧热加工过程中消除，有的可能引起在锻轧、压、拉拔等加工过程中的质量缺陷，有的可能一直保留在加工完的零部件中，将直接影响零部件的使用功能和寿命。相对于外观缺陷如结疤、重皮，内在缺陷更应引起我们的重视。

为了更好理解铸锭内部缺陷及产生的原因，以镇静钢钢锭为例了解一下钢锭的宏观组织结构。见图 3-2。

钢液注入钢锭模后，由于钢液各部位冷却速度不同，以及发生的一系列物理化学反应过程，钢锭内部各部分的化学成分、组织存在差异。

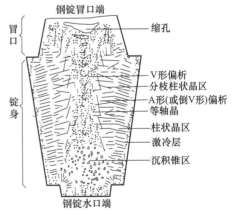

图 3-2 镇静钢钢锭纵断面的宏观组织示意图

不难想象，钢液注入锭模后，由外向内依次冷却凝固，贴近钢锭模壁的钢水先冷却凝固，并且这部位钢液冷速较快，形成了激冷层，这激冷层是在钢液有较大过冷速度条件下形成的，化学成分和合金元素还来不及扩散。所以激冷层不存在偏析，但因浇铸条件不同，可能会存在夹渣和气孔。

钢液继续冷却，激冷层向内延伸，由于冷却速度的方向性，形成柱状晶区，这部分钢液是在存在较大温度梯度条件下凝固的。所以，夹杂物和偏析也较少。

钢液继续向内冷却时，钢液温差变小，固液共存区扩大，随着结晶的成长、合金元素和杂质元素的浓缩和富集，将存在大量的碳化物，易产生偏析和裂纹。

在钢锭模中心部位，由于外层的结晶凝固，热阻增大，该区域的钢液差不多达到相同的过冷度条件而凝固，因此形成等轴晶区，这个等轴区存在的偏析和疏松增多。

等轴区的底部称为沉积锥区，该区存在较严重偏析，此外，钢液中的非金属夹杂物会大量附着在沉积锥区的等轴晶上。所以，这里的夹杂物较多，质地不纯净，用于锻轧加工时应去除这部分。

冒口区，即铸锭的上头部，由于钢液有选择性的结晶结果，钢液先冷却凝固部分纯度高、质量好，其周围尚未凝固部分的钢液中存在着较多的低熔点元素成分，特别是较多的硫、磷和夹杂物。另外，当锭模上部表面接触空气先冷却凝固封住形成薄壳时，这个区域的钢液在冷却和收缩时得不到钢液的补缩而形成较大的缩孔。冒口部分成分和组织是钢锭中最差的部分，不能使用，在锻轧加工时，必须先行去除。

3.2.2.1 铸锭中的偏析

（1）铸锭中常见偏析类型

钢液在锭模中凝固时，由于钢液中各种合金元素熔点不同、溶解度不同，并且溶解度又和温度之间有依存关系；金属熔渣与气体之间的反应；在钢液凝固过程中钢液水平和垂直温度梯度的变化及其引起的对流；钢液冷却凝固时的体积收缩等因素都会引起偏析，即引起钢锭宏观和微观区域含有不同的化学成分，以及非金属夹杂物的聚集和疏松、收缩裂纹、缩孔等缺陷。一般说来，钢锭越大偏析越严重。钢锭中的偏析一般可分为 A 形偏析、V 形偏析和负偏析。

① A 形偏析。钢锭中的 A 形偏析存在于柱状晶区和等轴晶区之间，在钢锭纵断面上表现为不连续的 A 字条纹，偏析条纹的尺寸、条纹间的距离与钢锭的大小及硫磷杂质数量的多少有关，它在钢锭中的分布是不均匀的。A 形偏析在钢锭的横断面上呈现许多同心圆状的分布斑点。

A 形偏析的形成和钢液的冷却速度、凝固条件、化学成分等因素有关。A 形偏析的存在使钢锭在锻轧后引起材料力学性能的不均匀性，特别是对钢材塑性、韧性有更大影响。

② V 形偏析。V 形偏析通常分布在钢锭中心上部等轴晶区，表现为 V 形条纹呈周期性分布。由于是钢锭的最后凝固部分，该处有更多的硫化物夹杂和疏松。

由于钢液在凝固过程中有选择结晶特性，溶解度变化和成分比重差异引起 V 形偏析，并且与合金元素种类、含量、钢液过热度、冷却情况等因素有关。V 形偏析的形成还和钢锭模的设计有关。

V 形偏析对钢材性能的影响主要表现在对塑性和韧性降低方面，还会提高材料的脆性转变温度。

③ 负偏析。钢锭的负偏析是指偏析部位合金溶质的浓度低于合金平均溶质浓度。

负偏析主要形成在钢锭的沉积锥区，因为该区凝固时，非金属夹杂物上浮困难而滞留，使该处非金属夹杂物集聚，所以，该处合金元素的浓度偏低。

A 形偏析和 V 形偏析属正偏析，即它们的合金元素浓度高于合金元素的平均浓度。

（2）钢锭中偏析可能带来的危害

钢锭中的偏析会为以后的锻压加工和热处理带来不利影响，如果通过热加工方法对偏析的改善不彻底并带到产品零部件中去，则对力学性能将产生不良作用。

① 由偏析带来的成分不均匀性，在锻压加工时需采用更高的加热温度和更长的保温时间，为锻压工艺的实施带来困难。

② 在成分偏析中，碳的偏析有重要意义，一般在钢锭近上冒口部位，碳含量增高，超过平均含碳量，在按正常工艺进行热处理时，可能因此而产生淬火裂纹。

③ 偏析区因碳、硫、磷等元素的富集而产生脆性，在进行热处理时容易在热处理拉应力作用下产生热处理裂纹。

④ 偏析如果存在于产品零件中，则会严重影响零件性能的均匀性。

（3）减轻钢锭偏析的措施

首先，需要采用低含气量和低硫、磷含量的高纯度钢液。其次，采用真空浇铸技术、合理设计钢锭模形状、制订合理的浇铸工艺和严格操作等措施均能将钢锭中的偏析缺陷进行有效控制，从而获得高质量的钢锭。

3.2.2.2　钢锭中的非金属夹杂物

（1）钢锭中非金属夹杂物的来源

钢锭中非金属夹杂物主要来源于钢液已存在的夹杂物和在浇铸过程中及钢液冷却凝固过程中带入和新生的夹杂物。

① 浇铸用钢水纯度不够，已存在非金属夹杂物，这些夹杂物在浇注过程中没有充分的上浮条件，不能顺利上浮到钢锭冒口部位而残留在钢锭内部。这类夹杂物以氧化铝夹杂物和一部分硅酸盐夹杂物为代表。

② 在浇注和冷却凝固过程中由于气体的进入和钢水受污染等，通过化学反应生成非金属夹杂物，如硫化物和一部分硅酸盐夹杂物，可能在此过程中析出。

（2）钢锭中非金属夹杂物的危害

钢锭中较小的夹杂物若单个存在时还不至于产生严重影响，但当成链状或团状密集存在时将对材料的性能产生不利影响。特别是形成粗大夹杂物时，带来的危害则是严重的，根据断裂力学的理论，当夹杂物尺寸超过某一临界值时，可能作为裂纹源，在一定的应力作用下将发展成裂纹而使零件破坏。

所以，用于重要产品和重要零部件的材料，都要求用渗透或磁粉检验方法对材料表面进行检验，用超声波探伤或射线检验等方法对材料内部缺陷进行检验，以控制材料缺陷的大小或分布状态，以保证材料的可靠性。

（3）减少钢锭中非金属夹杂物的措施

为了减少钢锭中非金属夹杂物，除控制钢液的质量外，采用合理的铸锭工艺、严格操作、防止浇注过程中的污染等都是减少钢锭中非金属夹杂物的有效方法。

3.2.2.3　钢锭中的气孔和缩孔

钢锭在从钢液冷却凝固成固态锭的过程中一直伴随着气体析出和体积收缩过程，在钢锭中形成的缺陷主要有气泡、针孔、缩孔等。

（1）钢锭中形成的孔类缺陷分类

① 钢锭中的气体及气孔。固体钢中的氢、氮、氧等气体的溶解度远远低于在液态钢中的溶解度。所以钢锭凝固时，氢和氮将从钢中析出。氧一部分以氧化物形式存在；另一部分主要以 CO 的形式排出。

气体主要从钢锭中的液态和固态共存区中将凝固或已凝固部分析出，由于析出氢和氮有一定压力，在这个压力下，一部分气体以气泡形式析出上浮；另一部分可能残存在晶体的各种缺陷中，也有少量气体向溶解度高的液体部分扩散，钢液从凝固温度继续冷却，氢的扩散过程一直在进行，不断向温度高的锭心部扩散。在大气浇注的钢锭中，一般上部氢含量高于下部，心部氢含量高于表层。氢的分布还与夹杂物的分布有关，夹杂物集中区含氢量也高。氢在扩散时极易在缩孔和疏松处聚集，还可形成分子氢。

氮的析出也有相似于氢析出时的规律。同时，在含有铬、钛、铝等元素的钢中，极易与氮形成氮化物。所以钢锭中最高含氮量部位可能是富集氮化物区域。

气体可直接在钢锭中形成气泡、针孔等缺陷，也有的可充满在钢锭的缩孔和疏松部位。

② 钢锭的收缩及缩孔。钢液在凝固过程中，由液体变成固体时，体积必然会收缩，首先在钢锭的心部不可避免地要形成孔洞，如缩孔、疏松。这些缩孔、疏松是由于钢锭冒口顶部已发生凝固结壳，内部钢液再收缩时缺少钢液的补充而形成的。

此外，在钢液冷却时，在树枝状晶体成核长大过程中，由于选择结晶效应，邻近钢液中的碳、硫、磷等元素浓度升高，熔点下降。当这部分钢液在周围已形成许多树枝状晶后才降低到凝固点开始结晶，而此时由于与外面的钢液已隔绝，而无法补缩，于是形成显微孔隙。显微孔隙中一般都会析出硫、磷夹杂物。

（2）气孔和缩孔可能带来的危害

铸锭是将来进行锻压或热轧或锻轧产品的坯料，在锻轧加工时，可将小的气孔、缩孔焊合、清除，对于大的气孔或缩孔无法焊合消除而残留在锻轧产品中，成为锻轧产品的产品缺陷，使锻轧产品性能降低，当然，用这种锻轧产品制成的机械零部件的性能会严重受损，影响机械产品的质量和寿命。

（3）减少钢锭中气孔、缩孔等缺陷的措施

钢锭中的这些缺陷是由气体存在和钢液冷却凝固体积收缩并且补缩不足引起的。所以，采用高纯度低含量气体的钢液是重要条件之一。此外采取真空浇注、合理设计锭模、选用合理的浇注温度和速度、应用合适的保温帽等工艺措施，对减少这些缺陷也是有益的。

3.3 连铸

连铸也叫连续铸钢，即将钢水通过中间钢包流入带有强制水冷装置的结晶器中冷却，当钢液注入结晶器成形并迅速凝固结晶后，用拉矫机从结晶下口连续拉出，并继续冷却而形成铸坯的生产工艺。

3.3.1 连铸生产特点

连续铸钢可以根据结晶器的横断面形状决定连铸钢坯的外形，当结晶器横断面是长方形时可连铸出薄板坯，是正方形时可连铸出长条的方形铸坯。连铸的主要特点之一是可以铸成接近最终产品形状和尺寸的铸坯。连铸相对于模铸的优点还有提高生产效率、节约能耗、提高金属利用率、更容易实现材料生产的机械化和自动化。连铸时还因为铸坯结晶、冷却条件好，所以铸坯质量优于模铸坯。但，连铸生产投资大，铸坯截面尺寸受一定限制，不适合大锻件用铸坯的生产。

连铸机种类较多，主要有立式、立弯式、水平式等，各有不同特点。

钢坯的连铸生产越来越受到重视，广泛用于板材、型材的铸坯生产。尤其是这些型材的连铸连轧技术已普遍应用于钢材的生产。

3.3.2 连铸可能产生的质量缺陷及危害

连铸工艺虽然与模铸工艺相比有许多优势但仍然会存在质量缺陷。连铸坯的质量大致可从以下几个方面考虑：

3.3.2.1 连铸坯内的夹杂物

（1）夹杂物成因及危害

连铸坯的生产过程中，由于钢液中的氧化物、脱氧产物、炉渣、耐火材料的冲刷剥落等因素，在连铸坯内也不可避免地存在夹杂物、连铸坯内的夹杂物破坏材料基体的连续性、致密性。存在表面的夹杂物会影响铸坯表面质量，存在内部的夹杂物，特别是集中分布或大尺寸的夹杂物对铸坯质量危害更加严重。有资料报道，连铸坯内尺寸大于 $50\mu m$ 的夹杂物即可形成裂纹。这种夹杂物对材料的后续加工也会带来危害，造成大量废品。

（2）减少夹杂物的措施

为减少连铸坯中的夹杂物，除保证钢液纯净度外，采用无氧化浇注技术、合理设计选用结晶器、使用优质耐火材料及采用先进工艺技术等都是有效办法。

3.3.2.2 气泡与气孔

（1）气泡与气孔成因及危害

钢液中的氧、氮、氢等气体，在连铸坯冷却凝固过程中会析出，如果析出的气体来不及逸出铸坯而残留下来，则会以气泡和气孔的形式存在于铸坯内。这些气泡或气孔在以后的轧制过程中若不能被焊合而保留在轧材中，则影响轧材质量，甚至产生裂纹。

（2）减少气泡与气孔的措施

提高钢液的纯净度、严格控制钢液中的气体是减少铸坯内气泡和气孔的主要手段。

3.3.2.3 偏析

（1）偏析的成因及危害

连铸坯的偏析比模铸钢锭要轻得多，但是在钢液凝固过程中，由于溶质元素在固液相中的再分配形成的化学成分的不均匀性，导致连铸坯后凝固的中心部分低熔点元素、硫、磷等集中而形成偏析。这种偏析和中心疏松、缩孔同时存在会严重影响材料的力学性能、耐蚀性能。

（2）减少偏析的措施

降低钢液中的硫、磷含量，采用正确的工艺方法对改善连铸坯的中心偏析是必要的。

3.3.2.4 裂纹

（1）裂纹的成因及危害

连铸坯在生产过程中会受到一些应力，如钢液在冷却凝固时，因在铸坯的内外表面，铸坯上下部位之间存在温差而产生的热应力；钢液凝固收缩受阻产生的应力；铸坯下拉时的应力；校直时的应力等。另外，钢中若存在硬质夹杂物（AlN、BN 等）并在冷却时析出于晶界处，会引起晶界脆化。如果由于这些因素产生的拉应力超过铸坯的破断强度，就会产生裂纹。这些裂纹有的可能在铸坯表面，有的产生在铸坯内部。不同因素引起的裂纹有的是纵向裂纹，有的是横向裂纹，还有的可能是星状裂纹。铸坯中的裂纹如果在轧制时不能被焊合而残留在轧制材料中，将会造成制造零件的失效。

（2）减少裂纹的措施

为减少或消除连铸坯中的裂纹，除严格控制钢液纯净度、减少杂质外，制订合理的连铸工艺、控制钢液温度、调整拉坯速度、选用合适的结晶器等都是必要的。

3.4 锻造（锻压）

锻造（锻压）和下面的轧制、拉拔、冲压等加工方法统称金属的塑性加工。所谓塑性加工就是对金属坯料施以外力，使金属产生塑性变形，获得所需要的零部件的形状、尺寸，同时改变金属组织、性能的加工工艺方法。金属的塑性加工方法在机械工业中获得了广泛应用，这是因为塑性加工工艺方法有其特点：

① 通过塑性加工可以获得需要或接近需要的零件或零件毛坯的形状。

② 金属经过塑性变形加工后，可弥合或消除金属铸锭内的缩孔、气孔、粗大枝状晶体、细化晶粒、改善组织，从而获得较好的力学性能。

③ 塑性加工后，毛坯件接近零件的形状、尺寸，有的可以完全达到要求的形状和尺寸，所以塑性加工获得的零件或零件毛坯可以少加工，甚至不加工，大大降低成本和节约原材料。

金属材料的塑性变形加工，依据加工时材料温度状态的不同可分热变形塑性加工（如锻压、热轧等）和冷变形塑性加工（如冷拉、冷轧、冷冲压等）。这个温度界限一般以再结晶温度为准（通常金属的再结晶温度近似于该金属熔化温度的 0.4 倍）。再结晶温度以上的塑性加工叫热变形加工，再结晶温度以下的塑性加工叫冷变形加工。

金属在冷变形加工后，由于冷变形使金属晶粒在变形滑移面上产生的碎晶块及晶格变形扭曲而产生金属材料的硬化现象，使材料硬度升高、强度升高而塑性和韧性下降。冷变形还能使金属得到较小的表面粗糙度，获得优良的表面质量。金属热变形时，因为变形温度高，金属塑性好，热变形后获得再结晶组织，所以金属材料不产生硬化现象。

金属在变形过程中，基体中的非金属化合物、夹杂物会沿变形方向伸长并保留下来形成纤维组织，金属变形程度越大，纤维组织越明显。纤维组织会使金属在性能上产生方向性，对金属变形后的质量也有影响。纤维组织的稳定性很高，不能用热处理方法消除，只能通过热变形来改变其分布方向和形状。

3.4.1 锻造（锻压）工艺方法

锻压是金属热塑变形的主要加工形式之一。

锻压就是金属在冲击力或静压力的作用下，产生塑性变形，从而获得一定的形状、尺寸和质量的加工方法。

锻压加工依据所用的设备、工具和锻压方式的不同，分自由锻和模锻。

自由锻就是将金属直接放在砧块上，用锻锤打击或挤压金属材料使金属成形的锻压方法。自由锻时，锻件的形状、尺寸主要由工人操作控制。自由锻采用通用设备和工具即可，成本低，但工人劳动强度大，只能锻压简单形状的零件毛坯，精度差，工件加工余量大，是大锻件加工的主要方法。水泵泵轴、泵体、泵段等锻件基本上采用自由锻成形。

模锻是利用模具使毛坯变形而获得锻件的方法。模锻时，金属坯料是在模具的模膛中被迫塑性流动变形，获得与模膛形状相同的零件外形。模锻可获得比自由锻质量更高的锻件，并且锻件精度高，表面质量好，加工量小或基本上不需加工。但模锻成本高，适合大批量小零件的生产，不适合大锻件生产。

自由锻加工示意图参见图 3-3（a），模锻加工示意图参见图 3-3（b）。

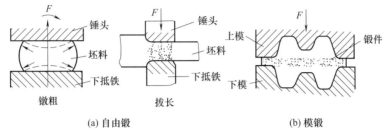

(a) 自由锻　　　　　　　　　　(b) 模锻

图 3-3　锻造加工示意图

根据锻压时金属温度和所获得的金属组织特征可将锻压分为热锻、冷锻和温锻三种类型。

热锻是指在金属再结晶温度以上温度进行锻压的工艺方法，由于热锻是在较高的温度下进行的，金属处于高塑性状态，因此金属变形抗力小，可减少金属变形所需的锻压力。热锻可有效改变钢锭的铸态结构，在热锻过程中，钢锭中存在的粗大枝状晶体被打碎，变成细小晶粒组织，并将疏松、气孔等孔洞缺陷焊合。热锻对改善铸态组织、减少铸态缺陷有较大作用。

冷锻是指金属不加热，在室温条件下进行的锻压加工。由于是在室温下加工，其适用于室温下变形抗力小的金属材料和小件生产。金属材料经过冷锻后得到强化，所获得的零件表面质量好、精度高。

温锻是指金属材料在高于室温而低于再结晶温度的温度区间进行的锻压加工。一般钢材加工温度在 $700\sim800\,℃$ 之间。由于也是在一定温度、金属具有一定塑性的情况下加工，因此金属变形抗力小于冷锻时的抗力。温锻加工可获得较高精度、较高质量的精密锻压零件。

热锻压对金属材料组织和力学性能会产生重大影响。

金属材料性能主要取决于组织状态和内部缺陷情况。如前所述，钢锭内部存在粗大的树枝晶体及化学成分、碳化物的偏析，还有疏松、气孔等孔洞缺陷，这就使得钢锭不能直接用于制造零件。而热锻压加工在较高温度加热和锻压力的作用下，可使钢锭的铸态组织结构、冶金质量都得到改善。

首先，较高的锻压加热温度可使钢锭存在的显微偏析得到一定程度的改善，再经锻压施加的外力可打碎钢锭内的铸态粗大树枝状晶体，晶粒得到细化，金属基体内的疏松、气孔、缩孔等孔洞性缺陷被焊合，大块夹杂物被打碎并得以均匀分布。通过锻压加工，金属密度增加，一般认为，当锻压比达到 2.5 时，金属密度即可达到最大值。通过低倍组织分析，在合理的锻压工艺加工条件下，锻压比达到 2 时，金属内部疏松可达 $0.5\sim1.0$ 级，材料成为致密的锻态组织。而要想更完全地打破树枝状晶体、完全破碎则需要更大的锻压比。但是，太大的锻压比可使金属组织中出现明显的流线组织，特别是当锻压比大于 5 时，流线组织更明显，尤其当钢材冶金纯净度不高，气体和夹杂物含量较高时，甚至可以产生层状断口，使钢的塑性和韧性显著下降。

热锻压加工对金属材料的这些作用，使材料的力学性能、强度、塑性、韧性有很大提高，再通过正确的热处理，使材料的力学性能满足产品零件的技术要求。

3.4.2 热锻造（锻压）加工可能产生的质量缺陷及危害

热锻压加工是一种复杂的加工工艺，工序环节多，工艺或操作不当都可能引起锻压产品质量缺陷并为以后的加工工序和产品的使用带来影响。

热锻压件可能由于锻造工艺、操作或采用工具不当等原因产生某些表面缺陷，如表面脱碳、折痕、皱皮等，这些表面缺陷一般可以在锻件以后的机械加工中去除，通常不会为锻件的应用带来危害。而有一些内在缺陷则是不容忽视的。

（1）过烧

① 过烧的成因及危害。由于锻坯在加热时温度过高或保温时间过长，金属组织内部产生晶粒周界的熔化、氧化破坏了晶粒间的结合力，丧失了金属的强度，这种缺陷是不允许存在的，一旦产生过烧组织，锻件只能报废。

② 过烧的预防措施。正确执行工艺，严格控制锻坯加热时的温度和加热保温时间。

（2）内裂纹

① 内裂纹的成因及危害。当锻压温度过低、锻压变形量过大时，锻坯心部塑性降低，在大变形量力的作用下，在锻坯心部产生变形裂纹，常称"内裂"。对于高合金钢坯料，由于导热速度慢，如果加热过快，在热应力作用下，也会产生"内裂"。锻件一旦产生内裂，无法修复，只能报废。

② 内裂纹的预防措施。对于较大锻坯，特别是高合金钢锻坯，应严格控制加热速度，保证锻坯整体加热均匀、充分，锻坯内部也应保证加热到可锻造温度，适当控制锻压力、防止锻坯变形量过大。

（3）疏松

① 疏松的成因及危害。锻坯特别是采用钢锭锻压时，锻坯内部质量不好，内部缺陷多，疏松严重，而锻压时锻压比不够，原疏松不能被压合而保留在组织中，疏松缺陷是否可接受，应根据缺陷严重程度和锻件的重要性确定。因为锻件中的疏松会降低锻件的性能。

② 疏松的预防措施。首先应控制锻坯，特别是铸锭锻坯的疏松缺陷，不宜严重，另外，应采用压力较大的锻压设备，并保持足够的锻压比，确保能将锻坯中的疏松压合。

（4）微裂纹

① 微裂纹的成因及危害。钢锭中原来存在的气孔、缩孔等孔洞类缺陷在锻压时，由于锻压力不够或锻造比不足而未能压合封闭，只是沿变形方向变形，成为了变形缺陷即微裂纹。微裂纹可能成为以后热处理时的热处理裂纹源，诱发产生热处理裂纹，也会影响锻件的力学性能。锻件中微裂纹的可接受程度应根据锻件的重要性确定。

② 微裂纹预防措施。首先控制锻坯，特别是钢锭的孔类缺陷，加大锻压力度，增加锻造比，确保将锻坯内的孔类缺陷压合。

（5）白点

① 白点的成因及危害。锻件中的白点缺陷不是锻压工艺本身产生的缺陷，白点生成的基本条件是钢锭中存在有较高的含氢量，在锻件冷却过程中，随着温度降低和 $\gamma\text{-Fe}\rightarrow\alpha\text{-Fe}$ 的组织转变而析出，钢中的残存氢会在金属缺陷（如气孔）处聚集，形成氢的偏聚区，氢析出、聚集并相互结合为氢分子，氢分子的形成会给周围金属施加压力，这个压力大到一定程度便会在金属组织缺陷处产生微小裂纹，微小裂纹的横断面常呈圆孔状，具有白色光泽，习

惯上称其为"白点"。

钢组织中存在白点缺陷产生的后果是严重的，不仅会在以后的热处理过程中诱发热处理裂纹，也会在零件以后的服役过程中成为裂纹源，使零件在应力作用下断裂破坏。所以，对于较重要零件的锻件，不允许存在白点缺陷。

② 白点的预防措施。要严格控制锻坯中氢的含量，另外，锻件进行去氢退火处理，也可降低锻件中的白点缺陷。

由上可见，热锻压件的质量在很大程度上取决于钢锭的质量。锻压效果的好坏主要看对钢锭缺陷的减少和消除情况，当然，由于锻压加热温度不当或锻压工艺不当而引起锻压件产生过烧或内裂另当别论。

3.4.3 锻后热处理

严格来讲，按工艺种类分，锻压后热处理应属热处理范畴，但锻压后热处理是锻压件在锻压后必需的一个工序，特别是对于含碳量和合金元素较高的钢锻压件，锻压后热处理是保证不开裂和为最终性能热处理作组织准备的重要因素。

锻压件的锻后热处理的主要目的和作用参见 3.10.1 节有关内容。

3.5 轧制

3.5.1 轧制加工工艺方法

轧制就是将金属坯料通过一对旋转轧辊间隙，由轧辊和轧坯之间形成的摩擦力将坯件拖进辊缝中，坯料受到压缩产生变形，使轧件获得一定形状和尺寸，同时使材料的组织和性能得到改善。图 3-4 是轧制板材的加工示意图，图 3-5 是轧制管材的加工示意图。

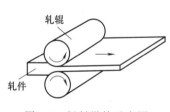

图 3-4　板材纵轧示意图

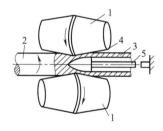

图 3-5　管材纵轧示意图
1—轧辊；2—坯料；3—毛管；4—顶头；5—顶杆

轧制加工的优点是生产效率高，可连续生产，生产成本低，金属消耗少，轧制材料的组织和性能得到改善，适合大批量生产。

轧制加工适用于各种钢材，铜、铝、钛等有色金属及合金。轧制可用于各种规格的板材、带材、型材、线材、管材等产品，见图 3-5。

轧制加工根据轧制时材料的温度分热轧、温轧和冷轧。

尽管轧制加工可代替一些产品的锻压加工，但是，在改善材料组织、性能方面不如锻压加工，这是由于以下原因：

① 锻造速度一般较慢，使材料组织有充分的时间进行再结晶恢复过程，对材料产品的塑

性恢复有利，尤其对高合金钢，因其再结晶温度高，较慢的变形速度对组织恢复效果更好。

② 锻压加工时，对材料产生的三向应力较强，有利于组织细化和性能改善。又由于在锻压时，对锻压坯料不断翻动，材料各部分加工受力均匀，有利于提高成形质量。

所以，锻压加工尤其是对塑性较差的高合金钢改善塑性、细化晶粒、提高组织致密度有比轧制加工更好的作用。这也是许多重要零部件材料明确采用锻压成形的原因。

轧制用锭坯的选用对轧制有一定影响。轧制材料用坯料可用模铸锭为原料。采用模铸锭作为轧坯时，需先将模铸锭坯进行初轧，即改变模铸锭坯的形状，尽量接近轧制产品的形状，之后进入轧机轧制成产品。

近几十年，连续铸钢工艺生产获得快速发展，因连铸生产是将钢水直接铸成一定断面形状和尺寸的钢锭坯，这种铸坯一般是按轧制产品形状、尺寸需要连铸的。所以连铸坯不用初轧（开坯），直接进入轧机轧制成产品。

由上可见，连铸锭与模铸锭轧制相比，省去了初轧（开坯）工序，简化了工艺流程，提高了效率和金属利用率，节约了能源消耗，更便于自动化连续生产。

3.5.2　轧制可能产生的质量缺陷及危害

轧制产品的质量主要取决于采用的原材料质量和轧制工艺。

（1）原材料质量对轧材质量的影响

原材料表面质量会直接影响轧材的表面质量，如原材料表面缺陷（结疤、裂纹、夹渣、折叠等）会在轧制过程中不断扩大而形成更大的缺陷，也会影响变形和成形。而原材料的内部质量不良，如有较大的夹渣物、气孔、严重的偏析、微裂纹、残余缩孔等，可能会引起轧材的内裂、分层等。所以为保证轧材的质量应选择优质量的原材料，并彻底清除原材料表面缺陷。

（2）轧制变形度和变形速度的影响

一般来说，轧制变形程度越大，对材料三向压应力状态越强，对破碎树枝状晶体、晶间偏析、焊合内部缺陷、细化晶粒和改善组织越好，对保证轧材的性能作用也越大，当然，变形速度过大会形成更明显的纤维组织。

轧制变形速度大不仅可以提高轧制效率，也可通过对材料的硬化和再结晶效果提高材料性能。

当然，为了获得大的变形程度和变形速度，需增大设备动力和强度，使设备成本增加。

（3）加热和轧制温度的影响

温度的影响主要指对热轧加工产品的影响。对原材料加热是为了提高钢的塑性、降低材料的变形抗力、改善材料组织。从这一角度出发，较高的加热和轧制温度是有利的。但是，过高的加热温度会使材料表面脱碳、氧化，如果表面产生了氧化皮，则会使轧材表面产生麻点、重皮，还会引起钢晶粒粗大，降低性能，如果温度更高，会引起过烧，即材料晶粒晶界氧化或熔化，这会使材料难以轧制并产生裂纹而报废。当然，加热温度低，材料塑性差，不但会提高材料的变形抗力、增加轧制成形难度，甚至会引起轧制裂纹。

（4）冷却速度的影响

热轧钢轧后的冷却速度会影响轧材的组织结构，从而影响性能。如较快的冷却速度可以获得细密的组织，提高轧材强度和硬度。但过大的轧后冷却速度会增大轧材的内应力，对于含碳量和合金元素含量较高的材料还可能产生裂纹。所以，应根据材料的不同采取合适的轧后冷却速度。

3.6 拉拔

3.6.1 拉拔加工工艺方法

拉拔就是对金属施加拉力，使其通过模具模孔以获得与模孔形状、截面尺寸相同制品的加工工艺方法。拉拔加工示意图见图 3-6。

拉拔与其他压力加工方法相比较的主要特点：

① 控制产品的尺寸精确、表面光洁度好。

② 适合连续生产断面较小的产品。

③ 拉拔生产的设备、工具简单、生产方便。

拉拔加工适用于各种钢材、铜、铝、钛等有色金属及合金。可拉拔截面不太大的棒材、管材、型材、线材等产品。根据拉拔方式不同分实心材拉拔，主要生产棒材、型材、线材；空心材拉拔，主要生产管材。管材拉拔比棒材拉拔更复杂一些，根据生产产品特点，管材拉拔又分空心拉拔、长芯杆拉拔、固定芯头拉拔、游动芯头拉拔、扩径拉拔等，见图 3-7。

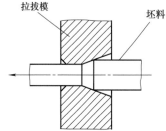

图 3-6 拉拔示意图

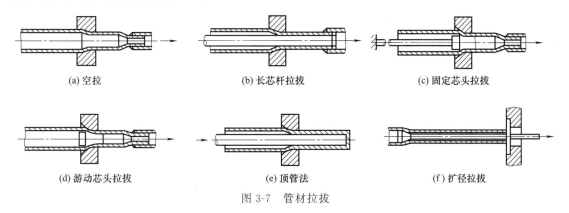

(a) 空拉   (b) 长芯杆拉拔   (c) 固定芯头拉拔

(d) 游动芯头拉拔   (e) 顶管法   (f) 扩径拉拔

图 3-7 管材拉拔

拉拔加工对材料组织和性能产生的影响如下：

金属材料在拉拔过程中，随着金属外形的改变，内部金属晶粒的形状大体上发生相应变化，即沿最大变形方向拉长、拉细或压扁，在金属晶粒被拉长的同时，金属夹杂物也会被拉长呈线状或链状排列，即形成纤维组织。纤维组织的形成使金属垂直于延伸方向的力学性能降低，呈现性能的各向异性。在晶粒被拉长的同时，在晶粒内部也会发生变化，晶粒被分割成许多小区域，称亚结构组织。

拉拔后的金属材料密度、导电性、导热性、化学稳定性均呈降低趋势，而硬度和强度会有所提高。冷拉拔加工是提高奥氏体不锈钢硬度和强度的主要方法，但只适用于小于 50mm 的截面材料。

3.6.2 拉拔可能产生的质量缺陷及危害

由于拉拔加工通常用于较小截面制品的生产，而且拉拔时金属材料的变形主要是沿变形方向延伸，在拉拔过程中，材料会产生不均匀变形，存在一定的残余应力，这些因素会使拉拔制品硬化而产生裂纹。

材料拉拔时，因材料表面与心部的不均匀变形会在表面存在残留拉应力，加之材料表面与模腔的摩擦挤压，在拉拔件表面易产生表面裂纹。另外，拉拔时在坯料中存在内外层力学性能的不均匀性，内层强度较硬化了的表面层强度低，并且在塑性变形区内，中心层存在的轴向拉应力大于表面层，在中心层拉应力超过材料的该处的强度时便会产生拉裂。

为防止拉拔件的表面裂纹和中心裂纹，除采用杂质、气泡、微裂纹少的优质坯料外，还应严格控制拉拔变形量，多次拉拔成形时，采取中间退火等措施。此外，采用优质拉模、在拉拔时正确润滑等也对减少拉拔裂纹起到有益作用。

在拉拔管材时，由于受力不均或拉拔模及芯头位置不正确，可能造成管壁厚度不均、偏心等缺陷。

3.7 挤压

3.7.1 挤压加工工艺方法

挤压就是采用挤压杆（或凸模）将放在挤压筒（或凹模）内的坯料进行挤压使之成形的加工方法。图 3-8 是正向挤压示意图。

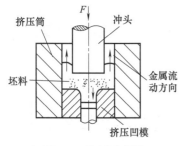

图 3-8 挤压示意图

挤压加工适用于钢铁材料和有色金属及合金。

挤压加工可生产管、棒、型材等制品。

挤压加工与其他塑性变形加工相比较的主要特点：

① 一次可以给予金属材料较大的变形，提高金属的变形能力。

② 提高材料的接合性，可以通过焊合挤压（包覆挤压）获得复合材料。

③ 挤压时，由于金属材料与工具的密合性高，既可生产形状比较简单的制品，也可生产断面形状较复杂的管材和型材。

但挤压加工时，因工具与坯料接触面的单位压力高，要求工具和设备强度高、刚性好，并且，工具损耗大。另外金属废料损失大，制品组织、性能有不均匀性。

由于材料挤压加工时，在制品的横断面上的外层金属受挤压筒的摩擦力作用而产生剪切变形，外层金属晶粒破碎严重，变形程度大于内层，加之挤压时，各处变形程度不同，并且产生热量不同等因素影响，挤压制品的组织不均匀性大于其他塑性变形加工方法。一般情况是外层晶粒比内层晶粒细，后部晶粒比前部晶粒细。另外，由于坯料组织中可能存在大量的微小气孔、缩孔或杂质，在挤压时被拉长，使制件断面可能产生层状组织，这对制件性能都会产生不利影响。

由于挤压制品存在组织上的不均匀性，必然引起制件力学性能上的不均匀性。比如，实心挤压制品内部和前端的强度会低于外部和后端的强度。另外，由于挤压加工材料的变形特征是两向压缩和一向延伸，使金属纤维都朝着挤压方向取向，因此，制品性能的各向异性更明显。

3.7.2　挤压可能产生的质量缺陷及危害

挤压制品常见的质量缺陷有挤压裂纹和挤压缩尾。

（1）挤压裂纹

挤压制品表面有时会产生裂纹，裂纹外形基本相同、距离相等，呈周期分布，常称周期裂纹。这种裂纹主要因为金属挤压成形时，外表面受与挤压模之间摩擦力的影响，流动受阻，会产生金属的不均匀变形，外层金属受到拉应力作用，拉应力超过材料强度极限时便会产生裂纹。挤压变形应力分布特点决定了拉应力的产生、增大，引起裂纹后应力的释放过程呈周期性变化。所以，挤压裂纹会呈周期性出现。

为了减少或消除挤压裂纹，可以通过改变模型、采用润滑剂等措施，尽量减少挤压时的不均匀变形。还应采取正确的挤压工艺，调整挤压速度，保证金属在变形区内保持较高塑性等办法。

（2）挤压缩尾

挤压缩尾是由于坯料表面的氧化物或油污、脏物及其他表面缺陷在挤压时进入制品，会出现在制品表面层，形成漏斗状、环状、半环状的气孔或疏松状态的缺陷。它会破坏金属的致密性和连续性，从而降低制品性能。

为防止挤压缩尾的形成，应采取优质的坯料，或采取得力的工艺措施。

3.8　冲压

3.8.1　冲压加工工艺方法

利用冲模使板料产生分离或变形，获得零件的方法叫冲压，板厚不大于 7mm 的板材通常在室温下进行冲压，常称冷冲压，大于 8～10mm 的板材有时需加热冲压，也叫热冲压，见图 3-9。左图是将板料冲下一部分成为需要的零件，这种方法常叫冲裁。右图是将板料冲压成一个需要的形状产品，这种方法常叫拉深。

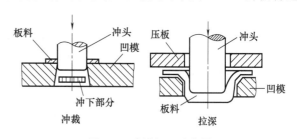

图 3-9　冲压加工示意图

冲压可以加工出多种形状的零件，见图 3-10。

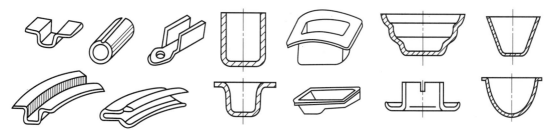

图 3-10　冲压件示意图

板料冲压相对于其他加工方法的主要特点：

① 可冲压出形状复杂的零件，用其他方法难以加工的薄件可用冲压加工，而且废料少。

图 3-10 是典型的冲压件。

② 冲压件具有较高的精度和较低的表面粗糙度，可成批生产产品，互换性好。

③ 冲压可获得质量轻、材料消耗少、强度和刚度较高的零件。

④ 冲压加工操作简单，生产效率高，便于实现机械化和自动化。

但是，冲压模具制造复杂，模具材料和制作成本较高，适用于大批量生产。

板材冲压所用的材料要求具有良好的塑性和低的变形抗力。如低碳钢、高塑性低合金钢、铜、铝、钛及其合金等都可采用冲压加工。

3.8.2　冲压可能产生的质量缺陷及危害

冲压对象是薄板材料，而且多半是在常温下进行加工。这种加工方法又容易出现板材各部位受力不均和变形不均的现象。所以，冲压件可能产生的缺陷是由变形不均产生的皱折，由于受力不均，在受力较大甚至超过材料破断强度的部位产生折断、拉穿现象，使冲压件成为废品。

3.9　铸造

铸造就是将金属熔化成液态后，浇注到与零件形状、尺寸相适应的铸型型腔中，金属液体凝固、冷却后，最终获得零件毛坯的生产方法。

铸造是机械零件毛坯生产的主要方法之一。水泵泵壳、泵段、叶轮、导叶等许多零件就是采用铸造方法生产的。

铸造生产有许多特点是其他工艺方法不能比拟的。

① 铸造适用于多种金属材料，如碳钢、合金钢、不锈钢、耐热钢、铸铁、铜、铝、钛等有色金属及合金均可用于铸造成形。

② 铸造方法可以生产小至几克、大到数十吨的零部件，几乎不受零件的重量限制。

③ 铸造生产适用于形状复杂、特别是有复杂内腔的零件，如泵用叶轮、导叶等。

④ 铸件毛坯可以尽量接近零件的尺寸和形状，加工量小，节约原材料和加工工时。以一个中等复杂的零件为例，以不同生产方法制成的毛坯加工成零件，其切削加工消耗的材料百分比：锻件为 70%～75%；冲压件为 40%～50%；铸造件为 30%～40%。

⑤ 铸造生产中的废品可以再熔化、重新铸造零件。

铸造生产一般由制造铸型、制芯、金属熔炼、浇注、落砂清理等多道工序组成。

3.9.1　铸造生产的主要工艺方法分类

铸造生产可根据工艺方法、造型材料、生产条件不同分为砂型铸造、金属型铸造、熔模铸造、消失模铸造、离心铸造、压力铸造等。

（1）砂型铸造

砂型铸造就是将液态金属浇注入砂型的零件成形方法。砂型主要是指铸造型和芯的原材料为砂性材料。

砂型铸造是目前最常用的铸造工艺方法之一。砂型用造型材料来源广、价格低廉、设备简单、操作方便，不受铸造合金种类、铸件形状和尺寸的限制，适用于不同生产规模。泵体、泵段、叶轮、导叶等大多数采用砂型铸造生产。砂型铸造表面粗糙、加工余量较大、废品率偏高、工人劳动强度较大。

图 3-11 是砂型铸造生产过程的示意图。

砂型铸造时，首先根据零件的形状、尺寸制造出模型和芯盒，配制好型砂和芯砂，用型砂和模型制出砂型，用芯砂和芯盒制出砂芯，再将砂芯装到砂型中，形成与零件形状和尺寸相似的型腔，之后将熔化的金属液体注入型腔，液态金属凝固冷却后基本上形成与铸型型腔（即与所制零件）一致的铸件毛坯，再经落砂、清理和热处理后，完成所需零件铸坯的生产。

（2）金属型铸造

金属型铸造就是将液态金属浇入金属铸型而获得铸件的铸造方法。金属型铸造的主要特点是可以一型多次使用，因为铸型是用金属制成，所以可以多次（几百次以上）使用。

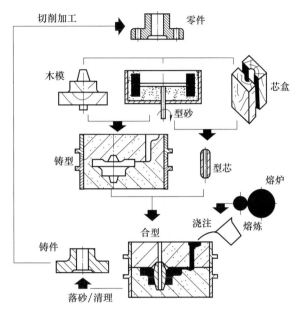

图 3-11　砂型铸造工艺过程

金属型铸造与砂型铸造相比有许多优点：

① 金属型生产的铸件，其机械强度比砂型铸件高。抗拉强度能提高 20%～25%，屈服强度能提高 15%～20%。这是因为金属型导热性好，铸件凝固冷却快，组织细密。

② 铸件的精度和光洁度高，质量和尺寸更稳定。

③ 铸件的工艺收得率高，液态金属消耗量较小，一般可节省 15%～30%。

④ 金属型铸造生产效率高，质量高，缺陷少。

⑤ 金属型铸造工序相对简单，容易实现机械化和自动化。

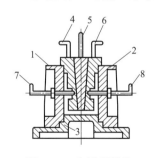

图 3-12　金属型铸造

1,2—左右半型；3—底型；

4～6—分块金属型芯；

7,8—销孔金属型芯

但是，金属型铸造成本高，金属型不透气，无退让性，冷却快，易造成浇注不足、开裂等缺陷。

另外，金属型铸造只适用于不大的铸件，最好是低熔点金属，适于批量较大的铸件生产。金属型铸造方法示意图见图 3-12。

（3）熔模铸造

熔模铸造是先用易熔材料（如石蜡）制成的模样上涂敷耐火材料制成型壳，再将易熔材料制成的模样熔化排出型壳获得铸型，将熔化的金属液体注入铸型，凝固冷却后形成铸件。由于常用蜡质材料制成模样，因此又称熔模铸造为"石蜡铸造"。

熔模铸造的铸件表面质量好、精度高，可制出形状复杂的薄壁件。熔模铸件加工量小，有的甚至可以不经加工直接使用。

但，熔模铸造只适用于小零件生产。而且熔模铸造工序复杂，生产周期长。

熔模铸造工艺流程图见图 3-13。

（4）消失模铸造

消失模铸造又称实型铸造，是先用可燃、可裂解的泡沫类材料（如聚苯乙烯等）制成零

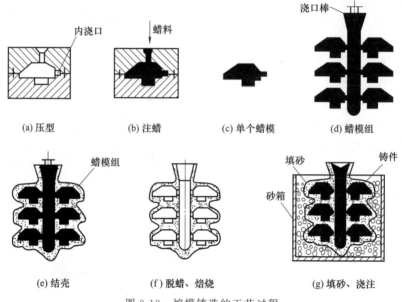

(a) 压型　　　　　(b) 注蜡　　　(c) 单个蜡模　　　(d) 蜡模组

(e) 结壳　　　　　　(f) 脱蜡、焙烧　　　　　(g) 填砂、浇注

图 3-13　熔模铸造的工艺过程

件模型（或模型组），涂刷耐火涂料，并烘干，埋在石英砂中振动造型，在负压条件下浇注，熔化的金属液体使模型气化，金属液体占据模型位置，凝固冷却后形成铸件。

消失模铸造有许多优点：

① 铸件尺寸、形状精确，具有熔模铸造特点。

② 铸件表面光洁，铸造废品少。

③ 负压浇注，有利于液体金属的充型和补缩，铸件组织致密度高，铸件质量好。

④ 铸件更接近零件形状、尺寸，加工量小，节约材料和加工工时。

⑤ 消失模铸造适用于多种金属材料的铸造生产。

但，消失模铸造适用于中小型铸件，工艺方法相对复杂。

3.9.2　铸造产品的质量及影响因素

铸造生产是一种复杂的工艺过程。所以，影响铸造产品质量的因素也较多。

（1）金属液体流动性能的影响

金属液体在浇注温度下的流动性越好，充型能力越强，越能铸出形状完整、缺陷少的铸件，流动性不好容易形成冷隔和产生不完整的铸件。

（2）浇注温度的影响

浇注温度对金属液体的充型能力也有显著影响。提高浇注温度，金属液体的黏度下降，流动性好，充型能力增强，易于铸件成形，但浇注温度太高，铸件容易产生缩孔、疏松、气孔、粘砂、晶粒粗大等铸造缺陷。当然，浇注温度太低会产生铸件冷隔等缺陷。

（3）铸型材料的影响

铸型材料对铸件质量可能产生的影响是多方面的。

铸型材料的热导率和比热容越大，对液态合金的激冷能力越强，合金的充型能力越差，如金属型铸造与砂型铸造相比，易使铸件浇注不足和产生冷隔缺陷。

铸型材料的透气性能不好，铸型在高温合金液作用下产生的气体不能迅速排出，易使铸件产生气孔，甚至影响液态金属的充型性。

铸型材料的退让性差，会使液态合金凝固和冷却时形成的收缩受阻，使铸件产生较大的残余应力，一旦应力超过材料的抗断强度，将使铸件产生铸造裂纹。

除此之外，浇注条件，如空气湿度、室温、浇注速度、压力等也会对铸件的质量产生影响。

3.10　锻件生产及质量控制

锻件是指以锻压方式生产的零件及毛坯。

3.10.1　锻件生产流程

一般锻件的生产主要流程：

备料→加热→锻造→锻后热处理→机加工→性能热处理→性能检验→机加工→超声波探伤→磁粉或液体渗透检验→完工检验。

（1）备料

锻造用料可以是钢锭，也可以是经过粗轧的坯料。对选定的钢锭或初轧坯料，应确认材料牌号和熔炼成分，复核成分报告单，必要时进行成分复验，确认材料成分无误后方可投料使用。

（2）加热

对坯料进行加热是为了降低材料的变形抗力，使材料组织均匀化。一般在煤气炉或油炉中加热，加热炉应有测温控温装置，有效控制坯料的加热和透烧。在始锻温度充分保温后方可进行锻造，防止加热不足或过烧。

加热温度对锻件质量、生产效率都产生很大影响。一般情况下，材料的变形抗力随加热温度升高而降低。所以，加热温度越高，材料变形越容易。但加热温度过高会引起过热或过烧，导致锻裂。加热温度不足或不均，材料变形能力下降或变形不均，也容易产生锻造裂纹。

（3）锻造

将加热到始锻温度、经过均匀保温、充分透烧的坯料送入锻造设备，按工艺进行锻造。锻造工序是使锻造坯料实现变形要求，以达到或基本达到锻件所需的形状和尺寸。根据锻坯和锻件的具体要求，可对坯料进行镦粗、拔长、冲孔、弯曲、扭转等锻造方式，保证锻件成形，并在合适的温度（终锻温度）下完成锻造。终锻温度的控制也很重要，终锻温度太高，会使锻件冷却后的晶粒组织粗大，也不能太低，防止锻造裂纹产生。因此，终锻温度的控制原则是在保证锻件不产生锻造裂纹的条件下，尽量降低终锻温度，以接近或略高于相变点 A_{c3} 为宜。实际上，有些锻造厂不注意控制终锻温度，往往由于终锻温度过高，又不能进行正确的锻后热处理，把不良的锻后组织带到后续工序中，特别是通过正常热处理后，组织不能得到改善，达不到性能要求。

关于锻造比，锻造比是锻造时表示坯料变形程度的一种方法，通常用坯料变形前后的截面比、长度比或高度比表示。锻造比是锻造中极为重要的因素，合理的锻造比是保证锻件质量的重要因素之一。锻造比是衡量锻件塑性变形程度的指标，塑性变形程度对破坏铸造组织、锻合材料内部缺陷、使组织均匀化具有重要意义。锻造比太小，不能很好改善组织，保证不了性能；锻造比太大则锻造纤维组织太强，材料各向异性明显。

锻造比的选择应根据材料种类、锻件重要程度、使用条件、受力状态、常见失效形式等因素确定。比如，锻件工作时受力方向与锻造纤维方向不一致时，为保证一定的横向性能，避免明显的各向异性，锻造比取 2.0～2.5 即可，锻件受力方向与锻造纤维方向基本一致时，锻造比可取 2.5～3.0，受力方向与锻造纤维完全一致时，锻造比可取 4 或更大，对于高速旋转、传递力矩的高应力轴类件应取锻造比在 6～8 以上。

（4）锻后热处理

锻件成形后需进行锻后热处理。锻后热处理的主要目的如下。

① 消除应力。锻件经锻造后，由于锻造变形不均及冷却时锻件表面与心部、壁厚不同处的冷却速度不同，锻件会存在残余应力，这种应力的存在不仅会引起锻件变形，还有可能引起锻件的裂纹，因此，应力应消除，特别是大锻件的消除应力处理更为重要。

② 降低硬度。锻件，特别是高碳、高合金钢锻件，由于在冷却中的组织转变，表面硬度升高，不便机械加工，通过热处理可使表面组织转变，降低硬度，方便机械加工。

③ 改善锻压后组织、细化晶粒。某些材料的热锻压件，可能由于加热温度偏高、保温时间过长、终锻温度偏高或锻压变形不均匀等原因，使锻压件组织粗大或不均，为以后的性能热处理带来不良影响，甚至影响锻压件的最终性能。因此，可通过锻压后的热处理来细化晶粒，使晶粒均匀化。

尤其是对于某些高合金钢、高温奥氏体比较稳定，致使锻压后不均匀的晶粒在冷却过程中以针状贝氏体组织或针状贝氏体与马氏体混合组织保留下来的情况，常称这种组织为不平衡组织。当以后性能热处理加热时，这些不平衡组织有可能转变成针状奥氏体，在加热转变完成后，原有的粗大奥氏体晶粒组织将恢复，这种现象通常称"组织遗传"。组织遗传的结果是在淬火冷却后将获得粗大的淬火马氏体。当然，这种组织的性能是低劣的。所以，对这类材料通过锻后热处理消除不平衡组织，也就是阻止了组织遗传，这当然对材料以后的性能热处理保证得到优良的组织，从而保证获得优良的力学性能是极为重要的。

④ 改善性能。对于某些材料，如奥氏体不锈钢或双相不锈钢锻件，以及对性能要求不高的低碳钢锻件，不需再进行性能热处理，可通过锻后热处理满足零件的性能要求。

⑤ 去除氢气、改善白点缺陷。对于含有 Mn、Ni、Cr 等白点敏感性强的材料，易引起氢脆的材料制成的大锻件，可通过锻后热处理排出氢气，减少材料中的氢含量，从而改善锻件的氢脆和白点缺陷，保证锻件质量。

⑥ 为性能热处理做好组织准备，保证性能热处理效果。锻后热处理是锻件锻后的一个重要工序，许多锻件，特别是高合金元素含量材料的锻件，在性能热处理时达不到规定的质量指标，许多时候就是由锻件终锻温度控制不当和没有进行合理的锻后热处理所致，由此产生的不正常组织带到性能热处理工序，而正常的热处理又改变不了这种不正常组织。所以，锻件进行合理、正确的锻后热处理是必要的。

锻件的锻后热处理应执行正确的热处理工艺，并在有测温和控温装置的设备中加热，采用合适的冷却方法。

（5）机加工

锻件的机加工可去除表面缺陷和去除锻件的无用部分，为保证性能热处理效果做准备。

（6）性能热处理

许多重要锻件有较高的性能要求，必须进行热处理来满足技术要求。这个热处理相对于锻后热处理更为重要。所以应有严格的热处理工艺，在符合标准的、有测温、控温装置的热处理炉中加热，加热炉应进行炉温均匀性检测，锻件性能热处理的冷却应选择正确，符合相应标准的冷却介质，介质温度应予控制。

（7）性能检验

经热处理后的锻件应进行性能检验。性能检验应根据锻件重要程度、使用条件、技术要求进行。最普通的性能检验是常温力学性能（R_m、$R_{p0.2}$、A、Z、HB、A_k 等）。有的还要求进行高温强度和低温冲击检验。更重要的件还可能按要求检测扭转性能、疲劳性能等。有的还可能要求进行低倍检验和金组组织检验，不锈钢锻件还可能要求进行抗腐蚀试验。凡是要求进行的检验和试验项目均应按相应规范和标准进行。

（8）机加工

这次机加工主要是去除热处理氧化皮，提高表面质量，为后续的锻件超声波探伤和磁粉或液体渗透检验作准备。

（9）超声波探伤

锻件的超声波探伤是为检测锻件内部组织缺陷，如锻造未焊合的孔洞、微裂纹、疏松、夹杂物等。

超声波检验应按相应标准进行，并根据技术规范中规定的验收标准验收。

（10）磁粉或液体渗透检验

锻件的磁粉检验或液体渗透检验是检验锻件表面和近表面的缺陷，如裂纹、夹杂物等。

磁粉探伤主要用于铁磁性材料锻件，而液体渗透检验既可用于铁磁性材料锻件，也可用于非铁磁性材料锻件，如奥氏体不锈钢、铜、铝及其合金等。

（11）完工检验

锻件的完工检验除上述检验项目外，还应包括锻件形状、尺寸、变形度、表面状态等检验项目。

3.10.2　锻件质量缺陷及检验

锻件可能产生的缺陷主要分为形状、尺寸类缺陷及表面缺陷和内部缺陷。

（1）形状、尺寸缺陷

锻件可能由于锻造工艺、操作不当，或设备、工装不良等原因造成尺寸不足、形状不符、偏心、弯曲等缺陷。

这类缺陷可以用直尺、卡尺、卡钳等简单器具检测。对于形状复杂或批量大的锻件也可采用专用仪器或样板测量。

（2）表面缺陷

锻件的表面缺陷包括折叠、皱皮、氧化坑、裂纹、脱碳、氧化等，这些缺陷有的是加热不当或锻造不当引起的，有的可能由锻后冷却不当引起。

对于这类表面缺陷一般可用肉眼或 10～30 倍放大镜看出，有的则需要通过磁粉检验或液体渗透检验（如微裂纹、疏松等），有的还需要用金相检验（如表面脱碳等）。

（3）内部缺陷

锻件的内部缺陷比之于表面缺陷成因更复杂，检验方法也更麻烦。

锻件用钢锭或初轧坯的原始成分偏析、疏松、缩孔、皮下气泡、夹杂物等缺陷较严重，而由于锻造工艺不当或锻造比不够、锻压力不足等原因，有的缺陷未焊合，有的缺陷未打碎，而存在于锻件中。锻造工艺不当还可能造成锻件带状组织或纤维组织明显。锻造加热不当会造成脱碳严重、组织过烧、晶粒粗大等缺陷。这些缺陷的存在对锻件性能会带来不利影响或超过技术规范要求的标准。

这些缺陷可根据情况采用相应的检验方法，如通过硫印检验可检测锻件截面上硫和硫化物的分布状况和严重程度。通过酸浸检验可检测出锻件内部偏析、疏松、缩孔、夹杂物、白点裂纹等缺陷。通过对锻件微观检验即金相检验可以检测金相组织、晶粒度、脱碳层、化学成分偏析、带状组织、纤维组织、夹杂物等缺陷和严重程度。较明显疏松、缩孔、裂纹、夹杂物也可通过超声波探伤进行检验。

3.10.3 锻件的质量控制

锻件的质量控制和检验、试验项目应依据锻件的重要程度、使用条件及特殊要求确定。有些检验、试验项目的验收条件分为不同等级。所以，具体锻件验收项目和验收等级应合理确定，既要防止少检、漏检和降低等级，也应防止不必要的多检、重复检和提高等级，以避免检验成本的提高和浪费。

锻件的必检项目：

① 熔炼化学成分；

② 成品化学成分；

③ 常温力学性能（硬度、抗拉强度、屈服强度、伸长率、断面收缩率、冲击功等）；

④ 形状和尺寸检验（形状、尺寸、弯曲、偏心等）；

⑤ 表面质量检验（折叠、皱皮、过烧等）。

重要锻件和特殊锻件选检项目：

① 锻件的锻压比和锻造记录；

② 热处理温度曲线和记录；

③ 高温力学性能（抗拉强度、屈服强度、疲劳强度、蠕变强度等）；

④ 低温冲击功；

⑤ 扭转试验；

⑥ 疲劳试验；

⑦ 磨损试验；

⑧ 断裂韧度试验；

⑨ 腐蚀试验；

⑩ 低倍检验（硫印检验、酸浸检验等）；

⑪ 金相检验（金相组织、晶粒度、脱碳层、过热组织、过烧、夹杂物、铁素体含量、带状组织、纤维组织等）；

⑫ 物理性能检验；

⑬ 其他检验。

3.11 板材生产及质量控制

板材是指宽厚比和表面积很大的扁平钢材。按规格可分薄板（厚度≤4mm）、中厚板（>4～≤25mm）、厚板（>25～≤60mm）、特厚板（>60mm）。按生产方法可分热轧板和冷轧板。一般冷轧板厚度≤5mm，热轧板厚度可为 0.5～200mm，连轧板厚度为 1～15mm。板材料可为低碳钢、低碳合金钢、不锈钢、耐热钢、有色金属及合金。

3.11.1 板材生产流程

热轧板生产流程主要工序：

模铸坯→初轧

连铸坯 ┘ →修磨→轧制→热处理→酸洗→矫形平整→切边→（薄板卷板）→完工检→验收入库。

冷轧板生产流程主要工序：

热轧坯→退火→酸洗→冷轧→热处理→酸洗→平整→切边→卷板→完工检→验收入库。

（1）轧制坯料

轧制用坯料依据企业生产条件不同，有的选用模铸坯，经过初轧成扁钢后使用，有的企业有连铸连轧生产线，则使用连铸坯直接轧制。

轧制前应确认坯料的化学成分合格。

（2）修磨

无论是模铸坯还是连铸坯，表面都不可避免地存在氧化皮、氧化坑、脱碳层及表面微裂纹等缺陷，这种表面质量的轧坯直接进入轧机轧制时会严重影响轧材质量。所以，在进入轧机轧制前应对坯料表面进行修磨，去除表面缺陷。

（3）轧制

轧制是板材成形的主要工序，目前多采用连轧机，带有坯料加热和轧制功能。这种设备自动控制程度高，可有效保证轧板的规格和内外质量。不具备连轧条件的轧制，轧制前应先对坯料进行加热，以提高材料的塑性，降低变形抗力和改善金属内部组织、性能，以便于轧制加工。坯料加热应采用正确的加热制度，在保证不引起材料过热、过烧和强烈脱碳、氧化的前提下，尽量采用较高的温度加热。

加热后的坯料的轧制目的是精确成形和改善材料组织性能，轧制是板材质量保证的中心环节。轧制过程对产品组织、性能影响因素有：

① 变形程度与应力状态的影响——变形程度愈大、三向压应力状态愈强，对轧材的组织和性能愈有利。因为可以破碎坯料中的枝晶偏析和碳化物使组织更为致密。

② 变形温度的影响——变形温度指开轧温度、轧制过程中的温度和终轧温度。开轧温度应在不影响质量的前提下尽量高些，以保证材料塑性及保证足够的轧制时间。终轧温度的控制是以保证轧材的组织性能为主要目的，太高保证不了应获得的组织、性能，太低有可能产生轧裂。

③ 变形（轧制）速度的影响——变形（轧制）速度是通过对材料的硬化和再结晶的作用影响轧材质量。所以，应根据轧制材料类别，对组织、性能的要求、设备条件等因素合理确定。

轧材轧制后的冷却也对质量产生影响，因为一种材料在不同的冷却条件下会得到不同的组织和性能。根据材料种类、特性和轧材的技术要求采用不同的冷却方式，如水冷、空冷、缓冷等。冷却速度大对细化晶粒有益，但过大的冷速对某些材料可能产生裂纹。

（4）热处理

轧板热处理的主要目的是改善组织、消除应力、满足性能要求。轧制板材的热处理依据材料种类不同，基本上分两种。

① 退火或正火。轧板退火或正火的主要目的是消除轧制应力并使轧板组织得到改善。轧板组织的改善是通过退火使轧材组织得到恢复和再结晶过程来完成的，组织的改善使得轧板性能得到改善，满足轧板的技术、性能要求。退火或正火适用于碳钢、合金钢、马氏体类不锈钢轧板。

② 固溶处理。固溶处理适用于奥氏体不锈钢和双相不锈钢轧板。这类轧板经固溶处理后，使轧制过程中的合金析出物重新溶入并保持在金属基本中，从而改善并保证板材的力学性能和耐腐蚀性能，满足技术条件要求。

（5）酸洗

轧板的酸洗是为了清除轧板表面的氧化皮和污物，使轧板表面洁净和光亮。当然，这个酸洗过程包括中和和清洗过程，对于不锈钢还有钝化处理过程。

（6）矫形平整

矫形平整是为了保证提高轧板的表面平整度，消除变形。

（7）切边

切去轧板端面和侧面多余部分。获得需要的规格尺寸。

（8）卷板

这主要是对于厚度小于 3mm 的薄板材，卷成板卷，便于运输。

（9）完工检

完工检不仅包括对轧板规格、尺寸、外观的检验，更应对板材取样进行力学性能、耐腐蚀性能（对于不锈钢）、金相组织的检验。对于板材还有弯曲和反复弯曲试验。对重要用途轧板还应进行液体渗透和超声波检验，以保证板材表面和内部质量。

（10）验收入库

对完成的板材在进行检验并合格后，方可入库。

冷轧加工与热轧加工的重要区别是轧制加工温度不同。冷轧是在室温下进行的，金属的塑性变形抗力大，会产生冷作硬化，所以不能一次轧制成形时，可能要进行二次或更多次轧制过程。重要的是在每次轧制中间应进行退火处理，以消除前次轧制过程中产生的冷作硬化效应，提高材料塑性，便于轧制，防止轧制裂纹的形成。

3.11.2　轧板质量缺陷和检验

轧制板材可能产生的缺陷有形状及尺寸缺陷，表面缺陷和内部缺陷。

（1）形状及尺寸缺陷

轧制或矫形平整、切边等工序控制不当，造成板材各向尺寸或平整度达不到要求，这可用尺类工具或专用仪器检验、测量。

（2）表面缺陷

由于用于轧板的轧坯轧前表面处理不好，轧坯的表面缺陷如疤痕、折叠、夹杂物、裂纹等带入轧板，使轧板表面仍保留这类缺陷。

轧制工艺不当或轧辊表面状态不良，造成轧板表面裂纹、疤痕、划伤等缺陷。

由于酸洗工艺不当，不能有效去除轧板表面氧化皮或污物，或酸洗后中和、钝化、清洗效果不好，轧板表面残留氧化皮或酸蚀痕迹等造成轧板表面状况不良。

这些表面缺陷可以用肉眼、放大镜检测确定，必要时采用液体渗透方法确认。

（3）内部缺陷

由于轧板用轧坯内部质量不好，如夹渣物、气泡、缩孔、疏松、裂纹等，在轧制过程中没有焊合或破碎而保留在轧板中形成板材的内部缺陷。

开轧前轧坯加热温度高、晶粒粗大、终轧温度控制不当等原因造成轧板组织不良。

轧制后热处理工艺或操作不当，造成轧板组织不均。

轧板内部缺陷的检验可以采用超声波探伤、金相检验等方法检验确定。

3.11.3 轧板的质量控制

板材的质量控制和检验、试验项目应依据应用场合、使用条件、所制产品的重要程度确定检验和试验项目及验收标准。

一般板材的必检项目：

① 熔炼化学成分；

② 成品化学成分；

③ 形状、尺寸；

④ 外观质量和表面质量；

⑤ 常温力学性能。

重要用途板材选检项目：

① 常温弯曲和反复弯曲试验；

② 高温强度试验；

③ 低温冲击试验；

④ 金相检验（金相组织、脱碳层、夹杂物等）；

⑤ 耐蚀性试验（用于不锈钢板材）；

⑥ 表面液体渗透检验；

⑦ 超声波检验；

⑧ 其他检验。

3.12 管材生产及质量控制

管材可分为无缝钢管和有缝（焊接）钢管。无缝钢管是一种具有中空截面、周边无接缝的管材。焊接管是用钢板或钢带经过卷曲成形后，将卷缝焊接而成。

无缝管按制造方法可分热轧管、挤压管、冷轧管、冷拔管等。冷加工方式获得的管材精度高、表面光洁度高、性能强度也高。

3.12.1 管材生产流程

管材生产方法有很多种，这里以拉拔管的生产为例，说明管材生产过程。

下料→剥皮→检验→加热→穿孔→清理→拉拔→热处理→酸洗→矫直→切头→检验与试验→完工检验→验收。

（1）下料

将成分合格的棒料，根据要拔制管材规格、尺寸，计算后下料备用。

（2）剥皮

拉拔管用坯料可能是挤压、锻造或轧制生产产品，一般表面会存在氧化皮、划伤、重皮、折叠或表面裂纹等缺陷，为防止这些缺陷带入拉拔管中，应在拉拔前去除。通常用机械加工方法剥去坯料外皮。

（3）检验

对剥皮坯料进行检验，以保证拉拔管材的质量。依据产品的重要性，对坯料的检验可采用目视或其他无损检验方法。

（4）加热

将坯料加热，降低硬度，提高塑性，便于对坯料穿孔。

（5）穿孔

将实心坯料制成空心毛管，可用穿孔机进行穿孔。

（6）清理

将穿有通孔的毛管进行清理的目的是清除毛管内外表面的氧化皮等脏物，以保证拉拔管表面质量。

（7）拉拔

拉拔是管材成形的关键工序。拉拔的实质是对坯料施以拉力通过模孔，获得与模孔截面尺寸、形状相同的管材。管材的拉拔属空心拉拔。拉拔加工应选好拉模（芯头），计算好拉拔力，以保证拉拔出合格的管材。

（8）热处理

拉拔成形的管材应根据管材材质不同，采用相应的热处理，以保证管材成品的性能。碳素钢钢管、低合金钢管一般采用正火，马氏体不锈钢管采用退火，奥氏体不锈钢或双相不锈钢管采用固溶化处理。也有时为要求钢管的高强度而不处理。

（9）酸洗

采用酸洗去除管表面的污物，获得洁净的内外表面。当然，酸洗后还应进行中和处理和清洗处理。

（10）矫直

钢管，特别是长钢管，不可避免地产生弯曲变形，应通过机械矫直，保证产品平直度。

（11）切头

去除钢管不规则的头、尾部，或按尺寸要求切段。

（12）检验与试验

成品钢管的检验内容很多，应依据钢管用途的重要程度选择，以保证产品的表面质量、内部质量。对整支钢管的检验项目主要有液体渗透检验、超声波检验、内窥镜检验等。

（13）完工检验

钢管的完工检验是按技术条件或订货合同规定项目进行检验，包括尺寸、弯曲度、偏心度、表面状态、内在质量等，还应包括规定应进行的一些破坏性取样试验，如力学性能检验、扩口试验、压扁试验等，必要时还应采取水压试验。

（14）验收

按合同和技术条件规定项目验收，合格后方可入库或发运。

3.12.2 管材的质量缺陷和检验

管材质量缺陷一般包括外观及尺寸缺陷、表面缺陷和内部缺陷。

（1）外观及尺寸缺陷

由于拉拔或矫直、切头、切段过程中工艺或操作不当造成钢管平直度或尺寸不符合技术要求，以及拉拔过程中形成的钢管壁厚不均、偏心等缺陷。这些缺陷可以用尺类工具或仪器测量、检验。

（2）表面缺陷

由于用于拉拔管材的坯料或毛管表面质量不好，带入拉拔过程中，造成钢管表面缺陷，如疤痕、凹坑、夹杂物等。

由于拉拔工艺不当，拉拔用模具、芯头等工具质量不好，造成钢管表面产生划伤、凹坑、表面裂纹等缺陷。

由于酸洗、矫直、切割等辅助工序操作不当造成的划伤、表面污物等缺陷。

这些表面缺陷可以用肉眼、放大镜、内窥镜、表面液体渗透或磁粉探伤等方法检验和判定。

（3）内部缺陷

钢管的内部缺陷主要包括由于坯料内部质量不好，或拉拔工艺不当、操作不好等原因，造成钢管内部存在夹渣物、疏松、裂纹等缺陷，钢管中的这些缺陷可以采用超声波探伤、涡流检测、金相检验等方法确认。

3.12.3 钢管的质量控制

钢管的质量控制和检验、试验项目应依据管材应用的重要性、使用条件等因素确定。

一般管材的必检项目：

① 熔炼化学成分；

② 成品化学成分；

③ 外观尺寸、偏心度、平直度；

④ 表面缺陷、表面质量；

⑤ 常温力学性能。

重要用途管材的选检项目：

① 高温拉力试验；

② 低温冲击试验；

③ 液体渗透或磁粉检验；

④ 超声波检验；

⑤ 涡流检验（用于 $\leqslant \phi 50mm$ 的薄壁管）；

⑥ 扩口试验；

⑦ 压扁试验；

⑧ 残余拉伸应力检验；

⑨ 水压试验；

⑩ 抗腐蚀试验（用于不锈钢）；

⑪ 其他检验。

3.13 铸件生产及质量控制

铸件是以铸造方法生产的零件。铸造方法较多，不同铸造方法的主要区别在于造型工序。较大零件多采用砂型铸造方法，一些小型铸件、要求高的铸件也有采用熔模铸造、消失模铸造。下面以砂型铸造方法为例，介绍铸件生产的主要流程。

3.13.1 砂型铸造铸件生产流程

铸件砂型铸造的主要工艺过程可具体分解为几个主要程序：

（1）造型

铸造造型有多种方法，砂型铸造造型就是采用砂质材料。目前常用的砂质造型材料有黏土砂、水玻璃砂和树脂砂。

黏土砂用天然硅砂、黏土（普通黏土或膨润土）、辅助物等混合而成。黏土砂原料来源广，成本低，工序简单，但铸型强度不高，黏土砂可湿型或干型使用。

水玻璃砂用天然硅砂、水玻璃、辅助物等混合制成。水玻璃造型后可用加热方法硬化或用 CO_2 气吹硬化。水玻璃砂铸型强度较高，但除砂、清砂较困难。

树脂砂用天然硅砂、树脂和硬化剂混合制成。树脂砂又分呋喃树脂砂、甲阶酚醛树脂砂、尿烷树脂砂等多种。树脂砂强度高、尺寸偏差小、溃散性好。树脂砂铸型生产的铸件表面质量好，尺寸精度高。

造型方法又可分手工造型、震压造型、射压造型等。

型砂质量和造型质量对铸件质量都有重要影响。比如，铸型强度不够，浇注后松散、掉砂会使铸件形状不良、多肉；透气性不好，浇注时气体排出不畅，易造成气孔类缺陷；耐火度不够，易使铸件表面粘砂、表面质量不良；扣箱不好，易造成铸件错位、飞边等缺陷。

（2）熔炼

任何材料铸造都应将材料熔化成液体，再注入铸型。

根据铸件大小和材料种类，对铸件的质量要求等因素，选择冲天炉（主要用于铸铁熔炼）、平炉、转炉、电弧炉、感应电炉、真空自耗炉等熔炼设备，采用普通冶炼、真空冶炼、真空除气、电渣重熔等方法（参见 3.1 节）。

钢水质量对铸件质量也有重要影响，钢水中如含有较多气体，在浇注和铸件冷却过程中不能充分排出，残留在铸件中，会形成气孔、缩孔，钢水中的非金属夹杂物会成为铸件中的夹杂物。

（3）浇注

浇注即将金属液体注入铸型的过程。浇注温度高，可造成铸件粘砂、热裂纹；浇注温度低会使铸件产生冷隔、浇不足等形状缺陷。浇注速度大，可能造成冲坏砂型而铸件多肉；速度低也易造成铸件冷隔。浇注过程中带入的杂物也会形成铸件的夹渣等缺陷。

（4）开箱

开箱指铸件浇注凝固、冷却成形后，从砂箱中取出的过程。开箱的时间，即开箱时铸件的温度对铸件质量会产生影响。铸件的开箱时间主要取决于铸件的重量、壁厚、复杂程度及材料种类。

（5）除砂

除砂是将铸件内外的型砂和芯砂从铸件本体上清除的过程，依据铸件材质、重量、形状等因素，可采用水爆清砂、机械除砂、振动除砂、手工除砂等方法。

（6）清理

铸件的清理包括去冒口、水口，去除飞边毛刺、清理铸件表面等工作。铸件的清理可以采用乙炔切割、机械切割、滚筒和抛丸等方法。

清理出的铸件有缺陷，可以进行补焊。

（7）热处理

这里的热处理主要指铸件的铸后热处理。铸后热处理的目的是消除应力、降低硬度、改善铸态组织，对某些材质的铸件，通过铸后热处理可保证力学性能。

铸后热处理应根据铸件材质和技术条件进行，一般奥氏体和奥氏体-铁素体不锈钢铸件采用固溶化处理，其他材质铸件通常采用退火或正火处理。

铸件的铸后热处理对铸件质量也会产生一定影响，特别是作为最终热处理时，将直接影响铸件组织、力学性能、耐腐蚀性能等。

（8）检验

铸件的检验应根据技术条件进行，应包括外形检验：有无多肉、缺肉、冷隔缺陷，有无变形、挠曲、错位，有无多余的飞边毛刺等；表面检验：有无粘砂、结疤、表面孔洞、裂纹；内在缺陷检验：有无超过标准的疏松、气孔、夹渣、裂纹等；力学性能检验及不锈钢铸件的耐腐蚀性能检验等。其中内在缺陷检验应在铸件粗加工后采用射线检验，表面缺陷可在粗加工后液体渗透检验。重要铸件还应进行金相组织和夹杂物的检验。力学性能检验和耐蚀性检验应在最终热处理后进行。泵用铸件的泵体、泵壳、泵段等承压件还应进行水压试验，以确保铸件在高压水使用条件下不泄漏。

3.13.2　铸件可能产生的缺陷和检验

影响铸件质量的因素很多，如钢水质量、浇注温度、浇注速度、浇注方式、铸型质量等（参见3.9）。所以铸件可能产生的缺陷也是多种多样的。大概可分为形状类缺陷、表面类缺陷、夹杂类缺陷、孔洞类缺陷等。

（1）形状类缺陷

铸件的形状类缺陷是指铸件的形状偏差。

① 多肉。铸件表面出现不规则的金属多余部分，如飞边、毛刺、错位等。通常是型砂或芯砂被金属流冲坏、扣箱不严或不对位等原因造成铸件产生多肉现象。

② 残缺。铸件未完整成形，有残缺或冷隔。通常是铸型受损、浇注温度低、金属流受阻等原因引起铸件不成形。

③ 挠曲变形。铸件产生挠曲变形。多是由于各种应力使铸件变形，也可能由于铸型变形或热处理不当、互相挤压等。

④ 尺寸不符。包括外形尺寸不符，铸件不同部位、孔、凸起处尺寸、位置与图纸不符。通常是铸型、铸芯尺寸不当或扣箱时型芯偏移、错位等原因引起铸件尺寸不符。

（2）表面类缺陷

① 表面粘砂、夹砂、结疤。铸件表面残留型砂、芯砂不能去除。通常是型砂或芯砂耐火度不够或钢水浇注温度过高等原因，使砂与铸件表面层粘熔在一起；也可能是铸型或型芯强度不足，使型、芯表面砂脱落与铸件表面结合在一起。

② 表面气泡、表面皱皮。铸件表面有肉眼可见的气泡孔、皱皮，通常是气体逸出不畅、

浇注温度高等原因引起的，也可能是由于钢水质量不良或铸型结构不好，钢水中不纯物滞留在铸件表面处形成铸件表面状态不良。

（3）夹渣（杂）类缺陷

由于金属液不纯净或浇注系统，浇注方法不当，金属液中熔渣、低熔点化合物、或砂粒残留在铸件表面或内部，形成铸件表面或内部的夹渣、砂眼缺陷。

（4）孔洞类缺陷

铸件的孔洞类缺陷包括气孔、缩孔、缩松、砂眼等。

① 气孔。铸件气孔常分布于铸件内部，多呈球状或梨形，内孔壁光滑，大孔常孤立存在，小孔常成群连片存在。气体来源可能是铸型中湿度大、有水分，钢水冷却过程中析出的气体，也有浇注时金属液流带入的气体等。这些气体在浇注或铸件冷却过程中不能充分逸出而残留在铸件中，形成气孔缺陷。

② 缩孔。铸件在凝固过程中，由于补缩不良产生在铸件内部的孔洞。缩孔极不规则，孔壁粗糙，常出现在铸件最后凝固部位。

③ 缩松。缩松实际上也是细小的孔洞，一般不易用肉眼观察到，但在水压试验时会发生水渗和泄漏现象。

④ 砂眼、渣眼。由于铸型砂粒脱落或金属液体中的残渣被金属液体包围，凝固后在铸件本体上形成含有砂或渣的孔洞。这类孔眼一般不规则，孔眼内含有砂粒或渣块。

（5）裂纹。铸件中的裂纹一般分为冷裂纹、热裂纹和白点裂纹等。

① 冷裂纹。铸件在凝固后，冷却到弹性状态时，铸件局部应力大于材料强度极限时会引起裂纹，称冷裂纹。冷裂纹一般为穿晶裂纹，裂纹平直，通常贯穿铸件整个截面。

② 热裂纹。铸件在凝固末期或凝固不久，铸件正处于低强度阶段。铸件固态收缩受阻时，会产生应力而引起铸件裂纹。热裂纹为沿晶裂纹，通常是粗细不均、不规则，常呈曲线状，多发生在铸件突变截面部分或最后凝固部分。裂纹面有氧化色。

③ 白点裂纹。白点裂纹多发生在合金元素含量较高的铸件中，这种钢铸件在快速冷却时，析出氢并产生较高组织应力和热应力，在这些因素的联合作用下，铸件产生微裂纹。

铸件常产生的这些缺陷，有的可用肉眼或借助放大镜观察，有的可借助尺或相应检具检验。表面缺陷可通过粗加工后的液体渗透检验，存在于铸件内部的缺陷可采用射线探伤方法检验。用于受压铸件还可用水压试验检验。铸件组织、夹渣还可借助于金相显微镜，依据相应标准检验。

3.13.3 铸件的质量控制

铸件，特别是重要铸件应进行严格的质量检验和质量控制。这些检验和控制应依据铸件材质、重要程度、使用条件、技术要求按相应标准进行。

铸件的必检项目：

① 熔炼化学成分；

② 成品化学成分；

③ 形状和尺寸检验（形状、尺寸、变形度）；

④ 表面质量检验（表面气孔、粘砂、皱皮等）；

⑤ 常温力学性能检验（硬度、抗拉强度、屈服强度、伸长率、断面收缩率、冲击功等）。

重要铸件和特殊铸件的选检项目：

① 铸件热处理记录和曲线；

② 高温性能（抗拉强度、屈服强度等）；

③ 低温冲击吸收功；

④ 表面液体渗透检验；

⑤ 射线检验；

⑥ 金相检验（金相组织、夹杂物等）；

⑦ 不锈钢的耐蚀性试验；

⑧ 奥氏体不锈钢或奥氏体-铁素体双相不锈钢的铁素体含量测定；

⑨ 物理性能检验；

⑩ 其他检验。

第4章
金属材料的性能及影响因素

通用机械的工作条件对材料的性能要求是苛刻的，以泵为例。泵作为传输液态介质的机械，采用的材料除了应具备一般机械产品所用材料的常规力学性能，如常温强度、塑性、冲击韧性、硬度等技术要求外，还有高温强度、低温韧性、耐磨性、抗疲劳性、耐腐蚀性能的要求，某些零部件的材料还应考核其导热性、线胀系数、弹性模量等物理性能。

金属材料的这些性能及其影响因素是复杂的，为保证材料的性能满足使用要求，应严格控制化学成分及冶炼、铸造或锻造的工艺条件，还必须通过正确的热处理方法予以实现。

4.1 金属材料的力学性能及影响因素

力学性能是金属材料的常用指标的一个集合。机械设备在使用过程中，各种机械零件都将承受不同的载荷作用。金属材料在载荷作用下抵抗破坏的性能称材料的力学性能（也常称机械性能）。金属材料的力学性能是机械零件设计和选材时的主要依据。外加载荷性质不同（如拉伸、压缩、扭转、冲击、循环载荷等），对金属材料要求的力学性能也不同。常用的力学性能包括强度、塑性、冲击韧性、断裂韧性、抗疲劳性能等。

4.1.1 金属材料的强度

强度是指金属材料在静载荷作用下抵抗破坏（过量塑性变形或断裂）的性能。由于载荷的作用方式有拉伸、压缩、弯曲、剪切、扭转等形式，因此强度也分为抗拉强度、抗压强度、抗弯强度、抗剪强度、抗扭转强度及抗疲劳强度等。对于大量的机械产品零件设计和选材最优先考虑的是在拉伸载荷作用下的抗拉强度。

（1）抗拉强度的概念及表征指标

金属材料的抗拉强度是其在承受拉应力时抵抗破坏的能力。这种"破坏"不只是指"断裂"，材料断裂是破坏的最严重、最极端的结果。事实上，在断裂前一直在遭受破坏，只不过与断裂破坏形式、程度不同。材料在断裂前会有弹性变形和塑性变形。所谓弹性变形是指材料在外力作用下产生变形，当外力取消后，材料变形即可消失并能完全恢复原来的形状，这种可恢复的变形叫弹性变形。如果外力取消后，材料变形不能完全消失而残留一部分，这部分残留变形叫塑性变形。机件产生弹性变形或塑性变形，虽然没断裂，但已对使用功能造成损害。如高速运转的泵轴的弹性变形可引起泵的振动、噪声、磨损。而塑性变形则会使许多机件失去使用功能。

为便于说明金属材料的强度和一些强度指标，请见图 4-1 和图 4-2。

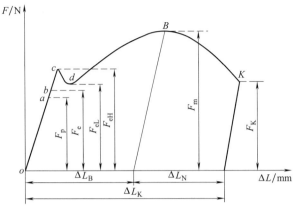

图 4-1　低碳钢载荷变形曲线

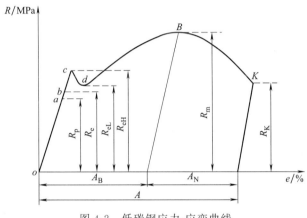

图 4-2　低碳钢应力-应变曲线

图 4-1 是采用光滑圆柱试棒对低碳钢进行静拉伸试验时的拉伸图，纵坐标是载荷 F(N)，横坐标是变形量 ΔL(mm)。图 4-2 是由图 4-1 转化过来的应力应变曲线，纵坐标是应力 R(MPa)，横坐标是应变 e(%)。曲线各段意义：

① 比例极限 R_p。典型的静拉伸试样常采用的标距长度为 L_0，横截面积为 S_0。当载荷比较小时，试样伸长量 ΔL 随载荷 F 成正比增加，保持直线关系（线 oa 部分）。当载荷超过 F_p 时曲线开始偏离直线。保持直线关系的最大载荷 F_p 叫比例极限载荷，此时的应力即 $\dfrac{F_p}{S_0} = R_p$ 叫比例极限。在不大于 F_p 载荷的负载条件下，去除载荷后试样立刻恢复原状，这种变形叫弹性变形。

② 弹性极限 R_e。当载荷大于 F_e 时，去除载荷，试样的伸长只能部分地恢复，而保留一部分残余变形，这部分残余变形即塑性变形。这个开始产生微量塑性变形的载荷 F_e 叫弹性极限载荷，此时的应力即 $\dfrac{F_e}{S_0} = R_e$ 称弹性极限，即应力超过弹性极限时将产生塑性变形。或者说弹性极限 R_e 是表征开始塑性变形的抗力。

工作条件不允许产生微量塑性变形的零件，设计时应根据规定的弹性极限数据来选材。如在选用制造弹簧的材料时，应选择弹性极限高的材料。

③ 屈服极限（屈服强度）。有屈服效应的材料，在静拉伸过程中，在载荷不增加或有所

下降时，试样还会继续伸长，这种现象叫材料的屈服。当金属材料呈现屈服现象时，塑性变形发生而力不增加的应力点叫屈服极限点（屈服强度），其中，力下降前的最大应力叫上屈服极限 $R_{eH} = \dfrac{F_{eH}}{S_0}$，屈服期间的最小应力点叫下屈服极限 $R_{eL} = \dfrac{F_{eL}}{S_0}$ ［过去曾规定叫材料屈服极限（屈服点）］。因为除少数合金外，大多数金属合金没有明显屈服极限（屈服点），所以规定试样产生 0.2％ 残余伸长时的应力为材料的屈服极限（屈服强度），这时称规定非比例延伸强度或规定塑性延伸强度，记 $R_{p0.2}$，$R_{p0.2} = \dfrac{F_{0.2}}{S_0}$。

屈服强度是机械零件设计中对材料最重要的性能指标之一。对塑性材料，强度设计常以屈服强度为标准。规定许用应力 $[\sigma] = \dfrac{R_{eL}}{n}$，式中 n 为安全系数。材料的屈服强度高对零件的强度有保证，但在腐蚀条件下可能产生的应力腐蚀及氢脆的敏感性将增加。

④ 强度极限（抗拉强度）R_m。在屈服阶段后，若继续变形，必须不断增加载荷，随着塑性变形增大，变形抗力不断增加，这种现象叫作形变强化或加工硬化，当载荷达到最大值 F_m 后，试样截面的某一部位截面开始急剧缩小，出现"缩颈"现象，此时载荷下降。最大载荷 F_m 即强度极限的载荷。载荷达到 F_K 时，试样断裂，这个载荷 F_K 叫断裂载荷。对应最大载荷 F_m 的应力 $\dfrac{F_m}{S_0} = R_m$ 称破断极限，也叫材料的强度极限，通常称材料的抗拉强度。抗拉强度表征材料在拉伸条件下所能承受最大载荷的应力值。其是机械零件设计和选材的重要依据之一，也是材料重要的力学性能指标。特别是对没有屈服现象或屈服现象不明显的材料，材料的强度极限的意义就更大了。

⑤ 断裂强度 R_K。断裂强度 R_K 是试样拉断时的真实应力，等于拉断时的载荷 F_K 除以断裂后缩颈处的截面积 S_K，即 $R_K = \dfrac{F_K}{S_K}$。对于塑性差的材料（脆性材料），拉伸时不产生缩颈，拉断前的最大载荷 F_b 就是断裂时的载荷 F_K，并且由于此时的塑性变形小，试样截面面积变化不大，$S_K \approx S_0$，因此，强度极限（抗拉强度）R_m 就是断裂强度 R_K。在这种情况下，抗拉强度 R_m 也表征材料的断裂抗力。

⑥ 弹性模量 E。弹性模量 E 是材料产生单位弹性变形所需应力的大小，或者说材料在弹性变形阶段，其应力和应变呈正比例关系，其比例系数称材料的弹性模量。弹性模量代表了材料刚度的大小。它反映了材料原子间结合能力。所以一般合金化、热处理、冷热加工等可改变材料力学指标的手段对材料的弹性模量影响不大，它是一个对成分、组织、状态不敏感的力学性能指标。在进行机械零件设计时，对有刚度要求的零件的选材应考虑材料的弹性模量。

（2）影响金属材料强度的因素

不同的金属材料有不同的强度水平，决定和影响金属材料强度的主要因素有很多。

① 金属晶格类型的影响。通常具有体心立方晶格的金属临界切应力高于具有面心立方晶格的金属。所以，屈服强度也高。如 α-铁、铬等屈服强度高于铜、铝、锌。具有体心立方晶格的结构钢屈服强度高于面心立方晶格的奥氏体不锈钢。一般情况下，弹性模数高的材料屈服强度也高。如铁、镍屈服强度较高。

② 晶粒大小（晶界）的影响。晶粒大小的影响，实际是反映出晶界少或多的影响。晶粒越小，晶界越多。

金属变形需要克服晶界的阻力，晶界本身第二相多、位错多、强度高，同时，晶界两边的原子排列方位不同，会阻碍晶粒中滑移带的穿越，因此金属变形时需要更大的力。所以，细晶粒的强化作用实质是晶界强化作用的结果。晶粒细小比晶粒粗大时具有更高的屈服强度，见表 4-1。

表 4-1　晶粒大小对纯铁强度和塑性的影响

晶粒平均直径/mm	屈服点/MPa	抗拉强度/MPa	伸长率/%
7.0	38.2	180.3	30.6
2.5	44.1	210.7	39.5
0.20	56.8	262.4	48.8
0.16	64.7	264.6	50.7
0.11	115.6	278.3	50.0

因此，可以通过加入可细化晶粒的元素或通过热处理方法细化晶粒，从而提高金属材料的屈服强度。

③ 固溶强化的影响。把异类元素的原子溶入基体金属，提高屈服强度的方法称金属的固溶强化。

由于异类原子的溶入，在其周围会形成应力畸变场，这个应力场和位错应力场相互作用又产生交互作用能，促进了晶格畸变使滑移难以进行。所以，金属固溶强化的实质是位错和溶质交互作用的结果。这里需要说明的是，大多数元素原子成为溶质会起到固溶强化作用，只有镍等少数元素有相反的效果。一般情况是间隙式固溶强化作用大于置换式固溶强化作用。碳溶于铁中使屈服强度升高就是一个典型间隙式固溶强化的例子，见图 4-3。

所以，合金设计时，调整合金元素，促进固溶化并施以合适的热处理方法，是提高金属强度的有效途径。

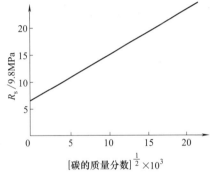

图 4-3　铁的屈服应力和含碳量的关系

④ 第二相强化（沉淀和弥散强化）的影响。第二相是指金属基体组织中存在不同于基体相的另外相。

第二相以细小、弥散的微粒形式均匀分布在基体相中时，其与位错间产生交互作用，形成应力场，阻碍位错运动，从而提高金属变形抗力，即提高金属的强度。

沉淀硬化不锈钢的时效强化就是第二相析出产生强化作用的典型例子，见表 4-2。

表 4-2　0Cr17Ni4Cu4Nb 钢时效效果

状　　态	$R_{p0.2}$/MPa	R_m/MPa	A/%	Z/%	HRC
固溶	755	1029	12	45	39
固溶＋480℃时效	1274	1372	14	50	44

⑤ 位错强化的影响。位错是金属材料组织中的一种内部微观缺陷，即金属内部原子的局部不规则排列。金属中的位错是由相变和塑性变形引起的。金属位错密度越高，金属抵抗塑性变形的能力越大。这是因为位错的存在引起金属流变应力的增加，使其变形变得更困难，即反映出金属强度增高。

⑥ 相变强化的影响。相变强化的概念是通过热处理手段，使金属材料发生相变而得到

强化，主要指马氏体强化和贝氏体强化。

从马氏体转变和贝氏体转变机理分析，马氏体和贝氏体在转变过程中，实际上是由于碳及合金元素的过饱和固溶引发了晶体缺陷，如位错、孪晶、晶格畸变等，也是元素固溶或析出的过程，当然，在组织转变时得到了细化。正是这些原因使马氏体、贝氏体组织具有了高硬度，高强度的效果。所以，相变强化的实质还是晶界强化、固溶强化、位错强化、第二相强化。

⑦ 金属的形变强化。金属随着塑性变形量的增加，应变强度也增加。这种现象称金属的形变强化或加工硬化。在金属变形过程中，当应力超过屈服强度后，必须加大外力才能保证变形继续进行，这说明金属有一种阻止继续变形的抗力，这种抗力反映了金属形变强化性能。实际上，金属的形变强化是由塑性变形引发的位错形成而增大了金属变形抗力的结果。

金属的形变强化性能和晶格类型有关，一般具有面心立方晶格和体心立方晶格的金属形变强化性能优于具有密排六方晶格的金属；细晶粒比粗晶粒更易形变强化；大部分合金元素的溶入可提高金属的形变强化性能。

⑧ 热处理对金属强化的作用。热处理是调整金属材料强度的重要手段。热处理对金属的强化是通过细化晶粒、调整合金元素固溶含量、促进第二相析出、诱发组织转变等方法实现的。

高温合金的固溶处理，即是使合金元素在基体中有一定的溶解度，改变基体的点阵常数而达到强化目的。

钢的淬火获得马氏体或贝氏体得到材料高的强度，这就是相变强化，其实质包含位错强化、第二相强化、晶界强化和固溶强化。

马氏体时效钢、马氏体沉淀硬化不锈钢的时效热处理过程，就是第二相质点析出的强化过程。

某些金属材料表面处理，如渗氮处理获得高表面强度，实质上是合金氮化物形成，即第二相硬质点对材料表面的强化结果。

所以，再好的材料，为获得优良的力学性能、充分发挥材料潜力，都必须采用正确的热处理工艺方法才能实现。

以上分别说明了金属强化方法，这里应该说明的是，这些强化方法之间是有联系的，材料的强度不是由单一强化机构来决定的，而是多种强化机构复合作用的结果。

4.1.2　金属材料的塑性

金属在外力作用下首先发生弹性变形，超过弹性极限后就开始塑性变形，塑性变形是不可逆变形，即不可恢复变形。随着外力增加，其塑性变形量也增加，当材料断裂时，塑性变形量达到一个极限值，这个塑性变形极限值大，说明这种材料塑性好。所以，塑性是表征材料塑性变形能力的指标。这也是机械零件设计选材时重点考虑的性能指标。

（1）金属材料塑性指标

金属静拉伸试验时，表示金属断裂前塑性变形能力的指标主要有断后伸长率和断面收缩率。

断后伸长率是指试棒拉断时，试棒伸长长度与原来长度的比值。断后伸长率用字母"A"表示（过去曾用 δ 表示）。

例如，试棒拉伸前有效部分（称标距）长度为 L_0，拉断后标距间长度为 L_f，则其断后

伸长率为 $A = \dfrac{L_f - L_0}{L_0} \times 100\%$。

断面收缩率是指试棒拉断时，试棒拉断后的截面与原试棒有效部位原始截面的相对减缩量。断面收缩率用字母"Z"表示（过去曾用 φ 表示）。

例如，试棒拉伸前有效部分的截面积为 S_0，拉断后断口的截面积为 S_f，则其断面收缩率为 $Z = \dfrac{S_0 - S_f}{S_0} \times 100\%$。

金属材料塑性的意义在于当机件偶尔遭受过载负荷时，可以塑性变形方式吸收载荷，防止机件突然断裂。材料塑性好坏也是决定某些成形工艺（如冲压、拉拔）能否实现的重要考核指标。

（2）影响金属材料塑性的因素

金属材料的塑性和强度一样，是金属材料力学性能的表征。所以，影响金属材料强度的因素对塑性也产生影响，只不过是影响方式和程度不同。

① 晶粒大小（晶界）的影响。由于金属的塑性变形主要是滑移过程，研究证明，各晶粒观察到的滑移线都终止在自己的晶界上，即晶界可把塑性变形限定在一定范围内，使变形均匀化，所以细化晶粒、增加界面的数量可以提高金属的塑性。晶粒大小对塑性的影响可见表 4-1。

② 固溶强化的影响。固溶强化对塑性的影响是复杂的。间隙式固溶强化时，间隙原子在晶格中造成的畸变是不对称的，随着间隙原子浓度增加，塑性明显下降。比如：碳作为溶质在铁素体中的固溶作用尤为明显，含碳量低于 0.2% 时，塑性很好，而当含碳量达到 0.4% 时，塑性明显变差，伸长率不足 0.1%。当然，碳对钢塑性影响还体现在马氏体亚结构上，含碳量低时，呈位错结构的低碳板条马氏体的塑性明显优于高含碳量的具有孪晶结构的片状马氏体。

置换式固溶强化依置换原子种类不同存在差别。硅、铝元素置换固溶后，会使交叉滑移困难而降低塑性。钼、镍等元素置换固溶后，可减小低温时的位错晶格阻力而提高塑性。

③ 第二相强化的影响。第二相质点的形状、大小和分布对塑性有很大影响，第二相与基体之间的共格或非共格关系也反映出对塑性的不同影响。

比如，共格第二相质点太小时，由于本身强度不足，基体中位错可能容易集中在第二相断面部位，形成裂纹，使塑性下降。但当第二相质点大到一定尺寸时，会阻碍位错移动，又使塑性回升。

④ 位错强化的影响。位错对金属材料塑性的影响作用是双重的。这是因为位错既可能促进裂纹形核又可使裂纹尖端应力集中得到缓解。所以，位错强化对金属材料塑性的具体影响结果应看其产生双重影响的哪一方面占主要作用。

⑤ 热处理对塑性的影响。热处理对金属材料塑性的影响是通过改变相结构、固溶及其程度、第二相析出或溶解及第二相数量、大小、分布来体现的。

比如，钢经淬火获得淬火马氏体，使碳和合金元素过饱合固溶，形成位错或孪晶，结果塑性下降。而通过回火处理，随着固溶碳和合金元素的析出使塑性恢复，且随析出相的量的增加和尺寸增大使塑性提高。

各种因素对塑性的影响与对强度的影响相似，不是某一单一因素作用的结果，而是多种因素同时作用的综合结果。这些因素的作用有时可能是相互促进的，有时可能是相互抵消的。

4.1.3　金属材料的韧性

韧性是表示材料在塑性变形和断裂过程中吸收能量的能力。

在工程上常用的是材料冲击韧性，即金属材料对外部冲击载荷的抵抗能力。用测量试样在一次性冲击载荷破断时吸收的冲击功表示。

冲击载荷与静载荷的主要差异在于加载速度不同。材料在遭受冲击载荷时，由于加载速度的增加，变形速度也增加。研究证明，材料在静载荷条件下，塑性变形比较均匀地分布在各个晶粒中，而在冲击载荷下，塑性变形比较集中在某些局部区域，说明此时的塑性变形是不均匀的。这种不均匀情况，必然限制塑性变形的发展，使塑性变形过程进行得不充分。另外，冲击试验是采用有缺口试样，由于缺口的存在，改变了金属材料的受力状态，造成应力集中，使塑性变形局限在不大的体积范围内，保证在缺口处断裂。

冲击试验确定的金属材料一次性冲击载荷破断冲击吸收功 A_k 值，并不能真正反映材料的韧脆性质，因为总的冲击吸收功中，有一部分消耗于试件的弹性变形、塑性变形以及裂纹的形成，这部分称裂纹形成功；另一部分消耗在裂纹前沿微观塑性变形和裂纹扩展，这部分称裂纹扩展功，通常认为这部分裂纹扩展功才能真正显示材料的韧脆性质。对于不同的金属材料，即使总冲击吸收功 A_k 值相同，但裂纹形成功和裂纹扩展功所占比例不一定相同。因此，不能判定 A_k 值相同的金属材料的韧性是相同的。但在工程实用上仍有采用价值。

① 可以用其评定原材料的冶金质量和热加工后的产品质量。因为原材料的缺陷、锻造或热处理加工产生的组织缺陷都能对 A_k 值产生明显的不良作用。

② 评定金属材料在不同温度下的脆性转化趋势。可用对材料进行不同温度条件的一系列冲击试验，测定冲击吸收功随温度不同而产生的变化情况，确定材料的韧脆转化温度区。

③ 确定金属材料应变时效敏感性。许多金属材料在冷加工变形后长期处于较高温度下工作，由于一些元素原子的集聚限制位错运动使屈服点升高、增大材料的脆断倾向，反映为材料塑性、韧性明显降低，这种现象叫应变时效。可以通过测量材料时效前后冲击吸收功的变化来评定其应变时效敏感性。

④ 作为某些承受大能量冲击机件寿命与可靠性评定指标。一些在特殊条件下服役的机件，可能承受大能量的冲击，为防止其早期断裂破坏，可依 A_k 值大小来选定材料或材料热处理状态。

（1）金属材料的冲击韧性指标

进行一次性摆锤冲击破断试验，试样破断时的消耗功，也叫材料的冲击吸收功，用 A_k 表示，单位为 J 或 N·m。采用"V"形缺口试样测得的冲击吸收功记 A_{kV}，用"U"形缺口试样测得的冲击吸收功记 A_{kU}。在我国过去的标准中，还曾经采用过冲击韧度指标，是以试样的冲击吸收功除以试样缺口底部处横截面面积所得商表示的。对应有 a_{kV} 和 a_{kU}，单位是 J/cm^2 或 $N·m/cm^2$。

（2）影响冲击韧性的因素

① 晶粒大小（晶界）的影响。大量试验研究证明，晶界是滑移传播的阻碍，对裂纹的扩展有明显的阻断作用。所以，材料的晶粒越细小，晶界越多，韧性越高，材料的脆性转折温度越低。

② 固溶强化的影响。固溶强化对金属材料冲击韧性的影响与对塑性影响相似。由于间

隙原子在铁素体中造成不对称的晶格畸变，材料韧性下降。间隙原子浓度越高，影响越严重。马氏体中含碳量对冲击韧性的影响见表 4-3。

表 4-3 马氏体中含碳量对 A_{kV} 的影响

含碳量/%	<0.2	0.3	0.5	0.7
A_{kV}/J	>20.4	12.2～16.3	5.4～8.1	2.7～5.4

③ 第二相强化的影响。第二相对金属材料韧性的影响与第二相质点和基体之间是共格或非共格有关。共格质点很小时，由于质点本身强度不高，位错可以切断质点而集中在第二相断面上形成裂纹，降低韧性。共格质点长大时，这种现象可减弱，所以材料韧性得以恢复或提高。而非共格第二相质点的析出会降低有效表面能，使裂纹容易在晶面处形核、扩展，而使材料韧性下降。

④ 位错强化的影响。位错对金属材料韧性的影响是双重的。当位错增多合并时，在集聚处促进裂纹形核率，对材料韧性不利。但是，位错在裂纹尖端塑性区内的移动可缓解裂纹尖端的应力集中，这对材料韧性有利。具体视位错的哪一种作用占主导地位而定。

4.1.4 金属材料的断裂韧性

断裂是机件服役过程中最严重和最后的破坏形式。材料的断裂可分韧性断裂和脆性断裂。

韧性断裂的特征是断裂前有明显的宏观塑性变形，由于断裂前发生明显的塑性变形，可以预先引起人们的注意，所以，韧性断裂一般不会造成太大的事故。

脆性断裂的特征是断裂前不发生或很少发生塑性变形，机件在运行中突然发生断裂，一般是在工作应力很低，甚至低于材料屈服极限的情况下发生突然断裂。所以，脆性断裂相对于韧性断裂更危险，危害更大。

从断裂力学观点出发，认为无论是韧性断裂还是脆性断裂，断裂过程都包括裂纹形成和裂纹扩展两个阶段。关于裂纹形成的理论很多，总的说来认为裂纹一般均出现在有界面存在的地方，如晶界面、相界面、夹杂物或第二相与基体的界面等处。裂纹形成后，在某些因素作用下扩展变大，使材料有效截面减小，在应力作用下发生断裂。通过试验研究发现，材料的塑性影响很大，如果材料塑性好，裂纹形成后，裂纹前端可因材料的塑性变形而钝化，减小应力集中程度，使裂纹难以扩展变大。

机械零件在设计、选材时，第一目标是防止零件在运动中断裂，特别是防止发生脆性断裂。一般情况下，机械零件设计多是根据材料的屈服极限或强度极限确定零件的许用应力。认为，零件在许用应力以下的应力状态下工作就不会发生断裂。在选择材料时，除要求零件工作应力小于许用应力外，还要求材料具有一定的塑性（A、Z）和韧性（A_k），但，零件在服役过程中到底需要多大塑性、韧性指标值却很难计算，只能根据经验确定。这种经验估算误差很大，有时对材料提出的塑性、韧性指标值很高，不惜为追求材料塑性、韧性而降低材料的强度指标，加大零件的有效尺寸，严重浪费了材料，就是这样，有时仍不能保证零件不发生脆性断裂。由此可见，确定许用应力、安全系数再辅以塑性和韧性要求的常规零件设计方法，在许多情况下，难以杜绝零件脆性断裂的发生。

另外，传统的材料力学理论，常把材料看成是无限均匀的、无缺陷的。但，在实际使用的金属材料中，常常会在材料冶炼和制造中产生质量缺陷，如夹杂物、非金属氧化物、微裂纹、气孔、疏松等。这些质量缺陷在材料的基体中相当于裂纹的作用。零件在使用中，也可能产生疲劳裂纹、应力腐蚀裂纹。材料中的这些原始的和后来产生的裂纹和相当于裂纹作用的质量缺陷，在零件受力运行过程中将不断扩大，最终导致零件的脆性断裂。

断裂力学理论，是把材料当作一个裂纹体而不是无限完美、均匀的理想材料。这种带有裂纹的材料，在零件服役应力作用下，裂纹会扩展、变大，最终脆断。从这一观点出发，引伸出了材料断裂韧性的概念。

金属材料的断裂韧性是表征材料阻止裂纹扩展的能力。断裂韧性是材料固有的特性，在加载速度和温度一定的条件下，一种材料的断裂韧性是一个常数。当材料中的裂纹尺寸一定时，材料的断裂韧性值愈大，其裂纹失稳扩展所需的临界应力愈大，或者说，当给定外力一定时，材料的断裂韧性值愈大，其裂纹达到失稳扩展时的临界尺寸愈大。

（1）断裂韧性指标及其应用

如前所述，材料的低应力脆性断裂总是由材料中宏观裂纹扩展引起的。而由于冶金缺陷、加工中或使用中形成的裂纹是不可避免的。断裂力学以此为出发点，考虑材料的不连续性，来研究材料和机件中裂纹的扩展规律，确定反映出材料抗裂性能的指标。这个指标就是断裂韧性。

材料中裂纹的存在，相当于缺口的作用，在缺口根部将产生应力集中，缺口截面上的应力变为三向（或二向）拉应力状态，而且是不均匀分布的应力，这种三向（轴向、径向、切向）拉力的存在将不利于材料塑性变形，而促进材料脆性断裂。

以"线弹性断裂力学"为基础，对材料中裂纹尖端应力场进行分析可知，对于一个含有裂纹的工件，在工作中是否会发生断裂，主要取决于其裂纹尖端附近的应力强度因子 K_1。K_1 表示在各个应力作用下，含裂纹体处于弹性平衡状态时，裂纹前端附近应力场的强弱。也就是说，K_1 的大小确定了裂纹前端各点应力的大小。如果 K_1 超过了工件材料的临界应力场强度因子 K_{IC}，则材料会发生脆断。或者说，一个带有裂纹的机件，当其承受的拉力逐渐加大，或裂纹扩展时，裂纹尖端的应力场强度因子 K_1 也随之逐渐加大，当 K_1 大到一个临界值时，机件中的裂纹会产生突然的失稳扩张，进而引发脆断，这个应力场强度因子的临界值，称为临界应力场强度因子 K_{IC}。可见 K_{IC} 反映了材料抵抗裂纹失稳扩展即抵抗材料脆性断裂的能力。所以，K_{IC} 也是材料的一个力学性能指标。K_{IC} 的单位是 $MN \cdot m^{-\frac{3}{2}}$ 或 $MPa \cdot \sqrt{m}$。也有的记 $kgf \cdot mm^{-\frac{3}{2}}$。单位之间的转换关系大致为 $MPa \cdot \sqrt{m} \approx 3.24 kgf \cdot mm^{-\frac{3}{2}}$。

由上可见，对于一个带裂纹的物体来说，可用 K_1 来定量描述裂纹前端应力场强弱，而材料抵抗裂纹失稳扩展能力用 K_{IC} 评定。通过这两个数据可以为能否发生脆断或不脆断的条件进行判定。

① 确定构件承载能力。如果试验确定了材料断裂韧性 K_{IC}，根据探伤检查确定了构件中最大的裂纹尺寸，就可以估算使裂纹失稳扩展而导致脆断的临界载荷，即确定构件的承载能力。

② 确定构件的安全性。根据探伤测定出构件中的缺陷尺寸，并计算出工作应力，就可计算出裂纹前端的应力场强度因子 K_1，如果 $K_1 < K_{IC}$，说明构件是安全的，否则有脆断危险。

③ 确定构件临界裂纹尺寸。如果已知构件的工作应力和材料的断裂韧性 K_{IC}，则可确定构件允许的裂纹临界尺寸。

（2）影响材料断裂韧性的因素

① 晶粒大小的影响（晶界的影响）。钢的晶粒大小对断裂韧性的影响是复杂的。已经知道，晶界是裂纹扩展的阻力，随着晶粒细化、晶界的增多，材料断裂韧性会得到改善，但晶粒细化也是影响组织的一个因素，当晶粒尺寸变化时，其他因素条件也会改变。所以，对 K_{IC} 的影响不能只认为是晶粒大小的影响。在大多数情况下，细化晶粒有助于断裂韧性 K_{IC} 的提高。

② 杂质及第二相的影响。钢中的夹杂物，如氧化物、硫化物以及第二相如碳化物、金属间化合物等均属脆性相，一般都降低材料的断裂韧性 K_{IC}。

③ 钢组织组成物的影响。钢组织中含有位错组织的板条状马氏体时提高断裂韧性，含有孪晶组织的针状马氏体时降低材料的断裂韧性。钢中的残留奥氏体有提高断裂韧性的作用。

④ 热处理对断裂韧性的影响。热处理对钢材断裂韧性的影响是通过改善钢材组织结构、细化晶粒、提高材料韧性、塑性的方式发挥作用的。

（3）断裂韧性与冲击韧性的关系

裂纹断裂韧性 K_{IC} 和缺口冲击韧性都是材料韧性的指标。在很多情况下，提高冲击韧性的措施都能提高断裂韧性。两者之间有经验公式关系：$\left(\dfrac{K_{IC}}{R_{p0.2}}\right)^2 = \dfrac{5}{R_{p0.2}} \times \left(A_{kV} - \dfrac{R_{p0.2}}{20}\right)$。

当然 K_{IC} 与 A_{kV} 也存在差别，如测定 K_{IC} 时的裂纹曲率半径趋于零，而冲击试块缺口曲率半径要大得多。所以，两者应力集中程度不同。又比如，K_{IC} 只反映裂纹失稳扩展过程所消耗的能量，而冲击韧性则反映裂纹形成和扩展全过程消耗的能量。并且，K_{IC} 与 A_{kV} 各自遵循不同的变化规律。

4.1.5　金属材料的疲劳性能

金属材料的疲劳破坏（疲劳断裂）是指机件在交变载荷的作用下，经过一定时间的工作，在工作应力低于材料屈服强度的情况下突然发生断裂。疲劳断裂是在工作应力不是很大条件下的突然断裂，所以，其危害很大。

交变载荷是指载荷大小、方向或大小方向同时发生周期性变化的载荷。许多机械零件，如轴、轴承、弹簧等基本上都是在交变载荷下工作的。据说，在失效的机件中，有约 80% 是疲劳失效。

疲劳断裂的全过程一般认为分如下三个阶段。

① 机件表面或内部缺陷，如气孔、非金属夹杂物、疏松、表面尖角、孔、槽等应力集中处，都有可能在交变载荷作用下形成裂纹，叫疲劳裂纹源。

② 随着交变应力的继续，疲劳裂纹源会向纵深扩展，在扩展过程中，随着应力的交替变化，裂纹两侧材料时分时合互相挤压，所以，在断面形成光滑区域，这区域常称疲劳断口的扩展区。

③ 随着裂纹的扩展，有效截面减小，直到有效部分强度不足以承受应力时，便突然断裂。这部分断口粗糙呈颗粒状，也叫静断区。

图 4-4 是典型疲劳断口的形貌图。

（1）疲劳强度（疲劳极限）

金属材料在交变载荷作用下，无数次周期重复试验而不破断的最大应力叫疲劳强度（疲劳极限）。

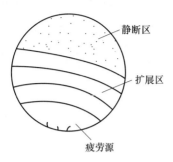

图 4-4　典型疲劳断口的分区

因为材料承受交变载荷种类不同，如平面弯曲交变载荷、旋转弯曲交变载荷、轴向拉压交变载荷等，所以对材料疲劳强度的试验条件也不同，不同试验条件下的疲劳强度也不同。如果未特别注明，均指材料在对称循环、旋转弯曲加载试验条件下得到的疲劳极限，常记 σ_{-1}，疲劳极限（疲劳强度）的单位是 MPa。

材料的疲劳极限 σ_{-1} 与抗拉强度 R_m 之间有近似关系，较通用的关系式为：$\sigma_{-1}=CR_m$。式中 C 为材料疲劳比，C 值与材料有关，具体可参见表 4-4。

表 4-4　常用金属材料疲劳比（C）

材料	钢	铸铁	铝合金	镁合金	铜合金	镍合金	钛合金
$C=\sigma_{-1}/R_m$	0.35～0.60	0.30～0.50	0.25～0.50	0.30～0.50	0.25～0.50	0.30～0.50	0.30～0.60

还有的推荐不同的关系式：

如，钢：$\sigma_{-1}=0.35R_m+120$ （MPa）；

高强度钢：$\sigma_{-1}=0.25(1+1.35Z)R_m$ （MPa）

式中，Z 为材料断面收缩率的百分数数值。

铸钢：$\sigma_{-1}=(0.3\sim0.5)R_m$ （MPa）

通常认为上述关系式更适合于对称弯曲疲劳状态的疲劳极限。

对于抗压疲劳极限 σ_{-1P} 与 σ_{-1} 也有推荐的近似换算公式：

如，钢：$\sigma_{-1P}=0.85\sigma_{-1}$ （MPa）

铸铁：$\sigma_{-1P}=0.65\sigma_{-1}$ （MPa）

对于扭转疲劳极限 τ_{-1} 与 σ_{-1} 之间也有对应的推荐近似换算公式：

如：钢和轻合金：$\tau_{-1}=0.55\sigma_{-1}$ （MPa）

铸铁：$\tau_{-1}=0.8\sigma_{-1}$ （MPa）

从上述经验公式可看出，材料疲劳极限和静强度之间存在近似直线关系，即材料静强度高，一般其疲劳极限也高。但，这种规律通常适用于中、低强度范围的材料（$R_m \leqslant 1400$MPa）。

对于碳钢、大多数合金结构钢和铸铁，当应力低于某一定值时，试样可以经受无限周次循环而不破坏，就把 $N=10^7$ 周次不破坏的最大应力取为它们的疲劳极限。

（2）影响金属材料疲劳强度的因素

① 晶粒大小的影响。金属晶粒大小对疲劳过程各个阶段的影响是复杂的。对疲劳裂纹的形成和扩展的影响在不同材料上作用也有差别。总的趋势是细化晶粒对改善低韧性材料疲劳强度有一定的积极作用，而对于韧性材料效果不大。

② 第二相质点的影响。第二相质点对材料疲劳强度的影响与质点类型和分布情况有关。一般认为，本身强度高的第二相质点，均匀、弥散分布的第二相质点对提高材料的疲劳强度有积极作用。

③ 固溶强化的影响。固溶强化对材料疲劳强度的影响主要是通过提高金属基体强度和韧性来表现的。通常认为固溶强化由于提高了材料基体强度，可以延缓和阻碍疲劳裂纹的形成，也可提高疲劳裂纹扩展的抗力，因此，固溶强化对提高材料的疲劳强度具有积极作用。

④ 热处理对疲劳强度的影响。热处理提高金属的疲劳强度主要是通过改善金属组织、

细化晶粒、提高金属基体强度等方式实现的。

特别是通过表面热处理，如渗碳、渗氮、高频淬火、火焰淬火等，大大提高金属材料表面强度并使表面层产生残余压应力。所以，热处理是提高金属疲劳强度的有力措施。

⑤ 其他因素的影响。就金属材料本身而言，凡是能提高表面强度，增加表面残余压应力的方法，都可提高疲劳强度，如表面滚压、喷丸等强化表面的工艺方法，同时还可以消除材料表面缺陷，所以，这些方法对提高材料疲劳强度都有积极作用。

这里值得一提的是镀硬铬，镀硬铬是提高材料表面强度和硬度、耐磨性的有效手段，但是由于镀层质量难以控制，常常存在缺陷，这些缺陷会形成裂纹源，另外，金属镀硬铬后，表面产生的是残余拉应力。所以，一般情况下，镀硬铬会降低材料的疲劳强度。

材料表面质量对疲劳强度有明显影响，材料表面粗糙度越小，越光滑，越有利于疲劳强度的提高。

4.1.6　金属材料的耐磨性能

机件在接触状态下的相对运动（滑动、滚动、滑动＋滚动）都会产生摩擦，同时引起磨损。磨损是机件失效的主要形式之一。

（1）摩擦及磨损概念

运动中两个相互接触的物体，由于之间的接触会阻碍相对运动的进行，这是两个接触面摩擦的结果。这种由于摩擦而阻碍相对运动的力称为摩擦力，摩擦力的方向与物体相对运动的方向相反。

依据摩擦物之间的运动状态，可分为静摩擦和动摩擦，动摩擦又分为滑动摩擦和滚动摩擦，根据摩擦件之间有无润滑又分为干摩擦和液体摩擦。

滑动摩擦是指两个物体接触面做相对滑动或具有相对滑动趋势时产生的摩擦。有相对滑动的摩擦称动滑动摩擦，有相对滑动趋势的摩擦称静滑动摩擦。滑动摩擦力（F）的大小和相互接触物体之间的正压力（N）成正比，即 $F = \mu N$，其中 μ 为比例常数，叫"滑动摩擦因数"，其是一个没有单位的数值。滑动摩擦因数与接触物体的材料、表面光滑程度、干湿程度、表面温度、物体间相对运动速度有关。常见材料的滑动摩擦因数见表 4-5。

表 4-5　常见材料滑动摩擦因数 μ（供参考）

材　　料	静滑动摩擦		动滑动摩擦	
	无润滑	有润滑	无润滑	有润滑
钢-钢	0.15	0.1~0.12	0.1	0.05~0.1
钢-软钢	—	—	0.2	0.1~0.2
钢-铸铁	0.2~0.3	—	0.16~0.18	0.05~0.15
钢-黄铜	—	—	0.19	0.03
钢-青铜	—	0.1~0.15	0.15~0.18	0.07
钢-铝	—	—	0.17	0.02
钢-轴承合金	—	—	0.2	0.04
钢-夹布胶木	—	—	0.22	—
软钢-铸铁	0.2	—	0.18	0.05~0.15
软钢-青铜	0.2	—	0.18	0.07~0.15
铸铁-铸铁	0.15	—	0.15~0.16	0.07~0.12
铸铁-青铜	0.28	0.16	0.15~0.21	0.07~0.15

材　料	静滑动摩擦		动滑动摩擦	
	无润滑	有润滑	无润滑	有润滑
黄铜-黄铜	—	—	0.17	0.02
青铜-青铜	—	—	0.15～0.20	0.04～0.10
45 钢淬火 氯化聚醚	—	—	0.35	0.034
45 钢淬火-聚甲醛	—	—	0.46	0.016
45 钢淬火-苯乙烯	—	—	0.35～0.46	0.018
45 钢淬火-聚碳酸酯	—	—	0.3	0.03
石棉基材料-钢铸铁	—	—	0.25～0.40	0.08～0.12
皮革-钢、铸铁	—	—	0.30～0.50	0.12～0.15

滚动摩擦是一个物体在另一个物体上做无滑动的滚动所产生的摩擦或有滚动趋势时的摩擦。物体在另一个物体上滚动时受到的阻碍作用是由物体和支承面接触处的形变产生的。一般用滚动摩擦力矩来度量。滚动摩擦力矩（M）的大小和支承力 N 成正比，即 $M=KN$，K 为比例系数，称为"滚动摩擦因数"。滚动摩擦因数具有长度的量纲，且有力臂的意义，常以厘米计算。滚动摩擦因数的大小主要取决于相互接触物体的材料的性质和表面状况，如表面粗糙度、湿度、硬度等。常见材料的滚动摩擦因数见表 4-6。

表 4-6 常见材料滚动摩擦因数 K （供参考）　　　　　　　　　　　　　cm

材　料	滚动摩擦因数 K	材　料	滚动摩擦因数 K
淬火钢-淬火钢	0.001	木材-木材	0.05～0.08
铸铁-铸铁	0.05	木材-钢	0.03～0.04
钢质车轮-钢轨	0.05	轮胎-地面	2～10

摩擦会引起磨损。由摩擦引起的磨损是由于存在物理的、机械的、化学的作用，或几种因素联合作用使机件表面性能、几何形状、尺寸、重量等发生变化。机件的这些变化往往使机件失去功能而失效。

由上可见，摩擦和磨损是物体相互接触并作相对运动时伴生的两种现象，摩擦是磨损的原因，磨损是摩擦的结果。

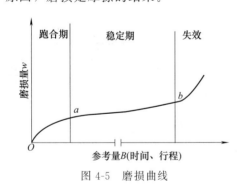

图 4-5　磨损曲线

两物体相互接触并运动时产生的磨损一般分为三个阶段，见图 4-5。

图 4-5 是典型的磨损曲线。曲线中 O—a 段称磨损的跑合期或磨合期，这个阶段是摩擦运动的开始阶段，磨损比较快，随时间延续，磨损逐渐减慢，到 a 点时进入快速磨损阶段。这是因为摩擦开始时，摩擦表面具有一定的粗糙度，真实的摩擦接触面积小，磨损速率加大，随着摩擦进行接触面趋于磨平，直接接触面积增大，使磨损变缓。

随着接触面变得平滑，磨损趋于稳定，磨损量变小，进入稳定磨损阶段 a—b 段。材料磨损稳定阶段越长，说明材料的耐磨性能越好。

随着工作时间增加，磨损使两接触面之间的间隙逐渐扩大，磨损速率急剧增加，为剧烈磨损阶段，即曲线 b 点以后部分。这时，机件表面质量下降，磨损程度加剧，直至机件失效而报废。

材料的耐磨性除材料本身特性外，还受外界条件影响，如介质种类、有无润滑、温度高低、材料表面质量等。

材料的磨损对于机件的表面损伤形式，通常认为有三种。

① 微观切削。材料表面自身存在的硬质点，如碳化物、氮化物、夹杂物及外来的硬质点，如灰尘、砂土、磨屑等，这些硬质点会起到削刃作用，对金属表面产生切割，导致表面层金属，特别是较软部分被切削掉。造成机件重量减少、尺寸变小。这种表面损伤有时称磨料磨损。

② 交变负荷引起局部脱落。当硬质颗粒或凸起物的硬度不太高、不够尖锐，起不到对金属的切削作用时，可能对金属造成挤压，使金属被挤压的不同部位受到拉伸或压缩，相对运动的连续作用、周而复始的交替变化，使受挤压部分金属反复受到拉伸和压缩作用，可能产生疲劳裂纹，疲劳裂纹扩展的结果会使金属发生脱落，局部脱落的小质点又对金属起到切削作用，加剧磨损过程。这种表面损伤有时称疲劳磨损。

③ 黏着损伤。随着摩擦的进行会产生摩擦热并使金属部温升，再加上压力作用，会使金属表面发生黏合。黏着力过强，导致材料内部发生变化，当黏着力大于某方金属的强度极限时，这方的金属会被粘连到另一方金属表面。这种表面损伤有时称黏着磨损（咬合）。

此外，当摩擦过程中有腐蚀介质作用或有高速流动介质作用时，还会发生腐蚀磨损和空蚀磨损（汽蚀磨损）。

（2）磨损分类及影响磨损的因素

材料的磨损分类方法有很多，按照磨损的破坏机理和材料的表面磨损状态大致可分为：磨料磨损、黏着磨损、疲劳磨损、腐蚀磨损、汽蚀与空蚀磨损、微动磨损等几类。

① 磨料磨损。磨料磨损又叫研磨磨损。磨料磨损通常在摩擦偶合件一方的硬度比另一方的硬度大得多，或者接触面之间存在着硬质粒子以及机件自身在有硬质粒子的介质中运转时发生。磨损后的机件表面呈划痕或沟状。磨损产物一般为条状或切屑状。磨料磨损多发生在挖掘机、矿山机械零件及砂浆泵、含有沙粒海水或河水用泵、矿山用泵等的泵叶轮、泵体及接触介质的零部件。

磨料磨损的实质是硬质颗粒对材料较软基体的破坏。所以，影响材料硬度的因素都会影响磨料磨损。

a. 材料硬度的影响。纯金属及未经热处理的钢的抗磨料磨损性能与其自然硬度成正比。经过热处理的钢，其耐磨性也随硬度增加而增加。

b. 材料成分和组织的影响。钢中含碳量越高，通过热处理越能获得具有高硬度的组织，在几种基本组织中，马氏体硬度最高，耐磨性最好。

钢中存在硬质第二相也有利于硬度及耐磨性的提高。钢中不同组织与磨料磨损的关系见表 4-7。

表 4-7　钢中不同组织与磨料磨损关系

组织状态	硬度（HRC）		相对耐磨性 ε	
	$w(C)=0.47\%$	$w(C)=0.82\%$	$w(C)=0.47\%$	$w(C)=0.82\%$
淬火马氏体	58.5	64	1.69	1.83
淬火马氏体 100℃回火	57.5	64	1.68	2.33
淬火马氏体 200℃回火	55.0	58	1.60	1.85
淬火马氏体＋托氏体	53.5	—	1.56	—
400℃回火（托氏体）	40	43.5	1.16	1.35

组织状态	硬度（HRC）		相对耐磨性 ε	
	$w(C)=0.47\%$	$w(C)=0.82\%$	$w(C)=0.47\%$	$w(C)=0.82\%$
淬火索氏体	21	—	1.11	—
600℃回火索氏体	24	28.5	1.06	1.15
珠光体		97HRB	—	1.1
珠光体＋铁素体	90HRB	—	1.0	—

c. 加工硬化的影响。一些材料通过塑性变形引起的加工硬化提高材料的硬度和耐磨性。但，这种方法适用于高应力磨损条件和冲击磨损条件。高锰钢是利用高应力强化而提高耐磨性的典型例子。

d. 表面热处理的影响。机件为提高表面硬度和耐磨性，可采用表面强化热处理的方法，对于提高抗磨料磨损，表面渗碳、表面渗硼等方法更为有效。

采用低碳钢或低合金钢经过渗碳并淬火处理，使机件表面得到马氏体组织和一定量的过剩碳化物，过剩碳化物作为硬质点分布在坚硬的马氏体基体上，对抗磨料磨损及抗黏着磨损都有很好的作用。依据渗碳钢种类及渗碳工艺的不同，渗碳并淬火回火后，表面硬度可达56～64HRC，渗碳层深度可根据要求控制在 0.4～1.5mm。

渗硼是将硼元素渗入机件表面，钢件经渗硼后可以达到极高的表面硬度，可达 1400～2000HV。机件渗硼后，可根据要求和使用条件、材质等情况进行淬火或不淬火。渗硼层深度比渗碳处理要浅得多，依据材料和渗硼工艺的不同，一般可达 0.08～0.15mm。渗硼可适用于碳钢、合金钢、工具钢、不锈钢、轴承钢以及灰铸铁和球墨铸铁等各类材料。

② 黏着磨损。黏着磨损是在一定负荷作用下，相互运动的摩擦副的真实接触面发生塑性变形、黏合并使一方金属转移到另一方去的结果。这种金属转移是因为相互之间的黏合力大于其中一方金属的强度极限，被撕裂并被粘连在强度高的一方的金属表面。

由于黏着点两边的材料力学性能有差别，当黏着部分分离时，若黏着点的结合强度比两边金属的强度都低，分离就从接触面分开，基体内部变形小，摩擦面显得比较平滑，表面只有轻微擦伤；若黏着点的强度比两边金属中一方的强度高，分离面就发生在较弱的金属内部，摩擦面显得很粗糙，有明显的撕裂痕迹，严重时，两件卡死，不能进行相对运动。

黏着磨损表面特征是表面有划伤、细条痕，严重时有金属转移现象。磨屑常见的有片状或层状。

黏着磨损常发生在两个相对运动的偶合件中，如蜗轮与蜗杆、缸套与活塞环、泵体口环与叶轮口环、轴与导轴承等摩擦副偶合件之间。

影响黏着磨损的因素有很多，主要有：

a. 材料特性的影响。脆性材料比塑性材料的抗黏着能力高。因为脆性材料的黏着磨损产物多数呈金属磨屑状、破坏深度较浅。

互溶性大的材料（相同金属或晶格类型、晶格间距、电子密度、电化学性质相近的金属）所组成的摩擦偶合件，黏着倾向大；互溶性小的材料组成的摩擦偶合件黏着倾向小。

多相金属比单相金属黏着倾向小；金属与非金属材料（石墨、塑料等）组成的摩擦偶合件比金属与金属组成的摩擦偶合件黏着倾向小。

两金属摩擦偶合件之间硬度差大时，比硬度差小时黏着倾向小。一般认为，两件之间硬度差最小不能小于 40HB。

b. 接触压力与滑动速度的影响。在摩擦速度一定时，黏着磨损量随接触压力增大而增加。试验指出，当两件之间的接触压力（以 kgf/mm^2 计）超过材料硬度（以 HV 计，也有的以 HB 计）的 1/3 时，黏着磨损量急剧增加，严重时会产生咬死现象。所以，设计中选择的接触压力必须小于材料硬度的 1/3，才不致产生严重黏着磨损。

而在接触压力一定的情况下，黏着磨损量随滑动速度增加而增加，但当达到某一极大值时，又随滑动速度增加而减小。这个滑动速度的极大值与接触压力有关，接触压力越大，滑动速度的极大值越小。有的试验表明，当接触压力为 588MPa 时，速度极大值约为 0.25m/s；当接触压力为 120MPa 时，速度极大值约为 0.5m/s。

除了上述影响因素外，摩擦偶合件的表面光洁度、摩擦表面的温度、润滑状态也都产生影响。提高光洁度，可提高抗黏着磨损能力，但光洁度过高，反而因润滑剂不能储存于摩擦面内而促进黏着磨损；温度高促进黏着磨损；在摩擦面内保持良好的润滑状态能显著降低黏着磨损量。目前广泛应用高硫钢（含硫量控制在 0.23%～0.32%）作为抗黏着磨损摩擦副偶合件，收到明显的效果。比较有代表性的、应用较为广泛的是 1Cr13MoS 钢，因其含有较高的硫和锰，在组织中存在大量的 MnS 型夹杂物，在与另一零件组成摩擦副时，MnS 起到表面自润滑作用，降低摩擦因数，并使相互接触部位的应力分布和应力集中发生变化，所以，其用于制造泵的磨损件，如密封环、导叶套、支承环、平衡套等，较好地解决了泵用摩擦副的磨损、咬合等问题。

正确的表面热处理方法，也可以防止黏着磨损，如渗硫、硫氮碳共渗等。经过渗硫或硫氮碳表面处理，材料表面形成 FeS_2、FeS 等组织，降低了摩擦因数，明显提高了减摩、耐磨、抗咬死性能。因此，正确的热处理方法是解决摩擦副黏着磨损的有效途径。

③ 疲劳磨损。当材料凸起硬质点不太尖锐时，摩擦面上的小凸起在负荷作用下，压向相对面一定的深度，由于其不够尖锐，尚不能起到切削作用，使对方材料表面处于弹性变形状态，有部分金属在小凸起硬质点的挤压下，受到拉伸或压缩，凸起硬质点移动过后，被拉伸或压缩部分又恢复原状态。随着相对运动的不断进行，材料周而复始地承受交变的应力作用，在一定条件下，某些局部小区域将产生疲劳裂纹，并不断扩散，最后导致局部剥落。剥落下来的小金属质点断屑已经由于应力作用硬化，又成为新的游离硬质点参与磨削，加速对材料的磨损。这类磨损通常称为疲劳磨损。

疲劳磨损的表面特征是磨损表面有大小不一、深浅不等的麻坑，磨屑多呈块状、颗粒状。疲劳磨损常发生在滚动轴承、齿轮等工作表面。因疲劳磨损一般发生在两个相对接触的工作表面，又常称为接触疲劳，也有的称麻点磨损。

疲劳磨损是由于材料表面受到交变负荷作用而造成的局部剥落的磨损形式，因此影响材料疲劳磨损的因素有接触应力大小、接触状态（点、线或面接触）、摩擦表面状态、材料的力学性能等。

a. 材料对疲劳性能的影响。因为疲劳磨损是一个涉及金属材料疲劳性能的问题，所以，疲劳强度高的金属材料抗疲劳磨损的性能也高。疲劳强度又和材料屈服强度有关，材料屈服强度高，其抗疲劳磨损性能也好。

b. 硬度的影响。材料硬度对疲劳磨损的影响是复杂的。通常认为，硬度高对抗疲劳磨损有利，但经过淬火不回火的钢获得的高硬度并不耐磨，这应该和其表面残留应力的状态有关。对于轴承钢，其疲劳磨损寿命最高的硬度范围是 61.5～62.5HRC，而不是越高越好。滚动摩擦偶合件的硬度应保持一个差值，如滚动轴承的滚动体应比轴承套圈硬度高 1～2HRC 最好；软面齿轮的小齿轮硬度比大齿轮硬度高 30～50HB 是合适的。

c. 钢中组织的影响。钢呈马氏体组织状态时，且马氏体含碳量的质量分数为 $0.4\%\sim0.5\%$ 时，疲劳寿命最高。钢中剩余碳化物细小，分布均匀，对提高耐疲劳磨损寿命更有利。

d. 钢纯净度的影响。钢中各类非金属夹杂物往往是疲劳裂纹的起点。所以，采用高级冶炼工艺冶炼出的高纯度钢的抗疲劳磨损能力更高。

e. 热处理的影响。疲劳磨损的裂纹源多发生在材料表面以下的一定深度。所以，凡是能够形成一定深度的表面硬化热处理方法，如表面淬火、渗碳淬火、碳氮共渗等，都不同程度地提高材料表面抗磨损能力。

f. 表面状态的影响。疲劳磨损与两件接触表面的表面状态有关系。表面粗糙不仅会使接触应力变大，还易于引起冲击载荷，使疲劳磨损提前发生。所以，接触面越光滑越好。

④ 腐蚀磨损。摩擦副偶合件在相互运动中，同时受到具有腐蚀性介质的作用。材料表面由于腐蚀介质的作用发生化学或电化学反应，使材料表面保护膜遭到破坏。相互摩擦造成的磨损也对材料表面保护膜起到破坏作用。两种破坏同时存在加速了材料表面的磨损，这种磨损和腐蚀同时存在的破坏，称腐蚀磨损。

腐蚀磨损产物又参与了对表面的再磨损。所以，腐蚀磨损是对材料表面破坏较严重的磨损方式。

腐蚀磨损与相互运动的速度、载荷、腐蚀介质种类、温度等条件有关。腐蚀磨损表面特征是凹坑或沟痕，磨屑特征呈粉末或碎片状。腐蚀磨损主要发生在化工、石油等机械零件。腐蚀磨损是输送腐蚀介质用泵叶轮、泵体的常见和严重的失效形式。

防止和减少腐蚀磨损最根本的方法是根据腐蚀介质特征和摩擦条件选用合适的耐腐蚀磨损的材料。耐腐蚀磨损的材料是指既能抵抗腐蚀又能抵抗机械磨损的材料。众所周知，在机械产品采用的常规材料中，抗机械磨损的材料不一定耐腐蚀，而耐腐蚀的材料又不一定耐机械磨损。通过试验研究发现，提高材料耐磨损和耐腐蚀的有效手段是依靠形变强化和第二相强化及采用合适的热处理方法。

a. 形变强化。形变强化耐腐蚀磨损材料是指含有可形变强化组织的耐腐蚀金属材料。这类材料的基本化学成分（高铬，含铜、钼等）保证了在腐蚀环境中的耐蚀性。这类材料的金属组织中含有可因塑性变形而硬化相，当遇磨料磨损时，在磨料接触的部分会发生很大的塑性形变，而产生加工硬化现象，从而提高了硬度和抗磨损能力。有研究报告证明，这类金属材料在含有腐蚀介质和磨料磨损条件下的耐腐蚀磨损能力显著提高。可以 0Cr25Ni5Mo2Cu3（CD-4MCu）为例，说明这类材料耐腐蚀磨损的原因。这种钢是典型的铁素体-奥氏体双相不锈钢，其高铬量和必要的钼、铜成分决定了具有高的耐腐蚀性能。在其金属组织中含有 γ 相和 α 相。这两相组织都会因塑性变形而硬化，试验表明，经过塑性变形后，α 相硬度可由 450HV 提高到 520HV，而 γ 相的硬度可由 390HV 提高到 750HV。在具体的腐蚀磨损试验中，该材料磨痕浅平，无剥落坑，腐蚀特征不明显，耐腐蚀磨损效果明显优于其他对比材料。

0Cr25Ni5Mo2Cu3 材料之所以比其他不锈钢有更优的耐腐蚀磨损能力，这首先是由其双相组织特点决定的。组织中低镍的 γ 相属亚稳奥氏体结构，形变强化能力强，在承受外力的过程中硬度有很大提高，而 α 相形变强化能力相对较小，在形变过程中起到缓冲作用，能抑制裂纹的扩展，这种组织特点使材料表面处于宏观上的外硬内韧状态，从而表现出较高的耐磨性能。这类可形变强化的铁素体-奥氏体双相不锈钢在抗空蚀和抗泥沙冲蚀中也具有重要意义和使用价值。

b. 第二相强化。这是指依靠材料中硬度高的第二相在磨损过程中承受载荷、防止黏着、阻挡犁削作用、阻碍位错运动，从而提高材料耐磨性能。当然，这是指具有耐腐蚀性能的金属材料中存在的第二相。

耐蚀金属中存在的第二相一部分是非导电体相，如氧化物、硫化物、某些氮化物等不影响基体的腐蚀行为，而另一部分导电体相，如金属间相 σ 相、Laves 相，对材料耐腐蚀性能也影响不大。但这些导电体化合物（还包括碳化物、磷化物、硼化物等）是增强材料耐磨性的主要硬化第二相。

下面以 Lewmet 55 合金为例说明第二相强化对抗腐蚀磨损的机理和作用。Lewmet 55 合金是镍-钴-锰系镍基合金。其含有高达 30% 的镍，保证了其耐腐蚀性能。该合金经过固溶＋时效处理后，具有奥氏体基体和在基体上均匀析出的金属间相 σ 和 $M_{23}C_6$ 型合金碳化物。基体中还含有钼、铬元素，具有 200HV 的低硬度，而基体上析出的含有钼、铬的 σ 相及合金碳化物的硬度高达 900HV。硬质点第二相提高了耐磨性，而较软的基体组织又可吸收应力和缓冲裂纹的扩展。所以，Lewmet 55 合金在 85℃ 的浓硫酸介质中的腐蚀磨损率只有 0.1mm/a。

⑤ 浸蚀磨损（汽蚀）。浸蚀磨损即汽蚀是流体机械、泵、水轮机等特有的和重要的机件表面破坏现象。

液体一个重要的物理特性是汽化。液体汽化时的压力称汽化压力，也叫饱和蒸汽压力。当液体压力处于汽化压力以下时，液体开始汽化并产生气泡，气泡随液体流动到高压区时，周围的液体使气泡急剧缩小以致破裂，气泡破裂时会产生很大的冲击波，冲击波频率可达到 600～25000Hz；压力可达 50MPa 甚至更高。在气泡破裂的同时，周围液体质点将以高速填充空穴，发生互相撞击，形成水击现象。此过程产生的冲击和水击将对金属表面产生破坏作用，表面会出现麻点、沟槽、蜂巢、穿孔等破坏形态，这种现象称汽蚀。更严重的可使金属晶粒松动或剥落。泵件的汽蚀可引起噪声、振动，以致泵功能失效。

汽蚀对金属材料的破坏近似于冲击疲劳破坏，类似于机械力破坏，所以在磨损破坏中予以介绍。

解决汽蚀的根本办法是从设计入手，保证合理的汽蚀余量。即使这样也不可能完全消除汽蚀现象。所以选用抗汽蚀材料和采用必要的表面强化处理仍然是重要的。特别是当液体是腐蚀性介质时，会同时产生腐蚀和汽蚀破坏材料的现象，腐蚀会加速汽蚀破坏。

a. 抗汽蚀材料。因为汽蚀对材料的破坏类似于冲击疲劳破坏，所以，凡是提高材料抗疲劳破坏、抗疲劳磨损能力的因素都可以提高抗汽蚀破坏能力，如高硬度、高屈服强度、质地纯净、杂质少的材料都有较好的抗汽蚀性能。通过热处理可以强化的马氏体钢、沉淀硬化不锈钢以及可以形变强化的铁素体-奥氏体双相不锈钢等都是耐汽蚀的首选材料。

b. 表面强化处理。提高材料表面强度和耐蚀性的工艺方法也都有利于提高材料的抗气蚀能力。如，材料表面氮化、堆焊、喷涂以及聚氨酯涂层等都能提高材料抗汽蚀能力。

4.1.7 金属材料的高温性能

金属材料的高温性能一般指材料在 300～750℃ 温度区间具有的性能。其反映温度对材料某些性能的影响。

众所周知，温度的升高使金属原子获得了能量，原子和电子运动加剧使扩散能力增强，原子间结合键结合力减弱使位错滑移变得更容易。同时，一些元素或化合物的溶解和析出，都会改变金属的性质和性能。

（1）高温性能常用指标

通常评价金属材料的高温性能主要包括：高温强度、高温蠕变性能、高温持久强度（极限）、应力松弛性能。

① 高温强度。金属材料的高温强度是指在某一规定的温度条件下，其所具有的强度，主要指拉伸力学性能，如高温抗拉强度、高温屈服强度、伸长率等。

通常材料的强度随温度升高而降低，表 4-8 是 30CrMo 材料强度随温度升高的变化情况。

表 4-8　30CrMo 钢强度随温度的变化情况　　　　　　　　　　　　　MPa

℃	20	200	250	300	350	400	425	450	475	500	550
R_m	785	770	760	745	726	677	647	608	569	530	451
$R_{p0.2}$	588	539	510	471	431	392	368	343	319	294	—

在较高温度条件下工作的机件，在设计选材时，应考虑高温的材料强度。

金属材料高温短时拉伸试验采用 GB/T 4338《金属材料高温拉伸试验方法》的规定。

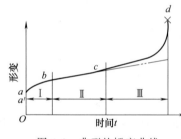

图 4-6　典型的蠕变曲线

② 高温蠕变性能。金属材料在高温和应力作用下，产生塑性变形的现象叫蠕变。

钢铁和许多有色金属，只有当温度达到一定程度时才能发生蠕变。金属发生蠕变时，一般认为主要有三个阶段，见图 4-6。

图 4-6 是金属典型的蠕变曲线，即形变 ε 和时间 t 的变化曲线。图中第 Ⅰ 阶段（a—b 段）是金属蠕变的不稳定阶段，也叫减速蠕变阶段。在这个阶段，金属以逐渐减慢的变形速度积累塑性变形。第 Ⅱ 阶段（b—c 段）是蠕变的稳定阶段，也叫恒速蠕变阶段，在这个阶段，金属以恒定的变形速度进行变形。第 Ⅲ 阶段（c—d 段）是蠕变加速阶段，在这个阶段，蠕变加速进行直到断裂。

表示材料蠕变强度的指标叫蠕变极限。材料的蠕变极限是表征材料抵抗蠕变能力大小的指标。

金属材料的蠕变极限通常用两种方法表示，一种是在规定的温度下，引起规定变形速度的应力值（指第Ⅱ阶段，即蠕变稳定阶段的变形速度）。常见规定的变形速度有 $1\times10^{-5}\%/h$ 或 $1\times10^{-4}\%/h$。表示方法如 $\sigma^{600}_{1\times10^{-5}}=300MPa$，即在 600℃ 的温度下，蠕变速度是每小时达 0.00001% 时的应力值为 300MPa。另一种表示方法是在规定的温度条件下，在规定的时间内，材料发生一定量总变形的应力值。如 $\sigma^{600}_{1/10^5}=300MPa$ 表示在 600℃ 的温度条件下，经过 100000h 后，总变形量达 1% 时的应力值为 300MPa。

金属材料蠕变极限的测定采用 GB/T 2039《金属材料单轴拉伸蠕变试验方法》标准的规定。

蠕变极限是以考虑变形为主的性能指标，一些机件，如螺栓，长期在高温下使用时的变形量要控制在一个规定的范围之内。所以，对有这种要求的机件在设计选材时，应考虑材料的蠕变极限值。

③ 高温持久极限。材料的高温持久极限是指在规定的温度和一定的压力条件下，材料抵抗断裂的最大应力。高温持久极限和蠕变极限的区别是：前者是材料抵抗断裂的能力，后

者是抵抗变形的能力。

持久极限不但能反映材料在长期高温条件下工作时抵抗断裂的能力，还能依据试样断裂后伸长和断面收缩程度反映材料的持久塑性。持久极限的表示方法如 $\sigma_{1\times10^3}^{600}=300\mathrm{MPa}$，表示材料在 600℃ 的温度条件下，经 1000h 发生断裂的应力为 300MPa。

金属材料高持久极限的测定采用 GB/T 6395《金属高温拉伸持久试验方法》标准的规定。

④ 抗松弛性能。试样或机件在高温和应力状态下，规定总变形不变的条件下，随时间延长而应力自发降低的现象叫材料的应力松弛。许多机件，如紧固件、弹簧等，都是在处于应力松弛条件下工作。当机件应力松弛到一定程度时，就会引起拉紧力变小而失效。

材料的高温应力松弛也是由蠕变现象引起的。蠕变是在恒定应力下，塑性变形随时间延长而增大，而松弛是在恒定总变形下，应力随时间延长而降低。两者虽然表现形式不同，但本质是相同的。

材料的应力松弛过程可以用应力松弛曲线来描述。见图 4-7。

应力松弛曲线是在恒温和总应变恒定的条件下测得的，它是表征应力与时间关系的曲线。

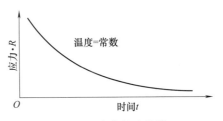

图 4-7 应力松弛曲线

金属材料应力松弛测定采用 GB/T 10120《金属应力松弛试验方法》标准的规定。

（2）影响金属材料高温性能的因素

试验研究表明，金属材料的蠕变断裂主要是沿晶断裂，为了提高蠕变极限和持久强度，应控制晶内和晶界的扩散过程。这种扩散主要取决于材料的合金成分、冶炼和热处理工艺。

① 合金成分的影响。首先，构成合金基体的元素应是高熔点的合金元素。因为合金元素熔点高，其自扩散能力弱，在同等温度条件下的扩散速度慢，当然也会降低蠕变速度。

在基体金属中加入易形成固溶体的元素，如铬、钼、钨、铌等，不仅可以产生固溶强化作用，还可提高金属的蠕变极限。

合金中存在弥散相，会阻碍位错滑移，对合金起强化作用。

合金中加入硼或稀土元素，能阻碍晶界滑动，可提高蠕变极限。

② 冶炼质量的影响。金属中的夹杂物、气孔等冶金缺陷会降低材料的持久强度；低熔点合金元素如铅、锡、锑及非金属元素硫、磷等，在晶界处偏聚会对晶界起到弱化作用。所以，应采用优良的冶炼工艺，保证获得高质量的金属材料，可提高金属材料的高温性能。

③ 热处理工艺的影响。对于珠光体类金属材料，采用较高温度的正火，使碳和合金元素充分溶解，起到强化基体的作用，之后以高于使用温度 100～150℃ 的温度回火，会保证组织稳定性。对于奥氏体耐热钢或合金采用固溶或固溶时效处理，使合金元素充分固溶，并获得一定程度的晶粒度。总之，采用正确的热处理工艺，获得良好的组织，对提高金属材料的高温性能是重要的。

④ 晶粒度的影响。材料的晶粒度细小，可强化性能。但，当使用温度高于等强温度时，粗晶粒钢和合金具有较高的抗蠕变能力和持久强度。所以，对金属材料晶粒度大小的控制，可视材料使用条件考虑。

晶粒度均匀性对材料的高温性能也有明显的影响，不均匀晶粒交界处容易引起应力集中，易形成裂纹源。所以，应该要求金属材料有均匀的晶粒度，有利于高温强度的提高。

用于高温条件下的材料主要有耐热钢和耐热合金两大类。具体见本书第 2 章 2.7 节。

4.1.8　金属材料的低温性能

（1）低温性能常用指标

钢的低温性能主要指钢的低温韧性和钢的韧脆转变温度。

众所周知，大部分钢铁材料，特别是具有体心立方晶格的金属材料随着温度降低，韧性下降，脆性增加，当到达某一温度时，材料突然变脆，冲击值明显下降，这种现象称为钢的冷脆。因冷脆现象而造成船舶、桥梁等大型结构在较低温度下发生脆性断裂事故的例子很多。随着工业技术的发展，各种液化石油气、液氨、液氧、液氢、液氮的生产、输送及海洋工程的开发，对低温钢都提出更高的要求。

冷脆转变是钢铁材料中的一个重要现象，影响因素较复杂，对冷脆现象的理论解释也存在不同的观点。常见的一种解释是认为材料冷脆是由于钢铁材料的屈服强度随温度降低而升高的结果。屈服强度（屈服点）随着温度下降而急骤上升，当在某一个温度，屈服点上升至抗拉强度极限时，便产生冷脆。在易冷脆材料中，抗断裂能力（强度极限）保持不变或稍有上升，而屈服点显著上升，甚至可以达到强度极限。所以，可以想象在易脆断的金属材料中，存在这样一个温度 T_K，温度高于 T_K 温度时，材料的屈服点一直低于破断强度，材料在受外力时，应力先达到材料屈服点，先发生屈服，后发生断裂，这属于韧性断裂；而当温度低于 T_K 温度时，材料屈服点接近或与破断强度一致，材料受力时，尚未发生屈服即超过了破断强度，也就是未发生明显塑性变形就断裂了，属脆性断裂。T_K 是材料由韧性断裂向脆性断裂转变的温度，称材料的冷脆温度。

（2）影响钢铁材料冷脆性的主要因素

① 金属晶体结构的影响。具有面心立方结构的金属和合金比具有体心立方结构及其他复杂结构的金属和合金的低温脆性倾向小。因为晶体结构愈复杂，位错滑移愈困难，随着温度下降对屈服强度的影响也更大，所以，这类材料的冷脆倾向更明显。

② 合金元素及杂质的影响。磷、碳、硅等元素对钢的冷脆性带来严重的不利影响，尤其是磷元素影响最大。镍、锰的少量加入会提高材料的冲击韧性，降低钢的冷脆性。

钢中的杂质元素会因偏聚，特别是在晶界处偏聚而增加冷脆性。

③ 晶粒度的影响。钢的晶粒愈细密，对冷脆性的改善愈好。因为晶粒细，晶界就多，当晶界总面积增加时，晶界上杂质元素偏析的浓度就会降低，有害影响变小，脆性转变温度也会降低。

（3）材料冷脆温度的评定

① 用系列的低温冲击试验，测定出冲击值随温度变化的曲线，见图 4-8。冲击值在某一温度急剧下降，这一温度即确定为材料的 T_K 温度。

② 通过系列冲击试验，并观测冲击试样断口，在冲击试样宏观断口的纤维区（韧性断裂区）与放射区（脆性断裂区）面积之比为 50% 时的温度为冷脆转变温度，记为 $FATT_{50}$。

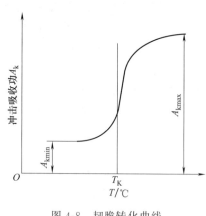

图 4-8　韧脆转化曲线

③ 落锤试验法。采用一系列规定的试样，用落锤方法测定出试样缺口韧性与试验温度

的关系，制成落锤缺口韧性与温度的关系图。当温度低于一定数值时，冲击试样塑性变形趋于零，相应断口为100%脆断区，发生这种现象的最高温度定义为"无塑性转变温度"，记为 NDT。以其表示材料的冷脆特性。

还有一些其他接近实际服役条件的试验方法，不一一列述。

（4）常用低温材料

目前常用的低温钢依据其特点，可用于不同的温度条件。主要有：

① 铁素体类低温钢。铁素体类低温钢一般存在明显的韧性-脆性转变温度，当温度下降到 T_K 温度时，韧性明显下降。这类钢的成分特点是低碳、低磷，通常加入锰、镍等合金元素或再加入可细化晶粒的钒、钼、钛、铝、稀土元素等，要求成分纯净、少杂质。

a. 低碳锰钢。含碳量为 0.05%～0.28%；含锰量为 0.6%～2.0%，降低氧、氮、硫、磷等有害元素含量，有的还加入细化晶粒的铝、钛、铌、钒等元素，这类钢最低使用温度在 −60℃左右，如 09MnNiDR 等。

b. 低合金钢。含镍 2.0%～4.0%的低镍钢、Ni3.5 钢及锰镍钼、镍铬钼钢等。这类钢最低使用温度可达−110℃左右。

c. 中（高）合金钢。含镍量大于6%，代表钢号有 Ni9、Ni36 等，这类钢可使用温度达 −196℃左右。

② 奥氏体类低温钢。奥氏体类低温钢具有较高的低温韧性，一般没有明显的韧性-脆性转变温度。

这类低温钢常用的有铁-铬-镍系奥氏体不锈钢，如 0Cr18Ni9 等，可用于−150～−250℃的温度区间。

另外一类是以锰、氮代替镍的奥氏体无磁钢，如 0Cr21Ni6Mn9N、0Cr16Ni22Mn9Mo2 等，可用于温度达−269℃的无磁结构件。

③ 有色金属及合金。有色金属及合金包括铜及铜合金，铝及铝合金，钛及钛合金。

④ 镍基和铁镍基合金。适用低温的材料可见本书第 2 章 2.6 节。

4.1.9 金属材料的硬度

硬度是评定金属材料软硬程度的一种性能指标。硬度值的物理意义随着试验方法不同，其含义也不同。如压入法确定的硬度值表示材料表面抵抗另一物体压入时引起塑性变形的能力；回跳法确定的硬度值表示金属弹性变形功；刻痕法确定的硬度值表示金属抵抗表面局部断裂的能力。因此，材料的硬度值不是一个单纯的物理量，而是表征材料的弹性、塑性、形变强化、强度和韧性等一系列不同物理量组合的一种综合性能指标。

金属材料的硬度不仅与材料的静强度、疲劳强度存在近似的经验关系，还与材料的工艺性能，如冷成形性能、切削性能、焊接性能有关。

相对于其他力学性能，硬度检测方便、易行，不仅可以在试件上进行，也可在工件本体上进行；不仅可以在试验室进行，也可在生产或使用现场进行。硬度检测可以不破坏工件。因此，金属材料的硬度检测得到广泛应用。

（1）金属材料硬度检测的主要方法和指标

① 布氏硬度。布氏硬度是金属材料最常见的检验方法，是用一定大小的载荷将钢球压入金属表面，根据压痕大小来评定金属硬度。

布氏硬度以 HB 表示，用淬火钢球压入时，右下角记 S，例如 HBS；用硬质合金球压入时，右下角记 W，例如 HBW。值越大表示材料硬度越高。

布氏硬度常用来检验退火钢、正火钢、调质钢、铸铁或有色金属及合金的硬度。

② 洛氏硬度。洛氏硬度也是常见的一种硬度检验方法。洛氏硬度检验是用锥角为 120°的金刚石圆锥或小钢球压入金属表面，测量压痕深度表示硬度大小。值越大表示硬度越高。

洛氏硬度可采用不同的压头或载荷，能组成 15 种不同的表示方法，以适用于不同材料和不同硬度范围的检测。

洛氏硬度以 HR 表示，采用不同标尺，可在其后以字母标出，如 HRC 表示 C 标尺，是用金刚石圆锥，以 1500N 载荷压入测得的硬度值。

洛氏硬度可适用于各类材料、高硬度范围的材料检验。

③ 维氏硬度及显微硬度。维氏硬度是采用锥面交角为 136°的金刚石四方角锥体，以一定载荷压入材料表面，测压痕对角线长度来评定材料硬度。

维氏硬度用 HV 表示，通常在右下角标注载荷数值。如采用 49.03N 即 5kgf 的载荷时记 HV_5。

维氏硬度常用来检验表面化学热处理层的硬度。

显微硬度实际上就是小载荷的维氏硬度试验。载荷通常以 g 来计，压痕对角线以 μm 计。因为显微硬度测量可以控制在很小的范围内，所以，可用来测量个别夹杂物或某相组织的硬度。

④ 肖氏硬度。肖氏硬度是一种动载荷硬度试验法，也是用回跳法测量硬度值。用一定重量的带有金刚石圆头或钢球的重锤，使其从一定高度落于金属表面，根据钢球的回跳高度来评定金属硬度值大小。

肖氏硬度以 HS 表示。肖氏硬度计使用方便，多用于现场检测工件表面硬度。

⑤ 里氏硬度。里氏硬度是用碳化钨测量头的冲击体借弹簧力打向材料表面，冲击后反弹，当冲击体通过线圈时，因冲击体带有永久磁铁，故线圈内感应出电压，电压值正比于冲击速度，根据感应电压信号强弱，由计算机显示出材料硬度值的大小。

里氏硬度以 HL 表示。里氏硬度可以与静载硬度，如布氏硬度、洛氏硬度、维氏硬度互换。里氏硬度计适于测量各种金属硬度。

此外，还有莫氏硬度、努氏硬度等测量方法，因在工程实际的金属材料硬度检验中不便采用，这里不一一说明。

（2）影响材料硬度的因素

① 晶体结构的影响。不同的晶体结构具有不同的原子堆积方式和不同的原子致密度，反映不同的硬度，如典型的三种晶体结构按硬度由低至高的排列顺序为：面心立方晶格、体心立方晶格、密排六方晶格。所以，具有不同晶体结构的金属的硬度也不同。

② 成分和组织的影响。金属材料的成分和所形成的组织对硬度有较大影响。机械产品最常用的钢或铸铁是铁碳合金，碳在铁中的固溶度越大，引起晶格扭曲越大，产生的晶体缺陷也越多，硬度增加也越明显。碳还会与其他合金元素形成合金碳化物，多数合金碳化物的硬度要高于基体组织。钢经过热处理后，转变条件不同可能获得不同的组织，如钢加热后以不同的冷速冷却，可能获得珠光体、贝氏体、马氏体，而这不同组织的硬度是由低向高变化的。即使同一类组织，也会因为形态、粗细不同而有不同的硬度，如同是珠光体组织，片状珠光体硬度高于球状珠光体硬度；同样是片状珠光体组织，片间距越小、越细，硬度越高。

③ 热处理的影响。钢铁材料凡是能通过热处理方式强化的，都会使硬度增加，如马氏

体钢的淬火、沉淀硬化钢的时效等都会使硬度增大。

材料表面化学热处理，如渗碳、渗氮等，也是由改变表面化学成分，进而改变渗层的组织形态、组织构成而提高硬度。

（3）硬度与其他力学性能的关系

根据大量的试验研究和实践证明，金属材料各种硬度值之间，硬度值与某些力学性能之间具有近似的对应关系。因为硬度值是由起始的塑性变形抗力和继续的塑性变形抗力决定的，材料的强度越高，塑性变形抗力也越高，硬度值也越高。

由实验方法求得的金属材料硬度和强度之间的经验公式（供参考）如下。

退火、正火或调质钢：

$R_m(\text{kgf/mm}^2) \approx 0.362\text{HB}$　　（HB＞175时）

或 $R_m(\text{MPa}) \approx 3.550\text{HB}$

$R_m(\text{kgf/mm}^2) \approx 0.345\text{HB}$　　（HB＜175时）

或 $R_m(\text{MPa}) \approx 3.383\text{HB}$

$R_m(\text{kgf/mm}^2) \approx 2.5\text{HS}$

或 $R_m(\text{MPa}) \approx 24.52\text{HS}$

灰铸铁：

$R_m(\text{kgf/mm}^2) \approx (\text{HB}-40) \times 0.17$

或 $R_m(\text{MPa}) \approx (\text{HB}-40) \times 1.635$

铸钢：

$R_m(\text{kgf/mm}^2) \approx (0.3 \sim 0.4)\text{HB}$

或 $R_m(\text{MPa}) \approx (2.942 \sim 3.923)\text{HB}$

更简便的估算公式：

$R_m(\text{kgf/mm}^2) \approx \dfrac{1}{3}\text{HB}$

或 $R_m(\text{MPa}) \approx 3.269\text{HB}$

因钢铁材料的旋转弯曲疲劳极限 σ_{-1} 相当于 R_m 的一半，所以：

$\text{HB} \approx 6\sigma_{-1}$ （kgf/mm^2）

或 $\text{HB} \approx 58.84\sigma_{-1}$ （MPa）。

不同硬度之间的换算尚无一个统一的系数。所以，需要时可查表确定。

金属材料的力学性能，除上述几种外，还有扭转性能、弯曲性能、剪切性能、压缩性能等，这些性能都有相应的检验和试验方法。机械零件设计时，可核查相关数据和采用相应的标准、试验。在实际产品制造时，不常对这些性能进行检验和控制，故不一一叙述。

4.2　金属材料的耐腐蚀性能及影响因素

机械产品，特别是化工机械产品如泵、压缩机、阀门等零件选材时，材料的耐腐蚀性能是重要的考核指标之一。

材料的腐蚀是指材料与其所处的环境因素以物理、化学或电化学方式相互作用，导致材料结构的完整性遭到破坏的现象和结果。

材料的耐蚀性指抵抗腐蚀的能力。

4.2.1 腐蚀的基本知识

（1）金属腐蚀基本理论

绝大多数金属都具有与周围介质发生作用而转入氧化状态的倾向。从热力学观点解释：在自然界中大多数金属通常是以矿石形式存在的，即以金属化合物的形式存在。而我们日常使用的金属也大多是从矿石中冶炼而成，在从矿石冶炼成金属的过程中需要外界提供能量（如热能或电能）才能完成这一转变。以铁为例，人们提供能量从主要成分是三氧化二铁的铁矿石中提炼出金属铁，所以金属状态的铁比矿石中的铁具有了更高的能量，即有更高的自由能。因此，金属铁总是存在释放能量而回到热力学上更稳定的自然存在形式——氧化物、硫化物、碳酸盐及其他化合物的倾向，这一过程就是金属被腐蚀的过程。所以可以说金属腐蚀是一个必然的自发过程。

根据腐蚀过程的特点，金属的腐蚀可以按照化学腐蚀、电化学腐蚀、物理腐蚀三种腐蚀机理特点分类。

① 化学腐蚀。化学腐蚀是指金属表面与非电解质直接发生纯化学作用引起的破坏，在化学腐蚀过程中没有电流产生。但从目前一些观点看，纯化学腐蚀是很少见的，过去曾把金属高温氧化而引起的腐蚀看成是化学腐蚀，可是有的研究表明，在高温气体中的金属氧化最初是通过化学反应生成氧化物膜，但后来膜的成长过程属电化学机理。

② 电化学腐蚀。金属的电化学腐蚀是指金属表面与离子导电的介质发生电化学作用而产生的破坏。在这个过程中包括一个阳极反应和一个阴极反应，两个反应以通过金属内部的电子流和介质中的离子流联系在一起，阳极反应是金属离子从金属转移到介质中和放出电子的过程，即阳极氧化过程。相应的阴极反应是从介质中吸收来自阳极的电子的还原过程。如碳钢在酸中腐蚀时，反应如下：

阳极反应：$Fe \longrightarrow Fe^{2+} + 2e$

阴极反应：$2H^+ + 2e \longrightarrow H_2 \uparrow$

其总反应：$Fe + 2H^+ \longrightarrow Fe^{2+} + H_2 \uparrow$

可见与化学腐蚀不同，电化学腐蚀的特点在于它的腐蚀过程包括两个相对独立且又同时进行的反应过程。

电化学腐蚀是最普遍、最常见的腐蚀，金属在各种电解质如水溶液、海水、大气、土壤中所发生的腐蚀都属电化学腐蚀。

电化学作用既能单独造成金属腐蚀，也可和机械作用、生物作用共同导致金属腐蚀。如金属在交变应力和电化学反应共同作用下会产生腐蚀疲劳；在应力与电化学反应共同作用下会产生应力腐蚀开裂；在机械磨损和电化学反应共同作用下会产生磨损腐蚀（腐蚀磨损）等。

③ 物理腐蚀。金属的物理腐蚀是指金属由于单纯的物理溶解作用所引起的破坏。如金属在高温熔盐、熔碱及液态金属中发生的腐蚀多为物理腐蚀。

（2）金属电化学腐蚀及判定依据

如前所述，金属的电化学腐蚀过程是单质形式存在的金属和其周围的电解质组成的体系，从一个热力学不稳定状态到一个热力学稳定状态的过程。其结果是生成各种化合物，同时引起金属结构的破坏，即金属受到了腐蚀。值得我们注意的一个问题是：同一金属在不同介质中腐蚀不同，而不同的金属在同一介质中的腐蚀情况也不一样，造成金属这种电化学腐蚀不同倾向的原因是什么呢？我们如何判断金属的腐蚀是否会发生呢？

从热力学观点看，腐蚀过程是由于金属与其周围介质构成了一个热力学上不稳定的体系，这个体系有从不稳定向稳定转变的倾向。对于各种金属来说，这种倾向是不相同的。这种倾向的大小可以通过腐蚀反应的自由能变化（ΔG）$_{rp}$ 来衡量。如果（ΔG）$_{rp}<0$，则腐蚀反应可能发生。自由能变化的负值愈大，一般表示金属愈不稳定；如果（ΔG）$_{rp}>0$，则表示腐蚀反应不能发生，自由能变化的正值愈大，一般表示金属愈稳定。通常的腐蚀反应的自由能变化（ΔG）$_{rp}$ 是可以通过计算求得的。

金属腐蚀是金属在电解质中的电化学过程，是一种涉及电子迁移的化学过程。因此，金属腐蚀能否进行取决于金属能否离子化，而金属离子化的趋势可以用电极电位 E 表示。电位或电极电位指金属在电解质溶液中显示电效应时金属表面与溶液之间的电位差。在体系中只有当阳极（金属）的电位低于阴极（电解质）的电位时，方可发生阳极释放电子并离子化进行氧化反应过程，而阴极吸收电子发生还原反应过程。这便是阳极（金属）腐蚀的过程。因此，某种金属在一个体系中是否能被腐蚀，我们可以用金属电位在体系中的高低来判断。金属的电极电位不是一个定值，它和所在的体系有关，如电解质种类、浓度、温度不同，金属的电极电位值也有差异。为便于将不同金属电极电位进行比较，引申出标准电极电位概念。标准电极电位是以标准氢原子作为参比电极，设定氢的标准电极电位为 0，与氢标准电极相比较，电位较高为正，电位较低为负。通常将氢电极在 25℃ 时的电位确定为 0，在 25℃ 时，金属电极与氢电极之间的电位差叫该金属的标准电极电位。常见金属的标准电极电位见表 4-9。

表 4-9 金属在 25℃ 时的标准电极电位

电极反应	E_e^0/V	电极反应	E_e^0/V	电极反应	E_e^0/V
$Li \Longrightarrow Li^+ + e$	−3.045	$Co \Longrightarrow Co^{2+} + 2e$	−0.277	$V \Longrightarrow V^{3+} + 3e$	−0.876
$Rb \Longrightarrow Rb^+ + e$	−2.925	$Ni \Longrightarrow Ni^{2+} + 2e$	−0.250	$Zn \Longrightarrow Zn^{2+} + 2e$	−0.762
$K \Longrightarrow K^+ + e$	−2.925	$Mo \Longrightarrow Mo^{3+} + 3e$	−0.2	$Cr \Longrightarrow Cr^{3+} + 3e$	−0.74
$Cs \Longrightarrow Cs^+ + e$	−2.923	$Ge \Longrightarrow Ge^{4+} + 4e$	−0.15	$Ga \Longrightarrow Ga^{3+} + 3e$	−0.53
$Ra \Longrightarrow Ra^{2+} + 2e$	−2.92	$Sn \Longrightarrow Sn^{2+} + 2e$	−0.136	$Fe \Longrightarrow Fe^{2+} + 2e$	−0.440
$Ba \Longrightarrow Ba^{2+} + 2e$	−2.90	$Pb \Longrightarrow Pb^{2+} + 2e$	−0.126	$Cd \Longrightarrow Cd^{2+} + 2e$	−0.402
$Sr \Longrightarrow Sr^{2+} + 2e$	−2.89	$Fe \Longrightarrow Fe^{3+} + 3e$	−0.036	$In \Longrightarrow In^{3+} + 3e$	−0.342
$Ca \Longrightarrow Ca^{2+} + 2e$	−2.87	$D_2 \Longrightarrow D^+ + 3e$	−0.0034	$Cu \Longrightarrow Cu^{2+} + 2e$	+0.337
$Na \Longrightarrow Na^+ + e$	−2.714	$H_2 \Longrightarrow 2H^+ + 2e$	0.000	$Cu \Longrightarrow Cu^+ + e$	+0.521
$La \Longrightarrow La^{3+} + 3e$	−2.52	$Al \Longrightarrow Al^{3+} + 3e$	−1.66	$Hg \Longrightarrow Hg^{2+} + 2e$	+0.789
$Mg \Longrightarrow Mg^{2+} + 2e$	−2.37	$Ti \Longrightarrow Ti^{2+} + 2e$	−1.63	$Ag \Longrightarrow Ag^+ + e$	+0.799
$Am \Longrightarrow Am^{3+} + 3e$	−2.32	$Zr \Longrightarrow Zr^{4+} + 4e$	−1.53	$Rh \Longrightarrow Rh^{2+} + 2e$	+0.80
$Pu \Longrightarrow Pu^{3+} + 3e$	−2.07	$U \Longrightarrow U^{4+} + 4e$	−1.50	$Hg \Longrightarrow Hg^{2+} + 2e$	+0.854
$Th \Longrightarrow Th^{4+} + 4e$	−1.90	$NP \Longrightarrow NP^{4+} + 4e$	−1.354	$Pd \Longrightarrow Pd^{2+} + 2e$	+0.987
$Np \Longrightarrow Np^{3+} + 3e$	−1.86	$Pu \Longrightarrow Pu^{4+} + 4e$	−1.28	$Ir \Longrightarrow Ir^3 + 3e$	+1.000
$Be \Longrightarrow Be^{2+} + 2e$	−1.85	$Ti \Longrightarrow Ti^{3+} + 3e$	−1.21	$Pt \Longrightarrow Pt^{2+} + 2e$	+1.19
$U \Longrightarrow U^{3+} + 3e$	−1.80	$V \Longrightarrow V^{2+} + 2e$	−1.18	$Au \Longrightarrow Au^{3+} + 3e$	+1.50
$Hf \Longrightarrow Hf^{4+} + 4e$	−1.70	$Mn \Longrightarrow Mn^{2+} + 2e$	−1.18	$Au \Longrightarrow Au^+ + e$	+1.68
$Tl \Longrightarrow Tl^+ + e$	−0.336	$Nb \Longrightarrow Nb^{3+} + 3e$	−1.1		
$Mn \Longrightarrow Mn^{3+} + 3e$	−0.283	$Cr \Longrightarrow Cr^{3+} + 3e$	−0.913		

表 4-9 是按其标准电极电位值由小到大依次排列的，正值大的金属如金、铂、银等称贵金属，而负值大的金属如镁、铝、钛等称活泼金属。

金属材料常常不是纯金属，而是合金。因此金属材料的电极电位更具有实际意义。表 4-10 列出了常用金属材料在实验室及现场腐蚀试验得出的电极电位。这种排列顺序构成了

"接触腐蚀系列"，表中两种材料相距愈远，它们接触时，阳极的腐蚀愈厉害。

表 4-10　金属及合金的电极电位

金属及合金	电极电位	金属及合金	电极电位
镁	-1.73	60Cu-40Zn	-0.28
镁合金(1.5%Mn)	-1.71	镍(活态)	
(6%Al,1%Zn)	-1.68	80Ni-15Cr-5Fe(活态)	
(10%Al)	-1.66	70Cu-30Zn	
锌	-1.00	85Cu-15Zn	
铝(99.95%)	-0.85	铜	-0.20
镉	-0.82	7Cu-30Ni	
铁	-0.63	13%Cr 不锈钢(钝态)	
碳钢		17%Cr 不锈钢(钝态)	
生铁		18Cr-8Ni 钢(钝态)	-0.15
13%Cr 不锈钢(活态)	—	Ti	
17%Cr 不锈钢(活态)		Monel(70Ni-30Cu)	-0.10
50Pb-50Sn		银	-0.08
18Cr-8Ni 钢(活态)	—	镍(钝态)	-0.07
18Cr-12Ni-3Mo 钢(活态)		80Ni-15Cr-5Fe(钝态)	-0.04
铅	-0.55	石墨	
锡	-0.49	金	—

注：1. 电极电位——在 5.85%NaCl-0.3%H_2O_2 介质中与 0.1mol/dm³ 甘汞标准电极的电位差。

2. 在同类中各金属及合金的电极电位相差不大。

　　不同金属在不同的环境中，其电极电位序列也是不同的，表 4-11 是一些金属、合金在海水中的电位序。

表 4-11　金属在流速为 4m/s 的海水中的电位序

材料名称	电位/V	材料名称	电位/V
锌	-1.03	70Cu-30Ni0.47-Fe	-0.25
3003(H)铝合金	-0.79	青铜 M	-0.23
6061(T)铝合金	-0.76	1Cr17 钝化态	-0.22
铸铁	-0.61	镍	-0.20
碳钢	-0.61	1Cr13 钝化态	-0.15
1Cr17,活化态	-0.57	钛	-0.15
0Cr19Ni9,活化态	-0.53	银	-0.13
1Cr13,活化态	-0.52	Hastelloy C	-0.08
船用黄铜	-0.40	Monel 400	-0.08
铜	-0.36	0Cr19Ni9 钝化态	-0.08
红色黄铜	-0.33	0Cr17Ni12Mo2 钝化态	-0.05
青铜 G	-0.31	锆	-0.04
海军黄铜	-0.29	铂	+0.15
90Cu-10Ni0.82-Fe	-0.28		

　　正是因为一种金属在不同电解质体系中具有不同的电极电位，其在不同介质中的腐蚀情况不同，也正是因为不同金属在一种电解质体系中具有不同的电极电位，不同金属在一种介质中的腐蚀情况才有所不同。

　　还有一个值得我们关注的问题，那就是不同金属接触时，由于电极电位的差异，阳极金属在电解液中会受到腐蚀，这是我们已经理解了的事情。为什么同一金属在电解液中也会腐蚀呢？这是因为金属表面不同部位具有电位差异，所以发生微电池作用而受到腐蚀。同一金属不同部位电极电位差异是由一系列电化学不均匀性引起的，这种不均匀性既包括金属自身的不均匀性，也包括外界条件的不均匀性。

① 金属自身的不均匀性。金属电极电位的不均匀性的影响因素主要有：

a. 相组成的影响。工业上常用的金属材料大多是多相合金，各不同相具有各自不同的电极电位，使金属具有电极电位的不均匀性。

b. 杂质的影响。金属中或多或少地存在夹杂物，夹杂物的电极电位与基体金属的电极电位不同。

c. 偏析的影响。金属会有化学成分的不均匀性，即存在偏析，这种偏析会引起电极电位的不均匀性。

d. 晶界的影响。晶粒周界与晶粒内部在成分、杂质含量、应力等各方面都有不同，造成晶界与晶粒电极电位的不均匀性。

e. 应力和变形的影响。金属材料在形成零件的制造过程中会存在应力和变形的不均匀性，零件在使用过程中也会产生应力的不均匀性。一般情况下，受应力的部分和变形大的部分会引起电极电位不同。

金属自身的这些不均匀性引起各部分电极电位的差异，加速腐蚀。

如果金属表面经过加工或有覆盖层，其质量也对腐蚀产生影响。

f. 金属表面光洁度愈好，愈容易形成连续的、高质量的保护膜，愈耐腐蚀。

g. 覆盖层愈细密、愈均匀，耐腐蚀性能愈好。覆盖层有微孔，特别是孔内金属为阳极时，耐蚀性特别是耐点腐蚀性能变坏。

h. 腐蚀产物均匀、致密覆盖金属表面时对腐蚀影响不大，如果腐蚀产物疏松、不均，会加速继续腐蚀。一般腐蚀产物下面的金属多为阳极。

② 电解质的不均匀性。液相电解质会存在不均匀性，并对金属腐蚀造成影响。

a. 在体系中，金属离子浓度较小处为阳极。因此，在溶液流动处及生成络合离子部位会加速腐蚀。

b. 液体介质中介质离子的浓度不均匀性对腐蚀产生影响，一般含有活性离子（如 Cl^-）时，浓度较大部位为阳极，当含有钝化离子（如 $Cr_2O_7^{2-}$）时，浓度较小部位为阳极。

c. 氧或其他氧化剂浓度的不均匀性也对腐蚀产生影响。由于氧化而容易钝化的金属，如铝及不锈钢，在氧或氧化剂浓度较小部位为阳极，因此介质的不均匀通气会加速腐蚀。而在氧化环境中容易受腐蚀的金属，如铜等金属，则会产生相反的结果。

③ 系统外界条件的不均匀性

a. 当温度不均时，较热区域为阳极。

b. 当光能照耀不均时，照耀较强区域为阳极。

c. 当系统有外加电场时，电流自金属流入电解液处为阳极。

正是由于金属自身存在的不均匀性，以及腐蚀介质种类、条件、不均匀性的千差万别，才造成不同金属在不同环境中产生不同的腐蚀效果。

4.2.2　金属的钝化

在电化学腐蚀系统中，作为阳极的金属会受到腐蚀，并且，电极电位差越大，腐蚀速度越快。但，当电化学腐蚀系统在一定条件下，如金属电极电位因外加阳极电流或局部阳极电流而向正方向移动时，原来活泼溶解的金属表面状态会发生突变，此时，金属溶解（腐蚀）速度急速下降。金属阳极溶解（腐蚀）过程的这种反常现象称为金属的钝化。通常认为金属的钝化主要和氧化性介质有关，但有些金属（如镁）等，也可以在非氧化性的介质中发生钝化现象。

钝化现象若是因金属钝化剂的自然作用而产生时，称为"化学钝化"或"自动钝化"。如铬、铝、钛等金属在空气或多种含氧的溶液中都易于被氧所钝化，故称其为自钝化金属。但在不含有氧离子的电解溶液中，金属的钝化也可以由阳极极化引起，这种钝化称为"阳极钝化"或"电化学钝化"，如铁、铬、镍、钼等金属在稀硫酸中发生的钝化便是阳极钝化。

无论是化学钝化还是电化学钝化本质是一样的，都是由于原先活化溶解着的金属表面发生了某种突变，即该金属的溶解过程不再服从正常规律，其溶解速度随之急剧下降。金属钝化后所处的状态称作钝态，钝态金属所具有的性质称作钝性。

因为金属钝化后具有很低的溶解（腐蚀）速度，所以，可以采用钝化方法来减缓金属的腐蚀。金属的钝化作用是如何实现的呢？一种理论认为：金属钝化后在表面形成了致密的、覆盖良好的保护膜——钝化膜。这层膜把金属和腐蚀介质分隔开，从而使金属溶解（腐蚀）速度大大降低。还有一种理论认为：引起金属钝化不一定要形成膜，而只要在金属表面上生成氧或氧粒子的吸附层即可。这一吸附层是氧原子和金属最外侧的原子因化学吸附而结合形成，并使金属表面的化学结合力饱和，从而改变了金属/溶液界面的结构，使金属同腐蚀介质的化学反应显著减小，从而缓解了金属的腐蚀。

对于某些腐蚀体系，在某些情况下，钝化膜可能遭到破坏，而金属会因钝化膜的破坏大大加速其在介质中的溶解（腐蚀）速度，将金属从钝态转变为活化态，这一变化过程称为金属进入过钝化状态。

金属的钝化可以通过改变成分，如加入易钝化金属成分，如加入铬、镍、钼、钛等合金元素，也可采用某些氧化性介质对金属材料进行钝化处理。

4.2.3　机械零件（产品）常见腐蚀类型

机械零件（产品）腐蚀类型基本上可分全面腐蚀（均匀腐蚀）和局部腐蚀。其中局部腐蚀又可分电偶腐蚀、晶间腐蚀、点（孔）腐蚀、缝隙腐蚀、应力腐蚀破裂、腐蚀疲劳、磨损腐蚀、冲刷腐蚀等。

金属的全面腐蚀是在整个表面上、比较均匀进行的，容易被人们察觉，可以预先发现并采取对策，危害较小。局部腐蚀是从表面开始的，腐蚀的萌生和扩展都是在很小的区域内进行的，是有选择进行的，会导致机件的局部破坏。目前，对局部腐蚀的预测和防止还比较困难。所以，局部腐蚀相对于全面腐蚀的危害更大，常常造成构件的突然破坏，甚至造成灾难性的后果。

金属材料发生腐蚀和发生什么类型的腐蚀取决于"材料-环境"体系特性。这种特性的形成既包括材料本身的因素，也包括腐蚀环境的因素，还包括构件加工、成形因素等。

（1）材料本身的因素

金属材料的成分、组织、纯净度都对其耐腐蚀性能有重要影响。

① 材料种类。不同材料在腐蚀介质中阴、阳极反应过程不同。因此，不同材料在不同介质中发生的腐蚀也不同，在腐蚀介质中，金属的电极愈正标志其热力学稳定性愈高，在介质中愈耐腐蚀。

② 合金成分。材料的耐蚀性在很大程度上取决于合金成分。合金成分形成单相合金时通常比形成多相合金耐腐蚀，合金成分形成多相合金时，各相之间电位差愈大，则愈不耐腐

蚀。不同合金元素影响金属在腐蚀介质中的腐蚀过程不同，或者说合金元素对材料耐腐蚀性能的影响随腐蚀条件不同而异。如铁-铬合金，在氧化性酸（如硝酸）中，随含铬量增加，耐蚀性提高，而在还原性酸中（如硫酸、盐酸）则随含铬量增加耐蚀性下降。

③ 冶金因素。主要指金属材料的冶金质量。金属材料中的成分或组织偏析、夹杂物等冶金缺陷都会形成腐蚀源，加速材料腐蚀。尤其是当夹杂物以阴极形式存在，金属基体为阳极时，金属腐蚀更会严重。

④ 热处理效果。材料选择合适，如果热处理效果不好也会引起腐蚀。因为热处理直接影响材料的组织结构，热处理不当引起的组织不均、产生析出相等热处理缺陷将对局部腐蚀产生影响。如马氏体不锈钢退火状态会因碳化铬的大量析出，导致基体组织中含铬量不足，降低耐腐蚀性能，而淬火状态的组织均匀，铬充分溶解在基体组织中，提高耐腐蚀性能。又如奥氏体不锈钢在 $400\sim850℃$ 温度区间停留会使碳化铬沿晶界析出，形成晶界贫铬区而加速晶间腐蚀。

⑤ 材料表面状态。材料表面质量均匀、光洁度好会提高耐腐蚀性能；表面有凹痕、划伤易成为腐蚀源；表面粗糙不易形成保护膜，所以也会使材料耐腐蚀性能下降。

（2）环境条件

主要指金属材料所接触的介质条件。这些条件的改变对金属材料的腐蚀性、腐蚀类型、腐蚀程度均产生影响。

① 介质成分。介质按其性质可分为氧化性和还原性，酸性、碱性及中性等。在具体情况下，腐蚀介质又可能是多元的，甚至是变化的。这些都会对金属材料的腐蚀有不同效果。

② 介质浓度。介质浓度对材料的耐蚀性影响情况是复杂的，对各种材料、不同的浓度范围、不同介质，其影响规律也不同。

③ 介质温度。腐蚀过程的阳极反应和阴极反应速度一般都随介质温度的升高而增加，即材料的腐蚀率通常随介质温度升高而增加。增加的速率依介质特性和材料的不同有所差异，但影响趋势是一致的。

④ 介质流速。介质的流速是指介质与材料表面之间的相对运动速度。在大多数情况下，材料的腐蚀率随介质流速增加而提高。但这种规律不是简单的关系，而是与材料种类、介质特性、温度等条件有关。而点腐蚀和缝隙腐蚀易在静止介质中发生。

⑤ 介质 pH 值。介质 pH 值，即酸碱度对金属材料腐蚀的影响情况与材料的种类、介质的温度等有关。对于可钝化的金属来说，通常随介质 pH 值的减小（酸性增加），金属的钝化趋势下降，腐蚀加剧。

⑥ 介质压力。在液体介质中，压力对材料耐蚀性的影响不明显，而在气体介质中，由于压力增加，气体在金属材料中的溶解度增加，因而加剧了对金属的腐蚀。压力愈高，腐蚀性愈大。当然这个压力多指气体中的腐蚀性气体的分压。

（3）其他条件

金属材料的成形方法、变形及应力等都对其耐蚀性产生影响。

① 铸件与锻件。铸造成形的材料与锻造成形的材料相比，耐蚀性更差。这是因为铸件容易存在气孔、缩松、偏析、夹杂等缺陷，这些缺陷都可能成为腐蚀源。

② 冶炼方法。由不同冶炼方法得到的金属材料的耐蚀性也不同，如真空冶炼、炉外精炼、电渣重熔等方式得到的材料质量好、纯度高、气体和夹杂物都少，所以耐蚀性好。

③ 焊接结构件与整体成形件。焊接结构件的焊缝及热影响区组织不如母体组织好，且

会存在焊接缺陷和析出物，复杂组焊件还会存在应力。所以，焊接件的耐蚀性比一次整体成形件差。

④ 变形与应力。通过压力变形成形的工件，变形部位的保护膜会受到损伤，并且存在应力，这都会加速腐蚀，特别是存在的拉应力是引起应力腐蚀破裂的原因之一。

正是由于金属材料的千差万别、腐蚀介质和腐蚀条件的不同，以及组成构件又各具特点，才使得金属材料的腐蚀情况各异。

能形成致密钝化膜的金属材料，在含有卤素离子（Cl^-、Br^- 等）的介质中，多会发生点腐蚀；构件自身或与其他零件之间存在微小缝隙，又在含 Cl^- 的介质中，会产生缝隙腐蚀；存在拉应力的构件，在含 Cl^- 的介质中，可能产生应力腐蚀破裂；在晶粒界有碳化物析出，存在贫铬区的金属材料，在某些介质中可能产生晶间腐蚀等，不一一列举。

4.2.4 均匀腐蚀

在与腐蚀环境接触的整个金属表面上几乎以相同的速度进行的腐蚀，叫均匀腐蚀，也称全面腐蚀。

（1）形貌特征

腐蚀发生在金属的整个表面上，各处腐蚀程度基本均匀，金属表面通常会失去光泽、变得粗糙，严重时表面存在腐蚀产物，甚至会剥落，金属腐蚀最终使材料的尺寸变小，均匀腐蚀的产物可能是气体、液体或固体。

图 4-9 是不锈钢在海水中腐蚀的表面形貌，可见表面的腐蚀产物。

图 4-10 是铬不锈钢在海水中浸泡 16 年后的表面形貌，可见表面腐蚀产物很厚，也有剥落现象。

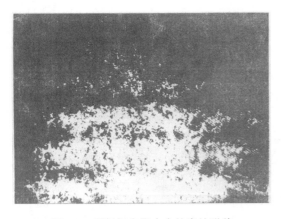

图 4-9　不锈钢在海水中的腐蚀形貌

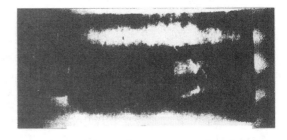

图 4-10　铬钢在海水中长期浸泡后的表面腐蚀形貌

（2）发生条件

任何金属材料在大气、土壤、非电解质和电解质中都会发生均匀腐蚀，只不过是依据材料种类和腐蚀介质的不同，均匀腐蚀的程度不同，在某些情况下，还会同时发生不同类型的局部腐蚀，有时严重的局部腐蚀将均匀腐蚀掩盖了，而忽略了均匀腐蚀的存在。

（3）腐蚀机理

金属的均匀腐蚀可以由化学腐蚀或电化学腐蚀产生。

金属在气体或非电解质中产生的腐蚀常是化学腐蚀，最简单常见的如金属在空气中的腐蚀：$Me + O_2 \Longrightarrow MeO_2$。在这个反应中形成固体腐蚀产物 MeO_2。固体氧化膜只有在十分完整的情况下才对金属起到保护作用，但在许多情况下，金属氧化膜的密度小于金属的密度，氧化膜疏松、有孔洞、不能很好地覆盖金属表面，这时，氧化膜起不到保护作用，使金属不断受到腐蚀。

金属在电解质中的均匀腐蚀是电化学腐蚀，符合电化学腐蚀理论，只不过是发生均匀腐蚀时，阳极的溶解过程是在整个金属表面上均匀发生的，从宏观上看不出金属表面上有局部区域的阳极溶解速度明显大于金属表面的其他区域。也许从微观上看，可能在各个瞬间腐蚀过程的阳极反应和阴极反应是在金属表面上不同的"点"进行的，但在整个腐蚀过程中，阳极反应和阴极反应在金属表面上所有"点"上进行的机会是大致相同的。

（4）影响因素

影响金属材料均匀腐蚀的因素包括金属材料自身条件和腐蚀介质条件两方面，主要有：

① 金属材料的化学成分。加入比铁对氧更有亲和力的元素，尤其是加入的合金元素形成的氧化物与基体金属形成的氧化物不互溶时，这些元素的加入更有利于减少金属的均匀腐蚀。如金属中加入硅、铝、铬、钼、铜等合金元素时会提高其耐蚀性。

② 金属的组织结构。具有面心立方晶格的奥氏体比具有体心立方晶格的铁素体有更好的耐蚀性。

③ 表面光洁度。金属材料表面光洁度高，形成的氧化膜更均匀、坚固、稳定，并且不易形成氧差电池。因此，表面光洁度高时更耐腐蚀。

④ 腐蚀介质的条件。腐蚀介质温度高和压力大时，都会加速电化学反应过程，所以对金属材料的腐蚀作用更强烈。

（5）材料选用

金属材料及合金的耐蚀性与腐蚀介质的特性有很大关系，比如，Cr13 型和 Cr18 型不锈钢在大气、水和具有氧化性酸中是耐腐蚀的，而在非氧化性酸中却不耐腐蚀。所以，应根据腐蚀介质的具体条件、种类、浓度、温度、压力、流速等因素合理选用金属材料。

另外，在金属材料表面采用金属或非金属覆盖层也是提高其耐蚀性的方法，覆盖层与金属基体结合力越强，越紧密、完整、无孔，分布越均匀，保护材料效果越好。

4.2.5 电偶腐蚀

由于一种金属与另一种金属或电子导体构成腐蚀电池作用产生的腐蚀叫电偶腐蚀。

（1）形貌特征

电偶腐蚀主要发生在两种不同金属或金属与非金属导体相互接触的边线附近，而在远离边缘的区域，其腐蚀程度不明显。特别是在大阴极、小阳极的条件下，阳极腐蚀尤为严重。

（2）发生条件

产生电偶腐蚀一般认为应满足下述三个条件。

① 两金属有不同的电位，即它们之间存在电位差。

② 两金属直接或有导线连接，即它们之间存在电子通道。

③ 两种金属的接触区有电解质覆盖或被电解质浸没。

在满足上述条件时，在两金属之间才会发生阳极反应和阴极反应，阳极被腐蚀。

（3）腐蚀机理

电偶腐蚀符合电化学腐蚀理论。当两种金属在电解液中，由于它们之间存在电位差，相互接触时构成腐蚀电偶，电位低的较活泼金属成为阳极，并发生阳极溶解。而电位高的金属为阴极，腐蚀很小或不腐蚀。

（4）影响因素

影响金属电偶腐蚀的主要因素：

① 金属电偶序。电偶序是指在给定的环境中，金属或合金自然腐蚀电位的高低依次排列的顺序。若电位高的金属材料与电位低的金属材料相接触，则电位低的金属为阳极，被加速腐蚀。两种材料之间的电位差愈大，电位低的金属愈易被腐蚀。在不同的电解质中，各金属的电偶序是不同的。

② 环境因素。环境因素包括介质的组成、温度、pH 值等情况，这些情况的变化都对电偶腐蚀产生不同的影响。

a. 介质组成。同一对电偶在不同介质中会出现电位逆转的情况，如在水中，锡对于铁是阴极；而在大多数有机酸中，锡对于铁是阳极。

b. 温度。电解质的温度不仅影响电偶腐蚀率，有时还会使金属电位逆转，如在冷水中，锌对铁是阳极，而在大于 80℃ 的热水中，锌对铁成为阴极。

c. 电解质电阻。因为电解质电阻大小会影响腐蚀过程中离子的传导过程。所以，电解质电阻越大，对电偶腐蚀越小。

d. pH 值。电解质 pH 值的变化可能会改变电解反应，也有可能改变电偶极性。如铝-镁合金在中性或弱酸性的低浓度氯化钠溶液中，铝是阴极；但当镁阳极溶解到一定程度后，溶液变成碱性，电偶极性逆转，镁成为阴极。

e. 流速或搅拌。搅拌或流速增加，可因向阴极提供氧的速率加快，使阴极上氧的还原速度更快而加速电偶腐蚀。

③ 阴阳极面积比。因为对于一定量的腐蚀电流来说，电极面积越小，腐蚀电流密度越大，腐蚀速度越快，所以，对于电偶腐蚀来说，大阴极对应于小阳极，会加速阳极的腐蚀。

（5）材料选择

为防止或减小电偶腐蚀，应根据介质条件（种类、浓度、温度、流速等）和各金属在该介质条件下的电偶序排列表，选择电位相当或比较接近的两种金属。如在海水或含 Cl^- 介质的溶液中，可参照表 4-11 选用。

4.2.6 晶间腐蚀

在腐蚀介质的作用下，沿着或紧挨着晶粒边界发生的腐蚀叫晶间腐蚀。

（1）形貌特征

晶间腐蚀发生时，金属表面通常看不出破坏迹象，外形、尺寸甚至金属光洁都看不出变化，但金属晶粒边界已严重腐蚀，晶粒间失去结合力，在显微镜下观察晶粒界被破坏，甚至存在裂纹，失去金属声音。图 4-11 是 0Cr18Ni9 钢在 65% 沸腾硝酸中产生的晶间腐蚀微观形貌。

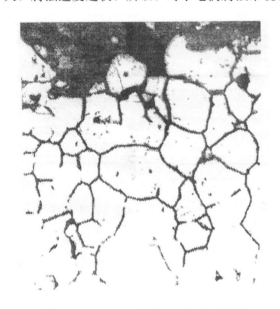

图 4-11　0Cr18Ni9 钢晶间腐蚀微观形貌

（2）发生条件

金属发生晶间腐蚀的条件包括金属自身因素和介质因素。

① 金属或合金杂质含量较高，特别是硫、磷、硅的存在；有碳化物、σ相等第二相沿晶界析出，在晶界产生贫铬区；晶粒间存在内应力。

② 不是任何介质都能使金属发生晶间腐蚀，金属只有在能使晶间活化而且使晶粒钝化的介质中才发生晶间腐蚀。通常可引起奥氏体不锈钢晶间腐蚀的介质见表 4-12。

表 4-12　引起奥氏体不锈钢产生晶间腐蚀的介质

醋酸	氰氢酸+二氧化硫	氢氧化钠+硫化钠
醋酸+水杨酸	氢氟酸+硫酸铁	次氯酸钠
硝酸铵	乳酸+硝酸	亚硫酸盐蒸煮液
硫酸铵	乳酸	亚硫酸盐溶液
硫酸铵+硫酸	硝酸	亚硫酸煮介酸（亚硫酸氢钙+二氧化硫）
甜菜汁	硝酸+盐酸	氨基磺酸
硝酸钙	硝酸+氢氟酸	二氧化硫（湿）
铬酸	草酸	硫酸
氯化铬	酚+环烷酸	硫酸+醋酸
硫酸铜	磷酸	硫酸+硫酸铜
原油	酞酸	硫酸+硫酸亚铁
脂肪酸	盐雾	硫酸+甲醇
氯化铁	海水	硫酸+硝酸
硫酸铁	硝酸银+醋酸	亚硫酸
甲酸	硫酸氢钠	水+淀粉+二氧化硫
氰氢酸	马来酸（顺丁烯二酸）	水+硫酸铝

符合上述两条件时，金属必然会产生晶间腐蚀。

（3）腐蚀机理

金属或合金发生晶间腐蚀的原因在于晶界和晶粒内部的成分差异，以及晶界有析出物，存在内应力。因此，解释金属发生晶间腐蚀的理论主要有：

① 晶间贫铬区理论。以奥氏体不锈钢为例，奥氏体不锈钢在某些条件下会在晶粒边界析出 $(Cr \cdot Fe)_{23}C_6$ 型合金碳化物、σ相等。这些析出物是高铬相，它们在晶界析出时，由于铬扩散较碳扩散速度慢，因此，在它们周围会存在一个贫铬区，此区域内铬的含量会低于 12%，而在腐蚀介质中先受到腐蚀，见图 4-12。

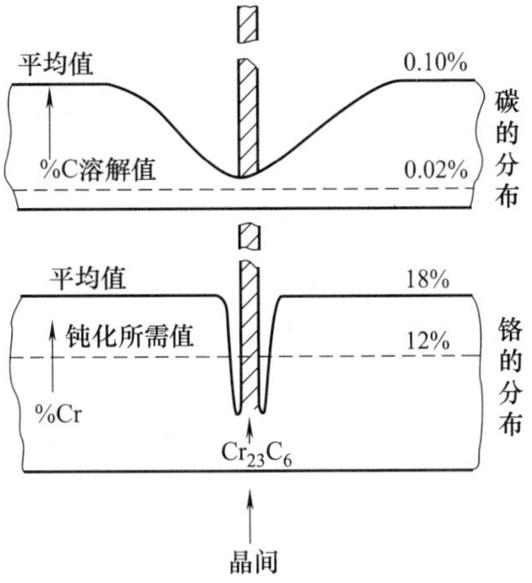

② 晶界吸附理论。金属的杂质，如硫、磷、硅等会在晶界处吸附、偏聚，而成为腐蚀源，使晶粒边界优先腐蚀。

③ 应力理论。金属或合金中的杂质或第二相在晶界析出时，导致析出物周围邻近的晶体点阵畸变，产生畸变应力，这个畸变应力区在腐蚀介质中表现出阳极行为优先腐蚀。

图 4-12　晶间腐蚀贫铬示意

（4）影响因素

影响金属或合金晶间腐蚀的因素可从其合金成分、组织和热处理等方面考虑。

① 合金成分

a. 碳。钢中的含碳量愈高，晶间沉淀的碳化物会愈多，晶间贫铬区的铬贫乏程度也愈严重。所以，碳含量愈高的钢晶间腐蚀倾向愈严重。

b. 铬。钢中的含铬量高，会增加贫铬区与非贫铬区之间的浓度梯度，加速铬向晶间贫铬区的扩散速度，促进贫铬区铬含量的恢复，减小晶间腐蚀倾向。

c. 镍。镍在钢中可提高碳的活度，并且会降低碳在奥氏体中的溶解度。所以，增加钢中镍的含量会促进在晶界析出含铬碳化物，形成贫铬区，加速晶间腐蚀。

d. 钼。钼在奥氏体不锈钢和铁素体不锈钢中会促进金属间相 σ 相的形成，还会促进含钼的合金碳化物在晶界析出。所以，钼含量增加会促进晶间腐蚀。

e. 钛、铌。钛和铌两种元素是强碳化物形成元素，它们与碳的结合能力高于铬与碳的结合能力，在高温时能形成更稳定的碳化物，会大大减少含铬碳化物的形成和析出。所以，奥氏体不锈钢中加入一定量的钛或铌，可大大减小晶间腐蚀倾向。

② 组织。奥氏体不锈钢中含有 5%～10% 的 δ 铁素体时，可减小晶间腐蚀倾向。这是因为这部分铁素体存在，会形成晶界能较低的相界面，即奥氏体与铁素体界面，有碳化铬析出时会优先析出在这个界面上，又由于铬元素在高铬的铁素体中扩散速度高于在奥氏体中的扩散速度，因此，形成的贫铬区的铬浓度可较快恢复，从而可减小奥氏体不锈钢晶间腐蚀倾向。

③ 晶粒度。在同等条件下，粗晶粒比细晶粒晶间腐蚀倾向大。因为粗晶粒钢的晶界面积小，在给定的敏化条件下产生的碳化物沉淀数量是一定的，结果使粗晶粒晶界部位的碳化物密度大，并且粗大晶粒有加速碳化物析出的作用，所以粗晶粒晶间腐蚀倾向大。

④ 热处理。晶间腐蚀的主要原因是碳化物沿晶界的沉淀析出。所以，阻碍其析出的热处理方法会减小晶间腐蚀倾向，而加速碳化物析出的热处理方法会加大晶间腐蚀倾向。以奥氏体不锈钢为例，固溶热处理使碳化物充分溶解于基体中，晶界很少有碳化物析出，因此不会产生晶间腐蚀。而敏化热处理会使碳化物充分析出在晶界上，晶界贫铬区多，因此引起晶间腐蚀。

含稳定化元素钛、铌的奥氏体不锈钢，采用稳定化热处理会更好地发挥钛、铌合金元素的稳定作用，因此更保证奥氏体不锈钢有优良的抗晶间腐蚀性能。

(5) 材料选择

为了防止或减少晶间腐蚀，正确选择材料和采用正确的热处理是非常重要的手段。

① 奥氏体不锈钢。奥氏体不锈钢普遍具有晶间腐蚀倾向，特别是有碳化物或 σ 相沿晶界析出时更不可避免。

在有晶间腐蚀的条件下，选择奥氏体不锈钢的主要原则是含碳量和是否含稳定化元素。

a. 含碳量愈高，沿晶界析出碳化物的机会愈多。一般认为当碳含量≤0.03% 时（有的认为≤0.02%），钢中不会有碳化物析出。

b. 含有稳定化元素钛（Ti%＞5×C%～0.7%）或铌（Nb%＞10×C%～1.10%）时，可以有效稳定钢中的碳，避免和减少碳化物析出。

所以，在有晶间腐蚀的条件下使用的奥氏体不锈钢含碳量应控制在 0.03% 以下，或采用含有钛或铌的奥氏体不锈钢。

当然，还应同时采用正确的热处理工艺方法，即采用固溶化处理或固溶化处理＋稳定化处理（对含钛或铌的钢）。

② 奥氏体-铁素体双相不锈钢。奥氏体-铁素体双相不锈钢比奥氏体不锈钢出现得更晚。

普遍认为与同样含碳量的奥氏体不锈钢相比，双相不锈钢具有更好的抗晶间腐蚀性能，其主要原因：

a. 钢中铁素体的存在增加了晶界面积和相界面积，降低了单位面积上析出碳化物的密度。

b. 钢中碳化物更容易在奥氏体-铁素体相界面上析出，而铁素体组织中含铬量高，铬在铁素体中的扩散速度快。所以，碳化物周围贫铬区中铬的含量可以及时恢复。

c. 奥氏体-铁素体双相不锈钢比奥氏体不锈钢含铬量高而含镍量低，这会降低钢中碳的活度、减小碳化物析出的倾向。

双相不锈钢也应采用正确的固溶化热处理，才能保证抗晶间腐蚀的能力。

③ 镍基合金。镍基合金由于含镍量高，一般认为耐蚀性好。但同样会发生晶间腐蚀，并且，晶间腐蚀的倾向性还较严重。这第一是因为大部分耐蚀合金的含碳量都大于 0.03%；第二是因为镍会使材料中的碳在基体中的溶解度降低增加碳的活度，使碳更易析出。

所以，为了降低合金的晶间腐蚀倾向，应尽量选用低碳、低镍的合金，并施以正确的热处理。

4.2.7　点腐蚀

点腐蚀也称孔腐蚀。点腐蚀是金属受介质腐蚀后，由表面向内扩展，形成孔穴的腐蚀。

点腐蚀通常发生在易钝化的金属或合金中，同时往往发生在有浸蚀性阴离子（如 Cl^-、F^-）与氧化剂共存的条件下。

（1）形貌特征

点腐蚀实际上是一种由小阳极大阴极腐蚀电池引起的阳极区高度集中的局部腐蚀形式。从外观上看，有开口式的蚀孔，也有闭口式的蚀孔。所谓闭口式的蚀孔是金属表面有腐蚀产物所覆盖或表面仍残留有呈现凹痕的金属薄层，而内部则隐藏着严重的腐蚀坑。图 4-13 是双相不锈钢点腐蚀宏观图像，点腐蚀孔已出现明显的开口形貌。

根据金属材料种类及腐蚀介质条件的不同，点腐蚀的形貌特征略有不同，有窄深形的、宽浅形的，有的蚀坑小而深，有半球形的、也有环形的，有的有规则而有的无规

图 4-13　双相不锈钢表面点腐蚀宏观形貌

则。蚀坑口多数有腐蚀产物覆盖，少数是呈开放式的。图 4-14 是几种有代表性的点蚀孔剖面形状图。

（2）发生条件

发生点腐蚀时，通常需符合以下条件。

① 点蚀多发生于表面可生成钝化膜的金属或表面有阴极性镀层的金属上（如碳钢表面镀锡、铜、镍等）。

② 点蚀应发生在有特殊离子的介质中，即有氧化剂（如空气中的氧）和同时有活性阴离子的介质中。如不锈钢对含有卤素离子的腐蚀介质敏感，按敏感性不同依次为氯离子、溴

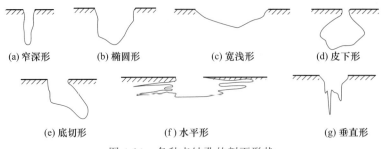

图 4-14　各种点蚀孔的剖面形状

离子、碘离子。除卤素离子外，对于钢铁在硫酸盐溶液中，在硅酸盐溶液中，甚至在高于100℃的纯水中都可能发生点腐蚀。通常认为，点蚀只有当活性阴离子在溶液中达到某一浓度时才能发生，这个浓度标准依金属材料不同而异。如在 $H_2SO_4 + NaCl$ 溶液中，Fe、Fe-20%Cr、Fe-18.6%Cr-9.9%Ni、Fe-29.4%Cr 四种材料，发生点腐蚀所需的阴离子最低浓度分别为 0.0003mol/L、0.1mol/L、0.1mol/L、1.0mol/L。

③ 在某一阳极临界电位（点蚀电位或击穿电位）以上，电流密度突然增大时发生点腐蚀。金属材料的点腐蚀电位越高，说明该材料耐点蚀性能越好。

（3）腐蚀机理

通常认为点腐蚀可分为两个阶段，即点蚀发生（成核）阶段和蚀坑发展（生长）阶段。

对于点腐蚀的发生、成核的理论一般有两种，一种是钝化膜破坏理论，认为点蚀坑是由于腐蚀性阴离子在钝化膜表面吸附，并穿过钝化膜而形成可溶性化合物所致。另一种是吸附理论，认为点蚀的发生是由活性氯离子和氧的竞争吸附结果造成的，当金属表面上氧的吸附点被氯离子取代后，氯离子和钝化膜中的阳极离子形成可溶性氯化物，结果在新露出的基体金属的某些点上产生小蚀坑，即点蚀核。

点蚀发生和成核是在一些敏感位置，即多发生在化学上的不均匀性和物理缺陷部位。比如钢中的杂质及非金属夹杂物、晶界处的偏析、钝化膜的缺陷处，各种机械损伤、晶界析出物等均属点蚀成核的敏感区。

一旦作为点蚀核的蚀坑形成，坑内金属处于活性状态，成为阳极，产生阳极反应：

$$Fe \longrightarrow Fe^{2+} + 2e^-$$

而坑外金属表面仍处于钝化状态，成为阴极，产生阴极反应：

$$\frac{1}{2}O_2 + H_2O + 2e^- \longrightarrow 2OH^-$$

于是在蚀坑内外构成一个微电池。由于在坑内溶解的金属离子不易向外扩散，造成 Fe^{2+} 浓度不断增加，为保持电中性，坑外氯离子要向坑内迁移，使坑内氯离子浓度达溶液中氯离子浓度的3~10倍。坑内氯化物浓缩使 pH 值下降，点蚀以自催化过程不断发展。由于自催化作用的结果，点腐蚀坑不断向深处发展，严重时可把金属断面蚀穿。可以说，点腐蚀的发展是化学和电化学共同作用的结果。

（4）影响因素

影响金属材料点腐蚀的因素可从金属材料自身情况和腐蚀介质条件两方面考虑。

① 金属材料自身因素

a. 合金成分。金属材料中的碳及合金元素对点腐蚀的作用是不同的。

碳：碳含量高，特别是碳以碳化物析出态存在时，会因易成为点腐蚀源而增加材料的点腐蚀敏感性。因此，为保证金属材料的耐点腐蚀性能，尽量减少碳的含量。图 4-15 是表示碳含量对 18-8 型不锈钢点腐蚀敏感性的影响。

铬：铬可降低钢的钝化电流，使钢表面易钝化，保持钝化膜的稳定，并能提高钝化膜破坏后的修复能力。特别是当铬含量高于 25% 时，耐点腐蚀能力明显提高。

钼：钼在金属中会富集在靠近基体的钝化膜中，提高钝化膜的稳定性。含钼金属中钝化膜中的 MoO_2 对钢在高浓度氯化物中也有良好的保护性。

镍：通常认为镍在不锈钢中的主要作用是控制钢的组织，与其他合金元素配合，调整钢的组织比例，比如，使奥氏体不锈钢具有更纯的奥氏体，使双相不锈钢中的奥氏体和铁素体的两相比例相当。

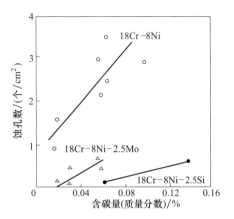

图 4-15　含 C 量对 18-8 型不锈钢
点腐蚀敏感性的影响

氮：氮对耐点腐蚀性的影响主要体现在奥氏体-铁素体双相不锈钢中。在双相不锈钢中随氮含量增加，点蚀电位升高。氮在钢中起稳定奥氏体的作用，改善钝化性能。也有观点认为氮主要集中金属和氧化物的界面上，改善钢耐点腐蚀性能。

铜：通常认为铜对改善钢耐点腐蚀性能作用不明显。

钨：有研究表明，钨在双相不锈钢中可提高钢的点蚀电位，对钢耐点腐蚀性能有积极作用。

当然，几种不同合金元素同时存在于钢中，它们联合作用更为复杂。

b. 显微组织。金属的显微组织对点腐蚀敏感性有很大影响。钢中的非金属夹杂物，尤其是硫化物、σ 相及其他沉淀析出相、敏化的晶界等，都是点蚀核易形成区，促使点腐蚀发生。

c. 表面状况。金属材料表面光洁度好，会增强钝化膜的强度，有利于提高耐点腐蚀能力。表面污染物、夹杂物都可成为点腐蚀源，促进点腐蚀发生。

d. 冷加工。金属材料冷加工可能破坏表面钝化膜，加工产生的应力及位错密度的增加都对点腐蚀产生不利影响。

e. 热处理。凡是促进碳化物析出、沉淀的热处理都会加速点腐蚀发生。

② 腐蚀介质条件因素

a. 介质种类及浓度。在含卤素的介质（如 Cl^-、F^-）中，点腐蚀敏感度最大。点蚀发生与介质浓度有关，而临界浓度又因材料的成分和状态不同而异。

b. 环境温度。对钢而言，点蚀电位随温度升高而降低。温度升高时，氯离子在金属表面钝化膜上的吸附增强，点蚀核形成的机会增强，点腐蚀严重。

c. 介质流速。介质流速增加比静止状态时的点蚀敏感性减弱。因为在静止状态下，点蚀附着物在表面上的数量较多，更容易发生点腐蚀。

（5）材料选择

在含氯离子的腐蚀介质中，高硅铸铁、高镍铸铁、铜合金都有一定的耐蚀能力。但是，不锈钢，特别是奥氏体不锈钢和铁素体-奥氏体双相不锈钢越来越得到广泛应用，尤其是双相不锈钢更被认为是耐点腐蚀的优良金属材料。

① 奥氏体不锈钢。奥氏体不锈钢含有较高的铬元素，会形成较稳定的钝化膜，当钢中加入钼或氮元素后，钝化膜具有更高的稳定性和耐蚀性，一定量的镍元素使其成为单相的奥氏体组织，也对保证耐蚀性提供条件。当奥氏体不锈钢的含碳量控制在≤0.03%时，钢中难以有碳化物析出，对减少腐蚀源创造了条件。所以，超低碳的奥氏体不锈钢，如022Cr19Ni10、022Cr28Ni10N、022Cr17Ni14Mo2、022Cr17Ni13Mo2N等都曾经用于耐点蚀条件下的选择材料。

② 奥氏体-铁素体双相不锈钢。奥氏体-铁素体双相不锈钢是为适应海水、含氯离子溶液介质中的高耐点腐蚀、耐缝隙腐蚀性能而出现的。双相不锈钢的耐点腐蚀性能优于奥氏体不锈钢，这是由其化学成分和组织特点决定的。

相对于奥氏体不锈钢，双相不锈钢具有更低的含碳量、更高的含铬量，普遍含有钼、氮元素，有的还加入铜、钨等合金元素，镍含量比奥氏体不锈钢低，这决定了其具有双相组织结构。低碳、高铬、加钼、氮的成分特点，使双相不锈钢更容易钝化，形成致密、坚固、均匀的钝化膜，并且膜的自修复能力强。双相不锈钢具有较高的点蚀电位。双相组织特征使其晶粒更细，晶界面积大，在单位晶界面积中杂质密度小。这一切都决定了奥氏体-铁素体双相不锈钢具有十分优良的耐点腐蚀、耐缝隙腐蚀的能力。

依据成分和合金元素含量不同，双相不锈钢耐点腐蚀能力也有差别。对双相不锈钢耐点腐蚀能力的评价通常用点腐蚀当量 PRE 表示，PRE 值愈高表示耐点蚀能力愈强。目前，比较高等级的双相不锈钢，即超级双相不锈钢的点蚀当量 PREN（考虑氮影响的点蚀当量值）＞40。常用的双相不锈钢有 022Cr22Ni5Mo3N、022Cr25Ni6Mo2N、03Cr25Ni6Mo3CuN、022Cr25Ni7Mo3.5WCuN 等。

4.2.8 缝隙腐蚀

缝隙腐蚀是由于材料或构件存在狭缝或间隙，在狭缝内或近旁发生的腐蚀。这种狭缝或间隙中可能存在异物、腐蚀物。

（1）形貌特征

缝隙腐蚀通常发生在狭缝或间隙内两侧金属表面上，缝隙内部一般出现加速腐蚀，腐蚀严重，缝隙外部金属腐蚀较轻。

图 4-16 显示了易产生缝隙腐蚀的位置示意图，图 4-16（a）表示两块铆接钢板之间缝隙腐蚀部位；图 4-16（b）表示两根带法兰的管子之间垫片缝隙可导致的缝隙腐蚀部位。图 4-17 显示的是双相不锈钢试片与支撑杆之间产生的缝隙腐蚀的宏观形貌。

（2）发生条件

几乎所有的金属和合金都能产生缝隙腐蚀，特别是依赖钝化而耐蚀的金属和合金更容易产生缝隙腐蚀，如不锈钢和一些有色金属合金等。

任何浸蚀性介质，包括淡水都能引起金属的缝隙腐蚀，而含氯离子的溶液更容易产生缝隙腐蚀。

总之，只要金属或金属构件存在缝隙，特别是 0.025~0.1mm 宽的缝隙，在介质中都可能产生缝隙腐蚀。如金属结构连接件（铆接、焊接、螺纹连接等）存在的缝隙，金属表面附着物如污物、腐蚀产物、残留物与金属本体表面之间存在的间隙等，都是发生缝隙腐蚀的敏感部位。

（3）腐蚀机理

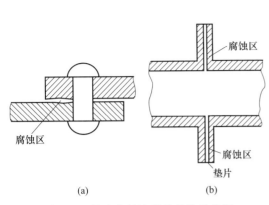

图 4-16　易产生缝隙腐蚀部位示意图

图 4-17　双相不锈钢与支撑杆之间
产生的腐蚀宏观形貌

目前，大家普遍接受的缝隙腐蚀机理是"浓差电池理论"。金属表面局部腐蚀的产生和发展都与腐蚀溶液的非均匀性有关。如由于缝隙的存在，缝隙内的金属表面与暴露的金属表面相比不易接触到新鲜介质，因而在同一金属表面的缝隙内外会产生离子和溶解气体浓度的差异。如在腐蚀初期，缝隙内外都会发生金属溶解和阴极还原反应，经过一段时间后，缝隙内氧很快被消耗完，而又不能及时补充，使缝隙内缺氧、电位较低，成为阳极，缝隙内金属发生溶解，造成此处金属离子过剩，为保持平衡，氯离子将向缝隙内迁移，结果使缝隙内 pH 值下降，又加速金属溶解，形成缝隙内腐蚀发展的自催化过程，使缝隙内腐蚀持续发展。

对于不锈钢的缝隙腐蚀，也有一个腐蚀电位问题，即当缝隙内 pH 值下降到一定程度时，腐蚀电位可能大于产生缝隙腐蚀的临界电位，这时在不锈钢缝隙内表面的钝化膜会遭到破坏，使缝隙腐蚀发生和发展。

（4）影响因素

影响缝隙腐蚀的因素可从以下三个方面考虑。

① 金属材料本身的因素。金属材料影响缝隙腐蚀发生和发展的主要因素是其合金成分。

通常认为铬、镍、钼、硅、铜、氮、钨等合金元素都是提高钢耐缝隙腐蚀的有效元素。铬、镍、钼对耐缝隙腐蚀均表现出有益作用，而硅、铜、氮主要是在含钼的不锈钢中发挥作用。

铬、镍、钼对不锈钢耐缝隙腐蚀发挥着有益作用，这是因为其可使钢的钝化膜破裂电位（临界电位）升高，从而使缝隙内钝化膜的破坏变得更困难而延缓缝隙腐蚀的发生。同时，它们还对缩小不锈钢的活化腐蚀区发生作用，阻止缝隙腐蚀的发展，这尤其以钼的作用最为明显。不锈钢中的铬、镍、钼三种元素对改善局部抗腐蚀的作用是相互依存的。

镍的主要作用是使钢保持合理的两相比例。

氮可降低铬在奥氏体和铁素体两相中的分配比例差异，提高奥氏体组织的抗腐蚀能力。

钨可以以 WO_4^{2-} 的形式溶解于介质中并吸附在活性金属表面，抑制金属再溶解，从而起到缓蚀作用。

各合金元素对抵抗缝隙腐蚀的综合作用效果用不产生缝隙腐蚀的临界温度 CCT 值评价。因为 CCT 值与评价耐点腐蚀能力的点腐蚀当量 PRE 值之间有正比关系，见图 4-18，所以，

有时也用 PRE 值的大小来评价不锈钢耐缝隙腐蚀的能力。

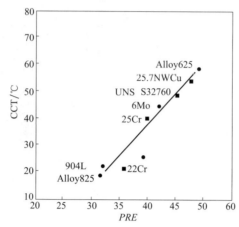

图 4-18　有代表性的双相不锈钢和奥氏体

不锈钢的 CCT 与 PRE 值的关系

6％$FeCl_3$ 溶液（ASTM G78）$PREN=Cr+3.3$（$Mo+0.5W$）$+30N$

22Cr、25Cr—22Cr 和 25Cr 型双相不锈钢；6Mo—含 6％Mo 的奥氏体不锈钢；

904L—00Cr20Ni25Mo4.5Cu；UNS S32760—00Cr25Ni7Mo3.5WCuN；

Alloy825—NiCr21Mo3Cu2 合金；25.7NWCu—00Cr25Ni7.5Mo4WCuN（0.3）；

Alloy625—NiCr22Mo9 合金

② 腐蚀介质因素

a. 卤素离子及其他阴性离子。通常认为介质中的氯离子愈高，发生缝隙腐蚀的可能性愈大，其次是溴离子和碘离子。

在介质中若存在其他阴性离子，如 SO_4^{2-}、NO_3^- 等有一定的缓蚀作用。

b. 介质温度。介质温度对缝隙腐蚀的影响较为复杂，因为温度对其他多种因素的影响是复杂的，一般认为随着介质温度升高，缝隙腐蚀加重。

c. 流速。介质流速对缝隙腐蚀的影响也是不同的，因为流速增加，金属外表面含氧量增加，其与缝隙内部的含氧量差距增大，使缝隙腐蚀加剧。同时，流速加大也会对缝隙内部的腐蚀物，残渣起到冲刷作用，这又有利于减小缝隙腐蚀。

③ 缝隙因素。通常认为缝隙宽度为 0.025～0.1mm 时，对腐蚀较敏感，而且越窄越严重。

另外，缝隙内外面积比也产生影响。一般随着缝隙内部面积减少，外部暴露面积越大，缝隙腐蚀结果越重。

（5）材料选择

在耐缝隙腐蚀的金属材料中，除铜合金、钛合金、奥氏体高镍铸铁外，在不锈钢系列中含铬量越高，且含钼、铜、氮的不锈钢耐腐蚀能力也越高，超过 25％含铬量的各类不锈钢都具有较优良的耐缝隙腐蚀能力。如铁素体不锈钢：022Cr27Mo、022Cr30Mo2；奥氏体不锈钢：06Cr25Ni20、06Cr23Ni13；双相不锈钢：022Cr25Ni6Mo2N、03Cr25Ni6Mo3N、022Cr25Ni7Mo3.5WCuN 等都是耐缝隙腐蚀性能优良的不锈钢。

表 4-13 列出了各种钢及合金在海水中耐缝隙腐蚀性能的次序。

表 4-13　各种钢及合金在海水中耐缝隙腐蚀的次序（耐蚀性递减）

Inconel 625（Ni58Cr22Mo9Nb4）合金	Incoloy 825（0Cr21Ni42Mo3Cu2Ti）
Hastelloy C-276（00Cr16Ni57Mo16Fe6W4，超低 Si）合金 钛　　｝最耐蚀	Carpenter 20（00Cr20Ni33Mo2Cu3Nb）
	317 不锈钢（1Cr19Ni13Mo3）
AL 6X（0Cr20Ni24Mo6）合金	316 不锈钢（1Cr17Ni12Mo2）
In 748 合金	Cr26Mo 不锈钢
MP 35N（Cr20Ni35Co35Mo10）合金	Incoloy 800（1Cr21Ni33AlTi）
70/30Cu-Ni 合金	310 不锈钢（2Cr25Ni21Si）
90/10Cu'-Ni 合金	Inconel 600（Ni75Cr15Fe8）
青铜（"锡青铜"）	304 不锈钢（1Cr19Ni10）
铝铜（"铝青铜"）	347 不锈钢（1Cr18Ni11Nb）
高锌黄铜（35%Zn）	321 不锈钢（Cr18Ni10Ti）
铝黄铜	301 不锈钢（1Cr17Ni7）
低锌黄铜	沉淀硬化型不锈钢
硅青铜	303 不锈钢（1Cr18Ni9）
铜	430 不锈钢（1Cr16）
Monel 合金（Ni-Cu 合金）	440 不锈钢（9Cr17）
奥氏体（高镍）铸铁	430F 不锈钢（1Cr16,高 S）
铸铁	410 不锈钢（1Cr13）
碳钢的低合金钢	416 不锈钢（1Cr13,高 S）

图 4-19 是各种不锈钢在海水耐缝隙腐蚀性能情况示意图。

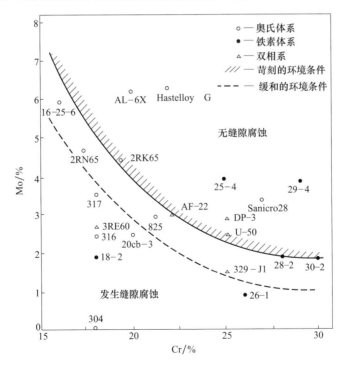

图 4-19　各种不锈钢在海水环境中的耐蚀性能

表 4-14 是图 4-19 中各合金近似的化学成分牌号对照。

表 4-14 牌号对照

序号	图中牌号	转换近似牌号	类　型
1	Hastlloy G	0Cr22Ni47Mo7Cu2Nb2Mn2	奥氏体系
2	AL-6X	00Cr21Ni24Mo7	奥氏体系
3	16-25-6	00Cr16Ni25Mo6	奥氏体系
4	2RN65	00Cr20Ni25Mo4Cu	奥氏体系
5	2RK65	00Cr20Ni25Mo5Cu1.5	奥氏体系
6	25-4	00Cr25Mo4	铁素体系
7	29-4	00Cr29Mo4	铁素体系
8	317	0Cr19Ni13Mo3	奥氏体系
9	Sanicro28	00Cr27Ni35Mo4Cu1.5	奥氏体系
10	AF-22	00Cr22Ni5Mo3N	双相系
11	DP-3	00Cr25Ni7Mo3WCuN	双相系
12	825	0Cr21Ni42Mo3Cu2Ti	奥氏体系
13	3RE60	00Cr18Ni5Mo3Si2	双相系
14	316	0Cr17Ni12Mo2	奥氏体系
15	20cb-3	0Cr20Ni35Mo2Cu3Nb	奥氏体系
16	U-50	00Cr21Ni7Mo2Cu	双相系
17	18-2	1Cr18Mo2	铁素体系
18	28-2	1Cr28Mo2	铁素体系
19	30-2	1Cr30Mo2	铁素体系
20	329-J1	0Cr26Ni6Mo2N	双相系
21	26-1	1Cr26Mo1	铁素体系
22	304	0Cr18Ni9	奥氏体系

4.2.9　应力腐蚀断裂

应力腐蚀断裂（SCC）是指金属或合金在腐蚀介质和拉应力的共同作用下引起的断裂。

（1）形貌特征

应力腐蚀断裂的特征是几乎完全没有金属宏观体积上的塑性变形，在应力低于材料屈服极限时突然发生断裂。

在腐蚀区通常呈树枝状裂纹，见图 4-20。而其他部位腐蚀非常轻微，甚至仍保持金属光泽。应力腐蚀断裂的宏观断口一般有脆性断裂特征，没有宏观塑性变形痕迹。断面表面可能会失去金属光泽，甚至可以看到有腐蚀现象。

图 4-20　1Cr18Ni9 不锈钢在氯离子环境中引起的树枝状应力腐蚀裂纹微观形貌

在显微镜下观察，可以看到应力腐蚀裂纹有沿晶裂纹、穿晶裂纹或沿晶和穿晶混合裂纹形态。

应力腐蚀断裂总是在那些具有拉应力的表面部分开始，并且有自表面向内部扩散的特征。

图 4-21 显示的是 1Cr18Ni9 奥氏体不锈钢（敏化状态）在连多硫酸介质中浸泡 24h 后发生的沿晶开裂，可见裂纹由表面向内扩展。

（2）发生条件

发生应力腐蚀断裂通常具备三个条件。

① 拉应力条件。拉应力可能是构件制造加工过程中残留下来的，如焊接应力、加工应力、铸造应力、热处理应力、相变应力等；也可能是构件工作时受到的外来应力，如拉伸、旋转、弯曲应力等。

② 介质条件。对于一种金属或合金，

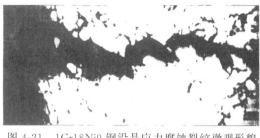

图 4-21 　1Cr18Ni9 钢沿晶应力腐蚀裂纹微观形貌

只有在含有某些对发生应力腐蚀断裂有特效作用的离子、分子的腐蚀介质中才会发生应力腐蚀断裂。如锅炉钢在碱性溶液中发生"碱脆"、黄铜在氨气气氛中发生的"氨脆"、低碳钢在硝酸中发生的"硝脆"、奥氏体不锈钢在含氯离子介质中发生的"氯脆"等。这种特定的介质不一定要大量存在，常常在浓度很低的情况下就会使某种金属或合金发生应力腐蚀断裂。

表 4-15 列出对常见金属或合金产生应力腐蚀断裂的介质，表 4-16 列出目前国际上常用的可引起某些金属或合金应力腐蚀断裂的介质。

表 4-15 引起金属（或合金）产生应力腐蚀断裂的一些介质

材　料	介　质
低碳钢和低合金钢	苛性碱溶液,氨溶液,含 H_2O 或 HCl 溶液,湿的 CO-CO_2,碳酸盐溶液,海水,海洋大气和工业大气,熔融锌,锂或 Nb-Pb 合金,$FeCl_3$ 溶液,混合酸(H_2SO_4-HNO_3）溶液
铁素体不锈钢	海洋大气,工业大气,高温水,水蒸气,高温高压水,NaOH 水溶液,NH_3,硝酸盐,硫酸,硫酸-硝酸,H_2S 水溶液,高温碱
奥氏体铬-镍不锈钢	热的氯化物溶液,热海水,高温水,热 NaCl,NaOH-H_2O 水溶液,三氯乙烷,H_2S 水溶液,NaOH 水溶液,NaOH+硫化物水溶液,浓缩锅炉水,H_2SO_4+$CuSO_4$ 水溶液,H_2SO_4+氯化物水溶液,水蒸气,热浓碱,过氯酸钠,严重污染的工业大气,酸溶液,邻二氯苯,体液（汗和血清）,湿的氯化镁绝缘物,粗苏打和硫化纸浆,明矾水溶液,甲基三聚氰胺,海水,河水,酸式亚硫酸盐,联苯和联苯醚,湿氯乙烷,海洋大气,硫酸饱和水溶液
马氏体不锈钢	氯化物,海水,工业大气,酸性硫化物
铝合金	湿空气,海洋和工业大气,海水,NaCl,$CaCl_2$ 和 NH_4Cl 水溶液,水银
镁合金	氯化物-铬酸钾溶液,氟化物,热带工业和海洋大气,蒸馏水
铜合金	氨蒸气或溶液,水,水蒸气,$AgNO_3$,湿 H_2S,水银,$FeCl_3$,含 N 有机化合物,柠檬酸,酒石酸,胺类
钛合金	镉（>327℃）,汞（室温）,银板（466℃）,氯（288℃）,AgCl（371~482℃）,Ag-5Al-2.5Mn（343℃）,HCl（10%,343℃）,红烟硝酸,H_2SO_4（2%~60%）,氯化物盐（288~426℃）,四氧化二氮（不含 NO,24~74℃）,甲醇,甲基氯仿（482℃）,三氯乙烯（室温）,氯化二苯基（316℃）,海水
锆合金	有机液体如甲醇或含 Br_2,I_2,NaCl 的甲醇溶液,甲醇-HCl,CCl_4,碘化物酒精溶液,硝化苯,含 H_2SO_4,HCOOH 的甲醇溶液,氯化物的水溶液,卤素和卤素酸气（Cl_2,Br_2,I_2）,水银、铯
镍基合金	熔融苛性碱,热浓苛性碱溶液,HF 酸溶液硅氢氟酸,含氯及痕量铅的高温水,液态铅

表 4-16 目前国际上常用的引起不锈钢及合金应力腐蚀断裂的一些介质

序号	钢　种	SCC 敏感介质
1	灰口铸铁（Si 1.1%~2.8%）	氢氧化钠
2	铸铁（Ni 1.4%~3.2%）	氢氧化钠

序号	钢　　种	SCC 敏感介质
3	低碳钢	一氧化碳＋二氧化碳(混),二硫化碳,大气(严重污染的工业大气),海洋大气,水(海),石炭酸蒸气,汞,氢氧化钾,氢氧化钠,氨,高锰酸钾,铝酸钠,氯化铵,氯化铁,氯化镁,氯化银,硫酸(260℃),硫酸溶液,硫化氢(湿),硫酸＋硝酸,硫酸(发烟),乙胺,甲(苯)酚,单乙醇胺,锂,锌(熔融),硝酸,硝酸铵,硝酸钡,硝酸钙,硝酸汞,硝酸银,硝酸钠,硝酸锶,硝酸＋氯化锰,硝酸钾/硝酸钠/氯化钾(溴化钾),钠-铅合金(熔融),乙二腈,氰化氢(有水),碳酸钾
4	AISI 302 304/304L 321;347	二硫化钠,大气(工业),大气(严重污染的工业大气),海洋大气,水(高温),水(蒸馏)、(高温),河水,海水,水蒸气,四氯化碳,过氯酸钠,过氧化氢,次磷酸铵,地热气(蒸气),谷氨酸,苏打(粗)和硫化纸浆,空气(湿度90%),氟化钠,氢,氢氧化钾,氢氧化钠,氢氟酸＋氢氧化钠,氢氟酸(通气),氢氧化钠＋硫化物溶液,氢氧化钠＋过氧化氢(水溶液),盐酸(通空气),盐水＋氧,氯,氯化铝,氯化铵,氯化钡,氯化钙,氯化铁,氯化亚铁,氯化锂,氯化镁,氯化汞,氯化镍,氯化钾,氯化钠,氯化锌,氯化钙＋氯化铵溶液,氯化银,氯化氢,氯化物水溶液,氯化锰(288～426℃),氯化镁＋氯化钙,硫酸(260℃),硫酸溶液,硫化氢(湿),硫酸铅,硫酸氢钠,硫酸钠,硫酸＋硫气,硫酸＋硫酸铜,硫酸＋氯化物水溶液,连多硫酸,乙基氯,乙酰丙酸,二氯苯酚,二氯乙烷,六氯乙烯,五氯硝基醇,甲基三聚氰胺,甘油,石脑油原料,汽油蒸气,邻二氯苯,体液(汗和血清),环烷酸,烷基芳基磺酸盐,氯仿,氯乙烷(湿),氯乙醇＋水,联苯和苯醚,磷酸(通气),磷酸三钠,硝酸,硝酸铵,硝酸亚汞,溴化钙,溴化铝,碳酸钠,碳酸钠＋0.1%氯化钠,酸洗液,酸式亚硫酸盐
5	AISI 316/316L 317/317L 316	二硫化钠,大气(工业),大气(严重污染的工业大气),海洋大气,水(高温),水(蒸馏,高温),海水,河水,水＋硫化氢＋轻烃类,水蒸气,四氯化碳,过氯酸钠,过氧化氢,亚硫酸,次磷酸铵,地热气(蒸气),谷氨酸,苏打(粗)和硫化纸浆,空气(湿度90%),氢,氢氧化钾,氢氧化钠,氢氧化钠＋硫化物溶液,氢氧化钠＋氯化氢(水溶液),氯,氯化铝,氯化铵,氯化钡,氯化钙,氯化亚铁,氯化锂,氯化镁,氯化锰,氯化汞,氯化钾,氯化钠,氯化锌,硫酸(260℃),硫化氢(湿),硫酸氢钠,硫酸＋氯气,硫酸＋硫酸铜,硫酸＋氯化物水溶液,连多硫酸,乙基氯,乙酰丙酸,二氯苯酚,二氯乙烷,六氯乙烯,五氯硝基醇,水＋硫化氢＋轻烃类,甲基三聚氰胺,邻二氯苯,体液(汗和血清),氯仿,氯乙烷(湿),氯乙醇＋水,联苯和苯醚,磷酸,磷酸三钠,溴化钙,碳酸钠,碳酸钠＋0.1%氯化钠,酸洗液,酸式亚硫酸盐
6	ACI 合金 20(Cr 19.20%,Ni 28%～30%,Mn＜0.73%,Mo＞2%,Cu 4%～4.5%),CN-20(Cr 19%～20%,Ni 28%～30%,Mo 3%,Cu 1.75%)	氢氧化钠,氢氰酸＋氢氧化钠,氯化镁,氯化氢
7	AISI 405,410	二硫化碳,氢氧化钠,氢氧化铵,高锰酸钾,氯化铵,氯化银,氯化物水溶液,硫化氢(湿),硫酸＋硝酸,硫酸(发烟),甲(苯)酚,硝酸铵,硝酸钡,硝酸钙,硝酸汞,硝酸镍,硝酸银,硝酸钠,硝酸锶,硝酸＋氯化锰,硝酸钾-硝酸钠-氯化钾(溴化钾),乙二腈,氯化氢(有水),铬酸,酸性硫化物
8	铁素体 Cr 不锈钢	二硫化碳,大气(严重污染的工业大气),海洋大气,水(高温),水(高温高压),水蒸气,氢氧化钾,氢氧化钠,氨,高锰酸钾,氯化铵,氯化钙,氯化银,氯化氢,氯化物水溶液,硫酸＋硝酸,铋(熔融),醋酸铅
9	Monel 400(Ni 66%,Cu 1.5%,Fe 1.4%)	水(含氧及痕量铅、高温),水蒸气,汞,氟硅酸,氟硅酸铵,氟硅酸镁,氟硅酸锌,氢氧化钾,氢氧化钠,氢氟酸(通气),氢氟酸(无空气),氢氟酸蒸气,氨,氯化镁,氯化汞,硫酸,硫化氢(湿),甲(苯)酚,硝酸铵,硝酸钡,硝酸钙,硝酸镍,硝酸银,硝酸钠,硝酸锶,硝酸＋氯化锰,硝酸钾-硝酸钠-氯化钾(溴化钾),乙二腈,氯化氢(有水),铅(液态),铬酸

序号	钢　　种	SCC敏感介质
10	Inconel 600（Ni 16％，Cr 15.8％，Fe 7.2％）	水（含氧及痕量铅、高温），汞，氢氧化钠，氢氟酸（无空气），氢氟酸蒸气，硫化钠，磺化油，硝酸汞，硝酸亚汞，硝酸钠，氰化汞，铅（液态），碳酸钠＋0.1％氯化钠
11	Incoloy 800	水（含氧及痕量铅、高温），铅（液态）
12	Hastelloy Alloy B	氟硅酸，氢氧化钠，硫酸镁，铅（液态）
13	Hastelloy Alloy C	氟硅酸，硫酸镁，铅（液态）

③ 材料条件。具有不同成分和纯度的金属或合金，对于不同的腐蚀介质的应力腐蚀断裂的敏感性也不同，即一种金属或合金不能在所有介质中产生应力腐蚀断裂，而一种腐蚀介质也不会对所有金属或合金产生应力腐蚀断裂。所以，要把金属或合金与腐蚀介质作为统一体来评价判断发生应力腐蚀断裂的可能性。

通常认为合金比纯金属对应力腐蚀断裂的敏感性更强些。杂质多、纯度差的金属比高纯度的金属和合金应力腐蚀断裂敏感性更强。

（3）腐蚀机理

关于应力腐蚀断裂机理的理论很多，概略介绍如下。

① 电化学腐蚀理论。这个理论认为，对应力腐蚀断裂有较大敏感性的金属或合金，在腐蚀介质中由于局部电化学腐蚀形成微裂纹，在裂纹的侧面和尖端成为阳极区，而整个金属表面成为阴极区，这时发生了大阴极小阳极反应，加速该处腐蚀。一旦微裂纹形成，在裂纹尖端会产生应力集中，并引起裂纹的扩展传播。

② 应力吸附理论。这个理论认为，应力腐蚀断裂的产生是由于金属或合金在腐蚀介质中，金属或合金表面吸附了特殊离子，使其表面能降低，破坏材料所需的应力下降，在拉应力作用下促使材料发生断裂。

③ 表面膜破坏理论。这个理论认为，在腐蚀介质中，金属或合金表面的钝化膜在拉应力作用下被破坏，暴露出金属或合金新的表面，使其产生应力腐蚀断裂。

还有一些其他理论。总之，材料的应力腐蚀断裂是在拉应力和腐蚀介质的联合作用下产生的断裂行为，这是一致的结论。

（4）影响因素

影响应力腐蚀断裂的因素可以从以下三个方面考虑。

① 应力影响因素

a. 拉应力大小。产生应力腐蚀断裂的拉应力一般都低于材料的屈服极限。在大多数产生应力腐蚀的系统中，都存在一个临界应力值 R_{SCC}，当所存在的拉应力大于该临界应力值时，便会产生应力腐蚀断裂。如奥氏体不锈钢在氯化物介质中的临界应力值 R_{SCC} 为 29～49MPa。

b. 拉应力类型。拉应力可能是残余拉应力，也可能是工作条件下的负载拉应力。有些资料介绍说应力腐蚀断裂有80％以上是由残余拉应力引起的，特别是残余焊接应力、残余冷变形应力都有较大有害作用。

② 介质条件影响因素

a. 浓度。一般认为特性介质中离子浓度越高越容易引起应力腐蚀断裂。通常在某些金属-介质体系中，只有当特性介质离子浓度大于一定值时才可引起材料的应力腐蚀断裂。但在某些情况下，当离子浓度过高时，引起的不是应力腐蚀断裂而是全面腐蚀。

b. 温度。任何金属或合金-特性介质体系中，通常都存在一个产生应力腐蚀断裂的温度，称应力腐蚀断裂临界温度。低于这个临界温度不会发生应力腐蚀断裂，在这个温度以上，温度越高，应力腐蚀断裂越严重。如不锈钢在含氯子的介质中，临界温度大约为 60℃。不同体系的应力腐蚀临界温度不同。

c. pH 值。对于钢铁材料，多是在酸性介质中易发生应力腐蚀断裂。所以，通常随 pH 值下降，应力腐蚀敏感度增强。

d. 压力。介质压力升高会加速应力腐蚀断裂，因为压力升高会使受拉应力加大，而且，压力加大会使参加电化学反应过程的气体溶解度增大，从而使阴极过程加速。

e. 流速。流速增加会使腐蚀速度加大，使应力腐蚀破裂加速。

③ 金属材料的影响因素

a. 成分。钢的化学成分是对应力腐蚀断裂的敏感因素。合金元素的影响比较复杂，一种元素对抵抗某种腐蚀介质的耐应力腐蚀断裂有效果，但不一定对其他腐蚀介质有效。合金元素在不同金属材料中的作用也不完全相同。

在高浓度氯化物中，铬含量在 15%～20% 范围内，奥氏体不锈钢的应力腐蚀断裂敏感性最大，超过此范围，增加或降低铬含量，都能提高钢的应力腐蚀抗力。而在硝酸、浓硫酸及其他氧化性介质中，铬均能提高材料的应力腐蚀断裂抗力。在稀硫酸、热碱液中，耐应力腐蚀断裂能力较差。

镍在碱性溶液中，在大气条件下，对耐应力腐蚀断裂有较好的作用，而在强氧化性酸、海水中作用差。

钼在钢中的含量增加时，在微量氯化物高温水中会延长应力腐蚀断裂时间，还会提高产生应力腐蚀断裂的最低氯离子浓度。

氮在奥氏体不锈钢中对应力腐蚀断裂有不利影响，这是因为氮促进了阴极上氢的析出。氮在双相不锈钢中却能因为提高耐点腐蚀性能而提高了耐应力腐蚀断裂能力。

b. 组织。钢的成分和热处理状态不同，对耐应力腐蚀断裂有不同效果。在珠光体组织中，具有球状比具有片状有更好的耐应力腐蚀断裂能力。在马氏体组织中，因其存在应力，晶格畸变，增加了应力腐蚀断裂的敏感性。奥氏体不锈钢因含有较高的铬含量和较低的碳含量，同时由于是单一奥氏体组织，不存在或很少存在相电位差，因此，奥氏体不锈钢耐应力腐蚀断裂能力较强。对于具有奥氏体-铁素体的双相不锈钢，因其成分中铬、钼、氮的存在，钝化能力强，同时，因具有双相组织，当应力腐蚀断裂裂纹扩展时会受到阻力，所以，双相不锈钢具有优良的耐应力腐蚀断裂能力。

c. 夹杂物和偏析。钢中存在夹杂物和偏析会降低晶界处电位，成为腐蚀电极的阳极，夹杂物和偏析提高应力腐蚀断裂的敏感性。

d. 晶粒度。晶粒度越细，晶界有效面积越大。因为晶界有阻碍滑移的作用，所以，晶粒越细越有利于提高应力腐蚀断裂抗力。

e. 材料强度。强度对应力腐蚀断裂敏感性影响很大。

研究和试验结果表明，对任何钢种，材料的应力断裂腐蚀临界强度因子 K_{ISCC} 都随着钢的屈服强度的提高而下降。关于强度对应力腐蚀断裂敏感性的影响，通常认为：决定钢的应力腐蚀断裂特性最重要的因素是钢的强度水平，对于高强度钢来说，随着钢强度的提高，耐应力腐蚀断裂的能力急剧下降。

K_{ISCC} 是材料应力腐蚀临界强度因子，对于一定的材料-介质系统，K_{ISCC} 是一个常数，其反映了该材料在某特性介质中抵抗应力腐蚀裂纹扩展的能力，所以，也称 K_{ISCC} 为材料的应力腐蚀断裂韧性。一般情况下，$K_{ISCC} = \left(\dfrac{1}{2} \sim \dfrac{1}{5}\right) K_{IC}$。通常以比值 $\dfrac{K_{ISCC}}{K_{IC}}$ 作为衡量材料应力腐蚀断裂敏感性的指标，比值越小，说明材料对应力腐蚀断裂越敏感。

（5）材料选择

如前所述，一种金属材料在特定的腐蚀介质中都有可能发生应力腐蚀断裂，所以，应考虑腐蚀介质种类、条件、发生应力腐蚀断裂的机理、影响因素等合理选择材料。

在容易发生晶间腐蚀型应力腐蚀断裂的腐蚀介质条件下，可以选用超低碳或含稳定化元素的不锈钢。如奥氏体不锈钢：00Cr19Ni10、00Cr17Ni14Mo2、00Cr19Ni13Mo3、0Cr18Ni12Mo3Ti、0Cr18Ni10Ti、0Cr18Ni11Nb 等；双相不锈钢：00Cr22Ni5Mo3N、00Cr25Ni7Mo3.5WCuN 等。

在容易产生点腐蚀而引起的应力腐蚀断裂介质条件下，可选用含钼或高铬、钼的不锈钢。如奥氏体钢：00Cr17Ni14Mo2、00Cr19Ni13Mo3、00Cr21Ni12Mo2.5N、00Cr25Ni25Mo3Cu 等；双相不锈钢：00Cr25Ni5Mo1.5N、00Cr18Ni5Mo2.5、00Cr25Ni5Mo1.5Cu、00Cr25Ni7Mo3.5WCuN 等；铁素体不锈钢：00Cr30Mo2、00Cr27Mo 等。

在高浓氯化物溶液中，根据使用情况可选用不含或少含镍（<0.5%）和不含或少含铜（<0.3%）以及低碳、氮的高铬铁素体不锈钢、高硅奥氏体不锈钢。如铁素体不锈钢：00Cr26Mo1、00Cr30Mo2 等；奥氏体不锈钢：00Cr18Ni14Mn1Si4N、0Cr18Ni13Si4、0Cr18Ni18Si2Mn1.5Mo 等；双相不锈钢：00Cr18Ni5Mo3Si2、00Cr19Ni5MoSi2N 等。

4.2.10　腐蚀疲劳

材料或零件在腐蚀性介质和交变应力作用下引起的破坏现象称腐蚀疲劳。在空气或不含水的介质中产生的腐蚀疲劳叫干腐蚀疲劳。在液体腐蚀介质中产生的腐蚀疲劳叫湿腐蚀疲劳。腐蚀疲劳会严重影响机件使用寿命。图 4-22 是在含有 SO_2 和 Cl_2 的大气介质中产生的腐蚀疲劳失效的波纹管宏观形貌，可见明显的腐蚀疲劳裂纹。

（1）形貌特征

腐蚀疲劳既有腐蚀的因素又有疲劳破坏的因素。所以，腐蚀疲劳的形貌特征也具有两种破坏的形貌特征。

诱发腐蚀疲劳的因素，即腐蚀疲劳源一般产生在表面损伤部分，如形成的点腐蚀坑、晶间腐蚀裂纹、应力腐蚀裂纹等，这些缺陷产生后就会加速腐蚀疲劳的发展。图 4-23 即是波纹管产生腐蚀疲劳的裂纹源，其产生在焊缝热影响区，就是说，焊缝的焊

图 4-22　因腐蚀疲劳裂纹失效的
1Cr18Ni9 制造的波纹管

接应力先产生了应力腐蚀裂纹，进而成为腐蚀疲劳裂纹源，引起腐蚀疲劳。

图 4-24 是在微观形态下看到的腐蚀疲劳裂纹源（箭头指示处）。从图中还可看到二次裂纹，也成为腐蚀疲劳裂纹源。

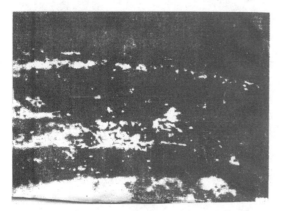

图 4-23 腐蚀疲劳裂纹源产生于焊缝热影响区

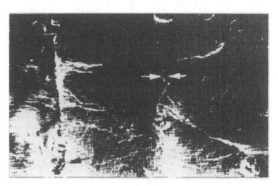

图 4-24 腐蚀疲劳裂纹源的微观形貌

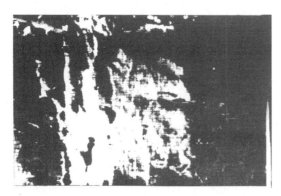

图 4-25 腐蚀疲劳断口微观形貌

腐蚀疲劳断口上会呈现出明显的疲劳弧线，可观察到疲劳源、断裂扩展区和静断区。

在腐蚀疲劳断裂的过程中，当腐蚀占主导地位时，在显微镜下观察可见沿晶和穿晶混合型断口，见图 4-25。

（2）发生条件

零件必须在腐蚀介质中同时承受交变循环载荷时才发生腐蚀疲劳破坏。只有交变应力作用而无腐蚀条件发生的是一般疲劳，只有腐蚀作用而无交变应力作用发生的是腐蚀破坏。交变应力可来自于零件工作时承受的载荷作用，也可来自于工作条件变化，如设备的加压减压、环境的升温降温等。

与应力腐蚀断裂发生条件不同，应力腐蚀断裂是金属材料在相应的特殊离子作用下才发生，而腐蚀疲劳在任何腐蚀性介质中都可以发生。

（3）腐蚀机理

腐蚀疲劳断裂有腐蚀疲劳裂纹萌生和裂纹扩展过程。

腐蚀疲劳破坏机理的理论解释有很多，目前比较公认的有以下几种：

① 点腐蚀加速裂纹形成理论。在腐蚀疲劳初期，由于金属或合金表面存在电化学性的不均匀性和疲劳损伤造成的电化学性的不均匀性，在腐蚀介质作用下，表面可能形成点腐蚀坑，并产生应力集中而导致裂纹的形成和扩展。

② 形变活化腐蚀理论。在循环交变应力作用下的滑移带的形成，造成金属电化学性的不均匀性，变形区成为阳极，未变形区成为阴极，阳极部分不断溶解形成疲劳裂纹并扩展。

③ 保护膜破坏理论。对于易钝化的金属材料，在腐蚀介质中首先形成钝化膜，在交变应力作用下，钝化膜受到破坏，被破坏处暴露出的金属成为阳极区，不断溶解并产生裂纹。

④ 吸附理论。在腐蚀介质中，金属表面会吸附活性物质，使该处金属表面能降低，从而改变金属力学性能并导致裂纹萌生。

一旦裂纹形成，在交变应力和腐蚀介质的作用下会迅速扩展，直至断裂。

（4）影响因素

影响金属腐蚀疲劳的因素主要是：

① 力学因素

a. 加载频率。当加载负荷的频率很高时，腐蚀效果尚未显现就断裂多为一般机械疲劳断裂；当频率太低时，体现不出疲劳断裂特征。只有在一定频率范围内，交变应力与腐蚀同时作用下产生的断裂才属腐蚀疲劳断裂。

b. 加载方式。一般认为加载方式对疲劳腐蚀的影响程度大小依次为：扭转应力—旋转应力—拉压应力。

② 环境因素

a. 介质成分。介质中氯离子含量高会加速腐蚀疲劳。尤其能引起点腐蚀和晶间腐蚀的介质更容易产生腐蚀疲劳。

b. 介质温度。随着介质温度升高，腐蚀疲劳会加速。

c. pH 值。介质 pH 值有一定影响，尤其是 pH<4 时，对腐蚀疲劳影响最大。

③ 材质因素

a. 耐蚀性。耐蚀性越高的金属材料对腐蚀疲劳敏感性越小。如钛、铜及其合金、不锈钢都有较好的耐腐蚀疲劳性能。

b. 表面状态。零件表面存在拉应力对腐蚀疲劳有不利影响。表面进行防腐蚀处理对耐腐蚀疲劳有益。

（5）材料选择

从腐蚀疲劳发生条件和机理可知，耐腐蚀材料，特别是耐点腐蚀和晶间腐蚀的材料，其耐腐蚀疲劳的能力也强。在较强腐蚀条件下，材料的强度高对耐腐蚀疲劳不利，这是因为在腐蚀疲劳裂纹萌生后，材料强度越高，裂纹的扩展速度越大，越容易发生腐蚀疲劳断裂。所以，在腐蚀疲劳环境中的零件材料的选择，首先是在耐腐蚀材料中进行。之后综合考虑其他方面的要求。

4.2.11 空泡腐蚀（腐蚀介质中的汽蚀）

在材料的耐磨性能部分曾提到浸蚀磨损，即汽蚀，是指在常规无腐蚀性介质中由气泡溃灭对金属表面产生的破坏，这只是类似于机械力产生的破坏。如果是在腐蚀性液体介质中产生汽蚀，这对金属表面既有机械力破坏，又伴有腐蚀破坏，这种破坏比单纯汽蚀破坏更严重。在腐蚀学上，称这种破坏现象为空泡腐蚀。它对水力机械引起的后果是严重的，必须予以重视。

（1）形貌特征

空泡腐蚀形貌特征是在金属表面有蚀坑，有可见的剥落金属颗粒、熔珠，严重时可见表面出现许多大小不等的刀刃状伤痕，见图 4-26。有的表面可见腐蚀物，在显微镜下观察，可见网状花样或扇状花样，见图 4-27。

（2）发生条件

首先，应是在腐蚀性的液体介质中；其次，因流速、温度、压力等条件变化，可产生气泡，气泡在高压区溃灭产生冲击力。腐蚀与汽蚀的联合作用发生空泡腐蚀。

（3）空泡腐蚀机理

金属在流动的腐蚀介质作用下，表面保护膜既受到介质化学或电化学腐蚀的破坏，又受

图 4-26　空蚀表面可见刀刃状伤痕

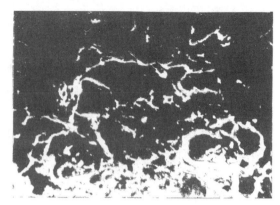

图 4-27　空蚀表面出现的扇状花样

到气泡溃灭产生的冲击波的力学作用的破坏，因此加速了金属的腐蚀过程。金属基体在气泡溃灭产生的冲击力和高速多次反复的作用下，发生疲劳破坏，并剥落。可见空泡腐蚀对金属的作用既有力学因素又有腐蚀因素。它对金属产生的破坏既有冲击力破坏分量又有腐蚀破坏分量，还包括两者相互作用的效果。所以，空泡腐蚀对金属表面的破坏更严重。表 4-17 表示几种金属材料在 3.5％ NaCl 溶液中的空泡腐蚀率，在清水中的汽蚀率及腐蚀率。表中 C 表示在 3.5％ NaCl 溶液中无汽蚀时的纯腐蚀率；E 表示在清水中的纯汽蚀率；T 表示在 3.5％ NaCl 溶液中，在试验条件下产生的空泡腐蚀率；$S＝T－(E＋C)$。

表 4-17　几种金属材料的汽蚀、腐蚀及汽蚀腐蚀率

合　金	成　分	破坏速率/(μm/s)			破坏比率/%		
		腐蚀 C	清水汽蚀 E	NaCl 溶液汽蚀 T	E/T	C/T	S/T
灰铸铁	C 3.6％	0.005	0.28	0.38	73.7	1.3	25.0
中碳钢	C 0.5％	0.016	0.03	0.13	21.5	12.3	66.0
碳素工具钢	C 0.7％	0.009	0.11	0.15	78.6	6.4	15.1
纯铜	Cu-1Sn	0.003	0.62	0.64	96.8	0.5	2.7
黄铜	Cu-40Zn	0.002	0.26	0.29	89.7	0.7	9.6
锡青铜	Cu-10Sn	0.001	0.20	0.20	95.0	0.5	4.5
316L 不锈钢	Cr18Ni11Mo2Cu1.4	约为 0	0.07	0.07	100	约为 0	约为 0
304 不锈钢	Cr18NiCu2	约为 0	0.06	0.06	100	约为 0	约为 0
Zeron100 不锈钢	Cr26Ni7Mo4Cu0.7W0.8	约为 0	0.01	0.01	100	约为 0	约为 0

注：$S＝T－(E＋C)$，即 NaCl 溶液中汽蚀深度率－（清水中汽蚀深度率＋腐蚀率）。

（4）影响因素

空泡腐蚀的影响因素主要有：

① 介质因素

a. 腐蚀性。介质的腐蚀性越强，对空泡腐蚀作用越大。

b. pH 值。介质 pH 值越小，对空泡腐蚀作用越大。

c. 流速、压力、温度。介质流速、温度、压力等条件越能产生气泡和引起气泡溃灭，即越容易产生汽蚀，对空泡腐蚀作用越大。

② 材料因素

a. 晶格类型。面心立方结构对变形速率变化不敏感，在任何变形速率条件下发生的都是韧性断裂，相比于体心立方结构材料抗空泡腐蚀能力更强。

b. 耐蚀性。耐蚀性越好的金属或合金耐空泡腐蚀能力越强。

c. 硬度和抗疲劳性能。表面硬度高、抗疲劳性能好的金属材料抗汽蚀能力强，所以耐空泡腐蚀能力也强。

（5）材料选择

从空泡腐蚀产生的条件和机理可知，选择耐空泡腐蚀的金属材料时，第一要考虑金属材料在该种腐蚀介质中的耐腐蚀能力，耐腐蚀能力越高越好。第二应考虑材料具有优良的抗疲劳性能，即抵抗汽蚀破坏的能力。

表 4-18 和表 4-19 是一些非铁金属材料和一些钢铁材料在海水中的相对空泡腐蚀速度。

表 4-18 非铁金属材料的相对空泡腐蚀速度

材　料	主要成分（质量分数）/%				状　态	失重/（mg/h）	
	Cu	Zn	Ni	其　他		淡　水	海　水
黄铜	60	39	—	Sn 1	轧	69.5	65.2
黄铜	60	40	—	—	轧	77.8	68.7
黄铜	85	15	—	—	轧	115.2	101.3
黄铜	90	10	—	—	轧	134.9	122.8
青铜	89	—	<1	Al 10,Fe<1	铸	15.3	14.5
青铜	87.5	—	1.5	Sn 11	铸	54.6	62.4
铝青铜	88	—	—	Sn 10,Pb 2	铸	60.4	48.5
硅青铜	92~94	<1	—	Si 3~4,Fe<1,Al<1	铸	42.6	40.4
青铜	94	—	—	Si 5,Mn 1	铸	52.4	54.5
黄铜	60~70	20~30	—	Al<1,Fe<1	锻	19.2	19.9
黄铜	58	40	—	Fe 1,Al<1	铸	53.0	55.4
青铜	88	2	—	Sn 10	铸	65.8	57.4
镍合金	32~33	—	62~63	Si 4,Fe 2	铸	20.0	21.4
镍合金	29	—	68	Mn 1,Fe 1	冷拔	53.3	53.2
镍合金	70	—	30	—	轧	86.2	87.6

表 4-19 钢铁的相对空泡腐蚀速度

材　料	化学成分（质量分数）/%						状　态	失重/（mg/h）	
	C	Si	Mn	Cr	Ni	其　他		淡　水	海　水
铸　铁	3.1	2.3	0.75	—	—	—	铸	50.1	80.9
	3.4	1.3	0.75	—	—	—	铸	69.8	115.3
	3.4	2.3	0.59	—	—	—	铸	89.7	100.2
	3.0	1.9	—	4.0	14.4	Cu 6	铸	41.6	51.4
	3.3	1.3	0.51	—	—	Mo 0.4	铸	54.1	63.9
	3.0	1~2	1.0	1~3	—	Cu 6	铸	85.3	95.3
结构钢	0.35	—	0.67	—	—	P 0.45	轧	34.2	39.6
	0.27	—	0.48	—	—	P 0.45,S 0.45	轧	68.3	77.8
	0.20	—	0.50	—	—	—	轧	78.2	82.4
	0.37	0.31	1.10	—	—	—	铸	44.8	53.6
	0.26	0.32	0.60	—	—	—	铸	72.9	80.9
	0.34	0.20	0.52	0.60	1.18	—	轧	20.0	22.0
	0.19	—	0.60	—	2.2	—	—	61.3	64.0
不锈钢	0.08	0.57	0.47	17.2	0.34	—	轧	11.8	10.8
	0.09	0.38	0.43	12.2	0.32	—	轧	20.6	23.0
	0.15	0.50	0.50	10~20	8~12	—	铸	13.5	13.4
	0.07	0.37	0.48	18.4	8.7	—	轧	16.1	15.3

耐空泡腐蚀材料选择的基本原则是:

① 选择具有面心立方结构的金属和合金,如铝青铜、奥氏体不锈钢、铁素体-奥氏体双相不锈钢以及钛合金等。这类材料虽然硬度不高,但突出特点是对变形速率的变化不敏感,在任何变形速率下都是韧性断裂,不会因为变形速率大而改变破断机制,即不易发生脆断。

② 采用具有沉淀强化功能的材料,通过沉淀强化的方法提高表面硬度,从而提高其耐空泡腐蚀能力,如沉淀硬化不锈钢、沉淀强化合金等。

4.2.12 冲刷腐蚀和腐蚀磨损

冲刷腐蚀也叫冲蚀、磨耗腐蚀。冲刷腐蚀是金属表面与含有硬质颗粒的腐蚀性流体之间

图 4-28　A3 钢经海水腐蚀磨损后的表面宏观形貌

由于高速运动而引起的金属破坏现象。在含有硬质颗粒的流动腐蚀介质中,对金属表面既有腐蚀又有硬质颗粒的磨削作用,这种对金属产生的破坏叫腐蚀磨损或冲刷腐蚀。

（1）形貌特征

受到腐蚀磨损的金属表面会出现局部沟槽见图 4-28。它是 A3 钢在含有 8％ 颗粒,受 2.5m/s 流速海水冲击 20 天后的表面宏观形貌、可见沟槽。

还有的软金属在高速液体流冲击下,表面会出现明显的伤痕。图 4-29 是紫铜在海水以高速（5.5m/s）冲击下,表面出现的"火山口"状伤痕。

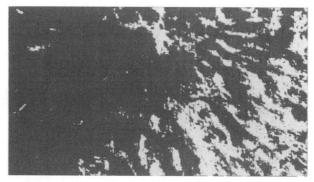

图 4-29　紫铜在高速海水冲击时的表面伤痕

在显微镜下观察,金属表面会有不同形状的蚀坑,有的蚀坑内可能有残留固体颗粒。有的可见明显破坏痕迹,甚至可见沿晶裂纹,见图 4-30。

（2）发生条件

冲蚀通常发生在腐蚀液体湍流条件下,流体可以是单相纯液体,也可以是多相的,含有气体、固体颗粒及其他形态物质。当腐蚀性流体中含有硬质颗粒时,必然发生腐蚀磨损。当流体运动方向平行于金属表面,或以小角度流过金属表面时产生的破坏有时称研磨冲蚀,当流体运动方向垂直于金属表面时产生的破坏有时称冲击冲蚀。

（3）冲蚀机理

冲蚀是一个较复杂的破坏过程,既有腐蚀又有液流冲击、液滴冲击、气泡冲击及汽蚀,

有时还有固体硬质颗粒的冲击。在多种因素作用下，对于韧性材料会发生锻打、变形、冷作硬化、变形层断裂、碎化或粉化以及局部熔化，以小角度高速运动的粒子对材料表面还有切削作用，这些综合作用结果使韧性材料表面受到破坏。而对于脆性材料，流动的粒子及冲击力会导致材料开裂，继而产生微小尺寸的碎片，材料受到破坏。

含有硬质颗粒的腐蚀性介质造成的材料损失既有腐蚀的作用又有磨损的作用，还有两者交互作用的结果。研究和试验结果证明，磨蚀可以加速磨损，这是因为腐蚀会破坏金属保护膜、增加表面粗糙度，还可使金属表面变得疏松、多孔，更容易被固体粒子

图 4-30　金属被破坏后的微观形貌、可见沿晶裂纹

冲掉，增加材料流失量。腐蚀还会破坏金属晶界、相界及组织的完整性，降低结合强度，从而加速磨损。磨损又可以加速腐蚀，这是因为磨损会破坏钝化膜、暴露出基体的新鲜金属，在表面剪切力的作用下，材料表面变形、强化，甚至出现显微裂纹，磨损中会增加位错、空位缺陷，加大表面粗糙度。磨损对金属表面的这些作用，都会增加材料表面活性，从而导致腐蚀反应大大加速。

有研究表明，金属材料在腐蚀磨损的条件下，总的材料损失中有 $\frac{1}{3} \sim \frac{2}{3}$ 属两者交互作用所致。

奥氏体不锈钢和奥氏体-铁素体双相不锈钢是耐冲蚀和耐腐蚀磨损性能较好的材料，但在含 Cl^- 溶液中会增加脆性而促进两者的交互作用。

（4）影响因素

① 介质因素

a. 介质的腐蚀性。介质腐蚀性越强，对金属表面破坏越大，因而对金属表面的冲蚀作用更强。

b. 颗粒。流体介质中颗粒越多、越硬，对金属表面损伤越重。

c. 温度。介质温度高会加速腐蚀作用，同时较高的温度还会降低金属材料的强度，所以，温度越高对金属表面冲蚀作用越强。

d. 流速。一般情况下，流速增加会加大腐蚀效果。见表 4-20。

表 4-20　海水流动速度对腐蚀速度的影响

材　　料	下列流动速度下的腐蚀速度/[mg/(dm² · d)]		
	0.30m/s	1.22m/s	8.23m/s
碳钢	34	72	254
铸铁	45	—	270
硅青铜	1	2	343
海军黄铜	2	20	170
铝青铜(10%Al)	5	—	236
铝黄铜	2	—	105

材　　料	下列流动速度下的腐蚀速度/[mg/(dm² · d)]		
	0.30m/s	1.22m/s	8.23m/s
90Cu-10Ni(0.8Fe)	5	—	99
70Cu-30Ni(0.05Fe)	2	—	199
70Cu-30Ni(0.5Fe)	<1	<1	39
蒙乃尔合金	<1	<1	4
奥氏体不锈钢 316	1	0	<1
哈氏 C 合金	<1	—	3
钛	0	—	0

但是，在某些情况下，比如，腐蚀介质是会产生局部腐蚀（点蚀，缝隙腐蚀）的介质，而材料又是容易引起局部腐蚀的材料，由于介质流速的增加会降低局部腐蚀效果，进而会使腐蚀磨损的作用变弱。

② 材料因素

a. 耐蚀性。材料在该种腐蚀介质中，耐腐蚀能力越强，受冲蚀破坏程度越小。

b. 耐磨性。材料耐磨性越好，抵抗冲刷破坏的能力越好，抗冲刷腐蚀破坏能力越强。

（5）材料选择

根据冲蚀发生条件和机理可知，在冲蚀或腐蚀磨损条件下，材料流失是由腐蚀和磨损两个因素所致，所以，选材时既要考虑材料在该种腐蚀介质中具有好的耐腐蚀性能，又要考虑应具有较好的耐磨损性能。

在以磨损为主、腐蚀为次的情况下（介质腐蚀性较弱，偏碱性或中性，固体颗粒多），首先考虑环境对材料是以磨损及磨损对腐蚀的加速作用，应选择表面硬度高，耐磨损性能好的金属材料。如铸造或锻造的马氏体不锈钢：1Cr13、1Cr12NiMo、Cr17Ni2、0Cr13Ni4Mo；沉淀硬化不锈钢：0Cr17Ni4Cu4Nb、0Cr17Ni7Al。

以腐蚀为主、以磨损为次的情况下（介质腐蚀性较强、pH 值较小、固体颗料较少），首先考虑环境对材料的腐蚀及腐蚀对磨损的加速作用，应选择合金元素多、耐蚀性好、有一定表面硬度和耐磨性能的材料。如铸造或锻造的奥氏体不锈钢：00Cr18Ni12Mo2、00Cr21Ni25Mo5Cu2；铁素体-奥氏体双相不锈钢：00Cr26Ni5Mo2、00Cr25Ni7Mo3N、00Cr25Ni7Mo3WCuN 等。

在耐腐蚀磨损的金属材料中，高铬白口耐磨铸铁获得了广泛应用，特别是在矿山、化工等行业输送渣浆介质时都重点考虑采用高铬白口耐磨铸铁。

高铬白口耐磨铸铁由于其含有较高的铬，具备了基本的耐腐蚀能力，含铬量越高，耐蚀性越好，再加入一定量的钼、铜等元素，提高了在某些介质中的耐蚀性。又因其含有较高的碳，组织中有较多的铬碳化合物，如（Cr · Fe)$_3$C、（Cr · Fe)$_7$C$_3$ 等，它们具有很高的硬度，如（Cr · Fe)$_7$C$_3$ 型化合物硬度达 $1300 \sim 1800$HV。基体组织经淬火后，具有马氏体组织或一定量的残留奥氏体，这种组织特征使其具有很强的耐磨损性能。在具体应用时，也应根据具体工况确定。在强磨损弱腐蚀情况下，可选用含碳量较高、铬碳比较低的牌号，以增加碳化物含量和淬火马氏体硬度，从而提高耐磨损性能，如 KmTBCr8、KmTBCr12、KmTBCr15Mo 等。而在强腐蚀弱磨损情况时，可选用较低的含碳量、较高铬碳比的牌号，以提高基体含铬量，减小阴极碳化物和阳极基体之间的电位差，提高材料的耐腐蚀性能。如 KmTBCr26、KmTBCr20Mo 等。

4.3　金属材料的抗辐照性能

金属材料的抗辐照性能是指材料在承受放射性元素的辐照作用时抵抗性能变化的能力。

考虑辐照对金属材料的影响，主要是用于与核反应相关的工作环境，在通用机械中，某些类型核反应堆中的核主泵中的一些零部件，如叶轮、轴、密封环及其他相关的转子零部件的选材就应该注意这类问题。

这些零部件所以要注意辐照问题，是因为核主泵（也称反应堆冷却剂泵）的主要功能是输送反应堆冷却剂，而这种冷却剂通常是高温、高压、带有放射性的液体，零部件不可避免地会受到放射性元素的辐照作用，并引起材料的性能和组织结构变化。

辐照对金属材料性能的影响，即对材料的辐照效应机理是：辐射粒子与材料晶格原子的相互作用，引起缺陷的形成和微观结构的变化，这些辐照缺陷和微观结构的变化，形成力学性能的变化和引起辐照蠕变等作用。

4.3.1 辐照效应的结果

辐照效应的结果，通常称辐照损伤，主要表现在以下几个方面。

① 对力学性能的影响。屈服强度和抗拉强度上升，见表 4-21 和图 4-31，表 4-21 是辐照对固溶状态的 00Cr19Ni10 钢拉伸性能的影响。图 4-31 是在高温（500～600℃）条件下辐照对 316 钢（相当于我国 0Cr17Ni12Mo2 钢）抗拉强度的影响。

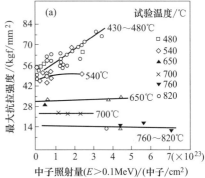

图 4-31　辐照对 316 钢抗拉强度的影响

表 4-21　辐照对固溶状态的 00Cr19Ni10 钢拉伸性能的影响

材　　料	温度/℃	中子通量/NVT	R_m/MPa			$R_{p0.2}$/MPa			$A_{(25mm)}$/%			Z/%		
			a	b	c	a	b	c	a	b	c	a	b	c
00Cr19Ni10	100	$7.8×10^{19}$	592	712	20.27	166.7	517.9	210.7	63	58	−7.9	74	73	−1.4

注：a 代表辐照前；b 代表辐照后；c 代表变化率，%。

图 4-32 是辐照对 304 钢（相对于我国 0Cr19Ni9 钢）伸长率的影响。这些影响的结果是使断裂寿命降低。图 4-33 是辐照对 316 钢断裂寿命的影响。特别是屈服强度升高量大于抗

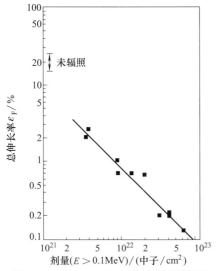

图 4-32　在 370～470℃ 间于不同温度
辐照后的 304 型不锈钢的伸长率
试验温度为 600℃，应力为 $1.9×10^5$ kPa

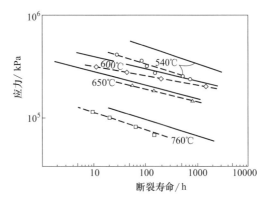

图 4-33　316 型不锈钢辐照后的断裂寿命
辐照剂量为 $1.2×10^{22}$ 中子/cm²；辐照温度为 440℃，
试验是单向拉伸，在不同温度下进行
——未照射；- - - -照射

拉强度升高量，使材料屈强比提高，甚至屈强比值趋近于1，增加了零件的安全风险。

② 对韧性的影响。辐照使钢的脆性增加、韧性下降。表 4-22 是辐照对不同热处理条件下 0Cr18Ni9 钢韧性的影响。

表 4-22　热处理及辐照对 0Cr18Ni9 钢韧性的影响

照前温度 /℃	热处理冷却速度	辐照前的真应变/%				辐照后的真应变/%			
		断裂总应变	晶内基体	归于裂纹	晶界剪切	断裂总应变度	晶内基体	归于裂纹	晶界剪切
926	快冷	119	92	13	14	39	33	6	0
	慢冷	129	87	8	34	41	38	3	0
1036	快冷	47	35	8	4	26	20	2	4
	慢冷	79	55	6	18	31	27	2	2
1215	快冷	17	12	2	3	21	18	3	0
	慢冷	45	18	4	23	25	18	2	5

注：试验条件为形变温度 842℃，形变速度 20%/min。

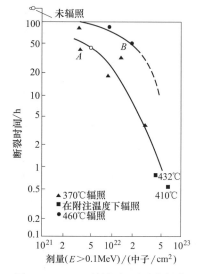

图 4-34　304 不锈钢辐照后的蠕变断裂寿命（600℃，189.7MPa，在同一温度、应力下未辐照材料的寿命为 185h）

③ 对蠕变性能的影响。辐照引起材料蠕变断裂应力降低，从而使蠕变断裂时间缩短，即蠕变寿命降低，加速材料的辐照蠕变脆性。图 4-34 是辐照对 304 不锈钢蠕变断裂寿命的影响。

材料由于辐照引起性能变化，脆性增加，断裂寿命及蠕变寿命降低，也就是降低了零部件及设备的寿命和安全可靠性，增加了整个系统的安全使用风险，这对于核电站来说可能导致重大安全事故的发生。

4.3.2　影响材料抗辐照性能的材料因素

在核电设备与放射性元素接触的设备中，绝大多数使用不锈钢和部分镍基合金，就不锈钢而言，奥氏体不锈钢又占绝大多数，如核主泵泵壳、叶轮、某些泵轴、密封环、管道用材等。奥氏体不锈钢之所以获得广泛应用，是因为奥氏体不锈钢化学成分和组织结构特点决定了其耐蚀性能好、韧性好、加工过程中残余应力小、辐照敏感性较低，但是对材料及零部件成形过程也必须严格控制以下事项。

① 严格控制合金元素及其数量，不锈钢中缺少不了镍元素，试验研究表明：Cu 及其含量对 Ni 元素的脆化影响很大，应该降低 Cu 含量，并且在降低 Cu 含量的同时还必须同时降低 P 的含量，尽量减小非合金化因素如 Si 的含量。

② 提高材料纯度，严格控制气体含量，尤其是氧、氮、氢的含量，从而降低钢中非金属夹杂物含量。

③ 锻件的锻压比尽可能高，力争获得等轴晶粒组织。

④ 热处理时的奥氏体化温度不宜太高，保证较细晶粒度，最好是下贝氏体组织。

4.4　金属材料的物理性能

金属材料的物理性能包括很多，如热学、电学、磁学、光学等多方面的特性能力。机械工程一般对金属材料的热学性能应用较多。

机械产品和采用的金属材料都是在一定温度环境下使用的，在使用过程中，材料将对不同温度做出反应，表现出不同的热物理性能，如材料发生膨胀或收缩、吸收或放出热量，同物体不同区域在温度不等时发生热传导等。

4.4.1 比热容

物体在温度升高或降低时要吸收或放出热量。物体温度升高时所吸收的热量与其质量和升高的温度成正比。在没有相变和化学反应的条件下，单位质量物质在升高 1℃ 时所吸收的热量，或者温度降低 1℃ 时所放出的热量叫该物质的比热容。常用 C_p 表示，单位常用 J/kg·℃ 表示。材料的比热容在不同温度范围有一定变化。

对于金属材料，比热容主要来源于点阵质点的振动加剧和物体膨胀时对外所做的功。在温度极高或极低时，才会有电子作用产生的影响。金属材料的比热容大小主要与化学成分有关。

金属材料比热容的基本单位为 J/(kg·℃)。

4.4.2 热膨胀性

热胀冷缩是材料的重要物理性能。物体的体积或长度随温度升高而增大的现象称热膨胀。不同物质的热膨胀特性不同，有的物质随温度的变化有较大的体积变化，有些物质则相反。即使同一种物质，晶体结构不同也有不同的热膨胀性能，而有些物质（如水、锑、铋等）在某一温度范围内受热时体积反而缩小。

材料在温度每升高 1℃ 所增加的长度与原来长度的比值，称为材料的线胀系数，在不同的温度区间，材料的线胀系数是不同的。

在工程应用中，很多场合都对使用材料的线膨胀特性提出要求，有时需要线胀系数大些，有时需要小些，有时要求具有一定的线胀系数。特别是对有严格间隙要求的两个零件的线胀系数的确定更要合理，否则，在使用过程中，可能会因温度条件的变化或者间隙扩大超差，或者间隙变小，甚至接触而发生咬合磨损。

材料热胀冷缩的本质是由于温度升高或降低会引起金属质点振幅的加大或缩小，使相邻质点间的平均距离增加或减小，致使晶胞参数变化，导致晶体膨胀或缩小。

影响材料胀缩特性的因素主要有材料的化学成分、晶体结构及原子间结合键的强度。

材料的线胀系数 α 的常用表示是温度升高 1℃ 时材料长度变化的百分数。选用或表示材料线胀系数时要注意确定的温度范围。

4.4.3 导热性

物体在不同的温度具有不同的内能，同一物体在不同的区域，如果温度不等，其所具有的内能也不同，这些不同温度的物体或区域相互靠近或接触时就会以传热的形式交换能量。当材料相邻部分间存在温度差时，热量将从温度高的区域自动流向温度低的区域，这种现象称为热传导。热传导能力的大小叫导热性，不同材料的导热性能不同。

固体材料的热传导主要是依靠晶格振动波和自由电子的运动来实现的。金属材料由于存在大量的自由电子且电子质量很轻，所以可以迅速实现热量传递，故金属材料一般都具有较大的热传导特性。

材料的化学成分和晶体结构对传热能力有一定影响。

材料热传导性能的好坏是以"热导率"来评定的,热导率以字母 λ 表示,常用的计量单位有 $W/(m \cdot \text{℃})$。

4.4.4　热稳定性

材料的热稳定性是指材料承受温度急剧变化而不致破坏的能力,又称抗热震性。

金属材料在环境温度急剧变化即承受热冲击时,其遭受破坏形式可有两种类型,一种是瞬间断裂,抵抗这种类型破坏的能力称"抗热冲击断裂性能";另一种破坏形式是材料在热冲击循环作用下,材料表面开裂、剥落,最终材料碎裂或变质,抵抗这种破坏的能力称"抗热冲击损伤性能"。

在不改变外力作用状态,材料仅因热冲击造成开裂或断裂损坏,这是材料在温度变化作用下产生的内应力超过材料力学强度极限所致。实际材料在受到热冲击时,三个方向都会产生胀或缩,即受三向热应力作用并且相互产生影响。目前,对某些核电用泵进行热冲击试验,实质上是考核使用材料的热稳定性。

影响材料热稳定性因素主要是材料的化学成分、晶格类型、某些物理性能。

提高金属材料的抗热冲击断裂性能,即提高材料的热稳定性可从以下几个方面考虑。

① 提高材料强度、减小弹性模量,即提高材料强度与弹性模数之比。

② 同种材料,通过成分控制和热处理方法控制,细化晶粒,减少晶界缺陷。材料气孔少、分布均匀、质地纯净都有利于改善材料的热稳定性。

③ 提高材料的热导率 λ,材料 λ 值大,传热快,能较快缓解内外温差且趋于热平衡,从而降低材料短时期热应力聚集,有利提高热稳定性。

④ 缩小线胀系数 α,材料 α 小,在相同温差下产生的热应力就较小,有利于提高材料的热稳定性。

4.4.5　密度

材料的密度是指其质量和体积之比,即材料每单位体积的质量。

金属材料的密度主要取决于化学成分。金属材料的密度常以 ρ 表示,常用的计量单位是 t/m^3。

4.4.6　熔点

金属材料的熔点是其由固态转变为液态时的温度,即金属开始熔化时的温度,常用的计量单位是℃。

金属熔点主要取决于化学成分。金属熔点主要对材料的冶炼、锻压、铸造等热加工工艺有指导意义。

4.4.7　电阻

电阻是指导体材料对电流阻碍作用的大小,是导体材料本身的一种特性。电阻对一般工程材料使用不多,但通常也作为重要物理性能指标之一。

电阻以符号 R 表示,单位是 Ω(欧姆)。

4.4.8　弹性模量

金属材料在弹性变形范围内，正应力与正应变之比称材料的弹性模量。严格讲，金属材料的弹性模量应属材料力学性能指标。

弹性模量表征金属弹性变形的抗力，其值的大小反映金属弹性变形的难易程度。工程上常把构件产生弹性变形的难易程度称刚度，即表征构件对弹性变形的抵抗能力。因此，对于工作状态下要求严格控制弹性变形的零件，即要求有较好刚度的零件应采用弹性模数大的金属材料。

金属材料的弹性模数主要取决于金属本性，与晶格类型和原子间距有密切关系。材料的弹性模数是由合金成分决定的，其他因素影响较小。即金属材料的弹性模量是对组织不敏感的指标，主要取决于金属本性和晶体结构。材料的弹性模量与温度有一定关系，温度升高会引起原子间距增大，从而使弹性模量变小，即刚度下降。

金属弹性模量以字母 E 表示，常用单位为 MPa。

4.4.9　切变模量

切变模量是金属在弹性变形范围内，切应力与切应变之比值。

切变模量特性与弹性模量相似。

金属材料的切变模量用字母 G 表示，计量常用单位为 MPa。

4.4.10　泊松比

泊松比是指材料在比例极限内，由均匀分布的纵向应力所引起的横向应变与纵向应变之比的绝对值，也叫横向变形系数。

金属材料的泊松比常用字母 r 表示。

4.5　金属材料的工艺性能

金属材料的工艺性能是指材料在成形、加工过程中对不同工艺方法的适应能力，通常包括材料的铸造性能、锻压性能、焊接性能、切削加工性能、热处理性能等。

4.5.1　铸造性能（可铸性）

金属材料的铸造性能是指其在铸造成形过程中能获得形状完整、尺寸符合要求、内部健全、缺陷较少的优良铸件的能力。

金属材料的铸造性能主要包括流动性、收缩性和是否产生成分偏析。

流动性是指金属液体本身的流动能力，流动性好坏影响到液态金属的充型能力。流动性好的金属，浇注时金属液容易充满铸型的型腔，可获得轮廓清晰、尺寸精确、形状完整的铸件，还有利于金属液体中夹杂物及气体的上浮排除。流动性不好的金属在浇注时易出现浇不足、冷隔、形状达不到要求的铸件，还易出现气孔、夹渣等缺陷。金属的流动性主要取决于金属的种类和化学成分。碳、硅、磷、铜、镍、锰等元素有利于铸钢的流动性。钛、铬、钼、钒等降低流动性。灰铸铁的流动性优于铸钢、有色金属流动性一般优于黑色金属。当然，金属的流动性还与金属的铸造工艺条件、浇注温度有关。

收缩性是指液态金属凝固和冷却至室温的过程中产生的体积和尺寸缩减程度常称收缩率。金属凝固和冷却时产生收缩会导致铸件产生缩孔、缩松、内应力、变形甚至开裂等铸造缺陷。影响收缩率的因素主要是合金种类和化学成分。灰铸铁的收缩率小于球墨铸铁且小于铸钢的收缩率，锡青铜的收缩率小于黄铜的收缩率。

偏析程度主要指金属在冷却凝固过程中，因结晶速度不同，而造成金属内部化学成分和组织不均匀性的程度。偏析愈严重，铸件中的成分和组织的不均匀性愈严重。影响偏析的主要因素是材料的化学成分和纯度。

4.5.2　锻压性能（可锻压性）

金属材料的锻压性能指金属在锻压加工时塑性成形的难易程度。锻压性能包括锻造、轧制、挤压、冲压、拉拔等各类压力加工时的承受变形的能力。

金属材料的锻压性能好坏主要取决于材料的塑性和变形抗力。塑性越好，变形抗力越小，金属的锻压加工性能也越好。材料小的变形抗力使锻压设备耗能少，较容易获得符合锻件形状、尺寸和缺陷少的锻件。

决定材料锻压性能好坏的主要因素是材料的化学成分和组织结构。

一般纯金属的锻压加工性能良好，含碳和合金元素越多、杂质越多，其锻压加工性能越差。就钢而言，钢中含碳量影响较大，碳含量低，组织中铁素体量多，塑性好。随着碳含量提高，组织中铁素体量减少，珠光体含量增多，甚至出现硬而脆的渗碳体，则材料塑性明显降低。大部分合金元素在钢中会形成碳化物，其大多属硬化相，会降低材料塑性、增加变形抗力。杂质元素如磷会形成冷脆，硫会形成热脆，这都严重影响钢的锻压性能和锻件质量。

4.5.3　焊接性能（可焊性）

金属材料的焊接性能指其承受焊接加工时获得优良焊接质量的能力，即该材料对焊接加工的适应能力。焊接性能通常包括两个方面的内容：一个是工艺焊接性，即在一定的焊接工艺条件下，能否获得优质的焊接接头；另一个是使用焊接性，即焊接接头和整体焊接结构满足技术要求规定的各种使用性能，如力学性能、耐蚀性能、正确的组织结构等。

影响金属材料焊接性能的主要因素是合金成分及含量。就钢而言，常用碳及合金元素种类和含量来评价其焊接性好坏。碳当量常作为一个评价指标。所谓碳当量就是把钢中碳及合金元素的含量按其作用大小换算成碳的相当含量，一般用 W_{CE} 表示碳当量。国际焊接学会推荐的碳当量计算公式为：

$$W_{CE} = \left(W_C + \frac{W_{Mn}}{6} + \frac{W_{Cr} + W_{Mo} + W_V}{5} + \frac{W_{Ni} + W_{Cu}}{15} \right) \times 100\%$$

式中，W_{CE} 为碳当量；W_C、W_{Mn}、W_{Cr}、W_{Mo}、W_V、W_{Ni}、W_{Cu} 分别为 C、Mn、Cr、Mo、V、Ni、Cu 含量的百分数值。

碳当量越高，钢的焊接性能越差。通常的判定标准是：$W_{CE} < 0.4\%$ 时为焊接性良好；$W_{CE} = 0.4\% \sim 0.6\%$ 时为焊接性较差；$W_{CE} > 0.6\%$ 时焊接性差。

低碳钢和低碳低合金钢的焊接性好，容易保证焊接质量，焊接工艺简单。而高碳钢和高合金钢的焊接性能差，焊接时需要采取复杂的工艺措施，且不易获得好的焊接质量。

4.5.4　切削加工性能（可切削性）

金属材料的切削加工性能是指材料在接受各种切削（如车、铣、刨、磨等）加工时的难易程度。切削加工性能的好坏直接影响零件的表面质量、刀具寿命、加工效率。

决定金属材料切削加工性能的主要因素是材料的化学成分、金相组织、硬度等。

化学成分更多是指非金属夹杂物的作用，若非金属夹杂物的类型、大小、形状、分布、体积份额不同，则产生不同的影响作用。有许多易切削钢就是有意加入某些合金元素形成化合物，如硫化锰、硒化物、碲化物都可明显提高金属材料切削加工性。铅和铋也已经用来作为添加剂，这些非金属化合物有的可以起到内部润滑剂的作用，减小摩擦因数；有的可以使切屑变得易断裂，结果使材料被切削时，因降低刀具与工件的摩擦力、降低切削温度和切削力减少刀具磨损，从而延长刀具寿命。当然，也有一些非金属夹杂物，如三氧化二铝、二氧化硅、氮化物、碳氮化物，由于具有很高的硬度，因此阻碍金属塑性变形，提高了切削温度并缩短刀具寿命。

在金相组织中，铁素体切削性能较差，珠光体切削性能好，马氏体硬度高难以切削加工，奥氏体因为又软又韧、导热性差，有明显的加工硬化效应，所以奥氏体钢更难加工，粘刀严重，从而磨损刀具。

材料在硬度为 $180 \sim 240HB$ 时最易加工，硬度太低，易粘刀且光洁度不好；硬度太高，难以加工，磨损刀具。

4.5.5 热处理性能（可热处理性）

大多数金属材料都要在热处理后使用。材料的热处理性能是指金属材料在按技术要求进行热处理时，能获得理想的组织和性能、尽量减少热处理缺陷的能力。实际上，材料的热处理能力还主要是针对能够通过淬火获得马氏体组织的材料而言。碳素结构钢、合金结构钢、弹簧钢、工具钢、轴承钢、马氏体不锈钢等，它们在制成产品前，大都需要通过淬火＋高温回火、淬火＋中温回火或淬火＋低温回火等热处理。可见，淬火并获得足够的马氏体组织是热处理的核心工序。因此，金属材料的热处理性能首先是淬硬性、淬透性，其次是淬火变形和开裂的倾向性、回火稳定性等。

① 淬硬性是钢淬火时的硬化能力，用淬成马氏体可能得到的最高硬度表示。钢的淬硬性主要取决于碳含量，碳含量愈高，可淬硬的钢的硬度愈高。通常碳含量接近 0.6% 时，马氏体可达最高硬度。碳含量再提高，淬火时会产生残留奥氏体，反而使硬度降低。淬硬性与其他合金元素的作用不大。

② 淬透性指钢经奥氏体化后获得马氏体的能力，以在一定条件下淬火可获得的淬硬层深度和硬度分布来评定。钢的淬透性是提供钢的性能和设计选材的重要依据。

影响钢的淬透性的主要因素：

a. 化学成分——凡是使奥氏体稳定性提高的合金元素，都能使钢"C"曲线右移，降低临界冷却速度，提高钢的淬透性，如铬、钼、硅、镍、锰、钒等。

b. 晶粒度——钢的晶粒度大时，会影响"C"曲线右移，降低临界冷却速度，提高钢的淬透性。

c. 原始组织——钢的原始组织中碳化物愈细，分布愈均匀，加热时愈容易溶解，可提高钢的淬透性。

d. 外界条件——加大钢淬火时的冷却速度，可提高钢的淬透性。

钢的淬透性是评定钢质量的重要指标。对于有较高力学性能要求的零件，特别是大截面尺寸零件、形状复杂零件，应选择淬透性好的材料制造。

③ 淬火变形和开裂的倾向性是指材料在获得要求的硬度、组织和其他力学性能时，不变形或少变形、不开裂的能力。这主要和钢的化学成分有关，这种特性常常与钢的淬硬性和淬透性相矛盾。当然，零件变形和开裂与淬火工艺方法、介质选择有很大关系。

④ 回火稳定性是指淬火马氏体回火时降低硬度的难易程度。钢的回火稳定性主要与钢的合金元素有关。

碳含量愈高，淬火获得的马氏体硬度愈高，不同碳含量的钢淬火后欲得到回火后的相同硬度时，所需的回火温度也应愈高。

凡是能提高钢回火时淬火马氏体的分解温度以及能形成不易分解的稳定碳化物的合金元素，都可提高钢的回火稳定性，如铬、钼、钒、钨等。

对于一些在较高温度条件下工作的零件，要求其具有较高的硬度和强度时，应选择回火稳定性高的材料。

第 5 章

金属材料的热处理

机械零部件材料的选择固然重要，但要想最大限度地发挥材料潜力、达到技术要求、满足零件和产品的功能需要，还必须对材料进行正确的热处理。

金属材料的热处理包括整体热处理（如退火、正火、淬火、回火、固溶处理、时效处理及去应力处理等）、表面硬化处理（如感应表面淬火、火焰表面淬火、激光表面淬火等），还有化学热处理（如渗碳、渗氮、多元共渗等）。通过热处理，金属材料可以改变组织，调整性能，提高耐蚀性，消除应力，满足使用要求。

5.1 钢的热处理原理

钢的热处理的基本过程是加热、保温、冷却。

5.1.1 钢加热（保温）过程的转变

钢热处理的加热和保温过程的主要作用是使钢形成奥氏体组织（奥氏体化）。从铁碳合金状态图（见图 1-14）可知，当钢加热到 A_{c1} 温度（约 727℃）时，组织中产生了奥氏体（记 A）。这奥氏体是由珠光体转变而来的。以共析钢为例了解珠光体向奥氏体转变的过程（见图 5-1）。

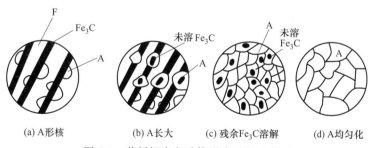

(a) A形核   (b) A长大   (c) 残余Fe₃C溶解   (d) A均匀化

图 5-1 共析钢中奥氏体形成过程示意图

奥氏体的形成是通过形核和长大过程完成的。奥氏体晶核最容易在铁素体（记 F）和渗碳体（记 Fe₃C）相界面上生成 [图 5-1 (a)]，生成的晶核与铁素体和渗碳体相连，与奥氏体相邻的铁素体中的铁原子通过扩散运动，转移到奥氏体晶核上来，使奥氏体晶核长大 [见图 5-1 (b)]，而奥氏体晶核与相邻的铁素体和渗碳体存在碳的浓度差，渗碳体中的碳原子会以扩散方式向奥氏体晶核转移，即渗碳体通过分解，不断溶入生成的奥氏体中，使奥氏体不断长大 [图 5-1 (c)]，直至珠光体全部消失为止。由于原珠光体中的铁素体和渗碳体是两种含碳量相差悬殊的相，因此当渗碳体刚刚消失时，奥氏体中的碳浓度仍然是不均匀的，需经过一段保温时间，通过碳原子的进一步扩散，才能使奥氏体中含碳量逐渐趋于均匀，这就是奥氏体的均匀化过程 [见图 5-1 (d)]。对于亚共析钢和过共析钢，在 A_{c1} 以下温度，除珠光体外还分别有先共析铁素体和先共析渗碳体。所以，它们必须继续加热至 A_{c3}（亚共析钢）和 A_{cm}（过共析钢）以上温度，先共析铁素体和先共析渗碳体才能溶解到奥氏体中去。钢只有获得均匀的奥氏体组织，才能保证在冷却后获得优良的组织及性能。当然，为保证奥氏体均匀化，加热温度和保温时间应适当选择，如果加热温度过高或保温时间太长，会使奥氏体晶粒粗大，这也将影响冷却后的组织和性能。

5.1.2　奥氏体冷却过程的转变

钢经加热、保温得到均匀奥氏体后，还必须采用适当的冷却方式，以得到需要的组织和性能。采用不同的冷却方式、不同的冷却速度得到的性能不同。表 1-7 是 45 钢在不同冷却方式条件下所得到的性能差异。

钢的性能差异源自组织的不同，或者说是组织决定性能。而组织是经过奥氏体化钢冷却得到的，因为在冷却过程中，奥氏体发生了相变。不同的转变温度相变后的组织不同。

为了便于说明转变温度和转变产物之间的关系，见图 1-26。这是共析钢奥氏体等温转变曲线图（也叫 TTT 图），即是奥氏体等温温度转变产物示意图，表示了奥氏体等温转变温度、时间和组织的关系。根据奥氏体转变温度和组织产物特征，分为三个转变区，即高温转变区、中温转变区和低温转变区。

（1）高温转变——珠光体型转变

高温转变区的大致温度区间为 $A_{r1} \sim 500℃$。高温转变又称扩散型转变，即奥氏体向珠光体转变也是一个形核和晶核长大过程，由于转变温度较高，转变过程是由铁原子和碳原子同时扩散来完成的，最终形成铁素体和渗碳体彼此相间的珠光体组织，见图 1-6。由于等温温度不同（过冷度不同），因此铁素体和渗碳体片层厚度不同，如当转变温度较高（$A_{r1} \sim 650℃$），即过冷度较小时，得到片层较粗的珠光体组织；当转变温度低些（$650 \sim 550℃$），即过冷度稍大些时，得到片层较细的珠光体组织；当转变温度更低些（$550 \sim 500℃$），即过冷度更大些时，得到片层更细的珠光体组织。即自 $A_{r1} \sim 500℃$ 不同温度等温转变的产物依次为粗片状珠光体、细片状珠光体（曾叫索氏体）和极细片状珠光体（曾叫托氏体）。珠光体片层粗细不同，其硬度也不同，片层越粗，硬度越低，见表 5-1。

表 5-1　共析碳钢奥氏体等温转变后的组织和硬度

组　　织	形成温度范围/℃	硬　　度
珠光体(P)	$A_r \sim 650$	170~220HB
细珠光体(索氏体 S)	650~600	25~35HRC
极细珠光体(托氏体 T)	600~500	35~42HRC
上贝氏体($B_上$)	500~350	42~48HRC
下贝氏体($B_下$)	$350~230(M_s)$	48~58HRC

（2）中温转变——贝氏体型转变

中温转变区的大致温度范围在曲线中部，即 $500 \sim 230℃$。在这个温度范围，铁原子已失去了扩散能力，只有碳原子能进行短距离的扩散，发生贝氏体型转变，得到贝氏体组织，贝氏体也是铁素体和渗碳体的机械混合物。根据贝氏体形态分为上贝氏体和下贝氏体。上贝氏体通常在 $500 \sim 350℃$ 获得，呈羽毛状形态，见图 1-9，下贝氏体通常在 $350 \sim 230℃$ 获得，呈针状或竹叶状形态，见图 1-10。上贝氏体和下贝氏体因形态不同，硬度也有差别，见表 5-1。

（3）低温转变——马氏体型转变

低温转变是在 M_s 点（约 230℃）温度以下的转变，由于转变温度低，铁原子和碳原子已无扩散能力，因此又称无扩散型转变。等温转变温度越低，组织中马氏体的数量和硬度越高。直到 M_f（有时叫 M_z）温度以下，转变完成。由于过冷度大，可能组织中保留一部分奥氏体，称残留奥氏体。依据钢中含碳量不同，转变产物存在差异，含碳量高时，马氏体呈针状（片状），见图 1-11，含碳量较低时，马氏体呈板条状。两种形态马氏体在性能上有差别，针状马氏体比板条状马氏体硬度、强度更高，但塑性和韧性更差，见表 5-2。

表 5-2 针状和板条状马氏体力学性能的比较

组织特征	R_m/MPa	$R_{p0.2}$/MPa	A/%	Z/%	a_k/(J/cm^2)	硬度(HRC)
板条 M	1000～1500	80～130	9～17	40～65	60～80	30～50
针状 M	2300	200	1	30	10	65

上面是以等温转变说明奥氏体在不同温度（过冷度）条件下的转变和对应转变产物。在实际生产过程中，钢的热处理大多是在连续冷却条件下进行的，即从奥氏体状态以某一冷却速度连续冷却到室温。钢的这种转变与等温转变又有不同。图 5-2 是钢的奥氏体连续冷却转变曲线示意图。

在这个图上将钢典型的冷却速度线标示在奥氏体转变曲线上，很显然，v_5 冷却速度最大（过冷度大），而 v_1 冷却速度最小（过冷度小）。可见，不同的冷却速度经过不同的组织转变区，冷却后得到的转变产物也不同。$v_1 \sim v_3$ 的冷却后组织都是珠光体，并且，v_1 得到的是粗片状珠光体，而 v_3 得到的是细片状珠光体。v_4 速度冷却后得到的转变产物应该是珠光体＋马氏体。v_5 冷却速度得到的转变产物中没有珠光体，只是马氏体（可能有部分残留奥氏体）。

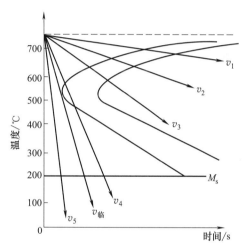

图 5-2　奥氏体连续冷却转变曲线

由上可见，只要我们掌握和控制了钢奥氏体化后的冷却速度，就可以控制得到的冷却转变产物，从而得到不同的性能，以满足零件的功能需要。

5.1.3　钢回火时的转变

钢经过淬火后，原则上应进行回火，并在回火后使用。回火是钢热处理的重要工序之一。

普遍认为，钢的回火基本有以下四个阶段。

（1）淬火马氏体分解阶段（第Ⅰ阶段）

淬火钢在从室温至 250℃ 的温度范围内加热时，淬火马氏体中的过饱和碳将析出，马氏体中含碳量降低。这时析出的碳化物是亚稳定的，结构大致为 Fe_xC 型，属 ε 相。也有人认为析出的是高度弥散分布的 Fe_3C 型。还有更进一步的研究认为，在淬火马氏体分解并析出碳化物之前，马氏体中过饱和的碳原子已经有一个偏聚过程（还不是析出过程），碳原子形成十分细小的偏聚团。对于较高含碳量的钢，这个偏聚团向马氏体孪晶界面偏聚，而在较低含碳量的钢中，这个偏聚团向马氏体的位错线附近的条片界面上偏聚。有的资料将这个碳原子的偏聚过程称为马氏体回火的准备阶段。这个阶段由于温度低，只有碳原子可以扩散迁移，而铁原子尚不发生扩散，因此，仍保持马氏体的结构形态，但有碳的析出，称此时的马氏休为回火马氏体，组织中为回火马氏体和 Fe_xC 型碳化物，此时钢的性能略有改变，主要表现在由碳过饱和引起的晶格畸变大部分被消除。虽然马氏体中碳含量有了变化，但碳对马氏体是以固溶强化方式产生影响的效果不明显，仍具有较高的强度和硬度、低的塑性和韧性。而低碳钢中的板条状马氏体都有较高的强韧性。

（2）残留奥氏体转变（第Ⅱ阶段）

在回火 230～280℃ 的温度范围内，马氏体分解还在进行，马氏体内含碳量继续降低，与此同时，还发生残留奥氏体的转变，即残留奥氏体的分解。回火时残留奥氏体的转变与过冷奥氏体在此温度区间转变相似，即以类似于贝氏体转变方式转变，残留奥氏体转变产物为低碳马氏体和 ε 型碳化物，或分解成下贝氏体，所以，对钢会有强化作用，出现明显的硬化现象。当然，只有含碳量大于 0.4% 的钢淬火后才会存在残留奥氏体，即回火过程中才有残留奥氏体的转变过程。

（3）X、θ 型碳化物形成阶段（第Ⅲ阶段）

不同含碳量的马氏体在 260～350℃ 的温度区间回火时，首先会析出 X 型碳化物，分子式为 Fe_5C_2（有的认为是 Fe_2C），并随回火温度升温而长大。在较高含碳量的钢中，这种碳化物可保持到大约 450℃。而较低含碳量的钢中，这种碳化物稳定性较差。随着温度升高，X 型碳化物将转化成 θ 型碳化物，分子式为 Fe_3C。同时，在较低温度区间，从马氏体中析出的 ε 型碳化物（Fe_xC）也逐渐转变为 θ 型碳化物。在这个温度区间回火，由于马氏体中的碳持续析出，晶格畸变基本消除，析出的碳化物质点有聚合倾向，组织中位错密度减小，孪晶界消除，这一系列变化使钢的硬度和强度有所下降。此阶段的组织常称为回火屈氏体组织，其具有较高的弹性极限和屈服强度，有一定的韧性。

在这一阶段，有些钢会产生第一类回火脆性，使冲击韧性降低。

（4）碳化物集聚长大阶段（第Ⅳ阶段）

在回火第Ⅲ阶段结束后，马氏体分解全部完成，形成高度分散的铁素体和渗碳体的混合物。碳化物主要是 θ 型碳化物 Fe_3C，也会有少量尚未完全转变的 X 型和 ε 型碳化物。大约从 300℃ 开始，碳化物开始集聚、长大，400℃ 以上这个过程更加明显。

电子显微镜分析表明，在较低温度下形成的碳化物呈圆片状，随回火温度的提高逐渐粗化，最后变成球状。在 550℃ 以上，获得颗粒状碳化物，再提高回火温度，碳化物颗粒长大、粗化。在碳化物集聚长大的过程中，发生碳和合金元素的扩散，α 相恢复成等轴晶粒，此阶段为回火索氏体组织。钢的强度降低，塑、韧性上升，具有良好的综合力学性能。

有些材料在这个回火阶段可能产生第二类回火脆性。

根据不同材料、不同的功能需要，可采用不同的温度区间回火后使用。

5.1.4 钢的时效强化

在金属基体（溶剂）中加入某些在高温条件下能大量溶解，而在低温条件下溶解度极小的合金元素（溶质），当在高温条件下时，溶质过量溶解于基体中成为过饱合固溶体，这种过饱和固溶体是不稳定的，总有一种自发析出溶质而趋于稳定的倾向，在一定条件下（温度和时间），溶质便会析出（也叫沉淀），而析出物多是金属间化合物，它们以第二相形式存在，是极细小的颗粒，弥散度极高，致使金属硬度和强度提高，这便是时效强化或称沉淀强化。

在铁基合金中，最典型的时效强化材料是马氏体时效钢。顾名思义，马氏体时效钢原始组织是马氏体，在加热时转变成奥氏体，这时有大量的合金元素过渡溶解，成为过饱和固溶体。在冷却时，奥氏体转变为马氏体，这个过程与普通淬火马氏体钢相似。但马氏体时效钢成分特点是低碳（通常含碳不大于 0.03%）、高镍（一般在 9%～36%）。由于高的镍含量，原子扩散变得十分困难，从固溶状态一直冷却到 200℃ 以下才会发生奥氏体向马氏体的转变；而再加热时，一直到 500℃ 以上，才可由马氏体转变成奥氏体。人们利用这一特点，将其固溶后冷却到室温，之后，在 480℃ 左右加热，使其保持马氏体基体的同时，析出大量的、弥散的且超显微的金属化合物，达到强化目的。

马氏体时效钢与普通淬火马氏体钢相比，具有更高的塑韧性；在强度相同的条件下，韧性要高很多。

马氏体沉淀硬化不锈钢也是依靠时效（沉淀）强化的。

在时效合金中，更多的是有色金属（非铁基）合金。如铝合金、铍青铜、一部分钛合金等。它们虽然在加热和冷却时不发生相变（不发生奥氏体-马氏体相变），但依靠合金第二相析出，可以得到很大程度的强化效果。

5.2 钢常见的热处理方法

钢的热处理方法有很多，各有不同的作用和目的，适用材料种类也不同。

5.2.1 钢的均匀化退火

为了减少金属铸锭、铸件或锻坯的化学成分和组织的不均匀性，将其加热到高温，长时间保持，然后进行缓慢冷却，以达到化学成分和组织均匀化为目的的退火工艺叫钢的均匀化退火。均匀化退火也叫扩散退火。钢的均匀化退火应符合 GB/T 16923《钢件的正火与退火》的规定。

钢的均匀化退火加热温度通常为 A_{c3} 以上的 150～300℃。

碳钢一般加热到 1100～1200℃，合金钢一般加热到 1200～1300℃。

由于均匀化退火是在高温下长时间加热进行的，钢的奥氏体晶粒十分粗大，为了细化晶粒，对于铸件和锻件在均匀化退火后还应进行一次正常的完全退火或正火处理。

因为均匀化退火加热温度高、生产周期长、工件脱碳氧化严重、能耗高、成本高，所以，只用于成分和组织不均匀严重的或有重要用途的铸锭、铸件和锻坯。

（1）适用范围

用于化学成分不均匀和组织偏析严重的碳钢或合金钢铸锭、铸件以及锻轧件。对于质量要求高的产品，也常通过均匀化处理保证质量标准。

（2）作用目的

长时间的高温加热和保温，会促进化学成分趋于均匀，消除或改善组织偏析，从而提高后续的加工质量和最终的产品质量。对于亚共析钢中的带状组织，也可通过均匀化处理得到改善。

（3）常见的检验项目

① 外观：有无表面烧熔现象。

② 金相组织（需要时）：晶粒界是否有过烧；组织偏析是否消除或改善。

（4）可能产生的缺陷和原因

表面烧熔或金相组织晶粒周界熔化即过烧。这都是由加热温度过高引起的，一旦产生这种缺陷，不能修复，只能报废。

5.2.2 钢的完全退火

将铁碳合金完全奥氏体化，随之缓慢冷却，获得接近平衡状态组织的退火工艺叫钢的完全退火。钢的完全退火加热温度一般为 A_{c3} 以上 20～50℃（部分含镍马氏体不锈钢除外）、保温完全奥氏体化后缓慢冷却，通常采用炉冷。

完全退火加热温度较高，采用炉冷时占用设备时间较长，降低设备利用率。

钢的完全退火应符合 GB/T 16923《钢件的正火与退火》的规定。

（1）适用范围

钢的完全退火适用于低中碳钢和低中碳合金钢及部分马氏体不锈钢。

较高含碳量的共析钢和过共析钢，加热到 A_{cm} 以上温度后缓慢冷却时，会有网状二次渗碳体析出，降低钢的性能。所以，过共析钢不宜采用完全退火处理。

常见钢号的完全退火加热温度和退火后硬度见表 5-3 和表 5-4。

表 5-3 常用钢材退火及正火温度与硬度

钢 号	完全退火		不完全退火		等温退火			正火	
	加热温度 /℃	硬度 (HB) ≤	加热温度 /℃	硬度 (HB) ≤	加热温度 /℃	等温温度 /℃	硬度 (HB) ≤	加热温度 /℃	硬度 (HB) ≤
10	900～930	137	—	—	—	—	—	900～950	143
15	880～920	143	—	—	—	—	—	890～940	156
20	880～900	143	—	—	—	—	—	890～920	156
25	860～890	156	—	—	—	—	—	870～910	175
30	850～900	165	—	—	—	—	—	850～900	179
35	850～880	179	—	—	—	—	—	850～890	187
40	840～870	187	—	—	—	—	—	840～890	207
45	820～840	207	—	—	—	—	—	840～880	229
50	810～830	207	—	—	—	—	—	820～870	229
55	770～820	217	—	—	—	—	—	810～850	241
60	770～820	229	—	—	—	—	—	800～840	248
65	780～820	229	—	—	—	—	—	820～860	248
70	780～820	229	—	—	—	—	—	800～840	255
80	780～800	229	—	—	—	—	—	800～840	285
15Mv	860～880	145	—	—	—	—	—	880～920	163
20Mn	860～880	145	—	—	—	—	—	900～950	167
25Mn	—	—	—	—	—	—	—	870～920	185
30Mn	—	—	—	—	—	—	—	900～950	185
35Mn	830～850	197	—	—	—	—	—	850～900	207
40Mn	820～860	207	—	—	—	—	—	850～890	229
50Mn	800～840	217	—	—	—	—	—	840～870	241

钢 号	完全退火		不完全退火		等温退火			正火	
	加热温度/℃	硬度(HB)≤	加热温度/℃	硬度(HB)≤	加热温度/℃	等温温度/℃	硬度(HB)≤	加热温度/℃	硬度(HB)≤
60Mn	800～840	229	—	—	—	—	—	830～870	255
65Mn	820～860	229	—	—	—	—	—	830～870	269
20Mn2	840～870	187	—	—	—	—	—	870～900	207
30Mn2	830～860	207	—	—	—	—	—	840～880	217
35Mn2	830～880	217	—	—	—	—	—	830～880	229
40Mn2	820～850	217	—	—	820～850	610～630	187	830～870	241
50Mn2	810～840	229	—	—	820～850	610～630	187	820～860	255
20MnV	—	—	760～780	187	—	—	—	880～900	207
27SiMn	850～870	217	—	—	—	—	—	900～930	229
35SiMn	850～870	229	—	—	—	—	—	880～920	235
42SiMn	850～890	229	—	—	—	—	—	860～890	241
37SiMn2MoV	830～850	269	—	—	—	—	—	—	—
40B	840～870	207	—	—	—	—	—	—	—
50B	820～840	217	—	—	—	—	—	860～950	241
40MnB	820～860	207	—	—	—	—	—	850～890	229
45MnB	850～880	217	—	—	—	—	—	860～900	241
20MnMoB	930～950	179	—	—	—	—	—	—	—
20MnVB	—	—	770～790	207	—	—	—	880～900	217
40MnVB	850～880	207	—	—	—	—	—	860～900	241
20MnTiB								890～910	207
15Cr	860～890	179	—	—	—	—	—	870～900	207
20Cr	860～890	179	—	—	850～890	680～700	179	870～900	207
30Cr	830～850	187	—	—	830～850	660～680	187	850～870	217
40Cr	820～840	207	—	—	810～840	665～685	192	850～870	250
45Cr	840～850	217	—	—	—	—	—	830～850	300
50Cr	830～850	229	—	—	830～850	665～685	201	—	—
38CrSi	860～880	229	—	—	—	—	—	—	—
12CrMo	—	—	—	—	—	—	—	910～940	156
15CrMo	—	—	—	—	—	—	—	910～940	156
20CrMo	—	—	—	—	—	—	—	910～940	175
30CrMo	830～850	229	—	—	830～850	665～685	174	870～900	241
35CrMo	820～840	235	—	—	—	—	—	830～860	286
42CrMo	820～840	241	—	—	830～850	665～685	197	850～880	302
12CrMoV	960～980	156	—	—	—	—	—	910～960	179
35CrMoV	860～880	235	—	—	—	—	—	880～920	286
25Cr2MoV	900～940	241	—	—	—	—	—	930～950	270
38CrMoAl	900～920	229	—	—	—	—	—	930～970	286
40CrV	830～850	235	—	—	—	—	—	850～880	286
50CrV	810～870	241	—	—	810～850	670～690	201	850～880	302
15CrMn	850～870	179	—	—	—	—	—	850～880	207
20CrMn	850～870	187	—	—	—	—	—	870～900	207
40CrMn	820～840	229	—	—	—	—	—	850～870	250
20CrMnSi	850～870	207	—	—	—	—	—	—	—

钢 号	完全退火		不完全退火		等温退火			正火	
	加热温度/℃	硬度(HB)≤	加热温度/℃	硬度(HB)≤	加热温度/℃	等温温度/℃	硬度(HB)≤	加热温度/℃	硬度(HB)≤
25CrMnSi	840～860	217	—	—	—	—	—	—	—
30CrMnSi	840～860	217	—	—	—	—	—	—	—
20CrMnMo	850～870	217	—	—	—	—	—	850～870	228
40CrMnMo	840～850	241	—	—	—	—	—	—	—
20CrMnTi	—	—	—	—	—	—	—	950～970	207
30CrMnTi	—	—	—	—	—	—	—	950～970	217
20CrNi	860～890	197	—	—	—	—	—	—	—
40CrNi	820～850	207	—	—	830～850	650～670	187	—	—
50CrNi	820～900	217	—	—	820～850	650～670	201	—	—
12CrNi2	—	—	—	—	—	—	—	880～920	207
12CrNi3	—	—	—	—	—	—	—	880～920	207
20CrNi3	840～860	217	—	—	—	—	—	—	—
30CrNi3	820～840	241	—	—	—	—	—	—	—
12CrNi4	850～870	217	—	—	—	—	—	900～940	228
20CrNi4	840～870	217	—	—	—	—	—	900～940	228
20CrNiMo	—	—	—	—	875～895	650～670	187	880～920	217
40CrNiMo	880～900	229	—	—	830～850	640～660	223	890～920	228
45CrNiMoV	880～900	241	—	—	—	—	—	—	—
65	810～860	220	—	—	—	—	—	820～860	241
70	790～820	229	—	—	—	—	—	810～840	241
80	780～800	229	—	—	—	—	—	800～840	269
65Mn	820～870	229	—	—	—	—	—	820～850	269
50CrV	810～870	269	—	—	810～850	670～690	201	850～880	285
60Si2Mn	830～860	229	—	—	—	—	—	830～860	302
55CrMn	800～820	272	—	—	—	—	—	—	—
50CrMnV	800～820	255	—	—	—	—	—	—	—
5CrNiMo	—	—	740～760	241	760～780	670～690	235	—	—
5CrMnMo	—	—	760～780	241	850～870	670～690	235	—	—
5CrNiW	—	—	760～780	241	—	—	—	—	—
5CrNiTi	—	—	750～770	235	—	—	—	—	—
4CrSi	820～840	217	—	—	—	—	—	—	—
6CrSi	820～840	229	—	—	—	—	—	—	—
2Cr9W6V	840～860	217	—	—	—	—	—	—	—
4Cr5W2SiV	840～880	241	—	—	—	—	—	—	—
Cr12	850～870	269	—	—	830～850	720～740	241	—	—
Cr12MoV	850～870	269	—	—	850～870	720～740	241	—	—
9CrSi	—	—	790～810	255	790～810	700～720	241	—	—
CrWMn	—	—	770～790	255	780～800	690～720	241	—	—
Cr4W2MoV	850～860	269	—	—	850～870	750～770	241	—	—
9Mn2V	—	—	760～780	241	760～780	680～700	235	—	—
7Cr4W3Mo2VNb	—	—	—	—	850～860	730～750	241	—	—
T7	—	—	730～760	187	—	—	—	800～820	285
T8	—	—	730～760	187	—	—	—	760～780	285
T9	—	—	760～780	201	—	—	—	800～820	285

钢　号	完全退火		不完全退火		等温退火			正火	
	加热温度 /℃	硬度 (HB) ≤	加热温度 /℃	硬度 (HB) ≤	加热温度 /℃	等温温度 /℃	硬度 (HB) ≤	加热温度 /℃	硬度 (HB) ≤
T10	—	—	730～770	201	—	—	—	800～850	321
T12	—	—	760～780	207	—	—	—	850～870	341
9CrSi	—	—	780～800	241	790～810	700～720	217	—	—
W18Cr4V	—	—	—	—	860～880	740～760	255	—	—
W9Mo3Cr4V	—	—	—	—	860～880	740～750	269	—	—
W12Cr4V5Co5	—	—	—	—	850～870	740～750	277	—	—
W6Mo5Cr4V2Co5	—	—	—	—	840～860	740～750	269	—	—
W6Mo5Cr4V2Al	—	—	—	—	840～870	740～750	269	—	—
GCr9	—	—	790～810	228	790～810	710～730	209	—	—
GCr15	—	—	790～810	228	790～810	710～730	209	—	—
GCr15SiMn	—	—	790～810	228	790～810	710～730	209	—	—

表 5-4　常用不锈钢材退火及正火温度与硬度

钢　号	完全退火		不完全退火		等温退火			正火	
	加热温度 /℃	硬度 (HB) ≤	加热温度 /℃	硬度 (HB) ≤	加热温度 /℃	等温温度 /℃	硬度 (HB) ≤	加热温度 /℃	硬度 (HB) ≤
1Cr13	850～870	179	—	—	—	—	—	—	—
2Cr13	850～870	187	—	—	—	—	—	—	—
3Cr13	850～870	207	—	—	—	—	—	—	—
4Cr13	850～870	229	—	—	—	—	—	—	—
4Cr14Mo	850～870	241	—	—	—	—	—	—	—
1Cr17Ni2	—	—	680～750	260	—	—	—	—	—
1Cr13Ni	—	—	750～800	220	—	—	—	—	—
2Cr13Ni	—	—	750～800	241	—	—	—	—	—
1Cr13NiMo	—	—	780～800	241	—	—	—	—	—
1Cr13MoS	—	—	780～820	207	—	—	—	—	—
0Cr13Ni4Mo	—	—	620～640	269	—	—	—	—	—
9Cr18	880～920	—	—	241	—	—	—	—	—

（2）作用目的

通过完全退火可以改善钢的组织、细化晶粒、消除魏氏组织；降低硬度、改善切削加工性能；可以消除铸造、锻造及加工应力。

（3）常见的检验项目

① 外观：表面不得有烧熔现象；变形是否超过加工余量，如变形超量允许校直矫正。

② 硬度：符合要求。硬度偏差允许值见表 5-5。

表 5-5　表面硬度偏差的允许值

工件品质等级	单　　件				同　　批			
	HB	HV	HRB	HS	HB	HV	HRB	HS
1	20	20	5	3	25	25	6	4
2	25	25	6	4	35	35	7	5
3	30	30	7	5	45	45	9	6
4	40	40	8	6	55	55	11	7

注：1. HB、HV、HRB 及 HS 等数值是使用不同硬度试验机的实测值，表中各种硬度值之间没有直接换算关系。

2. "同批" 系指采用同炉号材料，用周期式炉同一炉次处理的一批工件；用连续炉在同一工艺条件下同作业班次处理的一批工件。

3. 硬度测量部位应在工件上处理条件大致相同的范围内选取。

③ 力学性能（需要时）：符合要求。

④ 晶粒度（需要时）：符合要求。

⑤ 金相组织（需要时）：不得有过烧现象；是否存在过热组织或魏氏组织。

⑥ 脱碳层深度（需要时）：脱碳层不得超过工件的加工余量，保证加工后产品表面无脱碳。

（4）可能产生的缺陷和原因

① 过烧或过热组织，即晶粒界熔化或晶粒粗大，这都是由加热温度太高引起的。过烧缺陷是不能修复缺陷，只能报废。只是过热组织缺陷，可通过重新选择正确加热温度退火改善。

② 硬度高，即退火后硬度高于预想硬度。这可能是因为冷却速度过快或出炉温度太高引起组织转变不充分。可重新退火处理，保证冷却速度缓慢和较低温度出炉。

③ 表面严重脱碳和氧化。加热温度高和保温时间过长，都会增加表面脱碳和氧化倾向。对于铸件或锻件的毛坯件，由于表面余量较大，通常会在后续加工过程中去除脱碳、氧化层。如果是粗加工件退火，其后续加工量小，则在后续加工中可能不会完全去除脱碳、氧化层，对最终工件会产生不利影响。脱碳后的复碳操作是很难进行的。

④ 过量变形。即零件变形度超过后续加工量，这多半是由操作不当、挤压等引起的。可以矫正变形达到工艺要求。

5.2.3　钢的不完全退火

将铁碳合金加热到 $A_{c1}\sim A_{c3}$ 之间温度，达到不完全奥氏体化，随之缓慢冷却的退火工艺叫钢的不完全退火。

钢不完全退火加热温度通常在 A_{c1} 以上 20~50℃，保温后缓慢冷却，常见的冷却方式是随炉冷却。

不完全退火改善组织的效果不如完全退火，但不完全退火加热温度低，节约能耗，提高设备利用率。所以，在可能情况下尽量选用不完全退火。

钢的不完全退火应符合 GB/T 12693《钢件的正火与退火》。

（1）适用范围

主要适用于过共析钢，也有时用于亚共析钢。

常见钢号不完全退火加热温度和退火后的硬度见表 5-3 和表 5-4。

（2）作用目的

对于过共析钢采用不完全退火，可在保证不产生网状渗碳体的条件下，适当改善组织、降低硬度、消除内应力，可以使渗碳体趋向于球化。

亚共析钢在晶粒不粗大、组织基本正常的情况下，采用不完全退火可以降低硬度和消除内应力。

（3）常见的检验项目

① 外观：无烧熔和过度变形。

② 硬度：符合要求。硬度允许偏差值见表 5-5。

③ 金相组织（需要时）：符合要求。

（4）可能产生的缺陷和原因

不完全退火可能产生的缺陷及原因，参见钢的完全退火相应内容。

5.2.4 钢的等温退火

钢件或毛坯加热到高于 A_{c3}（亚共析钢）或 A_{c1}（过共析钢）温度，保持适当时间后，较快冷却到珠光体温度区间的某一温度并等温保持，使奥氏体转变为珠光体组织，然后在空气中冷却的退火工艺叫钢的等温退火。

钢的等温退火加热温度，对于亚共析钢通常在 A_{c3} 以上 20～50℃，对于过共析钢在 A_{c1} 以上 30～50℃。等温温度一般在 A_{r1} 以下某一温度，具体可根据奥氏体等温转变曲线确定，等温时间应保证奥氏体向珠光体转变完成。

钢采用等温退火比采用普通退火可缩短生产周期，且通过等温退火后，钢的组织更均匀、硬度更低。而且可以通过改变等温温度来改变获得的硬度。

钢的等温退火应符合 GB/T 12693《钢件的正火与退火》的规定。

（1）适用范围

钢的等温退火主要用于合金钢或高合金钢、高速钢，可用于铸件、锻件。

常见钢号等温退火加热及等温温度和退火后的硬度见表 5-3 和表 5-4。

（2）作用目的

等温退火可细化钢的晶粒，使组织更均匀，碳化物可部分球化，降低硬度、消除内应力。对于奥氏体较稳定的钢，可节省退火时间。

（3）常见的检验项目

① 外观：无烧熔和过量变形。

② 硬度：符合技术要求、硬度允许偏差值见表 5-5。

③ 金相组织（需要时）：符合技术要求。

（4）可能产生的缺陷和原因

① 过烧或过热组织缺陷。这部分可见完全退火过烧过热组织缺陷相关内容。

② 硬度过低或硬度过高。多半是因为等温退火的等温温度选择不当。等温温度高，获得的组织较粗，硬度偏低；等温温度低，获得的组织太细，硬度偏高。等温保温时间不足，也可引起硬度偏高。

③ 组织不均，即组织粗细不同，差别较大。通常是等温温度的保持时间不足，致使组织转变不是在一个温度区间完成，从而获得不同类型或不同尺寸的金相组织。高温段加热温度不足或保温时间不足，奥氏体化程度不好，也可引起组织不均和硬度不均。

5.2.5 钢的去应力退火

为了去除由于塑性变形加工、焊接等造成的以及铸件内存在的残余应力而进行的退火叫去应力退火。

去应力退火应将工件加热到一定温度、保温后以缓慢的方式冷却。加热温度愈高，去除应力的效果愈好。

去应力退火加热温度应考虑具体金属材料种类、工件或构件类型以及残余应力类别和大小等因素合理确定，基本遵循以下各项原则。

① 不改变材料的组织、性能（铸件铸后退火和锻件锻后退火除外）。比如，对于已经经过调质处理的工件，其去应力加热温度不能高于工件调质回火温度。

② 精加工或半精加工零件去应力退火后不能产生表面脱碳和氧化（允许存在轻微的氧

化色），不能产生新的变形。比如，零件半精加工或磨削后去应力加热温度可选用 160～210℃，精密量具、刃具、模具的稳定尺寸去应力处理加热温度可选用 120～160℃。当然，较低的加热温度可采用更长的保温时间。

③ 某些耐腐蚀不锈钢去应力加热温度应避开影响耐蚀性析出物的析出温度。比如，奥氏体不锈钢去应力退火加热温度应避开敏化区温度。

④ 在满足以上①、②、③的条件下，为有效去除应力，可选择尽量高的加热温度。比如，经过调质处理的材料，其去应力退火加热温度可选择在最后回火温度以下 20～30℃，为渗氮或多元共渗作预备处理的去应力退火加热温度可选择高于渗氮或多元共渗温度以上 10～20℃。

对于奥氏体不锈钢、奥氏体-铁素体双相不锈钢去应力退火温度选择考虑因素比较多，以及铸铁、有色合金去应力退火加热温度选择可见本章相关部分。

（1）适用范围

去应力退火适用于各种金属材料，如钢、铸铁、有色金属及合金等制造的零件或构件，包括铸件、锻件、加工件、压制件、焊接件、补焊件、堆焊件等一切可能存在残余应力的各类零件、构件。

去应力退火根据处理件类型、大小，形状以及去应力种类等，采用整体去应力处理或局部去应力处理。

（2）作用目的

去应力退火可消除或减小零件、构件中存在的残余应力，包括铸造应力、锻造应力、加工应力、焊接应力、补焊应力等各种残余应力；可防止或减少零件、构件的变形、开裂，可稳定尺寸、保证和提高耐腐蚀能力等。对于要采用表面淬火、渗氮处理、多元共渗处理的零件，为保证处理过程中不变形和少变形，在处理前可进行以消除前期制造过程中存在的应力为目的的去应力退火。

（3）常见的检验项目

因为零件或构件残余应力的产生、残余应力的分布，残余应力的测试和评定是一项很复杂的工作，所以，除非特别重要的零件和构件要求进行应力测试和去应力退火效果定量评价之外，一般去应力退火件不要求作应力测试。通常采用控制工艺方法、必要时采用力学性能和腐蚀性能检测的方法来评价去应力退火质量效果。有的用试件（如焊接试板等）测试去应力退火前后应力大小、应力分布的做法是不可取的。因为形状简单的试板和大尺寸、形状复杂的真实构件采用同一工艺方法，其应力大小、分布形态是有巨大区别和差异的。

通常去应力退火效果的检验项目有：

① 外观：不得有烧熔现象；工件形状和尺寸是否满足图纸或后续工序的要求。

② 工艺合理性：采用工艺不得有损材料的组织结构、力学性能、耐腐蚀性能。

③ 热处理记录曲线：热处理操作记录曲线与工艺的符合性。

④ 硬度（需要时）：去应力退火处理后是否引起材料硬度变化及是否在符合图纸要求的范围内。

⑤ 力学性能（需要时）：检验去应力退火后力学性能是否产生变化及是否仍满足原来的技术要求（可在模拟试块上进行）。

⑥ 耐蚀性（需要时）：检验去应力退火是否对材料的耐蚀性产生影响，能否满足原来的

耐蚀性要求（可在模拟试块上进行）。

（4）可能产生的缺陷及原因

硬度和强度比消除应力处理前下降太多，主要是由去应力温度太高或操作不当引起的。

5.2.6　钢的正火

将钢材或钢件加热到 A_{c3}（亚共析钢）或 A_{cm}（过共析钢）以上 $30\sim50℃$，保温适当时间后，在静止的空气中冷却的热处理工艺叫正火。对于有些大件或装炉量较多件，为达到正火效果，有时采用风冷或鼓风机鼓风强制冷却。

正火所获得的组织应是接近平衡的组织，即亚共析钢为铁素体＋珠光体，过共析钢是渗碳体＋珠光体。组织特征是正火处理的重要特征之一。有些材料，如有些马氏体不锈钢在空冷条件下可以得到以马氏体为主的组织，从严格意义上来说，应属淬火而不是正火。

正火采用加热后空气冷却的方式，所以比之于退火占用设备时间短，成本低。

钢的正火应符合 GB/T 16923《钢件的正火与退火》的规定。

（1）适用范围

钢的正火主要用于低中碳钢和低中碳合金钢。正火可以消除网状渗碳体，所以有时也用于过共析钢。

常见钢号的正火加热温度和处理后的硬度见表 5-3 和表 5-4。

（2）作用目的

① 钢通过正火处理可以调整硬度、细化晶粒、改善切削加工性能、消除应力。

② 对于亚共析钢，如果要求强度不高可以用正火作为最终处理，也可以作为淬火前的预备处理。

③ 对于过共析钢可以通过正火处理消除网状渗碳体，抑制二次渗碳体析出。但过共析钢经正火处理可能硬度较高，不利于切削加工，正火后可再进行一次回火或球化退火。

④ 对于含有强碳化物形成元素（Cr、Mo、W、V 等）的合金钢，常在淬火前安排一次高温正火（$920\sim950℃$），使材料中难溶的特殊碳化物溶入奥氏体中，冷却后不再生成特殊合金碳化物，这样在淬火加热时，碳化物容易溶解于奥氏体中，使奥氏体合金化程度增高，提高淬火回火后的力学性能。

（3）常见的检验项目

① 外观：不得有烧熔现象，不得有过量变形。

② 硬度：正火后硬度符合技术要求。硬度允许偏差值见表 5-5。

③ 力学性能（需要时）：符合技术要求。

④ 金相组织（需要时）：应达到对应钢种的正常正火组织标准；不得有过烧和过热组织，不得有超过要求的魏氏组织、网状碳化物等缺陷组织。

（4）可能产生的缺陷和原因

正火可能产生的缺陷和原因，见钢的完全退火相应内容。

此外，正火件大件可能各部分硬度差太大，或整批处理时，每批件硬度差太大，主要是空冷或风冷时不均匀，冷速大的部分硬度会偏高，而冷速慢的部分硬度可能偏低。

5.2.7 钢的淬火

将钢件加热到 A_{c3}（亚共析钢）或 A_{c1}（过共析钢）以上某一温度，保持一定时间，然后以适当速度冷却获得马氏体和（或）贝氏体组织的热处理工艺叫钢的淬火。

钢淬火的加热温度一般是 A_{c3} 或 A_{c1} 以上 $30\sim50℃$。淬火处理的关键是冷却过程。冷却是保证钢淬火质量的重要环节。淬火冷却方法和冷却介质应根据钢的种类、化学成分、工件形状、性能要求等多方面因素确定。

常见的淬火方法有单液淬火、双液淬火、分级淬火、等温淬火等。常用的淬火冷却介质有水、盐水、碱水、合成淬火液、油、空气等。

淬火是改善钢组织、性能的重要手段之一，钢经淬火后还必须依据性能要求合理确定回火方法，只有经过回火后才能使用。

钢的淬火应符合 GB/T 16924《钢件的淬火与回火》的规定。

（1）适用范围

淬火适用于碳素结构钢、碳素工具钢、合金结构钢、合金工具钢、模具钢、弹簧钢、轴承钢、马氏体不锈钢等可通过淬火获得马氏体或贝氏体的各类钢。淬火也适用于灰铸铁、白口铸铁、球墨铸铁。

常用钢材淬火加热温度和可能达到的硬度见表 5-6 和表 5-7。

表 5-6 常用钢材淬火及回火温度与硬度

钢 号	淬 火			硬度（HRC）对应温度/℃								
	加热温度/℃	冷却介质	硬度(HRC)≥	25～30	30～35	35～40	40～45	45～50	50～55	55～60	≥60	备注
30	850～900	水	40	420	350	300	200	—	—	—	—	—
35	850～890	水	48	480	430	370	300	200	—	—	—	—
40	840～890	水	55	540	480	430	380	310	200	—	—	—
45	820～860	水	60	550	520	450	380	320	260	200	—	—
50	820～870	水	60	560	530	460	380	330	300	200	—	—
55	800～850	水	60	600	550	480	410	350	300	220	180	—
60	780～830	水	60	610	560	500	430	360	300	220	180	—
30Mn	850～900	油或水	40	440	380	320	200	—	—	—	—	—
40Mn	800～850	油或水	50	520	460	400	350	220	180	—	—	—
50Mn	800～840	油或水	55	560	480	420	360	300	220	180	—	—
30Mn2	830～860	水	45	440	380	320	220	180	—	—	—	—
40Mn2	810～850	水	50	530	460	420	350	220	180	—	—	—
50Mn2	810～840	水	55	580	500	430	380	300	220	180	—	—
35SiMn	850～880	水	50	560	480	400	360	300	180	—	—	—
42SiMn	860～890	油	55	580	500	440	400	350	300	180	—	—
40B	820～860	水	52	580	500	430	380	300	200	—	—	—
50B	830～860	油	56	600	540	480	420	380	300	200	—	—
40MnB	820～860	油	55	600	520	450	400	320	260	200	—	—
45MnB	820～850	油	57	600	530	470	420	340	280	200	—	—
20MnTiB	860～890	油	35	600	500	200	—	—	—	—	—	—
15Cr	870～900	水	30	400	200	—	—	—	—	—	—	—
20Cr	870～900	水	35	430	300	200	—	—	—	—	—	—

钢 号	淬 火			硬度(HRC)对应温度/℃								备注
	加热温度/℃	冷却介质	硬度(HRC)≥	25～30	30～35	35～40	40～45	45～50	50～55	55～60	≥60	
30Cr	830～860	水	50	480	420	380	340	240	180	—	—	—
40Cr	830～860	油	55	570	520	470	420	340	200	—	—	—
45Cr	820～840	油	60	610	540	480	430	360	270	220	180	—
50Cr	820～840	油	60	640	570	510	460	380	300	240	180	—
38CrSi	880～910	油	53	620	560	500	440	360	320	180		
15CrMo	870～900	水	35	400	300	200	—	—	—			
20CrMo	870～900	水	42	460	350	280	200	—	—			
30CrMo	850～880	油	45	540	440	380	300	200				
35CrMo	830～860	油	48	600	540	480	400	330	200			
42CrMo	830～850	油	50	620	560	500	420	350	200			
35CrMoV	900～920	油	48	640	590	520	460	350	200			
25Cr2MoV	880～920	油	45	670	640	600	530	200	—			
38CrMoAl	930～950	油	52	720	680	630	530	430	320			
40CrV	850～880	油	50	640	560	510	450	320	200			
50CrV	830～860	油	58	660	600	540	510	430	340	200		
40CrNi	820～840	油	52	580	520	480	400	300	200			
50CrNi	810～830	油	58	620	550	510	420	320	240	200		
20CrMnTi	850～880	油	35	550	450	200	—	—				
30CrMnTi	830～860	油	40	600	540	480	200	—				
35CrNiMo	860～880	油	50	600	550	500	420	380	200			
40CrNiMo	860～880	油	55	620	580	540	480	420	320	200		
40CrMnMo	840～850	油	55	610	560	520	450	400	300	200		
45CrNiMoV	850～900	油	50	620	580	540	460	420	200			
60	800～820	水	60	580	550	500	450	350	280	230	180	
65	820～830	油	60	600	550	500	450	380	300	230	180	
70	780～820	油	60	620	550	500	450	380	310	230	180	
80	780～820	油	60	620	550	500	450	380	330	240	180	
60Mn	800～840	油	60	560	500	440	400	340	270	220	180	
65Mn	790～820	油	60	620	540	480	430	360	270	220	180	
60Si2Mn	840～870	油	60	620	580	540	500	460	420	380	180	
50CrV	840～880	油	55	640	570	530	480	380	280	180	—	
50CrMn	840～860	油	55	630	560	520	460	360	260	180	—	
15	770～800	渗碳淬水	60	—	—	—	—	350	280	220	160	渗碳淬火
20	770～800	渗碳淬水	60	—	—	—	—	350	280	220	160	渗碳淬火
15Cr	780～800	渗碳淬油	58	—	—	—	—	380	330	240	180	渗碳淬火
20Cr	780～810	渗碳淬油	60	—	—	—	—	380	330	240	180	渗碳淬火
12CrNi3	770～800	渗碳淬油	60	—	(心部)	—	—	—	—		180	渗碳淬火
20CrNi3	780～800	渗碳淬油	60	—	—	(心部)	—	—	—		180	渗碳淬火
12CrNi4	780～800	渗碳淬油	60	—	(心部)	—	—	—	—		180	渗碳淬火
20CrNi4	780～800	渗碳淬油	60	—	—	(心部)	—	—	—		180	渗碳淬火
20CrMnTi	820～840	渗碳淬油	60	—	—	(心部)	—	—	—	240	180	渗碳淬火
30CrMnTi	820～840	渗碳淬油	60	—	—	(心部)	—	—	—	240	180	渗碳淬火
20CrNiMo	780～820	渗碳淬油	60	—	—	(心部)	—	—	—	240	180	渗碳淬火

钢 号	淬 火 加热温度/℃	冷却介质	硬度(HRC)≥	\multicolumn{8}{c}{硬度(HRC)对应温度/℃}	备注

钢 号	加热温度/℃	冷却介质	硬度(HRC)≥	25~30	30~35	35~40	40~45	45~50	50~55	55~60	≥60	备注
5CrNiMo	840~860	油	58	700	640	550	450	380	280	180	—	热模具
5CrMnMo	830~870	油	58	670	580	520	450	380	250	180	—	热模具
5CrNiW	840~860	油	58	700	660	580	550	420	350	250	—	热模具
5CrNiTi	840~860	油	55	570	530	460	400	340	250	—	—	热模具
Cr12	980~1000	油	63	—	650	600	520	470	250	220	180	冷模具
Cr12Mo	970~1010	油	63	—	—	—	—	600	530	400	180	冷模具
Cr12MoV	980~1050	油	63	—	740	670	620	600	550	400	180	冷模具
CrWMn	840~860	油	64	640	600	560	520	460	380	280	180	冷模具
9Mn2V	790~820	油	62	—	—	—	500	400	320	250	180	冷模具
T7	780~820	盐水	63	580	530	470	420	370	320	250	180	—
T8	750~800	水-油	63	580	530	470	420	370	320	250	180	—
T9	760~790	水-油	64	580	540	490	430	380	340	250	180	—
T10	760~780	水-油	64	580	540	490	430	380	340	250	180	—
T12	760~780	水-油	63	580	540	490	430	380	340	250	180	—
9CrSi	840~860	油	60	670	620	580	520	450	380	300	180	—
W9Cr4V2	1220~1240	油	62	—	—	—	—	—	—	—	560	三次回火
W18Cr4V	1260~1280	油	62	—	—	—	—	—	—	—	560	三次回火
W9Cr3Mo4V	1230~1250	油	65	—	—	—	—	—	—	—	560	三次回火
W12Cr4V5Co5	1220~1240	油	65	—	—	—	—	—	—	—	540	三次回火
W6Mo5Cr4V2Al	1220~1240	油	65	—	—	—	—	—	—	—	550	三次回火
W6Mo5Cr4V2Co5	1210~1230	油	64	—	—	—	—	—	—	—	550	三次回火
GCr9	800~850	油	61	—	550	500	460	410	350	270	180	—
GCr9SiMn	800~840	油	61	—	—	—	—	420	350	280	180	—
GCr15	830~860	油	61	680	580	530	480	420	380	270	180	—
GCr15SiMn	820~860	油	61	—	—	—	480	420	350	270	180	—

注：温度范围为±10℃。

表 5-7 常用不锈钢材淬火及回火温度与硬度

钢 号	加热温度/℃	冷却介质	硬度(HRC)≥	<20	20~25	25~30	30~35	35~40	40~45	45~50	50~55	55~60	>60
1Cr13	1000~1050	油或空气	40	680	640	580	530	500	200	—	—	—	—
2Cr13	1000~1050	油或空气	45	700	660	610	570	530	300	200	—	—	—
3Cr13	1000~1050	油或空气	50	720	690	650	600	550	380	320	200	—	—
4Cr13	1000~1050	油或空气	55	—	—	680	630	570	420	380	200	—	—
4Cr14Mo	980~1020	油	55	—	720	—	—	—	—	—	—	—	—
1Cr17Ni2	960~1020	油	35	—	—	680	600	540	510	—	—	—	—
1Cr13Ni	1000~1020	油或空气	40	—	730	620	—	—	—	—	—	—	—
2Cr13Ni	1000~1020	油或空气	45	—	750	700	—	—	—	—	—	—	—
1Cr13NiMo	1000~1020	油	45	—	—	620	—	—	—	—	—	—	—
1Cr13MoS	980~1020	油	40	—	—	580	540	500	400	—	—	—	—
0Cr13Ni4Mo	1020~1050	油	40	—	—	620	540	260	—	—	—	—	—
9Cr18	1000~1050	油	60	—	—	—	—	—	—	—	—	300	200

注：温度范围为±10℃。

（2）作用目的

钢经淬火后，基本上获得马氏体或贝氏体组织，再经过回火得到需要的组织和性能。大多数钢材只有经过淬火并回火后，才能充分发挥材料潜力，满足功能需求。

（3）常见的检验项目

① 外观：不得有烧熔现象，不得有裂纹和过量的变形。

② 硬度（需要时）：应达到淬火后的硬度要求，保证回火后能满足技术要求的硬度，硬度允许偏差值，依据检验方法不同分别见表5-8～表5-11。

表 5-8 表面的维氏硬度偏差允许值

工件类别	硬度偏差（HV）					
	单 件			同 批		
	<350	350～500	>500	<350	350～500	>500
1	20	25	40	25	30	60
2	25	35	60	40	55	100
3	30	45	80	55	80	140
4	45	70	120	70	100	180
5	55	80	—	75	110	—

表 5-9 表面的洛氏硬度偏差允许值

工件类别	硬度偏差（HRC）					
	单 件			同 批		
	<35	35～50	>50	<35	35～50	>50
1	2	2	2	3	3	3
2	3	3	3	5	5	5
3	4	4	4	7	7	7
4	6	6	6	9	9	9
5	7	7	—	10	10	—

表 5-10 表面的布氏硬度偏差允许值

工件类别	硬度偏差（HB）			
	单 件		同 批	
	<330	330～450	<330	330～450
1	15	20	25	30
2	20	30	35	50
3	30	40	50	70
4	40	60	65	90
5	50	70	70	100

表 5-11 表面的肖氏硬度偏差允许值

工件类别	硬度偏差（HS）					
	单 件			同 批		
	<50	50～70	>70	<50	50～70	>70
2	3	4	5	5	6	8
3	4	5	6	7	9	11
4	6	8	10	9	11	14
5	7	9	—	10	13	—

③ 金相组织（需要时）：不得有过热、过烧组织，应有足够量的马氏体或贝氏体，保证回火后可获得良好组织及性能。重要零件还应检验马氏体等级，按 JB/T 9211《中碳钢与中碳合金结构钢　马氏体等级》标准的规定，共分 8 级，其中 2～4 级为机械零件常用等级；5～6 级适用于较大且硬化层较深零件；而 1 级属淬火温度偏低；7～8 级为过热组织，一般不采用。

④ 脱碳深度（需要时）：脱碳会降低钢的淬火硬度和抗疲劳性能，对重要件应控制淬火后的表面脱碳层深度。一般调质件或有后续加工件的淬火脱碳层应不大于后续加工量，保证加工后工件表面无脱碳层。而对于淬火、回火后不加工件的脱碳层要求更为严格，如弹簧淬火后，依据弹簧材料的直径或公称尺寸，脱碳层深度应不大于 1.5%～3.0%；轴承钢淬火后，轴承套圈依据外径大小，脱碳层可控制在 0.05～0.12mm；滚动体依据直径大小，脱碳层可控制在 0.06～0.14mm。尺寸越小，脱碳层控制应越小。

（4）可能产生的缺陷和原因

① 过烧或过热组织。加热温度高或设备控温失灵，过烧不可挽救，只能报废；过热组织主要反映为获得粗大马氏体，对硬度、强度会产生影响，也容易引起淬火裂纹。过热缺陷可以通过退火后重新淬火挽救。

② 硬度不足，即淬火后工件表面硬度过低。加热不足或冷却不足，不能获得足够量的马氏体组织，或马氏体固溶碳量不足都可降低淬火硬度。

③ 淬火软点，即淬火工件表面硬度不均，低硬度处达不到技术要求硬度。淬火加热或冷却不均、操作不当都会产生软点。钢原始成分和组织严重不均匀，也可影响淬火后表面产生软点。淬火软点对于高硬度要求的量具、模具等的功能有不利作用，也应尽量防止。

④ 淬火裂纹。原材料成分、组织不均，零件形状复杂，有尖角、沟槽等都是引起淬火裂纹的诱发因素。就热处理而言，加热温度高、奥氏体晶粒粗大、降低基体强度，会产生淬火裂纹。淬火冷却速度过快引起淬火应力过大和应力不均是产生淬火裂纹的重要原因。此外，含合金元素和碳量高、淬透性大的钢材，易引起大的应力和应力不均，容易产生淬火裂纹，对于这类材料，淬火后不及时回火会产生放置裂纹。高碳钢或高碳合金钢，如果表面脱碳严重，淬火后可能产生表面网状裂纹。淬火件一旦产生裂纹便失去了使用价值。

⑤ 表面脱碳。在空气中加热或在盐浴中加热时盐浴脱氧不好，都会引起工件表面脱碳。淬火件表面脱碳对于弹簧件、轴承、模具、刀具等都是影响功能的缺陷。

5.2.8　钢的回火

工件淬硬后再加热到 A_{c1} 点以下某一温度，保温一定时间，然后冷却至室温的热处理工艺叫回火。

根据回火温度的不同，分低温回火（150～250℃）、中温回火（350～500℃）、高温回火（500℃～A_{c1}）。

回火是所有淬火钢必须进行的一道工序，淬火钢不经回火不能使用。

钢的回火应符合 GB/T 16924《钢件的淬火与回火》的规定。

（1）适用范围

所有经过淬火的钢制零件都应进行回火才能使用。

常用钢材推荐的回火温度见表 5-6 和表 5-7。

（2）作用目的

① 减小或消除因淬火产生的应力，防止零件在使用中脆断。

② 降低脆性、调整硬度和性能，满足零件功能需要，获得理想的组织。

③ 使不稳定的淬火马氏体和残余奥氏体趋于稳定，从而达到稳定尺寸的目的。

（3）常见的检验项目

① 外观：不得有裂纹及过量变形。

② 硬度：符合技术要求。硬度值允许偏差值，依据检验方法不同，分别见表5-8～表5-11。

③ 力学性能（需要时）：符合技术要求，满足功能需要。

④ 金相组织（需要时）：符合对应回火温度下应具有的金相组织。

（4）可能产生的缺陷和原因

① 硬度高。回火温度不足或保温时间不足，钢中组织未充分转变。这时可提高回火温度或延长保温时间。

② 硬度低。如果排除淬火硬度低的原因，可能回火温度过高、回火时间影响不是主要的。一旦回火硬度太低，满足不了零件功能需求，只好退火后重新淬火和回火。

③ 回火裂纹。某些钢材和某些回火条件也会产生回火裂纹。如高碳钢和高碳合金钢，回火时加热速度太快、表面淬火层已发生转变而内部淬火层尚未转变，产生的应力可使表面产生裂纹。表面脱碳严重的淬火工件，在回火时也易产生回火裂纹。

④ 回火脆性。某些钢材存在回火脆性区，在此温度加热回火会增加钢的脆性。所以，在确定回火温度时，应避开回火脆性区。

⑤ 表面腐蚀。主要发生在用盐浴加热的工件或用盐浴、碱浴冷却淬火的工件，其表面残盐或残碱在回火前未清理干净，在回火过程中产生腐蚀。对弹簧件、轴承件进行热处理时应防止工件表面腐蚀，影响使用性能。

5.2.9　钢的调质处理

钢的调质处理就是某些钢（主要是中碳钢和中碳合金钢，马氏体不锈钢）经淬火处理获得马氏体组织后，再进行高温回火的热处理。

调质处理可以改善钢的组织、调整钢的性能，大部分机械零件都通过调质处理获得良好的综合力学性能。

（1）适用范围

中碳钢、中碳合金钢、马氏体不锈钢，要求具有综合力学性能的零件、构件。

常用钢调质处理的淬火温度、依据硬度推荐的回火温度见表5-6和表5-7。

（2）作用目的

通过淬火、高温回火获得具有满足性能要求的金相组织、良好综合力学性能，满足零件、构件的功能需要。

（3）常见的检验项目

调质处理常见的检验项目见钢的淬火和钢的回火章节中相关内容。

（4）可能产生的缺陷和原因

见钢的淬火和钢的回火章节中相关内容。

关于表5-6和表5-7的补充说明如下。

表5-6和表5-7中的淬火和回火硬度数据大多数是采用小尺寸（小截面）试样在试验条

件下得到的。在实际生产时，由于尺寸效应对淬火效果的影响及实际生产条件与试验条件的差异，实际产品零件热处理时效果在一定程度上要低于试验结果，反映在硬度值上可能与试验值有差别（主要是硬度偏低）。这一点必须提醒使用者注意。故表 5-6 和表 5-7 中的数据仅供参考。

5.2.10　钢的冷处理

钢件淬火冷却到室温后，继续在 0℃ 以下温度的介质中冷却的热处理工艺叫钢的冷处理。

大多数冷处理可在 0～−80℃ 的温度冷处理，需要时可在 −196℃ 或更低的温度下处理，有时也叫深冷处理。钢件冷处理后应及时回火。

钢的冷处理应符合 GB/T 25743《钢件深冷处理》的规定。

（1）适用范围

淬火后存在不稳定的残余奥氏体，影响硬度和以后使用中的尺寸稳定性的材料和零件都可采用冷处理。如高速钢刀具、量具、模具及部分沉淀硬化不锈钢都可采用冷处理。

（2）作用目的

通过冷处理减少淬火钢中的残余奥氏体，增加马氏体含量，从而达到提高硬度及组织、尺寸稳定性的目的。

如 CrWMn 钢淬火后再经 −80℃ 冷处理，可减少残余奥氏体（或增加马氏体）含量 4.4%，硬度增加 2.5HRC，而 Cr12V 钢淬火后经过 −70℃ 冷处理，可减少残余奥氏体（或增加马氏体）含量 20%，硬度可增加 4.5HRC。

（3）常见的检验项目

① 外观：不得有裂纹，有过量变形时应通过加工修整。

② 硬度（需要时）：是否高于冷处理前的硬度，是否达到技术要求。

③ 金相组织（需要时）：组织中残余奥氏体含量是否减少到理想含量。也可采用 X 射线衍射法。

（4）可能产生的缺陷及原因

裂纹：因为发生了残余奥氏体向马氏体转变，可能会因组织应力而产生裂纹。

5.2.11　钢的固溶处理

将钢加热到高温奥氏体区，保温，使过剩相充分溶解到固溶体中后快速冷却，以得到过饱和固溶体的工艺称为固溶处理。

固溶处理是将钢加热到高温后快速冷却，从操作形式上看，与钢的淬火相似，但其适用材料和作用是不同的，最根本的区别是固溶处理是获得具有单相（如奥氏体不锈钢）或双相（如奥氏体铁素体双相不锈钢）的软相组织，如奥氏体固溶体等；而淬火是为获得具有马氏体或贝氏体的硬相组织。所以，适用材料也不同，固溶处理多用于含碳量较低、冷却后基本上无相变的材料，而淬火多用于含碳量较高的、冷却后能发生相变的材料。

（1）适用范围

固溶处理适用于奥氏体不锈钢、奥氏体铁素体双相不锈钢；沉淀硬化不锈钢、马氏体时效钢；部分镍基或铁镍基合金、部分有色金属及其合金。

（2）作用目的

依据材料种类不同，固溶处理的作用和目的也有差别。

① 对于奥氏体不锈钢、奥氏体铁素体双相不锈钢，固溶处理使钢中析出物充分溶解，提高钢的韧性和耐蚀性。为了取得较好的室温强度、硬度、冲击韧性和疲劳强度及耐蚀性，固溶加热温度宜采用下限。含钛、铌等稳定化元素的奥氏体不锈钢，为提高钛或铌的稳定化作用，也宜采用下限温度。而对于长期处于高温条件下的材料，为保证较好的高温持久强度和蠕变性能，宜选择较高的固溶加热温度并获得较大的晶粒度。

② 对于马氏体类钢，如沉淀硬化不锈钢、马氏体时效钢，固溶处理的作用是使合金相充分固溶于奥氏体中，保证在后续的时效处理时能充分析出，达到好的时效强化效果，提高材料的硬度和强度。这类钢的加热温度一般在 A_{c3} 以上 30～50℃。

这类钢在固溶处理后必须经过时效处理。

（3）常见检验项目

① 外观：不得有烧熔、裂纹、过量变形。

② 硬度：符合技术要求。硬度值允许偏差值依据检验方法不同，分别见表 5-8～表 5-11。

③ 力学性能（需要时）：对于以固溶处理作为最终热处理的材料或工件原则上应检验力学性能并符合标准。

④ 金相组织（需要时）：检验应溶解的析出相或碳化物是否已充分溶入固溶体中。对于有要求第二相（如铁素体）含量的材料，应检验第二相的含量是否符合标准要求。

⑤ 耐蚀性（需要时）：对于以固溶处理为最终热处理的材料或工件，在有要求时应检验耐蚀性，检验耐蚀性类别应在技术条件或标准中明确。

（4）可能产生的缺陷和原因

① 过烧。温度过高引起表面烧熔或晶界氧化或开裂。

② 脱碳或增碳。脱碳或增碳都属材料表面碳含量的改变。脱碳控制主要针对马氏体时效钢或沉淀硬化不锈钢。脱碳后可能引起时效后硬度不足。而增碳控制主要针对奥氏体不锈钢和奥氏体铁素体双相不锈钢，表面增碳可能引起耐蚀性降低。脱碳或增碳都由加热气氛所致。

③ 组织中有析出相。这多半是由冷却不足引起的。加热温度不足、原析出相未充分溶解也是原因之一。

④ 性能不足。主要指以固溶处理作为最终热处理的材料或工件，其性能（主要是强度）低于技术标准。大多数情况是采用了上限或更高的固溶温度，使晶粒长大、晶界减少引起强度下降。尤其是锻件，经过锻造已获得细小晶粒，固溶时加热温度太高使晶粒粗大。有时也会因为固溶温度太低，应该溶入固溶体并使固溶体的固溶强化元素未能充分固溶，降低了合金元素的固溶强化作用。

5.2.12　钢的时效（沉淀硬化）处理

合金工件经固溶热处理后，在室温以上温度下保温，以达到沉淀强化为目的的热处理工艺称时效处理。

合金经固溶处理后，具有过饱和固溶体状态，在 480～560℃ 的温度加热后，一些沉淀相从过饱和固溶体中沉淀析出，从而达到强化的目的。

这种为强化而使强化相沉淀析出的时效处理与为保证精密量具、模具尺寸稳定和铸铁为消除应力而进行的时效处理的意义不同、作用不同。

（1）适用范围

主要用于需要通过时效沉淀强化的金属材料，如沉淀硬化不锈钢、马氏体时效钢。铝合金等有色金属及合金也应进行时效处理。

（2）作用目的

通过时效处理，过饱和固溶体中的碳化物、氮化物、金属间化合物或其他不稳定相（依据材料不同，析出物不同）析出，并弥散分布于基体中，使材料得到强化。

（3）常见的检验项目

① 外观：不应有烧损或过量变形。

② 硬度：符合技术要求。硬度允许偏差值依据检验方法不同，分别见表 5-8～表 5-11。

③ 力学性能：符合技术要求。

④ 金相组织（需要时）：基体组织与时效前基本一致，可有分布于基体上的沉淀析出相。

（4）可能产生的缺陷和原因

① 硬度高于技术要求，反映在力学性能上是强度高、塑性和韧性偏低。这主要是因为时效处理温度偏低或保温时间不足，没有得到应具备的析出相和合适分布的程度。可提高时效温度重新处理。

② 硬度低于技术要求，反映在力学性能上是强度偏低。这种现象可能存在两种原因。一种原因是时效温度太低，沉硬析出相未充分析出，未起到强化作用；另一种原因是时效处理温度偏高，析出相过分集聚长大，弥散度不均，这种现象也称过时效。由于时效温度低而引起硬度偏低时，可提高温度重新进行时效处理。如果因为温度高、过时效而引起硬度偏低，则只有重新进行固溶化处理，再进行正确的时效处理。

5.2.13 钢的调整处理

将经过固溶处理的钢，在某一温度下加热、保温后冷却，使固溶体中的过饱和合金碳化物适当析出，降低奥氏体的稳定性，提高奥氏体向马氏体转变的开始温度的热处理称钢的调整处理。可见，所谓的调整是通过调整固溶体中过饱和相的浓度，降低奥氏体的稳定性，从而达到调整马氏体的转变点。

（1）适用范围

主要适用于半奥氏体沉淀硬化不锈钢。

（2）作用目的

促进合金碳化物析出，调整固溶体中的过饱和程度，降低奥氏体稳定性，提高奥氏体向马氏体的转变温度，以获得更多的马氏体量，从而提高时效处理后钢的强化效果。如半奥氏体沉淀硬化钢 0Cr17Ni7Al（PH17-7）固溶处理后，经 760℃ 的调整处理，奥氏体向马氏体转变点可提高到 70℃ 左右。

（3）常见的检验项目

① 外观：不应有烧伤或过量变形。

② 硬度（需要时）：可考察与调整处理前的固溶状态硬度相比是否提高。

（4）可能产生的缺陷及原因

半奥氏体沉淀硬化不锈钢调整温度的选择和操作要合理。如果调整温度低，起不到调整处理作用，基体组织中会有较多残余奥氏体，影响后续时效效果。如果温度太高，可能又加速合金碳化物重新溶解，增加奥氏体稳定性，影响马氏体转变，这需要进行冷处理，提高基体组织中的马氏体量，从而提高时效处理效果。

5.2.14 钢的稳定化退火处理

为使工件中微细的显微组成物沉淀或球化的退火称钢的稳定化退火。例如对含有稳定化元素钛、铌的奥氏体不锈钢在 850～930℃ 之间加热，保温后冷却，从组织中析出 TiC、NbC，从而提高其抗晶间腐蚀能力。

稳定化退火也常称稳定化处理，但与为保证工件形状和尺寸稳定进行的稳定化处理意义不同。

（1）适用范围

含有稳定化元素钛或铌的奥氏体不锈钢。

（2）作用目的

通过稳定化处理，使钢中的碳形成 TiC 或 NbC，从而使钢中的铬能稳定存在于固溶体中，保证钢的耐腐蚀性能，特别是耐晶间腐蚀性能。

（3）常见的检验项目

① 外观：不应有烧熔或过量变形。

② 硬度：符合技术要求。硬度允许偏差值依据检验方法不同，分别见表5-8～表5-11。

③ 力学性能（需要时）：符合技术要求。

④ 金相组织（需要时）：晶界不应有碳化物析出，基本上是奥氏体组织。

⑤ 耐蚀性（需要时）：稳定化处理退火后的材料，主要检验耐晶间腐蚀能力。

（4）可能产生的缺陷和原因

稳定化退火处理效果在力学性能甚至金相组织上都无明显显现，有时在试验室进行晶间腐蚀试验时也能通过。但如果稳定化退火效果不好，如加热温度不足或过高，可能出现的问题是在以后使用中，特别是在敏化区使用时，降低耐晶间腐蚀能力。

5.2.15 不锈钢的敏化处理

使金属或合金晶间腐蚀敏感性提高的热处理称敏化处理。

敏化处理实际上不属于材料或制品在生产制造过程中应该采用的热处理工艺方法，通常作为检验某些奥氏体不锈钢耐晶间腐蚀能力试验时的一种预备热处理方法。

所谓的敏化处理一般是对已经进行固溶化处理的一些奥氏体不锈钢在敏化温度区间（通常为 500～800℃）加热，保温后冷却。

（1）适用范围

主要用于超低碳（含碳量不大于 0.3%）和含稳定化元素的奥氏体不锈钢，在进行耐晶间腐蚀试验前对试片的预先处理。

（2）作用目的

使奥氏体不锈钢中的合金碳化物在这一温度区间充分析出，使其在后续的晶间腐蚀时更快产生晶间腐蚀，以便达到快速检验其耐晶间腐蚀的能力。

（3）常见的检验方法

目前尚未见检验敏化处理效果的方法和标准。但可用高倍显微镜放大检测晶界析出物程度。

（4）可能出现的缺陷和原因

因为敏化处理通常用于超低碳和含稳定化元素的奥氏体不锈钢晶间腐蚀试验的预处理，如果敏化不充分，该析出碳化物未充分析出，则晶间腐蚀的检验结果可能不真实，且有利于通过晶间腐蚀检验。

敏化处理也用于铁素体-奥氏体双相不锈钢。

5.2.16 钢的火焰表面淬火

利用氧-乙炔（或其他可燃气体）火焰对工件表面加热并快速冷却的淬火称火焰表面淬火。

火焰加热表面淬火通常使用火焰喷枪和喷嘴。喷嘴样式可根据淬火工件表面形状设计确定，见图5-3。

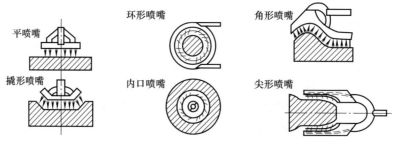

图5-3　连续式淬火喷嘴示意图

用喷枪和喷嘴将欲淬火表面加热后迅速冷却以达到淬火目的。冷却方式通常分为连续冷却（喷嘴附加喷水冷却装置）和同时冷却（工件表面加热后，喷水或浸水冷却）。

火焰加热表面淬火时，依据材料种类、加热喷头的设计、加热时间等因素，淬硬层深度可达0.5~7mm。这种淬火加热属快速加热，能快速获得高硬度的耐磨表面，淬火硬度依据不同材料种类和工艺操作方法可达45~65HRC，适用于任何形状工件的小区域淬火。

表面淬火后，工件应在回火后使用，通常采用低温回火。火焰加热表面淬火应符合JB/T 9200《钢铁件的火焰淬火回火处理》的规定。

（1）适用范围

火焰加热表面淬火适用于中碳钢、中碳合金钢、弹簧钢、模具钢、工具钢、马氏体不锈钢，也可用于铸铁；用于各类零件的局部表面淬火。

（2）作用目的

使工件局部表面快速加热、冷却，获得高硬度的淬火表面，可提高淬火表面的硬度、耐磨性和抗疲劳强度。

（3）常见的检验项目

① 外观：不得有表面烧熔、裂纹和过量变形。

② 硬度：符合技术要求。硬度允许偏差值依据检验方法不同，分别见表5-12~表5-14。

③ 硬化区范围：符合技术要求，全表面积淬火件非淬硬边缘不大于10mm，大型工件淬硬表面允许有软带，通常要求软带宽度不大于10mm。

④ 有效硬化层深度：符合技术要求，有效硬化层深度允许波动范围见表5-15。

⑤ 金相组织：应为正常的淬火组织和淬火回火组织。无过烧现象，无明显过热组织。

表 5-12 洛氏硬度的波动范围　　　　　　　　　　　　　　　HRC

工件的类型	表 面 硬 度			
	单　　件		同一批件	
	≤50	>50	≤50	>50
重要件	≤5	≤4	≤6	≤5
一般件	≤6	≤5	≤7	≤6

表 5-13 维氏硬度的波动范围　　　　　　　　　　　　　　　HV

工件的类型	表 面 硬 度			
	单　　件		同一批件	
	≤500	>500	≤500	>500
重要件	≤55	≤85	≤75	≤105
一般件	≤75	≤105	≤95	≤125

表 5-14 肖氏硬度的波动范围　　　　　　　　　　　　　　　HS

工件的类型	表 面 硬 度			
	单　　件		同一批件	
	≤80	>80	≤80	>80
重要件	≤6	≤8	≤8	≤10
一般件	≤8	≤10	≤10	≤12

表 5-15 有效硬化层深度的波动范围　　　　　　　　　　　　mm

有效硬化层深度	深度的波动范围	
	单　　件	同一批件
≤1.5	0.2	0.4
>1.5~2.5	0.4	0.6
>2.5~3.5	0.6	0.8
>3.5~5.0	0.8	1.0
>5.0	1.0	1.5

（4）可能产生的缺陷和原因

① 表面过烧：这是火焰表面淬火最易产生的缺陷，往往由操作不当引起。

② 硬度不足：淬火加热温度不足，冷却不足或回火温度过高都可能引起表面硬度不满足技术要求。

③ 淬硬层深度不足：加热时间短，即喷嘴移动速度过快或冷却不足。

④ 硬度不均或软带太宽：主要由操作不当引起，如加热不均、冷却不均或每次加热带距离过大等。

5.2.17　钢的感应加热表面淬火

利用感应电流通过工件所产生的热量，在工件表层、局部或整体加热并快速冷却的淬火称感应加热表面淬火。

感应加热的基本原理是在一个感应线圈中，通过一定频率的电流使线圈产生交变磁场，置于线圈中的工件会产生感应电流（涡流），由于电流的集肤效应特性，其集中在工件表面，从而使工件表面温度升高到淬火温度。图5-4是轴类零件感应加热示意图。

根据感应电流频率不同，通常分为工频、中频、超音频和高频。不同加热频率获得的加

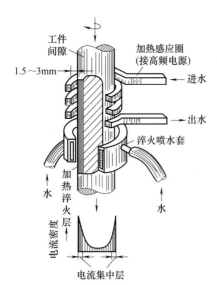

图 5-4　感应加热示意图

热和淬火层深度不同。

工频感应加热频率为 50Hz，加热深度可达 10～20mm 或更深，常用于轧辊、重型机械齿轮、车轮、轴等表面淬火，也可用于中等直径棒件穿透加热和冶炼。

中频感应加热频率通常为 2～10kHz，加热深度可达 3～10mm，常用于要求有较深淬硬深度的轴、齿轮、车轮、轴套等表面淬火，也可用于细轴件的穿透加热和冶炼。

超音频感应加热常用频率为 30～50kHz，加热深度可达 1.5～3mm，常用于轴、齿轮、平衡套、轴套等工件表面淬火。

高频感应加热频率可达 200～300kHz，加热深度为 0.5～1.5mm。高频感应加热只用于要求淬硬深度不大的较小工件的表面淬火，如小轴、小模数齿轮、轴套、挡套等。

感应表面淬火工件可获得比普通淬火更高的表面硬度，一般高 2～3HRC。

感应表面淬火在保证工件表面具有高硬度、高耐磨性和良好抗疲劳性能的同时，心部仍保持良好的综合力学性能和塑韧性。感应表面淬火加热速度快，变形小，组织更细。

感应表面淬火后，应进行回火。通常采用低温回火。

感应表面淬火应符合 JB/T 9201《钢铁件的感应淬火回火处理》的规定。

（1）适用范围

感应表面淬火可用于中碳钢、中碳合金钢、轴承钢、工具钢、马氏体不锈钢等各类材质，用于要求表面高硬度、高耐磨性而心部应保持良好塑韧性的各类工件。

（2）作用目的

感应表面淬火使工件表面获得高硬度、高耐磨性和抗疲劳性能。

（3）常见的检验项目

① 外观：工件表面不得有裂纹、烧熔、伤痕。

② 硬度：符合技术要求。硬度允许偏差值，依据检验方法不同，分别见表 5-16～表 5-18。

③ 有效硬化层深度：符合技术要求。感应淬火有效硬化层深度测定应符合 GB/T 5617《感应淬火或火焰淬火后有效硬化层深度的测定》的规定。有效硬化层深度允许波动范围见表 5-19。

④ 硬化区域：应在技术要求规定区域内。

⑤ 金相组织：感应表面淬火金相组织检验应符合 JB/T 9204《钢件感应淬火金相检验》的规定，通常马氏体级别 3～7 级为合格。

表 5-16　洛氏硬度的波动范围

工件的类型	表面硬度（HRC）			
	单　件		同一批件	
	≤50	>50	≤50	>50
重要件	≤5	≤4	≤6	≤5
一般件	≤6	≤5	≤7	≤6

注：1. 硬度值必须是相应硬度计的实测值，不得进行换算。

2. 同一批指在 8h 内处理的尺寸、材质及工艺相同的工件，当同一工件不同部位要求硬度各异时，硬度波动是指要求硬度相同部位的波动。

3. 硬度测定位置应按检验规范的规定执行，硬化区边缘不应为测定部位。

表 5-17 维氏硬度的波动范围

工件的类型	表面硬度（HV）			
	单 件		同一批件	
	≤500	>500	≤500	>500
重要性	≤55	≤85	≤75	≤105
一般件	≤75	≤105	≤95	≤125

注：1. 硬度值必须是相应硬度计的实测值，不得进行换算。

2. 同一批指在 8h 内处理的尺寸、材质及工艺相同的工件，当同一工件不同部位要求硬度各异时，硬度波动是指要求硬度相同部位的波动。

3. 硬度测定位置应按检验规范的规定执行，硬化区边缘不应为测定部位。

表 5-18 肖氏硬度的波动范围

工件的类型	表面硬度（HS）			
	单 件		同一批件	
	≤80	>80	≤80	>80
重要件	≤6	≤8	≤8	≤10
一般件	≤8	≤10	≤10	≤12

注：1. 硬度值必须是相应硬度计的实测值，不得进行换算。

2. 同一批指在 8h 内处理的尺寸、材质及工艺相同的工件，当同一工件不同部位要求硬度各异时，硬度波动是指要求硬度相同部位的波动。

3. 硬度测定位置应按检验规范的规定执行，硬化区边缘不应为测定部位。

表 5-19 简单形状工件有效硬化层深度的波动范围　　　　　　　　　　mm

有效硬化层深度	深度波动范围		有效硬化层深度	深度波动范围	
	单 件	同一批件		单 件	同一批件
≤1.5	0.2	0.4	>3.5~5	0.8	1.0
>1.5~2.5	0.4	0.6			
>2.5~3.5	0.6	0.8	>5	1.0	1.5

注：1. 同一批件指 8h 内处理的尺寸、材质及工艺相同的工件。当同一工件的不同部位要求的硬化层深度各异时，深度波动是指要求深度相同部位的波动。

2. 硬化层深度测定位置应按检验规范的规定执行，硬化区边缘不应为测定部位。

3. 除非特别说明，图样上的硬化层深度为有效硬化层深度。

（4）可能产生的缺陷和原因

① 表面烧伤：淬火表面有烧伤、疤痕、蚀坑等可见缺陷，主要是由于感应器与工件表面接触产生短路烧伤。工件尖角、沟槽部位也可能由于尖角效应，即这些部位电流密度大、加热速度快而过烧和过热。

② 淬火裂纹：感应淬火时，在过热处，如轴端、齿顶处产生裂纹。冷却过于激烈会引起冷却裂纹。回火不及时也会产生表面裂纹。

③ 硬度不足：加热不足或冷却不足，淬火表面存在非马氏体组织，致使硬度偏低。

④ 软点或软带：局部冷却不足会产生软点或软带，多半是喷水孔不均、操作不当等原因造成的。

⑤ 硬化层过薄或过厚：即获得的淬硬层深度不符合技术要求。多半由于感应加热频率选择不当；也可能由于感应器选择不合适，如感应器与工件表面间隙不当或操作不当等。

⑥ 畸变：由于加热或冷却不均，如轴类加热时加热不均、间隙不匀等，特别是易变形件更容易发生畸变。

5.2.18 钢的激光表面淬火

激光表面淬火是采用高能、高密度激光束快速扫描工件表面，加热至奥氏体化后依靠工件基体自身冷却，得到马氏体组织的热处理。

激光加热比之于常规加热具有许多特点：

① 加热速度快，冷却速度也快。

② 可以对工件表面进行精确加热，不影响热处理区域外的基体组织和性能。

③ 淬火表面具有较大残余压应力，大幅度提高零件表面抗疲劳强度。

④ 激光淬火获得的马氏体组织更细，位错密度高，所以表面硬度更高，一般比普通方式加热淬火硬度高 1~5HRC。

⑤ 激光淬火工件变形小，表面无氧化脱碳。

激光淬火表面淬火层深度可达 0.1~1mm。激光淬火后可不再回火直接使用。

表 5-20 是几种材料的激光热处理效果。

激光表面淬火应符合 GB/T 18683《钢铁件激光表面淬火》的规定。

（1）适用范围

激光表面淬火可适用于中碳钢、高碳钢、合金钢、工具钢、轴承钢、马氏体不锈钢、铸铁等各类材质，可用于轴、轴套、缸体、活塞环、齿轮等要求硬化层不深的多种零件的表面淬火。

表 5-20 几种材料激光淬火的工艺参数和处理结果

材 料	功率密度/($\times 10^3$W/cm)	激光功率/W	扫描速度/(mm/s)	硬化宽度/mm	硬化深度/mm	硬度(HV)	显微组织	备 注
20	4.4	700	19	2.33	0.3	476.8	板条马氏体+少量针状马氏体	涂料、碳素墨汁
45	2	1000	14.7	—	0.45	770.8	细针状马氏体	预处理、磷化
T10	10	500	35	1.4	0.55	841	隐针马氏体+Fe_3C(碳化物)	—
T12	8.0	1200	10.9	—	—	1221	针状马氏体	—
40Cr	3.2	1000	18	—	0.28~0.6	770~776	板条马氏体和片状马氏体的混合组织	—
40CrNiMoA	2	1000	14.7	—	0.29	617.5	隐晶马氏体+合金碳化物	—
20CrMnTi	4.5	1000	25	—	0.324~0.39	462~535		—
GCr15	3.4	1200	19	—	0.45	941	隐晶马氏体	涂料、碳素墨汁
GCr15	3.2	1000	20	—	0.156~0.276	494~473	残留碳化物细小均匀,马氏体细小	—
50CrV	—	<1500	32.3~47.2	3.6~3.8	0.35~0.47	66.5~67HRC	表面粗马氏体,底部隐针马氏体	—
W18Cr4V	3.2	1000	15	—	0.518	927~1000	淬火组织:心部原始晶粒为10级,淬火层的晶粒度11~12级,马氏体细小	—

（2）作用目的

提高工件表面硬度、强度、耐磨性和抗疲劳性能。

（3）常见的检验项目

① 外观：表面不得有烧熔现象，无裂纹、伤痕、蚀坑等缺陷。

② 硬度：符合技术要求。硬度允许偏差值可参考表5-8～表5-11。

③ 硬化层深度、宽度（需要时）：符合技术要求。按GB/T 18683《钢铁件激光表面淬火》的规定进行测定。

④ 金相组织（需要时）：具有符合材质淬火组织的合理组织。

（4）可能产生的缺陷及原因

① 表面烧熔或裂纹：工艺参数选择不当。如扫描速度太慢或功率密度大等。

② 硬度不足：工艺参数选择不当。如扫描速度太快、加热功率密度小等。

③ 金相组织：非马氏体组织多，硬度不足，多半是由于加热功率密度小或扫描速度快造成加热不足。

5.2.19 钢的真空热处理

在低于$1×10^5$Pa（通常为$10^{-1}～10^{-3}$Pa）的环境中加热的热处理工艺称为真空热处理。

根据极限真空度可把真空状态分为低真空（$1.33×10^3～13.3$Pa）；中真空（$13.3～1.33×10^{-2}$Pa）；高真空（$1.33×10^{-2}～1.33×10^{-4}$Pa）；超高真空（$1.33×10^{-4}$Pa以下）。

热处理设备真空的形成通常是采用真空泵实现的。

金属材料的真空加热与在常压加热中存在一些特点。最主要的是在真空状态下加热不产生表面脱碳或氧化，金属保持光亮表面，提高了热处理质量和减少了损失。这是我们采用真空热处理最根本的目的。此外，真空加热还有其他一些有益或无益的作用。

① 脱气作用：真空状态下加热，钢中的H_2、N_2、CO等气体会自动逸出并排出炉外。

② 脱脂作用：金属表面油脂类污物会加速分解，分解物被排出炉外。

③ 氧化物分解作用：在真空条件下，当真空度低于氧化物分解压时，氧化物会发生分解，分解物被排出炉外。

④ 合金元素蒸发作用：钢中的合金元素在一定温度下有各自的蒸气压，当周围的气压低于合金元素的蒸气压时，合金元素会蒸发流失。

⑤ 真空中的加热速度低于在空气中的加热速度。

在真空中加热的这些特点中，脱气、脱脂及氧化物分解作用对提高金属材料热处理性能和质量是有益的。而合金元素的蒸发作用和降低加热速度的作用对金属材料热处理不利，但可以在工艺制订和操作中予以克服。

真空热处理可分真空退火、真空淬火、真空回火、真空固溶、真空渗碳等。

真空淬火冷却介质可采用氩、氮、氦等惰性气体或专用真空淬火油。

真空热处理应符合GB/T 22561《真空热处理》的规定。

（1）适用范围

真空热处理可用于碳钢、合金钢、工具钢、轴承钢、不锈钢、镍基合金、一些有色金属及其合金等各类材料。

（2）作用目的

防止材料、工件表面脱碳、氧化，提高热处理质量。

（3）常见的检验项目

① 外观：无烧熔、裂痕及明显氧化色。

② 硬度：符合技术要求。硬度允许偏差值依据工艺种类及检验方法不同，见有关章节内容。

③ 力学性能：符合技术要求。

④ 金相组织（需要时）：符合处理材料相应的合理金相组织。

（4）可能产生的缺陷和原因

① 表面烧熔：温度超高。

② 硬度不足：加热温度偏低或冷却不足。

③ 金相组织：产生过热组织，多半是由于加热温度超高；非马氏体组织过多且硬度偏低，多半是由于加热温度不足或冷却不足。

④ 力学性能不合格：强度高、塑韧性低，多半是由于回火不足。强度不足，可能是由于淬火效果不好，或回火温度偏高。

⑤ 表面明显氧化色：加热时真空度不够，引起表面氧化。

5.2.20 钢的可控气氛热处理

为达到无氧化、无脱碳或按要求增碳，在成分可控的炉气中进行的热处理称为可控气氛热处理，也称为保护气氛热处理、控制气氛热处理。

作为保护气氛的可控气依据制取的原料、制取方法、工艺的不同，有吸热式气氛、放热式气氛、氨裂解和氨燃烧气氛、甲醇裂解气氛等多种。常用热处理气氛的典型成分和应用范围见表 5-21。

表 5-21 常用热处理气氛的典型成分和应用范围

气氛		典型成分（质量分数）/%					露点/℃	应用范围
		CO	CO$_2$	H$_2$	CH$_4$	N$_2$		
放热式	浓型	10.2～11.1	5～7.3	6.7～12.5	0.5	余量	取决于脱水方式	低中碳钢少无氧化加热保护
	淡型	～1.5	10.5～12.8	0.8～1.2	0			
净化放热式		12～15	0.01～1	8～12	～1.5	余量	～－40	中高碳钢少无氧化加热保护、渗碳、碳氮共渗、氮碳共渗载体气
吸热式		19～25	0.1～1	30.5～40.5	0.1～1	38.5～45	－15～10	
甲醇裂解	发生器	～33	微量	～56	微量	极少	－15～10	
	滴注							
氮气＋甲醇		15～25	0.1～1	15～45	微量	余量	－15～10	
丙酮＋空气		28～33	未测	未测	未测	未测	未测	渗碳气氛
氨气裂解		0	0	75	0	25	－25～－40	低碳钢、不锈钢无氧化保护加热
氨气燃烧		0	0	～10	0	～90	～60	
氢气		0	0	～100	0	0	～40	不锈钢、特殊合金无氧化保护加热

可控气氛的选用应根据热处理目的及工艺条件合理选用。

用于可控气氛热处理的设备种类很多，主要有周期式作业炉，包括井式炉、罩式炉、箱式炉等；还有连续式作业炉，包括振底式炉、输送带式炉、推杆式炉、辊底式炉、转底式炉等。不同类型设备用于不同类型工件的热处理。

可控气氛热处理可分退火、正火、淬火、渗碳、氮碳共渗等不同工艺方法。

（1）适用范围

适用于低碳钢、低合金钢的渗碳、氮碳共渗；碳钢、合金钢、模具钢、工具钢、不锈钢的退火、正火、淬火等。

（2）作用目的

依据采用气氛类型不同及技术要求不同可分：

① 减少工件表面脱碳、氧化，保持工件表面光亮。

② 对工件进行表面渗碳、氮碳共渗等，提高工件表面碳含量，通过淬火提高工件表面硬度、耐磨性和抗疲劳性能。

（3）常见的检验项目

依据热处理工艺种类，进行相应的检验项目检验（参见本章相应部分内容）。

（4）可能产生的缺陷和原因

依据工艺种类见本章相关部分内容。

5.2.21 钢的渗碳

为提高工件表面层的含碳量，并在其中形成一定的含量梯度，将工件在渗碳介质中加热、保温、使碳原子渗入的化学热处理工艺称渗碳。

钢的渗碳实质是一种活性碳原子渗入钢零件表面层的过程。

钢经渗碳后，表面碳浓度增加，增加的程度依不同功能工件而不同，通常在 0.8％～1.2％之间。渗碳层表面碳浓度通常通过碳势控制。渗碳层的深度也依据工件种类、功能要求不同，一般在 0.7～1.5mm 之间，有的重载工件可能要求深达 3～5mm 或更深。渗碳层深度主要与渗碳温度、保温时间和材质种类有关。渗碳工件渗碳后需经淬火回火后使用，依据材质和工件功能要求可控制在 50～62HRC 之间。渗碳后的淬火可采用渗碳后直接淬火或渗碳后冷却至室温，再重新加热淬火。渗碳件在淬火后必须在回火后使用，回火温度依据材料种类和技术要求硬度而定。

依据渗碳用介质、工艺方法不同，通常分固体渗碳、液体渗碳、气体渗碳。

固体渗碳——是将工件放于四周填满固体渗碳剂的箱内并密封，加热到渗碳温度、保温后冷却，使工件表面增碳。固体渗碳设备简单、易操作，但生产周期长，质量不易保证。

液体渗碳——工件放于含有活性碳离子的熔融的盐浴中进行渗碳，液体渗碳加热均匀、渗碳速度快、可直接淬火，但成本高、盐浴成分不易调整，盐浴分解产物有一定毒性，所以一般很少采用。

气体渗碳——是将工件放在含有可分解成活性碳离子的气氛中，加热、保温，完成渗碳过程。气体渗碳需要密封性好的设备，常用的气体渗碳介质种类很多，可以是气体，如天然气、石油液化气、合成气体等；也可以用煤油或其他液体滴入，其在高温下分解成含碳气氛。气体渗碳操作方便、质量稳定、易控制。所以，气体渗碳是较广泛被采用的渗碳方法。

近些年，还发展了真空渗碳技术，真空渗碳的质量效果更好。

尽管渗碳的方法不同，但其渗碳原理、可达到的目的是相同的。

（1）适用范围

渗碳适用于低碳钢或低碳合金钢（通常含碳量在 0.15％～0.25％；对于重载零件，为保证渗碳淬火后心部具有足够的强度和较高的韧性，可采用含碳 0.25％～0.30％的合金钢。

渗碳主要用于要求表面具有高硬度、高耐磨性和高的抗疲劳能力，而心部却要求有一定塑韧性的零件，如齿轮、套筒、支架等。

（2）作用目的

通过渗碳使工件表面一定深度范围内碳的含量增高，并通过淬火回火使表面获得高硬度、高耐磨性和高的抗疲劳强度。

（3）常见的检验项目

渗碳及渗碳淬火回火后的检验项目较多，可根据渗碳工件的功能要求、重要性和技术条件有选择地进行检验。

检验项目可分渗碳后的检验和渗碳淬火回火后的检验。

渗碳后的检验项目如下。

① 外观：渗碳工件不应有烧熔、氧化、碰伤等缺陷。

② 表面含碳量：符合技术要求。通常用金相法检测。最好由表面至内部的碳含量平稳过渡。

③ 渗碳层深度：符合技术要求。通常用金相法检测。碳钢渗碳层深度一般由表面至含碳量为 0.4% 的位置。合金钢渗碳层深度一般由表面至原始组织位置。

渗碳淬火回火后的检验项目如下。

① 外观：不得有烧熔、碰伤、氧化等缺陷。

② 表面硬度：符合技术要求。硬度允许偏差值见表 5-22 和表 5-23。

③ 淬硬层深度（有效硬化层深度）：符合技术要求。按 GB/T 9450《钢件渗碳淬火硬化层深度的测量和校核》的规定进行检验。一般是采用 9.8N 试验力检测至 550HV 硬度位置。有效硬化层深度允许偏差见表 5-24。

④ 心部硬度（需要时）：渗碳淬火件心部硬度检测主要针对渗碳淬火齿轮。按 JB/T 7516《齿轮气体渗碳热处理工艺及其质量控制》的规定进行检验。测定部位为齿轮中心线距齿顶 2/3 处。硬度一般要求 30~45HRC。

⑤ 金相组织：渗碳淬火层金相组织应为细马氏体，允许有少量残留奥氏体和分散型碳化物，不应有粗大马氏体和非马氏体组织（如托氏体等），不应有反常组织（如渗碳体周围存在铁素体），不应有粗大碳化物网和脱碳层。渗碳淬火层金相组织检验按 JB/T 7710《薄层碳氮共渗或薄层渗碳钢件显微组织检测》的规定进行。

表 5-22　表面硬度（HRC）偏差值

渗碳零件种类	单　　件	同　　批
重要件	3	5
一般件	4	7

注：1. 局部渗碳或碳氮共渗的零件，硬度测量位置不应在渗层边界附近。

2. 重要件是指对机械的重要性能有影响，因而对质量要求特殊良好的零件。除此均属一般件。

表 5-23　表面硬度不均匀性允许偏差

工件类型	硬度不均匀性允许偏差[①]		
	HRC	HV1	HS
重要件[②]	3	75	5
一般件	4	102	6

① 局部深层渗碳硬度测量位置不应在渗碳与未渗碳交界处。

② 重要件是指对质量有特殊要求的零件，除此属于一般件。

表 5-24　有效硬化层深度允许偏差　　　　　　　　　　　　　mm

硬化层深度	单件	同批	硬化层深度	单件	同批
<0.50	0.10	0.20	>1.50~2.50	0.30	0.40
0.50~1.50	0.20	0.30	>2.50	0.50	0.60

注：局部渗碳或碳氮共渗的零件，硬度测量位置不应在渗层边界附近。

（4）可能产生的缺陷及原因

渗碳及渗碳淬火回火的质量影响因素较多，反映的质量缺陷形式也较多。

① 表面层碳浓度不达标：通常对渗碳工件的表面碳浓度有技术要求，表面碳浓度高于或低于技术要求均属不合格。表面碳浓度过高，可能是因为渗碳介质中活性碳原子多；碳浓度过低是因为渗碳介质中活性碳原子过少，应该调整介质浓度。

② 渗层深度不够：可能炉温低或渗碳时间短、设备密封不好。

③ 渗层深度不均匀：炉温不均、气体渗碳时炉内气氛循环不良、固体渗碳时的渗碳剂搅拌不均以及工件渗碳前清理不干净等原因都可能使渗碳深度深浅不一。

④ 表面腐蚀和氧化：渗剂不纯、含有腐蚀物、工件渗碳后高温出炉不当可引起氧化。

⑤ 渗碳层有粗大块状或网状碳化物：渗碳剂活性太大或保温时间过长。渗碳后冷却速度不当也可引起碳化物形态不良。

⑥ 表面脱碳：气体渗碳时，渗碳后期渗碳剂活性过低，设备漏气；液体渗碳时，盐浴内碳酸盐含量高；渗碳出炉在高温状态空气中停留时间过长；渗碳淬火加热保护不当等原因均可引起工件表面脱碳。

⑦ 开裂：渗碳后淬火加热或冷却不当可能产生淬火裂纹；某些合金渗碳钢如 18CrMnMo 渗碳后冷却不当、表层和次表层组织转变不均可引起渗碳层裂纹。

⑧ 渗碳淬火后表面硬度低：渗碳或淬火不当，如渗层表面碳浓度偏低、表面脱碳、淬火后残留奥氏体多均可引起表面硬度低。

⑨ 表层有大量残留奥氏体：渗碳淬火温度高，提高了奥氏体的稳定性，使淬火后存在大量残留奥氏体。

⑩ 表面层非马氏体组织：主要指渗碳淬火层中存在网状托氏体组织。在渗碳过程中，由于成分不均、有合金元素贫化区而降低淬透性，淬火后形成以托氏体为代表的非马氏体组织。

⑪ 反常组织：某些钢（如沸腾钢）渗碳后冷却过慢，在渗碳层中渗碳体网周围存在铁素体，淬火后产生软点。

5.2.22　钢的渗氮

在一定温度下，于一定介质中，使氮原子渗入工件表面层的化学热处理称渗氮。渗氮也称氮化。

工件渗氮后具有较高的表面硬度，提高了耐磨性、疲劳强度和耐蚀性，对抗咬合、抗擦伤能力也有很大提高。渗氮温度低、变形小，因此，渗氮在机械零件中获得了广泛应用。

钢的渗氮温度一般在 480~570℃。依据材料种类、渗氮工艺、保温时间不同，渗氮层深度可达 0.2~0.8mm。依据材料种类不同，渗氮层表面硬度可达 600~1200HV，一般规律是材料中合金元素含量愈多，其渗氮速度愈慢，可达到的渗层深度愈浅，但渗氮层表面硬度愈高。常用钢离子渗氮后硬度和深度见表 5-25。

表 5-25	常用钢离子渗氮工艺参数及效果			

钢　种	渗　氮		渗层深度/mm ≥	表面硬度(HV) ≥
	温度/℃	保温时间/h		
45	520～550	8～10	0.15～0.2	300
20Cr	520～550	8～10	0.2～0.3	450
40Cr	520～550	8～10	0.2～0.3	500
30CrMo	520～550	8～10	0.2～0.3	500
40CrV	520～550	8～10	0.2～0.3	500
38CrMoAl	550～580	10～12	0.15～0.25	900
5CrMnMo	520～550	8～10	0.2～0.3	650
3Cr2W8	520～550	10～12	0.25～0.25	800
W18Cr4V	540～560	1～1.5	0.02～0.05	1000
Cr12MoV	500～530	8～10	0.1～0.15	1000
ZG1Cr13Ni	550～600	8～10	0.1～0.15	800
ZG1Cr13NiMo	550～600	8～10	0.1～0.15	800
1Cr13	520～600	8～10	0.1～0.15	800
2Cr13	520～600	8～10	0.1～0.15	800
3Cr13	520～600	8～10	0.1～0.15	850
1Cr18Ni9Ti	600～650	8～10	0.1～0.15	800
HT200	540～580	8～10	0.1～0.15	300
QT500	540～580	8～10	0.1～0.15	400

　　根据渗氮目的不同，有为强化表面硬度、耐磨性的强化渗氮和提高耐腐蚀性能的耐蚀渗氮。

　　最常用的渗氮方法有气体渗氮、离子渗氮，此外还有固体渗氮、液体渗氮、真空脉冲渗氮等渗氮方法。

　　气体渗氮是在可提供活性氮原子的气体中进行的渗氮过程。气体渗氮需要使用密封性能良好的加热设备，通入氨气等含有氮原子的气体。通过一些计量和控制仪器调解和控制炉内气体压力、含量、分解率、温度等影响渗氮的各种因素。加热温度通常在 480～570℃。根据具体控制参数不同，分一段渗氮法、二段渗氮法和三段渗氮法。气体渗氮时间较长。

　　离子渗氮是将工件放入真空（通常真空度控制在 $10^{-1}～10^{-3}$ Pa）设备中，以工件为阴极，设备壁或另设金属板为阳极，设备中通入稀薄的含氮气体（通常为氨气），在真空高压电场作用下，将气体原子电离成离子，离子高速轰击工件表面，在加热工件表面的同时渗入工件表面，并向内扩散，完成渗氮过程。

　　离子渗氮相对于气体渗氮时间短，省气体、热效率高。离子渗氮层比气体渗氮层具有更高的耐磨性、抗疲劳性能和耐蚀性。

　　(1) 适用范围

　　渗氮适用于碳钢、合金钢、模具钢、工具钢、不锈钢及铸铁等各种黑色金属材料。

　　谈到渗氮钢，应特别说明作为专门渗氮用的几个钢号，它们是含钛或含铝的主要作渗氮使用的材料，主要有 30CrTi2、30CrTi2Ni3Al 和 38CrMoAl 等。它们渗氮后，组织中会含有 TiN、AlN 等高硬度氮化物。因此，这类钢的渗氮层具有更高的硬度、耐磨性及抗疲劳性能。

　　渗氮可以应用在轴、镗杆、螺杆、曲轴、齿轮、模具、量刃具、叶轮、缸套、口环、轴套等各类要求表面具有高硬度、高耐磨性而基体或心部要求有良好综合力学性能和塑韧性的零件。

为了保证获得优良的渗氮层质量，保证渗氮零件具有良好的力学性能，渗氮钢在渗氮前应进行调质处理，调质的回火温度应高于渗氮温度 20～30℃。

对于薄壁、易变形零件，如口环、轴套在渗氮前、半精加工后应进行去应力处理，以便消除加工应力，从而避免零件渗氮变形。去应力退火温度应高于渗氮温度 10～20℃，至少不低于渗氮温度。

（2）作用目的

通过渗氮，钢的表面获得富氮相，如 γ' 相（Fe4N）、ϵ 相（Fe2-3N）、ζ 相（FeN）以及高硬度的合金氮化物，如 AlN、TiN、Cr2N、VN 等，从而使渗氮层具有高硬度，高耐磨性、高抗疲劳性及一定的耐腐蚀性能。

（3）常见的检验项目

① 外观：渗氮件表面颜色应为银灰色或暗灰色，不应有严重的氧化色或显露金属基体本色。

表面不得有裂纹、剥落和电弧烧伤。

② 变形度：氮化件不应有过量变形和尺寸变化。一般长轴件氮化后，弯曲变形不超过表 5-26 所示范围；圆环形渗氮件径向变形应不超过表 5-27 所示范围。

表 5-26　弯曲变形允许范围（供参考）　　　　　　　　　　　　　　μm

直径/mm	长度/mm			
	>250	250～500	500～1000	1000～1500
>φ50	10	20	30	40
φ30～50	20	30	45	50
<φ30	30	40	50	60

表 5-27　径向变形允许范围（供参考）　　　　　　　　　　　　　　μm

类　型		直径/mm							
		<50	50～80	80～120	120～180	180～260	260～360	360～500	>500
不能压装归圆的零件	尺寸增量	5	15	30	40	45	55	65	80
	形位公差	10	15	20	30	40	50	60	100
能压装归圆的零件		10	30	50	60	80	100	130	150
壁厚>20mm 的零件		3	8	13	18	24	28	34	50
实心件增量		2	5	9	12	15	18	22	35

③ 表面硬度：符合技术要求。因渗氮层较薄，通常采用维氏硬度计检验。表面硬度允许偏差见表 5-28。

表 5-28　表面硬度偏差的允许值

维氏硬度偏差(HV)			
单　件		同　批	
<600	>600	<600	>600
45	60	70	100

注：1. 同批是指用相同钢材、经相同预备热处理并在同一炉次渗氮处理后的一组工件。

2. 局部渗氮件的测定位置不应在渗氮边界附近，其位置距渗氮边界应不小于 1 个渗层深度的距离。

④ 渗氮层深度：符合技术要求。检验方法应符合 GB/T 11354《钢铁零件　渗氮层深度

测定和金相组织检验》的规定。渗氮层深度允许偏差见表 5-29。

表 5-29 渗氮层深度偏差的允许值

渗氮层深度/mm	深度偏差/mm	
	单　　件	同　　批
<0.3	0.05	0.10
0.3～0.6	0.10	0.15
>0.6	0.15	0.20

注：1. 同批是指用相同钢材、经相同预备热处理并在同一炉次渗氮处理后的一组工件。

2. 局部渗氮件的测定位置不应在渗氮区边界附近，其位置距渗氮边界应不小于 2 个渗层深度的距离。

⑤ 渗氮层脆性检验：渗氮层脆性程度检验方法应符合 GB/T 11354 的规定。渗氮层脆性通常用维氏硬度压痕完整性评定，即考核菱形压痕四个边和四个角的完整性，边和角的完整性越好，表示脆性越小。分 1～5 级五个级别，一般 1～3 级为合格，重要件 1～2 级为合格。

⑥ 渗氮层疏松性检验：渗氮层疏松性检验方法应符合 GB/T 11354 的规定。用放大 500 倍的金相显微镜观察氮化层的致密度，氮化层（化合物层）越致密，无孔或孔越小越少越好。通常分 1～5 级五个级别，一般件 1～3 级为合格，重要件 1～2 级为合格。

⑦ 氮化物级别检验：渗氮层氮化物级别的检验方法应符合 GB/T 11354 的规定。主要检验渗氮层中扩散层部分氮化物存在的形态和分布情况。其中含脉状氮化物越少越好，而脉状氮化物越多，甚至存在网状氮化物越不好。氮化物分 1～5 级五个级别，一般件 1～3 级为合格，重要件 1～2 级为合格。

⑧ 耐蚀性检验（需要时）：耐蚀性检验主要是对以耐蚀性为主的耐蚀渗氮件的检验。常用 6%～10% 的 $CuSO_4$ 溶液，滴定在渗氮件表面，或将渗氮件浸入水溶液中停留 1～2min，渗氮件表面无铜沉淀判定为合格。

（4）可能产生的缺陷和原因

渗氮质量的影响因素较多，反映出的质量问题也各种各样。

① 表面有严重氧化色：设备密封不好、氨气含水量偏高、出炉温度过高等原因都会使渗氮件表面氧化，呈氧化色。

② 渗氮件变形超差：特别是薄壁件易产生变形。渗氮后尺寸略有增量是正常现象，但变形太大可能是工艺或操作不当引起的。如工件渗氮前加工应力较大，在渗氮温度下应力释放会引起变形，所以易变形件在渗氮前应进行一次略高于渗氮温度的去应力处理；渗氮升温或降温速度过快、出炉温度过高或装卡方式不当也会引起变形。

③ 渗氮层硬度低：渗氮温度过低或过高、炉内氮势不足、设备密封不好等原因都会使渗氮层硬度偏低。

④ 渗氮层太浅：渗氮温度偏低、保温时间不足、离子渗氮真空度低、氮势偏低等原因都会影响渗氮层深度。

⑤ 渗氮层有软点，渗层不均：渗氮件表面清理不净，有附着物；炉内氨气流动不畅；炉温不均；渗氮件原始组织不均匀等原因都会引起渗氮层不均匀。尤其是渗氮件原始组织不均更应引起注意，渗氮件用原材料应采用调质处理，就是为了保证渗氮层均匀，获得好的渗氮质量，同时也可保证渗氮件基体强度和性能，并减小渗氮变形。渗氮件原材料调质时，回火温度应高于渗氮温度 10～20℃，才能保证渗氮后不降低基体强度。

⑥ 渗氮层脆性大；工件表面脱碳，游离铁素体量大，会引起局部氮浓度过高；炉内氮

势过高使表面含氮浓度过高等原因会使渗氮层脆性增加。

⑦ 化合物层疏松：炉内氮势高使渗氮速度加快，表面对氮的吸附速度大于扩散速度，使表面含氮量高，从而产生疏松。

⑧ 渗氮层组织不正常：渗氮层出现网状或脉状、针状氮化物，这可能是渗氮件原始组织粗大；渗氮温度高；氮势过高，氨气中含水量大等原因造成的组织不正常。

5.2.23 钢的碳氮共渗

在奥氏体状态下，同时将碳、氮两种原子渗入工件表面层，并以渗碳为主的化学热处理称碳氮共渗。

碳氮共渗温度低于渗碳温度，略高于渗氮温度，是渗碳和渗氮工艺的结合。碳氮共渗与渗碳相比具有以下优点。

① 由于碳、氮同时渗入工件表面，扩大了碳在金属中的扩散系数，因此碳氮共渗速度快于渗碳速度。

② 氮的渗入降低了渗层金属的临界点。所以，可以在较低的温度下完成共渗过程。这可防止钢的晶粒长大，更可以在共渗后直接淬火。

③ 氮的渗入增加了共渗层过冷奥氏体的稳定性，降低了临界淬火速度，可采用较缓慢的冷却介质淬火，保证淬火后不开裂、变形小。

④ 渗层同时存在碳、氮，所以比渗碳层具有更高的耐磨性、抗疲劳性能。

碳氮共渗后，表面形成一层极薄的碳氮化合物层（$0.005 \sim 0.008mm$），向内依次是层状珠光体和过渡层。碳氮共渗层比渗碳层浅，一般为 $0.3 \sim 1mm$，淬火后依材质不同，表面硬度可达 $55 \sim 65HRC$。

碳氮共渗后必须经过淬火和低温回火后才能使用。

钢的碳氮共渗方法有气体共渗、液体共渗、固体共渗等。

气体碳氮共渗是在密闭炉内通入含碳气体和氨气，在共渗温度下，分解成活性碳原子和活性氮原子，并同时渗入工件表面。一般共渗温度采用 $820 \sim 870℃$。

液体碳氮共渗是在含有可分解成活性碳原子和活性氮原子的盐浴中进行的。液体碳氮共渗速度快、渗层质量好，但因含有氰化盐成分，带有毒性，一般限制使用。液体碳氮共渗也称氰化处理。

固体碳氮共渗是采用固体介质，在密封铁箱中完成共渗过程。固体共渗剂是由木炭及可分解成活性氮原子的材料（如亚铁氰化钾）混合而成。

此外，还有离子碳氮共渗、低真空脉冲碳氮共渗等方法。

（1）适用范围

碳氮共渗可用于低碳钢、低碳合金钢及部分中碳合金钢。

适用零件可有齿轮、轴套、凸轮等要求表面抗磨、抗疲劳而心部具有良好性能的零件。

（2）作用目的

通过表面渗入碳、氮，提高工件耐磨性能、抗疲劳性能。

（3）常见的检验项目

参见钢的渗碳常见的检验项目。

（4）可能产生的缺陷和原因

参见钢的渗碳可能产生的缺陷和原因。

5.2.24 钢的氮碳共渗

工件表面同时渗入氮和碳，并以渗氮为主的化学热处理称氮碳共渗。

活性氮原子与活性碳原子渗入工件表面后形成氮碳化合物。与渗氮相比，渗层硬度略低，有时称软氮化。氮碳共渗通常在 $500\sim600℃$ 温度下进行。

氮碳共渗速度比渗氮速度快，一般 $3\sim4h$ 即可完成。氮碳共渗层脆性低，可直接使用。氮碳共渗后不需进行其他热处理。

根据材质和工艺不同，渗层深度可达 $0.1\sim0.4mm$，渗层硬度可达 $500\sim1100HV$。材料中含碳量和合金元素含量愈高，表面层硬度也愈高，但渗层深度愈浅。常用材料气体氮碳共渗渗层深度及硬度见表 5-30。常用材料液体氮碳共渗渗层深度及硬度见表 5-31。

表 5-30　常用材料气体氮碳共渗渗层深度和表面硬度参考值

材　　料	表面硬度		渗层深度/mm	
	$HV_{0.1}$	HRC(换算值)	化合物层	扩散层
45	$550\sim700$	$52\sim60$	$0.007\sim0.015$	$0.15\sim0.30$
T10	$500\sim650$	$49\sim58$	$0.003\sim0.010$	$0.10\sim0.20$
20Cr,40Cr	$650\sim800$	$57\sim64$	$0.005\sim0.012$	$0.10\sim0.25$
35CrMo,50CrMn	$650\sim800$	$57\sim64$	$0.005\sim0.012$	$0.10\sim0.20$
38CrMoAlA	$900\sim1100$	>67	$0.005\sim0.012$	$0.10\sim0.20$
3Cr2W8V	$750\sim850$	$62\sim65$	$0.003\sim0.010$	$0.10\sim0.18$
Cr12MoV	$750\sim850$	$62\sim65$	$0.002\sim0.007$	$0.05\sim0.10$
W18Cr4V(淬回火后)	$950\sim1200$	>68	$0.002\sim0.007$	$0.05\sim0.10$
QT600-3,灰铸铁	$550\sim750$	$52\sim62$	$0.001\sim0.005$	$0.04\sim0.06$

表 5-31　常用材料液体氮碳共渗渗层的深度与表面（层）显微硬度

钢　　号	前处理工艺	化合物层深/μm	主扩散层深/mm	表层显微硬度
20	正火	$12\sim18$	$0.30\sim0.45$	$450\sim500$ HV0.1
45	调质	$10\sim17$	$0.30\sim0.46$	$500\sim550$ HV0.1
38CrMoAlA	调质	$8\sim14$	$0.15\sim0.25$	$950\sim1100$ HV0.1
30Cr13	调质	$8\sim12$	$0.08\sim0.15$	$900\sim1100$ HV0.1
1Cr18Ni9Ti	固溶处理	$8\sim14$	$0.06\sim0.10$	1049 HV0.05
45Cr14Ni14W2Mo	固溶处理	10	0.06	770 HV1
20CrMnTi	调质	$8\sim12$	$0.10\sim0.20$	$600\sim620$ HV0.05
3Cr2W8V	调质	$6\sim10$	$0.10\sim0.15$	$850\sim1000$ HV0.2
W18Cr4V	淬火+二次回火	2	$0.025\sim0.040$	$1000\sim1150$ HV0.2
HT200	退火	$10\sim15$	$0.18\sim0.25$	$600\sim650$ HV0.20

注：表中 45Cr14Ni14W2Mo 处理 2h，W18Cr4V 在 550℃±5℃共渗 20～90min，其他各种钢和铸铁皆在 565℃±5℃共渗 1.5～2h。

氮碳共渗不仅能提高工件表面的硬度和耐磨性，并可使工件表面摩擦因数大幅度降低，减小两偶合件之间的黏着倾向，提高抗咬合性，氮碳共渗可提高工件抗疲劳性能和耐蚀性。

氮碳共渗依据设备、介质、工艺方法不同分为气体氮碳共渗、液体氮碳共渗、离子氮碳共渗、真空脉冲氮碳共渗等。

气体氮碳共渗是在密闭炉内通入含氮和碳成分的气体介质或液体介质，在加热和保温过程中介质分解成活性氮原子和活性碳原子并同时渗入工件表面，因温度比较低，一般在 $550\sim576℃$ 范围，所以，渗入表面时以氮原子为主、碳原子为辅。

液体氮碳共渗是在含有可分解成活性氮原子和活性碳原子的盐浴中进行的。液体氮碳共渗速度快、渗层质量好，应用比较广泛。

离子氮碳共渗与离子渗氮在设备、工艺方法上相似，只不过是在使用的渗剂中，除产生活性氮离子外，还产生活性碳离子，同时渗入工件表面，因工艺温度比较低，渗入的氮离子要多于碳离子，所以，工件在离子氮碳共渗后，表面已具有高的硬度、耐磨性能，不需再进行其他热处理，即能满足功能需要。

此外，还有真空脉冲氮碳共渗、固体氮碳共渗等工艺方法。

（1）适用范围

氮碳共渗可用于碳钢、合金钢、不锈钢、模具钢、工具钢等多种钢种。

适用的零件有齿轮、轴套、口环、叶轮、轴、凸轮等各种要求表面耐磨、抗疲劳、抗咬合的零部件。

（2）作用目的

通过表面渗入氮、碳，提高工件表面硬度、耐磨性、抗疲劳性、抗咬合性和耐蚀性。

（3）常见的检验项目

参见钢的渗氮常见的检验项目。

（4）可能产生的缺陷和原因

参见钢的渗氮可能产生的缺陷和原因。

5.2.25　钢的硫氮碳共渗

工件表面同时渗入硫、氮、碳元素的热处理称硫氮碳共渗处理。

硫氮碳共渗实际上是在氮碳共渗基础上加入含硫物质实现的。

在硫氮碳共渗过程中，以硫、氮为主渗入元素，所以，工件经硫氮碳共渗后，在最表面层有不大于 $10\mu m$ 的富集 FeS 层，次表层为由 FeS、$Fe_2(N\cdot C)$、$Fe_3(N\cdot C)$、Fe_4N 及 Fe_3O_4 组成的化合物层，再向里是扩散层，碳只能以碳化物形式（如 Fe_3C）存在于表面化合物中。

由于工件渗层的最外层有 FeS 存在，大大降低了工件表面的摩擦因数，从而提高了抗咬合和抗黏着性能。这是它在渗氮层、氮碳共渗层具有的耐磨、抗疲劳性能之外独具的性能，所以硫氮碳共渗广泛应用于摩擦副中，以提高其抗咬合、抗黏着能力。

不同材料经硫氮碳共渗后具有不同的渗层深度和硬度。常见材料硫氮碳共渗后的渗层深度和可达硬度值见表 5-32。

表 5-32　不同材质硫氮碳共渗后的深度及最低硬度值

材　质	处理温度 /℃	处理时间 /min	化合物层厚度 /μm	主扩散层厚度 /μm	渗层硬度 （HV1）≥	备　注
A₃F	550±10	180	15～25	150～220	350	—
45	550±10	180	15～25	150～220	400	—
1Cr18NiMo2Ti	570±10	180	两层总和不小于 40		700	—
PH17-4	570±10	180	20～30		650	主要指主扩散层
ZGCr28	570±10	180	20～30		650	最好没有化合物层
W18Cr4V	550±10	30～40	0～2	15～40	1000	—
1Cr18Ni9Ti	570±10	180	两层总和 40		750	—
HT20-40	570±10	150～180	两层总和 15～20		500	主要是化合物层

材　质	处理温度 /℃	处理时间 /min	化合物层厚度 /μm	主扩散层厚度 /μm	渗层硬度 （HV₁）≥	备　注
QT60-2	570±10	120	14～18		500	—
1Cr17Ni2	560±10	360	两层总和 35～40		750	—
(1～3)Cr13	570±10	180	≥10	≥15	750	—
40Cr,40CrV	570±10	180	15～20	130～180	500	—
RWA350	570±10	240	30～40	20～30	750	—
35CrMo	570±10	180	15～25	130～200	500	—
1Cr13Ni	570±10	240	两层总和 45～80		750	—
38CrMoAl	570±10	120～180	15～20	100～200	950	—
42CrMo	570±10	120～180	10～20	≥100	500	—
25Cr2MoV	570±10	180	12～18	120～130	550	—
Cr12 型	520±10	180～360	两层总和不小于45		1000	—
1Cr13NiMo	570±10	180	两层总和 50～80		700	—

硫氮碳共渗常见的有气体和液体共渗。

气体硫氮碳共渗是采用密封设备，采用介质是在气体氮碳共渗介质中加入含硫物质，常见的是硫脲。混合介质在炉内温度条件下分解成活性硫原子、氮原子、碳原子并同时渗入工件表面。

液体硫氮碳共渗是在液体氮碳介质中加入一定量的 K_2S 或 Na_2S 共同形成盐浴，在 500～600℃ 温度下完成共渗过程。

（1）适用范围

硫氮碳共渗适用于碳素钢、合金结构钢、合金工具钢、不锈钢、模具钢、铸铁等多种金属材料。

主要用于要求表面耐磨、耐疲劳，特别是抗咬合、抗黏着的工件，如轴套、叶轮、轴等各类工件。

（2）作用目的

提高工件表面抗磨损、抗疲劳性能，特别是提高抗咬合、抗黏着性能。

（3）常见的检验项目

① 外观：硫氮碳共渗件清洗后表面应呈深灰色或灰黑色（不锈钢或铸铁件）、灰色（高速钢件）。工件表面不得有碰伤、划痕。表面应清洗，液体硫氮碳件表面不得有残盐。

② 表面硬度：符合技术要求。应采用低负荷维氏硬度计检测。常见材料表面硬度值可参照表 5-32。硬度允许偏差值见表 5-28。

③ 共渗层深度：化合物层及扩散层深度检验采用金相法，一般检查至针状氮化物终了处为扩散层。碳钢件检验时可将试块在 300℃ 保温 2h 后检测。渗氮层深度允许偏差见表 5-29。

④ 共渗层脆性及疏松度：参照渗氮工件检验方法和标准进行。

（4）可能产生的缺陷和原因

① 硬度不足：共渗温度低；介质中活性氮原子浓度低；表面疏松层过厚等都可能引起表面硬度不足。

② 共渗层薄或不均匀：工件表面不干净、有附着物；共渗温度低、时间短；介质中活性氮原子浓度不足等原因都可使共渗层偏浅。

③ 化合物层脆性大，疏松严重：介质不纯净，液体共渗时渣子多；共渗时间长或温度

高等原因引起脆性大、疏松严重。

5.2.26 钢的 QPQ 处理

QPQ 是 Quench Polish Quench 的缩写，其原始完整的含意是：工件在液体渗氮（或液体氮碳共渗）并采用氧化盐浴冷却后，对工件表面进行机械抛光或研磨，再经氧化盐浴表面氧化处理的工艺过程。

从 QPQ 处理的工艺过程可见，第一程序是液体渗氮（或液体氮碳共渗），只不过采用的冷却方式必须是在氧化盐浴中冷却；第二程序是对渗层表面进行表面抛光或研磨，工件经过液体渗氮（或液体氮碳共渗）并在氧化盐浴中冷却后，表面不可避免地存在粗糙、多孔的显微层，经过抛光或研磨后，改善了表面光洁度，这时的耐腐蚀性能可能会略有下降；第三程序是对抛光或研磨后的工件表面在氧化盐浴中进行氧化，这时其耐腐蚀性能显著提高。

由此可见，QPQ 处理后，工件表面除具有液体氮化或液体氮碳共渗后所具有的高硬度，高耐磨性和高耐疲劳性能外，还具有更高的耐腐蚀性能。

QPQ 处理后的工件经过清洗后，不再进行其他处理直接使用。

QPQ 处理的应用范围、作用目的、常见的检验项目和可能产生的缺陷及原因均见液体渗氮的相关部分内容。

5.2.27 钢的渗硼

钢的渗硼是指将硼渗入工件表面的化学热处理工艺。

钢经渗硼后，渗硼层可获得单相（ Fe_2B ）或双相（ $FeB + Fe_2B$ ）组织。FeB 硬度可达到 $1500 \sim 2200HV0.1$ ， Fe_2B 硬度可达 $1100 \sim 1700HV0.1$ 。

渗硼层具有许多优良性能：

① 渗硼层具有极高硬度，所以具有特别高的抗磨粒磨损性能，其磨损性能优于渗氮和镀硬铬。在滚动磨损条件下，其耐磨性能也优于渗氮和氮碳共渗。

② 渗硼层具有较好的耐酸介质腐蚀能力，对硫酸、盐酸、磷酸的耐蚀性较好，但耐硝酸腐蚀能力较差。

③ 具有优良的抗高温氧化性能，可在 800℃ 以下温度的空气介质中使用。

所以，渗硼被广泛应用于高磨损条件下工作的工件，如模具、泥浆泵缸套、矿山机械零件等。

根据工艺方法不同，有以下几种渗硼方法。

① 固体渗硼：工件放于固体渗硼剂中，密封在箱中，经加热保温完成渗硼过程。固体渗硼操作简单，表面易清理，但劳动条件不好、耗能大。

② 液体渗硼：工件放在含有硼的盐浴中进行渗硼。液体渗硼操作简单、加热均匀，但渗硼件表面不易清理。液体渗硼件可在渗硼后直接淬火。

③ 膏剂渗硼：将渗硼膏剂涂覆在工件表面，加热后完成渗硼过程。

此外，还有气体渗硼、离子渗硼、电介渗硼等多种渗硼方法。

（1）适用范围

渗硼适用于钢、铸铁，特别是模具钢经渗硼后，显著提高耐磨性能。

（2）作用目的

提高工件表面的耐磨性能，特别是提高耐磨粒磨损和滚动磨损。

（3）常见的检验项目

① 外观：渗硼表面应为灰色或深灰色，色泽均匀，无剥落，无裂纹。

② 硬度：应符合要求。常采用显微硬度方法测量表面的显微硬度。硬度范围见表 5-33。

③ 金相组织：渗硼层组织检验通常采用试块，在横截面经磨光、抛光、浸蚀后检验，外层组织为 FeB，内层为 Fe_2B。

④ 渗层深度：符合技术要求。在试块断面上测量。渗层深度允许偏差见表 5-34。

表 5-33 渗硼层硬度

相 成 分	显微硬度（HV0.1）
Fe_2B	1290～1680
FeB	1890～2340

表 5-34 允许渗硼层深度的偏差值　　μm

硼化物层总深度	深度偏差	
	单件	同批
100 以下	±5	±10
100 以上	±10	±20

（4）可能产生的缺陷及原因

① 渗硼层薄：多为渗硼工艺不当，扩散情况不好。

② 脱硼：主要是在淬火加热时，在无硼或贫硼气氛中，并在无保护情况下长期加热，使渗硼表面的硼含量降低。

③ 渗层厚度不均，甚至不连续：渗硼介质活性差、炉温不均等都可产生这类缺陷。

④ 渗硼层疏松、孔洞多：可能由于渗硼温度过高、或渗硼介质中水分大引起渗层疏松和存在孔洞。

⑤ 表面局部熔化：渗硼温度过热或淬火加热温度过高、加热温度超过其共晶温度等引起局部熔化。

5.2.28 钢的渗金属

渗金属是用某种金属元素渗入工件表面，使工件表面具有某些特点的物理性质和化学性质。如金属材料表面渗入 Al、Zn、Cr、V、Ti 等一种或几种合金元素，提高工件表面抗腐蚀性能、抗高温氧化性能、抗磨性能等。由于合金元素在钢中的扩散速度比碳、氮的扩散速度慢得多，因此，钢的渗金属应在更高的温度和更长的保温时间条件下进行。

渗金属方法有固体法、液体法和气体法。

常用材料渗金属种类及功能作用见表 5-35。

表 5-35 常用渗金属方法及特点、功能

基体材料	渗入元素	特点、功能
碳钢	Cr	具有良好的抗氧化性、耐蚀性和抗磨损性能
	Al	在空气、二氧化硫气体中具有较高的抗高温氧化和耐腐蚀能力
	Zn	在大气、H_2S 热气流条件下，有良好的耐腐蚀性能
	Si	在 HNO_3、H_2SO_4、HCl 溶液及海水中有较高的耐腐蚀性能，有一定的抗高温氧化能力，硬度较高，有一定的耐磨性能
铁和钢	Al＋Ti	有良好的抗高温氧化性能
	Cr＋Ti	有良好的抗酸、碱及抗高温氧化能力
	Cr＋Ni	有很好的耐腐蚀性能
	Cr＋Si	有良好的耐腐蚀性能及抗高温腐蚀能力
	Cr＋Al	有良好的耐高温氧化性能和耐高温 PbO 腐蚀能力
中、高碳钢	Cr＋Si	有良好的抗高温氧化性能，具有较高的硬度，可作压力加工模具

基体材料	渗入元素	特点、功能
工具钢 模具钢	W Mo W＋Mo	耐酸性溶液腐蚀,具有高硬度、高热硬性及高耐磨性
	V	具有高耐磨性能

此外,镍基高温合金、不锈钢也常采用渗铝,工件表面可明显提高抗高温氧化性能和抗高温腐蚀性能,常用于制作涡轮机片、导向叶片、燃气轮机叶片等零件。

渗金属后,为提高工件心部强度,还应采用淬火＋低温回火热处理后使用。

（1）适用范围

依据渗金属的目的不同,可采用的基体金属材料有碳钢、合金钢、工具钢、模具钢、不锈钢、镍基或钴基合金等。

适用于对工件表面有耐磨、耐高温氧化、耐腐蚀等特殊要求的工件,如模具、叶片、缸套等各类工件。

（2）作用目的

根据所渗金属种类不同,有的以提高耐磨损、抗咬合为主要目的,有的以提高抗高温氧化为主要目的,有的以提高耐蚀性为主要目的,或兼取几种功能。

（3）常见的检验项目

① 外观:无剥落、无裂纹,色泽均匀。

② 硬度:包括表面硬度和心部硬度,达到技术要求。通常采用洛氏硬度法检验。

③ 渗层深度:符合技术要求。通常采用金相法检验,也可用磁性仪检验。

④ 渗层金相组织:应符合所渗金属种类形成的金相组织。

⑤ 渗层致密性和孔隙度:通常采用15％硫酸铜溶液检查。

（4）可能产生的缺陷和原因

① 表面不洁净,粘有渗剂:渗剂中有水分或低熔点杂质,在渗金属温度下熔化而发生粘连、残留。

② 渗层剥落:在工件尖角处或截面突变处易产生渗层剥落。渗层过厚也可产生剥落。

③ 渗层不均、不连续:渗剂不良或容器密封不好,有泄漏。

④ 表面有腐蚀斑点:渗剂中含有腐蚀物引起表面腐蚀。

5.3 典型金属材料的热处理

5.3.1 调质钢的热处理

所谓调质钢包括含碳 $0.3％\sim0.6％$ 的碳钢、含碳 $0.25％\sim0.55％$ 的合金钢、马氏体不锈钢等,经过淬火能获得马氏体组织,再经高温回火后能获得索氏体组织,并且具有良好的综合力学性能。

这类材料经过调质处理后,可用来制作轴、曲轴、传动轴、丝杠、活塞杆、飞轮、齿轮、泵体、叶轮、螺栓、螺母等要求具有优良力学性能的各类零件,是应用最广泛的金属材料之一。

（1）调质处理前的预先热处理

为了取得更好的调质效果，一般在调质前对材料毛坯进行预先热处理。进行预先热处理的目的是改善材料在锻、轧、铸造等前期制造过程中产生的组织缺陷，如组织不均、晶粒粗大等。这些缺陷的存在可能造成调质处理后的组织不均、硬度不均、变形、裂纹等缺陷，甚至性能不合格。

调质钢的预先热处理，依据材料和毛坯缺陷等因素采用不同的方法。

① 对于含碳量较低的碳钢可以采用正火，得到具有铁素体和片状珠光体组织，硬度不大于240HB。

② 对于含碳量较高的碳钢、合金钢、马氏体不锈钢等材料，正火后硬度较高，可采用正火+回火或退火处理。得到具有球状珠光体和铁素体的金相组织。

（2）调质处理

① 调质前的粗加工。调质工件应进行调质前的粗加工，其目的是去除工件表面氧化层、划痕、微裂纹、折层等表面缺陷，以防止淬火时产生裂纹缺陷，提高工件冷却速度。去除工件表面过多余量，使工件尽量保留优良的淬火层，提高热处理效果。

由于淬火时会产生变形，表面脱碳、氧化，因此调质件应保留必要的加工余量。

一般形状调质件的加工余量，视易变形情况，可保留单边余量2～4mm。易变形的轴类件，依轴的大小可参照表5-36和表5-37。

表 5-36　轴调质前的加工余量　　　　　　　　　　　　　　　mm

最大直径	≤50	50～100	100～200	200～300
全　　长	调质前的直径留量			
<1000	6	6	6	6
1000～2000	8	8	7	7
2000～3000	10	10	8	8
3000～4000	12	12	10	10
4000～5000	—	14	13	12

注：1. 毛坯调质的小轴不在此例。

2. 直径留量是按最大直径留的余量，不做超声波探伤的可以车出台阶。

表 5-37　较小轴调质前的加工余量

直径 /mm	长度/mm			直径 /mm	长度/mm		
	<500	500～1000	>1000～1800		<500	500～1000	>1000～1800
10～20	2～2.5	2.5～3.0	—	48～70	2.5～3.0	3.0～3.5	4.0～4.5
22～45	2.0～3.0	3.0～3.5	3.5～4.0	75～100	3.0～3.5	3.0～3.5	5.0～5.5

② 淬火加热设备的选择。因为调质工件在热处理前保留一定的加工余量，所以通常不必考虑加热炉气氛的影响，可采用燃油炉、燃气炉、电炉。一般件可采用台车式炉、箱式炉，批量大、体积小的工件也可采用辊底式炉、推杆式炉、振底式炉等。对于易变形的长轴类零件，最好采用井式加热炉，吊挂加热、冷却，以防止或减小变形。

③ 淬火冷却介质的选择。淬火冷却介质有很多种，应根据材料化学成分、零件形状、尺寸及容易淬火程度等因素合理选择。常用的淬火冷却介质有空气、油、合成淬火液、水等。它们具有不同的冷却特点和冷却速度，在保证不产生裂纹的前提下，采用冷却速度较快的介质可提高热处理效果。

④ 回火加热设备的选择。回火是保证工件调质质量的重要环节，为保证回火均匀和回火效果，在650℃以下温度回火时，宜采用带有空气循环装置的回火炉，以保证在较低温度

下炉气的均匀。

回火冷却方式视材质种类，可采用炉冷、空冷或油冷。具有回火脆性的材料应采用较快的冷却速度。

⑤ 调质件的矫直和去应力处理。长轴类等易变形零件在调质后可能产生变形，当变形量超过加工余量，满足不了加工要求时，可采用矫直方法修正变形。工件经矫直后应采用去应力处理，以消除矫直应力，去应力处理温度应比工件调质回火温度低 10~30℃为宜。

常用材料调质处理的淬火、回火温度参照表 5-6 和表 5-7。

（3）调质的质量检验

调质工件质量检验项目、方法见本章钢的淬火和钢的回火部分相关内容。

（4）可能产生的缺陷和原因

调质工件可能产生的缺陷和原因见本章钢的淬火和钢的回火部分相关内容。

5.3.2 弹簧钢的热处理

弹簧钢是指主要（或专门）用来制作弹簧类零件的金属材料。

因为弹簧是利用弹性变形吸收能量以缓冲振动、冲击，或依靠弹性储能产生驱动作用，所以，用来制作弹簧的材料应具备以下特点。

① 具有较高的弹性极限，以保证弹簧具有较高的弹性变形能力和弹性承载能力，并具有较高的屈服强度。

② 应有较高的疲劳极限，以适应弹簧在长期交变载荷工作的条件。

③ 有足够的塑性和韧性，防止弹簧工作时发生脆断。

因此，弹簧钢的含碳量通常为 0.45%~0.75%。为提高淬透性和屈强比，常加入硅、锰等合金元素，重要弹簧材料还加入铬、钒、钨等合金元素。此外，弹簧材料还应有较高的纯洁度，严格控制硫、磷含量。

除上述常用的材料外，还有为提高弹簧耐腐蚀能力采用的各类不锈钢（主要是奥氏体不锈钢、马氏体不锈钢、沉淀硬化不锈钢、马氏体时效钢等）；以及为提高弹簧耐热性能的高温合金、耐热钢等材料。

弹簧钢常分热轧材和冷轧材，前者多用来制作大型螺旋弹簧、板弹簧、碟形弹簧等；后者多冷轧成钢丝，用以制作小型弹簧。

（1）弹簧钢的预先热处理

弹簧钢的预先热处理主要指在弹簧成形前对材料坯料的热处理。

对于备制弹簧的钢材坯料有圆钢、方钢、扁钢等多种规格，应进行退火或正火处理，以降低硬度，便于加工；改善组织，获得球状珠光体组织或片状珠光体组织，以保证弹簧淬火、回火后的组织和性能。

（2）弹簧钢的淬火、回火

弹簧钢的淬火、回火基本上是在弹簧成形后完成的。也有少数是对弹簧钢丝淬火、回火之后再卷制成弹簧，这时只对卷制弹簧进行去除应力处理。

① 淬火加热设备的选择。弹簧应保证高的疲劳强度，最应防止表面脱碳。因此，在淬火加热时应采取防表面脱碳措施。最好采用盐浴炉、真空炉、可控气氛炉加热，如果采用空气介质加热炉，为防止脱碳，应对工件表面采取防护涂料。

② 淬火冷却介质的选择。为保证弹簧获得优良的组织和性能，应尽可能选择冷却速度

较大的淬火冷却介质。常用油冷，对中小弹簧也可采用盐浴、碱浴、金属浴等冷却方法进行分级淬火或贝氏体等温淬火。采用分级淬火或等温淬火可以得到更优良的性能，特别是有高的屈强比和弹性极限。

③ 回火。弹簧回火通常采用浴炉或有空气循环系统的坑式炉。依据材质和硬度要求不同，采用中温回火，在320～450℃回火。回火后获得回火屈氏体组织，以保证具有一定的硬度、强度、屈强比和高的弹性极限及较好的韧性。回火后通常采用油冷或水冷，以减少回火脆性。

常用弹簧钢淬火、回火加热温度参见表5-6和表5-7。

④ 冷成形弹簧的热处理。所谓冷成形弹簧是指采用冷轧钢板、带、线制成的弹簧。这类弹簧在制造时的冷变形已使材料强化并达到了弹簧的性能要求。所以，只需将弹簧在230～260℃温度范围内进行消除应力处理即可，消除了应力并保证了弹簧的稳定性。

（3）弹簧热处理后的质量检验

① 外观：表面不得有裂纹、腐蚀及过量变形，如果有严重变形应进行矫正。

② 表面脱碳层：弹簧表面脱碳层按GB/T 224《钢的脱碳层深度测定方法》的规定进行测定，符合表5-38的要求。

表 5-38　表面每边的总脱碳层深度

牌　号	公称直径边长或厚度 /mm	总脱碳层深度不大于直径或厚度的百分比/%			
		热轧材		锻制材	冷拉材
		圆钢、盘条	方钢、扁钢		
硅弹簧钢	≤8	2.5	2.8	供需双方协商	2.0
	>8～30	2.0	2.3		1.5
	>30	1.5	1.8		—
其他弹簧钢	≤8	2.0	2.3		1.5
	>8	1.5	1.8		1.0

③ 硬度：符合技术要求。

④ 金相组织（需要时）：应是回火屈氏体组织。

⑤ 弹簧力与变形检验（需要时）：应采用弹簧力与变形检测试验机进行检测，满足技术要求。

（4）可能产生的缺陷和原因

① 弹簧变形大：弹簧，特别是螺旋弹簧，极易产生热处理变形。加热放置不当、冷却不均匀、组织转变不均或残留奥氏体过多都可能引起变形。

② 表面腐蚀：表面清洗不好，特别是加热介质中含有腐蚀物、盐浴淬火加热表面有残盐均会引起表面腐蚀。

③ 表面氧化、脱碳：淬火加热介质存在氧化性，如盐浴脱氧不良、可控气氛炉或真空加热炉密封不严等。

④ 硬度不足、弹性低：加热温度不足、冷却不足或不均、表面严重脱碳、回火工艺不当等因素都可引起硬度不足。

⑤ 脆性大：淬火过热、组织粗大、回火不当等均可产生脆性。

⑥ 组织过热或过烧：淬火加热温度过高或保温时间过长。

⑦ 裂纹：淬火加热温度过高、晶粒粗大，特别是冷却介质选择不当等都能引起表面裂纹产生。

5.3.3 工具类钢的热处理

工具类钢包括制作刀具的刃具钢、制作量具的量具钢、制作模具用的冷模具钢和热模具钢。

这类钢共同的主要性能是高硬度、高耐磨性，此外，各自还有特殊性能要求。成分的共同点是具有高的含碳量和某些合金元素。

在热处理时都要求采用盐浴炉、真空炉、可控气氛炉等具有防止氧化、脱碳功能的加热设备，或者热处理时，表面采取防氧化、脱碳防护措施。

（1）工具类钢的预先热处理

由于这类钢普遍具有高的含碳量和碳化物形成元素，在原始组织中存在较大量的合金碳化物，且容易分布不均，硬度偏高，所以，这类钢的预先热处理多采用完全退火、等温退火的处理方法，以获得分布均匀的粒状碳化物，保证淬火质量，降低硬度、方便加工。

（2）典型工具类钢的热处理

① 刃具钢的热处理。刃具钢主要用来制作车刀、铣刀、钻头等金属切削工具。

刃具切削工件时，受到工件压力，刃部与切屑间发生强烈摩擦，刃部发热，最高时可达500℃；此外，刃具还承受一定的冲击和振动。因此，刃具钢热处理后应具有高硬度、高耐磨性、高的弯曲强度和韧性、高的切断抗力以及高的热稳定性能。

刃具钢的成分特点是含碳量较高，碳素工具钢含碳量为0.65%～1.35%；含有合金元素的合金工具钢含碳量为0.9%～1.1%。加入铬、锰、硅、钨、钒等合金元素，以提高钢的淬透性、回火稳定性、硬度和耐磨性能。

这类钢依据化学成分不同，淬火介质可用水、盐水、油等，淬火后获得马氏体组织及碳化物，有的可能存在少量残留奥氏体；普遍采用低温回火，获得回火马氏体、碳化物及少量残留奥氏体组织；硬度可达58～62HRC。

② 高速钢的热处理。高速钢属高合金刃具钢，除具有高硬度、高耐磨性能外，尤其具有高的热硬性。高速切削时，刃部温度达到600℃左右时硬度无明显下降。

高速钢的碳含量在0.7%以上，最高可达1.5%，高速钢中普遍含有钨、铬、钒等合金元素，可形成足够量的合金碳化物，提高钢的淬火硬度、耐磨性能、抗氧化性能和热硬性。

高速钢的成分构成使其原始组织中存在大量的共晶碳化物，在锻造后必须采用球化退火，得到索氏体基体及均匀分布的细小颗粒状碳化物，为淬火作好组织准备。

高速钢的淬火采用较高温度的目的是使大量合金碳化物能充分溶解，淬火温度一般为1220～1280℃，淬火冷却可用油冷，也可采用等温淬火。高速钢油冷淬火组织是马氏体及碳化物，还有残留奥氏体，等温淬火组织是下贝氏体、碳化物及残留奥氏体。

高速钢通常采用550～570℃温度回火，回火常进行三次，以消除或减少残留奥氏体，提高硬度和组织稳定性。回火后组织为回火马氏体和碳化物及少量残留奥氏体。

高速钢淬火回火后硬度应大于62～66HRC。

③ 量具钢的热处理。量具包括卡尺、千分尺、块规、塞规、样板等测量尺寸和形状的工具。

这类工具除具有高的硬度、耐磨性外，更应有高的尺寸稳定性，以保证在长期使用和存放过程中尺寸稳定、不变形。

制作量具用材料有高碳工具钢、高碳合金工具钢，也有采用渗碳钢的。化学成分的主要特点是高含碳量。

量具钢基本热处理是淬火、回火，以保证高硬度、高耐磨性。为保证组织和尺寸稳定性，在淬火、回火前多采用调质处理，提高淬火、回火后的质量。为减少残留奥氏体含量，淬火后附加冷处理；为消除应力、提高工件尺寸稳定性，在精加工后进行 110～150℃ 的时效处理。

热处理后，量具最后的组织是回火马氏体和碳化物，以及极少量的残留奥氏体。硬度控制在 58～64HRC。

④ 冷模具钢的热处理。冷作模具是指锻压（模压）常温金属材料的模具，要求承受较高的压力、弯曲力、一定的冲击力。因为压制时与压制材料间有剧烈摩擦，所以要求其具有高的硬度、高耐磨性、足够的强度和韧性，以保证模具在使用中不变形，少磨损，满足冲击载荷和弯曲载荷的作用并不断裂。

用作冷作模具的材料含碳量在 1.0% 以上或更高，加入提高淬透性、形成高硬度碳化物的合金元素钼、钒、铬、钨等元素。

为保证最终热处理效果，对坯料应进行退火，取得均匀分布的碳化物组织，降低硬度，便于加工。

淬火采用油、硝盐等介质冷却，获得马氏体和碳化物组织。有的采用低温回火，回火后具有回火马氏体组织和碳化物，硬度应大于 55～60HRC。含有二次硬化合金元素的材料可在 500～520℃ 温度下回火，硬度可由淬火时的 50～55HRC 提高到 59～62HRC。

⑤ 热模具钢的热处理。热作模具主要包括热锻模、热挤压模、压铸模等。

热作模具是在高温与冲击加压下强制炽热的金属成形工具，在工作中承受较大的冲击载荷，受到很大压应力、拉应力和弯曲应力的作用，还受张力的摩擦力和反复急冷急热的作用。所以，对热作模具要求在一定温度下保持足够的强度和韧性、一定的硬度和耐磨性、良好的耐热疲劳性能、好的导热性、高的回火稳定性。

这类钢具有中等含碳量，通常为 0.3%～0.55%，含有铬、钼、钨、钒、锰等合金元素。

为了保证模具热处理后的质量和性能，对模具坯料应进行预先热处理，多采用完全退火或等温退火，以达到细化晶粒、改善碳化物分布形态、改善组织和降低硬度的目的。

热模具的最终热处理是采用淬火后较高温度回火的方法。淬火采用油冷后硬度可达 53HRC 以上，经 530～580℃ 回火，获得索氏体组织，硬度一般控制在 40～45HRC。

（3）工具类钢的热处理检验

① 外观：不得有氧化皮、裂纹、过量变形，也不得有表面腐蚀。

② 硬度：硬度是这类零件的主要检验项目，依据种类和硬度技术条件的不同，选用合适的硬度计，进行硬度检验。一般工件硬度偏差控制可参见表 5-8～表 5-11，特殊控制产品按技术条件要求。

③ 表面脱碳（需要时）：这类零件表面脱碳严重会影响使用功能和寿命。当需要控制表面脱碳深度时应进行该项检验。通常采用随炉试块，用金相法检验，脱碳层深度应不大于技术标准规定。

④ 金相组织（需要时）：金相检验主要检验热处理后的工件组织是否符合技术要求，是否存在热处理加热温度不足或淬火冷却不足产生的非淬火、回火组织，是否有过热引起的晶粒长大的过热组织等。

（4）工具类钢的热处理可能产生的缺陷和原因

① 表面裂纹。可能是原材料或零件在热处理前各工序（如锻造、加工）已存在裂纹，热处理前未检查出来，热处理予以扩大而显现。原材料存在质量缺陷，如组织不均、晶粒粗大等缺陷，热处理应力可导致裂纹的产生。热处理加热温度过高，晶粒粗大，或淬火冷速过快，应力过大也可产生淬火裂纹。

② 表面脱碳或氧化。该缺陷由于采用加热设备的加热气氛呈氧化性，或未采取适宜的表面防脱碳措施而引起的。

③ 表面腐蚀。工件热处理后表面腐蚀多发生在盐浴炉加热或用碱浴、盐浴冷却时。所以，应控制盐浴内可产生的腐蚀物质，并及时彻底清洗工件表面，去掉腐蚀物。

④ 硬度不足。即工件表面硬度低于技术要求。原因可能是淬火加热不足或淬火冷却不足，未充分获得足够的淬火马氏体组织；也可能是回火温度高，将淬火后的合格硬度降低。

⑤ 硬度不均。原始组织不均，引起热处理后硬度不均。淬火加热或冷却不均，工件各处获得不同组织，造成硬度不均或有软点。

⑥ 金相组织检验晶粒粗大。即有过热倾向，主要是淬火加热温度过高引起的。

5.3.4 轴承钢的热处理

轴承钢主要用于制造滚动轴承的套圈和滚动体。

轴承在工作中受到周期性交变负荷，同时还受到一定的冲击载荷作用。所以，要求制作轴承的材料具有高的淬透性、淬硬性，以保证有足够高的硬度和耐磨性；还应具有高的疲劳强度，特别是接触疲劳强度，才可保证具有足够高的使用寿命，应有较高的弹性极限和韧性，以保证不易产生永久变形和碎裂。轴承材料还应具有高的尺寸稳定性，保证在使用过程中不变形。

（1）轴承材料种类

轴承钢是最主要的轴承材料。常用的轴承钢是指高碳含铬的钢。其含碳量一般为0.95%～1.15%，以保证钢经淬火后获得高的硬度和耐磨性能。轴承钢中最常加入的合金元素是铬，以提高钢的淬透性、减少过热敏感性，所形成的含铬碳化物集聚倾向小，保证成分和组织的均匀性。此外，还有的加入锰、硅等元素。常用的轴承钢有 GCr9、GCr15、GCr15SiMn 等。

对于大型轴承或承受强烈冲击的轴承，在要求表面高硬度和耐磨性的同时，还要求心部具有足够的强度和韧性。这时采用渗碳钢，如 20CrMnTi、20Cr2Ni4A、20Cr2Mn2MoA 等，经渗碳并淬火回火后使用。

在有些情况下使用的轴承应具有耐蚀性，这时轴承材料可选用不锈钢，如 9Cr18、9Cr18Mo、4Cr13 等。经淬火和低温回火后使用。

（2）轴承钢的热处理工艺

轴承钢含碳量较高，并含有合金元素，而对轴承使用来说，又要求组织、硬度均匀。所以，轴承钢的退火是重要环节。常用的退火方式是球化退火，以保证钢中碳化物呈球状，一般是将钢加热至 780～810℃，保温后缓慢冷却或在 680～720℃ 再保温后冷却。等温球化退火时的等温温度依具体钢种不同有一定差异。

轴承钢的最终热处理是淬火＋低温回火，以保证获得足够的强度和耐磨性。轴承钢淬火加热温度依钢号不同，一般选择在 790～830℃，保温后油冷，采用 150～180℃ 温度回火，以保证高硬度。

（3）轴承钢的热处理检验

① 外观。轴承零件淬火后，应检验表面不得有烧痕、裂纹、腐蚀等缺陷。

② 硬度。轴承零件硬度检验是最常见和最重要的检验之一，硬度检验包括淬火后和回火后的检验，应达到技术标准规定硬度，且不存在硬度软点，即不存在比要求硬度低 $2 \sim 3HRC$ 的检验区，且应符合标准要求。

③ 脱碳层（必要时）。采用金相法检验，原则上成品轴承件不应有脱碳层存在。

④ 金相组织（必要时）。对轴承零件金相组织的检验，应包括是否有加热温度或冷却速度不足引起的非马氏体组织，是否有过热引起的粗大马氏体组织，是否存在网状碳化物等，这些检验项目应符合技术标准要求。

（4）热处理可能产生的缺陷和原因

① 裂纹。淬火后轴承零件产生裂纹时，主要是淬火过热或冷却油中存在水引起冷却过快。有时也会由于淬火前材料退火效果不好，存在组织不均、网状碳化物等不良组织。

② 硬度不足或存在软点。淬火温度低或冷却不足都可能影响淬火硬度。淬火介质不纯洁可能使零件淬火局部冷却不好，形成软点。

③ 金相组织不合格。零件组织中存在非马氏体，如存在托氏体，可能是淬火加热不足或冷却不足引起。组织中存在粗大马氏体针状物，常常是淬火加热过高引起的。原材料组织中存在碳化物带状或组织不均，也可引起淬火组织过热或组织不均。

④ 脱碳。淬火加热气氛含氧化性气体或盐浴脱氧不好，都会引起淬火脱碳。

5.3.5 马氏体时效钢的热处理

马氏体时效钢是以低碳马氏体为基体，通常时效以金属间化合物析出产生强化作用的高强韧钢。

众所周知，常规可通过热处理强化的钢（如碳钢、合金钢、马氏体不锈钢等）是以形成含碳马氏体（以碳固溶强化）和碳与其他合金形成合金碳化物的方式强化的。这类钢随含碳量的提高并通过热处理，强度也随之提高，但塑韧性会下降。

为提高钢的塑韧性，要降低钢的含碳量至 0.05% 以下或更低，又为提高强度，加入镍及钴、钼、钛、铌、铝等合金元素，通过镍对基体的固溶强化和镍与其他合金元素形成的金属间化合物的时效析出强化，在保持高的塑韧性的同时，大大提高钢的强度，这就是马氏体时效钢强韧化的机理。这种钢经过固溶和时效后，在保持很好塑韧性的同时具有很高强度，比如，屈服强度可达 $1030 \sim 2420MPa$。

具有高强韧性的马氏体时效钢在高科技领域获得广泛应用，用来制作导弹壳体、火箭发动机壳、飞机起落架等，也可用作紧固件、模具等。

（1）马氏体时效钢的特点

① 马氏体时效钢的成分特点。马氏体时效钢的成分特点是低碳并加入镍等合金元素。

碳：马氏体时效钢含碳量很低，一般不大于 0.03%。在这类钢中，甚至将碳作为有害元素加以控制，这是与其他可热处理强化钢的最大区别。

镍：马氏体时效钢以镍为主加元素。镍是形成和稳定奥氏体的合金元素，其与碳不形成化合物。镍可以与铁以互溶形式存在于 α 相和 γ 相中，可细化晶粒，镍有使铁强化的作用。

含镍的 γ-Fe 相冷却后变成过饱和的 α-Fe 相，形成板条状位错马氏体。由于镍可提高位错密度，因而提高钢的韧性。通过时效处理，镍可与其他合金元素形成 Ni_3Mo、Ni_3Ti、Ni_3Al、Ni_3Nb 等金属间化合物并弥散析出，使钢得到大幅度强化。为了获得单相奥氏体，含镍量应在 $4\%\sim25\%$ 范围内。典型马氏体时效钢的镍含量控制在 $18\%\sim25\%$。含镍量低时，镍对 α-Fe 固溶强化作用不明显，并且与其他合金元素形成的金属间化合物含量不足，达不到强化的最佳值。镍含量超过 18% 时，会使 M_s 点下降，固溶冷却后产生较多残留奥氏体，影响强化效果，时效后强度偏低。这时，应在固溶处理后、时效处理前增加一个调整工序，以提高 M_s 点和时效后的强化效果。如果含镍量超过 30%，固溶冷却后会产生片状马氏体，降低钢的塑韧性。所以，马氏体时效钢含镍量应严格控制在范围内。

钴：钴也属奥氏体形成元素，扩大 γ 相区，提高 M_s 点。钴在马氏体时效钢中不形成金属间化合物。马氏体时效钢中加入钴后，在含镍量较高的情况下，仍能保证钢的 M_s 点在 $200\sim700℃$ 的较高温度范围内。这也保证了在时效温度下不产生逆变奥氏体，促进了钢的强化效果。钴的存在还会减少钼在马氏体中的固溶度，更好地促进钼的金属间化合物充分析出，并提供金属间化合物析出点，使析出物更多、更细，强化效果更好。

钼、钛、铌、铝：这些合金元素都可与镍形成金属间化合物，促进钢的强化。

典型马氏体时效钢化学成分见表 5-39。

表 5-39 典型马氏体时效钢的牌号及化学成分（质量分数） ％

钢　　号	C	Si	Mn	Ni	Co	Mo	Al	Ti	Nb
18Ni-(200)	<0.03	<0.1	<0.1	18.5	8.5	3.2	0.1	0.2	—
18Ni-(250)	<0.03	<0.1	<0.1	18.5	7.5	4.8	0.1	0.4	—
18Ni-(300)	<0.03	<0.1	<0.1	18.5	9.0	4.8	0.1	0.6	—
18Ni-(350)	<0.03	<0.1	<0.1	18.0	11.8	4.6	0.1	1.35	—
20Ni	<0.03	<0.1	<0.1	19~20	—	—	0.25~0.35	1.30~1.60	0.3~0.5
25Ni	<0.03	<0.1	<0.1	25~26	—	—	0.15~0.35	1.30~1.60	0.3~0.5

注：1. 钢号一栏括号内数字为名义屈服强度值，单位：千磅力/英寸^2（$klbf/in^2$，$1klbf/in^2 \approx 0.7kgf/mm^2 \approx 6.86MPa$）。

2. 化学成分含量未标范围者，表示为含量中间值。

近些年来，在典型马氏体时效钢基础上，开发了节镍型含钴马氏体时效钢及无钴马氏体时效钢并得到广泛应用。

② 马氏体时效钢的性能特点。马氏体时效钢的强度高，并且屈强比高，通常可达 $0.95\sim0.98$。钢的断裂韧性也很高，且有良好的塑韧性，见表 5-40。

表 5-40 18Ni 钢力学性能（近似值）

钢　号	R_m/MPa	$R_{p0.2}/MPa$	$A/\%$	$Z/\%$	$K_{IC}/MPa \cdot m^{\frac{1}{2}}$
18Ni-(200)	1500	1400	10	60	155~200
18Ni-(250)	1800	1700	8	55	120
18Ni-(300)	2050	2000	7	40	80
18Ni-(350)	2450	2400	6	25	35~50
18Ni-(铸态)	1750	1650	8	35	105

马氏体时效不锈钢在保持高强度的同时，具有较小的氢敏感性。

硬化指数低，一般为 $0.02\sim0.03$，不经退火便可进行 90% 以上的冷加工。冷加工性能好，可方便地进行拉拔、冷轧、弯曲、深冲加工。随冷加工率的增加，强度可以提高，但塑韧性稍有降低。

很容易进行热加工，容易锻造、热轧。

焊接性能好，不需预热和后热，但应注意采用避免合金元素烧损的焊接方法，如惰性气体保护焊、电子束焊接等。

马氏体时效钢具有一定的耐腐蚀性能，相对于其他合金钢有更好的耐腐蚀性能，在工业大气和海洋大气中，其腐蚀速率大约为普通钢的二分之一。在静止和流动的海水中，具有与普通钢大致相等的腐蚀速率，但在大多数水介质中有产生应力腐蚀破裂的倾向。

马氏体时效钢可以在较低硬度的固溶态下加工之后时效处理，变形很小。

（2）马氏体时效钢的热处理

马氏体时效钢的热处理工艺方法简单。在通常冷却速度下，因为奥氏体只生成马氏体，不受冷却速度影响，所以，其不存在其他可硬化钢的淬透性问题。在此类钢中奥氏体和马氏体的转变是可逆的。

马氏体时效钢热处理的主要方式是固溶处理和时效处理。

固溶处理：固溶处理的目的是使之完全奥氏体化，第二相全部溶于奥氏体中。从相图可知，加热到 600℃ 以上即可得到奥氏体，但为了使其他合金元素和第二相溶解，奥氏体更均匀化，固溶加热温度应在 810～820℃，保温后即获得均匀的奥氏体组织，之后采用空冷即可获得马氏体组织，此时硬度为 30～35HRC（290～330HB）。

固溶化加热温度不能太高，研究证明，加热温度超过 900℃ 会引起晶粒长大，影响性能，还会使冷却后的组织出现针状马氏体，对时效后的性能不利，特别影响钢的塑韧性。

加热保温后的冷却方式对热处理效果影响不大。

时效处理：时效处理的目的是促使含镍金属间化合物充分析出，以超显微的细粒均匀并弥散分布于马氏体基体中，使钢强化，通常采用的时效温度在 450～480℃ 的温度区间。时效温度太低，不能保证金属间化合物充分析出，达不到最佳强化效果。时效温度过高，会引起析出相长大，降低强化效果。如果时效温度超过 500℃，可能会产生逆变奥氏体，这同样会影响钢的性能。时效保温后可采用空气冷却。

典型马氏体时效钢 18Ni 的热处理工艺见图 5-5。

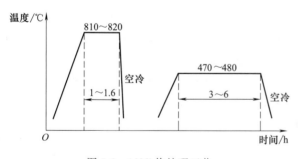

图 5-5　18Ni 热处理工艺

对于含镍较高的 25Ni 马氏体时效钢，因其 M_s 点较低（大约 70℃），固溶处理后不能获得足够量的过饱和马氏体，所以，应在固溶化处理后，时效处理前增加一个调整处理工序。

调整处理的目的是使一些合金元素从奥氏体中析出，降低奥氏体的稳定性，提高 M_s 点，为获得更多马氏体，通常在调整处理后还应进行冰冷处理，这样，在时效前是完全马氏体组织，时效后强化效果更明显。

一般调整处理加热温度可采用约 700℃，冰冷处理温度采用 −73℃。

25Ni 马氏体时效钢的常见热处理工艺见图 5-6。

另外，可以采用渗氮处理提高马氏体时效钢的表面硬度、耐磨性和疲劳强度。

（3）马氏体时效钢的热处理质量检验

① 硬度：应符合技术要求。

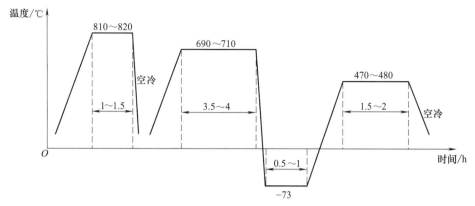

图 5-6　25Ni 热处理工艺

② 力学性能：符合技术要求。

③ 金相组织（需要时）：应为板条状马氏体，可见部分沉淀析出相。

（4）可能产生的缺陷和原因

① 硬度不合格：硬度不足，可能是因为固溶处理效果不好，合金元素未充分固溶，强化作用不明显；也可能是因为时效温度过高，析出相粗大，降低硬度，时效温度不足，沉淀硬化相未充分析出。对于 25Ni 钢，如果组织中存在过多残留奥氏体也会引起硬度降低。

② 力学性能不合格：主要表现在强度未达到技术要求，其产生原因的可能因素与硬度不合格相同。

③ 金相组织中存在针状马氏体，多半是固溶加热温度太高，组织粗大，在冷却时形成孪晶马氏体，呈针状形态。在 25Ni 钢中还可能存在过多残留奥氏体，这主要是钢的成分使奥氏体稳定，降低 M_s 点，冷却后残留过多奥氏体，应采用调整处理和过冷处理，降低奥氏体稳定性，促进奥氏体向马氏体转变。

5.3.6　铁素体不锈钢的热处理

铁素体不锈钢是指含铬 $11\%\sim30\%$，晶体结构为体心立方晶格的铁基合金。有的铁素体不锈钢除铬元素外，还添加其他形成和稳定铁素体组织的合金元素，如钼、铝、钛等。

铁素体不锈钢的组织是铁素体，这就决定了其力学性能的特点是强度较低，有一定的塑性和韧性。铁素体不锈钢在氧化性介质中具有较好的耐蚀性，在还原性介质中耐蚀性较差。铁素体不锈钢通常在退火状态下使用。

（1）铁素体不锈钢热处理的作用和目的

铁素体不锈钢一般情况下是稳定的单相铁素体组织，加热和冷却过程中不发生组织转变。所以，铁素体不锈钢热处理的目的不是改变组织，而是要消除或减弱组织中可能存在的第二相及其带来的不利作用。可能产生的第二相和可能带来的不利作用包括以下几个方面和类型。

① σ 相和 σ 脆性。铁素体不锈钢，特别是高铬铁素体不锈钢极易产生 σ 相，σ 相的产生及数量与成分、加工过程有关。高铬及硅、镍、锰、钼都促进 σ 相形成。通常在 540～815℃加热就会形成 σ 相，而在 700～800℃之间加热形成速度最快。

σ 相是富铬的金属间化合物，是一种硬而脆的相，钢中存在 σ 相会变脆，其通常是在铁素体晶界析出，还会降低钢的耐腐蚀性能。所以，应尽量控制σ相析出。

σ相的生成是可逆的，把钢加热到高于σ相生成的温度范围，σ相会重新溶解到固溶体中，通常把钢加热到900℃以上即可消除σ相。

② 475℃脆性。铁素体不锈钢在400～500℃长时间加热后，会表现出强度升高、韧性大幅度下降的特征，因其在475℃左右表现最明显，故常称为475℃脆性。

经研究表明，铁素体不锈钢在400～500℃温度区间长期加热过程中，铁素体内的铬原子将重新排列，形成许多富铬的小区域，它们与母相共格，引起点阵畸变和内应力，从而使钢的强度升高、韧性降低。

同时，晶体内既然形成了富铬区，也必然产生贫铬区，又加之内应力的存在，使钢的耐蚀性也降低。

铁素体不锈钢在高于700℃温度下加热时，由于铬原子重新排列引起的畸变和内应力得以消除，所以，其带来的不利影响也随之消除。即475℃脆性在高于700℃温度下加热便会消除。

③ 高温脆性。当铁素体不锈钢中含有一定量的碳、氮等间隙元素时，加热到950℃以上再冷却下来，可使钢在室温下的塑性和韧性下降，呈现明显脆性，通常称为铁素体不锈钢的高温脆性。这种现象经常发生在铸件、焊接件以及在950℃以上温度下加热的工件中。

铁素体不锈钢中高温脆性的产生，通常认为是在高温冷却下来的过程中，钢中铬与碳和氮形成的化合物在晶内和晶界析出的结果。这种析出物的存在不仅降低钢的韧性，也降低钢的耐蚀性。铁素体不锈钢的高温脆性可以通常将钢加热到750～850℃，然后以快速冷却的方法予以消除，使钢的塑性得到恢复。

④ 晶间腐蚀。铁素体不锈钢也会产生晶间腐蚀。研究和实践证明，铁素体不锈钢加热到925℃以上，即使以较快速度冷却到室温，也将处于引起晶间腐蚀的敏化状态。这与奥氏体不锈钢产生晶间腐蚀的条件是不同的。普通铁素体不锈钢焊接后，焊缝区，特别是紧邻熔合线处即符合这种敏化条件。

铁素体不锈钢产生晶间腐蚀的原因，可能是钢从较高温度冷却下来时，会有含铬的碳化物和氮化物从晶间沉淀析出。

研究证明，对于已处于晶间腐蚀敏感状态的铁素体不锈钢，一般经过700～800℃短时间加热处理，便可减小或消除晶间腐蚀倾向。

由上可见，对铁素体不锈钢进行热处理的出发点，就是要消除或减少钢中的σ相、475℃脆性、高温脆性和晶间腐蚀等引起的不良效果，以保证铁素体不锈钢的韧性和耐蚀性。

（2）铁素体不锈钢的热处理工艺

铁素体不锈钢为改善塑性、韧性，保证耐腐蚀性能，消除应力，通常采用退火处理。在我国相关标准中，所列的铁素体不锈钢在化学成分控制上可有两种情况，即一般铁素体不锈钢和高纯铁素体不锈钢。后者比前者含碳量更低，严格控制氮的含量，对硅、锰、硫、磷等元素的含量控制更严。所以，两者在退火工艺上也略显不同。

① 一般铁素体不锈钢的热处理。一般铁素体不锈钢的退火加热温度在700～800℃的温度范围内，但有的为控制晶粒长大，温度可取下限或更低一些；有的从机械加工方面考虑，为提高切削性能，控制钢不被过度软化，其退火温度也可偏低一些；有的为保证合金元素充分固溶，使钢的组织更加均匀，退火温度可选择高一些。如0Cr13Al铁素体不锈钢，其是

在含铬 13％左右的基础上加入 0.10％～0.30％的铝，使铁素体组织更稳定，其退火温度可选择在 780～830℃，铸造铁素体不锈钢退火温度也可偏高一些。

② 高纯铁素体不锈钢的热处理。高纯铁素体不锈钢通常含碳量不大于 0.01％，特别要求控制氮含量不大于 0.015％，而且杂质元素含量比一般铁素体不锈钢更少。高纯铁素体不锈钢的成分特点使碳、氮及杂质元素给钢带来的不利作用得到改善和减弱，特别是高温脆性倾向减小，耐腐蚀性能提高，晶间腐蚀敏感性降低。

因此，高纯铁素体不锈钢的退火加热温度可更高，通常采用的加热温度为 900～1050℃。

退火的冷却方式可采用空冷、风冷或缓冷等。

③ 铁素体不锈钢的去应力退火。铁素体不锈钢在焊接和冷加工后应进行消除应力处理，以消除应力和改善塑性。依据具体情况可采用较低温度（230～370℃），也可以采用较高温度，在 700～760℃加热保温后，以不大于 50℃/h 的速度缓慢冷却至 600℃以下空冷。较高温度的消除应力处理可较大程度地消除应力，但可能会有少量 σ 相析出。

部分铁素体不锈钢退火温度的选择可参照表 5-41 进行。

表 5-41 铁素体不锈钢棒或试样的典型热处理制度（GB/T 1220—2007）

GB/T 20878 中序号	统一数字代号	新 牌 号	旧 牌 号	退火/℃
78	S11348	06Cr13Al	0Cr13Al	780～830,空冷或缓冷
83	S11203	022Cr12	00Cr12	700～820,空冷或缓冷
85	S11710	10Cr17	1Cr17	780～850,空冷或缓冷
86	S11717	Y10Cr17	Y1Cr17	680～820,空冷或缓冷
88	S11790	10Cr17Mo	1Cr17Mo	780～850,空冷或缓冷
94	S12791	008Cr27Mo	00Cr27Mo	900～1050,快冷
95	S13091	008Cr30Mo2	00Cr30Mo2	900～1050,快冷

（3）铁素体不锈钢热处理的常见检验项目

① 硬度：符合技术要求。通常采用布氏硬度检验。

② 力学性能检验：符合技术要求。

③ 金相组织检验（需要时）：基本上应是单相铁素体组织，可能存在少量析出物或第二相。第二相及其他析出物的数量及分布的合格与否，可协商确定。

（4）铁素体不锈钢热处理时可能产生的缺陷

① 晶间腐蚀的敏化倾向。含碳量大于 0.01％的铁素体不锈钢，退火温度超过 850℃时，由于晶界析出物的产生，会增加晶间腐蚀敏感性，因此铁素体不锈钢退火应严格执行工艺，控制炉温，防止温度超高。

② 脆性。铁素体不锈钢在较高温度下加热会产生高温脆性，在 600～400℃保温或缓冷会有 σ 相析出及 475℃脆性产生的可能性，所以，应注意不能在此类温度区加热和停留，在 600℃以下以较快冷却（空冷）为好。

③ 晶粒长大。铁素体不锈钢的晶粒度也有随加热温度升高而长大的倾向。所以，铁素体不锈钢退火加热时应防止过热，避免晶粒粗大，降低塑、韧性。

④ 表面贫铬。在氧化性气氛中加热，铁素体在高温时，会使钢表面的铬优先氧化而贫铬。有研究证明，含 18％铬的铁素体不锈钢在 788℃加热、保持 5min，钢表面形成的氧化膜中的含铬量可达 21.5％，说明了铬的优先氧化现象，这必然使钢的表面含铬量降低，影响表面耐腐蚀性能。如果延长保温时间，氧化膜增加到一定程度，阻止了氧的进一步侵入，

使基体中的铬有条件向表面贫铬层扩散，表面贫铬层会逐渐消除。

所以，对于没有加工余量的铁素体不锈钢制件，可采用光亮退火或真空退火方法，以防止工件表面贫铬。

5.3.7　奥氏体不锈钢的热处理

奥氏体不锈钢是不锈钢中应用最广泛、牌号种类最多的钢种，也是较重要的一类不锈钢。奥氏体不锈钢最基本的合金元素是铬和镍，代表性的牌号是含铬18%左右、含镍8%左右的铬镍奥氏体不锈钢，常称18-8不锈钢。在此基础上，还有另外添加钼、铜、钛、铌、氮等不同合金元素的奥氏体不锈钢，以适应在不同介质条件下的耐腐蚀性能的要求。

奥氏体不锈钢在酸、碱介质中有较好的耐腐蚀性能，但强度较低、塑韧性很高。

奥氏体不锈钢的成分构成决定了其组织基本上是单相奥氏体组织，加热和冷却过程中不发生相变。所以，奥氏体不锈钢热处理的主要目的是改善和提高耐腐蚀性能，而不是调整其力学性能。

奥氏体不锈钢的主要热处理类型有固溶热处理、稳定化退火处理、消除应力处理。

（1）固溶热处理

固溶热处理就是将钢加热到高温，使过剩相充分溶解到固溶体中后快速冷却，使过剩相不再析出的热处理。所有的奥氏体不锈钢都必须采用固溶热处理。

① 奥氏体不锈钢固溶热处理的作用和目的。奥氏体不锈钢的高铬、镍成分特点，决定了其在铸造、锻造、轧制、焊接等热加工过程中会产生不利于性能，特别是不利于耐腐蚀性能的一些析出物，主要有铬的碳化物、σ相、δ铁素体等。

a. 铬的碳化物。碳在奥氏体中的溶解度随温度不同而变化，高温时的溶解度大于低温时的溶解度。以不锈钢18Cr-8Ni为例，1200℃时碳的溶解度为0.34%，在1000℃时为0.18%，在600℃时为0.03%，常温时碳的溶解度更低。因此，当奥氏体不锈钢从高温状态冷却下来时，碳便会以碳化物的形式析出。碳原子半径较小，超过固溶极限的碳不能存在于奥氏体晶粒内，便会沿晶界析出，这部分碳是不稳定的，只能与周围的铬形成较稳定的$Cr_{23}C_6$碳化物保存下来。因为$Cr_{23}C_6$中含有一部分铁，所以，这种铬的碳化物也常记成$(Fe \cdot Cr)_{23}C_6$。$(Fe \cdot Cr)_{23}C_6$中的铬显然高于钢的平均含量。所以，在$(Fe \cdot Cr)_{23}C_6$周围就形成了贫铬区。由于铬原子半径较大，其不能很快地通过扩散移动方式补充到贫铬区，因此，已形成的贫铬区得以保存下来。此外含铬量达不到耐腐蚀的程度，当材料在具有腐蚀条件的环境下首先发生腐蚀，即沿奥氏体晶界产生腐蚀时，常称晶间腐蚀。在实际生产中，铸件的铸后冷却、锻件的锻后冷却、焊接件的焊后冷却过程中，均会有$(Fe \cdot Cr)_{23}C_6$的析出，造成晶界贫铬。所以，为了保证奥氏体不锈钢制件的耐蚀性，特别是耐晶间腐蚀性，就要将已从奥氏体中析出并存在于晶界的含铬碳化物重新溶解到固溶体中去。方法是将钢加热，使铬的碳化物溶解于奥氏体中，以较快的速度冷却，使其不再析出。这种热处理方法就是固溶处理。

b. σ相。奥氏体不锈钢在一定条件下会产生σ相。如在奥氏体不锈钢中加入了铁素体形成元素，如钛、铌、钼、硅等；采用含有高含量铁素体形成元素焊条的焊缝；铸造奥氏体不锈钢成分不均匀；含有锰、氮代镍的奥氏体不锈钢；奥氏体不锈钢在500~900℃长时间停留等。

σ相是一种硬度高、脆性大的金属间相，其存在于奥氏体不锈钢中，特别是沿晶界析出时，对钢的塑性产生不利影响。另外 σ 相是高铬的铬-铁金属间化合物，其在奥氏体晶界处形成时，同样会在其周围产生贫铬区，会在某些介质中引起晶间腐蚀。

奥氏体不锈钢中存在的 σ 相在加热到高于其形成温度范围时会重新溶解到奥氏体中去，这个温度通常大于 900℃。之后快速冷却，σ 相不会析出。

c. δ 铁素体。奥氏体不锈钢在某些条件下会产生 δ 铁素体，如在含有较多铁素体形成元素的钢中；在奥氏体不锈钢焊缝中；在成分不均匀的铸造奥氏体不锈钢中；在过高的固溶加热温度条件下等。

δ 铁素体存在于奥氏体不锈钢中，既有益处也有害处。

奥氏体不锈钢中存在一定量的 δ 铁素体可以降低晶间腐蚀倾向；适当提高钢的屈服强度；降低应力腐蚀敏感性；减少焊接热裂纹形成倾向。

奥氏体不锈钢中的 δ 铁素体的存在又会增加某些条件下的电偶腐蚀倾向；压力加工时由于两相变形程度不同而产生裂纹；在高温长时间的环境中，δ 铁素体中可能形成 σ 相而影响钢的塑韧性和增加晶间腐蚀倾向。

因此，对于奥氏体不锈钢中的 δ 铁素体，有时需要控制或消除。这也应采用固溶化热处理。

由上可见，奥氏体不锈钢采用固溶化热处理的作用和目的是明确的。

② 奥氏体不锈钢的固溶热处理工艺。奥氏体不锈钢的牌号很多，成分各有不同，但固溶化工艺基本相同，加热温度略有差别，见表 5-42。

表 5-42 奥氏体不锈钢棒或试样的典型热处理制度（GB/T 1220—2007）

GB/T 20878 中序号	统一数字代号	新 牌 号	旧 牌 号	固溶处理/℃
1	S35350	12Cr17Mn6Ni5N	1Cr17Mn6Ni5N	1010～1120,快冷
3	S35450	12Cr18Mn9Ni5N	1Cr18Mn8Ni5N	1010～1120,快冷
9	S30110	12Cr17Ni7	1Cr17Ni7	1010～1150,快冷
13	S30210	12Cr18Ni9	1Cr18Ni9	1010～1150,快冷
15	S30317	Y12Cr18Ni9	Y1Cr18Ni9	1010～1150,快冷
16	S30327	Y12Cr18Ni9Se	Y1Cr18Ni9Se	1010～1150,快冷
17	S30408	06Cr19Ni10	0Cr18Ni9	1010～1150,快冷
18	S30403	022Cr19Ni10	00Cr19Ni10	1010～1150,快冷
22	S30488	06Cr18Ni9Cu3	0Cr18Ni9Cu3	1010～1150,快冷
23	S30458	06Cr19Ni10N	0Cr19Ni9N	1010～1150,快冷
24	S30478	06Cr19Ni9NbN	0Cr19Ni10NbN	1010～1150,快冷
25	S30453	022Cr19Ni10N	00Cr18Ni10N	1010～1150,快冷
26	S30510	10Cr18Ni12	1Cr18Ni12	1010～1150,快冷
32	S30908	06Cr23Ni13	0Cr23Ni13	1030～1150,快冷
35	S31008	06Cr25Ni20	0Cr25Ni20	1030～1180,快冷
38	S31608	06Cr17Ni12Mo2	0Cr17Ni12Mo2	1010～1150,快冷
39	S31603	022Cr17Ni12Mo2	00Cr17Ni14Mo2	1010～1150,快冷
41	S31668	06Cr17Ni12Mo2Ti[①]	0Cr18Ni12Mo3Ti[①]	1000～1100,快冷
43	S31658	06Cr17Ni12Mo2N	0Cr17Ni12Mo2N	1010～1150,快冷
44	S31653	022Cr17Ni12Mo2N	00Cr17Ni13Mo2N	1010～1150,快冷
45	S31688	06Cr18Ni12Mo2Cu2	0Cr18Ni12Mo2Cu2	1010～1150,快冷
46	S31683	022Cr18Ni14Mo2Cu2	00Cr18Ni14Mo2Cu2	1010～1150,快冷
49	S31708	06Cr19Ni13Mo3	0Cr19Ni13Mo3	1010～1150,快冷

GB/T 20878 中序号	统一数字代号	新 牌 号	旧 牌 号	固溶处理/℃
50	S31703	022Cr19Ni13Mo3	00Cr19Ni13Mo3	1010～1150,快冷
52	S31794	03Cr18Ni16Mo5	0Cr18Ni16Mo5	1030～1180,快冷
55	S32168	06Cr18Ni11Ti[①]	0Cr18Ni10Ti[①]	920～1150,快冷
62	S34778	06Cr18Ni11Nb[①]	0Cr18Ni11Nb[①]	980～1150,快冷
64	S38148	06Cr18Ni13Si4	0Cr18Ni13Si4	1010～1150,快冷

① 需方在合同中注明时,可进行稳定化处理,此时的热处理温度为850～930℃。

奥氏体不锈钢中的含铬碳化物和 σ 相的分解、固溶是随着加热温度升高而增加的。在实际加热条件下,850℃左右碳化物即开始分解、固溶,但在这个温度需要保持很长的时间,提高加热温度可以缩短保温时间,即可使碳化物充分分解、固溶。有资料报道,0Cr18Ni9钢中的碳化物溶入奥氏体中,在1000℃需要10min,在1065℃需要3min,而在1176℃只需要1.5min。当然,加热温度太高会带来其他不利作用。所以,0Cr18Ni9、1Cr18Ni9钢的固溶化温度采用1050℃左右是适宜的;含钼的奥氏体不锈钢,因钼能降低固溶扩散速度,其固溶化加热温度可高一些,如采用1080℃左右;含稳定化元素的奥氏体不锈钢,如果采用较高的加热温度,会引起钛或铌的碳化物过度溶解而不利于发挥稳定化元素的作用。所以,含稳定化元素的奥氏体不锈钢的固溶温度可低一些,采用1000℃即可;铸造奥氏体不锈钢,因其组织成分不均匀性强,为保证固溶效果,固溶化加热温度应比同成分的锻轧材高一些。

奥氏体不锈钢中含有大量的合金元素,铬碳化物溶解和固溶速度较慢。所以,奥氏体不锈钢的保温时间应比一般合金钢加长 20%～30%,可按 1.1～1.3min/mm 计算。

奥氏体不锈钢固溶处理的冷却很重要。如果冷却不足,则已固溶于奥氏体中的铬碳化物或 σ 相还可能析出,而失去固溶化处理的目的。

从理论上讲,固溶化处理的冷却速度越快越好,但在具体生产中会存在生产条件、零件变形、残留应力等问题。在我国和其他一些国家的标准中,将奥氏体不锈钢固溶化冷却方式标注为"快冷",在许多情况下,对"快冷"的理解可能有所不同,"快"的程度也不好界定。综合不同文献资料介绍的情况,奥氏体不锈钢固溶处理的冷却方式可参考以下原则掌握。

含铬量大于 22%,且含镍量较高的奥氏体不锈钢;含碳量大于 0.08% 的奥氏体不锈钢;含碳量小于或等于 0.08%,但有效厚度大于 3mm 的奥氏体不锈钢,应采用水冷。

含碳量小于或等于 0.08%,但有效厚度小于 3mm 的奥氏体不锈钢可采用风冷。

有效厚度小于 0.5mm 的奥氏体不锈钢可采用空冷。

截面尺寸较大的奥氏体不锈钢毛坯件即使水冷,其心部或接近心部处的冷却速度也未必满足要求,一旦加工成零件后,这部分会成为接触工作介质的表面,会影响该处的耐腐蚀性能,在这种情况下,可先进行加工,力求保证零件的工作面尽量接近固溶化冷却表面,保证该处能较快冷却,以达到固溶处理的目的,确保耐腐蚀性能。

(2) 稳定化退火

稳定化退火只适用于含稳定化元素钛或铌的奥氏体不锈钢。

① 稳定化退火的作用和目的。合金元素钛或铌作为稳定化元素加入奥氏体不锈钢中会提高其抗晶间腐蚀的能力。这是因为它们与碳的结合能力强于铬,可使钢中的碳优先形成TiC 或 NbC,减少铬与碳结合形成 $(Fe \cdot Cr)_{23}C_6$ 的机会,使铬能较稳定地存在于固溶体

中，保证铬在钢基体中的有效浓度，不产生贫铬区，从而保证不产生晶间腐蚀。但是，即使奥氏体不锈钢中含有足够量的钛或铌，在进行固溶化处理时，在 $(Fe \cdot Cr)_{23}C_6$ 溶解的同时，TiC 和 NbC 也会溶解，因为奥氏体中饱和了大量的碳，在以后的 $450\sim800℃$ 区间加热时，由于钛和铌的原子半径大于铬的原子半径，钛和铌比铬扩散更困难，结果还会形成铬的碳化物。可见，只进行固溶化处理，钛和铌不能充分发挥作用。经研究发现，如果把含有稳定化元素的奥氏体不锈钢重新加热到 $(Fe \cdot Cr)_{23}C_6$ 可溶解而 TiC 和 NbC 不能溶解的温度，此时，从 $(Fe \cdot Cr)_{23}C_6$ 分解出来的碳又会被钛或铌结合成新的 TiC 或 NbC。从而最大限度地发挥了钛和铌的作用，使铬没有与碳结合形成碳化物的机会而保留在奥氏体中，不再析出，这当然就降低了在晶界产生贫铬区和产生晶间腐蚀的可能性。这个使 $(Fe \cdot Cr)_{23}C_6$ 可溶解而 TiC 和 NbC 不溶解的加热温度通常是在 $850\sim930℃$，这种热处理方法称为稳定化处理或稳定化退火。

② 稳定化退火工艺。为了达到奥氏体不锈钢稳定化退火的目的，使钢中的碳最大限度地形成 TiC 或 NbC，稳定化加热温度的选择很重要。这个温度的选择原则是高于 $(Fe \cdot Cr)_{23}C_6$ 的溶解温度（这个温度通常为 $400\sim825℃$），低于或略高于 TiC 和 NbC 开始溶解的温度（这个温度通常为 $750\sim1120℃$）。在这个温度区间加热、保温会使 $(Fe \cdot Cr)_{23}C_6$ 充分溶解，而 TiC 和 NbC 不溶解或少溶解。由于钛和铌与碳的亲和力大于铬与碳的亲和力，使得从 $(Fe \cdot Cr)_{23}C$ 分解出来的碳会与钢中存在的钛或铌形成新的 TiC 或 NbC，起到稳定碳从而稳定铬的作用。

在实际生产中，含钛的奥氏体不锈钢稳定化退火加热温度采用 $850\sim930℃$，实验证明含钛的奥氏体不锈钢在这个温度区间加热，稳定化效果最好。对于含铌的奥氏体不锈钢，稳定化退火加热温度可选择这个温度区间中的上限温度。

奥氏体不锈钢稳定化处理的保温时间应稍长一些。有资料报道，TiC 在 $900℃$、NbC 在 $920℃$ 约 1h 便可形成。但因稳定化退火处理过程包括 $(Fe \cdot Cr)_{23}C_6$ 的溶解、TiC 或 NbC 的形成以及铬的重新溶解的过程，所以，工件到温后的保温时间一般不能少于 2h。在实际生产中采用 $2\sim4h$ 保温即可满足要求。

奥氏体不锈钢稳定化退火的冷却方式和冷却速度对稳定化效果影响不大。根据试验研究结果，含钛的奥氏体不锈钢，从稳定化温度冷到 $200℃$ 的过程中，冷却速度为 $0.9℃/min$ 的试件和冷却速度为 $15.6℃/min$ 的试件相比，金相组织、硬度、耐腐蚀性能没有明显差异。所以，奥氏体不锈钢稳定化退火的冷却速度可考虑具体情况采用空冷或炉冷。

（3）消除应力处理

奥氏体不锈钢及其制品在生产制造过程中会产生残留应力，如铸造应力、锻造应力、焊接应力、热处理应力、加工应力等。这些残留应力的存在，不仅会影响形状和尺寸的稳定性，还会对耐蚀性产生影响，特别是在某些介质中发生应力腐蚀。

① 消除应力处理的作用和目的。具有残留应力的工件，由于能量提高，原子处于热力学不稳定状态，一旦获得新的能量（如热能、动能），原子就会自发恢复到平衡状态，应力得到消除。

所以，奥氏体不锈钢工件消除应力处理的作用就是为其提供能量，使不稳定的原子恢复到平衡状态，从而消除应力，保证工件形状、尺寸的稳定性，减少应力腐蚀倾向。

② 消除应力处理工艺。消除应力的方法有加热去除应力、振动时效去除应力等。这里主要介绍热处理去应力工艺方法。

前已述及，奥氏体不锈钢工件热处理消除应力工艺的确定应考虑的因素较多，主要有：

a. 材质类型。为方便说明问题，这里将奥氏体不锈钢分为三种类型。Ⅰ类——含碳量≤0.03%的超低碳奥氏体不锈钢，如 00Cr19Ni10（022Cr19Ni10），00Cr17Ni14Mo2（022Cr17Ni14Mo2）；Ⅱ类——含稳定化元素的奥氏体不锈钢，如 0Cr18Ni11Ti（06Cr18Ni11Ti），0Cr18Ni11Nb（06Cr18Ni11Nb）；Ⅲ类——除Ⅰ、Ⅱ类外的标准型奥氏体不锈钢。

对于第Ⅰ类奥氏体不锈钢，其含碳量很低，低于敏化温度下奥氏体的固溶碳量，不易析出形成碳化物。第Ⅱ类奥氏体不锈钢由于稳定化元素的作用，也不易产生碳化物析出。这两类奥氏体不锈钢在固溶化温度以下的任何温度加热，都基本上保证不会有碳化物析出。所以，它们消除应力处理加热温度范围的选择更宽。

第Ⅲ类奥氏体不锈钢的含碳量通常高于敏化温度下奥氏体的固溶碳量，而又因为没有稳定化元素的作用，所以，在480~950℃的温度范围内加热时，不可避免地有碳化物析出。所以，其消除应力处理加热温度应避开这一温度区间，可在固溶温度加热或在480℃以下温度加热，当然，加热温度越高，消除应力效果越好。

b. 使用环境。在产生严重应力腐蚀的环境下，最好选用第Ⅰ类或第Ⅱ类奥氏体不锈钢，并在900~1100℃之间加热后缓慢冷却，可以较彻底地消除残留应力。如果选用第Ⅲ类奥氏体不锈钢，应在固溶温度加热并快速冷却，此时可消除原先的残留应力，但由于快速冷却还会产生新的应力，因此可以补充一次低于450℃的消除应力处理。

对于产生晶间腐蚀的环境，消除应力处理最好采用固溶化处理温度加热，第Ⅰ类和第Ⅱ类奥氏体不锈钢可采用缓慢冷却，而第Ⅲ类奥氏体不锈钢必须采用快速冷却。

c. 工件形状。工件形状复杂、易变形，应采用较低的加热温度和缓慢的冷却方式。第Ⅱ类奥氏体不锈钢可以采用稳定化处理加热温度和缓慢的冷却方式。

d. 去应力的主要目的。去除加工过程中产生的应力或去除加工后的残留应力，可采用固溶化处理加热温度并快冷，第Ⅰ类和第Ⅱ类奥氏体不锈钢也可以采用较缓慢的冷却方式。在保证有足够加工量的条件下，这是一种消除应力最彻底的方法。

如果为保证工件最终尺寸稳定性，且加工余量又少，可采用较低的加热温度和缓慢的冷却方式。

为消除很大的残留应力、消除大截面焊接件的焊接应力，应采用固溶化加热温度加热、第Ⅲ类奥氏体不锈钢必须快冷。这种情况下，最好选用第Ⅰ类或第Ⅱ类奥氏体不锈钢，加热后缓慢冷却，消除应力效果更好。

为消除只能采用局部加热方式的工件的残留应力，应采用较低的加热温度和缓慢的冷却方式。

表 5-43 是奥氏体不锈钢消除应力处理的推荐方法和应用条件。

表 5-43　奥氏体不锈钢消除应力热处理的推荐方法

使用条件及去应力的目的和作用	材料种类		
	Ⅰ类（超低 C）00Cr19Ni10、00Cr17Ni14Mo2 等	Ⅱ类（含稳定元素）0Cr18Ni10Ti、0Cr18Ni11Nb 等	Ⅲ类（其他）0Cr18Ni10、0Cr17Ni12Mo2 等
用于强应力腐蚀环境	A·B	B·A	①
用于中等应力腐蚀环境	A·B·C	B·A·C	C①
用于低应力腐蚀环境	A·B·C·D·E	B·A·C·D·E	C·E

使用条件及去应力的目的和作用	材料种类		
	Ⅰ类(超低 C) 00Cr19Ni10、 00Cr17Ni14Mo2 等	Ⅱ类(含稳定元素) 0Cr18Ni10Ti、 0Cr18Ni11Nb 等	Ⅲ类(其他) 0Cr18Ni10、 0Cr17Ni12Mo2 等
消除局部集中应力	E	E	E
用于晶间腐蚀环境	A・C[②]	A・C・B[②]	C
消除加工后较大残留应力	A・C	A・C	C
消除加工过程的应力	A・B・C	B・A・C	C[③]
有大的加工残留应力和使用时产生应力的场合及大截面的大焊接件	A・C・B	A・C・B	C
保证零件尺寸稳定性	F	F	F

① 在较强应力腐蚀环境工作的工件,最好选用Ⅰ类钢进行 A 处理或Ⅱ类钢进行 B 处理。

② 工件在制造过程中,产生敏化情况下应用。

③ 如果工件在最终加工后进行 C 处理时,可采用 A 或 B 处理。

注: 表中方法顺序为优先选择顺序。

A: 1010～1120℃加热保温后缓慢冷却。

B: 850～900℃加热保温后缓慢冷却。

C: 1010～1120℃加热保温后快速冷却。

D: 480～650℃加热保温后缓慢冷却。

E: 430～480℃加热保温后缓慢冷却。

F: 200～480℃加热保温后缓慢冷却。

保温时间,按每 25mm,保温 1～4h,较低温度时采用较长保温时间。

(4) 奥氏体不锈钢热处理的常见检验项目

① 外观: 表面不应有过烧、熔化迹象。

② 硬度: 符合技术要求。通常采用布氏硬度检验。

③ 力学性能 (需要时): 符合技术要求。

④ 金相组织 (需要时): 应该是单相奥氏体组织。铸造奥氏体不锈钢金相组织中可能存在少量铁素体。对于有控制铁素体含量要求的奥氏体不锈钢,组织中铁素体含量应符合标准要求。对于组织中可能存在的析出相,应视要求确定合格与否。

⑤ 耐蚀性 (需要时): 通常进行晶间腐蚀检验。有特殊需要时可根据技术要求进行其他腐蚀试验。进行腐蚀试验时,应明确应采用的标准、试验条件和验收标准。

(5) 热处理可能产生的缺陷和原因

① 奥氏体不锈钢固溶处理后在进行晶间腐蚀检验时通不过。根本原因是在奥氏体晶界处有因碳化铬析出而产生的贫铬区。这可能是因为加热温度不足,碳化铬未充分溶解,或冷却不足,在冷却过程中有碳化铬析出;也可能是因为加热温度过高或多次重复加热,引起奥氏体晶粒长大,晶界面积减小,增强了晶间腐蚀的敏感性。

② 奥氏体不锈钢,特别是锻轧奥氏体不锈钢固溶处理后晶粒粗大,并能引起晶间腐蚀。这主要是由于在固溶加热时,加热温度过高或多次反复高温加热而引起的。

③ 固溶处理后,冲击韧性明显下降,低于预想水平。一般情况下,奥氏体不锈钢力学性能变化不大,不易反映出热处理产生的影响,但是,当固溶处理后,冲击韧性或断面收缩率、伸长率等塑韧性指标明显降低,多半是因为晶界有析出物。这主要是由加热不足、冷却不足或加热温度太高和多次反复高温加热引起的。

④ 奥氏体不锈钢表面污染。如果在热处理后产生了表面污染，可能是加热前，钢表面沾有油、酸、碱或其他有害物质，在加热过程中被严重污染。也可能是炉内气氛中含有可污染的气体成分，如硫化氢等。一般来说，奥氏体不锈钢固溶加热应采用中性或弱氧化性气氛。另外，奥氏体不锈钢表面接触低熔点金属，或采用工装卡具不良等，都会对其表面产生污染。

（6）奥氏体不锈钢热处理应注意的问题

① 固溶化处理加热温度的合理选择。奥氏体不锈钢固溶化热处理加热温度的选择和控制很重要。温度低了，碳化物不能充分固溶，当然是不利的。温度也不能太高，如果固溶化处理温度太高，明显的后果是晶粒长大，粗大的奥氏体晶粒会带来许多不良作用。首先，由于奥氏体晶粒粗化，材料在一定体积内的晶界面积减小，在固定的敏化处理条件下，碳化物沉淀的量是一定的，这就会导致在奥氏体晶界处存在的碳化物密度增加，从而使晶间腐蚀的敏感性增强。其次，奥氏体不锈钢在常温条件下变形时，由于晶界与晶粒之间位向不同，各个晶粒之间、一个晶粒的心部与晶界之间的变形量是不同的，晶粒越粗，这种变形量的不均匀性越强，结果使奥氏体不锈钢冷加工表面质量变坏，特别是对奥氏体不锈钢薄板深冲加工质量带来不利影响。再次，粗大的奥氏体晶粒会引起强度下降。最后，固溶温度过高还会引起δ铁素体含量增加，这不仅使加工性能变坏，也会引起组织中铬分布的不平衡，甚至局部贫铬，从而增加晶间腐蚀敏感性。

② 奥氏体不锈钢不宜多次进行固溶化处理。奥氏体不锈钢多次进行固溶化处理时，重复固溶加热，同样会引起晶粒粗大并带来一系列不良影响。所以，在许多标准规范中都明确说明，奥氏体不锈钢固溶化热处理不应超过两次。

③ 固溶化处理的冷却速度不宜太慢。奥氏体不锈钢，特别是较高含碳量的奥氏体不锈钢，固溶冷却时一定要快冷，以防止冷却过程中有碳化物析出。对于大件或批量较大件的固溶冷却，应保持低的水温，或进行水循环，加强搅拌等。

④ 稳定化退火处理加热温度不宜过高。尽管含稳定化元素的奥氏体不锈钢在进行稳定化处理时的加热温度范围很宽，但在实际操作中应尽量选择 860~930℃ 的温度范围。因为稳定化温度太高，碳在奥氏体固溶体中的固溶度也会提高，也就是碳在奥氏体中的过饱和度增加，当钢或工件在敏化温度区间加工或工作时，由于这个温度下奥氏体中可溶碳量要低于高温时的碳固溶量，这时便会有碳化物析出，并大量存在于晶界处，从而使钢晶间腐蚀敏感性增强。

⑤ 奥氏体不锈钢热处理时的防污染。奥氏体不锈钢的污染是指表面接触高碳材料；可释放出氯化物、氟化物的材料；硫及硫化物；低熔点金属，如铅、锌、锡、铜以及一些稀土元素；亚硝酸盐、磷酸盐；增碳或增硫的气体、液体等。奥氏体不锈钢表面接触上述污染物后，会降低表面的耐蚀性，特别是在核电产品中，接触放射性元素、介质的工件，会由于奥氏体不锈钢表面污染，加速放射性元素的扩散，造成危害。

所以，奥氏体不锈钢，特别是完工件表面应严格防污染。

在热处理过程中，应采用中性或弱氧化性气氛。最好采用真空或保护气氛热处理设备，因为在还原性气氛中加热，可能使表面增碳、增硫，在强氧化性气氛中加热，可能使不锈钢表面的合金元素氧化而降低表面质量和耐蚀性。

热处理时的工装（与工件表面接触时）、挂具等应采用同材质的材料制造，或采用合格的材料将其与工件表面隔离。

5.3.8 奥氏体-铁素体双相不锈钢的热处理

奥氏体-铁素体双相不锈钢（以下简称双相不锈钢）是指钢的组织中，奥氏体或铁素体中任意一相均大于25%的钢材；不包括奥氏体不锈钢中含有少量铁素体或铁素体不锈钢中含有少量奥氏体的不锈钢。

奥氏体-铁素体双相不锈钢中含铬量较高，一般在18%～30%，以保证钝化膜的质量和厚度，含镍量在4.5%～7.5%，主要起到调整两相比例的作用。此外，还有的加入钼、氮、钨、铜等合金元素，以提高钝化膜的质量和稳定性，提高点蚀电位和在某些介质中的耐腐蚀性能。

奥氏体-铁素体双相不锈钢的成分特点和组织构成决定了其比奥氏体不锈钢有更高的强度和优良的耐腐蚀性能，特别是在含Cl^-的介质中、在海水中的耐点腐蚀、耐缝隙腐蚀和耐应力腐蚀破裂的良好能力。

为了充分发挥奥氏体-铁素体双相不锈钢的性能，应采用正确的热处理。

（1）双相不锈钢热处理的作用与目的

正确的热处理对双相不锈钢很重要。

① 合理控制两相比例。奥氏体-铁素体双相不锈钢比例对性能有一定影响，据试验研究证明，双相不锈钢中的两相比接近50%时，耐腐蚀性能最好。双相不锈钢的比例主要取决于化学成分，但热处理加热温度也产生一定影响。一般规律是，随加热温度的升高，铁素体含量比例增加。当加热温度超过1300℃时，某些双相不锈钢甚至可以变成单相铁素体组织。所以，为了调整双相不锈钢两相组织的合理比例，应采用合理的加热温度和保温时间。

② 调整合金元素在两相中的分配。双相不锈钢中两相相对稳定平衡时，合金元素在两相中的含量也相对稳定。但是，合金元素在两相中的分配是不同的。一般的分配规律是，铁素体形成元素，如铬、钼、硅等富集于铁素体中；奥氏体形成元素，如镍、氮、锰等富集于奥氏体中。

合金元素在不同的加热温度条件下，在两相中的分配是不同的，而且，随着加热温度的升高，合金元素在两相中的分配趋于均匀，即合金元素在铁素体中的含量与在奥氏体中的含量比值趋于1。

所以，为使两相组织中都有合适的合金元素含量，使每一相都具有较高的耐点腐蚀当量值，保证双相不锈钢有最好的耐腐蚀性能，应采用正确的热处理方式。

③ 消除或减少双相不锈钢中析出相。与奥氏体不锈钢相似，在双相不锈钢的生产过程中，不可避免地存在析出相，如碳化物、金属间相、二次奥氏体等，这些析出相的存在对双相不锈钢的性能会带来不利影响，应通过热处理予以消除。

a. 碳化物。双相不锈钢，特别是含碳量大于0.03%的双相不锈钢，在低于1050℃温度下加热、保温时，在奥氏体和铁素体两相界面处将有碳化物析出，因为双相不锈钢中，奥氏体中含碳高，铁素体中含铬高，所以，碳化物在奥氏体与铁素体相界面处形核最容易、最多。在奥氏体与奥氏体相界面上及铁素体与铁素体相界面上也会形核，但没有在奥氏体与铁素体相界面上多。在碳化物析出、长大过程中要消耗周围的铬，产生贫铬区，即出现易腐蚀区。因此，对已析出的碳化物应通过热处理消除，令其重新溶入固溶体中。

b. 金属间相。因为双相不锈钢中存在较高的铬及钼等合金元素，所以，很容易形成金属间化合物，即金属间相。在双相不锈钢中，可能出现的金属间相有σ相、X相、α'相等。

σ相：双相不锈钢的铁素体中除了含有较高的铬元素外，还有钼和镍元素，尤其是钼扩大了 σ 相的形成温度范围、缩短了 σ 相的形成时间。所以，在双相不锈钢中 σ 相的形成比奥氏体不锈钢更严重，经研究表明，双相不锈钢在 950℃ 左右即可形成 σ 相，而且在数分钟之内便可析出。σ 相优先在铁素体-奥氏体-铁素体相交点处形核，然后沿铁素体-铁素体晶界长大。还有的研究认为，在 600～800℃ 的温度范围内，高铬的铁素体可发生共析分解，在部分奥氏体-铁素体相界面处析出（Fe·Cr)$_{23}$C$_6$ 型碳化物，这会引起铁素体贫铬，又使奥氏体-铁素体相界向铁素体方向迁移，这部分贫铬铁素体可能转变成二次奥氏体，在二次奥氏体长大过程中，其释放出的铬将转移给附近的铁素体相，这部分铁素体有可能促进 σ 相析出。

无论以何种方式形成的 σ 相，都会显著降低双相不锈钢的塑、韧性，在 σ 相周围形成贫铬区，降低该处的耐蚀性。为了防止 σ 相析出，或使已析出的 σ 相重新溶解于固溶体中，应采用固溶化处理。

X相：双相不锈钢在 600～900℃ 的温度范围内，可能沿奥氏体-铁素体相界析出 X 相。X 相也是一种富铬、钼的金属间相，结构式为 Fe$_{36}$Cr$_{12}$Mo$_{10}$。X 相也是硬而脆的相，对钢的塑性和韧性产生不利影响。X 相产生的同时，周围也形成贫铬区，对腐蚀性产生影响。与 X 相相似，还有富铬、钼的 R 相生成，也同样产生不利作用。为消除 X 相、R 相，应采用固溶化处理。

α'相：双相不锈钢在 400～500℃ 的温度区间也会表现出脆性，双相不锈钢的这种脆性产生在铁素体相中，经研究发现，双相不锈钢的这种脆性与 α' 相有关。α' 相的形成是铁素体相在这个温度区间按照 Spinodal 分解机制发生两相分离的结果，形成了富铬和富铁的亚微观尺度的原子偏聚区，其中富铬的偏聚区称为 α' 相。α' 相的存在对双相不锈钢产生的严重危害就是脆性。消除 α' 相的方法也是采用固溶化处理。

c. 二次奥氏体 γ$_2$。双相不锈钢中的两相组织随加热温度升高而变化，当温度超过 1300℃ 时，有些双相不锈钢可能全部成为铁素体。这种铁素体稳定性较差，在以后的冷却过程中，在铁素体晶界处会生成部分奥氏体，这种奥氏体被称作二次奥氏体，记作 γ$_2$。这种高温下形成的二次奥氏体多在铁素体位错处形核，沿铁素体亚晶界长大，所以在组织形态上具有魏氏组织特征。

另一种情况是在 600～800℃ 的温度范围，双相不锈钢组织中析出 σ 相或碳化物时，在其周围形成的贫铬富镍区也会转变成二次奥氏体，有的将这种二次奥氏体的形成方式归类于铁素体的共析反应，是共析反应产物，即 α→σ+γ$_2$。

无论何种形式产生的二次奥氏体，都会造成合金成分的不均匀性，给耐蚀性带来不利影响。

二次奥氏体也可通过双相不锈钢的固溶化处理消除。

d. 氮化物。在含氮的双相不锈钢中，由于氮在铁素体中的溶解度很低，呈过饱和状态，因此，自高温冷却时可能有氮化物析出，这类氮化物可能是 Cr$_2$N 或 CrN。氮化物本身对双相不锈钢的性能可能不会产生大的影响，但 Cr$_2$N 的生成常常伴生二次奥氏体，这会引起钢的局部成分的不均匀性，给耐蚀性带来不利影响。

从上分析可见，为消除碳化物、金属间相、二次奥氏体或氮化物及其产生的不利影响，对双相不锈钢应采用固溶处理。

这里需要说明的一个问题是，双相不锈钢的固溶处理相当于奥氏体不锈钢的固溶处理，或者说适于双相不锈钢的奥氏体部分，而与铁素体不锈钢的热处理似乎存在矛盾。在铁素体不锈钢热处理部分指出，超过925℃加热并快速冷却下来，可能产生高温脆性和晶间腐蚀，双相不锈钢之所以可以采用高温固溶化处理而不会影响其中的铁素体部分，是因为双相不锈钢的含碳量远低于铁素体不锈钢，这一成分特征保证了固溶冷却时，不至于产生碳的合金化合物析出。所以，双相不锈钢中铁素体相不至于产生高温脆性和晶间腐蚀。

（2）双相不锈钢的热处理工艺

双相不锈钢最基本也是最重要的热处理是固溶处理。不同类型的不锈钢，由于合金元素的种类和含量的差别，在加热温度上略有区别，部分双相不锈钢固溶处理工艺见表5-44。

表 5-44 奥氏体-铁素体不锈钢棒或试样的典型热处理制度（GB/T 1220—2007）

GB/T 20878 中序号	统一数字代号	新 牌 号	旧 牌 号	固溶处理/℃
67	S21860	14Cr18Ni11Si4AlTi	1Cr18Ni11Si4AlTi	930～1050,快冷
68	S21953	022Cr19Ni5Mo3Si2N	00Cr18Ni5Mo3Si2	920～1150,快冷
70	S22253	022Cr22Ni5Mo3N	—	950～1200,快冷
71	S22053	022Cr23Ni5Mo3N	—	950～1200,快冷
73	S22553	022Cr25Ni6Mo2N	—	950～1200,快冷
75	S25554	03Cr25Ni6Mo3Cu2N	—	1000～1200,快冷

根据合金元素种类、含量计算出的点腐蚀当量指数 PRE 值，双相不锈钢的热处理通常分为四类。

① 低合金双相不锈钢的热处理。低合金双相不锈钢合金成分以铬、镍为主且含量偏低，点蚀当量指数不大于25。以双相不锈钢0Cr21Ni5Ti为例，钢中加入一定含量的钛是为了降低钢中碳可能产生的不利影响，更充分发挥铬的作用，保证耐蚀性。

0Cr21Ni5Ti 钢在500～600℃加热时，会因为析出金属间相而脆化。在950～1050℃加热后，具有55%～70%的铁素体。

0Cr21Ni5Ti 的实际热处理固溶加热温度通常选择1000～1020℃，采用更高加热温度有可能使组织中的铁素体量过多，这不仅对耐蚀性不利，还可能引起晶粒粗大、降低性能。

② 中合金双相不锈钢的热处理。中合金双相不锈钢除铬、镍元素外，有的还加入了钼、氮等元素，PRE 值一般在25～35之间。

00Cr22Ni5Mo3N 是中合金双相不锈钢的代表钢号，钢中加入了氮元素，使奥氏体的稳定性提高了，在较高温度下加热仍能保证有足够量的奥氏体。

00Cr22Ni5Mo3N 钢在650～950℃之间加热时可析出碳化物，氮化物，金属间相 σ、X 等，特别是在800～850℃加热时，这些脆性相在几分钟内便可析出，引起冲击韧性明显恶化。

考虑固溶温度对组织、力学性能和耐腐蚀性能的影响，其固溶化加热温度可选在1040～1080℃。固溶处理后可保证组织中含有40%～50%的铁素体。

③ 高合金双相不锈钢的热处理。高合金双相不锈钢一般含有大于25%的铬和比低、中型双相不锈钢高的镍含量。另外还加入较高的钼、铜、氮等元素，PRE 值一般在35～40之间。

0Cr25Ni6Mo3CuN 是高合金双相不锈钢。钢中加入铜元素不但可提高在硫酸、盐酸中的耐蚀性，还可提高钢中奥氏体相的稳定性。所以，将其加热到1200℃时仍可有40%左右的奥氏体相。

0Cr25Ni6Mo3CuN 钢在 700～950℃的温度区间加热时也有脆相析出，引起脆性和耐蚀性降低。

0Cr25Ni6Mo3CuN 的固溶化加热温度可选择在 1090～1100℃。

④ 超级双相不锈钢的热处理。所谓超级双相不锈钢是含碳量更低、合金元素更高、低硫、磷含量的双相不锈钢。其点蚀当量值 PRE 大于 40。

00Cr25Ni7Mo3.5WCuN 是超级双相不锈钢的代表钢号。

较高的氮含量和铜的存在，共同增加了钢中奥氏体的稳定性。因此，尽管该钢中铬、钼含量较高，其组织中两相比例仍能接近 50%。钨的加入可延缓脆性相析出，降低钢的脆化倾向。

由于合金元素含量增加及钨的加入，00Cr25Ni7Mo3.5CuN 钢的固溶化加热温度可控制在 1100～1120℃之间。

无论哪类双相不锈钢，固溶加热保温后，都应采用水冷却。

⑤ 双相不锈钢的去应力处理。双相不锈钢制件在生产制造过程中，也不可避免地产生应力。在某些使用环境中，特别是在可产生应力腐蚀的介质中，要求双相不锈钢制件具有低的残余应力，这时应考虑采用消除应力处理。

双相不锈钢去应力处理加热温度和保温时间的确定应以保证力学性能和耐腐蚀性能为原则。或者说，选择在没有碳化物、金属间相、氮化物析出的温度区间进行。通常选择消除应力加热温度在 200～250℃。最好根据具体钢号的等温转变图，选择在没有析出相的温度区间，如 00Cr25Ni7Mo4N 双相不锈钢的消除力加热温度还可选在 550～600℃，但保温时间不能超过 10h。

（3）双相不锈钢热处理的检验项目

① 硬度：符合技术要求。通常采用布氏硬度检验。

② 力学性能：应符合技术要求。

③ 金相组织（需要时）：双相不锈钢金相组织中主要为奥氏体和铁素体。是否检验析出物或析出物验收标准应协商确定。

④ 铁素体含量（需要时）：双相不锈钢中铁素体含量的测定，实质上是测定钢中铁素体相和奥氏体相的比例，应符合技术要求。

双相不锈钢中铁素体含量的测量可以采用不同方法进行。

a. Schaeffler 图计算法。根据钢的实际化验成分，先计算出铬当量和镍当量。

铬当量：$Cr_{eq} = Cr\% + Mo\% + 1.5 \times Si\% + 0.5 \times Nb\%$。

镍当量：$Ni_{eq} = Ni\% + 30 \times C\% + 0.5 \times Mn\%$，之后按 Schaeffler 图（见图 5-7）计算。这种方法比较简单，但误差较大。

b. 物理法。物理法即采用铁素体测量仪进行测定。

c. 金相法。金相法测定铁素体含量就是采用金相试块，经腐蚀后在放大 500 倍的情况下，检测组织中铁素体含量。检验按 GB/T 13305《不锈钢中 α-相面积含量金相测定法》的规定进行。

（4）双相不锈钢热处理时可能产生的缺陷和原因

见奥氏体不锈钢热处理相关部分。

（5）双相不锈钢热处理时应注意的问题

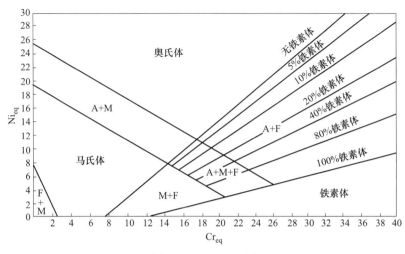

图 5-7 Schaeffler 图

见奥氏体不锈钢热处理相关部分。

5.3.9 马氏体不锈钢的热处理

马氏体不锈钢与铁素体不锈钢、奥氏体不锈钢及奥氏体-铁素体双相不锈钢最大的区别是在加热和冷却过程中有相变过程。这是由其成分和组织特点所决定的。所以，马氏体不锈钢可以通过热处理改变组织、调整性能。热处理对其耐蚀性也会产生一定影响。

（1）马氏体不锈钢热处理的作用与目的

马氏体不锈钢主要的热处理方式有退火、淬火、回火。

① 退火。马氏体不锈钢退火的主要目的是改善铸态或锻态组织，降低硬度，消除应力，为最终热处理作好组织准备。由于各类马氏体不锈钢的成分和组织特征不同、相变点温度不同，因此马氏体不锈钢退火工艺上也有一定区别。

② 淬火。马氏体不锈钢含有不同的碳及铬、镍、钼等合金元素。通过淬火加热，碳及合金元素充分溶于奥氏体中，再采用较快速度冷却，获得过饱和的 α 铁固溶体，即马氏体，以后通过不同的回火方式，获得满足技术条件要求的组织和性能。

③ 回火。马氏体不锈钢淬火后必须经过回火方可使用，回火的目的是消除应力、调整组织、获得需要的性能。依据功能要求不同，可采用不同的回火温度。

马氏体不锈钢，依据成分、组织特征不同，基本上可分为几种类型，如 Cr13 型马氏体不锈钢、1Cr17Ni2 不锈钢、高碳马氏体不锈钢，在 Cr13 型不锈钢基础上发展起来的新型马氏体不锈钢等。它们在热处理时，也有各自特点，下面分别论述说明。

（2）Cr13 型马氏体不锈钢的热处理

Cr13 型马氏体不锈钢是指含铬 13％ 左右的不锈钢，常见牌号有 1Cr13、2Cr13、3Cr13。

① 完全退火。这类钢采用完全退火可以较好地完成组织转变过程，获得均匀的铁素体和碳化物的平衡组织，改善经过铸、锻、轧等热加工过程中可能存在的不良组织，消除应力，降低硬度，为后续的热处理作好组织准备。进行完全退火后，分别可得到不大于 150HB、180HB、210HB 的硬度。一些对于力学性能、耐腐蚀性能要求不高的零件，可在完全退火状态下使用。完全退火的加热温度通常选用 850～880℃，保温后采用缓慢冷却方

式冷却，可以采用炉冷。

② 等温退火。等温退火是把钢加热到奥氏体化温度（一般为 850～880℃），也可以将钢材锻造或铸造后冷却到这一温度，充分保温，再冷却到该钢奥氏体转变最快的温度范围（俗称转变曲线鼻子部分，通常为 700～740℃）充分保温，使奥氏体充分转变后空冷。等温退火可以起到完全退火的作用，但可缩短占用设备时间。

实践证明，这类马氏体不锈钢等温退火对改善不良组织，提高淬火、回火后的性能，特别是提高冲击韧性有着特殊作用。

③ 低温退火。马氏体不锈钢低温退火，有的称高温回火（严格从定义和作用目的方面看，称高温回火是不准确的）。采用加热温度通常为 700～780℃，如果以消除应力为主要目的，可以降低温度至 700℃左右。

低温退火后硬度比完全退火高 30～40HB，可保持在 180～230HB。Cr13 型马氏体不锈钢采用低温退火主要是降低硬度和消除应力，对于组织的改善远不如完全退火和等温退火。

Cr13 型马氏体不锈钢经过退火处理，对耐蚀性会产生不利影响。这是因为退火状态的组织是铁素体和以 $(Fe \cdot Cr)_{23}C_6$ 为代表的碳化物的混合物。这种高铬碳化物的存在会降低钢基体中的铬含量，也会在碳化物周围形成贫铬区，致使不锈钢的耐蚀性降低。

④ 淬火。1Cr13、2Cr13、3Cr13 钢淬火的主要目的是要获得马氏体组织，即将其加热到 A_{c3} 以上某一温度，使合金碳化物充分溶解，得到碳与铬较均匀的奥氏体，以适当速度冷却下来，获得马氏体组织。

Cr13 型马氏体不锈钢因含有较高的铬，提高了相变点 A_{c3}，又因为有大量合金碳化物存在，组织中碳和铬元素分布不够均匀，在加热过程中扩散速度慢，所以，为了使碳化物充分溶解，得到成分比较均匀的奥氏体及冷却后得到有足够碳、铬饱和的均匀马氏体组织，这类钢淬火加热温度高于碳钢和合金结构钢，要提高淬火加热温度和延长保温时间。

1Cr13 钢由于含碳量较低，加热到淬火温度时，仍处于奥氏体和铁素体两相区边缘部分，组织中会含有一定量的铁素体，淬火冷却后，这部分未溶铁素体将保留在淬火钢组织中，铁素体含量的多少，首先与含碳量有关，此外铬、钼、硅的含量也有一定影响。淬火钢中铁素体的存在，对硬度、力学性能尤其是冲击韧性都会产生不良影响。所以，对有较高力学性能要求的零件，在选用 1Cr13 不锈钢时，应提出成分控制条件。生产实践中发现，尽管 1Cr13 钢成分都在合格范围内，但当实际含碳量低于 0.11%、铬含量又处于上限时，钢中铁素体含量可达到 15%～20%；而含碳量控制在 0.12%～0.15%、含铬量处于下限时，组织中铁素体含量可小于 5%。

淬火加热温度对组织中铁素体的含量也有一定影响，在化学成分一定时，1Cr13 加热温度在 950～1100℃区间内，铁素体量保持在较低范围，随着加热温度升高，铁素体含量明显增加，标准中规定 1Cr13 不锈钢淬火加热温度在 950～1000℃，但在实际生产中，为保证碳和合金元素充分溶解，常取淬火加热温度为 1000～1050℃，更高的加热温度会使 1Cr13 钢中铁素体量增加和晶粒粗大。

2Cr13 和 3Cr13 钢相对于 1Cr13 钢，有更高的含碳量，一般情况下淬火后组织中不会存在铁素体，淬火加热温度的确定主要是保证钢中的碳化物能充分溶解于奥氏体中，以保证淬火、回火后获得理想的力学性能和耐腐蚀性能。实践证明，2Cr13、3Cr13 钢淬火加热温度选择在 980～1000℃且充分保温即可，在实际生产中的加热温度略提高一些，2Cr13 淬火加热温度通常取 1000～1030℃，而 3Cr13 钢中碳化物偏多，实际生产中淬火加热温度取 1020～

1050℃即可。更高的淬火加热温度可能引起晶粒粗大。

更高的淬火加热温度还会由于碳和合金元素的过分溶解，提高奥氏体的稳定性，淬火后存在较多的残留奥氏体，致使淬火硬度下降。

1Cr13、2Cr13、3Cr13 钢的淬火冷却可根据情况采用空冷或油冷。

这类钢有较高的含铬量，使高温奥氏体较稳定，等温转变曲线右移，在冷却过程中不易发生珠光体和贝氏体转变，在较缓慢的冷却条件下，即可获得马氏体组织。所以，一般采用空冷即可。但是，如果采用油冷却，在硬度和强度相同的情况下，比空冷有更好的塑性和韧性。所以，在实际生产中，对于截面尺寸较大的零件或对力学性能尤其是塑性和韧性要求较高的零件，最好采用油冷却。

⑤ 回火。这三种牌号的马氏体不锈钢普遍应用于制造机械构件，要求具有良好的综合力学性能和一定的耐腐蚀性能，一般在淬火后再经高温回火，即调质热处理状态下使用。回火温度可根据强韧性的要求选定在 550~750℃ 之间，回火后的基体组织为索氏体，有的可能是保留淬火马氏体位向的板条状或粒状索氏体组织。而 1Cr13 钢回火组织中可能存在少量未溶铁素体。

对于 3Cr13 不锈钢，已属于共析钢，淬火后可获得索氏体及碳化物组织，硬度很高，也常用于制造要求高硬度和高耐磨性的工件，如轴套、挡套、密封环等。这时可采用较低温度的回火或者表面淬火后采用低温回火，依据对硬度的要求，回火温度选在 200~350℃ 之间，可获得 40~55HRC 的表面硬度。而在 400~550℃ 之间的回火，因组织中会产生弥散度很高的碳化物，耐腐蚀性能降低，并产生较大脆性，所以，一般不推荐采用在这个温度区间回火。只有用其制作弹性元件时，才采用在这温度区间回火，如用 3Cr13 钢制作弹簧时，淬火油冷后在 450℃ 左右回火，可保持 40~45HRC 的硬度。

⑥ 热处理应注意的一些问题。这类钢因其含有较多合金元素，又属马氏体型不锈钢；热导率小，应力大，所以在加热时应采用较慢的加热速度，特别是 3Cr13 钢及 ZG1Cr13、ZG2Cr13，尤其注意缓慢加热。

采用油冷却时，特别是 3Cr13 钢，应注意出油温度，最好不低于 80℃，而且淬火油不宜剧烈搅动，以防产生淬火裂纹。

淬火后应及时回火，特别是对于铸件或气温较低时，淬火后不超过 8h 及时回火，以防止产生置裂。

2Cr13 钢具有较明显的回火脆性，有试验证明，2Cr13 钢经 670℃ 回火，采用油冷比空冷的冲击韧性高得多，冲击值比接近 4。

（3）4Cr13、9Cr18、9Cr18Mo 钢的热处理

4Cr13、9Cr18、9Cr18Mo、9Cr18MoV 等钢号已属于过共析马氏体不锈钢，淬火后即可获得马氏体及碳化物组织，具有很高的硬度，主要用于要求有高硬度、高耐磨性的刀具、轴承、轴套等零件，有时也用来制造有耐蚀性要求的弹性元件。

这类不锈钢常用的热处理有退火、淬火、回火。

① 退火。这类马氏体不锈钢的退火，可根据热处理退火目的、作用，采用完全退火、等温退火、低温退火。工艺方法可参见 3Cr13 钢退火内容。

② 淬火。这类钢因其含碳量较高，组织中存在较多的合金碳化物。所以，淬火加热温度应提高一些，以保证合金碳化物能充分溶解，加热时，不易溶解的碳化物对阻止晶粒长大有一定作用，也保证了提高淬火加热温度的可行性。通常 4Cr13、9Cr18 的淬火加热温度可

选择 1050～1080℃，9Cr18、9Cr18Mo 的淬火温度可选 1060～1090℃。若进一步提高加热温度会引起晶粒长大，还可能因为奥氏体中溶入过量的碳和合金元素提高稳定性，使淬火后存在过多残留奥氏体，引起淬火硬度降低。

这类钢常用于高硬度条件下，淬火硬度很高，而又要采用低温回火热处理，很难进行大量的机械加工。所以，应防止淬火加热时表面脱碳、氧化。最好采用真空炉、保护气氛炉加热，采用空气介质加热时，应对表面进行防脱碳氧化处理。

③ 回火。这类钢主要用于要求高硬度、高耐磨性的制件，淬火后通常采用低温回火。如制造刀具、量具、轴承套圈、钢球等可用 150～170℃ 的温度回火，硬度大于 60HRC；一般耐磨件采用 200～240℃ 的温度回火，硬度保证在 55～60HRC。

4Cr13 用作制造轴套时，可在表面淬火后在 360～400℃ 的温度区间回火，硬度保证在 45～50HRC；在 200～240℃ 的温度区间回火，硬度保证在 50～55HRC。40Cr13 用来制作弹性元件时，可采用 400～480℃ 的温度回火，在保证硬度为 43～48HRC 时，还具有较高弹性。4Cr13 钢一般不在高温回火时使用，但为表面淬火或整体淬火作组织准备时，可在粗加工后调质处理，淬火后在 680～720℃ 回火，硬度可达 280～320HB。

9Cr18、9Cr18Mo、9Cr18MoV 等高碳马氏体不锈钢，用来制作高硬度并且要求组织、尺寸稳定性高的制件时，在淬火后、回火前最好增加一道冷处理工序，即在 -78～$-60℃$ 之间冰冷处理，以保证淬火残留奥氏体充分转变成马氏体，尽量减少回火后的残留奥氏体。有资料报道，9Cr18 钢在经过 1050℃ 加热淬火后，残留奥氏体量可达 25% 左右，经 $-70℃$ 冰冷处理后，残留奥氏体可减少至 10%～15%，硬度可提高 2～3HRC，还可保证制件在长期使用过程中组织和尺寸的稳定性。

④ 热处理时应注意的问题。这类钢属过共析马氏体不锈钢，含碳、铬量都比较高。所以在热处理时，首先要防止淬火裂纹，控制淬火加热升温速度，控制冷却出油温度，及时回火。

另一个应注意的问题是控制好残留奥氏体量，以确保获得高的硬度。

（4）ZG1Cr13Ni 的热处理

前已述及 Cr13 钢铸件，尤其是形状复杂的铸件，如叶轮、导叶等，会由于组织中含有较多的 δ 铁素体，不仅影响力学性能、降低韧性，而且，自高温冷却过程中产生的脆化会导致产生裂纹（有时称铁素体裂纹），因此，δ 铁素体的存在成为 Cr13 型铸钢的特殊问题。如果 δ 铁素体呈细粒状且弥散分布，则情况稍好些，而以较大块状或沿晶界分布时，则会产生很大危害，并且，由于铬的扩散速度慢，δ 铁素体一旦形成，在热处理加热保温过程中也不易消除。为了减少 Cr13 型铸钢中的 δ 铁素体，虽然用碳、氮、锰、钴元素可以改善，但有的作用不明显，有的会产生其他不利影响。因此，以加入 0.5%～1.5% 镍元素来调整组织成为有效的方法。镍是扩大 γ 相区的元素，具有稳定奥氏体组织的作用，减少 δ 铁素体，镍的加入还改变了相变点，使 A_{c3}、A_{c1}、M_s、M_z 点降低，并使奥氏体转变曲线右移，这就使材料在比较缓慢的冷却条件下能获得马氏体组织，降低了转变应力，减少铸造裂纹，还能提高淬透性、改善焊接性能。加镍元素为 Cr13 型铸钢带来诸多好处，使含镍的 Cr13 型铸钢得到了广泛应用。

ZG1Cr13Ni 的热处理具有一定特点。

① 退火。镍元素的存在增加了奥氏体的稳定性，使转变曲线右移。如果采用较高的退火温度，会进一步增加碳及合金元素向奥氏体的溶解量，使奥氏体更加稳定。在退火冷却过程

中，稳定的奥氏体不易发生珠光体转变，而转变成部分贝氏体和马氏体，使退火后硬度升高。如采用常规的完全退火温度 850～900℃，其退火后硬度可达 260～280HB 或更高。所以 ZG1Cr13Ni 的退火温度可选 750～800℃，炉冷到 550℃ 以下出炉，退火硬度可低于 220HB。

② 淬火。ZG1Cr13Ni 的淬火加热温度可选在 1000～1050℃，与不含镍的 ZG1Cr13 相比，淬火温度有所提高，这是为了使碳和合金元素充分溶解，且不必担心较高温度会引起 δ 铁素体的形成。淬火后可获得较高硬度，达 430HB 以上。淬火采用空冷即可，如果采用油冷可提高冲击值，但有产生淬火裂纹的风险。

③ 回火。ZG1Cr13Ni 主要用来制作有一定耐腐蚀性能和综合力学性能要求的零件。所以，淬火后采用高温回火，通常采用 650～730℃ 的加热温度，保温后空冷。

④ ZG1Cr13Ni 的热处理应注意的问题。ZG1Cr13Ni 的热处理效果与其化学成分和热处理工艺有关。

a. 合理控制镍的含量。前已述及，镍元素的添加对这种钢有重要作用。所以，在实际生产中对镍含量的控制很重要。镍的含量控制在 0.5%～0.8% 最好。镍含量太低，作用不明显，特别是当钢中碳含量为下限，铬含量为上限时，钢组织中的 δ 铁素体含量难以保持在理想范围，将引起铸造裂纹或热处理裂纹，达不到韧性指标。镍含量太高时，淬火时残留奥氏体量偏多，在以后的回火过程，这部分残留奥氏体有可能转变成马氏体，从而使硬度升高，脆性增加。如果发生这种情况，可再进行一次回火，第二次回火温度可与第一次回火温度相同或略低于第一次回火温度，使第一次回火产生的马氏体发生回火转变，可有较好效果。

b. 控制好淬火加热温度。淬火加热温度过高，钢中碳和合金元素过度溶解，增加了奥氏体的稳定性，也可能产生大量的淬火残留奥氏体，引起回火时的马氏体转变，使硬度升高，韧性降低。同样可用二次回火改善。

c. 不能随意提高回火温度。不能采用提高回火温度的方法降低硬度，因为钢的回火温度已接近钢的 A_{c1} 温度，提高回火温度就有可能超过 A_{c1} 温度，冷却后组织会发生变化，不属于正常调质组织，同样不能满足性能要求。

(5) 0Cr13Ni4Mo（ZG0Cr13Ni4Mo）、0Cr13Ni6Mo（ZG0Cr13Ni6Mo）类马氏体不锈钢的热处理

这类钢实际是在 Cr13 型马氏体不锈钢的基础上降低含碳量，加入镍、钼等元素而发展起来的，是具有较高强度、韧性和一定腐蚀性能的新钢种，常用来制造重要的轴、壳体、水轮机叶片、叶轮等锻件或铸件。

这类钢能否在热处理后具有高强度、韧性、塑性，是由其化学成分和热处理后可获得的组织所决定的。

该类钢具有较低的含碳量，一般不大于 0.07%，有的则更低，这就使钢在淬火后可获得低碳板条状马氏体组织。板条状马氏体内部亚结构以晶体内高密度位错为主，即属位错型马氏体，位错产生较大的强化作用，使板条马氏体具有较高强度，而极低的含碳量将钢产生脆性的因素降低到最少，这又使其具有较高韧性。

4%～6% 镍元素的加入，首先促进了奥氏体的稳定性，还减少了由于低碳和钼元素的加入可能引起的增加 δ 铁素体的作用，降低了钢的相变点。据测试，锻造的 0Cr13Ni4Mo 材料的 A_{c1} 温度比 0Cr13 或 1Cr13 的 A_{c1} 温度降低约 200℃，依具体成分不同，在 550～630℃ 之间。而 M_s 点温度降低 100～150℃，在 200～260℃ 之间。

A_{c1} 点温度的降低，可使这类钢淬火后在略高于 A_{c1} 的温度下回火，获得具有保留板条

状马氏体位向的索氏体基体上分布一定量的诱导奥氏体，提高了材料的塑韧性。

M_s 点的降低，虽然对转变组织的性能有不利影响，但是对这种成分不锈钢的不利作用已很难显现。

这类钢的淬透性好，0Cr13Ni4Mo 的锻件在 $\phi400mm$ 轴的横断面上测定，表面至中心的硬度差不大于 50HB。

这类钢常见的热处理方式有退火、淬火和回火。

① 退火。这类钢的化学成分提高了奥氏体的稳定性，使钢具有较强的空冷自硬性。有试验表明，在高温加热后，即使以缓慢速度冷却，组织中也会存在一定量的贝氏体和马氏体，保持了较高的硬度。试验还表明，将钢加热到 A_{c1} 或略高于 A_{c1} 的温度，保温后空冷或炉冷，可获得 240～270HB 的硬度，组织为铁素体和碳化物的混合物，并存在一定量的诱导奥氏体。因此，这类钢锻后或铸后的退火温度可选用 620～660℃。

② 0Cr13Ni4Mo 锻件的淬火和回火。虽然 0Cr13Ni4Mo 钢的 A_{c3} 温度较低，只有 810～830℃，但因其含有较高的铬、镍等合金元素，为保证合金碳化物充分溶解和奥氏体成分均匀化，淬火加热温度应高一些。试验表明，淬火加热温度在 980～1040℃ 之间是合适的，回火后可获得较高的强度和塑韧性，与在 980℃ 以下温度淬火相比，在相同韧性条件下有更高的强度。淬火温度高于 1100℃，会产生较多的残留奥氏体，同时有晶粒长大的危险。

由于奥氏体较稳定，保温后采用空冷也可以获得足够的高硬度马氏体，但为保证更高的淬透性和强韧性，还是采用油冷却有更好的淬火效果。对于大锻件采用油冷却淬火时，应适当控制工件的出油温度，防止淬火应力过大产生淬火裂纹。也可以采用油冷—空冷—油冷—空冷的间断冷却方式。出油时，工件表面温度控制在 100℃ 左右即可。淬火冷却后应及时进行回火。

0Cr13Ni4Mo 钢即使淬火后已经获得了具有较好塑韧性的板条马氏体组织，也应回火后使用，以消除应力和稳定组织，进一步提高塑韧性。试验研究结果表明，淬火后在 200～300℃ 回火，即可得到较高的强度和塑韧性，但硬度稍高，应力消除不多，马氏体形态无太大变化。在 350～500℃ 区间加热回火，在强度、塑性、硬度无太大变化的情况下，冲击韧性显著下降。这是因为在此温度区间回火，有碳的铬化物析出，形成了脆性区。进一步提高温度至 500～600℃ 回火，冲击韧性开始回升，强度略有下降趋势。在 570～620℃ 区间回火，钢的强韧性达到最佳配合，组织为具有板条状马氏体位向的索氏体，硬度为 250～280HB。如果再提高回火温度，可能超过 A_{c1} 温度过多，不仅会引起板条组织的粗化，还可能发生奥氏体转变，这部分奥氏体不同于诱导奥氏体，其在以后的回火冷却过程中可能发生马氏体转变，引起钢的硬度、强度上升，冲击韧性又有下降趋势。

在具体应用中，可根据所制零件使用条件和对性能要求不同确定回火温度，一般结构件如轴，壳体，叶轮等可采用 580～620℃ 温度回火，回火后可空冷。

③ ZG0Cr13Ni6Mo 铸件的淬火和回火。ZG0Cr13Ni6Mo 比 0Cr13Ni4Mo 的相变点更低（因为镍含量更高），ZG0Cr13Ni6M 钢的相变点是：A_{c1} 为 540～550℃；A_{c3} 为 720～740℃；M_s 为 150～170℃；M_z 为 30～40℃。

ZG0Cr13Ni6Mo 的淬火、回火工艺过程与钢 0Cr13Ni4Mo 相似。但考虑铸件特点，如铸件成分、组织不均匀，其淬火加热温度应更高一些，通常取 1020～1070℃，组织基本处于奥氏体状态，且可保证晶粒不至于粗大，能保持在 4～5 级晶粒。如果超过 1100℃ 则可能引起晶粒粗大。

由于奥氏体稳定性较高，奥氏体化后采用空冷或风冷均可获得马氏体组织。因其马氏体转变点较低，故淬火冷却应充分，以保证铸件心部，特别是大铸件心部获得淬火组织。由于铸件成分、组织的不均匀性较强，在淬火组织中可能存在少量铁素体或残留奥氏体。

ZG0Cr13Ni6Mo 淬火后的回火应特别注意。

经研究表明，这种钢由于相变点低，又存在较大量的碳化物形成元素铬，提高了淬火组织的回火稳定性，因此，如果在 A_{c1} 温度以下回火，会因回火温度较低，不能使马氏体充分分解，韧性不高，硬度没有明显下降，软化效果不好，达不到回火目的。所以，这种钢的回火温度应高于 A_{c1} 温度，一般在 $580\sim620℃$ 加热回火。略超过 A_{c1} 温度回火，组织中除具有板条马氏体位向的索氏体之外，还会有 $15\%\sim30\%$ 的诱导奥氏体，诱导奥氏体很稳定，在回火冷却过程中不发生转变而被保留下来，这部分诱导奥氏体的存在，增加了钢的强韧性。试验研究表明，更高的温度回火组织中会出现一部分新生奥氏体（不同于诱导奥氏体），这部分新生奥氏体稳定性差，可能在回火冷却过程中发生马氏体转变，使回火硬度上升。如果新生奥氏体中有的不转变成马氏体而保留下来，这部分残留奥氏体可能对材料屈服强度产生积极影响，提高材料屈强比。如果在回火冷却过程中，新生奥氏体转变马氏体的量较大，会对钢的塑韧性有不利影响。为此，这类钢可以进行第二次回火，第二次回火温度可低于第一次回火温度 $20\sim30℃$，取 $550\sim560℃$ 加热，第二次回火后，第一次回火产生的马氏体被回火，加之诱导奥氏体的增加，使钢的强韧性更优于第一次回火效果，特别是钢的屈服强度明显提高，钢的屈强比增大。

这类钢的铸件相对于锻件，会由于成分和组织上的不均匀性，热处理后存在 $5\%\sim8\%$ 的 δ 铁素体，一般情况下对铸件性能不会有太大影响。另外，对于大截面的铸件，为减少成分和组织的不均匀性，可在铸后采用一次 $1100\sim1120℃$ 温度的扩散退火，充分保温后炉冷。

这类马氏体不锈钢热处理时应注意的问题参见 ZG1Cr13Ni 的相关部分。

（6）1Cr17Ni2 钢的热处理

1Cr17Ni2 马氏体不锈钢是在 Cr17 铁素体不锈钢的基础上，提高碳的含量并加入 2% 左右镍元素（通常含有 $1.5\%\sim2.5\%$ 镍）发展起来的。因 1Cr17Ni2 钢组织中常含有一定量的 δ 铁素体，所以，有的将其列入马氏体-铁素体不锈钢。1Cr17Ni2 钢中如果存在 δ 铁素体量过多，则对钢的力学性能影响较大，有数据表明，当 1Cr17Ni2 钢中 δ 铁素体大于 10% 时，已对冲击韧性产生很大影响，当 δ 铁素体大于 15% 以上时，不仅对冲击韧性有很大影响，对强度也开始产生极大影响。

事实证明，影响 1Cr17Ni2 钢中 δ 铁素体含量的因素主要有化学成分和热处理及热加工的加热温度。

在 1Cr17Ni2 钢中，碳、镍是稳定奥氏体的元素，铬是形成铁素体的元素，它们对钢中 δ 铁素体量的影响是敏感的。就是在化学成分符合材料标准的情况下，如果碳、镍处于下限，而铬处于上限时，δ 铁素体含量可高达 30% 以上；如果碳、镍处于上限，而铬处于下限时，钢中 δ 铁素体含量会低于 10%，甚至更低。所以，采用 1Cr17Ni2 钢制造重要零件，特别是对冲击性能有较高要求时，对采购的 1Cr17Ni2 钢成分最好提出控制条件，如控制碳含量为 $0.14\%\sim0.17\%$，镍含量为 $2\%\sim2.5\%$，铬含量为 $16.0\%\sim17.0\%$，这样能保证材料中 δ 铁素体含量在 10% 以下，从而保证材料性能，尤其是冲击性能符合要求。

1Cr17Ni2 钢热加工（包括热处理）的加热温度也应适当控制，试验证明，当加热温度大于 1200℃ 时，钢组织中会产生大量 δ 铁素体。所以，1Cr17Ni2 钢热加工（包括热处理）的加热温度不宜太高。

1Cr17Ni2 钢常见热处理方法是退火、淬火和回火。

① 退火。1Cr17Ni2 钢因其含有较高的铬和 2% 左右的镍，高温奥氏体更稳定，从加热温度冷却时不易发生珠光体转变，材料不易软化。因此，1Cr17Ni2 钢不宜采用完全退火，只能用较低温度加热和缓慢地冷却，以使材料得到一定的软化。一般退火温度选用 680～750℃，保温后炉冷至 500℃ 以下出炉空冷。退火硬度可达 250～280HB。为了进一步降低硬度，有的推荐加热至 750℃ 后空冷，再加热至 650℃ 后炉冷的二段退火或加热至 700℃ 后保温 14h 以上的退火方式。

② 淬火。为了防止 1Cr17Ni2 钢热处理后组织中有过量铁素体，淬火加热温度的确定原则是在保证碳化物充分溶解、奥氏体成分基本均匀的条件下，采用较低的淬火加热温度，通常认为不宜超过 1050℃，实际生产中采用 980～1020℃。

试验研究表明，当对钢的化学成分进行了特殊控制，碳、镍在上限，铬在下限时，成分就保证了钢中不会产生过量 δ 铁素体，这时可采用 1020～1030℃ 加热，以保证碳和合金元素充分溶解。

③ 回火。按照我国相关标准规定的力学性能（$R_m \geqslant 1080$MPa；$A \geqslant 10\%$；$A_{kU2} \geqslant 39$J）采用 275～350℃ 回火即可。但这个性能指标不适合做结构件，作为结构件使用时要求有较好的综合力学性能和塑韧性，这时可采用 620～700℃ 温度回火，R_m 可大于 870MPa，$A \geqslant 18\%$；A_{kU2} 可达 80J；硬度在 250～270HB。

部分马氏体不锈钢热处理工艺参数参见表 5-45。

表 5-45　马氏体不锈钢棒或试样的典型热处理制度（GB/T 1220—2007）

GB/T 20878 中序号	统一数字代号	新牌号	旧牌号	钢棒的热处理制度		试样的热处理制度	
				退火/℃		淬火/℃	回火/℃
96	S40310	12Cr12	1Cr12	800～900 缓冷或约 750 快冷		950～1000 油冷	700～750 快冷
97	S41008	06Cr13	0Cr13	800～900 缓冷或约 750 快冷		950～1000 油冷	700～750 快冷
98	S41010	12Cr13	1Cr13	800～900 缓冷或约 750 快冷		950～1000 油冷	700～750 快冷
100	S41617	Y12Cr13	Y1Cr13	800～900 缓冷或约 750 快冷		950～1000 油冷	700～750 快冷
101	S42020	20Cr13	2Cr13	800～900 缓冷或约 750 快冷		920～980 油冷	600～750 快冷
102	S42030	30Cr13	3Cr13	800～900 缓冷或约 750 快冷		920～980 油冷	600～750 快冷
103	S42037	Y30Cr13	Y3Cr13	800～900 缓冷或约 750 快冷		920～980 油冷	600～750 快冷
104	S42040	40Cr13	4Cr13	800～900 缓冷或约 750 快冷		1050～1100 油冷	200～300 空冷
106	S43110	14Cr17Ni2	1Cr17Ni2	680～700 高温回火，空冷		950～1050 油冷	275～350 空冷
107	S43120	17Cr16Ni2	—	1	680～800，炉冷或空冷	950～1050 油冷或空冷	600～650,空冷
				2			750～800 + 650～700[①],空冷

GB/T 20878 中序号	统一数字代号	新牌号	旧牌号	钢棒的热处理制度 退火/℃	试样的热处理制度	
					淬火/℃	回火/℃
108	S44070	68Cr17	7Cr17	800～920 缓冷	1010～1070 油冷	100～180 快冷
109	S44080	85Cr17	8Cr17	800～920 缓冷	1010～1070 油冷	100～180 快冷
110	S44096	108Cr17	11Cr17	800～920 缓冷	1010～1070 油冷	100～180 快冷
111	S44097	Y108Cr17	Y11Cr17	800～920 缓冷	1010～1070 油冷	100～180 快冷
112	S44090	95Cr18	9Cr18	800～920 缓冷	1000～1050 油冷	200～300 油、空冷
115	S45710	13Cr13Mo	1Cr13Mo	830～900 缓冷或约 750 快冷	970～1020 油冷	650～750 快冷
116	S45830	32Cr13Mo	3Cr13Mo	800～900 缓冷或约 750 快冷	1025～1075 油冷	200～300 油、水、空冷
117	S45990	102Cr17Mo	9Cr18Mo	800～900 缓冷	1000～1050 油冷	200～300 空冷
118	S46990	90Cr18MoV	9Cr18MoV	800～920 缓冷	1050～1075 油冷	100～200 空冷

① 当镍含量在表 2-77 规定的下限时，允许采用 620～720℃ 单回火制度。

④ 热处理时应注意的问题。在实际热处理生产时，1Cr17Ni2 钢常会出现一些问题影响性能和使用。

a. 组织中铁素体含量的控制问题。前已述及，1Cr17Ni2 钢中 δ 铁素体的存在对力学性能有很大不利影响，为了控制铁素体的含量，单从热处理工序进行控制的作用是有限的，化学成分、锻轧等热加工工艺的影响都是很大的，而且，一旦由于这些因素的作用而产生大量 δ 铁素体，特别是 δ 铁素体分布形态不好时，通过热处理方法是很难改善的，这种情况下的性能不合格又常常认为是热处理不当造成的。因此，当用 1Cr17Ni2 制造重要零部件时，在热处理前，了解化学成分和前期热加工情况是必要的，以便采取更合适的热处理方法。

b. 镍元素对淬火后残留奥氏体的影响问题。受镍元素的影响，1Cr17Ni2 钢 M_s 点和 M_z 点下降，如果淬火加热温度选择较高时，又会增加碳和合金元素在奥氏体中的溶解量，从而提高了奥氏体的稳定性，淬火后可能存在较多残留奥氏体，回火后，特别是高温回火后，残留奥氏体可能会有些转变成马氏体，使钢的塑韧性下降。所以，根据钢的具体成分，制订正确的热处理工艺是保证热处理后具有良好性能的关键。

c. 1Cr17Ni2 钢热处理后再加热的脆化问题。1Cr17Ni2 钢制造的零件，即使在热处理后已取得了合格的力学性能，在以后的工序中可能还有再加热过程，如消除应力处理等，在实际工作中发现，淬火并高温回火后的 1Cr17Ni2 钢，在低于回火温度以下某个温度加热时，会产生韧性降低现象。这个脆性降低的温度区间与回火曲线中显示出的脆化温度区间（回火脆性区）不尽一致，比如，经过 650℃ 温度回火的 1Cr17Ni2 钢，再经 350～370℃ 温度加热时，冲击值会降低；而 1Cr17Ni2 回火脆性温度在 500～560℃。

（7）马氏体不锈钢热处理的常见检验项目

① 硬度：符合技术条件。退火和调质热处理主要采用布氏硬度检验。对淬火硬度和高碳不锈钢淬火低温回火后硬度，宜采用洛氏硬度检验。

② 力学性能：符合技术条件。主要对调质状态的马氏体不锈钢进行力学性能检验。有特殊要求时，还可进行高温强度及低温冲击试验，具体试验温度根据技术条件或协商

确定。

③ 金相组织（需要时）：符合对应钢号和相应热处理状态的金相组织。对不正常组织，如过热组织、高碳马氏体不锈钢碳化物不均匀度、残留奥氏体量和δ铁素体量检验可参照相关标准进行，但验收标准按技术条件或协商确定。

④ 耐蚀性试验（需要时）：根据技术条件要求，按照相应腐蚀试验方法标准进行，但验收标准应协商确定。

（8）马氏体不锈钢热处理可能产生的缺陷和原因

马氏体不锈钢热处理时可能产生的缺陷和原因，可参见本章钢的淬火和钢的回火部分相关内容。

5.3.10 沉淀硬化不锈钢的热处理

顾名思义，沉淀硬化不锈钢是通过热处理析出微细的金属间化合物和某些少量碳化物（统称沉淀相）以产生沉淀硬化，而获得高强度和耐蚀性能的不锈钢。强化相在基体中造成应力场，这个应力场又和运动位错之间交互作用实现对钢的强化。试验研究结果证明，沉淀相在组织中的体积比越大，强化效果越显著，沉淀相质点的弥散度越大，强化效果越好。沉淀硬化不锈钢种类不同，基体组织也有所不同，但依靠沉淀相强化的机理和作用是相同的。可见，沉淀硬化不锈钢的热处理主要包含两个过程，即先获取稳定的基体组织，再令第二相质点析出。

（1）沉淀硬化不锈钢的主要热处理方法

① 沉淀硬化不锈钢最基本的处理是固溶处理也称 A 处理（austenite conditioning）。这是任何一种沉淀硬化不锈钢都要经历的一个热处理过程。固溶处理是利用某些元素（这里主要是作为沉淀相析出的元素）高温溶解度大、低温溶解度小的特点，通过高温加热，使可沉淀元素充分地溶解于基体组织中，保证在以后的冷却过程中和冷却后处于过饱和状态，为下一步在时效过程中能大量析出创造条件。以铜为例，铜在 1096℃时在 γ-Fe 中的溶解度约为 8.2%，850℃时在 γ-Fe 中最大溶解度为 3.1%，在 α-Fe 中最大溶解度为 2.2%，而在室温 α-Fe 中的溶解度仅为 0.2%左右。可见，含铜元素的钢自高温快速冷却到室温后，铜是以过饱和状态存在于基体中的，在一定条件下，铜将沉淀析出。

② 沉淀硬化不锈钢另一个必须经历的重要热处理过程是时效处理，也叫沉淀硬化处理，通常称 H 处理（hardening treatment）。

时效处理是所有类型的沉淀硬化不锈钢必须进行的处理程序，也是沉淀硬化不锈钢热处理中最重要的处理程序。时效处理的目的是使过饱和于基体中的沉淀硬化合金元素以极细的质点析出，这种析出质点可能是合金元素的质点，也可能是金属间化合物的质点。这种质点析出形态和分布与时效温度及时间有关。一般规律是随时效温度的升高，析出相数量增多，反映在硬度上也是升高趋势，但到一定温度后，会由于析出相长大、粗化而引起硬度下降，时效时间的影响规律与时效温度影响规律相似；在某一温度下，随保温时间加长，析出相增加，反映在硬度上是升高，但到一定时间后，也会由于析出相的长大、粗化而使硬度下降。所以，时效温度和时间的选择是依据对材料的强化目标确定的。

除了各类沉淀硬化不锈钢都必须采用的固溶处理和时效处理外，对于某些类型的沉淀硬化不锈钢，为了提高强化效果和加工成形，还有的需要采用调整处理、冷变形处理、冷处理、均匀化处理等。

③ 调整处理常称 T 处理（transformation treatment）。所谓调整处理，简而言之，就是调整钢的马氏体转变点 M_s 和 M_z。这种方法主要用于半奥氏体型沉淀硬化不锈钢。

半奥氏体沉淀硬化不锈钢的马氏体转变点较低，固溶处理后的组织基本上是奥氏体组织，基体强度较低，在这种组织条件下进行时效处理的强化效果不好。为此，在固溶处理后再进行一次以提高马氏体转变点为目的的热处理。众所周知，为提高钢的马氏体转变点，降低奥氏体的稳定性，重要手段之一是将钢加热到一定温度并保温，使奥氏体中的碳和合金元素析出，降低基体中的合金浓度，这样，在冷却过程中，由于奥氏体稳定性降低、马氏体转变点提高，奥氏体更容易向马氏体转变。通过调整处理后，半奥氏体沉淀硬化不锈钢的基体组织主要是马氏体和部分奥氏体，在此基础上再进行时效处理，会得到很好的强化效果。

以半奥氏体沉淀硬化不锈钢 0Cr17Ni7Al（PH17-7）为例，有资料报道，0Cr17Ni7Al 钢加热到 1038℃ 时，M_s 点约为 $-196℃$；加热到 945℃ 时，M_s 点约为 $-73℃$；加热到 800℃ 时，M_s 点约为 $+90℃$。这个结果可说明用加热温度来调整半奥氏体沉淀硬化不锈钢 M_s 点温度的重要作用。随着 M_s 点温度变化，冷却后组织中马氏体与奥氏体比例也有明显变化。

半奥氏体沉淀硬化不锈钢调整处理的加热温度应根据预想的调整处理效果确定。

④ 冷变形处理也称 C 处理（cold working）。冷变形处理主要用于半奥氏体、奥氏体、奥氏体-铁素体类型沉淀硬化不锈钢。

冷变形处理就是将材料在固溶处理后，进行一定程度的冷变形加工（如冷拉钢丝、冷轧板材等），在材料成形的同时，通过冷变形促进奥氏体向马氏体转变。通过冷变形，可使钢中的奥氏体在 M_d 点转变为马氏体。在材料成分一定的条件下，变形程度越大，奥氏体向马氏体转变越多，对基体的强化程度越大。

半奥氏体、奥氏体、奥氏体-铁素体沉淀硬化不锈钢，固溶处理后进行一定程度的冷变形，在基体组织强化后再进行时效处理，可使其获得理想的性能和强化效果。

⑤ 冷处理也称 R 处理（refrigeration treatment）。沉淀硬化不锈钢的冷处理也是为了促进奥氏体向马氏体的转变，强化基体组织。将固溶处理或固溶处理-调整处理后的沉淀硬化不锈钢进行一次低于室温（通常在 $-73℃$ 左右）的冷处理，由于冷处理的温度远低于 M_s 温度，因此组织中比较稳定的尚未转变的奥氏体向马氏体转变，组织基本上是马氏体，然后进行时效处理，可获得优良的性能和强化效果。

⑥ 均匀化处理主要用于沉淀硬化不锈钢的铸件。其目的是改善铸件成分和组织的不均匀性，细化晶粒，并使铸件凝固时形成的多边形铁素体趋于球化。铸件经过均匀化处理，对以后的固溶处理效果和最终时效处理效果有积极的作用。均匀化处理加热温度一般选在 1060～1150℃。

⑦ 焊后热处理。沉淀硬化不锈钢焊后热处理包括铸件补焊和结构件焊接后的去应力处理。

补焊或焊接前如未经固溶处理，焊后应进行固溶处理和时效处理，以保证母体及焊接处达到性能要求。如果焊前经过了固溶处理或固溶时效处理，则焊后可采用时效处理或略低于时效温度的去应力处理。

（2）沉淀硬化不锈钢的热处理

部分沉淀硬化不锈钢的热处理工艺参数参见表 5-46。

表 5-46　沉淀硬化不锈钢棒或试样的典型热处理制度 （GB/T 1220—2007）

GB/T 20878 中序号	统一数字代号	新牌号	旧牌号	热处理			
				种类		组别	条件
136	S51550	05Cr15Ni5Cu4Nb		固溶处理		0	1020～1060℃,快冷
				沉淀硬化	480℃时效	1	经固溶处理后,470～490℃空冷
					550℃时效	2	经固溶处理后,540～560℃空冷
					580℃时效	3	经固溶处理后,570～590℃空冷
					620℃时效	4	经固溶处理后,610～630℃空冷
137	S51740	05Cr17Ni4Cu4Nb	0Cr17Ni4Cu4Nb	固溶处理		0	1020～1060℃,快冷
				沉淀硬化	480℃时效	1	经固溶处理后,470～490℃空冷
					550℃时效	2	经固溶处理后,540～560℃空冷
					580℃时效	3	经固溶处理后,570～590℃空冷
					620℃时效	4	经固溶处理后,610～630℃空冷
138	S51770	07Cr17Ni7Al	0Cr17Ni7Al	固溶处理		0	1000～1100℃快冷
				沉淀硬化	510℃时效	1	经固溶处理后,955℃±10℃保持10min,空冷到室温,在24h内冷却到−73℃±6℃,保持8h,再加热到510℃±10℃,保持1h后,空冷
					565℃时效	2	经固溶处理后,于760℃±15℃保持90min,在1h内冷却到15℃以下,保持30min,再加热到565℃±10℃保持90min,空冷
139	S51570	07Cr15Ni7Mo2Al	0Cr15Ni7Mo2Al	固溶处理		0	1000～1100℃快冷
				沉淀硬化	510℃时效	1	经固溶处理后,955℃±10℃保持10min,空冷到室温,在24h内冷却到−73℃±6℃,保持8h,再加热到510℃±10℃,保持1h后,空冷
					565℃时效	2	经固溶处理后,于760℃±15℃保持90min,在1h内冷却到15℃以下,保持30min,再加热到565℃±10℃保持90min,空冷

① 马氏体沉淀硬化不锈钢的热处理。马氏体沉淀硬化不锈钢固溶处理后的基体组织基本上是马氏体,已有较高强度,再经适当的时效处理即可满足性能要求。一般情况下,采用固溶处理 (A 处理),再进行一次时效处理 (H 处理)。

0Cr17Ni4Cu4Nb (PH17-4) 钢是马氏体沉淀硬化不锈钢的代表牌号。

a. 固溶处理。固溶处理加热温度应保证钢中碳和合金元素充分溶于奥氏体中,但也不宜太高,太高的加热温度不仅会引起晶粒长大,还会因溶解量过度,增加奥氏体稳定性,降低马氏体转变点,致使固溶处理后存在较多的残留奥氏体,影响时效后的性能,过高的加热温度还可能产生较多的 δ 铁素体,影响以后的强化效果。

0Cr17Ni4Cu4Nb 固溶加热温度可选用 1020～1060℃,这个加热温度可控制 M_s 点在 80～120℃,M_z 点在 30℃左右。

0Cr17Ni4Cu4Nb 含有的铬镍使奥氏体有较好的稳定性,空冷即可得到马氏体组织,而且,含铜的 ε 相析出速度慢,不必担心在固溶冷却阶段析出。但是,为使固溶处理后的组织更细、获得更好的强化效果,实际生产时多采用油冷,并力求工件冷透后出油。采用水冷固溶效果会更好,但在某些情况下可能产生裂纹。

固溶处理后的金相组织应是含有过饱和铜、铌的低碳板条马氏体,有时可能会有少量残留奥氏体和δ铁素体。

b. 时效处理。0Cr17Ni4Cu4Nb 钢固溶后采用时效处理的温度应根据对性能的要求确定。有资料报道，在约 480℃ 温度下时效，可获得最高的硬度和强度，随着时效温度提高，硬度和强度下降，而塑性、韧性增加。

0Cr17Ni4Cu4Nb 是比较成熟和稳定的沉淀硬化不锈钢，一般情况下采用固溶和时效处理就能满足性能要求，但在有些情况下需用增加调整处理工序来提高热处理质量。因为固溶处理后再进行一次调整处理可以减少组织中残留奥氏体量，经过时效处理后，沉淀析出相更均匀、强化效果更好。

② 半奥氏体沉淀硬化不锈钢的热处理。半奥氏体沉淀硬化不锈钢的马氏体转变点较低，在固溶处理后，组织中会有大量奥氏体保留下来，强度较低，时效处理后得不到理想的硬化效果。因此，在固溶处理后应采取措施将马氏体转变点提高，以保证在时效前具有大量的马氏体组织，保证时效后的强化效果。

半奥氏体沉淀硬化不锈钢提高马氏体点和增加固溶处理后马氏体量的方法通常有调整处理（T 处理）、冷变形处理（C 处理）和冷处理（R 处理）。所以，半奥氏体沉淀硬化不锈钢的热处理比马氏体沉淀硬化不锈钢热处理更复杂一些。

0Cr17Ni7Al 是半奥氏体沉淀硬化不锈钢的代表牌号，铝是其沉淀硬化元素，在时效时，以镍-铝化合物形式析出并强化。

0Cr17Ni7Al 钢的热处理一般有三种组合方式。即：

固溶处理（A）—机械加工—调整处理（T）—时效处理（H）。

固溶处理（A）—机械加工—调整处理（T）—冷处理（R）—时效处理（H）。

固溶处理（A）—冷变形处理（C）—时效处理（H）。

a. 固溶处理。0Cr17Ni7Al 钢固溶温度可选择 1040～1050℃，保温后视情况可采用空冷、油冷或水冷。固溶处理后的组织基本上是奥氏体组织，可能存在少量 δ 铁素体。硬度很低，一般只有 200HB 左右，强度很低但塑性高。

固溶处理的温度准确度、均匀性及冷却效果都会影响最终处理效果。如果温度超高，铁素体量会增加，特别是钢中含碳量低时，铁素体量增加更明显。过热产生的铁素体在进行以后的处理时很难消除，直接影响时效后的处理质量。如果加热温度过低，钢的 M_s 点会上升，固溶冷却后的组织中可能会产生部分马氏体，这不仅给下一步成形加工造成困难，还会因为这部分马氏体固溶碳和合金的量不足而达不到理想的强化效果。

b. 调整处理。0Cr17Ni7Al 钢进行调整处理的目的是使过饱和于奥氏体中的碳和合金碳化物析出，降低奥氏体的稳定性、提高 M_s 点，以保证奥氏体能充分转变成马氏体。调整处理加热温度不同，对马氏体转变温度的改变程度不同，冷却后获得的马氏体量也不同。

目前，0Cr17Ni7Al 的调整处理有两种方法可选择。

一种是当对钢的强度要求不高时，可采用 760℃ 左右的温度加热，这时，M_s 可提高到 70℃ 左右，冷却后的基体组织是马氏体，马氏体中的碳和合金元素有一定程度的过饱和。

另一种是对钢的强度要求很高时，可采用 960℃ 左右的温度加热，此时钢的 M_s 点温度在 −70～−60℃，冷却后，组织是碳和合金元素充分固溶的奥氏体，然后进行一次 −73℃ 左右的冷处理，得到马氏体组织。这种马氏体中的碳和合金的过饱和度远远高于经 760℃ 左右的温度调整处理得到的马氏体。所以，经高温调整处理并冷处理后得到的马氏体强度更高，时效后，强化效果也更好。有试验数据表明，0Cr17Ni7Al 钢经过固溶处理—960℃调整处理—

−73℃冷处理—时效处理得到的强度比固溶处理—760℃调整处理—时效处理得到的强度能提高 20% 左右。

0Cr17Ni7Al 钢经调整处理后，M_s 点可提高 50～90℃，而 M_z 点仍然很低。所以，为保证调整处理组织更好转变，调整处理时要充分冷却。

c. 冷处理。0Cr17Ni7Al 钢冷处理的目的是使调整处理后还存在的奥氏体能继续向马氏体转变。冷处理一般采用−73℃，较长时间保持，通常保持 8h 以上，以确保奥氏体的充分转变。采用−73℃保温，是因为这个温度已经低于经过调整处理（960℃左右调整）后的 M_s 点温度。由于是在极低的温度下转变，因此应保持较长时间。冷处理后再经时效处理，使材料获得高的强度和韧性。

为了保证好的冷处理效果，要注意在调整处理后尽快进行冷处理，最好不超过 1h、最多不超过 8h，因为放置时间长了会促使奥氏体的稳定化，影响冷处理效果。

d. 冷变形处理。0Cr17Ni7Al 钢的冷变形加工处理主要是指为获得丝材、板材、带材的成形处理。这是冷变形处理的主要目的。但材料经过这种冷变形后会影响 M_d 点的温度，从而影响获得马氏体的量，最终反映在时效处理后提高了强化效果，试验研究表明，冷变形量大于 50% 时才会突显强化效果，冷变形量越大，时效后强化效果越明显。

e. 时效处理。0Cr17Ni7Al 时效处理主要沉淀析出物是镍-铝金属间化合物。时效温度的确定主要根据对性能的要求和时效处理前经历的程序。目前，通常采用的时效方式有以下几种。

- 固溶处理后采用 760℃温度调整处理，时效温度采用 560℃左右，空冷。
- 固溶处理后采用 960℃温度调整处理并经过 −73℃冷处理，时效温度采用 510℃左右，空冷。
- 固溶处理后采用冷加工变形（如冷拉丝、冷轧板等）、时效温度采用 490℃左右，空冷。

时效处理保温时间不少于固溶时间的 2 倍。

③ 奥氏体沉淀硬化不锈钢的热处理。奥氏体沉淀硬化不锈钢的热处理方法是固溶处理，基体组织是奥氏体，在这种状态下，对材料进行冷拉、冷轧等加工，制成丝材、板材、带材。然后进行时效处理，使材料获得一定的性能。

以奥氏体沉淀硬化不锈钢 PH17-4CuMo 为例。其主要化学成分为：$w(C) \leqslant 0.12\%$；$w(Cr) \approx 16.0\%$；$w(Ni) \approx 14.0\%$；$w(Mo) \approx 2.5\%$；$w(Cu) \approx 3.0\%$；$w(Nb) \approx 0.45\%$。该钢主要沉淀强化元素是铜和铌。

a. 固溶处理。加热温度为 1120～1220℃，水冷。

b. 时效处理。时效处理应在拉丝等冷加工后进行，时效温度为 730℃左右、水冷。

④ 奥氏体-铁素体沉淀硬化不锈钢的热处理。该钢在固溶处理后，基体组织为两相，即奥氏体和铁素体。沉淀强化元素充分溶解在两相组织中的铁素体相中。时效时从铁素体相中析出，使材料强化。

V_2B 是一种奥氏体-铁素体沉淀硬化不锈钢。其主要化学成分为：$w(C) \leqslant 0.07\%$；$w(Si) \approx 3.0\%$；$w(Cr) \approx 19.0\%$；$w(Ni) \approx 10.0\%$；$w(Mo) \approx 3.0\%$；$w(Cu) \approx 2.0\%$；$w(Be) \approx 0.15\%$。

该钢中硅含量较高，硅和钼一起稳定铁素体组织，铜是沉淀强化元素，铍不仅对铁素体有强化作用，还能与铁形成金属间化合物 Be_2Fe 与碳形成碳化物 Be_2C。Be_2Fe 与 Be_2C 在时效时析出，发挥强化作用。

V_2B 材料固溶加热温度为 1100℃左右、水冷，时效温度可采用 500℃左右。V_2B 铸件经固溶时效后，强度可大于 1000MPa，硬度可达到 360HB。

（3）沉淀硬化不锈钢热处理的常见检验项目

① 硬度：符合技术要求。主要采用布氏硬度检验，个别高硬度件也可采用洛氏硬度检验。

② 力学性能：符合技术要求。

③ 金相组织（需要时）：主要检验是否符合该材料对应热处理状态下应具备的组织。对于组织中可能存在的残留奥氏体或 δ 铁素体可检验，但验收标准可协商确定。

（4）沉淀硬化不锈钢热处理时可能产生的缺陷和原因

沉淀硬化不锈钢热处理主要包括固溶处理和时效处理。所以，这两个基本环节都可能产生缺陷。

① 固溶时效处理后硬度和强度不足：可能固溶加热时温度不足、合金元素未充分溶于高温奥氏体中，冷却后，沉淀析出效果不好；如果固溶时效果较好，而时效后硬度不足，应该是时效温度太高或时效时间太长，使沉淀析出物集聚长大，引起硬度降低，这也会反映在力学检验时，强度达不到技术标准。

② 塑性和韧性低，达不到技术要求。可能固溶加热温度超高，引起晶粒粗大，降低了晶界塑韧性；如果没有晶粒粗大现象，强度超过技术标准，可能是时效温度不足，沉淀析出物未充分析出或集聚，应力消除不彻底，这时可提高时效温度后再重新进行时效处理。

（5）沉淀硬化不锈钢热处理应注意的问题

① 严格控制固溶热加热温度和冷却方式，加热温度低，合金元素不能充分溶于高温奥氏体中，影响以后时效效果，引起硬度降低和强度不足，加热温度高可能引起晶粒长大。冷却方式应根据沉淀硬化不锈钢类型及零件具体情况合理确定。冷却速度不足，在固溶冷却阶段便有析出物，会影响以后时效过程中的沉淀硬化效果，冷却速度太快，特别是对于马氏体沉淀硬化不锈钢，有可能产生裂纹。

② 时效温度和时间也应合理控制。时效温度不足或时效保温时间太短，影响沉淀相析出，从而影响强度。如果时效温度高或时间太长，沉淀析出物会集聚长大，降低强度。

③ 对于有些类型的沉淀硬化不锈钢，在固溶处理和时效处理之间还要附加其他处理过程，如调整处理、冷处理、变形处理等。这时必须注意各工序之间衔接合理、及时，并保证每个环节的处理效果，才能保证最终的热处理效果。

5.3.11 耐热钢的热处理

耐热钢的主要功能应该具有高温抗氧化性和高温强度，在较长时间工作中具有较高的抗蠕变性能、抗应力松弛性能和持久强度。为保证这些性能，耐热钢应具有良好的化学稳定性和组织稳定性，特别是碳化物要稳定，不易球化和石墨化。耐热钢的这些特性首先是通过化学成分调整获得的。珠光体型耐热钢是具有低或中等含碳量，加入一定量的铬、钼、钒等合金元素，促进碳化物稳定。铁素体型耐热钢具有较高的含铬量，通常含铬量为 7%～23%，促进铁素体组织稳定性。奥氏体型耐热钢具有较高的含镍量，保证具有稳定的奥氏体组织。马氏体耐热钢具有中等含碳量及促进碳化物稳定的合金元素铬、钼、钒等。此外，耐热钢中还有的加入硅、钨、钛、铌等合金元素，其目的也是提高高温抗氧化性和组织稳定性。

耐热钢除具有必要的化学成分构成外，还应通过适当热处理来实现组织稳定性，从而保证需要的性能。

（1）耐热钢的热处理

① 珠光体耐热钢的热处理。低碳珠光体耐热钢热处理采用正火＋回火处理。正火加热温度依据钢号不同可采用 980~1020℃，使碳化物完全溶解，均匀分布于奥氏体中，空冷后获得片状珠光体及一定量的贝氏体组织。再经高于使用温度 100~150℃的回火处理，通常采用 720~740℃加热回火。最终获得稳定的珠光体（含一定量的贝氏体）的组织。

② 铁素体耐热钢的热处理。铁素体耐热钢热处理的目的是使前期工序中析出的金属间相等引起脆性的第二相溶解，以提高材料的韧性，消除应力。

铁素体耐热钢采用退火处理。通常采用加热温度为 700~800℃、保温后空冷的热处理工艺。

部分铁素体耐热钢热处理制度见表 5-47。

表 5-47　铁素体耐热钢棒或试样典型的热处理制度（GB/T 1221—2007）

GB/T 20878 中序号	统一数字代号	新　牌　号	旧　牌　号	退火/℃
78	S11348	06Cr13Al	0Cr13Al	780~830,空冷或缓冷
83	S11203	022Cr12	00Cr12	700~820,空冷或缓冷
85	S11710	10Cr17	1Cr17	780~850,空冷或缓冷
93	S12550	16Cr25N	2Cr25N	780~880,快冷

③ 奥氏体耐热钢的热处理。奥氏体耐热钢应保持奥氏体组织，使合金元素和碳化物充分固溶，以保证性能。

奥氏体耐热钢采用固溶处理，通常加热温度为 1050~1150℃；保温后水冷或油冷。

部分奥氏体耐热钢的热处理制度见表 5-48。

表 5-48　奥氏体耐热钢棒或试样典型的热处理制度（GB/T 1221—2007）

GB/T 20878 中序号	统一数字代号	新　牌　号	旧　牌　号	典型的热处理制度/℃
6	S35650	53Cr21Mn9Ni4N	5Cr21Mn9Ni4N	固溶 1100~1200,快冷 时效 730~780,空冷
7	S35750	26Cr18Mn12Si2N	3Cr18Mn12Si2N	固溶 1100~1150,快冷
8	S35850	22Cr20Mn10Ni2Si2N	2Cr20Mn9Ni2Si2N	固溶 1100~1150,快冷
17	S30408	00Cr19Ni10	0Cr18Ni9	固溶 1010~1150,快冷
30	S30850	22Cr21Ni12N	2Cr21Ni12N	固溶 1050~1150,快冷 时效 750~800,空冷
31	S30920	16Cr23Ni13	2Cr23Ni13	固溶 1030~1150,快冷
32	S30908	06Cr23Ni13	0Cr23Ni13	固溶 1030~1150,快冷
34	S31020	20Cr25Ni20	2Cr25Ni20	固溶 1030~1180,快冷
35	S31008	06Cr25Ni20	0Cr25Ni20	固溶 1030~1180,快冷
38	S31608	06Cr17Ni12Mo2	0Cr17Ni12Mo2	固溶 1010~1150,快冷
49	S31708	06Cr19Ni13Mo3	0Cr19Ni13Mo3	固溶 1010~1150,快冷
55	S32168	06Cr18Ni11Ti[①]	0Cr18Ni10Ti[①]	固溶 920~1150,快冷
57	S32590	45Cr14Ni14W2Mo	4Cr14Ni14W2Mo	退火 820~850,快冷
60	S33010	12Cr16Ni35	1Cr16Ni36	固溶 1030~1180,快冷
62	S34778	06Cr18Ni11Nb[①]	0Cr13Ni11Nb[①]	固溶 980~1150,快冷

GB/T 20878 中序号	统一数字代号	新 牌 号	旧 牌 号	典型的热处理制度/℃
64	S38148	06Cr18Ni13Si4	0Cr18Ni13Si4	固溶 1010～1150,快冷
65	S38240	16Cr20Ni14Si2	1Cr20Ni14Si2	固溶 1080～1130,快冷
66	S38340	16Cr25Ni20Si2	1Cr25Ni20Si2	固溶 1080～1130,快冷

① 需方在合同中注明时,可进行稳定化处理,此时的热处理温度为 850～930℃。

④ 马氏体耐热钢的热处理。马氏体耐热钢包括中碳、合金元素总量不超过5%的合金耐热钢和低碳高铬的马氏体耐热钢。

马氏体耐热钢在淬火＋高温回火状态下使用,通常淬火加热温度为 1000～1050℃ (1Cr5Mo 钢加热温度为 900～950℃),之后采用水冷或油冷,获得马氏体组织,再经过超过使用温度 100℃的温度回火,获稳定的索氏体组织,通常采用回火温度为 680～740℃。

部分马氏体耐热钢热处理制度见表 5-49。

表 5-49 马氏体耐热钢棒或试样典型的热处理制度（GB/T 1221—2007）

GB/T 20878 中序号	统一数字代号	新 牌 号	旧 牌 号	钢棒的热处理制度 退火/℃	试样的热处理制度 淬火/℃	试样的热处理制度 回火/℃
98	S41010	12Cr13	1Cr13	800～900 缓冷或约 750 快冷	950～1000 油冷	700～750,快冷
101	S42020	20Cr13	2Cr13	800～900 缓冷或约 750 快冷	920～980 油冷	600～750,快冷
106	S43110	14Cr17Ni2	1Cr17Ni2	680～700 高温回火,空冷	950～1050 油冷	275～350,空冷
107	S43120	17Cr16Ni2	—	1 680～800 炉冷或空冷 2	950～1050 油冷或空冷	600～650,空冷 / 750～800＋650～700① 空冷
113	S45110	12Cr5Mo	1Cr5Mo	—	900～950 油冷	600～700,空冷
114	S45610	12Cr12Mo	1Cr12Mo	800～900 缓冷或约 750 快冷	950～1000 油冷	700～750,快冷
115	S45710	15Cr13Mo	1Cr13Mo	830～900 缓冷或约 750 快冷	970～1020 油冷	650～750,快冷
119	S46010	14Cr11MoV	1Cr11MoV	—	1050～1100 空冷	720～740,空冷
122	S46250	18Cr12MoVNbN	2Cr12MoVNbN	850～950 缓冷	1100～1170 油冷或空冷	≥600,空冷
123	S47010	15Cr12WMoV	1Cr12WMoV	—	1000～1050 油冷	680～700,空冷
124	S47220	22Cr12NiWMoV	2Cr12NiMoWV	830～900 缓冷	1020～1070 油冷或空冷	≥600,空冷

GB/T 20878 中序号	统一数字代号	新牌号	旧牌号	钢棒的热处理制度		试样的热处理制度		
				退火/℃		淬火/℃	回火/℃	
125	S47310	13Cr11Ni2W2MoV	1Cr11Ni2W2MoV	—	1	1000～1020 正火 1000～1020 油冷或空冷	660～710 油冷或空冷	
					2		540～600 油冷或空冷	
128	S47450	18Cr11NiMoNbVN	(2Cr11NiMoNbVN)	800～900 缓冷 或 700～770 快冷		≥1090,油冷	≥640 空冷	
130	S48040	42Cr9Si2	4Cr9Si2	—		1020～1040 油冷	700～780 油冷	
131	S48045	45Cr9Si3	—	800～900 缓冷		900～1080 油冷	700～850 快冷	
132	S48140	40Cr10Si2Mo	4Cr10Si2Mo	—		1010～1040 油冷	720～760 空冷	
133	S48380	80Cr20Si2Ni	8Cr20Si2Ni	800～900 缓冷 或约 720 空冷		1030～1080 油冷	700～800 快冷	

① 当镍含量在表 2-89 的成分标准规定的下限时，允许采用 620～720℃单回火制度。

（2）耐热钢热处理后的质量检验

耐热钢热处理后的质量检验，依据采用的热处理方法，见本章相关内容。

（3）可能产生的缺陷和原因

依据采用的热处理方法，见本章相关内容。

5.3.12　高温合金的热处理

高温合金制造的零件工作条件比较恶劣。所以，高温合金应具有较高的高温强度、抗蠕变能力和持久强度，以及高的疲劳强度和断裂韧性，还应该具有较高的抗氧化性能和抗热腐蚀性能。高温合金应具有良好的组织稳定性。

因此，高温合金含有较高的镍及钴、钨、钼、钛等合金元素。依据合金成分不同，高温合金分铁基、铁镍基、镍基、钴基等不同类型。不同类型的高温合金应采用不同的热处理工艺方法。

（1）铁基、铁镍基、镍基高温合金的热处理

铁基、铁镍基、镍基高温合金的热处理种类通常分固溶处理、中间处理、时效处理。

① 固溶处理。固溶处理的目的是将合金中的碳化物、粗大的金属间化合物充分溶入基体，获得均匀的固溶体和一定的晶粒度，为后续时效处理过程中析出弥散的、均匀分布的强化相做准备。通常固溶加热温度在 980～1200℃。要求晶粒细小时，取较低的固溶温度；要求高的蠕变性和持久强度时，可采用较高的固溶温度，以保证具有较大的晶粒。固溶处理后的组织基本上是奥氏体和极少量的合金碳化物或其他相。

② 中间处理。中间处理是介于固溶处理和时效之间的热处理，也称二次固溶处理、中间时效处理、低温固溶处理、高温时效处理，也有时称稳定化处理。中间处理的目的是改变晶界碳化物状态，使合金晶界析出一定量的各种碳化物相、硼化物相颗粒等，提高晶界强度，并使晶界和晶内析出 γ' 相，从而使晶界和晶内强度得到协调配合，提高合金高温持久

强度、蠕变强度及持久伸长率，提高在长期高温条件下使用的组织稳定性。中间处理加热温度在 $1000\sim1100℃$。

③ 时效处理。时效处理的目的是使强化相充分、均匀析出，在合金的基体上析出一定数量和尺寸的强化相 γ' 相及碳化物等，达到合金强化目的。通常合金的时效温度等于或略高于工作温度，一般在 $700\sim950℃$。

当然，依据合金种类不同，有的只需采用固溶处理，有的需要采用固溶＋时效处理，还有的要采用固溶＋中间处理＋时效处理。

【例 1】 GH1035 合金

固溶：$1100\sim1140℃$、空冷。

GH3030 合金

固溶：$980\sim1020℃$，空冷。

【例 2】 GH2132 合金

固溶：$980℃$，油冷。

时效：$720℃\times16h$，空冷。

GH4033 合金

固溶：$1080℃$，空冷。

时效：$700℃\times16h$，空冷。

【例 3】 GH2135 合金

固溶：$1140℃$、空冷。

中间处理：$830℃\times9h$，空冷。

时效：$700℃\times16h$，空冷。

GH4037 合金

固溶：$1190℃$、空冷。

中间处理：$1050℃\times4h$，空冷。

时效：$800℃\times16h$，空冷。

部分高温合金的热处理制度参见表 5-50 和表 2-191。

表 5-50 **部分高温合金（板材）热处理制度**（GB/T 14995—2010）

牌　　　号	成品板材推荐固溶处理制度	牌　　　号	成品板材推荐固溶处理制度
GH1035	$1100\sim1140℃$,空冷	GH3030	$980\sim1020℃$,空冷
GH1131	$1130\sim1170℃$,空冷	GH3039	$1050\sim1090℃$,空冷
GH1140	$1050\sim1090℃$,空冷	GH3044	$1120\sim1160℃$,空冷
GH2018	$1100\sim1150℃$,空冷	GH3128	$1140\sim1180℃$,空冷
GH2132	$980\sim1000℃$,空冷	GH4099	$1080\sim1140℃$,空冷
GH2302	$1100\sim1130℃$,空冷	—	—

注：表中所列固溶温度系指板材温度。

（2）钴基高温合金的热处理

钴基高温合金除含有 $10\%\sim22\%$ 镍、$20\%\sim30\%$ 铬外，主要含 $40\%\sim65\%$ 钴。

钴基合金主要是通过碳化物强化的合金。因此，热处理的目的主要是改善碳化物的尺寸和分布。固溶处理使粗大的碳化物大部分固溶于基体中，使组织更加均匀，在后续的时效过程中，析出更均匀、细小的碳化物颗粒。时效温度越低，析出碳化物越细小，抗拉强度越高，塑性越低。如果采用较高的时效温度，析出碳化物颗粒偏大，这时可获得较高的高温持久强度和塑性。

钴基高温合金的热处理主要有两种方式，固溶处理和固溶＋时效处理，一般不做中间处理。

【例1】 GH5188合金

固溶：1160～1200℃，空冷。

【例2】 S816（美）合金

固溶：1175℃，空冷。

时效：760℃×12h，空冷。

（3）铸造高温合金的热处理

铸造高温合金中的含碳量比变形高温合金高。所以，铸造高温合金中碳化物较多，并且，铸造高温合金中都含有较多的难熔金属元素，如W、Mo等，其形成难以分解的稳定碳化物。另外，铸造高温合金中存在较严重的成分和组织偏析。所以，铸造高温合金热处理的主要目的是促进合金组织均匀化、提高高温强度和持久强度。

根据铸造高温合金成分和组织特点，有的可以在铸造状态下使用，如K408合金等；有的需要在热处理后使用，常采用的热处理方式有固溶处理、时效处理、固溶＋时效处理。

① 固溶处理。铸造高温合金中，存在着粗大 γ′ 相，通过固溶处理可将其全部或部分固溶，在冷却过程中则析出细小的 γ′ 颗粒，以提高合金的高温强度。通常固溶温度范围为1180～1210℃。固溶温度越高，粗大 γ′ 相溶解越多，冷却后析出的细小 γ′ 相也越多，则合金的强度越高。固溶温度较低时，固溶及冷却后的析出相就较少，这时合金塑性更好一些。如K213合金固溶：1100～1140℃加热保温后空冷。

② 时效处理。有时铸造高温合金可采用直接时效处理，在直接时效处理时，原存在于基体中较粗大的 γ′ 相不溶解，只是有细小的 γ′ 相析出，在晶界处会有一定量的碳化物析出。直接时效处理可以提高铸造高温合金的中温持久性能。通常采用直接时效的加热温度在860～950℃的温度范围内。如K211合金时效：900℃加热保温后空冷。

③ 固溶＋时效处理。固溶＋时效处理能使高温铸造合金获得良好的综合性能。固溶处理后的时效处理可采用一次时效，如K438合金固溶＋时效：固溶加热温度为1080℃，保温后空冷；时效加热温度为900℃，保温后空冷。二次时效，包括高温时效和低温时效两个过程，如K537合金固溶＋二次时效：固溶加热到1150℃，保温后空冷；一次时效温度为1050℃，加热保温后空冷；二次时效温度为850℃，加热保温后空冷。三次时效，包括高温时效、较高温度时效和较低温度时效三个过程，如K480合金；固溶加热到1220℃，保温后空冷；一次时效温度为1090℃，加热保温后空冷；二次时效温度为1050℃，加热保温后空冷；三次时效温度为840℃，加热保温后空冷。多次时效可获得更好的综合性能。

也有许多铸造高温合金在铸造后不经任何热处理直接使用，如K405、K419等。

（4）高温合金的退火

高温合金可采用去应力退火和再结晶退火。

① 去应力退火。高温合金去应力退火的目的是消除在冷热加工、铸造、焊接过程中产生的残留应力。去应力退火主要适用于固溶强化型合金、铸件、形状复杂或壁厚不均的焊接

件。通常采用加热温度为 850~900℃。

② 再结晶退火。高温合金的再结晶退火主要是为了控制晶粒度和软化合金。通常用于固溶强化型合金，便于冷热加工和焊接成形。通常再结晶退火加热温度高于合金的再结晶温度，依合金种类不同在 980~1200℃ 的温度区间。

（5）热处理后的质量检验

① 硬度：符合技术要求。

② 力学性能：符合技术要求。

③ 高温性能（需要时）：符合技术要求。

④ 金相组织（需要时）：符合技术要求。

（6）热处理可能产生的缺陷和原因

① 固溶强化型高温合金热处理后强度不足。原因可能是固溶加热温度不够，固溶强化元素不能充分溶入高温奥氏体中，不能充分发挥强化基体作用。

② 时效强化型高温合金热处理后强度不足。原因可能是固溶处理时加热温度偏低，合金元素不能充分溶解，不仅对基体强化作用不够，也会影响后续的时效效果，最后使其强度达不到技术要求。时效温度过高或过低都会影响时效的效果从而影响强度。

③ 对于需要二次固溶（或中间时效处理）的高温合金，在这道工序中效果不好，也会影响后续时效效果，从而影响最终的强度效果。

（7）高温合金热处理时应注意的问题

① 要严格控制固溶加热的温度，因为固溶处理的目的是使合金元素充分溶入基体并获得均匀的固溶体和一定的晶粒度。对于高温长时间使用的合金，应选择较高的固溶温度，以获得较大的晶粒度，对于中温使用并要求高的短时强度和疲劳强度的合金，应采用较低的固溶温度，以保持较小的晶粒度。只有正确并严格控制固溶温度，才能确保合金元素的合理溶解和适当晶粒度，使高温合金热处理后能发挥最好的功能效果。

② 时效处理时，要合理选择时效温度和时效时间，使强化相充分且均匀析出，从而保证热处理效果和强度要求。

5.3.13 耐蚀合金的热处理

耐蚀合金具有优良的耐腐蚀性能，其含镍量较高，其中含镍量大于 30%，镍、铁总量大于 50% 的耐蚀合金称铁镍基耐蚀合金；含镍量大于 50% 的耐蚀合金称镍基耐蚀合金。除镍元素之外，还分别加入铬、钼、铜、钨、硅等其他具有耐蚀特性的合金元素。耐蚀合金具有奥氏体组织。

（1）耐蚀合金的热处理

为保证大量的合金元素、碳化物及第二相充分固溶于基体中，更好发挥耐蚀作用，耐蚀合金最基本的热处理方式是固溶处理，这也是绝大多数耐蚀合金的热处理方式。依据合金中成分不同，固溶温度通常在 1000~1180℃。如 NS3102 合金固溶处理是加热至 1000~1050℃ 水冷；NS3303 合金固溶加热温度为 1150~1170℃，水冷。

一部分耐蚀合金为提高强度，采用固溶处理＋时效处理。通过时效处理在基体上弥散析出合金强化相。我国耐蚀合金标准中采用固溶＋时效处理的合金牌号较少。其中 NS4101 合金采用 1060℃、水冷固溶，再进行 750℃ 时效处理；NS4301 合金采用 1060℃、水冷固溶，再进行 620℃ 时效处理。

部分耐蚀合金的热处理制度参见表 2-185 和表 2-186。

（2）耐蚀合金的退火和去应力处理

耐蚀合金需要加工，为便于加工，使耐蚀合金软化，常采用 720～1200℃之间的退火处理（依据牌号不同选择退火温度），如 NS3012 合金退火温度为 925～1040℃；NS3201 合金退火温度为 1095～1185℃。

去应力处理是为了消除或减少耐蚀合金在加工、焊接等过程中产生的残留应力，通常采用 760～1180℃（依据牌号不同选用不同温度），如 NS3012 合金的去应力温度为 760～870℃，而 NS3201 合金的去应力温度为 1095～1185℃。

（3）热处理的质量检验

① 硬度：符合技术要求。

② 力学性能：符合技术要求。

③ 金相组织（需要时）：固溶处理耐蚀合金应为奥氏体组织，经过时效处理的耐蚀合金应为在奥氏体基体上有一定量的析出相。

④ 耐蚀性（需要时）：根据技术条件确定方法和验收标准。

（4）耐蚀合金热处理可能产生的缺陷和原因

耐蚀合金热处理可能产生的缺陷和原因参见高温合金热处理的相关部分内容。

（5）耐蚀合金热处理时应注意的问题

耐蚀合金热处理应注意的问题参见高温合金热处理的相关部分内容。

5.3.14 低温用钢的热处理

低温用钢是指用于 0℃以下温度的钢。可见，低温用钢的概念只是根据其使用条件（主要是温度条件）特征来确定的。低温用钢从成分和组织特征来分析，其主要有低碳钢、低碳低合金钢、镍钢、奥氏体钢等几类。

低温用钢的热处理目的是细化组织，使组织均匀化，在保证低温高韧性条件下保持一定的强度和塑性及焊接性能。

（1）低温用钢的热处理

低温用钢依据成分和组织类型不同，采用不同的热处理方法。

① 正火、回火。其主要用于低碳钢和低碳合金钢（含镍低温钢）。依据钢的化学成分不同，有的获得珠光体和铁素体，有的可获得低碳马氏体和铁素体、珠光体的混合组织。回火是为了降低正火产生的应力，增加组织稳定性。

② 调质。调质处理即淬火后高温回火处理。调质后主要获得板条状马氏体，提高室温强度。调质处理主要用于截面尺寸较大件以及正火达不到强度要求时。

③ 固溶处理。固溶处理主要用于奥氏体或奥氏体-铁素体类低温钢。固溶处理后获得奥氏体组织或奥氏体-铁素体组织。

（2）热处理后常见的检验项目

① 力学性能：通常检验材料室温性能和技术条件规定温度条件下的冲击性能。

② 金相组织（需要时）：符合要求。

（3）热处理可能产生的缺陷和原因

低温用钢热处理可能产生的缺陷和原因及热处理时应注意的问题，可依据低温用钢的种类和应采用的热处理方法，参见本章相关钢种和相关热处理方法的相关内容。

5.3.15 灰铸铁的热处理

灰铸铁的组织基本上是在钢的基体上分布片状石墨。按基体组织不同，可分为铁素体灰铸铁、铁素体＋珠光体灰铸铁和珠光体灰铸铁三类。

（1）灰铸铁的热处理

热处理只能改变灰铸铁的基体组织，不能改变石墨的形状和分布。根据热处理的目的和作用不同，可有以下几种热处理方法。

① 去应力退火。铸件在凝固冷却和发生组织转变过程中，不可避免地产生内应力，这种内应力的存在不仅影响变形，甚至产生裂纹。内应力如果在工件使用中释放，会引起工件变形并带来不良后果。因此，灰铸铁件都应进行铸后去应力退火，对于大型或形状复杂的铸件，最好在粗加工后再进行一次去内应力退火。

灰铸铁去除内应力退火的温度通常采用500～550℃，保温后采取较缓慢的方式冷却，一般采用炉冷至200℃以下出炉。

加热温度太低，去应力效果不好；加热温度超过550℃，灰铸铁中的渗碳体将发生部分分解或球化，引起强度和硬度降低。

由于石墨导热性差，又是稳定相，因此，灰铸铁热处理加热速度应缓慢和延长保温的时间。

部分灰铸铁铸件去应力退火规范见表5-51。

表 5-51 灰铸铁铸件的去应力退火规范

铸件种类	铸件质量/kg	铸件壁厚/mm	装炉温度/℃	升温速度/(℃/h)	加热温度/℃ 普通铸铁	加热温度/℃ 低合金铸铁	保温时间/h	缓冷速度/(℃/h)	出炉温度/℃
一般铸件	<200		≤200	≤100	500～550	550～570	4～6	30	≤200
	200～2500		≤200	≤80	500～550	550～570	6～8	30	≤200
	>2500		≤200	≤60	500～550	550～570	8	30	≤200
精密铸件	<200		≤200	≤100	500～550	550～570	4～6	20	≤200
	200～3500		≤200	≤80	500～550	550～570	6～8	20	≤200
简单或圆筒状铸件	<300	10～40	100～300	100～150	500～600		2～3	40～50	<200
一般精度铸件	100～1000	15～60	100～200	<75	500		8～10	40	<200
结构复杂 较高精度铸件	1500	<40	<150	<60	420～450		5～6	30～40	<200
	1500	40～70	<200	<70	450～500		8～9	20～30	<200
	1500	>70	<200	<75	500～550		9～10	20～30	<200
纺织机械小铸件	<50	<15	<150	50～70	500～550		1.5	30～40	150
机床小铸件	<1000	<60	≤200	<100	500～550		3～5	20～30	150～200
机床大铸件	>2000	20～80	<150	30～60	500～550		8～10	30～40	150～200

② 石墨化退火。灰铸铁石墨化退火的目的是通过部分渗碳体转化成石墨，降低硬度，改善加工性能。

由于铸铁中存在较大量自由渗碳体，使铸铁硬度和脆性升高，甚至无法加工时，可采用高温石墨化退火，加热温度为850～950℃，使自由渗碳体分解成奥氏体和石墨，可显著降低硬度，提高塑性和韧性。高温石墨化退火的冷却速度对组织和硬度会产生影响，如较快冷、空冷可获得珠光体＋石墨组织，硬度较高；冷却速度较慢，可获得铁素体＋石墨组织，硬度偏低。

如果铸铁中自由渗碳体不多，只为了共析渗碳体球化和分解，略使硬度降低，这时可采用低温石墨化处理，加热温度为 $650\sim700℃$，炉冷或空冷。

石墨化退火如果工艺或操作不当，可能引起强度和硬度下降过多，低于技术标准要求。

③ 正火。灰铸铁通过正火可提高组织中珠光体数量，从而提高硬度、强度及耐磨性。正火处理后的组织应力小。对于中小型截面的灰铸铁件，通过正火即可获得珠光体＋石墨组织；大截面铸铁件可能因为正火冷却速度不足，有铁素体析出。灰铸铁正火加热温度可选择 $850\sim950℃$，加热保温后空冷。

对于形状复杂的铸件，正火后可进行去应力退火，以降低应力。

④ 淬火与回火。淬火及回火是提高灰铸铁强度的重要方法。通过淬火及回火处理，硬度可达 $400\sim500HB$，强度可提高 40% 左右。

灰铸铁淬火加热温度应在 A_{c1} 以上 $30\sim50℃$，通常在 $850\sim900℃$，使基体组织转变为奥氏体，通过保温，使奥氏体中碳的浓度增加，保证淬火效果。如果淬火加热温度不足，则奥氏体中碳固溶度偏低，淬火后硬度偏低。如果淬火加热温度太高，又会加大淬火变形和开裂的可能性，还会增加淬火后的残余奥氏体量，降低硬度。加热保温后，可视情况采用水冷或油冷。

淬火后的回火也很重要，可消除应力、增加塑性和韧性。回火温度一般不高于 $550℃$。

⑤ 表面淬火。灰铸铁表面淬火可提高表面硬度和耐磨性，表面淬火后，灰铸铁表面硬度可达 $40\sim50HRC$。

表面淬火后应采用低温回火。

灰铸铁的原始组织对淬火效果影响较大，原始组织中，珠光体达 65% 以上，石墨细小并均匀分布时，将明显提高淬火效果。

（2）热处理的质量检验

① 硬度：符合技术条件，一般用布氏硬度检验。

② 力学性能：符合技术要求。一般采用浇铸试棒在去应力退火后进行试验。

③ 金相组织（需要时）：按 GB/T 7216《灰铸铁金相检验》的规定进行检验。一般检验基体组织和石墨形状及分布。验收标准按技术条件执行。

5.3.16　球墨铸铁的热处理

球墨铸铁是铁水经过球化处理后，在钢的基体上分布球状石墨的铸铁。依据基体组织不同，有铁素体基体球墨铸铁、珠光体基体球墨铸铁、铁素体＋珠光体基体球墨铸铁、贝氏体基体球墨铸铁。其中铁素体基体球墨铸铁塑性、韧性好，但强度偏低，而贝氏体球墨铸铁强度最高。

球墨铸铁通过热处理可以改变基体组织，不能改变球状石墨的形状和分布。通过改变加热温度，可控制溶入奥氏体中的石墨数量，对组织和性能产生影响。

（1）球墨铸铁的热处理

根据目的和作用不同，有几种热处理方法。

① 去应力退火。球墨铸铁弹性模量高于灰铸铁，所以铸造后产生的残余应力也高，比灰铸铁高 $1\sim2$ 倍。特别是形状复杂的球墨铸铁件内应力更大。因此，球墨铸铁件消除应力更有意义。球墨铸铁消除应力要缓慢升温，保温后炉冷。铁素体球墨铸铁消除应力温度可为 $600\sim650℃$，其余类型球墨铸铁消除应力温度可为 $550\sim600℃$。

② 石墨化退火。球墨铸铁在生产中，可能因为化学成分不当或球化、孕育处理不当，

在铸态组织中存在一定数量的自由渗碳体，使铸件硬度高，塑韧性差，加工困难。这时，应采用920～960℃温度的高温石墨化处理。加热保温后采用炉冷时，奥氏体会分解成铁素体＋石墨。

如果球墨铸铁原始组织中只有不超过3％的自由渗碳体，硬化和脆性不明显。为了获得更高韧性，可以采用720～760℃的低温石墨化处理，使共析渗碳体分解为铁素体＋石墨。低温石墨化退火加热保温后，随炉冷至600℃出炉空冷。

③ 正火。球墨铸铁正火的目的是使铸件中的铁素体全部或部分转变为珠光体，从而提高铸件的强度、硬度和耐磨性能。

为了获得高的强度、硬度和耐磨性能，可采用高温正火，加热温度为900～940℃，正火温度越高，奥氏体溶碳越多，正火后珠光体量也越多，但温度太高，奥氏体中溶碳量太多，冷却后会产生二次渗碳体，温度高还会使晶粒粗大，对性能不利。

为了获得较高的韧性、塑性和一定的强度，可采用加热820～860℃的低温正火处理。低温正火加热时，原始组织中有部分转变为奥氏体，冷却后获得珠光体、细小铁素体和石墨组织。

正火后空冷，可能产生较大应力，特别是形状复杂铸件易变形。所以，正火后还应进行消除应力退火。

④ 淬火、回火。球墨铸铁在淬火过程中，基体组织的转变过程与钢相似。加热后的基体组织转变为均一的奥氏体，然后快冷获得马氏体组织。

球墨铸铁淬火加热温度通常选用850～900℃，视情况采用水冷或油冷。淬火后的基体组织为马氏体，可有少量残留奥氏体。硬度可达到58～60HRC。

淬火后应进行回火。依据对力学性能要求不同，可采用低温（150～250℃）、中温（350～500℃）或高温（500～600℃）回火。

在高于600℃回火时，珠光体中的渗碳体会分解出石墨。因此，回火温度不宜高于600℃。

⑤ 等温淬火。球墨铸铁采用等温淬火可获得高强度，同时具有较高的塑性和韧性。球墨铸铁的等温淬火还可以减小变形和开裂。但，等温淬火只适用于较小的铸件。

等温淬火加热温度通常采用860～920℃，等温温度在250～350℃，获贝氏体基体组织。

⑥ 表面淬火。球墨铸铁为了获得表面高硬度、高耐磨性，可以采用表面感应淬火或火焰表面淬火。

如球墨铸铁采用正火（为表面淬火做组织准备，保证基体中珠光体含量不低于75％）后中频表面淬火，可得到淬硬深度大于3mm的硬层，硬度可达48～52HRC，组织为马氏体＋球状石墨。

⑦ 表面化学处理。球墨铸铁可以进行表面渗氮、渗铝、渗铬、渗硼、渗硫等表面化学热处理，提高使用性能和使用寿命。

（2）热处理的质量检验

球墨铸铁可根据不同的热处理种类进行质量检验。

① 硬度：符合技术要求。

② 力学性能（需要时）：根据技术条件进行检验，符合技术要求。通常采用浇铸试棒或试块，在规定的热处理后检验。

③ 金组组织（需要时）：球墨铸铁金相检验包括基体组织检验和石墨球化级别检验。一般球化级别为4级或更小。检验按GB/T 9441《球墨铸铁金相检验》的规定进行。

5.3.17 高铬白口抗磨铸铁的热处理

高铬白口抗磨铸铁是指含铬 12％～30％ 的耐磨铸铁。这是应用比较广泛的耐磨铸铁，其具有很高的耐磨性能和一定的耐腐蚀性能。

由于高铬铸铁含有较高的碳（通常含碳量为 2.0％～3.5％）和较高的铬及钼等合金元素，其在铸态、加热及冷却过程中组织的转变具有不同于钢的特点。

高铬铸铁在铸造的冷却过程中基本都过饱和地溶入了碳和合金元素，所以是不稳定的，总有一种向稳定组织自发转变的趋势。铸态组织首先取决于冷却速度的高低。冷却速度高时，因为碳及合金元素来不及析出，奥氏体较稳定，通常为奥氏体组织。冷却速度较低时，因碳和合金元素可从奥氏体中析出，降低了奥氏体的稳定性，冷却时会发生转变，在基体组织中可能出现部分马氏体、珠光体和奥氏体的混合组织，冷却速度进一步降低，有可能获得珠光体的基体组织。

冷却后的铸态组织，在重新加热和保温过程中，随着加热温度升高，铸态组织中过饱和的碳和合金元素开始析出并形成二次碳化物（对高铬铸铁一般是在 500℃ 左右），随着温度升高，碳和合金元素的析出过程加剧，析出量增加，同时，先析出的碳化物会长大变粗。到某一温度范围，由于奥氏体中碳和合金的溶解度也会增加，因此，碳和合金元素的析出开始变得缓慢并趋于停止。析出的二次碳化物依据铸铁中碳和铬的含量及比例不同，可有 $(Fe \cdot Cr)_{23}C_6$、$(Fe \cdot Cr)_7C_3$ 或 $(Fe \cdot Cr)_3C$ 等不同类型，当 Cr/C 大于 5 时，会以 $(Fe \cdot Cr)_7C_3$ 型碳化物为主，在三类碳化物中，$(Fe \cdot Cr)_7C_3$ 型碳化物的硬度最高。如果加热温度再进一步升高，反而可能有一些碳和合金重新溶入奥氏体的过程。在加热和保温过程中，在某一温度范围，碳和合金元素是析出还是溶入，取决于该温度范围内碳和合金元素在奥氏体中的溶解度，以及当时在奥氏体中已经溶入的数量。

在冷却过程中，由于碳和合金元素在奥氏体中溶解度的减少，将发生二次碳化物的进一步析出过程。这时，冷却速度大小对二次碳化物的析出有重要影响。在缓慢冷却时，二次碳化物有条件充分析出，奥氏体稳定性降低，奥氏体会转变为铁素体和碳化物的混合组织，如索氏体或珠光体。冷却速度加快，二次碳化物的析出受到抑制，奥氏体有一定的稳定性，可能转变为马氏体，最终的组织为马氏体和残留奥氏体，当然会有碳化物存在。

（1）高铬铸铁的软化退火

高铬铸铁的铸态组织硬度较高，难以切削加工，必须要软化退火。另外，通过软化退火使铸铁成分均匀化，减小应力，由于在退火阶段有碳和合金元素的析出，降低奥氏体的稳定性，保证在后续的淬火过程中大部分转变成马氏体，从而减少残留奥氏体数量。

高铬铸铁软化退火应缓慢加热，特别是在 700℃ 以前，加热速度不大于 60℃/h，在 700℃ 后可适当提高升温速度，加热温度应保证铸铁奥氏体化，通常加热至 940～980℃，充分保温后以缓慢的速度冷却，一般依据铸件复杂程度，冷却速度可控制在 20～50℃/h。在大多数情况下，炉冷到 700～750℃ 并保温 4～5h，再炉冷至 600℃ 以下出炉。软化退火后的基体组织为珠光体或索氏体，可能有少量残留奥氏体，在基体组织上分布一定数量的碳化物。退火后硬度通常在 340～420HB。

（2）高铬铸铁的淬火、回火

高铬铸铁淬火加热速度应予以控制，以防产生加热裂纹。通常在 700℃ 以下，升温速度不宜超过 60℃/h，700℃ 以后可适当提高。

淬火加热温度的选择很重要。淬火温度低，碳和合金元素不能充分溶入奥氏体中，淬火后马氏体硬度偏低。淬火温度升高，可提高铸铁的淬透性，但同时也提高了奥氏体中碳和合金元素的溶解度，增加了奥氏体的稳定性，从而引起淬火后组织中残留奥氏体量的增加，对淬火后的硬度产生影响。

随着铸铁中含铬量增加，二次碳化物在奥氏体中从析出为主向溶入为主的转变温度范围向高温方向移动。所以，高铬铸铁的淬火温度与含铬量有一定关系。如含铬15%的铸铁得到高硬度的淬火温度是940～970℃，而含铬量为20%的铸铁淬火温度是960～1010℃。

淬火加热的保温时间也与铸铁成分和原始组织有关。铸铁中如果存在大量的残留奥氏体，保温时间应加长，一般采用6h左右，如果残留奥氏体较少，以珠光体为主，则可采用较少的保温时间。

加热保温后，一般采用空气冷却，避免冷却过快产生开裂。对于形状简单铸件也可采用油冷。

淬火高铬铸铁的基体组织应是马氏体，可能有不同数量的残留奥氏体。在基体组织上分布有共晶碳化物和二次碳化物。

高铬铸铁淬火后的硬度一般大于56～58HRC（560～585HB）。

淬火后的高铬铸铁件存在较大应力，应及时回火。依据铸铁类别和淬火加热温度等因素影响，淬火后的高硬度在450～500℃温度以下可保持不变。高于这个温度时，硬度迅速下降。通常回火温度在250～300℃。回火后的组织和硬度与淬火态基本相同。

部分高铬白口铸铁热处理制度见表5-52。

表 5-52　部分高铬白口铸铁件的热处理制度（GB/T 8263—2010）

牌　号	软化退火处理	硬化处理	回火处理
BTMNi4Cr2-DT	—	430～470℃保温 4～6h，出炉空冷或炉冷	在 250～300℃保温 8～16h，出炉空冷或炉冷
BTMNi4Cr2-GT	—	430～470℃保温 4～6h，出炉空冷或炉冷	在 250～300℃保温 8～16h，出炉空冷或炉冷
BTMCr9Ni5	—	800～850℃保温 6～16h，出炉空冷或炉冷	在 250～300℃保温 8～16h，出炉空冷或炉冷
BTMCr8	920～960℃保温，缓冷至700～750℃保温，缓冷至600℃以下出炉空冷或炉冷	940～980℃保温，出炉后以合适的方式快速冷却	在 200～550℃保温，出炉空冷或炉冷
BTMCr12-DT	920～960℃保温，缓冷至700～750℃保温，缓冷至600℃以下出炉空冷或炉冷	900～980℃保温，出炉后以合适的方式快速冷却	在 200～550℃保温，出炉空冷或炉冷
BTMCr12-GT	920～960℃保温，缓冷至700～750℃保温，缓冷至600℃以下出炉空冷或炉冷	900～980℃保温，出炉后以合适的方式快速冷却	在 200～550℃保温，出炉空冷或炉冷
BTMCr15	920～960℃保温，缓冷至700～750℃保温，缓冷至600℃以下出炉空冷或炉冷	920～1000℃保温，出炉后以合适的方式快速冷却	在 200～550℃保温，出炉空冷或炉冷
BTMCr20	960～1060℃保温，缓冷至700～750℃保温，缓冷至600℃以下出炉空冷或炉冷	950～1050℃保温，出炉后以合适的方式快速冷却	在 200～550℃保温，出炉空冷或炉冷
BTMCr26	960～1060℃保温，缓冷至700～750℃保温，缓冷至600℃以下出炉空冷或炉冷	960～1060℃保温，出炉后以合适的方式快速冷却	在 200～550℃保温，出炉空冷或炉冷

注：1. 热处理规范中保温时间主要由铸件壁厚决定。

2. BTMCr2 经 200～650℃去应力处理。

（3）热处理后的检验项目

高铬铸铁热处理后（含软化退火和淬火回火处理）的检验项目以硬度为主，符合技术要求。

需要时可检验金相组织。

（4）可能产生的缺陷及原因

① 开裂。高铬铸铁含有较高的碳和合金元素，组织中应力较大，加热速度过快或冷却速度过快，都可能产生铸件开裂。

② 软化退火后硬度太高。软化退火的目的是降低硬度，便于切削加工，但有时硬度下降不明显，仍难以加工。这有可能是冷却速度较快，奥氏体基本上没有或很少发生珠光体转变，而大部分转变成马氏体，致使铸件硬度偏高。另外，如果铸铁合金成分不当，或从铸态冷却速度不当，组织中残留奥氏体在软化退火过程中，大量转变成马氏体，也会引起硬度升高。

③ 淬火后硬度不足。高铬铸铁淬火后硬度不足的原因可能是多方面的。

淬火加热温度偏低或保温时间不足，组织中的碳和合金元素溶入奥氏体量不够，淬火后马氏体硬度偏低。

淬火加热温度过高或保温时间太长，碳和合金元素过量溶入奥氏体，增加了奥氏体稳定性，冷却时不能转变成马氏体，存在过多残留奥氏体，引起硬度偏低。

淬火冷却速度不足，奥氏体发生了珠光体转变，最终组织马氏体量不足，引起硬度偏低。

回火温度太高，碳和合金元素从马氏体中析出，以及碳化物长大，也可使铸件的硬度偏低。

5.3.18 铜及常用铜合金的热处理

不同类型的铜合金需要采用不同的热处理工艺方法。

（1）工业纯铜的热处理

工业纯铜通常进行再结晶退火，目的是消除内应力、软化和改变晶粒度。退火温度依据制品种类及有效尺寸选择，如薄带材采用较低温度（300～380℃），壁厚尺寸较大的管材、棒材可采用较高温度（500～600℃）。为防止氧化，加热保温后采用水冷。

（2）黄铜的热处理

普通黄铜主要含锌，由于锌在铜中的固溶度随温度降低而增大，因此没有热处理强化效果。所以，黄铜的热处理采用退火工艺。

① 低温退火。低温退火的目的是消除冷加工变形应力，防止开裂。因为黄铜经过冷加工产生的应力会加速腐蚀，特别是在潮湿空气、高温水、硫化物介质、海水、含氨成分的介质中，极易产生应力腐蚀开裂。黄铜低温退火加热温度为 200～350℃，保温 1～3h 后空冷。

② 再结晶退火。黄铜的再结晶退火是为了材料消除冷加工硬化、恢复塑性、便于加工。根据成分和制品种类不同，一般采用 300～700℃加热，保温 1～2h 后水冷。水冷的作用是防止表面氧化，保持表面质量。

③ 软化退火。黄铜软化退火是为了消除变形铜合金在变形过程中产生的应力，降低硬度，软化退火加热温度通常采用 400～600℃，保温 1～2h 后水冷。

部分黄铜退火工艺见表 5-53 和表 5-54。

表 5-53	黄铜冷加工的中间退火温度			℃
牌 号	δ>5mm	δ=1~5mm	δ=0.5~1mm	δ<0.5mm
H96	560~600	540~580	500~540	450~550
H90、HSn70-1	650~720	620~780	560~620	450~560
H80	650~700	580~650	540~600	500~560
H68	580~650	540~600	500~560	440~500
H62、H59	650~700	600~660	520~600	460~530
HFe59-1-1	600~650	520~620	450~550	420~480
HMn58-2	600~660	580~640	550~600	500~550
HSn70-1	600~650	560~620	470~560	450~500
HSn62-1	600~650	550~630	520~580	500~550
HPb63-3	600~650	540~620	520~600	480~540
HPb59-1	600~650	580~630	550~600	480~550

表 5-54 黄铜管材、棒材的再结晶退火温度

产品类型	牌 号	退火温度/℃		
		硬	拉制或半硬	软
管 材	H96	—	—	550~600
	H80	—	—	480~550
	H68、H62	340	400~450(半硬)	—
	HPb59-1、HSn70-1	—	420~500(半硬)	—
	H60 圆形、矩形波导管	200~250	—	—
棒 材	H96	—	—	550~620
	H90、H80、H70	—	250~300	650~720
	H68	—	350~400	500~550
	H62、HSn62-1	—	400~450	—
	H59-1、HFe59-1-1	—	350~400	—
	HMn58-2	—	320~370	—

（3）青铜的热处理

青铜的种类较多，除常见的锡青铜外，还有硅青铜、铝青铜、铅青铜、锰青铜、铍青铜等。依据青铜种类及热处理目的不同，可采用不同的热处理工艺方法。常用热处理工艺方法有退火、淬火时效、淬火回火等。

① 青铜的退火。青铜的退火是为了消除在冷热加工过程中产生的应力，恢复塑性，加热温度通常采用 600~650℃，保温 1~2h 后空冷。

对于铸造青铜，为消除铸造内应力、减轻组织偏析、提高铸件的力学性能，退火温度可适当提高至 600~700℃，保温 4~5h 后水冷，以防止脆性相析出。

② 青铜的固溶时效（淬火时效）。某些青铜通过固溶时效可以强化、提高强度、硬度、弹性、疲劳强度。可采用固溶强化的有部分硅青铜、铝青铜、铍青铜等。

固溶温度和时效温度依据青铜种类不同略有区别。大致范围为 800~920℃ 加热固溶，在 300~450℃ 时效。

④ 青铜的淬火回火。淬火回火主要用于铝青铜。铝青铜经淬火回火后，可获得良好的力学性能，具有高的硬度和强度、高的耐磨性和冲击值。加热温度通常为 850~950℃ 水冷，回火温度可选用 250~350℃（要求高强度、高耐磨性）或 500~650℃（要求一定强度和良好韧性）。

部分青铜的热处理工艺见表 5-55 和表 5-56。

表 5-55　几种两相铝青铜的热处理工艺

牌　号	退火温度/℃	固溶处理温度/℃	时效温度/℃	硬度(HBS)
QAl9-2	650～750	800	350	150～187
QAl9-4	700～750	950	250～300(2～3h)	170～180
QAl10-3-1.5	650～750	830～860	300～350	207～285
QAl10-4-4	700～750	920	650	200～240
QAl11-6-6	—	925(保温1.5h)	400(24h空冷)	365(HV)

表 5-56　一般弹性青铜、黄铜、白铜冷变形后的最佳退火工艺

牌　号	成分(质量分数)/%	预冷变形60%后的最佳退火工艺	弹性极限/MPa $\sigma_{0.002}$	$\sigma_{0.005}$	$\sigma_{0.01}$	硬度(HV)
QSn4-3	Sn 4,Zn 3,Cu 余	150℃,30min	463	532	593	218
QSn6.5-0.1	Sn 6.5,P 0.1,Cu 余	150℃,30min	489	550	596	—
QSi3-1	Si 3,Mn 1,Cu 余	275℃,1h	494	565	632	210
QAl7	Al 7,Cu 余	275℃,30min	630	725	790	270
H68	Zn 32,Cu 余	200℃,1h	452	519	581	190
H80	Zn 20,Cu 余	200℃,1h	390	475	538	170
H85	Zn 15,Cu 余	200℃,30min	349	405	454	155
BZn15-20	Ni 15,Zn 20,Cu 余	300℃,4h	548	614	561	230

（4）铍青铜的热处理

铍青铜是一种典型的沉淀硬化型合金，经固溶时效后可获得 1250～1500MPa 的强度，硬度可达 350～400HBW。铍青铜在固溶状态具有良好塑性，便于冷加工成形，之后再用时效方法强化。铍青铜时效加热温度通常为 760～780℃，时效温度为 300～350℃，保温 1～3h。

（5）白铜的热处理

白铜是以镍为主要添加元素的铜合金。

白铜合金中的铝白铜可以进行热处理强化，如 BAl13-3 铜，经 900℃固溶及 550℃时效时，强度可达 800～900MPa，而固溶状态只达 250～350MPa。而不同成分的白铜还可进行高温（750～850℃）或低温（325～375℃）退火。

（6）铜合金热处理后的检验项目

① 硬度：符合技术要求。因硬度很低，宜采用布氏硬度或 HRB 硬度检验。

② 力学性能：符合技术要求。

③ 金相组织（需要时）：符合对应类型应具备的组织。不应存在可能对性能产生影响的其他相或组织。

（7）铜合金热处理时应注意的问题

铜及铜合金热处理应在保护气氛下进行，以避免氧化烧损并保持光亮表面。有些铜合金在热处理时还应适当考虑选择合适的炉气类型。

5.3.19　铝及铝合金的热处理

铝合金包括变形铝合金和铸造铝合金。在热处理工艺上略有区别。

（1）变形铝合金的热处理

变形铝合金常见的热处理工艺方法有去应力退火、再结晶退火、均匀化退火及固溶时效处理。

① 去应力退火。铸件、焊接件、加工件等往往存在较大残留应力，造成合金组织和性能的稳定性下降，应力腐蚀敏感性增加，合金制件还易产生变形。去应力退火的目的就是消除这些残留应力及其带来的不利影响。去应力退火本质是一个回复的过程。去应力退火温度的选择很重要，加热温度太低，去除应力效果不好；加热温度过高，会导致强度下降。依据合金种类不同，去应力温度在 150～300℃ 之间，保温后采用空冷。

② 再结晶退火。铝合金再结晶退火的目的是细化晶粒、消除残留应力、降低硬度、提高塑性。再结晶退火温度应在再结晶开始温度以上。依据合金种类不同，再结晶退火温度在 310～450℃ 之间，保温后水冷或空冷。

部分铝合金再结晶退火温度见表 5-57 和表 5-58。

表 5-57 变形铝合金的再结晶退火工艺制度[①]

牌　号	退火温度 /℃	保温时间/min		冷却方法
		厚度<6mm	厚度>6mm[②]	
工业纯铝	350～400	热透为止	30	空冷或炉冷
LF21	350～420[③]			
LF2	350～400			
LF3	350～400			
LF5	310～335			
LF6	310～335			
LY11	350～370	40～60	60～90	炉冷
LY12	350～370			
LY16	350～370			
LD2	350～370			
LD5	350～400			
LD6	350～400			
LD10	350～370			
LC4	370～390			

① 表中所列是在空气循环炉中加热的制度。盐浴加热，保温时间可按表中数据缩短 1/3，静止空气炉则应增加 1/2。
② 工件厚度>10mm 时，在硝盐槽内加热，工件厚度每增加 1mm 应增加 2min，在空气循环炉中则应增加 3min。
③ LF21 在硝盐槽中加热时，加热温度为 450～500℃。

表 5-58 经热处理强化后，变形铝合金的再结晶退火制度

牌　号	退火温度/℃	保温时间/h	冷 却 方 式
LY6	390～420	1～2	以 30℃/h 的速度冷至 260℃，然后空冷
LY11	390～420	1～2	
LY12	390～420	1～2	
LY16	390～420	1～2	
LY2	390～420	1～2	
LC4	390～430	1～2	以 30℃/h 的速度冷至 150℃，然后空冷

③ 均匀化退火。均匀化退火的目的是消除或改善合金成分和组织的不均匀性，使合金具有更优良的组织和性能。均匀化退火温度依据合金种类不同，在 440～520℃ 之间。保温时间不小于 8～10h，保温后空冷或炉冷。

④ 固溶时效处理。铝合金在固溶温度下，合金元素能充分溶入固溶体中，形成以铝为基的过饱和固溶体。固溶处理使铝合金软化并为下一步时效强化处理作好组织准备。

固溶加热温度的选择应力求合金元素最大限度溶入固溶体，还应保证不产生过烧。依据合金种类不同，固溶加热温度在 460～590℃。注意控制冷却水温在 30～50℃。还应注意从炉内出炉至水冷的时间间隔不大于 20s。

经过固溶的铝合金为了提高强度，应进行时效处理，以使固溶于基体中的合金元素沉淀析出，发挥强化作用。

为了得到较高的强度，应保证析出物充分析出，保温时间应加长，不小于 10h，如果不要求高强度，希望有较好的塑性，可采用较短的保温时间，使析出物部分析出。时效温度依据合金种类不同可在 100～180℃。

也可采用自然时效，即在常温下时效，但保持时间应大于 120～200h。

部分铝合金的固溶处理温度见表 5-59。

表 5-59 变形铝合金的固溶处理加热温度及熔化开始温度

牌　　号	强化相（括号中为少量的）	加热温度/℃	熔化开始温度/℃
LY1	CuAl2，Mg2Si	495～505	535
LY2	Al2CuMg（CuAl2，Al12Mn2Cu）	495～506	510～515
LY6	Al2CuMg（CuAl2，Al12Mn2Cu）	503～507	518
LY10	CuAl2（Mg2Si）	515～520	540
LY11	CuAl2，Mg2Si（Al2CuMg）	500～510	514～517
LY12	CuAl2，Al2CuMg（Mg2Si）	495～503	506～507
LY16	CuAl2，Al12Mn2Cu（TiAl3）	528～593	545
LY17	CuAl2，Al12Mn2Cu（TiAl3，Al2CuMg）	520～530	540
LD2	Mg2Si，Al2CuMg	515～530	595
LD5	Mg2Si，Al2CuMg，Al2CuMgSi	503～525	＞525
LD7	Al2CuMg，Al9FeNi	525～595	—
LD8	Al2CuMg，Mg2Si，Al9FeNi	525～540	—
LD9	Al2CuMg，Mg2Si，Al9FeNi，AlCu3Ni	510～525	—
LD10	CuAl2，Mg2Si，Al2CuMg	495～506	509
LC3	MgZn2（Al2Mg2Zn3，Al2CuMg）	460～470	＞500
LC4	MgZn2（Al2Mg2Zn3，Al2CuMg，Mg2Si）	465～485	＞500

（2）铸造铝合金的热处理

① 均匀化退火。铸造铝合金相对于变形铝合金，其成分和组织的不均匀性更明显。所以，采用均匀化退火更显重要。保温时间应更长。加热温度应在 440～520℃，保温时间为 10～20h。

② 去应力退火。去应力退火主要是为了消除铸造应力和稳定尺寸。加热温度为 250～300℃，保温时间为 3～5h。

③ 固溶时效处理。铸造铝合金也应采用固溶和时效处理，以改善组织和性能。

铸造铝合金含杂质较多，易形成低熔点的共晶组织，铸件强度、塑性较低。所以，铸造铝合金的固溶加热温度应低于变形铝合金。一般采用 430～540℃，应采用热水（不小于 80℃）冷却，以减缓冷却速度，避免开裂。

铸造铝合金可采用自然时效，但需要 1～2 个月的时间。

采用人工时效时，应考虑时效效果。如果要求有较高强度，可使析出物充分析出，即完全时效。加热温度采用 180～200℃，保温 5～10h。如果要求较好塑性，可采用不完全时效，加热温度偏低，通常采用 150～160℃，保温 4～8h。

部分铸造铝合金的热处理制度见表 5-60。

表 5-60 铸造铝合金热处理制度 (GB/T 25745—2010)

序号	合金牌号	合金代号	热处理状态	固溶处理 温度/℃	固溶处理 保温时间/h	固溶处理 冷却介质及温度/℃	固溶处理 最长转移时间/s	时效处理 温度/℃	时效处理 保温时间/h	时效处理 冷却介质
1	ZAlSi7Mg	ZL101	T2	—	—	—	—	290~310	2~4	空气或随炉冷
			T4	530~540	2~6	60~100,水	25	室温	≥24	—
			T5	530~540	2~6	60~100,水	25	145~155	3~5	空气
			T6	530~540	2~6	60~100,水	25	195~205	3~5	空气
			T7	530~540	2~6	60~100,水	25	220~230	3~5	空气
			T8	530~540	2~6	60~100,水	25	245~255	3~5	空气
2	ZAlSi7MgA	ZL101A	T4	530~540	6~12	60~100,水	25	—	—	空气
			T5	530~540	6~12	60~100,水	25	室温 再150~160	不少于8 2~12	空气
			T6	530~540	6~12	60~100,水	25	室温 再175~185	不少于8 3~8	空气
3	ZAlSi12	ZL102	T2	—	—	—	—	290~310	2~4	空气或随炉冷
4	ZAlSi9Mg	ZL104	T1	—	—	—	—	170~180	3~17	空气
			T6	530~540	2~6	60~100,水	25	170~180	8~15	空气
5	ZAlSi5Cu1Mg	ZL105	T2					175~185	5~10	空气
			T5	520~530	3~5	60~100,水	25	170~180	3~5	空气
			T7	520~530	3~5	60~100,水	25	220~230	3~5	空气
6	ZAlSi5Cu1MgA	ZL105A	T5	520~530	4~12	60~100,水	25	155~165	3~5	空气
7	ZAlSi8Cu1Mg	ZL106	T1	—	—	—	—	175~185	3~5	空气
			T5	510~520	5~12	60~100,水	25	145~155	3~5	
			T6	510~520	5~12	60~100,水	25	170~180	3~10	
			T7	510~520	5~12	60~100,水	25	225~235	6~8	
8	ZAlSi7Cu4	ZL107	T6	510~520	8~10	60~100,水	25	160~170	6~10	空气
9	ZAlSi12Cu2Mg1	ZL108	T1	—	—	—	—	190~210	10~14	空气
			T6	510~520	3~8	60~100,水	25	175~185	10~16	
			T7	510~520	3~8	60~100,水	25	200~210	6~10	
10	ZAlSi12Cu1Mg1Ni1	ZL109	T1	—	—	—	—	200~210	6~10	空气
			T6	495~505	4~6	60~100,水	25	180~190	10~14	
11	ZAlSi15Cu6Mg	ZL110	T1	—				195~205	5~10	空气
12	ZAlSi9Cu2Mg	ZL111	T6	分段加热 500~510 再530~540	4~6 6~8	60~100,水	25	170~180	5~8	— 空气
13	ZAlSi7Mg1A	ZL114A	T5	530~540	4~6			155~165	4~8	空气
			T8	530~540	6~10	60~100,水	25	160~170	5~10	
14	ZAlSi8MgBe	ZL115	T4	535~545	10~12			室温	≥24	—
			T5	535~545	10~12	60~100,水	25	145~155	3~5	空气
15	ZAlSi8MgBe	ZL116	T4	530~540	8~12			室温	≥24	—
			T6	530~540	8~12	60~100,水	25	170~180	4~8	空气
16	ZAlCu5Mn	ZL201	T4	分段加热 525~535 再535~545	5~9 5~9	60~100,水		室温	≥24	—
			T5	分段加热 525~535 再535~545	5~9 5~9	60~100,水	20	170~180	3~5	空气

序号	合金牌号	合金代号	热处理状态	固溶处理				时效处理		
				温度 /℃	保温时间 /h	冷却介质及温度 /℃	最长转移时间 /s	温度 /℃	保温时间 /h	冷却介质
17	ZAlCu5MnA	ZL201A	T5	530~540 再540~550	7~9	60~100,水	20	155~165	6~9	空气
18	ZAlCu4	ZL203	T4	510~520	10~16	60~100,水	25	室温	≥24	—
			T5	510~520	10~15	60~100,水	25	145~155	2~4	空气
19	ZAlCu5MnCdA	ZL204A	T6	533~543	10~18	室温~60,水	20	170~180	3~5	空气
20	ZAlCu5MnCdVA	ZL205A	T5	533~543	10~18	室温~60,水	20	150~160	8~10	空气
			T6	533~543	10~18	室温~60,水	20	170~180	4~6	
			T7	533~543	10~18	室温~60,水	20	185~195	2~4	
21	ZAlRE5Cu3Si2	ZL207	T1	195~205	5~10	195~205	5~10	195~205	5~10	空气
22	ZAlMg10	ZL301	T4	425~435	12~20	沸水或50~100油	25	室温	≥24	—
23	ZAlMg5Si1	ZL303	T1	—	—	—		170~180	4~6	空气
			T4	420~430	15~20	沸水或50~100油	25	室温	≥24	
24	ZAlMg8Zn1	ZL305	T4	分段加热 430~440 再425~435	8~10 6~8	沸水或50~100油	25	室温	≥24	
25	ZAlZn11Si7	ZL401	T1	—	—	—	—	195~205	5~10	空气
26	ZAlZn6Mg	ZL402	T1	—	—	—	—	175~185	8~10	空气

（3）热处理后常见的检验项目

① 外观：热处理件表面不起泡，不结瘤，无过烧现象。

② 硬度：符合技术要求。

③ 力学性能：符合技术要求。

④ 金相组织（需要时）：符合相应牌号合金的组织。

（4）热处理应注意的问题

铝合金热处理最重要的是保证工艺温度正确，炉温准确、均匀。应根据标准选定，一般温差应在±5℃以内。

固溶采用水冷，并严格控制水温和从出炉到入水冷却的间隔时间，一般不大于10~15s。

装出炉注意采取措施，防止变形。

5.3.20 钛及钛合金的热处理

钛合金有 α 型（TA）、β 型（TB）及 α+β 型（TC）等不同类型。依据钛合金类型及热处理目的不同，可采用不同的热处理方式。

（1）退火

退火适用于各种类型的钛及钛合金。其主要目的是消除各种加工变形产生的应力，恢复塑性、稳定组织。

① 不完全退火（去应力退火）。不完全退火主要是为了消除冷加工、冷成形或焊接过程中造成的内应力。不完全退火温度略低于再结晶温度，退火过程中不发生再结晶，只发生回复过程。依据合金种类不同，不完全退火的加热温度通常为 450~650℃，保温后空冷。

钛及钛合金的去应力退火规范见表 5-61。

表 5-61　钛及钛合金的去应力退火规范

合金牌号	加热温度/℃	保温时间/h	合金牌号	加热温度/℃	保温时间/h
工业纯钛[①]	480~595	0.25~4	TC3	550~650	0.5~4
TA4	640~660	1~1.5	TC4[③]	580~620	1~1.5
TA5	640~660	1~1.5	TC6	630~670	1~1.5
TA6	640~660	1~1.5	TC7	550~650	0.5~2
TA7[②]	610~630	1~1.5	TC9	550~650	0.5~4
TA8	610~630	1~1.5	TC10[④]	480~650	1~8
TC1	520~560	1~1.5	TB2	610~630	1~1.5
TC2	550~580	1~1.5			

① 可采用的规范：540℃，0.5~1h；480℃，2~4h；427℃，8h。

② 可采用的规范：540~650℃，0.25~4h。

③ 可采用的规范：480~650℃，1~5h，或用 590℃，1h。

④ 可采用的规范：590℃，2h。

② 完全退火。完全退火温度高于再结晶温度，在处理过程中组织发生再结晶过程，材料塑性得以充分恢复，通过完全退火，钛合金组织更加均匀，具有适当的韧性和较大的断后伸长率，对合金还有稳定组织的作用，从而提高了使用中的性能稳定性。α 型和 α+β 型钛合金大部分在完全退火后使用。

依据合金类型和目的，完全退火的加热温度一般在 650~800℃，保温后空冷。

③ 等温退火。对于采用完全退火难以获得满意性能的钛合金，如 TC1、TC2、TC4、TC6 合金可采用等温退火。其中 TC1、TC2 合金等温退火加热温度采用 840℃，空冷；等温温度采用 650℃，空冷。

④ 稳定化退火。稳定化退火主要适用于 α+β 型钛合金。通过稳定化退火使两相组织尽可能接近平衡状态，也保证在任何条件下两相组织的稳定性，从而保证性能的稳定。稳定化退火一种方式是采用等温退火加热温度，但保温时间加长；另一种方式是采用双重退火，如 TC7 合金双重退火是先在 920℃ 保温空冷，再在 590℃ 保温空冷。

⑤ 去氢退火。去氢退火是为了去除钛及钛合金在热加工过程中吸入的氢，从而提高材料质量水平和性能可靠性。去氢退火应在真空度不低于 0.133Pa 的条件下的真空炉中进行，加热温度一般为 600~900℃。

部分钛合金的退火规范见表 5-62。

表 5-62　钛及钛合金的退火规范

合金牌号	退火处理类别	产品类型	加热温度/℃	保温时间[①]/min	冷却方式
工业纯钛	完全退火	棒材、锻材、型材	670~700	30~120	空冷
		板材	500~550	30~120	空冷
TA4	完全退火	—	700~750	30~120	空冷
TA5	完全退火	棒材、锻件、型材	800~850	30~120	空冷
		板材	750~800	30~120	空冷
TA6	完全退火	棒材、锻件、型材	800~850	30~120	空冷
		板材	750~800	30~12	空冷
TA7	完全退火	棒材、锻件、型材	800~850	—	空冷
		板材	750~800	—	空冷

合金牌号	退火处理类别	产品类型	加热温度/℃	保温时间[1]/min	冷却方式
TA8	完全退火		750~800	60~120	空冷
TC1	完全退火	棒材、锻件、型材	700~730	—	空冷
		板材	650~670	—	空冷
	等温退火		840±10	—	空冷
			650±10	60~90	空冷
TC2	完全退火	棒材、锻件、型材	700~730	—	空冷
		板材	650~700	—	空冷
	等温退火		840±10	—	炉冷
			650±10	60~90	空冷
TC3	完全退火	—	700~800	60~120	空冷
TC4[2]	完全退火		700~800	60~120	空冷
	等温退火		840±10	60~90	炉冷
			550±10	60~90	空冷
	多次退火		730℃以55℃/h冷到565℃	240	炉冷、空冷
			950℃以55℃/h冷到565℃	—	炉冷、空冷
			675℃以55℃/h冷到565℃	60	炉冷、空冷
	除氢退火		700~815℃炉冷到590℃	30~120	炉冷、空冷
TC6	完全退火	—	750~850	60~120	空冷
	等温退火		870±10		炉冷
			650±10	60~90	空冷
TC7	完全退火	棒材、锻件、型材、板材	800~850	60~120	空冷
	双重退火	—	920±10		空冷
			590±10		空冷
TC9[3]	完全退火		600	60	空冷
TC10	完全退火		700~830	45~120	空冷
TB2	完全退火		800±10	30	空冷

① 退火保温时间除注明者外，均按表 5-62 或经验公式计算。

② TC4 的完全退火也可采用下述规范：690~760℃保温 30~120min，空冷或炉冷。等温退火可采用下述规范：对于板材，700~730℃保温后以不大于 30℃/h 的速度炉冷到 430℃后空冷；对于棒材和锻件：690~720℃保温 2h，空冷；对于挤压件，690~720℃保温 2h，以不大于 165℃/h 的速度冷到 525~550℃后空冷。

③ 可采用双重退火规范：930℃，30min 空冷；530℃，360min，空冷。

（2）固溶时效处理

大部分 α+β 钛合金和一部分 β 型钛合金可以通过固溶时效处理得到强化，获得较高的强度。

依据钛合金成分不同，采用不同的固溶温度和时效温度。固溶温度通常在 800~950℃，保温后水冷；时效温度在 450~600℃，保温后空冷。

部分钛合金的固溶时效处理规范见表 5-63。

表 5-63　钛合金的固溶处理和时效规范

合金牌号	产品类型	固溶处理			时效		
		加热温度/℃	保温时间[1]/h	冷却介质	加热温度/℃	保温时间[1]/h	冷却介质
TC3	—	800~850	—	水	420~500	4~6	空气
TC4[2]		925±10	0.5~2	水	500±10	4	空气
	棒材、锻件、型材	900~950	0.5~1	水	510~590	2~3	空气

合金牌号	产品类型	固 溶 处 理			时 效		
		加热温度/℃	保温时间[①]/h	冷却介质	加热温度/℃	保温时间[①]/h	冷却介质
TC6	—	840～880	1～1.5	水	550～560	2～4	空气
TC9	—	900～950	1～1.5	水	500～600	2～6	空气
TC10[③]	板材	880～930	0.25～0.5	水	570±595	4～8	空气
	棒材、锻件、型材	870～930	0.5	水	540～620	4～8	空气
TB2	—	800±10	0.5	水	500±10	8	空气

① 除注明者外，可按经验公式计算。

② 可采用下述规范：对于薄板，900～940℃加热 5～10min，水淬；对于大于 6.4mm 的厚板，925～955℃加热 0.5h，水淬；对于棒材、锻件和挤压件，(955±15)℃加热 2h，水淬。时效均为 540℃保温 4h 后空冷。

③ 固溶处理可采用下述规范：工件厚度≤25mm 时，845℃加热 1h，水淬；工作厚度在 25～50mm 时，870℃加热 1h，水淬；工件厚度＞50mm 时，900℃加热 1h，水淬。

（3）钛合金热处理后的检验项目

① 硬度：符合技术要求。

② 力学性能：符合技术要求。

③ 金相组织（需要时）：符合具体钛合金应具备的组织。不应存在可能影响性能的其他相或组织。

（4）钛合金热处理应注意的问题

钛合金在高温时和氧接触会生成氧化膜，氧还会向内扩散，形成富氧的 α 层。富氧 α 层很脆、易剥落。

钛合金中如果含过多的氢，可导致氢脆。

因此，钛合金热处理最好采用真空炉或保护气氛炉。

第6章

金属材料的表面处理

机械产品许多零件的失效常常是由局部表面引发造成的，比如，腐蚀一般是从表面开始的，摩擦磨损是在表面发生的，疲劳裂纹也多是由表面起源向内部延伸等。因此，对工件采取表面防护措施，提高工件表面功能，延缓和控制工件表面的破坏是十分重要的。长期以来，国内外在这方面进行了大量的研究，并取得了重大成就。这除了在前面提到的通过热处理手段改变工件表面的成分和组织（渗碳、渗氮、表面淬火、激光淬火等），从而改善工件表面功能特性方法外，在工件表面通过焊、涂、镀、膜覆盖等方式，改善表面功能的方法越来越受到重视。其中堆焊、热喷涂、镀铬、磷化、发蓝等已广泛应用于某些机械零件的表面处理，此外，化学镀、电刷镀及气相沉积等一些新的表面工程技术也有推广的意义和价值。

这里，除了说明已被应用于机械零件的传统方法外，也对表面强化的一些新技术作了简单介绍，供参考。

6.1　堆焊

堆焊是利用焊接热源，在工件基体表面熔敷某种材料，使熔敷材料与工件基体之间形成熔化冶金结合层的表面强化技术。

堆焊层与工件基体金属结合强度高、抗冲击性能好，根据敷焊材料的不同，使堆焊层具有耐腐蚀、耐冲刷、耐磨损、抗疲劳等不同功能作用，目前已广泛应用于泵体、泵盖及一些有特殊要求的机械零部件。

6.1.1　堆焊材料

正确选择熔敷材料是保证堆焊层满足设计功能要求的关键。根据机械零件的功能要求可参照表 6-1 确定堆焊用材料的类型。

表 6-1　熔敷材料的选择原则

功 能 需 求	熔敷材料类型
一般腐蚀	铬镍奥氏体不锈钢
海水腐蚀	双相不锈钢、铜合金
中温（≤500℃）热强性、腐蚀	高铬马氏体不锈钢
汽蚀	不锈钢、钴基合金
高温蠕变、热稳定性	钴基合金、含碳化物的镍基合金
低应力严重磨粒磨损	碳化物
金属间滑动摩擦、腐蚀	钴基或镍基合金
低应力接触的金属间滑动摩擦	低合金耐磨钢

（1）铁基合金堆焊材料

铁基堆焊用合金是一种最广泛的堆焊材料，这类堆焊材料可以通过化学成分和组织调整在很大范围内改变堆焊层的强度、硬度、韧性、耐磨性、耐蚀性、耐热性和抗冲击性能。由于材料化学成分不同，堆焊层的组织会不同，当然功能也不同。

① 珠光体型合金堆焊材料。这类合金中碳和合金元素含量较低，堆焊层的组织基本是珠光体组织，硬度较低，耐蚀性差，只适用于对耐蚀性、耐磨性要求不高的零部件堆焊，或作为其他类堆焊层打底用。珠光体型堆焊材料的牌号常见的有 D102、D106、D107、D112、D126、D127 等。

② 马氏体型合金堆焊材料。这类合金中碳含量一般为 $0.1\%\sim1.0\%$，还含有锰、钼、镍等合金元素，堆焊冷却后有自硬性，基本上是马氏体组织，依含碳量不同，堆焊层硬度可为 $25\sim60HRC$，随含碳量的增加，堆焊层的硬度和耐磨性增加，而韧性和抗冲击性下降。马氏体型合金堆焊层适用于低应力的磨粒磨损场合。这类堆焊层因裂纹敏感性强，操作时应严格执行工艺，进行焊前预热和焊后热处理。马氏体型堆焊材料牌号（不含马氏体不锈钢）常见的有 D167、D172、D207、D212、D227、D237 等。

③ 奥氏体不锈钢堆焊材料。其是含有较多铬、镍元素，堆焊层基本是奥氏体组织的堆焊材料。堆焊层具有优良的耐腐蚀性能，但硬度、强度不太高，适用于 $600℃$ 以下使用的零部件密封面的堆焊，对冲刷、磨损条件下的应用效果不够理想。奥氏体不锈钢型堆焊材料的常见牌号有 D547、D547Mo、D557、D582 等。

④ 马氏体不锈钢堆焊材料。其是含有较高铬元素、堆焊层基本是马氏体组织的堆焊材料。堆焊层具有一定的耐蚀性，有较高的硬度和强度，适用于有一定耐蚀性要求，有一定抗磨损、抗冲刷要求工件的堆焊，特别是 $450℃$ 以下温度使用的工件密封面的堆焊。由于是马氏体组织，自硬性强，应力大，焊前应进行 $150\sim300℃$ 预热堆焊后缓冷，并及时去应力，马氏体不锈钢堆焊材料的常见牌号有 D507、D507Mo、D507MoNb、D512、D517 等。

⑤ 高合金铸铁堆焊材料。高合金铸铁堆焊材料含有 $1.5\%\sim6.0\%$ 的碳和高含量的铬及钨、镍、钼、钒等合金元素，堆焊层依元素含量不同，有的以马氏体为主，还含有残余奥氏体和莱氏体的马氏体合金铸铁；有的以合金奥氏体及莱氏体的奥氏体合金铸铁为主，堆焊层中含有大量的合金碳化物，使其具有抗高应力磨粒磨损的特性，但耐冲击能力差，高合金铸铁堆焊层的开裂倾向大，在操作时，要严格执行预热制度，预热温度可在 $400℃$ 左右，焊后必须缓慢冷却。常见的高合金铸铁堆焊材料牌号有 D642、D646、D656、D667、D678、D698 等。

（2）钴基合金堆焊材料

钴基合金堆焊材料以钴为主要元素，含有一定的碳，有 $25\%\sim33\%$ 的铬和从 3% 至 20% 不等的钨元素。其组织中以高合金碳化物为强化相，使堆焊层有较高的硬度，这种堆焊层具有耐腐蚀、耐热、抗黏着磨损的性能，适用于在高温腐蚀和高温磨损条件下工作的工件的堆焊。这类堆焊层操作时，也应进行不小于 $300℃$ 的预热，堆焊后应缓慢冷却，防止堆焊层产生裂纹。常见的钴基合金堆焊材料牌号有 D802、D812、D822、D842 等。

（3）高碳化钨合金堆焊材料

高碳化钨合金堆焊材料是以钨为主要元素，其比例占 50% 左右，含有一定量的碳及其他合金元素，如铬、钼等。堆焊层是在基体上嵌入大量的合金碳化物颗粒，具有很高的硬度，有较强的耐磨损性，特别是耐磨粒磨损的特性，作为堆焊材料的高碳化钨合金材料牌号有 D707、D717 等。

(4) 铜基合金堆焊材料

铜基合金堆焊材料可分为纯铜（T107）、青铜（铜-锡合金 T227、铜-铝合金 T237）等。铜合金堆焊层在某些条件下具有良好的耐蚀性和抗黏着磨损性能，其中铝青铜耐海水腐蚀能力很强，也有良好的抗气蚀能力。但铜基合金的堆焊层耐磨粒磨损和耐高温蠕变能力差。

各类堆焊焊条的主要牌号举例见表 6-2。

各类堆焊材料，根据材料特点、堆焊设备需要，制成丝材、药芯焊丝、粉末等形态。

6.1.2 堆焊方法

堆焊方法可有多种供选择，应根据具体工件材质、形状、堆焊位置、堆焊层质量要求、堆焊材料的种类和形态等因素，合理确定合适的堆焊方法。

(1) 焊条电弧焊

这是最常用的堆焊方法，焊条电弧焊设备简单、工艺灵活，对工件形状、大小、堆焊位置的适应性强。堆焊操作地点不受限制，采用的堆焊材料可为药芯焊丝或丝材。但，手工电弧堆焊的堆焊质量不易控制，需要较高水平的焊工操作，且自动化程度低。

(2) 埋弧自动焊

埋弧自动焊的电弧在焊剂下形成，由于堆焊层的形成是在由基体合金熔化形成的金属蒸气和焊剂蒸发形成的焊剂蒸气所形成的保护腔内完成，堆焊层的形成过程基本上与外部空气隔绝，熔化的液态金属的结晶过程与上浮的熔渣分离。所以，埋弧自动焊堆焊层质量好，成分均匀，氢、氧等有害气体的不良影响小。但埋弧焊堆焊用设备较复杂，工件热影区大，不适合体积小的工件和易变形工件的堆焊。

(3) CO_2 气体保护焊

CO_2 气体保护焊是采用 CO_2 气作为保护介质的堆焊方法，由于 CO_2 气的保护，将熔池与空气隔开，防止氧气、氢气、氮气等有害气体的侵入，提高堆焊层质量，特别是能抑制氢气的危害。这种方法对采用的 CO_2 的纯度要求高，应大于 99.5%，并对其中残存水分、氧气等有严格控制。CO_2 气体保护焊只能采用焊丝，这使得堆焊层化学成分的控制及合金的烧损成为难点。

(4) 等离子弧堆焊

等离子弧堆焊是以等离子弧作为热源，以合金粉末或焊丝作为填充物的熔化焊工艺方法。与其他堆焊方法相比，热量集中，规范参数可调性好，熔敷效率高。可采用焊丝、粉末等堆焊材料。但，等离子弧堆焊也有设备成本高、操作时噪声大、可产生臭氧污染等不足之处。

此外，还有宽带极堆焊、振动电弧堆焊、激光堆焊等各种堆焊方法，这里不一一说明。

堆焊是一项技术含量高、可变因素多、质量控制严、操作难度大的工艺方法。不同基体材料、不同堆焊材料、不同堆焊方法，都有不同的工艺参数和操作要求，包括电流大小、走丝速度、堆焊顺序、堆焊层数、堆焊前是否预热、预热温度和时间、堆焊后的热处理、热处理参数等都应有明确规定。所以，堆焊工艺应由有资格的专业人员编制，堆焊操作应由一定水平的、经过培训、考核合格的人员操作。重要产品在堆焊前应经过工艺评定。

表 6-2 堆焊焊条牌号、成分举例（质量分数）

%

类型	牌号	相当 GB 牌号	C	Si	Mn	P	S	Cr	Mo	V	B	Nb	N	W	Fe	Co	Ni	其他元素总合	堆焊层硬度(HRC)	主要功能作用
珠光体型铁基合金	D102	EDPMn2-03	≤0.20	—	≤3.50	—	—	—	—	—	—	—	—	—	余量	—	—	—	≥22	用于无腐蚀、温度不高、硬度不高条件下的碳钢或合金钢件堆焊
	D106	EDPMn2-16	≤0.20	—	≤3.50	—	—	—	—	—	—	—	—	—	余量	—	—	—	≥22	
	D107	EDPMn2-15	≤0.20	—	≤3.50	—	—	—	—	—	—	—	—	—	余量	—	—	—	≥22	见 D102
	D112	EDPCrMo-A1-03	≤0.25	—	—	—	—	≤2.00	≤1.50	—	—	—	—	—	余量	—	—	≤2.00	≥22	用于无腐蚀、温度不高条件下、有一定硬度要求的碳钢或合金钢件堆焊
	D126	EDPM3-16	≤0.20	—	≤4.20	—	—	—	—	—	—	—	—	—	余量	—	—	—	≥28	
	D127	EDPM3-15	≤0.20	—	≤4.20	—	—	—	—	—	—	—	—	—	余量	—	—	—	≥28	
	D167	EDPMn6-15	≤0.45	—	≤6.50	—	—	—	—	—	—	—	—	—	余量	—	—	—	≥50	
马氏体型铁基合金	D172	EPPCrMo-A3-03	≤0.50	—	—	—	—	≤2.50	≤2.50	—	—	—	—	—	余量	—	—	—	≥40	用于无腐蚀常温工作条件下耐磨损零件的堆焊
	D207	EDPCrMnSi-15	0.50~1.00	≤1.00	≤2.50	—	—	≤3.50	—	—	—	—	—	—	余量	—	—	—	≥50	
	D212	EDPCrMo-A4-03	0.30~0.60	—	—	—	—	≤5.00	≤4.00	—	—	—	—	—	余量	—	—	—	≥50	
	D227	EDPCrMoV-A2-15	0.45~0.65	—	—	—	—	4.00~5.00	2.00~3.00	4.00~5.00	—	—	—	—	余量	—	—	≤1.00	≥55	用于常温磨粒磨损抗磨损零件堆焊
	D237	EDPCrMoV-A1-15	0.30~0.60	—	—	—	—	8.00~10.00	≤3.00	0.50~1.00	—	—	—	—	余量	—	—	≤4.00	≥50	用于受泥沙磨损、气蚀破坏件堆焊

类型	牌号	相当GB牌号	C	Si	Mn	P	S	Cr	Mo	V	B	Nb	N	W	Fe	Co	Ni	其他元素总合	堆焊层硬度(HRC)	主要功能作用
奥氏体不锈钢	D547	EDCrNi-A-15	≤0.18	4.80~6.40	0.60~2.00	≤0.04	≤0.03	15.00~18.00	—	—	—	—	—	—	余量	—	7.00~9.00	—	28~35	用于570℃以下用密封面堆焊
	D547Mo	EDCrNi-B-15	0.10~0.18	3.50~4.30	0.60~2.00	—	—	18.00~21.00	3.80~5.00	0.50~1.20	—	—	—	0.80~1.20	余量	—	10.00~12.00	—	≥37	用于600℃以下用密封面堆焊
	D557	EDCrNi-C-15	≤0.20	5.0~7.0	2.00~3.00	≤0.04	≤0.03	18.00~20.00	—	—	—	—	—	—	余量	—	7.00~10.00	—	≥37	用于600℃以下用密封面堆焊
	D582	EDCrNi-A-03	≤0.08	≤0.90	≤1.00	—	—	18.00~21.00	—	—	—	—	—	—	余量	—	8.00~11.00	—	—	用于中压力下密封面堆焊
马氏体不锈钢	D507	EDCr-A1-15	≤0.15	—	—	—	—	10.00~16.00	—	—	—	—	—	—	余量	—	—	—	≥40	用于450℃以下用工作堆焊
	D507-Mo	EDCr-A2-15	≤0.20	—	—	—	—	10.00~16.00	≤2.50	—	—	—	—	≤2.00	余量	—	≤6.00	≤2.50	≥37	用于510℃以下用密封面堆焊
	D507-MoNb	EDCr-13-03	≤0.15	—	—	—	—	10.00~16.00	≤2.50	—	—	≤0.50	—	—	余量	—	≤6.00	≤2.50	≥40	用于450℃以下用密封面堆焊
	D512	—	≤0.25	—	—	—	—	10.00~16.00	—	—	—	—	—	—	余量	—	—	≤5.00	≥45	用于碳钢、低合金钢作堆焊
	D517	EDCr-B-15	≤0.25	—	—	—	—	10.00~16.00	—	—	—	—	—	—	余量	—	—	≤5.00	≥45	同D512

类型	牌号	相当GB牌号	C	Si	Mn	P	S	Cr	Mo	V	B	Nb	N	W	Fe	Co	Ni	其他元素总合	堆焊层硬度(HRC)	主要功能作用
铁基材料	D642	EDZCr-B-03	1.50~3.50	—	≤1.00	—	—	22.00~32.00	—	—	—		—	—	余量	—	—	≤7.00	≥45	用于常温或高温下耐磨耐蚀工件堆焊
	D646	EDZCr-B-16	1.50~3.50	—	≤1.00	—	—	22.00~32.00	—	—	—		—	—	余量	—	—	≤2.00	≥45	用于磨料磨损耐磨耐蚀工件堆焊
	D656	EDZ-A2-16	3.00~4.00	—	—	—	—	26.00~34.00	—	—	—		—	2.0~3.0	余量	—	—	—	≥60	
	D667	EDZCr-C-15	2.50~5.00	1.00~4.80	≤8.00	—	—	25.00~32.00	—	—	—		—	—	余量	—	3.00~5.00	≤2.00	≥48	用于500℃以下耐磨、耐气蚀工件堆焊
	D678	EDZ-B1-08	1.50~2.20	—	—	—	—		—	—	—		—	8.00~10.00	余量	—	—	≤1.00	≥50	用于磨料磨损工件堆焊
	D687	EDZCr-D-15	3.00~4.00	—	1.50~3.50	—	—	22.00~32.00	—	—	0.50~2.50		—	—	余量	—	—	≤6.00	≥58	用于受强烈磨损工件堆焊
	D698	ED2-B2-08	≤3.00	—	—	—	—	4.00~6.00	—	—	—		—	8.50~14.00	余量	—	—	≤3.00	≥60	用于沙石、泥浆磨损工件堆焊
钴基合金	D802	EDCoCr-A-03	0.70~1.40	≤2.00	≤2.00	—	—	25.00~32.00	—	—	—		—	3.00~6.00	≤5.00	余量	—	≤4.00	≥40	用于在650℃工作时，保持良好耐蚀性、耐磨性的工件堆焊
	D812	EDCoCr-B-03	1.00~1.70	≤2.00	≤2.00	—	—	25.00~32.00	—	—	—		—	7.00~10.00	≤5.00	余量	—	≤4.00	≥44	
	D822	EDCoCr-C-03	1.75~3.00	≤2.00	≤2.00	—	—	25.00~33.00	—	—	—		—	11.00~19.00	≤5.00	余量	—	≤4.00	≥53	

续表

类型	牌号	相当GB牌号	C	Si	Mn	P	S	Cr	Mo	V	B	Nb	N	W	Fe	Co	Ni	其他元素总含量	堆焊层硬度 (HRC)	主要功能作用
钴基合金	D842	EDCoCr-D-03	0.20~0.50	≤2.00	≤2.00	—	—	23.00~32.00	—	—	—	—	—	≤9.50	≤5.00	余量	—	≤7.00	28~35	用于高温下受冲击和冷热交替件堆焊
高碳化钨合金	D707	EDW-A-15	1.50~3.50	≤4.00	≤2.00	—	—	—	—	—	—	—	—	40.00~50.00	余量	—	—	—	≥360	用于耐岩石料材料强烈磨损工件堆焊
	D717	EDW-B-15	1.50~4.50	≤4.00	≤3.00	—	—	≤3.00	≤7.00	—	—	—	—	50.00~70.00	余量	—	≤3.00	≤3.00	≥60	
铜基合金	T107	ECu	—	≤0.5	≤3.0	≤0.30	—	—	—	—	—	—	—	—	—	—	Cu ≥95	Fe+Al+Ni+Zn≤0.50	R_m≥180MPa	耐蚀性好
	T227	ECu-SnB	—	—	—	≤0.30	—	—	—	—	—	—	—	—	—	—	Cu 余量	Si+Mn+Ni+Zn Al+Zn≤0.50	R_m≥280MPa	有良好塑性、韧性、耐蚀性
	T237	ECu-AlC	—	≤1.0	≤2.0	—	—	—	—	—	—	—	Pb≤0.02	Ni≤0.5	Fe≤1.5	Al 6.5~10.0	Cu 余量	Zn≤0.50	R_m≥400MPa	强度高、耐磨性、耐蚀性好

6.1.3 堆焊的质量检验和质量控制

工件堆焊的质量应通过可靠的方法进行检验和试验，在堆焊材料准备、堆焊操作、堆焊后的热处理等全过程应进行严格的质量控制，重要产品工件的堆焊必须提前通过工艺评定。

堆焊也是核电产品制造中允许采用的工艺方法之一。下面以核电产品中堆焊质量控制为例，说明工件堆焊的质量控制。

（1）堆焊的基本要求

① 堆焊前应编制堆焊工艺，明确堆焊过程中的一系列操作要求（包括堆焊前的准备、工件预热、堆焊操作、堆焊后处理和消除堆焊应力热处理）。为保证编制工艺的正确，应进行堆焊工艺评定，以确定堆焊母材性能、堆焊材料性能、操作条件、主要工艺参数，并对堆焊层是否满足要求的质量标准进行验证。

② 堆焊采用的方法类型。

③ 堆焊部位图的绘制，应包括堆焊并经机械加工后堆焊层的最小和最大厚度；堆焊层硬度和粗糙度的选择；堆焊区的位置尺寸及表面几何形状；成品尺寸公差；堆焊前的表面光洁度；堆焊层数等要素。

④ 堆焊应形成的文件。堆焊应形成的文件至少包括以下几种

a. 填充材料的要求和验收规范。

b. 焊接技术规程中焊接工艺卡以及该卡中确定的评定有效范围，堆焊层应进行的检验及相关准则。

c. 堆焊过程中的记录数据、堆焊工艺的填写（应与工艺评定时使用的工艺卡相一致），对堆焊层检验的实施和验收准则、检验报告及其他与质量相关的文件资料。

（2）堆焊填充材料的验收

堆焊材料的验收主要目的是保证在堆焊过程中所使用的材料具有稳定的质量，并且该材料应类似于工艺评定试验中所使用批号的材料。堆焊材料的验收试验必须在可重复的条件下按批号进行。

堆焊材料的验收必须包括（至少）以下内容。

① 名称。堆焊材料的名称应采用常规的名称标志，不得引起混淆或含糊不清。

② 相关规定。如应清楚、明确提示出产品名称、种类；几何特性及应保证的物理性能和化学成分；堆焊时使用的工艺方法和主要参数以及在熔敷处和邻近区域的化学成分、力学性能；有关规定、说明。对于不同形态的堆焊材料的"批"的限定，如焊丝应是由采用相同冶炼炉号钢或已知均质金属，并且经过相同制造工艺生产的一定数量的焊丝为一批；焊条应是具有相同直径、同批号焊芯，涂有相同粉状混合物的药皮，按相同生产工艺生产的焊条为一批；粉状焊剂应是由成分相同的合金颗粒均匀混合构成，混合物的粒度分析应有规定。

③ 工艺试验。堆焊材料的工艺试验应包括对材料本身的试验及熔敷金属层的试验。

对堆焊材料的试验应包括对焊丝和粉状焊剂的产品分析、熔炼化学成分分析和已知均质材料的分析，保证成分符合标准规定。粉状焊剂还应用格筛进行粒度分析。

对熔敷金属层的试验应包括以下各程序。

a. 烘干：焊条应在规定条件下烘干，保证焊条干燥无潮湿。

b. 参数：堆焊层应熔敷在最小厚度为 25mm 的试件上，为保证最后一层堆焊层被母材

稀释，至少堆焊四层。机械加工后堆焊层的宽度和长度不小于 $25mm \times 100mm$。堆焊时的预热温度、焊道间温度、能量参数、热处理条件都应在验收技术规程中规定。

    c. 堆焊层的检验：对堆焊的每一层都应进行外观检验，必要时，用铁刷刷净或打磨去除焊渣后进行。堆焊层表面不得有裂纹、夹渣、气孔等缺陷。

    d. 化学分析：化学分析应在非稀释区进行，化学成分应符合技术规定要求。

    e. 硬度试验：应在堆焊层的抛光表面上至少测量 10 个洛氏硬度值（HRC）。所测值应符合技术条件规定。

    f. 铁素体含量和耐蚀性试验：这主要是对奥氏体或奥氏体-铁素体双相不锈钢填充材料要求进行的试验。其中对铁素体含量的测定允许使用规定的 Schaeffler 图进行，耐蚀性试验主要是对于含碳量大于 0.035% 的奥氏体或奥氏体-铁素体双相不锈钢，采用晶间腐蚀加速试验方法。

    g. 拉伸和冲击试验：在有要求的时候，应对试件进行拉伸和冲击试验，试验温度、试样形式、试验数量都应符合相应标准规定。

    h. 其他试验：可根据要求和协商进行。

    上述所有试验均应根据有效的规范进行并达到标准指标。如果一种或几种试验结果不符合规定，则应在同一试样中截取双倍试块作复验，复验结果应满足技术标准。

    在所有工作完成后，应开具验收报告，每次试验结果均应列入验收报告中，并标明所采用的技术规程。

    (3) 堆焊的工艺评定

    堆焊的工艺评定是对堆焊母材、填充材料、设备、工艺及人员等各项条件的综合考察，是产品堆焊工艺制订和操作规程的重要依据。所以，核电产品和重要产品在堆焊前都应进行堆焊的工艺评定。

    不同的堆焊类型（奥氏体不锈钢堆焊、马氏体不锈钢堆焊，钴基合金的堆焊等）有不同的评定条件和要求，但基本程序、原则是相同的，至少包括：

    ① 评定范围

    a. 评定地点：应在产品生产车间。

    b. 母材牌号：主要规定了采用评定的母材的评定结果可适用于其他材料的条件，即评定结果在材料方面的等效性。

    c. 母材形状和尺寸：主要规定了采用某一形状，尺寸母材所做的评定结果可适用于其他形状、尺寸母材的可能性，即评定结果在母材形状和尺寸上的等效性。

    d. 堆焊方法：不允许改变堆焊方法，即在堆焊方法上无等效性。

    e. 填充材料（含保护气）：必须是事前选定的，并经过验收合格的材料，但对同一牌号的填充材料，在符合给定的条件下，可以适当放宽限制。

    f. 堆焊层数：工艺评定用试板的堆焊层数可有条件地放宽等效范围，如相对于工艺评定试板的堆焊层数（n）和可以等效的层数（N）之间可按以下定则。

$n=1$ $N=1$

$n=2$ $2 \leqslant N \leqslant 4$

$n \geqslant 3$ $n \leqslant N \leqslant n+2$（自动焊）

                  或 $n \leqslant N \leqslant n+4$（手工焊）

    g. 堆焊位置和方向：工艺评定结果只对评定试件的基本堆焊位置有效，但可有条件地扩大一定范围。

h. 堆焊工艺和参数：对于不同的堆焊方法，主要工艺参数和条件改变时，应重新评定。

i. 热处理：热处理包括堆焊前的预热、堆焊后处理和消除应力处理，当这些处理的温度和时间发生变化时，应重新进行工艺评定。

② 评定试件的堆焊操作

a. 采用的母材和填充材料：必须是实际产品生产时要采用的母材和填充材料，或是在规定的等效范围内的材料，并经过检验验收合格。

b. 设备、方法和工艺参数：工艺评定采用的设备、方法和工艺参数应是在产品生产时要采用的和可行的。

c. 模拟消除应力处理：因为实际产品堆焊后，必须要采用消除应力处理，所以，工艺评定的堆焊试件应采用生产中的消除应力处理的温度进行模拟消除应力处理，并且模拟消除应力处理的保温时间不应小于实际产品消除应力处理时累积的保温时间的 80%，但当产品最后一次热处理温度高于的以前热处理温度 $25℃$ 以上时，可以最高热处理温度保温时间为准。

③ 评定试件的检验。工艺评定试件堆焊质量的检验是严格的，依据不同类型堆焊所涉及的检验项目和验收标准也是很明确的，这里只进行简单的说明，更具体相关内容可查阅 RCC-M 标准中 S 篇的附录 S1。

a. 评定试件的检验应在经过整体热处理和无损检验后取样（耐蚀性试验除外），力学性能试样应取自在无损检验显示最好的部分，金相检验试块应取自无损检验的缺陷显示合格区内。

b. 无损检验件的表面状态应与产品堆焊表面中最不利的状态相当。

c. 弯曲试样应取自垂直堆焊方向和平行堆焊方向上各两个。

d. 化学分析用金属屑应从堆焊层表面磨掉 $0.5mm$ 后，在深度为 $2mm$ 范围内取得。

e. δ 铁素体含量（对于奥氏体和奥氏体-铁素体双相不锈钢）应按规定的 Schaeffler 图确定，并在未经任何热处理之前，直接用磁性法复验。

f. 金相检验应取两个试片，其中一个取自垂直于堆焊层的断面，并应涉及所有堆焊层，另一个取自堆焊方向。

g. 硬度测定应根据堆焊层材料和堆焊层组织不同，在母材区、过渡区和堆焊层区分别测定。

h. 耐蚀性试验主要指对奥氏体不锈钢和奥氏体-铁素体双相不锈钢堆焊件进行的晶间腐蚀加速试验，试片取用位置、数量、规格都应遵守规定。

（4）焊工资格

产品堆焊应由有资格的焊工进行，这包括经过相应级别和部门的培训合格，也包括进行相应的堆焊工艺评定并检验堆焊结果合格。

（5）产品堆焊

① 填充材料的要求

a. 应采用规范要求并检验合格的填充材料。

b. 填充材料应在干燥处贮存，保证材料具有原有的性能。

c. 填充材料从采购、入库、贮存到领用所有过程，都应严格控制、管理，标志清楚，数量准确，不能产生任何错混和误用。

d. 使用前应烘干填充材料，在整个使用期间应有明确标志。

② 待堆焊面的准备

a. 基体材料的几何形状不得有尖角，表面不得有气孔或可能影响堆焊组织的其他缺陷，表面不得有油脂或异物；

b. 待堆焊表面应进行液体渗透，且不存在任何缺陷。

③ 堆焊工艺

a. 堆焊最好在平焊位置，或利用转动装置使堆焊处处于平焊位置；

b. 堆焊方法应是经过工艺评定的方法，这种方法是根据堆焊件材质、形状、尺寸、采用的填充材料和堆焊质量要求选择确定的；

c. 工艺参数应能保证堆焊质量，最好是通过堆焊工艺评定确定的。

④ 堆焊层的补焊

a. 如果在堆焊层中含有不合格的缺陷，可以局部修补或将堆焊层全部去除后重新堆焊；

b. 可采用机械加工或打磨方法去除缺陷，但不能伤害母材。

⑤ 热循环。热循环是指堆焊件在堆焊前、堆焊中和堆焊后所经历的再加热过程，包括预热、后热和消除应力处理。

a. 预热和后热应有规定，工件在全部堆焊过程中应保持不低于预热温度的温度，堆焊后的工件应在不低于预热温度的条件下，至少保温15min，应结合工件实际厚度确定保温时间，保温后，工件应缓慢冷却；

b. 尺寸稳定化和消除应力处理应在规范中确定，规范的确定应考虑母材材质、填充材料类型、堆焊层的组织和质量要求等因素。

⑥ 机加工前和机加工后的堆焊层的检验

a. 堆焊层机加工前的外观检验是为了保证熔敷层的质量、规则成形以及保证堆焊层与基体金属的结合程度，机加工后的外观检验是为了获得良好的堆焊层表面，提高堆焊层的功能效果，堆焊层表面粗糙度应满足设计图纸的规定。

b. 液体渗透检验是确保堆焊层表面质量的重要手段。渗透检验发现的任何开裂、裂纹、未熔合、夹渣都是不合格的；在堆焊层或结合区存在的任何条状的（长为宽的三倍或以上）显示都是不合格的；对于出现的非线性显示也视工件的重要性有所控制，一般不允许存在直径大于1.5mm的显示，对于直径小于1.5mm的圆形显示还应控制其分布密度，即每25cm^{2}的堆焊区内只能有一个显示。而对于密封面，则不允许有任何显示。

c. 尺寸检查，包括堆焊前、机加工后的尺寸和堆焊层及最终加工后的尺寸都应有记录。

⑦ 其他检验。包括金属切屑分析、硬度检验、超声波检验、射线检验、磁粉检验等，应在协议中规定。如果堆焊层表面进行了硬度检验，则在最终状态中，应通过打磨或机加工方法去除压痕，以防发生断裂。

6.2 热喷涂

热喷涂是利用一种热源，将喷涂材料加热至熔融状态，再经过气流吹动使其雾化并喷射到工件表面，在工件表面形成涂层的工艺。

喷涂层与工件基体之间以及喷涂层内主要是通过镶嵌、咬合、填塞等机械形式结合在一起，也还存在喷涂材料与工件基体之间的微区冶金结合和化学键结合。从喷涂材料与基体之间的结合形式看，喷涂层与基体的结合强度不如堆焊好。

6.2.1　热喷涂原理概述

热喷涂材料从进入热源到形成涂层的整个喷涂过程，一般可分为以下几个阶段：

① 喷涂材料进入热源被加热熔化；

② 被加热熔化的喷涂材料在气流作用下被雾化成微细颗粒；

③ 被雾化的微细颗粒在气流作用下，喷射飞行并不断加速形成粒子流；

④ 粒子流接触工件表面并与表面发生碰撞，颗粒的动能转化为热能还将部分热能传递给工件，使工件表面温度升高，同时，由于碰撞，微细颗粒沿工件凸凹不平表面产生变形，变形后的颗粒迅速冷凝并产生收缩呈扁平状粘接在工件表面形成涂层。

喷涂形成的涂层是由无数个变形粒子相互交错、堆叠在一起的层状结构，见图 6-1。

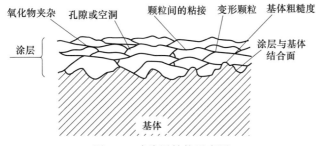

图 6-1　喷涂层结构示意图

在喷涂层形成过程中，喷射的微细颗粒会与周围介质发生化学反应形成氧化物，而且在涂层形成过程中还不可避免地出现孔隙和空洞，涂层中氧化物和孔洞的大小、多少取决于热源、喷涂材料及喷涂条件。

6.2.2　热喷涂材料

用于热喷涂的材料可有碳钢、不锈钢、有色金属及合金、自熔性合金粉末及陶瓷材料、塑料等，按形状分可制成线材、棒材、粉末等。

喷涂材料种类和形状根据需喷涂工件的材质、形状和功能要求等因素确定。

① 碳钢或低合金钢涂层有一定的强度、硬度和耐磨性，成本低，应用较广泛。

② 不锈钢涂层耐磨、耐腐蚀，具有一定的高温稳定性。

③ 锌及锌合金涂层在大气或水中有良好的耐蚀性，在酸、碱和盐中，在 SO_2 介质中不耐蚀。

④ 铝及铝合金涂层在 SO_2 介质中有较好的耐蚀性和抗高温氧化作用。

⑤ 铜及铜合金涂层有耐蚀性，特别是铝青铜涂层结合强度高、耐磨损、抗海水腐蚀性能好。

⑥ 镍及镍铬合金涂层有抗高温氧化作用，在水蒸气、CO_2、CO、氨、醋酸、碱等介质中有耐腐蚀性能。

⑦ 钴基合金涂层具有较高的抗磨损性能。

⑧ 陶瓷粉末指氧化物、碳化物、氮化物、硅化物等，常用的有 Al_2O_3、ZrO_2、TiO_2、Cr_2O_3、WC 等，这类陶瓷涂层硬度高、耐磨损性能好。

⑨ 塑料，如聚乙烯等涂层在稀硫酸、稀盐酸、浓盐酸、磷酸、氢氟酸介质中均有较好的耐蚀性能。

表 6-3 和表 6-4 分别是用于喷涂的合金粉末和线材种类及特性。

表 6-3 部分喷涂用合金粉末牌号、成分特性及用途

类型	牌号	化学成分（质量分数）/%								硬度 (HB)	涂层主要特性与用途
		C	B	Si	Cr	Cu	Fe	Ni	Al		
镍基系列	粉 111	—	—	—	13.0～17.0	—	6.0～8.0	余量	—	130	
	Ni170	≤0.1			20.0～23.0	—	5.0～9.0	余量		150～190	耐热，作陶瓷涂层的打底层
	Ni80	≤0.3	—	≤1.0	14.0～16.0	—	5.0～9.0	余量	0.3	150～200	耐摩擦磨损，用于轴类等
	粉 113	—	1.3～1.7	2.5～4.5	8.0～12.0	—	≤8.0	余量	—	250～350	耐磨性较好，用于活塞等
	G101	0.5～1.0	1.5～2.5	1.5～2.5	11.0～14.0	—	11.0～14.0	余量		280～370	耐磨，用于机床轴、曲轴等
铁基系列	G301	<0.5	1.5～2.0	1.0～1.5	14.0～17.0	—	余量			230～280	耐磨性较好，用于轴类等
	Fe280	0～0.6	0.5～2.5	1.5～3.5	10.0～16.0	—	余量	34.0～40.0	Mo 3.0～6.0	280～330	耐磨、抗压，用于各种耐磨件
	粉 316	1.5～2.5	0.5～1.5	1.0～3.0	13.0～17.0	—	余量			400～500	耐磨性好，用于滚筒等
	Fe450	1.0～2.0	1.0～2.5	1.5～3.5	14.0～17.0	—	余量	12.0～15.0	Mo 4.0～6.0	420～460	耐磨，抗压，用于各种耐磨件
铜基系列	G401	—	—	3.0	—	余量		Mn 1.0		60～80	塑性好，用于轴瓦、机床导轨等
	G402	—	—	—	—	余量		4.0～6.0	10.0	130～170	硬度较高，用于受压缸体等
	粉 412	—	—	—	Sn 9.0～11	余量	P 0.1～0.5	—	—	80～120	易切削，用于轴承等

表 6-4 部分用于喷涂的线材种类、特性及用途

种类		涂层特性及用途
锌、锌铝合金		耐大气、海水等腐蚀，用于桥梁、铁塔、钢窗、天线等
铝		耐蚀，经高温氧化处理后，具有抗高温氧化性能，用于闸门、石油罐、烟道、锅炉管等
钼		耐磨，用于活塞环和摩擦片等。同时可作打底层
铅及铅合金		具有可塑、润滑、耐腐蚀、防 X 射线辐射性能，在电子器件中用作可焊表面涂层
锡		耐蚀性好，作为食品器具的保护层。同时可作滑动部件的耐磨、自润滑涂层
铜及铜合金	纯铜	导电涂层及表面装饰涂层
	黄铜	耐海水腐蚀性好，用于活塞、轴套等
	铝青铜	具有耐腐蚀疲劳和耐磨性，用于水泵、叶片、轴瓦等，也可作打底涂层
	磷青铜	耐磨，用于修复轴类，也用于装饰涂层
镍及镍合金	蒙乃尔合金	耐腐蚀，用于消水泵轴、活塞轴等
	镍铬合金	耐热、耐蚀，用作防蚀及抗高温涂层
碳钢和低合金钢		广泛用于曲轴、柱塞、主轴等

6.2.3　热喷涂方法、种类及特点

热喷涂种类通常是根据热源不同来划分的，大致分为火焰喷涂、电弧喷涂、等离子喷

涂、爆炸喷涂和超声速喷涂等。

（1）火焰喷涂

火焰喷涂一般用氧-燃料气（通常用乙炔气）为热源，将金属丝加热熔化，形成金属颗粒喷涂到工件表面，也有的用喷枪将粉末材料喷入火焰中，使其熔化并喷涂到工件表面形成涂层。氧-乙炔火焰丝材喷涂见图6-2，氧-乙炔火焰粉末喷涂见图6-3。

火焰喷涂使用设备简单，工艺操作方便，应用灵活，材料适应性强，但火焰喷涂层结合强度差。

在火焰喷涂基础上，近期又出现了热喷焊技术，热喷焊也是以火焰为热源，把自熔性合金粉末先喷在工件表面形成涂层，之后通过热源加热涂层，使其熔融并湿润工件，通过液态合金与固态工件表面的相互溶解与扩散形成与工件基体相结合的涂层。这种涂层致密性强，性能均匀，强度介于热喷涂方法与堆焊方法之间。喷焊技术也在逐渐完善和推广应用。

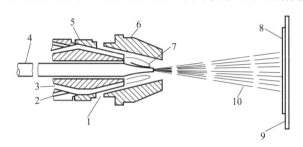

图 6-2　氧-乙炔火焰丝材喷涂原理示意图

1—空气通道；2—燃料气体；3—氧化；4—丝材或棒材；5—气体喷嘴；

6—空气罩；7—燃烧的气体；8—喷涂层；9—制备好的基材；10—喷涂射流

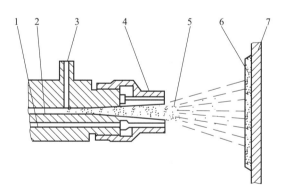

图 6-3　氧-乙炔火焰粉末喷涂原理简图

1—氧-乙炔气体；2—粉末输送气体；3—粉末；4—喷嘴；5—火焰；6—涂层；7—基体

（2）电弧喷涂

电弧喷涂是利用作为喷涂材料的两根金属丝作自耗性电极，接通电源后两电极端部产生电弧，以这个电弧为热源来熔化金属丝材（两电极本身），再利用压缩空气流进行雾化，已经熔化了的金属液滴颗粒在高速气流的作用下被喷射到工件表面而形成喷涂层，见图6-4。

电弧喷涂效率高，热能利用率也高，涂层与基体的强度优于火焰喷涂。但是，电弧喷涂只能采用金属丝材作为喷涂材料，喷涂时可能产生颗粒大小不均，进而使喷涂层质地不均，另外，电弧温度高会使喷涂材料烧损严重，损耗大。

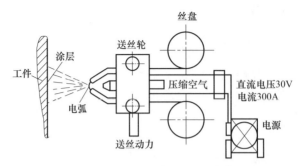

图 6-4　电弧喷涂原理示意图

（3）等离子喷涂

等离子喷涂是利用电弧放电产生等离子体作为热源，将粉末喷涂材料加热至熔化状态，熔化的液滴在等离子射流加速下获得高速度喷射到工件表面形成喷涂层，见图 6-5。

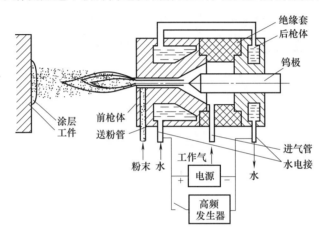

图 6-5　等离子喷涂原理示意图

等离子喷涂获得的涂层结合强度高，质量好。可采用多种喷涂材料，获得不同的喷涂层，可用于薄壁件、细长件的喷涂，尺寸不受限制。但设备成本高。

（4）爆炸喷涂

爆炸喷涂是先将一定比例的氧气和乙炔气送入喷枪内，然后由另一入口用氮气与喷涂粉末混合送入，在喷枪内充有一定量的混合气体和粉末后，由电火花塞点火，使氧-乙炔混合气体发生爆炸，产生热量和压力波，喷涂粉末在获得加速的同时被加热，由枪口喷出，撞击工件表面而形成喷涂层，见图 6-6。

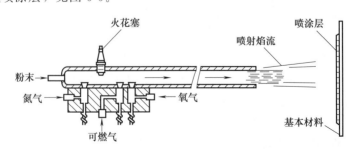

图 6-6　气体爆炸喷涂原理

由于爆炸喷涂时，喷涂粒子速度高，因此涂层质量优良。

（5）超声速喷涂

超声速喷涂实际上就是采用获得的超高速等离子流进行喷涂的方法。超声速喷涂层的结合强度高，层致密度好。

此外，还有高频喷涂、激光喷涂等方法，这里不一一说明。

6.2.4　热喷涂层的选用原则

热喷涂材料和工艺方法很多，所以，根据待喷涂工件的材质、类型、使用条件、功能需求选择喷涂材料和方法是必要的。

（1）材料选择

① 功能需求以耐蚀为主时：

a. 在含有碱性介质条件下选择喷涂锌、不锈钢；

b. 在硫或硫化物介质条件下选择喷涂铝；

c. 在含氯离子及海水介质条件下选喷涂铝、锌、不锈钢等。

② 功能需求以耐磨损为主时：

a. 在含泥沙、泥浆等具有磨料磨损条件下，如泥浆泵及含有大量沙质液体用泵轮等可喷涂铁基、镍基、钴基材料，或其中加入 WC、Al_2O_3、Cr_2O_3、ZrO_2 等硬质颗粒的喷涂层。

b. 对于可发生黏着磨损的条件如口环等可选择铁基、镍基、钴基材料，或其中加入 WC、Al_2O_3、ZrO_2 颗粒的喷涂层。这种复合涂层可增大摩擦副间的物理、化学及晶体结构差异，从而提高抗黏着磨损性能。

c. 在具有微动条件下发生的磨损件，如衬套、导叶、轮片等工件常因微动磨损失效，可喷涂自熔合金、氧化物、金属陶瓷等涂层。

③ 为获得耐热、耐热疲劳功能，可选择钴基合金涂层。

④ 为抵抗冲击磨损、汽蚀磨损，如泵叶轮、叶片、衬套等，可选择镍基自熔合金、不锈钢等涂层。

（2）工艺方法选择

① 低负荷、低应力条件下的耐蚀涂层，可采用设备简单、成本较低的火焰喷涂方法；

② 要求厚度较大的耐蚀、耐磨涂层可采用电弧喷涂方法；

③ 要求高结合力、低孔隙率的高质量涂层可采用超声速喷涂或等离子喷涂方法。

6.2.5　待喷涂面的制备

喷涂层的质量控制除选择正确的喷涂材料和合适的工艺方法，并严格按工艺操作之外，喷涂前对工件待喷涂面的制备条件也是重要因素，其尤其对喷涂层与工件基体的结合强度增加有重要作用。

（1）表面净化

工件待喷涂表面必须洁净，保证无氧化物、无油污等，能显示出新鲜的金属表面，至少在 80～100℃ 温度下反复烘烤，再擦去表面油污，有些材料还应预先加热到 300℃ 左右，使深入工件表面孔隙中的油脂充分析出并擦净。

（2）表面预加工

工件表面预加工是为了保证喷涂层的厚度达到技术要求的厚度，预加工时应主要考虑设计涂层的厚度，一般在设计涂层厚度的基础上预加工 0.1～0.25mm。

在表面加工时，还应注意保证边角处平滑过渡，防止喷涂层在边角处产生应力而剥落，通常在过渡面与喷涂面之间保持有 20°～30°角的斜面。

待喷涂表面的预加工可采用车、磨等加工方式。

（3）表面粗化

待喷涂工件表面的粗化处理，就是提高工件表面的粗糙度，以活化工件表面和增加喷涂层与工件基体之间的接触面积，而且，表面粗化加工还可以在表面产生压应力，提高工件的抗疲劳性能。

表面粗化方法可采用硬质粒子如冷硬铸铁砂、刚玉砂等喷射，使表面粗糙度 Ra 达 3～12μm，也可以采用机械加工方法，如加工成螺纹状表面或表面滚花等。机械加工表面粗化比喷压表面粗化对喷涂层和工件基体之间的强度增加效果更明显。

（4）喷涂结合底层

喷涂结合底层也可以提高涂层与工件表面间的结合强度。对于较薄、易变形的工件可以采用喷涂结合底层的方法，结合底层的厚度一般以 0.05～0.10mm 为合适，厚度太大反而不利。

6.2.6　热喷涂层的质量检验和质量控制

热喷涂层的性能检测是评定喷涂层质量的主要方法。目前，对喷涂层的检验大多采用模拟试验方法，包括喷涂层结合强度试验、喷涂层结合强度剪切试验、喷涂层孔隙率测定和硬度测定试验等，而且，各自试验方法较多，这里只介绍其中的一些试验方法。

（1）喷涂层结合强度拉伸试验

试验方法如图 6-7 所示。

在试样 A 的中心开孔，此孔直径保证与试样 B 为动配合，试件 B 与试件 A 的表面处于同一平面，按确定的喷涂工艺对该表面进行喷涂，一般喷涂层厚度可为 1～1.5mm，之后在万能试验机上，从下面支撑住试样 A，再垂直向下拉试样 B，一般将喷涂层拉断。

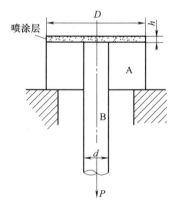

喷涂层的结合强度可按下式计算：

$$R_m = 4P / (\pi d^2)$$

式中　R_m——喷涂层拉伸结合强度，MPa；

　　　P——喷涂层拉断时的外加载荷，N；

　　　d——B 试件直径，mm。

一般推荐试样的主要尺寸：

　　　D——$\phi45mm$；

　　　d——$\phi11.3_{-0.03}^{0}mm$；

　　　h——1.0～1.5mm；

拉伸速度——4mm/min。

图 6-7　喷涂层结合强度拉伸试验

这种试验方法比较简单，但对试件 A 和试件 B 的加工精度、配合度要求较严，否则会影响所测得的试验值。

（2）喷涂层结合强度剪切试验

这个试验的目的是检验喷涂层的剪切强度。试验方法如图 6-8 所示。

在圆柱形试样 A 的中段进行喷涂，试样 A 的推荐形状和尺寸见图 6-9。

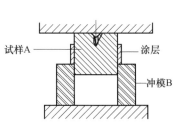

图 6-8　喷涂层结合强度剪切试验

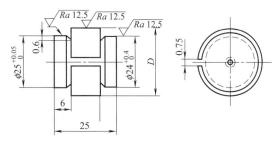

图 6-9　圆柱形试样 A 和喷涂层尺寸

将喷涂后的试件先对喷涂面进行机械加工，然后压入冲模 B 中，再在万能试验机上进行无冲击缓慢加载施压（加载速度不大于 4mm/min），直至喷涂层脱落。

喷涂层剪切强度可按下式计算：

$$R_\tau = P / (\pi D S)$$

式中　R_τ——喷涂层剪切结合强度，MPa；

　　　P——喷涂层脱落时的外加载荷，N；

　　　D——喷涂前试样 A 的直径，mm；

　　　S——喷涂层厚度，mm。

为测试结果的准确，对试件 A 和冲模 B 的加工精度要严格控制。冲模 B 的尺寸推荐如图 6-10 所示。

（3）喷涂层孔隙率测定

喷涂层孔隙率的测定可采用直接称量法。

试样如图 6-11 所示。

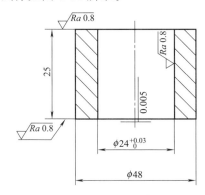

图 6-10　喷涂层剪切试验冲模零件图

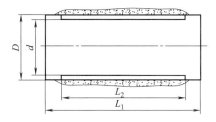

图 6-11　直接称量法测定喷涂层孔隙率所用的试样

在圆柱形试样表面上的凹槽部位进行喷涂，之后磨去高出试样表面部分，使其成为圆柱形。根据喷涂前后的试样重量差（即喷涂层的重量）和喷涂层体积计算出喷涂层的密度，再根据采用的喷涂材料的密度，计算出喷涂层的孔隙率。

$$\rho = (1 - \gamma / \gamma_0) \times 100\%$$

式中　ρ——喷涂层的孔隙率，%；

　　　γ——喷涂层的密度，g/cm^3；

　　　γ_0——采用的喷涂材料密度，g/cm^3。

这种试验方法的计算结果可能会与实际孔隙率存在误差，因为喷涂层可能会存在氧化物或夹杂物。

（4）喷涂层硬度测定

对喷涂层的硬度进行测定时，应先将喷涂层表面磨光，根据喷涂层厚度、面积可选用布氏硬度计、洛氏硬度计或表面硬度计。

6.3 电镀

电镀是用电化学的方法在固体表面上获得一层薄的金属或合金的工艺方法。电镀的目的是改变电镀工件的表面特性，如改变外观形态、提高耐蚀性、抗磨性和减摩性能或改变其他物理特性。

6.3.1 电镀的基本知识

进行工件电镀时，将待镀工件与直流电源负极（阴极）相连，要覆盖的金属或合金与正极（阳极）相连，当接通电源时，预镀覆的金属或合金在阴极（工件）上析出，见图6-12。

当然，实际进行电镀时可把阴极（工件）上金属电沉积过程分成以下几步：

① 预镀金属离子迁移——电镀槽中有两个电极，电源接通后，在两电极之间建立起电场，并在靠近阴极（工件）表面处形成双电层，此时阴极附近的离子浓度低于远离阴极区域的离子浓度，从而导致金属离子和它们的络离子远距离向阴极迁移。

② 金属离子的还原——金属离子和它们的络离子通过双电层到达阴极表面，放电并获得电子发生还原反应，还原成金属原子并向阴极沉积。

③ 开始沉积在阴极表面的金属原子占据了与基体金属（工件）晶体结构相连续的位置，之后，逐渐向自身稳定的晶体结构转变，在阴极（工件）表面生成新相，即电镀金属层。

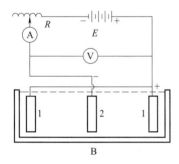

图6-12 电镀装置示意图
A—直流电流表；B—电镀槽；
V—直流电压表；E—直流电源；
R—可变电阻；1—阳极；2—阴极

6.3.2 电镀层的分类

① 通常按用途分，可大致分为：

a. 防腐蚀性镀层——主要用于金属工件表面防腐蚀，可镀锌、镉、锡等及其合金。

b. 装饰性镀层——主要用于既为表面耐腐蚀又使表面美观，可采用多层镀，即先镀底层，后镀表层。

c. 防护性镀层——用于对工件进行表面化学热处理时的非处理面的防护，即保护该表面不参与化学热处理过程，如防渗碳可镀铜，防渗氮可镀锡。

d. 功能性镀层——满足工件表面的某些特定的功能要求，如提高工件表面耐磨性、改善减摩作用等。常用的镀硬铬即是通过镀覆在工件表面的高硬度（可达1000~1200HV）铬层，提高抗磨耗能力。

此外，还有为改善导电性、磁性和磨损后修复性的镀层等。

机械零件采用电镀处理主要是提高零件的表面功能。

② 电镀层按所镀用材料种类可分为：

a. 单金属镀层——只对工件表面电镀一种金属离子，镀后的金属层为单一的金属层，如镀 Zn、镀 Cu、镀 Cr、镀 Ni、镀 Zr、镀 Cd 等。

图 6-13 是镀 Zn 组织。图 6-14 是镀 Cu 层组织。图 6-15 是镀 Ni 层组织。

b. 合金镀层——即对工件表面镀两种或两种以上的金属离子，镀后的金属层为两种或两种以上金属层。如 Zn-Ni、Zn-Co、Zn-Fe、Cu-Sn、Zn-Sn、Sn-Ni、Ni-Mo 等。图 6-16 是 Zn-Fe 镀层组织，图 6-17 是 Cu-Sn 镀层组织。

合金镀层的抗腐蚀性、抗磨性比单金属镀层更优良。有报道指出，含 13%Ni 的 Zn-

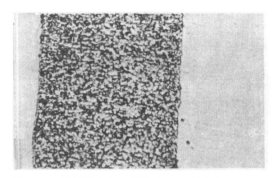

图 6-13　镀锌层组织（偏振光＋灵敏色片）1000×

Ni 镀层，比镀 Zn 层抗蚀性提高 5 倍，Zn-Ni 镀层硬度可达 250～310HV，故有更高的耐磨性，而且使用温度可达 204℃。含 25%Zn 的 Zn-Sn 合金镀层对钢铁具有良好的阳极保护作用，还具有抗 SO_2 和高温度环境浸蚀能力，可代替镀 Cr。

c. 复合电镀——即用电镀方法使金属和固体颗粒共同沉积在工件表面，使工件表面获得复合材料层。复合材料综合了组成相的优点，根据复合镀层中基质金属和分散粒子的不同，具有独特的功能。

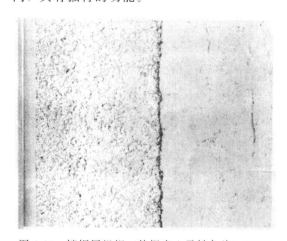

图 6-14　镀铜层组织（偏振光＋灵敏色片）600×

图 6-15　镀镍层组织（偏振光＋灵敏色片）630×

• 在硬的或软的基质中沉积硬质颗粒（如 Al_2O_3、TiO_2、SiO_2、WC、ZrO_2、Cr_2O_3 等），使表面硬度和耐磨性提高。有资料报道，Ni 基质加 ZrO_2 粒子的镀层有优异的高温抗氧化性能，可达纯 Ni 层的 3 倍。在 Co 基质中加 Cr_2O_3 粒子的镀层的耐磨性，特别是在干摩擦滑动磨损的情况下的耐磨性可在 400～700℃温度区间，保持高的抗磨损性。

• 采用具有润滑特性的固体颗粒，如 MoS_2、石墨、聚四氟乙烯、云母等与软金属，如 Ni、Cu、Pb、Sn 等合金为基质共同沉积而成的复合镀层具有极好的减摩作用，这就可以解决在一些高温、高速环境下工作的机械零件不能采用油脂润滑的难题，而代替油脂润滑成为固态润滑剂，甚至可以在上百摄氏度高温和零下几十摄氏度的环境下工作。

图 6-18 是镀 Ni 基碳化硅层组织，图 6-19 是镀 Ni 基氟化石墨镀层的组织。

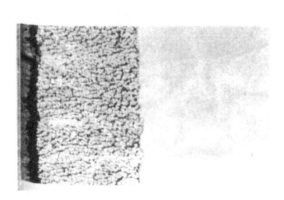

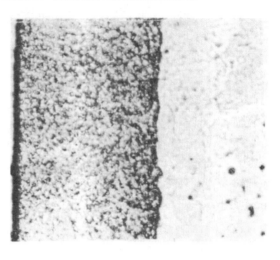

图 6-16　镀 Zn-Fe 合金层组织 1000×
（偏振光＋灵敏色片）

较 6-17　镀 Cu-Sn 合金层组织 1000×
（偏振光＋灵敏色片）

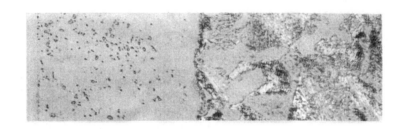

图 6-18　镀镍基碳化硅层组织（偏振光＋灵敏色片）800×

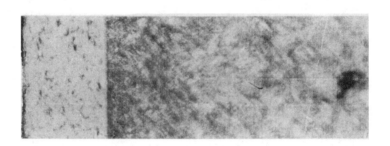

图 6-19　镀镍基氟化石墨层组织（偏振光＋灵敏色片）800×

6.3.3　电镀方法的标志（用于紧固件）

紧固件的电镀可根据不同要求采用不同的镀层，在 GB/T 5267《螺纹紧固件电镀层》及国际标准化组织标准 ISO 4042《紧固件电镀层》标准中对电镀层的标志作了规定，从标志中可明确电镀层的类型、层厚度及外观状态、颜色等。标志方法：

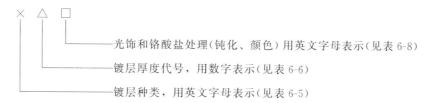

光饰和铬酸盐处理(钝化、颜色)用英文字母表示(见表 6-8)

镀层厚度代号,用数字表示(见表 6-6)

镀层种类,用英文字母表示(见表 6-5)

其中镀层种类,即镀层金属或合金类别见表 6-5;镀层公称厚度及允许范围见表 6-6 和表 6-7;镀后表面颜色形态见表 6-8。

表 6-5 金属/合金镀层分类及标记

金属/合金镀层			标 记
符 号	元 素		
Zn	锌	Zinc	A
Cd[①]	镉	Cadmium	B
Cu	铜	Copper	C
CuZn	黄铜	Brass	D
Ni b	镍	Nickel	E
Ni b Cr r[②]	镍铬	Nickel-chromium	F
CuNi b[②]	铜镍	Copper-nickel	G
CuNi bCr r[②]	铜镍铬	Copper-nickel-chromium[③]	H
Sn	锡	Tin	J
CuSn	铜锡(青铜)	Copper-tin(bronze)	K
Ag	银	Silver	L
CuAg	铜银	Copper-silver	N
ZnNi	锌镍	Zinc-nickel	P
ZnCo	锌钴	Zinc-cobalt	Q
ZnFe	锌铁	Zinc-iron	R

① 在某些国家,镉镀层的使用受限制或是禁止的。
② 镀层分级和类型代号见 GB/T 9797。
③ 铬的厚度约为 $0.3\mu m$。

表 6-6 镀层厚度(总覆盖层厚度)及标记

镀层厚度/μm		标 记
单金属镀层	双金属镀层[①]	
无镀层厚度要求	—	0
3	—	1
5	2+3	2
8	3+5	3
10	4+6	9
12	4+8	4
15	5+10	5
20	8+12	6
25	10+15	7
30	12+18	8

① 对第一层和第二层金属镀层规定的厚度适用于所有多层镀层;但不适用于顶层为铬的多层镀层(套镀铬),其铬镀层厚度均为 $0.3\mu m$。

【例】 A2B

表示镀层为镀 Zn,公称厚度为 $5\mu m$(允许控制在 $3\sim5\mu m$ 范围),镀后采用铬酸盐钝化处理,表面应为无光泽的、由浅蓝色至淡蓝色的彩虹颜色。

表 6-7 镀层厚度及批均厚度范围 μm

公称镀层厚度	有效镀层厚度		
	局部厚度 min	批平均厚度	
		min	max
3	3	3	5
5	5	4	6
8	8	7	10
10	10	9	12
12	12	11	15
15	15	14	18
20	20	18	23
25	25	23	28
30	30	27	35

表 6-8 光饰和铬酸盐处理的颜色及标记

光饰程度	典型颜色（包含以铬酸盐处理进行钝化[1]）	标 记
无光泽	无色	A
	浅蓝色至带淡蓝色的彩虹色[2]	B
	隐约可见的淡黄色至黄棕色，彩虹色	C
	淡褐橄榄色至橄榄棕色	D
半光亮	无色	E
	浅蓝色至带淡蓝色的彩虹色[2]	F
	隐约可见的淡黄色至黄棕色、彩虹色	G
	淡褐橄榄色至橄榄棕色	H
光亮	无色	J
	浅蓝色至带淡蓝色的彩虹色[2]	K
	隐约可见的淡黄色至黄棕色、彩虹色	L
	淡褐橄榄色至橄榄棕色	M
高光亮	无色	N
可任选的	与 B、C 或 D 一样	P
无光泽	棕黑色到黑	R
半光亮	棕黑色到黑	S
光亮	棕黑色到黑	T
全光饰	不进行铬酸盐处理[3]	U

① 钝化处理仅能用于锌或隔镀层。

② 仅适用于锌镀层。

③ 例如这样的镀层：A5U。

还有一种标志方法，即标志基体材料、镀覆材料、厚度及镀后铬酸盐处理等内容，如 Fe/Zn8C2C，其中 Fe 表示基体金属，Zn 表示镀用材料为 Zn，8 表示最小镀层厚度为 $8\mu m$，C 表示铬酸盐处理，2C 表示铬酸盐处理的 2 级 C 型。铬酸盐处理级别及类型含义见表 6-9。

表 6-9 铬酸盐处理的标记、级别和类型 μm

分级	类型代号	类型	典型外观	防护性
1	A	光亮	透明的、光亮的、有时带轻微的蓝色	轻度，如：手持时的防锈或者在中等腐蚀条件下防高湿
	B	漂白	略带彩虹色且透明的	
2	C	彩虹	黄彩虹色的	相当好，包括对某些有机气氛的防护
	D	不透明	橄榄绿隐约可见棕色或青铜色	
	Bk[1]	黑色	略带彩虹色的黑色	不同程度的腐蚀防护性

① 除 A～D 外，还可选择黑色膜层。

注：本表比 GB/T 9800 补充了黑色处理。

6.3.4　镀前的表面处理

从前述可知，电镀是被镀基体材料与镀液相接触的界面间发生的电化学反应，这个化学反应顺利进行的重要条件是保证镀液与材料表面间有良好的接触，使预镀的金属离子能更好地在工件表面沉积，完成电镀过程。

由于工件成形过程中，表面可能存在油污、腐蚀物、氧化物等不洁物，其成为镀液与工件表面之间的夹层，会阻碍电化学反应的顺利进行，从而影响镀层和工件基体之间的结合强度。如果工件表面粗糙不平，甚至有气孔、砂眼、裂纹缺陷，镀液会残存在这些缺陷中，导致镀层出现"黑斑""鼓泡"等缺陷。如果工件表面存在灰尘、金属残末等杂物，镀层会产生"结瘤""毛刺"等，易使镀层脱落。实践证明，工件待镀表面质量将直接影响镀层质量。所以，在电镀前，必须对待镀表面进行镀前处理。

通常对待镀表面的镀前处理大致包括以下几个方面：

① 平整。采用磨光、抛光、滚光或喷砂等方法，消除工件表面划痕、毛刺、氧化皮等，达到表面平整的目的，平整后的粗糙度原则上不低于磨削加工后的粗糙度，保证处理面的平整度可提高镀层与基体的结合强度。

② 除油。可采用化学法或电化学法等方法去除工件表面的油污，因为油污的存在会影响镀层的质量。

③ 浸蚀。用化学或电化学方法除去工件表面浮锈和氧化层，使表面露出新鲜的金属组织，提高镀层与基体金属的结合力。浸蚀也叫"活化"。

对于质量要求高的重要件，还有的进行电解抛光、精加工工序，进一步提高表面质量。

对于不锈钢，由于成分中含有大量的镍、铬、钼等合金元素，表面易存在牢固的薄的钝化膜，阻碍镀层的形成，降低镀层的附着力。所以，还应进行一次特殊的活化过程，可采用阴极活化、浸蚀活化等方法。

对于锌合金、铝合金、镁合金、钛合金等有色金属合金的电镀，也应采取相应措施，提高待镀表面的镀前处理效果，以保证镀层结合强度和质量。

当然，镀前处理的各工序之间应清洗，去除前工序残留在工件表面的残液后，再转入下一工序。

这里需要提及的一个问题是，有些工件在电镀某些材料时，在镀前还应进行一次工件去应力处理。

因为待电镀工件如果存在很大的应力，在电镀过程中会由于应力释放而引起工件变形，而且由于镀层与金属基体的密度、线胀系数不同，在电镀处理时会产生新的应力，加之原有的应力作用会影响镀层与金属基体之间的结合力，甚至引起镀层起泡暴皮、脱落，特别是当金属基体存在很大拉应力时，还会在酸洗阶段引起应力腐蚀，产生裂纹，这种应力腐蚀现象在工件硬度、强度越高时反应越敏感。所以，电镀前应采取消除应力措施。如果条件允许，最好采用较高温度，尽力消除工件的应力；如果条件不允许，如设计要求工件具有高的硬度和强度，采取较高温度去应力处理会降低工件的硬度或强度，满足不了设计要求，则可以采取不降低工件基体硬度的低温去应力处理，或者采取喷丸处理，以增加的压应力来平衡原存在的拉应力，也可以用振动失效的方法消除工件应力。

酸洗对高硬度、高应力工件会引起的应力腐蚀裂纹的危害是不容忽视的。以至于在一些标准中规定，当待镀工件经过热处理或冷作硬化而获得高硬度超过 385HV，或 12.9 级以上的紧固件在电镀预处理时，不宜采用酸洗方法，建议采用无酸方法，如采用干磨、喷砂或碱性除锈等方法代替酸洗。

6.3.5 镀后处理

依据镀层种类、技术要求不同，有的需要对镀层进行镀后处理。

（1）去氢处理

从前述可知，一般情况下，电镀之前的工件需要酸洗除锈，以盐酸酸洗为例，其酸洗过程会有如下反应：

$$Fe + 2HCl \longrightarrow FeCl_2 + H_2 \uparrow$$

结果有氢原子产生。

在电镀过程中，用来电镀的金属离子移向阴极（工件）发生还原反应，在沉积金属原子的同时，氢离子也被还原成氢原子，以镀锌为例，在阳极的反应为：

$$[Zn(OH)_4]^{2-} + 2e \longrightarrow Zn + 4OH^-$$

$$2H_2O + 2e \longrightarrow 2OH^- + H_2 \uparrow$$

可见也产生氢原子。

在这些产生氢原子的过程中，一部分氢原子形成氢气逸出，另一部分氢原子将会渗入镀层和金属晶格中，使金属晶格扭曲，造成很大内应力，会引起镀层变形而从金属基体中脆裂或脱落，即产生"氢脆"。

而吸附在金属细孔内的氢，在周围介质温度升高时，会对镀层产生压力，有时使镀层产生鼓泡，这种现象尤其在 Zn、Cd、Pb 的镀层中更容易发生。

氢在阴极（工件）上析出后，经常呈气泡状黏附在阴极（工件）表面，阻止金属在这些地方沉积，使镀层中出现针孔、麻点、孔隙、裂纹，也减小了镀层与基体的结合力。

可见，在电镀过程中，氢的危害是严重的，为防止和减少由于氢的存在而造成的危害，可采取相应措施。

首先要减少氢的析出和避免吸附在阴极（工件）表面，这可以通过合理控制电镀工艺参数，保持镀液纯度、无杂质，或在镀液中加入一些辅助材料等方法实现。

为减少氢的危害，还可以采取去氢措施，即在镀层形成之后，将工件加热至 150～300℃保温（根据工件大小、强度、镀层性质等可保持 2～20h）。去氢加热温度依据镀层不同可以以下标准作参考，镀 Cr 为 180～220℃；镀 Zn 为 110～200℃。镀 Cd 为 180～200℃。镀 Cd 层去氢温度不能超过 200℃，因为加热温度超过 200℃时，低熔点的 Cd 会渗入金属表面而产生"镉脆"。

（2）铬酸盐处理

电镀后的铬酸盐处理可以改善镀层颜色，镀锌和镀镉层的铬酸盐处理还能增强镀层的耐蚀性，也叫铬酸盐钝化处理。铬酸盐钝化处理主要应用于某些镀层的后处理，如镀锌层等化学性质比较活泼的金属镀层，因为这些金属较活泼，在空气中易被氧化，颜色变暗，镀锌层会因此产生"白锈"。为此，采用一种氧化剂，使镀层表面生成一种转化膜，不仅使镀层表面外观颜色更加美观，还可以进一步提高镀层的耐腐蚀性能。这种处理方法叫电镀后的钝化处理。钝化处理有采用铬酸盐钝化和无铬钝化两种，铬酸盐钝化应用较多，所以，有时也叫镀后的铬酸盐钝化处理。

以镀锌层钝化为例说明钝化过程。钝化膜实际上是通过锌与钝化液中铬酸、活化剂、无机酸接触时，发生氧化还原反应生成的氧化物，锌与三价铬的化合物呈蓝绿色，与六价铬生成的化合物呈褐红色和棕黄色，不同色素的结合使镀层表面呈彩虹色。因为钝化液中三价铬和六价铬的含量随各种因素的变化而变化，所以，彩虹色也会略有变化，如三价铬高彩虹色偏绿，六价铬高彩虹色偏红。

6.3.6 电镀层的质量检验和质量控制

对于一般的电镀层的质量检验主要包括：

（1）外观

在正常的亮度条件下，用肉眼观察镀层表面，应是颜色均匀（如镀铬层是银白色，铬酸盐处理的镀锌层是彩虹色等），表面无麻点、气泡、裂纹、孔洞、无剥落，变截面根部处不允许有大于 3mm 的无镀层或薄镀层，沟槽边沿应尽量整齐、平整，不应有大于 3mm 的无镀层或薄镀层区。

（2）厚度

电镀后不再磨削的镀层应满足图纸标注尺寸公差，需经过磨削或抛光的镀层（如镀硬铬）应满足工艺规定要求。

镀层的厚度检查可根据镀层类型和镀层厚度分别采用工程量具测量、横断面金相法、磁性法、增重法等。

① 工程量具测量法（GB/T 12334《金属和其他非有机覆盖层　关于厚度测量的定义和一般规则》）。采用精度不低于 0.002mm 的测量仪器，如千分尺等，在规定部位分别测量镀覆前后的厚度（直径），计算镀层厚度，可直接测得镀层厚度读数。

② 横断面金相法（GB/T 6462《金属和氧化物覆盖层　厚度测量　显微镜法》）。将电镀试件沿垂直镀层的方向制成金相试片，经过镶嵌、抛光、浸蚀，用金相显微镜或电子显微镜在一定放大倍数下观察，测量镀层厚度，金相显微镜测量可精确到 $0.5\mu m$，电子显微镜测量可精确到 $0.1\mu m$。这种检测镀层厚度的方法的关键在于金相试片的制取水平，不镶嵌或抛光效果不好，可能损伤镀层，而测量不出真实镀层厚度。

③ 磁性法（GB/T 4956《磁性基体上非磁性覆盖层　覆盖层厚度测量　磁性法》）磁性法就是采用磁性测厚仪进行测量的方法。这种仪器一般可精确到 $2\mu m$。但，磁性测量法只适用于磁性基体上（如钢、铁、镍、钴）的非磁性材料镀层。

④ 增重法（GB/T 12334《金属和其他非有机覆盖层　关于厚度测量的定义和一般规则》）。采用与工件材质、热处理过程相同的试块，并与工件同工艺条件下镀覆，测量镀层所增加的重量，再测量试样的表面积，根据以下公式计算镀层厚度：

$$\delta = \frac{100(m_2 - m_1)}{\rho A}$$

式中　δ——镀层厚度，μm。

m_1——镀覆前的试样质量，g；

m_2——镀覆后的试样质量，g；

ρ——镀层的密度，g/cm^3；

A——试样镀覆表面的面积，dm^2。

增重法测量厚度时，重量、面积的测量都有误差，所以，最终测量结果可能有较大误差。

除上述方法外，还有涡流法、库仑法、射线法等，这里不一一说明。

（3）镀层的硬度检验（GB/T 9790《金属覆盖层及其他有关覆盖层维氏和努氏显微硬度试验》）

镀层一般都是薄镀层，所以应采用低负荷的表面硬度计检测，用得最普遍的是小负荷维式硬度计，检测值应符合技术要求。

（4）镀层的结合强度检验（GB/T 5270《金属基体上的金属覆盖层　电沉积和化学沉积层　附着强度试验方法评述》）

镀层与基体的结合强度试验测定只能是定性测量。常采用的方法：

① 弯曲试验。将试样沿直径最小为 12mm 或试样厚度 4 倍的心轴弯绕 180°，用 4 倍放大镜观察，镀层不应出现脱落（弯曲拉伸面出现镀层裂纹不能判定为结合不良）。

② 热震试验。将镀覆工件加热后（钢件加热至 300℃±10℃，锌件加热至 150℃±10℃，铜、铝及其合金加热至 250℃±10℃），立即放入室温水中，镀层不产生起泡或裂纹为合格。

③ 冲压试验。采用端头半径为 2mm 的冲压头，用弹簧加载方式加载冲压镀层，各压痕之间的距离为 5mm 左右，镀层不出现起泡或片状脱落为合格。

（5）镀层孔隙率检验（QB/T 3823《轻工产品金属镀层的孔隙率测试方法》）

金属镀层不可避免地存在孔隙，孔隙多少是影响镀层耐腐蚀性能的重要因素，对镀层孔隙率的检测一般用色点法，即根据镀层试验后出现的色点多少来评定。如对于钢、铁基体的镀层的孔隙率测定是用蓝点法。试验时用 25g 铁氰化钾和 15g 氯化钠溶于 1L 水中，将试验工件放入该溶液中浸渍 30s，水洗并干燥后，考察镀层表面出现的蓝点多少来评定孔隙率。

（6）耐蚀性检验

对镀层的耐蚀试验，多采用环境加速试验法，即盐雾试验。

盐雾试验是将试验件放入密闭的盐雾试验箱中，按规定的溶液以喷雾的方式对试件进行腐蚀，在规定的时间内检测试样的外观变化。

（7）耐磨试验

对以抗磨损为目的的镀层，可进行镀层的耐磨损试验。

镀层的耐磨损试验用试验机进行，常见的磨损试验装置见图 6-20 和图 6-21。

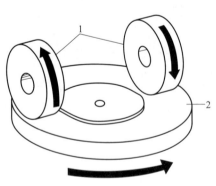

图 6-20　Taber 磨损试验机的示意图

1—压在试样上的摩擦轮；2—试样

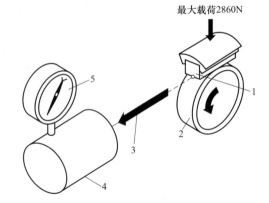

图 6-21　α摩擦和磨损试验机 LFW-1

1—试验块位于圆柱体上以便线状接触面积上获得
均匀的载荷分布；2—试验环；3—接触线的摩擦力
直接传输到载荷传感器；4—摩擦力载荷传感器；
5—摩擦载荷指示表

用 Taber 磨损试验机试验时，两个摩擦轮 1 与具有镀层的试样圆盘 2 对磨，摩擦轮与试样的接触力一般为 0.6895MPa，经过一定时间的磨损试验后，由试样的失重测得磨损率，常以对磨 1000 周磨损的重量毫克数表示。该试验主要是测量摩擦磨损。

用 LFW-1 磨损试验机试验时，具有镀层的试样 1 与旋转的淬硬钢圆环 2 对磨，试件与圆环之间加压载荷。经过一定时间的对磨后，以测得的重量损失或磨痕的尺寸来评定，摩擦因数是以通过传感器传递到指示表上读出。该试验主要是测量黏着磨损。

6.4 镀硬铬

镀铬是电镀类型中出现较早、应用较广的一种工艺方法，在机械零件中的电镀也是以镀铬为主要工艺方法。

6.4.1 镀铬层特性

① 镀铬层具有很高的硬度，依据镀液成分和工艺不同，其硬度可在 400～1200HV 范围内变化。镀铬层有较好的耐热性，在 500℃ 以下温度加热也不会影响光泽和硬度。镀铬层的摩擦因数较小，所以具有较好的耐磨性。

② 镀铬层具有良好的化学稳定性，在碱、硫化物、硝酸和多数有机酸中均有较好的耐蚀性，但在盐酸、硫酸中耐蚀性差。

③ 镀铬依据工艺种类和应用不同，有一般性的装饰性镀铬、松孔镀铬、镀硬铬等。目前，一些机械零件主要采用的是镀硬铬。

镀硬铬是在工件基体上镀较厚的铬层，以获得更好的耐磨性和硬度。如对轻度磨损的轴、轴颈可镀 50～80μm；对有中度磨损的传动轴可镀 80～110μm；而对于磨损较严重的轴、轴套等，镀层可大于 150～220μm。

6.4.2 镀硬铬的工艺程序及控制

为保证镀硬铬层的质量应控制好各环节。

（1）镀前准备

① 待镀工件的镀铬部位应有良好的表面光洁度，表面粗糙度值至少等于磨削后的粗糙度值，待镀表面不允许有孔洞、裂纹、缺陷，重要件应进行渗透检验。

② 镀前去应力处理。电镀硬铬时，镀层较厚，电镀时间长。所以，工件本身存在的应力造成电镀过程中的变形，对镀层与基体之间的结合力影响很大，尤其是酸洗过程中引起应力腐蚀裂纹的可能性更大。因此，镀硬铬工件在镀前的去应力处理尤显重要。

③ 镀铬前的除油、酸洗过程也是重要的准备过程，只有洁净的表面才能提高镀铬层与基体的结合度和减少气孔、裂纹等缺陷。

④ 对非电镀面应采取防镀措施，对镀铬件尖角处应屏蔽。

（2）镀铬过程的控制

① 为了提高镀铬层质量，在工件入镀槽后，应采取阳极浸蚀或反极预处理方法来活化工件表面。

② 正确选用吊挂具和合理的吊挂方法，防止或减少镀铬时气体的产生和在阴极（工件）上的吸附。

③ 合理选择和控制电流密度、槽液温度和电镀时间，确保电镀铬层的质量满足技术要求。

（3）镀铬的后处理

镀铬层的后处理，除很好清洗工件表面外，最重要的是去氢处理，因为镀铬层较厚、电镀时间较长，所以，去氢处理对镀铬来说，比其他镀层更重要。特别是工件硬度高，大于40HRC 时，不仅要采取 180～220℃温度、保温 3h 以上的去氢处理，而且应在镀铬后尽快进行，防止在此期间氢脆的产生。

去氢处理可采用一般电阻炉，但因温度较低，最好使用有空气搅拌的低温炉，以保证炉温的均匀性。有条件的采用油浴炉或真空炉，效果更好。

6.4.3　镀铬层的质量检验和质量控制

① 外观检验。

② 厚度检验，常用工程量具测量法。

③ 硬度检验，一般用维氏硬度检测法检测镀铬层表面硬度。

④ 其他检验，根据工件重要程度和技术要求，还可进行金相组织、耐蚀性、耐磨性的检验。

各种检验参见本章 6.3.6 节"电镀层的质量检验和质量控制"部分内容。

6.4.4　核电产品的镀铬

电镀铬也是核电产品中某些机械零件允许采用的表面处理方法之一，与常规产品工件镀铬相比有更明确和严格的规定。

① 在镀铬前应进行工艺评定，评定的内容包括基体金属特性（硬度）；零件表面粗糙度；电镀槽种类和电流密度、温度等主要工艺参数；电镀支承件的设计和材料的选用（应是无污染和在槽中不溶解的材料）；阳极材料的选用；零件孔洞处的处理；便于排气采用的支承或吊挂方式等。

在上述条件下评定工件的检验结果。

② 对待镀铬零件的镀前准备包括：对零件应进行无损检测，确保镀面无缺陷；表面粗糙度应满足要求；测定基底金属的洛氏硬度值。对零件表面的处理规定是应进行喷砂，喷砂使用的材料应是二氧化硅、氧化铬或碳化硅中的一种；控制被喷掉的金属表面厚度不应超过 $2.5\mu m$。

③ 还规定了对工件的活化采用阳极酸洗方法。

镀铬液中 CrO_3（铬酸酐）的值规定为 $150～400g/L$，温度为 $40～60℃$。

镀铬后去氢采用 $230～260℃$，保持 3h 以上（奥氏体钢、镍合金和碳钢的基体金属除外）。

④ 镀铬后的检验包括外观检验、厚度检验和附着性检验，附着性检验即镀层结合强度检验，采用弯曲法进行。

6.4.5　镀硬铬对疲劳强度的影响

镀硬铬能提高工件表面硬度和耐磨性能，这一特点与渗碳-淬火、高（中）频表面淬火、渗氮等表面强化方法是一致的，而且还具有耐腐蚀性能。

渗碳-淬火、高（中）频表面淬火和渗氮还能提高工件的抗疲劳性能，提高工件的抗疲劳强度极限。而镀硬铬却降低工件的抗疲劳强度极限，有研究结果表明，0Cr13Ni4Mo 不锈钢镀硬铬后比不镀铬状态的抗疲劳强度极限下降 35％～40％，甚至更多。

经试验研究表明，虽然镀硬铬也会有强化金属表面的功能，可控制和阻止在外力作用下金属表面的不均匀滑移，抑制推迟疲劳裂纹的产生，但是镀硬铬后，镀铬层中存在的缺陷和表面的应力状态对抗疲劳强度极限的不利影响则更为明显。

电镀形成的镀铬层是不完整的、有缺陷的，在数百倍的金相显微镜观察下，可见镀硬铬层中存在微小孔洞和裂纹，当在外界疲劳应力的作用下，这些孔洞和裂纹就自然地成为疲劳裂纹源，诱发疲劳裂纹的产生和扩大。

镀硬铬的机理与其他表面强化方法存在的另外一个不同点是，其他表面强化方法因有组织转变的作用，表面存在残留压应力，工件表面层的残留压应力会降低工件在交变载荷作用下的表面层的拉压力作用，使疲劳裂纹不易产生和扩展。而在镀硬铬的过程中，镀层和工件基体都无组织转变发生，所以，不存在其他表面强化方法中使工件表面存在的残余压应力，相反，一旦镀层有微裂或缺陷，则裂纹下面的基体金属将产生更严重的集中滑移，对疲劳裂纹的产生和扩展产生了促进作用。

鉴于上述的分析和试验研究成果的证明，有人认为，对高速旋转的、可能存在较大的弯曲疲劳应力的工件，如某些轴件应慎重选择镀硬铬工艺。

6.4.6 对于其他金属和合金镀层的相关说明

除镀铬外，其他金属和合金镀层如镀锌、镀镍、镀镉等（见表 6-5），在要求耐腐蚀条件下的工件或紧固件的表面处理方面得到了更广泛的应用。

一般根据工件使用条件以及功能要求来选择镀层类型和厚度。这些镀层的形成机理、镀前的预处理、电镀的工艺过程、镀后处理以及质量检验和质量控制等内容基本相似。只不过是镀层种类不同，采用的介质、工艺参数略有不同而已。

这里着重对镀层的后处理相关问题进行说明。

（1）镀后去氢处理

如前所述，通过电镀方法获得的各种镀层，在酸洗和电镀过程中都不可避免地存在氢的影响，只不过是不同镀层的金属或合金吸附氢的能力不同，镀层厚度和电镀时间的长短也有不同可能产生差异。所以，任何镀层，尤其是重要产品的镀层都应采取镀后的去氢处理。

去氢处理的温度越高，去氢处理效果越好，但是，对具体镀层的去氢加热温度的确定还应考虑下列因素：

① 去氢加热温度不能超过工件的热处理回火温度，以防止降低工件基体的硬度和强度。

② 应考虑镀层的特性不受损害，如低熔点金属镀层的物理特性等。

当确定的去氢温度较低时，应延长保温时间，以弥补由于温度低而造成去氢效果不良的问题。

去氢处理的保温时间越长，所获得的效果越好，但时间超过 4h 后去氢程度渐弱。所以一般件保温 3～4h 已基本满足要求，对于大件或采用温度明显偏低时，适当延长保温时间也是必要的。

另外，对于高硬度、高应力工件的去氢应越早越好，以防止停留时间长引起氢的破坏作用。

（2）镀后的铬酸盐处理

前已述及，某些金属和合金镀层的铬酸盐处理也是重要的，锌镀层和镉镀层不仅可以使表面颜色更漂亮，还能明显提高镀层的耐腐蚀能力。铬酸盐处理时，由于溶液中三价铬离子和六价铬离子的比例不同，反映在外观颜色上有差异，更重要的是所获得的钝化膜抵抗腐蚀的能力也不同。如铬酸盐处理的级别（1级或2级）、类型（A、B、C、D）的不同见表6-9。在接受盐雾试验时可承受腐蚀的时间有较大差别（见表6-10）。这是在确定钝化（铬酸盐）处理技术条件时应考虑的因素。

表 6-10　锌和镉中性盐雾腐蚀的防护性能

镀层标记代号[1]（B类）	公称镀层厚度/μm	铬酸盐处理标记	第1次出现白色腐蚀物的时间/h	第1次出现红色铁锈的时间/h	
				镉镀层	锌镀层
Fe/Zn 或 Fe/Cd3c1A	3	A	2	24	12
Fe/Zn 或 Fe/Cd3c1B		B	6	24	12
Fe/Zn 或 Fe/Cd3c2C		C	24	36	24
Fe/Zn 或 Fe/Cd3c2D		D	24	36	24
Fe/Zn 或 Fe/Cd5c1A	5	A	6	48	24
Fe/Zn 或 Fe/Cd5c1B		B	12	72	36
Fe/Zn 或 Fe/Cd5c2C		C	48	120	72
Fe/Zn 或 Fe/Cd5c2D		D	72	168	96
Fe/Zn 或 Fe/Cd5Bk		Bk	12	—	—
Fe/Zn 或 Fe/Cd8c1A	8	A	6	96	48
Fe/Zn 或 Fe/Cd8c1B		B	24	120	72
Fe/Zn 或 Fe/Cd8c2C		C	72	168	120
Fe/Zn 或 Fe/Cd8c2D		D	96	192	144
Fe/Zn 或 Fe/Cd8Bk		Bk	24	120	72
Fe/Zn 或 Fe/Cd12c1A	12	A	6	144	72
Fe/Zn 或 Fe/Cd12c1B		B	24	192	96
Fe/Zn 或 Fe/Cd12c2C		C	72	240	144
Fe/Zn 或 Fe/Cd12c2D		D	96	264	168
Fe/Zn 或 Fe/Cd12Bk		Bk	24	192	96
Fe/Zn 或 Fe/Cd25c1A	25	A			
Fe/Zn 或 Fe/Cd25c1B		B			
Fe/Zn 或 Fe/Cd25c2C		C	尚无合适数据		
Fe/Zn 或 Fe/Cd25c2D		D			
Fe/Zn 或 Fe/Cd25Bk		Bk			

① 锌镀层的类型代号，见 GB/T 9799；镉镀层的类型代号，见 GB/T 13346。

具体镀层、厚度、钝化方式的选择和应用可查阅相应的标准。

除镀铬外，作为耐蚀性镀层还有镀锌、镍、铜、镉及其他合金镀层，特别是对于各类紧固件的表面镀层更加多种多样，应用时可查阅相应标准。

6.5 化学镀

化学镀是新发展起来的一种金属表面处理工艺。与电镀依靠外加电源作用下,镀液中金属离子在阴极(工件)上还原沉积形成镀层的机理不同,化学镀不是由外接电源来提供金属离子完成还原反应所需要的电子,而是依靠镀液中的自身化学反应来提供。

6.5.1 化学镀的机理及特点

下面以化学镀镍为例,说明化学镀的工艺特点。

化学镀镍是用还原剂把镀液中的镍离子还原而沉积在具有催化活性的工件表面上,化学镀镍最常使用的还原剂是次磷酸盐。还原剂将镍盐还原成镍,同时使金属层中含有一定的磷。沉淀的镍膜具有自催化性,可使反应继续进行下去。到目前为止,关于化学镀的反应机理理论较多,如有原子氢理论、氢化物传输理论、电化学理论、羟基-镍离子配位理论等。下面以被大多数人所接受的原子氢理论为例说明化学镀镍的基本原理:

① 镀液在加热时,通过作为还原剂的次亚磷酸根在水溶液中脱氢,并形成亚磷酸根,同时放出原子氢:

$$H_2PO_2^- + H_2O \longrightarrow H_2PO_3^{2-} + H^+ + 2[H]$$

② 原子氢吸附于催化金属表面使其活化,使镀液中的镍阳离子还原并在催化金属表面上沉积金属镍。

$$Ni^{2+} + 2[H] \longrightarrow Ni + 2H^+$$

③ 随着亚磷酸根的分解,还原成磷:

$$H_2PO_2^- + [H] \longrightarrow H_2O + OH^- + P$$

④ 镍原子和磷原子一起沉积而成镍-磷合金。

可见,化学镀镍的基本原理是通过镀液中离子还原和次亚磷酸盐的分解而产生磷原子并进入镀层,最终形成过饱和的镍-磷固溶体。所以,含有磷原子的镀镍也叫镍-磷镀。

6.5.2 化学镀镍用材料

化学镀镍用材料中主要成分构成有:

① 主盐。即镍盐,主要是提供镀镍过程中的镍离子 Ni^{2+}。

② 还原剂。还原剂是含有两个以上活性氢的盐类,依靠它们的催化脱氢作用使镍离子还原。

③ 络合剂。作为络合剂的多为羟基酸,如乳酸、苹果酸、氨基酸等。络合剂的作用是增加镀液的稳定性、提高沉积速度、改善镀层质量等。

④ 稳定剂。稳定剂的作用是抑制镀液的自发分解,使镀液在控制下有序进行,防止分解过度或无规律分解而影响镀液质量和化学镀层质量。

⑤ 加速剂。增加化学镀的沉积速度。

⑥ 缓冲剂。有目的地稳定镀速,保证镀层质量。

⑦ 表面活性剂。加入少量的表面活化剂,有助于氢气的逸出,降低镀层的孔隙率,提高镀层质量。

6.5.3　化学镀镍层的性能特点及应用

（1）外观

化学镀镍层的外观通常是光亮、半光亮并略带黄色。镀镍层的外观颜色与含磷量、镀件表面原有的粗糙度、镀层厚度、沉积速度和施镀的工艺方法有关。

（2）力学性能

化学镀镍层属脆性镀层，抗拉强度高，但弹性模量和塑性低。这是镀层的非晶和微晶结构阻碍塑性变形的原因。依镀层中含磷量的提高，抗拉强度提高，如含磷量为 $1\%\sim3\%$ 时，抗拉强度为 $150\sim200MPa$，而含磷量为 $10\%\sim12\%$ 时，抗拉强度可达 $650\sim900MPa$。而伸长率却不足 1%。

（3）耐蚀性

化学镀镍有优良的耐蚀性能，这是其被广泛应用的原因之一。镍层的厚度和完整性是确保耐蚀性的关键，据报道，含有 11% 磷的镀镍层，当厚度为 $30\mu m$ 时，耐蚀效果最好。研究发现，镀镍膜中的含磷量越高，耐酸性能越好，因为在酸性介质中形成的钝化膜是磷化物膜。应当注意的是，只有镀膜完整才能保持优良的耐蚀性，一旦镀层产生局部破坏，则会加速基体腐蚀，这是因为镀层的电极电位较钢（基体）正，有破损后，镀层与金属基体形成电偶，作为阳极的金属基体当然会加速腐蚀。

（4）硬度

镀层是过饱和固溶体，晶格畸变度大，磷量的增加会促使晶粒细化，而镀层在热处理后会产生磷原子的扩散、偏聚，这都会使镀层有较高硬度，尤其是当镀层中有 Ni_3P 析出时，镀层硬度可高达 $1100HV$。

（5）耐磨性

由于镀层硬度高，因此比纯镀镍层更耐磨。

正是由于化学镀镍层有好的性能，才被广泛应用于航空航天、化工、石油天然气、采矿及军用工程等各个领域。

含不同磷量的镀镍用于耐蚀的泵和叶轮中时，可采用大于 $75\mu m$ 的镀层，$25\sim75\mu m$ 的高磷镀镍层可用于泥浆泵、抽油泵等零部件，以解决耐磨、耐蚀问题。

6.5.4　化学镀层的质量检验和质量控制

检验化学镀层最简单的方法是采用低负荷维氏硬度计测表面硬度是否达到技术要求。

如果要进行耐磨性和耐蚀性检验，可依据具体情况采用表面耐磨试验。可参照电镀层耐蚀性检验方法进行表面耐蚀性检验。

6.6　磷化

6.6.1　磷化及其作用

磷化就是使材料与磷化液接触，通过化学和电化学反应，在金属表面形成磷酸盐覆盖层的过程。

磷化膜是由一系列大小不同的、不溶于水的晶体所组成，在晶体的连接点上会形成细小的多孔结构，这种多孔晶体结构能提高工件表面的吸附性、耐蚀性、减摩性、抗咬合性和耐磨性。

磷化适用于钢、铸铁、铝、锌、镁及其合金。

对金属表面磷化主要有两个作用，一是作为涂装层的底层，提高表面涂装效果和质量；二是改善和提高金属表面的功能性，如增加材料表面的绝缘性、润滑性、减摩性、耐蚀性和耐磨性。

一些机械零部件、紧固件采用表面磷化的主要目的是提高表面功能性，特别是耐蚀性和抗咬合性。

6.6.2 磷化液配方的选择

根据材料种类和磷化目的的不同，有多种磷化液配方可选择。

常见的磷化液有锌系、锌锰系和锰系等，使用温度分常温（室温）、低温（40~50℃）、中温（60~80℃）和高温（85~100℃）。

机械零件、紧固件的磷化主要是提高工件表面的功能性，所以多采用中温或高温的锌锰系和锰系磷化液。

目前，各磷化的生产企业大多数采用锌锰系磷化液，这种磷化液基本满足用户需要见表6-11。

表 6-11 锌系·锌锰系磷化液配方举例

成分/(g/L)	1	2	3	4	5	6
磷酸锰铁盐（马日夫盐）$[x\text{Fe}(\text{H}_2\text{PO}_4)_2 \cdot y\text{Mn}(\text{H}_2\text{PO}_4)_2]$	—	30~45	30~35	30~40	—	30~35
磷酸二氢锌$[\text{Zn}(\text{H}_2\text{PO}_4)_2 \cdot 2\text{H}_2\text{O}]$	30~40	—	—	—	30~40	—
硝酸锌$[\text{Zn}(\text{NO}_3)_2 \cdot 6\text{H}_2\text{O}]$	80~100	100~130	80~100	—	55~65	55~65
硝酸锰$[50\%\text{Mn}(\text{NO}_3)_2 \cdot 6\text{H}_2\text{O}]$	—	20~30	—	15~25	—	—
硝酸镍$[\text{Ni}(\text{NO}_3)_2 \cdot 6\text{H}_2\text{O}]$	—	—	—	—	—	—
游离酸度 FA(点)	5.0~7.5	6~9	5~7	3.5~5.0	6~9	5~8
总酸度 TA(点)	60~80	85~100	50~70	35~50	40~58	40~60
温度/℃	60~70	55~70	60~70	94~98	90~95	90~98
时间/min	根据磷化层厚度,10~30					

但核级产品用一些零部件的磷化明确提出采用磷酸锰盐的磷化。采用磷酸锰盐的磷化液配方推荐如表6-12所示。

表 6-12 锰系磷化液配方举例

成分/(g/L)	磷酸锰$[\text{Mn}(\text{H}_2\text{PO}_4)_2]$	磷酸(85%)H_3PO_4	硝酸(HNO₃)	氟硼酸钠(NaBF₄)	乙二胺四乙酸(EDTA)	磷酸锰铁盐（马日夫盐）$[x\text{Fe}(\text{H}_2\text{PO}_4)_2 \cdot y\text{Mn}(\text{H}_2\text{PO}_4)_2]$	硝酸锰$[50\%\text{Mn}(\text{NO}_3)_2 \cdot 6\text{H}_2\text{O}]$	FA(点)	TA(点)	温度/℃
1	20~30	2~3	4~6	1	0.6	—	—	3~5	35~45	75~80
2	—	—	—	—	—	30~40	15~25	3.5~5	35~50	94~98

上述各磷化液成分中，各种介质的作用大致如下：

（1）磷酸二氢锌 $[\text{Zn}(\text{H}_2\text{PO}_4)_2 \cdot 2\text{H}_2\text{O}]$

磷酸二氢锌是锌锰系磷化液的优良基盐，主要特点是成膜速度快，但应控制在合适的范围内。磷化液的酸度随磷酸二氢锌含量的增高而提高。

（2）马日夫盐 $[x\mathrm{Fe}(\mathrm{H_2PO_4}) \cdot y\mathrm{Mn}(\mathrm{H_2PO_4})_2]$

马日夫盐又称磷酸铁锰盐，采用马日夫盐的磷化速度快、防腐蚀能力强、磷化膜结晶均匀、颜色好。但使用时间长易老化，使磷化液中 $\mathrm{Mn^{2+}}$ 被氧化成 $\mathrm{Mn^{7+}}$，降低磷化质量。

（3）硝酸锰 $[\mathrm{Mn(NO_3)_2} \cdot 6\mathrm{H_2O}]$

硝酸锰主要为磷化液提供 $\mathrm{Mn^{2+}}$。常与马日夫盐配合使用，可提高磷化反应速度，降低处理温度，增加磷化膜的稳定性。

（4）硝酸镍 $[\mathrm{Ni(NO_3)_2} \cdot 6\mathrm{H_2O}]$

镍能在钢铁表面形成磷酸镍晶核，促进磷化膜形成，并使膜均匀、细致，提高磷化膜的耐腐蚀能力，改善外观质量。

（5）硝酸锌 $[\mathrm{Zn(NO_3)_2} \cdot 6\mathrm{H_2O}]$

硝酸锌主要用作磷化促进剂，为磷化液提供 $\mathrm{Zn^{2+}}$ 和 $\mathrm{NO_3^-}$，加快磷化速度，磷化膜结晶细致，提供耐蚀性，还有稳定槽液的作用，但应严格控制含量。

6.6.3　磷化处理工艺要点

钢铁材料功能性磷化的操作主要有以下程序：

化学脱脂→水洗→（酸洗）→水洗→表面调整→磷化→水洗→（钝化）→（皂化）→水洗→（去离子水洗）→干燥→（去氢处理）→油封。

注：括号内工序为选择性工序。

① 化学脱脂。预磷化处理的工件表面不可避免地存在油脂性污物，油脂存在会使表面张力增大，阻碍磷化膜生成，还会减小磷化膜的附着力，降低附着强度，使磷化膜不均，所以工件磷化前必须将表面油脂污物去除，以保证工件磷化质量。

脱脂方法（脱脂剂）的选择一般根据工件表面情况和成本、脱脂废水处理的方便性，可选用有机溶剂、酸性脱脂剂和弱碱性脱脂剂。较常用的是弱碱性脱脂剂。

② 水洗。即去除脱脂过程中工件表面残留的附着物，洁净工件表面。

③ 酸洗。即主要对于表面有氧化皮或锈痕的工件，用酸洗方法去除，洁净工件表面。

对于经过加工，表面无氧化皮和锈痕的工件，可省略酸洗工序。

④ 水洗。即去除酸洗过程中工件表面的残留附着物，洁净工件表面。

对于要求严格的工作，酸洗后还要求采用中和处理。

⑤ 表面调整处理。其是指在含有表调剂的溶液中，对将磷化的工件表面进行活化处理，进一步洁净工件表面，激活工件表面活性，在工件表面形成大量的极细的结晶核，细化磷化结晶核，提高成膜性，使磷化膜层均匀、致密、提高磷化膜质量。

表调剂依配方不同，有碱性表调剂、酸性表调剂和锰盐专用表调剂。

对于核级产品工件的磷化，必须采用表调工序。

⑥ 磷化。磷化当然是最根本的、最重要的处理工序，也是应进行最严格质量控制的工序。

首先，必须严格控制和调整磷化液，使其成分保持在工艺要求的范围内，特别是磷化液使用一段时间后，成分可能有变化，溶液老化，产生沉渣，这时应对磷化液进行化验，并进行调整。溶液成分变化还反映在磷化液的总酸度（TA）和游离酸度（FA）的变化。所以，也可以通过检测和控制磷化液酸度来实现对磷化液的成分控制。

磷化液的温度也是影响磷化质量的因素，温度影响磷化膜的生成速度和膜的厚度。温度太高，影响磷化液的酸度，反应速度太快，磷化膜结晶粗大，孔隙率大，降低磷化膜的耐蚀性能。温度太低会影响成膜速度和厚度，达不到工艺质量要求。

⑦ 水洗。即去除磷化后工件表面的附着物，洁净工件表面。对于质量要求严格的磷化件，磷化后的清洗应采用去离子水，以防止水质不良在磷化膜上产生沉淀物。

⑧ 钝化。经过钝化处理，可将已形成的磷化膜中的高峰部分溶解，使磷化膜表面形态、性能趋于均匀一致。还可以降低磷化膜的孔隙率，从而提高磷化工件表面的耐蚀性和表面耐磨性。

适用于功能性磷化后钝化的钝化液配方：

配方一：

Na_2CO_3：4～6g/L。

使用温度：80～85℃。

浸泡时间：5～10min。

配方二：

CrO_3：1～3g/L。

使用温度：75～85℃。

浸泡时间：8～12min。

配方三：

$K_2Cr_2O_7$：50～80g/L。

pH 值：2～4。

使用温度：60～80℃。

浸泡时间：8～12min。

⑨ 皂化。所谓皂化处理就是将磷化处理后的工件放入含硬质酸钠（肥皂）的溶液中，磷化膜与硬脂酸钠发生皂化反应，形成皂化膜，降低孔隙率，提高耐蚀性。

对于一般要求的磷化工件，可以用皂化代替钝化工序。

功能性磷化后的皂化处理常用配方：

配方一：

肥皂：80～100g/L。

使用温度：40～50℃。

浸泡时间：10～20min。

配方二：

肥皂：6～8g/L。

使用温度：80～90℃。

浸泡时间：3～5min。

皂化浸泡后擦干表面待用。

⑩ 干燥。干燥的目的是去除磷化工件表面的水分。特别是要防止带有孔洞、沟槽的工件，在孔洞、沟槽处存有水而产生锈蚀。

磷化件的干燥应该根据磷化类型和工件的具体情况，可以采用自然干燥，也可采用烘烤等方式进行。

⑪ 去氢处理。在磷化过程中会伴有氢的产生。所以，在磷化膜中不可避免地残留未充

分逸出的氢，虽然含量不高，但对材料会产生氢脆，降低韧性，特别是对于高强度材料影响更大。因此，对于重要工件使用的高强度材料，在磷化处理后应采用去氢处理。如在核电产品中，对于抗拉强度大于1450MPa的材料，在进行磷化后，应采用加热到100℃±5℃并保持8h以上的去氢处理。

⑫ 浸油。即将磷化后的工件浸入油中（最好浸入80～100℃的热油中），停留3～4min，使整个表面形成一层油膜，并渗入磷化层中空隙处可提高磷化层的抗蚀效果，保持长时间的耐蚀性。

在核电产品磷化件中，还提出可以在工件表面涂上含二硫化钼（但与一回路或注入一回路的流体接触的部件禁用）或石墨的润滑脂膜，也起到油封的作用。

6.6.4　磷化层的质量检验和质量控制

对于磷化后的磷化膜质量检验，通常有外观、膜厚度、耐蚀性和耐磨性检验。

① 外观检验。外观检验是指主要对磷化膜表面颜色和膜的连续、完整性的检验。

一般规定在500Lx照度下（相当于距100W灯泡30cm的零件表面处得到的照度），用肉眼观察，磷化膜应均匀、完整，不得有断层出现，表面颜色应均匀一致，不存在花斑等。采用不同材料及不同磷化方法，磷化膜的颜色会有差别。如果对磷化膜颜色有特别要求，则在磷化处理前，应合理选择磷化液配方。

② 磷化膜厚度检验。对一些重要的工件磷化后，需要检查磷化膜的厚度。

可采用磁性测厚仪检测（适用于钢铁材料），也可以用金相法检测磷化膜断面的厚度，但因磷化膜较薄且脆，在金相试片制取时，一定要采取措施，防止倒角或膜脱落。

③ 磷化膜膜重检验。即检验单位表面积（m^2）上磷化膜的质量（g）。计算方法公式：

$$W = \frac{P_1 - P_2}{S} \times 10$$

式中　W——磷化膜的单位质量，g/m^2；

　　　P_1——磷化后的试样质量，mg；

　　　P_2——退膜后的试样质量，mg；

　　　S——试样总表面积，cm^2。

通过测试磷化膜重量也可以近似换算出磷化膜的厚度，经验换算关系参见表6-13。

表 6-13　膜厚与膜重的近似关系

膜厚/μm	1～2	2～4	4～6	6
膜重/(g/m^2)	1～2	2.2～4.4	6～9	12

④ 磷化膜耐蚀性检验。磷化膜耐蚀性检验主要是用腐蚀性介质对工件表面进行检验。主要有：

a. 氯化钠腐蚀法：将磷化好的试样在干燥室内放置48h后，浸入3%氯化钠（NaCl）水溶液中，在15～25℃环境下保持1h，洗净、吹干后目视，试样表面不应出现锈蚀。

b. 硫酸铜点蚀法：按GB/T 5936《轻工产品黑色金属保护层的测试方法　浸渍点滴法》的规定，将硫酸铜水溶液点在试件磷化膜表面，在规定时间内不出现红色析出物。常用硫酸铜试剂配方为：5%～8% $CuSO_4$，其余为水。

c. 盐雾试验法。按GB/T 10125《人造气氛中的腐蚀试验　盐雾试验》的规定，将磷化试件放置于盐雾箱内，进行盐雾喷洒，在规定的时间内，磷化表面不出现腐蚀现象。

⑤ 磷化膜耐磨性检验。可参照 GB/T 5932《轻工产品金属镀层和化学处理膜耐磨试验方法》的规定采用湿性或干性摩擦法试验。

对磷化膜质量检验，应根据工件具体情况确定方法和验收标准。

6.6.5 磷化工艺的工序安排

因为磷化是零部件的最后工序，所以，在磷化前应保证做到：

① 所有加工工序，包括焊接、热处理等工序应全部完成。

② 所有规定的检验和试验项目全部完成并达到技术要求。

③ 磷化前的最后机加工序应保证工件形状、尺寸、公差、粗糙度达到图纸要求，但是对于重要的、精度要求高的工件，应考虑磷化膜形成带来的尺寸增量，确定是否根据磷化膜的厚度要求预留量。

④ 磷化前工件表面的粗糙度对磷化效果会产生影响，在相同磷化条件下，磷化工件表面光洁度越高，基体表面在磷化液中越不易被腐蚀。所以，磷化膜形成速度越慢，获得的磷化膜层越薄，颜色越浅，但膜比较致密。反之，工件表面粗糙，形成的磷化膜厚，颜色深，但均匀性差，膜比较疏松。因此，应适当考虑工件表面选用合适的粗糙度标准。

6.7 发蓝

6.7.1 发蓝处理及其作用

将钢铁工件放入氧化性浓碱溶液中加热，使工件表面生成 $0.6 \sim 0.8 \mu m$ 厚的、一层致密的 Fe_3O_4 薄膜的过程，叫发蓝处理，也叫碱性氧化处理或发黑处理。

工件表面的这层薄膜具有防锈作用，并增强工件表面的光泽和美观。

机械产品中一些裸露外表面的需防锈的零部件、紧固件等均需进行表面发蓝处理。

6.7.2 发蓝溶液的配方及其反应机理

（1）发蓝液配方

目前，常用的发蓝溶液配方中主要是以氢氧化钠（NaOH）和亚硝酸钠（$NaNO_2$）为主料，有的另加一些磷酸三钠（Na_3PO_4）作为促进剂，提高发蓝质量。表 6-14 是常见的发蓝溶液配方。

（2）发蓝液中各成分的主要功能

① 氢氧化钠（NaOH）：其可使材料产生轻微腐蚀，析出铁离子，保持溶液具有足够高的温度，有利于发蓝膜的生成。氢氧化钠的含量对发蓝质量影响很大，含量低，不易形成氧化膜；含量高，使发蓝液温度升高，促进氧化膜的溶解，破坏已形成的氧化膜，产生红色的氧化铁（FeO）。

表 6-14 常见的发蓝液配方

序号	成分/（g/L）			温度/℃
	氢氧化钠（NaOH）	亚硝酸钠（$NaNO_2$）	磷酸三钠（Na_3PO_4）	
1	650～700	250	总量的 5%～10%	138～148
2	600	60	20～40	142～150
3	700	65	50	145～150

② 亚硝酸钠（$NaNO_2$）：主要起氧化作用，其只有与氢氧化钠一起才能发挥作用。其对氧化膜的生成和质量也有重要影响，含量低，则氧化速度慢，膜较疏松，易剥落；含量高，则氧化速度快，膜薄，抗蚀能力低。

③ 磷酸三钠（Na_3PO_4）：作为辅助材料，在发蓝液中促进气泡生成，使污物不易附着在工件表面，促进发蓝膜质量提高。

（3）发蓝膜的形成机理

反应过程如下：

$$3Fe + NaNO_2 + 5NaOH \longrightarrow 3Na_2FeO_2 + NH_3 + H_2O$$

$$6Na_2FeO_2 + NaNO_2 + 5H_2O \longrightarrow 3Na_2Fe_2O_4 + NH_3 + 7NaOH$$

$$Na_2FeO_2 + Na_2Fe_2O_4 + 2H_2O \longrightarrow Fe_3O_4 \downarrow + 4NaOH$$

最终反应产物 Fe_3O_4 沉淀于工件表面，即是我们需求的发蓝膜。

6.7.3　发蓝的工艺流程及控制要点

工件发蓝的主要流程为：

除油→热水冲洗→酸洗→冷水冲洗→发蓝处理→冷水冲洗→热水冲洗→皂化→热水冲洗→干燥→热油煮。

① 除油。采用碱性溶液加热至沸腾状态保持 10～20min，除去工件表面油污，洗净工件表面，为下一道工序作准备。

② 水洗。各冷水或热水水洗的目的是洗去前道工序残留在工件表面的碱或酸液，为下道工序作准备。发蓝过程中，工件反复经过不同性质的液体浸泡，所以每次的水洗很重要，有时要求用热水或流动水冲洗，这都是必要的，对最终的发蓝质量有重要影响。

③ 酸洗。一般采用盐酸（HCl）酸洗，酸洗的主要目的是去除工件表面的氧化皮或锈迹，增加工件表面活性，易于进行氧化，提高发蓝质量。为了减少酸洗过程中产生的氢（$2HCl + Fe \longrightarrow FeCl_2 + H_2 \uparrow$）对工件表面的不利影响，常在盐酸中加入 0.2%～0.5%的尿素 $[(NH_2)_2CO]$，起到缓蚀和降低酸液与工件表面的直接作用。酸洗时间视工件表面状况，采用 2～20min，以工件表面洁净为准。

④ 发蓝。即工件在发蓝液中的氧化处理是最关键的工序，对发蓝液成分的控制和温度的控制都是重要的。发蓝液中氢氧化钠（NaOH）和亚硝酸钠（$NaNO_2$）的比例直接影响发蓝质量，造成发蓝膜不均匀、颜色不正或疏松度大。发蓝温度，包括工件入槽温度、保温温度和出槽温度，都对发蓝质量有影响，如，温度过低，影响氧化和成膜速度；温度过高，蓝色（黑色）的 Fe_3O_4 膜可能被破坏变成 Fe_2O_3 而呈红色。

⑤ 皂化。皂化是将发蓝完成，并经过冲洗的工件放入 80～90℃ 的肥皂水溶液中保持 2～3min，使皂液渗入氧化膜的孔隙中，使氧化膜由亲水性变成嫌水性，且在表面形成的硬脂酸铁薄膜可提高发蓝工件表面的耐蚀性。皂化液的配方可参照本章磷化处理相应部分。

⑥ 热油煮。发蓝且皂化的工件，在干燥后放入 80℃ 左右的热油中浸泡 1～3min，使工件表面被一层均匀油膜覆盖，不但改善表面颜色使之更有光泽，还能进一步提高耐蚀性。

6.7.4　发蓝的质量检验

① 外观检验。在大约 500Lx 照度下（距 100W 灯泡约 30cm 处）观察发蓝工件表面，颜色应均匀一致，无花斑、锈迹。关于发蓝工件的表面颜色，依材料化学成分和含量不同有

差异，如，低碳钢发蓝表面是黑色，工具钢和一般合金钢发蓝表面颜色会呈灰黑色，而含铬、硅的合金钢可能呈浅红棕色或浅棕黑色，高速钢呈黑褐色，这都是正常颜色［注意由于溶液成分不对或温度过高形成的氧化铁（FeO）或三氧化二铁（Fe_2O_3）的红色属于非正常颜色］。

② 发蓝膜疏松度的检验。将去油后的发蓝件表面，滴上 3% 的硫酸铜（$CuSO_4 \cdot 5H_2O$）溶液，保持 30s，该处不显红色为合格，因为如果膜层太薄或过于疏松，则会在此处发生 $Fe+CuSO_4 \longrightarrow FeSO_4+Cu$ 反应，沉淀出铜（Cu）色，过一会由于铜被氧化 $2Cu+O_2 \longrightarrow ZCuO$ 变成氧化铜而呈红褐色。

6.7.5 低温和常温发蓝（黑）工艺

上面介绍的是传统的发蓝工艺，近些年相继出现了低温（50～70℃）和常温的发蓝（黑）工艺配方，一般都是生产厂家配制好的浓缩液，使用时按规定的比例稀释后使用，显然，这种发蓝工艺比之于传统发蓝工艺方便、节能，且质量也可保证使用，值得推广应用。

6.7.6 发蓝工艺的工序安排

发蓝工艺的工序安排及注意问题参见本章磷化处理相应部分内容。

6.8 其他表面处理新技术介绍

机械零件的表面处理越来越受到重视。为适应工程需要，表面处理新技术、新工艺不断出现和发展。尽管这些新技术、新工艺在普通机械产品零件上还未广泛应用，但是，随着机械产品的更新换代和技术要求的提高，这些新技术、新工艺将逐渐被应用，取代一些老工艺。

下面对一些表面处理新技术作一介绍。

6.8.1 气相沉积技术

气相沉积技术是新发展起来的表面处理技术。所谓气相沉积就是利用气相中发生的物理、化学过程，在工件表面形成功能性或装饰性的金属、非金属或化合物涂层。气相沉积在工件表面上覆盖一层厚度为 $0.5～10\mu m$ 的过渡族元素（Ti、V、Cr、W、Nb）的碳、氧、氮、硼化合物或单一的金属及非金属涂层。几种常见的沉积层及其主要特性见表 6-15。

气相沉积可按沉积过程的性质分为化学气相沉积（CVD）和物理气相沉积（PVD）。等离子体被引入化学气相沉积技术后，形成了等离子化学气相沉积（PECVD）。

表 6-15 几类沉积层的名称及其主要特性

类别	沉积层名称	主要特性
碳化物	TiC、VC、W_2C、WC、MoC、Cr_3C_2、B_4C、TaC、NbC、ZrC、HfC、SiC	高硬度,高耐磨,部分碳化物(如碳化铬)耐蚀
氮化物	TiN、VN、BN、ZrN、NbN、HfN、Cr_2N、CrN、MoN、$(Ti,Al)N$、Si_3N_4	立方 BN、TiN、VN 等耐磨性能好;TiN 色泽如金且比镀金层耐磨,装饰性好
氧化物	Al_2O_3、TiO_2、ZrO_2、CuO、ZnO、SiO_2	耐磨,特殊光学性能,装饰性好
碳氮化合物	$Ti(C,N)$、$Zr(C,N)$	耐磨,装饰性好
硼化物	TiB_2、VB_2、Cr_2B、TaB、ZrB、HfB	耐磨
硅化物	$MoSi_2$、WSi_2	抗高温氧化,耐蚀
金属及非金属元素	Al,Cr,Ni,Mo,C(包括金刚石及类金刚石)	满足特殊光学、电学性能或赋予高耐磨性

因为气相沉积的最终结果是在工件表面上形成一种薄膜，所以，也把气相沉积技术叫镀膜技术。

（1）气相沉积分类

根据气相沉积物的形成机理不同分物理气相沉积和化学气相沉积。

① 物理气相沉积是利用热蒸发、溅射或辉光放电等物理过程，在工件表面沉积某种涂层的工艺方法。物理气相沉积的基本特点是沉积物以原子、离子、分子等具有原子尺寸的颗粒形态在工件表面形成沉积层。物理气相沉积可获取各种金属、合金、氧化物、氮化物、碳化物等镀层。物理气相沉积镀层与基体之间的附着力强；工艺温度较低，一般在 $550℃$ 以下即可完成，得到组织致密、性能优良的镀层。

物理气相沉积方法中有真空蒸发镀膜，即将镀膜材料在真空条件下加热熔化、蒸发，最终凝结在被镀工件基体上形成镀膜；溅射镀膜，即用带有几十电子伏以上动能的粒子轰击镀膜材料表面，将其激发为气态并溅射到工件基体上形成镀膜；离子镀膜，即在真空条件下，利用气体放电使气体或被蒸发物部分离子化，在气体离子或被蒸发物离子轰击作用的同时，把蒸发物或其反应物沉积在工件基体上。

② 化学气相沉积是利用气态物质在固态工件表面进行化学反应，生成固态沉积层在工件基体上。化学气相沉积的温度一般大于 $800℃$，最高可达 $2000℃$，在高温下形成的镀膜使工件产生较大内应力和变形，高温造成的组织变化还会降低基体材料的性能。又由于沉积材料和基体材料中的合金元素在高温条件下互相扩散，可能在界面上形成脆性相，削弱镀膜与基体的结合力。

（2）气相沉积层的优良特性

① 硬度高。气相沉积层的硬度很高，依沉积层种类不同，沉积层的硬度可达 $1300\sim4000HV$，有的甚至可达 $5000HV$。即使在高温条件下，沉积层也能保持很高硬度。

② 具有高的抗摩擦磨损性能。气相沉积层与基体的结合强度很高，沉积层与钢之间具有的摩擦因数很小，如 TiC 层与钢之间的摩擦因数只有 0.14，所以沉积层具有优异的耐磨性能和抗黏着性能。

③ 耐蚀性能。多数沉积层都具有耐蚀性能，如碳化物镀层在酸、碱中都有较好的抗蚀性，而铌和铬的碳化物镀层的抗盐雾腐蚀能力则优于镀铬层。

但，气相沉积层一般都具有较大脆性。

目前，气相沉积工艺多用于模具、刀具、轴承的制造上。

6.8.2　高能束技术（激光合金化技术和离子注入技术）

利用高能技术，如激光束、离子束、电子束对材料表面进行强化，提高工件表面功能是表面处理的新技术。

这些高能量束流对表面进行加热时，由于加热速度极快，在整个加热过程中，工件基体温度几乎不受影响，加热深度一般为几微米，它们的能量沉积功率密度很大，在被处理物体上自外向内能够产生 $10^6\sim10^8\mathrm{K/cm^2}$ 甚至更高的温度梯度，使表面层迅速熔化而冷的工件基体又会使熔化层以极高的速度冷却，致使固溶界面以极高的速度自内向表面推进，迅速完成凝固过程。

这种极高的加热和冷却速度，使被熔化并凝固的表面层形成了微晶、非晶及其他特殊的亚稳态合金组织（在平衡相图上不存在的合金组织），或者说这种表面合金化是在远离平衡和高密度缺陷条件下进行的，这种条件下获得的亚稳态合金往往具有较高的机械强度和较好的抗蚀性。可以说，束流技术对材料表面的改性是通过改变材料表面成分和结构来实现的。

下面以激光束表面合金化和离子注入技术为例介绍它们的特点。

（1）激光表面合金化技术

激光表面合金化示意图如图 6-22 所示。

将激光束打在经过预涂覆材料的工件表面，高能激光束的作用使涂覆层合金元素与基体表面薄层熔化，熔化区的最终合金成分主要取决于涂覆层的成分和基体被熔化的薄层成分。这部分薄的熔化层在快速冷却区获得了很高的硬度。如果获得的合金层大于1mm，其与基体的结合性好，在大负荷条件下也具有很好的抗剥离能力，在处理过程中，由于工件本身几乎不受温度影响，工件变形极小。

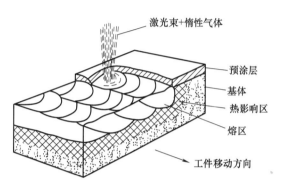

图 6-22　激光表面合金化技术示意图

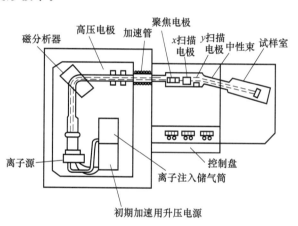

图 6-23　离子注入装置示意图

激光合金化获得的合金化层的微观结构是特细的胞状枝晶凝固结构，在晶界上可发现超微细的、成分复杂的析出物，硬度很高，可达 $1100 \sim 1800HV$，所以，激光合金层具有优良的耐磨损性能，有的还可以具有好的耐腐蚀性能。激光合金化技术成本高，应用受到限制，目前多用于刀具、模具的处理。

（2）离子注入技术

将合金元素的原子离子化后，使其在电场中获得高能量并强行注入材料表面层，改善和提高工件表面功能的技术叫离子注入技术。由于是在工件本体较低温度下使材料表面得到性质改变的，因此，离子注入处理后，工件几乎不变形，不影响表面粗糙度，根据注入元素成分不同可获得不同的表面层和性能。

离子注入层的强化机制以弥散强化为主，还由于注入层中增加了许多空位、间隙原子错位等晶体缺陷，也起到强化作用。

离子注入技术由于使用设备昂贵、成本高、大件处理有困难，因此，目前还只用于小型精密件、模具、刀具等。图 6-23 是离子注入技术的装置示意图。

6.9　表面处理的正确选择和实施

表面处理对提高工件表面功能有重要作用，不同的表面处理的机理、功能、特点不同，不同表面处理实施时机也有差别。所以，正确选择表面处理类型和合理安排表面处理工序，对更好地发挥表面处理功能有重要意义。

6.9.1 表面处理类型的正确选择

对某一工件之所以要进行表面处理，是因为要获得合适的功能。为了获得最佳功能，在选择表面处理功能类型时应掌握以下几个基本原则。

（1）适应性原则

适应性原则就是选择的表面处理类型是否最适应工件的条件，最能满足工作的需要。

重要的是要认真考察工件的工作环境、条件。

① 受力条件

a. 载荷大小影响受损程度，决定选择强化层的厚度。如果受力载荷大，工件表面受损程度严重，可选择获得较厚强化层的方法，如堆焊、喷涂等。

b. 受力种类影响工件受损和破坏的形式，决定选择强化层对工件表面状态和应力状态的影响。如受力形式是高速、反复交变载荷会引起疲劳性损坏，可选择强化层组织好、应力特别是拉应力小的强化方法，如堆焊、热喷涂等，而尽量少采取厚镀层工艺，如镀硬铬等。

c. 相对速度大小往往影响工件磨损类型，有些情况会引起磨粒磨损，可选择堆焊、热喷涂、镀硬铬等强化方式，如果引起摩擦磨损，可选择镀锌、镀铜、镀镍等工艺方法。

② 介质条件

a. 介质中是否有硬质颗粒，影响磨损类型介质中有硬质颗粒将引起严重的磨损，应选择强化层厚、硬度高的强化工艺，如堆焊硬质合金、堆焊马氏体钢、镀硬铬等。

b. 介质有严重的腐蚀倾向，使工件表面遭受腐蚀，发生磨蚀、腐蚀疲劳等，可选择有相应抗蚀能力的材料强化工件表面，如海水或含氯离子介质的环境，可采用堆焊或喷涂奥氏体不锈钢、双相不锈钢以及镀铜等工艺；含有酸、碱介质可采用奥化体不锈钢、镍合金等材料强化工件表面；含 SO_2 介质可采用铝材料强化表面等；一般腐蚀可以选择镀锌、磷化、发蓝处理等。

③ 温度条件。温度条件，特别是极端温度条件对工件的影响也不容忽视，如高温条件会引起工件表面氧化、热疲劳、热稳定性下降等，可采用马氏体不锈钢、钴基合金等材料强化表面；而低温条件会影响材料塑韧性下降、脆化等问题，可采用奥氏体合金、镍基合金等材料强化表面。

（2）可行性原则

可行性原则是指选定的适应的表面处理方法是否能很有效地在本工件上实施。这主要应考虑以下几点。

① 具体工件材质和在表面处理前经历过的加工过程、工件基体的其他技术要求与所选用的表面处理是否会产生矛盾或干扰，比如，有些表面处理需要在很高温度条件下进行，工件表面需熔化并和采用的材料相互熔融（堆焊、喷焊），这不适用于熔点低的金属材料。又如，有些表面处理需要较高温度去应力处理，如果这个温度接近或超过工件基体的回火温度，则会降低工件基体的硬度和强度，这是不允许的，此时只能选用少产生或不产生残余应力、表面处理后不需高温去应力的处理方法。再比如，有些工件材质对氢脆特别敏感，吸氢能力强，或工件基体硬度、强度很高，有可能还来不及采取去氢工序，甚至在表面处理过程中就会出现氢脆裂纹。所以，这种情况就不适合采取酸洗或处理过程中析氢的处理方法。

② 工件的结构、形状能否实现表面处理的功能最大化。如有些工件结构复杂，沟、槽、孔多且深，甚至边缘、截面过渡处尖角明显等，这种情况不宜采取电镀类表面处理方法，因为采用这些方法处理时，极易在这些部位产生厚度不均匀、毛刺等，易造成镀层剥离。

薄壁、易变形工件在采用某些温度高、残余应力大的表面处理方法时，承受不了应力引起的变形。所以，应采用处理温度低、残余应力小的表面处理方法。

（3）匹配性原则

匹配性原则主要指所采用的表面处理件的使用寿命与整机或零件所在的部件寿命的匹配情况，或者说工件表面处理后寿命的耐久性情况，既要保证表面处理后工件寿命长，又要防止功能过剩。比如，整机或部件寿命期为 10 年，具体工件表面处理后的寿命也是 10 年最好，或者说虽达不到 10 年，但也是在整机或部件的寿命期内更换具体工件数量越少越好；如果整机或部件寿命期为 10 年，具体工件表面处理后也没有必要达到 15 年，这属于功能过剩，也是一种功能浪费，另外，在选择表面处理方法时，可引入耐久系数概念，通过耐久系数可确定何种表面处理方法更有利。

$$\varepsilon = W_H / W_T$$

式中　ε——耐久系数；

W_H——工件未经表面处理时的磨损量，可用磨损重量、磨损体积，磨损百分率来表示，这可从失效工件实际磨损量测得；

W_T——采用表面处理后工件的磨损量，采用与 W_H 计算时相同的计量方法，这可以通过对试件的试验结果进行测量或计算。

当然，ε 值越大说明表面处理的效果越好，比如，在进行表面处理前，在整机或部件的寿命期内需要 50 年更换 5 个工件，则所采用的表面处理耐久系数 $\varepsilon \geqslant 5$ 为最好。

（4）经济性原则

经济性原则是指采用的表面处理方法，在满足功能条件下如何降低成本，或者说在费用最小的条件下应获得满足功能要求的表面处理方法。

考核经济性较简单的判定方法是：

$$C_q \leqslant C_w \frac{S_q}{S_w}$$

式中　C_q——表面强化处理工件成本；

C_w——未处理工件成本；

S_q——表面强化处理工件寿命；

S_w——未处理工件寿命。

6.9.2　表面处理工艺的正确实施

设计人员通过对工件工作条件的确认、对工件可能或已经发生的失效的分析，考虑了采用表面处理的适应性、可行性、匹配性和经济性的原则，确定了要采用的表面处理工艺方法，还应由工艺人员合理安排工艺，使所确定的表面处理工艺能最有效地发挥功能，这同样是重要的。应注意考虑以下原则：

① 合理安排表面处理在工件全部加工工序中的位置和时机，如堆焊、喷涂工艺强化层厚，引起工件变形大，还应采取去应力工序，处理完后还需有较大的机械加工量。所以，它们应安排在粗加工后进行；电镀铬等表面处理应进行表面磨削，可安排在半精加工后进行；

化学镀、镀锌、高能束处理等工艺完成后基本不再加工，应在精加工后进行。

② 所有的表面处理均应在工件基体性能热处理后进行，否则，工件性能热处理要损坏表面处理功能。

③ 根据表面处理类型不同，要正确地进行待处理面的预加工，以增加强化层与工件基体的结合强度，比如，多数表面处理要求待处理面粗糙度小，甚至要求达到图纸最终的精度要求，而热喷涂则要求对待处理面进行粗化处理。

④ 有的工件材料或表面处理要求在表面处理前进行去应力处理，有的则没必要进行去应力处理。

⑤ 对某些表面处理前工件的预留量也是很重要的，比如，根据强化层的有效厚度要求和后续的加工方式（机加工、磨削、抛光、不进行处理等）以及需要的加工量等因素，确定待处理面的预留量要合理。即使处理后不再加工的表面处理，也应考虑强化层的存在能否使工件保持图纸要求的精度和公差带要求，特别是强化层较厚的表面处理和高精度要求的工件尤应注意，以防止强化层形成后满足不了精度及公差要求，特别是像螺栓、螺母类零件，往往因为螺纹部位预留量不正确，使工件表面处理后在尺寸精度上满足不了使用要求。

⑥ 一些表面处理后，需进行消除应力或去氢处理，严格来说，这也应是产品工艺员予以考虑和安排的。

第**7**章

金属材料的检验与试验

　　金属材料（含铸件、锻件）应经过检验和试验合格后方可进入加工制造工序。在产品设计和制造规范中都会明确规定检验和试验的项目、方法、执行标准、验收条件等内容。依据产品或零件使用功能、重要程度不同，所要求检验和试验的项目、种类、验收条件也不同。

　　金属材料的检验和试验，从使用方角度常选用成分检验、力学性能检验、低倍宏观组织检验、金相检验、耐蚀性试验、无损检验、工艺性能试验等。

　　本章重点介绍机械常用材料验收时，经常采用的检验和试验方法。

Ⅰ　化学成分检验

　　化学成分检验是所有材料都需要进行的极为重要的检验程序。特别是金属材料的成分检验更为重要，因为化学成分决定金属材料的组织和性能，某些化学成分的不足或超标，特别是有害元素的超标不仅会改变材料的正常组织以及性能，还会产生各种缺陷及影响工艺性能。金属材料化学成分检验的目的就是评价化学成分的符合性。

7.1　金属材料的化学成分检验

　　金属材料的化学成分检验通常包括熔炼成分分析检验和成品分析检验。

7.1.1　常见的分析检验方法

　　金属材料的成分分析检验常用化学分析方法和物理分析方法。

　　（1）化学分析法

　　化学分析法是通过对试样进行化学处理来测定试样化学成分的方法。这是对钢中存在的合金元素碳、锰、硅、硫、磷、铬、镍、钼、钒、钛、铜、铌、钨等常用的分析方法。

　　化学分析法是以物质的化学反应为基础确定物质化学成分或组成的方法。化学分析法分析的精密度和准确度高，测定的相对误差一般可达 0.1%，在许多情况下可达 0.01%。化学分析法使用设备简单，适应性强。但有些元素的分析化验操作较烦琐、耗时较长。

　　化学分析法主要包括重量分析法和滴定（容量）分析法。对于不同的合金元素分析又有容量法、重量法、滴定法、比色法、光度法、红外线吸收法等。化学分析法具体见 GB/T 223《钢铁及合金化学分析方法》标准中各子标准的规定。

　　（2）物理分析法

　　物理分析法就是不通过对试样的化学处理而采用光、电原理对金属材料进行成分分析的方法。

物理分析方法有很多种，主要有光谱分析（发射光谱分析、原子吸收光谱分析、X 射线荧光光谱分析）、光电比色分析、极谱分析等方法。物理分析用分析仪器灵敏度高、分析速度快、容易实现分析自动化。但是物理分析设备价格较昂贵、成本高。多数物理分析方法可对任何合金元素进行分析确认。

（3）微区成分分析

通常的化学分析和物理分析方法只能给出被测定试样的较大范围的平均成分，不能提供在显微尺度范围（微区）的合金元素数据。对于材料微区内的成分分析可采用更高级的分析设备，进行分析确认。目前常用的有电子探针 X 射线显微分析、俄歇电子能谱技术、离子探针显微分析技术等。这些分析方法也属物理分析方法。它们分析的范围更小，如电子探针可以对 $2\sim5\mu m^3$ 范围内进行成分分析。几乎可以对所有元素进行鉴别分析确认。

微区成分分析使用的仪器设备十分昂贵、分析成本高、多作为科学研究时使用。

7.1.2 取样和制样

用作测定材料化学成分的试样取样，制样应执行 GB/T 20066《钢和铁化学成分测定用试样的取样和制样方法》及相应的其他标准。取样和制样的质量取决于对材料化学成分分析的准确性。

（1）取样

对于分析用试样有严格要求，取样方法和位置应保证能代表材料成分的平均值、在成分上应具有良好的均匀性，尽量避免在有表面缺陷部位，如孔隙、裂纹、疏松、折叠、氧化、脱碳处取样。应保证取样过程中无过热，无污染。

进行熔炼成分分析、从熔体中取样时，应根据要求在浇注过程中取样，也可根据要求采用出自同一熔体的用于其他试样的剩余料。

成品分析用试样应在符合标准规定的位置、方向取样，铸件、锻件可从铸样或锻样上取，也可从进行其他试验用剩余部分取样。

（2）制样

制取试样应从合格的试样坯料上取用，不得在有氧化、脱碳、腐蚀、污染处取用。在制样过程中，采用的方法、设备不得对试样造成再氧化、再脱碳、再腐蚀和再污染。最好采用机械方法。

试样形状、规格、尺寸、表面状态都应满足试验分析方法标准规定。

7.1.3 检验分析

检验分析人员应具备相关资质、有专业知识和操作经验。

检验分析设备应经过检定合格。使用物料、试剂应符合相应标准。标准试剂应经过标定，标准试块应是合格、符合标准的。

检验分析应严格执行相应标准、规范。

7.1.4 结果评定和允许偏差

检验分析元素的实测值应按标准要求修约，所标识的位数应与相应产品标准规定的化学成分数值所标识的位数一致。判定时将此值直接同产品标准规定的化学成分数值相比较，评定是否合格。

材料熔炼分析的元素数值应在标准规定的范围内，但由于材料中元素可能存在偏析，在成品分析时可能超出标准规定界限值，所以，通常对超出界限值的大小规定一个允许数值范围，称成品化学分析允许偏差。只要成品元素的数值在这个允许偏差范围内，即评定为合格。

我国钢材料成品化学成分允许偏差应符合 GB/T 222《钢的成品化学成分　允许偏差》的规定。

表 7-1～表 7-3 分别是非合金钢和低合金钢成品化学成分允许偏差、合金钢成品化学成分允许偏差、不锈钢和耐热钢成品化学成分允许偏差。

表 7-1　非合金钢和低合金钢成品化学成分允许偏差（质量分数）　　　　　　　　　%

元素	规定化学成分上限值	允许偏差	
		上偏差	下偏差
C	≤0.25	0.02	0.02
	>0.25～0.55	0.03	0.03
	>0.55	0.04	0.04
Mn	≤0.80	0.03	0.03
	>0.80～1.70	0.06	0.06
Si	≤0.37	0.03	0.03
	>0.37	0.05	0.05
S	≤0.050	0.005	—
	>0.05～0.35	0.02	0.01
P	≤0.060	0.005	—
	>0.06～0.15	0.01	0.01
V	≤0.20	0.02	0.01
Ti	≤0.20	0.02	0.01
Nb	0.015～0.060	0.005	0.005
Cu	≤0.55	0.05	0.05
Cr	≤1.50	0.05	0.05
Ni	≤1.00	0.05	0.05
Pb	0.15～0.35	0.03	0.03
Al	≥0.015	0.003	0.003
N	0.010～0.020	0.005	0.005
Ca	0.002～0.006	0.002	0.0005

表 7-2　合金钢成品化学成分允许偏差（不包括不锈钢、耐热钢）（质量分数）　　　%

元素	规定化学成分上限值	允许偏差	
		上偏差	下偏差
C	≤0.30	0.01	0.01
	>0.30～0.75	0.02	0.02
	>0.75	0.03	0.03
Mn	≤1.00	0.03	0.03
	>1.00～2.00	0.04	0.04
	>2.00～3.00	0.05	0.05
	>3.00	0.10	0.10
Si	≤0.37	0.02	0.02
	>0.37～1.50	0.04	0.04
	>1.50	0.05	0.05
Ni	≤1.00	0.03	0.03
	>1.00～2.00	0.05	0.05
	>2.00～5.00	0.07	0.07
	>5.00	0.10	0.10

元素	规定化学成分上限值	允许偏差	
		上偏差	下偏差
Cr	≤0.90	0.03	0.03
	>0.90~2.10	0.05	0.05
	>2.10~5.00	0.10	0.10
	>5.00	0.15	0.15
Mo	≤0.30	0.01	0.01
	>0.30~0.60	0.02	0.02
	>0.60~1.40	0.03	0.03
	>1.40~6.00	0.05	0.05
	>6.00	0.10	0.10
V	≤0.10	0.01	—
	>0.10~0.90	0.03	0.03
	>0.90	0.05	0.05
W	≤1.00	0.04	0.04
	>1.00~4.00	0.08	0.08
	>4.00~10.00	0.10	0.10
	>10.00	0.20	0.20
Al	≤0.10	0.01	—
	>0.10~0.70	0.03	0.03
	>0.70~1.50	0.05	0.05
	>1.50	0.10	0.10
Cu	≤1.00	0.03	0.03
	>1.00	0.05	0.05
Ti	≤0.20	0.02	—
B	0.0005~0.005	0.0005	0.0001
Co	≤4.00	0.10	0.10
	>4.00	0.15	0.15
Pb	0.15~0.35	0.03	0.03
Nb	0.20~0.35	0.02	0.01
S	≤0.050	0.005	—
P	≤0.050	0.005	—

表 7-3 不锈钢和耐热钢成品化学成分允许偏差（质量分数）　　　　　　　%

元素	规定化学成分上限值	允许偏差	
		上偏差	下偏差
C	≤0.010	0.002	0.002
	>0.010~0.030	0.005	0.005
	>0.030~0.20	0.01	0.01
	>0.20~0.60	0.02	0.02
	>0.60~1.20	0.03	0.03
Mn	≤1.00	0.03	0.03
	>1.00~3.00	0.04	0.04
	>3.00~6.00	0.05	0.05
	>0.60~10.00	0.06	0.06
	>10.00~15.00	0.10	0.10
	>15.00~20.00	0.15	0.15
P	≤0.040	0.005	—
	>0.040~0.20	0.01	0.01
S	≤0.040	0.005	—
	>0.040~0.20	0.010	0.01
	>0.20~0.50	0.02	0.02

元素	规定化学成分上限值	允许偏差	
		上偏差	下偏差
Si	≤1.00	0.05	0.05
	>1.00	0.10	0.10
Cr	>3.00~10.00	0.10	0.10
	>10.00~15.00	0.15	0.15
	>15.00~20.00	0.20	0.20
	>20.00~30.00	0.25	0.25
Ni	≤1.00	0.03	0.03
	>1.00~5.00	0.07	0.07
	>5.00~10.00	0.10	0.10
	>10.00~20.00	0.15	0.15
	>20.00~30.00	0.20	0.20
	>30.00~40.00	0.25	0.25
	>40.00	0.30	0.30
Mo	>0.20~0.60	0.035	0.03
	>0.60~2.00	0.05	0.05
	>2.00~7.00	0.10	0.10
	>7.00~15.00	0.15	0.15
	>15.00	0.20	0.20
Ti	≤1.00	0.05	0.05
	>1.00~3.00	0.07	0.07
	>3.00	0.10	0.10
Co	>0.05~0.50	0.01	0.01
	>0.50~2.00	0.02	0.02
	>2.00~5.00	0.05	0.05
	>5.00~10.00	0.10	0.10
	>10.00~15.00	0.15	0.15
	>15.00~22.00	0.20	0.20
	>22.00~30.00	0.25	0.25
Nb+Ta	≤1.50	0.05	0.05
	>1.50~5.00	0.10	0.10
	>5.00	0.15	0.15
Ta	≤0.10	0.02	0.02
Cu	≤0.50	0.03	0.03
	>0.50~1.00	0.05	0.05
	>1.00~3.00	0.10	0.10
	>3.00~5.00	0.15	0.15
	>5.00~10.00	0.20	0.20
Al	≤0.15	0.01	0.005
	>0.15~0.50	0.05	0.05
	>0.50~2.00	0.10	0.10
	>2.00~5.00	0.20	0.20
	>5.00~10.00	0.35	0.35
N	≤0.02	0.005	0.005
	>0.02~0.19	0.01	0.01
	>0.19~0.25	0.02	0.02
	>0.25~0.35	0.03	0.03
	>0.35	0.04	0.04

元素	规定化学成分上限值	允许偏差	
		上偏差	下偏差
W	≤1.00	0.03	0.03
	>1.00~2.00	0.05	0.05
	>2.00~5.00	0.07	0.07
	>5.00~10.00	0.10	0.10
	>10.00~20.00	0.15	0.15
V	≤0.50	0.03	0.03
	>0.50~1.50	0.05	0.05
	>1.50	0.07	0.07
Se	全部	0.03	0.03

Ⅱ 力学性能试验

研究力学性能的实质是研究材料在力或力和其他外界因素（如温度、环境条件、力的加载方式等）共同作用下，金属断裂的本质及基本规律。从失效观点出发，研究引起材料失效的各种力学性能指标的物理意义以及内在因素和外在条件对它们的影响和影响规律，为正确选择和应用材料提供依据。

金属材料的力学性能是机械零件（或材料）应具备的最基本和最重要的性能，力学性能决定零件和产品的使用性能和寿命。力学性能不合格的材料制成的零件和产品不仅满足不了正常的使用、缩短寿命，甚至还会引起重大的事故。

金属材料的力学性能试验主要包括硬度试验、室温拉伸性能试验，高温或低温拉伸性能试验、室温冲击性能试验、高温或低温冲击性能试验、磨损试验、疲劳试验、压缩试验、扭转试验、落锤和动态撕裂试验、断裂韧度试验、高温强度试验等。作为产品制造方即材料使用方，常采用的力学性能试验有硬度试验、拉伸试验、冲击试验。其他力学性能试验应根据材料或零件的使用条件、常见的失效方式等合理选择。通常要采用的力学性能试验应在产品技术规格书中确定。

7.2 金属材料的硬度试验

金属材料的硬度是指金属材料抵抗局部变形和破裂的能力，是衡量金属软硬程度的判据。通常金属的硬度越高，抵抗塑性变形的能力就越大，即金属产生塑性变形就越困难。

由于金属表面以下不同深处所承受的应力和产生的变形程度不同，因此，硬度值只能反映压痕附近局部体积内金属的微量塑变抗力。

金属的硬度虽然没有确切的物理意义，但是其包含了弹性、塑性、加工硬化程度、强度、韧性等一系列物理量的综合指标。硬度与力学性能有一定的内在联系。

目前硬度试验大致可分为压入法、回跳法、刻划法。

7.2.1 布氏硬度试验

金属的布氏硬度法是指对一定尺寸的钢球或硬质合金球施加一定的试验力，将其压入金属表面，并保持一定时间，测其压痕直径，并根据压痕直径计算出硬度值。布氏硬度试验原理见图 7-1。

布氏硬度的表示方法一般有两种，一种是直接以压痕直径表示，单位为 mm；另一种是计算出单位面积上承受的压力，即计算试样上的压球压痕的球形面积所承受的平均压力值，即

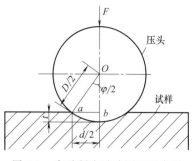

图 7-1　布氏硬度试验原理示意图

$$布氏硬度（HB）=0.102\frac{F}{S} \qquad (7\text{-}1)$$

式中　F——试验力，N；

　　　S——压痕面积，mm^2。

而　　　　　　　　　　$S=\pi Dh$

式中　D——压球直径，mm；

　　　h——压痕深度，mm。

由于测量压痕深度 h 不如测量压痕直径 d 方便，因此，布氏硬度又可以用以压球直径 D 和压痕直径 d 表示的关系式：

$$布氏硬度（HB）=0.102\frac{2F}{\pi D(D-\sqrt{D^2-d^2})}=\frac{0.204F}{\pi D(D-\sqrt{D^2-d^2})} \qquad （MPa）\quad(7\text{-}2)$$

式中　D——压球直径，mm；

　　　d——压痕直径，mm。

因为式中只有 d 是依金属硬度而变化的变数，所以，只要测出压痕直径 d 值，即可计算出金属的布氏硬度值。通常测出压痕 d 值后查表即可得出布氏硬度值，见表 7-4。

压球一般分为钢球或硬质合金球，用钢球测值标 HBS，用硬质合金球测值标 HBW。

表 7-4　金属布氏硬度（HB）数值表

压痕直径/mm	载荷 $F/\times10\mathrm{N}$						
$d_{10},2d_5,4d_{2.5},5d_2,10d_1$	$30D^2$	$15D^2$	$10D^2$	$5D^2$	$2.5D^2$	$1.25D^2$	$1D^2$
2.40	653	327	218	109	54.5	27.2	21.8
2.45	627	313	209	104	52.2	26.1	20.9
2.50	601	301	200	100	50.1	25.1	20.0
2.55	578	289	193	96.3	48.1	24.1	19.3
2.60	555	278	185	92.5	46.3	23.1	18.4
2.65	534	267	178	89.0	44.5	22.3	17.8
2.70	514	257	171	85.7	42.9	21.4	17.1
2.75	495	248	165	82.6	41.3	20.6	16.5
2.80	477	239	159	79.6	39.8	19.9	15.9
2.85	461	230	154	76.8	38.4	19.2	15.4
2.90	444	222	148	74.1	37.0	18.5	14.8
2.95	429	215	143	71.5	35.8	17.9	14.3
3.00	415	207	138	69.1	34.6	17.3	13.8
3.05	401	200	134	66.8	33.4	16.7	13.4
3.10	388	194	129	64.6	32.3	16.2	12.9
3.15	375	188	125	62.5	31.3	15.6	12.5
3.20	363	182	121	60.5	30.3	15.1	12.1
3.25	352	176	117	58.6	29.3	14.7	11.7
3.30	341	170	114	56.8	28.4	14.2	11.4
3.35	331	165	110	55.1	27.5	13.8	11.0
3.40	321	160	107	53.4	26.7	13.4	10.7

压痕直径/mm	载荷 $F/\times 10N$						
$d_{10},2d_5,4d_{2.5},5d_2,10d_1$	$30D^2$	$15D^2$	$10D^2$	$5D^2$	$2.5D^2$	$1.25D^2$	$1D^2$
3.45	311	156	104	51.8	25.9	13.0	10.4
3.50	302	151	101	50.3	25.2	12.6	10.1
3.55	293	147	97.7	48.9	24.4	12.2	9.77
3.60	285	142	95.0	47.5	23.7	11.9	9.55
3.65	277	138	92.3	46.1	23.1	11.5	9.23
3.70	269	135	89.7	44.9	22.4	11.2	8.97
3.75	262	131	87.2	43.6	21.8	10.9	8.72
3.80	255	127	84.9	42.4	21.2	10.6	8.49
3.85	248	124	82.6	41.3	20.6	10.3	8.26
3.90	241	121	80.4	40.2	20.1	10.0	8.04
3.95	235	117	78.3	39.1	19.6	9.79	7.83
4.00	229	114	76.3	38.1	19.1	9.53	7.63
4.05	223	111	74.3	37.1	18.6	9.29	7.43
4.10	217	109	72.4	36.2	18.1	9.05	7.24
4.15	212	106	70.6	35.3	17.6	8.82	7.06
4.20	207	103	68.8	34.4	17.2	8.61	6.88
4.25	201	101	67.1	33.6	16.8	8.39	6.71
4.30	197	98.3	65.5	32.8	16.4	8.19	6.55
4.35	192	95.9	63.6	32.0	16.0	7.99	6.39
4.40	187	93.6	62.4	31.2	15.6	7.80	6.24
4.45	183	91.4	60.9	30.5	15.2	7.62	6.09
4.50	170	89.3	59.5	29.8	14.9	7.44	5.95
4.55	174	87.2	58.1	28.1	14.5	7.27	5.81
4.60	170	85.2	56.8	28.4	14.2	7.10	5.68
4.65	167	83.3	55.5	27.8	13.9	6.94	5.55
4.70	163	81.4	54.3	27.1	13.6	6.78	5.43
4.75	159	79.6	53.0	26.5	13.3	5.53	5.30
4.80	156	77.8	51.9	25.9	13.0	6.48	5.19
4.85	152	76.1	50.7	25.4	12.7	6.34	5.07
4.90	149	74.4	49.6	24.8	12.4	6.20	4.96
4.95	146	72.8	48.6	24.3	12.1	6.07	4.86
5.00	143	71.3	47.5	23.8	11.9	5.94	4.75
5.05	140	69.8	46.5	23.3	11.6	5.81	4.65
5.10	137	68.3	45.5	22.8	11.4	5.69	4.55
5.15	134	66.9	44.6	22.3	11.1	5.57	4.46
5.20	131	65.5	43.7	21.8	10.9	5.46	4.37
5.25	128	64.1	42.8	21.4	10.7	5.34	4.28
5.30	126	62.8	41.9	20.9	10.5	5.24	4.19
5.35	123	61.5	41.0	20.5	10.3	5.13	4.10
5.40	121	60.3	40.2	20.1	10.1	5.03	4.02
5.45	118	59.1	39.4	19.7	9.85	4.93	3.94
5.50	116	57.9	38.6	19.3	9.66	4.83	3.86
5.55	114	56.8	37.9	18.9	9.47	4.73	3.79
5.60	111	55.7	37.1	18.6	9.28	4.64	3.71
5.65	109	54.6	36.4	18.2	9.10	4.55	3.64
5.70	107	53.5	35.7	17.8	8.92	4.46	3.57
5.75	105	52.5	35.0	17.5	8.75	4.38	3.50
5.80	103	51.5	34.3	17.2	8.59	4.29	3.43
5.85	101	50.5	33.7	16.8	8.42	4.21	3.37

压痕直径/mm	载荷 $F/\times 10N$						
$d_{10},2d_5,4d_{2.5},5d_2,10d_1$	$30D^2$	$15D^2$	$10D^2$	$5D^2$	$2.5D^2$	$1.25D^2$	$1D^2$
5.90	99.2	49.6	33.1	16.5	8.26	4.13	3.31
5.95	97.3	48.7	32.4	16.2	8.11	4.05	3.24
6.00	95.5	47.7	31.8	15.9	7.96	3.98	3.18

注：1. 表中压痕直径为 $\phi10mm$ 钢球的试验数值，如用其他尺寸钢球试验时，压痕直径应增大相应倍数后在表中查出。

2. 表中未列出压痕直径的 HB，可根据上下两数值用内插法计算求得。

压球直径有 10mm、5mm、2.5mm、2mm、1mm 五种，根据金属的硬度可采用不同的试验力 F 与压球直径 D^2 的比值，一般有 30、15、10、5、2.5、1.25、1 七种。试验力的保持时间视条件不同可有 $10\sim60s$，一般常为 $10\sim15s$。

布氏硬度实测值的完整表示方法包括采用钢球种类、压球直径、施加实验力、负荷保持时间等。

【例 1】 285HBW 10/3000 表示采用直径 10mm 的硬质合金压球、施加 29420N（3000kgf）的试验力、保持 $10\sim15s$ 条件下测得的布氏硬度值为 285。

【例 2】 269HBS 5/125/20 表示用直径 5mm 钢球、施加 1226N（125kgf）的试验力，保持 20s 条件下测得的布氏硬度值为 269。

依据金属种类、硬度范围、试样厚度等条件，常选用的压球直径、试验力、保持负荷时间参数，即布氏硬度试验规程见表 7-5。

表 7-5 布氏硬度试验规程

试样种类	布氏硬度范围（HB）	试验厚度/mm	F 与 D 的关系	钢球直径 D/mm	负荷 F/kg	负荷保持时间/s
黑色金属	140～450	＞6	$F=30D^2$	10.0	3000	10
		4～2		5.0	750	
		＜2		2.5	187.5	
	＜140	＞6	$F=10D^2$	10.0	1000	
		6～3		5.0	250	
		＜3		2.5	62.5	
有色金属	＞130	＞6	$F=30D^2$	10.0	3000	30
		4～2		5.0	750	
		＜2		2.5	187.5	
	36～130	＞6	$F=10D^2$	10.0	1000	
		6～3		5.0	250	
		＜3		2.5	62.5	
	8～35	＞6	$F=2.5D^2$	10.0	250	60
		6～3		5.0	62.5	
		＜3		2.5	15.6	

布氏硬度试验适用于退火、正火、调质、固溶化、时效处理的钢材和有色金属及合金。布氏硬度测量范围一般不大于 550HB，最高不超过 650HB。

布氏硬度最常见的是台式布氏硬度计，见图 7-2，大件测量有的采用门式布氏硬度机见图 7-3。

布氏硬度试验设备应能保证平均、平稳地对试件施加试验载荷；所加载荷应在一定时间内保持不变，一般要求施加载荷误差不超过 1%。硬度试验设备应定期校验，并在合格期内使用。

对于被检测试验试件应去除表面氧化皮、污物，制成表面粗糙度不大于 $1.6\mu m$ 的试验平面；压痕中心至试样边缘距离至少应为压痕平均直径的 2.5 倍；两相邻压痕直径中心距离至少应为压痕直径的 4 倍；应根据试验材料、硬度等条件按表 7-5 确定压球直径、试验载荷、保持时间等参数；对压痕的测量应从互相垂直的两个方向进行，取两个测值的算术平均值。

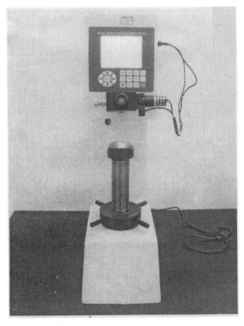

图 7-2 台式布氏硬度计

图 7-3 门式布氏硬度机

钢的布氏硬度和强度极限 R_m 之间有近似的比例关系。

碳钢：$R_m(\text{kgf/mm}^2) \approx 0.36\text{HB}$

或 $R_m(\text{MPa}) \approx 3.53\text{HB}$

调质合金钢：$R_m(\text{kgf/mm}^2) \approx 0.34\text{HB}$

或 $R_m(\text{MPa}) \approx 3.33\text{HB}$

铸钢：$R_m(\text{kgf/mm}^2) \approx 0.33\text{HB}$

或 $R_m(\text{MPa}) \approx 3.23\text{HB}$

因为台式布氏硬度计不能试验大件和重件，门式布氏硬度机成本高、不便移动，所以，在生产现场还常用锤击式布氏硬度计、便携式布氏硬度计、但这些布氏试验设备试验测量误差较大。

7.2.2 锤击式布氏硬度试验

锤击式布氏硬度测试是一种简易的布氏硬度测试方法，适用于生产现场对大件的布氏硬度检测。

锤击式布氏硬度检测是采用被测试件压痕与已知布氏硬度的标准杆上的压痕相比较，确定被测试件布氏硬度的测试方法。

锤击式布氏硬度测试的设备如图 7-4 所示。当用锤头敲击锤击杆端部时，即锤击施力时，压头球将以同等的力击入试件和标准杆的表面并分别获得压痕，根据公式（7-2）可知

$$布氏硬度(HBW)=HBW'\frac{D-\sqrt{D^2-d'^2}}{D-\sqrt{D^2-d^2}}$$

$$(7-3)$$

式中 HBW'——标准杆的布氏硬度；

D——压头球直径，mm；

d——被测试件的压痕直径，mm；

d'——标准杆的压痕直径，mm。

式中 D、HBW' 是已知的，只要分别测出 d 和 d' 即可求得被测试件的布氏硬度。表7-6 是标准杆硬度为 202HBW 时，所测不同压痕大小的情况下被测试件的布氏硬度值。如测得标准杆压痕直径为 2.0mm，被测试件压痕为 1.6mm 时，被测试件的布氏硬度为 321HBW。

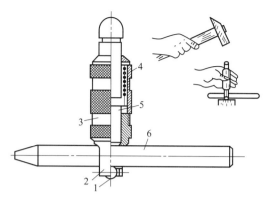

图 7-4 锤击式简易布式硬度计
1—压头球；2—球帽；3—握持器；4—弹簧；
5—锤击杆；6—标准杆

表 7-6 是标准杆硬度为 202HB 时的硬度对比换算值。当标准杆硬度不是 202HB 时，对查表值应作修正，即在表 7-6 中查得值再乘以一个修正系数 K，见表 7-7。如采用标准杆的硬度是 180HB 时修正系数 $K=0.891$。这时，如果标准杆压痕直径为 2.0mm，被测试件压痕直径为 1.6mm 时，被测试件硬度值 $HBW=0.891\times321=286$。

锤击测试硬度设备简单，携带及操作方便，测试时，应保证锤击杆与被测试件表面垂直并施以适当的锤击力。测试时的其他注意事项参照 7.2.1 节相关内容。

锤击测试硬度要测量标准杆和被测试件两个压痕，误差较大。

7.2.3 洛氏硬度试验

洛氏硬度试验也是一种压痕法测试金属材料硬度的方法。洛氏硬度试验因为可以采用不同的压头、不同的标尺、不同的试验力，所以测量硬度范围较广泛，适用材料较多，既可测试淬火钢、表面硬化钢的高硬度，也可测试退火钢及有色金属和合金，见表 7-8。

洛氏硬度的测试原理见图 7-5。将压头先用一个初始试验力 F_0 压入试样表面，压入深度为 h_1，再将主试验力 F_1 继续压入试样表面，增加压入深度为 h_2，经规定的保持时间后，卸去主试验力 F_1，此时，压头将回升一段距离 h_3，测得此时的残余压入深度 h_4，根据残余压入深度 h_4 和常数 N 及 S 计算洛氏硬度。

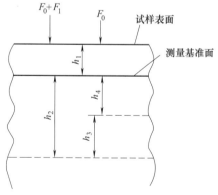

图 7-5 洛氏硬度试验原理图
F_0—初始试验力（N）；F_1—主试验力（N）；
h_1—F_0 下的压入深度（mm）；h_2—F_1
引起的压入深度（mm）；h_3—去除 F_1 后回
复深度（mm）；h_4—残余压入深度（mm）

$$洛氏硬度(HR)=N-\frac{h_4}{S} \qquad (7-4)$$

式中 N——给定标尺的硬度常数；

S——给定标尺的计量单位，mm；

h_4——压痕的残余压入深度，mm。

表7-6 锤击式布氏硬度换算值

试样压痕直径/mm

标准杆压痕直径/mm	1.6	1.7	1.8	1.9	2.0	2.1	2.2	2.3	2.4	2.5	2.6	2.7	2.8	2.9	3.0	3.1	3.2	3.3	3.4	3.5	3.6	3.7	3.8	3.9	4.0	4.1	4.2	4.3	4.4	4.5	4.6	4.7	4.8	4.9	5.0	5.1	5.2	5.3	5.4	5.5
1.6	202	160	131	111	97																																			
1.7	229	202	164	134	115	99																																		
1.8	257	229	202	164	139	121	105																																	
1.9	292	255	227	202	164	139	121	105																																
2.0	321	283	252	224	202	166	142	123	109	97																														
2.1	361	307	279	250	224	202	166	142	126	109	97																													
2.2	401	348	307	276	247	224	202	166	145	129	115	101																												
2.3	450	391	340	301	270	244	221	202	170	148	131	115	105																											
2.4	509	429	375	331	295	267	240	221	202	170	148	131	118	107																										
2.5	578	479	412	364	321	290	264	240	218	202	174	152	134	121	107																									
2.6		505	456	398	352	315	287	261	238	218	202	174	152	136	123	109	99																							
2.7		605	509	435	388	343	304	279	255	235	218	202	177	154	136	123	111	101																						
2.8			571	484	420	375	334	304	279	255	235	218	202	177	157	142	129	118	107	97																				
2.9				540	461	406	364	331	301	276	252	235	218	202	177	157	142	129	118	107																				
3.0				596	512	441	396	355	321	295	270	252	232	218	202	177	157	142	129	118	107	99																		
3.1					566	488	426	386	345	315	292	270	250	232	215	202	177	157	142	131	121	109	101																	
3.2						537	467	415	375	340	310	287	267	250	232	215	202	177	160	145	131	121	109	101																
3.3						590	509	447	403	366	334	307	283	264	247	229	215	202	177	160	145	134	123	111	105															
3.4							564	488	432	394	358	328	301	282	261	244	229	215	202	181	160	148	136	126	115	107														
3.5							605	534	470	420	382	352	321	299	279	261	244	229	215	202	181	164	148	136	126	118	107													
3.6								580	508	452	406	376	345	319	296	277	256	240	226	214	202	182	164	148	136	129	118	109	101	97										
3.7									558	490	438	401	368	339	313	291	273	254	240	226	214	202	182	164	152	139	129	121	111	105	99									
3.8									602	533	472	426	392	362	333	307	291	271	252	238	224	212	202	186	166	152	141	129	121	115	107	99								
3.9										576	510	458	414	386	356	327	303	287	271	254	240	226	214	202	186	166	154	141	133	125	115	107	99							
4.0										558	492	444	406	376	346	321	301	283	266	252	238	226	214	202	186	166	154	145	133	123	115	107	97							
4.1											596	530	474	429	398	366	340	319	299	282	264	250	231	224	212	202	186	166	154	141	133	125	117	109	101	97				
4.2												573	509	461	420	391	361	334	313	295	279	264	250	234	224	212	202	186	166	154	141	133	125	117	105	99				
4.3													549	492	446	412	382	357	331	309	293	277	260	246	234	224	212	202	186	166	154	141	133	125	117	107	101	97		
4.4														527	476	432	400	376	352	327	307	291	277	256	246	234	224	212	202	186	166	154	145	135	129	121	111	107	101	97

表 7-7 锤击式布氏硬度试验中系数 K 的数值

标准杆硬度（HBW）	系数 K	标准杆硬度（HBW）	系数 K
150	0.742	182	0.901
152	0.752	184	0.911
154	0.762	186	0.921
156	0.772	188	0.931
158	0.782	190	0.941
160	0.792	192	0.950
162	0.802	194	0.960
164	0.812	196	0.970
166	0.822	198	0.980
168	0.832	200	0.990
170	0.842	202	1.000
172	0.851	204	1.010
174	0.861	206	1.020
176	0.871	208	1.030
178	0.881	210	1.040
180	0.891		

洛氏硬度的不同标尺中的硬度常数 N 和计量单位 S 的值不同，见表7-8。

表 7-8 常用洛氏硬度标尺及相关值

硬度标尺	硬度符号	压头类型	初试验力 F_0 /N	主试验力 F_1 /N	总试验力 F /N	给定标尺硬度数常数 N	给定标尺单位 S /mm	适用范围	应用举例
A	HRA	金刚石圆锥	98.07	490.3	588.4	100	0.002	20～88	硬质合金、碳化物、表面硬化钢
B	HRB	ϕ1.5875mm 球	98.07	882.6	980.7	130	0.002	20～100	铜合金、退火钢等
C	HRC	金刚石圆锥	98.07	1373	1471	100	0.002	20～70	淬火钢、冷硬铸铁等
D	HRD	金刚石圆锥	98.07	882.6	980.7	100	0.002	40～77	薄钢板、中等厚度硬化层等
E	HRE	ϕ3.175mm 球	98.07	882.6	980.7	130	0.002	70～100	铸铁、铝、镁合金、退火铜合金
F	HRF	ϕ1.5875mm 球	98.07	490.3	588.4	130	0.002	60～100	
G	HRG	ϕ1.5875mm 球	98.07	1373	1471	130	0.002	30～94	铜合金、可锻铸铁等
H	HRH	ϕ3.175mm 球	98.07	490.3	588.4	130	0.002	80～100	铝、锌、铅等有色金属
K	HRK	ϕ3.175mm 球	98.07	1373	1471	130	0.002	40～100	轴承合金等软金属
15N	HR15N	金刚石圆锥	29.42	117.7	147.1	100	0.001	70～94	表面硬化钢、硬薄钢板
30N	HR30N	金刚石圆锥	29.42	264.8	294.2	100	0.001	42～86	
45N	HR45N	金刚石圆锥	29.42	411.9	441.3	100	0.001	20～77	
15T	HR15T	ϕ1.5875mm 球	29.42	117.7	147.1	100	0.001	67～93	铜、黄铜、青铜等
30T	HR30T	ϕ1.5875mm 球	29.42	264.8	294.2	100	0.001	29～82	
45T	HR45T	ϕ1.5875mm 球	29.42	411.9	441.3	100	0.001	10～72	

实际测试时，洛氏硬度实测值可在硬度计表盘上或显示屏中显示出来。

根据所测材料及硬度值不同，常用的洛氏硬度标尺有 HRA、HRB、HRC、HRN 等。测得的硬度值应标示出采用的标尺和硬度值。

【例1】 60HRC 表示采用洛氏硬度 C 尺测得的洛氏硬度为60。

【例2】 100HRB 表示采用洛氏硬度 B 尺测得的硬度为100。

洛氏硬度试验压痕小，对一般工件不易造成损伤、操作简单迅速、可立即得出试验数值，但不适合具有粗大组织（如灰铸铁等）的工件使用。

洛氏硬度试验测定曲率较大的弯曲表面或柱面硬度时，可能会带来较大误差，需要对所测值进行一定的修正，见表7-9。

表 7-9　曲面零件实测硬度修正表

1. 在圆柱体上测定 HRC 的数值修正数															
圆柱直径/mm	测定的硬度值（HRC）														
	15~20	>20~25	>25~30	>30~33	>33~35	>35~38	>38~40	>40~43	>43~45	>45~48	>48~50	>50~53	>53~55	>55~58	>58~60	>60~63	>63~64
	应补加的修正值（HRC）															
3~4	6.5	6.0	5.5	5.0	4.5	4.0	4.0	3.5	3.5	3.0	3.0	3.0	2.5	2.5	2.0	2.0	1.5
>4~5	6.0	5.5	5.0	4.5	4.0	4.0	3.5	3.0	3.0	3.0	2.5	2.5	2.0	2.0	1.5	1.5
>5~6	5.5	5.0	4.5	4.0	4.0	3.5	3.0	3.0	2.5	2.5	2.5	2.0	2.0	1.5	1.5	1.5
>6~7	5.0	4.5	4.0	4.0	3.0	3.0	2.5	2.5	2.5	2.0	2.0	1.5	1.5	1.5	1.5	1.0
>7~8	4.5	4.0	4.0	3.5	3.0	3.0	2.5	2.5	2.0	2.5	1.5	1.5	1.5	1.5	1.0	1.0
>8~9	4.0	4.0	3.5	3.5	3.0	2.5	2.5	2.0	2.0	2.0	1.5	1.5	1.5	1.0	1.0	1.0
>9~10	3.5	3.5	3.0	3.0	2.5	2.5	2.0	2.0	1.5	1.5	1.5	1.0	1.0	1.0	1.0	0.5
>10~11	3.0	3.0	2.5	2.5	2.0	2.0	1.5	1.5	1.5	1.5	1.0	1.0	1.0	1.0	0.5	0.5
>11~12	2.5	2.5	2.5	2.0	2.0	1.5	1.5	1.5	1.5	1.0	1.0	1.0	1.0	0.5	0.5	0.5
>12~13	2.5	2.0	2.0	1.5	1.5	1.5	1.5	1.5	1.0	1.0	1.0	1.0	0.5	0.5	0.5	0.5
>13~15	2.0	2.0	1.5	1.5	1.5	1.5	1.0	1.0	1.0	1.0	1.0	0.5	0.5	0.5	0.5	0.5
>15~17	2.0	1.5	1.5	1.5	1.0	1.0	1.0	1.0	1.0	0.5	0.5	0.5	0.5	0.5	0.5	0.5
>17~20	1.5	1.5	1.5	1.5	1.0	1.0	1.0	1.0	1.0	0.5	0.5	0.5	0.5	0.5	0.5	—
>20~25	1.5	1.0	1.0	1.0	1.0	0.5	0.5	0.5	0.5	0.5	0.5	0.5	0.5	—	—
>25~30	1.0	1.0	1.0	1.0	1.0	1.0	0.5	0.5	0.5	0.5	0.5	0.5	—	—	—

2. 在圆柱体上测定 HRB 的数值修正数															
圆柱直径/mm	测定的硬度值（HRB）														
	20~25	>25~30	>30~35	>35~40	>40~45	>45~50	>50~55	>55~60	>60~65	>65~70	>70~75	>75~80	>80~85	>85~90	>90~95	>95~100
	应补加的修正值（HRB）															
>3~4	18	17	16	15	14	13	12	11	10	9.5	8.5	7.5	7	6.5	5.5	5
>4~5	14	13	12	11	10	9.5	9	8.5	7.5	7	6.5	6	5.5	5	4.5	4
>5~6	12	11	10	9	9	8.5	8	7.5	7	6.5	6	5.5	5	4.5	4	3.5
>6~7	10.5	10	9.5	9	8.5	7.5	7	6.5	6	6	5.5	5	4.5	4	3.5	3
>7~8	9	8.5	8	7.5	7	6.5	6	5.5	5	5	4.5	4.5	4	3.5	3	2.5
>8~9	8	7.5	7	6.5	6	5.5	5	4.5	4.5	4	4	3.5	3.5	3	2.5	2
>9~10	7	6.5	6	5.5	5	5	4.5	4	4	3.5	3.5	3	3	2.5	2	2
>10~11	6	5.5	5	5	4.5	4	3.5	3.5	3.5	3	3	2.5	2.5	2	2	1.5
>11~12	5.5	5	4.5	4.5	4	3.5	3.5	3	3	2.5	2	2	1.5	1.5	1.5
>12~13	5	4.5	4	3.5	3	3	3	2.5	2.5	2	2	1.5	1.5	1.5	1.5
>13~15	4	3.5	3.5	3	2.5	2.5	2.5	2	2	2	1.5	1.5	1.5	1.5	1
>15~17	3.5	3	3	2.5	2.5	2	2	2	1.5	1.5	1.5	1.5	1	1	1
>17~20	3	2.5	2.5	2.5	2	2	2	2	1.5	1.5	1.5	1.5	1	1	1
>20~25	2.5	2	2	2	2	2	1.5	1.5	1.5	1.5	1	1	1	1	1	1
>25~30	2	2	1.5	1.5	1.5	1.5	1.5	1	1	1	1	1	0.5	0.5	0.5

3. 在球面上测定 HRC 数值的修正数												
圆球直径 /mm	测定的硬度值（HRC）											
	50～ 53	>53～ 54	>54～ 55	>55～ 56	>56～ 57	>57～ 58	>58～ 59	>59～ 60	>60～ 61	>61～ 62	>62～ 63	>63～ 64
	应补加的修正值（HRC）											
3～4	6.0	6.0	5.5	5.0	5.0	4.5	4.0	4.0	3.5	3.5	3.0	3.0
>4～5	5.5	5.5	5.0	5.0	4.5	4.0	4.0	3.5	3.5	3.0	3.0	2.5
>5～6	5.0	5.0	4.5	4.5	4.0	4.0	3.5	3.5	3.0	2.5	2.5	2.0
>6～7	4.5	4.5	4.0	4.0	3.5	3.5	3.0	3.0	2.5	2.5	2.0	2.0
>7～8	4.0	4.0	3.5	3.5	3.0	3.0	2.5	2.5	2.0	2.0	2.0	1.5
>8～9	4.0	3.5	3.5	3.0	2.5	2.5	2.0	2.0	2.0	2.0	1.5	1.5
>9～10	3.5	3.5	3.0	3.0	2.5	2.5	2.0	2.0	2.0	1.5	1.5	1.0
>10～11	3.5	3.0	3.0	2.5	2.5	2.0	2.0	2.0	1.5	1.5	1.0	1.0
>11～12	3.0	3.0	2.5	2.5	2.0	2.0	2.0	1.5	1.5	1.0	1.0	1.0
>12～13	3.0	2.5	2.5	2.0	2.0	2.0	1.5	1.5	1.0	1.0	1.0	0.5
>13～15	2.5	2.5	2.0	2.0	1.5	1.5	1.5	1.0	1.0	0.5	0.5	0.5
>15～17	2.0	2.0	2.0	1.5	1.5	1.5	1.0	1.0	0.5	0.5	0.5	0.5
>17～20	2.0	1.5	1.5	1.5	1.0	1.0	1.0	0.5	0.5	0.5	0.5	0.5
>20～25	1.5	1.5	1.0	1.0	1.0	1.0	0.5	0.5	0.5	0.5	0.5	—
>25～30	1.5	1.0	1.0	0.5	0.5	0.5	0.5	0.5	0.5	0.5	—	—

注：1. 当零件直径 D＞10mm 时，硬度＞60HRC 可不考虑修正值。

2. 当零件直径 D＞15mm 时，硬度＞70HRC 可不考虑修正值。

洛氏硬度试验设备多为台式试验机，见图 7-6。洛氏硬度试验机应定期检定，在合格期内使用，并经常用标准试块校验，以确定误差值。

洛氏硬度试验时，需对试件表面进行适当处理，通常表面精磨已满足要求，对于轻载荷试验（如 147.1N），表面应磨光或抛光。当然，试验前必须去除表面氧化、脱碳等表面缺陷。

测试时，两压痕中心间距必须大于 3 倍压痕直径，压痕中心距边缘距离应大于 2.5 倍压痕直径。

图 7-6　洛氏硬度机

7.2.4　维氏硬度试验

维氏硬度试验也是压痕法硬度测试法。维氏硬度测试原理基本上和布氏硬度相同，也是根据单位压痕凹陷面积上所受到的试验力计算硬度值。所不同的是维氏硬度测试采用了锥面夹角为 136°的金刚石四棱锥体。压痕被视为具有正方形基面并与压头角度相同的理想形状，即是具有清晰轮廓的正方形，见图 7-7。

因为维氏硬度是试验力和压痕凹陷面积之比，经过计算可简化成公式：

$$维氏硬度（HV）=0.1891\frac{F}{d} \tag{7-5}$$

式中　F——试验力，N；

　　　d——压痕对角线长度，mm。

所以，只要测出压痕对角线 d 即可求出材料的维氏硬度值。为方便制作出压痕对角线长度对应的维氏硬度值，见表 7-10。

表 7-10 是试验力为 98.07N（10kgf）时，压痕对角线长度和维氏硬度值对照表。当试

验力是其他级别时，应按实际试验力选用系数，见表 7-10 的附表。

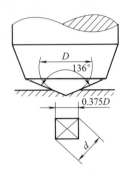

图 7-7　维氏硬度压头
锥面夹角的确定

例如，采用 10kgf 的试验力，压痕对角线长度为 0.509mm 时，维氏硬度 HV10 为 71.6。如果采用 50kgf 试验力，压痕对角线长度为 0.509mm 时，则 HV50 为 5×71.6＝358。

当压痕实测值超出表 7-10 的范围时，维氏硬度值的确定可以按以下方法确定：

① 将实测压痕对角线长度值的小数点移动一位，变成表中含有的数值；

② 按改变后的对角线长度查表 7-10 中指示的维氏硬度值；

③ 将查得的维氏硬度值的小数点向对角线小数点移动方向相同的方向移动两位，所得值即为实测压痕的维氏硬度值。

如压痕对角线长的测量值为 2.01mm，求其维氏硬度值。

① 将 2.01mm 的小数点向左移动一位变成 0.201mm；

② 查表 7-10 中对角线长度为 0.201mm 的硬度值为 459HV10；

③ 将 459HV10 的小数点向左移动两位变成 4.59HV10；

④ 4.59HV10 即为压痕对角线长度为 2.01mm 时的维氏硬度值。

另外，当被测件不是平面而是凸面或凹面时，所测压痕将小于或大于平面条件下的压痕，反映在维氏硬度值上将偏大或偏小，所以，应对表 7-10 对应的维氏硬度值进行修正，依据不同类型和凸凹面直径 D 大小的修正系数分别见表 7-11～表 7-16。

表 7-10　**压痕对角线长度与维氏硬度值（HV10）对照表**

压痕对角线长度/mm	0.000	0.001	0.002	0.003	0.004	0.005	0.006	0.007	0.008	0.009
0.10	1854	1818	1783	1748	1714	1682	1650	1620	1590	1561
0.11	1533	1505	1478	1452	1427	1402	1378	1354	1332	1310
0.12	1288	1267	1246	1226	1206	1187	1168	1150	1132	1114
0.13	1097	1080	1064	1048	1033	1018	1003	988	974	960
0.14	946	933	920	907	894	882	870	858	847	835
0.15	824	813	803	792	782	772	762	752	743	734
0.16	724	715	700	698	690	681	673	665	657	649
0.17	642	634	627	620	613	606	599	592	585	579
0.18	572	566	560	554	548	542	536	530	525	519
0.19	514	508	503	498	493	488	483	478	473	468
0.20	464	459	455	450	446	442	437	433	429	425
0.21	421	417	413	409	405	401	397	394	390	387
0.22	383	380	376	373	370	366	363	360	357	354
0.23	351	348	345	342	339	336	333	330	327	325
0.24	322	319	317	314	312	309	306	304	302	299
0.25	297	294	292	289	287	285	283	281	279	276
0.26	274	272	270	268	266	264	262	260	258	256
0.27	254	253	251	249	247	245	243	242	240	238
0.28	236	235	233	232	230	228	227	225	224	222
0.29	221	219	218	216	215	213	212	210	209	207
0.30	206	205	203	202	201	199	198	197	196	194
0.31	193	192	191	189	188	187	186	185	183	182
0.32	181	180	179	178	177	176	175	173	172	171
0.33	170	169	168	167	166	165	164	163	162	161
0.34	160	160	159	158	157	156	155	154	153	152

压痕对角线长度/mm	0.000	0.001	0.002	0.003	0.004	0.005	0.006	0.007	0.008	0.009
0.35	151.4	150.5	149.7	148.8	148.0	147.1	146.3	145.5	144.7	143.9
0.36	143.1	142.3	141.5	140.7	140.0	139.2	138.4	137.7	136.9	136.2
0.37	135.5	134.7	134.0	133.3	132.6	131.9	131.2	130.5	129.8	129.1
0.38	128.4	127.7	127.1	126.4	125.8	125.1	124.5	123.8	123.2	122.6
0.39	121.9	121.3	120.7	120.1	119.5	118.9	118.3	117.7	117.1	116.5
0.40	115.9	115.3	114.8	114.2	113.6	113.1	112.5	111.9	111.4	110.9
0.41	110.3	109.8	109.3	108.7	108.2	107.7	107.2	106.6	106.1	105.6
0.42	105.1	104.5	104.1	103.6	103.1	102.7	102.2	101.7	101.2	100.8
0.43	100.3	99.8	99.4	98.9	98.5	98.0	97.6	97.1	96.7	96.2
0.44	95.8	95.3	94.9	94.5	94.1	93.6	93.2	92.8	92.4	92.0
0.45	91.6	91.2	90.8	90.4	90.0	89.6	89.2	88.8	88.4	88.0
0.46	87.6	87.3	86.9	86.5	86.1	85.8	85.4	85.0	84.7	84.3
0.47	84.0	83.6	83.2	82.9	82.5	82.2	81.8	81.5	81.2	80.8
0.48	80.5	80.2	79.8	79.5	79.2	78.8	78.5	78.2	77.9	77.6
0.49	77.2	76.9	76.6	76.3	76.0	75.7	75.4	75.1	74.8	74.5
0.50	74.2	73.9	73.6	73.3	73.0	72.7	72.4	72.1	71.9	71.6
0.51	71.3	71.0	70.7	70.5	70.2	69.9	69.9	69.4	69.1	68.8
0.52	68.6	68.3	68.1	67.8	67.5	67.3	67.0	66.8	66.5	66.3
0.53	66.0	65.8	65.5	65.3	65.0	64.8	64.5	64.3	64.1	63.8
0.54	63.6	63.4	63.1	62.9	62.7	62.4	62.2	62.0	61.7	61.5
0.55	61.3	61.1	60.9	60.6	60.4	60.2	60.0	59.8	59.6	59.3
0.56	59.1	58.9	58.7	58.5	58.3	58.1	57.9	57.7	57.5	57.3
0.57	57.1	56.9	56.7	56.5	56.3	56.1	55.9	55.7	55.5	55.3
0.58	55.1	54.9	54.7	54.6	54.4	54.2	54.0	53.8	53.6	53.4
0.59	53.3	53.1	52.9	52.7	52.6	52.4	52.2	52.0	51.9	51.7
0.60	51.5	51.3	51.2	51.0	50.8	50.7	50.5	50.3	50.2	50.0
0.61	49.8	49.7	49.5	49.4	49.2	49.0	48.9	48.7	48.6	48.4
0.62	48.2	48.1	47.9	47.8	47.6	47.5	47.3	47.2	47.0	46.9
0.63	46.7	46.6	46.4	46.3	46.1	46.0	45.8	45.7	45.6	45.4
0.64	45.3	45.1	45.0	44.8	44.7	44.6	44.4	44.3	44.2	44.0
0.65	43.9	43.8	43.6	43.5	43.4	43.2	43.1	43.0	42.8	42.7
0.66	42.6	42.4	42.3	42.2	42.1	41.9	41.8	41.7	41.6	41.4
0.67	41.3	41.2	41.1	40.9	40.8	40.7	40.6	40.5	40.3	40.2
0.68	40.1	40.0	39.9	39.8	39.6	39.5	39.4	39.3	39.2	39.1
0.69	39.0	38.8	38.7	38.6	38.5	38.4	38.3	38.2	38.1	38.0
0.70	37.8	37.7	37.6	37.5	37.4	37.3	37.2	37.1	37.0	36.9
0.71	36.8	36.7	36.6	36.5	36.4	36.3	36.2	36.1	36.0	35.9
0.72	35.8	35.7	35.6	35.5	35.4	35.3	35.2	35.1	35.0	34.9
0.73	34.8	34.7	34.6	34.5	34.4	34.3	34.2	34.1	34.0	34.0
0.74	33.9	33.8	33.7	33.6	33.5	33.4	33.3	33.2	33.1	33.1
0.75	33.0	32.9	32.8	32.7	32.6	32.5	32.4	32.4	32.3	32.2
0.76	32.1	32.0	31.9	31.8	31.8	31.7	31.6	31.5	31.4	31.4
0.77	31.3	31.2	31.1	31.0	30.9	30.9	30.8	30.7	30.7	30.6
0.78	30.5	30.4	30.3	30.3	30.2	30.1	30.0	29.9	29.9	29.8
0.79	29.7	29.6	29.6	29.5	29.4	29.3	29.3	29.2	29.1	29.1
0.80	29.0	28.9	28.8	28.8	28.7	28.7	28.6	28.5	28.4	28.3
0.81	28.3	28.2	28.1	28.0	28.0	27.9	27.8	27.8	27.7	27.7
0.82	27.6	27.5	27.4	27.4	27.3	27.3	27.2	27.1	27.0	27.0
0.83	26.9	26.8	26.8	26.7	26.7	26.6	26.5	26.5	26.4	26.3
0.84	26.3	26.2	26.2	26.1	26.0	26.0	25.9	25.8	25.8	25.7
0.85	25.7	25.6	25.6	25.5	25.4	25.4	25.3	25.3	25.2	25.1
0.86	25.1	25.0	25.0	24.9	24.8	24.8	24.7	24.7	24.6	24.6
0.87	24.5	24.4	24.4	24.3	24.3	24.2	24.2	24.1	24.1	24.0

压痕对角线长度/mm	0.000	0.001	0.002	0.003	0.004	0.005	0.006	0.007	0.008	0.009
0.88	24.0	23.9	23.8	23.8	23.7	23.7	23.6	23.6	23.5	23.5
0.89	23.4	23.4	23.3	23.3	23.2	23.2	23.1	23.0	23.0	22.9
0.90	22.9	22.8	22.8	22.7	22.7	22.6	22.6	22.5	22.5	22.4
0.91	22.4	22.3	22.3	22.3	22.2	22.2	22.1	22.1	22.0	22.0
0.92	21.9	21.9	21.8	21.8	21.7	21.7	21.6	21.6	21.5	21.5
0.93	21.4	21.4	21.4	21.3	21.3	21.2	21.2	21.1	21.1	21.0
0.94	21.0	20.9	20.9	20.8	20.8	20.8	20.7	20.7	20.6	20.6
0.95	20.5	20.5	20.5	20.4	20.4	20.3	20.3	20.2	20.2	20.2
0.96	20.1	20.1	20.0	20.0	19.96	19.91	19.87	19.83	19.79	19.75
0.97	19.71	19.67	19.63	19.59	19.55	19.51	19.47	19.43	19.39	19.35
0.98	19.31	19.27	19.23	19.19	19.15	19.11	19.07	19.04	19.00	18.96
0.99	18.92	18.88	18.84	18.81	18.77	18.73	18.69	18.66	18.62	18.58
1.00	18.54	18.51	18.47	18.43	18.39	18.36	18.32	18.29	18.25	18.21
1.01	18.18	18.14	18.11	18.07	18.04	18.00	17.96	17.93	17.89	17.85
1.02	17.83	17.79	17.76	17.72	17.69	17.65	17.62	17.58	17.55	17.51
1.03	17.48	17.45	17.41	17.38	17.34	17.31	17.28	17.24	17.21	17.17
1.04	17.14	17.11	17.08	17.05	17.01	16.98	16.95	16.92	16.88	16.85
1.05	16.82	16.79	16.76	16.72	16.69	16.66	16.63	16.59	16.56	16.53
1.06	16.50	16.47	16.44	16.41	16.38	16.35	16.32	16.29	16.26	16.23
1.07	16.20	16.17	16.14	16.11	16.08	16.05	16.02	15.99	15.96	15.93
1.08	15.90	15.87	15.84	15.81	15.78	15.75	15.72	15.69	15.67	15.64
1.09	15.61	15.58	15.55	15.52	15.49	15.47	15.44	15.41	15.38	15.35
1.10	15.33	15.30	15.27	15.24	15.22	15.19	15.16	15.13	15.11	15.08
1.11	15.05	15.02	14.99	14.97	14.94	14.92	14.89	14.86	14.84	14.81
1.12	14.78	14.76	14.73	14.70	14.68	14.65	14.63	14.60	14.57	14.55
1.13	14.52	14.49	14.47	14.45	14.42	14.39	14.37	14.35	14.32	14.29
1.14	14.27	14.24	14.22	14.19	14.17	14.14	14.12	14.09	14.07	14.05
1.15	14.02	13.99	13.97	13.95	13.93	13.90	13.88	13.85	13.83	13.81
1.16	13.78	13.76	13.73	13.71	13.69	13.66	13.64	13.62	13.59	13.57
1.17	13.54	13.52	13.50	13.48	13.45	13.43	13.41	13.39	13.38	13.34
1.18	13.32	13.29	13.27	13.25	13.23	13.21	13.19	13.16	13.14	13.12
1.19	13.10	13.07	13.05	13.03	13.01	12.99	12.96	12.94	12.92	12.90
1.20	12.88	12.86	12.84	12.81	12.79	12.77	12.75	12.73	12.71	12.69
1.21	12.67	12.64	12.62	12.60	12.58	12.56	12.54	12.52	12.50	12.48
1.22	12.46	12.44	12.42	12.40	12.38	12.36	12.34	12.32	12.30	12.28
1.23	12.26	12.24	12.22	12.19	12.18	12.16	12.14	12.12	12.10	12.08
1.24	12.06	12.04	12.02	12.00	11.98	11.96	11.94	11.92	11.91	11.89
1.25	11.87	11.85	11.83	11.81	11.79	11.77	11.75	11.73	11.71	11.69
1.26	11.68	11.66	11.64	11.62	11.61	11.59	11.57	11.55	11.54	11.52
1.27	11.50	11.48	11.46	11.44	11.42	11.40	11.39	11.37	11.35	11.33
1.28	11.32	11.30	11.28	11.26	11.25	11.23	11.21	11.19	11.18	11.16
1.29	11.14	11.12	11.11	11.09	11.07	11.06	11.04	11.02	11.01	10.99
1.30	10.97	10.95	10.94	10.92	10.91	10.89	10.87	10.85	10.84	10.82
1.31	10.80	10.79	10.77	10.75	10.74	10.72	10.70	10.68	10.66	10.65
1.32	10.64	10.62	10.61	10.59	10.58	10.56	10.55	10.53	10.51	10.49
1.33	10.48	10.46	10.45	10.44	10.42	10.40	10.39	10.37	10.36	10.34
1.34	10.33	10.31	10.29	10.28	10.27	10.25	10.24	10.22	10.21	10.19
1.35	10.18	10.16	10.15	10.13	10.12	10.10	10.09	10.07	10.06	10.04
1.36	10.03	10.01	10.00	9.98	9.97	9.95	9.94	9.92	9.91	9.89
1.37	9.88	9.87	9.85	9.84	9.82	9.81	9.79	9.78	9.77	9.75
1.38	9.74	9.72	9.71	9.70	9.68	9.67	9.65	9.64	9.63	9.61
1.39	9.60	9.58	9.57	9.56	9.54	9.53	9.52	9.50	9.49	9.47
1.40	9.46	9.45	9.43	9.42	9.41	9.39	9.38	9.37	9.35	9.34
1.41	9.33	9.31	9.30	9.29	9.27	9.26	9.25	9.24	9.22	9.21
1.42	9.20	9.18	9.17	9.16	9.15	9.13	9.12	9.11	9.09	9.08

压痕对角线长度/mm	0.000	0.001	0.002	0.003	0.004	0.005	0.006	0.007	0.008	0.009
1.43	9.07	9.05	9.04	9.03	9.02	9.01	8.99	8.98	8.97	8.96
1.44	8.94	8.93	8.92	8.91	8.89	8.88	8.87	8.86	8.84	8.83
1.45	8.82	8.81	8.80	8.78	8.77	8.76	8.75	8.74	8.72	8.71
1.46	8.70	8.69	8.68	8.66	8.65	8.64	8.63	8.62	8.60	8.59
1.47	8.58	8.57	8.56	8.55	8.54	8.52	8.51	8.50	8.49	8.48
1.48	8.47	8.45	8.44	8.43	8.42	8.41	8.40	8.39	8.38	8.36
1.49	8.35	8.34	8.33	8.32	8.31	8.30	8.29	8.27	8.26	8.25
1.50	8.24	8.23	8.22	8.21	8.20	8.19	8.18	8.17	8.15	8.14
1.51	8.13	8.12	8.11	8.10	8.09	8.08	8.07	8.06	8.05	8.04
1.52	8.03	8.02	8.01	7.99	7.98	7.97	7.96	7.95	7.94	7.93
1.53	7.92	7.91	7.90	7.89	7.88	7.87	7.86	7.85	7.84	7.83
1.54	7.82	7.81	7.80	7.79	7.78	7.77	7.76	7.75	7.74	7.73
1.55	7.72	7.71	7.70	7.69	7.68	7.67	7.66	7.65	7.64	7.63
1.56	7.62	7.61	7.60	7.59	7.58	7.57	7.56	7.55	7.54	7.53
1.57	7.52	7.51	7.50	7.49	7.485	7.475	7.466	7.456	7.447	7.438
1.58	7.428	7.419	7.409	7.400	7.391	7.381	7.372	7.363	7.354	7.344
1.59	7.335	7.326	7.317	7.307	7.298	7.289	7.280	7.271	7.262	7.253
1.60	7.244	7.235	7.226	7.217	7.208	7.199	7.190	7.181	7.172	7.163
1.61	7.154	7.145	7.136	7.127	7.119	7.110	7.101	7.092	7.083	7.075
1.62	7.066	7.057	7.048	7.040	7.031	7.022	7.014	7.005	6.997	6.988
1.63	6.979	6.971	6.962	6.954	6.945	6.937	6.928	6.920	6.911	6.903
1.64	6.895	6.886	6.878	6.869	6.861	6.853	6.844	6.836	6.828	6.820
1.65	6.811	6.803	6.795	6.787	6.778	6.770	6.762	6.754	6.746	6.738
1.66	6.729	6.721	6.713	6.705	6.697	6.689	6.681	6.673	6.665	6.657
1.67	6.649	6.641	6.633	6.625	6.617	6.609	6.602	6.594	6.586	6.578
1.68	6.570	6.562	6.555	6.547	6.539	6.531	6.524	6.516	6.508	6.500
1.69	6.493	6.485	6.477	6.470	6.462	6.545	6.447	6.439	6.432	6.424
1.70	6.416	6.409	6.401	6.394	6.386	6.379	6.371	6.364	6.357	6.349
1.71	6.342	6.334	6.327	6.319	6.312	6.305	6.297	6.290	6.283	6.275
1.72	6.268	6.261	6.254	6.246	6.239	6.232	6.225	6.217	6.210	6.203
1.73	6.196	6.189	6.182	6.174	6.167	6.160	6.153	6.146	6.139	6.132
1.74	6.125	6.118	6.111	6.104	6.097	6.090	6.083	6.076	6.069	6.062
1.75	6.055	6.048	6.041	6.034	6.027	6.021	6.014	6.007	6.000	5.993
1.76	5.986	5.979	5.973	5.966	5.959	5.953	5.946	5.939	5.932	5.926
1.77	5.919	5.912	5.906	5.899	5.892	5.886	5.879	5.872	5.866	5.859
1.78	5.853	5.846	5.840	5.833	5.826	5.820	5.813	5.807	5.800	5.794
1.79	5.787	5.781	5.775	5.768	5.762	5.755	5.749	5.742	5.736	5.730
1.80	5.723	5.717	5.711	5.704	5.698	5.692	5.685	5.679	5.673	5.667
1.81	5.660	5.654	5.648	5.642	5.635	5.629	5.623	5.617	5.611	5.604
1.82	5.598	5.592	5.586	5.580	5.574	5.568	5.562	5.555	5.549	5.543
1.83	5.537	5.531	5.525	5.519	5.513	5.507	5.501	5.495	5.489	5.483
1.84	5.477	5.471	5.465	5.459	5.453	5.448	5.442	5.436	5.430	5.424
1.85	5.418	5.412	5.406	5.401	5.395	5.389	5.383	5.377	5.372	5.366
1.86	5.360	5.354	5.349	5.343	5.337	5.331	5.326	5.320	5.314	5.309
1.87	5.303	5.297	5.292	5.286	5.280	5.275	5.269	5.263	5.258	5.252
1.88	5.247	5.241	5.235	5.230	5.224	5.219	5.213	5.208	5.202	5.197
1.89	5.191	5.186	5.180	5.175	5.169	5.164	5.158	5.153	5.148	5.142
1.90	5.137	5.131	5.126	5.121	5.115	5.110	5.104	5.099	5.094	5.088
1.91	5.083	5.078	5.072	5.067	5.062	5.057	5.051	5.046	5.041	5.036
1.92	5.030	5.025	5.020	5.015	5.009	5.004	4.999	4.994	4.989	4.983
1.93	4.978	4.973	4.968	4.963	4.958	4.953	4.947	4.942	4.937	4.932
1.94	4.927	4.922	4.917	4.912	4.907	4.902	4.897	4.892	4.887	4.882
1.95	4.877	4.872	4.867	4.862	4.857	4.852	4.847	4.842	4.837	4.832
1.96	4.827	4.822	4.817	4.812	4.807	4.803	4.798	4.793	4.788	4.783

压痕对角线长度/mm	0.000	0.001	0.002	0.003	0.004	0.005	0.006	0.007	0.008	0.009
1.97	4.778	4.773	4.769	4.764	4.759	4.754	4.749	4.744	4.740	4.735
1.98	4.730	4.725	4.721	4.716	4.711	4.706	4.702	4.697	4.692	4.687
1.99	4.683	4.678	4.673	4.669	4.664	4.659	4.655	4.650	4.645	4.641

注：本表中的维氏硬度值是按试验力 98.07N 计算得到的 HV10。若使用其他试验力，即选其他维氏硬度符号时，则表中硬度值应分别乘以下表所列系数。

维氏硬度符号	HV5	HV10	HV20	HV30	HV50	HV100
试验力/N	49.03	98.07	196.1	294.2	490.3	980.7
系数	0.5	1	2	3	5	10

表 7-11　球面（凸形）维氏硬度修正系数

d/D	修正系数	d/D	修正系数	d/D	修正系数
0.004	0.995	0.055	0.945	0.122	0.895
0.009	0.990	0.061	0.940	0.130	0.890
0.013	0.985	0.067	0.935	0.139	0.885
0.016	0.980	0.073	0.930	0.147	0.880
0.023	0.975	0.079	0.925	0.156	0.875
0.028	0.970	0.086	0.920	0.165	0.870
0.033	0.965	0.093	0.915	0.175	0.865
0.038	0.960	0.100	0.910	0.185	0.860
0.043	0.955	0.107	0.905	0.195	0.855
0.049	0.950	0.114	0.900	0.206	0.850

表 7-12　球面（凹形）维氏硬度修正系数

d/D	修正系数	d/D	修正系数	d/D	修正系数
0.004	1.005	0.041	1.055	0.071	1.105
0.008	1.010	0.045	1.060	0.074	1.110
0.012	1.015	0.048	1.065	0.077	1.115
0.016	1.020	0.051	1.070	0.079	1.120
0.020	1.025	0.054	1.075	0.082	1.125
0.024	1.030	0.057	1.080	0.084	1.130
0.028	1.035	0.060	1.085	0.087	1.135
0.031	1.040	0.063	1.090	0.089	1.140
0.035	1.045	0.066	1.095	0.091	1.145
0.038	1.050	0.069	1.100	0.094	1.150

表 7-13　圆柱面（凸形）维氏硬度修正系数（对角线与轴成 45°）

d/D	修正系数	d/D	修正系数	d/D	修正系数
0.009	0.995	0.071	0.960	0.139	0.925
0.017	0.990	0.081	0.955	0.149	0.920
0.026	0.985	0.090	0.950	0.159	0.915
0.035	0.980	0.100	0.945	0.169	0.910
0.044	0.975	0.109	0.940	0.179	0.905
0.053	0.970	0.119	0.935	0.189	0.900
0.062	0.965	0.129	0.930	0.200	0.895

表 7-14　圆柱面（凹形）维氏硬度修正系数（对角线与轴成 45°）

d/D	修正系数	d/D	修正系数	d/D	修正系数
0.009	1.005	0.089	1.055	0.162	1.105
0.017	1.010	0.097	1.060	0.169	1.110
0.025	1.015	0.104	1.065	0.176	1.115
0.034	1.020	0.112	1.070	0.183	1.120
0.042	1.025	0.119	1.075	0.189	1.125
0.050	1.030	0.127	1.080	0.196	1.130
0.058	1.035	0.134	1.085	0.203	1.135
0.066	1.040	0.141	1.090	0.209	1.140
0.074	1.045	0.148	1.095	0.216	1.145
0.082	1.050	0.155	1.100	0.222	1.150

表 7-15　圆柱面（凸形）维氏硬度修正系数（对角线平行于轴）

d/D	修正系数	d/D	修正系数	d/D	修正系数
0.009	0.995	0.054	0.975	0.126	0.955
0.019	0.990	0.068	0.970	0.153	0.950
0.029	0.985	0.085	0.965	0.189	0.945
0.041	0.980	0.104	0.960	0.243	0.940

表 7-16　圆柱面（凹形）维氏硬度修正系数（对角线平行于轴）

d/D	修正系数	d/D	修正系数	d/D	修正系数
0.008	1.005	0.067	1.055	0.103	1.105
0.016	1.010	0.071	1.060	0.105	1.110
0.023	1.015	0.076	1.065	0.108	1.115
0.030	1.020	0.079	1.070	0.111	1.120
0.036	1.025	0.083	1.075	0.113	1.125
0.042	1.030	0.087	1.080	0.116	1.130
0.048	1.035	0.090	1.085	0.119	1.135
0.053	1.040	0.093	1.090	0.120	1.140
0.058	1.045	0.097	1.095	0.123	1.145
0.063	1.050	0.100	1.100	0.125	1.150

表 7-17　维氏硬度试验力

维氏硬度试验		小负荷维氏硬度试验		显微维氏硬度试验	
硬度符号	试验力/N	硬度符号	试验力/N	硬度符号	试验力/N
HV5	49.03	HV0.2	1.961	HV0.01	0.09807
HV10	98.07	HV0.3	2.942	HV0.015	0.1471
HV20	196.1	HV0.5	4.903	HV0.02	0.1961
HV30	294.2	HV1	9.807	HV0.025	0.2452
HV50	490.3	HV2	19.61	HV0.05	0.4903
HV100	980.7	HV3	29.42	HV0.1	0.9807

注：1. 维氏硬度试验可使用大于 980.7N 的试验力。
2. 显微维氏硬度试验的试验力为推荐值。

当需要测试很薄试件或合金中各组成相的硬度时，可以选用更小的试验力。如小负荷维氏硬度试验力可为 0.2～3kgf（1.961～29.42N）。测量合金相硬度，即显微维氏硬度的试验力可更小，一般为 0.01～0.1kgf（0.09807～0.9807N）。这时，为提高测量精度，需要配置显微放大装置，对极小的压痕予以放大测量。

维氏硬度、小负荷维氏硬度、显微维氏硬度的试验力及硬度符号表示方法见表 7-17。

维氏硬度计和显微维氏硬度计分别见图 7-8 和图 7-9。

图 7-8　维氏硬度计

图 7-9　显微维氏硬度计

7.2.5　肖氏硬度试验

肖氏硬度试验是一种回跳式硬度试验方法。肖氏硬度试验是使一定量的标准冲头或钢球从一定高度自由落下到试样表面，冲头的动能一部分消耗于试样表面的塑性变形，另一部分则以弹性变形方式储存在试样内，之后由于试样弹性变形恢复，使冲头或钢球回跳到一定高度，试样的硬度与回跳高度成正比。

$$肖氏硬度(HS)=K\frac{h}{H} \tag{7-6}$$

式中　H——冲头或球落下高度；

　　　h——回跳高度；

　　　K——肖氏硬度系数，等于 140。

在实测中，不用计算可以直接目测或从表盘上读取。

可见，肖氏硬度主要取决于试样弹性，当金属弹性系数和冲击能量相同时，材料的弹性极限愈高，消耗于塑性变形功愈小，冲头或钢球回跳高度愈大，硬度也愈高。

肖氏硬度标定是以完全淬硬的高碳钢为样品，回跳高度定为 100，分刻度为 100（考虑更高硬度材料的测量，刻度从 100 扩展到 140）。

肖氏硬度用 HS 表示，通常分 C、SS、D 三种型号，其中 D 型是表盘读数。

肖氏硬度试验采用设备简单、轻便、易携带，但测量准确度稍差，常用来测量大型零件硬度。

冲头或球的质量、落下高度、试样表面状态及测量时设备与试样的垂直度，对测量结果均产生影响。

肖氏硬度值与洛氏硬度值、布氏硬度值、维氏硬度值的近似对换关系见附录 C 中 C6。

7.2.6 里氏硬度试验

里氏硬度试验方法是引入较晚的一种硬度测量技术。

里氏硬度的定义为冲击体反弹速度 v_B 与冲击速度 v_A 之比乘以 1000，即

$$里氏硬度(HL) = \frac{v_B}{v_A} \times 1000 \tag{7-7}$$

也就是说，材料硬度愈高，反弹速度愈大。

里氏硬度计构造如图 7-10 所示。在进行测试时，带有碳化钨测量头的冲击体借弹簧力打向试样表面，冲击后引起反弹。由于冲击体上装有永久磁体，在冲击体下落和回弹时，都将通过线圈，这时都使线圈内感应出电压，这个感应电压值正比于速度。经过计算机处理后，转换成硬度，并从屏幕上读出硬度值。

里氏硬度计最常使用的冲击体是"D"型装置，可用于对各种金属检测硬度，并可以以不同方向冲击试样表面。用于不同材料和方向时，都可通过按键自动转换。检测值也可转换成不同硬度。

除 D 型冲击装置外，还有 DC、DL、D+15、C、G、E 型冲击装置。其中 DC 型用于检测孔和圆柱筒内表面的硬度；DL 型用于检测细长窄槽或孔的硬度；D+15 型用于检测沟或凹入表面的硬度；C 型用于检测小、薄、轻型零件硬度或表面硬化层的硬度；G 型用于检测大型、表面粗糙度差的铸、锻件；E 型用于检测硬度极高件的硬度。

里氏硬度检测对试样表面光洁度要求较高，除 G 型装置允许粗糙度 $6.3\mu m$ 外，其他一般要求 $1.6\mu m$，而 C 型装置则要求 $0.4\mu m$。

里氏硬度检测除被测件表面粗糙度会影响测量准确度外，测试时装置与试样的垂直度、试样的稳定度也会对其产生影响。

里氏硬度用 HL 表示，并在后面标注冲击头类型，如 HLD300 表示采用 D 型冲击装置测得试样的里氏硬度为 300。

HLD 与其他硬度近似换算关系见附录 C 中 C7。

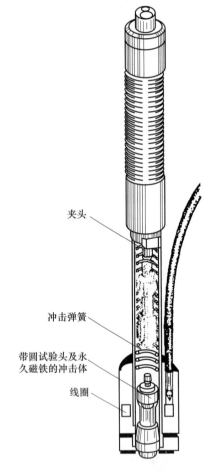

夹头

冲击弹簧

带圆试验头及永久磁铁的冲击体

线圈

图 7-10　里氏硬度计构造图

7.2.7 钢铁硬度与强度的换算关系

根据大量的试验研究和数据积累可知，通过测量金属材料的硬度值，可以粗略推算钢的强度。

各种钢的硬度与强度换算参见附录 C 中的 C8 和 C9。

7.3 室温拉伸试验

室温拉伸试验是指在 $10\sim35℃$ 环境条件下进行的拉力试验。对要求严格的试验，试验温度应控制在 $23℃\pm5℃$。

金属材料的拉伸试验是采用标准拉伸试样，在静态轴向拉伸力不断作用下，以规定的拉伸速度拉至试样断裂，在拉伸过程中连续记录施加力和试样伸长的变化，确定材料基本力学指标的试验。

通过静拉伸试验可以测量金属材料的弹性变形、塑性变形及试样断裂过程中最基本的力学性能指标，如正弹性模量、屈服强度、抗拉强度、断后伸长率、断面收缩率等。这些力学性能指标都是金属材料固有的基本属性。

拉伸试验适用于各类金属材料。

7.3.1 静拉伸试验原理

金属材料在静拉伸（沿轴向拉伸）时，在外力作用下，一开始将产生弹性变形（外力去除后可恢复的变形）。材料的弹性变形的实质是外力克服原子间作用力、使原子间距发生变化的结果。当外力超过弹性极限后，试样开始发生塑性变形（外力去除后不可恢复的变形），随着外力的增加，材料的塑性变形也增加，一直到试样断裂。金属塑性变形主要是通过金属晶体滑移、孪生、晶界滑动、蠕变等方式实现的。随着试样塑性变形的增加，其变形抗力也不断增大，这种现象就是材料的形变强化或加工硬化。当外力达到最大值后，试样开始出现"缩颈"现象以后试样的变形主要集中在缩颈附近，由于缩颈处截面缩小，载荷相应减小，直至试样最终断裂。

静拉伸试验就是通过仪器和记录装置，记录试样在外力作用下的弹性变形、塑性变形直至断裂的全过程，并最终确定材料的各性能实测值。

7.3.2 试验设备要求

金属材料的拉伸试验一般在拉伸试验机或万能材料试验机上进行。

试验机通常由机身、加载机构、测力机构、记录装置、夹持机构等几部分组成。图 7-11 是 SHT4305 型微机控制电液伺服万能试验机。

拉伸试验机应符合 GB/T 228.1《金属材料　拉伸试验　第 1 部分：室温试验方法》的要求。

试验机中的加载机构和测力机构是关键部分，这

图 7-11　SHT4305 型拉伸试验机

两部分的精度和灵敏度是测试准确度的重要因素。

拉伸试验机主要技术项目控制应包括：最大试验力；试验力测量范围；试验力分辨率；试验力示值相对误差；位移测量分辨率；位移示值相对误差；变形示值相对误差；加荷速率范围；拉伸夹头间最大距离；圆试样夹持范围等。

拉伸试验机应定期校准，在合格期内使用。

7.3.3 拉伸试样制备

（1）试样取样

试样取样是指试验用的试样，如拉伸试样、冲击试样等从样坯或零件毛坯上切取的过程，该取下的试样再经加工制成试验用的拉伸试棒或冲击试块。试样取样、取样位置、方向等应符合相关标准规定。

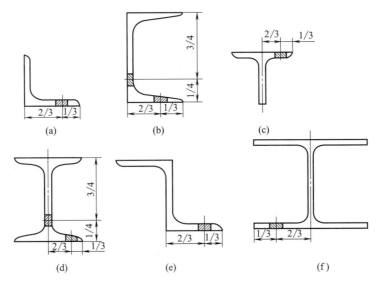

图 7-12 在型钢腿部宽度方向切取试样的位置

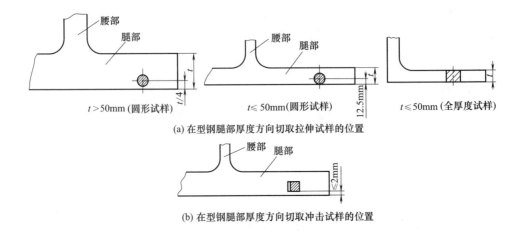

图 7-13 在型钢腿部厚度方向取样

① 钢及钢产品取样应符合 GB/T 2975《钢及钢产品　力学性能试验取样位置及试样制备》标准的规定，主要产品类型取样有：在型钢上的取样见图 7-12 和图 7-13；在圆钢上的取样见图 7-14；在六角钢上的取样见图 7-15；在钢板上的取样见图 7-16；在钢管上的取样见图 7-17。

② 在锻件上的取样见图 7-18。

③ 在铸钢件上的取样见图 7-19 和图 7-20。

④ 轴类、螺栓类等锻、轧棒材的取样见图 7-14。

有些重要产品零件在试验取样时，还规定取样部位距坯件表面距离、去除热处理影响区等要求，取样时应注意执行。

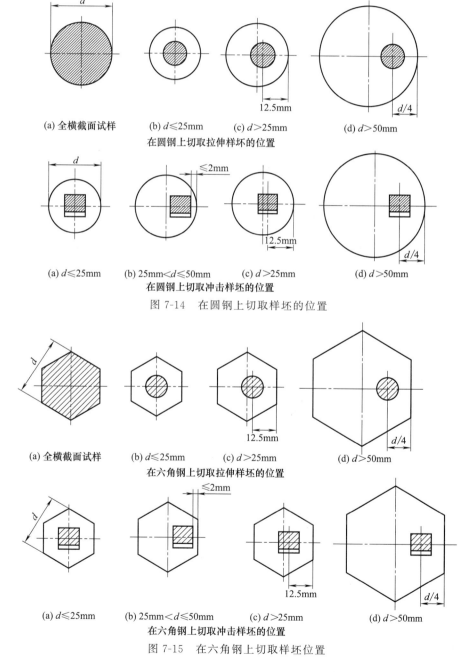

(a) 全横截面试样　　(b) $d \leqslant 25mm$　　(c) $d > 25mm$　　　(d) $d > 50mm$

在圆钢上切取拉伸样坯的位置

(a) $d \leqslant 25mm$　(b) $25mm < d \leqslant 50mm$　(c) $d > 25mm$　　(d) $d > 50mm$

在圆钢上切取冲击样坯的位置

图 7-14　在圆钢上切取样坯的位置

(a) 全横截面试样　　(b) $d \leqslant 25mm$　　(c) $d > 25mm$　　　(d) $d > 50mm$

在六角钢上切取拉伸样坯的位置

(a) $d \leqslant 25mm$　(b) $25mm < d \leqslant 50mm$　(c) $d > 25mm$　　(d) $d > 50mm$

在六角钢上切取冲击样坯的位置

图 7-15　在六角钢上切取样坯位置

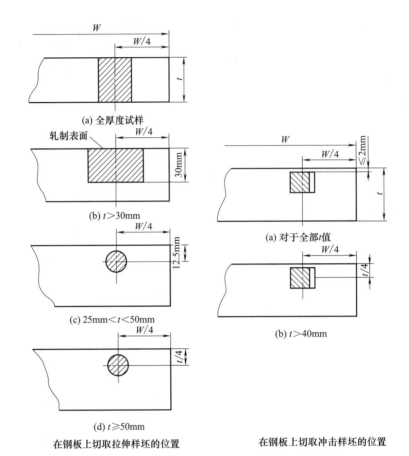

(a) 全厚度试样

轧制表面

(b) t>30mm

(a) 对于全部t值

(c) 25mm<t<50mm

(b) t>40mm

(d) t≥50mm

在钢板上切取拉伸样坯的位置

在钢板上切取冲击样坯的位置

图 7-16　在钢板上切取样坯位置

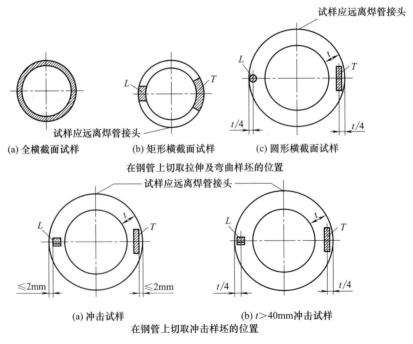

试样应远离焊管接头

试样应远离焊管接头

(a) 全横截面试样　　(b) 矩形横截面试样　　(c) 圆形横截面试样

在钢管上切取拉伸及弯曲样坯的位置

试样应远离焊管接头

(a) 冲击试样　　　　　　　(b) t>40mm冲击试样

在钢管上切取冲击样坯的位置

图 7-17　在钢管上切取样坯位置

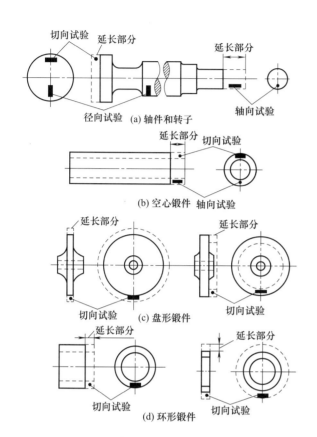

图 7-18　各种类型锻件的取样部位

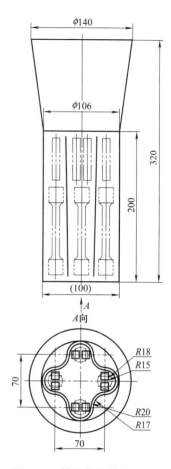

图 7-19　铸钢件取样图（一）

（2）拉力试样

不同国家、不同标准规定的拉伸试样如下。

① 我国标准常用的拉伸试样。

a. 直径或厚度小于 4mm 的线材、棒材和型材，可直接作为拉伸试样，不经机械加工，见图 7-21 和表 7-18。

b. 厚度为 0.1～3mm 的薄板和薄带采用矩形横截面试样，见图 7-22 和表 7-19～表 7-21。

c. 厚度等于或大于 3mm 的板材

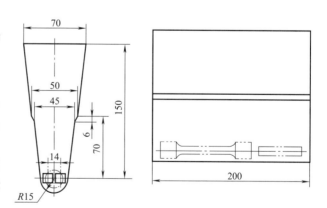

图 7-20　铸钢件取样图（二）

和扁型材原则上采用图 7-22 所示的矩形横截面试样，各部位尺寸见表 7-22～表 7-24。也可采用圆形横截面试样，见图 7-23，试样尺寸见表 7-25。

d. 直径等于或大于 4mm 的棒材、线材和厚度大于 4mm 的型材，采用圆形横截面试样，见图 7-23，试样尺寸见表 7-25。试样横向尺寸公差见表 7-24。

e. 管材可采用管段试样，见图 7-24 和表 7-26。也可采用纵向弧形试样，见图 7-25 和表

7-27。还可以采用在管壁厚度的纵向取圆横截面试样，见图 7-23 和表 7-28。

f. 灰铸铁和球墨铸铁等铸铁常用拉伸试样分别见图 7-26 和表 7-29、表 7-30。

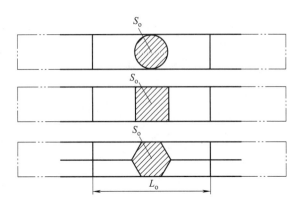

说明：
L_0 — 原始标距；
S_0 — 平行长度的原始横截面积。

图 7-21　为产品一部分的不经机加工试样

原始标距 L_0 应取 200mm±2mm 或 100mm±1mm。试验机两夹头之间的试样长度应至少等于 L_0+3b_0，或 L_0+3d_0，最小值为 L_0+20mm，见表 7-18。

表 7-18　非比例试样

d_0 或 a_0/mm	L_0/mm	L_c/mm	试样编号
≤4	100	≥120	R9
	200	≥220	R10

如果不测定断后伸长率，两夹头间的最小自由长度可以为 50mm。

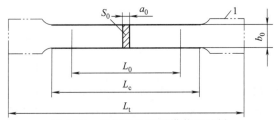

图 7-22　机加工的矩形横截面试样

说明：a_0—板试样原始厚度或管壁原始厚度；b_0—板试样平行长度的原始宽度；L_0—原始标距；

L_c—平行长度；L_t—试样总长度；S_0—平行长度的原始横截面积；1—夹持头部。

注：试样头部形状仅为示意性。

表 7-19　矩形横截面比例试样

b_0/mm	r/mm	$k=5.65$			$k=11.3$		
		L_0/mm	L_c/mm	试样编号	L_0/mm	L_c/mm	试样编号
10			≥$L_0+b_0/2$	P1		≥$L_0+b_0/2$	P01
12.5				P2			P02
15	≥20	$5.65\sqrt{S_0}≥15$	仲裁试验：	P3	$11.3\sqrt{S_0}≥15$	仲裁试验：	P03
20			L_0+2b_0	P4		L_0+2b_0	P04

注：1. 优先采用比例系数 $k=5.65$ 的比例试样。如比例标距小于 15mm，建议采用表 7-20 的非比例试样。

2. 如需要，厚度小于 0.5mm 的试样在其平行长度上可带小凸耳以便装夹引伸计。上下两凸耳宽度中心线间的距离为原始标距。

表 7-20 矩形横截面非比例试样

b_0/mm	r/mm	L_0/mm	L_c/mm		试样编号
			带头	不带头	
12.5		50	75	87.5	P5
20	≥20	80	120	140	P6
25		50[①]	100[①]	120[①]	P7

① 宽度为 25mm 的试样其 L_c/b_0 和 L_0/b_0 与宽度 12.5mm 和 20mm 的试样相比非常低。这类试样得到的性能，尤其是断后伸长率（绝对值和分散范围），与其他两种类型试样不同。

表 7-21 试样宽度公差　　mm

试样的名义宽度	尺寸公差[①]	形状公差[②]
12.5	±0.05	0.06
20	±0.10	0.12
25	±0.10	0.12

① 如果试样的宽度公差满足表 7-21，原始横截面积可以用名义值，而不必通过实际测量再计算。

② 在试样整个平行长度 L_c 范围内，规定宽度测量值的最大最小之差。

表 7-22 矩形横截面比例试样

b_0/mm	r/mm	$k=5.65$			$k=11.3$		
		L_0/mm	L_c/mm	试样编号	L_0/mm	L_c/mm	试样类型编号
12.5				P7			P07
15			≥$L_0+1.5\sqrt{S_0}$	P8		≥$L_0+1.5\sqrt{S_0}$	P08
20	≥12	$5.65\sqrt{S_0}$	仲裁试验：	P9	$11.3\sqrt{S_0}$	仲裁试验：	P09
25			$L_0+2\sqrt{S_0}$	P10		$L_0+2\sqrt{S_0}$	P010
30				P11			P011

注：如相关产品标准无具体规定，优先采用比例系数 $k=5.65$ 的比例试样。

表 7-23 矩形横截面非比例试样

b_0/mm	r/mm	L_0/mm	L_c/mm	试样类型编号
12.5		50		P12
20		80	≥$L_0+1.5\sqrt{S_0}$	P13
25	≥20	50	仲裁试验：	P14
38		50	$L_0+2\sqrt{S_0}$	P15
40		200		P16

表 7-24 试样横向尺寸公差　　mm

名　称	名义横向尺寸	尺寸公差[①]	形状公差[②]	名　称	名义横向尺寸	尺寸公差[①]	形状公差[②]
机加工的圆形横截面直径和四面机加工的矩形横截面试样横向尺寸	≥3 ≤6	±0.02	0.03	相对两面机加工的矩形横截面试样横向尺寸	≥3 ≤6	±0.02	0.03
	>6 ≤10	±0.03	0.04		>6 ≤10	±0.03	0.04
	>10 ≤18	±0.05	0.04		>10 ≤18	±0.05	0.06
	>18 ≤30	±0.10	0.05		>18 ≤30	±0.10	0.12
					>30 ≤50	±0.15	0.15

① 如果试样的公差满足表 7-24 原始横截面积可以用名义值，而不必通过实际测量再计算。如果试样的公差不满足表 7-24，就很有必要对每个试样的尺寸进行实际测量。

② 沿着试样整个平行长度，规定横向尺寸测量值的最大、最小值之差。

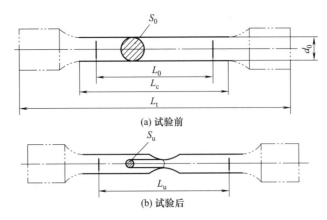

(a) 试验前

(b) 试验后

图 7-23　圆形横截面机加工试样

说明：d_0—圆试样平行长度的原始直径；L_0—原始标距；L_c—平行长度；L_t—试样总长度；

L_u—断后标距；S_0—平行长度的原始横截面积；S_u—断后最小横截面积。

注：试样头部形状仅为示意性。

表 7-25　圆形横截面比例试样

d_0/mm	r/mm	$k=5.65$			$k=11.3$		
		L_0/mm	L_c/mm	试样编号	L_0/mm	L_c/mm	试样类型编号
25	$\geqslant 0.75d_0$	$5d_0$	$\geqslant L_0+d_0/2$ 仲裁试验：L_0+2d_0	R1	$10d_0$	$\geqslant L_0+d_0/2$ 仲裁试验：L_0+2d_0	R01
20				R2			R02
15				R3			R03
10				R4			R04
8				R5			R05
6				R6			R06
5				R7			R07
3				R8			R08

注：1. 如相关产品标准无具体规定，优先采用 R2、R4 或 R7 试样。

2. 试样总长度取决于夹持方法，原则上 $L_t > L_c+4d_0$。

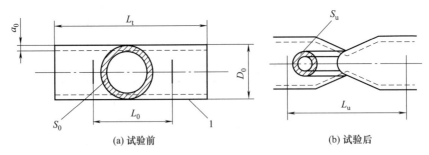

(a) 试验前

(b) 试验后

图 7-24　圆管管段试样

说明：a_0—原始管壁厚度；D_0—原始管外直径；L_0—原始标距；L_t—试样总长度；

L_u—断后标距；S_0—平行长度的原始横截面积；S_u—断后最小横截面积；1—夹持头部。

表 7-26　管段试样

L_0/mm	L_c/mm	试样类型编号
$5.65\sqrt{S_0}$	$\geqslant L_0+D_0/2$ 仲裁试验：L_0+2D_0	S7
50	$\geqslant 100$	S8

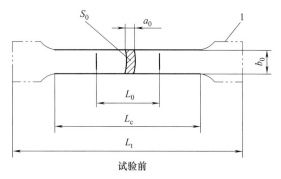

试验前

图 7-25　圆管的纵向弧形试样

说明：a_0—原始管壁厚度；b_0—圆管纵向弧形试样原始宽度；L_0—原始标距；

L_c—平行长度；L_t—试样总长度；S_0—平行长度的原始横截面积；1—夹持头部。

注：试样头部形状仅为示意性。

表 7-27　纵向弧形试样

D_0/mm	b_0/mm	a_0/mm	r/mm	$k=5.65$			$k=11.3$		试样类型编号
				L_0/mm	L_c/mm	试样编号	L_0/mm	L_c/mm	
$30\sim50$	10	原壁厚	≥12	$5.65\sqrt{S_0}$	$\geq L_0+1.5\sqrt{S_0}$ 仲裁试验：$L_0+2\sqrt{S_0}$	S1	$11.3\sqrt{S_0}$	$\geq L_0+1.5\sqrt{S_0}$ 仲裁试验：$L_0+2\sqrt{S_0}$	S01
$>50\sim70$	15					S2			S02
$>70\sim100$	20/19					S3/S4			S03
$>100\sim200$	25					S5			—
>200	38					S6			

注：如相关产品标准无具体规定，优先采用比例系数 $k=5.65$ 的比例试样。

表 7-28　管壁厚度机加工的纵向圆形横截面试样

a_0/mm	采用试样	a_0/mm	采用试样	a_0/mm	采用试样
$8\sim13$	R7	$>13\sim16$	R5	>16	R4

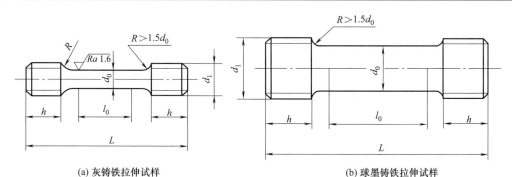

(a) 灰铸铁拉伸试样　　　　　　　　　　　　　(b) 球墨铸铁拉伸试样

图 7-26　灰铸铁和球墨铸铁拉伸试样

表 7-29　灰铸铁拉伸试样尺寸　　　　　　　　　　　　　　　　　　mm

毛坯直径	试样直径 d_0	平行部分长度 l_0	螺纹直径 d_1	端部长度 h	总长 L
13	8 ± 0.05	8	M12	16	$54\sim56$
20	13 ± 0.05	13	M18	24	$82\sim87$
30	20 ± 0.1	20	M28	36	$126\sim132$
45	30 ± 0.2	30	M42	50	$174\sim180$

表 7-30　球墨铸铁拉伸试样尺寸　　　　　　　　　　　　mm

毛坯直径	试样直径 d_0	工作部分长度 l_0	端部长度 h	螺纹部分直径 d_1	总长 L
13	8 ± 0.05	40	16	M12	90
18	10 ± 0.05	50	20	M16	110
20	13 ± 0.05	65	24	M18	140
30	$20+0.10$	100	36	M28	210
45	30 ± 0.20	150	50	M42	310

② 美国 ASME 标准拉伸试样。美国 ASME 标准拉伸试样见 ASME SA370M（与 ASTM A370M 一致），符合 ASTM E8/E8M 规范。

a. 矩形拉伸试样图形及主要尺寸见图 7-27。

b. 圆形拉伸试样和与标准试样成比例的小尺寸试样图形和主要尺寸见图 7-28，标准圆形试样的端部推荐型式图形和主要尺寸见图 7-29。

c. 铸铁标准拉伸试样图形和主要尺寸见图 7-30。

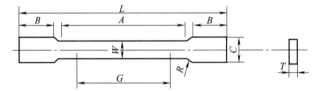

尺寸	标准试样				小尺寸试样	
	1½in(40mm)宽板型试样		½in(12.5mm)宽薄片试样		¼in(6.25mm)宽	
	in.	mm	in.	mm	in.	mm
标距(G)	8.00 ± 0.01	200 ± 0.25	2.000 ± 0.005	50.0 ± 0.10	1.000 ± 0.003	25.0 ± 0.08
宽度(W)	$1\frac{1}{2}{}^{+\frac{1}{8}}_{-\frac{1}{4}}$	40^{+3}_{-6}	0.500 ± 0.010	12.5 ± 0.25	0.250 ± 0.002	6.25 ± 0.06
厚度(T)	材料厚度					
圆角半径(最小)(R)	½	13	½	13	¼	6
总长(最小)(L)	18	450	8	200	4	100
减缩段的长度(最小)(A)	9	225	2¼	60	1¼	32
夹紧段长度(最小)(B)	3	75	2	50	1¼	32
夹紧段宽度,大约(C)	2	50	¾	20	⅜	10

图 7-27　矩形拉伸试样及尺寸

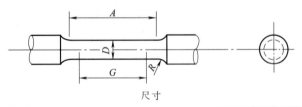

尺寸

公称直径	标准试样		与标准试样成比例的小尺寸试样							
	in	mm	in	mm	in	mm	in	mm	in	mm
	0.500	12.5	0.350	8.75	0.250	6.25	0.160	4.00	0.113	2.50
标距(G)	$2.000\pm$ 0.005	$50.0\pm$ 0.10	$1.400\pm$ 0.005	$35.0\pm$ 0.10	$1.000\pm$ 0.005	$25.0\pm$ 0.10	$0.640\pm$ 0.005	$16.0\pm$ 0.10	$0.450\pm$ 0.005	$10.0\pm$ 0.10
直径(D)	$0.500\pm$ 0.010	$12.5\pm$ 0.25	$0.350\pm$ 0.007	$8.75\pm$ 0.18	$0.250\pm$ 0.005	$6.25\pm$ 0.12	$0.160\pm$ 0.003	$4.00\pm$ 0.08	$0.113\pm$ 0.002	$2.50\pm$ 0.05
圆角半径(R),最小	⅜	10	¼	6	3⁄16	5	5⁄32	4	3⁄32	2
减缩段长度(A),最小	2¼	60	1¾	45	1½	32	¾	20	⅝	16

图 7-28　圆形拉伸试样和与标准试样成比例的小尺寸试样例子

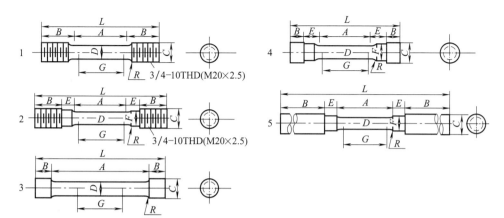

尺寸

项　　目	试样 1		试样 2		试样 3		试样 4		试样 5	
	in	mm	in	mm	in	mm	in	mm	in	mm
标距(G)	2.000±0.005	50.0±0.10	2.000±0.005	50.0±0.10	2.000±0.005	50.0±0.10	2.000±0.005	50.0±0.10	2.000±0.005	50.0±0.10
直径(D)①	0.500±0.010	12.5±0.25	0.500±0.010	12.5±0.25	0.500±0.010	12.5±0.25	0.500±0.010	12.5±0.25	0.500±0.010	12.5±0.25
圆角半径(R),最小	3/8	10	3/8	10	1/16	2	3/8	10	3/8	10
减缩段长度(A)	2¼,最小	60,最小	2¼,最小	60,最小	4,大约	100,大约	2¼,最小	60,最小	2¼,最小	60,最小
总长(L)(大约)	5	125	5½	140	5½	140	4¾	120	9½	240
端部长度(B)	1⅜,大约	35,大约	1,大约	25,大约	3/4,大约	20,大约	1/2,大约	13,大约	3,最小	75,最小
端部直径(C)	3/4	20	3/4	20	23/32	18	7/8	22	3/4	20
台肩和圆角段长度(E)(大约)	…	…	5/8	16	…	…	3/4	20	5/8	16
台肩段直径(F)	…	…	5/8	16	…	…	5/8	16	29/32	15

图 7-29　标准圆形拉伸试样的端部推荐型式

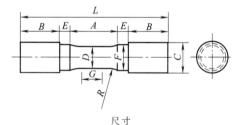

尺寸

项　　目	试样 1		试样 2		试样 3	
	in	mm	in	mm	in	mm
平行段长度(G)	应等于或大于直径					
直径(D)	0.500±0.010	12.5±0.25	0.75±0.015	20.0±0.40	1.25±0.025	30.0±0.60
圆角半径(R),最小	1	25	1	25	2	50
减缩段长(A),最小	1¼	32	1½	38	2¼	60
总长(L),最小	3¾	95	4	100	6⅜	160
端部长度(B),大约	1	25	1	25	1¾	45
端部直径(C),大约	3/4	20	1½	30	1⅞	48
台肩段长度(E),最小	1/4	6	1/4	6	5/16	8
台肩段直径(F)	5/8±1/16	16.0±10.40	(15/16)±(1/64)	24.0±0.40	1⅞±(1/64)	36.5±0.40

注：减缩段和台肩段（尺寸 A、D、E、F、G 和 R）应如图所示，但两端都可以是任何形状以适应试验机夹头，并使负荷作用在中心线上。通常端部车成螺纹并具有上面规定尺寸 B 和 C。

图 7-30　铸铁的标准拉伸试样

③ 欧洲标准 EN 10002-1 的拉伸试样。欧洲标准 EN 10002-1 标准拉伸试样也是法国核电规范 RCC-M 中材料篇采用的拉伸试样标准。

a. 适用于厚度在 0.1～3mm 的扁钢产品。如板材、带材、扁平轧材的矩形截面试样。见图 7-31，试样尺寸见表 7-31，试样宽度的极限尺寸误差和形状公差见表 7-32。

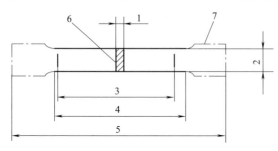

图 7-31 矩形截面试样

说明：1—a：扁平试样厚度（mm）；2—b：扁平试样宽度（mm）；3—L_0：起始测量长度（mm）；4—L_c：试验长度（mm）；5—L_1：试样总长度（mm）；6—S_0：试验前起始横截面（mm^2）；7—试样端部。

b. 厚度大于 3mm 的扁钢产品和直径或厚度等于和大于 4mm 的线材、棒材、型材、型钢可选择采用圆截面或矩形截面拉伸试样，见图 7-32，圆形截面试样尺寸见表 7-33，矩形截面试样尺寸见表 7-34。用于试样横断面的极限尺寸和形状公差见表 7-35。

c. 对于管材，可以取管段试样，见图 7-33，尺寸参见表 7-26。也可以采用纵向弧形试样，见图 7-34，尺寸参见表 7-27。还可以采用管壁厚度纵向圆横截面试样，见图 7-32 和表 7-33。采用横向切条或纵向切条矩形截面试样，视壁厚大小可分别采用图 7-31、表 7-31、表 7-32 试样，也可采用图 7-32 和表 7-33 试样。

表 7-31 试样尺寸 mm

试样形状	宽度 b	起始测量长度 L_0	试验长度 L_c	带钢试样在两夹头之间的自由长度（最小值）
1	12.5±1	50	75	87.5
2	20±1	80	120	140

表 7-32 试样宽度的极限误差和形状公差 mm

试样额定宽度	极限尺寸	形状公差	试样额定宽度	极限尺寸	形状公差
12.5	±0.09	0.043	20	±0.105	0.052

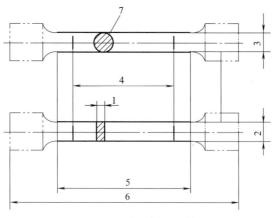

图 7-32 成比例的试样

说明：1—a：扁平试样厚度（mm）；2—b：扁平试样宽度（mm）；3—d：圆形试样直径（mm）；4—L_0：起始测量长度（mm）；5—L_c：试验长度（mm）；6—L_t：试样总长度（mm）；7—S_0：试验前起始横截面（mm^2）。

表 7-33　圆形断面的试样尺寸

k	直径 d/mm	起始横断面 S_0/mm^2	起始测量长度 $L_0 = k\sqrt{S_0}$/mm	试验长度 L_c/mm min	试样总长度 L_t/mm
5.65	20 ± 0.150	314.0	100 ± 10	110	总长度取决于试验机器上试样夹头的类型。基本上是这样：$L_t > L_c + 2d$ 或 $4d$
	10 ± 0.075	78.5	50 ± 0.5	55	
	5 ± 0.040	19.6	25 ± 0.25	28	

表 7-34　矩形截面的试样尺寸

额定宽度 b/mm	起始测量长度 L_0/mm	最小试验长度 L_c/mm	试样总长度 L_t/mm
40	200	225	450
25	200	225	450
20	80	90	300

表 7-35　用于试样横断面的极限尺寸和形状公差　　　　　mm

名　　称	额定横断面尺寸	极限尺寸	形状公差	名　　称	额定横断面尺寸	极限尺寸	形状公差
经过加工的圆形断面试样的直径	3	±0.05	0.025	矩形断面试样的横断面尺寸，试样只有相对的两个侧面是加工过的	3		0.14
	$\geqslant3$ $\leqslant6$	±0.060	0.003		$\geqslant3$ $\leqslant6$	—	0.18
	>6 $\leqslant10$	±0.075	0.04		>6 $\leqslant10$	—	0.22
	>10 $\leqslant18$	±0.090	0.04		>10 $\leqslant18$	—	0.27
	>18 $\leqslant30$	±0.105	0.05		>18 $\leqslant30$	—	0.33
矩形断面试样的横断面尺寸，试样的四个侧面都是加工过的	—	如同圆形横断面试样直径的情况一样，极限误差是相同的			>30 $\leqslant50$	—	0.39

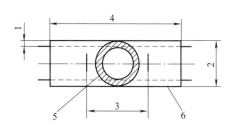

图 7-33　管段试样

说明：1—a：管壁厚（mm）；

2—D：管外径（mm）；3—L_0：起始测量

长度（mm）；4—L_t：试样总长度（mm）；

5—S_0：起始横截面（mm^2）；6—试样端部。

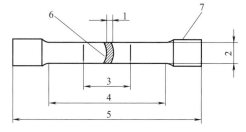

图 7-34　纵向弧形试样

说明：1—a：管壁厚（mm）；2—b：试验长度

上的宽度（mm）；3—L_0：起始测量长度（mm）；

4—L_c：试验长度（mm）；5—L_t：试样总

长度（mm）；6—S_0：起始横截面（mm^2）；

7—试样端部。

7.3.4　拉伸试验的一般要求及结果评定

拉伸试验要遵守相应的规定，以确保试验值的准确和有效性。

① 拉伸试验机应符合 GB/T 16825《静力单轴试验机的检验》标准规定的要求（通常应

为 1 级或优于 1 级要求）。试验机的级别直接影响试验值的精度和准确度。

② 引伸计的准确度应符合 GB/T 12160《单轴试验用引伸计的标定》标准的要求，一般采用 1 级精度，最差不能低于 2 级精度。

③ 所试验用设备、仪器必须定期检定，并在合格有效期内使用。

④ 试验用试样的形状、尺寸、尺寸偏差及粗糙度应符合标准要求。表面具有横向刀痕、扭曲变形或表面缺陷、裂纹的试样均不允许用于试验。

⑤ 试验力的施加应缓慢、均匀、无冲击。试验力方向应与试样轴线保持一致。

⑥ 试验速率应满足不同试验测试项目的要求。

⑦ 各试验项目试验及试验结果的评定应符合规定。

7.4　高温拉伸试验和低温拉伸试验

金属材料的力学性能随温度变化而改变。通常的情况是随着温度升高，强度下降而塑性提高；随着温度降低，强度升高，塑性会下降。

金属材料的高温拉伸试验或低温拉伸试验目的就是考核其在某一温度下的强度和塑性的变化情况。

金属材料的高温拉伸试验是指在 35℃ 以上的条件下进行的拉伸试验。具体的试验温度应根据产品需要和材料的具体情况确定。对于核电用金属材料的高温拉伸试验以 350℃ 试验为多数。而对于耐热钢和耐热合金的高温拉伸温度会更高。

图 7-35　拉伸试验机上的加热装置

金属材料的低温拉伸试验是指在室温以下某一温度的拉伸试验，具体试验温度也是根据产品需要和材料的具体情况确定。

高温拉伸试验和低温拉伸试验与室温拉伸试验的最大区别是试样是在拉力试验机上附设的加热装置或冷却装置中完成试验的。所以，高温拉力试验机比室温拉力试验机多装置一个加热设备，一般是小型电加热炉，见图 7-35。同样，低温拉力试验机比室温拉力试验机多装置一个冷却设备，通常由干冰、液氮、液氨等作为制冷剂。

高温试验或低温试验都对试验温度条件有明确要求。在高温拉伸试验时，对加热炉的炉膛温度偏差和沿试样轴向方向存在的温差（温度梯度）见表 7-36。低温拉伸试验时的温度偏差和温度梯度见表 7-37。

表 7-36　高温拉伸试验温度的允许偏差和温度梯度　　　　　　　　　　　℃

规定温度 θ	θ_1 与 θ 的允许偏差	温度梯度	规定温度 θ	θ_1 与 θ 的允许偏差	温度梯度
$\theta \leqslant 600$	±3	3	$800 < \theta \leqslant 1000$	±5	5
$600 < \theta \leqslant 800$	±4	4	—	—	—

表 7-37　低温拉伸试验温度允许偏差和梯度　　　　　　　　　　　℃

冷却介质	温度偏差	温度梯度	冷却介质	温度偏差	温度梯度
液体介质	±1	1	气体介质	±1.5	1.5

金属材料高温拉伸试验和低温拉伸试验对试验设备的要求，试样取样位置、方法，试样形状、尺寸及相关规定参见7.3室温拉伸试验的相关部分。

7.5 室温冲击试验

冲击试验是试样在冲击试验力作用下的一种动态力学性能试验。冲击试验是将要试验的金属材料制成规定形状和尺寸的带缺口的试样，在冲击试验机上，经摆锤进行的一次性高速（$4\sim7m/s$）冲击弯曲作用，用冲断试样所消耗（吸收）的功或试样断口形貌特征来确定材料冲击性能指标，以表征材料在高速一次性冲击负荷作用下所具有的韧性。通过冲击试验可以较准确地发现材料内部缺陷及组织、晶粒大小等因素对金属材料的影响。而这些因素影响是很难用静负荷试验发现的。

冲击试验适用于各种金属材料，尤其是韧性较差的材料。

7.5.1 冲击试验原理

目前，冲击试验主要指一次性摆锤式弯曲冲击试验。试验原理见图7-36，试验是将缺口试样2放置在试验机支座上，放置时，试样背部（缺口背面）画对摆锤落下方向（试样放置方法见图7-37）。试验时将摆锤1抬起，抬起高度为h_1，之后令摆锤自由落下，摆锤经过最低位置即试样放置位置时，将试样打断，摆锤将继续向前摆动，摆动到一定高度h_2时回落，最终停止。这时，试样被冲击所吸收的功为

$$A_k=9.8G(h_1-h_2)\quad(J) \tag{7-8}$$

式中　G——摆锤质量，kg；

h_1——摆锤抬起高度，m；

h_2——摆锤冲断试样后的摆动高度，m。

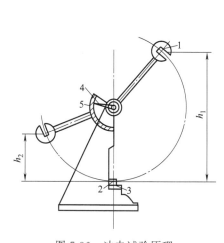

图7-36　冲击试验原理

1—摆锤；2—试样；3—支座；4—指针；5—表盘

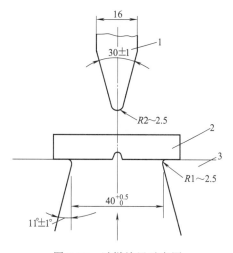

图7-37　试样放置示意图

1—摆锤刀刃头；2—试样；3—支座

试样断裂吸收功可由指针4反映在表盘5上，可直接读数。

试样开设V形或U形缺口是为了在被冲击时，在缺口处形成一定的应力集中，使材料的变形局限在试样缺口附近不大的体积范围内，即使冲击能量消耗在缺口附近微小区域内，

以便正确测定材料承受冲击载荷的能力。由于摆锤施加给试样的载荷冲击速度很高，作用时间很短，因此，受冲击的试样表面因承受局部负荷而出现局部变形或断裂。

图 7-38　ZBC2302-B 型液晶式摆锤冲击试验机

承受冲击载荷的金属材料不仅要具有足够的强度，还必须具有较大的冲击吸收功，材料冲击吸收功愈大，表明其抗冲击能力愈高。

7.5.2　试验设备要求

金属材料的冲击试验一般是在摆锤冲击试验机上进行的。

摆锤冲击试验机通常由机身、机座、摆锤、记录盘（还有的加设安全防护罩）等各部分组成。图 7-38 是 ZBC2302-B 型液晶式摆锤冲击试验机。

摆锤冲击试验机应符合 GB/T 3808《摆锤冲击试验机的检验》标准中的相关技术要求。

摆锤冲击试验机主要技术参数应包括冲击能量、摆锤力矩、摆锤预扬角度、试样支座间距、支座半径、打击速度、支座斜度以及摆锤刀刃角度和刀刃半径等。

各国摆锤冲击试验机的主要技术参数见表 7-38。

表 7-38　各国夏比冲击试验机的主要技术参数

国别	刀刃角度/(°)	刀刃半径/mm	支座间距/mm	支座半径/mm	打击速度/(m/s)	支座斜度
国际标准	30±1	2～2.5	$40^{+0.5}_{-1.0}$	1～1.5	5～5.5 (4.5～7)	1：5
英国	30±1	2～2.5	$40^{+0.5}_{-0.0}$	1～1.5	5～5.5	78°～80°
美国	30±2	8	40±0.05	1	3～6	80°±2°
德国	30±1	2～2.5	$40^{+0.5}_{-0.0}$	1～1.5	5～5.5	11°±1°
俄罗斯	30±1	2～2.5	$40^{+0.5}_{-0.0}$	1～1.5	5±0.5	1：5
日本	30±1	2～2.5	$40^{+0.5}_{-0.0}$	1～1.2	5～5.5	10°±1°
中国	30±1	2～2.5	$40^{+0.5}_{-0.0}$	1～1.5	4～7	11°±1°

冲击试验机应定期检定，在合格有效期内使用。

7.5.3　冲击试样制备

（1）试样取样

冲击试样的取样位置、方向应符合相应标准规定。参见本书本章 7.3.3 节"拉伸试样制备"中的第（1）部分。

（2）冲击试样

不同国家、不同标准中规定的冲击试样有不同，即便同一类型的冲击试样，在尺寸及尺寸偏差方面要求也有区别。同一种状态的材料采用不同的冲击试样，试验值不同，而且互相之间不能转换。冲击试样加工尺寸及尺寸偏差、精度、粗糙度等，对试验值的准确度都有显著影响。所以，冲击试样的选用和加工应严格符合标准。

① 我国标准常用的冲击试样。我国标准 GB/T 229《金属材料　夏比摆锤冲击试验方法》中，规定的两种缺口冲击试样见图 7-39。图 7-39 中数字和符号及相关尺寸与偏差见表 7-39。

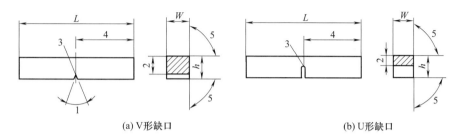

(a) V形缺口　　　　　　　　　　　　(b) U形缺口

图 7-39　夏比冲击试样

表 7-39　试样的尺寸与偏差

名　称	符号及序号	V 形缺口试样		U 形缺口试样	
		公称尺寸	机加工偏差	公称尺寸	机加工偏差
长度	l	55mm	±0.60mm	55mm	±0.60mm
高度[①]	h	10mm	±0.075mm	10mm	±0.11mm
宽度[①]	w				
——标准试样		10mm	±0.11mm	10mm	±0.11mm
——小试样		7.5mm	±0.11mm	7.5mm	±0.11mm
——小试样		5mm	±0.06mm	5mm	±0.06mm
小试样		2.5mm	±0.04mm	—	
缺口角度	1	45°	±2°	—	—
缺口底部高度	2	8mm	±0.075mm	8mm[②] 5mm[②]	±0.09mm ±0.09mm
缺口根部半径	3	0.25mm	±0.025mm	1mm	±0.07mm
缺口对称面-端部距离[①]	4	27.5mm	±0.42mm[③]	27.5mm	±0.42mm[③]
缺口对称面-试样纵轴角度	—	90°	±2°	90°	±2°
试样纵向面间夹角	5	90°	±2°	90°	±2°

①除端部外，试样表面粗糙度应优于 $Ra5\mu m$。
② 如规定其他高度，应规定相应偏差。
③ 对自动定位试样的试验机，建议偏差用±0.165mm 代替±0.42mm。

② 美国 ASME 标准冲击试样。美国 ASME 标准冲击试样见 ASME SA370M，其与 ASTM A370M 一致，符合 ASTM E23-02a 中 V 形缺口试样。

标准全尺寸冲击试样图形见图 7-40，标准小尺寸试样见图 7-41，试样尺寸允许偏差见表 7-40。

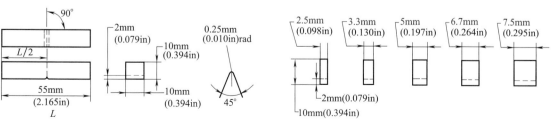

图 7-40　标准全尺寸试样　　　　　　　图 7-41　标准小尺寸试样

表 7-40　允许偏差

缺口长度对边缘所成角度	$90°±2°$	缺口角度	$±1°$
相邻侧面应成角度	$90°±10'$	缺口半径	$±0.025mm(±0.001in)$
横截面尺寸	$±0.075mm(0.003in)$（小试样为1%）	缺口深度	$±0.025mm(±0.001in)$
试样长度	$+0,-2.5mm(0.100in)$	粗糙度	缺口表面和背面$2μm(63μin)$，其他表面$4μm(125μin)$
缺口中心线 $L/2$	$+1mm(+0.039in)$		

③ 欧洲标准 EN 10045-1 标准冲击试样。欧洲标准 EN 10045-1 标准冲击试样也是法国核电规范 RCC-M 中材料篇采用的冲击试样标准。

图 7-42 是 EN 10045-1 标准中的 U 形缺口和 V 形缺口的冲击试样，尺寸及尺寸公差见表 7-41。

目前，较通用的是采用 V 形缺口的标准冲击试样，各不同国家 V 形口冲击试样的主要尺寸及尺寸公差见表 7-42。

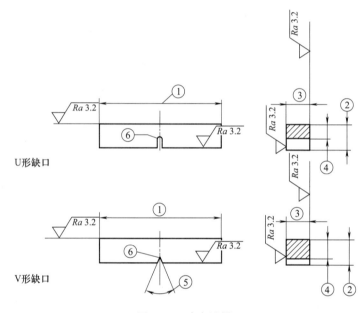

图 7-42　冲击试样

表 7-41　试样尺寸与偏差

名　称		U 形缺口试样		V 形缺口试样	
		尺寸	允许偏差	尺寸	允许偏差
长度		55mm	$±0.60mm$	55mm	$±0.60mm$
高度		10mm	$±0.11mm$	10mm	$±0.60mm$
宽度	标准试样	10mm	$±0.11mm$	10mm	$±0.11mm$
	小截面试样	—	—	7.5mm	$±0.11mm$
	小截面试样	—	—	5mm	$±0.06mm$
缺口角度		—	—	45°	$±2°$
缺口底部高度		5mm	$±0.09mm$	8mm	$±0.06mm$
缺口根部半径		1mm	$±0.07mm$	0.25mm	$±0.025mm$
缺口对称面距端部距离		27.5mm	$±0.42mm$	27.5mm	$±0.42mm$
缺口对称面对试样纵轴角度		90°	$±2°$	90°	$±2°$
试样纵向面间夹角		90°	$±2°$	90°	$±2°$

表 7-42　各国关于 V 形缺口尺寸及公差的规定

国别	缺口角度/(°)	缺口半径/mm	缺口处厚度/mm	试样厚度/mm	试样宽度/mm	试样长度/mm
国际标准(ISO)	45±2		8±0.11	10±0.11	10±0.11	55±0.60 27.5±0.42
英国(BS)	45±2		8±0.11	10±0.11	10±0.11	55±0.60 27.5±0.30
美国(ASTM)	45±1		8±0.025	10±0.025	10±0.025	$55^{+0.0}_{-2.5}$
德国(DIN)	45±2	0.25±0.025	8±0.10	10±0.10	10±0.10	55±0.60 27.5±0.40
俄罗斯(ГОСТ)	45±2		8±0.05	10±0.10	10±0.11	55±0.60
日本(JIS)	45±2		8±0.05	10±0.05	10±0.05	55±0.60 27.5±0.40
中国(GB)	45±2		8±0.10	10±0.10	10±0.10	55±1 27.5±0.42

7.5.4　冲击试验的一般要求和结果评定

冲击试验要遵守相应规定，以确保试验值的准确和有效性。

① 冲击试验机应符合 GB/T 3808《摆锤冲击试验机的检验》标准中规定的要求。试验机应定期检验并保证在合格期内使用。

② 冲击试样应严格执行标准规定的尺寸和尺寸偏差、精度和表面粗糙度，必要时应通过仪器检验。

③ 应严格按标准选用摆锤刀刃的半径规格，目前常用摆锤刀刃半径有 2mm 和 8mm 两种，同一材料采用不同刀刃半径的摆锤冲击时所测得的冲击吸收功有很大差别。这是因为材料在冲击载荷作用下的失效过程与在静载荷作用下的失效过程相似，即表现为弹性变形、塑性变形和断裂。但在冲击载荷作用时，施加载荷速度比较快，变形将更集中在某一局部区域（不是均匀分布在每一个晶粒），这种塑性变形的不均匀性限制了塑性变形的发展，使塑性变形不能充分进行，导致变形抗力提高、引起材料脆化。所以，在用摆锤冲击试验时，采用半径为 2mm 的刀刃比半径为 8mm 的刀刃对试样的冲击力更集中，从而使材料引起的塑性变形也更集中，引起材料脆化倾向更明显，反映出冲击吸收功试值更低。因此，试验时一定要确定应采用的摆锤刀刃的半径符合标准。

④ 正确选用冲击试样的缺口形状和尺寸也特别重要。冲击试样的缺口形状有多种，常见的有 V 形口和 U 形口等。同一材料采用不同缺口的试样进行冲击试验时，会有不同的试值。而且不同缺口反映的冲击吸收功值不能换算。

冲击试样开缺口的目的是使试样在承受冲击载荷时，会在缺口根部造成应力集中，使塑性变形局限在缺口根部附近不大的区域内，促使在缺口根部生成裂纹和扩张直至断裂，以确定材料承受冲击载荷的能力。因此，通常认为，试样的缺口造成应力集中，对材料造成硬性的应力状态，从而引起脆化、降低材料的韧性。可见，缺口半径越小，应力集中越明显，引起脆化作用也越大，反映出材料的冲击吸收功越小。所以，同一材料选用 V 形缺口试样比采用 U 形缺口试样所测定的冲击吸收功值更小。

⑤ 对冲击试验结果的评定。对金属材料摆锤冲击试验结果应采用正确的方法予以评定，以判定材料的韧性优劣。目前比较常用的评定方法有冲击吸收功、侧面膨胀量、试样断口平面的剪切断面率等。

a. 材料的冲击吸收功。材料的冲击吸收功可以从冲击试验机表盘上直接读出。可最直观地评价材料的冲击韧性是否符合要求。冲击吸收功越大，说明塑性越好。

b. 侧面膨胀量（LE）。冲击试样被冲断时的侧面膨胀量，即试样断口处宽度的增加量，也是评定金属材料冲击韧性好坏的一项指标。实质上，其是表征材料抵抗三轴应力破坏的能力。冲击试样开口处的变形是压缩变形，不易测量，可使用开口相对侧面的膨胀量代表压缩量。实际测量时，取两侧最大膨胀值表示。如图 7-43 所示，当 $A_1 > A_2$，$A_3 > A_4$ 时，$LE = A_1 + A_3$；当 $A_1 > A_2$，$A_3 = A_4$ 时，$LE = A_1 + $（$A_3$ 或 A_4），LE 即为侧面膨胀量，单位为 mm。LE 值越大表征材料韧性越好。

c. 剪切断面率。冲击试样断口的剪切断面率，也常用来评定金属材料韧性的好坏。

大多数冲击断口形貌都是由剪切（纤维）断裂和解理（晶状）断裂的混合状态组成的。前者有时也称韧性断口，后者有时也称脆性断口，见图 7-44。实际评定时是先测量出 A 和 B 的尺寸，再用表 7-43 确定剪切断面率，剪切断面率越高，表征材料韧性越好。

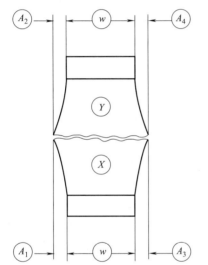

图 7-43 夏比冲击试样断后两截试样的侧膨胀值
A_1、A_2、A_3、A_4 和原始宽度 w

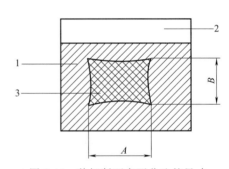

图 7-44 剪切断面率百分比的尺寸
1—剪切面积；2—缺口；3—解理面积
注：测量 A 和 B 的平均尺寸应精确至 0.5mm。

表 7-43 剪切断面率百分比   ％

B/mm	A/mm																		
	1.0	1.5	2.0	2.5	3.0	3.5	4.0	4.5	5.0	5.5	6.0	6.5	7.0	7.5	8.0	8.5	9.0	9.5	10
1.0	99	98	98	97	96	96	95	94	94	93	92	92	91	91	90	89	89	88	88
1.5	98	97	96	95	94	93	92	92	91	90	89	88	87	86	85	84	83	82	81
2.0	98	96	95	94	92	91	90	89	88	86	85	84	82	81	80	79	77	76	75
2.5	97	95	94	92	91	89	88	86	84	83	81	80	78	77	75	73	72	70	69
3.0	96	94	92	91	89	87	85	83	81	79	77	76	74	72	70	68	66	64	62
3.5	96	93	91	89	87	85	82	80	78	76	74	72	69	67	65	63	61	58	56
4.0	95	92	90	88	85	82	80	77	75	72	70	67	65	62	60	57	55	52	50
4.5	94	92	89	86	83	80	77	75	72	69	66	63	61	58	55	52	49	46	44
5.0	94	91	88	85	81	78	75	72	69	66	62	59	56	53	50	47	44	41	37
5.5	93	90	86	83	79	76	72	69	66	62	59	55	52	48	45	42	38	35	31
6.0	92	89	85	81	77	74	70	65	62	59	55	51	47	44	40	36	33	29	25
6.5	92	88	84	80	76	72	67	63	59	55	51	47	43	39	35	31	27	23	19
7.0	91	87	82	78	74	69	55	61	56	52	47	43	39	34	30	26	21	17	12
7.5	91	86	81	77	72	67	62	58	53	48	44	39	34	30	25	20	16	11	6
8.0	90	85	80	75	70	65	60	55	50	45	40	35	30	25	20	15	10	5	0

注：当 A 或 B 是零时，为 100％剪切外观。

⑥ 材料冲击吸收功的标志。金属材料进行冲击试验时，对所测值冲击吸收功的标志很重要，不同国家、不同标准有不同的标志方法。

a. 美标常用的标志方法。美标中冲击吸收功的标志方法主要体现在 ASTM 或 ASME 标准中。

如 CV：表示夏比冲击试验（charpy impact test），V 形缺口试样。因其标准中指定采用缺口深度为 2mm 的试样，标志后不再标注其他数字或符号。

CU_5：表示夏比冲击试验，U 形口试样，在 E23-02a 标准中，规定 U 形口的深度为 5mm，所以在 CU 后标注数字 5。但，因为该标准中 U 形缺口只有 5mm 深一个规格，有时也可能会省略 CU 后的数字 5。

在美标中，确定的摆锤刀刃半径统一为 8mm，所以在标志中都不作表示。

b. 欧标常用的标志方法。欧标中冲击吸收功的标志方法主要体现在 RCC-M 标准及其引用的 EN 10045-1 标准中。

如 KV：表示采用 V 形缺口试样测定的冲击吸收功（用 K 表示）。该标准规定 V 形口深度只有 2mm 一种规格，所以 KV 后不再加注数字或字母。

$KU5$：表示采用深度为 5mm 的 U 形缺口试样测定的冲击吸收功（用 K 表示）。该标准规定 U 形口深度只有 5mm 一种规格，有时在 KU 后可能省略数字 5。

在欧标中，确定的摆锤刀刃半径统一为 2mm。所以，在标志中都不作表示。

c. 我国曾采用过的标志方法。过去很长一个时期，我国标准中对冲击吸收功的标志采用苏联的标志方法，以 A_k 表示冲击吸收功。

如 A_{kV2}：表示采用缺口深度为 2mm 的 V 形缺口试样测定的冲击吸收功。通常在 A_{kV} 后不标注数字 2。

A_{kU5}：表示采用缺口深度为 5mm 的 U 形缺口试样测定的冲击吸收功。此时，A_{kU} 后必须标注数字 5，以明确采用的是缺口深度为 5mm 的试样。

在标准中，只采用刀刃为 2mm 的摆锤冲击试样。

d. 我国现标准采用的标志方法。2007 年后的新标准中，对冲击吸收功的标志作了修改。

在新标准中，规定采用刀刃半径为 2mm 和 8mm 两种规格的摆锤，而冲击试样仍为 2mm 缺口深度的 V 形缺试样和 2mm 及 5mm 缺口深度的 U 形冲击试样。对冲击吸收功的标志采用 K 表示，后注 V 形缺口或 U 形缺口，KV 和 KU 后的数字表示采用的摆锤刀刃半径情况。

如 KV_2：表示采用刀刃半径为 2mm 的冲击摆锤、对 V 形缺口试样测定的冲击吸收功。这时，还应理解缺口深度为 2mm（在标志中不另标注）。

KU_8：表示采用刀刃半径为 8mm 的冲击摆锤，对 U 形缺口试样测定的冲击吸收功。这时，还应理解缺口深度为 2mm（在标志中不另标注）。

无论采用何种半径刀刃的摆锤，当采用缺口深度为 5mm 的 U 形试样时，都应在报告中以文字加以说明。

e. 冲击韧度 a_k。在过去很长一个时期，用来表征金属材料韧性的还有一个指标，即冲击韧度 a_k。冲击韧度与冲击吸收功不同，冲击吸收功是试样被冲断时所吸收的能量，有确切的物理意义，而冲击韧度是用冲击吸收功除以冲击试样缺口处的横截面积，是表征试样断口处单位面积上的平均值，单位是 J/cm^2。所以，冲击韧度 a_k 没有明确的物理意义。在实际标志时，也应标注采用的缺口形状和深度，如 a_{kU2} 等。目前，已不提倡再用冲击韧度 a_k

表征材料的冲击韧性。

金属材料的冲击韧性试验是一项很重要的力学性能试验，冲击吸收功是设计选材时一个很被重视的指标，同时，也是评定金属材料韧性好坏，是否满足技术要求的重要判据。采用不同标准、选择不同刀刃半径的摆锤、使用不同形状的缺口、不同缺口深度的冲击试样，都对所测冲击吸收功值有很大影响。所以，在评价材料冲击吸收功值时，一定要弄清其采用何种标准、使用的是多大半径刀刃的摆锤、采用的是哪一缺口形状以及缺口深度是多少等条件，以防误判。

7.6 高温冲击试验和低温冲击试验

金属材料的冲击韧性随温度变化而改变。通常的情况是随温度升高而提高，随温度下降而下降。

金属材料的高温冲击试验是指在 35℃ 以上的温度条件下的冲击试验。具体的试验温度应根据产品需要和材料的具体情况确定。高温冲击试验主要用于对高温金属材料的质量控制和评价。高温冲击试验也常用来检验某些钢材的高温脆化倾向，如某些材料在 500℃ 左右时出现的蓝脆；在 $A_{c1} \sim A_{c3}$ 温度下 α 相与 α' 相共存区间产生的重结晶脆；某些钢中当含硫量较高时，由于高温态在晶界上产生共晶体而产生的红脆等，都可用高温冲击试验来检验和评定。

金属材料的低温冲击试验是指在室温以下的冲击试验，通常是在 0℃ 以下直至 −196℃ 低温区间的冲击试验。具体试验温度的确定应根据产品需要和材料特征来考虑。低温冲击试验主要用来评定金属材料由于温度降低而产生的脆化倾向，也用来确定材料的韧性向脆性转变的温度点即韧脆转变温度。

金属材料的高温冲击试验和低温冲击试验使用的基本设备都是摆锤式冲击试验机，只不过是在进行高温冲击试验时，应配备对冲击试样加热用的加热装置，在 200℃ 以下的加热可采用液体加热介质，在 200℃ 以上加热应采用电阻加热炉加热。冲击试样应在规定加热温度至少保持 20min，为防止试样从加热装置转送到冲击试验机期间降温，可依据加热温度确定一个加热过热度，即过热补偿，见表 7-44。同样道理，在进行低温冲击试验时应配备冷却装置。在 0℃ 进行试验时，可采用水和干冰混合物冷却，在更低的温度下试验时，可依据所需温度不同，分别采用液氮、液氨等。为防止冲击试样从冷却装置转送到冲击试验机期间升温，可依据冷却温度确定一个过冷度，即过冷补偿，见表 7-45。图 7-45 是低温冷却箱。

表 7-44 过热温度补偿值

试验温度/℃	过热温度补偿值/℃	试验温度/℃	过热温度补偿值/℃	试验温度/℃	过热温度补偿值/℃
35～<200	1～<5	500～<600	15～<20	800～<900	30～<40
200～<400	5～<10	600～<700	20～<25	900～<1000	40～<50
400～<500	10～<15	700～<800	25～<30	—	—

表 7-45 过冷温度补偿值

试验温度/℃	过冷温度补偿值/℃	试验温度/℃	过冷温度补偿值/℃	试验温度/℃	过冷温度补偿值/℃
−192～<−100	3～<4	−100～<−60	2～<3	−60～<0	1～<2

图 7-45　低温冷却箱

金属材料高温冲击试验和低温冲击试验结果，即冲击吸收功的标志方法与室温冲击试验相同，但必须注明试验温度。

高温冲击试验和低温冲击试验对试验设备的要求、试样取样位置、方法、试样形状、尺寸、加工等相关规定见 7.4 节相关部分。

7.7　金属材料的磨损试验

7.7.1　典型的磨损试验机

机械产品部件由于摩擦磨损失效的有很多，失效种类也不相同。就机械零件而言，有滚动轴承、滑动轴承的疲劳磨损；导轴承、密封环、口环的黏着磨损、叶轮、过流部件在不同环境条件下的空蚀磨损、颗粒磨损、腐蚀磨损；紧固件的微动磨损、黏着磨损等。

不同形式的磨损有不同的试验评价方法。通常这类试验最好在尽可能接近零件实际工作条件下进行，必要时还应进行台架试验。

常见的磨损试验机有如下几种：

① 滚子式磨损试验机如图 7-46 所示，可进行滚动摩擦、滑动摩擦、滚动与滑动复合摩擦、接触疲劳等磨损试验。

② 切入式磨损试验机如图 7-47 所示。其是通过固定的上试样和圆盘转动的下试样的相互摩擦、磨损，采用测量上试样的切入磨痕，计算体积磨损量，表征和评定材料耐磨损情况。

③ 旋转圆盘-销式磨损试验机如图 7-48 所示。上试样销子固定，下试样圆盘旋转，可实现高速磨损试验，适用于高温磨损试验。

④ 往复式磨损试验机如图 7-49 所示。其通过上下两试样的往复运动进行摩擦磨损试验，尤其适用于摩擦副的磨损试验。

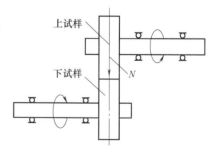

图 7-46　滚子式磨损试验机

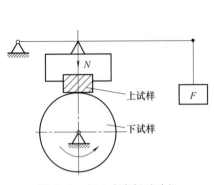

图 7-47　切入式磨损试验机

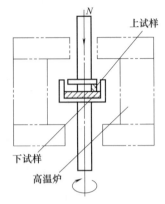

图 7-48　旋转圆盘-销式磨损试验机

⑤ 接触疲劳试验机如图 7-50 所示。其试验时是将圆形试样置于两个滚子之间，其中一个滚子转动对试样进行磨损试验。这主要用于对材料进行接触疲劳试验。

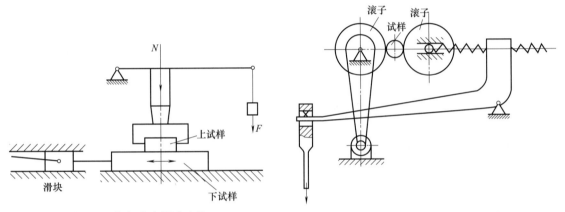

图 7-49　往复式磨损试验机

图 7-50　ZYS-6 型接触疲劳试验机

⑥ 湿式磨料磨损试验机如图 7-51 所示。试验时将试件安装在旋转体周围并随其转动，试验机腔内盛有砂与水的混合物，可对试件进行湿磨料磨损试验。

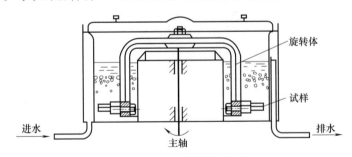

图 7-51　湿式磨料磨损试验机

⑦ 料浆罐式冲蚀腐蚀试验机如图 7-52 所示。料浆罐式冲蚀试验机可以模拟水轮机叶片和水泵叶轮的工况进行试验，可以对材料受到介质腐蚀和固体粒子冲击以及两者的交互作用加速磨损流失量作出测定。这种试验对于评定材料在腐蚀磨损条件下的抵抗能力有重要意义，可用于设计选材和对材料的耐磨试验。

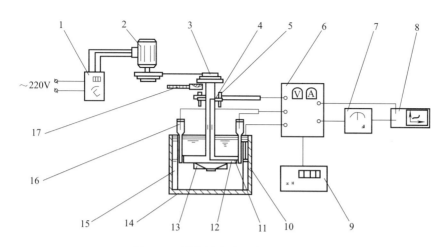

图 7-52 料浆罐式冲蚀腐蚀试验机

1—调频变速器；2—交流电机；3—塔轮；4—铜环；5—炭刷；6—恒电位仪；7—对数转换仪；8—记录仪；
9—信号发生器；10—辅助电极；11—试样；12—弹簧-铜柱；13—搅拌叶轮；14—贮液槽；15—挡板；
16—盐桥-参比电极；17—光电测速表

7.7.2 磨损结果的测定及表示方法

金属材料的磨损试验结果的测量评定方法主要有测长法（测量试验前后，磨损表面法向尺寸的变化）、称重法（测量磨损试验前后试样重量的变化）、人工测量基准法（测量对于所设基准的变化情况）、化学分析法（测量磨损产物量或磨损产物的组成）等。

对磨损量的表示方法主要有：

① 线磨损——试验前试样尺寸减去试验后试样尺寸即磨损尺寸。

② 质量磨损——原始试样质量减去磨损后质量的差值。

③ 体积磨损——磨损失重/密度。

④ 磨损率——磨损量/摩擦路程或磨损量/摩擦时间。

⑤ 磨损系数——试验材料的磨损量/对比材料的磨损量。

⑥ 相对耐磨性——磨损系数的倒数。

具体采用哪种磨损试验应依实际情况确定。

7.8 力学性能的其他试验方法

7.8.1 疲劳试验

机械零部件大多承受循环载荷，其失效多属于疲劳破坏。所以金属材料的疲劳试验对于机械设计具有重要意义。

疲劳试验是用一组试样、模型或全尺寸零部件在循环载荷作用下进行试验，提供该条件下的疲劳试验数据。

疲劳试验种类及方法有很多，按失效循环数的多少可分为高周疲劳试验和低周疲劳试验；按加载方式可分为拉压疲劳试验、旋转弯曲疲劳试验、平面弯曲疲劳试验、扭转疲劳试验和复合应力疲劳试验；按载荷和环境可分为室温疲劳试验、高温疲劳试验、低温疲劳试验、热疲劳试验、腐蚀疲劳试验、接触疲劳试验和冲击疲劳试验；按试样有无预制裂纹可分为常规疲劳试验和疲劳裂纹扩展试验等。

对应于不同类型的疲劳试验，常采用的试验设备有旋转弯曲疲劳试验机、轴向加载疲劳试验机、扭转疲劳试验机、复合应力疲劳试验机等。疲劳试验用试件应按相应标准和使用设备条件而定。

机械工程最常用的是旋转弯曲疲劳试验。最常用的表明零件或材料疲劳抗力性质的方法是疲劳曲线，即所加应力与断裂前循环周次（疲劳寿命）之间的关系曲线。材料的疲劳极限 σ_{-1} 与抗拉强度 R_m 之间有较好的相关性。

7.8.2 压缩试验

金属压缩试验是测定金属在压应力作用下抗变形和抗破坏能力的试验。压缩试验是拉伸试验的反向加载试验。因此，拉伸试验时所定义的各种性能指标和相应的计算公式对压缩试验都保持相同的形式。所不同的是压缩试样的变形不是伸长而是缩短，横截面积不是缩小而是增大。对于塑性材料，在压缩试验时的试样可以压得很扁但仍然达不到破坏的程度，所以对塑性材料很少采用压缩试验。对于脆性材料或低塑性材料，在力学性能试验不能较好地显示塑性时，采用压缩试验有可能使它们转为韧性状态（因为在压缩试验时应力状态较软，即最大切应力与最大正应力的比值较大）。所以，压缩试验适用于脆性材料和低塑性材料，如铸铁、铸造铝合金等。

压缩试验过程与拉伸试验相似，可以用压缩力和变形之间的关系曲线，即压缩曲线表示，并由压缩曲线求出各种压缩性能指标，如抗压强度 R_{mc}、上压缩屈服强度 R_{eHc}、下压缩屈服强度 R_{eLc} 等（见 GB/T 7314《金属压缩试验方法》）。

7.8.3 静扭转试验

金属材料的扭转试验是测试金属在切应力作用下的力学性能的试验方法。对于承受剪切扭转的机械零件如车轴、钻杆等具有实际意义。

扭转试验时，应力状态较软（最大切应力与最大正应力的比值较大）。所以，在拉伸试验中表现为脆性的材料有可能处于韧性状态，从而可以进行各种力学性能指标的测定和比较。扭转试验通常用圆柱形试样进行，测定出扭矩 M 和扭角 φ 的关系曲线，并依据这个关系曲线求出扭转性能指标、抗扭强度 τ_b、条件扭转屈服强度 $\tau_{0.3}$、剪切模量 G 等（见 GB/T 10128《金属室温扭转试验方法》）。

7.8.4 剪切试验

金属材料的剪切试验是测定材料在剪切力作用下的抗力性能的试验方法。对承受剪切载荷的零件和材料，如铆钉、销钉、紧固螺栓等有实际意义。零件受剪切力作用的变形特点是：作用零件两侧面上的横向外力的合力大小相等而方向相反，作用线相距很近，使受剪面发生错动。实际上受剪面的应力状态比较复杂，除受剪切应力外，还受挤压应力和弯曲应力。金属材料的剪切试验分单剪试验和双剪试验。剪切试验后，根据试样剪断时的最大载荷和试样的原始截面积计算出材料的抗剪强度 τ（见 GB/T 13683《销　剪切试验方法》）。

7.8.5 落锤试验和动态撕裂试验

常规的冲击试验结果只能表明金属材料脆性倾向大小，不能代表结构或机件实际韧脆状态和实际韧脆转变温度。落锤试验（DWT）和动态撕裂试验（DT）的试验结果能够反映金属实际结构的冷脆转变行为，获得材料的冷脆转变温度。这种试验可以用于金属构件冷脆转变性质的评定，比冲击试验更具有实际意义。

落锤试验是确定材料无塑性转变温度（NDT）的一种特殊冲击试验方法。落锤试验是以具有一定的冲击能量（根据试验材料、试样类型、试验条件确定）的重锤冲击按标准制成的试样，试验时，调整试验温度（根据经验确定首次试验温度，之后以 5℃ 的规律调整），最后根据试验结果确定 NDT 温度（详见 GB/T 6803《铁素体钢的无塑性转变温度落锤试验方法》）。

金属动态撕裂试验是按标准制作的试样，在不同温度下用冲击试验机一次冲断，记录不同温度下一次性冲断试样的冲击能量并制成曲线，依曲线确定出韧脆转变温度（见 GB/T 5482《金属材料动态撕裂试验方法》）。

7.8.6 断裂韧度试验

根据断裂力学观点，机件在低应力状态下产生脆断的主要原因是内部存在类裂纹缺陷（材料冶炼和机件加工过程中产生的缺陷，如孔洞、夹杂、缩松、气孔、微裂纹等），在一定力学条件下，这些类裂纹缺陷将发展、扩大并导致机件断裂。断裂力学就是解决含有类裂纹缺陷的机件受载时的合理力学参量，以及裂纹体断裂时力学参量达到的一个临界值，即裂纹体断裂的判据。这种表明含有类裂纹的机件或材料抵抗断裂能力的性能指标称为断裂韧度，常用 K_{IC}（平面断裂韧度指标）、J_{IC}（弹性断裂韧度指标）表示。

金属材料的断裂韧度试验是将试件预制成一个裂纹体，在专用试验机上加载试验直至试样断裂。在从施加载荷到试件断裂的全过程记录施加载荷（F）和试件预裂纹嘴张开位移（V），并通过 F-V 曲线确定 K_{IC} 值（见 GB/T 7732《金属材料　表面裂纹拉伸试样断裂韧度试验方法》）。采用类似原理和方法，也可通过试验确定 J_{IC} 值。

7.8.7 高温强度试验

金属材料的高温强度试验主要指长时高温强度试验，主要包括高温蠕变试验、高温持久强度试验、高温应力松弛试验。短时高温力学性能试验在高温拉伸试验和高温冲击试验中已有说明。

金属材料的高温蠕变试验、高温持久强度试验和高温应力松弛试验都是与温度和时间相关的试验。

金属材料的蠕变试验是测定材料在给定温度和应力下抗蠕变能力的一种试验方法。试验时，在规定的温度下，给定恒定应力之后，测定试样随时间变化的轴向伸长，绘制出变形量—时间的关系曲线，即蠕变曲线，根据蠕变曲线确定蠕变速度。材料的蠕变速度就是单位时间内单位长度的变形量，以％/h 表示计量单位。在一定温度下，总蠕变变形量达到规定值时的应力叫蠕变极限（蠕变强度）。蠕变极限也是根据蠕变曲线确定的。蠕变极限常有两种表示方法，一种是以在确定温度下所规定的变形速度表示，如 $\sigma_{1\times10^{-5}}^{580} = 50\text{MPa}$ 表示在580℃ 条件下变形速度为 1×10^{-5}％/h 时应力值为 50MPa；另一种是以在确定温度下、在规定持续时间条件下的规定变形量表示，如 $\sigma_{1/10^5}^{580}=50\text{MPa}$ 表示在 580℃ 条件下，在持续时间为 100000h 时的变形量为 1‰ 时的应力值为 50MPa。

高温持久强度试验是在规定温度及恒定载荷作用下测定试样断裂持续时间的试验。通过试验求出材料的持久强度极限，即在规定温度下，材料达到规定时间而不致断裂的最大应力，以温度和时间表示。如 $\sigma_{10^5}^{600}=80\text{MPa}$ 表示试验温度为 600℃，持续时间为 100000h 条件下的持久强度为 80MPa。

高温应力松弛试验根据试样受力不同分拉伸松弛试验、压缩松弛试验，弯曲松弛试验等。所谓松弛是指零件或材料在高温下，总形变不变而所加应力随时间增长自发下降的现象。金属材料高温松弛现象实质是由金属高温蠕变引起的。试验是在专门设计的松弛试验机上进行的，试验时，记录制作试样应力随时间变化的关系曲线，即松弛曲线，根据松弛曲线评定金属材料抗应力松弛性能-材料的松弛稳定性（见 GB/T 2039《金属材料 单轴拉伸蠕变 试验方法》，GB/T 10120《金属材料 拉伸应力松弛试验方法》）。

Ⅲ 工艺性能试验

金属材料的工艺性能是指材料在成形加工过程中对工艺方法的适应能力，如铸造时的铸造性能、锻造时的锻造性能、轧制时的轧制性能，也包括型材（棒材、板材、管材、丝材）在形成最终零部件或产品过程中承受工艺变形的能力，如弯曲性能、顶锻性能、扩口或压扁性能、缠绕性能等，还包括焊接性能、热处理性能。

对于不同工艺性能都有相应的工艺性能试验方法和验收标准。作为金属材料的使用方，更多关注的是型材的工艺性能，如板材的弯曲试验、丝材的扭转试验、反复弯曲试验、缠绕试验、管材的液压试验、扩口试验、压扁试验、弯曲试验、卷边试验等。

在机械产品材料中，高温高压用金属管材的扩口试验和压扁试验是最常用的管材质量验收方法之一。

7.9 金属管的扩口试验和压扁试验

金属管材是常用材料之一，特别是高温高压用泵的管材需要严格的质量检验和质量控制。对金属管材的质量控制除常规的成分检验、力学性能检验和无损检验外，还应进行必要的工艺性试验，如扩口试验、压扁试验、液压试验、弯曲试验、卷边试验等。其中扩口试验和压扁试验是较重要和常用的试验方法。

7.9.1 金属管的扩口试验

金属管的扩口试验主要考核金属管材的变形能力和可能存在的质量缺陷。扩口试验适用于外径不超过 150mm（有色金属管不超过 100mm）、壁厚不超过 10mm 的圆形横截面金属管。

（1）原理

金属管材因具有一定的塑性，故用圆锥形顶芯从试样一端顶入，扩大管口外径达到标准规定的尺寸，见图 7-53。

图中：a——管壁厚度（mm）；

D——金属管的原始外径（mm）；

D_u——试验后金属管的最大外径（mm）；

L——试验前金属管的长度（mm）；

β——顶芯角度。

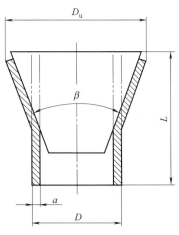

图 7-53 扩口试验示意图

（2）试验设备要求

金属管扩口试验顶入圆锥形顶芯时，可用压力机或万能试验机。使用的圆锥顶芯应具有相关标准规定的角度 β，通常有 30°、45°、60°。圆锥顶芯的工作表面应磨光并具有足够硬度。

（3）试样

试验用的试样管段应从外观检验合格的金属管材任何部位切取，切取试样时，应采取适当方式，防止方法不当影响管样性能。试样两端面应垂直于管的轴线。管样长度取决于圆锥顶芯的角度 β，当顶芯角度等于或小于 30°时，试样的长度应近似于管外径的 2 倍；顶芯角度大于 30°时，试样的长度应接近于管外径的 1.5 倍。如果采用焊接管，可先去除管四壁焊缝处的焊缝高度。圆锥顶芯角度根据技术条件确定。

（4）试验要点

试验通常允许在 10～35℃室温条件下进行，如有严格的试验温度要求，可在 23℃±5℃范围内进行。

向管端压入锥芯时，应用力平稳，垂直压入试样一端直至达到技术条件要求的外径尺寸。扩口期间，圆锥顶芯轴线应始终保持与试样轴线一致。试样及圆锥外圆面不应受任何束缚。当试验焊接管时，允许用略带凹槽的顶芯，以适应管内壁焊缝金属高度。

（5）试验结果评定

金属管扩口试验结果通常以扩口率表示。

扩口率
$$X_d(\%) = \frac{D_u - D}{D} \times 100 \tag{7-9}$$

式中 X_d——扩口率，%；

D——扩口前管外径；

D_u——扩口后管锥形口的最大外径。

管扩口率应符合技术标准要求，并且在扩口部位应无肉眼可见裂纹（如在试样棱角处出现轻微裂纹可考虑不报废）。对于金属管扩口试验的评定也有用管内径扩大率表示的（详见 GB/T 242《金属管 扩口试验方法》）。

7.9.2 金属管的压扁试验

金属管的压扁试验也是评定金属管塑性变形能力和显示缺陷的一种试验方法。压扁试验适用于外径不超过 600mm、壁厚不超过外径 15％的金属管。

（1）原理

金属都具有一定的塑性，当对于规定长度的金属管试样在垂直于轴线方向施加平行压力时，金属管将被压扁，压扁至上下两压板之间的距离达到技术标准规定的尺寸时，金属管无裂纹，见图 7-54（a）、（b）；有要求时，也可进行闭合压扁试验，这时试样内表面接触的宽度应至少为标准试样压扁后其内宽度的 1/2，见图 7-54（c）。

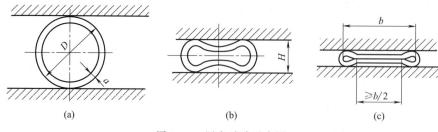

图 7-54　压扁试验示意图

图中：a——管壁厚度（mm）；

b——压扁后试样的内宽度（mm）；

D——金属管外径（mm）；

H——力作用下两压板之间的距离（mm）。

（2）试验设备要求

压扁可采用压力试验机，对放于管试样上下两块平行压板施加压力时应平稳，直至将试样压扁到规定的距离。采用的压板应有一定的刚度，压板的宽度应超过压扁后试样的宽度（约为管外径的 1.6 倍）。压板长度应不小于试样的长度。

（3）试样

采用管试样长度不应小于 10mm，但也不宜超过 100mm。试样可从管材长度方向任何部位切取。如果在一根全长度管管端进行试验，应在从管端面起到试样长度处位置，在垂直于管纵轴方向开一切口，切口切割深度至少达到管外径的 80%。切取试样时应防止损伤试样表面或改变金属管的性能。

（4）试验要点

压扁试验通常允许在 15～35℃室温下进行，当有严格温度要求时，可在 23℃±5℃范围内进行。试样压扁时，压板移动速度通常不应超过 25mm/min。试验焊接管时，焊缝位置应在标准中规定，如无规定，焊缝应位于与施力方向成 90°的位置。

（5）试验结果评定

试样压扁到规定的距离后卸除负荷，取下试样。按照相关标准要求评定试验结果。如无明确规定，试样无肉眼可见裂纹为合格。仅在试样棱边处出现轻微裂纹不应判废。详见 GB/T 246《金属材料　管　压扁试验方法》。

Ⅳ　腐蚀试验

因为使用条件的特殊性，可能要求采用抵抗腐蚀的材料，所以，腐蚀试验是某些机械产品使用材料的检验和验收的重要方法之一。

不同的金属材料在同一介质中可能产生不同类型的腐蚀，同一金属材料在不同的介质中也可能产生不同类型的腐蚀，而且在许多情况下，产生的不只是一种类型的腐蚀，可能同时产生几种类型的腐蚀，只不过是轻重程度不同而已。

作为材料的使用方、采用的腐蚀试验多半是在试验室条件下进行的，而试验室进行的腐蚀试验又都是加速腐蚀试验，即试验条件要比实际使用工况条件产生的腐蚀苛刻得多，目的是在较短的时间内确定腐蚀结果。为设计选材和材料验收提供根据。

腐蚀试验方法有很多，如大气腐蚀试验，土壤腐蚀试验，海水腐蚀试验，试验室条件下进行的均匀（全面）腐蚀试验、晶间腐蚀试验，不锈钢三氯化铁点腐蚀试验，不锈钢三氯化铁缝隙腐蚀试验，盐雾腐蚀试验，应力腐蚀试验，电偶腐蚀试验，冲刷腐蚀试验，空泡腐蚀试验等。

其中，试验室条件下的均匀（全面）腐蚀试验、不锈钢晶间腐蚀试验、不锈钢三氯化铁点腐蚀试验是材料验收最常见的腐蚀试验。

7.10 均匀（全面）腐蚀试验

金属材料在腐蚀介质中，甚至在大气或水中都会产生均匀腐蚀，均匀腐蚀试验方法即是考核材料在介质中产生均匀腐蚀状况的评价方法。属于这类的试验方法有 GB/T 4334.6《不锈钢5%硫酸腐蚀试验方法》；JB/T 7901《金属材料实验室均匀腐蚀全浸试验方法》；GB/T 5776《金属和合金的腐蚀　金属和合金在表层海水中暴露和评定的导则》等。

（1）腐蚀介质

均匀（全面）腐蚀的腐蚀介质可根据要求选择确定。

（2）试样

通常要求试样表面大于 $10cm^2$，且与锻造或轧制方向垂直的面积不大于试样总面积的一半。一般推荐的板状试样尺寸为长 50mm×宽 25mm×厚（2～5）mm；圆形试样尺寸为 ϕ30mm×（2～5）mm。

试样应采取合适的方法截取，不要影响试样的组织和性能。试样表面最好进行磨光。

试样的热处理状态可根据具体情况确定。

（3）试验要点

试验温度根据要求确定。

试验溶液量按试样总表面考虑，原则上 $1cm^2$ 表面积不小于 20mL。

试样表面积计算应精确到 1%；称重精度不大于 0.5mg。

试验时间的确定可根据预测的材料腐蚀速率确定，可参见表 7-46。

表 7-46　试验时间的选择

估算或预测[①]的腐蚀速率 / (mm/a)	试验时间 /h	更换溶液与否
>1.0	24～72	不更换
1.0～0.1	72～168	不更换
0.1～0.01	168～336	约7天更换1次
<0.01	336～720	约7天更换1次

① 预测试验时间为24h，溶液量为 $20mL/cm^2$。

（4）试验结果评定

全面腐蚀试验结果可用年腐蚀深度或单位时间、单位面积腐蚀失重评定。

年腐蚀深度：

$$R = \frac{8.76 \times 10^7 (M_{前} - M_{后})}{STD} \quad (7-10)$$

式中　R——腐蚀速率，mm/a；

$M_{前}$——试样腐蚀前质量，g；

$M_{后}$——试样腐蚀后质量，g；

S——试样总表面积，cm^2；

T——试验时间，h；

D——材料密度，kg/m^3。

腐蚀失重：

$$腐蚀速率 = \frac{M_前 - M_后}{St} \tag{7-11}$$

式中 $M_前$——试验前试样质量，g；

$M_后$——试验后试样质量，g；

S——试样总表面积，m^2；

t——试验时间，h；

腐蚀速率单位为 $g/(m^2 \cdot h)$。

金属材料均匀（全面）腐蚀试验方法详见 JB/T 7901《金属材料实验室均匀腐蚀全浸试验方法》；GB/T 4334.6《不锈钢 5%硫酸腐蚀试验方法》。

金属均匀（全面）腐蚀试验结果，按年腐蚀深度评定有三级标准和十级标准，分别见表 7-47 和表 7-48。

表 7-47 金属耐蚀性三级标准

耐蚀性类别	腐蚀速率/(mm/a)	等级
Ⅰ 耐蚀	<0.1	1
Ⅱ 可用	≥0.1~1.0	2
Ⅲ 不可用	>1.0	3

表 7-48 金属耐蚀性十级标准

耐蚀性类别	腐蚀速率/(mm/a)	等级	耐蚀性类别	腐蚀速率/(mm/a)	等级
Ⅰ 完全耐蚀	<0.001	1	Ⅳ 尚耐蚀	>0.1~0.5	6
Ⅱ 很耐蚀	≥0.001~0.005	2		>0.5~1.0	7
	>0.005~0.01	3	Ⅴ 欠耐蚀	>1.0~5.0	8
Ⅲ 耐蚀	>0.01~0.05	4		>5.0~10.0	9
	>0.05~0.1	5	Ⅵ 不耐蚀	>10.0	10

7.11 不锈钢的晶间腐蚀试验

不锈钢的晶间腐蚀试验方法是考核和检验不锈钢在引起晶间腐蚀介质中，在试验条件下能否产生晶间腐蚀倾向性的试验。这是一种比实际工况更容易产生晶间腐蚀的实验室加速腐蚀试验方法。

根据腐蚀介质种类、腐蚀试验特性和适用范围不同，不锈钢晶间腐蚀试验常见的有以下五种方法。

方法 A——不锈钢 10%草酸电解浸蚀试验方法。

草酸电解浸蚀试验法是检验奥氏体不锈钢晶间腐蚀的筛选试验方法。这种方法能腐蚀各种碳化物，可测定因碳化铬析出造成贫铬引起的晶间腐蚀倾向，但不适合测定因 σ 相析出所引起的晶间腐蚀倾向。过去习惯称 C 法。

（1）腐蚀介质

将 100g 草酸（$C_2H_2O_4$）溶解于 900mL 蒸馏水或去离子水中，配制成 10%草酸溶液。对含钼的奥氏体不锈钢，为更好地显示晶界形态组织，可用 10%过硫酸铵 $\left[(NH_4)_2S_2O_8\right]$

溶液代替 10％草酸溶液。

（2）试样

试样的选取应能代表钢种、批号、规格、热处理状态。取样方法以不影响检验效果为原则，试样被检验表面应进行抛光。试样规格尺寸应以方便金相组织检验为原则。

对于含碳量小于 0.03％的超低碳钢种和含稳定化元素钛、铌的奥氏体不锈钢试样应先进行敏化处理，敏化温度为 650℃，保温 2h（铸件保温 1h），空冷。

（3）试验要点

采用奥氏体不锈钢或其他可盛装腐蚀介质溶液的材料制成的试验盛具，装入试验介质，以试样为阳极，以不锈钢杯或另加的不锈钢片为阴极，接通直流电源、电路，设定电流密度为 $1A/cm^2$，浸蚀时间为 90s（采用过硫酸铵溶液时，浸蚀时间为 5～10min），介质温度可为 20～50℃。

将浸蚀后的试样，用流水洗净、干燥，在 200～500 倍率的金相显微镜下观察试样组织。

（4）试验结果评定

根据金相组织观察，确定晶界形态和凹坑形态类别，见表 7-49 和表 7-50（各形态组织图略）。

表 7-49　晶界形态的分类

类别	名　　称	组　织　特　征
一类	阶梯组织	晶界无腐蚀沟，晶粒间呈台阶状
二类	混合组织	晶界有腐蚀沟，但没有一个晶粒被腐蚀沟包围
三类	沟状组织	晶界有腐蚀沟，个别或全部晶粒被腐蚀沟包围
四类	游离铁素体组织	铸钢件及焊接接头晶界无腐蚀沟，铁素体被显现
五类	连续沟状组织	铸钢件及焊接接头沟状组织很深，并形成连续沟状组织

表 7-50　凹坑形态的分类

类别	名　　称	组　织　特　征
六类	凹坑组织 I	浅凹坑多、深凹坑少的组织
七类	凹坑组织 II	浅凹坑少、深凹坑多的组织

方法 B——不锈钢硫酸-硫酸铁腐蚀试验方法。

本试验方法的试验条件，对于不锈钢来说相当于接近过钝态的钝化状态，可检测出与碳化铬析出有关的晶间腐蚀倾向，也可检测出存在可见 σ 相有关的晶间腐蚀敏感性，但不能检测出含钼奥氏体不锈钢中与亚显微 σ 相有关的晶间腐蚀敏感性。

（1）腐蚀介质

将硫酸（H_2SO_4）用蒸馏水或去离子水配制成 50％（质量分数）的硫酸溶液，然后取该溶液 600mL 加入 25g 硫酸铁 $[Fe_2(SO_4)_3]$（硫酸铁含量为 21.0％～23.0％优级纯）加热溶解配制成试验溶液。

（2）试样

每次试样应从同一批次、同一热处理炉次、同一规格钢材中选取。试样尺寸、数量、取样方法见表 7-51。

为保证试验结果准确，测量试样的尺寸、计算试样的表面积应取三位有效数字，试样的称重应精确到 1mg。

表 7-51 试样尺寸及制备

类　别	规格/mm	试样尺寸/mm 长	试样尺寸/mm 宽	试样尺寸/mm 厚	试样数量/个		说　明
钢板、带（扁钢）	厚度<4	30	20		2		沿轧制方向取样
钢板、带（扁钢）	厚度≥4	30	20	3～4	2		沿轧制方向取样，一个试样从一面加工到试样厚度，另一个试样从另一面加工到试样厚度
型钢		30	20	3～4	2		从截面中部沿纵向取样
钢棒（钢丝）	直径<10	30			2		—
钢棒（钢丝）	直径≥10	30	≤20	≤5	2		从截面中部沿纵向取样
无缝钢管	外径<5	30	—		2		取整段管状试样
无缝钢管	15≥外径≥5	30	—		2		取半管状或舟形试样
无缝钢管	外径>15	30	≤20	—	管壁<4mm	2	管壁厚大于 4mm 时，一组试样从外壁加工到试样厚度，另一组从内壁加工到试样厚度
无缝钢管	外径>15	30	≤20	—	管壁≥4mm	4	管壁厚大于 4mm 时，一组试样从外壁加工到试样厚度，另一组从内壁加工到试样厚度
焊管	厚度≤4	30	—	管壁厚	2		取半管状或舟形试样，缝焊沿试样长度方向，位于试样中部，对于舟形试样，试样母材边缘至熔合线距离，两面均不小于 10mm，试样内外表面不进行加工，需进行敏化处理的试样可在敏化后进行除去氧化膜的表面处理。对大直径管亦可采用弧形试样，数量加倍，焊缝位于弧形试样中央
焊管	厚度>4	30	—	3～4	4		管壁厚度大于 4mm 时，试样分两组，每组各两片，一组试样从外壁加工到要求厚度，另一组从内壁加工到要求厚度。其他要求同上
铸件	—	30	≤20	—	2		—
焊条	—	30	10	—	2		—
堆焊焊条	—	30	—		2		—
焊接接头	单焊缝	30	20	3～4	2		焊缝位于中部
焊接接头	交叉焊缝	30	20	3～4	4		焊缝交叉点位于试样中部，两个试样检验横焊缝，两个试样检验纵焊缝

对超低碳钢（含碳≤0.03％）和含稳定化学元素钛、铌的奥氏体不锈钢应在精磨前进行敏化处理，如无特殊要求，敏化温度采用 650℃，锻轧压力加工件保温 2h，铸件保温 1h，空冷。

（3）试验要点

试验可采用带回流冷凝器的磨口锥形烧瓶，所放试验溶液按试样表面积计算，其量不少于 20mL/cm^2，试样支放于溶液中部，连续煮沸 120h，每次一片。试验后的试样洗净称重。

（4）试验结果评定

对腐蚀结果以腐蚀速率表示和评定，腐蚀速率按如下公式求得：

$$腐蚀速率 = \frac{M_前 - M_后}{St} \tag{7-12}$$

式中　$M_前$——试验前试样质量，g；

$M_后$——试验后试样质量，g；

S——试样总表面积，m^2；

t——试验时间，h。

腐蚀速率单位为 g/(m^2·h)。

方法 C——不锈钢 65％硝酸腐蚀试验方法。

本试验方法可测定由碳化铬析出引起贫铬而导致的晶间腐蚀倾向，对由 σ 相析出引起的晶间腐蚀也很敏感。这种试验方法更为严格，主要适用于在氧化性介质中使用的金属的检验和评定。该试验方法也曾称 X 法。

（1）腐蚀介质

将优级纯硝酸（HNO$_3$）用蒸馏水或去离子水配制成 65％（质量分数）的硝酸溶液。

（2）试样

同方法 B 的试样要求。

（3）试验要点

本试验的试验要点基本同方法 B，但其试验时间以周期计，每个试验周期为连续煮沸 48h，原则上采用五个试验周期，至少采用三个试验周期，每个试验周期均应将试样洗净、干燥称重。

（4）试验结果评定

试验结果以腐蚀率表示，按公式（7-12）计算。提供报告应包括每个试验周期的腐蚀率和所有周期结束后的腐蚀率的平均值。

方法 D——不锈钢硝酸-氢氟酸腐蚀试验方法。

本试验条件相当于不锈钢活化-钝化状态的边界区域，适用于检验含钼奥氏体不锈钢中由于碳化铬析出引起贫铬而导致的晶间腐蚀倾向，不能测定由 σ 相析出而引起的晶间腐蚀倾向。

（1）腐蚀介质

将优级纯硝酸（HNO$_3$）和优级纯氢氟酸（HF）用蒸馏水或去离子水配制成 10％硝酸-3％氢氟酸（质量分数）试验溶液。

（2）试样

同方法 B 的试样要求。

（3）试验要点

应采用耐酸的塑料容器和支架，溶液量以不少于 10mL/cm^2 确定。先将试验溶液用恒温水槽加热到 70℃，将试样放入溶液中部连续保持 2h。对试验后的试样进行清洗，干燥称重。试验时间以周期计，每 2h 为一个周期，通常进行两个周期。试验时，应选择钢材交货状态试样和经热处理后的试样，分别在同一条件下进行试验。

（4）试验结果评定

将两种状态的试样在腐蚀后分别按公式（7-12）计算腐蚀速率，并将每个试样两个试验周期的腐蚀速率相加得总腐蚀率。之后依据试验用钢材含碳量不同分别按公式（7-13）和式（7-14）计算腐蚀速率的比值。

对于一般含碳量的钢种：

$$腐蚀速率比值 = \frac{交货状态试样腐蚀速率}{固溶处理后试样腐蚀速率} \qquad (7-13)$$

对于超低碳钢种或用于焊接的非超低碳钢种：

$$腐蚀速率比值 = \frac{敏化处理后试样腐蚀速率}{交货状态试样腐蚀速率} \qquad (7-14)$$

本试验是否合格的腐蚀速率比值可协商确定。

方法 E——不锈钢硫酸-硫酸铜腐蚀试验方法。

本试验方法是应用最广泛的试验方法（过去曾称 L 法），适用于测定由碳化铬析出引起贫铬而导致的奥氏体不锈钢晶间腐蚀倾向，但不适合测定由 σ 相析出引起的晶间腐蚀倾向；可用于检验奥氏体不锈钢或奥氏体-铁素体双相不锈钢的晶间腐蚀倾向。

（1）腐蚀介质

将 100g 分析纯硫酸铜（$CuSO_4 \cdot 5H_2O$）溶解于 700mL 蒸馏水或去离子水中，再加入 100mL 优级纯硫酸（H_2SO_4），最后用蒸馏水或去离子水稀释至 1000mL，配制成硫酸-硫酸铜溶液。

（2）试样

试样应从同一批次、同一热处理炉次、同一规格钢材中选取，试样尺寸、数量、取样方法见表 7-52。

应采用正确方法截取和制样，防止取样方法不当产生不良影响。试样表面应洁净、无氧化皮，最好经过研磨处理，并防止表面过热，试样表面粗糙度 Ra 值不应大于 $0.8\mu m$。对于含碳量小于 0.03% 的超低碳奥氏体不锈钢或含稳定化元素钛或铌的稳定型奥氏体不锈钢试样应在精加工前进行敏化处理。敏化制度为加热保温 650℃，锻轧材试样保温 2h，铸件试样保温 1h，空冷。

表 7-52 试样尺寸及制备

类　别	规格/mm	试样尺寸/mm 长	试样尺寸/mm 宽	试样尺寸/mm 厚	试样数量/个	说　明
钢板、带（扁钢）型钢	厚度<4	80～100	20	—	2	沿轧制方向取样。试验后每个试样均弯曲两个被检验面
	厚度>4	80～100	20	3～4	4	沿轧制方向取样，两个试样从一面加工到试样厚度，两个试样从另一面加工到试样厚度。试验后各弯曲其相应的一个被检验面
钢棒（钢丝）	直径≤10	80～100	—	—	2	—
	直径>10	80～100	≤20	≤5	2	从截面中部沿纵向取样。试验后每个试样均弯曲两个被检验面
无缝钢管	外径<5	80～100	—	—	2	取整段管状试样（内外壁都需检验，如内壁不能弯曲评定时，则用金相法评定）
	15≥外径≥5	80～100	—	—	2	取半管状或舟形试样，试验后每个试样均弯曲两个被检验面
	外径>15	80～100	≤20	管壁<4mm　2	管壁大于 4mm 时，一组试样从外壁加工到试样厚度，另一组从内壁加工到试样厚度，试验后各弯曲其相应的被检验面
				管壁≥4mm　4	
焊管	厚度≤4	80～100		管壁厚	2	取半管状或舟形试样，焊缝沿试样长度方向，位于试样中部。对于舟形试样，试样母材边缘至熔合线距离，两面均不小于 10mm，试样内外表面不进行加工，试验后每个试样均弯曲两个被检验面 需进行敏化处理的试样可在敏化后进行除去氧化膜的表面处理 对于大直径管亦可采用弧形试样，数量加倍，焊缝位于弧形试样中央。弯曲时，焊缝熔合线位于弯曲中心

类　别	规格/mm	试样尺寸/mm			试样数量/个	说　明
		长	宽	厚		
焊管	厚度＞4	80～100		3～4	4	管壁厚度大于 4mm 时,试样分两组,每组各两片,一组试样从外壁加工到要求厚度,另一组从内壁加工到要求厚度弯曲时,未加工面位于弯曲外侧。其他要求同上
铸件		80～100	≤20	—	4	两个试样做试验,两个试样留做空白弯曲
焊条		80～100	10	—	2	试验后每个试样均弯曲两个被检验面
堆焊焊条		80～100	—	—	2	试验后每个试样均弯曲两个被检验面
焊接接头	单焊缝	80～100	20	3～4	2	焊缝位于中部,试验后弯曲其相应的一个检验面
	交叉焊缝	80～100	20～35	3～4	4	焊缝交叉点位于试样中部,两个试样检验横焊缝,两个试样检验纵焊缝,试验后弯曲其相应的一个被检验面

注：试样取样分别见 GB/T 4334—2008 标准中图 9～图 14。

（3）试验要点

试验应采用带回流冷凝器的磨口锥形烧瓶,并应附有可保证介质微沸状态的加热装置。试验前在烧瓶底部铺一层纯度不小于 99.5％的铜屑或铜粒。试样不应互相接触,试验溶液应高出试样上表面 20mm 以上。烧瓶放在加热装置上,回流冷凝器通水冷却,使溶液保持微沸状态,保持 16h。试样清洗、干燥后弯曲评定。

（4）试验结果评定

将腐蚀后的试样用压头压弯。试样厚度不大于 1mm 时,压头直径为 1mm；试样厚度大于 1mm 时,压头直径为 5mm。

锻轧件、焊管试样弯曲180°,铸件试样弯曲90°。弯曲后的试样在 10 倍放大镜下观察不得有腐蚀裂纹。如不能确定是否有腐蚀裂纹时,可用金相法在试样非弯曲部位、经浸蚀后在 150～500 倍显微镜下观察,确定是否属于晶间腐蚀裂纹。也可将同条件下未经腐蚀试样弯曲,经对比确认腐蚀后试样是否有腐蚀裂纹。

过去还有一种硫酸-硫酸铜加铜屑晶间腐蚀试验方法也曾称 T 法。

不锈钢晶间腐蚀试验详见 GB/T 4334《金属和合金的腐蚀　不锈钢晶间腐蚀试验方法》。

上述五种试验方法,由于腐蚀介质、试验条件、适用方法各有不同,在实际应用中应根据材料种类、规范要求合理选用。

不锈钢晶间腐蚀试验还有电化学法、电化学再活化率测定方法、动电位法等。

7.12　不锈钢三氯化铁点腐蚀试验

不锈钢三氯化铁点腐蚀试验是一种化学浸泡方法试验。用来评价不锈钢在含氯离子介质中的点腐蚀倾向,可用来研究合金成分、热处理等因素对点腐蚀的敏感性。本试验可用于测定不锈钢和含铬的镍合金耐点腐蚀性能。

本试验用的试验溶液氧化性强、酸性强、氯离子含量高,形成的腐蚀条件比较苛刻,是一种加速腐蚀试验。

（1）腐蚀介质

用优级纯盐酸和蒸馏水或去离子水配制成 0.05mol/L 的盐酸溶液,再将分析纯三氯化铁

$(FeCl_3 \cdot 6H_2O)$ 100g 溶于 900mL 的 0.05mol/L 盐酸溶液中，配制成 6％三氯化铁试验溶液。

（2）试样

试验用试样总表面积应大于 10cm^2，可推荐采用长 30～40mm×宽 20mm×厚 1.5～5mm 的片状试样。试样切取时，应使与轧制或锻造方向垂直的断面占试样总面积的 1/2 以下。应保证取样方法对材料性能不产生影响。试样应经过研磨或抛光。

（3）试验要点

采用玻璃烧杯作试验容器，用玻璃管或聚氯乙烯塑料管制成支架支撑试样。采用能使试验溶液保持在规定温度的恒温水浴槽以保证试验温度。

每 1cm^2 试样表面积所需试验溶液量应在 20mL 以上。试验温度可选用 35℃±1℃ 或 50℃±1℃，也可根据需要确定。试验时间应连续进行 24h 或根据要求确定。

测量试样重量时至少精确至 1mg。表面积测量精确至 0.01cm^2。

（4）试验结果评定

对于点腐蚀严重、均匀腐蚀不明显的试验材料，可以用腐蚀速率［腐蚀速率单位为 $g/(m^2 \cdot h)$］来评价其点腐蚀状况，即

$$腐蚀速率 = \frac{M_{前} - M_{后}}{St} \tag{7-15}$$

式中　$M_{前}$——试样腐蚀前质量，g；

　　　$M_{后}$——试样腐蚀后质量，g；

　　　S——试样腐蚀前总表面积，m^2；

　　　t——试验时间，h。

如果材料发生的均匀腐蚀明显，点腐蚀对金属的失重比例较小，采用失重法（以腐蚀率评价）不能准确确定点腐蚀的破坏性时，可以用考核点蚀坑深度和点蚀坑密度、面积等方法来评定点腐蚀程度的严重性（详见 GB/T 18590《金属和合金的腐蚀　点蚀评定方法》）。

不锈钢三氯化铁点腐蚀试验方法详见 GB/T 17897《金属和合金的腐蚀 不锈钢三氯化铁点腐蚀试验方法》标准。

GB/T 17897 中的试验腐蚀溶液含有盐酸，这加速了对金属材料的点腐蚀强度，这与 ASTM G48 标准不同，ASTM G48-03 方法 A 标准中的腐蚀溶液只含三氯化铁，不含盐酸。所以，在考核材料点腐蚀能力时，应确定所采用的标准、试验溶液、试验条件等因素，不能盲目对比。

7.13　腐蚀试验的其他方法

金属材料腐蚀试验方法有很多，具体采用何种方法可根据材料制成品的工作环境、条件合理确定。

7.13.1　盐雾腐蚀试验

盐雾腐蚀试验是人造气氛腐蚀试验方法之一。这种试验不但适用于金属材料，还适用于检验评定金属覆盖层、化学涂层和表面膜的耐蚀性。

盐雾试验设备主要是盐雾箱，盐雾箱包括介质槽、喷雾气源、喷雾系统等部分，保证能

在试验时在箱内形成一定压力、浓度的雾状气体，对试验件进行喷雾腐蚀。

盐雾类型包括中性盐雾、氯化钠盐雾、乙酸盐雾、铜加速乙酸盐雾四种。具体选用应根据腐蚀对象、腐蚀目的及技术条件要求确定。试验可用试验片或实际零件进行。试验温度、时间根据要求确定。

盐雾腐蚀试验结果的评定根据技术条件确定，通常有观察试验后试验件外观、开始出现腐蚀的时间、腐蚀缺陷（点蚀、裂纹、气泡）、质量变化、微观变化、力学性能变化等。盐雾试验详见 GB/T 10125《人造气氛腐蚀试验　盐雾试验》。

7.13.2　不锈钢缝隙腐蚀试验

缝隙腐蚀试验用于考核、评定金属材料制成构件在有缝隙状态下，产生缝隙腐蚀的倾向性和敏感性。

检验和评定金属缝隙腐蚀的试验方法中主要有化学浸泡法、电化学法。

化学浸泡缝隙腐蚀试验法比较常见的是三氯化铁缝隙腐蚀试验法。这种方法的主要原理是将试样制成缝隙结构，放在含有盐酸和三氯化铁的溶液中（见《不锈钢三氯化铁点腐蚀试验方法》中的腐蚀介质），在规定的温度（通常在 22℃±1℃、35℃±1℃ 或 50℃±1℃ 中选取）下，保持一定时间（通常选用 24h 或 72h），之后测量其失重腐蚀率。详见 GB/T 10127《不锈钢三氯化铁缝隙腐蚀试验方法》。

另一种浸泡腐蚀试验法是测定材料的临界缝隙腐蚀温度。其是将试样放在 10% 三氯化铁溶液中，每浸泡 24h 为一个试验周期，取出试样检查有无腐蚀（何种形式的腐蚀），如没有发现任何形式的腐蚀，则进一步升高试验溶液温度（每升一次可提高 2~3℃），试样连续浸泡一个周期，如此连续操作，直至试样产生某种腐蚀，这一使试样产生腐蚀的温度即确定为该试样的临界缝隙腐蚀温度。

缝隙腐蚀的电化学试验法是将试样放在电介质中，使用极化装置，通过测定试样缝隙表面钝化状态破坏时的电位（或电流）的变化评定其耐蚀性。

7.13.3　不锈钢应力腐蚀试验

不锈钢应力腐蚀试验常见的有 42% 氯化镁应力腐蚀试验方法和高温水中应力腐蚀试验方法。

应力腐蚀试验的基本原理是将制成的带有预应力的试样放在一定温度条件下的腐蚀介质中，使试样在应力状态下进行腐蚀，以试样宏观裂纹发生的时间和裂纹贯穿时间的长短来评定材料应力腐蚀的敏感性。详见 GB/T 17898《不锈钢在沸腾氯化镁溶液中应力腐蚀试验方法》，GB/T 10126《铁-铬-镍合金在高温水中应力腐蚀试验方法》。

7.13.4　电偶腐蚀试验

电偶腐蚀的实验室测定是把两种金属按标准规定制成试样，装入有腐蚀性介质（电解液）中，通过测试装置连接成阳、阴极，测出金属的腐蚀电位。用这种方法可以测出不同金属在该介质中的电极电位，并列出不同金属的电极电位序表，供选择应用。表 4-11 是在海水介质中的金属电位序。电极电位高者耐蚀性好。

用这种方法还可测出电偶电流，并依据电偶电流计算出腐蚀率。详见 GB/T 15748《船用金属材料电偶腐蚀试验方法》。

7.13.5 点腐蚀电位测量试验

不锈钢点腐蚀电位测量试验方法也叫电化学试验法。即把按标准制作的试片浸入规定的腐蚀介质中，采用专门的试验装置、按规定的试验方法测出材料的电极极化曲线，确定出点腐蚀电位 E_b，根据 E_b 值大小来比较不同金属在该条件下的点腐蚀敏感性。点腐蚀电位 E_b 值愈高，表示金属对点腐蚀敏感性愈小。

详见 GB/T 17899《不锈钢点蚀电位测量方法》。

7.13.6 点腐蚀临界温度试验

不锈钢点腐蚀临界温度试验是将按标准规定制成的试片，放入规定成分的介质中，以规定的升温速度升温，直至试样表面发现点腐蚀小孔为止，这时的试验温度即为该材料在该腐蚀介质条件下的点腐蚀临界温度。点腐蚀临界温度愈高，表示该材料点蚀敏感性愈小。

详见 GB/T 32550《金属和合金的腐蚀 恒电位控制下的临界点蚀温度测定》。

7.13.7 腐蚀疲劳试验

腐蚀疲劳试验与一般疲劳极限测定方法相似，通常可在现有疲劳试验机上，以一定方式引入腐蚀介质进行试验。通常试验结果用疲劳寿命曲线（S-N 曲线）表示。并依据该曲线判定材料应力腐蚀疲劳特性。

详见 GB/T 20120《金属和合金的腐蚀 腐蚀疲劳试验》。

7.13.8 空泡腐蚀试验

空泡腐蚀试验是将按标准规定制成的试样装在可通过换能器产生振动的装置上，并浸入试验介质中，振动装置按规定条件带动试样振动，在一定时间间隔内取出试样观察，直到冲蚀速率达到最大并开始减小时为止。试验结果以试样失重、平均冲蚀深度、最大冲蚀速率等指标评定材料空泡腐蚀的敏感性。

详见 GB/T 6383《振动空蚀试验方法》。

7.13.9 腐蚀磨损试验

早期研究材料的腐蚀磨损通常是在静态环境中制成腐蚀和冲蚀试样进行试验，之后再测定磨损量，这种测定方法与实际工况条件下的材料腐蚀磨损结果相差甚远，取得的试验结果很难用于指导选材和工程设计。所以，目前对材料腐蚀磨损的测定和评价通常是采用尽量接近实际工况条件、模仿工况条件进行试验。试验采用规定的试样，试验后用腐蚀率表示腐蚀磨损结果。一般用单位时间、单位表面积的腐蚀失重或年腐蚀深度表示。计量单位分别为 $g/(m^2 \cdot h)$ 和 mm/a，它们之间可以互相转换。

$$g/(m^2 \cdot h) = \frac{8.76}{D}(mm/a) \qquad (7\text{-}16)$$

$$\text{或 } mm/a = 0.114D(g/m^2 \cdot h) \qquad (7\text{-}17)$$

式中 D——材料密度，g/cm^3。

如前所述，金属材料腐蚀磨损总流失量包括材料单纯腐蚀失重、材料单纯磨损失重以及腐蚀对磨损的加速作用失重（磨损增量）和磨损对腐蚀的加速作用失重（腐蚀增量），对于材料在腐蚀磨损中的腐蚀分量和磨损分量的测定更为复杂，这里不一一介绍，需要时可查相关专著。

Ⅴ　无损检验（检测）

无损检验是指在不对材料、零件、产品进行破坏的条件下，对其可能存在的表面缺陷和内部缺陷进行检验的方法。

根据材料种类（钢种）、类型（铸件、锻件、板材、管材等）、缺陷类别（表面缺陷、内部缺陷）、形状、尺寸等各种因素，常采用的无损检测方法有液体渗透（着色）检验、磁粉检验、超声波检验、射线（照相）检验、涡流检验、声发射检验、光纤检验、红外线检验等多种方法。

对于材料使用方、零部件和产品制造厂，对材料验收和零部件检验常用的无损检验方法有渗透检测（PT）、磁粉检测（MT）、超声波检测（UT）、射线检测（RT）、涡流检测（ET）。

7.14　渗透检测（PT）

渗透检测是检验钢材和零件表面质量常见的方法之一，适用于任何金属材料和非金属材料。

渗透检测可以检验铸件表面裂纹、缩孔、疏松、气孔，锻轧件的表面裂纹、折叠，焊接件焊缝的表面裂纹、气孔、熔合不良、热裂纹，机加工中产生的裂纹，如磨削裂纹以及在使用过程中产生的疲劳裂纹等。通过渗透检测可以确定缺陷的位置、大小、形状、分布，但难以确定缺陷深度。

渗透检测通常包括着色检测和荧光检测。

（1）检测原理

液体渗透检测的基本原理是利用渗透液的润湿作用和毛细现象。在工件表面施加渗透液后，在毛细现象作用下经过一定时间的渗透，渗透液可以渗透到工件表面开口缺陷中，在除去表面多余渗透液和干燥后，再在工件表面施以显像剂，由于毛细现象作用，渗透液回渗到显像剂中，在一定光源下，可见缺陷处渗透液痕迹被显现出来，见图7-55。从显现出的缺陷分布、形状、大小来评价出缺陷的严重程度。

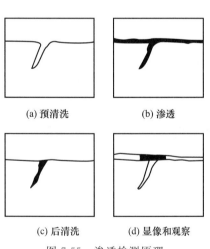

图 7-55　渗透检测原理

（2）渗透检测的主要程序及影响因素

渗透检测不需要专门设备，主要控制好采用的渗透液、去除剂、显像剂的质量和标准。在检测前，应对采用的材料进行灵敏度试验，尤其采用新渗透材料或较长时间未使用的材料时这一点更为重要，只有采用的材料是合格的才能确保渗透检测的质量。

① 渗透表面的清理：渗透前，应对需渗透的工件表面进行清理，工件表面不得有油污、污染物或其他有碍渗透检验质量的物质。对表面的处理不得采用可能封闭缺陷开口的方法（如喷砂、抛丸等）。

② 渗透液的施加：应采用合适的方法，根据工件和渗透剂的具体情况可采用喷、涂、刷、浸等方法，以保证渗透液能充分渗至缺陷内为原则。

③ 渗透时间：依据渗透液的种类、被检工件的材质、缺陷类型、被检工件表面和渗透液的温度选择合适的渗透时间，通常以 7～15min 为宜。时间太短保证不了充分渗至缺陷内部，时间太长容易干枯，降低检测效果。

④ 去除多余渗透液：在保证合适的渗透时间后，采用去除剂或擦洗的方法去除工件表面多余的渗透液，以保证显像时的清晰、准确。

⑤ 干燥：渗透后应自然或采用不大于 45℃ 的温度使被检工件表面干燥，一般为 5～10min，以保证表面显像效果。

⑥ 显像剂的施加：通常采用喷涂方法将显像剂施加到工件被检表面。施加方法和显像剂的施加量应合适，过少或过多都会影响显像效果，以保证清晰显像为原则。

⑦ 观察：对显像的观察通常在施加显像剂 7～30min 内进行。着色渗透的观察可在足够的自然光下进行，荧光检测的观察应在暗处或暗室内进行。对显像结果应予以记录，必要时可照相留查。

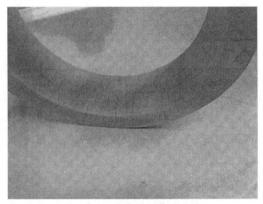

图 7-56　渗透检测缺陷

⑧ 对表面清理：在对显像进行观察、确认、记录和评价后，对工件表面应清理、去除附着物，待进行下道工序。

⑨ 重检：当对显像结果不满意或难以评定时，应按上述方法重新渗透检测。

（3）渗透检测结果的评定和验收

对渗透检测结果，特别是有缺陷显示时，应根据相应标准、规范和技术条件进行缺陷评定，并作出是否合格和是否验收的结论。

详见 NB/T 47013.5《承压设备无损检测 第 5 部分：渗透检测》、JB/T 9218《无损检测　渗透检测方法》、GB/T 9443《铸钢件渗透检测》等相关规范。

图 7-56 是一个经渗透检测出缺陷的零件。

7.15　磁粉检测（MT）

磁粉检测也是常用的金属表面缺陷检测方法。磁粉检测是利用导磁金属在磁场中被磁化并通过显示介质的显现来检测表面缺陷特性的一种方法。磁粉检测只适用于检测铁磁性材料及合金。磁粉检测可以用来检测材料和构件表面和近表面缺陷，对检测裂纹、发纹、折叠、夹层、焊缝未焊透等缺陷更为灵敏。采用交流电磁化可以检测表面以下 2mm 以内的缺陷，直流电磁化可以检测表面以下 6mm 以内的缺陷。

磁粉检测设备简单、操作方便、速度快，有较高灵敏度。

（1）检测原理

铁磁性材料、工件被磁化后，由于不连续性（如存在缺陷）的存在，工件表面和近表面的磁力线发生局部畸变而形成漏磁场并吸附施加在工作表面的磁粉形成可见的磁痕，从而显示出不连续性（缺陷）的位置、大小、形状及严重程度。

磁粉检测原理示意图见图 7-57。

（2）磁粉检测的主要程序及影响因素

磁粉检测按探伤方法分附加磁场法和剩磁法；
按磁场种类分湿法和干法；按磁化电流分交流磁
化法和直流磁化法；按磁化场方向分周向磁化和
纵向磁化等。对于具体应用，应依据工件大小、
材质、探伤目的等合理选用。

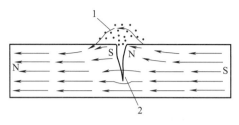

图 7-57　磁粉检测原理示意图
1—磁粉；2—裂纹

磁粉检测需要使用产生磁化场的设备，还需
要使用磁粉及载体（水或低黏度油）作为分散媒
介。检测前应保证设备符合要求，原材料符合相应标准。

磁粉检测前，应根据工件大小、形状、基体特征等因素合理确定磁化电流类型、电流
值、磁化方向、磁化方法等主要工艺参数，制订正确的磁化规范。

① 磁化工件表面处理。对待检工件表面应进行清理，去除油脂、污物及其他可能影响
检测结果的物质。

② 磁化方法的确定。应以确保满意测出任何方向的缺陷为原则，使磁力线在切实可行
的范围内横穿过可能存在于工件上的缺陷。

③ 施加磁粉和磁化。磁粉（磁悬液）的施加应连续进行，被检工件的磁化、施加磁粉、
观察磁痕全过程都在磁化通电时间内完成，通电时间一般为 1～3s。为保证磁化效果，同
一检测面、同一方向至少反复磁化两次。

④ 磁痕的观察和记录。用肉眼或 2～10 倍放大镜观察磁痕，对磁痕的观察应在磁痕形
成后立即进行。根据规则辨别和确认磁痕的类型、尺寸、分布，按相关标准评级。作好记
录，必要时拍照留存。

（3）磁粉检测结果的评定和验收

依据相关技术条件、标准，必要时比照试块，对检测结果进行判定、分级，得出是否合
格和验收的结论。

磁粉检测详见 NB/T 47013.4《承压设备无损检测　第 4 部分：磁粉检测》；GB/T
15822.1～3《无损检测　磁粉检测》。

7.16　超声波检测（UT）

超声波是指频率高于 20kHz 的声波。在机械工程上对金属材料缺陷检测使用的超声波
频率在 0.4～5MHz。

超声波用于金属材料缺陷的无损检测主要是利用以下几个特性：

① 超声波在介质中传播时遇到界面会发生反射。

② 超声波指向性好，频率越高指向性越好。

③ 超声波传播能量大，对各种材料的穿透力都很强。

④ 易于获得较集中的声源。

超声波探伤主要是通过测量信号往返于缺陷的穿透时间来确定缺陷与表面之间的距离，以
测量回波信号的幅度和发射换能器的位置来确定缺陷的大小和位置（脉冲反射法即 A 法）。

超声波对于表面缺陷的检测的灵敏度不及渗透检测和磁粉检测高。其主要用于检测材料

的内部缺陷。

超声波检测金属内部缺陷适应性强、灵敏度较高、设备简单、操作方便。但要求被检工件形状较简单、有规则、表面光洁度好。

超声波检测适用于各种锻件、轧制件、焊缝和一部分铸件，可检测某些机械构件、设备，但不适于检测粗晶材料如奥氏体钢或双相不锈钢的铸件以及它们的焊缝。

超声波探伤可检测出裂纹、疏松、气孔、夹渣、分层、折叠等内部缺陷。

超声波检测缺陷深度主要取决于被检材料的透声特性和频率。晶粒小、组织致密材料，如碳素钢、合金钢锻件检测深度大；而奥氏体钢锻件的晶粒度较大，检测深度较小，因此奥氏体钢铸件不适用于超声波检测。超声波频率越高，其检测灵敏度越高，但穿透能力越差。

（1）检测原理

超声波探伤是利用其特性，用发射探头将电波转换成声波传入到工件中，超声波在缺陷处或底面上反射回到接收探头并转换成电波，电波在接收器上放大、检波最后显示在示波仪上，以此波状况判定有无缺陷及缺陷的位置、大小、分布。

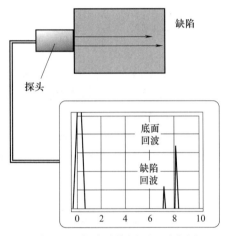

图 7-58　超声波检测原理示意图

超声波检测原理示意图见图 7-58。

（2）超声波检测的主要程序及影响因素

超声波探伤除脉冲反射法（A 扫描法）外，还有 B 扫描法、C 扫描法、3D 扫描法等。

A 法——对缺陷作出量、种类、位置的评价。

B 法——对缺陷作俯视图显示，显示工件内部缺陷的纵截面图形。

C 法——对缺陷作侧视图显示，显示工件内部缺陷的横截面图形。

3D 法——对缺陷作三维图像显示。

最常用的是 A 法扫描，即脉冲反射法。

① 受检工件的基本条件。超声波检测应在工件机加工后进行，表面粗糙度一般应达到 $1.6 \sim 6.3 \mu m$。应事先清除有碍超声波检测的表面缺陷（裂纹、氧化皮、折叠等）。超声波检测可在材料供货状态进行，最终检测应在热处理后进行。

② 超声换能器（探头）的选择。根据受检工件的种类（锻件、铸件、板材、焊缝）、形状、大小以及可能存在的缺陷类型等条件，合理选择探头和晶片尺寸。探头因其结构和使用的波形不同可分为直探头、斜探头、表面波探头、可变角探头、双晶探头、聚焦探头、水浸探头、喷水探头等。

③ 超声波入射方向。超声波入射方向的选定原则是应尽量使声束中心线与不连续性（缺陷）反射面垂直，尽量避开可能产生干扰信号的方向，如过渡面、沟槽、孔等。

④ 频率的确定。应合理确定超声波频率，通常频率的上限由信号衰减大小决定（频率高则使近场区长度大、衰减大），频率下限由检测灵敏度、脉冲宽度和声束指向性决定（频率过低会降低灵敏度、分辨能力和指向性）。如被检测工件厚度大、形状不规则、表面粗糙、晶粒粗大或对缺陷定位要求不高，应选择较低频率；反之应选较高频率。超声波检测频率一般为 $0.4 \sim 5MHz$，特殊要求检测可达 $10 \sim 50MHz$。

⑤ 耦合剂的选用。耦合剂的选择应以保证良好的透声性为准则，尽量选用声阻抗与被

检物声阻抗相近的耦合剂。耦合剂应具有足够的浸润性和适当的流动性。

⑥探头的扫查。根据不同工件、材质及检测要求，探头应在规定的范围和方向扫查。探头扫查可采用直线扫查、同心圆扫查、螺旋扫查等，扫查速度一般以不超过 50mm/s 为宜。

⑦缺陷的定位、定量和定性

a. 缺陷的定位：纵波检测时可从荧屏上的标志波直接读出，也可采用图像比较法，横波检测可用直角三角形试块比较法确定。

b. 缺陷波的定量：缺陷的定量就是确定缺陷的大小和数量。缺陷的大小包括缺陷的面积、长度和深度等。超声波缺陷定量可视情况采用波高定量法、当量定量法、探头移动定量法等。

c. 缺陷的定性。在常用的脉冲反射法 A 型显示探伤中，缺陷的定性要根据工件的材质、结构、加工工艺和超声检测数据（缺陷位置、大小、方向、分布等）进行综合分析，以此来估计缺陷的性质。采用 A 型显示探伤对缺陷定性是较为复杂和困难的。

（3）超声波检测结果的评定和验收

根据超声波检测出缺陷的位置、数量、性质结果，依据技术条件、规范的要求和工件的重要性，对检测结果进行评定，确定级别，作出合格与否或能否验收的结论。

超声波探伤相关标准见 GB/T 1786《锻制圆饼超声波检验方法》；GB/T 4162《锻轧钢棒超声检测方法》；GB/T 6402《钢锻件超声检测方法》；GB/T 7233.1、2《铸钢件　超声检测》。

7.17　射线检测（RT）

利用射线（X 射线、γ 射线、中子射线）穿过被检工件时，结构上的不连续性（如缺陷）会使射线产生衰减、吸收或散射，将射线的这种变化显示在记录介质（如感光材料）上形成影像，从而显现内部缺陷，并依此对缺陷的种类、大小、分布作出评价。

由于射线检测对于缺陷显示比较直观，对缺陷的尺寸、形状、性质判断比较容易，而且检测资料（如照相底片）易于长期保存，因此射线检测得到广泛应用。

由于射线检测是依靠射线穿过物体后衰减程度不同进行检测的，因此适用于所有材料，可检测工件内部的裂纹、夹渣、气孔、焊缝质量等缺陷。射线是检验重要铸件的主要方法，特别是粗晶铸件，如奥氏体钢、双相不锈钢铸件及其焊缝，更是首选的内部缺陷检测方法。

依据射线种类、射线源的不同，被检测工件厚度也有差别，最厚可达 500mm。

（1）X 射线检测原理

当 X 射线穿透被检物体时，有缺陷部位（气孔、夹渣、裂纹、疏松等）与基体对射线吸收的能力不同，有缺陷部位吸收能力大大低于基体吸收能力。因此，透过缺陷部位的射线强度高于基体无缺陷部位的射线强度，在 X 射线胶片上对应的缺陷部位将接收较多的 X 射线粒子，形成黑度较大的缺陷影像，并依此可判断缺陷形状、大小。

射线检测原理示意图见图 7-59。

（2）X 射线检测的主要程序及影响因素

①设备选择。射线检测的重要设备是射线机。根据被检工件大小、种类、预检厚度、检测灵敏度等条件合理选用设备。

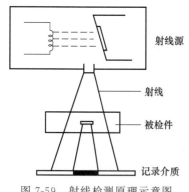

图 7-59 射线检测原理示意图

② 胶片选择。根据射线类型、透照质量等级、被检物厚度等条件合理选用胶片。不同胶片的颗粒度、感光度、灵敏度不同，显示缺陷质量也不同。

③ 检测时机。工件的射线检测一般在热处理前进行，铸件可在热处理后进行。

④ 工件表面状态。被检工件的表面检验合格后，清除多余物和影响检测效果的物质，保证被检面洁净。

⑤ 主要参数确定。根据被检物种类（铸件、焊接件）、应检部位，确定检测电压、透照厚度、射线源与胶片距离、透照方向等要素。

⑥ 注意安全防护。因为射线对人体会有一定危害，所以，操作时应注意防护，保证安全。

⑦ 评片。用肉眼或采用带刻度尺的放大镜，在合适光源条件下观察胶片，根据相关标准、规范对缺陷图像进行评定、分级。

（3）检测结果的评定和验收

将评片结果对照技术条件要求，对检测进行评定，作出合格与否和是否验收的结论。

射线检测详见 JB/T 9217《射线照相探伤方法》；GB/T 5677《铸件　射线照相检测》；GB/T 3323.1、2《焊缝无损检测　射线检测》。

7.18　涡流检测（ET）

金属材料在交变磁场作用下会产生不同振幅和相应的涡流。涡流检测就是利用电磁感应原理，使金属材料在交变电场作用下产生涡流，根据涡流大小和分布来探测导电材料缺陷的无损检测方法。利用涡流检测方法可检测材料的物理性能、缺陷和结构情况的差异。工厂常用涡流检测方法检测材料和构件中的缺陷，如裂纹、折叠、气孔、夹渣等。在管材质量检验中经常采用涡流检测。

涡流检测还可以用来测量金属材料的电导率、晶粒度、金属表面外金属涂层的厚度等。

（1）检测原理

当试样或被检物放在通电线圈中或接近线圈时，由线圈产生一个交变磁场，在磁场作用下被检物上会感应出涡流，涡流再产生一个次级磁场，次级磁场与交变磁场的相互作用导致原磁场发生变化，使线圈内磁通发生改变，被检物内部的所有变化（如缺陷）都会改变涡流的密度和分布，从而改变线圈阻抗并以此来评定被检物存在的缺陷。

涡流检测原理示意图见图 7-60。

（2）涡流检测的主要程序及影响因素

涡流检测应使用专用设备，该设备主要包括振荡器、测量系统、分析系统、记录系统、显示器等。

① 线圈选择。应根据被检件的形状、尺寸及检验要求合理选用线圈。涡流检测用线圈主要有穿过式线圈

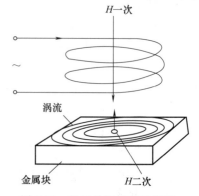

图 7-60　涡流检测原理示意图

（主要用于检测管材、棒材、丝材、滚珠等）、内插式线圈（主要用于检测管件或孔）、探头式线圈（主要用于检测板材、大直径管材和棒材的表面检测、局部检测）。

② 检测条件。根据被检物类型、尺寸、形状和检测要求确定被检物的传送速度、磁化电流、检测频率、检测灵敏度等条件，这些条件的确定应以能够检测出标准试样人工缺陷为原则。

③ 检测信号评定。以被检物产生的信号小于试块人工缺陷的信号为合格。

（3）检测结果的评定和验收

将对被检测物的信号评定结果与技术条件或规范确定的标准对比，判定被检物是否合格和能否验收。

涡流检测详见 GB/T 7735《铜管涡流探伤检验方法》；GB/T 11260《圆钢穿过式涡流探伤检验方法》。

7.19 无损检测的其他方法

据统计目前已在应用和正在研究的无损检测方法有 70 余种。在工业上对金属材料和机械构件上常采用的无损检测方法除前面提到的以外还有许多种。

7.19.1 声发射检测（AE）

当物体或构件在受外力或内应力作用时，缺陷处或异常部位会因应力集中而产生塑性变形，其储存能量的一部分将以弹性应力波的形式释放出来，这种现象称为声发射。可见，声发射是材料在受载的情况下，缺陷周围区域的应力再分布以范性流变、微观龟裂、宏观裂纹的发生和扩展形式进行，实际上是一种应变能的释放过程，而一部分应变能以应力波的形式发射出来。所以，在金属组织内部发生变化，产生微观或宏观裂纹的过程中都会有声发射现象发生。因此，可以利用声发射信号来对缺陷进行预报和判断，对材料进行评价。

声发射检测方法可以检测材料或构件的动态裂纹、裂纹萌生及发展规律和确定缺陷的位置，还能了解缺陷的形成过程和扩展、增大趋势。

声发射可以为大型构件，如锅炉、球罐、泵体、化工容器的检测带来方便。

7.19.2 光纤检测

光纤检测是利用光导纤维可以传递光束和图像的能力，将多支光纤制成光学元件（光缆），再进一步制成光纤目视检测仪或光纤裂纹检测仪。将置于光缆前端的物镜探入被检物内部，由其传递出被检物内部图像，通过连接另一端的目镜对传回图像进行观察、分析，确认是否存在缺陷。

由于光缆可以方便地弯曲、放置，因此，利用光纤检测设备可以对难以观察的锅炉、铸件、泵体、发动机等物体的内部进行检测。

7.19.3 红外线检测（IT）

所有物体当温度高于绝对温度零度（－273℃）时都会发射红外线，产生红外辐射现象，温度越高，发射能量越大。在被检物有缺陷处，热传导、热扩散和热容量的变化将导致被检物表面温度分布异常。红外检测就是通过被检物在空间和时间上红外辐射变化情况得知被检物表面温度分布状态，从而检测出被检物内部缺陷和结构的异常。

对于有较高热导率的金属材料中的缺陷，可用瞬时热成像技术进行检测。对被检物进行热注入之后（一般采用非接触法加热），热量由热源扩散到周围材料中去，缺陷会改变扩散速率，并且热扩散率与缺陷的大小和位置有关，进而影响缺陷附近的局部温度，最终使材料表面温度分布图发生变化，从而显示出缺陷的位置和大小。

Ⅵ　宏观组织缺陷检验

宏观检验是指对被检材料表面经过处理后，用肉眼或放大镜观察，检验材料在冶炼、轧制及各种加工过程中带来的化学成分、组织的不均匀性以及某些工艺因素导致材料内部或表面产生缺陷的一种检验方法。宏观检验可以显示金属材料的宏观缺陷。

通过对金属材料的宏观检验可以确认：

① 金属的结晶状态，如铸锭的宏观组织、晶粒形状、晶粒大小等。

② 材料中所含合金元素的宏观偏析，如硫、磷元素的偏析。

③ 铸件、锻件、轧制件、金属焊缝区存在的缺陷，如缩孔、气孔、疏松、裂纹等。

④ 材料压力加工的流线。

⑤ 材料热处理淬硬层、渗层等。

7.20　钢材的酸蚀检验

酸蚀检验就是采用酸性介质对材料表面进行化学浸蚀，从而显现出材料化学成分、组织的不均匀性以及存在的缺陷的一种检验方法。

酸蚀检验由于操作方便、简单并且能清晰显现材料的各种缺陷，如裂纹、夹渣、气孔、疏松、偏析等，因此被广泛采用。

（1）检验原理

酸蚀检验属电化学腐蚀。由于被检物表面存在着成分及组织的不均匀性，在酸性电解质作用下试样不同部位具有不同电极电位，形成许多对微电池，在每一对微电池中，腐蚀电位高的阳极部分被腐蚀，腐蚀电位低的阴极部分不被腐蚀，从而可显现出成分、组织的不均匀性。

（2）试样制备

酸蚀试样的截取应按标准或协议规定进行。取样可以用剪、锯、切割等方法，最终制样时应去除由变形或热影区带来的影响。试样表面粗糙度不大于 $1.6\mu m$，冷酸蚀试样表面粗糙度不大于 $0.8\mu m$。试样表面应洁净，无污染物或伤痕。

试样尺寸应根据取样方向确定，取横向试样时，试验面应垂直于钢材的延伸方向，通常取样厚度为 20mm；取纵向试样时，试样长度通常为直径或厚度的 1.5 倍；钢板取长度为 250mm，宽度为钢板厚度。

（3）检验方法

① 热酸蚀。热酸蚀是把试样放在有一定温度的酸蚀液中浸泡的试验方法。

热酸蚀主要用于显示偏析、疏松、枝晶、白点等低倍组织和缺陷。根据被检材料确定酸蚀液的成分、温度和酸蚀时间，具体见表 7-53。

表 7-53　常用热酸蚀溶液及侵蚀条件

分类	钢　种	酸蚀时间/min	酸液成分	温度/℃
1	易切削结构钢	5～10	1：1（容积比）工业盐酸水溶液	60～80
2	碳素结构钢、碳素工具钢、硅锰弹簧钢、铁素体型不锈钢，马氏体型不锈钢，复相不锈耐酸、耐热钢	5～20		
3	合金结构钢、合金工具钢、轴承钢、高速工具钢	15～20		
4	奥氏体型不锈钢、耐热钢	20～40		
		5～25	盐酸 10 份，硝酸 1 份，水 10 份（容积比）	60～70

② 冷酸蚀。冷酸蚀是指在常温条件下，将酸蚀液浸泡或擦拭在试样表面的试验方法。

冷酸蚀的作用和目的与热酸蚀相同，但冷酸蚀更方便。其主要用于不易切片进行热酸蚀的大工件；表面加工完怕破坏表面粗糙度的加工件；含有较大内应力不易进行热酸蚀的热处理硬化件；不适于热酸蚀显示的材料。

根据被检材料和检验目的选用冷酸蚀液，酸蚀方式、时间、用途等见表 7-54。

表 7-54　常用冷酸蚀溶液

序号	酸蚀液	操作特点	用　途
1	2% HCl 水溶液	酸浸 15～20s 后，在 5～8 倍放大镜下观察	显示碳钢及合金钢中非金属夹杂物。如有马氏体存在时可得最佳效果
2	25mL 硝酸，75mL 水	用于大面积的冷酸蚀，如不便加热的钢锭剖面等	显示偏析、疏松枝晶、白点、裂纹、工具钢淬硬层等
	0.5～1mL 硝酸 99～99.5mL 水	试样在 240 号砂布上研磨，清洗后酸浸 30～60s	显示焊接组织
3	5mL 硝酸 95mL 酒精	酸浸 5min 后再用 10% 盐酸水溶液（质量分数）酸浸 1s	显示纯净度、淬硬层深度、渗碳或脱碳层深度等
	100mL 硝酸 9mL 乙醇	—	测定渗氮层深度及感应加热淬硬层深度
4	10g 结晶碘 20～30g KI 100mL 水	酸浸 5～10s，酸侵沉淀物可用轻抛光去除	显示钢焊缝的宏观组织及轴承钢中化学成分不均匀性
5	38mL 盐酸 12mL 硫酸 50mL 水	冷态下酸蚀 2～4h，在通风橱内工作；如在沸腾状态只需 10～45min	显示钢的一般宏观组织偏析、裂纹、淬硬层、软点、焊接组织
	10mL 硝酸 20mL 盐酸 10mL 硫酸 60mL 水	室温下酸蚀 5min	显示钢的低倍缺陷如夹杂、偏析、疏松等
6	（1）2.5g $(NH_4)_2S_2O_8$ 100mL 水（2）同（1）再加 1.5g KI（3）同（2）再加 1.5g $HgCl_2$（4）同（3）再加 15mL 硫酸	用 320 号砂纸磨光后用溶液（1）擦蚀 15min，然后用（2）擦蚀 10min，再用（3）、（4）各擦蚀 5min，最后用水冲洗，再用乙醇洗后吹干	显示铸铁的枝晶组织
7	10mL $(NH_4)_2S_2O_8$ 9mL 水	酸浸时需用脱脂棉揩蚀表面	显示含铝氮化钢的晶粒、焊缝、再结晶组织及流线等

序号	酸蚀液	操作特点	用　途
8	2.5g $CuCl_2$ 10g $HgCl_2$ 5mL 盐酸 用乙醇稀释至 250mL	需先加尽可能少量的水使氯盐溶入盐酸中	显示富磷区域及磷化物带。适用于一般偏析检查
9	90g$CuCl_2$ 120mL 盐酸 100mL 水	酸浸后用水冲洗试样去除铜沉积物,这样对比度好	显示冷变形流线
10	120g$Cu(NH_3)_4Cl_2$ 50mL 盐酸 1000mL 水	酸蚀后试样表面应轻微抛磨	显示钢中枝晶偏析

③ 电解酸蚀。电解酸蚀法要采用专门装置。电解酸蚀使用酸液成分常用 $15\% \sim 30\%$（体积分数）工业盐酸水溶液。电解温度为室温，浸蚀时通常使用电压不大于 $36V$，电流强度不大于 $400A$，电解浸蚀时间以清晰显示宏观组织为准，原则上为 $5 \sim 30min$。电解酸蚀试样表面粗糙度通常不大于 $0.8\mu m$。

（4）酸蚀检验结果评定

钢材酸蚀结果评定可根据 GB/T 1979《结构钢低倍组织缺陷评级图》进行。

① 一般疏松

a. 宏观特征。在浸蚀试样上表现为组织不致密，在整个截面上呈分散的暗点和空隙。暗点多呈圆形或椭圆形。孔隙在放大镜下观察多为不规则的空洞或圆形针孔。

b. 形成原因。钢液在凝固时产生微空隙与析集一些低熔点组元、气体和非金属夹杂物，经酸浸蚀后呈现出组织疏松。

c. 评定原则。根据分散在整个截面上的暗点和空隙的数量、大小及分布状态，同时考虑树枝晶的粗细程度而定。依疏松严重程度分 $1 \sim 4$ 级，1 级最轻。

② 中心疏松

a. 宏观特征。在试样的中心部位呈集中分布的暗点和空隙。但暗点和空隙仅存在于试样的中心部位，而不是分散在整个截面上。

b. 形成原因。钢液凝固时体积收缩引起的组织疏松及钢锭中心部位最后凝固使气体析集和夹杂物严重聚集。

c. 评定原则。以暗点和空隙的数量、大小及密集程度来评定。依严重程度分 $1 \sim 4$ 级，1 级最轻。

③ 锭型偏析

a. 宏观特征。在试样上表现为侵蚀较深的，同时由暗点和空隙组成，其分布为与原锭型横截面形状相似的框带，通常为方形。

b. 形成原因。在钢锭结晶过程中，由于结晶规律的影响，柱状晶区与中心等轴晶区交界处成分偏析和杂质聚集。

c. 评定原则。根据方框形区域的组织疏松程度和框带的宽度来评定。依据偏析严重程度分为 $1 \sim 4$ 级，1 级最轻。

④ 点状偏析

a. 宏观特征。在试样上呈不同形状和大小的暗色斑点。当斑点分布在整个截面上时称为一般点状偏析，当斑点存在于试样边缘时称为边缘点状偏析。

b. 形成原因。钢在冷却时结晶条件不良，钢液在结晶过程中冷却较慢产生成分偏析。当气体和夹杂物大量存在时，点状偏析严重。

c. 评定原则。以斑点的数量、大小和分布状况来评定。依偏析严重程度分为 1～4 级，1 级最轻。

⑤ 皮下气泡

a. 宏观特征。在试样上于钢材的皮下呈分散或成簇分布的细长裂缝或椭圆形气孔。细长裂缝多数垂直于钢材的表面。

b. 形成原因。浇注时钢锭模内壁清理不良和保护渣不干燥等。

c. 评定原则。测量气泡离钢材表面的最远距离及试样直径或边长的实际尺寸。属定性检验，不分级。

⑥ 内部气泡

a. 宏观特征。在试样上呈直线或弯曲状的长度不等的裂缝，其内壁较为光滑，有的伴有微小可见夹杂物。

b. 形成原因。钢中含有较多气体。

c. 评定原则。属定性检测，不分级。

⑦ 残余缩孔

a. 宏观特征。在试样的中心区域呈不规则的折皱裂缝或空洞，在其上或附近常伴有严重的疏松、夹杂物和成分偏析等。

b. 形成原因。钢液在凝固时发生体积集中收缩而产生的缩孔，在热加工时因切除不尽而部分残留，有时也会出现二次缩孔。

c. 评定原则。以裂缝或空洞大小而定。依据缺陷轻重分为 1～3 级，1 级最轻。

⑧ 翻皮

a. 宏观特征。在试样上呈亮白色弯曲条带，在其上或周围有气孔或夹杂物，有的呈不规则的暗黑色线条，有的存在由密集的空隙和夹杂物组成的条带。

b. 形成原因。在浇注过程中表面硬化膜翻入钢液中，钢水在凝固前未能浮出。

c. 评定原则。以在试样上出现的部位为主，并考虑翻皮的长度。依严重程度分为 1～3 级，1 级最轻。

⑨ 白点

a. 宏观特征。在酸蚀试样上，除边缘区域外的部分表现为锯齿形的细小发纹，呈放射状、同心圆状或呈不规则的形态分布，在纵向断口上依其位向不同呈圆形、椭圆形亮点或细小裂缝。

b. 形成原因。钢液中含氢量高，钢锭冷却时来不及析出，经热加工后在冷却过程中，析出的原子氢在缺陷处聚集，形成分子氢并产生很大压力使材料出现显微裂纹。

c. 评定原则。以裂缝长短、数量多少而定。依严重程度分 1～3 级，1 级最轻。

⑩ 轴心晶间裂纹

a. 宏观特征。在试样上呈现于轴心部位区域的蜘蛛网状裂纹。

b. 形成原因。可能与凝固时的热应力有关，一般多出现于高合金钢中，以晶间裂缝形式出现。

c. 评定原则。根据缺陷存在的严重程度而定。依严重程度分 1～3 级，1 级最轻。

⑪ 非金属夹杂物

a. 宏观特征。在试样上呈现不同形状和颜色的颗粒。

b. 形成原因。在冶炼过程中，冶炼或浇注系统的耐火材料或脏物进入并留在钢中。

c. 评定原则。酸蚀检验只能定性评定，必要时应采用高倍金相显微镜检测。

⑫ 异类金属夹杂物

a. 宏观特征。在试样上颜色与基体组织不同，有无一定形状的金属块，有的与基体有明显界限。

b. 形成原因。冶炼操作不当、合金料未熔化或掉入异类金属。

c. 评定原则。酸蚀试验只作定性评定、不分级。

酸蚀检验及结果评定详见 GB/T 226《钢的低倍组织及缺陷酸蚀检验法》；GB/T 1979《结构钢低倍组织缺陷评级图》。

7.21 钢材的硫印检验

钢的硫印检验法是印痕检验方法之一，还有磷印检验法。

印痕检验法就是将含有试剂的相纸紧贴在试样表面上，使试剂和钢中的某些成分在相纸上发生反应，形成一种色彩斑点，显示出某种化学成分的存在和分布情况及严重程度。印痕检验是一种定性检验、不能精确确定该元素的含量。

（1）硫印检验原理

硫印检验主要是检验钢中硫元素的存在及其分布的印痕检验方法。

附在溴化银相纸上的稀硫酸与钢中硫化物发生反应生成硫化氢气体：

如 $$MnS + H_2SO_4 \longrightarrow MnSO_4 + H_2S \uparrow$$

生成的硫化氢气体与相纸上的溴化银发生化学反应，生成硫化银沉淀物：

$$H_2S + 2AgBr \longrightarrow Ag_2S + 2HBr \uparrow$$

硫化银是棕色物质，所以相纸上显现的棕色印痕便是存在硫化物之处。材料中含有硫化物愈多，上述化学反应愈剧烈，相纸上棕色印痕颜色愈深，数量愈多。

（2）试样制备

一般从垂直于材料变形延伸方向的横截面上取样。试验面应去除在切割、制样时可能产生的不利影响。试样表面粗糙度不低于 $0.8\mu m$。

（3）检验方法

将溴化银相纸用 $2\% \sim 5\%$（体积分数）的硫酸水溶液浸泡 2min 左右，再将相纸药膜面紧贴在被检试样的被检面上，保证相纸与试样检验面紧密接触。接触 3min 后取下，经过定影、漂洗、上光等处理便获得了硫印相片。

（4）检验结果评定

硫印相片中显示出的棕褐色斑点处即为硫化物集聚处。相片反映钢试样中硫化物的多少、分布是否合格，应根据产品标准规定或协议要求判定。

钢的硫印检验主要用于检验碳钢、低合金钢及中合金钢，一般不用于高合金钢的检验，这是因为高合金钢的严格冶炼工艺过程使得其含硫量很低，而且在一些高合金钢中，有时硫与其他合金元素形成特殊的硫化物，如含锰量低的高铬钢中，硫可能与铬形成硫化铬，硫化铬不溶解于硫酸，因此用硫印法就检验不出来。

钢的硫印检验详见 GB/T 4236《钢的硫印检验方法》。

7.22 宏观检验的其他方法

除上述酸蚀检验方法和硫印检验方法外，属于宏观检验方法的还有磷印检验、钢材塔形发纹检验、钢材断口检验法。此外，液体渗透和磁粉检验也属钢材宏观缺陷检验。

（1）磷印检验

磷印检验主要是检验钢中磷元素的存在、分布及其严重程度。

以硫代硫酸钠磷印检验为例。先将被检试样经含有焦亚硫酸钾的饱和硫代硫酸钠溶液浸蚀，然后将经浸过盐酸溶液的相纸贴于试样表面，使其与材料中的磷化物发生化学反应，在相纸上显示出彩色斑痕，斑痕处即为磷化物的存在处，依彩色斑痕的多少、颜色深浅程度判定钢中磷元素的存在、分布和严重程度。

（2）塔形车削检验

塔形车削检验是将被检钢材加工成不同直径（或厚度）的塔形试样，通过各加工面上发纹的长度和数量来评定钢材质量。

对圆棒钢材加工成不同直径的塔形试样后，如有发纹便会出现在各个阶梯部分的外表面上、方向与轴向平行的极细小裂纹。这些裂纹可能是单一的，也可能是成组的，有时局部出现，有时会布满整个阶梯轴。

发纹的显示可以用肉眼或放大镜观察，也可以采用表面液体渗透或磁粉探伤方法，以便将发纹显现得更清晰。为更好地显现发纹，被观察面的粗糙度不大于 $0.8\mu m$。

对钢材表面发纹的评定应根据技术标准或协议规定进行。

（3）断口检验

钢材的断口检验是将钢材试样折断后对断面的观察和分析。通过断口分析可以确定断口特征、类型，还可以发现钢材是否存在裂纹、白点、分层、夹渣等缺陷。

试样断口的获得是按标准将试样切成缺口，在室温下折断，用肉眼或放大镜观察断口形态。

目前，已将断口形态分成十余种。

① 纤维状断口。断口表现为：无光泽和无结晶颗粒的均匀组织。通常在断口边缘有明显的塑性变形。

这种断口是塑韧性较好材料的常见断口形式。

② 瓷状断口。断口表面有绸缎光泽，致密、类似细瓷碎片的亮灰色。

这种断口常出现在过共析钢或某些合金钢经淬火或淬火后低温回火的钢材上，是一种正常断口。

③ 结晶状断口。断口有强烈的金属光泽，有明显的结晶颗粒，断面平直，多呈银灰色。

这种断口常出现在热轧或退火的钢材上，是一种正常断口。

④ 台状断口。在纵向断口上，出现颜色略浅、宽窄不同、较为平坦的平台状结构，多分布在偏析区内。

这种断口是沿粗大树枝晶断裂的结果。这种缺陷对钢材的纵向力学性能影响不大，但会降低横向塑、韧性。

⑤ 撕痕状断口。在纵向断口上，沿热加工方向有致密而光滑的条带，颜色呈灰白色，分布无一定规律，有时可能布满整个断面。

这种断口多出现在钢锭中，一般锭头部较重，尾部较轻。这是由于钢中有较高的残余铝，造成氮化铝沿铸造晶界析出并沿此处断裂。这种缺陷会降低钢的塑韧性，特别是对横向塑韧性影响更大。

⑥ 层状断口。在纵向断口上，沿热加工方向呈现无金属光泽的、凹凸不平、层次起伏的条带，并伴有白色或灰色线条，呈朽木状。这种断口多分布在偏析区内。

断口的层状形态主要是由于多条相互平行的非金属夹杂物的存在而引起的。这种缺陷对纵向性能影响不大，对横向塑韧性有显著影响。

⑦ 缩口残余断口。在纵向断口的轴心区，呈非结晶构造的条带或疏松区，有时有非金属夹杂物或夹渣存在，沿条带常有氧化色。

缩口残余多产生在钢锭头部轴心区。其主要是钢锭补缩不足或切头不够等原因造成的。这种缺陷破坏了金属的连续性，严重影响性能。

⑧ 白点断口。在断口上，多呈圆形或椭圆形斑点，斑点内的组织为颗粒状。白点的尺寸变化较大，多分布在偏析区内。

白点主要是由钢中含氢量过多和内应力共同作用造成的。白点是破坏金属连续性的缺陷，对钢的性能有较大影响。

⑨ 气泡断口。在纵向断口上，沿热加工方向呈内壁光滑、非结晶的细长条带，多分布在皮下部位。

气泡主要是由钢中气体过多造成，是破坏金属连续性的缺陷，对钢的性能影响较大。

⑩ 内裂断口。内裂断口可能是由于热加工温度过低、内外温差过大或热加工压力过大、变形不合理而引起的"锻裂"，也可能是由于锻后冷却太快、组织应力和热应力叠加而造成的"冷裂"。锻裂断口的特征是光滑的平面或裂缝。冷裂断口的特征是与基体有明显分界的、颜色稍浅的平面与裂纹。

锻裂和内裂都是不可挽救的缺陷，一旦出现这类缺陷，材料只能报废。

⑪ 非金属夹杂及夹渣断口。在纵向断口上，呈颜色不同、非结晶的细条带或块状缺陷，分布无规律，整个断口均可出现。

这种缺陷是由钢液在浇注过程中混入渣子或耐火材料等杂质造成的。这种缺陷会破坏金属的连续性，对材料性能产生明显影响。

⑫ 异种金属夹杂断口。在纵向断口上，表现为与基体金属有明显的分界、不同的金属光泽、不同的变形能力的条带状组织。

这种缺陷是由于在冶炼时合金料未全熔化或有异种金属落入等造成的。

这种缺陷属于破坏金属组织均匀性和连续性的缺陷，对材料性能有较大影响。

⑬ 黑脆断口。在断口上呈现局部或全部黑灰色，严重时可见石墨颗粒。这种缺陷多出现在共析或过共析钢中。黑灰色是由钢的石墨化造成的。

石墨的存在破坏了钢的化学成分和组织的均匀性，使淬火硬度降低，性能变坏。

⑭ 石状断口。在断口上表现为无金属光泽、颜色浅灰、有棱角、类似碎石块状。其是一种粗晶晶间断口。

这种缺陷是由于钢在加热时严重过热或过烧造成的，其能够降低钢的塑韧性。过烧的钢材是不能使用的。

⑮ 萘状断口。在断口上，呈弱金属光泽的小亮点或小平面，在光照射时，由于各个晶面位向不同，这些亮点和小平面会闪耀着萘晶体般的光泽。它是一种粗晶的穿晶断口。

这种缺陷一般认为是由合金钢过热造成的，高速工具钢重复淬火也会产生萘状断口。这种钢韧性很低、脆性很大。

Ⅶ 显微组织检验

显微组织分析也称金相分析，是用光学显微镜或电子显微镜观察金属内部的组成相及组织组成物的类型、相对量、大小、形态及分布特征。显微分析也用来检验金属材料的冷热加工、焊接、热处理等各加工工序的质量及缺陷。

金属材料的显微分析主要设备是光学显微镜和电子显微镜。光学显微镜是分析显微组织最简单、最常用的设备。光学显微镜是靠光学透镜，即物镜和目镜来使显微组织放大的设备。其分辨率和放大倍数有限，分辨率最短距离为 $0.4\sim0.2\mu m$，放大倍数通常为 $700\sim1400$。光学显微镜系列还有高温光学显微镜和低温光学显微镜。高温光学显微镜是在显微镜系统中配置一个高温台及专用物镜，可用来进行高温下的组织观察。低温光学显微镜是在光学显微镜系统中配置一个低温台，主要用于观察材料在低温条件下的组织变化。

电子显微镜是以波长很短的电子束作为光源，所以其具有很高的分辨率和放大倍数。通常分辨率可达 $5\sim7nm$，放大倍数可达数万。电子显微镜常用的有透射电子显微镜（TEM）和扫描电子显微镜（SEM）。

透射电子显微镜的分辨率高，可以观察更细的组织和晶体缺陷，但透射电子显微镜视域比较小。扫描电子显微镜放大倍数可在二十与数万之间连续调节，分辨率更高。扫描电子显微镜配备能谱仪或波谱仪可进行微区成分分析。

对金属材料进行显微分析时，应制备专用试样。试样的取样位置可以根据材料特征、检验目的和检验项目按标准确定。取样和制样应保证检验部位不受影响。

光学显微镜用试样应进行磨光、抛光。抛光的试样可在显微镜下观察夹杂物、裂纹、石墨孔洞等缺陷。如果要观察内部组织、硬化层等，还应对已抛光试样进行侵蚀。依据不同材料类型、观察的项目合理选择腐蚀剂。

电子显微镜用试样的制备要复杂和严格得多，要采用特殊的"复型""萃取"或"金属薄膜"技术。试样制备质量直接影响分析、检验质量。

7.23 金属基本组织的检验与评定

钢、铸铁、有色金属及合金因其成分不同、热处理条件不同会有不同的组织。

7.23.1 钢的基本组织检验和评定

钢是铁碳合金，钢的含碳量通常不超过 2.1%，有些含有其他一些合金元素，还会含有少量的残余金属和非金属元素。

钢中其他元素会与铁形成固溶体，合金元素还会与铁、碳两个基本元素相互作用并影响钢中各种组成相的组织结构。因为合金元素的加入，所以能改变钢的性能，这一方面是由于合金元素的直接影响，如产生固溶强化作用；另一方面是通过影响钢的相变过程来发挥作用。

由于成分和热处理的影响，钢可以具有不同的晶体结构，常见的基本组织有铁素体、珠光体、碳化物、马氏体、贝氏体、索氏体及一些金属化合物、夹杂物，也可能存在少量的游离元素。

（1）铁素体与珠光体

低碳钢近于平衡的组织是铁素体和珠光体（铁素体与渗碳体的机械混合物），两者含量比例依含碳量不同而不同，随含碳量升高铁素体减少而珠光体增加。它们的组织特征又随热处理条件不同而异。

在热轧或退火、正火状态下，铁素体多为等轴状，与珠光体近于均匀分布。珠光体是奥氏体的共析产物，是铁和渗碳体两相组织的混合物，一般情况下呈片状，片的粗细与冷却速度有关，冷却速度愈大，片愈细。在某些情况下需要珠光体呈球粒状时，可以通过球化处理实现，球状珠光体是球状渗碳体分布在铁素体基体上的组织，球状珠光体比片状珠光体具有更好的性能，尤其是塑韧性更好。钢的球化程度依据渗碳体球的大小、数量、分布形态等分为 6 级。不同类材料、不同用途需要的等级不同，详见 JB/T 5074《低、中碳钢球化体评级》。

（2）碳化物

碳化物多存在于含碳量大于 0.8% 的共析钢和过共析钢中。钢中碳化物可为片状或球状。碳化物的大小和分布对钢的性能有影响，特别是碳化物沿晶界呈网状析出时，对性能尤其是塑韧性有明显影响。碳化物形态和均匀度的评级依钢种、状态不同共分 6 个评级图，详见 GB/T 14979《钢的共晶碳化物不均匀度评定法》。

（3）马氏体

马氏体是钢经淬火后得到的组织。马氏体的形态依钢中含碳量不同通常分为两种，即板条状马氏体和针状马氏体。板条状马氏体又称位错马氏体，多存在于低含碳量的钢中；针状马氏体又称孪晶马氏体，多存在于高含碳量的钢中。板条状马氏体的性能，特别是塑韧性优于针状马氏体。马氏体、特别是针状马氏体的粗细、长度对性能也有影响，马氏体愈粗大，分布愈不均匀，性能尤其是塑韧性愈差。马氏体的等级由细到粗分为 8 级，见表 7-55。

表 7-55　马氏体显微组织等级说明

马氏体等级	显微组织
1	隐针马氏体,细针马氏体,铁素体不大于 5(体积分数,%)
2	细针马氏体,板条马氏体
3	细针马氏体,板条马氏体
4	板条马氏体,细针马氏体
5	板条马氏体,针状马氏体
6	板条马氏体,针状马氏体
7	板条马氏体,粗状马氏体
8	板条马氏体,粗状马氏体

1 级马氏体由于淬火温度低、晶粒小且有少量点状、块状铁素体，冲击韧性好，但抗拉强度、耐磨性下降，适用于要求硬度、耐磨性、强度不太高的零件，淬火裂纹和畸变倾向较小。2～4 级马氏体硬度较高并有良好的抗拉强度、耐磨性，是机械零件常用等级。5～6 级马氏体具有较高的韧性、屈服强度和抗拉强度，适用于较大且要求硬化层较深的零件。7～8 级马氏体为过热组织，耐磨性、冲击韧性下降，属不良组织。详见 JB/T 9211《中碳钢与中碳合金结构钢马氏体等级》

（4）贝氏体

贝氏体是钢高温奥氏体在珠光体转变温度区与马氏体转变温度区之间的中温转变产物。依在中温区上部温区还是下部温区的转变，可分为上贝氏体或下贝氏体，上贝氏体呈针状，下贝氏体呈羽毛状，上贝氏体硬度和强度高于下贝氏体。

（5）索氏体

索氏体是淬火马氏体高温回火得到的组织。在显微镜下观察可见碳化物以颗粒状分布在基体上。索氏体具有良好的抗拉强度、塑韧性以及综合力学性能。

（6）奥氏体

奥氏体是碳钢和合金钢加热超过相变温度的高温组织，也是奥氏体不锈钢和奥氏体-铁素体双相不锈钢的常温组织。奥氏体在常温下多呈多边形，有的会伴有孪晶组织。奥氏体具有较低的强度和高的塑韧性。

7.23.2　铸铁的基本组织检验与评定

铸铁是含碳量大于2.1%的铁碳合金。依据铸铁中碳及合金元素含量及工艺方法不同，会获得不同的基体组织和石墨形态。

铸铁与钢的主要区别在于含碳量更高。碳在铸铁中可以固溶于基体中，也可以形成化合物，还可以呈游离状态存在。铸铁在凝固、结晶和热处理过程中，碳的存在状态还会发生一定的变化。

铸铁的基体组织主要有铁素体、铁素体＋珠光体、珠光体三种，有时还会出现渗碳体、莱氏体、磷共晶组织；而石墨形态则有片状、菊花状、蠕虫状、棉絮状和球状等。基体组织中，铁素体含量愈小，珠光体量愈多，其强度愈高。片状石墨比球状石墨强度高，石墨分布愈均匀、愈细、愈对性能有好处。

（1）灰口铸铁

灰口铸铁主要由基体组织上分布的片状石墨和共晶物组成。

① 基体组织。灰口铸铁依成分不同，基体组织可以是铁素体、铁素体-珠光体、珠光体，经过热处理后还可能存在贝氏体、马氏体等。对灰口铸铁基体组织的评定主要是珠光体的粗细程度和珠光体的含量。

珠光体的粗细程度以片间距衡量。依片间距由小至大分为1～4级，1级最小，在500倍显微镜下难以分辨；4级最大，在放大500倍时片间距＞2mm。

珠光体的数量依多至少分为1～8级，1级珠光体含量最高，含量≥98%；8级含量最低，含量＜45%。

② 石墨长度。灰口铸铁中的石墨依长度由大至小分为1～8级，1级石墨在放大100倍时长度＞100mm，8级石墨在放大100倍时长度＜1.5mm。

此外，还对灰口铸铁组织中的碳化物和共晶体进行分类。

灰口铸铁的性能与珠光体含量、片间距、石墨尺寸有关，组织中珠光体含量愈高，片间距愈小，石墨尺寸愈小，其强度愈高。

灰口铸铁金相组织的检验与评定见GB/T 7216《灰铸铁金相检验》。

（2）球墨铸铁

球墨铸铁是指铁液经过球化处理，使石墨大部或全部呈球状、有时有少量团絮状石墨的铸铁。

① 基体组织。球墨铸铁的基体组织可以有铁素体、珠光体-铁素体、珠光体、珠光体-索氏体等。对球墨铸铁基体组织的评定主要是珠光体的数量、铁素体的数量。

球墨铸铁基体组织中珠光体依含量由多至少分为12个级别，含量最多的是珠95级，含珠光体量＞90%；最少的是珠5级，含珠光体量≈5%。

对铁素体的评定主要是看组织中呈块状或网状分布的铁素体含量，依含量由少至多分为6个级别，最少的是铁5级，铁素体含量≈5%；最多的是铁30级，铁素体含量≈30%。

此外，对基体组织中磷共晶数量也分为 5 个级别，最少量≈0.5％，最多量≈2.5％。

② 石墨分级和大小。珠墨铸铁中的石墨形态很重要。对石墨球化率即球化分级，依球化率的量由多至少分为 1～6 级，其中 1 级球化率≥95％，6 级球化率约为 50％。

石墨长度也是评定的一个指标，用 100 倍放大率观察，依石墨长度由大至小分为 3～8 共 6 个级别。其中 3 级尺寸最大，长度＞25～50mm；8 级尺寸最小，长度≤1.5mm。

球墨铸铁的性能与基体组成和石墨化程度及石墨球大小有关。组织中珠光体含量愈多、石墨愈小、分布愈均匀，则强度愈高、硬度愈高、伸长率愈小。如果基体组织中含有索氏体或马氏体，则强度更高。

球墨铸铁金相组织检验和评定见 GB/T 9441《球墨铸铁金相检验》。

其他铸铁除蠕墨铸铁有金属基体和石墨蠕化率的检验和评定外，一般只做定性的组织检验，不做定量评定。

7.23.3　有色金属及合金的组织检验

有色金属及其合金组织基本是比例不同的 α 相、γ 相、δ 相、β 相。对它们的组织检验通常只做定性检验。

7.24　钢中非金属夹杂物的检验与评定

金相法是检验和评定钢中非金属夹杂物的首选方法。金相法检验钢中非金属夹杂物可以用明场观察夹杂物的大小、形状、分布、颜色、可塑性等基本特性，用暗场观察夹杂物的固有色彩和透明度，用偏光观察夹杂物是各向同性还是各向异性。

不同夹杂物在显微镜下的分布形态、形状、大小、颜色等各不相同。金相观察就是通过这些不同特征来确定夹杂物的种类。

对钢中非金属夹杂物的评定，基本分为 A 类（硫化物类）、B 类（氧化铝类）、C 类（硅酸盐类）、D 类（球状氧化物类）、DS 类（单颗粒状）等五类。

其中 A 类、B 类和 C 类夹杂物依据夹杂物长度分为 0.5 级、1 级、1.5 级、2 级、2.5 级、3 级共 6 个级别。其中 0.5 级缺陷长度最小，3 级缺陷长度最大。D 类夹杂物依数量多少分为 0.5 级、1 级、1.5 级、2 级、2.5 级、3 级共 6 个级别，其中 0.5 级缺陷数最少，3 级缺陷数最多。DS 类夹杂物依缺陷直径大小分为 0.5 级、1 级、1.5 级、2 级、2.5 级、3 级共 6 个级别，其中 0.5 级缺陷直径最小，3 级缺陷直径最大。

各类夹杂物具体评级界限见表 7-56（该界限值是在放大 100 倍条件下的标准）。

表 7-56　评级界限（最小值）

评级图级别 i	夹杂物类别				
	A 总长度 /μm	B 总长度 /μm	C 总长度 /μm	D 数量 /个	DS 直径 /μm
0.5	37	17	18	1	13
1	127	77	76	4	19
1.5	261	184	176	9	27
2	436	343	320	16	38
2.5	649	555	510	25	53
3	898 （＜1181）	822 （＜1147）	746 （＜1029）	36 （＜49）	76 （＜107）

钢中非金属夹杂物的检验及评定见 GB/T 10561《钢中非金属夹杂物含量的测定　标准评级图显微检验法》。

7.25　带状组织和魏氏组织的检验与评定

7.25.1　带状组织的检验与评定

带状组织是指在金属材料中，两种组织呈条带状沿轧制方向大致平行、交替排列的一种组织形态。中、低含碳量的结构钢中铁素体带和珠光体带构成的带状组织是典型组织。带状组织是钢材轧制后的冷却过程中发生相变时铁素体优先在枝晶偏析和非金属夹杂物延伸而成的条带中形成，这个过程导致铁素体形成带状，铁素体带之间为珠光体带。

带状组织的存在使钢的组织不均，影响钢的性能，产生各向异性，严重损害钢的塑韧性，给后续一些加工过程带来困难。

钢中带状组织的检验和评定主要依据带状铁素体的数量及贯穿视场程度而定。具体检验和评定时，按钢的含碳量分成五个系列，A 系列用于含碳量不大于 0.10% 的钢；B 系列用于含碳量为 0.10%～0.19% 的钢；C 系列用于含碳量为 0.20%～0.29% 的钢；D 系列用于含碳量 0.30%～0.39% 的钢；E 系列用于含碳量 0.40%～0.60% 的钢。每个系列依带状铁素体的严重程度分为 0～5 级共 6 个级别，其中 0 级带状组织最轻，5 级带状组织最重。详见 GB/T 34474.1《钢中带状组织的评定　第 1 部分：标准评级图法》

7.25.2　魏氏组织的检验与评定

魏氏组织一般是指在亚共析碳钢和亚共析低合金钢中，在奥氏体晶粒较粗和一定冷速条件下，先共析铁素体呈片状或羽毛状析出并向晶内扩展的一种组织。

魏氏组织的存在会降低钢的塑韧性，尤其降低钢的冲击韧性。

钢中魏氏组织的检验和评定主要依据析出的先共析铁素体的严重程度。具体检验和评定时，按钢的含碳量分成两个系列，A 系列用于含碳量为 0.15%～0.30% 的钢；B 系列用于含碳量为 0.31%～0.50% 的钢。每个系列依先共析铁素体片的严重程度分为 0～5 级 6 个级别，其中 0 级最轻，基本无魏氏组织特征；5 级最重，呈明显的粗大针状或网状铁素体形态。

魏氏组织的检验与评定详见 GB/T 13299《钢的显微组织评定方法》。

7.26　奥氏体不锈钢和奥氏体-铁素体双相不锈钢中 α 相的检验与评定

根据对材料力学性能、耐腐蚀性能、磁性能及工艺性能的要求，对奥氏体不锈钢有时要求不存在 α 相，有时要控制 α 相含量为 10%～25%，而对奥氏体-铁素体双相不锈钢通常要求其中-相的含量在 35%～65% 之间，最少不低于 25%。所以，对重要产品或有要求的材料要检验 α 相含量。

金相法是检验奥氏体不锈钢和奥氏体-铁素体双相不锈钢中 α 相含量的重要方法之一。用金相法检验 α 相含量时，先将试片适当腐蚀以显示 α 相，对于奥氏体-铁素体双相不锈钢再用金相显微镜在放大 500 倍的条件下观察组织，并与标准图片比对。具体检验和评定时，

按 α 相是带状还是网状分布分为两个系列。每个系列依 α 相含量分为九级，其中最小级的 α 相含量为 35%，依次递增，分别为 35%、40%、45%、50%、55%、60%、65%、70%、75%。

对于奥氏体不锈钢放大 270~320 倍观察 α 相，结果分 0.5、1.0、1.5、2.0、3.0、4.0 六个等级，α 相面积含量分别是：≤2%、>2%~5%、>5%~8%、>8%~12%、>12%~20%、>20%~35%。奥氏体不锈钢和奥氏体-铁素体双相不锈钢中 α 相的检验和评定详见 GB/T 13305《不锈钢中 α-相面积含量金相测定法》。

7.27　钢的脱碳层深度的检验与评定

钢在氧化性气氛中加热时，表面的碳与氧发生作用生成一氧化碳等物质使含碳量降低的现象称脱碳。

钢表面脱碳，会使表面层在热处理后硬度、耐磨性、抗疲劳性能降低。所以，应对钢表面脱碳予以控制，对重要零部件表面脱碳层应予以检验和评定。

金相法是检验和评定钢脱碳层的主要方法之一。这种方法是在金相显微镜下观察试样从表面到基体随着碳含量的变化而产生的组织变化。在亚共析钢中是以铁素体与其他组织组成物相对量的变化来区别；在过共析钢中是以碳化物含量相对基体的变化来区分。对于硬化组织和淬火回火组织，当碳含量变化引起组织显著变化时，也可用金相法测量。

通常采用 100 倍的放大倍数检验，也允许用更大倍数检验，倍数的选用以能准确测定出脱碳情况为原则。

钢的脱碳层深度测定依据具体情况不同，可分为完全脱碳层深度、有效脱碳层深度和总脱碳层深度。具体选用哪一种脱碳层深度应根据产品零件特性和技术条件确定。

完全脱碳层深度是指从表面向内的具有完全铁素体组织的深度。

有效脱碳层深度是指从钢表面到规定的碳含量那一点的深度，规定的碳含量的水平以不因脱碳而影响使用性能为原则（如产品标准中规定的碳含量的最小值），也可依据技术条件要求确定。

总脱碳层深度是指从钢表面到碳含量等于基体碳含量那一点的深度。

钢的脱碳层的检验详见 GB/T 224《钢的脱碳层深度测定法》。具体评定和验收标准依技术条件而定。

7.28　钢的渗氮层的检验与评定

钢的渗氮（气体渗氮、离子渗氮）、碳氮共渗是为了提高表面硬度、耐磨性、抗咬合性和耐蚀性。渗层质量对性能有明显影响。渗层质量包括渗层深度、渗层脆性、渗层疏松以及脉状氮化物分布等。

金相法是检验和评定渗层质量的重要方法。检验渗层质量的试样应从垂直于渗层表面方向切取，在制样过程中应不产生对测试结果准确性的影响。试样应经过抛光和腐蚀，以显现渗层组织。对渗层质量的检验一般为在显微镜下放大 100 倍或 200 倍后观察。

渗层深度是从试样表面沿垂直方向测至与基体组织有明显分界处的距离。渗层深度的合格评定依技术条件而定。

渗层脆性的测定依维氏硬度压痕边角碎裂程度而分为 5 级。其中 1 级脆性最小，维氏硬度压痕基本保持正四边形，边角完整无缺；5级脆性最大，压痕四边或四角碎裂。根据技术标准评定，一般件1～3级为合格，重要件1～2级为合格。

渗层疏松是以渗层表面化合物层内微孔的形状、数量、密集程度为条件分为5级，其中1级疏松最轻，化合物层致密，表面无微孔；5级疏松最重，微孔占化合物层3/4以上厚度，部分呈孔洞密集分布。

渗层疏松的评定依技术条件而定，一般件1～3级为合格，重要件1～2级为合格。

渗层中氮化物检验是根据渗层扩散层中氮化物形态、数量和分布情况分为5级。其中1级最好，扩散层中只有极少量呈脉状分布的氮化物；5级最差，扩散层中有连续呈网状分布的氮化物。

渗层中氮化物的评定依技术条件而定，一般件1～3级为合格，重要件1～2级为合格。

渗层脆性一般在显微镜下放大100倍检验，疏松和氮化物通常放大500倍检验。

渗氮层、氮碳共渗层质量检验见GB/T 11354《钢铁零件 渗氮层深度测定和金相组织检验》。

7.29　金属平均晶粒度的检验与评定

钢的晶粒度表示钢晶粒大小。通常钢的晶粒度愈细小性能愈好。所以，在许多情况下要检验并控制钢的晶粒度。

检验和评定钢的晶粒度常采用比较法。即将试样抛光和适当腐蚀显示钢的晶粒度，用与标准图谱相同的放大倍数观察并与图谱相比较进行评定。

标准中有四个系列图谱，各图谱评级适用范围见表7-57。

表 7-57　标准系列评级图适用范围

系列图片号	适 用 范 围
图 I	①铁素体钢的奥氏体晶粒即采用氧化法、直接淬硬法、铁素体网法、渗碳体网法及其他方法显示的奥氏体晶粒 ②铁素体钢的铁素体晶粒 ③铝、镁和镁合金、锌和锌合金、高强合金
图 II	①奥氏体钢的奥氏体晶粒(带孪晶的) ②不锈钢的奥氏体晶粒(带孪晶的) ③镁和镁合金、镍和镍合金、锌和锌合金、高强合金
图 III	铜和铜合金
图 IV	①渗碳钢的奥氏体晶粒 ②渗碳体网显示晶粒度 ③奥氏体钢的奥氏体晶粒(无孪晶的)

标准图谱 I、II、IV 均是放大100倍观察。其中 I 图谱有00、0、0.5、1～10等多个级别图片，00级为最粗，10级最细；II 图谱有1～8共8级图片，1级最粗，8级最细；IV 图谱有1～8共8级图片，1级最粗，8级最细。

钢的平均晶粒度检验与评定见GB/T 6394《金属平均晶粒度测定方法》。

7.30　金属表面硬化层深度的检验与评定

金属表面硬化层是指金属表面经过淬火处理或化学热处理之后表面硬度高于基体硬度的

那一部分。如钢经感应淬火（中频淬火、高频淬火）、火焰表面淬火、激光表面淬火、渗碳淬火、渗氮、氮碳共渗等处理都会在表面获得一定深度的硬化层。

表面硬化层的质量控制，包括硬度、硬化层深度、硬化层性能、组织状态等对使用性能都有重要意义。

尽管不同的表面硬化方法所规定的硬化层深度的定义有所不同，但测定方法基本上是相同的。都是在垂直于表面硬化层的横截面上，采用低负荷维氏硬度测试，根据断面上维氏硬度变化曲线确定硬化层深度。

① 感应表面淬火和火焰表面淬火的有效硬化层深度是指从表面到硬度值等于极限硬度值处的距离。而极限硬度是指零件表面淬火技术要求最低硬度的 0.8 倍。如表面淬火硬度要求为 50～55HRC，则极限硬度为 50×0.8＝40（HRC）。测量表面淬火有效硬化层深度通常采用的维氏硬度测量负荷为 4.9～49N（0.5～5kgf）。

表面淬火硬化层深度检测和评定见 GB/T 5617《钢的感应淬火和火焰淬火后有效硬化层深度的测定》。

② 渗碳淬火的淬硬层深度是指从零件表面到维氏硬度为 550HV 处的距离。测量渗碳淬火层深度通常采用的维氏硬度测量负荷为 4.9～9.8N（0.5～1kgf）。

渗碳淬火淬硬层深度的检验和评定见 GB/T 9450《钢件渗碳淬火硬化层深度的测定和校核》。

③ 渗氮硬化层深度是指从表面到比基体硬度高 50HV 处的距离。如材料基体硬度为 243HV，则测量到硬度为 293HV 处的距离。

渗氮硬化层深度的检验和评定见 GB/T 11354《钢铁零件 渗氮层深度测定和金相组织检验》。

第**8**章

材料的采购与验收

金属材料的采购与验收是保证所用材料符合技术条件、标准、规范，满足所制造零件功能要求和质量的重要程序。所以，在材料采购、验收的全过程中，应严格控制，以确保采购材料的质量。

金属材料的采购、验收通常包括以下几个环节。第一，在采购前应编制材料采购技术规格书；第二，采购应在经过考察评定并确认合格的供货商（企业）中进行；第三，对金属材料制造、生产、检验和试验过程中的关键工序进行必要的质量监控；第四，对制造完成的材料中重要项目在供货方或使用方进行复验或验收，确认合格程度。此外，在材料选择或采购过程中，由于种种原因，有时不可避免地要实现材料的代用，这时，应对材料代用的可行性进行论证，说明材料代用的合理性。

8.1 材料采购技术规格书（技术条件）

为保证材料的合格采购，采购前应编制材料采购技术规格书即技术条件，也称材料采购技术规范。以此作为采购部门与供货商签订采购技术协议和采购合同的依据，也是材料制造生产过程中，对制造质量监控的依据，更是对材料验收的依据。

材料采购技术规格书重要的是要符合相关标准、规范，能保证质量，满足使用功能的要求。

材料采购技术规格书通常包含以三个方面的内容。

① 第一方面的内容是通用性内容。包括适用范围、引用标准等。

a. 适用范围：所编写的技术规格书所适用的产品、零件、材料，以及规格书的主要控制内容等。

b. 引用标准：规格书中实施的各项条件、要求所依据的标准、规范。这些标准可以是国家标准、专用标准及特定的标准规范。

② 第二方面的内容是技术规格书的主体内容。通常是依据材料的制造生产流程、对可控和重点工艺（工序）的要求、控制项目、验收标准等。

a. 熔炼：可根据对材料的质量要求不同，限制或不限制使用的熔炼设备和工艺方法；对特殊重要材料，如对钢的纯度或有害气体有严格限制时，可限定熔炼方式，如要求采用真空技术、电渣重熔等。

　　熔炼完成后，对材料的主要质量检验是钢的化学成分。

　　b. 浇铸：包括铸件浇铸或铸锭浇铸，当有特殊要求时可提出，如对铸件或钢锭的质量或有害气体有严格控制时，可限定采用真空处理，如真空除气、真空浇铸等。

　　c. 锻造：当然是对锻件的要求，一般是对锻压比的要求，对于重要锻件、大锻件，为保证锻压质量，也可提出对锻压设备或锻造方法的要求。

　　对铸后（主要指铸件）或锻后（指锻件）的质量控制和检验项目应包括夹杂物检验、有害气体含量检验、低倍组织检验、对双相不锈钢两相组织比例检验等。当然，这些检验项目应视铸件或锻件的质量要求程度、重要程度等有选择地进行。对提出的检验项目应明确检验方法标准和合格与否的验收标准。

　　d. 热处理：无论是铸件或锻件，都应进行热处理，以改善组织、去除应力、降低硬度等。热处理，特别是性能热处理，应予以控制，必要时应限定热处理设备、加热方法、主要工艺参数、冷却方式等。

　　e. 力学性能检验：应明确检验项目、条件、采用的方法标准、判定结果合格与否的依据、不合格项的处理、复检的原则等。必要时对采用试块取样部位、试样尺寸、规格等提出具体要求。

　　f. 表面缺陷检验：当对材料或零件半成品、成品有表面质量控制时，应明确检验项目、检验方法、采用的标准、验收的依据。有些检验项目还需要明确检验区域、范围。

　　g. 内部缺陷检验：主要指材料内部质量状况，如有无裂纹、夹渣、气孔等可以定性和定量评定的项目。依据材料种类、重要性等常采用的检验方法是超声波探伤、射线探伤等。

　　进行内部缺陷检验时，应明确或推荐检验方法、采用的标准、验收依据等。必要时，对检验区域、部位提出要求。

　　h. 工艺性试验：主要是对成型材，如板材、管材及其他型材的检验。同样，应明确检验标准、判定结果合格与否的依据。

　　③ 第三方面的内容主要是附加性的要求，如材料的标志、包装、运输的要求；供货方应提交的报告、文件、记录；质量保证要求等。

　　材料采购规格书的编制一定要清楚、明确，不可存在模棱两可、似是而非、容易引起歧义的内容。

　　材料采购规格书编制完成后，应按程序进行审核、批准后，提供给采购部门、检验部门或其他需要的部门，应存档备查。

　　下面的《××××泵螺栓材料采购技术规范》，供参考。

××××泵

螺栓材料采购技术规范

（ASME SA540M 锻件）
合同号：××××-××

A	年 月 日	×××	×××	×××	10
版本	日期	编制	审核	批准	总页数

1

修改页

版本号	修改章节及内容	修改人	批准人	修改日期

编制说明

① 本采购技术规范适用于××××泵用螺栓 ASME SA540M 锻件棒材采购。

② 编制依据为××××公司提供的《×××泵用螺栓材料采购规范》和 ASME 锅炉和压力容器法规 2004 版相关内容。

③ 本技术规范属××××设备厂密控文件，未经允许不得向第三方扩散。

3

××××泵

螺栓材料采购技术规范
(ASME SA540M 锻件棒材)

（1）适用范围

① 本采购技术规范适用于××××泵用螺栓（ASME SA540M GR B23 CL2 和 GR B23 CL3）锻件采购。

② 本规范规定了××××泵用螺栓材料的冶炼、化学成分、锻造、热处理、制造、检验、试验标记、包装等技术要求。

（2）引用标准

本技术规范各项程序（熔炼、化学成分、锻造、热处理、力学性能试验、外观检验、磁粉检验、超声波检验）符合 ASME 相应标准（见附表）。

（3）熔炼

采用电炉或相应设备冶炼，钢水可采用真空除气处理，允许通过电渣重熔方式再冶炼。

（4）化学成分

① 熔炼成分和成品分析成分及允差见表一。

表一　熔炼成分和成品成分允差　　　　　　　　　　　　　　　%

	成分	C	Mn	P	S	Si	Ni	Cr	Mo
B23 CL2 B23 CL3	范围	0.37～ 0.44	0.60～ 0.95	≤0.025	≤0.025	0.15～ 0.35	1.55～ 2.00	0.65～ 0.95	0.20～ 0.30
	成分分析偏差	±0.02	±0.04	±0.005	±0.005	±0.02	±0.05	±0.05	±0.02

注：1. 不允许有意加入铋、硒、碲、铅。

2. 如果采用真空碳脱氧，硅的最大含量是 0.35%。

② 化学分析。钢厂必须提交熔炼分析报告和成分分析报告，成品分析可在力学性能试件边角料上取样检验。

分析方法可按实验室的常用方法，实验室所用分析仪器设备的标定方法和检验结果应是经鉴定和有效的。

（5）制造

① 锻造。

a. 应采用有足够能力的设备，保证锻件任何部位得到充分锻压。钢锭头尾应充分切除，以确保消除铸锭缺陷部分，锻造比不小于 3。

b. 制造程序。供应商应编制以下制造程序（不只限于这些）：

——钢的冶炼方式；

——钢锭重量及类型；

——锭头、锭尾切除百分比；

——热处理状态和交货状态棒材尺寸；

——热处理条件；

——试样在试料中位置图。

4

② 热处理。

a. 锻件锻后应进行退火处理，退火工艺由锻造方提供，退火后硬度不大于 235HB。

b. 性能热处理应在锻坯粗加工后进行，热处理方式为淬火＋回火。淬火应采用液态冷却介质，回火温度不得低于 455℃。保温时间应充分。

（6）力学性能

① 硬度检验。对每支棒料进行硬度检验，硬度值应符合要求。并选出硬度值最高和最低各一支送检力学性能。

② 拉伸与冲击试验。

a. 力学性能试样应在性能热处理后的坯料上一端截取，试样有用部分应在棒料端部去除棒料直径长度后截取。拉力试样和冲击试样在棒料二分之一半径处切取。

b. 每炉号、每一尺寸按每次回火装炉件数，取一支棒料。

c. 拉力试样和冲击试样应符合 ASME SA370 的规定。

拉伸试样：$\phi 12.5\text{mm}$，$L_0 = 50\text{mm}$。

冲击试样：$10\text{mm} \times 10\text{mm} \times 55\text{mm}$。

制成一个拉伸试样和三个夏比 V 形缺口冲击试样。

③ 拉伸试验和冲击试验结果应符合表二、表三的规定。

表二　室温拉伸试验

材料	R_m/MPa	$R_{p0.2}$/MPa	A/%	硬度(HB)
ASME SA540M GR B23 CL2	≥1069	≥965	≥11	321～415
ASME SA540M GR B23 CL3	≥1000	≥896	≥12	311～388

表三　冲击试验（温度－18℃）

材料	直径/mm	吸收功/J	横向膨胀量/mm
ASME SA540 GR B23 CL2	＞25	提供数据	≥0.64
ASME SA540 GR B23 CL3	＞25	提供数据	≥0.64

硬度试验在每支棒料靠近每一端各进行一次。

④ 重新热处理和复试。如果试验不合格，则应拒收，但允许重新热处理和按原试验方法全部试验。重新热处理淬火次数原则上不超过一次，回火次数不限。

（7）外观检验

① 在制造的各个阶段都应进行外观检验，不得存在后续机加工去除不掉的表面缺陷。

② 磁粉检验。棒料应按照 E709 实用规程作磁粉检验。下列缺陷不予验收：

线性磁痕；尺寸超过 3mm 的非线性磁痕；3 个或多于 3 个间距小于 3mm 并排列成行的磁痕，以及间距在 3～6mm 的分布长度超过 15mm 的磁痕。

（8）内部缺陷检验

每一支棒料都应进行内部缺陷检验。

超声波检验：直径大于 50mm 的棒料应进行超声波检验。

整个棒材都应进行超声波检验，信号评定、可记录的信号范围和验收准则按 AFNOR 标准 NF04-308 的质量等级规定的质量 3 级验收。

（9）修补

5

任何缺陷不允许采用焊接方法修补，只允许用磨削等机加工方法消除表面缺陷，消除后交货件尺寸应保持在公差范围之内。

（10）标记

每根棒料都应打注标记，以保证已检验的材料在试验报告中每一根均可辨识和追溯。

标记全少包括以下信息：

——材料标准号；

——材料制造商名字或商标：

——棒材编号；

——炉号。

应当使用低应力钢印进行永久标记。

（11）试验报告（文件）

钢材在交货时，供方应提供如下报告：

——熔炼成分和成品成分报告单；

——锻造记录和检验报告单；

——试样取样位置图；

——热处理记录和检验报告单；

——磁粉检验报告单；

——超声波检验报告单；

——尺寸检验报告单；

——其他反映产品质量的记录或报告。

（12）清洁、包装和运输

按订货协议和订货合同执行。

（13）质量保证要求

各工序生产承制单位应有详细的质量保证程序并对各工序进行全面的质量管理，保证产品符合规范要求。

附：本规范主要条目与 ASME 符合对照表。

本规范条目内容	ASME
（3）熔炼	ASME SA540M-4.1
（4）化学成分	ASME SA540M-6
（5）中①锻造	ASME SA540M-4.2
（5）中②热处理	ASME SA540M-5
（6）中①硬度检验	ASME SA540M-16 ASME SA370
（6）中②拉伸与冲击试验	ASME SA540M-8
（7）外观检验	ASME SA540M-12
（7）中②磁粉检验	ASME SA540M-S6
（8）中超声波检验	ASME SA540M-S3

6

8.2　供货商的考察、评定和资格认定

采购材料（铸、锻件）的质量、合格程度与供货商有直接关系，只有有资质、有条件（人员、技术能力、生产设备、检验与试验条件、管理水平等）的供货商才能提供优质、合格的材料和铸锻件。所以，对供货商的考察、评定、资格认定是主要的工作和必须进行的程序。

对材料（铸锻件）供货商的考察和评定内容主要包括人员、设备、生产与检验能力、资质、业绩等。

① 人员：主要指组织结构和人员构成，特别是与产品质量有直接关系人员情况，如技术人员、质保人员、质检人员等的情况。

② 质保能力：是否建立了质保体系，质保体系是否能独立、有效地开展工作。

③ 技术能力：技术人员的资历、水平、成果，能否胜任本职工作，能否有效解决产品生产制造过程中的技术问题。

④ 设备能力：能否满足材料（铸、锻件）的生产需要，设备的构成、数量、规格、等级、水平评价等。

⑤ 检验与试验：检验与试验人员的资质、能力；检验与试验设备能否满足材料（铸、锻件）质量保证需要；哪些检验与试验可独立完成，哪些需要外协完成，检验试验设备是否完好有效。

⑥ 采用标准：包括技术标准和检验试验标准；这些采用的标准是否先进、能否满足产品需要，在产品生产制造过程中是否能有效地执行标准。

⑦ 企业资质：主要指供货商已经获得了哪些资质，如获得的认证、评定、授权、专利及其他能代表其能力和水平的证明。

⑧ 业绩：供货商在过去时间里，都生产、制造过哪些高水平的产品，应用在何等重要领域，用户的评价等。

此外，对于特殊、重要的产品，还应考察评定其满足特殊要求的能力。

对供货商的考察、评定，可通过供方提供的资料、文件、介绍、座谈、交流、现场考察等方式完成。必要时可对供货商的其他用户进行考察。

经过考察，尚有不满足需要、但可以经过整改满足需要之处，应提出整改意见，限期整改，并及时复查，确定是否满足要求。

经过考察和评定的供货商，应提出考察、评定报告，并提出考察、评定意见。同时应与相关部门人员，如设计、工艺、质保、检验、采购等部门人员一起对供货商予以评定，确认能否满足需要，是否可成为合格供货商。对评定的合格供货商应列入合格供货商名录，供材料（铸，锻件）采购时优先选择。

附：《供货商情况调查报告》，供参考。

供货商情况调查报告

（核级铸件供货）

报告编号：HK-01-05

（1）企业概况

××集团为民营企业。集团含×个公司，其中铸造生产公司有×个，分别以硅溶胶精密铸造（主要用于小于100kg的铸件）、消失模铸造（主要用于100～300kg的铸件）、砂型铸造（主要用于300kg以上的铸件）等不同铸造方法为主。

全集团有员工××××余人，其中铸造生产相关员工有××××余人，含技术中心技术人员×××余人，质量中心质量检测人员×××余人。

该企业已通过ISO 9000认证（证书复印件另附）。

为对国外供货，还取得了英国劳氏船级社、德国劳氏GL、英国船检ABS、欧洲PED-CE等多国（公司）的产品生产许可证（证书复印件另附）。

于2007年提出《民用核安全机械设备制造许可证》申请，并被国家核安全局接受，审核通过，并获得证书（证书复印件另附）。

该公司位于××省××市。

（2）生产能力

① 冶炼、铸造。冶炼设备有1.5t电弧炉×台、20t电弧炉×台、5t和30t AOD精炼炉各×台、20t VOD精炼炉×台、30t LF精炼炉×台、200kg～10t中频感应炉××台。

有进口直读光谱仪×台，用以检验钢材成分。

从意大利引进的自动造型生产线，可进行各种砂造型；从英国引进消失模生产线一套；消失模精铸、硅溶胶精铸等多条生产线可进行上述类型的铸造生产，以适应不同企业等级的铸件要求，可批量生产0.2kg～60t铸件（参见附图另附）。

② 补焊。该公司有交、直流电焊机共××台套，有×人具有合格的核级证，有系统的焊接工艺评定程序，并有效指导焊补生产，具有碳钢及各类奥氏体、奥氏体-铁素体，马氏体等不锈钢的补焊经验。

③ 热处理。该公司有高、中、低温燃气和电加热热处理炉××台套，并可进行炉温均匀性检测，可满足泵用碳钢、各类不锈钢的退火、固溶处理、调质处理、焊后去应力等各类热处理的需要。

此外，有各类机加工能力（是集团内的一个公司）满足铸件加工需要。

（3）质量检测

① 力学性能检测。有万能拉伸试验机×台，可进行常温拉伸试验，并正购置高温拉伸试验机完善拉伸试验条件。

有×台冲击试验机，可完成按GB、RCCM标准进行的从室温到−196℃的冲击试验，并对冲击样缺口精度进行投影检查。

② 有金相显微镜×台，可进行常规金相组织的检测。

③ 有奥氏体钢或双相不锈钢晶间腐蚀试验能力。

④ 无损检验。有磁粉探伤机×台，超声波探伤机×台，适应不同厚度的射线探伤机×台，及对核级件标准着色检验手段。

以上手段可满足核级铸件各类缺陷无损检测，各类检测均由持核级检验资格证人员进行操作。

（4）质量保证能力

该公司设有核电办公室，组织协调核产品的各项工作；有较完善的质保体系；专职质保人员××人；有质量手册；有核级铸件质保大纲及管理监督程序；对核级铸件生产有质量计划及各工序控制程序；特别是对核级铸件有专门生产检验区（附图另附），可确保核级铸件生产的全过程控制。

（5）对核级相关标准的理解和贯彻

通过交流，认为该公司相关人员对 RCCM 标准和 ASME 标准有较高的理解水平和贯彻经验，对我方提出的问题（质保、铸造、补焊、热处理、检验及防污染等十几个问题）基本能准确解释和说明。

（6）业绩

① 曾对瑞典、英国、美国等多个国家提供过各类材质铸件。

② 为×××等多家公司生产过核级不锈钢铸件（应用××二期工程）。

※ 　　　　　　　　　　　※

基本评价：

该公司有较强的生产能力和核质保能力，有生产业绩，对核级产品相关标准有较好的理解能力和贯彻经验，可胜任核级泵铸件的生产。

若在现有基础上，结合我方条件及材料特点，进一步总结、提高、完善，可将核级泵铸件的生产质量推向更高的水平。

结论和建议：

××公司可以完成核 2、3 级铸件的生产制造。建议列入我公司核级铸件采购供货商名录。

考察报告人： 　××部 　　×××　　　　　×××

×××× 年 × 月 × 日

8.3 材料（铸、锻件）生产过程中的质量监控

为确保采购产品的质量合格，应对供货商在产品生产、制造过程中的重要工序进行监控（常称质量见证）。

在与合格供货商签订采购合同后，供货商应提交质量计划。在质量计划中，应确定见证点和停工待检点。用户可根据需要对供货商提出的见证点和停工待检点确认或提出修改意见。在产品生产制造过程中，在到见证点或停工待检点的节点时刻，用户应指派有能力的人员前往供货商处去见证和质量监控。

见证和监控的主要内容包括完成该程序工作的人员资格、采用标准、使用设备、操作规程及操作的正确性、数据采集的正确性、结果的合格性等。其中程序对标准的符合性应成为

重控重点。

以力学性能检验见证为例，见证、监控内容应包括：试样状态标志、取样位置、方向、取样方法、试样加工、试样尺寸、规格等是否符合选定的标准，检验设备是否完好并在有效合格期内，试验条件是否满足需要，检验人员的操作是否符合规范要求，原始数据的采集是否合理、正确，检验结果是否准确、合格等。

再比如对超声波检测的见证和监控内容应包括：执行的标准、人员资格、使用的设备、检测部位、扫查方向、缺陷显示的记录、合格与否的判定等。

附：《质量见证（监制）报告》，供参考。

质量见证（监制）报告

（报告编号：JZ-2012-08）

质量保证部：

受公司指派于 2012 年×月×日到为我公司提供××泵紧固螺栓锻造棒料的××市××××锻造有限公司，对合同号为××的 42CrMoE 锻造棒料的力学检验工序过程进行 W 点见证（监制）。

现将见证情况报告如下。

① 见证时间：2012 年×月×～×日。

② 见证地点：××市××××锻造有限公司。

③ 见证项目：42CrMoE 棒料力学性能检验。

④ 见证纪实：

a. 棒料规格数量：ϕ20mm×1500mm　　8 支；

　　　　　　　　　ϕ28mm×1500mm　　8 支；

　　　　　　　　　ϕ45mm×1800mm　　12 支。

b. 取毛坯样：各规格分别选出硬度最高和最低各一支，从一端取试样毛坯送加工拉力和冲击试样。其中：ϕ20mm×1500mm 棒料 6 号硬度 294HB、3 号硬度 283HB；ϕ28mm×1500mm 棒料 5 号硬度 287HB、1 号硬度 276HB；ϕ45mm×1800mm 棒料 2 号硬度 287HB、11 号硬度 272HB。

c. 试样取样位置：ϕ20 棒料取自中心；ϕ28 和 ϕ45 棒料分别取自二分之一半径处。

d. 拉力试样加工：试样及试样加工符合 GB/T 228 标准。其中 ϕ28 和 ϕ45 棒料加工成 d_0＝10mm、L_0＝50mm 的标准试棒；ϕ20 棒料加工成 d_0＝5mm、L_0＝25mm 的小试棒。

e. 冲击试样加工：试样及试样加工符合 GB/T 229 标准。截面尺寸：10mm×10mm；长度：55mm；V 形缺口。

f. 试验设备：拉力试验机型号：SHT4305；冲击试验机型号：ZBC2303-B。试验设备均符合相关标准，在有效检定期内（试验设备照片另附）。

g. 试验方法：分别符合 GB/T 228 和 GB/T 229 标准。

h. 试验结果：符合技术条件规定值（检验结果报告见附件另附）。

⑤ 见证结论：××市××××锻造有限公司制造的 42CrMoE 锻造棒料共 4 个规格 28 支，力学性能检验试样取样、试样加工、试样规格尺寸、试验方法及试验设备均符合相关标

准。检验结果值满足技术条件要求。应允许进入下道工序。

见证（监制）人：×××

2012 年×月×日

8.4 采购材料的复验和验收

材料的复验是指对采购的材料在供货商处已检验的项目再次重复检验。它主要指一些关键、重点项目，虽然供货商已经检验并提交了报告，为了慎重，还应按标准再进行一次检验，以最终确认材料质量的合格性。根据采购材料品种、种类、重要性不同，常采用的复验项目有化学成分、力学性能、表面缺陷、内部缺陷、型材的工艺性能检验、低倍组织检验、金相组织检验、耐蚀性检验等。有些检验项目检验程序复杂、成本高，并且在供货商处检验时已经现场见证的项目，也可不进行复验。对复验项目的复验结果与供货商提供的检验结果不符合，特别是不合格时，应进行分析，找出原因，得出结论，并根据具体情况，降级让步验收或拒收。

材料（铸锻件）的验收是指对采购的材料（铸锻件）进行全面的考核，包括材料的标志、规格、种类、数量、提供的文件和报告，质量状态等应全部符合采购合同和采购协议、采购规格书的要求，符合相关标准，确保质量合格时，予以承认并接收入库。

采购材料（铸锻件）的验收要符合相关规定和程序文件。对合格验收的材料（铸锻件）造册登记、入库。

采购材料（铸锻件）的验收和验收效果是保证材料（铸锻件）质量的最后一个重要环节，应予以重视。

8.5 材料代用

材料代用是指产品零件实际使用的材料与原设计、计划选用的材料有差异，以新选定的材料代替原设计选用的材料。在许多情况下，材料的代用是不可避免的，也应该是允许的。但在实际应用中，材料代用可能碰到一些困难，存在一些具体问题和不正确的观点和倾向。

一方面的问题是不加分析、论证、无根据地随意代用。或者是只考虑材料可衡量的性能，如拉力、冲击性能，而忽略了潜在的、使用过程中应满足的性能，如腐蚀、磨损、蠕变性能；或者只注意常温下的性能，而忽略材料实际应用时环境、条件要求的性能，如高温强度、低温韧性等；或者只考虑了代用材料零件自身的条件，而忽略了与其配合的偶合件的条件。这些不考虑或片面考虑条件代用材料的结果是引起零件的早期失效。这种代用是不可取的，也是不允许的。

另一方面的问题是不分析、不考虑具体情况，一律禁止材料代用，坚持原标准、原选用材料的一切条件。这使得材料采购十分困难，甚至无法采购，这轻者拖延生产周期，加大采购成本，严重者无法实现产品制造计划和目标。我们认为，这种态度也是不可取的。

我们认为，材料代用应该是允许的，当然这种代用是在经过全面分析、论证的基础上，以满足制造零件的功能需求为根本，兼顾考虑相关因素的条件下的合理、正确代用。

一般情况下，满足如下条件，基本上可以进行材料代用：

① 同一种类材料；

② 近似的化学成分（可存在不影响组织构成、不影响性能改变的有限差异）；

③ 在相同的热处理状态下，具有相同的组织结构；

④ 在相同的热处理条件下，采用同一标准、方法进行性能检验，按同一标准验收，具有相同或更优的性能；

⑤ 对有特殊要求的内容，具有相同或相似的比较结果。

见附一："材料代用论证报告"。

在某些特殊情况下，不同种类的材料，只要能满足功能要求，也可以代用，见附二："以双相不锈钢 Zeron25 代替铜合金 ZCuZn16Si4 的可行性分析"。

在材料代用、特别是用中国国家标准中的材料代替国外标准，如 ASME 标准或 RCC-M 标准中相似牌号材料代用时，经常遇到的一个困惑是对方不同意，不认可中国标准材料。许多人很不理解，为什么我们国家的材料标准不被认可？我们认为，不是中国生产的材料就比国外生产的材料差多少。实事求是地讲，目前我国钢铁材料的生产技术，包括冶炼技术、锻压技术、热处理技术，无论是从设备、工艺方法、检验试验手段等哪一个方面看，完全达到甚至在个别领域超过国外水平，生产出的材料，包括各种型材、铸件、锻件、轧材的质量水平也不低于国外产品。许多国外公司在中国贴牌生产，中国许多钢铁产品销往国外，就是很好的例子。所以，我们认为，对方不一定是对我的钢铁材料产品质量有多大疑虑，更多的是对我国的材料标准不够认同。

我国大多数材料标准是针对材料本身的标准，是对于某种材料自身的限定。所以，一般主要提出成分和常规力学性能的控制标准，而且这种限定和控制还是有条件的。就是说，只要这批材料在成分上，在限定条件下的力学性能满足标准要求，就认为材料是合格的，是可以出厂的，而且用户是可以接受的。这个标准没有针对用户用该材料制造什么零件和产品，没有考虑用该材料制成的零件和产品应满足的功能需求。可以说，这是一个纯粹的材料标准。

国外的材料标准，特别是欧美地区的材料标准，大多是针对某种产品、零件而采用的材料标准。大多冠以××用××材料。特别是与核电相关的材料标准更加清楚明确。如 ASME 材料标准就是指用于锅炉和压力容器产品的材料标准；RCC-M 材料标准就是指用于压水堆核岛机械设备的材料标准。在同一标准中，同一种材料还明确是制作什么零件用的材料标准。可见，这些标准不只是针对材料自身，而是考虑了用该材料制造的零件或产品的功能需求、使用特性。因此，在这些标准中，从满足制造零件或产品功能出发，提出清楚、明确的技术条件、指标，包括化学成分、力学性能、使用工况条件下的一些要求、试验方法、验收标准。可以说，按这种标准生产出的材料，在制成零件产品后，完全可以满足功能需求、使用条件和寿命预期。

以 2Cr13 棒材为例。在我国 GB/T 1220《不锈钢棒》标准中，牌号标志为 20Cr13，在该标准中首先明确了"本标准规定了不锈钢棒的尺寸、外形、技术要求、试验方法、验收准则……"，没有考虑用该材料制成何种产品或零件。在内容中，明确了化学成分、在限定热处理条件下用 $\phi25mm$ 试棒检验的力学性能，以及一些通用的常规检验项目。至于用途，可以用其制作叶片、轴、轴套、叶轮、刀具、餐具等。显而易见，轴和餐具的使用条件、工况，功能要求相差何其远。而在 RCC-M 材料标准中，M3202《用于 2、3 级设备中辅助泵轴类的马氏体钢锻、轧件》中与 2Cr13 相应牌号为 Z20C13，在该标准中明确指出，是"适用于辅助泵（核 2、3 级用泵）"中的轴件。因此，标准中考虑了核 2、3 级泵泵轴的功能需求、质量要求而规定了许多明确的技术条件及检验标准、方法、验收准则。在关键工序，如冶炼、锻造、热处理等工序提出了明确的工艺方法和工艺条件。在力学性能检验方面，不但明确了标准，还规定了取样位置、方向、数量及验收标准。在表面质量和内部质量控制上，规定了表面缺陷和内部缺陷的检验方法、验收准则。可以说，按该标准生产出的材料制作泵轴是可以满足使用功能要求的。正是由于两种材料标准的差异的存在，简单地用 GB/T 1220 中的 20Cr13 代替 RCC-M M3202 中的 20C13 制作泵轴的要求，对方不认可就可以理解了。

我们认为，在讨论材料代用时，如果按照我国材料标准中的牌号和成分，采用国外标准指定的检验标准、方法、项目、验收条件，就是说，保证材料的质量水平达到国外材料的质量水平，满足所制造零件或产品的功能需求和技术条件，那么，材料代用的可能性就是存在的，对方也会认可。

附一："材料代用论证报告"。

附二："以双相不锈钢 Zeron25 代替铜合金 ZCuZn16Si4 的可行性分析"。

附一：

材料代用论证报告

我公司拟生产制造的×××泵采用国外标准，其中泵轴用材料为 ASME SA182 F6NM 低碳马氏体不锈钢。因采用国外标准，在材料采购上存在实际困难，所以，拟采用国产 0Cr13Ni4Mo 锻件，代用理由如下：

（1）对 ASME SA182 F6NM（以下简称 F6NM）材料的分析

F6NM 的化学成分及力学性能分别见表一和表二。

表一　F6NM 的化学成分（质量分数）　　　　　%

钢号	UNS 标号	成分							
		C	Mn	Si	P	S	Ni	Cr	Mo
F6NM	S41500	≤0.05	0.5～1.0	0.3～0.6	≤0.03	≤0.03	3.5～5.5	11.5～14.0	0.5～1.0

表二　F6NM 的力学性能

钢号	UNS 标号	R_m/MPa	$R_{p0.2}$/MPa	A_4/%	Z/%	布氏硬度（HB）	检验标准
F6NM	S41500	≥790	≥620	≥15%	≥45%	≤295	SA370

注：热处理采用≥1010℃加热，空冷至≤95℃，560～600℃回火。

从表一可见：该材料属低碳马氏体不锈钢，淬火后组织是板条状马氏体，回火后组织应是具有板条状马氏体位向的回火索氏体。有的资料介绍，组织中还会有一定数量的诱导奥氏体。所以，该钢具有极好的综合力学性能。标准中没给出冲击性能，但在德国的一些标准中给出的冲击吸收功值为 70J（20℃时、直径≤160mm 棒料的纵向值）。

该标准中对耐腐蚀性能、物理性能等未提出说明和要求。

（2）对拟代用材料的分析

我公司拟采用 0Cr13Ni4Mo（内部标准）钢代用 F6NM。

表三 0Cr13Ni4Mo 的化学成分（质量分数） %

钢号	成分							
	C	Mn	Si	P	S	Ni	Cr	Mo
0Cr13Ni4Mo	≤0.05	0.5～1.0	0.3～0.6	≤0.03	≤0.02	3.5～4.5	12.0～14.0	0.3～0.7

表四 0Cr13Ni4Mo 的力学性能

钢号	R_m /MPa	$R_{p0.2}$ /MPa	A_4/%	Z/%	布氏硬度（HB）	检验标准
0Cr13Ni4Mo	≥780	≥685	≥15%	≥30%	≤245～295	GB/T 228

注：热处理采用 980～1020℃加热，油冷，560～620℃回火。

从表三可见：0Cr13Ni4Mo 的化学成分基本与 F6NM 相当。所以，其热处理后的组织也相同（金相组织照片另附）。

从表四可见：虽然两种材料采用的力学性能标准略有不同，但基本相当。性能数据基本相同，而且在实际生产中的数据远远高于标准中的数据。特别是 0Cr13Ni4Mo 锻件采用油冷淬火，比空冷的组织、性能、淬透性效果更好。

（3）耐腐蚀性能分析

在所有标准中都没有对耐腐蚀性能提出要求和说明。众所周知，金属材料的耐腐蚀性能主要取决于其化学成分，特别是含碳量和含铬量、含钼量，两种材料的化学成分基本相同。所以，可认为它们的耐腐蚀性能是相当的。

（4）物理性能、工艺性能的分析

金属材料的物理性能和工艺性能主要取决于其合金成分、晶体结构和热处理状态，两种材料的合金成分、晶体结构和热处理状态是相同的。所以，它们的这些性能也应该是相同的。

（5）代用材料生产时的措施要求

为保证材料代用的可靠性，在代用材料生产时要注意以下几个重要环节：

① 熔炼：为保证材料质量，应采用电炉加电渣重熔的方法。

② 热处理：采用油冷，提高热处理质量效果。

③ 检验标准：力学性能检验采用 SA370 标准。

④ 严格控制表面缺陷、内部缺陷等检验。

　　　　　　　　　　※　　　　　　　　　　　　　　※

代用结论：综上所述，采用国产 0Cr13Ni4Mo 材料代用 ASME SA182 F6NM 材料是可行的。

论证报告人　　×××

××××年×月×日

（本论证报告参考了 ASME SA479 S41500，ISO 15510 X3CrNiMo 13-4 及相关 DIN 标准）。

附二：

以双相不锈钢 Zeron25 代替铜合金 ZCuZn16Si4 的可行性分析

过去很长时间以来，船上用泵的泵体、泵盖等主要零部件均选用 ZCuZn16Si4（曾用牌号 ZHSi80-3）。据分析，选用铜合金的原因可能是在当时（20 世纪 60 年代）铜合金比其他金属更适合在海水和海洋大气条件下使用，以保证耐蚀性。在经过近半个世纪后的今天，可否用其他材料取代 ZCuZnl6Si4 值得我们予以关注和讨论。

（1）采用 ZCuZn16Si4 所面临的新问题

多年来的实践证明，ZCuZn16Si4 在船上用泵中使用是经得住考验的，是适用于船上用泵使用环境和条件的。但铸铜件的生产比较困难，经常出现的问题是铸铜件质量差，气孔、夹渣、砂眼、疏松、裂纹等缺陷屡屡不断。而这种缺陷的处理、补救又相当麻烦。可以生产铸铜件的厂家比较少，由于供货厂距泵厂数百公里，对质量问题的处理很不及时，一个泵体往往要往返数次。这不仅耽误时间、影响进度和交货期，也增加了制造成本。

（2）用 Zeron25 代替铜合金 ZCuZn16Si4 的可能性

我厂自 20 世纪 80 年代开始引进英国 M&P 公司为海上平台用泵使用的双相不锈钢 Zeron25，该材料在我厂已完全具备了全工序生产的条件和能力。AOD 炉冶炼，保证了材料低碳和低杂质、高纯度，铸造工艺完善，有成熟经验；厂内可以完成补焊和焊接，且经过工艺评定；热处理的先进可靠的高温设备和成熟的工艺可确保产品质量。这种全工序生产能力和水平，已经在海上平台泵、710 喷水推进装置产品的生产效果及用户的良好反应和高度评价中得到了证明。这说明 Zeron25 双相不锈钢用于海水和海洋大气环境中是可靠的。

如果可能以 Zeron25 取代 ZCuZn16Si4 制造船上用泵零件的生产，在质量、进度、交货期各方面均可有较好的效果，而且也会降低制造成本。这就是我们考虑问题的出发点。

（3）用 Zeron25 取代 ZCuZn16Si4 技术上的可行性分析

根据该产品的工作环境和条件，我们认为，主要应考核力学性能和耐腐蚀性能。

① 力学性能。在强度方面，以钢代铜有绝对优势，见表一。

表一 两种材料的力学性能对比

材质	力学性能						备注
	R_m /MPa	$R_{p0.2}$ /MPa	A /%	A_{kV2} （室温）/J	A_{kV2} （$-10℃$）/J	HB	
ZCuZn16Si4	≥345		≥15			88.5	标准
	390		36				随机抽样
Zeron25	≥630	≥400	≥20			200～280	标准
	735	550	23.5	155、158	144、141	252	随机抽样

可见，Zeron25 在强度、硬度上远高于 ZCuZn16Si4。Zeron25 具有较高的硬度和强度，同时具有较高的塑性、韧性，包括 $-10℃$ 时的冲击功。这在金属材料范围内已属高韧性材料。

② 耐蚀性。尽管 Zeron25 和 ZCuZn16Si4 属于两个不同类别的材料，在耐蚀机理上亦有

差异。但在具体条件下，两者在耐腐蚀性能上仍可对比。对于 ZCuZn16Si4 在耐腐蚀性能上，特别是在耐海水腐蚀性能上，早已得到认可。但作为后起之秀的双相不锈钢虽历史较短，但在耐腐蚀特别是耐海水腐蚀性能上也已显出优势。

本次拟选代用的双相不锈钢具有高的含 Cr 量和适度含量的 Ni、Mo、N，有较高的点蚀指数，本材料点蚀指数 $PREN$ 可大于 35，所以在钢系列里，双相钢 Zeron25 是优秀的。

下面是引用一些试验成果予以说明。

a. 在海水中的抗全面腐蚀能力。有报道，在静止海水中，Cr-Ni-Mo 合金及奥氏体不锈钢的年腐蚀率为 0.00mm/a，而黄铜为 0.0125～0.05mm/a（本资料具体试验条件，如何处的海水、温度、试验时间暂不详）。

说明在耐海水均匀腐蚀能力上，双相钢优于黄铜。

b. 抗电化学腐蚀的能力。从海水中金属电极电位序图可知，在海水中的试验条件下，接近 Zeron25 成分的 Cr-Ni 不锈钢 SUS317 的腐蚀电位与黄铜接近或更"正"。

说明在产生电化学腐蚀的条件下，Zeron25 比黄铜有更好的自我保护不被腐蚀的能力。

如果担心泵体与进出口管路、舱壁及电机法兰等碳钢件接触产生电化学腐蚀，可在连接接触面之间用合适的电绝缘材料或其他非金属材料隔离。

c. 抗空泡冲刷腐蚀能力。根据美国《振动空泡冲刷试验方法》测得的试验结果，接近 Zeron25 成分的 Cr-Ni 不锈钢与接近 ZCuZn16Si4 成分的黄铜在试验温度为 25℃ 条件下暴露 60min 后的失重结果分别为：黄铜在海水中失重 101.3mg/h；Cr-Ni 合金在海水中失重 15.3mg/h。

说明 Cr-Ni 不锈钢在海水中的耐空泡冲刷能力高于黄铜。

d. 耐晶间腐蚀能力。在我厂前期工作中，按标准，对 Zeron25 材料及焊缝进行了晶间腐蚀试验，均通过，说明 Zeron25 的耐晶间腐蚀能力是良好的。

e. 抗点腐蚀能力。双相不锈钢由于其合金元素和组织构成特点，有比一般不锈钢更高的耐点蚀能力，因此才在含有 Cl^- 环境中受到重用。

黄铜目前还没有看到点蚀方面的可信试验结果，但黄铜在腐蚀条件下，可能会产生脱 Zn 和孔蚀，也是不容忽略的。我们认为，黄铜能适用的环境和条件同样适用于双相不锈钢。

③ ZCuZn16Si4 的密度为 8.32g/cm³，Zeron25 钢的密度为 7.8g/cm³，说明相同零件用 Zeron25 钢制造比用 ZCuZn16Si4 制造重量要轻许多。这点对于船用设备有重要意义。

④ Zeron25 材料的冶炼、铸造、热处理、机械加工等工艺性能都较好并且已具有成熟经验。

综上所述，我们认为，用双相不锈钢 Zeron25 取代黄铜 ZCuZn16Si4 是可行的。

论证报告人：×××

××××年××月××日

第 9 章
产品设计的材料选择

产品及零件的材料选择正确与否是关系到产品设计功能能否实现的重要因素，将直接影响到产品的质量和使用寿命。

金属材料是机械产品最广泛应用的材料，这是因为它与其他材料相比具有许多特点。

① 金属材料普遍具有优良的力学性能，在具有较高强度的同时，还具有较好的塑韧性，并可通过热处理方法在很大的范围内进行性能调整，满足使用要求。

② 具有较高的弹性模量和高的原子结合能，所以其具有较高的熔点、刚度和强度。

③ 具有较好的物理性能，如优良的导电性、导热性、磁性。

④ 有的金属材料具有较好的化学性能，特别是耐腐蚀性能。

⑤ 具有优良的可加工性，大部分金属材料可以铸造成形和塑性加工（锻、轧、冲等），也有较好的切削加工性能和焊接性能。

⑥ 大部分金属材料具有可热处理性，可以采用热处理方法调整组织，改善性能。还可以通过表面强化、表面化学热处理方法改善表面性能，在保证基体内部塑性、韧性的条件下提高表面硬度、强度、抗疲劳性、耐磨性、耐蚀性。

⑦ 金属材料价格相对便宜，资源丰富、容易获取。

但是，金属材料也存在不足之处。

① 金属的弹性模量的局限性。金属材料的弹性模量很难改变。热处理可以改变组织和性能，但基本上不能改变金属的弹性模量，所以也改变不了金属材料的刚度。所有的钢，不论成分和热处理状态如何，它们的弹性模量基本在 $(1.1 \sim 2.3) \times 10^5$ MPa 范围内。因此，依靠材料的选择改变零件刚度是很难实现的。

② 金属材料的性能会受到温度的影响，几乎所有的金属材料都会随着温度变化引起性能变化。通常是随着温度降低使强度增加而塑韧性降低，引起材料脆化。而在较高温度下，金属材料的强度会下降，特别是通过冷变形强化、相变强化提高强度的材料这种变化更明显。

③ 容易受到介质腐蚀。大多数金属材料尤其是钢铁材料容易受到腐蚀，即使是不锈钢，其耐蚀性也是有条件的。

金属材料受到广泛应用还因为这是一个庞大的家族，有钢、铸铁、有色金属及合金以及具有特殊性能的特种合金。仅钢系列中就有碳素结构钢、工具钢、合金结构钢、合金工具钢、弹簧钢、轴承钢，不锈钢、耐热钢等数十种，这些钢各自具有不同的性能和特点。在这众多的金属材料中，如何选择一种能满足需要的材料、保证零件和产品功能实现、确保质量和寿命，这也是一个值得讨论的问题。

设计选材首先要满足功能需要，其次考虑材料的工艺性能、成本、来源方便等基本原则。其中满足功能需要是最基本、最重要、优先考虑的选材原则。

满足功能需要主要包括满足力学条件（强度、塑性、韧性等）、环境条件（介质、温度等）以及其他特殊要求的条件的需要。

9.1 以力学性能为主的零件选材

以力学性能为主的选材是机械零件最常用的选材方式，也就是根据零件受力状态、功能需求，确定力学性能指标，当然力学性能的几个指标是互相关联的，要以某种指标为主，但还要兼顾其他指标。如在确定以强度指标为主时还必须考虑塑性指标和韧性指标，以防止脆断发生。

（1）零件受力状态的确定

零件的功能决定了受力状态，如泵轴带动叶轮高速旋转输送介质，其主要承受轴向力、径向力、扭转应力、弯曲应力等，通过分析和计算可以确定其承受的力大小，再考虑一个合理的安全系数就基本可以确定轴应该具有的强度指标。

（2）材料选择

如果在常温下使用、没有腐蚀条件，仅从力学性能考虑就可以选择材料了，选择的材料强度大于零件计算强度，适当考虑一下塑性、韧性指标。材料标准中一般提供了一组几个力学性能指标，所以仅从力学性能角度选择材料是比较简单的。

但是应说明的是：依据材料标准选择材料时必须注意一些问题，就是要正确理解和准确使用材料标准，因为一些材料标准存在局限性。

材料标准，顾名思义只是材料本身在标准条件下所具有的代表性指标，大多数材料标准制订时不会、也不可能考虑具体零件的应用条件，其所确定的指标是在限定条件下、大多是用试验方法得到的数据。所以严格来说，这个标准是材料制造厂或采购方判定材料是否合格的标准和依据，而我们实际应用时很难满足确定指标时的限定条件。

下面具体讨论在执行材料标准时需注意的问题。

① 准确选定标准。通过分析确定选用材料之后，还必须准确、合理地选择和使用材料标准，因为一种材料可能存在于几个材料标准中，以不锈钢 1Cr13 为例，就包含在包括钢棒、锻件、热轧板材、冷轧板材、管材、铸件等多个材料标准中。此外还有许多专用的含有 1Cr13 牌号的材料标准。这些标准中都含有 1Cr13 成分的材料，但是标准中给定的条件、成分、性能、用途、控制标准、检验和试验的项目、检验和试验方法、验收条件都有所不同。

所以不能随意选择某个具有 1Cr13 成分的材料的标准，要依据使用的材料品种（锻件、铸件、板材、管材）和重要性，确定采用一个适合具体零件特征、满足功能要求、方便加工的材料标准。

② 正确理解标准。每个材料标准确定的内容都是有条件的，使用时要注意正确理解这些条件。

以 GB/T 1220《不锈钢棒》标准中 1Cr13 性能为例，解读其标准条件：

a. 提供性能的试棒是直径为 25mm 的棒料；

b. 试棒是经过特定条件热处理（950～1000℃油冷，700～750℃快冷）后获得的；

c. 这组性能适用于直径不大于 75mm 的棒材；

d. 拉力试棒采用的是标准的、标距为 5 倍直径的圆形试棒；

e. 冲击试验采用的是深度为 2mm 的 U 形缺口试样；

f. 这组性能是钢棒的室温纵向性能。

从这些限定条件看，这个标准应该认为是材料制造厂判定材料出厂时的合格标准，或者说是材料使用方采购材料时的验收标准，不能看作是制造零件的材料标准，因为这些条件不符合实际零件的技术要求（如零件形状、尺寸、性能要求、取样部位、方向等）。所以对具体零件而言，成分可采用这个标准，而性能要求及检验性能的方法需要依据零件实际要求确定。可见在设计图纸上只标注 1Cr13 符合 GB/T 1220《不锈钢棒》标准是不合适的。

③ 注意具体情况与标准条件的差异性。如前所述任何标准或标准制定的试验数据都有一些限定条件，而实际工程需要的零件却有许多不确定因素，这种实际情况与限定条件的差异，就要求我们在应用标准时能够实事求是地考虑问题。

a. 材料的尺寸效应问题。由于尺寸大小不同，引起的材料性能差异叫材料的尺寸效应。

因为小尺寸（截面）材料相比于大尺寸（截面）材料，铸造质量效果或锻造质量效果好，内部缺陷少：组织细密，热处理时的加热冷却即热处理效果也好，所以在性能上也好。大多数试验数据是采用比较小的试样做出的，而实际零件尺寸可能要大得多，所以有时达不到小试样的性能指标。如以 40Cr 为例：40Cr 钢在同样热处理油冷却条件下，不同有效（截面）零件获得的硬度（最终反映最终反映在性能上）效果不同，在有效尺寸分别为 ≤3mm、4～20mm、20～30mm、30～50mm、50～80mm 时，硬度为 60～50HRC、55～50HRC、50～45HRC、45～40HRC、40～35HRC。

可见，在同等处理条件下随试样截面尺寸增大淬火硬度降低，当然相应强度也降低。

所以对于大截面大尺寸的零件，为了得到理想力学性能，可以改变标准中给定的热处理条件来调整性能或采用更好的材料。

b. 实际生产条件与试验条件的差异影响。试验都是在标准、理想条件下进行的，而实际生产时是在大环境条件下进行的，以热处理为例，处理设备大小、控制精度、处理数量、操作精确程度等都存在较大差异，而这些都会对处理效果产生影响。一般规律是实际生产效果不如试验效果好。所以在制订技术条件时，应该考虑这种差异带来的影响。有时不得不选用好一些的材料来弥补实际生产条件带来的不足。

c. 注意钢的淬透性对性能的影响。可通过淬火改变性能的金属材料（碳钢、合金钢、马氏体不锈钢等），都存在淬透性问题，淬透性的影响反映在材料距离热处理表面不同位置获得的性能不同。这是由于在淬火处理时，表面与内部加热、冷却条件不同，发生的组织转变结果不同而引起性能差异。以 $\phi186mm$ 轴料 45 钢为例，取样位置分别为：

取样位置	边缘	1/3 半径处	1/2 半径处	中心
R_m/MPa	724.2	703.6	659.5	606.6
$R_{p0.2}$/MPa	434.1	409.6	382.2	346.9
A/%	22.8	23.8	24.6	25.4
Z/%	51.0	51.0	51.0	53.4
硬度（HB）	197	180	174	160

可见轴料自表面向里强度逐渐降低，所以在设计选材时，特别是大截面零件选材时，应该考虑淬透性对性能的影响，选用淬透性好的含有可提高淬透性合金元素的材料。

④ 强度与硬度对应关系。一般情况下材料强度和硬度存在近似的对应关系，但是，在

实际应用时，也需要注意正确理解和运用这种关系式。这是因为在某些情况下两者可能产生矛盾，如有些标准中可能给出某种材料的一组强度和硬度对应值，这个数据通常也是通过试验获得的多个数据的基本规律总结，数据是用在同一试料上加工出的拉力试棒或硬度试块测定的，两者之间几乎不存在可能影响强度和硬度的因素，而对于实际生产工件，通常是在工件表面测定硬度，而在从工件上截取的一段试料、距表面一定距离处加工的拉力试棒上测定强度，这样两者之间产生了被测点处在组织构成、晶粒大小方面的差别，特别是较大截面工件这个差别更明显，这时强度与硬度的关系可能脱离经验公式给定的比例关系。更何况具体材料在成分、成形过程、处理方式等方面可能与标准中试验用材料存在差别，也会影响实际数据与试验得出的规律。

所以，应该分析、并结合具体情况判定强度与硬度的关系，如果机械硬性地套用这种关系式，也可能为实际生产和检验结果处理带来不必要的麻烦。

⑤ 实际零件性能测定取样位置的影响。还要指出的是，我们在对实际零件进行性能检测时，都规定了试样取样位置，有的规定在 1/3 半径处、有的规定在 1/2 半径处、有的规定在距表面某个距离处，正是由于尺寸效应影响和淬透性影响，不同部位取样测定的性能结果是存在差异的，成分越简单的材料这个差异越大。

所以，对于一组性能数据的分析，一定要明确依据的是哪个标准、取样的方法位置等可能影响测试结果的因素。

⑥ 标准的有效性 材料标准是不定期修改的，所以，在标准号和标准名称后都标注发布时间。采用标准时如果标注发布时间，就说明要采用的是限定版本，如 GB/T 1220—1999《不锈钢棒》限定 1999 年发布版本。采购验收都必须按这个版本内容进行。如果只写明标准号和标准名称，后面没有标注发布年份，说明采用的是这个标准的最新版本。采购验收都必须按材料生产时存在的最新版本内容进行，因为不同版本之间可能存在差异。

因此我们在根据力学性能为零件选择材料时，不能简单地说采用某个标准（单指牌号和化学成分时可以），而应该结合具体零件情况具体分析，考虑各方面的影响因素，选定一种合适的材料。

在金属材料考虑力学性能选用材料时，还会涉及刚度问题。一些结构件，特别是轴类件常常会因为刚度不够引起挠度加大，并产生一系列问题。零件的刚度是指其在载荷作用下保持原有形状的能力，或者说是抵抗弹性变形的能力。在弹性范围内，刚度是零件载荷与位移成正比的比例系数，即引起单位位移所需的力。对于金属材料来讲，刚度是以弹性模量来度量的，弹性模量反映材料弹性变形的难易程度。弹性模量的本质是材料内部原子结合力的大小。可见，弹性模量是物质组分的性质，刚度是固体的性质，或者说弹性模量是物质微观的性质，而刚度是物质的宏观性质。弹性模量是材料自身的本性，外界条件包括热处理都基本上改变不了弹性模量大小。弹性模量通常随温度升高呈下降趋势。零件设计时，依靠材料的改变提高刚度效果不是很明显。

9.2　摩擦磨损条件下零件选材

摩擦磨损是造成机械产品或零件功能失效的主要因素之一。机械零件可能发生和存在的摩擦磨损形式有黏着磨损、颗粒磨损、冲蚀磨损、腐蚀磨损、疲劳磨损等。有些条件可能只产生一种磨损，有时可能同时存在几种磨损。磨损失效有的可能在装配试验时就显现出来了

（如黏着磨损），更多的是在使用运行一定时间后显现出来的。避免或减少磨损的方法有的可从设计结构上考虑，更多的是应从材料选择上考虑。对减小磨损选择材料的基本原则是：

① 在力学性能方面应具有较高的抗拉、抗压、抗弯、抗疲劳、抗剪切、抗撕裂等各种性能，还应具有足够的硬度和韧性，并且在高温高压条件下也能有较稳定的性能。

② 具有较好的导热性、低的热膨胀性、高的热稳定性等物理性能。

③ 在腐蚀磨损条件下，具有较好的耐腐蚀性能。

④ 具有较好的金相组织。

⑤ 具有较好的可热处理和可化学表面热处理的工艺性能。

9.2.1 黏着磨损及选材

黏着磨损是机械产品常见的磨损形式，齿轮副、蜗轮副、切削刀具、轴承、泵用口环副、平衡鼓副、导轴承等都容易产生黏着磨损。

对于金属而言，产生黏着磨损时，根据摩擦副表面的破坏程度、损坏形态可分以下几种情况。

① 当黏着点的强度比摩擦副中较软方的金属强度高而低于较硬方的金属强度时，黏着点的剪切损坏发生在距黏着面很近的较软金属的浅表层内。这时，较软方金属被黏附并涂抹在较硬方金属表面上，形成了对较软金属的磨损。这种磨损是极轻微的黏着磨损，也常称"涂抹"。

② 当黏着点的强度比两方基体金属强度都高时，黏着点的剪切破坏主要发生在较软方金属的浅层内，较软方金属会转移到较硬方金属的表面上并继续对较软金属产生擦伤作用。这种磨损也属轻微磨损，常称"擦伤"（胶合或咬合）。

③ 当黏着点的强度更大于双方金属的强度时，黏着点的剪切破坏发生在摩擦副的一方或双方金属层的较深处，双方之间发生"撕脱"（也叫"咬焊"）现象。这种磨损是一种较严重的黏着磨损，它会对摩擦副产生较大破坏。

④ 当黏着点强度比双方金属抗剪强度更高时，摩擦副之间黏着面积较大，致使摩擦双方已不能作相对运动，双方发生"咬死"现象，这是一种最严重的黏着磨损。

从上可见，影响和决定黏着磨损发生及严重程度的重要因素是摩擦副双方黏着点强度大小以及比双方金属强度、抗剪切强度大的幅度情况。

黏着点强度（或称黏着力）是指摩擦副双方表面接触时双方金属原子和分子间的结合强度即结合力。在不考虑外界条件影响的情况下，黏着强度主要取决于摩擦副双方金属材料的互溶性，相同金属或相同晶格类型、晶格常数、电子密度和电化学性能越相近的材料互溶性越大，越容易黏着。单就晶体结构而言，面心立方晶体结构的金属黏着倾向大于密排六方晶体，这是因为面心立方金属的滑移比密排六方金属更容易。在密排六方晶体结构中，元素的 c/a 值越大，抗黏着性能越好。此外，显微组织也产生影响，比如多相金属比单相金属黏着的可能性小；金属化合物比单相固溶体黏着的可能性小；细小晶粒的金属材料比粗大晶粒的金属材料耐磨性好；钢铁中的组织含铁素体量越多耐磨性越差；碳化物的类型、尺寸、和含量对耐磨性也起重要作用。

（1）影响黏着强度的外界因素

外界条件对黏着强度会产生很大影响。材料的表面状态特别是表面膜的存在对黏着磨损影响很大，因为表面膜不仅可减轻摩擦副两金属间的直接接触，还会减少黏着点长大的倾向，如果表面膜中还含有自润滑成分或结构，则减轻黏着磨损的作用更大。此外，外加载荷大小对其影响很大，载荷越大，黏着力增加越大，黏着磨损越严重。温度对黏着磨损的总趋势是随温度升高黏着磨损程度增大。温度升高开始时，可能会由于氧化膜的形成而减小黏着磨损，但随着温度继续升高，金属的强度会下降。滑动速度的变化影响通常是通过温度升高影响实现的。

材料硬度对黏着磨损的影响是一个比较复杂的问题。就黏着磨损的机理而言，理想黏着磨损材料的最外表面层硬度不宜太高，希望其具有较好的润滑性能，向里的亚表面层要硬度高，起支撑作用，再向里应有一个硬度平缓过渡区，以防止硬层剥落。但实际条件很难实现如此的硬层分布，所以，通常认为硬度高的材料抗黏着磨损能力更好。甚至有的试验研究表明，一般表面接触应力（以 kgf/mm^2 记）不宜大于材料布氏硬度的 1/3。还有的研究证明，以材料磨损前的硬度作为耐磨性的判断也是不科学的。因为硬度相同的不同材料对耐磨性的影响是不同的，比如，在同样硬度为 35HRC 的情况下，17-4PH 钢（相当于0Cr17Ni4Cu4Nb）与 4130CrMo 钢（相当于 30CrMo）两者之间的磨损量相差很大，在相同外界条件下，经 77.5m 的摩擦试验，后者的磨损失重是前者的 2.87 倍左右。

考虑各种因素，有人推导出如下公式：

$$V_m = kN/H \tag{9-1}$$

式中　V_m——单位滑动距离的磨损体积，mm^3/mm；

　　　N——载荷，N；

　　　H——硬度，MPa；

　　　k——黏着磨损系数。

常见摩擦副的黏着磨损系数 k 见表 9-1。

表 9-1　在真空与空气中部分摩擦副的黏着磨损系数 k

介　质	摩擦条件	摩擦副	黏着磨损系数 k
空气	室温，洁净表面	铜对铜	32×10^{-3}
		低碳钢对低碳钢	45×10^{-3}
		不锈钢对不锈钢	21×10^{-3}
		铜对低碳钢	1.5×10^{-3}
		黄铜对硬钢	10^{-3}
		特氟隆对硬钢	2×10^{-5}
		不锈钢对硬钢	2×10^{-5}
		碳化钨对碳化钨	10^{-6}
		聚乙烯对硬钢	10^{-7}
	洁净表面	工业上常用金属	$10^{-3} \sim 10^{-4}$
	润滑不良表面	工业上常用金属	$10^{-4} \sim 10^{-5}$
	润滑良好表面	工业上常用金属	$10^{-6} \sim 10^{-7}$
真空 $(2.66 \times 10^{-4} \sim 6.65 \times 10^{-5} Pa)$	速度 1.95cm/s，载荷 10N，室温	洁净表面	10^{-3}
		PbO 薄膜表面	10^{-6}
		Sn 薄膜表面	10^{-7}
		Au 薄膜表面	10^{-7}
		MoS 薄膜表面	$10^{-9} \sim 10^{-10}$

综上所述，明确了摩擦副发生黏着磨损的原因和在材料方面的影响因素，也就明确了为防止黏着磨损在选材方面应遵循的原则。

（2）黏着磨损选材原则

① 摩擦副双方在可能条件下，尽量选择不同类型的金属材料，如钢-铸铁；钢-铜；铸铁-铜等。如果其他条件限制必须选择同类材料，应尽量采用双方晶体结构不同、金相组织不同、硬度搭配不同的金属材料。

② 尽量选择可通过热处理方法进行整体硬化或表面硬化的材料，如中等含碳量的碳钢或合金钢。也可采用化学热处理的方法，如渗碳淬火或氮化的中、低碳合金钢。

③ 也可采用表面处理获得膜层的材料和工艺，如表面渗硫、表面硫-碳-氮共渗等。

在抗黏着磨损的众多材料中，含硫不锈钢 $1Cr13MoS$ $[w(C)=0.10\%\sim0.15\%$；$w(Cr)=12.00\%\sim14.00\%$；$w(S)=0.23\%\sim0.32\%]$ 的锻材或铸材得到广泛应用，因为通过淬火回火可获得 $325\sim375HB$ 的较高硬度，同时，高的含硫量使组织中含有大量硫化锰，其有自润滑作用，这就使它在作为摩擦副材料时，与其他金属材料配合，发挥优异的抗黏着磨损、抗咬合的功能。但，因其含有较高的低熔点元素硫，故在核电产品应用中受到限制。

9.2.2 减摩材料的选用

减摩材料是指具有低而稳定的摩擦因数，在摩擦过程中摩擦因数变化不大，对抗黏着磨损、抗咬合有特殊功能的材料。在金属材料中，轴承合金是典型的减摩材料之一。

轴承合金中有很多牌号，因其化学成分不同而各具特性。在具体选择轴承合金和减摩材料时，要考虑工况条件正确选择。考虑运行速度和负荷，当速度高、负荷重时，易产生疲劳破坏，应选用强度高的材料。考虑环境条件，特别是温度情况，由于温度升高会引起强度降低、甚至烧结，应选择热导率大、抗烧结、低应力的材料。考虑介质条件，特别是有无腐蚀条件，腐蚀介质会引起材料破坏，应选择耐蚀性好的材料。常用滑动轴承材料特性见表9-2。

表 9-2 常用轴承衬套材料的主要成分及抗磨特性

轴承材料	主要成分/%	承载力/MPa	最高温度/℃	抗镶嵌能力	抗烧结能力	抗腐蚀能力	性能特点
铅巴氏合金	Sb:8~16,Sn:5~11,余 Pb	15	130	极好	很好	较好	适用于润滑较差场合
锡巴氏合金	Sb:7~11,Cu:3~9,余 Sn						
铜铅铸造	Pb:20~50,余 Cu	30~40	160	较好	较好	差	铅和锡的质量分数为10%或铅和钢的质量分数为4%,电镀层可大大提高耐蚀性
铜铅烧结		20~35	150			一般	
铅青铜	Pb:20~50,Sn:3~5,余 Cu	35~55	170				
铝低锡	Sn:6,Si:1.5,余 Al	55	180	差	较好	较好	用于淬硬轴颈,有时以镀层的形式使用
铝高锡	Sn:20,Cu:1.0,余 Al	35	170				
铝硅	Si:11,Cu:1.0,余 Al	55	180				
铝铅	Pb:10,Sn:3,余 Al	35	160		中	较差	
铸造磷青铜	Sn:8~12,P:0.2~1,余 Cu	55	220			较好	高载低速
硅青铜	Si:1.5~4,余 Cu	55	200	中	较好	中	作衬套材料
铅青铜	Sn:5~10,Pb:8~12,余 Cu	40	180		中		
多孔青铜	Sn:8~12,余 Cu	15~30	130		好	较差	含油自润滑
青铜石墨	石墨 8~12,余为锡青铜	可变				较好	用于干摩擦

9.2.3 磨料磨损、冲蚀磨损及选材

磨料磨损也叫颗粒磨损，通常指机械零件受到大量矿石、土砂、岩石、煤炭、砂浆等硬

质颗粒的作用引起的磨损。冲刷磨损是指含有大量硬质颗粒的液体介质引起的磨损，而冲蚀磨损是在腐蚀性液体介质中含有大量硬质颗粒引起的磨损。

颗粒磨损可能是干磨损（物料与零件表面直接接触并发生磨损），如矿山机械、挖掘机械、冶金机械、抛丸机等机械中的磨损件以及拖拉机履带板、犁铧、钢轨岔等的磨损；也可能是湿磨损（含有水分的硬质磨料与零件表面的接触磨损），如压砖机模板、湿物料球磨机等机件的磨损；还可能是流体磨料磨损（在流体介质中硬质颗粒对零件表面的磨损），如砂浆泵、泥浆泵，输送含砂水或海水用泵等过流部件的磨损。物料与零件接触方式可能是滑动、冲撞、滚动甚至高速冲击，或者是硬质颗粒按一定的速度和角度对零件表面进行冲击。造成零件表面磨损。

输送含有固体颗粒的泵，如渣浆泵、含砂海水或清水泵、矿山泵等的过流部件承受的主要是冲蚀磨损。

（1）影响磨料磨损和冲蚀磨损的因素

由于材料（零件）、物料及工况组成了一个磨损系统，因此，这类磨损的影响因素较多。磨料磨损和冲蚀磨损的效果、严重程度不仅取决于磨料情况，也取决于外部条件及零件自身条件。主要有：

① 磨料情况。磨料情况对磨损的影响主要与磨料形状、大小、硬度有关。磨料形状越不规则、越有尖锐棱角，对零件（材料）的磨损越重；磨料尺寸越大引起对零件（材料）磨损程度越大，但达到一临界尺寸时，磨损量增加变得缓和；磨料的硬度越高对零件（材料）的磨损越重，通过研究还证明了零件材料的硬度（H_m）与磨料的硬度（H_a）的比值对磨损量有一定关系，当 $H_m/H_a \leqslant 0.5 \sim 0.8$ 时通常属于硬磨料磨损，此时增加材料硬度对材料耐磨性增加影响不大；当 $H_m/H_a > 0.5 \sim 0.8$ 时，属于软磨料磨损，此时增加材料硬度会迅速提高材料耐磨性。

② 外部条件。磨料磨损和冲蚀磨损的外界条件主要包括载荷、滑动距离、受力方向、温度及相对速度等。通常认为，载荷越大对材料磨损越重；滑动距离与磨损量成正比；冲击（受力）方向一般在 90°时磨损较重；磨料与零件材料表面的相对速度影响较复杂，一般认为：在 100mm/s 以下，随着滑动速度增加，磨损率降低；超过 100mm/s 以后，滑动速度影响较小；温度增加时材料会发生软化现象，使磨损量增加。

③ 零件材料情况。零件材料的情况主要指化学成分、组织状态、第二相、材料硬度等。

材料的化学成分的影响是以热处理后获得的组织影响体现出来的，比如，碳含量高，淬火后可获得高硬度的基体组织及碳化物，耐磨性好；基体组织主要是通过硬度的不同对磨损产生影响，如在典型基体组织中，奥氏体、铁素体属不耐磨组织，而珠光体、贝氏体、马氏体的耐磨性逐渐增大。在同是珠光体的组织中，片状珠光体的耐磨性高于球状珠光体。组织中的第二相越硬、分布越均匀，越有益于耐磨，其中尤其以碳化物耐磨性更好。材料硬度高其耐磨性也高。

（2）磨料磨损、冲蚀磨损材料选择原则

在实际应用中，磨料情况和外部条件是已经存在的，我们只有正确选择材料才能提高零件耐磨性能和延长使用寿命。

由上分析可知，选择耐磨料磨损、冲蚀磨损材料的基本原则是含碳量高、能通过热处理方法获得高硬度的组织和硬质第二相的材料，或者对形状简单的零件的外表面采用镀、焊、喷、涂等方法，提高零件表面的硬度。

根据实际工况的不同，可用于耐磨料磨损、冲蚀磨损的金属材料有铸铁、钢两类。

① 一般性磨料磨损、载荷不大、无大的冲击力、没有腐蚀条件；工件形状较简单、不需太大量的机加工的工作条件，如农用机械、矿山工程机械、铸造机械及其他常规工程机械中的耐磨件，可选用普通白口铸铁、镍硬铸铁、低铬耐磨白口铸铁、耐磨低合金钢等。

② 要求有一定的耐磨性、承受一定的冲击载荷、腐蚀性不强的工作条件，如矿山机械、冶金机械、化工机械、泵等机械中的耐磨件，可选用镍硬铸铁、贝氏体球墨铸铁、低铬耐磨铸铁、中铬耐磨铸铁、耐磨合金钢等。

③ 要求有较高的耐磨性能、典型的磨料磨损和冲蚀磨损工作条件，要求有较高硬度、较好的耐磨蚀性能、能承受中等程度的冲击载荷，如煤矿机械、水力机械、化工机械、渣浆泵等机械中的耐磨件，可选用中铬白口耐磨铸铁、高铬白口耐磨铸铁、马氏体球墨铸铁、高合金耐磨钢等。

④ 在严重冲蚀磨损条件下，要求有高耐磨性能、高硬度、较好的耐磨及耐腐蚀性能，如水力机械、化工机械、渣浆泵等机械中的耐磨件，可选用高铬白口耐磨铸铁、高合金耐磨钢及可硬化的马氏体不锈钢等。

⑤ 在强烈冲击磨损条件下工作时，要求有较高的韧性，如矿山机械、铁路机械、铁路设施等，可选用中锰或高锰耐磨钢。

当然，针对某一具体零件选材时，要根据实际工况、受力条件及介质条件充分论证，才可确定材料种类、材料牌号。

9.2.4　汽蚀及选材

如前所述，汽蚀是由液体介质中气泡爆裂所产生的瞬间冲击作用、巨大的冲击力所致。汽蚀是水力机械中过流部件如水泵叶轮、水轮机叶片、船舶螺旋桨等极易产生的表面破坏现象。

由于其破坏发生在零件表面，类似于摩擦磨损的破坏特征，因此，有时将汽蚀破坏归类于表面磨损，当液体介质是腐蚀性介质时，汽蚀与腐蚀同时对零件表面产生破坏，所以，从腐蚀角度分析，也有的归类于空泡腐蚀。

（1）影响汽蚀的因素

严格来说，减小水力零件的汽蚀破坏，主要是从零件设计方面考虑，以泵叶轮为例，改变叶轮进口直径、叶片进口宽度、形状等都对改善零件汽蚀产生影响。此外，安装、使用对汽蚀也有影响。从材料方面，选用合适的材料对改善零件汽蚀也有重要作用。

（2）汽蚀选材原则

由于汽蚀是液体介质中气泡爆裂瞬间产生的巨大冲击力所致，因此，材料或材料表面强度高、耐磨性好有利于抵抗冲击力的破坏作用。在具有腐蚀性的介质中，还应考虑材料的耐腐蚀性能。

通常认为，材料的汽蚀抗力随硬度提高而升高，同时，晶粒越细，应变硬化能力越强，夹杂物越少，成分和组织越均匀，越有利于抵抗汽蚀破坏。

所以，在金属材料中，就耐汽蚀能力来说钢比铁（铸铁）好，可经过热处理强化、硬化的钢比不能强化、硬化的钢好；在铜合金中，青铜比黄铜好。近年来，铬镍马氏体不锈钢和马氏体沉淀硬化不锈钢得到了广泛的应用和认可。当然，必须采用正确的热处理才能更好发挥材料的作用。

表 9-3 和表 9-4 所示是常见类型材料抗汽蚀能力的比较。

表 9-3　不同材料抗汽蚀能力对比

材料	热处理状态	硬度（HB）	试验时间/h	总失重/mg	金相组织
QT400-15	—	200	15	732.1	铁素体＋石墨
QT600-3	—	235	15	481.1	珠光体＋石墨
ZG230-450	退火	152	15	241	珠光体＋铁素体
ZG40Cr	正火＋回火	220	15	139.9	珠光体＋铁素体
ZG1Cr18Ni9Ti	固溶化	144	30	71.5	奥氏体＋铁素体
ZG0Cr13Ni4Mo	正火＋回火	261	30	40.2	马氏体＋δ铁素体
ZG0Cr13Ni6Mo	正火＋回火	282	30	25.2	马氏体＋奥氏体

表 9-4　金属材料耐汽蚀性能比较（顺序号越小越好）

顺序	清水中		顺序	海水中	
	有色金属材料	钢铁材料		有色金属材料	钢铁材料
1	钨铬钴（硬质）合金（Co-W 系）		1	钨铬钴（硬质）合金（Co-W 系）	
2	磷青铜	18-8Cr-Ni 钢 13Cr 钢	2	磷青铜	18-8Cr-Ni 钢 13Cr 钢
3	铝青铜（Al＞10％）		3	铝青铜（Al＞10％）	
4		Ni-Cr-Mo 钢	4		Ni-Cr-Mo 钢
5	硅青铜	Ni-Cr 钢	5	硅青铜	Ni-Cr 钢
6		Mn 钢	6		Mn 钢
7	锰青铜	Mn-Cr 钢	7	锰青铜	Mn-Cr 钢
8	Cu-Ni(NiSi)	Cr 钢	8	Cu-Ni(Ni-60)	Cr 钢
9	青铜（Cu-Sn）	Ni 钢	9	青铜（Cu-Sn）	Ni 钢
10		碳素钢	10		
11	青铜（Cu-Sn-Zn）	合金铸钢	11	青铜（Cu-Sn-Zn）	碳素钢 合金铸钢
12		铸钢	12		铸钢
13	黄铜（6-4Brass）		13	黄铜（6-4Brass）	
14		软钢	14		软钢
15	Cu-Ni(Ni30)		15	Cu-Ni 黄铜（7-3Brass）	
16	黄铜（7-3Brass）		16		
17		铸铁	17		
18			18		铸铁
19	铜		19	铜	
20	铝		20	铝	

　　对于摩擦磨损条件下的选材，这里着重介绍了对基本材料的选择。除此之外，对材料表面变性处理（即表面硬化处理）对提高材料抗磨损性能效果也是明显的。在某些条件下，采用表面硬化处理比选择基本材料的方法更降低成本，减摩、抗磨作用更好。这可参见本书第6章相关内容。

9.3　低温条件下的零件选材

（1）低温及低温特性

　　一般在 0℃ 以下通称低温状态。依据具体工程分为几个阶段。0～－40℃ 为一段，如在寒冷和高寒地区服役的桥梁、设备、机械等；＜－40～－100℃ 为一段，如输送、储存天然气、化工液体的设备、容器、管道等；＜－100～－196℃为一段，如输送、储存液化天然气、液氮、液氧的设备、容器、管道等；＜196℃为一段，如储存、输送液氢、液氮的设备、容器、管道等。

大部分金属材料随着温度降低，韧性下降、脆性增加，当到达某一温度时突然变脆。所以，金属材料在低温条件下脆化和脆化引起的脆性断裂使设备失去功能。

（2）低温条件下选材

低温使用设备选材时，首先要根据使用温度范围考虑材料在相应温度下的性能，如屈服强度、韧性变化，以及与温度变化有关的材料特性变化，如线胀系数、热导率、密度等的变化。

此外，还应根据零件特征及设计要求确定选用锻件、轧材、铸件，如果是焊接结构件还应考虑焊接性能。

常用的低温材料性能可参考本书 2.6 节。表 9-5 所示是不同低温段可选用的材料。

表 9-5　低温合金选用（供参考）

温度范围/℃	可用合金类型
0～－40	低温合金钢、奥氏体钢、铝合金
＜－40～－100	奥氏体钢、3.5Ni 钢、钛合金
＜－100～－196	奥氏体钢、5Ni 钢、9Ni 钢、铁镍基合金、钛合金
＜－196	高稳定奥氏体钢、高锰奥氏体不锈钢、12Ni 钢、铁镍基合金、钛合金

9.4　高温条件下的零件选材

（1）高温及高温特性

从金属材料本身来讲，使用温度在 $0.3T_m$（℃）即高于材料熔点 0.3 倍的温度即认为在高温条件使用。在实际应用时，零件使用温度高于 150℃ 时，就应该考虑材料的高温性能，选用耐热材料。

高温对金属材料的主要影响是强度、硬度下降，产生蠕变和应力松弛现象，严重时引起表面氧化，使零件失去使用功能。

（2）高温条件下零件选材

耐热、耐高温材料很多，在具体选择时应考虑使用温度、首先保证工作温度下的力学性能，再结合零件、构件的服役特点、失效形式来合理选材。在高温条件下使用主要是考虑材料高温强度、高温蠕变性能、高温持久极限、高温松弛性能等指标。如进出接管、汽轮机叶片等以高温强度和高温持久极限为主，紧固件则应重点考虑高温强度、高温松弛和高温蠕变性能。

影响高温性能的主要因素是合金成分、钢材质量、金相组织、晶粒度等。不同组织的耐热材料具有各自特点和应用范围。

① 珠光体型耐热钢。珠光体型耐热钢是通用机械应用最广泛的耐热材料。其具有较稳定的珠光体＋铁素体组织结构，有良好的导热性和较低的线胀系数，有良好的冷热加工性能和可焊性，但是使用温度不能太高，一般用于 550℃ 以下温度。其可用于接管、导管、紧固件、衬套、气阀等。常用的有 16Mo、12CrMo、15CrMo、15Mo3（德）、ZG20CrMo 等。

② 马氏体型耐热钢。马氏体型耐热钢具有较高的高温强度、高温疲劳性能，多在淬火＋回火状态下使用，组织不够稳定，加工性能和可焊性能不如珠光体型耐热钢。依据化学成分不同，分别用于 400～600℃ 或 600～800℃ 温度区间，可用于高温高压下使用的叶片、容器等。常用的有 1Cr13、1Cr13Mo、1Cr17Ni2 等。

③ 铁素体型耐热钢。铁素体型耐热钢具有铁素体组织，强度较低，耐高温腐蚀性强，冷作硬化倾向小，耐高温氧化性好，可用于 900℃ 温度以下的抗氧化部件，如燃气机叶片、喷嘴、排气阀等。常用的有 1Cr17、00Cr12、0Cr13Al、2Cr25N 等。

④ 奥氏体型耐热钢。奥氏体型耐热钢具有高的塑性、韧性、抗氧化性和耐蚀性，优良的加工性能和可焊性，但强度较低。它可用于 600～800℃ 条件下的、要求强度不高的零件，如轴、紧固件、叶片、转子等。常用的奥氏体耐热钢有 0Cr18Ni9、2Cr23Ni13、0Cr25Ni20、0Cr18Ni11Nb 等。

⑤ 沉淀硬化型耐热钢。沉淀硬化型耐热钢可通过热处理强化，所以，具有较高的强度、一定的耐蚀性，但加工性、可焊性较差，可用于 600℃ 以下、要求较高强度的紧固件、轴、叶片、弹簧等。常用沉淀硬化不锈钢有 0Cr17Ni4Cu4Nb、0Cr17Ni7Al 等。

⑥ 高温合金。高温合金种类很多，普遍具有较高的强度，在 600～1200℃ 温度范围，具有足够的高温持久强度、蠕变强度、热疲劳性能，还具有优良的化学稳定性和耐蚀性。

高温合金大多用于高温条件下工作机械设备零件，如汽轮机叶片、燃气轮机叶片等。

高温条件下可选用的材料很多，具体可参见本书第 2 章相关内容。

9.5　腐蚀条件下零件选材

相对于其他工况条件的选材，腐蚀条件下的选材更困难、更复杂，原因是腐蚀是多种多样的，腐蚀介质种类多，还受浓度、温度等因素的影响。不同腐蚀条件下产生的腐蚀形态不同，需用的金属材料当然也不同。另一方面，一种金属材料在不同的腐蚀条件下所表现出的耐蚀能力也不同。这就需要在腐蚀条件下选材时要考虑更多的问题。

9.5.1　腐蚀介质及腐蚀

腐蚀无处不在，这种说法并不为过。大气、土壤、水都会对金属材料产生腐蚀，更不要说海水、酸、碱、盐及其溶液对金属的腐蚀了，只不过是腐蚀种类、腐蚀严重程度不同。

（1）大气腐蚀

金属材料或者构件在大气条件下发生化学或电化学反应引起材料的破坏称大气腐蚀。大气所以能够引起腐蚀，是因为大气中不可避免地含有硫、氧、氮及其化合物，大气中还含有水分。金属在潮湿的大气中会吸附一层很薄的湿气层即水膜，水膜中会含有一些有机化合物，当水膜达到 20～30 个分子层厚度时，会变成电化学腐蚀所必需的电解质液膜，这时，金属会作为阳极而受到腐蚀。金属材料在大气中生锈现象即为典型的腐蚀。不同地区的大气中，含有的腐蚀物和数量不同，产生的腐蚀严重程度不同，表 9-6 是碳钢在不同类型大气中的腐蚀情况。

金属在大气中不仅发生均匀腐蚀，当某些大气含有一些较高含量的某种腐蚀性成分时，

表 9-6   碳钢在大气中的腐蚀速率

大气类型	农村	城市	工业大气	海洋大气
平均腐蚀速率/(μm/a)	4～85	23～71	26～175	26～104

还会发生局部腐蚀，如工业大气中含有高含量的 H_2S，则有发生应力腐蚀开裂倾向，海洋大气含有盐雾、过量的 Cl^-，除发生全面腐蚀外，还会发生点腐蚀，缝隙腐蚀，电偶腐蚀，应力腐蚀开裂等多种形态的腐蚀。

（2）土壤腐蚀

土壤是固相、气相、液相三相构成的不均匀多相体，土壤中含有多种有机物质和无机物质并影响着土壤或呈酸性或呈碱性。所以，可以认为土壤属特殊的固体电解质，金属材料在土壤中会发生腐蚀。不同地区、不同类型的土壤所产生的腐蚀也不尽相同。

土壤对金属材料产生均匀腐蚀是最基本的腐蚀形态。因土壤中某些强腐蚀因素存在，还可能产生电偶腐蚀、晶间腐蚀及点腐蚀等局部腐蚀，只是腐蚀较慢、效果不明显而已。

（3）水腐蚀

水中不可避免地存在一些金属离子、气体甚至酸碱性物质，这些成分构成对金属材料的腐蚀因素。不同类型的水中所含腐蚀物质种类、数量不同，对金属的腐蚀种类和程度也不同。均匀腐蚀是最常见的，依据腐蚀物质不同，还可能发生点腐蚀，缝隙腐蚀、应力腐蚀破裂、晶间腐蚀等。此外，温度、流速、压力等均有影响。

（4）地热水的腐蚀

地热水属地热资源，不同类型的地热资源其物态、热力学性质及化学组成也不同，但一般都含有许多腐蚀性杂质，如氯离子、硫酸根离子、硫化氢、二氧化碳、氨、氧、二氧化硅、氢离子、泥浆、沙子及微小的粉尘。含有全部或部分的上述腐蚀杂质对设备材料均会发生不同种类、不同程度的腐蚀。再加上流体温度、流速、压力的因素，这些腐蚀也变得复杂起来。

如果地热水中含有游离的盐酸、硫酸等酸性腐蚀介质，会对设备材料产生均匀腐蚀，特别是对于碳钢或低合金钢材料腐蚀更重。对于某些抗全面腐蚀能力强的材料，如铝合金、不锈钢等腐蚀不明显。但是当地热水中含有氯化物、氟化物并且不可避免地受到大气氧的污染时，这些材料有可能产生点腐蚀和缝隙腐蚀。如果零件存在应力，加之介质中存在硫化氢或氯离子等，则会产生应力腐蚀开裂，如深井泵轮、阀门常常是这类腐蚀的主要对象。

在地热环境中，材料的腐蚀疲劳强度会有所降低，如果已存在点腐蚀，这些腐蚀坑会成为腐蚀疲劳裂纹源，将引起零件严重的腐蚀疲劳。如汽轮机叶片、叶轮、主轴、深井泵轴、叶轮等，都有在这种环境中发生腐蚀疲劳破坏的先例。

大多数地热水都会不同程度地含有杂质颗粒、泥沙、粉尘等硬质杂质，加之地热水的腐蚀性，会对设备、零件产生磨耗腐蚀。

此外，对于铜合金之类的材料还会产生选择性腐蚀，如脱锌腐蚀等。

由上可见，地热水的腐蚀性应引起注意和选材重视。

（5）矿山污水及油田污水腐蚀

矿山污水和油田污水中，通常都含有各类腐蚀物，只不过是各地区、各矿山、各油田地域不同、环境不同而存在种类或浓度、含量上的差异。

依据所含腐蚀介质种类不同和选用材料不同，所产生的腐蚀类型和程度也不同。如含有酸类介质时，再使用碳钢或低合金钢，会产生均匀腐蚀、晶间腐蚀；含有氯离子、氟离子时，对奥氏体不锈钢会产生点腐蚀、缝隙腐蚀；此外，这些污水中都或多或少含有硬质杂物如沙子、粉尘等，它们与介质和腐蚀联合作用，将产生腐蚀磨耗等。在某些介质中，如果采用了铜合金材料，还会发生选择性脱锌腐蚀等。

（6）海水腐蚀

近年来，由于海洋开发、海水冷却、海水淡化等工程的开展，海水腐蚀问题已引起重视。海水的最大特点是含盐量高，主要的有氯化物、硫酸盐等，也会有大量的各类离子，如Cl^-、SO_4^{2-}、HCO_3^-、Br^-、Na^+、Mg^{2+}、Ca^{2+}、K^+等等。因此海水对大多数金属结构具有较强的腐蚀性，海水的温度、流速等都对其腐蚀性带来不同影响。海水中不可避免的沙子等硬质颗粒也增加了腐蚀磨耗的可能性。

海水的腐蚀类型是多种多样的。大多数金属材料都会发生均匀腐蚀，依据材料不同，均匀腐蚀的严重程度不同。点腐蚀和缝隙腐蚀是海水的主要腐蚀形式，在全浸区、飞溅区，这类腐蚀更为严重，包括高镍不锈钢在内的许多不锈钢都会发生程度不同的点腐蚀和缝隙腐蚀。

空泡腐蚀也是海水腐蚀的一个主要特征。尤其是在存在湍流情况下的海水环境，夹带气泡的高速流动海水会对材料表面形成空泡腐蚀破坏。如船舶的螺旋桨、水泵叶轮等均易发生空泡腐蚀破坏。

海水中的砂子、硬质颗粒则会加重材料的腐蚀磨耗。在海水中承受交变应力的部件，也会发生腐蚀疲劳断裂。

（7）酸腐蚀

酸及酸溶液是对金属材料产生严重腐蚀的介质之一。酸的种类不同，产生的腐蚀类型和严重程度也不同。

酸的浓度、温度、压力、通气状况等对其腐蚀性都会产生不同影响。

酸介质种类很多，常见的有硝酸、硫酸、盐酸、磷酸、醋酸、氟氢酸等。它们对金属材料产生的腐蚀有共同点，也有不同点。

① 硝酸。硝酸是氧化性酸，随着温度和浓度的提高，其氧化性加剧。硝酸对各类金属材料都会产生程度不同的均匀腐蚀。金属材料的均匀腐蚀随酸浓度的变化而变化的规律不同，如纯铝、高硅铸铁、钛等先随酸浓度升高，腐蚀率升高；当达到某一极值时，腐蚀率会随酸浓度增加而减少。而大多数金属材料，包括许多不锈钢和合金的腐蚀率都随酸浓度升高而升高。

晶间腐蚀是硝酸的重要腐蚀类型，其具有较强的晶间腐蚀能力，甚至会对晶间腐蚀不敏感的不锈钢也产生晶间腐蚀。

硝酸中含有Cl^-（$>0.1g/L$）时，会使不锈钢加剧发生点腐蚀和缝隙腐蚀。

一些材料，特别是碳钢在质量分数96%以上的硝酸中很快发生应力腐蚀破裂，硝酸铵溶液会使18-8型奥氏体不锈钢产生应力腐蚀破裂。

硝酸还会对复相不锈钢产生铁素体相的选择性腐蚀，包括焊缝中的δ铁素体相的腐蚀。

② 硫酸。硫酸是腐蚀性很强的介质，硫酸的浓度、温度、杂质含量及混有其他酸时，都对其腐蚀产生影响。当然，材料种类也对硫酸的腐蚀作用产生影响，有的适用于稀硫酸，有的则适用于浓硫酸。

任何金属材料在硫酸及其溶液中都会发生均匀腐蚀，只不过由于浓度、温度的不同，在腐蚀程度上有差异。

如果硫酸中存在卤素离子（如Cl^-、F^-等）时，不仅促进产生均匀腐蚀还会引发点腐蚀、缝隙腐蚀、晶间腐蚀和应力腐蚀破裂。

当硫酸及溶液在高速流动时，特别是在湍流状态下，也会产生空泡腐蚀并加剧均匀腐蚀的程度。同样，硫酸或溶液中含有杂质、硬质颗粒时，也会发生腐蚀磨损。

③ 盐酸。盐酸的还原性很强，以至于许多钝化型金属如铅、纯钛、不锈钢等都难以钝化，而受到严重腐蚀。

盐酸会对奥氏体不锈钢产生点腐蚀和缝隙腐蚀及应力腐蚀破裂，特别是盐酸中含有铜盐或铁盐等盐类时尤其严重。

盐酸及其溶液对于敏化态的不锈钢和合金同样会产生晶间腐蚀。

④ 磷酸。磷酸依据浓度和所含杂质种类和数量的不同对材料造成的腐蚀也有差异。磷酸有时会含有其他酸以及一些腐蚀性杂质，如 F^-、Cl^- 等。所以，磷酸对材料的腐蚀也是多类型的。

磷酸对大多数材料会产生均匀腐蚀，其腐蚀程度与浓度和温度有关，也取决于活性杂质 SO_4^{2-}、F^-、Cl^- 的含有情况。

当磷酸中含有氯化物时，氯化物常以氯离子形式存在，因此会对不锈钢产生点腐蚀，所产生的点腐蚀不仅和温度、氯化物浓度有关，还与是否含有硫酸、二氧化硅等有关；当然也会产生缝隙腐蚀。

磷酸含有氯化物、氟化物、稀硫酸时，特别是在较高温度下，对不锈钢会产生晶间腐蚀。

在多数情况下，磷酸可能含有固体粒子、结晶物等，所以，对高速运转的部件会产生磨耗腐蚀。

总之，磷酸对金属材料可能产生的腐蚀是复杂和多样的，主要取决于磷酸的条件。

⑤ 醋酸。醋酸属有机酸。由于它的离解程度比无机酸小，因此，其腐蚀性一般小于无机酸。

依据醋酸浓度、温度、所含物的不同，其产生的腐蚀类型和程度有差异，当然，也与采用的材料种类有关。

冰醋酸在接近无水的条件下，会产生醋酐，这时对铜、不锈钢都会产生较严重的腐蚀。醋酸中通入空气或氧或含有氧化剂时，会使铝减少腐蚀。当含有重铬酸盐、铜盐、铁盐以及通入空气和氧气时，会减缓对不锈钢的腐蚀。

醋酸中含有氯离子时，会对铝和不锈钢产生点腐蚀和缝隙腐蚀。而醋酸被氨或汞污染后会使黄铜产生应力腐蚀破裂和腐蚀疲劳。当醋酸中含有硫酸、盐酸等还原性物质时，会减缓对铜的腐蚀，但同时会加剧对不锈钢的腐蚀。在化学纯醋酸中，不锈钢不会产生晶间腐蚀，但工业醋酸会对不锈钢产生晶间腐蚀。

可见，醋酸对金属材料的腐蚀也是复杂的、多类型的。

由上可见，各种酸对金属材料的腐蚀是复杂的、多类型的，因此，在酸中采用的材料应依据具体情况确定。

（8）碱的腐蚀

碱，通常有氢氧化钠、氢氧化钾、氢氧化钡、氢氧化锂等。碱在常温条件下产生的腐蚀不太严重，但在高温和有应力存在的条件下，会对许多金属产生严重腐蚀。特别是当质量分数高于 30%、温度高于 80℃时，钢铁的腐蚀迅速增加，温度越高，腐蚀越严重，承受应力的部件就越容易发生危险的应力腐蚀破裂，俗称"碱脆"。

(9) 硫化物腐蚀

硫、硫化氢（H_2S）、硫化物对钢铁材料经常发生极为严重的硫化物腐蚀破裂。硫化物应力腐蚀破裂在石油、天然气工业中常有发生。在硫化物应力腐蚀破裂中，硫化氢腐蚀起着主导作用。而硫化物应力腐蚀破裂的本质是氢脆。

硫化氢水溶液即硫化氢与水共存时，对钢材会发生严重腐蚀。钢材在硫化氢水溶液中的腐蚀为电化学反应。这种反应导致钢材可能发生各种类型的腐蚀。

硫化氢对金属材料会产生均匀腐蚀。其腐蚀特征是腐蚀产物具有成片、分层、易碎、多孔性，呈层状剥落，对金属破坏较严重。

相对而言，硫化物应力腐蚀破裂是对材料更严重的破坏。硫化物应力腐蚀破裂的特征是：属于低应力下的破坏，多发生在设备使用初期，甚至在无任何预兆的情况下，突然发生脆性断裂。

温度、浓度、pH 值、压力等条件对硫化物应力腐蚀破裂都有影响。

(10) 石油腐蚀

石油对金属材料的腐蚀是因为石油中存在的其他成分，如氯化物、硫化物、硫化氢以及酸、碱等各类腐蚀介质成分。各地区石油可能含有类型和数量不同的上述腐蚀物，所以，石油产生的腐蚀类型可能有均匀腐蚀、点腐蚀、缝隙腐蚀、晶向腐蚀、应力腐蚀开裂等多种类型。

(11) 超临界水（流体）中的腐蚀

所谓超临界是指物质的一种特殊流体状态。当把处于气-液平衡的物质升温升压时，热膨胀引起液体密度减小，而压力升高又使气相密度变大，当温度和压力达到某一点时，气-液两相的相界面消失，成为一匀相体系，这一点就叫临界点。当体系的温度和压力超过临界点值时，体系中的流体被称为超临界流体。以水为例，当温度 $T = 374.15℃$，压力 $p = 22.1MPa$ 时，纯水的气相与液相的分界面消失时，这点即为水的临界点。超过这点（$T > 374.15℃$，$p > 22.1MPa$）区域范围内的水叫超临界水。在超临界条件下，水的性质发生变化。

众所周知，在大气压和常温条件下，水可溶解大部分无机物，而对于有机物和气体的溶解有限。而超临界水则相反，其对无机物微溶或不溶，对有机物和气体却很容易溶解，即超临界水比普通水含有更多量的有机物和气体。确切地说，超临界水可以与空气、氧气、氮气、二氧化碳等气体互溶。超临界水的这种特性，加之高温、高压的条件对金属材料的腐蚀性比普通水严重得多，特别是超临界水中如果还含有 Cl、F、S、P 等元素时，其腐蚀性尤为严重。

超临界水对金属材料可产生均匀腐蚀、局部腐蚀和冲刷腐蚀。研究表明，超临界水不仅对普通钢铁材料能够造成腐蚀，就是对不锈钢和镍基合金也会产生严重的均匀腐蚀。试验研究还表明，超临界水特别是在临界温度附近，金属材料发生的腐蚀最为显著，腐蚀形式多为点腐蚀、晶间腐蚀和应力腐蚀开裂，尤其以点腐蚀最为严重。

尽管不锈钢抗腐蚀能力很强，但在超临界水中却很不稳定，即使在超临界纯水中，0Cr18Ni12Mo2 类不锈钢的腐蚀速率也会随时间而不断增加，在含 0.3% 氯化物和 6% 氧的超临界水中（600℃，25MPa），其腐蚀速率可达 51.5mm/a。就是镍基合金在超临界水中的腐蚀也很严重。所以，考虑在超临界条件下金属材料的腐蚀问题时，要特别注意。

(12) 核电环境中的腐蚀

金属材料在核电环境中的腐蚀相对于常规条件变得更为复杂，这主要是核电环境的特殊性引起的。

核电系统中存在的不同介质（如不同堆型中的不同冷却剂、慢化剂）对金属材料会引起均匀腐蚀、点腐蚀、缝隙腐蚀、应力腐蚀破裂等。在有些工况下，介质中会含有固体颗粒而产生磨损腐蚀。某些环节的高温、高压条件不仅会促进上述各类腐蚀的发生，还会引起金属材料的高温腐蚀。

特别是辐照作用会破坏金属晶体结构，产生缺陷，改变金属中化学元素，对金属电极电位造成影响，这会促进金属材料腐蚀破坏。辐照还会加速介质分解，如水在辐照后会分解成 H_2、O_2，这更加速了对金属材料的腐蚀作用。所以，对核电设备材料进行选用时，尤其应考虑其在不同条件下的腐蚀和耐腐蚀情况。

9.5.2 影响腐蚀的因素

所有的设备（材料）都是在一定环境中工作的，而大多数工作环境都具有不同程度的腐蚀条件。事实证明：由于腐蚀引起的破坏和事故是大量的。防止腐蚀破坏最重要的是根据具体条件正确地选择金属材料。腐蚀条件下选择合适材料最重要的原则是分析、确认腐蚀环境和影响因素，如腐蚀介质及其条件、产生的腐蚀类型，当然，还应包括满足使用的其他技术要求。

如前所述，不同介质对金属材料的腐蚀效果不同，而即使是同一种介质，其腐蚀效果还受其浓度、温度、压力、流速、杂质情况等因素影响。从另一方面来说，不同的金属材料因其成分、组织、热处理状态的不同，抵抗腐蚀的能力也有很大差别。

（1）浓度对腐蚀的影响

介质浓度对腐蚀的影响情况不一，根据介质类型及金属材料不同有区别。如在盐酸中一般随浓度升高腐蚀加重；碳钢在 50％硫酸中腐蚀严重，当质量分数＞60％时，腐蚀反而下降；不锈钢在稀硝酸中抗腐蚀能力很强，而在 95％以上的浓硝酸中腐蚀加重。2Cr13 钢在 20℃的 5％硝酸中腐蚀速率＜0.1mm/a，而在 20℃的 20％硝酸中的腐蚀速率高达 3～10mm/a。而高镍铸铁在 20℃的硝酸介质中，质量分数为 10％时的腐蚀速率为 36.06mm/a，而在质量分数 5％时的腐蚀速率为 10.5mm/a。

（2）温度对腐蚀的影响

腐蚀是一种化学反应，温度升高加速化学反应也就加速了腐蚀，一般认为温度每升高 10℃，腐蚀速率可增加 1～3 倍。另一方面，温度升高还会破坏金属表面保护膜，也导致金属材料腐蚀加重。如 2Cr13 钢在 10％的硫酸钾溶液中，在 20℃时的腐蚀速率为＜0.07 mm/a，而在沸点温度的腐蚀速率高达 1.18mm/a；高镍铸铁在 10％的硫酸溶液中，在 30℃时的腐蚀速率为 0.508mm/a，而在 90℃时的腐蚀速率达 13.5mm/a。

（3）压力对腐蚀的影响

通常系统压力升高也会加速化学反应，所以压力升高会增强腐蚀。

（4）流速对腐蚀的影响

介质流动速度对腐蚀的影响是复杂的。在多数情况下，流速越高、腐蚀越大，流速大会不断带来氧等活性物质，还会破坏起到保护作用的腐蚀产物，加速腐蚀的不断进行。

但是对于易钝化金属，流速增大时，不断补充的氧会加强金属表面的钝化作用而提高金属耐蚀能力，如在存在点腐蚀的情况下，加大流速会降低点腐蚀效果。介质流速增加还会促使金属表面各部分溶液成分均一，避免形成浓差电池作用而产生的腐蚀。

流速过大，如泵中流体的高速流动会产生旋涡、湍流、空泡，引起严重的冲击和空泡腐蚀（汽蚀）。

（5）pH 值对腐蚀的影响

通常介质 pH 值越小，金属腐蚀越重。所以，对于水、海水、中性溶液、盐溶液等介质的选材要注意 pH 值的影响。

（6）杂质对腐蚀的影响

介质中的杂质对腐蚀的影响情况不一。如在酸性或中性介质中含有微量的氯离子就会产生腐蚀性很强的盐酸，破坏钝化膜，使不锈钢产生点腐蚀和缝隙腐蚀，氯离子还会引起奥氏体不锈钢的应力腐蚀破裂。再比如，原油等油品中含有少量的硫，也会加剧腐蚀，并会引起应力腐蚀破裂。

正因为影响腐蚀的因素较多，在评价和分析腐蚀环境时，应全面、充分考虑各种因素的影响效果。在引用一个腐蚀数据时，也要明确该数据获取的条件，不能盲目地采用一个腐蚀数据而推论其他。还有一个值得注意的问题是：许多试验数据是在试验室加速腐蚀试验条件下得到的（如晶间腐蚀试验、点腐蚀试验、缝隙腐蚀试验、应力腐蚀破裂试验等），这些试验结果只能作为对金属材料在具体试验条件下的试验结果，或对不同金属材料在同等腐蚀条件下腐蚀情况的定性分析和比对，不能轻易用该类试验结果去推断设备或构件在具体工况条件下的寿命和使用周期。

由上可知，在具体工况条件下的耐腐蚀金属材料的合理选择是一项科学、细致的工作，必须全面分析腐蚀环境、影响因素，确认腐蚀类型，在此基础上结合不同金属材料耐腐蚀的特征（参见 9.5.3 和 9.5.4 节），合理选用材料，才能达到满足设计要求的理想效果。

9.5.3 金属材料的耐蚀性

不同的金属材料、耐蚀性上有很大差别。

9.5.3.1 铸铁的耐蚀性

铸铁在各种环境中的耐蚀性主要取决于化学成分和微观组织结构。铸铁与钢相比，碳含量更高，碳在铸铁中可能以化合态的渗碳体（Fe_3C）形式析出，也可能以游离态的石墨形式存在。依据碳含量的多少，铸铁的基体组织可能由不同比例的铁素体和珠光体组成。铸铁依据成分特征可分普通铸铁、高硅铸铁、高铬铸铁、高镍铸铁等，不同类型的铸铁在耐蚀性方面具有不同特点。

（1）普通铸铁

普通铸铁中依据碳的存在形式分为灰口铸铁、球墨铸铁、白口铸铁等，它们的牌号、化学成分和力学性能见表 2-127～表 2-143。

普通铸铁在大气、土壤、淡水、海水和大多数中性溶液中都具有一定的耐蚀性。在大气环境中，普通铸铁的腐蚀速率随大气环境的不同而不同，见表 9-7。

在水中的腐蚀速率依水的情况而变。在较硬水质中（含有较多碳酸钙和碳酸镁的水），由于在金属表面易生成水垢阻止腐蚀，耐蚀性较好，反而在软水和去离子水中的腐蚀速率更高。在常温蒸馏水中，普通铸铁的腐蚀速率大约为 0.254mm/a，在海水中的腐蚀速率约为 0.203mm/a。普通铸铁对碱性溶液有相当好的耐蚀性，在常温低浓度的碱溶液中，铸铁表面会生成牢固的保护膜，腐蚀速率较低，如在不大于 80℃ 的 70% NaOH 溶液中，铸铁的腐

表 9-7　各种普通铸铁在不同大气环境的腐蚀速率

材料	在大气环境中的腐蚀速率/$[10^{-3}\,g/(m^2 \cdot h)]$							
	农村	城市		工业区			海洋	
		一	二	一	二	三	一	二
灰铸铁	—	58~57	—	—	133	46~50	25	—
白口铸铁	—	4~12	—	—	54	—	—	—
可锻铸铁	—	—	—	—	—	—	—	—
S 含量≤0.1%	25	—	87	42	—	137	—	37
S 含量>0.1%	29	204~250	—	79	—	233	—	50
珠光体	21	—	—	46	—	—	—	42
珠光体球墨铸铁	25	—	—	54	—	—	—	42
铁素体球墨铸铁	37	—	—	50	—	—	—	67

蚀速率不大于 0.25mm/a。但当浓度和温度继续增加时，腐蚀速率也迅速增加。在碱溶液中，铸铁会发生应力腐蚀开裂。

普通铸铁在酸介质中的腐蚀速率依酸的种类和浓度不同而异。如在盐酸、纯磷酸中耐蚀性较差，在低浓度的醋酸、草酸、柠檬酸、乳酸等有机酸中腐蚀严重。在一些氧化性酸中，由于石墨促进金属钝化，腐蚀速率低于碳钢。在质量分数为 80%～100%的浓硫酸中比较稳定，但对于发烟硫酸的耐蚀性较差。普通铸铁在质量分数大于 35%硝酸中会产生钝化现象，在质量分数大于 50%硝酸中的腐蚀速率也较低，在盐酸中耐蚀性较差。普通铸铁在各种介质中的耐蚀性见表 9-8。

普通铸铁可用作许多熔融金属的容器，有一定的耐蚀性，见表 9-9。

表 9-8　普通铸铁在各种常见介质中的耐蚀性

介　质	温度/℃	压力/MPa	实验时间/h	腐蚀速率 /(mm/a)	备　注
硝酸 5%～67%	15~45	—	—	不可用	
硫酸 61%～100%	20	—	—	0.07~0.2	
发烟硫酸 105%	≈60	<0.294	—	可用	使用易开裂
发烟硫酸($SO_3$2%～30%)	20~90	—	480	>10	使用易开裂
混酸(H_2SO_4 HNO_3)					
80%∶20%	20	—	—	0.15	
55%∶20%(加水 25%)	20	—	—	0.31	
76%∶9%	110	—	264	0.10	
盐酸 0.4%～浓	—	—	—	不可用	
磷酸					
3.3%	20	—	—	0.62	
80%	60	—	—	22.4	
氢氟酸	常温	—	—	不耐蚀	
氢氧化钾	常温	受力不大	—	可用	
氢氧化钾(熔融)	>300	<0.294	—	尚耐蚀	
氢氧化钠	常温	—	—	可用	
氢氧化钠(熔融)	510	—	—	0.645~3.43	
碱液		<0.294			
NaOH 700g/L,NaCl≤0.5g/L	40	—	—	尚耐蚀	
NaOH 300～700g/L	80~120	—	—	不耐蚀	
NaCl 150g/L					
熔融碱					
NaOH 95%～96%,NaCl 2.8%～ 3.3%,Na_2CO_3 1.5%～1.8%,氧 化物 0.01%～0.02%	330~350	—	—	不耐蚀	

介　质	温度/℃	压力/MPa	实验时间/h	腐蚀速率/(mm/a)	备　注
氨水					
<25%(含 CO$_2$、H$_2$S)	<40	—	—	可用	
约380g/L	常温	—	—	耐蚀	
氨	—	—	—	可用	
氢氧化钙	20~25	—	—	耐蚀	
硫	>100	—	—	耐蚀	
二氧化硫(干燥)	>100	—	—	耐蚀	
氯					
干燥	—	—	—	耐蚀	
潮湿	—	—	—	耐蚀性弱	
氯化氢 100%	<100	—	—	耐蚀	
亚硫酸酐(干燥)	20	—	—	0.12	
亚硫酸酐+水(0.3%)	20	—	—	<3.0	
氯化钠 10%(循环流动)	40	—	250	0.52	
氯化钠	<60	—	—	可用	
饱和氯化钾的氯酸钠溶液,含氯酸钠	常温	<0.294	—	不耐蚀	
400g/L				不耐蚀	
次氯酸钠<50g/L	常温	<0.294	—	不耐蚀	
氯化钾饱和盐水	常温	<0.294	—	耐蚀	
氯化氨<50%	常温	<0.294	—	可用	
粗盐水(含 NaCl 310~320g/L,SO$_4^{2-}$、	<60	<0.294	—	尚耐蚀	
Mg$^+$、Ca^{2+}及含盐颗粒)					
精盐水(含 NaCl310~320g/L,	<50	<0.294	—	尚耐蚀	
NaOH 0.1~0.2g/L,Na$_2$CO$_3$					
0.3~0.4g/L)					
淡盐水(含 NaCl 270g/L,少量次氯	60	≈0.196	—	不耐蚀	
酸根与氯根,pH<7)					
盐浆(NaCl 50%~70%,NaOH 10%	70~100	常压	—	耐蚀	
~20%)					
硫酸钠<10%	<20	—	—	可用	
亚硫酸钠	40~90	<0.294	—	不耐蚀	
碳酸钠(稀)	80~沸点	—	—	<0.1	
碳酸钙	—	—	—	可用	
碳酸氢氨 70%+微量 H$_2$S	<40	<0.294	—	尚耐蚀	
碳铵液(NH$_3$+CO$_2$)	<40	<1.67	—	可用	
蚁酸	—	—	—	不耐蚀	
醋酸					
8%~63%	20~沸点	—	—	>10	
78%~83%	20	—	—	>6	
98%~100%	20	—	—	<1.0	
乙醇	—	—	—	可用	
聚乙烯醇	—	—	—	可用	
甲醛<40%	50~60	<0.294	—	可用	
乙醇	—	—	—	可用	
苯	常温	<0.294	—	耐蚀	
苯酚	50~70	<0.294	—	耐蚀	
苯磺酸钠 48%~51%	90~110	<0.294	—	不耐蚀	
丙酮	—	—	—	可用	
粗氯丁(氯丁 60%~70%,丁烯基乙	常温	<0.294	—	耐蚀	
炔 20%~30%,二氯丁烯 3%,少					
量盐酸,甲基乙烯基酮,水等)					
精氯丁(氯丁 93%~95%,乙烯基乙炔<	常温	<0.294	—	耐蚀	
2%,二氯丁烯 3%~5%,木焦油<					
2%,甲基乙烯基酮,硫代二苯胺少量)					
四氯化碳(干燥)	—	—	—	可用	
四氯化碳+水 1.77g/L	40	—	100	0.043	
海水		—	27288	0.203	

表 9-9　普通铸铁在各种熔融金属中的耐蚀性

熔融金属	温度/℃	耐蚀性(腐蚀速率)/(mm/a)	熔融金属	温度/℃	耐蚀性(腐蚀速率)/(mm/a)
Al	650	可用,但腐蚀较严重,0.5~1.5	Sn	250	可用,但腐蚀较严重,0.5~1.5
Pb	327	可用,但腐蚀较严重,0.5~1.5	Zn	450	可用,但腐蚀较严重,0.5~1.5
	1000	不适用,腐蚀严重,>1.5	Sb	649	不适用,腐蚀严重,>1.5
Na	260	优良,<0.05	Cd	650	优良,<0.05
	316	不适用,腐蚀严重,>1.5		750	良好,0.05~0.5
Mg	651	良好,0.05~0.5			

在普通铸铁中,石墨形状对耐蚀性有一定影响,一般规律是:铁素体球铁、珠光体球铁与珠光体灰铸铁相比较,在稀的醋酸、盐酸溶液中球铁的腐蚀速率明显地比灰铸铁低。在其他介质中耐蚀性差不多,而在球铁中,铁素体球铁耐蚀性略优于珠光体球铁,见表 9-10。

表 9-10　铁素体球铁、珠光体球铁与珠光体灰铸铁的耐蚀性

材料	腐蚀速率/[g/(m² · h)]									
	3%硫酸(25℃)	5%硫酸(50℃)	0.5%醋酸	1%盐酸(20℃)	10%硫酸铵(20℃)	10%NaOH(50℃)	0.037%SO₂的湿空气	工业大气	海水(20℃)	3%NaCl(15~19℃)
铁素体球铁	30.7	99.5		1.7	0.122	0.0070	0.2375	0.1512	0.292	0.0641
珠光体球铁	234.1	780.7	0.043	3.4	0.605	0.0054	0.1834	0.1173	0.288	0.0699
珠光体灰铸铁	397	1280	1.800	24.8	0.695	0.0137	0.2014	0.1175	0.229	0.0700

在下列介质中可选择铸铁:浓度为 70%~100%、温度在 70℃左右的硫酸;浓度为 90%~100%或小于 10%、20℃的醋酸;低于 80℃的 NaOH 溶液;氨水、液氨;室温硝铵;硫酸钠;室温的稀 NaCl 溶液;沸腾的稀碳酸钠溶液;饱和沸腾的碳酸氢钠;200℃的干氯化氢气体,无水四氯化碳、焦油、丙酮;20℃苯等。

灰铸铁可以用于纯碱、烧碱、硫酸等介质的生产设备中,制造管道、阀、泵等强度要求不高的条件。

灰铸铁脆性较大,不能承受冲击载荷,特别是在低温条件下更不宜采用。一般不用来制作受压容器,也不用于制造储存剧毒、易燃、易爆的液体和气体介质的设备。

(2) 高硅铸铁

高硅铸铁是指含硅量大于 10%~18%的铸铁。由于含硅量较高,在铸铁表面会形成一层以 SiO_2 为主的致密保护膜,因而在各种介质中具有良好的耐蚀性。当含硅量大于 14.5%时,对常温下任何浓度的硫酸都有耐蚀性,对于高温下的硫酸也有较好的耐蚀性(通常不大于 0.1mm/a)。但对于发烟硫酸或存在 SO_3 时,高硅铸铁的耐蚀性较差。在磷酸中耐蚀性良好。在 98℃以下,各种浓度的磷酸中腐蚀速度不大于 0.1mm/a。高硅铸铁在磷酸和硝酸混合液中的耐蚀性非常好。在盐酸中的耐蚀性不如在硫酸和硝酸中好,为提高在盐酸中的耐蚀性,可提高硅含量达 18%并加钼。高硅铸铁不耐亚硫酸和氢氟酸的腐蚀。

高硅铸铁在碱性溶液中耐蚀性不好,甚至比普通铸铁还差。在含有 Cl^- 介质中耐蚀性也不好,碱性和 Cl^- 能破坏 SiO_2 保护膜。

高硅铸铁的牌号、化学成分、力学性能分别见表 2-145~表 2-147。高硅铸铁在一些介质中的耐蚀性见表 9-11。

表 9-11　各种高硅铸铁的耐蚀性

铸铁	介质	温度 /℃	压力 /MPa	实验时间 /h	腐蚀速率 /(mm/a)	备注
NST Si-15	硝酸					
	7.6%	20～沸点			<0.13	
	66%	沸点		23	0.12	
	93%～98%	常温			耐蚀	
	100%	沸点			耐蚀	
	硫酸					
	0.5%	40		1300	0.052	
		195	1.47	150	0.91	
	8%～13%	15～20			<0.01	
	25%	60		1300	0.18	
		190	1.18～1.37	100	1.51	
	63%～68%	20			<0.01	
		100			<0.1	
	80%	195		150	0.013	
	85%～98%	常温			耐蚀	
	发烟硫酸					
	含 SO_3 11%	60			耐蚀	
		100			耐蚀性弱	
	含 SO_3>25%	高温			耐蚀	
	混酸					
	H_2SO_4 88.7%	50		22	0.051	
	HNO_3 4.7%					
	H_2SO_4 67%	沸点		22	0.55	
	HNO_3 0.3%					
	亚硫酸					
	0.3%	40		2500	1.17	
	0.4%	130			6.9	
	4.5%	100	0.49～0.59		3.2	
	磷酸					
	8%～13%	20			<1.0	
		88			<10	
	40%	20			0.08	
		沸点			0.13	
	83%～100%	20			<0.5	
	浓	沸点			0.60	
	盐酸					
	1%～13%	15～25			<0.5	
	3%～13%	85～沸点			<6.0	
	28%～37%	15～25			<0.1	
	28%～33%	80～沸点			>10	
	盐酸(含氯)	<26			耐蚀	
	氢氟酸				不耐蚀	
	氢氧化钾					
	10%～50%	20			<0.13	
	50%,浓	沸点			<10	
	氢氧化钾(熔融)	360			>10	
	氢氧化钠					
	12%	100			<1.3	
	34%	100			<1.3	
	氢氧化钠(熔融)	318			>10	
	氢氧化钙(饱和以下)	沸点以下			耐蚀	
	氨 25%	20			<0.10	
		沸点			<1.0	
	硝酸铵 65%	20			0.003	
	硝酸钾				耐蚀	
	硝酸铜				耐蚀	

铸铁	介质	温度 /℃	压力 /MPa	实验时间 /h	腐蚀速率 /(mm/a)	备注
NST Si-15	硫酸钠 25%	20			0.026	
	硫酸氢钠(熔融)	200			<0.13	
	硫酸铜 25%	20			0.026	
	硫酸铵 20%~30%	常温			耐蚀	
	氯化钠(稀)	20			<0.01	
	氯化钠(饱和)	85~沸点			<1.0	
	次氯酸钠(含 Cl⁻<0.1%)	30~40			耐蚀	
	氯化钙(稀)	85~沸点			<0.1	
	氯化锌(饱和)	沸点以下			<0.1	
	氯化铵 10%	沸点			不耐蚀	
	海水				尚耐蚀	
	漂白粉	20			耐蚀	
	氯气(干燥)	20			不耐蚀	
	氯气(湿)	20			耐蚀	
	二氧化硫 9%	90			0.98	
	二氧化硫(饱和水分)	20			12.5	
	氯化氢 100%	100			0.384	
		300			2.832	
	硫化氢(湿)	<100			耐蚀	
	醋酸					
	8%~13%	20~沸点			<0.5	
	58%~63%	20~沸点			<0.5	
	96%~100%	20~沸点			<0.01	
	蚁酸 50%	20~70			耐蚀	
	甲醇 98%	常温			耐蚀	
	甲苯				耐蚀	
	甲醛				耐蚀	
	酚 95%	沸点			<0.13	
	乙醛 20%	20			耐蚀	
	丙酮				耐蚀	
NST Si11 CrCu2RE	硝酸					
	30%	20		72	0.0636	实验室实验
	70%	20		72	0.0285	实验室实验
	硫酸					
	50%	20		72	0.184	实验室实验
	94%	110		72	0.0161	实验室实验
	硝酸 46%+硫酸 94%(1:2)	110		72	0.1070	实验室实验
	硝酸 44%~46%	常温		120	0.0812	硝酸储槽挂片
	硫酸					
	70%~73%	47		96	0.0290	浓缩硫酸平衡桶挂片
	92.5%	60~90		96	0.0070	硫酸储槽挂片
	硫酸 9.25%+苯磺酸	160~205		106.5	0.0316	磺化锅挂片
	硫酸 60%~70%+饱和氯气	常温		144	0.0310	氯气干燥塔废硫酸储槽挂片
高硅铜耐蚀铸铁 (GT 合金)	碳酸氢钠悬浮液	40		72	<0.1	
	氯化铵母液	40		120	<0.1	
	氨盐水	40		72	<0.1	
	硝酸 45%	40		120	0.1~1.0	
	硫酸 75%	75		120	<0.1	
	苟性钠 5%	75		120	<0.1	

铸铁	介质	温度/℃	压力/MPa	实验时间/h	腐蚀速率/(mm/a)	备注
高硅钼铜耐蚀铸铁	硝酸 46%	50		72	0.2740	实验室实验
	硫酸 93%	110		72	0.0596	实验室实验
	硝酸 46%＋硫酸 93%	110		72	0.3090	实验室实验
	硝酸 44%～46%	常温		72	0.109	稀硝酸储槽挂片
	硫酸 70%～73%	47		72	0.039	浓缩硫酸平衡桶挂片
	硫酸 9.25%＋苯磺酸	160～205		166	0.1017	磺化锅挂片
	硫酸 60%～70%＋饱和蒸汽	常温		144	0.1704	氯气干燥塔废硫酸储槽挂片

　　高硅铸铁在某些介质中耐蚀性好，但脆性大，抗拉、抗弯强度低，不能承受动载荷。

　　高硅铸铁适合在硝酸、硫酸、硫酸盐、醋酸、常温盐酸、脂肪酸等介质中常期使用。除高温盐酸与氢氟酸外的其他介质亦可使用。但，高硅铸铁不耐碱腐蚀，不适用于碱性介质。

　　高硅铸铁常用于制造承受静载荷或动载荷不大、又无温度急变的各种耐腐蚀泵、真空泵、潜水泵、卧式离心机等产品部件。

　　高硅铸铁加入其他元素可改变耐蚀性。如加入 7%～8% 铜的高硅铜铸铁，耐酸、碱腐蚀，但不耐硝酸腐蚀，可用于强碱性介质并有磨损环境的泵、叶轮、轴套等。

　　高硅铸铁加入 4% 左右的钼，即高硅钼铸铁对氯化物溶液、氯离子具有高度稳定性，适用于除氢氟酸以外的各种酸类介质，但不耐浓碱腐蚀，主要用作抗盐酸铸件。

　　加入稀土元素的稀土中硅铸铁 NSTSi11CrCu2RE 的耐蚀性近于 NSTSi-15，但其更适合温度＜50℃、质量分数≤46% 的硝酸；温度＜90℃、质量分数为 70%～98% 的硫酸；室温下，饱和氯气的 60%～70% 硫酸；温度为 90～100℃的粗萘＋92.5% 硫酸；温度为 160～205℃的苯磺酸＋92.5% 硫酸。

　　这几种加入合金元素的高硅铸铁的耐蚀性能见表 9-11。

　　（3）高铬铸铁

　　含铬 15%～30% 的铸铁称高铬铸铁，组织中含有大量铬的碳化物，不仅具有极优越的耐磨性，而且还具有较好的抗氧化性和耐蚀性，特别是对氧化性酸如硝酸有良好的耐蚀性。铬含量高于 20% 的高铬铸铁在室温下可耐质量分数在 95% 以下的硝酸的腐蚀；对于质量分数在 70% 以下的硝酸，在沸点以下的温度下，其腐蚀速度小于 0.127mm/a。

　　高铬铸铁在质量分数低于 60% 的磷酸、在 79℃以下各种浓度的亚硫酸等介质中都有较好的耐蚀性。在大气、海水、矿山水、常温碱溶液等介质中均有良好的耐蚀性。

　　高铬铸铁在高温浓碱液、熔融碱、稀硫酸中耐蚀性较差。如果在高铬铸铁中加入 2%～3% 钼可提高在稀硫酸中的耐蚀性。加入 1%～2% 的铜可提高在氧化性介质中的耐蚀性。

　　高铬铸铁在盐酸、氢氟酸等还原性介质中耐蚀性较差。

　　高铬铸铁的牌号、化学成分、力学性能分别见表 2-144、表 2-154～表 2-157。高铬铸铁在一些介质中耐蚀性能见表 9-12。

表 9-12　高铬铸铁的耐蚀性能

介质	温度/℃	实验时间/h	腐蚀速率/(mm/a)
硝酸			
30%	20	24	0
50%	20	24	0.0011

介　　质	温度/℃	实验时间/h	腐蚀速率/(mm/a)
66%	20	24	0
磷酸			
10%	20	24	0.011
60%	60	24	0.0048
80%	60	24	0.088
硫酸 25%	20	24	7.0
硫酸 5%+氟硅酸 1%	60	480	0.0055
草酸 10%	20	24	0.011
盐酸 10%	20	24	0.88
硫酸 60%+硝酸 20%	60	24	0.0022
磷酸 32%+硫酸 5%+氢氟酸	60	24	0.0088
硫酸 30%+硝酸 50%	28	24	0.36
碳酸氢铵 50%	25	24	0
磷酸铵			
80%	70	24	0.0022
65%	100	24	0
硝酸铵 80%	70	24	0
尿素 80%	50	24	0.033
饱和硫酸铵+硫酸 1%	沸	24	0.0096
碳酸钠 50%	60	24	0
氢氧化钾 50%	60	24	0
氢氧化钠 35%	60	24	0
氯化钠 25%	60	24	0.0096
氯化钙 50%	60	24	2.64

（4）高镍铸铁

含镍 13%～30%，并加入一定含量的铬、铜或钼的铸铁称高镍铸铁，其组织为奥氏体加石墨，故又称奥氏体铸铁。

高镍铸铁中因含有大量的镍及铜、钼等元素，所以对中等氧化性酸包括室温下的稀硫酸和浓硫酸，都有较好的耐蚀性。对于盐酸、室温下的各种浓度的磷酸、高镍铸铁的耐蚀性也较好。对于某些有机酸如醋酸、油酸、硬脂酸的耐蚀性显得更好。

高镍铸铁在碱中使用比在酸中更显优越性，对于高温高浓度碱液，熔融碱都很耐蚀，如在质量分数高达 70%、温度接近沸点的 NaOH 溶液中腐蚀速率低于 0.25mm/a。高镍铸铁在大气、中性盐类水溶液中也很耐蚀。尤其在海水中最大腐蚀速率不大于 0.1mm/a。在含 Cl^- 介质中，其耐点蚀和耐缝隙腐蚀的能力甚至超过不锈钢。

但是，高镍铸铁件应力超过 68.6MPa 时，在热碱溶液中会产生应力腐蚀开裂。

高镍铸铁还具有良好的耐磨性、耐冲蚀性和耐热性。高镍铸铁在腐蚀环境中的应用越来越受到重视。

高镍奥氏体铸铁的牌号、化学成分、力学性能分别见表 2-144、表 2-148～表 2-153。在一些介质中的耐蚀性见表 9-13。

表 9-13 高镍铸铁在各种介质中的耐蚀性

介　　质	温度/℃	通气程度	实验时间/h	腐蚀速率/(mm/a)	备注
硝酸					
10%（体积）	16	少量		59.9	实验室
50%（体积）	16	少量		26.2	实验室
75%（体积）	16	少量		22.4	实验室

介　　质	温度 /℃	通气程度	实验时间 /h	腐蚀速率 /(mm/a)	备注
硫酸					
10%					
	30		20	0.508	实验室
	90		20	13.5	实验室
80%					
	30		20	0.508	实验室
	90		20	6.35	实验室
85%	49～60		2160	2.29	实验室
96%	室温		600	0.127	实验室
稀硫酸,酸洗废酸	16	少量	3936	2.03	排酸管
发烟硫酸(15%SO₃)	21		720	1型 0.0356	实验室浸泡
				3型 0.00762	
硫酸72%,聚合物石油,丁烷,丁烯	79		5688	0.508	汽油塔
硫酸10%+硫酸铜2%	32	良好	176	15.7	喷淋酸洗机,0.276MPa
盐酸					
浓	16	少量		9.4	实验室
1%	室温			0.152	实验室
5%	室温			0.254	实验室
20%	室温			0.305	实验室
20%	54	完全		5.59	实验室
磷酸					
15%	30	少量	20	2.03	实验室,流速0.399m/min
	30		24	1.27	实验室,流速0.399m/min
15%	88		20	12.4	实验室,流速0.399m/min
	88		20	8.13	实验室,流速0.399m/min
浓	各种温度			0.508	实验室
磷酸,78%粗酸	52～66	敞开		6.35	储槽
磷酸,浓,83.5%～84.5%P₂O₃	60		48	0.0483	实验室
	180		48	0.508	实验室
磷酸,12%	21～100		5524	1.52	酸洗槽
氢氧化钾81%	220		68	0.254	实验室
氢氧化钠					
50%			2208	0.0178	碱蒸发器中
50%～70%	121		250	2.29	碱蒸发器中
70%	热		2256	0.508	高浓度蒸发器
无水	371		2304	0.330	刨片机盘中
熔融氢氧化钠	671		22.5	6.60	
氢氧化钠90%+氢氧化钾90%	371	少量	118+52	0.330	刨片机盘中
氨水					
75%	16			不损失	实验室
10g/L	25		7632	0.00508	氨盘管内面,流动
	70		7632	0.152	氨盘管内面,流动
Ca(OH)₂	16	少量		0.00508	实验室
硫(熔融)	127	吸入部分空气	20	0.508	实验室
硫(熔融)					
硫(熔融)	446		48	15.0	实验室
H₂S(湿)	93		168	0.254	实验室
硫化氢,含45～50g/LCaO	59	H₂S饱和	1104	0.0254	燃气涡轮减震器,流速0.0254～0.0508m/s

介　　　　质	温度/℃	通气程度	实验时间/h	腐蚀速率/(mm/a)	备注
氯化钠,天然盐水	27		5304	0.0254	储槽
氯化钙5%	16	少量		0.127	实验室
氯化铵10%	16	少量	93	0.152	实验室
氯化铵35%氯化锌35%(微碱性)	室温~107	空气搅拌	1406	0.254	溶解槽
硝酸铵66.8%+氨16.6%和硝酸铵55.5%+氨26%	49	低	864	0.0102	泵,由混合槽吸入,流速为1.25m/s
硫酸铵10%	16	少量		0.102	实验室
硫酸钠和碳酸钠,pH7.5	24		672	0.00229	储槽
磷酸钠5%	16	少量		0.0152	实验室
碳酸钠10%	16	少量		无失重	实验室
硫酸钙溶液	93	细雾状	1636	0.0508	气体吸气室
硫酸铜10%	16	少量		12.4	实验室
氯化锌30%~70%	沸腾		720	2.03	实验室
硫酸锌,原电解液	40	轻微	504	14.2	稠厚器,溢流液中
熔融锌,在氯化铵溶剂下	427		137	60.7	锌表面下6mm
醋酸25%	16	少量		0.508	实验室
浓醋酸	16	少量		0.51	实验室
油酸	沸点和大气温度		912	0.0254	红油洗槽水线处
酒精(粗)	71		1927	0.102	蒸馏塔,流速中等
苯液			3504	0.0254	蒸馏塔体
酚5%	16	少量		0.229	实验室
过氯乙烯蒸气	127		1536	0.102	溶剂回收精馏器
四氯化乙炔液 CCl_4	21		528	1.52	供料槽
	21~32		1584	0.0254	排水槽,干燥清洁的机器
	71~77		1584	0.00762	主蒸馏塔,干燥清洁的机器
	室温	少量	2352	0.0508	主储槽,干燥清洁的机器
柠檬酸5%	16	少量		2.29	实验室
脂肪酸	218~316		2002	0.762	真空鼓泡塔顶部和进料盘间
甘油	54		4368	0.0508	供料槽
汽油,裂化(含 HCl 和 H_2S)	204~213		2784	0.0254	鼓泡塔顶部塔盘
石油:原油含硫酸	大气		66240	0.0762	原油搅拌器
新鲜水,pH8.5,0.0185% Ca^{2+}	29	80%饱和	552	0.508	冷却塔来的排水管
蒸馏水	16	少量		0.0152	实验室
海水	大气		9456	0.0508	旋转式过滤器滤网
	30	相当大	1440	0.203	速度实验装置

（5）其他耐蚀铸铁

其他耐蚀铸铁指含有少量合金元素，如低镍、低铬、低铜及铝的铸铁。这些铸铁加入少量合金元素本意是改善力学性能、工艺性能，但是也起到了一定的耐蚀作用。

在普通铸铁中加入 3%～5%镍，可提高在碱溶液的耐蚀性。含 1.5%左右的铜铸铁，可提高在大气和海水中耐蚀性。含 4.5%镍和 1.5%铬的铸铁，在耐蚀性和耐冲刷性方面都有提高。含 $3\%\sim6\%$ 铝的铸铁，在氨碱溶液中有较好的耐蚀性。

含有低含量合金元素的铸铁牌号、化学成分见表 2-144。

9.5.3.2 碳钢的耐蚀性

碳钢是应用最广泛的金属材料，由于其在大气和水中都生锈，在海水及其他腐蚀介质中都产生腐蚀，通常不认为是耐腐蚀材料。其实，除了强腐蚀介质外，碳钢对很大范围内的一般腐蚀介质也具有一定程度的耐腐蚀性能，只不过比耐腐蚀材料的耐腐蚀能力差一些，但因其生产方便、成本低、在很多条件下仍采用碳钢作为主要材料。

碳钢的耐蚀性首先和含碳量有关。在非氧化性酸性介质中，随碳含量的增加，腐蚀速度增加；在氧化性介质中，在含碳量低时，因钝化作用弱，腐蚀严重，当超过一定量时，碳的钝化作用增强，腐蚀反而减少。在中性介质中，碳含量影响不大。硫、磷含量高会降低耐腐蚀性能，锰、硅在正常规定的含量时，无明显影响。

碳钢的组织形态有一定影响。在碳含量相同时，片状组织比球状组织耐腐蚀性能差，片状组织越细、距离越小，腐蚀越严重，这是因为腐蚀面积增大的原因。

碳钢在常温水中腐蚀生锈，水中含有 CO_2、SO_2 气体时，腐蚀更严重。

碳钢在蒸汽系统中、高温水条件下，通常因这类水要经过严格处理，纯度较高，所以腐蚀较小。碳钢在蒸汽和空气中的氧化情况见表 9-14，在大气中的腐蚀速率见表 9-6。

表 9-14 钢在蒸汽和空气中的氧化

钢种	主要合金元素	试验温度/℃		不同实验时间的氧化深度/(10^{-2}mm)			
				100h	1000h	10000h	100000[①]h
碳钢	C≤0.35%铸钢	空气	454	0.305	0.559	1.016	1.88
			538	0.457	1.321	4.06	12.45
			621	2.24	9.40	39.4	167.6
		蒸汽	454	0.406	0.508	0.864	1.524
			538	0.737	2.184	6.60	20.3
			621	7.87	29.5	116.8	381
	C 0.15%	空气	454	0.381	1.067	3.30	9.65
			538	0.889	2.54	7.11	21.8
			621	1.778	8.13	37.6	172.7
		蒸汽	454	—	—	—	—
			538	0.584	1.829	5.59	17.8
			621	6.86	22.35	73.7	246
	C≤0.35%	空气	454	0.305	0.559	1.448	3.96
			538	0.965	1.727	5.08	15.24
			621	1.727	4.09	35.6	267
		蒸汽	454	0.254	0.533	1.092	2.29
			538	0.559	1.27	3.05	6.86
			621	3.18	14.7	71.7	259
	C 0.35%	空气	454	4.60	0.813	1.473	2.79
			538	0.66	1.626	3.81	9.40
			621	2.24	8.38	27.9	101.9
		蒸汽	454	—	—	—	—
			538	0.483	2.13	9.65	43.2
			621	10.92	33.0	99.1	257
Cr-Mo 钢	C 0.25% Mo 0.5%	空气	454	0.305	0.584	1.118	2.08
			538	0.549	1.473	4.01	11.2
			621	3.56	8.89	26.4	102

钢种	主要合金元素	试验温度/℃	不同实验时间的氧化深度/$(10^{-2}mm)$			
			100h	1000h	10000h	100000[①]h
Cr-Mo 钢	C0.25% Mo0.5%	蒸汽 454	—	—	—	—
		蒸汽 538	0.445	1.45	4.83	16.76
		蒸汽 621	3.30	15.75	76.2	315
	C0.4% Cr1.0% Mo0.2%	空气 454	0.229	0.432	1.118	2.79
		空气 538	0.508	1.372	3.81	10.47
		空气 621	2.29	7.37	24.1	76.2
		蒸汽 454	—	—	—	—
		蒸汽 538	0.762	2.44	8.13	25.9
		蒸汽 621	17.27	35.1	68.6	140
	C0.12% Cr1.25% Mo0.5%	空气 454	0.241	0.483	1.35	4.83
		空气 538	0.381	1.143	3.56	10.9
		空气 621	1.397	6.35	29.2	135
		蒸汽 454	0.251	0.457	0.914	1.57
		蒸汽 538	0.508	1.575	4.78	114.7
		蒸汽 621	3.05	9.14	23.9	67.3
	C0.18% Cr2.5% Mo1.0%	空气 454	0.178	0.559	1.47	4.06
		空气 538	0.254	1.04	4.45	18.8
		空气 621	0.686	2.77	10.4	40.6
		蒸汽 454	—	—	—	—
		蒸汽 538	2.03	5.33	13.7	35.6
		蒸汽 621	3.3	9.14	20.8	53.3

① 100000h 数据系从 10000h 外推而得。

碳钢在土壤中的腐蚀受土壤电阻率、盐分、含水量、含气量、pH 值、土壤温度、土壤中微生物等各种因素影响有关。碳钢的成分对土壤腐蚀性影响不大，影响较大的是金属材料本身的相结构和组织等，如碳钢的焊缝及热影响区处的土壤腐蚀较本体的腐蚀大。此外，材料中的夹杂物周围、晶界处常常优先腐蚀。据统计，碳钢在土壤中平均腐蚀速率为 0.2～0.4mm/a。在一般情况下，加入少量的铬、铝、镍、铜等合金元素与普通碳钢比较起来没有明显提高。

碳钢在酸中的腐蚀，依据酸种类不同有较大差异。

盐酸：盐酸是一种腐蚀性很强的还原性酸，钢铁在盐酸中耐蚀性极低。碳钢在盐酸中的腐蚀速率随酸的浓度增加而急剧上升，随着酸溶液温度升高腐蚀速度加快。

硫酸：硫酸对铁合金会产生强烈的腐蚀，腐蚀速率随硫酸的浓度（质量分数）增大而增大，当质量分数达到 47%～50%时，腐蚀速率最大；当硫酸质量分数再增大，硫酸的氧化性会使铁生成具有保护性的钝化膜，腐蚀速率反而逐渐下降。当硫酸质量分数达到 70%～100%时，腐蚀速率很低。因此，可用碳钢制作在室温使用的浓硫酸（质量分数＞80%）的容器。

在质量分数超过 100%的发烟硫酸中，由于钝化膜受到破坏，腐蚀速率又上升。温度对硫酸腐蚀性影响很大，当温度高于 65℃时，任何浓度的硫酸对铁合金都严重腐蚀。

另外，硫酸暴露在空气中会产生自稀释现象，这一特点也值得注意。

硝酸：硝酸是一种强氧化剂，质量分数在 65%以下对铁腐蚀严重；质量分数＞65%时，铁产生钝性。质量分数高于 90%时，铁氧化膜破坏，腐蚀又加重，在浓度较高的硝酸中，碳钢会产生晶间腐蚀破坏，所以，普通碳钢不耐硝酸腐蚀。

氢氟酸：碳钢在质量分数低于 70% 的氢氟酸中会受到强烈腐蚀；但在质量分数大于 75%、温度低于 60℃ 的氢氟酸中，碳钢是稳定的，这是因为铁表面生成的腐蚀产物（氟化物）会随氢氟酸浓度增加而溶解度下降的原因。对于无水的氢氟酸，碳钢更为耐蚀。

在有机酸中，对碳钢腐蚀最强烈的是草酸、蚁酸、醋酸、柠檬酸和乳酸。但它们对碳钢的腐蚀效果要比无机酸弱得多。

碳钢在碱溶液中比较稳定，因为低浓度碱液中生成的腐蚀产物能起到一些保护作用；但当碱液浓度增加时或温度升高时，腐蚀变得严重起来，在高温熔融碱中，碳钢会发生很强烈的腐蚀。

碳钢在浓碱溶液中，特别是温度升高时，耐蚀性显著下降。碳钢在 NaOH 水溶液中会产生应力腐蚀破裂，称为碱性破裂，也称碱脆。碳钢产生碱脆与温度和浓度有关，一般认为，大约 60℃ 是发生碱脆的界限温度。最容易发生碱脆的温度是在溶液沸点附近，其浓度以 NaOH 计，大约 30%（质量分数）左右。

碳钢在盐类溶液中比水能引起更强烈的腐蚀。其腐蚀速度与氧含量有很大关系。当氧是去极化剂时，会使腐蚀加强；当氧使金属钝化时，使腐蚀减弱。具有氧化性的盐类如 $KMnO_4$、K_2CrO_4 等能使钢钝化；而有些盐类可水解生成无机酸，如 $AlCl_3$、$MgCl_2$ 等则加速腐蚀。

在有机溶剂介质中，甲醇、乙醇、苯、二氯乙烷、苯胺等介质中，碳钢实际腐蚀不大，在纯的石油烃类介质中腐蚀不大。

液氨对碳钢会引起应力腐蚀破裂，氨中的不纯物对钢的应力腐蚀破裂影响较大，氨中溶解空气会促进破裂，钢中含碳量愈高，愈容易引起破裂。钢的强度越高，硬度越高，对氨的破裂敏感性愈强。

碳钢在酸、碱、盐等介质中的耐蚀性见表 9-15 和表 9-16。

表 9-15　室温下碱溶液中碳钢的腐蚀速率

NaOH/(g/L)	腐蚀速率/(mm/a)	$Ca(OH)_2$/(g/L)	腐蚀速率/(mm/a)
0	0.05	0	0.05
0.001	0.05	0.0013	0.05
0.01	0.05	0.013	0.025
0.1	0.05	0.13	0.025
1.0	0.02	0.67	0
10	0	1.3	0
100	0.0025		
500	0		

表 9-16　碳钢耐蚀性

介质与浓度(质量分数)	温度/℃	试验时间/h	腐蚀速率/(mm/a)	备　注
硝酸<1%	20		5.0～10.0	
1%～70%	20		>10.0	
70%～80%	20		0.5～1.0	
80%～100%	20		0.1～0.5	
硫酸<5%	20		1.0～5.0	
5%～60%	20		>10.0	
60%～70%	20		1.0～5.0	
80%～100%	20		0.1～0.5	

介质与浓度(质量分数)	温度/℃	试验时间/h	腐蚀速率/(mm/a)	备 注
磷酸	20		>10.0	
铬酸溶液	20		0.5~1.0	
醋酸 0~20%	20		>10.0	
20%~80%	20		不耐	
80%~99.9%	20		5.0~10.0	
草酸	20		5.0~10.0	
蚁酸溶液	20		5.0~10.0	
水杨酸溶液	20		1.0~5.0	
氯磺酸液体	20		1.0~5.0	
氢氟酸 60%	20		2.3	
62%	20		1.5	
63%	20		0.22	
64%	20		0.05	
无水	65		0.62~0.74	
无水	80		1.2	
氯气体	20		1.0~5.0	
碳酸钠溶液	20		0.1~0.5	
硫酸钠溶液	20		1.0~5.0	
硫酸亚铁溶液	20		0.5~1.0	
氯化钾溶液	20		5.0~10.0	
氯化钙溶液	20		5.0~10.0	
氰化钾溶液	20		0.5~1.0	
硫化钠 24%			0.5~1.0	
苯胺	20		0.05~0.1	
苯	20		0.05~0.1	
氯苯	20		0.1~0.5	
甲苯	20		0.05~0.1	
甲醇	20		0.01~0.05	
丁醇	20		0.5~1.0	
甘油	20		0.01~0.05	
苯酚	20		0.1~0.5	
工业用水	14		0.1~0.5	
大气		5 年	0.0103	北京大气暴晒站
大气		5 年	0.0065	包头大气暴晒站
大气		5 年	0.0233	成都大气暴晒站
大气		5 年	0.0337	青岛大气暴晒站
大气		5 年	0.0133	武钢大气暴晒站
大气		5 年	0.0222	广州大气暴晒站
海水		1 月	0.591	天津新港挂片(实际海水潮差)
海水		2 月	0.288	
海水		3 月	0.186	

介质与浓度（质量分数）	温度/℃	试验时间/h	腐蚀速率/(mm/a)	备　注
合成氨生产原料气				
合成氨原料气（不含硫化氢）	室温	384	液相 0.023 气液相 0.06	合成氨厂沸腾炉制造合成氨原料气其主要成分：CO_2、O_2、CO、H_2、N_2、CH_4、H_2S、H_2O 等。挂片试验
合成氨原料气中硫化氢含量为 68mg/m^3，气体以 3L/min 的速度通过	室温		液相 0.005 气液相 0.02	
合成氨原料气中硫化氢含量为 1000mg/m^3，气体以 3L/min 的速度通过	室温		液相 0.041 气液相 0.144	
合成氨原料气中硫化氢含量为 $1\sim2$g/m^3，气体以 3L/min 的速度通过	室温		液相 0.041 气液相 0.144	
脱硫后合成氨原料气（含硫化氢 13.8mg/m^3）中氧含量为：0.5%	—	330	液相 0.025 气液相 0.09	
脱硫后合成氨原料气（含硫化氢 13.8mg/m^3）中氧含量为：1.0%	—	330	液相 0.035 气液相 0.075	
脱硫后合成氨原料气（含硫化氢 13.8mg/m^3）中氧含量为：1.5%	—	330	液相 0.05 气液相 0.156	
脱硫前合成氨原料气（含硫化氢 $1.3\sim1.39$g/m^3）中氨含量为： 0.03g/m^3　pH=6.8	—	247	液相 0.03 气液相 0.110	
0.09g/m^3　pH=7.6	—	247	液相 0.008 气液相 0.012	
脱硫前合成氨原料气中煤粉含量为： 2.3mg/m^3	—	570	0.0227	
0.003mg/m^3	—	570	0.096	
饱和（40℃）的脱硫后合成氨原料气（含硫化氢 5mg/m^3）	40	72	0.068	
	60	72	0.025	
	80	72	0.003	
	160	72	0.004	
	180	72	0.023	
脱硫前合成氨原料气	—	—	气相 0.0016 气液相 0.0386	合成氨原料气主要成分：CO_2、O_2、CO、H_2、N_2、CH_4、H_2S、H_2O 等。挂片试验
脱硫后合成氨原料气	—	—	气相 0.0057 气液相 0.0294 界面处 0.0212	
脱硫前合成氨原料气其中含水量： 21.8mg/m^3	室温	570	0.0960	
16.3mg/m^3	室温	570	0.010	
1.3mg/m^3	室温	570	0.0047	
0.2mg/m^3	室温	570	0.0029	
硫化氢 $0.9\sim1.2$mg/L 的水溶液	室温	240	0.4047	
硫化氢 $0.9\sim1.2$mg/L 的水溶液	30	240	0.5026	
上述溶液之液面上气相中	室温	240	1.7542	
	30	240	1.8648	

介质与浓度（质量分数）	温度/℃	试验时间/h	腐蚀速率/(mm/a)	备　注
合成氨生产原料气				
脱硫后半水煤气(80℃饱和湿度蒸汽比为1.5)硫化氢含量为4～7mg/m³	80	72	0.140	合成氨厂变换热交换器。挂片试验
	140	72	0.122	
	450	72	0.569	
	600	72	0.853	
	700	72	28.2	
半水煤气(80～84℃饱和湿度蒸汽比在1.5左右) 其中含: 硫化氢　14mg/m³ 硫化氢　1000mg/m³ 硫化氢　22mg/m³ 硫化氢　1000mg/m³	500 500 600 600	72 72 72 72	0.609 1.28 0.848 6.90	
半水煤气(硫化氢含量为50mg/m³) 氧　0.2% 氧　0.2% 氧　1.0% 氧　1.0%	500 600 500 600	— — — —	0.609 0.848 0.578 4.20	O₂的含量不够准确。挂片试验
半水煤气(硫化氢含量为1000mg/m³) 氧　0.2% 氧　0.2% 氧　1.0% 氧　1.0%	500 600 500 600	— — — —	1.28 6.90 1.29 16.86	
脱硫后半水煤气(80℃,饱和湿度,硫化氢含量为4～8mg/m³)	450	120	2.11	挂片试验
半水煤气(80℃,饱和湿度,硫化氢含量为13.1mg/m³)	385	1640	0.0140	合成氨厂变换热交换器中挂片试验
脱硫入口半水煤气(硫化氢含量为1.3～2.7mg/m³)	—	240	0.0140	肥料厂半水煤气气柜。挂片试验
变换出口	—	240	0.0227	
变换前半水煤气气柜水槽中硫化氢含量为20.74mg/L,二氧化碳含量429.8mg/L	—	240	0.0473	
碳酸氢铵生产				
碳酸氢铵溶液中: 氨　128～136滴度 二氧化碳　45mL/mL	55	168	1.2	搅拌,挂片试验
碳酸氢铵溶液中: 氨　128～136滴度 二氧化碳　90mL/mL	55	168	0.6	
碳酸氢铵溶液中: 氨　205滴度 二氧化碳　88mL/mL	45 55 65	168 168 168	0.9 1.0 1.2	
碳酸氢铵溶液中: 氨　205滴度 二氧化碳　88mL/mL	45 55 65	168 168 168	1.2 1.9 2.3	

介质与浓度(质量分数)	温度/℃	试验时间/h	腐蚀速率/(mm/a)	备　注
碳酸氢氨生产				
碳酸氢铵母液：含 氨　110～130 滴度 二氧化碳　78mL/mL	常温	—	0.082	氮肥厂母液槽挂片试验
碳酸氢铵母液：含 氨　110～130 滴度 二氧化碳　78mL/mL	35 35	—	0.0461 0.0246	氮肥厂碳化塔挂片试验
碳酸氢铵母液：含 氨　200～210 滴度 二氧化碳　60～75mL/mL	常温	—	0.056	氮肥厂氨水槽挂片试验
碳酸氢铵母液： 碳酸氢铵、水、氨、二氧化碳、硫化氢等(冲刷严重)		3672	2.145	碳酸氢铵离心机挂片试验
液相二氧化碳20%～24% 硫化氢60～130mg/m³ 压力　18kgf/cm²（1kgf/cm²＝98.0665kPa）	185	24	0.6375	三段水冷器模拟设备挂片试验
二氧化碳80～150mL/m³ 压力7kgf/cm²	42～45	56 天	0.945	碳化塔副塔挂片试验
二氧化碳250～280mL/m³，氨水10%～20%，硫化氢 0.25mg/mL，压力:7kgf/cm²	42～45	47 天	1.56	碳化塔主塔挂片试验
二氧化碳8%，一氧化碳30%，氢40%，氮20%，硫化氢 200mg/m³，氧0.2%～0.4%	95～100	50 天	2.5	常压变换热交换器,挂片试验
浓氨水常压	室温	240 天	0.5744	氨水储槽,挂片试验
氢氧化钠44%	100	361	0.15	循环桶,挂片试验
氢氧化钠30%	80	—	0.5	高位桶,挂片试验
氯苯及苯酚生产				
氯化苯精馏生产中和后物料 酸度　0.00037% 水分　0.06% Fe　0.00026%	25～30 40～50 70～80	192 120 80	0.0450 0.00159 0.0674	试验介质取自氯化苯精馏冷凝系统中,挂片试验
回收苯 酸度　（0.00094%） 水分　0.06% Fe　0.00044%	40～50 70～80	120 80	0.0910 0.0756	
精馏氯化苯 酸度　0.0087% 水分　0.05% Fe　0.0067%	25～30 40～50 70～80	192 120 80	0.0293 0.1078 0.0960	
试剂氯化苯 酸度　中性 水分　微 Fe　无	25～30 40～50 70～80	192 120 80	0.00059 0.00351 0.0300	

介质与浓度（质量分数）	温度/℃	试验时间/h	腐蚀速率/(mm/a)	备　注
氯苯及苯酚生产				
精馏氯化苯（其中含Fe0.00034%） 酸度　0.0067%	20～30 40～50 70～80	24 24 24	0.203 0.240 0.083	试验介质取自氯化苯精馏冷凝系统中,挂片试验
精馏氯化苯系统中的精馏物料（搅拌） （酸度 0.00314%）	30 50 70～80	24 24 24	0.0382 0.175 0.0750	
精氯苯精馏 酸度　0.0079%	40～60 40～60 40～60	— — —	冲击 0.783 流动 0.622 介质更新 0.0431	
氯化苯再精馏 酸度　0.00955%	40～50	24	冲击 1.69 流动 0.585 更新介质 0.0566	
氯化苯精馏冷凝系统中和前物料 酸度　0.14% 水分　0.01%	50～60 50～60	8 24	流动 1.013 更新介质 0.121	
氯化苯精馏冷凝系统中和后物料 水分　0.06%微碱性	50～60 50～60	8 24	流动 1.75 更新介质 0.218	
炼油生产				
汽油（气相）压力 1.4kgf/cm²	115～120	约100天	0.00606	炼油厂初馏塔顶挂片
汽油（气相）压力 1.4kgf/cm²	200	约100天	0.00302	炼油厂初馏塔进料挂片试验
汽油（气相）压力 1.3kgf/cm²	90～115	约100天	0.1174	炼油厂常压塔顶挂片试验
汽油、煤油、柴油（气相）压力 1.3kgf/cm²	350	约100天	0.0423	炼油厂常压塔进料挂片试验
农用柴油（气相）,压力 700mmHg（1mmHg＝133.322Pa）	50～100	约100天	0.0599	炼油厂减压塔顶挂片试验
瓦斯油、汽油（气相）压力 5～6kgf/cm²	165～180	约100天	0.1223	炼油厂裂化分馏塔顶挂片试验
瓦斯油、汽油、轻油,压力 5～6kgf/cm²	310～330	约100天	0.7043	裂化分馏塔集油箱挂片试验
重汽油（气相）压力 1.4～1.6kgf/cm²	120～130	约100天	0.1106	裂化常压塔顶挂片试验
瓦斯（气相）压力 13kgf/cm²	40～45	约100天	0.0966	裂化稳定塔顶挂片试验
瓦斯油、汽油（气相）压力 1.1kgf/cm²	110～115	约100天	0.2940	焦化分馏塔顶挂片试验
瓦斯油、汽油、柴油、蜡油（气相）1.1kgf/cm²	340	约100天	0.7499	焦化分馏塔集油箱下破沫板上挂片试验

　　碳钢在海洋大气及海水中的耐蚀性较差，碳钢在海水中不仅会产生较严重的均匀腐蚀，还会因为成分和组织的不均匀性引起局部腐蚀，特别是点腐蚀。

　　碳钢在海水中的腐蚀还与环境因素有关，如海水温度、流速、溶解氧浓度、海生物污损、微生物活性等。

　　海水温度升高，碳钢的腐蚀速率增大。有统计表明，海水平均温度由 24.9℃ 升高至 28℃，碳钢的腐蚀速率由 0.16mm/a 增加到 0.40mm/a。海水流速增加，其腐蚀速率也增加。海水中溶解氧的浓度增加，腐蚀速率也增加。

碳钢在不同试验点海水中暴露的平均腐蚀深度见表 9-17。

表 9-17　碳钢在不同试验点海水中暴露的平均腐蚀深度　　　　　　　　　　　　mm

试验点	暴露时间/a	A3	20	3C1	3C2	平均值
青岛	1	0.19	0.18	0.17	0.18	0.18
	2	0.32	0.32	0.32	0.32	0.32
	4	0.56	0.56	0.56	0.52	0.55
	8	0.88	1.08	1.04	0.82	0.96
舟山	1	0.19	0.18			0.19
	2	0.38	0.34			0.36
	4	0.64	0.56			0.60
	8	1.12	1.04			1.08
厦门	1	0.20	0.18	0.17	0.18	0.18
	2	0.30	0.32	0.26	0.30	0.30
	4	0.44	0.44	0.39	0.39	0.42
	8	0.74	0.76	0.56	0.62	0.67
湛江	1	0.13		0.13[1]		0.13
	2	0.22		0.28[1]		0.25
	4	0.41		0.44[1]		0.43
	7	0.88		0.95[1]		0.92
	10	1.23		1.25[1]		1.24

碳钢在海水中产生的点腐蚀受各海域海水温度、流速等因素影响而有差别。碳钢在不同试验点海水中暴露的平均点蚀深度见表 9-18。

表 9-18　碳钢在不同试验点海水中暴露的平均点蚀深度[1]　　　　　　　　　　mm

试验点	暴露时间/a	A31	20	3C1	3C2	平均值
青岛	1	0.41	0.74	0.59	0.29	0.51
	2	1.02	1.15	0.70	0.54	0.85
	4	1.15	1.31	0.83	0.86	1.04
	8	1.14	1.40	0.89	0.72	1.04
舟山	1	0.59	0.38			0.49
	2	0.92	0.99	—	—	0.96
	4	1.24	1.26			1.25
	8	穿孔				
厦门	1	0.65	0.64	0.54	0.77	0.65
	2	1.12	1.29	1.04	1.15	1.17
	4	1.41	1.54	1.20	1.20	1.34
	8	1.25	1.46	1.14	1.01	1.22
湛江	1	0.87		0.62[2]		0.75
	2	1.57	—	1.12[2]	—	1.35
	4	1.84		1.42[2]		1.65
	7	1.72		1.34[2]		1.53
榆林	1	0.70	0.96	0.53	0.84	0.76
	2	1.24	0.90	0.49	0.93	0.89
	4	1.06	1.44	1.19	1.47	1.29
	8	1.40	1.55	1.08	1.08	1.28

① 30 个点蚀深度值的平均值，3 个试样的每个试验面取 5 个最大的点蚀深度值。

② SM41C 的腐蚀数据。

海水的深度不同，其温度、氧含量也不同。表 9-19 所示是碳钢在不同深度海水中的腐蚀情况。

表 9-19　海水深度对碳钢腐蚀速率的作用

浸没深度/m	海水温度/℃	氧含量/($\mu g/g$)	浸没时间/d	腐蚀速率/($\mu m/a$)
海面	5～30	5～10	365	130
715	7.2	0.6	197	43
1615	2.5	1.8	1604	23
1720	2.8	1.2	123	50
—	2.3	2.1	751	20
2065	2.7	1.7	403	58

9.5.3.3　低合金钢的耐蚀性

在碳钢基础上加入少量合金元素，如铜、铬、钼、硅、镍等构成了低合金钢。这些少量合金元素的加入对钢的耐蚀性会有所改善。依据加入合金元素种类和数量多少，对耐蚀性的改善程度也不同，有些低合金钢在某些介质中的耐蚀性甚至高于碳钢几倍。

（1）抗大气、海水腐蚀性能

钢中加入少量的 Mn、V、Si、Cu、Nb、RE 合金元素后，可提高其在大气、海水中的耐蚀性。

常见的一些低合金钢在各种大气中的耐蚀性及与碳钢对比情况见表 9-20～表 9-23。

表 9-20　16Mn 和 16MnCu 钢经五年大气暴晒各地的腐蚀深度

大气暴晒站名		成都	广州	武钢	北京	包头	鞍钢[①]
Q235	腐蚀速率/(mm/a)	0.0275	0.0273	0.0142	0.0117	0.0067	0.0195
	相对耐蚀性/%	100	100	100	100	100	100
16Mn	腐蚀速率/(mm/a)	0.0258	0.0250	0.0141	0.0100	0.0067	0.0170
	相对耐蚀性/%	107	109	101	117	100	—
16MnCu	腐蚀速率/(mm/a)	0.0213	0.0200	0.0106	0.0089	0.0060	0.0136
	相对耐蚀性/%	129	137	134	132	112	—

① 四年暴晒结果。

表 9-21　15MnVCu 钢在海水、海洋大气中的耐蚀性

试验地点	试验时间	试验条件	腐蚀速率/(mm/a)	
			15MnVCu	Q255
天津	6 个月	挂片全浸于海水中	0.081	0.096
		挂片在潮差条件下	0.380	0.391
		挂片在海洋大气中	0.042	0.057
湛江	6 个月	挂片全浸于海水中	0.113	0.135
		挂片在潮差条件下	0.385	0.283
		挂片在海洋大气中	0.075	0.108

表 9-22　09Mn2Cu 钢在工业大气中的耐蚀性

钢种	试验时间	腐蚀深度/(mm/a)	相对耐蚀性/%	备注
09Mn2Cu	6 个月	0.1485	161.95	某氯碱厂厂区中心点
	15 个月	0.1663	150.27	某氯碱厂厂区中心点
A3	6 个月	0.2405	100	某氯碱厂厂区中心点
	15 个月	0.2499	100	某氯碱厂厂区中心点

表 9-23 10PCuRE 钢耐大气腐蚀性能

暴晒地区	沈阳	北京	上海	广州	陵水
暴晒一年	44%	17%	45%[①]	17%	20%[①]
暴晒二年	64%	13%	70%	19%	—

① 为曝晒半年的数据。表中百分数为相对普通碳素钢所提高的数值。

常见的一些低合金钢的耐海水腐蚀性能及和碳钢对比情况分别见表 9-21、表 9-24、表 9-25。

表 9-24 16Mn 和 16MnCu 钢耐海水腐蚀性能

挂片地点	试验时间	试验条件	腐蚀速率/(mm/a)		
			Q255	16Mn	16MnCu
天津	6 个月	全浸	0.096	0.086	0.090
		潮差	0.391	0.391	0.337
湛江	6 个月	全浸	0.135	0.120	0.109
		潮差	0.283	0.305	0.319

表 9-25 10MnPNbRE 钢海水潮差挂片试验结果

钢号	腐蚀速率/(mm/a)			与 Q235 的对比/%
	一个月	三个月	五个月	
Q235	0.591	0.288	0.186	100
10MnPNbRE	0.445	0.156	0.110	169~184

（2）耐酸碱及油类介质腐蚀性能

大部分低合金钢在某些酸、碱及溶液中有一定的耐腐蚀性能。依据低合金钢中的化学成分和腐蚀介质种类不同，耐蚀性也存在很大差别。

一些低合金钢在部分腐蚀介质中的耐蚀性及与某些碳钢、不锈钢的耐蚀性的对比情况见表 9-26～表 9-30。

表 9-26 16Mn 和 16MnCu 耐碳铵及炼油生产介质腐蚀的性能

介质与浓度	温度/℃	压力/(kgf/cm²)	挂片时间/d	腐蚀速率/(mm/a)			备注
				16Mn	16MnCu	Q235	
氨水 190~200 滴度	30	常压	100	0.032	0.00052	0.031	氨水槽挂片
氨水、二氧化碳	35	5.0~5.4	56	0.928	0.198	0.945	碳化塔副塔挂片
液氨			209	0.00076	0.00219	0.00099	液氨储槽挂片
			253	0.0192	0.0118	0.00441	铜液回流塔挂片
瓦斯油、汽油、轻柴油	310~330	5~6	86~100	—	0.5850	0.7043	裂化分馏塔集油箱挂片
重汽油	120~130	1.4~1.6	86~100		0.0984	0.1106	裂化常压塔顶挂片
瓦斯油、汽油、柴油、油	340	1.1	86~100	—	0.4535	0.7499	焦化分馏塔集油箱挂片

表 9-27 15MnV 和 15MnVCu 钢在氮肥生产中的耐蚀性

介质与浓度	温度/℃	压力/(kgf/cm²)	试验时间/d	腐蚀速率/(mm/a)			备注
				15MnV	15MnVCu	Q235	
氨水　180~190 滴度 二氧化碳　80~90mL/mL	35~40	7	47	1.96	1.88	1.58	碳化塔主塔挂片试验

介质与浓度	温度/℃	压力/(kgf/cm²)	试验时间/d	腐蚀速率/(mm/a)			备注
				15MnV	15MnVCu	Q235	
氨水 190~200 滴度 二氧化碳 110~120mL/mL	35	5~5.4	56	0.699	0.987	0.945	碳化塔副塔挂片试验
氨水 190~200 滴度	30	常压	100	0.034	—	0.031	氨水槽挂片试验
半水煤气、循环水	半水煤气 入口:41~51 出口:149 循环水 入口:179 出口:100~120	—	95	0.97	1.14	0.90	饱和塔顶部挂片试验

表 9-28 09Mn2Cu 钢在裂化、焦化分馏塔集油箱中的耐蚀性

钢种	腐蚀速率/(mm/a)		相对耐蚀性/%	
	裂化分馏塔集油箱	焦化分馏塔集油箱	裂化分馏塔集油箱	焦化分馏塔集油箱
09Mn2Cu	0.6161	0.5295	114	141
Q235	0.7043	0.7499	100	100

表 9-29 10MnSiCu 钢耐蚀性

介质与浓度	温度/℃	压力/(kgf/cm²)	试验时间	耐蚀性比Q235 提高/%	备注
大气暴晒	—	—	半年	13~70	沈阳、北京、上海、广州等地大气暴晒试验
在 5%H_2S(体积分数)的潮湿气氛	35±2	—	24h	31	实验室试验
瓦斯油、汽油、轻柴油	310~330	5~6	100 天	66	炼厂裂化分馏塔集油箱挂片试验

表 9-30 09Cu 和 09CuWSn 钢耐蚀性

钢号	介质与浓度(质量分数)	温度/℃	试验时间/h	腐蚀速率/(mm/a)			备注
				试验钢种	Q235	1Cr18Ni9Ti	
09Cu	5%H_2SO_4	室温	48	1.825	63.164	—	电除尘器溢流口挂片
	40%H_2SO_4	室温	72	2.424	16.488	—	
	50%H_2SO_4	40	360	4.3	29.58	—	
	0.05 HCl	室温	216	0.67	5.48	—	
	4.18%H_2SO_4	36	—	3.625	3.633	—	
	SO_2 2.528g/L	—	—	—	—	—	
09CuWSn	5%H_2SO_4	室温	150	0.91	15.10	—	
	20%H_2SO_4	室温	150	0.94	46.43	0.94	
	40%H_2SO_4	室温	150	1.30	110.91	12.19	
		50	48	6.89	485.7	104.58	
	60%H_2SO_4	室温	150	3.62	128.30	36.78	
		50	—	12.15	743.4	223.4	
	5%HCl	室温	338	0.21	6.23	0.69	
	10%HCl	室温	338	0.97	15.26	2.16	
	20%HCl	室温	338	4.74	12.96	75.43	

（3）耐硫化氢腐蚀性能

含有铝、钒、钼、铜等合金元素的低合金钢有较好的耐硫化氢腐蚀性能。比如，在含硫原油、含硫汽油的生产、炼制过程中，硫化氢腐蚀表现得较明显，它们对容器、炼制设备的腐蚀常常是主要的破坏因素之一。一些低合金钢，耐硫化氢（含硫原油、含硫汽油）的腐蚀性能及与某些材料耐蚀性的对比见表9-31~表9-34。

表 9-31 12MoAlV 和 12CrMoAlV 钢耐蚀性

挂片设备名称	介质	腐蚀速率/(mm/a)		
		12MoAlV	12CrMoAlV	碳素钢
减压塔底		0.289	0.274	0.407
常压塔顶		—	0.2504	0.3712
常压塔底		0.0538	—	0.1151
焦化轻油塔顶	923 原油 （含硫 0.6%~0.8%） （含盐 222~1080mg/L）	0.0790	—	0.1029
焦化分馏塔集油箱		0.2016	0.2120	0.372
焦化分馏塔塔底		0.607	0.556	0.964
热裂化分馏塔集油箱		0.1089	0.1392	0.3566
热裂化分馏塔塔底第一层筛板		0.048	0.049	0.820

表 9-32 12Cr4MoAl 和 12Cr2MoAlV 钢耐蚀性

挂片设备名称	介质与浓度(质量分数)	温度 /℃	压力 /(kgf/cm²)	挂片时间/d	腐蚀速率/(mm/a)		
					12Cr4 MoAl	12Cr2 MoAlV	Q235
减压塔底		—	—	—	0.0941	—	0.748
热裂化分馏塔顶	阿尔巴尼亚原油 923 原油	—	—	18 42	0.145	0.156	0.328
热裂化分馏塔底	阿尔巴尼亚原油 923 原油	—	—	18 42	0.486	0.685	2.64
热裂化分馏塔集油箱					0.133	—	0.7
焦化分馏塔塔底		—	—	—	0.290	—	1.314
焦化分馏塔集油箱		—	—	—	0.128	—	0.7
模拟加压变换装置	二氧化碳 20%~40% 氧 0.1%~0.2% 硫化氢 50~100mg/L	185	18	—	0.28	0.55	2.03
模拟加压变换装置	二氧化碳 20%~40% 氧 0.1%~0.2% 硫化氢 500mg/L	185	18	—	0.87	0.88	2.52

表 9-33 15Al3MoWTi 钢耐蚀性

挂片设备名称	介质与浓度（质量分数）	温度/℃	压力/(kgf/cm²)	腐蚀速率/(mm/a)	
				碳素钢	15Al3MoWTi
热裂化分馏塔底	923 原油(含 S0.6%～0.8%,含盐 220～1080mg/L)	406	7.1	＞2.834	0.0563
热裂化分馏塔底	阿尔巴尼亚原油(含 S4.8%～5.8%,含盐 282～430mg/L)及 923 原油	406	7.1	4.95	0.462
焦化分馏塔底	923 原油	410	1.5～2	1.3142	0.2998
常压蒸馏塔底	阿尔巴尼亚原油	114	0.5	1.409	0.225

表 9-34 12SiMoVNb 钢耐蚀性

介质	温度/℃	挂片时间/d	腐蚀速率/(mm/a)		备注
			12SiMoVNb	Q235	
汽油(气液油)	100	—	0.30 0.13	1.12 0.16	炼油系统常压塔顶挂片试验
汽油(气液态)	60	—	0.01	0.02	炼油系统常压回流罐挂片试验
渣油(液油)	395～400	—	0.07 0.82	1.42 1.36	炼油系统减压塔底挂片试验
油(液相)	280	—	0.22 0.2258	0.92 1.3850	炼油系统集油箱挂片试验
油浆(液体)	380	—	0.03 0.04	0.95 0.07	炼油系统催化分馏塔底挂片试验
油	—	—	0.1725	0.2361	炼油系统汽提塔挂片试验
油	—	—	0.08	0.114	炼油系统加氢气液分离器挂片试验
油	—	—	0.06	0.109	炼油系统汽提塔回流罐挂片试验
变换气,氨水	—	203	0.0813	—	碳铵系统碳化塔水箱挂片试验
变换气,氨水	—	—	0.624	1.277	碳铵系统碳化塔水箱挂片试验

（4）耐高温高压氢、氮、氨腐蚀性能

在石油加氢系统中，氢或氢和硫化氢的混合物；在合成氨系统中氢、氮、氨对材料都会产生腐蚀。一些含钒、铌、钛、钨的低合金钢对氢类腐蚀有较好的耐蚀能力。这些元素对低合金钢的腐蚀、低合金钢抗蚀性能及与其他钢种耐蚀性能对比情况见表 9-35、表 9-36。

表 9-35 10MoVNbTi 和 10MoWVNb 钢耐蚀性

介质	温度/℃	压力/(kgf/cm²)	腐蚀速率/(mm/a)			备注
			10MoVNbTi	10MoWVNb	Q235	
H_2-HCl-H_2O（汽油:液相、气相）	100～106	常压	0.2725	0.1753	0.5014	炼油系统常压塔顶挂片试验
高温含硫重油	390	—	0.1081	0.1349	0.7579	炼油系统催化塔底挂片试验

注：试验时间一年左右，可见，10MoVNbTi、10MoWVNb 在常压塔顶与催化塔底较 Q235,钢的耐蚀性为好。

（5）耐碳酸氢氨腐蚀性能

在一些工业生产过程中，碳酸氢氨、氨水等氨类介质对材料会产生腐蚀性。一些含有钒、铝、钼、稀土元素的低合金钢具有较好的耐氨类介质腐蚀性能。这类介质的腐蚀性及某些低合金钢的耐蚀性见表 9-37～表 9-41。

表 9-36　10MoVNbTi 和 10MoWVNb 钢高温耐高压氢、氮、氨、一氧化碳腐蚀性能

工作条件 介质	温度/℃	压力/(kgf/cm²)	试验时间/h	10MoVNbTi 腐蚀前 冷弯 D=2a	Rm	A5	Z	HB	腐蚀后 冷弯 D=2a	Rm	A5	Z	HB	10MoWVNb 腐蚀前 冷弯 D=2a	Rm	A5	Z	HB	腐蚀后 冷弯 D=2a	Rm	A5	Z	HB	备注
H₂:N₂=3:1 NH₃约20%	400	320	300	180° 未裂	60.4	23.7	76.7	140	180° 肤裂	57.9	20.0	79.7	185	180° 未裂	80.1	15.8	58.7	190	180° 肤裂	79.8	17.5	69.7	222	模拟合成塔中置式锅炉（静态高压釜）挂片试验
H₂:N₂=3:1 NH₃约20%	450	320	300	——	——	——	——	——	——	——	——	——	——	180° 未裂	59.7	23.6	74.9	181	180° 未裂	61.5	23.6	76.4	167	模拟合成塔前置式锅炉（静态高压釜）挂片试验
H₂:N₂=3:1 NH₃约20%	500	200	300	180° 未裂	54.9	23.7	81.8	156	10° 开始裂 180° 大裂未断	58.8	16.8	42.7	223	180° 未裂	60.2	23.7	73.2	187	17°断	65.1	12.6	33.2	241	模拟小化肥合成塔内件挂片试验
CO 12%~15% H₂ 65%~70% CH₄ 5%~8% N₂+Ar 5%~10%	380~410	320	一年	——	——	——	——	——	——	56.8	26.8	75.3	198	——	59.7	27.2	72.8	197	——	——	——	——	——	甲醇合成塔（分气盒下面热交换器花板上面）挂片试验
H₂	550	110（H₂ 分压 80）	1000	—	66.9	24.1	77.9	αK 27.6	—	66.8	23.3	76.8	αK 20.6	—	61.8	25.6	77.5	αK 25.3	—	67.3	23.1	76.3	αK 25.5	石油加氢装置挂片试验

表 9-37 20Al2VRE 钢耐蚀性

挂片部位	试验时间/d	腐蚀速率/(mm/a)
碳化副塔旁路	35	0.0764
碳化主塔	29	0.1295

表 9-38 12MoVAl 钢耐蚀性

介质与浓度	温度/℃	压力/(kgf/cm²)	挂片时间/d	腐蚀速率/(mm/a) 15MoVAl	腐蚀速率/(mm/a) Q235	备注
变换气碳化氨水	35～40	7	47	1.48	1.58	加压碳化主塔挂片试验
氨水,190 滴度、CO_2,110～120mL/L	35～40	5～6	143	0.153	0.715	加压碳化副塔底液相挂片试验

表 9-39 10CrAl2MoTi 钢耐蚀性

介质与浓度(质量分数)	温度/℃	压力/(kgf/cm²)	挂片时间/h	腐蚀速率/(mm/a) 10CrAl2MoTi	腐蚀速率/(mm/a) 碳素钢	备注
液相二氧化碳 20%～24% 硫化氢 60～130mg/m³	185	18	24	0.1219	0.6375	压缩机三段水冷器模拟设备挂片试验
5%盐酸溶液	～20	常压	700	0.572	4.530	实验室盐酸腐蚀试验
含氯 2%煤气 流量 600mL/min	～20	常压	380	2.74	5.44	实验室含氯煤气腐蚀试验
二氧化碳 25%	53～57	常压	1488	0.22	(铸铁)0.364	联碱常压碳化塔挂片试验
二氧化碳 80～150mL/m³ 氨水 10%～20% 硫化氢 0.2mg/mL	42～45	7	1344	0.171	0.945	碳化塔副塔挂片试验
二氧化碳 250～280mL/m³ 氨水 10%～20%,硫化氢 0.25mg/mL	42～45	7	1128	1.29	1.56	碳化塔主塔挂片试验
二氧化碳 8%,一氧化碳 30%,氢 40%,氮 20%,氧 0.2%～0.4%,硫化氢 200mg/m³	95～110	2	1200	6.1	2.5	常压变换热交换器挂片试验
浓氨水	室温	常压	5760	0.0659	0.574	氨水储槽

表 9-40 13MoVAl 钢耐蚀性

介质与浓度(质量分数)	温度/℃	压力/(kgf/cm²)	挂片试验时间	腐蚀速率/(mm/a) 13MoVAl	腐蚀速率/(mm/a) 碳钢	备注
变换气: CO_2 22%～25% N_2 18%～19% H_2S 20～50mg/m³ 碳化氨水: 氨 180～190 滴度 CO_2 80～90mL/mL	30～40	5～7	30d	0.97	2.06	碳化主塔挂片试验
浓氨水,190～200 滴度	30	常压	38d	0.017	0.355	氨水槽挂片试验
5%HCl	室温	常压	120h	3.49	24.4	实验室试验
5%H_2SO_4	室温	常压	120h	18.26	36.06	实验室试验

表 9-41　08WVSn 钢耐蚀性

介质与浓度(质量分数)	温度/℃	压力 /(kgf/cm²)	挂片时间	腐蚀速率/(mm/a) 08WVSn	腐蚀速率/(mm/a) 碳钢	备注
二氧化碳 22%～25%,硫化氢 20～50mg/m³,氨水 180～190 滴度	42～45	7	30d	1.05	2.06	碳化主塔挂片试验
二氧化碳 5%～8%,氨水 190～200 滴度,硫化氢 0.2mg/mL	35～40	5	56d	0.0084	0.357	碳化副塔模拟旁路挂片试验
氨水(氨 190～200 滴度)	30	常压	180d	0.0093	0.0438	氨水储槽挂片试验
二氧化碳 8%,一氧化碳 30%,氢 40%,氮 20%,硫化氢 200mg/m³,氧 0.2%～0.4%	90～110	常压	130d	0.065	0.135	常压变换热交换器模拟旁路挂片试验
硫铵	—	—	69d	0.32	0.361	硫铵母液槽挂片试验
硫酸 1.15～1.42g/L	—	—	—	44.5	78.8	硫酸沉淀槽挂片试验
氯乙酸甲酯	常温	常压	7d	0.121	0.49	实验室试验
7%盐酸 10%硫酸 50%硫酸	常温	常压	60h 52h 47h	0.855 0.69 21.4	6.75 2.02 77.0	实验室试验

9.5.3.4　马氏体不锈钢的耐蚀性

马氏体不锈钢是应用十分广泛的材料,这是因为它具有一定的耐蚀性,更重要的是可以通过热处理手段来调整力学性能,以满足不同工况下的力学性能要求。

马氏体不锈钢化学成分比较简单,碳含量依据力学性能要求,控制在 0.1%～1% 之间。铬是主要合金元素,一般铬含量不低于 12%,个别的控制在 18%（如 9Cr18）左右。另外,根据改善工艺性能、淬透性、焊接性、耐蚀性要求,适当加入镍、钼、钒等合金元素。马氏体不锈钢化学成分见表 2-77。马氏体不锈钢淬火热处理后基本是马氏体组织,依据含碳量不同,有的还可能含有一定量的铁素体或碳化物。马氏体不锈钢可采用热处理方法调整硬度、强度、塑性、韧性。马氏体不锈钢的力学性能（标准规定指标）见表 2-82。

马氏体不锈钢的耐蚀性相对于其他类型不锈钢较差。其在大气、水、氧化性介质中有一定的抗蚀能力,但耐局部腐蚀能力差,对点腐蚀、晶间腐蚀、应力腐蚀破裂较敏感,对氢脆敏感性更大。

马氏体不锈钢中,含碳量越高则耐蚀性越差,这是因为含碳量越高,形成的铬碳化物就越多,大量铬碳化物析出不仅降低了基体中的铬含量,还会因铬碳化物析出,在其周围形成贫铬区。不同热处理状态对马氏体不锈钢的耐蚀性也有影响。通常认为退火状态下的马氏体不锈钢耐蚀性比淬火状态差,因为在退火状态下,组织中的铬碳化物会更充分地析出。同样道理,淬火并回火后的马氏体不锈钢的耐蚀性比淬火不回火状态的耐蚀性差。在实际应用中,应根据对力学性能要求和对耐蚀性要求综合考虑,合理选择马氏体不锈钢的热处理状态。

（1）马氏体不锈钢抗大气腐蚀性能

马氏体不锈钢在腐蚀性大气中基本上是耐腐蚀的,但在湿热大气和海洋大气中的腐蚀性较严重。在海洋性大气中，除发生均匀（全面）腐蚀外，还会发生点腐蚀和缝隙腐蚀，在有应力情况下还会发生应力腐蚀破裂。表 9-42 所示是 1Cr13 马氏体不锈钢在海洋大气中发生应力腐蚀破裂的数据。

表 9-42 1Cr13 钢在海洋大气中应力腐蚀破裂

淬火温度/℃	回火温度/℃	屈服强度/(kg/mm²)	破裂时间[1]/d	淬火温度/℃	回火温度/℃	屈服强度/(kg/mm²)	破裂时间[1]/d
871	232	98.4	未破裂	1038（中温）	232	99.1	未破裂
	371	97.0	未破裂		371	97.7	未破裂
	510	91.4	未破裂		510	97.0	404
	649	56.2	未破裂		649	63.2	未破裂
954	232	105.5	未破裂	1121（高温）	232	95.6	1500
	371	101.2	未破裂		371	94.2	1000
	510	98.4	未破裂		427	94.9	180
	649	63.3	未破裂		510	92.8	140
					649	61.9	未破裂

① 未破裂指 10 年试验时间内未出现破裂。本试验用弯曲梁型试样，载荷应力为 75% 屈服强度。

（2）马氏体不锈钢在水溶性介质中的耐蚀性

马氏体不锈钢在水溶性介质中的腐蚀形式主要是均匀（全面）腐蚀，在某些介质中也会发生局部腐蚀。

① 耐均匀（全面）腐蚀性能。马氏体不锈钢在下列介质中有较好的耐均匀（全面）腐蚀性能。

a. 水；

b. 汽油、重油、原油、矿物油；

c. 无机酸——质量分数大于 1% 的硝酸、硼酸；

d. 有机酸——质量分数小于 10% 的醋酸、苯甲酸、油酸、硬脂酸、苦味酸等；

e. 碱液——苛性钾、苛性钠、氢氧化钙、氨水等；

f. 盐液——碳酸钾、碳酸钠、碳酸钙、硫酸钾、硫酸钠等盐类溶液，各种有机酸盐溶液等。

马氏体不锈钢在硫酸、盐酸、氢氟酸、热磷酸、热硝酸、熔融碱等介质中耐蚀性很差。

② 耐局部腐蚀性能。马氏体不锈钢耐局部腐蚀性能较差，在某些腐蚀介质中会产生点腐蚀、晶间腐蚀、应力腐蚀破裂等。根本原因还是由于铬碳化物析出，产生贫铬区。

a. 点腐蚀。马氏体不锈钢是不耐点腐蚀的，因为铬的碳化物析出产生的贫铬区、碳和合金元素分布不均匀区均可成为点腐蚀源，加速点腐蚀的形成和发展。

b. 晶间腐蚀。马氏体不锈钢中铬的碳化物会大量沿晶界处析出，所以贫铬区也会存在于晶界处，促进晶间腐蚀产生，因此，马氏体不锈钢不耐晶间腐蚀。

c. 应力腐蚀破裂。马氏体不锈钢在应力腐蚀介质中，容易引起应力腐蚀破裂，特别是经过淬火后的马氏体不锈钢，存在较大应力，越是低的回火温度，应力越大，产生应力腐蚀的倾向性越明显。

表 9-43 所示是 1Cr13 马氏体不锈钢在一些介质中的应力腐蚀破裂情况。

表 9-43　1Cr13 型钢在不同介质中的应力腐蚀破裂行为[①]

试验介质	破裂时间/h	试验介质	破裂时间/h
3％NaCl(充氧)溶液	650(未破裂)	3％NaCl+0.5％醋酸溶液	700(未破裂)
1％NaCl+H_2O_2	350(未破裂)	3％NaCl+H_2S 溶液	2
10％$FeCl_3$ 溶液	200(未破裂)	3％NaCl+H_2S+0.5％醋酸溶液	2
42％沸 $MgCl_2$ 溶液	500(未破裂)		

① U 形试样，热处理制度：982℃，15min 空冷→371℃回火，空冷；钢的屈服强度为 1000MPa（104.1kgf/mm^2）。

　　d. 氢脆。由于马氏体不锈钢中氢的溶解度很低，氢的扩散系数高，又具有较高的强度，因此，马氏体不锈钢产生氢脆的倾向大于其他类型不锈钢。

　　e. 碱脆。马氏体不锈钢在碱性溶液中，特别是在低温下回火，具有高硬度时，更容易发生碱脆现象。

　　由上可见，马氏体不锈钢不适用于产生局部腐蚀的介质中。

　　（3）马氏体不锈钢在海水中的耐蚀性

　　马氏体不锈钢在海水或海洋大气中的耐蚀性比其他类型不锈钢差很多，在这种环境中，不仅会发生均匀（全面）腐蚀，还会发生点（孔）腐蚀、缝隙腐蚀等局部腐蚀。

　　马氏体不锈钢在海水和海洋大气中的腐蚀与其成分有关，一般规律是：含碳量低的比含碳量高的耐腐蚀；含合金元素种类多、含量高的比含合金元素种类少或不含其他合金元素的耐腐蚀。此外，马氏体不锈钢在海水全浸区、潮差区、飞溅区的腐蚀情况也不同。腐蚀情况还与海水温度等因素有关。其在温度较高的海水中更易腐蚀。以 2Cr13 钢为例，在海水中暴露试验 16 年，在青岛海域的腐蚀速率为 58$\mu m/a$，6 个月时溃烂穿孔；而在榆林海域的腐蚀速率为 72$\mu m/a$，经 3 个月即溃烂穿孔，腐蚀速率比 00Cr19NiN 奥氏体不锈钢分别高出 13～21 倍。2Cr13 钢在海水中都出现点腐蚀和缝隙腐蚀，产生大面积的溃烂穿孔。

　　在潮差区，马氏体不锈钢的耐腐蚀情况也不容乐观。仍以 2Cr13 钢为例，同样在潮差区暴露 16 年，在青岛海域腐蚀速率为 4$\mu m/a$，最大点蚀深度为 0.70mm；而在榆林海域，腐蚀速率为 16$\mu m/a$，1.6mm 厚板材穿孔。

　　可见马氏体不锈钢特别是 Cr13 型马氏体不锈钢耐海水腐蚀性能不好。但含 Ni、Mo 的马氏体不锈钢比 Cr13 型不锈钢耐蚀效果会好很多。

9.5.3.5　铁素体不锈钢耐蚀性

　　铁素体不锈钢是指含铬 11％～30％（有的还有钼、铜等合金元素）、晶体结构为体心立方结构的铁基合金。铁素体不锈钢化学成分见表 2-76，力学性能见表 2-81。

　　铬是铁素体不锈钢获得耐蚀性的最基本元素。在氧化性介质中，铬能使钢的表面很快生成一层 Cr_2O_3 保护膜，抵御介质的腐蚀，而且，这层膜一旦受到破坏，还能进行自我修复。加入钼的铁素体不锈钢对耐蚀性起到促进作用，特别使铁素体不锈钢在还原性介质中也具有较好的耐蚀性，还可提高在含有 Cl^- 介质中耐点腐蚀、耐缝隙腐蚀的能力。

　　铁素体不锈钢的组织形态对耐蚀性具有一定的影响，在钢基体中存在析出相时，将降低钢的耐蚀性。

　　铁素体不锈钢系列中，依据含铬量不同，常分为低铬（11％～14％）、中铬（14％～19％）、高铬（19％～30％）三个类型，含铬量越高，其耐蚀性越好。为进一步提高耐蚀性，又出现了一些超低碳（碳含量小于 0.01％）、低磷硫（S、P 含量均小于 0.02％）的铁素体不锈钢，通常称其为高纯或超纯铁素体不锈钢，这类铁素体不锈钢比普通铁素体不锈钢具有更优良的耐蚀性。

铁素体不锈钢对均匀（全面）腐蚀、晶间腐蚀、点腐蚀、应力腐蚀破裂都有较好的抗御能力。

（1）耐均匀（全面）腐蚀性能

铁素体不锈钢表面易生成 Cr_2O_3 保护膜且有自修复能力，其耐均匀（全面）腐蚀能力较好，特别是含铬量大于 17％ 以后，在化学腐蚀介质中耐均匀（全面）腐蚀能力更强。当然，在不同腐蚀介质中的耐蚀能力是存在差别的。在有氧化性的腐蚀介质中，因为可以促进氧化膜的生成，其耐腐蚀能力更强，而在含有 Cl^-、H^+ 的介质中，能破坏氧化膜，所以，铁素体不锈钢耐腐蚀能力会变弱。所以，铁素体不锈钢在硝酸类介质中和在中性或弱酸性介质中的耐蚀性较好，而在还原性介质中，如在 HCl、低浓度 H_2SO_4 及含 Cl^- 的其他酸性介质中，在碱性介质中耐蚀性较差。

（2）耐晶间腐蚀性能

铁素体不锈钢在某些腐蚀介质中也会发生晶间腐蚀。这是因为在铁素体不锈钢晶粒界处会析出高铬的 σ 相或其他析出物，碳、氮等元素在铁素体中的溶解度小于其他类型不锈钢中的溶解度，所以，一旦有条件，也会以化合物形式在晶界析出，这都会在晶界处、高铬析出物周围形成贫铬区，从而可能发生晶间腐蚀。

（3）耐点腐蚀性能

铁素体不锈钢耐点腐蚀性能不够好，这是因为在钢中的碳、氮及其他杂质形成的夹杂物，特别是非金属夹杂物周围最容易成为点腐蚀源，从而影响了钢的耐点腐蚀性能。随含铬量升高，特别是当含铬量超过 25％ 以上时，钢耐点腐蚀性能会有所改善，见表 9-44。

表 9-44 发生点蚀的临界 Cl^- 含量与 Cr 含量的关系

Cr 含量/％	点蚀临界 Cl^- 含量/(mol/L)	Cr 含量/％	点蚀临界 Cl^- 含量/(mol/L)
Fe	0.0003	Fe-20Cr	0.1
Fe-5.6Cr	0.017	Fe-24.5Cr	1.0
Fe-11.6Cr	0.069	Fe-29.4Cr	1.0

在铁素体不锈钢中加入钼元素后，由于铬和钼的联合作用，钢的耐点腐蚀性能有显著提高，且点蚀电位的总趋势是随钼含量增加而提高。通常认为这是由于钢中的钼以 MoO_4^{2-} 的形式吸附在钢的表面，从而抑制了活性金属的溶解，有利于钢表面钝化膜的形成和再修复，由此提高了铁素体不锈钢的耐点腐蚀性能。钼对耐点腐蚀性能的提高趋势见表 9-45。

表 9-45 18Cr-Mo 铁素体不锈钢在 1mol NaCl 溶液中 25℃ 下的点蚀电位（相对饱和甘汞电极）

mV

不锈钢	260mV/h 扫描	50V/h 扫描	划伤法
Fe-18％Cr	0.090	0.095	0.120
Fe-18％Cr1％Mo	0.2020	0.195	0.189
Fe-18％Cr2％Mo	0.297	0.224	0.284
Fe-18％Cr3.5％Mo	0.423	0.413	0.413
Fe-18％Cr5％Mo	0.637	0.680	0.535

（4）耐应力腐蚀破裂性能

铁素体不锈钢由于其晶体结构特点（体心立方晶体结构），易于形成网状位错结构，却难以形成粗大滑移台阶和线状蚀沟，因而在外力作用时难以形成穿晶型裂纹，所以，铁素体不锈钢耐应力腐蚀开裂能力较强。有资料表明，铁素体不锈钢比奥氏体不锈钢耐应力腐蚀破裂能力更好。

（5）耐海水腐蚀性能

铁素体不锈钢在海水或海洋大气条件下同样会产生各类腐蚀，但因其含铬量较高，其在海水中的耐均匀腐蚀性能和耐电偶腐蚀性能优于马氏体型不锈钢，但比奥氏体不锈钢和双相不锈钢差。

铁素体不锈钢在海水中的点腐蚀和缝隙腐蚀是较明显的。

铁素体不锈钢中因有较高的铬含量，容易形成富铬的 σ 相，因此也就产生了贫铬区，这都会成为腐蚀源而加速腐蚀。表 9-46 所示是一些铁素体不锈钢的耐缝隙腐蚀性能。

表 9-46　一些铁素体不锈钢的耐缝隙腐蚀性能

名义成分/%						在 25℃（77℉）过滤海水中的腐蚀抗力		临界缝隙温度[①]/℃
UNS No.	Cr	Mo	Ni	N	Cu	缝隙腐蚀面积/%	最大贯穿深度/mm	
S 44626	26	1.1	—	—	—	32.5	1.48	25
						1.7	0.38	
—	31	1.9				10.0	0.65	30
						0.8	0.15	
—	21	3.1				24.2	0.30	22.5
S 44660	25	3.1	2.3			6.7	0.15	30
						0.8	0.01	
S 44660	26	3.0	2.0			0.8	0.03	35
S 44660	27	3.5	1.2			1.7	0.04	50
S 44735	28	3.7			0.1	1.7	0.03	52.5
—	25	3.5				未侵蚀	—	45
—	25	3.5	2.0			未侵蚀	—	42.5
—	25	3.5	4.1			未侵蚀	—	32.5
S 44635	25	3.7	3.9			未侵蚀	—	40
—	25	4.3	5.0			未侵蚀	—	37.5
—	30	2.8				未侵蚀	—	52.5
S 44700	29	4.0				未侵蚀	—	47.5
S 44800	30	3.9	2.2			未侵蚀	—	37.5

① 在 $FeCl_3 \cdot 6H_2O$ 10%（pH1）中的临界缝隙腐蚀温度（℃）（不发生腐蚀的最大温度）。

9.5.3.6　奥氏体不锈钢耐蚀性

奥氏体不锈钢成分特点是高铬、高镍、低碳。高铬使钢表面易钝化，保证耐蚀性。较高的含镍量可稳定奥氏体、构成单相组织、扩大钝化范围。低碳会保证减少铬碳化物析出，提高耐蚀性。有的还加入钼、硅、钛、铌等合金元素，以提高钢在某些介质环境中的耐蚀性。奥氏体不锈钢牌号、化学成分和力学性能分别见表 2-74 和表 2-79。

奥氏体不锈钢具有优良的耐蚀性，主要原因是钢表面存在一层钝化膜并具有单相组织。但，当钢中杂质多、热处理不当时，可能存在第二相，会影响其耐蚀性。奥氏体不锈钢耐均匀（全面）腐蚀能力较好，但在某些条件下会产生晶间腐蚀、点腐蚀、缝隙腐蚀、应力腐蚀破裂等局部腐蚀。

（1）耐均匀（全面）腐蚀性能

奥氏体不锈钢在大气、海水及其他腐蚀介质中均有优良的耐均匀（全面）腐蚀性能，因为在腐蚀介质中，钢表面会存在一层牢固的钝化膜。表 9-47 显示了几种奥氏体不锈钢在海水中的耐蚀性。

表 9-47 几种奥氏体不锈钢在海水中的耐蚀性

化学成分/%				试验时间/d	失重/[mg/(dm² · 24h)]
Cr	Ni	Mo	C		
18.16	9.23	—	0.08	667	2.45
18.43	9.41	—	0.07	438	0.7
17.8	12.15	2.9	0.06	438	0.2
18.78	10.20	2.74	0.05	1923	0.6
24.03	20.95	—	0.12	643	0.2

在酸性介质中也有较好的耐蚀性，特别是加硅的奥氏体不锈钢在硝酸中耐蚀性更好，加入钼、铜、硅的奥氏体不锈钢在硫酸中的耐蚀性特别突出。

表 9-48 所示是几种奥氏体不锈钢在有几种机酸中的腐蚀速率及与 1Cr13 和 0Cr17 的对比。

表 9-48 几种奥氏体不锈钢在几种有机酸中的腐蚀速率及与 1Cr13 和 0Cr17 的对比

酸	质量分数/%	温度/℃	腐蚀速率/(0.0245mm/a)				
			1Cr13	0Cr17	0Cr18Ni9	0Cr17Ni13Mo2	00Cr20Ni35Mo3Cu4
醋酸 （无空气）	50	24	>50	20～50	<20	<2	<2
	50	100	>50	20～50	20～50	<2	<2
	冰 HAc	24	<20	<20	<2	20～50	<2
	冰 HAc	100	>50	>50	>50	<20	<20
醋酸 （充空气）	50	24	>50	<20	<2	<2	<2
	50	100	>50	<20	<2	<2	<2
	冰 HAc	24	>50	20～50	<2	<2	<2
	冰 HAc	100	>50	>50	20～50	20～50	<20
甲酸	50	24	20～50	20～50	<2	>50	<2
	50	100	>50	>50	<2	>50	<2
	80	24	>50	20～50	<2	>50	<2
	80	100	>50	>50	<2	>50	<2

奥氏体不锈钢在碱性介质中有较好的耐蚀性，并且随钢中镍含量的提高，耐蚀性也提高。因为镍本身是耐碱腐蚀的，所以其在碱液中易形成钝化保护膜。

（2）耐晶间腐蚀性能

晶间腐蚀是因为在晶界处出现贫铬区或有夹杂物偏析或 σ 相析出引起的。所以，当奥氏体不锈钢中碳含量不大于 0.03％时，在晶界不会有碳化物（含铬碳化物）析出，不形成贫铬区，不产生晶间腐蚀；当碳含量大于 0.03％时，碳含量越高，产生晶间腐蚀倾向性越强。钢中加入稳定化元素钛、铌时，它们会通过稳定碳从而稳定铬，减少铬碳化物晶界析出，也就减小了晶间腐蚀倾向。钢中加入氮，由于氮可优先在晶界析出，延缓了铬碳化物的析出作用，也可降低晶间腐蚀倾向。

可见，低碳，加钛、铌、氮等合金元素，提高钢的纯净度，都更有利于提高奥氏体不锈钢耐晶间腐蚀的能力。

（3）耐点腐蚀和缝隙腐蚀性能

在含有氯离子的介质中，氯离子会破坏金属表面钝化膜的薄弱处，形成腐蚀源并向内腐蚀，发生点腐蚀。在构件表面缝隙处还会由于氯离子作用发生缝隙腐蚀。

奥氏体不锈钢中的铬、镍、钼、氮等合金元素可增加钝化膜的稳定性和自我修复性，对提高材料耐点腐蚀和耐缝隙腐蚀性能有积极作用。由于热处理不当等原因，金属中存在夹杂物、第二相，特别是 σ 相的析出，都会影响奥氏体不锈钢的耐点腐蚀和耐缝隙腐蚀效果。

表 9-49 和表 9-50 所示分别是耐点腐蚀性能较好的奥氏体不锈钢和一些不锈钢耐缝隙腐蚀的特性。

表 9-49　耐点蚀用奥氏体不锈钢与合金

钢　　种		化学成分/%						
国外	中国	C	Si	Ni	Cr	Mo	N	其他
AISI316L	00Cr18Ni14Mo2	0.03	0.8	13	17	2.5	—	—
AISI317L	00Cr18Ni14Mo3	0.03	0.8	14	18	3.5	—	—
NAS144MLK	—	0.02	0.5	16	17	4.7	—	—
—	00Cr18Ni18Mo5	0.03	0.6	18	18	5	—	—
NTKM5	—	0.05	0.6	16	18	5.2	—	—
NAR 20-25 M-Ti	00Cr20Ni25Mo5	0.03	0.7	25	20	5.0	—	—
2RK65	00Cr20Ni25Mo5Cu	0.02	0.6	25	20	5	—	Cu1.5
Incoloy 825	—	0.04	—	42	21	3	—	Cu2.2
Sanicro 28	00Cr27Ni35Mo4Cu	0.03	0.6	35	27	4	—	Cu1.5
NAR20-25-6	—	0.03	0.5	25	20	6	0.20	—
SOM 254	00Cr20Ni18Mo6N	0.02	0.5	18	20	6	0.20	—
—	00Cr25Ni25Mo6N	0.02	0.5	25	25	6	0.30	—
—	00Cr20Ni40Mo13	0.03	0.6	43	20	13	—	—
Hastelloy C-276	00Cr17Ni62Mo16	0.03	0.6	62	18	17	—	—
Hastelloy C-22	00Cr20Ni60Mo13W4	0.03	0.6	62	20	13	—	W4

表 9-50　几种奥氏体不锈钢的耐缝隙腐蚀特性

	名义成分/%					在 25℃(77℉)过滤海水中的腐蚀抗力		临界缝隙腐蚀温度[①]/℃
UNS No.	Cr	Mo	Ni	N	Cu	缝隙破坏面积/%	最大贯穿深度/mm	
低氮钢(0.02%～0.08%)								
S 31603	18	2.4	22	0.08	—	99.2 100	>1.6 1.41	2.5
N08904	19	4.3	25	0.06	1.4	99.3 99.2	1.1 0.83	0
N08700	20	4.4	25	0.03	—	10.0 5.8	0.80 1.49	15
—	20	4.4	25	0.09	1.0	39.3	0.73	2.5
N08366	20	6.5	25	0.02	—	6.7 0.8	0.50 0.23	17.5
N08028	27	3.4	31	0.03	1.0	3.3	0.34	12.5
—	22	4.9	26	0.02	—	13.3	0.20	22.5

	名义成分/%					在25℃(77°F)过滤海水中的腐蚀抗力		临界缝隙腐蚀温度①/℃
UNS No.	Cr	Mo	Ni	N	Cu	缝隙破坏面积/%	最大贯穿深度/mm	
高氮钢(0.19%~0.33%)								
—	25	2.0	22	0.26	—	3.4	0.75	10
—	25	3.2	17	0.33	2.0	18.3	0.42	27.5
—	23	3.5	22	0.19	—	2.5	0.21	15
S 31254	20	3.1	18	0.22	0.7	1.7	0.04	32.5
						未侵蚀	—	
—	25	3.5	22	0.19	—	0.8	0.02	25
—	25	4.6	22	0.25	—	未侵蚀		35

① 在 $FeCl_3 \cdot 6H_2O$ 10%（pH＝1）中的临界缝隙腐蚀温度（℃）（不发生腐蚀的最大温度）。

（4）耐应力腐蚀破裂性能

奥氏体不锈钢应力腐蚀破裂敏感性较强。奥氏体不锈钢强度较低，在应力作用下易产生晶体滑移，使表面钝化膜破裂，同时生成缺陷并促成某些元素或杂质偏析，引起腐蚀，在发生腐蚀的同时，又有新的钝化膜形成，新钝化膜在应力作用下又被破坏，又引起腐蚀。这种应力破坏钝化膜引起腐蚀、生成新钝化膜又被应力破坏、又产生腐蚀……的活动的持续、交变发生促进材料的应力腐蚀破裂发生。

奥氏体不锈钢在许多情况下都会发生应力腐蚀破裂。在含有遇水分解的酸性氯化物介质中，易发生应力腐蚀破裂，常称"氯脆"。提高奥氏体不锈钢硅含量、减少磷等杂质含量可促进在含氯介质中的应力腐蚀破裂。表 9-51 所示是含硅的耐应力腐蚀破裂的奥氏体不锈钢。

表 9-51 含 Si 耐应力腐蚀破裂的奥氏体不锈钢

钢号	化学成分/%							
	C	Si	Ni	Cr	Mo	Cu	P	其他
NAR18-14Si	≤0.030	2.7~4.0	12~14	17~19	≤0.02	≤0.10	≤0.020	—
NAS126	0.04	3.5	12	18	—	1.5	—	—
SCR-1	<0.12	≤1	8~16	16~20	≤0.04	—	—	—
SCR-2	<0.10	1.5~2.5	12~16	16~20	—	—	≤0.010	Ti 或 Nb:10×C
SCR-3	≤0.03	1.5~2.5	24~28	24~26	—	—	≤0.020	V:0.1~3 Ti 或 Nb:10×C
URANUS S	≤0.02	3.7	14	17.5	—	—	—	—
URANUS SD	≤0.02	3.7	15	17	2.3	—	—	—
USS18-18-2	0.06	1.9	18	18.4	—	—	0.007	—
YUS 110	≤0.08	3~5	12~15	15~18	—	0.5~0.9	—	—
Aescoloy	0.07~0.10	1.8~2.3	14.5~15.5	14.5~15.5	<0.015	—	—	≤0.018	N<0.030

奥氏体不锈钢在含硫的介质中易引起硫化物应力腐蚀破裂。在石油工业中，经常有含硫化物或 H_2S 的介质环境，特别是在含有 Cl^- 和低 pH 值的条件下，奥氏体不锈钢发生硫化物应力腐蚀破坏更严重。奥氏体不锈钢中提高镍的含量有利于提高耐硫化物应力腐蚀破裂的能力。

奥氏体不锈钢在碱性溶液中同样会产生应力腐蚀破裂，常称"碱脆"。发生碱脆的严重程度与碱液浓度、温度以及应力大小有关。奥氏体不锈钢中提高铬、镍的含量或加入钼元素，都有利于提高其在碱液中对应力腐蚀的抵抗能力。

奥氏体不锈钢在高温高压水中也会产生应力腐蚀破裂，并且高温高压水中含 Cl^- 及水中溶量增加，发生应力腐蚀敏感性增强。钢中碳、磷、氮对发生应力腐蚀破裂敏感性增强，而铬、硅、镍、钼、铜等元素对其有减弱作用。

9.5.3.7　奥氏体-铁素体双相不锈钢的耐蚀性

这里的双相不锈钢指只含有奥氏体和铁素体两相，且其中任一相含量不小于 25% 的不锈钢（实际控制范围是其中一相在 35%～65% 之间）。

双相不锈钢具有优良的耐腐蚀性能，特别是在含有 Cl^- 介质中的耐点腐蚀和耐缝隙腐蚀的能力更优于其他类型不锈钢。

双相不锈钢的优良耐蚀性与其化学成分和两相组织结构有关。双相不锈钢中合金元素都具有良好的耐腐蚀能力，铬是提高耐蚀性的基本元素，其能形成稳定的钝化膜，当钝化膜受到破坏时又具有很强的自我修复能力，且铬含量比其他类型不锈钢更高；钼有提高钝化膜稳定性的能力；氮能促进钝化膜的均匀性。双相不锈钢的两相组织结构也使钢的晶粒更细、晶界面积更大，降低了晶界处可能引起腐蚀的析出物浓度。同时，一旦在晶界处有析出物产生形成贫铬区时，很快从高铬的铁素体相中得到补充，恢复铬的浓度。另外，双相中的两相可相互成为第二相，如果其中一相产生裂纹，当裂纹延伸到另一相交界处时，会受到阻碍而停止延伸。双相不锈钢的屈服强度比单相奥氏体和铁素体都高，承受应力断裂能力更强。

双相不锈钢同时存在两相，两相成分和晶体结构均有差异，但，双相不锈钢中的两相只要保证各自电位都处于钝化区，两相都达到钝化状态，就不必担心存在电偶腐蚀。

双相不锈钢耐蚀性的评价，最常用点腐蚀当量 PRE 表示，PRE 值越高，耐蚀性越好。对含氮的双相不锈钢，最常用的点腐蚀当量计算公式为：

$$RPEN = Cr\% + 3.3 \times Mo\% + 16 \times N\% \tag{9-2}$$

并依据 PREN 值的大小，把双相不锈钢分成如下四个等级。

低合金双相不锈钢：$PREN \leqslant 25$。

中合金双相不锈钢：$PREN > 25 \sim 35$。

高合金双相不锈钢：$PREN > 35 \sim 40$。

超级双相不锈钢：$PREN > 40$。

双相不锈钢的牌号、化学成分和力学性能分别见表 2-75 和表 2-80。某些双相不锈钢典型牌号（商业牌号）、化学成分和 PRE 值见表 9-52。

表 9-52　双相不锈钢（DSS）代表牌号的主要化学成分和孔蚀抗力当量值（PRE）

| 类别 | 标准 | 商业牌号 | 化学成分/% | | | | | | | PREN | PREW |
			C	Cr	Ni	Mo	N	Cu	W		
低合金型	UNS S32304 W. Nrl.4362 SS 2327	SAF2304 UR35N	0.03	23	4	0.1	0.1	0.2	—	24	—
中合金型	UNS S31803 W. Nrl.4462 SS 2377	SAF2205 UR45N	0.03	22	5	2.8	0.15	—	—	32/33	—
		UR45N	0.03	22.8	6	3.3	0.18	—	—	35/36	—
	UNS S31500 W. Nrl.4417	3RE60 A903	0.03	18.5	5	2.7	0.1	—	—	29	—

类别	标准	商业牌号	化学成分/%							*PREN*	*PREW*
			C	Cr	Ni	Mo	N	Cu	W		
中合金型	UNS S32900 W. Nr1.4460 SS 2324 AISI 329	10RE51	0.08	25	4.5	1.5	—			30	—
		UR50	0.06	21	7.5	2.5	—	1.5		29	—
	UNS S32950	Carp 7Mo	0.03	27	4.8	1.75	0.25	—		35	
高合金型	UNS S32550	Ferralium 255	0.05	25	6	3	0.18	1.8		37	38
	UNS S31250	DP3	0.03	25	7	3	0.16	0.5	0.3	37	38
		UR47N	0.03	25	6.5	3	0.22	—	—	38/39	—
	W. Nr1.4507	UR52N	0.03	25	6.5	3	0.17	1.5		38	
		VS25	0.03	25	6.5	3	0.18			38	
超级 DSS	UNS S32760 W. Nr1.4501	Zeron100	0.03	25	7	3.5	0.24	0.7	0.7	40	41.5
	UNS S32750 W. Nr1.4410 SS 2328	SAF2507 UR47N$^+$	0.03	25	7	3.8	0.28			41	
	UNS S 32550 W. Nr1.4507	UR52N$^+$	0.03	25	7	3.5	0.25	1.5		41	
	UNS S32740	DP3W	0.03	25	7	3	0.27	—	2.0	39	42.5
		DTS25.7NW	0.03	27	7.5	3.8	0.27	0.7	0.7	44	45
		DTS25.7NW Cu	0.03	25	7.5	4.0	0.27	1.7	1	42.5	44

（1）耐均匀（全面）腐蚀性能

双相不锈钢突出特点是耐局部腐蚀（点腐蚀、缝隙腐蚀）能力强，但在许多情况下耐均匀（全面）腐蚀性能也较好。

在酸性介质中，耐蚀性与酸介质性质有关。在弱还原性酸（如稀硫酸）中，有较好的耐腐蚀能力，特别是在含 Cl^- 的稀硫酸中，耐蚀能力更优于其他类型不锈钢。在强还原性酸（如盐酸）中的耐蚀性受到限制，特别是在高浓度、高温度的强还原性酸中耐蚀性较差。在强氧化性酸（如浓硝酸）中，含钼双相钢耐蚀性较差，而不含钼钢耐蚀性较好。其中高硅、含氮的双相不锈钢耐蚀性有改善。在多数的有机酸（属弱还原性酸）中，常常因含有卤素离子或以混合酸形式存在，加重了介质的腐蚀性，大多数不锈钢腐蚀严重，而双相不锈钢特别是超级双相不锈钢却具有良好的耐腐蚀能力。表 9-53 显示了三种双相不锈钢在各种酸性介质中的均匀（全面）腐蚀情况，其中包括与两种奥氏体不锈钢的对比。

表 9-53　几种不锈钢在各种酸介质中的均匀腐蚀试验结果

介质条件	腐蚀速率/[g/(m² · h)]				
	00Cr25Ni-7Mo3WCuN	00Cr25Ni-6Mo2N	00Cr18Ni-5Mo3Si2	316L	304L
HCl 1%,室温,100h	0	0	0		
3%,室温,100h	0.380	3.930	3.240	0.915	2.401
5%,室温,100h	1.850	18.330	—	1.825	
H_2SO_4 5%,沸腾,100h	0.791	1.099	—	5.660	—
20%,60℃,100h	0.002	0.021	65.875	12.100	57.000

介质条件	腐蚀速率/[g/(m² · h)]				
	00Cr25Ni-7Mo3WCuN	00Cr25Ni-6Mo2N	00Cr18Ni-5Mo3Si2	316L	304L
HNO₃65％,沸腾,48h×3	0.117	0.119	0.530	—	0.176
HAc 100％,沸腾,100h	0	0.001	0	0	0.099
HCOOH 80％,沸腾,100h	0.606	2.443	1.270	0.470	0.900
含Cl⁻混酸 60％HCOOH+20％HAc+230×10⁻⁶Cl⁻,沸腾,100h	0.903	1.602	3.200	2.710	3.375

注：在 H_2SO_4 介质试验前，试样在 5％HCl 室温条件下活化 20s。

在碱性溶液中的耐蚀性与碱液浓度有关，在质量分数小于 30％ 的低浓度碱液中耐腐蚀效果更好，见表 9-54。

表 9-54 几种双相不锈钢在不同浓度碱液中的试验结果

溶液	温度/℃	腐蚀速率/(mm/a)		
		SAF 2304	SAF 2205	SAF 2507
30％NaOH	沸点	0.08	0.06	0.009
40％NaOH	沸点	0.71	1.25	0.20
50％NaOH	沸点	3.28	3.73	1.20
5％NaOH+20％NaCl	108	0.001	0.001	0.001
20％NaOH+20％NaCl	108	0.020	0.001	0.004
40％NaOH+20％NaCl	108	0.17	0.22	0.06

（2）耐晶间腐蚀性能

双相不锈钢的晶间腐蚀是由于在晶界处析出碳化物、σ 相、Fe_2Mo 及其他析出物而形成贫铬区，从而引起晶间腐蚀。所以，只有在敏化状态，热处理方法不当或焊接热影响区才容易产生晶间腐蚀。

关于双相不锈钢晶间腐蚀的一个特殊现象值得注意。双相不锈钢经高温（1200℃以上）加热（热处理误操作或焊接时）后水冷可能产生晶间腐蚀，而空冷却不产生晶间腐蚀。经过试验研究认为，双相不锈钢在高温加热后，铁素体晶粒急剧长大，奥氏体减少，到 1300℃时，几乎成为单一铁素体组织。这种状态急冷后，在晶界处会产生铬碳化物，形成贫铬区。而由于冷却较快，铁素体中铬元素来不及扩散，贫铬区被保留下来，有条件时会产生晶间腐蚀。如果从高温较缓慢冷却，则铁素体中铬元素有机会扩散，补充到贫铬区，使贫铬区减少或消除，因而不会有晶间腐蚀现象。

（3）耐点腐蚀性能

双相不锈钢是耐点腐蚀性能最好的一种不锈钢。这是因为双相不锈钢化学成分决定了其表面钝化膜更均匀、更坚固。双相不锈钢耐点腐蚀程度主要与化学成分有关，铬的含量高以及加钼、氮、铜、钨等合金元素，对耐点腐蚀有促进作用、硫、磷等元素有不良影响。热处理效果对耐点腐蚀性也有影响，如果热处理不当，引起 σ 相等第二相析出，夹杂物等均会成为点腐蚀源而加速点腐蚀。

表 9-55 显示了两种双相不锈钢的孔蚀率及与奥氏体不锈钢 316L 的对比。

表 9-55 几种不锈钢在 $FeCl_3$ 溶液中的孔蚀率 $[g/(m^2 \cdot h)]$

钢种	$5\%FeCl_3 \cdot 6H_2O+20mL/L$ HAc 50℃,24h	$1.5\%FeCl_3 \cdot 6H_2O+3\%NaCl+$ 20mL/L HAc,50℃,24h
00Cr25Ni7Mo3N	0	0.007
00Cr25Ni6Mo2N	0.35	0.218
316L	27.10	4.842

（4）耐缝隙腐蚀性能

如前所述，双相不锈钢的化学成分决定了其具有优良的钝化膜及钝化膜破坏后的自我修复能力。所以，在具有缝隙腐蚀条件下，双相不锈钢的耐腐蚀能力优于其他类型不锈钢。双相不锈钢耐缝隙腐蚀能力与耐点腐蚀能力是相关联的。所以，双相不锈钢耐缝隙腐蚀能力也与其化学元素含量有关，铬、钼、氮、铜、钨对提高耐蚀性有益，而硫、磷则有害，热处理效果也影响其耐缝隙腐蚀能力。评定双相不锈钢耐缝隙腐蚀能力除缝隙腐蚀失重外，也可用缝隙腐蚀临界温度（CCT）评定。表 9-56 显示了两种双相不锈钢缝隙腐蚀试验结果及与奥氏体不锈钢 316L 的对比。表 9-57 所示是四种双相不锈钢的缝隙腐蚀情况，表 9-58 所示是几种双相不锈钢的缝隙腐蚀临界温度（CCT）值。

表 9-56 几种钢的缝隙腐蚀失重试验结果

钢　种	$10\%FeCl_3 \cdot 6H_2O,20℃,72h,pH=1\sim1.5$
00Cr22Ni5Mo3N	0.52g
00Cr18Ni5Mo3Si2	1.25g
316L	0.69g

表 9-57 几种双相不锈钢的缝隙腐蚀情况

钢　号	过滤海水中的抗力(25℃)		$CCT/℃$
	浸蚀缝隙面积/%	最大深度/mm	$10\%FeCl_3$(pH1)
铸钢(1135℃固溶)			
25Cr-7Ni-4Mo-0.24N	34.2	0.90	25
25Cr-6.7Ni-4.7Mo-0.25N	8.3	0.38	25
锻钢(1050℃固溶)			
25Cr-4.4Ni-1.8Mo-0.16N	15	0.61	20
25Cr-6Ni-3Mo-0.1N	无		32.5

表 9-58 常用双相不锈钢牌号的 CCT 值

牌号	Cr/%	Ni/%	Mo/%	N(max)/%	$CCT/℃$
Type 329	26	4.5	1.5		5
44LN	25	6	1.7	0.2	5
DP3	25	7	3	0.3	10
7-Mo Plus	26.5	4.8	1.5	0.35	15
2205	22	5	3	0.2	17.5
Ferralium 255	25	6	3	0.25	22.5
SAF 2507	25	7	4	0.32	37.5
Zeron 100	25	7	4	0.3	40(min)

注：1. $10\%FeCl_3$ 溶液（ASTM G48B 法）。

2. 合金元素含量以质量分数表示。

（5）耐应力腐蚀破裂性能

根据试验研究表明，双相不锈钢不仅具有优良的钝化膜可以抵抗腐蚀，而且其双相组织结构在应力腐蚀条件下具有抵抗腐蚀的协同作用，主要表现在铁素体对奥氏体的阴极保护作用；互为第二相，对应力破裂有屏蔽作用。此外，两相组织不同，其产生的应变行为不同；残余应力分布不同；热膨胀系数不同，这些都使双相不锈钢在抵抗应力腐蚀破裂时起到有益作用，所以，双相不锈钢耐应力腐蚀破裂能力均优于单相奥氏体不锈钢和单相铁素体不锈钢。双相不锈钢在许多产生应力腐蚀破裂的环境中，如含氯化物溶液、碱溶液、高温水、石油等中都获得了广泛应用。表 9-59 所示是双相不锈钢在应力腐蚀破裂环境中的应用实例。

表 9-59 双相不锈钢在 SCC 环境中的应用实例

钢　种	环　境
UNS S32304(SAF 2304)	锅炉水，$25 \times 10^{-6} Cl^-$，87℃ 碱液(16% NaOH)，1% Cl^-，180℃ 冷却水，$(300 \sim 550) \times 10^{-6} Cl^-$，70℃
UNS S31500(3RE60)	热水，$280 \times 10^{-6} Cl^-$，pH=7.5，100℃
UNS S31803(SAF 2205)	1.8% NaCl，200℃，碱性 20% Cl(Mg，Na，K，Ca)，85℃ 水-异丙醇，5% Cl，70℃ 水-甘油，2% Cl^-，105℃ 水-苯酚，$60 \times 10^{-6} Cl^-$，pH=3，85℃
UNS S32750(SAF 2507)	沸腾海水(=12% NaCl) 65% $ZnCl_2$，30% $CaCl_2$，3% NH_4Cl，70℃

（6）耐磨损腐蚀性能

如前所述，双相不锈钢在许多介质中都具有优良的耐腐蚀性能。在磨损腐蚀环境中只有好的耐腐蚀性能当然不够，但双相不锈钢可以在固溶化状态硬度较低的情况下，经过时效处理提高硬度。双相不锈钢在 $500 \sim 600$℃温度区间加热冷却后，可有 γ_2 相和 α' 相析出，达到提高硬度的目的，见表 9-60。

表 9-60 不同时效时间对 0Cr25Ni6Mo3CuN 钢硬度的影响　　　　　　HRC

热处理制度	时效时间/h		
	0	2	50
1050℃+500℃	25.5	33.0	35.0

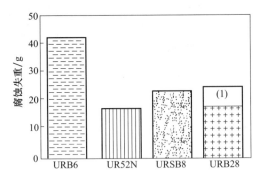

图 9-1　在工业磷酸介质中 UR52N 与其他对
比奥氏体不锈钢的现场磨损腐蚀试验结果
[30% H_3PO_4 +2% H_2SO_4 +30% $CaSO_4$ +(1500~
2000)$\times 10^{-6}$ F^-，Cl^-，90℃] URB6—00Cr20Ni25
Mo4.5Cu1.5；URSB8—00Cr25Ni25Mo5Cu1.5N；
URB28—00Cr27Ni31Mo3.5Cu；
（1）—试验时间比其他钢短

采用固溶加时效的工艺方法，在控制析出相析出、提高硬度的情况下，对耐腐蚀性能不产生太大影响。当然，对具体钢种应选择合适的时效温度，控制 γ_2 和 α' 相析出，而防止能降低耐蚀性和增加脆性的 σ 相、X 相等出现。

另外，在有冲击磨损工作条件下，双相不锈钢中的奥氏体也可能产生一定的硬化作用而提高硬度和耐磨性。

图 9-1 所示是双相不锈钢 UR52N（0Cr25Ni6Mo2N）与其他不锈钢在工业磷酸介质中磨损腐蚀的效果。

双相不锈钢在许多磨损腐蚀条件下被广泛应用。

9.5.3.8　沉淀硬化不锈钢的耐蚀性

沉淀硬化不锈钢通常都具有较低的碳含量，有 12％以上的铬和一定量的镍，有的加入钼、铌、铜、铝等合金元素，所以耐蚀性较好，甚至与奥氏体不锈钢耐蚀性相当。当然，沉淀硬化不锈钢有马氏体型、半奥氏体型、奥氏体型、奥氏体铁素体型，由于它们的成分、组织、热处理方式不同，耐蚀性也有差异。沉淀硬化不锈钢牌号、成分和力学性能分别见表2-78 和表 2-83。

（1）耐均匀（全面）腐蚀性能

沉淀硬化不锈钢耐均匀（全面）腐蚀性能优于马氏体不锈钢，与奥氏体不锈钢相似。而在沉淀硬化不锈钢系列中，奥氏体或半奥氏体沉淀硬化不锈钢的耐蚀性又优于马氏体沉淀硬化不锈钢。表 9-61 所示是马氏体沉淀硬化不锈钢 0Cr17Ni4Cu4Nb 在一些腐蚀介质中的耐腐蚀性能和与几种马氏体不锈钢的耐腐蚀性能的对比情况。表 9-62 所示是半奥氏体型沉淀硬化不锈钢 0Cr15Ni7Mo2Al 在一些腐蚀介质中的耐蚀性情况。

表 9-61　0Cr17Ni4Cu4Nb 沉淀硬化不锈钢铸、锻件耐蚀性对比　　　　mm/a

| 介质条件 | 0Cr17Ni4Cu4Nb | | | | 1Cr13 | 7Cr18Mo | 1Cr17Ni2 |
| | 锻材 | | 铸件 | | 锻材 | 锻材 | 锻材 |
	固溶态	硬化态	固溶态	硬化态	淬火态	淬火态	淬火态
H_2SO_4 5％,沸腾 8h	199.36	480.48	199.36	479.36	1481.76	1518.72	2868.32
H_2SO_4 10％,室温,48h	5.1968	7.0448	5.7008	27.216	24.752	85.568	102.704
HNO_3 40％,沸腾,8h	0.3024	0.3248	0.1568	0.2128	1.0976	2.632	0.3808
HCl 10％,30℃,48h	0.5712	0.56	1.3216	2.1056	19.376	38.864	22.624
HAc 80％,沸腾,8h	0.9072	0.1456	1.6016	0.1344	46.816	78.4	13.552

表 9-62　0Cr15Ni7Mo2Al 沉淀硬化不锈钢的耐蚀性　　　　mm/a

| 介质条件 | 热处理条件 | | | | | | |
	A	T	TH_{1050}	A_{1750}	R_{100}	RH_{950}	CH_{900}
H_2SO_4 5％,沸腾,8h	41.44	476.0	完全溶解	71.568	285.6	完全溶解	250.88
H_2SO_4 10％,常温,24h	0.448	7.7952	11.20	0.84	1.2992	3.3712	0.616
HNO_3 40％,沸腾,8h	0.2016	0.4704	9.4528	0.2128	0.4256	0.5824	0.3248
HNO_3 65％,沸腾,8h	0.8064	3.1696	42.336	1.4896	1.4784	2.6768	2.0384
HCl10％,常温,24h	1.2992	18.368	25.76	14.56	24.528	25.76	15.68

沉淀硬化不锈钢，特别是马氏体沉淀硬化不锈钢的热处理状态对耐腐蚀性能有较大影响。表 9-63 所示是马氏体沉淀硬化不锈钢 0Cr17Ni4Cu4Nb 在不同热处理条件下、在一些腐蚀介质中的耐蚀性情况及与马氏体不锈钢 1Cr17Ni2 和奥氏体不锈钢 0Cr19Ni9 耐蚀性的对比。

表 9-63　0Cr17Ni4Cu4Nb 沉淀硬化不锈钢在各种热处理状态下的耐蚀性　　　　mm/a

| 材料 | 热处理 | H_2SO_4 35℃ | | H_2SO_4 80℃ | | HCl 35℃ | | HNO_3 沸腾 | |
		1％	5％	1％	5％	0.5％	1％	25％	50％
1Cr17Ni2	淬火＋回火	16.8	48.75	42.5	193.75	16.025	50.0	0.225	1.325
0Cr19Ni9	退火	0.01	0.195	0.558	1.625	0.178	4.35	0.03	0.075
0Cr17Ni4Cu4Nb	H_{900}	0.0	0.042	0.028	0.27	0.025	0.925	0.258	1.183
	H_{925}	0.0	0.035	0.033	0.185	0.043	0.875	0.545	2.493
	H_{1025}	0.0	0.013	0.0	0.25	0.053	5.15	0.148	0.868
	H_{1075}	0.0	—	0.023	0.313	0.065	12.95	0.183	1.18
	H_{1150}	0.03	0.025	0.075	0.593	1.125	18.23	0.188	0.858

材料	热处理	HCOOH 80℃		CH₃COOH 沸腾		CH₃PO₄ 沸腾		30%NOOH	
		5%	10%	33%	60%	20%	70%	80℃	沸腾
1Cr17Ni2	淬火+回火	9.2	39.75	2.925	0.138	0.218	3.175	0.103	2.35
0Cr19Ni9	退火	0.103	0.45	0.065	0.398	0.04	0.988	0.023	0.438
0Cr17Ni4Cu4Nb	H₉₀₀	0.053	0.088	0.06	0.025	0.025	0.475	0.08	0.223
	H₉₂₅	0.045	0.06	0.018	0.013	0.02	0.70	0.073	0.203
	H₁₀₂₅	0.023	0.05	0.018	0.018	0.013	1.15	0.09	0.253
	H₁₀₇₅	0.025	0.065	0.008	0.0	0.023	1.25	0.175	0.27
	H₁₁₅₀	0.023	0.04	0.008	0.018	0.015	3.75	0.183	0.148

（2）耐点腐蚀性能

由于沉淀硬化不锈钢在时效沉淀处理时会有 Laves 相析出，在与铁素体周围形成贫铬区等原因，其耐点腐蚀性能虽优于马氏体不锈钢，但不如奥氏体不锈钢和双相不锈钢。

（3）耐晶间腐蚀性能

沉淀硬化不锈钢在时效处理时，会在晶界有析出物，其耐晶间腐蚀性能比马氏体不锈钢好，但不如奥氏体不锈钢和双相不锈钢。

（4）耐应力腐蚀破裂性能

沉淀硬化不锈钢在时效硬化后硬度较高，应力较大，耐应力腐蚀破裂效果不好，为了提高耐应力腐蚀破裂能力，可牺牲一点硬度和强度要求，采用过时效处理。

（5）耐空蚀和磨损腐蚀性能

沉淀硬化不锈钢具有良好的耐均匀（全面）腐蚀性能，且可通过热处理方法提高硬度和强度，所以，在耐空蚀和磨损腐蚀方面较好，在某些情况下优于马氏体不锈钢和其他类型不锈钢。

（6）在海水中的耐蚀性

沉淀硬化不锈钢在海水中有较好的耐蚀性，介于马氏体不锈钢和奥氏体不锈钢之间。表9-64 所示是马氏体沉淀硬化不锈钢 0Cr17Ni4Cu4Nb 和半奥氏体沉淀硬化不锈钢 0Cr17Ni7Al 在海水中的耐蚀性与马氏体不锈钢及奥氏体不锈钢的耐蚀性对比。

表 9-64　几种不锈钢在海水中的耐蚀性

钢种	热处理条件	浸渍年数	腐蚀率/(mm/a)
0Cr17Ni4Cu4Nb	H900	6	0.025
0Cr17Ni7Al	TH900	6	0.075
1Cr13	淬火+回火	7	0.075
1Cr16Ni2	淬火+回火	7	0.0625
0Cr17Ni12Mo2	退火	7	0.005
1Cr18Ni9	退火	7	0.02

但是，当海水中有海砂等硬质颗粒，对材料产生腐蚀磨损时，马氏体沉淀硬化不锈钢0Cr17Ni4Cu4Nb 应更具优势，因为其不仅在海水中有较好的耐腐蚀性能，还可以通过热处理方式进行强化，提高表面硬度，这对抵抗海水的腐蚀磨损是极为有利的。

9.5.3.9　铁镍基和镍基合金的耐蚀性

在铁镍或镍的基体中，加入一种或一种以上的耐蚀合金元素所组成的合金称作铁镍基合金或镍基合金，通常称耐蚀合金。铁镍基耐蚀合金中镍含量通常不小于30%，镍和铁的总含量不小于60%；镍基耐蚀合金中镍含量通常不小于50%。

根据成分及含量不同，铁镍基耐蚀合金常分为镍铁铬合金、镍铁铬钼合金和镍铁铬钼铜合金。镍基耐蚀合金常分为镍铜合金、镍铬合金、镍钼合金、镍铬钼合金和镍铬钼铜合金。

由于镍本身具有很好的耐蚀性，并且，其他耐蚀合金元素在镍中比在铁中有更大的溶解度，因此，铁镍基和镍基合金具有更优良的耐腐蚀性能。铁镍基和镍基耐蚀合金的牌号、成分和力学性能分别见表 2-184～表 2-186。

铁镍基和镍基合金中，因含有合金成分和含量不同，所以，在耐蚀性上各有不同。

（1）镍铁铬合金的耐蚀性

镍铁铬型耐蚀合金通常含铬 18%～25%，含镍 30%～37%，NS1101、NS1102、NS1103 属于这类合金，只是在碳含量上略有差别。Cr20Ni32Fe（NS1101）为其典型牌号，它与 Incoloy 800 合金相似。

这类合金具有良好的耐高温水（包括含有 NaOH 的高温水）应力腐蚀能力，在炉气中、在含 H_2S 的介质中均具有较好的耐蚀性能。在化工设备和核工业中常用作换热器和耐腐蚀用管材制品。表 9-65 和表 9-66 显示了其耐蚀性以及和其他耐蚀材料的对比情况。

表 9-65　几种合金在炉气中的腐蚀

试验合金牌号	腐蚀速率/(mm/a)	试验合金牌号	腐蚀速率/(mm/a)
0Cr18Ni9（AISI 304）	完全氧化	0Cr25Ni20（AISI 310）	0.23
0Cr23Ni13（AISI 309）	2.16	Cr20Ni32Fe（Incoloy 800）	0.15

注：炉气含 2%～4% CO，4%～8% CO_2，无 S，870～1150℃，试验时间 3 个月。

表 9-66　几种合金在 400℃、$H_2+1.5\%H_2S$（体积）介质中的耐蚀性

合金牌号	腐蚀速率/(mm/a)	合金牌号	腐蚀速率/(mm/a)
0Cr18Ni9（AISI 304）	0.20	Cr20Ni32Fe（Incoloy 800）	0.08
0Cr18Ni11Nb（AISI 347）	0.18	0Cr15Ni75Fe（Inconel 600）	0.25
0Cr25Ni13（AISI 309）	0.13	—	—

注：H_2 压为 3.3mPa，试验时间 730h。

（2）镍铁铬钼合金的耐蚀性

由于加入了钼元素，进一步提高了在氧化性，还原性和氧化-还原性介质中的耐蚀性，也提高了在含有氯化物介质中的耐点蚀性能。其耐点蚀性能的提高主要是合金表面生成不易溶解的含钼氧化膜的结果。NS1301（0Cr20Ni43Mo13）在介质中耐蚀性见表 9-67。

表 9-67　0Cr20Ni43Mo13 在几种介质中的耐蚀性

介质成分/(g/L)	试验温度/℃	试验时间/h	试验结果	
			腐蚀速率/[g/(m²·h)]	点腐蚀
50～55Cl⁻，45～50Ni，0.3～0.8Cu，0.001～0.007Fe，0.1Co，150SO₄²⁻，2～4H₃BO₃，pH=4～4.2（Ⅰ）	70	100	≤0.05	无点蚀
50～55Cl⁻，45～50Ni，0.001～0.0005Cu，0.03～0.005Fe，0.1Co，150SO₄²⁻，4～5H₃BO₃，pH=2.5（Ⅱ）	50	100	≤0.001	无点蚀
50～55Cl⁻，45～50Ni，0.001～0.0008Fe，0.005～0.0008Co，150SO₄²⁻，4～5H₃BO₃，pH=5.5～6.0（Ⅲ）	50	100	≤0.001	无点蚀
50%H₂SO₄，0.7Fe，0.029Cu，0.00093Pb，pH=1.0（合成橡胶再生塔）	130	96	0.514	—
10%HCl	30	64	0.284	—
	50	28	1.129	—

与其相似的合金 Narloy3 合金（00Cr21Ni40Mo13）和 Hastelloy C 合金（0Cr16Ni60Mo16W4）在一些介质中的耐蚀性见表 9-68～表 9-70。

这类合金可用于含 Cl^- 引起点腐蚀和缝隙腐蚀的介质中，用于制盐、制碱、合成纤维、造纸等工业中具有高温、含 Cl^- 介质环境中的设备、构件。

表 9-68 00Cr21Ni40Mo13 和 0Cr16Ni60Mo16W4 在 HCl 和 HCl＋Fe^{3+} 溶液中的腐蚀

合金牌号	腐蚀速率/[g/(m²·h)]					
	10%HCl 70℃	10%HCl＋1.0g/L $FeCl_3$,70℃	10%HCl＋1.5g/L $FeCl_3$,70℃	10%HCl＋2g/L $FeCl_3$,70℃	湿 Cl_2 25℃	氯化反应器 25℃
00Cr21Ni40Mo13(Narloy3)	2.48	0.028	0.032	0.032	0.007	0.004
0Cr16Ni60Mo16W4(Hastelloy C)	1.29	1.72	2.11	2.61	0.050	0.037

表 9-69 00Cr21Ni40Mo13 和 0Cr16Ni60Mo16W4 在 H_2SO_4 和 H_2SO_4＋Fe^{3+} 介质中的耐蚀性

合金牌号	在沸腾的 40%H_2SO_4＋Fe^{3+} 中的腐蚀速率/[g/(cm²·h)]			
	40%H_2SO_4	40%H_2SO_4＋0.5g/L $Fe_2(SO_4)_3$	40%H_2SO_4＋1g/L $Fe_2(SO_4)_3$	40%H_2SO_4＋1.5g/L $Fe_2(SO_4)_3$
00Cr21Ni40Mo13(Narloy 3)	17	0.48	0.45	0.566
0Cr16Ni60Mo16W4(Hastelloy C)	12.3	3.26	3.92	5.09

表 9-70 00Cr21Ni40Mo13 和 0Cr16Ni60Mo16W4 在各种介质中的耐点蚀性能

合金牌号	试样类型	10% $FeCl_3$		10% $CuCl_2$	20% $CuCl_2$	6%KBr＋10% $K_3Fe(CN)_6$ 沸腾8h	饱和 $CaCl_2$ 沸腾 100h	氯化反应液（工厂试验）25℃
		60℃ 24h	80℃ 24h	80℃ 24h	80℃ 24h			
00Cr21Ni40Mo13(Narloy 3)	母材	○	○	○	○	○	○	○
	焊后1200℃处理	○	○	○	○	○	○	○
0Cr16Ni60Mo16W4(Hastelloy C)	母材	○	△	△	△	○	○	○
	焊后1250℃处理	△	△	△	△	○	○	○

注：○—不产生点蚀；△—有时产生点蚀。百分数为质量分数。

（3）镍铁铬钼铜合金的耐蚀性

该合金由于加入铜，更容易钝化，提高了耐蚀性。在氧化性、还原性和氧化-还原性介质中均具有耐均匀（全面）腐蚀、耐点腐蚀、耐缝隙腐蚀和耐应力腐蚀等良好性能。

这类合金以 NS1401（00Cr26Ni35Mo3Cu4Ti）为代表型号，与其相似的 Sanicro28 合金（00Cr27Ni31Mo4Cu）和 HastelloyG（0Cr22Ni47Mo6.5 Cu2Nb2）合金在硫酸、磷酸特别是含 Cl^-、F^- 的硫酸、磷酸等酸性介质中以及在氧化性硝酸中均具有优良的耐蚀性。

这类合金在化工、石油、天然气、造纸等工业和海水中应用广泛。

NS1401（00Cr26Ni35Mo3Cu4Ti）合金及与其相似的合金在各种介质中的腐蚀情况见表 9-71～表 9-77。

表 9-71 固溶态 00Cr26Ni35Mo3Cu4Ti 合金在各种介质中的腐蚀速率

试验介质成分	试验温度/℃	试验时间/h	腐蚀速率/[g/(m²·h)]
11g/L H_2SO_4＋微量 HF	50	176	0.0003
106g/L H_2SO_4＋0.93g/L HF	40	176	0.0002
308g/L H_2SO_4＋3g/L HF	40	176	0.0057
337g/L H_2SO_4＋11.6g/L HF	50	176	0.0303

试验介质成分	试验温度/℃	试验时间/h	腐蚀速率/[g/(m² · h)]
337g/L H₂SO₄+11.6g/L HF	70	176	0.099
4.5mol/L H₂SO₄	50	176	0.0082
30%～35% H₂SO₄+40%～50% HNO₃	沸点	168	0.254
40% HF	40	176	0.67
10.28～12g/L Cl⁻(HCl) +0.3～0.85g/L F⁻(HF) +18mg/L Fe³⁺(FeCl₃)	85～90	96	0.082

表 9-72 0Cr22Ni47Mo6.5Cu2Nb2 在化学纯和含杂质 H₃PO₄ 中的腐蚀

介质成分	试验温度/℃	腐蚀速率/(mm/a)	介质成分	试验温度/℃	腐蚀速率/(mm/a)
10%H₃PO₄,化学纯	沸点	0.0254	45% H₃PO₄ + 45% H₂SO₄ + 10%H₂O	130	4.724
20%H₃PO₄,化学纯	沸点	0.0254			
30%H₃PO₄,化学纯	沸点	0.101	55% H₃PO₄ + 3% H₂SO₄ + CaSO₄+氟化物	105～127	0.838
40%H₃PO₄,化学纯	沸点	0.058			
50%H₃PO₄,化学纯	沸点	0.176	55% H₃PO₄+0.8%HF	109	0.228
60%H₃PO₄,化学纯	沸点	0.279	75% H₃PO₄	100	0.18
70%H₃PO₄,化学纯	沸点	0.406	85% H₃PO₄	55	0.0025
85%H₃PO₄,化学纯	沸点	0.505	85% H₃PO₄	75	0.0178
36% H₃PO₄ + 2.9% H₂SO₄ + 350mg/kg Cl⁻+HF+30%石膏	78	0.033	85% H₃PO₄	100	0.111
36% H₃PO₄ + 2.9% H₂SO₄ + 350mg/kg Cl⁻+氟硅酸	38～43.9	0.0178	85% H₃PO₄	125	0.249
52.5% H₃PO₄ + 2.9% H₂SO₄ + 400mg/kg Cl⁻+痕迹氟硅酸	45	0.0178	98%H₃PO₄+4%～6%H₂SO₄+2.8%～3.0%(Fe³⁺+Al³⁺)+0.5%～1.0%氟化物	200～238	0.234
101% H₃PO₄ + 1.17%固体+0.4%F	149	0.200	93.5%H₃PO₄+4.3%H₂SO₄+4.4%(Fe+Al)	204～210	0.889
45% H₃PO₄ + 45% H₂SO₄ + 10%H₂O	18～130	0.707	浓度很低的 H₃PO₄ 雾	95～100	<0.0025

表 9-73 0Cr21Ni42Mo3Cu2Ti 在不通气纯 H₂SO₄ 的耐蚀性

H₂SO₄质量分数/%	试验温度/℃	试验时间/h	腐蚀速率/(mm/a)	H₂SO₄质量分数/%	试验温度/℃	试验时间/h	腐蚀速率/(mm/a)
40(化学纯)	50	168	0.013	50.3(工业酸)	50	168	0.13
	100	168	0.36		100	168	1.3
	沸点	48	0.28		沸点	48	49
50(化学纯)	50	168	0.25	2	沸点	24	0.19
	100	168	0.36				
	沸点	48	0.5	5	沸点	24	0.25
60(化学纯)	50	168	0.10	10	沸点	24	0.39
	100	168	0.5				
	沸点	48	3	25	沸点	2×48	0.35
80(化学纯)	50	168	0.13	32	沸点	2×48	0.52
	100	168	0.5				
	沸点	48	35	44	沸点	2×48	0.61
25.3(工业酸)	50	168	0.013	50	65	—	0.13
	100	168	—	60	60	24	0.076
	沸点	48	0.41	75	60	24	1.75

表 9-74 0Cr21Ni42Mo3Cn2Ti 在空气饱和的 H_2SO_4 中的耐蚀性[①]

H_2SO_4 质量分数/%	试验温度/℃	试验时间/h	腐蚀速率 /(mm/a)	H_2SO_4 质量分数/%	试验温度 /℃	试验时间 /h	腐蚀速率 /(mm/a)
5	65	20	0.025	60	65	20	0.76
10	65	20	0.025	80	65	20	3.15
20	65	20	0.025	96	65	20	6.25
40	65	20	0.91				

① 在试验过程中鼓入空气通过试验溶液，试样运动速度为 4.8m/min。

表 9-75 0Cr21Ni42Mo3Cu2Ti 在纯 H_3PO_4 中的腐蚀数据

H_3PO_4 质量分数/%	试验温度/℃	试验时间/h	腐蚀速率 /(mm/a)	H_3PO_4 质量分数/%	试验温度 /℃	试验时间 /h	腐蚀速率 /(mm/a)
50	沸点	24	0.035	75	90	792	0.008[①]
60	沸点	24	0.13	75	95	792	0.013[①]
70	沸点	24	0.16	75	105	792	0.033[①]
75	78	792	0.005[①]	80	沸点	24	0.43
75	85	792	0.008[①]	85	沸点	24	1.01

① 流速为 268m/min。

表 9-76 0Cr21Ni42Mo3Cu2Ti 在湿法磷酸中的耐蚀性

试验介质条件	温度/℃	时间/d	腐蚀速率 /(mm/a)
15%H_3PO_4,20%H_2SiF_6,1%H_2SO_4,蒸发器烟雾洗涤器的再循环液	75~85	16	0.025
20%H_3PO_4,20%HF,在槽中	21~30	13	0.036
20%H_3PO_4,2%H_2SO_4,1%HF,40%H_2O,$CaSO_4$,在浸取槽料浆中	80~93	117	0.018
37%H_3PO_4 料浆,在酸的输送槽中,流速为 0.9m/s	65~88	46	0.018
31.4%H_3PO_4,1.5%H_2SiF_6,0.12%HF,$CaSO_4$ 料浆,在过滤槽中	46~60	8.3	<0.0025
54%H_3PO_4,1.7%HF,20%H_2SO_4,20%$CaSO_4$,在蒸发后的酸的增稠器中	52~65	51	0.013
在用热气体加热的蒸发器中,53%H_3PO_4,1%~2%H_2SO_4,1.5%HF,Na_2SiF_6	120	42	0.15
在浓缩筒上部的湿分离器中,由粗 H_3PO_4 浓缩到含 HF 的 50%~55% H_3PO_4,挂入气相中	140	21	0.79
在含 75%~80%H_3PO_4,1%H_2SO_4 和一些 HF 的脱氟器中,强烈搅拌	140	8	3

注：工厂试验。

表 9-77 0Cr21Ni42Mo3Cu2Ti 在高温硝酸中的腐蚀试验

HNO_3 质量分数/%	温度/℃	时间/h	腐蚀速率 /(mm/a)	HNO_3 质量分数/%	温度/℃	时间/h	腐蚀速率 /(mm/a)
10	100	48	0.005	30	100	48	0.016
	110	48	0.008		110	48	0.03
	120	48	0.013		120	48	0.04
	130	48	0.04		130	48	0.08
50	100	48	0.03	50	120	48	0.09
	110	48	0.03		130	48	0.20

注：试验在密封的玻璃管中进行。

（4）镍铬合金的耐蚀性

铬在铁镍基和镍基耐蚀合金中的作用与在不锈钢中相同。含铬量越高，合金耐氧化性介质腐蚀及抗高温氧化、硫化等性能越好。含铬、镍量高的合金在高温水和高浓氯化物溶液中具有优良的耐应力腐蚀破裂性能。含铬量大于 18% 时，能耐沸腾状态 65%HNO_3 的腐蚀；含铬量在 20%~50% 时有良好的抗高温氧化性能；含铬量在 35%~50% 时能耐热浓硝酸及混合酸的腐蚀。如 NS3102（0Cr15Ni75Fe），相当于 Inconel 600 合金，在质量分数低于80%的 NaOH 溶液中、在室温条件下的硫酸和磷酸中、在温度低于550℃的高温氟化氢气体中都有良好的耐蚀性。而含有一定铝含量的 NS3103（0Cr23Ni63Fe14Al）具有优良的抗高温氧化性能。有较高铬含量且含铝的合金 NS3104（00Cr35Ni65Al），在沸腾状态下的65%HNO_3 和95%HNO_3 中都具有较好的耐蚀性，见表9-78。

表 9-78 00Cr35Ni65Al 合金的耐蚀性

序号	试验时间（沸腾）	腐蚀率/[g/(m² · h)]			备　注
		48h	96h	240h	
1	65%HNO_3	—	0.0531	—	—
2	98%HNO_3	—	0.3474	—	—
3	10mol/L HNO_3+0.05mol/L $Hg(NO_3)_2$+0.05mol/L HF	0.82	0.71	0.623	液相
4	10mol/L HNO_3+0.05mol/L $Hg(NO_3)_2$+0.05mol/L HF	0.73	0.64	0.544	气相
5	10mol/L HNO_3+0.05mol/L $Hg(NO_3)_2$+0.05mol/L HF	0.99	0.97	0.641	相界面
6	12mol/L HNO_3+0.04mol/L $Hg(NO_3)_2$+0.04mol/L HF	0.926	—	—	母材
7	12mol/L HNO_3+0.04mol/L $Hg(NO_3)_2$+0.04mol/L HF	0.925	0.882	—	焊件
8	12mol/L HNO_3+0.04mol/L $Hg(NO_3)_2$+0.04mol/L HF	0.182	—	—	加入 0.04mol/L $Al(NO_3)_2$
9	12mol/L HNO_3+0.04mol/L $Hg(NO_3)_2$+0.04mol/L HF	0.050	—	—	未加 HF 酸
10	12mol/L HNO_3	0.051	—	—	—
11	8mol/L HNO_3	—	0.014	—	—
12	13mol/L HNO_3	—	0.036	—	—
13	15mol/L HNO_3	0.056	0.053	—	—
14	15mol/L HNO_3	—	0.067	(144h) 0.044	焊件
15	15mol/L HNO_3	0.063	0.044	0.040	焊件
16	23.5mol/L HNO_3	0.347	—	—	—
17	23.5mol/L HNO_3	—	—	0.091	现场挂片结果,45℃,2760h
18	12mol/L HNO_3+0.3mol/L HF	—	—	1.65	—

　　NS3105（0Cr30Ni60Fe10），相当于 Inconel 690 合金，是耐应力腐蚀破裂性能优良的合金。在高温水和含 NaOH 高温水中，均有较低的耐应力腐蚀敏感性，见表9-79。

表 9-79 在各种高温水介质中 0Cr30Ni60Fe10 的耐应力腐蚀性能（管材试样）

序号	介质	温度/℃	应力	试验时间/h	AISI 304		Ⅰ-800		Ⅰ-690		Ⅰ-600	
					M	S	M	S	M	S	M	S
1	PO_4^{3-}→AVT 水	332	240MPa 或 1.3σ_y	22000	○	○	○	○	○	○	○	○
2	100mg/kg Cl^-+O_2 水	332	0.9σ_y	10578	○	○	○	○	○	○	○	○
3	10% NaOH	332	0.9~1.1σ_y	5592	○	○	○	○	○	○	×	×
4	PbO+H_2O	332	0.9σ_y	29500	○	○	○	○	○	○	×	×
5	Hg+AVT+H_2O	327	0.9σ_y	8439	○	○	○	○	○	○	○	○
6a	50%KOH+NaOH	327	1.1σ_y	2200	×	—	○	—	○	—	×	—
6b	50%KOH+NaOH	327	1.1σ_y	4400	×	—	×	—	○	—	×	—
7a	6 介质+污垢	327	1.1σ_y	2200	○	—	○	—	○	—	×	—
7b	6 介质+污垢	327	1.1σ_y	4400	×	—	×	—	○	—	×	—
8a	6 介质+SiO_2	327	1.1σ_y	2200	×	—	×	—	○	—	×	—

序号	介质	温度/℃	应力	试验时间/h	AISI 304		Ⅰ-800		Ⅰ-690		Ⅰ-600	
					M	S	M	S	M	S	M	S
8b	6介质+SiO$_2$	327	1.1σ_y	4400	×	—	×	—	○	—	×	—
9a	6介质+PbO	327	1.1σ_y	2200	×	—	×	—	×	—	○	—
9b	6介质+PbO	327	1.1σ_y	4400	×	—	×	—	○	—	×	—
10	6介质+Cl	327	1.1σ_y	4400	×	—	○	—	○	—	×	—
11	6介质+As	327	1.1σ_y	4400	×	—	×	—	○	—	×	—
12	6介质+B	327	1.1σ_y	4400	×	—	×	—	○	—	×	—
13	6介质+Cu/Cu$_2$O	327	1.1σ_y	4400	×	—	×	—	○	—	×	—
14	6介质+F	327	1.1σ_y	4400	×	—	○	—	○	—	×	—
15	6介质+方钠石	327	1.1σ_y	4400	×	—	○	—	○	—	×	—
16	6介质+Zn	327	1.1σ_y	4400	○	—	○	—	○	—	○	—
17	6介质+Cr$_2$O$_3$	327	1.1σ_y	4400	×	—	○	—	○	—	○	—
18	6介质+NaNO$_3$	327	1.1σ_y	4400	×	—	○	—	○	—	×	—

注：×—出现应力腐蚀；○—无应力腐蚀；AISI 304—0Cr18Ni10；Ⅰ-800—0Cr20Ni32Fe；Ⅰ-600—0Cr15Ni75Fe；Ⅰ-690—0Cr30Ni60Fe10；M—软化固溶态；S—敏化处理态；AVT—全挥发处理。

（5）镍钼合金的耐蚀性

金属钼具有耐硫酸、磷酸等非氧化性酸，尤其对盐酸的耐蚀性好。所以，加入钼的镍钼合金在盐酸中具有优良的耐蚀性。如 NS3201（0Mo28Ni65Fe5V）相当于合金 Hastelloy B 合金，在硫酸、盐酸、磷酸中均具有优良耐蚀性，见表 9-80～表 9-83。

表 9-80 在各种浓度盐酸中 0Mo28Ni65Fe5V 合金的耐蚀性

质量分数/%	腐蚀速率/(mm/a)			质量分数/%	腐蚀速率/(mm/a)		
	室温	65℃	沸点		室温	65℃	沸点
1	0.0762	0.2286	0.0508	15	0.0254	0.1524	0.3556
2	0.0508	0.2286	0.0762	20	0.0508	0.1270	0.6096
5	0.0508	0.2286	0.1776	25	0.0254	0.1026	—
10	0.0508	0.1778	0.2286	37	0.0076	0.0508	

表 9-81 在盐酸中（压力 14MPa）0Mo28Ni65Fe5V 合金的耐蚀性

质量分数/%	温度/℃	腐蚀速率/(mm/a)		质量分数/%	温度/℃	腐蚀速率/(mm/a)	
		在氮气中	在20%O$_2$+80%N$_2$气中			在氮气中	在20%O$_2$+80%N$_2$气中
10	70	—	2.125	25	135	1.225	8.400
100	100	0.200	6.550	37	70	0.050	0.175
10	135	0.500	10.050	37	100	0.300	2.030
25	70	0.050	1.450	37	135	2.200	7.375
25	100	0.200	3.875				

表 9-82 0Mo28Ni65Fe5V 合金在 H$_2$SO$_4$ 中的耐蚀性

H$_2$SO$_4$ 质量分数/%	腐蚀速率/(mm/a)			H$_2$SO$_4$ 质量分数/%	腐蚀速率/(mm/a)		
	室温	65℃	沸点		室温	65℃	沸点
2	0.0254	0.1270	0.0254	77	0.0051	0.0102	>25.8
5	0.0254	0.1026	0.0254	80	0.0025	0.0076	—
10	0.0254	0.0762	0.0508	85	0.0025	0.0076	—
25	0.0254	0.0254	0.0508	90	0.0025	0.0076	—
50	0.0102	0.0254	0.0508	96	0.0051	0.0076	—
60	0.0051	0.0254	0.1778				

表 9-83　0Mo28Ni65Fe5V 合金在高温高浓度 H_3PO_4 中的耐蚀性

酸的质量分数/%		温度/℃	试验时间/h	所用酸的种类	腐蚀速率 /(mm/a)
H_3PO_4	P_2O_3				
78～85	50～60	115	—	化学纯	0.130
80	57	138	15 天	工业纯	0.2375
85	60	121	72	试剂纯	0.025
85	60	150	72	试剂纯	0.375
86	61	110	96	化学纯	0.100
87～90	62～64	90	102 天	工业纯	0.075
96	69	255～288	73	湿法生产	1.00
98	70.3	93	29 天	湿法生产	0.00075
98	70.3	150	29 天	湿法生产	0.0326
100	71	176	72	化学纯	0.100
100	71	205	72	化学纯	0.250
105	75	115	—	试剂纯	0.0025
117	85	232～250	6 天	工业纯	0.275
117	85	250～255	6 天	工业纯	0.525

（6）镍铬钼合金的耐蚀性

镍铬钼合金具有镍铬合金和镍钼合金加合的耐蚀性，既耐氧化性、还原性介质腐蚀又耐氧化-还原性介质腐蚀。含有较高铬、钼含量的镍铬钼合金在含有 Cl^-、F^- 的氧化性酸中、含氯气的水溶液中都有良好耐蚀性。如 NS3301（00Cr16Ni75Mo2Ti）合金在高温气体中耐蚀性较好，见表 9-84。

表 9-84　00Cr16Ni75Mo2Ti 合金在几种高温气体中的耐蚀性

试验介质	温度/℃	时间/h	腐蚀速率 /[g/(m²·h)]	备注
氟气	150	88	0.0016	表面无变化
	200	88	0.0035	表面稍变暗、发蓝
	300	88	0.023	表面有紫蓝色薄膜
氯化氢气	150	120	0.0013	
	200	120	0.0040	
	300	124	0.022	表面膜褐黄色,较薄
	400	96	0.216	
氟化氢气	450	24	0.064	—
无水 HF	550	15	0.164	—
		110	0.054	
	660	24	0.979	
70%HF+30%H_2O	550	15	0.117	
		120	0.042	—
	650	20	0.520	
		86	0.333	
70%HF+30%H_2O+1%空气	550	15	0.168	—
		112	0.059	
70%HF+30%H_2O+2%空气	550	15	0.204	—
		65	0.077	
60%HF+40%H_2O	450	24	0.033	
	600	24	0.200	—
		100	0.120	
60%HF+40%H_2O+3.5%空气 450	600	24	0.21	
	450	24	0.037	—
	550	24	0.084	
38%HF+62%H_2O	600	24	0.200	
	700	24	0.800	

注:%为质量分数。

提高钼的含量并加入钨的合金，如 NS3303（0Cr16Ni60Mo16W4，相当于 Hastelloy C 合金）及 NS3304（00Cr16Ni60Mo16W4，相当于 Hastelloy C-276 合金），在湿氯、氧化性氯盐和非氧化性氯盐溶液中，在含氧化性盐的硫酸、亚硫酸、磷酸、甲酸、醋酸及高温氟化氢介质中都具有优良的耐蚀性，见表 9-85～表 9-90。

表 9-85　0Cr16Ni60Mo16W4 合金在 H_3PO_4 中的耐蚀性（腐蚀速率）　　　mm/a

10%[①]	30%[①]	50%[①]	75%[②]					85%[③]		
190℃			78℃	85℃	90℃	95℃	105℃	55℃	100℃	160℃
1.00	3.50	7.50	0.0225	0.0300	0.0325	0.055	1.150	<0.0025	0.0425	1.125

① 在试剂型 H_3PO_4 中。
② 在湿法 H_3PO_4 中。
③ 在纯 H_3PO_4 中。
注：百分数为质量分数。

表 9-86　0Cr16Ni60Mo16W4 在含 F^- 的 H_3PO_4 和湿法 H_3PO_4 中的腐蚀试验结果

介　　质	腐蚀速率/(mm/a)
55%H_3PO_4+0.8%HF,沸点	0.725
蒸发器液相中:53%H_3PO_4+1%～2%H_2SO_4+1.5%氟化物,120℃	0.0125
过滤补给箱中:36%H_3PO_4+2.9%H_2SO_4+350mg/kg Cl^-+痕量 HF,76～84℃	0.120
蒸发器中:55%H_3PO_4+少量 H_2SiF_6+其他氟化物,79～85℃	0.0675
39%H_3PO_4+2%H_2SO_4+少量 H_2SiF_6 和 HF 酸,76～85℃	0.0825

注：百分数为质量分数。

表 9-87　0Cr16Ni60Mo16W4 合金在沸腾甲酸中的耐蚀性

甲酸质量分数/%	腐蚀速率/(mm/a)		
	0Cr16Ni60Mo16W4	0Cr22Ni46Mo7Fe20	0Cr18Ni12Mo2
10%,未充空气,液相中	—	—	0.025～0.475
50%,未充空气,液相中			0.025～0.05
气相中			0.750
50%,充空气,液相中	0.125	0.025	0.025
气相中	0.050	0.300	0.025～1.425
90%,未充空气,液相中	0.050	0.025～0.300	0.025～1.375
气相中	—	0.225	0.125
90%,充空气,液相中	0.175	0.850	0.025
气相中	0.025	0.300	1.00

表 9-88　在未充空气的醋酸中 0Cr16Ni60Mo16W4 合金的耐蚀性

酸质量分数/%	温度/℃	腐蚀速率/(mm/a)	酸质量分数/%	温度/℃	腐蚀速率/(mm/a)
10	室温	0.005	50	沸点	0.0025
10	65	0.005	99	室温	0.005
10	沸点	0.010	99	65	0.0025
50	室温	0.0025	99	沸点	0.0025
50	65	0.0025	—	—	—

表 9-89　在沸腾有机酸和一些混合物中 0Cr16Ni60Mo16W4 等合金的耐蚀性

腐蚀介质	腐蚀速率/(mm/a)		
	0Cr16Ni60Mo16W4	1Cr22Ni60Mo9Nb4AlTi	0Cr7Ni70Mo16
冰醋酸	0.0225	<0.025	<0.100
冰醋酸与醋酐混合 1:1	0.250	0.050	1.062
10%醋酸+10%甲酸	0.050	<0.025	<0.025
5%甲酸	0.075	0.025	0.200

腐蚀介质	腐蚀速率/(mm/a)		
	0Cr16Ni60Mo16W4	1Cr22Ni60Mo9Nb4AlTi	0Cr7Ni70Mo16
己酸（$C_5H_{11}\cdot COOH$）混合物（75%己酸+11%丁醇+10%醋酸+0.3%H_2SO_4+4%水）	0.275	—	8.35

表 9-90 在各种介质中 00Cr16Ni60Mo16W4 合金的耐蚀性

介质	成分(质量分数)/%	温度/℃	腐蚀速率/(mm/a)		
			固溶态	焊态	焊接+焊后热处理
铬酸	10	沸点	1.65	2.06	1.09
甲酸	20	沸点	0.12	0.09	0.09
盐酸	10	66	0.53	0.51	0.53
盐酸	10	75	1.02	1.27	
盐酸	10+0.1FeCl$_3$	75	0.99	1.14	
盐酸	10+0.05NaOCl	75	1.17	1.27	
盐酸	3.5+8FeCl$_3$	88	—	0.13	
盐酸	1.0+25FeCl$_2$	93	—	1.14	
盐酸	0.1+2.5FeCl$_2$	66	—	无	
硝酸	10	沸点	0.41	0.43	0.43
硝酸	10+3HF	70	8.89	9.65	
硫酸	10	沸点	0.38	0.36	0.46
硫酸		75	0.43	0.43	
湿氯[①]		66	0.01	—	
湿氯		80	0.02	—	

① 两个试样平均值，试验210h。

（7）镍铬钼铜合金的耐蚀性

加铜的镍铬钼合金在硫酸、磷酸等非氧化性酸中有较高的耐蚀性，比不加铜的镍铬钼合金在硫酸、磷酸中更耐腐蚀，在含有 Cl⁻、F⁻ 的硫酸、磷酸等介质中也有更好的耐蚀性。如 NS3401（00Cr20Ni70Mo2Cu2Ti）合金在某些还原性酸、混合酸中都具有良好的耐蚀性，见表 9-91。

表 9-91 00Cr20Ni70Mo2Cu2Ti 合金在一些介质中的耐蚀性

介质成分	温度/℃	持续时间/h	腐蚀速率/(mm/a)
42%的 HF 酸	40	176	0.3819
4.5mol/L H_2SO_4	50	176	0.0981
	90	154	0.1715
10%H_2SO_4+0.09%HF	40	154	0.0009
26%H_2SO_4+1.04%HF	70	192	0.1543~0.1848

注：%为质量分数。

进一步提高铬、钼、铜含量的合金，在许多介质中耐蚀性有进一步提高，见表 9-92。

表 9-92 在 H_3PO_4 中，铸造 0Cr22Ni56Mo6.5Cu6.5 合金的耐蚀性

H_3PO_4 质量分数/%	试验温度/℃	腐蚀速率/(mm/a)	H_3PO_4 质量分数/%	试验温度/℃	腐蚀速率/(mm/a)
10	70~75	0.0425	30	沸点	<0.20
10	80	0.0650	50	80	0.0150
10	沸点	<0.0425	50	98	0.275
25	70~75	0.0150	50	沸点	1.560
26	94	0.0075	75~80	75	0.0275
30	88	<0.0425	85	70~75	0.0025

H_3PO_4 质量分数/%	试验温度/℃	腐蚀速率/(mm/a)	H_3PO_4 质量分数/%	试验温度/℃	腐蚀速率/(mm/a)
85	88	<0.0425	117(85%P_2O_5)	60	0.0425
85	沸点	<2.0	117(85%P_2O_5)	120	0.040
117(85%P_2O_5)	60	0.060	117(85%P_2O_5)	180	0.310

(8) 镍铜合金的耐蚀性

镍和铜可以任意比例互溶成固溶体合金。镍铜合金比纯镍更耐还原性介质腐蚀，比纯铜更耐氧化性介质腐蚀。常用的镍铜合金主要有 Ni68Cu28Fe 和 Ni68Cu28Al。目前，我国标准中还无相应牌号，这两种合金分别相当于镍基合金中 Monel 400 和 Monel K500 两个牌号，具体合金成分见表 9-93。

表 9-93　化学成分（质量分数）　　　　　　　　　　　　%

牌号	C	Si	Mn	Cu	Al	Fe	Ni	S
Ni68Cu28Fe	≤0.16	≤0.5	≤1.25	28～34	≤0.5	1～2.5	余量	≤0.02
Ni68Cu28Al	≤0.25	≤1.0	≤1.5	27～34	2.5～3.2	0.5～2.5	余量	≤0.01

镍铜合金在高温氟化氢气体和氟氢酸溶液中，在熔融苛性碱和中性、碱性盐及其溶液中均有良好的耐蚀性，见表 9-94～表 9-97。

表 9-94　Ni68Cu28Fe 合金在 HF 酸中的耐蚀性

HF 质量分数/%	温度/℃	试验时间/d	腐蚀速率/(mm/a)				备注
			Ni68Cu28Fe	Ni68Cu28Fe（铸造）	Ni68Cu28Si2	Ni68Cu28Si4	
10	21.1	—	2.7	—	—	—	a
10	58	0.8	2.4	—	—	—	a
25	30	6	0.06	0.18	0.12	0.06	b
25	30	1	11.1	5.7	5.7	2.7	c
25	80	6	0.72	0.39	0.12	0.06	b
25	80	1	3.3	6.0	6.6	6.3	c
35	117	6	0.33	—	—	—	b
48	20	—	1.2	—	—	—	a
48	115	8	0.27	—	—	—	d
50	30	6	0.03	0.15	0.06	0.12	b
50	30	1	2.4	1.8	2.1	0.9	c
50	80	6	0.18	0.66	0.27	0.60	b
50	80	1	11.7	11.1	13.2	13.8	c
60	室温	2	4.5	—	—	—	a
70	21.1	8	0.03	—	—	—	d
70	50	4	1.26	—	—	—	d
70	115	8	5.1	—	—	—	d
93	21.1	8	0.9	—	—	—	d
98	115	8	0.6	—	—	—	d
100	38	—	0.27	—	—	—	d
100	150	8	0.27	—	—	—	d

注：a—在开口容器内；b—无空气，浸入闭口容器内；c—有饱和空气，浸入闭口容器内；d—在闭口容器内。

表 9-95　在一些有机酸中 Ni68Cu28Fe 合金的耐蚀性

介质	腐蚀速率/(mm/a)		介质	腐蚀速率/(mm/a)	
	室温	60℃		室温	60℃
酒石酸	0.030	0.046	柠檬酸	0.0381	0.188
草酸	0.015	0.203	甲酸	0.086	0.584

质量分数/%	温度/℃	是否充空气	是否搅动	试验时间/d	腐蚀速率/(mm/a)	
					纯 Ni	Ni68Cu28Fe
4	30	未充	未搅动	1～2	0.0013	0.004
4	30	充	空气搅动	1～2	0.0013	0.005
14	88	未充	未搅动	90	0.0005	0.0013
30～35	81	未充	未搅动	16	0.0022	0.0005
50	55～61	未充	充满容器	135	0.0005	0.005
72	121	充	充满容器	119	0.0025	0.008
73	95～100	未充	—	111	0.0033	0.004
73	104～116	未充	充满容器	126	0.0005	0.0025
74	130	—	—	7～9	0.0178	0.010
60～纯 NaOH	150～260	未充	未搅动	2	0.099	0.340

介质	试验条件	腐蚀率/(mm/a)	
		纯 Ni	Ni68Cu28Fe
$CaCl_2$	在蒸发器浓缩溶液中,≤35%,160℃,22d	0.0076	0.0076
LiCl	在蒸发器浓缩溶液中,≤30%,116℃,40d	0.0127	0.0127
KCl	在 30%KCl+0.2%KOH 中,60℃,183d	0.003	—
NaCl	与蒸汽和空气混合的饱和溶液,93℃	0.053	0.066
Na_2SiO_3	在蒸发器浓缩溶液中,≤50%,110℃,42d	0.0005	0.0008
Na_2SO_4	在饱和溶液中,pH=9～10,77℃,48d	0.020	—
NaSH	在 45%溶液中,50℃,367d	0.015	0.010
$NaNO_3$	在 27%溶液中,50℃,136h	—	0.005

9.5.3.10　铜及铜合金的耐蚀性

铜是电极电位较高的金属,在不含氧化剂和能与铜生成可溶性络合物的物质(如氰化物和氨)存在的溶液中,如盐酸、稀硫酸、有机酸中,铜是稳定的,不会腐蚀。而在含氧化剂的酸性及强碱性溶液如硝酸、浓硫酸、除气的氢氧化钠溶液中会发生腐蚀。

(1) 铜及铜合金常见腐蚀类型

① 均匀腐蚀。铜及铜合金可能发生均匀腐蚀。在淡水、微量盐水、盐溶液、有机酸等介质中的均匀腐蚀速率较小,而在氧化性酸、含硫化合物介质、氨水和氰化物中的均匀腐蚀速率较大。

② 电偶腐蚀。铜合金的电偶腐蚀主要是指铜与比其电极电位更正的金属或合金接触时发生的铜优先腐蚀,因为铜的电板电位较"正",所以发生电偶腐蚀的情况并不很多。

③ 点腐蚀。铜合金点腐蚀的基本原因是合金表面一些邻近的地方由于金属离子或氧浓度的差别产生局部的微电池反应,氧浓度低处成为微电池阳极而优先腐蚀成点蚀坑。

④ 晶间腐蚀。铜合金在有高压蒸汽的环境中,常发生晶间腐蚀,产生沿晶裂纹,其中46 黄铜、铝黄铜、硅黄铜、海军黄铜产生晶间腐蚀敏感性较强。

⑤ 应力腐蚀开裂。黄铜制件内存在应力时,在大气、淡水中都有可能发生应力腐蚀开裂。黄铜的应力腐蚀开裂一般从富锌的 β 相开始。

⑥ 腐蚀疲劳。腐蚀与周期应力联合作用可以导致腐蚀疲劳开裂。具有高疲劳极限的铜合金抗腐蚀疲劳能力较强,如铍青铜、磷青铜、铝青铜及铜镍合金等。

⑦ 脱合金腐蚀。铜合金的脱合金腐蚀是区别于钢的腐蚀的一个特点。铜合金的脱合金腐蚀是典型的成分选择性腐蚀，其特征是较活泼的金属组元被优先腐蚀，如黄铜的脱锌腐蚀是典型的脱合金腐蚀。黄铜中加入锡、磷、砷、锑等可有效抑制黄铜的脱锌腐蚀。

（2）铜及铜合金的耐蚀性

① 在大气环境中的耐蚀性。铜及铜合金由于电位较正，绝大多数铜合金在各种大气环境下都有很好的耐蚀性。这是铜合金在大气中形成的表面腐蚀物成为保护膜的结果，见表 9-98。

表 9-98　铜及铜合金在海洋大气下的平均腐蚀速率　　　　　μm/a

合金代号	青　　　岛				万　　宁			
	1 年	3 年	6 年	10 年	1 年	3 年	6 年	10 年
T2	2.9	1.6	1.0	0.80	2.2	1.2	1.2	0.98
TUP	2.8	1.6	1.0	0.79	1.7	1.2	1.3	0.94
HSn62-1	1.8	1.5	1.3	1.2	0.62	0.40	0.62	0.54
HPb59-1	1.2	1.2	1.2	1.3	—	0.32	0.37	0.29
QSn4-4-2.5	3.5	2.3	1.4	1.2	1.8	1.3	1.3	0.94
QSn6.5-0.1	2.7	2.9	2.3	2.4	2.9	3.1	3.3	2.4
QAl17	1.6	1.7	1.7	1.6	0.62	0.48	0.76	0.74
QBe2	1.9	1.7	1.2	1.0	0.75	0.53	0.84	0.70

② 在水及海水中的耐蚀性。铜合金在水中的耐蚀性，依据铜合金类型和水的不同类型有不同，但总的说来都具有较优良的耐蚀性。

铜合金在海水中也具有较好的耐蚀性。表 9-99 所示是铜合金在海水中的平均腐蚀速率。

表 9-99　铜合金在海水中暴浸试验的平均腐蚀速率　　　　　μm/a

合金代号	厦　　门			榆　　林			舟　　山	
	1 年	4 年	8 年	1 年	4 年	8 年	2 年	4 年
T2	24	11	9.1	28	13	12	17	13
TUP	20	6.3	7.0	21	13	14	17	12
QSi3-1	21	21	17	31	15	11	56	47
QSn6.5-0.1	13	7.3	5.8	15	11	7.7	—	—
QBe2	15	6.1	5.6	19	12	9.4	17	12
HMn58-2	26	21	18	31	19	14	30	37
H68A	20	10	6.9	12	58	38	22	15
HSn62-1	24	12	7.8	18	10	7.4	23	18
HSn70-1A	18	10	6.6	20	8.6	4.6	17	14
HAl77-2A	4.2	2.4	1.9	5.7	2.2	2.5	3.6	3.4
BFe10-1-1	9.2	5.0	4.1	44	16	15	15	7.5
BFe30-1-1	14	2.9	2.0	31	15	4.4	—	—

③ 在各种工业介质中的耐蚀性。铜合金在非氧化性酸中不会发生腐蚀。但大多数情况下的酸溶液中总会存在溶解的空气，因而还是可能发生腐蚀的。这种腐蚀与酸的种类、浓度、温度有关。其中锡青铜、铝青铜、硅青铜、白铜的耐蚀性最好。

在氧化性酸中，所有铜合金都会迅速腐蚀。如在硝酸和浓硫酸中，腐蚀较明显。

铜合金在碱性溶液中耐蚀性较好，但在含氢氧化氨或氰化物的碱溶液中耐蚀性较差。铜合金在碱性盐溶液中的耐蚀情况见表 9-100。

铜及铜合金牌号、力学性能分别见表 2-159、表 2-161、表 2-163、表 2-165～表 2-169。

表 9-100 在碱性盐溶液中铜合金的腐蚀

合金种类	普通名称	腐蚀速率	
		/(µm/a)	/(mil/a)
硅酸钠、磷酸钠或碳酸钠			
Cu-Zn	黄铜	50~125	2~5
Cu-Sn	磷青铜	<50	<2
Cu-Ni	铜镍合金	2.5~40	0.1~1.5
氰化钠			
Cu-Zn	黄铜	250~500	10~20
Cu-Sn	磷青铜	875	35
Cu-Ni	铜镍合金	500~2500	20~100

9.5.3.11 铝及铝合金的耐蚀性

铝是热力学活性金属，标准电极电位较负，耐蚀性不是很好，但在大气中或是 pH 值为 4.5~8.5 的水溶液中，表面能形成致密氧化膜，从而有一定耐蚀性。

铝及铝合金在大多数碱性溶液中多发生均匀腐蚀，而在酸性溶液中多发生局部腐蚀。

（1）铝及铝合金常见腐蚀类型

① 点腐蚀。点腐蚀是铝及铝合金最常见的局部腐蚀。在介质中，当铝及铝合金达到点蚀电位时即发生点腐蚀。介质中含有 Cl^- 时，会加速点腐蚀的发生。高纯铝耐点腐蚀性要好于普通的铝合金。

② 晶间腐蚀。铝及铝合金发生晶间腐蚀的原因是晶粒与晶界之间存在电位差，它们在腐蚀过程中会形成局部微电池，从而产生选择性腐蚀。特别是在晶界处析出第二相粒子时，会加剧产生晶间腐蚀。

③ 应力腐蚀开裂。铝合金中应力腐蚀开裂现象很突出。当存在应力且在某些介质中时，产生应力腐蚀开裂是常见的破坏形式。特别是如果发生了点腐蚀和晶间腐蚀会促进应力腐蚀破裂发生。

（2）铝及铝合金的耐蚀性

① 在大气中的耐蚀性。铝及铝合金在大气环境中处于钝化态，其表面会形成致密保护膜，便具有了良好的耐蚀性。当然，在不同类型大气中，耐蚀性存在一定差别。铝及铝合金在海洋大气中的腐蚀情况见表 9-101。

表 9-101 铝及铝合金在海洋大气中的平均腐蚀速率   µm/a

铝合金	山东青鸟			海南万宁		
	1 年	3 年	6 年	1 年	3 年	6 年
L6M	0.34	0.24	0.23	0.41	0.19	0.31
LF21M	0.43	0.24	0.26	0.29	0.12	0.24
LF2M	0.32	0.22	0.16	0.27	0.15	0.26
LD2CS	0.85	0.47	0.35	—[①]	0.13	0.27
LC4	2.5	1.3	0.74	1.7	0.78	0.41
LC4CSYO[②]	0.36	0.23	0.13	0.11	0.073	0.066
LY12CZ[②]	0.28	0.25	0.38	0.16	0.096	0.24

① 未取得数据。

② LC4CSYO、LY12CZ 有包铝层。

② 在水和海水中的耐蚀性。铝和铝合金在淡水中有较好的耐蚀性。在海水中也有较好的耐蚀性，在海水中主要发生的是点腐蚀。其中纯铝、铝-锰系和铝-镁系铝合金耐海水腐蚀性能较好。含铜的铝-铜系和铝-锌系铝合金耐海水腐蚀性能比较差。铝及铝合金在海水中的

平均腐蚀速率见表 9-102。

表 9-102　铝及铝合金在海水中的平均腐蚀速率　　　　　　　　　　μm/a

合金代号	青　岛			厦　门			榆　林		
	1年	4年	8年	1年	4年	8年	1年	4年	8年
L3M	18	5.7	2.7	14	5.0	3.4	8.3	3.0	1.3
LF2Y2	17	4.5	2.5	13	5.7	3.6	7.8	2.2	2.0
LF3M	16	4.6	3.5	15	26	5.7	7.8	1.4	2.5
LF11M	16	5.7	5.4	15	34	16	6.3	3.4	2.1
180YS	15	4.4	2.5	13	4.2	2.9	7.4	2.2	1.3
LF21M	14	4.3	2.4	12	4.6	2.5	6.7	1.8	1.2
LD2CS	29	15	8.0	39	16	11	19	7.1	4.6
LC4CS	19	5.9	3.6	14	5.9	3.3	8.0	3.7	5.7
LY12CZ	18	6.2	4.4	14	4.7	4.1	7.7	2.8	4.6
LY11CZ	36	12	7.9	19	12	7.6	5.0	2.3	1.9

注：LC4CS、LY12CZ、LY11CZ 有包铝层。

③ 在工业介质中的耐蚀性。铝及铝合金在还原性稀酸中腐蚀较快，且随浓度增加、温度升高而加速腐蚀。在氧化性酸中耐蚀性较好。

在碱溶液中易发生均匀腐蚀，且随浓度增加、温度升高而加速腐蚀。

在酸性和碱性盐溶液中通常是不耐腐蚀的。在含有 Cl^-、F^- 的介质中会发生点腐蚀。

铸造铝及铝合金牌号、成分和力学性能见表 2-171、表 2-172。

9.5.3.12　钛及钛合金的耐蚀性

钛是非常活泼的金属，还是一种高钝化金属，在空气和水溶液中很容易形成表面氧化膜。钛的新鲜表面只要一暴露在空气和水溶液中，立即会自动形成氧化膜，在室温大气中表面氧化膜厚度可达到 1.2～1.6nm，随时间延长其厚度会不断增加。正是钛合金表面生成的这层牢固、致密的氧化膜，决定了其优良的耐蚀性。钛及钛合金相对于其他金属材料是耐腐蚀性能最好的材料，但在一些特定条件下也会产生腐蚀。

(1) 钛及钛合金常见的腐蚀类型

① 点腐蚀。与不锈钢、铝合金、镍基合金等材料相比，钛及钛合金发生点腐蚀的倾向性更小。在室温下，即使在饱和的高浓度氯化物溶液中，钛及钛合金也不会发生点腐蚀。但在高温浓氯化物溶液中以及一些有机介质中，钛及钛合金都有可能发生点腐蚀。

影响钛及钛合金发生点腐蚀的因素是其纯度，杂质及某些合金元素可能成为点腐蚀源。粗糙表面比光滑表面更易发生点腐蚀。

② 缝隙腐蚀。钛和钛合金在高温氯化物溶液、热海水、含氯的有机介质、海洋大气等介质中，有可能发生缝隙腐蚀。

③ 应力腐蚀开裂。在非水介质中，有应力存在时，会发生应力腐蚀开裂，包括高强度钛合金，在某些条件下也会有应力腐蚀开裂倾向。引起钛及钛合金发生应力腐蚀开裂的介质主要有：融盐、发烟硝酸有机溶剂、液态金属汞等。

(2) 钛及钛合金的耐蚀性

① 在大气中的耐蚀性。钛及钛合金在大气中由于表面生成氧化膜，因此极耐大气腐蚀。如在海洋大气中暴晒 24 年，其平均腐蚀速率小于 $0.0254\mu m/a$。

② 在水中的耐蚀性。钛及钛合金在淡水、海水、高温水蒸气中都很耐蚀。表 9-103 所示是钛在海水中的腐蚀速率。

表 9-103　钛在海水中的腐蚀速率

合金	距海面深度/m	腐蚀速率/(mm/a)
工业纯钛	浅海处	8×10^{-7}
	$720 \sim 2070$	$< 2.5 \times 10^{-4}$
	$1300 \sim 1370$	$< 2.5 \times 10^{-4}$
	1720	4.0×10^{-5}
Ti-6Al-4V	$1.5 \sim 2070$	$< 2.5 \times 10^{-4}$
	1720	8×10^{-6}

钛及钛合金在海水中通常不会发生点腐蚀和缝隙腐蚀，但由于设计、装配上的原因，在某些情况下也会产生缝隙腐蚀。

③ 在工业介质中的耐蚀性。钛及钛合金在氧化性、中性或弱还原性介质中，由于表面可生成氧化膜，耐腐蚀性能较好。而在还原性酸溶液或强氧化性介质中，由于表面氧化膜会受到破坏，耐腐蚀性能较差，见表 9-104。

表 9-104　工业纯钛在有机酸中的耐蚀性

酸	质量分数/%	温度/℃	腐蚀速率/(mm/a)	酸	质量分数/%	温度/℃	腐蚀速率/(mm/a)
醋酸	$5 \sim 99.5$	100	0	乳酸(去气)	10	沸点	0.014
柠檬酸	50	100	< 0.0003		25	沸点	0.028
柠檬酸(通气)	50	100	< 0.127		85	沸点	0.010
柠檬酸(去气)	50	沸	0.356	草酸	1	35	0.151
甲酸(通气)	$10 \sim 90$	100	< 0.127		1	60	4.50
甲酸(去气)	$10 \sim 90$	沸	> 1.27		25	100	49.4
乳酸	10	60	0.003	硬脂酸	100	182	< 0.127
	10	100	0.048	酒石酸	50	100	0.005
	85	100	0.008	鞣酸	25	100	0

钛及钛合金在碱性介质中由于处于钝化状态，受表面氧化膜的保护，有很好的耐蚀性，但在 pH>12 的沸腾碱溶液中，由于吸氢可能导致氢脆。

在盐类溶液中，绝大多数情况是耐腐蚀的，尤其在氧化性盐液中，但有时在氯化物盐类溶液中有缝隙腐蚀倾向，见表 9-105、表 9-106。

表 9-105　工业纯钛在充气的氯化物溶液中的耐蚀性

氯化物	质量分数/%	温度/℃	腐蚀速率/(mm/a)	氯化物	质量分数/%	温度/℃	腐蚀速率/(mm/a)
氯化铝	$5 \sim 10$	60	0.003	氯化钙	60	149	0
	10	100	0.002		62	154	$0.051 \sim 0.406$
	10	150	0.033		73	177	2.13
	20	149	16.0	氯化铜	$1 \sim 20$	100	< 0.013
	25	20	0.001		40	沸	0.005
	25	100	6.55	氯化亚铜	50	90	< 0.003
	40	121	109.2	氯化铁	$1 \sim 20$	21	0
氯化铵	各种浓度	$20 \sim 100$	< 0.013		$1 \sim 40$	沸	< 0.013
氯化钡	$5 \sim 25$	100	0		50	沸	0.004
氯化钙	5	100	0.001		50	150	< 0.018
	10	100	0.008	氯化锂	50	149	0
	20	100	0.015	氯化镁	5	100	0.001
	55	104	0.001		20	100	0.010

氯化物	质量分数/%	温度/℃	腐蚀速率/(mm/a)	氯化物	质量分数/%	温度/℃	腐蚀速率/(mm/a)
氯化镁	50	199	0.005	氯化汞	55	102	0
氯化锰	5~20	100	0	氯化镍	5~20	100	0.004
氯化汞	1	100	0	氯化钾	饱和	21	0
	5	100	0.011		饱和	60	0
	10	100	0.001	氯化锡	5	100	0.003

表 9-106　钛和钛合金在沸腾的盐溶液中 500h 缝隙腐蚀试验结果

介质	pH	Ti	Ti-0.8Ni-0.3Mo	Ti-0.2Pd	介质	pH	Ti	Ti-0.8Ni-0.3Mo	Ti-0.2Pd
$ZnCl_2$(饱和)	3.0	+	—	—	NaCl(饱和)	1.0	+	—	—
10%$AlCl_3$	—	+	—	—	NaCl(饱和)+Cl_2	1.0	+	—	—
10%$MgCl_2$	4.2	+	—	—	10%Na_2CO_3	1.0	+	—	—
10%NH_4Cl	4.1	+	—	—	10%$FeCl_3$	0.6	+	+	—

注：（+）有缝隙腐蚀；（—）无缝隙腐蚀。

钛及钛合金在有机物介质中有良好的耐蚀性，见表 9-107。

表 9-107　工业纯钛对有机化合物的耐蚀性

介质	质量分数/%	温度/℃	腐蚀速率/(mm/a)	介质	质量分数/%	温度/℃	腐蚀速率/(mm/a)
醋酐	99~99.5	20~沸点	<0.127	氯仿	100	沸点	0.000
己二酸+15%~20%	25	193~200	0	氯仿-水	—	沸点	0.127
戊二酸+醋酸				环己烷-痕量甲酸	—	150	0.003
己二腈溶液	蒸汽	371	0.008	二氯乙烯	100	沸点	<0.127
己二酰二氯+氯苯	—	—	0.003	甲醛	37	沸点	<0.127
盐酸苯胺	5~20	35~100	<0.001	四氯乙烯	100	沸点	<0.127
苯胺+2%$AlCl_3$	98	316	20.4	四氯乙烷	100	沸点	<0.127
苯+KCl,NaCl	蒸汽和液体	80	0.005	三氯乙烯	99	沸点	<0.003
四氯化碳	99	沸点	<0.127				

钛及钛合金牌号、成分和力学性能分别见表 2-174~表 2-176、表 2-178、表 2-179。

9.5.4　腐蚀选材

如前所述，腐蚀是多种多样的，而金属材料的耐蚀性又是有限的，因此，在腐蚀条件下材料的合理选择是一项细致的工作。

首先是要了解腐蚀环境，如腐蚀介质成分、浓度、温度、压力、流速、是否含有硬质颗粒等，所选用的金属材料应满足这种腐蚀条件下的耐腐蚀能力。

① 腐蚀介质的基本特性。如在强还原性或非氧化性介质中，由于材料不易钝化或钝化膜不稳定，则不应采用可钝化的材料，而应采用依靠自身热力学稳定的耐蚀材料，铜及铜合金、镍及镍合金是比较合适的。反之，在氧化性腐蚀介质中，应选择可钝化的材料，保证材料表面生成稳定的钝化膜，抵抗介质腐蚀。这时采用不锈钢、铝或铝合金是比较合适的，钛或钛合金则更有利于耐腐蚀。

在氯离子环境中，也不宜采用易钝化金属材料，如普通的奥氏体不锈钢、铝合金在氯离子环境中容易产生点（孔）腐蚀、缝隙腐蚀和应力腐蚀破裂，而选用高镍钼型不锈钢、双相不锈钢会有较好的耐点（孔）腐蚀能力，钛合金也有较强的耐氯离子浸蚀的能力。

② 温度条件。一般情况下随温度升高，腐蚀速度加快，易采用高温时稳定的金属。而

在低温条件下，则应考虑金属的冷脆性问题。

③ 压力条件。一般情况是随介质压力增加，所需材料的强度也应提高，因此，强度较低的铸铁、铜及合金、铝及合金不宜在高压力环境中采用。同时介质压力越高，对材料的耐蚀性要求也越高。

④ 设备类型与结构。不同类型的设备、零部件，往往还有腐蚀之外的附带因素考虑。如零件应具有良好的耐腐蚀、汽蚀性能，零件形状、结构较复杂，所选材料应有较好的成形性能，特别是铸造性能。而换热器用材料，除耐腐蚀外，还应具有较好的导热性能。此外，设备的结构、形状如果可能产生缝隙腐蚀、应力腐蚀破裂、电偶腐蚀等局部腐蚀，则在选材时也应考虑。

⑤ 设备工作环境。应用在食品工业的设备，选用材料时应保持洁净，不含有毒、有害元素。在核电设备中，还要考虑放射性污染等特殊要求。

⑥ 材料的物理性能、力学性能、加工工艺性能。材料的这些性能可能会影响到设备使用的效率、安全性、可靠性以及制造加工的可行性。

本节仅对几种典型的腐蚀介质、腐蚀环境中的金属材料选择作一抛砖引玉性质的介绍，在具体材料选择时供参考。

9.5.4.1　大气腐蚀选材

大气腐蚀最主要的腐蚀形式是均匀（全面）腐蚀。在含有 H_2S、SO_2、NH_3、NO_2 等腐蚀介质大气中以及含有 Cl^- 的海洋大气中，还可能产生局部腐蚀，如晶间腐蚀、点（孔）腐蚀、应力腐蚀破裂等。

在普通大气中，最常用的是碳钢，碳钢表面涂防护层后就能满足普通大气的腐蚀要求。铸铁也可用于普通大气环境中，可参见表 9-7。加入了铜、磷、铬、镍等合金元素的低合金钢耐普通大气腐蚀的性能会更好，一般其耐蚀性是碳钢对普通大气腐蚀性能的 3～4 倍，见表 9-20～表 9-23。我国常见的耐大气腐蚀低合金钢见表 9-108。

表 9-108　我国常见的耐大气腐蚀低合金钢

钢号	化学成分/%						$R_{p0.2}$/MPa
	C	Si	Mn	P	S	其他	
16MnCu	0.12～0.20	0.20～0.60	1.20～1.60	≤0.050	≤0.050	(Cu 0.20～0.04)	≥324～343
09MnCuPTi	≤0.12	0.20～0.50	1.0～1.5	0.05～0.12	≤0.045	Cu 0.02～0.45 Ti≤0.03	343
15MnVCu	0.12～0.18	0.20～0.60	1.00～1.60	≤0.05	≤0.05	V 0.04～0.12 (Cu 0.2～0.4)	≥333～412
10PCuRE	≤0.12	0.2～0.5	1.0～1.4	0.08～0.14	≤0.04	Cu 0.25～0.40 Al 0.02～0.07 RE(加入)0.15	353
12MnPV	≤0.12	0.2～0.5	0.7～1.0	≤0.12	≤0.045	V 0.076	
08MnPRE	0.08～0.12	0.20～0.45	0.60～1.20	0.08～0.15	≤0.04	RE(加入) 0.10～0.20	353
10MnPNbRE	≤0.16	0.2～0.6	0.80～1.20	0.06～0.12	≤0.05	Nb 0.015～0.050 RE(加入) 0.10～0.20	≥392

我国标准 GB/T 4171—2008 列出了耐候结构钢（即原称耐大气腐蚀低合金钢）的化学成分和力学性能，见表 9-109 和表 9-110。

表 9-109 耐候结构钢化学成分（GB/T 4171—2008）

牌号	化学成分(质量分数)/%								
	C	Si	Mn	P	S	Cu	Cr	Ni	其他元素
Q265GNH	≤0.12	0.10~0.40	0.20~0.50	0.07~0.12	≤0.020	0.20~0.45	0.30~0.65	0.25~0.50	①②
Q295GNH	≤0.12	0.10~0.40	0.20~0.50	0.07~0.12	≤0.020	0.25~0.45	0.30~0.65	0.25~0.50	①②
Q310GNH	≤0.12	0.25~0.75	0.20~0.50	0.07~0.12	≤0.020	0.20~0.50	0.30~1.25	≤0.65	①②
Q355GNH	≤0.12	0.20~0.75	≤1.00	0.07~0.15	≤0.020	0.25~0.55	0.30~1.25	≤0.65	①②
Q235NH	≤0.13⑥	0.10~0.40	0.20~0.60	≤0.030	≤0.030	0.25~0.55	0.40~0.80	≤0.65	①②
Q295NH	≤0.15	0.10~0.50	0.30~1.00	≤0.030	≤0.030	0.25~0.55	0.40~0.80	≤0.65	①②
Q355NH	≤0.16	≤0.50	0.50~1.50	≤0.030	≤0.030	0.25~0.55	0.40~0.80	≤0.65	①②
Q415NH	≤0.12	≤0.65	≤1.10	≤0.025	≤0.030④	0.20~0.55	0.30~1.25	0.12~0.65⑤	①②③
Q460NH	≤0.12	≤0.65	≤1.50	≤0.025	≤0.030④	0.20~0.55	0.30~1.25	0.12~0.65⑤	①②③
Q500NH	≤0.12	≤0.65	≤2.0	≤0.025	≤0.030④	0.20~0.55	0.30~1.25	0.12~0.65⑤	①②③
Q550NH	≤0.16	≤0.65	≤2.0	≤0.025	≤0.030④	0.20~0.55	0.30~1.25	0.12~0.65⑤	①②③

① 为了改善钢的性能，可以添加一种或一种以上合金元素：Nb0.015%～0.060%，V0.020%～0.12%，Ti0.02%～0.10%，Al≥0.020%。若上述元素组合使用时，应至少保证其中一种元素含量达到上述化学成分的下限规定。

② 可以添加下列合金元素：Mo≤0.30%，Zr≤0.15%。

③ Nb、V、Ti 等三种合金元素的添加总量不应超过 0.22%。

④ 供需双方协商，S 的含量可以不大于 0.008%。

⑤ 供需双方协商，Ni 含量的下限可不做要求。

⑥ 供需双方协商，C 的含量可以不大于 0.15%。

表 9-110 耐候结构钢力学性能和工艺性能（GB/T 4171—2008）

牌号	拉伸试验①									180℃弯曲试验 弯心直径		
	下屈服强度 R_{eL}/MPa 不小于				抗拉强度 R_m/MPa	断后伸长率 A/% 不小于				≤6	>6~16	>16
	≤16	>16~40	>40~60	>60		≤16	>16~40	>40~60	>60			
Q235NH	235	225	215	215	360~510	25	25	24	23	a	a	2a
Q295NH	295	285	275	255	430~560	24	24	23	22	a	2a	3a
Q295GNH	295	285	—	—	430~560	24	24	—	—	a	2a	3a
Q355NH	355	345	335	325	490~630	22	22	21	20	a	2a	3a
Q355GNH	355	345	—	—	490~630	22	22	—	—	a	2a	3a
Q415NH	415	403	395	—	520~680	22	22	20	—	a	2a	3a
Q460NH	460	450	440	—	570~730	20	20	19	—	a	2a	3a
Q500NH	500	490	480	—	600~760	18	16	15	—	a	2a	3a
Q550NH	550	540	530	—	620~780	16	16	15	—	a	2a	3a
Q265GNH	265	—	—	—	≥410	27	—	—	—		a	
Q310GNH	310	—	—	—	≥450	26	—	—	—		a	

① 当屈服现象不明显时，可以采用 $R_{p0.2}$。

注：a 为钢材厚度。

不锈钢在大气中都具有优良的耐腐蚀性能，但马氏体不锈钢在湿热大气和海洋大气中的腐蚀较严重，且易产生应力腐蚀破裂，见表 9-42。其他几类不锈钢的耐大气腐蚀性能都优于马氏体不锈钢，特别是奥氏体不锈钢和铁素体-奥氏体双相不锈钢，在比较恶劣的大气环境中，如工业大气、海洋大气中耐均匀腐蚀和局部腐蚀性能也比较好。

铜及铜合金在普通大气、海洋大气中都具有较好的耐蚀性，见表9-98。但是黄铜在含有氨、硫化物的大气中耐蚀性能不好，还可能产生应力腐蚀破裂，应注意选择使用。

铝及铝合金在普通大气中有一定的耐蚀性，但在不同大气环境中腐蚀差别较大，如果在海洋大气中应慎重选择使用，参见表9-101。

钛及钛合金在任何大气环境中都有较好的耐蚀性。至于镍基合金，在大气腐蚀条件下有更好的耐蚀性，但成本较高，应视情况选用。

所以，在大气腐蚀条件下的材料选择，应视大气种类、条件、特点、构件使用寿命和主要性以及成本因素综合考虑，可参见本书9.5.3节相关内容。

9.5.4.2 地热水腐蚀选材

地热水依据所含成分不同，主要是对金属材料产生均匀（全面）腐蚀，或兼有点（孔）腐蚀、缝隙腐蚀及应力腐蚀开裂、磨耗腐蚀等。

最常见的是均匀（全面）腐蚀。根据情况可选择碳钢或低合金钢，碳钢或低合金钢可经过热处理，使其硬度不大于22HRC，碳钢表面还可以涂敷抗腐蚀防护层。这基本满足一般地热水产生的腐蚀。当然，如果条件允许，采用Cr13型不锈钢或其他耐蚀合金会更好。各种金属材料在地热环境中的腐蚀速率可参见表9-111。但是、应说明的是：如果地热水中含有氯化物、氟化物，将会发生点腐蚀和缝隙腐蚀，这时应选择耐点（孔）腐蚀性能好的金属材料，如奥氏体或奥氏体-铁素体双相不锈钢，或采用耐蚀合金等。

表 9-111 各种金属在地热环境中的腐蚀速率　　　　　mm/a

金属	钻孔水[1] >200℃	水[2] 约125℃	蒸汽[3] 100~200℃	含空气 的蒸汽[4] 约100℃	凝结水[5] 约70℃	凝结水与淡 水混合物[6] 约50℃
钛	0	0	0	0	—	—
镀铬钢	0	—	0	0	—	—
铝	0.025	0.02[7]	0[7]	0[7]	0.005	0~0.228
镀锌钢	镀锌层剥落	0.025	0[7]	镀锌层剥落	—	镀锌层剥落
奥氏体不锈钢	0.0025	0	0	0	0	0
铁素体不锈钢	0~0.0025	0.0025[7]	0~0.0075	0.025[7]	0.0025[7]	0~0.013
碳钢和低合金钢	0.0075~0.010	0.0075~0.013	0.0075~0.152	0.508	0.075	0.75~4.31
灰铸铁	0.025	0.010	0.025~0.075	0.254	—	2.28
高硅铸铁	—	—	0.013	0.025	—	—
黄铜	0.127	0.0075	0.0075~0.0152	1.01	0.005	—
青铜	0.508	—	0.051	0.228	—	—
铝青铜	0.254	—	0.051~0.075	0.254	0.025	—
硅青铜	—	—	0.075	0.508	—	—
铜镍合金	0.228	—	0.051	—	—	—
铍铜合金	0.254	—	0.101	—	—	—
铜	0.508	0.254	0.051	1.01	0.127	—
蒙乃尔合金	0.203~0.254	0.025	0.051~0.10	0.254	0.10	—
因科镍尔合金	0.025	0	0~0.0075	2.03	—	—
铝锑铅合金	—	—	0.013	0.063[7]	—	0.025

① 在封闭的地热井孔的底部水中进行的试验。

② 从井口湿蒸汽分离出来的水。

③ 地热井孔排出物中分离出来的蒸汽。

④ 地热蒸汽与注入的空气的混合物。

⑤ 分离出地热蒸汽并加压使之凝结。

⑥ 在混合式凝汽器热井中用新水喷射所取得的地热蒸汽凝结水与新水的混合物。

⑦ 点腐蚀。

地热水中如果含有硫化氢类易对金属产生应力腐蚀开裂的介质，特别是对某些承受高应力、高转速的零件，如汽轮机或泵的主轴、叶轮等，防止应力腐蚀破裂是最主要的选材原则，这时应选择经过热处理可以适当强化（硬度不超过 22HRC）的材料，如碳钢、马氏体不锈钢、马氏体沉淀硬化不锈钢或耐应力腐蚀破裂能力强的合金。同时要注意对零件应进行消除应力处理，以保证其应力最小。需要指出的是，铜及铜合金不宜在地热水环境中使用，因为它们在这种环境中可能变质，产生严重的腐蚀效应。

9.5.4.3　矿山污水及油田污水腐蚀选材

矿山污水和油田污水，依据所在地域不同，污水中所含腐蚀物也不同，其所常见的腐蚀形式也是有均匀（全面）腐蚀、点（孔）腐蚀、缝隙腐蚀、磨耗腐蚀、应力腐蚀破裂等。

所以，不同材料所产生的腐蚀情况也有差异。表 9-112 所示是一些材料在某油田污水中挂片试验结果。

在矿山污水或油田污水中耐蚀金属材料的选择应依据具体水质情况，参照地热水腐蚀选材原则进行。

表 9-112　13 种材料在油田污水中挂片试验结果

编号	合金名称	总失重[2]/g	点蚀坑数	坑蚀最大深度/mm	污水成分[1]/(mg/L)	
1	1Cr13	7.2914	160	2.45	Ca^{2+}	920
2	0Cr14Mo	0.170	140	0.28	Mg^{2+}	179
3	PH15-7Mo	0.0271	64	0.28	$K^{+}+Na^{+}$	12181
4	18-8Ti	0.08	100	0.53	HCO_3^{-}	2380
5	00Cr17Ni11Mo2	0.0009	0	0	Cl^{-}	19549
6	3Cr17Ni7Mo2N	0.0009	0	0	游离 CO_2	430
7	ASTM A286	0.0092	0	0	H_2S	7.33
8	00Cr18Ni5Mo3Si2	0.0196	24	0.16	总矿化度 35210	
9	00Cr20Ni25Mo5N	0.0004	0	0		
10	AL-6X(00Cr20Ni24Mo5)	0.0018	0	0	pH	6.72
11	Inconel X-750	0.0162	5	0.16		
12	9-C 铜(Al11%,Fe 4%铸铜)	0.1622	0	0		
13	X-7(Ni65Cr28)	0.0537	0	0		

① 1980 年 7 月由胜利油田设计院提供。
② 试样面积 101cm²，时间 319 天。

9.5.4.4　海水腐蚀选材

海水是腐蚀性较强的介质。海水含盐量大，约占 3.5%，含氯量高达 1.9%，含有大量的氯离子，属强电介质。所以，大多数金属材料在海水中都会发生腐蚀，其中点（孔）腐蚀、缝隙腐蚀是突出的腐蚀形式，还会伴有磨耗腐蚀和应力腐蚀破裂。当然，这些腐蚀行为与海域不同的海水、海水温度、流速以及含硬质颗粒等条件不同而异，也与金属材料的成分类别有关。

所以，海水介质中对于金属材料的选择要作具体分析，根据海水的具体条件和设备或零件的特点，有针对性地合理选择。

（1）铸铁

铸铁在海水中的耐蚀性依据铸铁成分、种类不同存在较大差别，普通铸铁耐海水腐蚀能力较差，腐蚀速率一般为 $0.15\sim0.25$mm/a，不同的石墨形态产生的主要腐蚀类型也不同，如片状石墨铸铁以发生均匀（全面）腐蚀为主，而球状石墨则易发生点（孔）腐蚀。

在铸铁中加入镍等合金元素后，耐海水腐蚀性有改善，如加镍 $2.5\%\sim4.0\%$ 的低镍铸铁在海水中腐蚀速率约为 $0.13\sim0.16$mm/a。而更高的含镍量可使耐蚀性更好，镍含量越高，耐蚀性越好，如高镍铸铁在海水中的腐蚀速率为 $0.01\sim0.05$mm/a 左右。

其他铸铁如高铬铸铁较高镍铸铁耐蚀性差些，而高硅铸铁在海水中耐蚀性还不如高铬铸铁。

（2）碳钢及低合金钢

碳钢在海水中的耐蚀性较差，见表 9-17，并且成分和组织的不均匀性都可引起局部腐蚀，特别是易引起点腐蚀，见表 9-18。

加入合金元素铬、钼、铜、铝后，即耐候低合金钢在海水中的耐蚀性会有改善，比碳钢耐海水腐蚀性能更好一些，见表 9-21、表 9-24、表 9-25。

因此，选择碳钢和低合金钢在海水或海洋大气条件下使用时应慎重，尽可能不采用这些材料。

我国曾经使用过的耐海水腐蚀的低合金钢见表 9-113。

表 9-113 我国耐海水腐蚀低合金钢

序号	钢种	化学成分/%									强度级别 σ_5/MPa	备注
		C	Si	Mn	P	S	Cu	RE	V	其他		
1	10MnPNbRE	≤0.16	0.20~0.60	0.80~1.20	0.06~0.20	≤0.05	—	0.10~0.20	—	Nb 0.015~0.05	≥40	—
2	09MnCuPTi	≤0.12	0.20~0.55	1.00~1.50	0.05~0.12	≤0.040	0.20~0.45	—	—	Ti≤0.03	≥35	—
3	10NiCuAs	≤0.12	0.17~0.37	≤0.60	≤0.045	≤0.045	0.30~0.50	—	—	As≤0.035	≥32	—
4	10NiCuP	≤0.12	0.17~0.37	0.60~0.90	0.08~0.15	≤0.040	≤0.05	—	—	Ni 0.40~0.65	≥36	—
5	08PVRE	≤0.12	0.17~0.37	0.50~0.80	0.08~0.12	≤0.045	—	0.20	≤0.10	—	≥35	—
6	10NbPAl	≤0.16	0.30~0.60	0.80~1.20	0.06~0.12	≤0.05	—	—	—	Al 0.15~0.35	≥35	—
7	09CuWSn	≤0.12	0.17~0.37	0.50~0.80	≤0.04	≤0.04	0.20~0.50	—	—	W 0.10~0.30 Sn 0.20~0.40	≥38	—
8	08PV	≤0.12	0.17~0.37	0.50~0.80	0.08~0.12	≤0.04	—	—	≤0.10	—	≥35	—
9	12NiCuWSn	≤0.14	0.30~0.55	0.50~0.90	≤0.040	≤0.04	0.20~0.45	—	—	—	≥40	—
10	10CrPV	≤0.12	0.17~0.37	0.60~1.00	0.08~0.12	≤0.04	—	—	≤0.10	—	≥35	—
11	10MoPV	≤0.12	0.17~0.37	0.60~1.00	0.08~0.12	≤0.04	—	—	≤0.10	—	≥35	—

序号	钢种	化学成分/%									强度级别 σ_5/MPa	备注
		C	Si	Mn	P	S	Cu	RE	V	其他		
12	10CuPV	≤0.12	0.17~0.37	0.60~1.00	0.08~0.12	≤0.04	0.20~0.35	—	≤0.10	—	≥35	
13	10Cr2MoAlRE	≤0.12	0.17~0.37	0.50~0.80	≤0.040	≤0.04	—	≤0.20	Mo0.1~0.20	Cr 1.8~2.4	≥40	
14	10AlCuP	≤0.12	0.17~0.37	0.50~0.80	0.08~0.12	0.04	0.25~0.45	—	—	—	≥32	
15	Q235	0.14~0.22	0.12~0.30	0.40~0.65	≤0.045	≤0.045	≤0.30	—	—	—	—	对比钢
16	SM41C	0.14	0.25	0.68	0.13	0.019	—	—	—	—	—	对比钢
17	15NiCuP	≤0.12	≤0.10	0.60~0.90	0.08~0.15	≤0.040	≤0.50	—	—	Ni 0.40~0.65	353	
18	10PCuRE	≤0.12	0.20~0.50	1.00~1.40	0.08~0.14	≤0.040	0.25~0.40	≤0.15	—	Al 0.02~0.07		
19	10CrMoAl	0.08~0.12	0.20~0.50	0.35~0.65	≤0.045	≤0.045	—	Al 0.4~0.80	Mo 0.4~0.80	Cr 0.80~1.20	382	
20	10Cr4Al	≤0.13	≤0.050	≤0.050	≤0.050	≤0.025	—	—	Cr 3.9~4.3	Al 0.7~1.1		
21	09Cu	≤0.12	0.17~0.37	0.35~0.65	≤0.050	≤0.050	0.20~0.50	—	—	—	235	
22	08CuVRE	0.06~0.12	0.20~0.50	0.40~0.70	0.07~0.13	≤0.04	—	≤0.20	0.04~0.12	—	343	
23	921	0.08~0.14	0.17~0.37	0.3~0.6	—	—	Cr 0.9~1.2	Mo 0.2~0.7	V 0.04~0.10	Ni 2.6~3.0		

（3）不锈钢

不锈钢在海水中的腐蚀速率都比较低，但容易产生点腐蚀、缝隙腐蚀（相对于均匀腐蚀）。不锈钢耐海水耐腐蚀主要是依靠钢表面钝化膜，而其表面钝化膜的稳定性、自我修复能力主要靠铬、钼、铜、镍、氮等合金元素的作用。所以，不锈钢成分中碳越低、铬越高，钼、铜、氮等合金元素的联合作用越好，其耐海水腐蚀性能越好。在不锈钢中，奥氏体不锈钢和双相不锈钢耐海水腐蚀性能最好，而双相不锈钢比奥氏体不锈钢耐海水腐蚀能力更好一些。双相不锈钢中，点腐蚀当量 PRE 值越高，其耐海水腐蚀性越好。

部分不锈钢在海水中的腐蚀情况见表 9-114～表 9-116。

表 9-114　铸造不锈钢青岛海域全浸区暴露 1.5 年的腐蚀结果

钢种	腐蚀速率/(mm/a)	平均点蚀深度/mm	最大点蚀深度/mm	最大缝隙腐蚀深度/mm	腐蚀类型
ZG1Cr13Ni4	0.12	—	P(5.0)[①]	P(5.0)	溃疡穿孔
ZG1Cr18Ni9Ti	0.085	—	P(4.5)	P(4.5)	隧道腐蚀、缝隙腐蚀
ZG0Cr18Ni12Mo2	0.011	0.45	1.15	1.45	点蚀、缝隙腐蚀
ZG0Cr20Ni25Mo5	0.0025	0.09	0.22	0.36	点蚀、缝隙腐蚀
ZG0Cr20Ni18Mo6N	0.0013	0	0	0.19	缝隙腐蚀
ZG0Cr25Ni9Mo4Cu	0.0017	0	0	0.31	缝隙腐蚀

① P—穿孔。括号内的数据是试样原始厚度，mm。

表 9-115　不锈钢在海水中暴露 16 年的腐蚀结果

材料牌号	暴露时间/a	青岛			厦门			榆林		
		腐蚀速率/(μm/a)	最大点蚀深度/mm	最大缝隙腐蚀深度/mm	腐蚀速率/(μm/a)	最大点蚀深度/mm	最大缝隙腐蚀深度/mm	腐蚀速率/(μm/a)	最大点蚀深度/mm	最大缝隙腐蚀深度/mm
2Cr13	2	58 44	K6[1]		68 66	K6[1]		72 46	K3[1]	
00Cr17Ti	1	21	C(3.1)[2]	1.3	28	2.09	1.70	26	C(3.1)	C
	2	18	C	C	32	2.84	C(3.1)	23	C	C
	4	13	C	C	20	C	2.50	19	C	C
	8	17	C	C	18	C	C	10	C	C
	16	12	C	C	15	C	C	7.1	C	C
1Cr18Ni9Ti	1	8.0	0	1.45	12	1.19	C(2.0)	22	C(2.0)	C
	2	13	C	C(2.0)	14	1.97	C	16	C	C
	4	7.5	C	C	0.87	C	C	13	C	C
	8	4.1	C	C	11	C	C	9.6	C	C
	16	6.9	C	C	87	C	C	6.9	C	C
00Cr19Ni10	1	3.4	0	1.45	8.7	0.85	0.41	12	C(3.1)	C
	2	1.7	0	2.10	6.4	2.10	1.76	8.4	C	C
	4	0.33	1.02	1.28	7.2	C(2.5)	2.01	8.0	C	C
	8	6.1	C	C(2.5)	7.2	C	1.66	4.9	C	C
	16	2.7	C	C	7.1	C	1.96	5.5	C	C
000Cr18Mo2	1	0.90	0	0.19	0.084	0.73	0	2.1	1.28	1.34
	2	0.13	0	0.36	2.2	1.54	1.24	0.86	1.13	0.88
	4	0.38	0.25	1.30	0.31	1.50	0.91	2.2	2.03	C(2.1)
	8	0.23	0.95	0.80	1.4	2.03	2.05	0.28	1.80	1.45
	16	0.11	0.07	1.20	0.21	1.71	C(2.1)	0.61	C(2.1)	1.88

① K3 和 K6 分别表示暴露 3 个月和 6 个月已溃烂穿孔；

② C 表示穿孔，括号内的数据是试样原始厚度，mm。

表 9-116　各种不锈钢在海水中浸泡一年后的缝隙腐蚀

厂商牌号	名义成分(质量分数)/%	相应于美国的牌号	最大腐蚀深度/mm
UHB3MM	Fe-18Cr-9Nt	304	>1.5
UHB24L	Fe-18Cr-12Ni-3Mo	316L	1.0
UHB24LN	Fe-18Cr-13Ni-3Mo-N	—	0.3
UHB24LN-Nb	Fe-18Cr-13Ni-3Mo-N-Nb	—	<0.1
UHB624	Fe-18Cr-13Ni-3Mo-Nb	—	1.0
UHB34	Fe-17Cr-14Ni-4Mo	31	1.0
UHB341	Fe-17Cr-14Ni-4Mo	317L	0.5
—	Fe-18Cr-18Ni-2Si	—	0.8
—	Fe-18Cr-14Ni-3.5Si	—	2.0

厂商牌号	名义成分(质量分数)/%	相应于美国的牌号	最大腐蚀深度/mm
—	Fe-17Cr-15Ni-2Mo-3.5Si	—	0.2
—	Fe-18Cr-12Ni-2Si-N	—	1.4
—	Fe-18Cr-14Ni-2Mo-2Si-N	—	<0.1
—	Fe-18Cr-24Ni-4Mo	—	0.8
—	Fe-18Cr-20Ni-4Mo-N	—	0.4
UHB904L	Fe-20Cr-25Ni-5Mo-1.5Cu	—	<0.1
—	Fe-18Cr-24Ni-3Mo-2Cu-Ti	—	<0.1
UHB44	Fe-25Cr-5Ni-1.5Mo(双相)	—	2.5
—	Fe-19Cr-5Ni-3Mo-1Si(双相)	—	1.7
—	Fe-25Cr-5Ni-1.5Mo-N(双相)	—	2.0
—	Fe-25Cr-5Ni-1.5Mo-N(双相)	—	1.2

注：试样浸泡于瑞典西部海岸的海水中。

目前，在海水和海洋大气条件下，不锈钢还是最常采用的金属材料，特别是铁素体-奥氏体双相不锈钢更是得到广泛应用。

在海水应用中，某些海域海水含沙或其他硬质颗粒比例较高，这种条件下，磨耗腐蚀成为主要问题。这时，采用沉淀硬化型不锈钢，特别是马氏体沉淀硬化不锈钢如0Cr17Ni4Cu4Nb等是较好的选择，因为这类钢不但有接近于奥氏体不锈钢的耐蚀性，还可以通过热处理方法得到强化。

（4）铜及铜合金

铜及铜合金在海水中能生成一层腐蚀膜，这层膜使得铜及铜合金在海水中具有一定的耐蚀性。纯铜、青铜、黄铜、白铜在海水中腐蚀类型主要是点腐蚀和缝隙腐蚀，点腐蚀的外貌呈斑状、坑状或溃疡状。另外，黄铜还能发生脱锌腐蚀，白铜会发生脱镍腐蚀。

铜及铜合金在海水中的电位较正，在与大多数金属接触时，其他金属会发生较严重的电偶腐蚀。

部分纯铜、青铜和黄铜、白铜在海水中的腐蚀数据分别见表 9-117、表 9-118 和表 9-98、表 9-99。

铜及其合金密度大，铸造缺陷较多，所以，在海水中的应用越来越有用铁素体-奥氏体双相不锈钢取代的趋势。

表 9-117 纯铜和青铜在青岛全浸区暴露 8 年的腐蚀结果

牌号或代号	暴露时间/a	腐蚀速率/(μm/a)	平均点蚀深度/mm	最大点蚀深度/mm	最大缝隙腐蚀深度/mm
T2	1	20	0.15	0.25	0.40
	2	13	0.26	0.51	0.48
	4	11	0.50	1.21	0.35
	8	8.6	0.46	0.76	1.00
TUP	1	19	0.22	0.40	0.20
	2	11	0.22	0.38	0.43
	4	11	0.44	1.49	0.57
	8	8.6	0.38	0.80	1.25
QSi3-1	1	14	0.18	0.25	0.30
	2	9.9	0.18	0.28	0.30
	4	7.2	0.18	0.38	0.58
	8	4.9	0.26	0.50	0.50

牌号或代号	暴露时间/a	腐蚀速率/(μm/a)	平均点蚀深度/mm	最大点蚀深度/mm	最大缝隙腐蚀深度/mm
QSn6.5-0.1	1	8.9	0.08	0.20	0.25
	2	11	0.13	0.35	0.36
	4	5.6	0.13	0.22	0.58
	8	4.7	0.13	0.21	0.55
QBe2	1	11	0.16	0.30	0.30
	2	11	0.05	0.10	0.38
	4	7.5	0.13	0.17	0.44
	8	6.1	0.17	0.25	0.95

表 9-118 黄铜、白铜在青岛海域暴露 16 年的腐蚀结果

牌号或代号	暴露时间/a	腐蚀速率/(μm/a)	最大点蚀深度/mm	最大缝隙腐蚀深度/mm	腐蚀类型[①]
HMn58.2	1	17		0	T
	2	15		0.20	YT,F
	4	14		0	YT
	8	26		0	YT
HSn62-1	1	18	0	0	J
	2	16	0.10	0.08	B,QT,F
	4	9.4	0	0.13	QT,F
	8	7.7	0	0.38	QT,F
H68A	1	24	0	0.05	QT,F
	2	12	0	0.04	QT,F
	4	8.9	0.06	0.12	QT,F
	8	6.0	1.10	0.10	QT,B,F
	16	4.3	0.37	0.26	QT,B,F
HSn70-1A	1	23	0	0	J
	2	16	0	0.06	F
	4	7.5	0	0	F
	8	5.9	0.40	0	B,QT
	16	4.7	0.34	0.38	B,F,QT
HAl77-2A	1	4.8	0	0	J
	2	3.7	0.12	0	B
	4	1.9	0.23	0	B
	8	2.0	0.50	0.17	B,F
	16	1.7	0.49	0.26	B,F
BFe10-1-1	1	18	0.13	0.12	UJ,F
	2	11	0.15	0.22	UJ,F
	4	6.9	0.21	0.45	UJ,F
	8	3.5	0.27	0.26	B,F
	16	4.7	0.32	0.54	B,F
BFe30-1-1	1	21	0.07	0.10	UJ,F
	2	11	0.25	0.12	B,F
	4	6.1	0.27	0.20	B,F
	8	3.6	0.15	0.12	B,F
	16	2.4	0.26	0.23	B,F

① 腐蚀类型的符号：J—均匀腐蚀；UJ—不均匀腐蚀；B—斑蚀；QT—较轻脱成分；YT—严重脱成分；F—缝隙腐蚀。

此外，钛及钛合金在海水中也具有良好的耐蚀性，而且不易发生点腐蚀和缝隙腐蚀。钛

及钛合金在海水中的腐蚀速率见表9-103。

镍和铁镍基合金、镍基合金在海水中都具有优良的耐点腐蚀、耐缝隙腐蚀性能等。

但是，这类金属和合金成本较高，应慎重选择使用。

一些金属及合金在静海水中的腐蚀速率及在不同流速下的腐蚀速率分别见表9-119、表9-120。

表 9-119　在静海水中金属的全面腐蚀速率

金属材料	腐蚀速率/(mm/a)	金属材料	腐蚀速率/(mm/a)
镍-铬-钼合金	0.00	硅青铜	0.025～0.05
钛	0.00	锰青铜	0.025～0.05
镍-铬合金	0.00	铜	0.025～0.05
0Cr17Ni12Mo2	0.00	黄铜	0.0125～0.05
0Cr19Ni9	0.00	铝青铜	0.025～0.05
Monel 合金	0.00	奥氏体铸铁	0.05
镍-铝青铜	0.025～0.05	钢铁	0.125
铜-镍合金	0.0025～0.0125	铝合金	0.025～0.075
铅	0.0125	锌	0.025
锡青铜	0.025～0.05	—	—

表 9-120　金属在不同流速下的腐蚀速率　　　　　　　　　　mm/a

材料	海水流速			
	0.1m/s	2～4m/s	6～25m/s	35～45m/s
锌	0.076	—	—	—
铝合金	点蚀	—	—	—
钢铁	0.127	0.51～0.76	—	7.6
不锈铸钢	0.076	—	0.254	0.76
铝青铜	低蚀	—	耐蚀	—
黄铜	脱锌	＞0.127	—	—
锰青铜	脱锌	—	耐蚀	—
铜	0.076	＞0.127	—	—
硅青铜	低蚀	—	—	—
炮铜	低蚀	—	0.254	1.016
90Cu10Ni 合金	0.025	0.025	＞0.127	0.76
70Cu30Ni 合金	0.025	0.025	0.025	0.178
铅	低蚀	—	—	—
镍铝青铜	0.051	—	0.25	0.76
0Cr19Ni9、0Cr17Ni12Mo2	点蚀	0.025	0.025	0.025
Monel 合金	点蚀	0.025	0.025	0.025
镍铬高钼合金	0.0	0.0	0.0	0.0
钛	0.0	0.0	0.0	0.0

9.5.4.5　硫酸腐蚀选材

硫酸是腐蚀性很强的介质之一。酸中含有大量的氢离子，而很多金属和合金的电极电位低于氢的电极电位，所以，当它们遇到硫酸溶液时，就会迅速溶解。稀硫酸和浓硫酸的腐蚀性质又有很大差别，稀硫酸一般只具有酸性，而浓硫酸不仅具有酸性，而且还是强氧化剂。一些耐稀硫酸的材料在浓硫酸中会迅速腐蚀。在稀硫酸中如含有空气或其他氧化剂，也会使腐蚀加剧。也有一些不耐稀硫酸，但易于钝化的金属和合金，在浓硫酸中能由于氧化产生保护膜，因而具有耐浓硫酸的能力。随着温度和流速的升高，会使稀硫酸和浓硫酸的腐蚀加剧。在浓硫酸中生成的钝化膜在高温高流速的条件下将受到破坏。

不同的材料在不同浓度的硫酸中各有不同的耐蚀性，微小的浓度差别有时可能会引起很大的腐蚀性质的变化。因此，在硫酸腐蚀环境中的材料选择应考虑各方面的条件。

（1）普通铸铁和碳钢

普通铸铁和碳钢对浓硫酸有良好的抵抗力，但不适用于质量分数在70%～80%以下的稀硫酸，浓度越高，钢铁的抵抗力越好。使用温度也可高达60～80℃。钢铁在这一浓度和温度的硫酸中，表面能产生保护性的硫酸铁膜层。但是当酸的温度高于80℃时，对钢铁材料的腐蚀又会加快，所以，钢铁材料一般不用于高于80℃的硫酸介质中。

稀硫酸对普通铸铁和碳钢的腐蚀很强，当硫酸质量分数达47%左右时，腐蚀速率达最高值。

铸铁不适用于质量分数超过100%的发烟硫酸，可能是因为普通铸铁中的硅元素在三氧化硫作用下变脆的原因。而碳钢也不适用于质量分数为100%～102%的发烟硫酸，却可用于质量分数大于102%的发烟硫酸，但使用温度限制在不高于60℃。图9-2是普通铸铁在硫酸中的腐蚀图，表9-121所示是普通铸铁在硫酸介质中应用实例，图9-3是碳钢在硫酸中的腐蚀图。

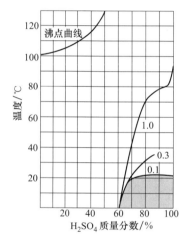

图9-2　普通铸铁（3%C，2%Si）腐蚀图（mm/a）

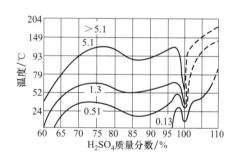

图9-3　碳钢腐蚀图（mm/a）

表 9-121　硫酸中普通铸铁耐蚀性及应用实例

介质	H_2SO_4 61%～100%	H_2SO_4 92%～98%	H_2SO_4 98%	发烟 H_2SO_4 100%～105%	发烟 H_2SO_4 120%～130%	H_2SO_4 80%+ HNO_3 20%	H_2SO_4 65%+ HNO_3 10%	H_2SO_4 76%+ HNO_3 9%
温度/℃	20	<50	100	<60	20～90	20	20	110
腐蚀率 /(mm/a)	0.07～0.2	可用	<3.6	可用	>10	0.15	0.36	0.10
应用实例	① 制作浓硫酸泵叶轮[工况条件：H_2SO_4 90%～98%，50℃，0.3MPa]，使用寿命2～3个月 ② 阀门[工况条件：$(NH_4)_2SO_4$ 35%～38%+H_2SO_4 6%，60℃，0.39MPa]，使用寿命5个月							

总之，在硫酸介质中可有限制地使用普通铸铁和碳钢。即普通铸铁和碳钢在上述适合的浓度、温度条件下可用于制作储槽和管道，但不适用于高速流动的硫酸，不适用于温度超过80℃的硫酸，还应注意，它们虽然可以用于浓硫酸，但由于硫酸吸水性较强，储存过浓硫酸的容器或管道长时间空置不用时，附着容器壁上的残酸会迅速吸收空气中的水分变稀，腐蚀就变得很严重了。

（2）高硅铸铁

高硅铸铁对所有浓度和温度（至硫酸沸点）的硫酸都有优良的耐蚀性能，是能同时抵抗稀硫酸和浓硫酸的少有的金属材料之一。在高温高浓度硫酸中均有较好的耐蚀性，适合用于高温接触稀、浓硫酸的设备。图 9-4 是高硅铸铁在硫酸中的腐蚀图。

但是，高硅铸铁在含有氟、氟化物、亚硫酸成分的硫酸中腐蚀严重，不可用。

需要注意的是，高硅铸铁抗热震动性能差、力学性能不好，在高温使用时，应尽量避免温度急速变化、骤热骤冷。

高硅铸铁可用于制作泵、阀零件及管、换热器等。

（3）高镍铸铁

高镍铸铁适用于中等温度、质量分数在 10% 以下的极稀硫酸，且不能含有非氧化性硫酸盐、不能充气。提高温度、流速和空气含量时，会使腐蚀增大。高镍铸铁还适用于质量分数为 70%～100%，温度为 70～100℃的浓硫酸，含镍量大于 28% 的高镍铸铁可适用于高温发烟硫酸。

图 9-5 是高镍铸铁在硫酸中的腐蚀图。

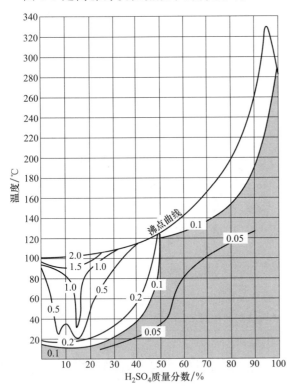

图 9-4　高硅铸铁（14%～16%Si）腐蚀图（mm/a）

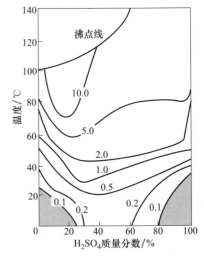

图 9-5　高镍铸铁（C 3%，Ni17%，Cu7%，Cr2%，Si2%）在硫酸中的等腐蚀曲线图（mm/a）

几种主要耐蚀合金铸铁在硫酸中的耐蚀性见表 9-122。

表 9-122　几种主要耐蚀合金铸铁在硫酸中的耐蚀性能

高硅铸铁			高硅铜铸铁		
介质	温度/℃	腐蚀速率/(mm/a)	介质	温度/℃	腐蚀速率/(mm/a)
H_2SO_4 50%	30	<0.1	H_2SO_4 75%	75	<0.1
H_2SO_4 50%	沸腾	1.0～5.0	—	—	—
H_2SO_4 80%	沸腾	<0.005	—	—	—
H_2SO_4 60% + HNO$_3$ 20%	50	0.004	—	—	—

高镍铸铁			高铬铸铁		
介质	温度/℃	腐蚀速率/(mm/a)	介质	温度/℃	腐蚀速率/(mm/a)
H_2SO_4 5%	-20	0.18	H_2SO_4 62%	20	<0.1
H_2SO_4 20%	20	0.21	—	—	—
H_2SO_4 25%	60	0.875	—	—	—

（4）不锈钢

一般不锈钢在硫酸中处于不钝化状态，所以耐蚀性不好，在硫酸介质中选用可能性很小。即使是铬镍奥氏体不锈钢，在硫酸介质中使用范围也不大。提高奥氏体不锈钢中镍的含量或加入钼、铜等元素可改善钢在硫酸中的耐蚀性。图 9-6～图 9-8 分别是铬镍奥氏体不锈钢及加钼、加钼和铜的奥氏体不锈钢在硫酸中的腐蚀图。

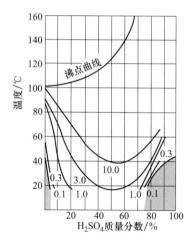

图 9-6　Cr-Ni 钢（0.1%C；18%Cr；8%Ni）
腐蚀图（mm/a）

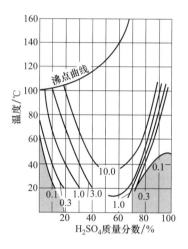

图 9-7　Cr-Ni-Mo 钢（0.05%C；
18%Cr；10%Ni；2%Mo）腐蚀图（mm/a）

从图 9-6～图 9-8 可见，铬镍奥氏体不锈钢可使用常温下、质量分数不大于 5% 的稀硫酸和质量分数大于 90% 的浓硫酸；含钼的奥氏体不锈钢在硫酸中的使用温度也不宜超过 50～70℃；所有铬镍奥氏体不锈钢都不适用于中等浓度硫酸和发烟硫酸。

硫酸中选用普通不锈钢，在有限制条件下可用于制造泵、阀、管道、储槽等。

硫酸介质中选用不锈钢时可参照表 9-123。

0Cr12Ni25Mo3Cu3Si2Nb 是常用于硫酸介质中的奥氏体不锈钢，该钢虽然含铬量较低，但含有较高镍及钼、硅、铜、铌等元素，其在中低浓度的硫酸中具有良好的耐蚀性能，见表 9-124。

该钢可用于不超过硫酸沸点温度的、质量分数低于 50% 的硫酸介质。在质量分数低于 70% 的硫酸中，0Cr12Ni25Mo3Cu3Si2Nb 钢适用的温度高于 0Cr18Ni18Mo2Cu2Nb、Incoloy 825，Carpenter

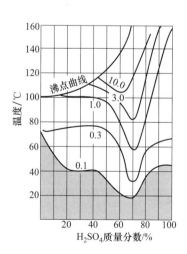

图 9-8　Cr-Ni-Mo-Cu 钢
（0.05%C；18%Cr；18%Ni；
2%Mo；2% Cu）腐蚀图（mm/a）

20Nb-3 等材料的使用温度。

0Cr12Ni25Mo3Cu3Si2Nb 钢可用于质量分数低于 50%、温度不超过沸点的硫酸介质中的泵、阀、管道等设备。

表 9-125 是常用于硫酸中的奥氏体类不锈钢。

表 9-123　常用不锈钢在硫酸（质量分数）中的应用范围　　　　　　　%

牌号	室温		<66℃		93℃	
430(1Cr17),304(0Cr19Ni9) 321(0Cr18Ni11Ti), 347(0Cr18Ni11Nb)	<0.5	>90	<0.1	>95	—	—
309(0Cr23Ni13),310(0Cr25Ni20) 446(Cr25)	<5	>90	<1	>95	<0.01	—
316(0Cr17Ni12Mo2) 317(0Cr19Ni13Mo3)	<20	>90	<5	>95	<0.5	—

表 9-124　0Cr12Ni25Mo3Cu3Si2Nb 耐硫酸腐蚀性能　　　　　　mm/a

温度/℃	H_2SO_4 质量分数									
	10	20	30	40	50	60	70	80	90	98
40	0.13	0.092	0.092	0.077	0.055	0.048	0.033	0.22	0.15	0.035
80	0.34	0.35	0.26	0.24	0.38	0.13	0.12	2.06	0.94	0.55
沸点	0.24	0.18	0.17	0.25	0.27	19.5	22.0	—	—	—

表 9-125　主要耐硫酸腐蚀用奥氏体不锈钢

牌号	化学成分/%						特性（用途）
	C	Ni	Cr	Mo	Cu	其他	
SUS 316J$_1$（日）	≤0.08	10～14	17～19	1.20～2.75	1.00～2.50	—	耐硫酸性比316好
0Cr12Ni25Mo3Cu3Si2Nb	≤0.08	24.0～27.0	11.0～14.0	3.0～4.0	3.0～4.0	Nb 或 Ti	用于质量分数不大于 50% H_2SO_4 的泵、阀
K 合金	≤0.12	19～21	23～26	2～3	3～4	—	用作铸件
ЭИ943（苏）	≤0.06	26～29	22～25	2.5～3.0	2.5～3.5	Ti	用于 80℃ 下各浓度硫酸
Worthite（美）	≤0.08	23.5～25.5	19～21	2.75～3.25	1.5～2.0	—	室温下各浓度硫酸用泵、阀
NAS 175X（日）	≤0.04	21～23	17～19	1.75～2.75	1.50～2.50	Nb	耐硫酸不锈钢
Durimet 20（美）	≤0.04	28～31	19～21	2.0～3.0	2.75～3.25	Nb	铸件，用作硫酸用泵、阀
Carpenter 20Nb-3（美）	≤0.07	30.0～38.0	19～21	2.0～3.0	3.0～4.0	Nb	在沸点以上质量分数为 10%～40%的硫酸中具有优良的耐蚀性能
NAS204X（日）	≤0.04	24～26	24～26	2.5～3.0	—	Nb	湿法磷酸用

奥氏体不锈钢虽然可有条件地应用在硫酸介质中，但其容易被氯离子浸蚀，不耐应力腐蚀。所以，一些铁素体不锈钢和铁素体-奥氏体双相不锈钢在硫酸介质中获得了应用。

某些铁素体不锈钢，尤其是一些超低碳的高纯铁素体不锈钢，在硫酸中耐蚀性能很好，在某些条件下甚至优于奥氏体不锈钢和一些耐蚀合金。

图 9-9 是铁素体不锈钢 00Cr25Ni4Mo4（Ti，Nb）和奥氏体不锈钢 00Cr20Ni25Mo4.5Cu 在硫酸中的腐蚀图，可见 00Cr25Ni4Mo4（Ti，Nb）腐蚀性能优于高钼奥氏体不锈钢 00Cr20Ni25Mo4.5Cu。

在高浓度硫酸中，过去常选用高铬镍钼奥氏体不锈钢或高硅铬镍奥氏体不锈钢，实际上铁素体不锈钢 00Cr28Ni4Mo2Nb 在高温（约 150℃）、高浓度（质量分数大于 95%）的硫酸中的耐蚀性能也很优异，见图 9-10。

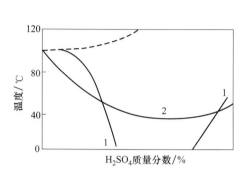

图 9-9　两种不锈钢在 H₂SO₄ 中的腐蚀图
1—00Cr20Ni25Mo4.5Cu；2—00Cr25Ni4Mo4（Ti，Nb）

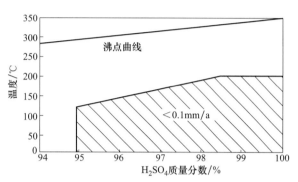

图 9-10　00Cr28Ni4Mo2Nb 在高浓度 H₂SO₄ 中的耐蚀（腐蚀速率<0.1mm/a）范围

从图 9-11 可看出，铁素体不锈钢 00Cr28Ni4Mo2Nb（2803Mo）在质量分数小于 98% 的硫酸中，虽然耐蚀性略低于含硅的奥氏体不锈钢 0Cr25Ni9Si7（2509Si7）；但是当硫酸质量分数大于 98% 后，不仅两者耐蚀性已无差别，而且，随硫酸浓度和温度的提高，00Cr28Ni4Mo2Nb 钢的耐蚀性能还会远远优于高铬镍钼氮的超级奥氏体不锈钢 00Cr20Ni25Mo6N（1925hMo）和铁镍基耐蚀合金 00Cr27Ni31Mo7CuN（3127hMo）。

表 9-126 显示了几种铁素体不锈钢与其他合金在沸腾温度下 50% H₂SO₄+Fe₂(SO₄)₃ 介质中耐蚀性的对比情况。

铁素体-奥氏体双相不锈钢在硫酸介质中也有较好的耐腐蚀性能，在某些条件下，其耐蚀性能优于奥氏体不锈钢。

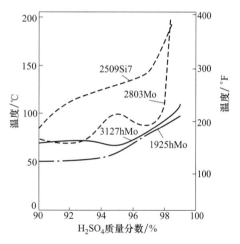

图 9-11　在浓 H₂SO₄ 中 2803Mo 和 2509Si7、1925hMo、3127hMo 的等腐蚀曲线
（曲线界限腐蚀速率<0.1mm/a）

图 9-12 是几种铁素体-奥氏体双相不锈钢 00Cr25Ni7Mo4N（25-7-4）、00Cr22Ni5Mo3N（22-5-3）、00Cr23Ni4N（23-4-0）和奥氏体不锈钢 00Cr20Ni25Mo4.5Cu（904L）、00Cr20Ni18Mo6N（6Mo+N）在硫酸中的等腐蚀图。

表 9-126　在硫酸介质中的耐蚀性能对比

介质	材料牌号及类别	腐蚀速率/(mm/a)
50% H₂SO₄+Fe₂(SO₄)₃（沸腾温度）	Cr29Ni4Mo2(铁素体不锈钢)	0.2
	Cr29Mo4(Ti，Nb)(铁素体不锈钢)	0.2
	00Cr28Ni4Mo2(Nb)(铁素体不锈钢)	0.3
	Ti(钛)	5.9

介质	材料牌号及类别	腐蚀速率/(mm/a)
50%H_2SO_4+ $Fe_2(SO_4)_3$ （沸腾温度）	0Cr16Ni60Mo16W4(高镍耐蚀合金，Hastelloy C)	6.1
	0Cr20Ni34Mo2Cu3Nb(高镍耐蚀合金 Carpenter20Cb3)	0.2
	316(奥氏体不锈钢)	0.6
	304(奥氏体不锈钢)	0.6

图 9-13 是双相不锈钢 00Cr25Ni7Mo4N（25-7-4）和几种奥氏体不锈钢在含 $2000×10^{-6}Cl^-$ 的硫酸中的等腐蚀图。

从图 9-12 和图 9-13 中可见，在稀硫酸中双相不锈钢 00Cr25Ni7Mo4N 钢有良好的耐蚀性，尤其是在含氯离子的硫酸中的耐蚀性更为突出，甚至优于 00Cr20Ni25Mo4.5Cu 和 00Cr20Ni18Mo6N 等高合金奥氏体不锈钢。

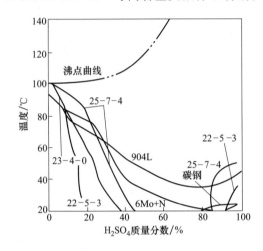

图 9-12　在自然通气硫酸中几种双相不锈钢和
奥氏体不锈钢的等腐蚀图（0.1mm/a）

25-7-4—00Cr25Ni7Mo4N；22-5-3—00Cr22Ni5Mo3N；
23-4-0—00Cr23Ni4N；904L—00Cr20Ni25Mo4.5Cu；
6Mo+N—00Cr20Ni18Mo6N

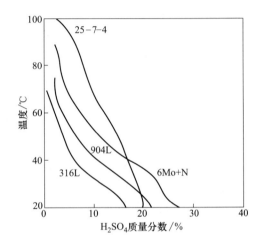

图 9-13　含 $2000×10^{-6}Cl^-$ 的硫酸中 25-7-4
双相不锈钢与其他几种奥氏体不
锈钢的等腐蚀图（0.1mm/a）

25-7-4—00Cr25Ni7Mo4N；904L—00Cr20Ni25Mo4.5Cu；
6Mo+N—00Cr20Ni18Mo6N；316L—00Cr17Ni17Mo2

（5）铜和铜合金

由于铜及其合金对充气作用和其他氧化条件比较敏感，在硫酸中的应用受到一定限制，但在非氧化性的稀硫酸中还是有一定耐蚀性的，对质量分数＞50%、温度＞60℃的硫酸耐蚀性差。锡青铜在 80℃ 以下、质量分数 60% 的硫酸中耐蚀性尚可。硅青铜可承受稍强一些的腐蚀条件。在硫酸中应用较多的是铝青铜，在氧化性条件下也具有一定的耐蚀性。图 9-14～图 9-16 分别是铜、硅青铜和铝青铜在硫酸中的等腐蚀图。

在铜合金中，NS-68 合金（主要成分：镍 8.0%～10.0%，硅 2.0%～3.0%，锰 0.2%～0.5%，铁≤1.0%，其余为铜）是一种耐高温、中等浓度硫酸的优良材料。图 9-17 是 NS-68 铜合金在不同温度下的腐蚀速率与硫酸浓度的关系。可见，NS-68 铜合金在沸腾的 40% 的硫酸中具有良好的耐蚀性能。在其他试验的数据中已证实，NS-68 铜合金在 40% 硫酸中耐蚀性是良好的，甚至优于一些镍基合金，见表 9-127。NS-68 铜合金可以用作非氧化性、质量分数小于 55% 的高温硫酸介质中泵、阀及管道材料。

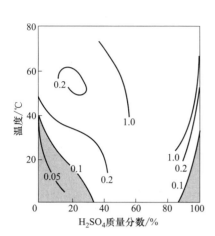

图 9-14　铜在硫酸中的等腐蚀
曲线图（mm/a）

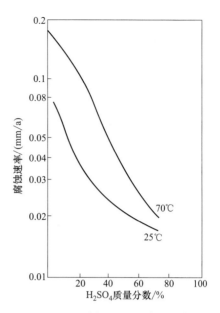

图 9-15　硅青铜（Cu97％，Si3％）
在硫酸中的腐蚀速率

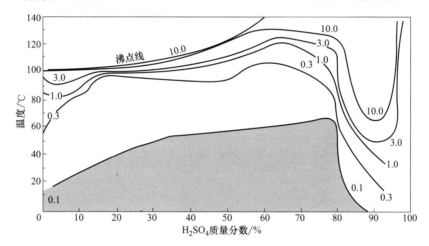

图 9-16　铝青铜（Cu90％，Al7％，Fe3％）在硫酸中的等腐蚀曲线图（mm/a）

表 9-127　铜合金 NS-68 与其他几种材料耐硫酸腐蚀性能的比较　　　　mm/a

材料牌号	C. P. H_2SO_4 40％ 常压沸腾	某厂合成酒精车间实际生产介质 H_2SO_4（40％±10％）		
		试验室试验 50h，常压沸腾	8 号塔溢流管挂片试验，累计 50h，（120±5）℃	8 号塔第 4 塔板上挂片试验 50h，（120±5）℃
NS-68	0.07	0.06	0.38	0.45
Hastelloy B	0.22	0.29	2.0	4.1
紫铜	0.35	—	—	—
Ni30Cu67	0.04	0.071	0.30	0.39
Cr20Ni25Mo2Cu3Si2	2.60（H_2SO_4 35％）	—	15.6	14.7
0Cr18Ni13Mo2Cu2Nb	19.0（H_2SO_4 59％）	—	—	—
1Cr18Ni12Mo2Ti	溶完	—	—	—

（6）钛和钛合金

纯钛在苛刻的硫酸腐蚀环境中不能稳定地纯化，所以，纯钛在 H_2SO_4 质量分数为 10%～98%的硫酸中是不耐蚀的，并且腐蚀速率随浓度和温度的提高而增加，见图 9-18。腐蚀曲线上两个腐蚀率峰值分别在质量分数为 40%和 75%～80%的硫酸中。可见，纯钛不可用于硫酸中。但是，当硫酸中含有重金属离子或氧化剂时，纯钛的耐蚀能力则明显提高，见表 9-128。而在许多情况下和许多流程中，硫酸中会含有重金属离子或氧化剂，因此，钛的应用得到了重视。

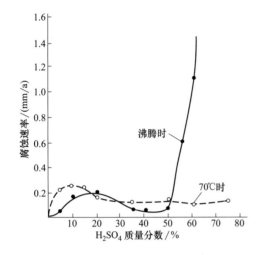

图 9-17　不同温度下铜合金 NS-68 的
腐蚀速率与硫酸浓度的关系

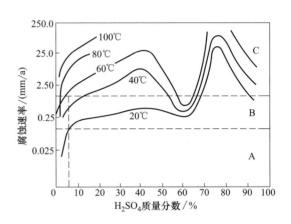

图 9-18　钛在硫酸中的等腐蚀图（自然通气）
A—<0.12mm/a；B—0.12～1.2mm/a；C—>1.2mm/a

表 9-128　**氧化剂或重金属离子对钛耐硫酸腐蚀性能的影响**

添　加　剂	H_2SO_4 质量分数/%	温度/℃	腐蚀速率/(mm/a)
硫酸铜　0.25%	5	95	0
0.5%	5	95	0.010
1.0%	5	95	0.010
0.25%	30	37	0.06
0.25%	30	95	0.09
0.5%	30	37	0.06
1.0%	65	38	0.08
硫酸铁 2g/L	10	沸点	0.13
铁 16g/L	20	沸点	0.13
硫酸铁 7%～8%	17	60	0.13
CrO_3 0.5%	5	95	0
CrO_3 0.5%	30	95	0
MnO_3^+ 5%	40	室温	0.015
钛 4.8g/L	40	100	钝性
硝酸　10%	90	室温	0.46
30%	70	室温	0.63
70%	30	室温	0.10
90%	10	室温	0
90%	10	65	0.010

添　加　剂	H_2SO_4 质量分数/%	温度/℃	腐蚀速率/(mm/a)
饱和氯气	45	室温	0.0025
	62	室温	0.0015
	10	190	0.05
	20	190	0.33

当钛中含有某些合金元素，如钯（Pd）、钼（Mo）时，构成的钛合金在硫酸中的耐蚀性明显提高。

钯对钛在硫酸中耐蚀性影响见图 9-19，钛钯合金 Ti-0.2%Pd 在硫酸中的腐蚀速率见表 9-129。

同样含钼的钛合金在硫酸中耐蚀性能也有提高，见图 9-20。其中 Ti-30Mo 和 Ti-32Mo 合金是在还原性介质中耐蚀性最好的钛合金。

表 9-129　Ti-0.2%Pd 在硫酸中的腐蚀速率　　　　　　　　　　　mm/a

温度/℃	H_2SO_4 质量分数/%							
	10	20	30	40	50	60	80	98
25	0.001	0.002	0.421	0.234	6.65	6.65	8.05	1.05
50	0.152	0.499	1.72	2.98	2.32	溶		
75	0.757	2.14	—	—	—	—		

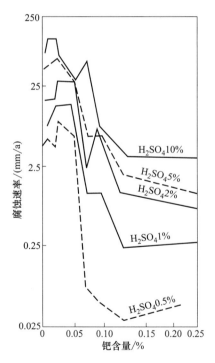

图 9-19　钯含量对钛在沸腾
硫酸中耐蚀性的影响

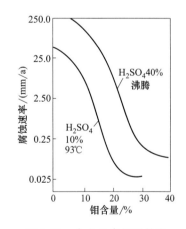

图 9-20　合金元素钼对钛在
还原性硫酸中耐蚀性的影响

钛钼合金是在较高温度的中等浓度硫酸中具有实用价值的材料之一。但其脆性较大。

图 9-21 显示了钛钯合金、钛钼合金与纯钛在硫酸介质中的等腐蚀线，可见它们在硫酸

介质中的耐蚀性能比较情况。

与纯钛一样，钛钯合金和钛钼合金在含有重金属离子和氧化剂的硫酸中，耐蚀性能会更好。

（7）镍及镍合金

纯镍在硫酸中的耐蚀性与铜相似，适用于常温稀硫酸的腐蚀，随温度升高腐蚀也加大，见图 9-22，加入氧化剂（如铁离子、铜离子）后其腐蚀性也加大。所以，纯镍在硫酸中的应用并不广泛。但是，当镍中加入铜、钼、铬时，在硫酸中的耐蚀性显著提高。

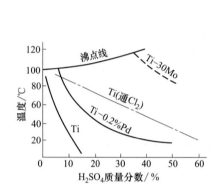

图 9-21　钛、Ti-0.2%Pd（4200），
Ti-30%Mo（4201）在硫酸（自然通气）
及钛在通氯硫酸中的等腐蚀曲线（0.1mm/a）

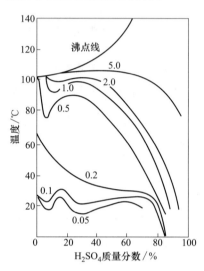

图 9-22　钝镍（99%）在硫酸中的
等腐蚀曲线图（mm/a）

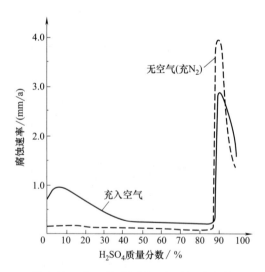

图 9-23　在 30℃ H₂SO₄ 中 Ni68Cu28Fe
合金的腐蚀速率（流速 5.2m/min）

① 镍铜合金。镍加入铜后，构成镍铜合金，铜的加入会提高镍在还原性硫酸中耐蚀性，但会降低其在氧化性介质中的耐蚀性。

以镍铜合金 Ni68Cu28Fe（Monel 400 合金）为例。图 9-23～图 9-25 所示是 Ni68Cu28Fe 合金在不同温度下硫酸中的腐蚀速率。从图 9-23 中可看出，在不含空气（氧）的 30℃硫酸中，硫酸质量分数不超过 85%时，Ni68Cu28Fe 合金都是耐蚀的；质量分数高于 85%时，由于硫酸呈氧化性，因此其耐蚀性要下降。同一道理，当硫酸中有空气存在时 Ni68Cu28Fe 合金的腐蚀速率要提高，且在硫酸质量分数为 5%时出现最大值。将图 9-25 和图 9-23 比较可知，提高硫酸的浓度，Ni68Cu28Fe 合金的耐蚀性要下降，当硫酸中有空气存在时，浓度的影响更突出。再由图 9-24 和图 9-25 可知，在 60℃和 95℃不含空气的硫酸中，Ni68Cu28Fe 合金耐蚀的极限质量分数为 65%。在沸腾温度下的硫酸中，Ni68Cu28Fe 合金的耐蚀质量分数应小于等于

15%。提高硫酸的流速，一般会加速腐蚀，特别是当有磨蚀时更加严重。

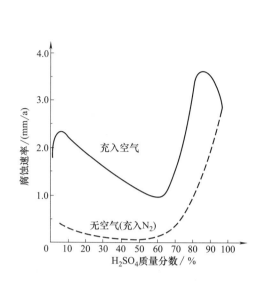

图 9-24　在 60℃ H₂SO₄ 中，Ni68Cu28Fe 合金的腐蚀速率（流速：5.2m/min）

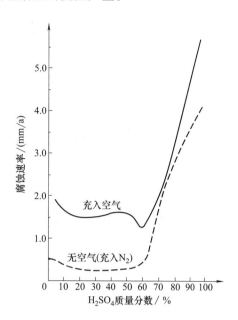

图 9-25　在 95℃ H₂SO₄ 中，Ni68Cu28Fe 合金的腐蚀速率（流速：5m/min）

当硫酸中含有氢氟酸或氢氟硅酸时，以及有汞盐时，Ni68Cu28Fe 合金可能出现应力腐蚀断裂，所以，选择使用时应对材料进行消除应力处理。

图 9-26 是典型镍铜合金在硫酸中的等腐蚀曲线图。该类合金在还原性（低浓度）的硫酸介质中，耐蚀性较好；而在强氧化性（高浓度）的硫酸介质中，腐蚀率剧增。

总之，镍铜合金适用于不充空气、质量分数≤80%的稀硫酸，不适用于充气的硫酸。适用的温度界限是：80%左右的硫酸，可用在50℃以下；60%的硫酸可用于80～90℃；15%左右的硫酸可用在沸点以下。

② 镍铬合金。镍中加入铬构成镍铬合金。铬的加入可提高镍的耐蚀性，特别是氧化性酸中的耐蚀性。

图 9-27 显示了铬对镍在硫酸中电化学行为的影响，表明随铬含量的提高，合金的临界钝化电流降低，可见铬的加入显著有利于镍耐硫酸腐蚀性的提高。图 9-28

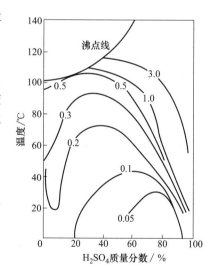

图 9-26　Monel 合金在硫酸中的等腐蚀曲线图（mm/a）

和图 9-29 的结果更清楚地表明：在稀硫酸中，当镍中含铬量达到某一数值（≥15%）时更具有了活化-钝化行为，耐蚀性便会有显著的提高。

图 9-30 是镍铬合金 Inconel 600 合金（Ni71%～78%，Cr14%～17%，Fe6%～10%，C≤0.15%）在硫酸中的等腐蚀图。从图中可见，该合金在室温条件下，可对任何浓度的硫酸具有良好的耐蚀性，见表 9-130。

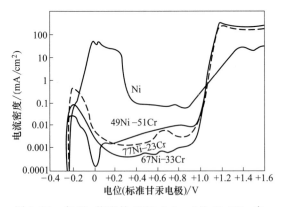

图 9-27 在 H₂ 饱和的 25℃ 2.5mol/L H₂SO₄ 中，
镍和 Ni-Cr 合金的恒电位阳极极化曲线

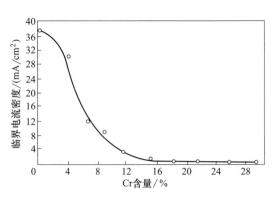

图 9-28 铬对镍铬合金钝态电流密度的影响
（0.55mol/L H₂SO₄，25℃，充入氮气）

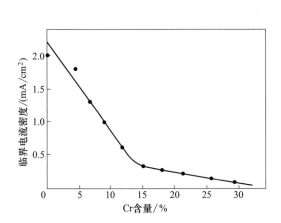

图 9-29 铬对镍铬合金钝态电流密度的影响
（0.005mol/L H₂SO₄，25℃，充入氮气）

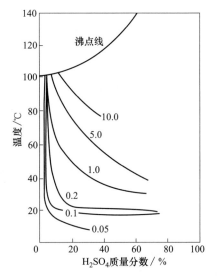

图 9-30 Inconel 600 合金在硫酸中的
等腐蚀曲线图 （mm/a）

总之，镍铬合金在质量分数≤10％的硫酸中有良好的耐蚀性，使用温度可更高一些，而对其他浓度的硫酸只适用于室温。

表 9-130 Inconel 600 合金在硫酸中的腐蚀

H₂SO₄ 质量分数 /%	温度 /℃	试验时间 /h	流速 /(m/s)	腐蚀速率/(mm/a)	
				未充气	充气
0.16	100	—	—	0.09	—
1	30	120	0.079	—	1.24
1	78	22	0.079	—	2.79
5	19	100	0	0.06	—
5	30	20	0.079	0.23	—
5	30	23	0.081	—	1.98
5	60	100	0	0.25	—
5	80	20	0.081	0.76	3.81
10	20	24	0	0.11	—
70	30	20	0.079	1.17	—
93	30	20	0.079	6.86	0.25

③ 镍钼合金。镍中加入钼，构成镍钼合金。钼的加入对镍在硫酸介质中的电化学行为产生影响，从而对耐蚀性产生影响。图 9-31 所示为钼对镍在硫酸中阳极极化曲线的影响。可见，随着钼含量提高，合金临界钝化电流降低，有利于提高在硫酸中的耐腐蚀性能。

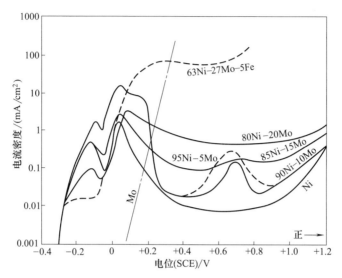

图 9-31　在 0.5mol/L H_2SO_4 中钼对镍阳极极化曲线的影响（25℃，充氢）

以镍钼合金 0Mo28Ni65Fe5（Hastelloy B 合金）为例，图 9-32 所示是该合金在硫酸中的耐蚀性曲线，而图 9-33 所示是该合金在硫酸中的等腐蚀曲线。

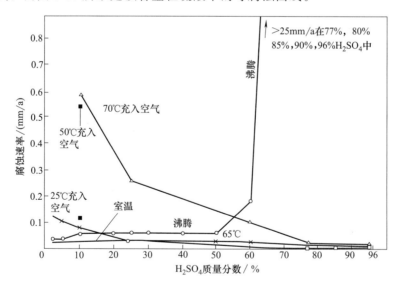

图 9-32　0Mo28Ni65Fe5 合金在 H_2SO_4 中的耐蚀性

从图中可见，该合金在不充空气和非氧化性的稀硫酸中耐蚀性是非常好的，可应用的浓度、温度范围较宽；在高浓度的硫酸中耐蚀性也很好；但在热的稀硫酸中耐蚀性较差。

图 9-34 是含碳量比 Hastelloy B 更低的镍钼合金 Hastelloy B-2（00Mo28Ni68Fe2）合金的等腐蚀图，两者相比可见，后者硫酸介质中使用范围可以更宽。

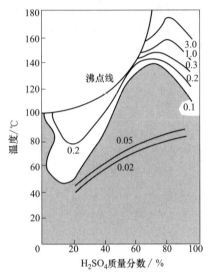

图 9-33 Hastelloy B 在硫酸中的
等腐蚀曲线图（mm/a）

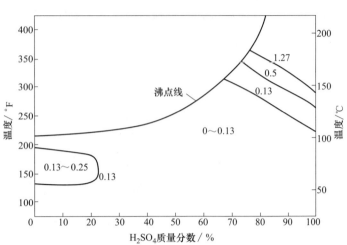

图 9-34 Hastelloy B-2 在硫酸中的等腐蚀曲线图（mm/a）

　　图 9-35 是含钼量更高一些的镍钼合金 Chlorimet 2（含钼 30%～33%，镍 63% 左右）的等腐蚀图，可见其在硫酸中的耐蚀性也较好。

　　④ 镍铬钼合金。在镍中同时加入铬和钼（有的还可加入其他元素，如钨、钛等）构成镍铬钼合金，该合金比镍铬合金和镍钼合金有更好的耐蚀性，在硫酸中有更优良的耐蚀性。并且，随铬、钼等元素含量增加，耐硫酸腐蚀性能更好。图 9-36 所示为在还原性和氧化性

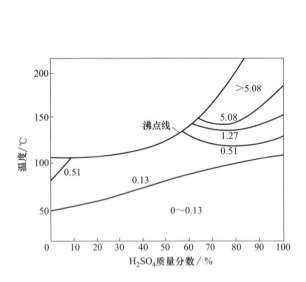

图 9-35 Chlorimet 2 铸态镍钼合金在
硫酸中的等腐蚀曲线图（mm/a）

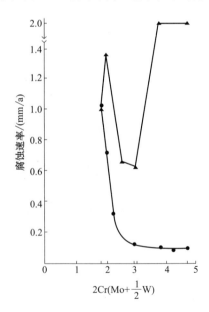

图 9-36 在还原性和氧化性介质中，合金
中铬、钼、钨含量对镍基合金耐蚀性的影响

▲—10% H_2SO_4，沸腾；

●—50% H_2SO_4 +42g/L $Fe_2(SO_4)_3$

硫酸中，铬、钼、钨含量对合金耐蚀性能的影响。可见，随铬、钼、钨含量的增加，在含有 Fe^{3+} 的 50％硫酸中的耐蚀性能显著提高，而在 10％的沸腾硫酸中 Cr、Mo、W 含量有一个最佳值。

0Cr16Ni60Mo16W4 合金（Hastelloy C）是具有代表性的镍铬钼合金。

图 9-37 和图 9-38 所示分别是该合金在硫酸中的等腐蚀曲线和耐蚀性曲线。从图中可知，在室温或略高于室温的条件下，该合金对任何浓度的硫酸都是耐腐蚀的。但在通气的情况下，合金耐腐蚀能力下降。

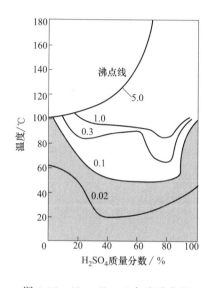

图 9-37　Hastelloy C 在硫酸中的
　　　　等腐蚀曲线图（mm/a）

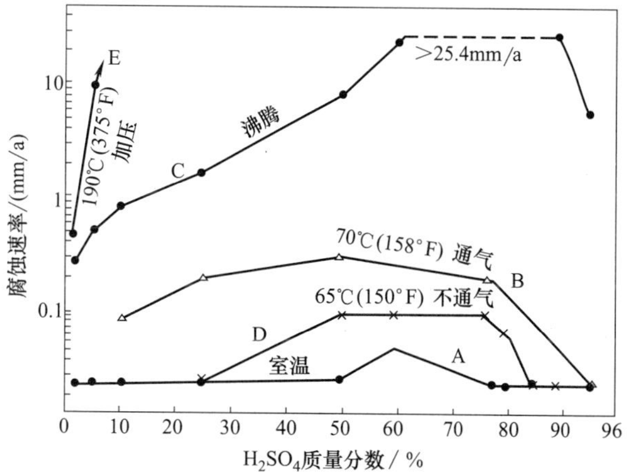

图 9-38　0Cr16Ni60Mo16W4 合金在 H_2SO_4 中的耐蚀性

试验还表明，该合金在室温和略高于室温时，在发烟硫酸中也是耐腐蚀的，见表 9-131。

表 9-131　0Cr16Ni60Mo16W4 在发烟 H_2SO_4 中的耐蚀性

介质	腐蚀速率/(mm/a)		
	室温下	170～310℃	沸腾温度下
99％H_2SO_4：液相	0.013	0.725	2.025
气相	—	—	5.80
75％H_2SO_4＋25％SO_3：液相	0.0075	0.650	1.80
气相	—	—	1.25

与 0Cr16Ni60Mo16W4（Hastelloy C）合金相似的另外几种镍铬钼合金在硫酸中都有较好的耐蚀性，甚至更优秀。

图 9-39～图 9-43 分别是 0Cr18Ni62Mo18（Chlorimet 3）、0Cr21Ni42Mo3Cu2（Incoloy 825）、00Cr22Ni50Mo6（Hastelloy F）、0Cr22Ni50Mo6CuNb（Hastelloy G）00Cr16Ni60Mo16W4（Hastelloy C-276）等合金在硫酸中的等腐蚀曲线图。可见，它们在各种浓度的硫酸中均有较好的耐蚀性能。图 9-44 是 00Cr16Ni60Mo16W4（Hastelloy C-276）合金在含 Cl^- 硫酸中的等腐蚀曲线图，说明该合金在含 Cl^- 的硫酸中也有较好的耐蚀性。表 9-132 所示是几种镍铬钼合金在发烟硫酸中的耐蚀性，说明大多镍铬钼合金在发烟硫酸中也有较好的耐蚀性能。

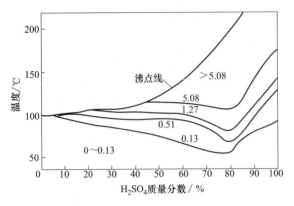

图 9-39　Chlorimet 3 镍钼铬合金在
硫酸中的等腐蚀曲线图（mm/a）

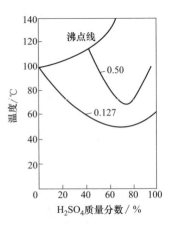

图 9-40　Incoloy 825 在硫酸中的
等腐蚀曲线图（mm/a）

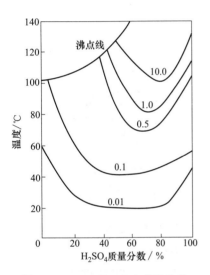

图 9-41　Hastelloy F 在硫酸中的
等腐蚀曲线图（mm/a）

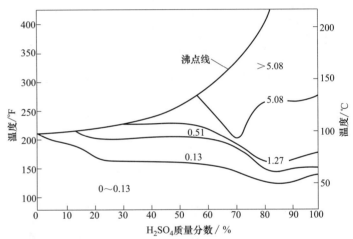

图 9-42　Hastelloy G 在硫酸中的等腐蚀曲线图（mm/a）

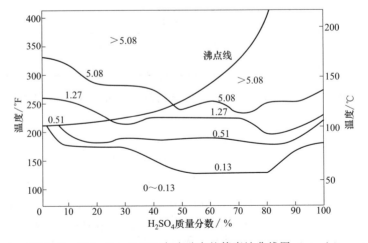

图 9-43　Hastelloy C-276 在硫酸中的等腐蚀曲线图（mm/a）

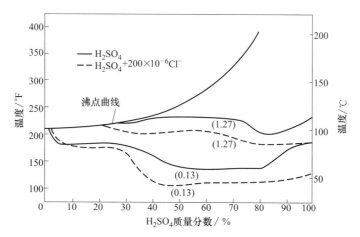

图 9-44　在 $H_2SO_4 + 2 \times 10^{-4} Cl^-$ 中，00Cr16Ni60Mo16W4 的等腐蚀图

（图中数字为腐蚀速率，单位为 mm/a）

表 9-132　几种镍基合金在发烟硫酸中的耐蚀性　　　　　mm/a

牌号	$H_2SO_4 98\%$		$H_2SO_4 116\%$		$H_2SO_4 127\%$	
	30℃	70℃	30℃	70℃	30℃	70℃
Incoloy 803	0.015	0.591	0.000	0.024	0.000	0.081
Hastelloy B	0.009	0.016	0.137	5.66	0.178	1.19
Hastelloy C	0.016	0.016	0.008	0.044	0.000	0.088
Hastelloy D	0.038	0.064	0.687	2.29	0.614	0.639
Illium R	0.038	0.072	0.038	0.023	0.000	0.575

由上可见，镍铬钼合金在硫酸（包括含 Cl^- 硫酸）、发烟硫酸中均有良好的耐腐蚀性能。在质量分数低于 30% 和质量分数高于 80% 的同类介质中，可在更高温度（大于 50℃）条件下使用，而对质量分数低于 25% 的硫酸甚至可以使用到沸点温度。

含铬量更高（如含铬 23%～24%）的镍铬钼合金可耐 35%～50% 的沸腾硫酸的腐蚀，也可用于 90℃ 温度以下的发烟硫酸。与镍铬合金和镍钼合金相比，镍铬钼合金更适合于氧化性硫酸。

除上述各类金属和合金外，还有更多合金可供选择。如铅、钽、铂等。但在实际应用选择时，应考虑多方面情况确定选择。

图 9-45 是常用的硫酸腐蚀选材图，可供选材时参考。

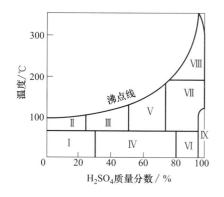

I	合金铸铁(Ni16%～18%,Cu3%～35%),铝,硅铸铁,抗氯合金[①],铅,铜,Monel 合金,Hastelloy B,Hastelloy C,锆
II	铅,铜,Monel 合金,Hastelloy B,Hastelloy C,硅铸铁,抗氯合金
III	铅,铸造合金(Ni65,Mo30),Hastelloy B,硅铸铁,抗氯合金
IV	铜,铅,硅铸铁,铸造合金(Ni65,Mo30),Hastelloy 合金,抗氯合金
V	硅铸铁,抗氯合金,铅(到 80℃)
VI	铸铁,碳钢
VII	钽,铂
VIII	钽
IX	0Cr21Ni5Ti,Cr18Ni9Ti,钽

[①] 抗氯合金（C0.5%～0.6%，Si15%～16%，Mo3.5%～4.0%，Mn0.3%～0.5%，S0.06%）为含钼高硅铸铁

图 9-45　硫酸选材图

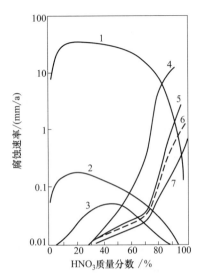

图 9-46　几种材料在沸腾硝酸中的
腐蚀速率随硝酸浓度的变化

1—纯铝（美 1050）；2—高硅铸铁；3—钛；
4—0Cr19Ni9 不锈钢（敏化状态）；
5—0Cr-19Ni9 不锈钢（固溶状态）；
6—Carpenter 20（敏化状态）；
7—Carpenter 20（固溶状态）

9.5.4.6　硝酸腐蚀选材

硝酸具有很强的腐蚀性，属强氧化性介质，所以，硝酸既有强腐蚀性又有强氧化性，因此，多数金属材料都能被硝酸迅速腐蚀。能够有效抵抗硝酸腐蚀的只有高硅铁、铝、镍合金、钛等。不锈钢在硝酸中的耐蚀性也是有限的，硝酸腐蚀产生的铬离子会很快加速腐蚀，并且，不锈钢在硝酸中还会产生晶间腐蚀。硝酸的腐蚀对大多数金属材料来说，随温度和浓度升高，腐蚀加剧。图 9-46 显示出了几种金属材料在沸腾硝酸中的腐蚀速率随浓度的变化情况。

（1）碳钢和普通铸铁

碳钢和普通铸铁在室温时，若硝酸质量分数超过 50%，则可成为钝态，浓度越高，钝化程度也越大。但是它们的钝化膜疏松，特别是难以形成大面积的均匀钝化膜，所以，它们经不住硝酸的腐蚀，并且，当质量分数更高时还会产生晶间腐蚀。所以，在硝酸腐蚀中，几乎不选用碳钢和普通铸铁。

（2）高合金铸铁

其主要指高硅铸铁和高铬铸铁及高镍铸铁。

高硅铸铁对硝酸有优异的耐腐蚀性能。图 9-47 是含硅 14%～16% 的高硅铸铁在硝酸中的等腐蚀曲线图。可见高硅铸铁可耐一切浓度的硝酸，但是在稀硝酸中，如果温度大于 70℃，则其耐蚀性受影响。高硅铸铁在热而浓度高的硝酸中耐蚀性能甚至优于不锈钢。但高硅铸铁较脆、抗震动性能差，有时使用上受到限制。

高铬铸铁的组织属于白口铁组织，固溶体中的高含铬量提高了其电极电位，并使铸铁表

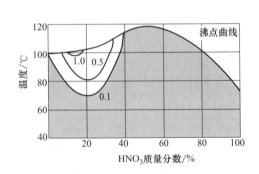

图 9-47　硅铸铁（14%～16%Si）在硝酸中的
等腐蚀曲线图（mm/a）

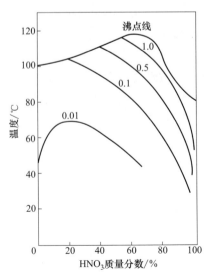

图 9-48　高铬铸铁（C0.6%、Cr30%）
在硝酸中的等腐蚀曲线（mm/a）

面可以生成保护膜，所以在氧化性介质中有特别高的耐蚀性，可较好地应用在硝酸介质中，在质量分数为 30%～66% 的硝酸中，常温下几乎不受腐蚀。高铬铸铁在硝酸中的耐蚀性接近于高铬不锈钢。图 9-48 所示为高铬铸铁在硝酸中的等腐蚀曲线。

高镍铸铁在一切浓度的硝酸中腐蚀迅速，不适用于硝酸。

（3）不锈钢

不锈钢是在硝酸介质中常选用的材料，不锈钢中的铬超过一定含量后才能稳定钝化。铬含量对钢在硝酸中耐蚀性的影响见图 9-49 和图 9-50。

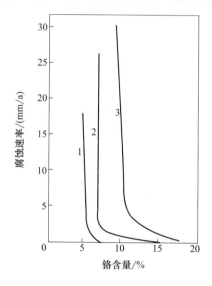

图 9-49　钢中含铬量对在 32%
硝酸中腐蚀速率的影响
1—15℃；2—80℃；3—沸点

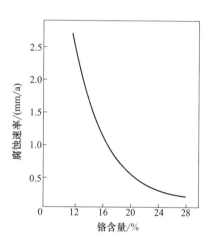

图 9-50　铁素体铬钢中含铬量对在
沸腾硝酸 65% 中腐蚀速率的影响

不同类型的不锈钢在硝酸中的耐蚀性也各有特点，图 9-51 所示为常见类型不锈钢在沸腾硝酸中的腐蚀速率。从图中可见不同类型不锈钢在硝酸中的耐蚀性略有差别，主要规律是奥氏体型不锈钢最好，铁素体型不锈钢次之，马氏体不锈钢更差一些。

图 9-52 所示为 1Cr13 马氏体不锈钢在硝酸中的等腐蚀曲线。可见，1Cr13 马氏体不锈钢在室温条件下，对质量分数不大于 70% 的硝酸都具有较好的耐蚀性，在 20%～60% 范围内，可在更高温度条件下使用。

图 9-53 所示是 1Cr17Ti 铁素体型不锈钢在硝酸中的等腐蚀曲线。

从图中可见，铁素体不锈钢 1Cr17Ti 在常压沸点以下各种浓度的硝酸中都有较好的耐蚀性。

Cr13 型马氏体不锈钢和 Cr17 型铁素体不锈钢对硝酸都有一定的耐蚀性，都可用，但是它们的工艺性能、焊接性能、韧性等都较差，不如奥氏体类不锈钢。所以，奥氏体不锈钢在硝酸介质中应用更加广泛。

常见的 18-8 型奥氏体不锈钢在各种温度的稀硝酸中耐蚀性都很好，但在温度超过常压沸点时耐蚀性较差。18-8 奥氏体不锈钢在浓硝酸中只能用于常温，不宜用于高温。另一种奥氏体不锈钢——含钼的奥氏体不锈钢虽然在硝酸中的耐蚀性相似于不含钼的奥氏体不锈钢，但是钼的存在会促进 σ 相形成，而 σ 相会受到浓硝酸的过钝化溶解，所以，一般情况下少用含钼奥氏体不锈钢，只有在硝酸中含有 Cl^- 时才使用，以提高耐点腐蚀性能。

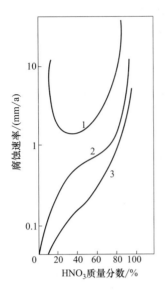

图 9-51　不锈钢在沸腾硝酸中的腐蚀速率
1—Cr13 型；2—Cr17 型；3—18-8 型

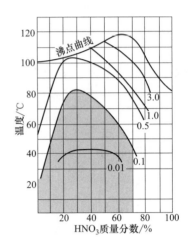

图 9-52　Cr 钢（0.1％C，13％Cr）在
硝酸中的等腐蚀曲线（mm/a）

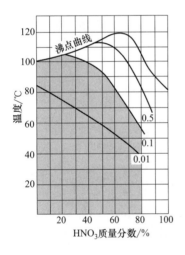

图 9-53　1Cr17Ti 钢（0.08％C）
在硝酸中的等腐蚀曲线（mm/a）

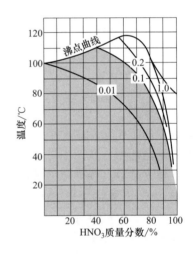

图 9-54　Cr-Ni 钢（18-8）在
硝酸中的等腐蚀曲线（mm/a）

　　图 9-54～图 9-56 分别是奥氏体不锈钢 1Cr18Ni9、含钼奥氏体不锈钢 0Cr17Ni12Mo2 和超低碳奥氏体不锈钢 00Cr19Ni11 在硝酸中的等腐蚀曲线图。其中图 9-56 是 00Cr19Ni11 在温度高达沸点以上的硝酸中的等腐蚀曲线图。

　　当要求材料具有较高的强度时，还可用马氏体不锈钢 1Cr17Ni2。其在质量分数不高的稀硝酸中有足够的耐蚀性，并且可以通过热处理手段提高强度。

　　为了适应硝酸腐蚀的材料需要，我国还曾使用过一些尚未列入标准的不锈钢材料，见表 9-133。

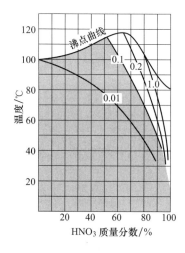

图 9-55　Cr-Ni-Mo 钢（0.05％C；18％Cr；10％Ni；2％Mo）在硝酸中的等腐蚀曲线（mm/a）

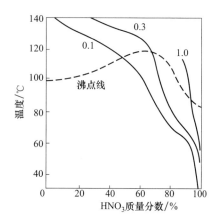

图 9-56　00Cr19Ni11 在温度高达沸点以上的硝酸中的等腐蚀曲线（mm/a）

表 9-133　我国研制的一些硝酸用钢的化学成分　　　　　　　　　　％

牌号	C	Si	Mn	S	P	Cr	其他
0Cr13Si4NbRE	≤0.06	3.8～4.5	≤0.50	≤0.030	≤0.035	12.5～14.5	Nb 0.4～0.6 B 0.001～0.006
0Cr20Ni24Si4Ti	≤0.06	3.5～4.5	≤1.00	≤0.030	≤0.035	19～21	Ti 5×C％～0.8, Ni 23～25
ZG1Cr17Mn4Ti	0.13～0.20	≤0.6	4～5	≤0.03	≤0.04	16.5～18	Ti 0.15～0.25
1Cr17Mn4Mo	0.13～0.20	≤0.5	4～5	≤0.03	≤0.03	16～18	Mo 0.4～0.5

其中 0Cr13Si4NbRE 属铁素体不锈钢，只能应用于温度较低的浓硝酸中，而奥氏体不锈钢 0Cr20Ni24Si4Ti 可用于 80℃ 的浓硝酸中，具有较好的耐蚀性。马氏体不锈钢 ZG1Cr17Mn4Ti 和 1Cr17Mn4Mo 在 70℃、40％ 的硝酸中耐蚀性很好，且可通过热处理提高力学性能，强度比奥氏体不锈钢高近一倍。

需要指出的是，不锈钢在硝酸中具有优良的耐蚀性能，是指在硝酸中的均匀（全面）腐蚀速率低，但其有产生晶间腐蚀的危险。特别是经过 500～900℃ 温度区间加热或在较低温度下较长时间加热，都会敏化而产生晶间腐蚀，尤其是在焊缝热影响区更是易产生晶间腐蚀。为防止晶间腐蚀的发生，应采用超低碳不锈钢或含稳定化元素钛、铌的不锈钢。

（4）有色金属及合金

在常用的有色金属中，铝及其合金可有限地应用在硝酸环境中。图 9-57 是纯铝和铝硅合金在硝酸中的等腐蚀曲线图。可见其只有在质量分数不大于 5％ 和质量分数大于 90％ 的硝酸中具有耐蚀性，且在浓硝酸中的耐蚀性更好一些，在其他浓度范围的硝酸中，耐蚀性较差。

钛及其钛合金是在硝酸中耐蚀性很好的常用金属材料。图 9-58 是钛在硝酸中的等腐蚀曲线图，可见钛在低于沸点的所有浓度的硝酸中均有极好的耐蚀性能。钛在发烟硝酸中的耐蚀率极好，优于其他许多金属材料。表 9-134 所示是钛及其他金属和合金材料在发烟硝酸中腐蚀率的对比。钛在发烟硝酸中，当过量的 NO_2 超过 2％ 而含水量不足（<2％）时可能引发爆炸，对这一点应引起注意。

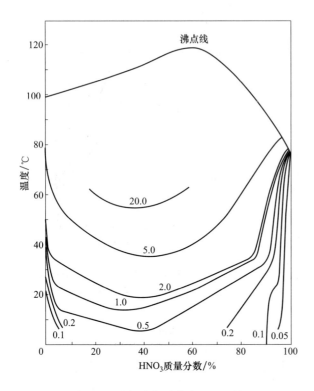

图 9-57 纯铝和铝硅合金（Si12%）
在硝酸中的等腐蚀曲线（mm/a）

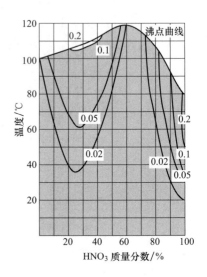

图 9-58 钛（0.02%C；0.05%Fe）
在硝酸中的等腐蚀曲线（mm/a）

表 9-134 在发烟硝酸中材料的腐蚀速率

材　　料	腐蚀速率/(mm/a)	
	常温	71℃
钛	0.0025	<0.025
Haynes 25(20Ni-50Co-20Cr-15W-3Fe)	—	0.051
Carpenter 20	—	1.270
0Cr25Ni20	0.010	2.920
0Cr19Ni9	0.015	4.320
0Cr17Ni12Mo2	0.024	6.500
LF21	0.076	1.020

（5）镍及镍合金

在镍基合金中，含铬量较高的镍铬钼合金在硝酸中均有较好的耐蚀性能，属 Hastelloy 型合金。

图 9-59～图 9-61 分别是 0Cr16Ni60Mo16W4（Hastelloy C 合金）与 0Cr22Ni47Mo7FeNb（Hastelloy F 合金）及 00Cr16Ni60Mo16W4（Hastelloy C276 合金）、00Cr21Ni57Mo13W3（Hastelloy C22 合金）在硝酸中的耐蚀性曲线或等腐蚀曲线图。从这些图线中可知，这类镍铬钼合金对硝酸具有很好的耐蚀性，可广泛用于硝酸或含硝酸的混合酸介质中。但是，有许多不锈钢也耐硝酸腐蚀，且价格比镍铬钼合金低廉，所以，在一般情况下还是宜选不锈钢，有特殊情况时可考虑选用镍铬钼合金。

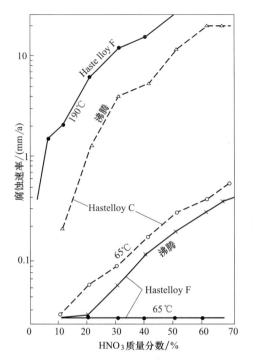

图 9-59　0Cr16Ni60Mo16W4 合金
在 HNO$_3$ 中的耐蚀性
Hastelloy F—0Cr22Ni47Mo7FeNb

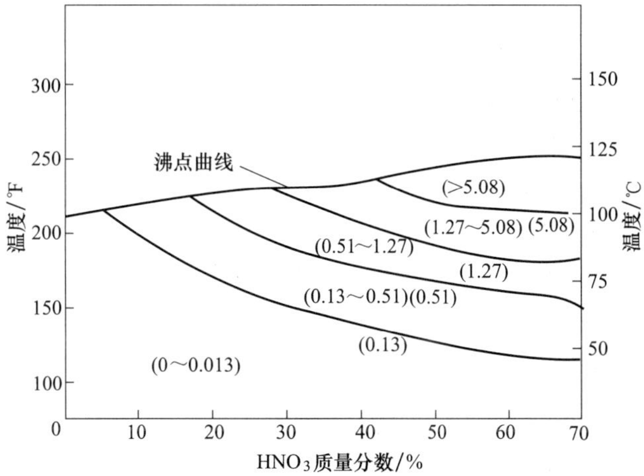

图 9-60　00Cr16Ni60Mo16W4 在 HNO$_3$ 中的等腐蚀图
（图中数字为腐蚀速率，单位为 mm/a）

除上述金属和合金外，还有更多合金可供选择，如锆、金、钽、铂等，但是这些金属均属贵重、稀缺金属，除非极特殊要求，一般不予选择。

图 9-62 是常用的硝酸腐蚀选材图，可供选材时考虑。

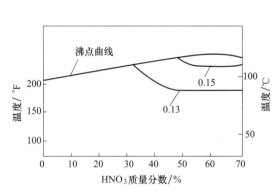

图 9-61　在硝酸中，00Cr21Ni57Mo13W3
合金的等腐蚀图
（图中数字为腐蚀速率，单位为 mm/a）

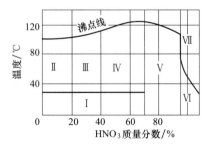

I	Cr17,0Cr17Ti,1Cr17Ni2,0Cr21Ni5Ti,1Cr18Ni9Ti,硅铁,铅,钛 BT1,锆
II	Cr17,0Cr17Ti,Cr28Ti,0Cr21Ni5Ti,1Cr18Ni9Ti,Cr17Ni13Mo2Ti,硅铁,铅,钛 BT1,锆
III	Cr17Ti,Cr28Ti,0Cr21Ni5Ti,1Cr18Ni9Ti,Cr17Ni13Mo2Ti,硅铁,铅,钛 BT1,锆
IV	0Cr21Ni5Ti,1Cr18Ni9Ti,Cr17Ni13Mo2Ti,钛 BT1,锆,硅铁
V	1Cr18Ni9Ti(≤60℃),钛 BT1,锆,铝(≥85%),硅铁
VI	铝,钽,硅铁
VII	金,钽,铂,硅铁

注：BT1 为俄罗斯钛的牌号。

图 9-62　硝酸选材图

9.5.4.7 盐酸腐蚀选材

盐酸是还原性强酸，是腐蚀性最强的介质之一。因大多数金属的标准电极电位都低于氢的标准电极电位，所以，它们与盐酸接触时便产生强烈的放氢性腐蚀。许多常用的钝化型金属如铝、钛、不锈钢等在盐酸中都难以钝化。只有一些贵重金属和少数合金对盐酸有较好的耐蚀性。

(1) 碳钢和普通铸铁

一切浓度和温度的盐酸溶液，包括湿盐酸气，对碳钢和普通铸铁都会产生严重腐蚀，所以，在盐酸介质中，不可选用碳钢和普通铸铁。

(2) 高合金铸铁

普通高硅铸铁对常温下的盐酸及 65℃ 以下、10% （质量分数）以下的稀盐酸有一定的耐蚀性能，见图 9-63。但是，含钼的高硅铸铁在盐酸中的耐蚀性要更好。含钼的高硅铸铁在盐酸中有显著的钝化作用，开始时腐蚀率可能很高，但随后迅速下降。其对中等温度以下的一切浓度盐酸都有良好的耐蚀性，但在沸腾的浓盐酸中腐蚀严重，见图 9-64。

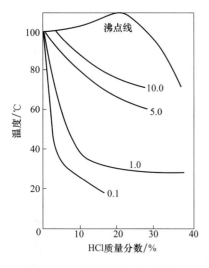

图 9-63 高硅铸铁在盐酸中的
等腐蚀曲线 （mm/a）

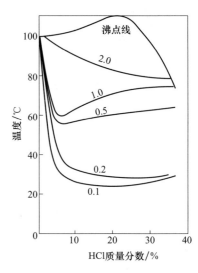

图 9-64 含钼 3% 的高硅
铸铁在盐酸中的
等腐蚀曲线 （mm/a）

高镍铸铁只能用于极稀的常温盐酸溶液中，在这种情况下，高镍铸铁优于普通铸铁；而在 10% 以上或高温下的盐酸中腐蚀严重，不可用。

(3) 不锈钢

一般不锈钢只有在很稀的盐酸中才能钝化，见图 9-65 和图 9-66。因此，一般不锈钢基本不适用于盐酸介质。

含钼的铬镍奥氏体不锈钢也只用于极稀的盐酸，如在常温时可用于质量分数为 2%～3% 的盐酸，在 50℃ 时可用于 1% 的盐酸，在 75℃ 时，可用于 0.5% 的盐酸。不锈钢中加入钼和铜，在盐酸中腐蚀率可有限地改善。不锈钢中加入钼或铜对在盐酸中腐蚀率的影响见表 9-135。

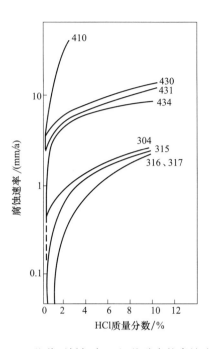

图 9-65　几种不锈钢在 20℃ 盐酸中的腐蚀速率

410—1Cr12；430—1Cr17；431—1Cr17Ni2；

434—1Cr17Mo；304—0Cr19Ni9；

315—0Cr17Ni10Mo；316—0Cr17Ni12Mo2；

317—0Cr19Ni13Mo3

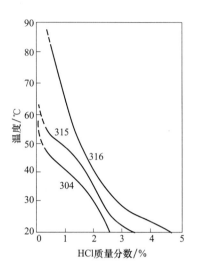

图 9-66　几种不锈钢在盐酸中腐蚀率为

1.15mm/a 时的等腐蚀曲线

304—0Cr19Ni9；315—0Cr17Ni10Mo；

316—0Cr17Ni12Mo2

表 9-135　18-8 不锈钢中加入钼或铜对在 40℃ 盐酸中腐蚀速率的影响　　　mm/a

钢　类	HCl 质量分数/%		
	0.5	1.0	5
18Cr-8Ni	2.05	2.46	4.92
18Cr-8Ni-2Cu	0.82	1.23	1.23
18Cr-8Ni-3.5Mo	<0.082	<0.082	4.92

提高不锈钢中镍含量可显著提高在冷盐酸中的耐腐蚀能力，见表 9-136。

表 9-136　不锈钢中镍含量对在冷盐酸中腐蚀率的影响　　　mm/a

化学成分/%					HCl 质量分数/%	
C	Cr	Mo	Cu	Ni	36	18
<0.1	20	2.5	1.5	8	22.55	2.05
<0.1	20	2.5	1.5	11	18.45	2.05
<0.1	20	2.5	1.5	15	9.02	0.574
<0.1	20	2.5	1.5	25	4.10	0.144
<0.1	20	4.5	1.5	25	0.205	0.082

高合金不锈钢在盐酸中的耐蚀性也不是很好，但对常温稀盐酸有一定的耐蚀性。

图 9-67 ～ 图 9-72 所示分别是 0.1C-18Cr-8Ni（1Cr18Ni8）、0.05C-18Cr-10Ni-2Mo（0Cr18Ni10Mo2）、0.05C-17Cr-13Ni-5Mo（0Cr17Ni13Mo5）、0.05C-20Cr-25Ni-3Mo-2Cu（0Cr20Ni25Mo3Cu2）、0.05C-18Cr-18Ni-2Mo-2Cu（0Cr18Ni18Mo2Cu2）、0.6C-30Cr（0Cr30）等不锈钢在盐酸中的等腐蚀曲线，从这些等腐蚀曲线图可知，不锈钢在盐酸中的耐蚀性不是很好，但可在有限范围内选用。

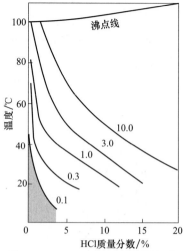

图 9-67　0.1C-18Cr-8Ni 不锈钢在
盐酸中的等腐蚀曲线（mm/a）

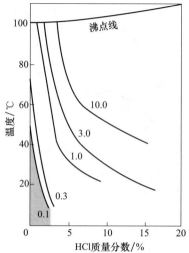

图 9-68　0.05C-18Cr-10Ni-2Mo 不锈钢
在盐酸中的等腐蚀曲线（mm/a）

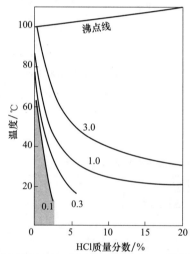

图 9-69　0.05C-17Cr-13Ni-5Mo 不锈钢
在盐酸中的等腐蚀曲线（mm/a）

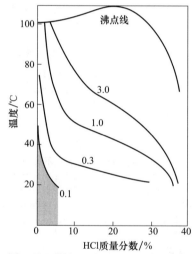

图 9-70　0.05C-20Cr-25Ni-3Mo-2Cu
不锈钢在盐酸中的等腐蚀曲线（mm/a）

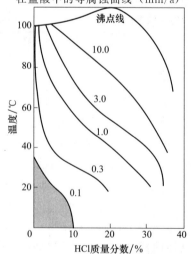

图 9-71　0.05C-18Cr-18Ni-2Mo-2Cu
不锈钢在盐酸中的等腐蚀曲线（mm/a）

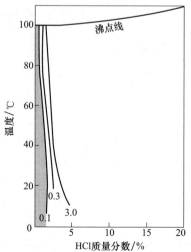

图 9-72　0.6C-30Cr 不锈钢在
盐酸中的等腐蚀曲线（mm/a）

总之，铬不锈钢和铬镍不锈钢对一切浓度和温度的盐酸耐蚀性较差，不太适用。含钼的铬镍不锈钢也只能用于极稀的盐酸，但其在盐酸中易发生孔蚀。

　　（4）有色金属及合金

　　盐酸对有色金属及合金的腐蚀性也很强。纯铜只在很稀的室温盐酸中有一定耐蚀性，见图 9-73。纯铝在盐酸中的耐蚀性也很差，见图 9-74。

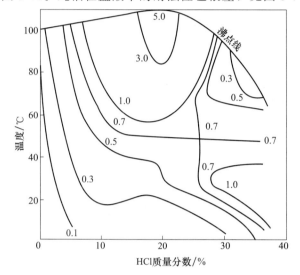

图 9-73　铜在盐酸中的等腐蚀曲线（mm/a）

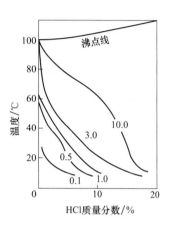

图 9-74　高纯度铝（99.99%）在盐酸中的等腐蚀曲线（mm/a）

　　加入铝或硅的铝铁青铜和硅青铜可在室温下各种浓度的盐酸中有一定耐蚀性，见图 9-75 和图 9-76。

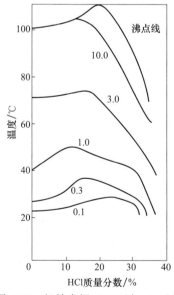

图 9-75　铝铁青铜（A17%，Fe3%）在盐酸中的等腐蚀曲线（mm/a）

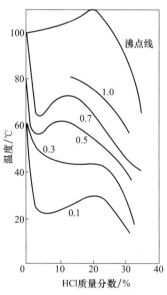

图 9-76　硅青铜（Si3%）在盐酸中的等腐蚀曲线（mm/a）

　　纯钛仅在温度不高的稀盐酸中有一定耐蚀性，一般可用于室温、7.5%（质量分数），60℃、3%（质量分数）和 100℃、0.5%（质量分数）的盐酸中。图 9-77～图 9-79 分别是纯钛和钛合金在不同条件下的盐酸中等腐蚀曲线图。

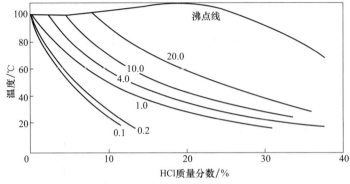

图 9-77 纯钛在盐酸中的等腐蚀曲线 （mm/a）

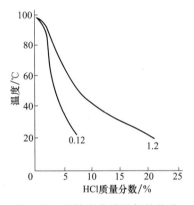

图 9-78 纯钛在自然通气的盐酸
中的等腐蚀曲线 （mm/a）

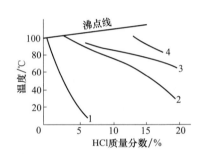

图 9-79 钛与钛合金在盐酸中的
等腐蚀曲线 （0.1mm/a）

1—纯钛，自然通气；2—Ti-0.2Pd，自然通气；

3—纯钛，通氯气；4—Ti-30Mo，自然通气

（5）镍及镍合金

镍及镍合金在盐酸中有较好的耐蚀性，但因其所含合金元素种类、数量不同，在耐盐酸腐蚀性能方面也有差别。

① 镍和镍铜合金。镍和镍铜合金对稀盐酸有较好的耐蚀性，图 9-80 和图 9-81 所示是镍和镍铜合金 Ni68Cu28Fe （Monel 400 合金）在盐酸中的耐蚀性。从图中曲线可知，镍和镍铜合金 Ni68Cu28Fe 对稀盐酸都有较好的耐蚀性。在质量分数低于 10％的稀盐酸中，镍比镍铜合金耐蚀性要好一些，但在通入空气的盐酸中耐蚀性均降低。随盐酸温度和浓度升高，腐蚀率也升高，一般说来，对于不充气的盐酸，镍只适用于质量分数低于 20％的盐酸，镍铜合金只适用于质量分数低于 10％的盐酸；

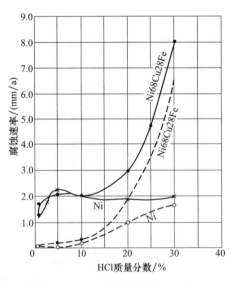

图 9-80 镍和 Ni68Cu28Fe 合金在盐酸中的耐蚀性

——— 向酸中充入氮气；—向酸中通入空气

对于充气的盐酸，均适用于质量分数不大于 5% 的稀盐酸；但在沸腾温度下，即使盐酸很稀也都不耐蚀，见图 9-82。镍和镍合金在盐酸中不产生应力腐蚀破裂，但不能用于氧化性的酸性氯化物盐类溶液。

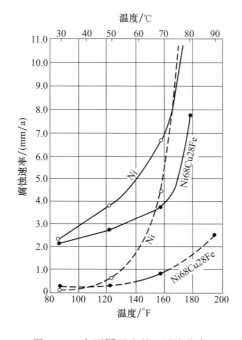

图 9-81　在不同温度的 5% 盐酸中，
镍和 Ni68Cu28Fe 合金的耐蚀性
——酸中通入空气；－－－酸中充入氮气

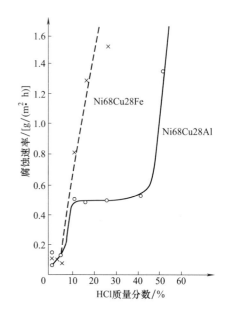

图 9-82　在沸腾盐酸中，Ni68Cu28Fe 和
Ni68Cu28Al 合金的耐蚀性

② 镍铬合金。镍铬合金对常温的质量分数不大于 10% 的稀盐酸有一定耐蚀性，其耐蚀性不如镍和镍铜合金。图 9-83 所示为镍铬合金 0Cr15Ni75Fe 在盐酸中的耐蚀性曲线。

镍铬合金在盐酸和酸性氯化物溶液中不会产生应力腐蚀，但不耐氧化性的酸性氯化物溶液。

③ 镍铬钼合金。镍铬钼合金，即哈氏合金在盐酸中耐蚀性最好，适用于各种浓度的盐酸，特别是含钼量大于 16% 后，效果更明显，见图 9-84。

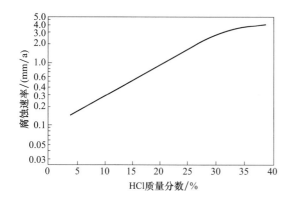

图 9-83　0Cr15Ni75Fe 合金在室温盐酸中的耐蚀性

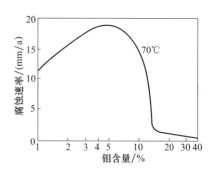

图 9-84　镍钼合金中的含钼量对在
70℃、10% 盐酸中腐蚀速率的影响

如在这类合金中，0Mo28Ni65Fe5（Hastelloy B）虽然几乎不含铬，但因为含钼量高，所以在盐酸中的耐蚀性优于 0Cr16Ni60Mo16W4（Hastelloy C），见图 9-85 和图 9-86。

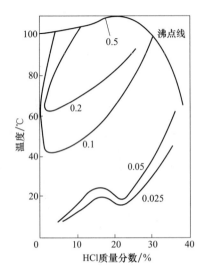

图 9-85　Hastelloy B 在盐酸中的
等腐蚀曲线（mm/a）

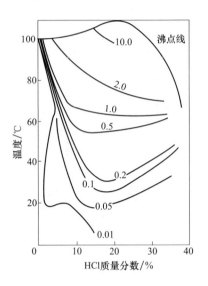

图 9-86　Hastelloy C 在盐酸中的
等腐蚀曲线（mm/a）

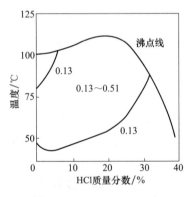

图 9-87　Hastelloy B-2 在
盐酸中的等腐蚀曲线（mm/a）

而超低碳型的镍铬钼合金 00Mo28Ni68Fe2（Hastelloy B-2）不仅在盐酸中有很好的耐均匀腐蚀性能，见图 9-87；并且，即使在敏化状态也具有抗盐酸晶间腐蚀性能。

镍铬钼合金 00Mo28Ni68Fe2（Hastelloy B-2）合金可用于质量分数不大于 20% 的稀盐酸，而在较高温度下腐蚀速率很大，有试验表明，在 5% 的沸盐酸中腐蚀速率为 15mm/a；而在 10%～37% 的盐酸中，在 50℃ 时腐蚀速率为 0.8～1.5mm/a，温度达到 70℃ 时，腐蚀速率上升至 1.3～1.7mm/a。但该合金对于氧化性的酸性盐类溶液（如氯化铁、氯化铜溶液）有良好的耐蚀性。

盐酸是一种腐蚀性很强的介质，在盐酸环境中腐蚀选材可参照图 9-88。

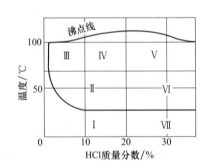

Ⅰ	硅铸铁，抗氯合金，银，蒙乃尔，镍，哈氏合金 B、C，铅，钛
Ⅱ	硅铸铁，抗氯合金，银，哈氏合金 B，铅
Ⅲ	抗氯合金，哈氏合金 B
Ⅳ	抗氯合金
Ⅴ	抗氯合金
Ⅵ	硅铸铁，抗氯合金，哈氏合金 B，铅
Ⅶ	抗氯合金，哈氏合金 B、C，银

图 9-88　盐酸选材图

9.5.4.8 磷酸腐蚀选材

磷酸是腐蚀性较强的介质。磷酸的腐蚀性随浓度、温度、杂质含量的增加而增大。纯磷酸选材还比较简单，但实际上，许多原因使磷酸中混有杂质，如氟化物、氯化物、硫酸等，这些杂质的存在增加了磷酸对金属材料的腐蚀性，也使选材变得复杂起来。

（1）碳钢和普通铸铁

普通钢铁不耐磷酸腐蚀，它们在磷酸中的腐蚀速率很高，不适用；偶尔在质量分数为 $70\% \sim 85\%$ 的磷酸中使用，但还需加入缓蚀剂。

（2）高合金铸铁

高硅铸铁与磷酸作用时，在表面会生成坚韧而致密的氧化硅保护膜，所以，高硅铸铁在较纯的磷酸中可耐一切浓度和温度条件下的磷酸腐蚀，见图 9-89。但其在含有杂质（如氟化氢、氟化硅等）的磷酸中会产生腐蚀。但因为其耐磨损能力极好，所以是常选用材料之一。

高镍铸铁的耐磷酸腐蚀能力不如高硅铸铁，其仅在室温下的不充气稀磷酸（质量分数 $<5\%$）和质量分数为 $50\% \sim 70\%$ 的中等浓度磷酸中有一定的耐蚀性；充气和高温都使腐蚀增加，且又由于价格较高，在实际应用中较少。

（3）不锈钢

不锈钢在磷酸中的应用情况，随环境和不锈钢类别不同呈现不同结果，随着浓度和温度的升高，磷酸对不锈钢的腐蚀性增强，搅拌和流动也会增强腐蚀性。铁素体和马氏体不锈钢只耐充气的稀磷酸，在质量分数大于 80% 的磷酸中也有一定耐蚀性。图 9-90 和图 9-91 分别是 2Cr13 和含碳 0.22% 的 Cr17 型铁素体不锈钢在磷酸中的等腐蚀曲线图。

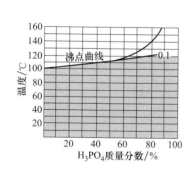

图 9-89　硅铸铁（14～16%Si）在磷酸中的等腐蚀曲线（mm/a）

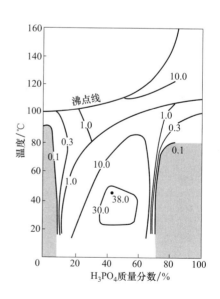

图 9-90　铬钢（C0.2%、Cr13%）在磷酸中的等腐蚀曲线（mm/a）

铬镍奥氏体不锈钢在稀磷酸中也有一定耐蚀性，见图 9-92。在不锈钢中，铬镍钼奥氏体不锈钢的耐磷酸腐蚀能力最好，适用于 50% 以下的沸腾磷酸和 $50\% \sim 85\%$ 的温度在 100℃ 左右的热磷酸，也可用于含有微量硫酸的磷酸；而不含钼的铬镍奥氏体不锈钢可耐 5% 以下的沸腾磷酸和 10% 的常温磷酸。特别是高合金铬镍奥氏体不锈钢耐磷酸腐蚀性能更好。其对一切浓度和高温的磷酸都有良好的耐蚀性，甚至对于磷酸中含有少量氟离子及石膏泥浆也不受影响。图 9-93～图 9-96 分别是含钼奥氏体不锈钢 0Cr18Ni10Mo2、0Cr18Ni12Mo2、0Cr18Ni12Mo2Cu2 和 0Cr17Ni13Mo5 在磷酸中的等腐蚀线图。

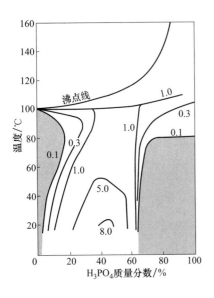

图 9-91　铬钢（C0.22%、Cr17%）
在磷酸中的等腐蚀曲线（mm/a）

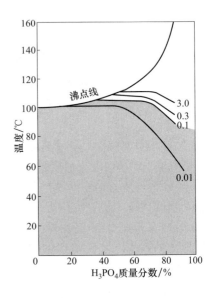

图 9-92　铬镍不锈钢（C0.1%、Cr18%、
Ni8%）在磷酸中的等腐蚀曲线（mm/a）

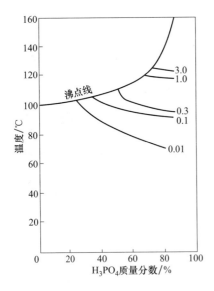

图 9-93　铬镍钼不锈钢（C0.05%、
Cr18%、Ni10%、Mo2%）在磷酸中的
等腐蚀曲线（mm/a）

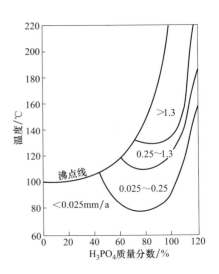

图 9-94　铬镍钼不锈钢（Cr18%、
Ni12%、Mo2%）在磷酸中的
等腐蚀曲线（mm/a）

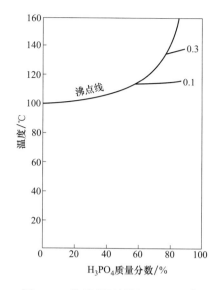

图 9-95　铬镍钼不锈钢（C0.05%、
Cr18%、Ni18%、Mo2%、Cu2%）
在磷酸中的等腐蚀曲线（mm/a）

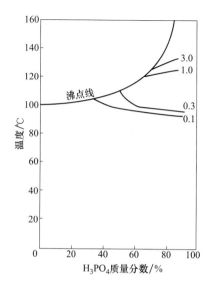

图 9-96　铬镍钼不锈钢（C0.05%、
Cr17%、Ni13%、Mo5%）在磷酸中的
等腐蚀曲线（mm/a）

图 9-97 和图 9-98 分别是高合金不锈钢 0Cr20Ni25Mo3Cu2 和 0Cr22Ni26Mo5 在磷酸中的等腐蚀曲线图。

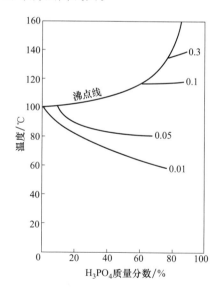

图 9-97　铬镍钼不锈钢（C0.05%、
Cr20%、Ni25%、Mo3%、Cu2%）在
磷酸中的等腐蚀曲线（mm/a）

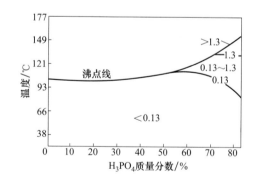

图 9-98　铬镍钼合金 Haynes No. 20（C0.05%、
Cr21%～23%、Mo4%～6%、Ni25%～27%、
Fe 基）在磷酸中的等腐蚀曲线（mm/a）

（4）有色金属和合金

铜和铜合金对不充气的磷酸一般都有较好的耐蚀性，浓度的影响不大，在 100℃ 以下，腐蚀率都较低；但超过 100℃ 时，腐蚀率可增大 5 倍，充气作用使腐蚀率增大 10～100 倍。在多数条件下，磷酸不含或只含少量空气，所以，铜和铜合金也常被使用。图 9-99 和图 9-100 分别是铝青铜和紫铜在磷酸中的等腐蚀曲线图。

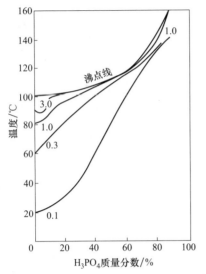

图 9-99　铝青铜（Cu90%、Al7%、Fe3%）
在磷酸中的等腐蚀曲线（mm/a）

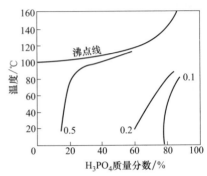

图 9-100　紫铜在磷酸中的
等腐蚀曲线（mm/a）

钛对常温下的磷酸有一定耐蚀性，在温度为 35℃、质量分数达 30% 的充气磷酸中，钛比较稳定，当温度升高后，耐蚀性降低。图 9-101 是钛在磷酸中的等腐蚀曲线图。

（5）镍和镍合金

镍和镍合金对磷酸都具有良好的耐蚀性，但不同种类、成分的镍合金抗磷酸腐蚀的能力有所不同。

① 镍铜合金。一般认为，镍铜合金可耐不含氧和氧化剂的 ≤105℃ 的磷酸的腐蚀。试验表明，在 50℃ 以下的磷酸中，其腐蚀率 ≤0.05mm/a；在 105℃ 以下的磷酸中，其腐蚀率 ≤0.25mm/a；充入空气将加速腐蚀。图 9-102 是镍铜合金（Monel 合金）Ni67Cu30Fe1.4 在磷酸中的等腐蚀曲线图。

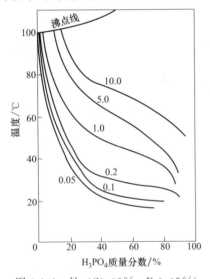

图 9-101　钛（C0.02%、Fe0.05%）
在磷酸中的等腐蚀曲线（mm/a）

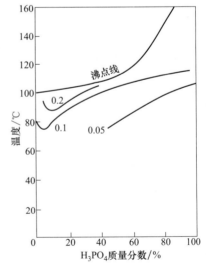

图 9-102　镍铜合金（Monel 合金）Ni67Cu30Fe1.4（C0.15%、
Ni67%、Cu30%、Fe1.4%）在磷酸中的等腐蚀曲线（mm/a）

② 镍铬合金。镍铬合金对常温下所有浓度的磷酸都有一定的耐蚀性，但在热而浓的磷酸中腐蚀严重。

③ 镍钼合金和镍铬钼合金。这两类合金统称 Hastelloy 合金，它们对所有浓度的磷酸都有优良的耐蚀性能，温度可达到沸点，一般在常温、浓磷酸中的腐蚀比在稀磷酸中更小些，在常温、85％的磷酸中几乎察觉不出腐蚀。磷酸中如果含有氧化性杂质如三价铁离子，会增大对这类合金的腐蚀，特别是对不含铬的合金腐蚀较大，而磷酸中存在氟离子影响不大。图 9-103 和图 9-104 分别是镍钼合金 Hastelloy B（0Mo28Ni65Fe5）和 Hastelloy B-2（00Mo28Ni68Fe2）在磷酸中的等腐蚀曲线图。图 9-105～图 9-109 分别是镍铬钼合金 Hastelloy C（0Cr16Ni60Mo16W4）、Hastelloy C-4（00Cr16Ni66Mo16Ti）、Hastelloy C-276（00Cr16Ni60Mo16W4）、Hastelloy F（00Cr22Ni50Mo6）、Hastelloy G（0Cr22Ni50Mo6CuNb）在磷酸中的等腐蚀曲线图。

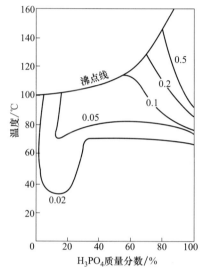

图 9-103　镍钼合金 Hastelloy B（C0.05％、Ni61％、Mo26％～30％、Fe4％～7％）在磷酸中的等腐蚀曲线（mm/a）

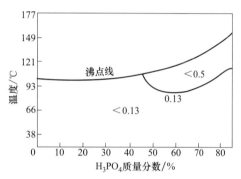

图 9-104　镍钼合金 Hastelloy B-2（C0.02％、Mo26％～30％、Ni 基）在磷酸中的等腐蚀曲线（mm/a）

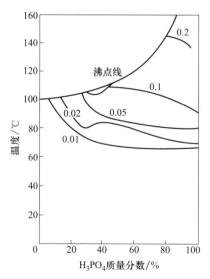

图 9-105　镍铬钼钨合金 Hastelloy C（C0.08％、Ni54％、Cr14％～16％、Mo15％～17％、W3％～4.5％、Fe4％～7％）在磷酸中的等腐蚀曲线（mm/a）

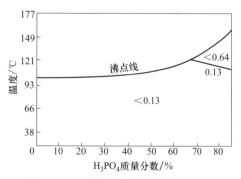

图 9-106　镍铬钼合金 Hastelloy C-4（C0.015％、Cr14％～18％、Mo14％～17％、Ni 基）在磷酸中的等腐蚀曲线（mm/a）

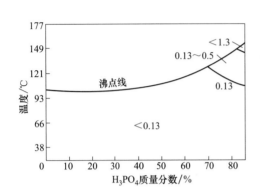

图 9-107　镍铬钼合金 Hastelloy C-276
（C0.02％、Cr14.5％～16.5％、Mo14％～17％、
Ni 基）在磷酸中的等腐蚀曲线（mm/a）

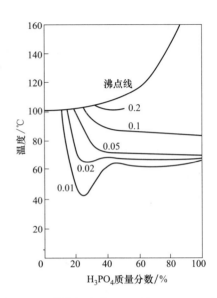

图 9-108　镍铬钼合金 Hastelloy F（C0.1％、
Ni44％、Fe30％、Cr22％、Mo6.5％、Mn2％、
Si1％）在磷酸中的等腐蚀曲线（mm/a）

图 9-110 是常见的磷酸选材图，可供选材时参考使用。

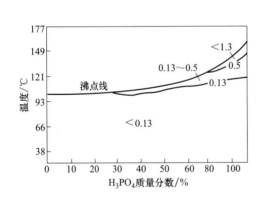

图 9-109　镍铬钼合金 Hastelloy G（C0.05％、
Cr21％～23％、Fe18％～21％、Mo5.5％～7.5％、
Ni 基）在磷酸中的等腐蚀曲线（mm/a）

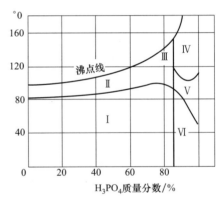

Ⅰ	硅铸铁，1Cr18Ni9Ti，0Cr23Ni28Mo3Cu3Ti，哈氏合金 C，铜，蒙乃尔，铅，钛 BT1(到 30％)
Ⅱ	硅铸铁，1Cr18Ni9Ti，哈氏合金 C，铅
Ⅲ	硅铸铁，哈氏合金 C
Ⅳ	硅铸铁
Ⅴ	硅铸铁，哈氏合金 C，1Cr18Ni9Ti
Ⅵ	硅铸铁，哈氏合金 C，1Cr18Ni9Ti

注：BT1 为苏联钛牌号。

图 9-110　磷酸选材图

9.5.4.9　醋酸腐蚀选材

醋酸（乙酸）是腐蚀较强的有机酸，但比无机酸弱。醋酸能使钝化型金属具有钝化和活化行为，含有氧化剂时能促进钝化，提高温度会促进活化。

醋酸中通入空气或氧，或含有铬酸钠、硝酸、磷酸等氧化剂时，会使钢的氧化膜更加稳定。醋酸中含有高锰酸盐、重铬酸盐、铜盐、铁盐、磷酸等氧化性物质以及通入空气或氧气时，会减缓不锈钢的腐蚀。醋酸中含有硫酸、盐酸等还原性物质时会减缓钢的腐蚀，但会加剧不锈钢的腐蚀，还会产生点腐蚀。

醋酸对钢铁腐蚀严重。在醋酸中有较好耐蚀性的金属有铬镍不锈钢、高硅铁、镍铜合金等。

（1）碳钢和普通铸铁

普通铸铁在一切浓度和温度的醋酸中腐蚀率都很高，不适用，只有在露点以上的醋酸蒸气中尚有一定的抗蚀性。普通铸铁和碳钢在醋酸中的等腐蚀曲线见图9-111。可见，其只有在极稀的醋酸中，在室温条件下才略显一点耐蚀能力。

（2）高合金铸铁

高合金铸铁类型不同，在耐醋酸腐蚀能力上也有差别。

① 高硅铸铁。高硅铸铁对沸点以下一切浓度的醋酸、醋酸蒸气和醋酐都有优良的耐蚀性，见图9-112。醋酸中的杂质和含氧量对硅铸铁的耐蚀性都无大的影响，甚至可以用于130℃的醋酸。

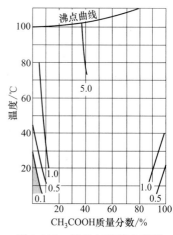

图9-111　铸铁与碳钢在醋酸
中的等腐蚀曲线（mm/a）

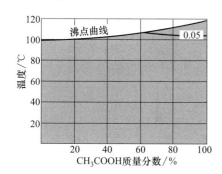

图9-112　硅铸铁（14％～16％Si）在醋酸
中的等腐蚀曲线（mm/a）

② 高铬铸铁和高镍铸铁。高铬铸铁在温度不太高的醋酸中有足够的耐蚀性，见图9-113。而高镍铸铁仅限于10％（质量分数）以下不充气的稀醋酸，其中含铜的比不含铜的高镍铸铁有更好的耐蚀性能。

（3）不锈钢

不锈钢在醋酸介质中应用较广泛。铁素体不锈钢只适用于室温条件下的醋酸，在质量分数为≤5％或≥95％的醋酸中使用温度可更高一些。在5％～95％的很宽的范围内，只可用于不大于20℃温度条件下，见图9-114。

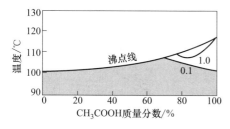

图9-113　高铬铸铁在醋酸
中的等腐蚀曲线（mm/a）

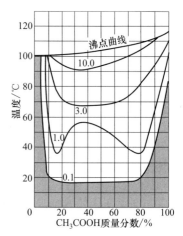

图9-114　Cr17（0.1％C；17％Cr）
在醋酸中的等腐蚀曲线（mm/a）

铬镍奥氏体不锈钢在醋酸中均有较优良的耐蚀性。特别是含铜的奥氏体不锈钢和高合金不锈钢在醋酸中更具有优良的耐蚀性。高合金不锈钢在沸点以下的一切浓度的醋酸中，在热醋酸的蒸气中的腐蚀都很轻微，在高温高浓度的醋酸中的耐蚀性优于普通不锈钢。图 9-115 和图 9-116 分别是 1Cr18Ni9 和 0Cr18Ni10Mo2 奥氏体不锈钢在醋酸中的等腐蚀曲线图。

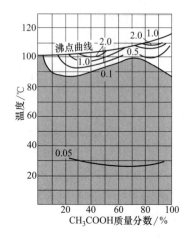

图 9-115　Cr-Ni 钢（0.1％C；18％Cr；8％Ni）在醋酸中的等腐蚀曲线

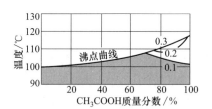

图 9-116　Cr-Ni-Mo 钢（0.05％C；18％Cr；10％Ni；2％Mo）在醋酸中的等腐蚀曲线

从图中可见，铬镍奥氏体不锈钢可用于 80℃ 以下温度的各种浓度的醋酸中，而加钼后可显著提高在醋酸中的耐蚀性，可以耐常压、沸点以下温度的各种浓度的醋酸腐蚀。但应注意，醋酸对不锈钢有一定的晶间腐蚀能力。

（4）有色金属和合金

① 铜和铜合金。铜和铜合金对一切浓度的不充气的醋酸都具有耐蚀性，对稀酸可耐至沸点温度；充气作用会使腐蚀加大。经验证明，纯铜比铜合金在醋酸中的耐蚀性更好。但铜在醋酸中可能产生点腐蚀，黄铜在醋酸中可能产生脱锌反应。图 9-117 和图 9-118 所示分别是在醋酸中铜的等腐蚀曲线和硅青铜的腐蚀速率。

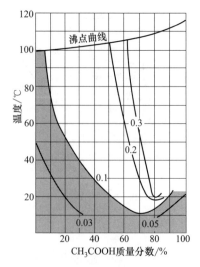

图 9-117　铜在醋酸中的等腐蚀曲线（mm/a）

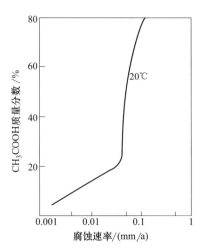

图 9-118　硅青铜（Cu97％，Si3％）在 20℃ 醋酸中的腐蚀速率

② 铝和铝合金。铝在稀醋酸中的腐蚀速率较高，而在温度不太高的浓醋酸中有较好的耐蚀性。醋酸中所含杂质含量对铝的腐蚀影响较大，如甲酸、醋酐、氯离子等均会加剧铝的腐蚀。另外铝在流动醋酸中的耐冲蚀能力差，不如不锈钢。图 9-119 是铝和铝硅合金在醋酸中的等腐蚀曲线图。图 9-120 和图 9-121 分别是铝在醋酸中 75℃ 和沸腾温度条件下的腐蚀速率与浓度的关系图。

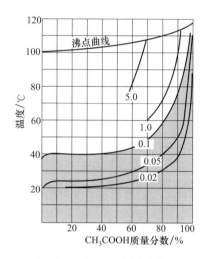

图 9-119　铝（99.3％Al）和铝硅合金（12％Si，
其余为 Al）在醋酸中的等腐蚀曲线（mm/a）

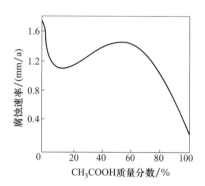

图 9-120　纯铝在 75℃ 醋酸中的腐蚀
速率与浓度的关系曲线

③ 钛和钛合金。钛和钛合金对一切浓度的醋酸、醋酸蒸气和醋酐都有非常优良的耐蚀性，使用温度可达沸点以上，腐蚀速率均在 0.1mm/a 以下，见图 9-122。

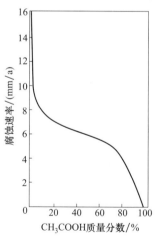

图 9-121　纯铝在沸腾醋酸中的
腐蚀速率与浓度的关系曲线

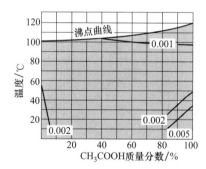

图 9-122　钛（0.02％C；0.05％Fe）在
醋酸中的等腐蚀曲线（mm/a）

④ 镍及镍合金。镍和镍合金在醋酸中均有良好的耐蚀性能。

其中镍、镍铜合金和镍铬合金对常温条件下一切浓度的不充气醋酸都有良好的耐蚀性，升温和充气作用会使腐蚀加剧。镍铬合金对稀醋酸的耐蚀性非常好，使用温度可至沸点，而对不充气醋酸只可用于室温。其对常温 10％ 以上较浓醋酸有一定的耐蚀性，对热浓醋酸不耐蚀。图 9-123 所示是镍铜合金 Ni68Cu28Fe（Monel 400）合金在 30℃ 醋酸中的耐蚀性。

图 9-124 是镍铜合金蒙乃尔合金在醋酸中的等腐蚀曲线图。可见该合金在醋酸中的耐蚀性是很优良的。

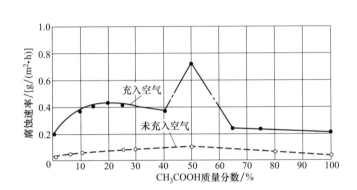

图 9-123 Ni68Cu28Fe 合金在 30℃醋酸中的耐蚀性（通入空气试验时间 24h，流速 4.87m/min，未通入空气试验时间 72h）

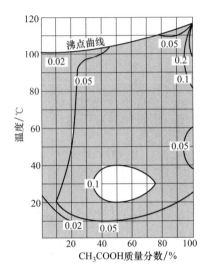

图 9-124 蒙乃尔合金（0.15％C；67％Ni；30％Cu；1.5％Fe）在醋酸中的等腐蚀曲线

而镍合金中的镍钼合金和镍铬钼合金即 Hastelloy 合金在醋酸中的耐蚀性更优秀。此类合金对一切温度和浓度的醋酸（不论充气与否）及醋酐、醋蒸气都有非常好的耐蚀性能。尤其是镍铬钼合金，可用于醋酸腐蚀最严重的环境中，在氧化状态下的耐蚀性特别好，在还原性条件下也较好。

图 9-125 是镍钼合金 Hastelloy B 合金（0Mo28Ni65Fe5）在醋酸中的等腐蚀曲线图，图 9-126 是镍铬钼合金 Hastelloy C 合金（0Cr16Ni60Mo16W4）在醋酸中的等腐蚀曲线图。

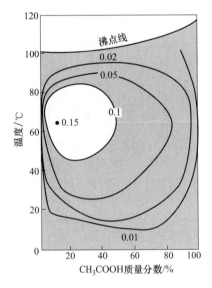

图 9-125 Hastelloy B 在醋酸中的等腐蚀曲线（mm/a）

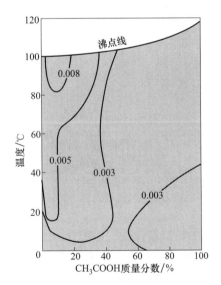

图 9-126 Hastelloy C 在醋酸中的等腐蚀曲线（mm/a）

除上述材料外，在醋酸中耐蚀性较好的金属材料还有钽、银等。常用的醋酸腐蚀选材见图 9-127。

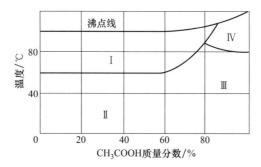

I	Cr17Ni13Mo2Ti，0Cr23Ni28Mo3Cu3Ti，哈氏合金 B，C，钽，钛
II	Cr18Ni10Ti，硅铸铁，镍，Ni70Mo27 合金，钛，铝，蒙乃尔，银
III	Cr17Ni13Mo2Ti，0Cr23Ni28Mo3Cu3Ti，哈氏合金 B，C，Ni70Mo27 合金，蒙乃尔，银，钛
IV	钽

图 9-127　醋酸选材图

9.5.4.10　氟化氢和氢氟酸腐蚀选材

氢氟酸是强腐蚀介质之一。氢氟酸的腐蚀有其特殊性质。金属在氢氟酸中的腐蚀大多数都是严重的，多数具有优良的耐蚀性的材料都不耐氢氟酸腐蚀。含硅的材料也不耐氢氟酸腐蚀，因为硅极易与氟氢酸反应生成 SiF_4。

金属在氟化氢气体中也易腐蚀，各种金属在氟化氢气体中的耐蚀性依赖于金属表面氟化物的稳定性，金属中若含有铌、钛、硅、钼、钨、钽等元素时，会生成不稳定的氟化物，从而降低耐蚀性。因为这些氟化物或者有挥发性或者熔点极低。只有铝和镁与氟化氢生成的 AlF_3 和 MgF_2 熔点分别为 1040℃ 和 1260℃，所以铝和镁对氟化氢有较好的耐蚀性，但这两种金属的力学性能和工艺性能不良，使用受到限制。

（1）碳钢和普通铸铁

碳钢可以广泛应用于 60%～70%（质量分数）以上的氢氟酸和无水氟化氢，但温度不宜超过 65℃。图 9-128 所示是碳钢在 HF 中的等腐蚀曲线，图 9-129 所示是碳钢在氢氟酸中的腐蚀速率。

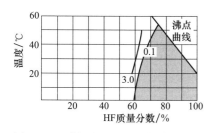

图 9-128　碳钢在 HF 中的等腐蚀曲线

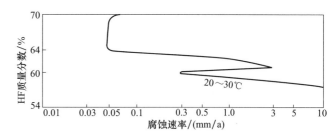

图 9-129　碳钢在 20～30℃氢氟酸中的腐蚀速率

不充气的氢氟酸腐蚀性还小一些。稀氢氟酸（质量分数低于 60%）的腐蚀性很大，根据试验结果表明，碳钢在 21℃ 的 93%氢氟酸中的腐蚀速率只有 0.9mm/a，而在 48%的酸内腐蚀速率达 13mm/a。碳钢含碳量越低，耐氢氟酸性能越好。碳钢对浓氢氟酸耐蚀的原因是表面会生成钝化膜。

一般认为，普通铸铁不适用于氢氟酸，虽然有些数据表示铸铁也耐浓氢氟酸腐蚀，但实际上应用很少。

（2）高合金铸铁

高硅铸铁中含有高含量的硅，易生成极易挥发的 SiF_4，所以不耐氢氟酸腐蚀，也不适用于含游离氟离子的溶液。

高镍铸铁也只可用于常温下，质量分数不大于10%的氢氟酸。

（3）不锈钢

几乎所有的不锈钢都不适用于氢氟酸，因为氢氟酸可以破坏不锈钢表面的钝化膜；但可用于室温条件下的无水氟化氢。高合金不锈钢在氢氟酸中耐蚀性略好一些，但也不是常选用的金属材料。图9-130和图9-131分别是含钼奥氏体不锈钢0Cr17Ni12Mo2和高合金不锈钢0Cr20Ni29Mo2.5Cu3.5Si在氢氟酸中的等腐蚀曲线图。

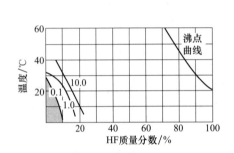

图9-130　Cr-Ni-Mo钢（0.05%C；
18%Cr；10%Ni；2%Mo）在氢氟酸中的
等腐蚀曲线（mm/a）

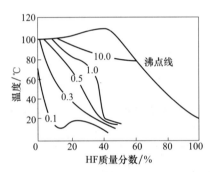

图9-131　20Cr-29Ni-2.5Mo-3.5Cu-1Si
不锈钢在氢氟酸中的
等腐蚀曲线（mm/a）

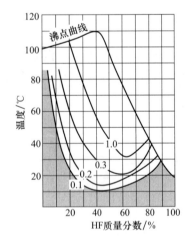

图9-132　铜在氢氟酸中的
等腐蚀曲线（mm/a）

（4）有色金属及合金

铜及铜合金对各种浓度的氢氟酸均有良好的耐蚀性，对较稀的氢氟酸可耐至沸点温度。对浓酸在常温下也有较好的耐蚀性，但随酸中充气作用，腐蚀加大，在过饱和空气的氢氟酸中一般不使用铜及铜合金。图9-132是铜在氢氟酸中的等腐蚀曲线图。

铝和铝合金、钛和钛合金一般不用于氢氟酸中，特别是钛和钛合金在氢氟酸中腐蚀严重。

（5）镍及镍合金

镍对于室温、60%以下的氢氟酸有良好的耐蚀性，但不适用于高温浓氢氟酸，对无水氟化氢有较好的耐蚀性。

① 镍铜合金能耐一切浓度的氢氟酸（包括无水氟化氢），温度可达120℃，但酸内充气或含氧化剂时，腐蚀加重；酸中含有氟硅酸时，可产生应力腐蚀破裂。

图9-133是镍铜合金（蒙乃尔合金）在氢氟酸中的等腐蚀曲线图。从图中可见，其在氢氟酸中的适应性比较广泛。

② 镍铬合金相对于镍铜合金在氢氟酸中的耐蚀性差一些，只能耐 10% 以下的氢氟酸和无水氟化氢，但其价格较贵，在实际中较少应用。图 9-134 所示是镍铬合金 Inconel 600（0Cr15Ni75Fe）在氢氟酸中的腐蚀速率。

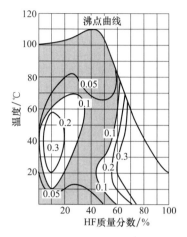

图 9-133　蒙乃尔合金（0.15%C；67%Ni；30%Cu；1.4%Fe）在氢氟酸中的等腐蚀曲线（mm/a）

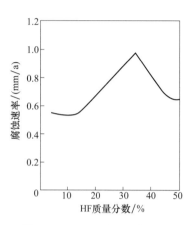

图 9-134　Inconel 600 在 70℃ 氢氟酸中的腐蚀率

③ 镍钼合金和镍铬钼合金对一切浓度的氢氟酸和无水氟化氢都具有良好的耐蚀性，酸中是否充气都无大影响，只是对不充气的氢氟酸的使用耐蚀温度会更高一些，可达 100℃。一般镍钼合金用于还原状态，而镍铬钼合金用于氧化状态。图 9-135 和图 9-136 所示分别是镍钼合金 Hastelloy B（0Mo28Ni65Fe5）和镍铬钼合金 Hastelloy C（0Cr16Ni60Mo16W4）在氢氟酸中的等腐蚀曲线。

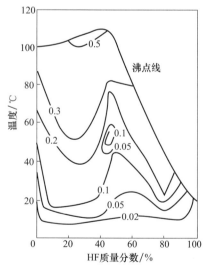

图 9-135　Hastelloy B 在氢氟酸中的等腐蚀曲线（mm/a）

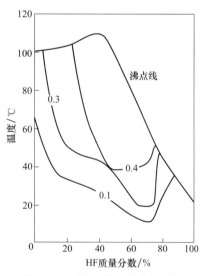

图 9-136　Hastelloy C 在氢氟酸中的等腐蚀曲线（mm/a）

耐氢氟酸腐蚀金属材料还有铂、银等许多，它们在氢氟酸中的耐蚀情况可见表 9-137 和表 9-138，在氟化氢中的耐蚀情况分别见表 9-139 和表 9-140。

表 9-137 金属材料在沸腾氢氟酸中的腐蚀速率　　　mm/a

金属材料	HF38%		HF48%	
	液相	气相	液相	气相
铂	0.000	0.000	0.000	0.000
银	0.000	0.085	0.000	0.000
铜	0.058	0.088	0.046	0.058
90Cu-10Ni	0.119	0.040	0.067	0.018
80Cu-20Ni	0.119	0.034	0.119	0.018
70Cu-30Ni	0.119	0.040	0.089	0.014
Monel	0.244	0.257	0.457	0.853
铅	1.041	1.549	5.08	3.81

注：气相以氮净化。

表 9-138 金属材料在 60℃ 工业氢氟酸中的腐蚀速率　　　mm/a

金属材料	HF50%		HF65%		HF70%	
	液相	气相	液相	气相	液相	气相
铂	0.000	0.000	0.000	0.000	—	—
银	0.009	0.000	0.018	0.001	0.018	0.001
Monel	0.460	0.119	0.122	0.058	0.137	0.052
镁	0.213	0.030	0.038	0.058	—	—
Hastelloy	0.744	0.610	0.192	0.244		
Illium R	0.220	0.082	0.203	0.021		

注：气相用氮净化。

表 9-139 金属在无水氟化氢中的腐蚀速率　　　mm/a

金属	16~27℃	27~38℃	38~93℃	54℃	71℃	82~88℃
碳钢	0.071	0.158	—	0.356	—	2.261
低合金钢	0.152	0.150	—	—	—	1.981
奥氏体不锈钢	0.158	0.122	—	—	—	0.061
铁素体不锈钢	0.193	—	—	—	—	0.221
Monel	0.081	0.023	—	—	—	—
铜	0.328	—	—	—	—	—
镍	0.064	—	0.119	—	0.015	—
70Cu-30Ni	—	0.051	—	0.008	—	0.254
80Cu-20Ni	—	0.132	—	—	—	—
红黄铜	0.762	0.406	—	—	—	1.270
海军黄铜	0.254	0.325	—	0.010	—	0.508
铝青铜	0.366	—	—	—	—	—
磷青铜	0.508	0.478	—	—	—	1.524
Inconel	—	0.066	—	—	—	—
高硅铸铁	—	1.143	—	—	—	—
铝	0.518	—	—	—	—	24.79
镁	0.132	0.434	—	0	—	0

表 9-140 金属在高温无水氟化氢中的腐蚀速率　　　mm/a

金属	500℃	550℃	600℃	金属	500℃	550℃	600℃
镍	0.914	—	0.914	碳钢	15.545	14.630	7.620
Monel	1.219	1.219	1.829	1Cr17	1.524	9.144	11.582
铜	1.524	—	1.219	0Cr19Ni9	—	—	13.411
Inconel	1.524	—	1.524	0Cr18Ni11Nb	182.88	457.2	176.784
铝	4.877	—	14.630	0Cr23Ni13Nb	5.791	42.672	167.64
镁	13.767	—	—	0Cr25Ni20	12.192	100.584	304.8

图 9-137 是常用的氢氟酸选材图，供选材时参考。

9.5.4.11 二氧化硫（亚硫酸）腐蚀选材

气态和液态二氧化硫随其所含水分不同，腐蚀性有很大差别，干二氧化硫基本不含水分，腐蚀性很低。湿二氧化硫是指潮湿的二氧化硫气和二氧化硫水溶液（即亚硫酸），具有强烈的腐蚀性。

理论上一切金属对干二氧化硫都有优良的耐蚀性，温度可达材料在空气中适用的温度限。对湿二氧化硫，不锈钢、铝、铅、铜、钛等都有很好的耐蚀性能。但高硅铸铁、镍和镍合金却不耐湿二氧化硫和亚硫酸的腐蚀。

（1）碳钢和普通铸铁

碳钢和普通铸铁适用于任何温度的干二氧化硫，但在湿二氧化硫气、二氧化硫溶液、亚硫酸溶液中的腐蚀很大，不可应用。

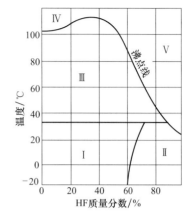

I	铜,铅,镍(到50%),哈氏合金 B、C,银
II	0Cr23Ni28Mo3Cu3Ti,镁,Ni70Mo27 合金,哈氏合金 B,银
III	铜(不充气),镁,镍(到50%),哈氏合金,铅(到60%)
IV	银,铜,蒙乃尔,镍(到50%)
V	蒙乃尔

图 9-137 氢氟酸选材图

（2）高合金铸铁

高硅铸铁（包括含钼高硅铸铁）可耐干二氧化硫腐蚀，但不适用于湿二氧化硫和亚硫酸腐蚀。

高镍铸铁可用于干二氧化硫，不耐湿二氧化硫和亚硫酸的腐蚀。

（3）不锈钢

铬不锈钢不耐湿二氧化硫和亚硫酸腐蚀。铬镍不锈钢对于二氧化硫和含水汽的二氧化硫有很好的耐蚀性，但超过 650℃温度后，腐蚀显著增加，应慎重选用。铬镍钼不锈钢耐蚀性更好一些，可用于含硫酸和亚硫酸的条件。

高合金不锈钢耐二氧化硫和亚硫酸性能较好，使用温度可达 480℃，可在 430℃以下长期使用。工厂中输送亚硫酸用泵的过流部件采用高合金不锈钢效果极好。对于含有二氧化硫的各种腐蚀性液体均可采用高合金不锈钢。

（4）有色金属及合金

① 铝和铝合金对硫和硫化物的耐蚀性一般都很好，可广泛应用于硫、二氧化硫、亚硫酸（<10%稀酸），但不适用于浓亚硫酸和硫酸介质。

② 铜和铜合金（黄铜除外）对干二氧化硫有较好的耐蚀性，对常温的湿二氧化硫和亚硫酸有一定的耐蚀性。但当二氧化硫浓度较高，特别是含有水分时，因可能产生硫酸成分，铜及铜合金会产生较严重腐蚀。

③ 铅和铅合金对干、湿二氧化硫和亚硫酸都具有良好的耐蚀性能。

④ 镍及镍合金依据成分和种类不同，在二氧化硫及亚硫酸介质中的耐蚀性的特点略有差别。镍铜和镍铬合金对干二氧化硫气的耐蚀性很好，但当温度超过 316℃时，可能会产生晶间腐蚀和金属脆化。对质量分数>0.3%的亚硫酸溶液不耐蚀。

镍钼和镍铬钼合金对二氧化硫、亚硫酸、亚硫酸盐溶液都有良好的耐蚀性。

⑤ 钛及钛合金耐一切浓度的亚硫酸和湿二氧化硫气。但因价格较高，一般很少采用。

9.5.4.12 硫化氢腐蚀选材

硫化氢属强腐蚀介质，硫化氢对金属的腐蚀是以 H_2S-CO_2-Cl^--H_2O 的复杂介质系统完成的，其中 H_2S 对腐蚀起主导作用；CO_2 起到促进腐蚀的作用；H_2O 是发生腐蚀的必要条件，即 H_2S 只有与水共存时才对钢材发生腐蚀作用。

硫化氢水溶液对金属材料可产生均匀（全面）腐蚀、硫化物应力腐蚀开裂，在有 Cl^- 存在时还会产生点腐蚀等。

所以，在为硫化氢产生的腐蚀选材时，应充分考虑各方面条件。对一些材料还应采用合适的热处理。

表 9-141 所示是在不同环境、条件下可选用的耐硫化氢腐蚀材料及应采取的热处理方式。表 9-142 所示是可以选用的耐硫化氢应力腐蚀开裂的金属材料。

表 9-141 耐硫化氢腐蚀材料应用举例一览表

零部件名称	可选用的材料	抗硫技术要求		
		热处理	控制指标（HRC）	防腐说明
阀体、阀盖、大、小四通及壳体	ZG15～ZG45	铸件经退火处理或调质处理	≤22	铸件若经补焊，应在 620～650℃ 回火
	15～45 锻钢	调质处理		
	ZG35CrMo	淬火＋高温回火		
高压防硫井口装置的阀杆、螺栓、防喷器及各种大小锻件	35CrMo 30CrMo 20CrMo 15CrMo	淬火＋高温回火	≤22	回火温度需在 620～650℃，若经焊接，则工件需再进行回火处理
采气井口闸阀的阀杆、压缩机活塞杆	3Cr17Ni7Mo2N（318 钢）	固溶处理	≤22	固溶处理温度应为 1100～1150℃
抗硫阀杆、阀座	3Cr17Ni7Mo2N（318 钢）	固溶处理	≤22	固溶处理温度为 1100～1150℃
	TC4(钛合金)	固溶＋时效处理	32～36	
阀板、阀瓣、阀座、针型阀阀头、压缩机活塞杆等以及 W-Cr-Co 合金堆焊基体	1Cr13 2Cr13	淬火＋高温回火	≤22	①显微组织中不允许有未回火马氏体组织 ②堆焊前工件于 650℃ 预热，堆焊后应 650℃ 炉冷
压缩机活塞杆阀座	0Cr15Ni26MoTi2AlV（A286）	淬火（980℃、油冷）＋时效（720℃）	≤35	

表 9-142 耐硫化氢应力腐蚀开裂的金属

碳钢	低合金钢	马氏体不锈钢	铁素体不锈钢	沉淀硬化不锈钢	奥氏体不锈钢	非铁合金
ZG15～ZG45 15～45 锻钢	ZG35CrMo 15CrMo 20CrMo 30CrMo 35CrMo	1Cr13 2Cr13	0Cr13Al 1Cr17	0Cr15Ni26 MoTi2AlV （A286）	0Cr19Ni9 1Cr18Ni9 1Cr18Ni9Ti 0Cr18Ni12Mo2Ti 0Cr18Ni12Mo3Ti 3Cr17Ni7Mo2N （318 钢）	Hastelloy C Monel 400 Inconel 600 TC4

9.5.4.13 氢氧化钠腐蚀选材

氢氧化钠俗称烧碱，是一种强碱，在常温下腐蚀不严重，但在高温下对许多金属会产生严重腐蚀，在有应力情况下的零件易发生应力腐蚀破裂，又叫碱脆。

在金属中，银耐氢氧化钠腐蚀性能很好，其次是镍及镍合金。

（1）碳钢和普通铸铁

普通钢铁对常温低浓度的碱液有良好的耐蚀性，因为铁可以在表面形成钝化膜，特别是在80℃以下的稀碱液（质量分数<50%）中耐蚀性较好，其中0.1%～40%范围内的腐蚀速率非常低。随着碱液温度和浓度的升高，腐蚀速率也增大，如有数据表明，在65℃、浓度为50%的氢氧化钠中的碳钢腐蚀速率约为0.2mm/a，而在105℃的70%氢氧化钠中的腐蚀速率为1.5mm/a，在熔融烧碱（约400℃）中的腐蚀速率高达10～20mm/a。当碳钢件存在应力时，会产生应力腐蚀，碳钢的晶间应力腐蚀区见图9-138。从图中可见几乎在5%以上的氢氧化钠都可以产生晶间应力腐蚀（碱脆），在30%左右更敏感，碱脆一般发生60℃以上区间。

（2）高合金铸铁

高硅铸铁、高铬铸铁、铝铸铁、耐碱铸铁尤其是高镍奥氏体铸铁在碱液中的耐蚀性都比普通铸铁好。

高硅铸铁在常温下、质量分数低于70%的氢氧化钠中腐蚀速率不大，大约在1mm/a以下。超过室温时腐蚀速率很高，就不宜使用高硅铸铁。

镍加入钢铁内可以大大提高耐碱腐蚀性能，当镍含量达到20%～30%时，耐碱腐蚀性能明显提高，对150℃以下、70%的碱液至无水的熔融氢氧化钠都有较好的耐

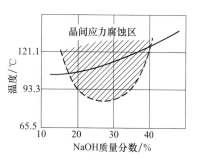

图9-138　碳钢的晶间应力腐蚀区

蚀性。有数据表明，铸铁中只要加入3%～5%的镍，在碱中的腐蚀速率就下降近一半。

（3）不锈钢

不锈钢在碱溶液中具有活化-钝化行为，提高碱液的浓度和温度会促使活化。

铬不锈钢仅在稀碱液中有一定的耐蚀性。在高温碱液中容易产生均匀（全面）腐蚀和局部腐蚀，所以很少应用。

铬镍奥氏体不锈钢适用于中等浓度和中等温度的碱液，一般用于90℃以下的稀碱液中。随着不锈钢中镍含量提高，其耐蚀性明显提高。不锈钢在碱液中也会产生应力腐蚀破裂，主要存在高温环境中，甚至在没有氧的情况下也能发生。不锈钢中产生的碱脆既有沿晶开裂，也有穿晶开裂（多在高温和高浓度时）。奥氏体不锈钢碱脆一般发生在100℃以上。图9-139所示是奥氏体不锈钢0Cr18Ni10Ti在碱液中腐蚀曲线和碱脆易发区。

高合金不锈钢对质量分数在50%以下的沸腾碱液有良好的耐蚀性，特别是在65～100℃温度范围内，腐蚀轻微。对于100℃的70%碱液腐蚀也很小。在更高浓度和更高温度条件下，腐蚀会增大。

（4）有色金属及合金

铜和铜合金（黄铜除外）对质量分数在10%以下的沸腾氢氧化钠和30%、80℃以下的氢氧化钠有一定的耐蚀性，腐蚀速率约在1mm/a以下。

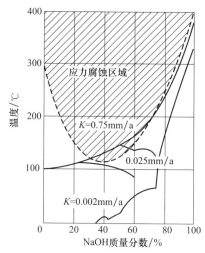

图9-139　0Cr18Ni10Ti在碱液中的
腐蚀情况

超过上述温度和浓度范围，腐蚀速率会增大，如在80℃、30%～50%的氢氧化钠溶液中，铜的腐蚀速率为1～2mm/a。

黄铜对10%以下的室温碱溶液有一定的耐蚀性。温度、浓度升高或有充气作用时，腐蚀速率增加。

铝和铝合金在一切浓度和温度的碱液中都腐蚀严重，不可用。

钛和钛合金对70%以下的氢氧化钠有优良的耐蚀性能，如在56℃、50%碱液中，腐蚀速率仅为0.03mm/a；在73%的碱液中，在110～130℃条件下，腐蚀速率约为0.03～0.18mm/a；但在熔融碱液中，腐蚀很严重。

镍、镍铜合金、镍铬合金对氢氧化钠和氢氧化钾都有非常优良的耐蚀性。镍适用于一切浓度和温度的碱液。但在高温碱液中，设备如存在高的局部应力，可能会产生晶间应力腐蚀破裂。镍铜和镍铬合金在碱液中也同样具有优良的耐蚀性能。图9-140所示是镍铬合金在沸腾的氢氧化钠中的耐蚀性曲线。从图中可见，镍铬合金0Cr15Ni75Fe（Inconel 600）可用于任何浓度的NaOH溶液中，均具有极好的耐蚀性，特别是在质量分数不大于50%的碱液中，几乎不腐蚀。

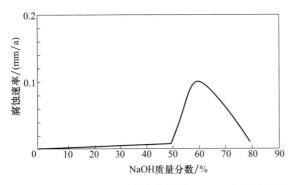

图9-140　0Cr15Ni75Fe合金在沸腾NaOH中的耐蚀性

镍钼和镍铬钼合金对80%以下、沸点以下的氢氧化钠有优良的耐蚀性。如果质量分数超过80%，则温度不宜超过200℃。

这类合金虽然在碱中的耐蚀性较好，但因价格较贵，一般情况下不太应用。

耐氢氧化钠腐蚀材料还有银、锆及锆合金、铂等，这些金属和合金属稀有金属，价格昂贵，在通用机械设备中很少选用。

一些金属及合金材料在不同条件下的碱溶液中的耐蚀情况可分别见表9-143～表9-146。

表9-143　钛在苛性碱溶液中的腐蚀速率

介质	温度/℃	腐蚀速率/(mm/a)	介质	温度/℃	腐蚀速率/(mm/a)
NaOH10%	沸点	0.02	NaOH50%+Cl₂	38	0.023
NaOH28%	室温	0.0025	NaOH60%+NaClO2%+NH₃	129	0
NaOH40%	80	0.13			
NaOH50%	38～57	0.0003～0.013	KOH10%	沸点	0
NaOH50%	60	0.013	KOH25%	沸点	0.13
NaOH73%	130	0.18	KOH50%	沸点	0.3
NaOH50%～73%	190	1.09	KOH50%	室温	0.010
饱和NaOH	室温	0	KOH13%+KCl	沸点	2.7
NaOH10%+NaCl	82	0	KOH13%+KCl	29	0

表9-144　几种材料在270℃氢氧化钾熔融液中的腐蚀试验结果

材料	腐蚀速率/(mm/a)	碱脆试验		材料	腐蚀速率/(mm/a)	碱脆试验	
		183h	977h			183h	977h
灰口铸铁	7.60	未裂	—	00Cr19Ni11	0.024	开裂	—
3%镍铸铁	6.95	未裂	—	0Cr17Ni12Mo2	0.100	开裂	—
0Cr19Ni9	0.337	开裂	—	00Cr17Ni14Mo2	0.091	开裂	—

材料	腐蚀速率/(mm/a)	碱脆试验		材料	腐蚀速率/(mm/a)	碱脆试验	
		183h	977h			183h	977h
0Cr23Ni13	0.294	开裂	—	Incoloy 803	0.023	开裂	—
0Cr25Ni20	0.018	开裂	—	Inoconel	0.011	—	未裂
Worthite	0.056	开裂	—	镍	0.023	未裂	开裂
Carpenter20	0.042	开裂	—				

表 9-145 金属材料在氢氧化钠中的腐蚀速率　　　　mm/a

材料	14% 98℃	30%～50% 82℃	49%～51% 55～75℃	70% 90～115℃	75% 135℃	熔融 400℃	熔融 500℃
镍	0.0005	0.0025	0.0005	0.0041	0.040	0.220	0.034
Monel	0.0014	0.0049	0.0006	0.029	0.043	0.044	0.127
Inconel	0.0008	—	0.0004	0.008	0.032	0.028	0.058
软钢	0.211	0.094	0.204	1.455	1.806	—	—
铸铁	0.192	0.164	0.236	—	1.703	—	—
Cr14 钢	—	0.831	—	—	—	—	—
18-8 钢	—	—	0.0026	0.6836	—	—	—
铜	—	0.057	—	—	—	—	—

表 9-146 不锈钢和镍在沸腾氢氧化钠 50% 溶液中的腐蚀速率（48×5h）

材料	材料状态	腐蚀速率/(mm/a)	材料	材料状态	腐蚀速率/(mm/a)
0Cr19Ni9	固溶	5.968	0Cr19Ni9	固溶后 650℃,1h 空冷	6.047
0Cr19Ni9	固溶	5.954	六号纯镍	固溶	0.0057
0Cr19Ni9	固溶后 650℃,1h 空冷	6.190	六号纯镍	固溶	0.0035

图 9-141 是常用的氢氧化钠腐蚀选材图，供选材时参考。

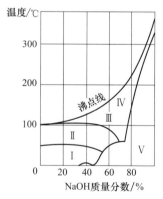

Ⅰ	灰铸铁,碳钢,Cr18Ni9Ti,镍,铜,蒙乃尔合金
Ⅱ	耐碱铸铁,Cr18Ni10Ti,镍,哈氏合金 B、C,Ni70Mo27 合金,锆
Ⅲ	耐碱铸铁,Cr18Ni10Ti,镍,哈氏合金,Ni70Mo27 合金,锆
Ⅳ	耐碱铸铁,镍,银,铂,锆
Ⅴ	耐碱铸铁,Cr18Ni10Ti,镍,Ni70Mo27 合金,银,锆

图 9-141　氢氧化钠选材图

9.5.4.14　氯化钠腐蚀选材

氯化钠以固体形态存在于岩盐中，或以溶液形态存在于海水中。

大多数金属在氯化钠溶液中都会产生腐蚀。虽然有些金属在氯化钠溶液中的均匀（全面）腐蚀率不太高，但容易产生点腐蚀、缝隙腐蚀和应力腐蚀破裂。

（1）碳钢和普通铸铁

普通钢铁在氯化钠溶液中容易产生铁锈。在盐水中，其随氯化钠浓度增大，腐蚀速率也上升，质量分数为 2%～3%时，腐蚀率达最高点，其后又随浓度增大而下降，这主要是由于在浓溶液中氧的溶解度降低，腐蚀速率约为 0.1～0.5mm/a。但钢铁表面生成的氧化层一旦形成破口，容易产生点蚀。

（2）高合金铸铁

高硅铸铁对一切浓度和温度的氯化钠溶液都有良好的耐蚀性，曾经是普遍使用的材料。

高镍铸铁对一切浓度和温度的氯化钠溶液有优良的耐蚀性，可用于制造泵壳、叶轮。

（3）不锈钢

各类不锈钢对一切浓度和温度条件下的氯化钠溶液都有很低的均匀（全面）腐蚀速率，但氯离子能引起不锈钢表面钝化膜的破坏，所以同样会产生点腐蚀和应力腐蚀破裂。其中，含钼的铬镍不锈钢耐点蚀性能优于其他不锈钢。

高合金不锈钢对一切浓度和温度的氯化钠溶液都有很低的均匀（全面）腐蚀速率，在洁净和充气均匀的海水中，也不会发生点腐蚀，但在不充气和不干净的海水中仍会发生点腐蚀。高合金不锈钢在氯化钠溶液中使用优于普通不锈钢和青铜合金之处，在于它和铸铁的电偶作用较小，用其制造叶轮不会加速铸铁泵壳的腐蚀。

（4）有色金属及合金

① 铝及铝合金对盐水、海水有一定耐蚀性，均匀腐蚀率较低。但如果盐水中含有重金属杂质，则可能产生严重的局部腐蚀，类似于电偶腐蚀。

② 铜对盐水的耐蚀性很好，如在质量分数为 10%、40℃的氯化钠溶液中，腐蚀速率不大于 0.2mm/a。铜合金在氯化钠溶液中的腐蚀情况与铜相同。但黄铜可能发生脱锌腐蚀。

（5）镍及镍合金

镍及镍合金对一切浓度和温度的盐水都有很好的耐蚀性。通常腐蚀速率不大于 0.1mm/a，其产生点腐蚀倾向也较小，耐应力腐蚀破裂能力也较强，常被用于重要零部件的制造。

（6）钛及钛合金

钛及钛合金对盐水和海水的耐蚀性非常好，对高温盐水的腐蚀也有很好的抵抗力，产生点腐蚀和应力腐蚀倾向性小，优于不锈钢和铜合金。

此外，铅及铅合金对盐水和海水的耐蚀性也很好，但因铅有毒，不宜用作输送食用盐水装置。

9.5.4.15 氨腐蚀选材

氨在常温下是气体，易溶于水中，部分氨与水化合，生成氢氧化铵（NH_4OH）。不论是氨气还是氨水，对大多数金属材料的腐蚀都很轻微，但也有少数材料会遭受严重腐蚀。

（1）碳钢和普通铸铁

钢铁对氨气和液氨有优良的耐蚀性，腐蚀速率在 0.1mm/a 以下。在氨水中腐蚀速率也不高，约在 1mm/a 以下。

（2）高合金铸铁

高硅铸铁对氨气和氨水的耐蚀性也较好，但相对于碳钢和普通铸铁应用并不多。

高镍铸铁对氨气和氨液也有优良的耐蚀性。

（3）不锈钢

各类不锈钢对氨气和氨水都有良好的耐蚀性，比普通钢铁耐蚀性更优。

特别是高合金不锈钢，在氨气和氨水中有更好的耐蚀性，在重要、关键设备中可采用。

（4）有色金属及合金

① 铝及铝合金对氨气和氨液也有较好的耐蚀性，氨水溶液对高纯铝的腐蚀性较大，但纯度较低的铝和铝合金表面会生成保护膜，使腐蚀中止而减缓腐蚀。

② 铜及铜合金不适用于各种形态的氨及氨盐溶液。铜在氨水溶液中会迅速溶解，生成铜氨络合物，还会产生严重的应力腐蚀破裂。

（5）镍及镍合金

镍及镍合金对氨及氨溶液的耐蚀性都比较好。但镍铜合金只耐 3% 以下、室温的氨溶液。

（6）钛及钛合金

钛及钛合金对氨气和氨溶液均有较好的耐蚀性。

此外，铅及铅合金对这类介质也有较好的耐蚀性，应用温度可达到溶液的沸点温度。

9.5.4.16　尿素甲铵溶液腐蚀选材

尿素和其生产原材料二氧化碳、氨虽有腐蚀性，也不算强烈，但是尿素生产过程中的中间反应产物尿素甲铵溶液在高温高压下却有很强的腐蚀性。甲铵中的氨碳比、水碳比、含氧量及温度等都对其腐蚀性产生影响。所以，用于承受甲铵溶液的设备，依据不同工况应合理选材。

往复式甲铵泵缸体承受高压及 100℃ 左右温度的甲铵腐蚀，还存在交变应力作用。阀门还容易受到冲刷腐蚀的作用，所以，常选用的材料多为超低碳的含钼、氮、钛等元素的铬镍奥氏体不锈钢，如 00Cr18Ni13Mo2N（316LN）、00Cr16Ni15Mo3、0Cr26Ni5Mo2 等。

在这类介质中，耐蚀性较好、应用较广泛的还有铁素体-奥氏体双相不锈钢，如 00Cr25Ni7Mo3NCuW（DP12）、00Cr25Ni6.5Mo1.5N（R-5）、00Cr25Ni7Mo3N、00Cr18Ni5Mo3Si2 等。

除了应用于泵、阀设备的上述材料外，过去曾经使用并有良好性能的还有曾称为尿素级奥氏体不锈钢的 00Cr18Ni15Mo2N（U1）00Cr25Ni22Mo2N（U2），00Cr25Ni20Mn3Mo3N（U3）等。

在尿素甲铵液腐蚀条件下使用的奥氏体不锈钢或铁素体-奥氏体双相不锈钢，除保证化学成分外，还应尽量保证少杂质、高纯度。显然，执行严格的热处理工艺制度，也是保证这些材料更好发挥耐腐蚀作用的重要条件。

在尿素甲铵溶液腐蚀条件下，除可以选用奥氏体不锈钢和双相不锈钢外，也可选用钛合金（TC4）、镍合金、锆合金等。当然，这些合金材料的价格成本要高于不锈钢材料。

9.5.4.17　高温腐蚀选材

高温腐蚀是常见的腐蚀，是一种很严重的腐蚀行为，一般来说温度每升高 10℃，化学反应速率可增大 1～3 倍，有的腐蚀反应速率随着温度升高呈指数上升。产生高温腐蚀的介质多种多样，如高温气体（一氧化碳、二氧化碳、氯化氢、氯气、水蒸气、水煤气、二氧化硫、氯化氢等）、高温液体（热油、热态金属、熔融盐等）。不同腐蚀介质在高温条件下的腐蚀具有不同特点。但是腐蚀选材基本都要求有较好的高温强度、耐高温氧化、耐高温腐蚀等。各种金属材料在高温条件下强度会有不同程度的降低，所以高温腐蚀条件的材料选择要依据腐蚀介质种类、实际温度及金属材料的成分、组织等多方面条件考虑。

(1) 高温气体腐蚀带来的问题及其选材

高温带有腐蚀性的气体使用温度低者在 200～300℃，高者可达 600～700℃。这些高温气体对金属产生的作用可能是氧化、硫化及腐蚀。这时可以根据使用温度进行材料选择，不同类型金属推荐最高耐用温度可参照表 9-147。

表 9-147 各种合金在大气中的最高耐用温度

合 金 类 型	耐用温度/℃	合 金 类 型	耐用温度/℃
碳钢	565	铁-铬-铝合金	800～1200
Cr-Mo 耐热钢	590～700	哈氏合金 B	760
Cr13 型马氏体不锈钢	800	哈氏合金 C	1150
普通铬镍奥氏体不锈钢	870	哈氏合金 X	1200
高合金奥氏体不锈钢	1050～1100	镍基合金	110～1150
铬	900	Incoloy 800 合金	1100
镍	800	钴基 S816 合金	980
铜	450	钴基 HS21 合金	1150

但是在一些高温气体或热油介质中，除常温腐蚀特性外，还有一些特殊性会加速腐蚀或使腐蚀复杂化，如产生热腐蚀、硫化腐蚀、氢化腐蚀等。

① 热腐蚀。金属材料在高温环境中，由于表面会覆盖一薄层热态电解质，这会发生金属材料的加速腐蚀现象，如重油燃烧气氛中，一些物质形成低熔点共晶物，在金属表面构成熔融层或沉积层引起的加速腐蚀俗称热腐蚀。

在金属材料中，铬含量提高对改善抗热腐蚀性能有益，适量添加硅、铝、钛、稀土元素也会提高抗热腐蚀性能；而钼、钨、钒等元素会加速热腐蚀。在热腐蚀条件下可使用的金属材料，如 Cr13 型马氏体不锈钢，1Cr18Ni9Ti、0Cr18Ni11Nb 等奥氏体不锈钢，必要时也可选用镍基合金。

此外也可采用在材料表面涂覆防腐层的方法，提高材料抗热腐蚀能力。

② 硫化腐蚀。金属在高温硫化介质中，表面生成的硫化物薄膜缺陷多、疏松、易破碎、熔点低，所以金属表面会不断受到腐蚀。因此，金属在高温条件下硫化腐蚀速度要比氧化速度快得多，这时对金属的主要破坏因素是硫化腐蚀。

钢中铬含量提高，可明显改变抗硫化腐蚀的能力，因为铬能阻止某些硫化物在钢的表面分解，阻碍金属表面进一步硫化。一般情况下铬-钼耐热钢可满足 400～500℃ 温度下耐硫化腐蚀的要求，如果温度再提高或环境中含有 H_2S 时，可采用铬含量超过 12% 的 Cr13 型马氏体不锈钢及奥氏体不锈钢或奥氏体-铁素体双相不锈钢。

③ 氢腐蚀。在某些设备装置中，存在高温、高压氢气，氢原子会渗入钢中，与碳化物反应生成甲烷气体，甲烷气体在局部产生很大压力，造成表面产生鼓包或开裂，金属表面严重脱碳，即发生了氢腐蚀。

钢中铬含量提高，可提高金属抗氢腐蚀能力，如铬-钼钢中铬含量增加，其抗氢腐蚀能力显著提高。钼也是提高金属抗氢腐蚀的元素，作用甚至大于铬元素。钨的作用与钼相似。低合金钢如 10MoWVNb、10MoWNbTi 等，铬-钼耐热钢如 15CrMo、Cr5Mo 等，奥氏体不锈钢、高铬不锈钢均有较好的抗氢腐蚀能力。

(2) 液态金属腐蚀选材

液态金属对金属材料引起的腐蚀，与一般水溶液及高温气体腐蚀性质不同，液态金属腐蚀是单纯的物理溶解和固态的相互作用，而不是电化学或化学作用。

液态金属引起的腐蚀的主要类型有：结构金属的溶解、液态金属扩散进入固态金属、生成金属间化合物、物质转移等。

不同种类的液态金属，对不同类型金属材料的腐蚀情况也不同，所以材料选择也不同。

根据理论分析和实践经验，几种典型液态金属及可适用的金属材料可参照以下原则选用。

液态钠、钾、钠钾混合物：铁、镍、铬、钴、钼等金属，在液态钠、钾和钠钾混合物中的溶解度都不高，所以铬镍奥氏体不锈钢、高合金不锈钢、镍、镍铬合金、镍钼合金、镍铬钼合金在这类液态物质中都具有优良的耐腐蚀性能。在500℃的钠液中，奥氏体不锈钢也不会产生应力腐蚀破裂，但如果液态钠中含有氧，则会对金属腐蚀加重。

液态锂：液态锂比液态钠和液态钾对金属的腐蚀都严重。铬、铁在液体锂中的溶解度比在液态钠中的溶解度高得多；镍在液态锂中也会发生选择性溶解和质量迁移，溶解度更高得多。钢中如果含碳量高，在液态锂中会发生脱碳而降低强度。所以大多数金属材料都很难适应在液态锂中的腐蚀，奥氏体不锈钢或高合金奥氏体不锈钢也只能用于200～260℃条件下，高于300℃就难以使用。

汞：汞在室温是液态，对金属材料腐蚀较轻，可以使用碳钢，当然，如果使用铬钼耐热钢、不锈钢效果更好。

液态铝：液态铝的腐蚀性很强，几乎所有的金属和合金都会受到液态铝的腐蚀，包括高硅铸铁和不锈钢。

液态铅、铋、锡：在这些液态金属中，许多金属包括铬镍奥氏体不锈钢都会产生应力腐蚀破裂，只有镍、镍铜合金在这类介质中有较好的耐腐蚀性能。含钼奥氏体不锈钢也可用于液态铅和液态锡介质中。

（3）熔盐腐蚀选材

熔盐（包括熔碱）对金属材料的腐蚀作用介于水溶液和液态金属之间，许多金属材料在熔盐（碱）中都可能发生物理溶解和由温差引起的物质转移。同时，熔盐也会引起电解质作用，能与金属发生电化学腐蚀反应。

所以，大多数金属材料都不适合在熔盐中使用，只有镍或镍合金可以较好地应用在熔盐介质中。

9.6 核电设备对金属材料的特殊要求

在核电系统中，使用的机械设备、构件很多，泵是重要的辅助设备之一。以目前应用最广泛的由核二代和二代加核电技术建设的压水堆核电站为例，包括在核岛-回路中用于驱动冷却剂在系统内循环流动并带走核反应产生的热量的核主循环泵在内，还有属于核二级的余热排出泵、安注泵、安全壳喷淋泵和属于核三级的设备冷却水泵、重要厂用水泵等共二十余种发挥不同功能作用的泵类产品。这些泵和其他核电机械设备一样，由于应用在核环境中的特殊条件下，在材料选择和使用方面有了更高的要求。

9.6.1 核环境的特殊性

核环境与常规条件相比有其特殊性，这些特殊性对设备及设备用材料会产生不同影响和作用，也就要求在选材时满足这些特殊性的要求。

（1）辐照及辐照效应、辐照损伤

辐照就是核反应过程中，带有放射性的高能粒子对设备（材料）表面的轰击过程。辐照对金属材料会产生许多影响（辐照效应）。

核电站主回路（一回路）中的设备（如核主泵）以及有可能接触一回路冷却剂或受核污染介质的设备（如喷淋泵、余热排出泵等）都存在辐照效应问题。核反应中的中子辐射粒子撞击材料原子产生缺陷，核反应还会产生嬗变元素（一种元素在核辐照时转变成另一种元素），结果引起金属材料宏观性能变化，称之为辐照效应，引起性能下降的现象称为辐照损伤。

金属材料的主要影响来自于中子辐照，其反映出的辐照效应和辐照损伤主要体现在以下几个方面。

① 中子辐照即高能粒子对金属的撞击会使金属材料的晶体结构中的原子离位，形成点阵缺陷，即形成空位和间隙原子，同时形成大量位错。这些缺陷的形成便会成为应力集中源，从而引起性能变化。

② 辐照促进缺陷形成和材料组织变化，从而引起材料力学性能的变化。这主要反映在材料的强度增加，屈服强度增加更快，屈强比值增大，材料的塑性下降，脆性明显增加，脆塑转变温度升高，增加了材料脆断和应力腐蚀的可能性。

③ 辐照效应还体现在金属材料腐蚀加剧。这一方面是辐照增加了材料的缺陷，也就增加了腐蚀源；辐照引起金属结构变化和表面原子能量提高，加速腐蚀反应；辐照形成的结构缺陷形成应力集中、材料变脆，这增加了应力腐蚀破裂的可能性。另一方面，辐照还会对介质产生变化，以水为例，水经过辐照后会产生分解作用，生成 H_2、O_2，这当然会促进氧化、腐蚀，产生氢蚀。

此外，金属材料经受辐照后，还会产生辐照生长（在无外力作用的情况下，构件体积基本不变而形状和尺寸发生变化）、辐照肿胀（辐照后构件体积增大、密度减小）、辐照蠕变（材料蠕变速率增加，或在没有热蠕变的条件下发生蠕变）等现象。这些都是辐照损伤。

（2）腐蚀

在核电系统中，存在很多引起金属材料腐蚀的环境和介质。

不同堆型中的冷却剂（压水堆中的轻水；重水堆中的重水；气冷堆中的二氧化碳或氦气；快中子堆中的液态钠等）；慢化剂（轻水、重水、石墨、氧化铍等）；压水堆中的中子吸收剂（硼酸等）；调节控制 pH 值的氢氧化锂、氢氧化钠等；以及水由辐照而分解成的 H_2、O_2 等都会对金属材料产生腐蚀作用。依据不同工况和不同金属材料，可能产生的腐蚀类型有均匀腐蚀、晶间腐蚀、点腐蚀、应力腐蚀开裂、磨损腐蚀和冲蚀等。

（3）高温、高压

核电用设备中，特别是一回路设备（如核主泵、蒸汽发生器等）都在高温、高压条件下工作，温度可达 270～350℃，压力可达 17～18MPa。所以，要求使用的材料有一定的高温强度。

（4）冷、热冲击（瞬间温度变化）

某些设备在工作时可能经受介质温度的瞬间冷、热变化。如安全壳喷淋泵要在瞬间由低温（<15℃）状态转换到高温（>100℃）状态，介质温度的突变对设备（材料）产生很大的冲击热应力，所用材料应能满足这一要求，保证组织、性能不发生变化。

（5）安全可靠性高、寿命周期长

众所周知，核电产品设备要求安全可靠性高、使用寿命周期长。以泵为例，核二代产品设计寿命为 40 年，核三代产品设计寿命为 60 年。

9.6.2　核电设备的选材

核电用设备、构件使用工况的特殊性，对材料的选用要求更严格。特别是压力容器、堆芯、堆内构件、一回路系统用设备、构件（包括冷却剂泵、管路）以及与冷却剂有关的机械设备和构件。还有事故工况下作为应急处理的设备、构件（包括安全注水泵、安全喷淋泵、余热排出泵等）。这些设备、构件直接或间接地、经常或偶尔地接触冷却剂，接受热中子辐照，所以，对它们的使用材料有严格、特殊的要求。

9.6.2.1　对材料成分的要求和控制

核电用设备、构件使用材料除严格控制标准规定的常规元素外，对一些元素还有特殊的要求。

（1）硼的影响和控制

在反应堆中要实现稳定的核裂变链式反应，重要的条件是要保证反应系统内保持热中子平衡，即尽量保持系统内热中子数目不变，至少热中子的量不随时间而减少，这就要求接触中子的材料应不能过量地吸收热中子，即要求材料具有最小的热中子吸收截面的特性。事实上，任何元素、任何金属都有吸收热中子的能力，只不过是这种能力有大有小而已。研究和实践证明，在众多元素中，硼是吸收热中子截面最大的元素，即硼吸收热中子能力最强。所以，在反应堆使用的金属材料中，应严格控制硼的含量，以保证材料有尽量小的吸收热中子截面，从而保证系统中核裂变需要的热中子数目稳定，保证核裂变链式反应稳定持续进行。因此，在核电材料标准中，堆芯用钢及一回路中与通过堆芯的冷却剂接触的金属材料控制硼含量不大于 0.0015％～0.0018％。

相反，在另外一些场合，如用作屏蔽热中子的装置（热屏）和储存核废料的装置的材料中，要采用硼含量较高的材料，以保证热中子在这类装置中不向外扩散，如标准中采用的不锈钢 304B（0Cr18Ni9B）中的含硼量达 0.50％～0.65％。

（2）钴的影响及控制

钴也是接触一回路设备、构件用金属材料需要严格控制的元素。因为包括钴、铬、铁、镍、钒、钼在内的许多元素，一旦经热中子照射后，会被活化产生放射性同位素。接触一回路介质的材料中，如果含有可以被活化产生放射性同位素的元素，当它们被介质腐蚀时会产生腐蚀产物，这些腐蚀产物或溶解或悬浮在一回路冷却剂中，当其随介质流经活化区（中子辐照区）时，会被中子辐照而活化，产生具有放射性的同位素，^{60}Co、^{51}Cr、^{59}Fe、^{65}Ni、^{52}V、^{99}Mo 等，这时，这些腐蚀产物具有了放射性，这些被活化了的、带有感生放射性的腐蚀产物在介质中溶解度很低或根本不溶解，一般是悬浮在一回路冷却剂中，在流动过程中，它们可能沉积在设备构件和系统的内表面，也可能停留在滞留水区，这将使设备、构件、管路内表面带有放射性，这就给核反应堆中设备、构件的维修及废物处理造成困难，甚至危及人身安全。所以，对于接触冷却介质的设备、构件所用金属材料应尽量减小可产生放射性同位素的元素，这些放射性同位素的半衰期有长有短，半衰期越长，危害越大。^{60}Co 是半衰期最长的放射性同位素（半衰期可达 5.3 年），所以，接触一回路冷却剂介质的设备、构件材料要严格控制钴的含量，通常材料标准规定钴含量不大于 0.20％，最好不大于 0.10％，而压水堆一回路用材料有的控制钴含量在 0.02%～0.06% 范围内。

（3）氮的影响及控制

在压水堆和沸水堆中的某些构件（如管道）采用常规的奥氏体不锈钢时，常会发生沿晶应力腐蚀破裂。为了减少和防止这种破坏，在奥氏体不锈钢中加入 0.06%～0.12% 的氮，称控氮奥氏体不锈钢，目前有 304NG（0Cr19Ni10N）、316NG（0Cr17Ni12Mo2N）等牌号。

控氮的奥氏体不锈钢比不控氮的奥氏体不锈钢提高了强度，还提高了抗敏化能力，改善晶间腐蚀的抵抗能力，从而提高了沿晶应力腐蚀破裂的能力。

（4）低熔点元素和杂质的影响及控制

一些低熔点元素大多作为残存元素和夹杂物存在于材料中，尽管含量不很高，但这些元素对辐照性能影响较大，增加材料的脆化敏感性，提高脆韧转变温度。

硫、磷也有加速材料脆化倾向的能力，这可能与低熔点 FeS、MnS 有关。

铜对辐照危害较大，特别是与磷同时存在时，加速磷的辐照敏感性，这可能与辐照条件下使钢中析出铜、磷，形成沉淀团有关。

与反应堆冷却接触的材料所限制的元素主要有：铝、汞、硫、磷、锌、镉、锡、锑、铋、砷、铜、稀土元素（铈、镧）。

与二回路系统介质相接触的材料控制元素主要是低熔点元素及其化合物，特别是铅、汞、砷、硫。

9.6.2.2　对力学性能的要求

核电设备、构件用金属材料对力学性能除有常规要求外，绝大多数材料还要作高温拉力和低温冲击检验并满足标准性能要求，而且这些性能指标更严格、更苛刻。特别是重要零件材料还要求作落锤试验及平面应变断裂韧性值的测定并符合相应要求。

9.6.2.3　对耐蚀性的要求

核电材料中，对奥氏体不锈钢或奥氏体-铁素体双相不锈钢都有晶间腐蚀要求，碳含量不小于 0.03% 的奥氏体不锈钢、碳含量不小于 0.035% 的控氮奥氏体不锈钢、碳含量不小于 0.04% 的含铁素体的奥氏体不锈钢必须进行晶间腐蚀检验，并且依据种类不同有更严格的敏化处理要求。通过晶间腐蚀试验方可使用。

9.6.2.4　对材料检验的要求和控制

核电设备、构件使用材料的表面质量检验、控制和内部质量检验、控制也是严格的。

铸件应采用液体渗透和射线检验。

锻件应采用液体渗透和超声波检验。

棒材应采用液体渗透（或磁粉）和超声波检验。

板材应采用液体渗透和超声波检验。

管材应采用液体渗透（或磁粉）和超声波、涡流检验。

对于这些检验的人员资格、使用仪器设备、检验方法和程序、验收标准等都有严格、明确的规定。

由于对核电设备、构件用金属材料的高质量要求，对材料的生产也提出了严格要求。

首先，在铸锭或铸件的钢水冶炼时，要选用优质原料，以降低钢中铜、钴以及低熔点元素和杂质。冶炼时应采用炉内或炉外精炼、电渣重熔等先进冶炼方法，以保证低硫、磷，低杂质含量。对钢水采用真空处理或真空浇注，以降钢中氢、氧、氮等有害气体含量。对大型铸锭可采用空心锭浇注等方式，以减少元素偏析和内部缺陷。

其次，在锻压、热处理等工序中，也应采用先进、严格的工艺制度，以确保材料的质量。

通常核电用设备、构件使用的材料都有相应材料标准，应严格执行。

第10章

典型零件选材、工序质量控制分析和典型零件失效分析

10.1 典型零件选材和工序质量控制分析

不同产品零件依据使用工况、条件不同，重要程度不同以及考虑制造成本、生产条件等因素，在材料选择、工序质量控制、检验、试验等方面有差别。这里以一些具体零件为例予以说明。

10.1.1 主给水泵泵轴

图 10-1 所示是一个主给水泵轴泵轴。

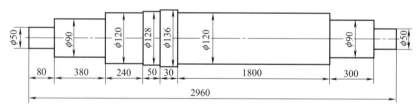

图 10-1 泵轴

10.1.1.1 功能及工况条件

这台泵是某工程主给水用泵，流量大、扬程高。轴是泵转子核心部件，要求长时间在高温（340℃左右）、高压（17MPa左右）、高速（1500r/min左右）条件下旋转运动，承受较大的弯曲、扭转疲劳应力，并在带有辐射的条件下工作，严格限制使用寿命，要求有绝对可靠的安全性。其与一般给水泵相比还有一个特殊工况，就是要经常接受介质温差很大的冷、热转换，即承受冷却水的冷热冲击。

10.1.1.2 可能的失效形式

泵轴可能因为室温或高温屈服强度不足产生变形；因为抗拉或抗弯、抗扭转强度不足引起断裂；因为承受冷热冲击能力不足，表面产生热疲劳裂纹；因为轴颈耐磨性不够，产生磨损失效。这些问题不仅会使得泵产生噪声、振动、降低效率，严重时还会造成泵功能失效。而这台泵的特殊使用环境不允许发生这类故障。

10.1.1.3 泵轴满足功能要求应具备的性能

由于这台泵的特殊性，这只泵轴应具有足够的室温和高温抗拉强度、屈服强度，足够的抗弯、抗扭强度和抗弯扭疲劳性能，保证在室温和高温条件下不变形、不断裂、不产生疲劳破坏；应该有足够的低温冲击韧性以及由韧性反映出来的断裂韧性，在介质冷热冲击时，保证尺寸和结构的稳定性。为保证轴颈部位的耐磨性，应对这个部位进行硬化处理。泵轴在带有辐射性的高温、高压水介质中运行，应该具有一定的抗辐射能力和组织的稳定性。泵轴应不存在或具有极小的残余应力。

据此，设计技术要求为：室温抗拉强度 $R_m = 780 \sim 980\text{MPa}$，屈服强度 $R_{p0.2} \geqslant 685\text{MPa}$，伸长率 $A_5 \geqslant 15\%$，0℃时的冲击吸收功 $A_{kV}(0℃) \geqslant 50\text{J}$，350℃时的屈服强度 $R_{p0.2}(350℃) \geqslant 580\text{MPa}$，轴颈镀铬，镀层厚度为 $0.18 \sim 0.22\text{mm}$，硬度为 $55 \sim 60\text{HRC}$。

10.1.1.4 泵轴材料选择及处理

根据应用条件和技术要求，这只泵轴选用 0Cr13Ni4Mo 锻件。0Cr13Ni4Mo 是低碳型马氏体不锈钢，经过调质处理后，金相组织是具有板条状马氏体位相的回火索氏体，淬火后形成的板条状马氏体的亚结构，以晶体内密度很高的位错为主，这种位错结构对基体产生较大的强化作用。而较低的碳含量将钢的脆化因素降到最少，使钢保证了较高韧性。4%～6%镍元素的加入，促进了奥氏体的稳定性，还减少了由于低碳和加钼可能引起的 δ 铁素体含量增加的可能性。这类钢的另一个特点是马氏体转变点很低，回火后组织中存在一定数量的诱导奥氏体，增加了材料的韧性。所以，这种材料具有优良的室温综合力学性能，既有较高的强度同时又有很好的塑性韧性，具有较低的缺口敏感性和较高的断裂韧性，保证在承受介质温度冷热聚变冲击时不受到破坏。该钢还具有好的淬透性能，保证大截面锻件也能获得好的热处理效果，使组织、性能沿横截面上具有很好的均匀性。较低的含碳量和较高的含铬量以及钼、镍合金元素，保证了在高温水中的耐蚀性。泵轴可以采用较高温度回火和消除应力处理，可保证泵轴具有较小的残留应力和较好的组织稳定性。该材料可以进行局部镀铬处理，保证轴颈部位具有高硬度和高耐磨性能。该钢组织稳定，具有较小的热膨胀系数，使得在温度变化时零件形状尺寸变化较小。

0Cr13Ni4Mo 材料具有较好的可锻造性、热处理性和机械加工性能。泵轴采用锻件更好保证组织、性能均匀性和可靠性。

10.1.1.5 主要工序过程及关键工序的质量控制

根据泵轴的特点生产主要工序过程为：熔炼（熔炼成分分析）→铸锭（成品成分分析）→锻造→锻件入厂检验→退火→低倍组织缺陷检验及非金属夹杂物检验→锻件毛坯加工→超声波检验→调质处理→力学性能检验→矫直→高温去应力处理→机械加工→超声波检验→半精加工→镀铬→镀铬层检验→去氢（低温消除应力）处理→精加工及磨轴颈→磁粉探伤→清理→完工检验。

因为该泵轴是特别重要的泵轴、其在生产制造全过程都进行了严格的质量控制。

（1）冶炼和铸锭

为了保证钢的纯净，要求采用电炉冶炼并进行钢水真空处理，如果再采用电渣重熔技术则更有利于钢材质量的提高。

在熔炼阶段应取样进行钢水成分分析、检验，提交熔炼成分报告。在铸锭后应取样进行成品成分分析检验并提交报告。

各成分应完全符合相应标准规定。

（2）锻造

锻造是改善钢组织的重要工序，为清除缩孔、偏析，应对钢锭两端有足够的切除量，总锻造比大于3。

锻件入厂时应进行入厂检验验收，符合技术条件和协议要求。

（3）退火

轴锻坯锻造后存在应力，硬度偏高不宜加工，还可能存在不稳定组织，所以，锻造后应进行退火处理，退火工艺见图10-2。

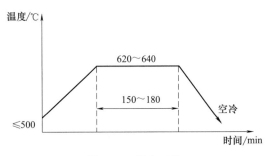

图10-2 退火工艺

0Cr13Ni4Mo材料的退火温度不能太高，这是因为其A_{c1}温度较低，如果退火温度高，超过A_{c1}点时，冷却后可能存在部分马氏体组织，使材料硬度升高、组织不稳定。

（4）低倍组织缺陷检验及非金属夹杂物检验

低倍组织缺陷检验及非金属夹杂物检验是控制锻件内部质量的重要手段。

低倍组织缺陷检验常用酸浸方法，在轴横截面试片上不允许有肉眼可见的缩孔残余、气泡、夹杂物、夹渣、白点、裂纹等缺陷，一般疏松和中心疏松、偏析通常不大于2级。

低倍组织缺陷检验通常按照GB/T 226《钢的低倍组织及缺陷酸蚀检验方法》进行。缺陷评级可采用GB/T 1979《结构钢低倍组织缺陷评级图》。

钢中非金属夹杂物检验采用GB/T 10561《钢中非金属夹杂物含量的测定-标准评级图显微检验法》。

根据轴的重要性，非金属夹杂物的控制级别如下：

A类夹杂物（硫化物）≤1.5级；

B类夹杂物（氧化铝）≤1.5级；

C类夹杂物（硅酸盐）≤1.0级；

D类夹杂物（球状氧化物）≤1.0级。

各类夹杂物总和≤3.5级。

（5）超声波检验

该轴的超声波检验安排了两次。第一次检验是在锻造退火之后、调质热处理前进行的。这主要是为了控制原材料的内部缺陷，即制造厂对供料的入厂检验，如果有制造厂认可的供货厂超声波检验报告，这道工序可以省略。第二次检验是在调质热处理后进行的，这时的检验包括了对热处理可能产生内部缺陷（如裂纹）的检验。在这次检验之后没有可能引起内部缺陷的加工工序，所以可作为内部缺陷的终检工序。超声波检验可采用GB/T 4162《锻轧钢棒超声检测方法》或其他指定的标准。

（6）调质处理

调质处理是保证泵轴力学性能的重要工序。调质工艺见图10-3。

0Cr13Ni4Mo材料相变点较低，研究表明，在加热到850℃左右时即可获得奥氏体组织，但因含有较高的合金元素，为使合金元素充分溶解、奥氏体成分均匀化，可采用1020～

1050℃加热，更高的加热温度会引起晶粒长大和合金元素的过量溶解，淬火后会产生较多残留奥氏体，引起性能降低。

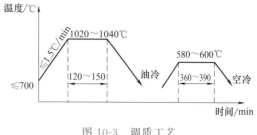

图 10-3　调质工艺

淬火冷却宜采用油冷、空冷虽然也可以满足硬度要求，但油冷会比空冷获得更好的组织和性能。由于该材料淬透性好，该轴截面较大，如果冷却太剧烈或出油温度太低，可能因淬火应力太大而产生开裂，因此，淬火冷却出油时的温度应不低于 80℃，或采用间断油冷却方法，即油冷→空冷→油冷→空冷的方法。

淬火后应及时回火。根据材料特点和对性能的要求，回火温度可选择 580～620℃，回火温度太低达不到回火目的，应力消除不彻底；回火温度超过 640℃，可能会超过材料的 A_{c1} 温度，冷却后产生部分马氏体，影响性能和组织稳定性。回火可采用空冷，采用油冷有利于提高韧性，但会存在较大应力。

（7）性能检验

调质热处理后应进行性能检验。

首先在轴的一端切掉轴的半径尺寸的长度，以消除热处理影响区，之后再切取试块用的试料毛坯。各试样应在试料毛坯的 1/2 半径处纵向切取加工。各种试样的加工应符合相应标准，试验方法采用规定的标准或国家标准。所有试验结果应符合技术条件规定。

拉力试验结果的不合格如果不是试验设备原因，可取双倍试样重新检验，复检试样应全部合格，视为检验结果合格。

冲击试验结果不合格，可重新取双倍组试样复检，复检试样应全部合格，视为产品合格。

确认性能不合格时，如果是由于回火温度偏低引起的，可调整回火温度重新回火后检验。如果由于回火温度过高或淬火原因引起不合格，允许重新淬火、回火处理后再检验，但对于该类钢的重新淬火次数原则上不能超过两次。

硬度检验通常是在轴料表面进行的，在力学性能合格条件下，轴料表面硬度允许与硬度要求有偏差，但应以满足加工要求为前提。

（8）高温去应力处理

该轴工序中安排了两次高温去应力处理，工艺见图 10-4。

高温去应力处理的作用是为了尽量消除轴的残留应力，以保持轴的尺寸稳定性。第一次

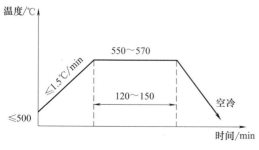

图 10-4　高温去应力工艺

高温去应力处理是在轴经过热处理并机械矫直后进行的，目的是消除由于机械矫直产生的应力。如果热处理后变形很小、不影响加工，不必矫直，也可不进行这次高温去应力处理。第二次高温去应力处理是在粗加工后进行的，目的是消除机械加工应力。对于细长泵轴或要求高的泵轴，消除残留应力很重要。若残留应力在以后运行中释放，可导致轴的变形，从而引起噪声、振动甚至卡死、

断轴现象发生。

（9）镀铬

轴颈镀铬是为了提高轴颈处的硬度和耐磨性。镀铬工艺和镀铬质量也很重要，通常在保证镀层厚度条件下检验硬度。

（10）去氢处理

去氢处理的目的是减少和消除镀铬层中存在的氢，提高镀层的强度，减小脆性，防止镀层剥落。对于该轴在去氢同时也起到了低温消除应力的作用，即消除或降低半精加工中产生的应力。其实，对于重要泵轴，即使无镀铬工序，不需进行去氢处理，也应进行低温去应力处理。去氢处理工艺见图10-5。

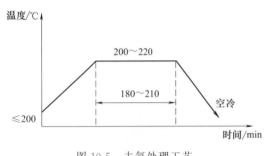
图 10-5　去氢处理工艺

（11）磁粉探伤

磁粉探伤的目的是检验轴是否存在表面缺陷，参照标准 NB/T 47013.4《承压设备无损检测　第 4 部分：磁粉检测》进行。

10.1.2　耐腐蚀泵泵轴

10.1.2.1　功能及工况条件

这是一台输送含有硝酸成分介质的耐腐蚀泵的泵轴，所以除像一般泵轴需要承受弯曲、扭转、疲劳应力外，还承受介质腐蚀。使用温度不大于 100℃，不含固体颗粒，进口压力不大于 0.6MPa。

10.1.2.2　可能的失效形式

泵轴可能因为室温屈服强度不足产生变形，抗拉或抗弯、抗扭转强度不足，引起断裂；轴颈硬度、耐磨性不够，产生磨损失效；材料耐腐蚀性能不好引起腐蚀失效。这些问题不仅会使得泵产生噪声、振动、降低效率，严重时还会造成泵丧失功能。

10.1.2.3　泵轴满足功能要求应具备的性能

由于这台泵的特殊性，这支泵轴应具有足够的室温抗拉强度、屈服强度，足够的抗弯、抗扭强度和抗弯扭疲劳性能，保证在工作时不变形、不断裂、不产生疲劳破坏。为保证轴颈部位的耐磨性，应对这部位进行表面硬化处理。泵轴在带有腐蚀性的介质中工作运行，应该具有一定的抗腐蚀能力和组织的稳定性。泵轴应没有或具有极小的残余应力。

据此，设计技术要求为：室温抗拉强度 $R_m \geqslant 930MPa$；屈服强度 $R_{p0.2}$ 为 $730 \sim 800MPa$；伸长率 $A_5 \geqslant 16\%$；断面收缩率 $Z \geqslant 50\%$；冲击吸收功 $A_{kV} \geqslant 40J$；轴颈表面淬火，硬度为 $40 \sim 45HRC$，深度为 $1.0 \sim 1.5mm$。

10.1.2.4　泵轴材料选择及处理

泵轴需要采用耐腐蚀材料，应该在不锈钢中选择。泵轴强度要求较高，特别是要求的屈强比较高，还得能够表面淬火硬化，所以选择马氏体沉淀硬化不锈钢 0Cr17Ni4Cu4Nb 锻件或棒材。

0Cr17Ni4Cu4Nb 钢含碳量不高于 0.07%，有较高的含铬量、一定的镍铜含量（分别是 3.0%～5.0%），所以，其具有与奥氏体不锈钢相当的耐腐蚀性能，在含有硝酸的介质中具有较好的耐腐蚀性能，有数据表明：其在沸腾的 40%硝酸溶液中腐蚀速率只有 0.27g/(m² · h)。

该钢在固溶处理后具有板条状马氏体基体组织，经时效处理后，由于细小颗粒的沉淀相弥散析出，进一步提高了强度。同时由于钢中含碳量较低，马氏体呈板条状存在，使其具有很好的韧性。该钢可以采用高频表面淬火获得需要的硬度、深度，满足轴颈的高硬度耐磨要求。

0Cr17Ni4Cu4Nb 材料还有一个特点是：大量的机械加工可以在固溶处理后、时效硬化处理前完成，所以在时效过程中基本消除了加工应力，保证泵轴存在较小的残留应力，从而可保证泵轴使用过程中的稳定性。

10.1.2.5　主要工序过程及关键工序的质量控制

根据泵轴的特点生产主要工序过程为：原材料入厂检验→超声波检验→过时效处理→粗加工→固溶处理→加工→表面渗透检验→超声波检验→加工→时效处理→性能检验→加工→轴颈高频表面淬火、回火→精加工及磨削轴颈→表面渗透检验→完工检验。

（1）原材料入厂检验

由于轴料是外购入厂的，因此进厂后应进行成分化验分析，确认是否符合标准要求。还应该进行超声波探伤，以检验材料内部质量。如果供货方已进行超声波检验，有合格报告，并由用方认可，则材料进厂后可省略这一工序。

（2）过时效处理

所谓过时效处理就是在超过正常时效温度以上一定温度范围的加热、保温处理，目的是消除原材料锻（轧）应力、降低硬度、便于机械加工。如果来料硬度合适，满足机械加工要求，也可以省略此工序。

一般过时效温度采用 630～640℃，工艺见图 10-6。

经研究和试验证明，0Cr17Ni4Cu4Nb 钢在 630～640℃时过时效，将获得最低硬度，温度再提高，冷却后可能产生一定量马氏体组织而提高了硬度和降低组织稳定性，过时效处理保温时间应稍长一些，以保证析出相充分析出，过时效可采用空冷处理后硬度通常不大于 280HB。

（3）固溶处理

固溶处理是马氏体沉淀硬化不锈钢强化的重要环节。泵轴固溶处理工艺见图 10-7。

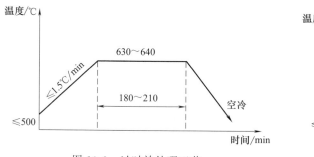

图 10-6　过时效处理工艺

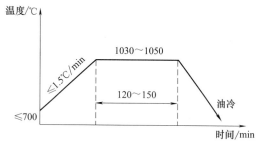

图 10-7　固溶处理工艺

在固溶加热保温过程中，钢中碳、铬、镍、铜、铌等合金元素充分溶入奥氏体中，之后以较快速度冷却，这些合金元素便以过饱和状态保留在基体中，在以后的时效过程中析出并使钢得到强化。固溶加热温度太低，合金元素不能充分溶解，固溶程度不足，将影响以后的时效效果。如果加热温度太高，会引起晶粒粗化，同样影响材料性能。0Cr17Ni4Cu4Nb 钢固溶的冷却最好采用水冷，但有时可能会引起固溶裂纹，所以也可采用油冷。试验结果表明，0Cr17Ni4Cu4Nb 钢固溶快冷比缓冷在性能上略有提高，在耐腐蚀性能上影响不大，但在 H₂SO₄ 介质中，缓冷耐腐蚀效果略优于快冷，这可能是因为缓冷时，析出的含铜析出相较充分的结果。

（4）超声波检验

固溶处理后的超声波检验主要是检验在固溶处理时产生裂纹或固溶处理内部缺陷的情况，在以后的加工过程中，包括时效处理都不会产生裂纹和内部缺陷，所以，这次超声波检验可作为泵轴内部缺陷的最后检验。检验标准和检验结果评定根据技术条件确定。

（5）时效处理

时效处理也叫沉淀强化处理，是沉淀硬化不锈钢的又一重要工序。通过时效处理，使过饱和于基体中的合金元素，特别是铜、铌以质点形式充分析出，使钢得到强化。0Cr17Ni4Cu4Nb 钢的时效温度可根据对性能要求而定，通常在 480～620℃ 温度区间。根据这支泵轴的性能要求，时效温度可选择在 600～620℃，工艺见图 10-8。

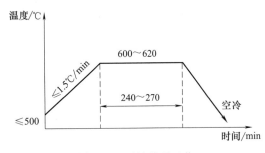

图 10-8　时效处理工艺

与马氏体不锈钢淬火、回火处理必须连续处理不同，沉淀硬化不锈钢的固溶处理和时效处理可以连续进行，也可以在固溶处理后经过机械加工后再进行时效处理。究竟是连续进行还是分开进行，主要根据采用时效处理的温度和时效强化效果决定。如果性能要求时效后有较高的强度和硬度，机加工困难，可以在固溶处理后、材料硬度不太高的情况下进行机械加工，之后再进行时效处理。

（6）性能检验

泵轴的性能检验应按技术条件和标准进行并符合验收条件。

（7）高频表面淬火、回火

高频表面淬火是为提高轴颈处硬度和耐磨性能，应采用连续加热淬火方式、工件旋转，感应器加热并同时喷水冷却。选用外圆连续加热淬火感应器。感应器内孔直径应比淬火部位大 4～5mm（间隙为 2～2.5mm）。加热温度为 1060～1080℃。工件相对感应器移动速度约为 3.5mm/s，工件旋转速度可控制在 40～50r/min。冷却可采用喷水冷却。高频淬火后的回火可以采用 480℃ 左右的温度。

（8）高频淬火表面硬度检验

泵轴高频表面淬火部位硬度检验可采用表面洛氏硬度计或里氏硬度计。如果还要检查淬火层深度或金相组织，应采用一定长度、与泵轴高频淬火部位直径相同的试件，试件应与实际泵轴有相同的热处理过程，采用相同的高频淬火加热参数和冷却方法。检验应按相应标准和规程进行。

（9）表面渗透检验

表面渗透检验是为了检验泵轴表面缺陷，应依据相应标准和验收条件进行。

10.1.3　海水提升泵叶轮

10.1.3.1　功能及工况条件

叶轮是泵的核心部件，与泵轴一起带动液体介质高速旋转，使液体介质在离心力作用下增加了能量，被输送到需要的地方。叶轮本身承受着很大的离心力和液体介质的压力；如果输送具有腐蚀性的液体介质，还要承受腐蚀；如果介质中含有固体颗粒，还要产生磨损，在某些情况下还要抵抗空泡腐蚀（汽蚀）。

这是一个输送海水介质的泵叶轮，海水温度不超过 35℃，海水中颗粒物含量不高。所以主要考虑承受离心力和介质压力需要的强度及抗海水腐蚀能力。

10.1.3.2　可能的失效形式

由于强度不足，可能产生变形或断裂，使设备失去功能；也可能在海水腐蚀条件下产生腐蚀，特别是点（孔）腐蚀、缝隙腐蚀，腐蚀初期可能使叶轮功能受损，最后使叶轮功能失效致使设备失去功能。

10.1.3.3　叶轮满足功能要求应具备的性能

叶轮应具有一定强度，保证在离心力和介质压力作用下不变形、不断裂，有一定的抵抗空泡腐蚀（汽蚀）能力，更重要的是要能抵抗海水可能引起的腐蚀（全面腐蚀、点腐蚀、缝隙腐蚀、应力腐蚀破裂等），保证在设计寿命期内保持功能作用。

叶轮应采用铸造成形，所以材料应有良好的铸造性能和可补焊性能。

据此，设计技术要求为：室温抗拉强度 $R_m \geqslant 630MPa$；$R_{p0.2} \geqslant 400MPa$；伸长率 $A_5 \geqslant 20\%$；硬度为 $200 \sim 280HB$。

10.1.3.4　叶轮材料选择及处理

这个叶轮材料选择，首先应该考虑抵抗海水腐蚀材料，在金属材料中，耐海水腐蚀能力较强的有奥氏体不锈钢、铁素体-奥氏体双相不锈钢、镍基合金等，镍基合金成本高，奥氏体不锈钢强度水平较低，所以，应选择强度较高的铸造铁素体-奥氏体双相不锈钢 ZG0Cr25Ni7Mo2N。

ZG0Cr25Ni7Mo2N 属高合金铁素体-奥氏体双相不锈钢，点腐蚀当量 $PREN$ 大于 35，具有优良的耐海水腐蚀性能，试验数据表明：其临界点蚀温度大约为 45℃。该钢经过合理的热处理后，可以得到各占 50% 左右的铁素体和奥氏体组织，较大程度发挥耐海水腐蚀能力，同时，该钢具有比奥氏体不锈钢高的力学性能和抗空泡腐蚀（汽蚀）能力，满足设计强度要求。该钢还具有较好的铸造性能和可补焊性能。为充分发挥材料性能，保证使用要求，该钢应该进行固溶化热处理。

10.1.3.5　主要工序过程及关键工序的质量控制

根据叶轮的特点生产主要工序过程为：熔炼→熔炼成分分析→铸造→铸件检验及成品成分分析→外观检验→固溶处理→力学性能检验→耐蚀性检验→铁素体含量测定→粗加工→液体渗透检验→射线检验→补焊→液体渗透检验→射线检验→焊后热处理→加工→去应力处理→完工检验。

（1）熔炼及熔炼成分的检验、成品成分检验

铸造叶轮毛坯生产来源不同，有的泵厂有铸钢车间，叶轮在厂内生产；有的没有铸钢车间，叶轮需由外厂供货。无论何种情况都必须对熔炼成分和成品成分进行检验和提交成分报告。

（2）固溶处理

ZG0Cr25Ni7Mo2N 双相不锈钢含有较高的合金元素，在铸造冷却过程中可能析出较多的含铬的碳化物、氮化物和其他金属相，这些析出相的存在不但会降低塑韧性，还会成为点腐蚀源，加速点腐蚀。固溶处理的作用就是最大限度地减少或消除析出相，提高其塑韧性和

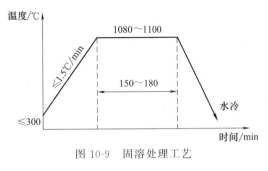

图 10-9　固溶处理工艺

抗点腐蚀能力。ZG0Cr25Ni7Mo2N 钢固溶处理加热温度可选择在 1080～1100℃，工艺见图 10-9。

固溶加热温度太低，析出相和合金元素不能充分溶解，达不到热处理目的；加热温度太高，不但有晶粒长大倾向，还会增加铁素体含量，这会影响力学性能和耐蚀性。由于合金元素含量较高，加热保温时间应适当延长。固溶采用水冷，保证有较大的冷却速度，如果冷却不足，有可能重新析出金属相或碳化物。

（3）性能检验

性能检验应在固溶处理后进行。一般是采用同炉试块，按技术条件规定的检验方法和验收标准进行。

（4）铁素体含量测定

在一般情况下，如果化学成分合格，双相不锈钢中两相（α 相和 γ 相）比例基本上能满足其中一相不低于 35％ 的要求，在冶炼过程中可以根据化学成分中铬当量和镍当量计算、依据 Schaeffler 图有一个大致的估量。有些重要零件和严格的技术标准要求在同炉试块上取样，采用铁素体测量仪或金相法确认材料是否达到两相含量比的要求或是否两相比接近于 50％。因为有些试验研究表明，奥氏体-铁素体双相不锈钢在两相比接近 50％ 时性能最好。从理论上讲，固溶加热温度对铁素体含量有影响，随固溶加热温度提高而增加，但在合理的固溶加热温度内加热，这种影响不是很明显的。当然，过低或过高的加热温度对铁素体含量会产生影响，见表 10-1。

表 10-1　两相比例检测结果

标识	材　　料	热处理工艺	相比例/%	
			α	γ
S1		960℃±10℃×150±10min 水冷	50	50
S2	022Cr22Ni5Mo3N	1080℃±10℃×150±10min 水冷	56	44
S3		1200℃±10℃×150±10min 水冷	62	38

（5）液体渗透检验和射线检验

铸钢件的铸造缺陷是不可避免的，但又不允许存在。所以，应对铸件进行表面缺陷和内部缺陷检验，以确定是否符合标准要求。铸钢件表面缺陷通常采用液体渗透方法。而内部缺陷检验应采用射线方法，因为铸件特别是奥氏体不锈钢和奥氏体-铁素体双相不锈钢铸件，因为晶粒粗大，不宜采用超声波法检验，铸造叶轮形状复杂，也不适合超声波检验。液体渗透检验和射线检验的检验范围、区域、验收按相应技术条件或标准执行。

（6）补焊及焊接部位的缺陷检验

铸件存在缺陷，应按规定进行缺陷清除和补焊，之后应对补焊部位进行缺陷检验，一般也是采用表面液体渗透和射线进行检验，并执行规范和验收标准。

（7）焊后热处理

双相不锈钢的组织特征决定了其塑韧性很好，所以大部分焊接应力会自行吸收，不会有太大的残留应力，在补焊面积较小时，可不进行焊后热处理，但是当大面积补焊时（补焊面积大小的确认应根据相关标准进行，如有的标准规定补焊深度超过壁厚20％或25mm，两者中取较小者；补焊面积超过$65cm^2$时，确认为大面积，应进行焊后热处理。对于奥氏体-铁素体双相不锈钢的焊后热处理通常采用固溶处理，这主要是为了改善补焊区域的组织，保证其为固溶状态组织。

（8）去应力处理

如前所述，奥氏体-铁素体双相不锈钢塑韧性好，有较强的应力吸收能力，通常可不进行加工后的去应力处理，但是当零件特别重要，特别是要求严格的尺寸稳定，或使用温度较高时，为稳定尺寸，可采用去应力处理。去应力处理应采用200～400℃，不宜采用更高温度，防止有第二相析出，降低性能。

10.1.4　潜卤泵叶轮

10.1.4.1　功能及工况条件

这台潜卤泵是专供从深井中提取含有磷酸盐成分的盐卤液体的设备，由多个叶轮串联在轴上，叶轮尺寸并不是很大，所以承受的离心力不是很大，提取的盐卤具有腐蚀性、温度不高于40℃，介质中不含硬质颗粒。

10.1.4.2　可能的失效形式

叶轮不是很大，所以承受离心力也不大，叶轮由于强度不足产生的破坏不是主要问题，叶轮受盐卤腐蚀，可能引起腐蚀（均匀腐蚀、点腐蚀、应力腐蚀破裂）破坏失去功能。另一个容易发生的问题是：由于多个叶轮串联在直径不是很大的垂直细长轴上，泵运转时整个转子在离心力作用下可能会产生弹性变形，出现水平方向挠度，有的叶轮会与导流壳发生摩擦，两者之间可能发生咬死现象，致使转子不能正常运转，整个设备失去功能。

10.1.4.3　叶轮满足功能要求应具备的性能

叶轮必须耐盐卤腐蚀，在泵轴运转产生弹性变形出现挠度，叶轮与导流壳发生剐碰时，不能咬死阻碍正常运转。

据此，设计技术要求为：采用不锈钢铸件：室温抗拉强度$R_m \geqslant 440MPa$，$R_{p0.2} \geqslant 290MPa$，硬度$\leqslant 180HB$。

表面进行硫-氮-碳共渗：渗层深度$\geqslant 0.3mm$，硬度$\geqslant 800HV$。

10.1.4.4　叶轮材料选择及处理

这个叶轮应该选用具有耐磷酸盐类介质腐蚀的材料，具有一定强度，铸造性能好。根据耐腐蚀条件，可在奥氏体或铁素体不锈钢中选择，考虑技术条件中对屈服强度要求较高，所以采用铁素体不锈钢铸件ZGCr28。该钢在常温磷酸盐类介质中有较好的耐腐蚀性能，屈服强度高于奥氏体不锈钢。由于该钢硬度与铸铁导流壳硬度相近，剐碰时相互接触瞬间容易引起产生摩擦咬死，但后续的硫-氮-碳共渗提高了叶轮表面硬度，并且含有硫化铁的渗层具有减摩、抗咬死特性，可防止粘连咬死现象发生。

ZGCr28可以进行表面硫-氮-碳共渗，达到技术条件提出的硬度要求。

该钢铸造性能较好，热处理方法简单，采用退火即可。

10.1.4.5　主要工序过程及关键工序的质量控制

根据叶轮的特点生产主要工序过程为：铸造及铸件验收—退火—硬度及性能检验—加

工—硫-氮-碳共渗—共渗层质量检验—清理—完工检验。

（1）铸件验收

铸造叶轮形状、尺寸应符合要求，表面无缺陷，熔炼及成品成分合格。

（2）退火

ZG28 是典型的铁素体不锈钢，铸造后应采用退火处理，工艺见图 10-10。

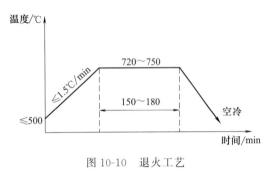

图 10-10 退火工艺

退火主要是为消除铸造应力并提高耐腐蚀性能。加热温度不宜太低，温度太低不能充分消除组织中的析出相，太高会引起晶粒粗化。退火采用空冷。这是为了防止冷却速度太慢，在冷却过程中会重新有脆相析出。

退火后的检验以硬度为主，必要时可检验金相组织和力学性能。力学性能检验应在随炉试块上取样进行。金相检验主要检验是否有脆性相析出。

（3）硫氮碳共渗及检验

钢的硫氮碳共渗是以硫、氮为主要渗入元素，工件经硫氮碳共渗后，在最表面层有不大于 $10\mu m$ 的 FeS 密集层，次表面层是含有 FeS、Fe_4N 等相的共渗层。由于最外层有 FeS 存在，大大减小了工件表面的摩擦因数，从而大幅度提高了抗咬合和抗黏着性能。本零件采用硫氮碳共渗工艺就是为了解决设备运转时叶轮与壳体之间的摩擦咬合和粘连。

硫氮碳共渗常见的方法有液体（熔盐）硫氮碳共渗和气体硫氮碳共渗。本叶轮采用的是液体硫氮碳共渗。工艺见图 10-11。

预热是为了消除工件表面水分、提高工件温度、防止工件入炉时由于温度太低引起盐浴迸溅，并保证工件入炉后不使炉温下降太多。

本叶轮共渗目的主要是提高抗咬合性能，盐浴成分控制：CNO^-，$36\%\sim39\%$；S^{2-}，$2\times10^{-5}\sim3\times10^{-5}$。保温温度为 $560\sim580℃$。保温时间为 $45\sim60min$ 即可。时间太短，保证不了渗层质量，时间太长会增加渗层脆性。

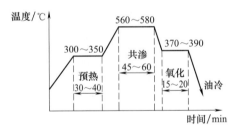

图 10-11 硫氮碳共渗工艺

为了保证共渗效果，降低 CN^- 的排放浓度，采用氧化盐浴冷却，在氧化盐浴中保温后采用水冷。

从理论上讲，铁素体不锈钢在 $560\sim580℃$ 范围内保持可能有脆性相析出，但考虑到保温时间短，零件使用条件又不要求太高韧性，所以该叶轮采用这个工艺处理对本体性能不会有太大影响。事实也证明，叶轮采用硫氮碳共渗后完全满足了不发生摩擦咬合的条件。

硫氮碳共渗后的检验主要以表面硬度为主。对一些重要零件，当有特殊要求时，还应检验渗层深度和金相组织、渗层脆性等。

这个叶轮形状较简单，截面差较小，铸后加工量小，所以残留应力不大，对硫氮碳共渗时的变形无太大影响。当重要零件且加工量较大时，大的加工应力会对共渗时变形产生影响，这时为减小变形，在共渗前应进行一次消除应力处理，消除应力处理等于或略高于共渗温度，低于退火温度。

共渗盐浴残留在工件表面，会对工件表面产生腐蚀，所以，采用液体硫氮碳共渗工件应认真清洗或喷砂，彻底清除工件表面残盐。

10.1.5 渣浆泵叶轮

10.1.5.1 功能及工况条件

这台渣浆泵输送常温、含有 20％～30％磷酸，并带有 15％～20％直径为 2～5mm 的固体硬质颗粒的介质。叶轮除承受离心力、介质压力外，最主要的是介质腐蚀和颗粒冲刷磨损。

10.1.5.2 可能的失效形式

叶轮受到严重腐蚀磨损，最后破坏导致设备失去功能。

10.1.5.3 叶轮满足功能要求应具备的性能

叶轮在满足强度要求的同时，最重要的是要抵抗腐蚀磨损破坏。

据此，设计技术要求为：

采用高铬白口耐磨铸铁，硬化处理硬度不小于 56HRC。

10.1.5.4 叶轮材料选择及处理

从对使用工况、输送介质特征分析可见：叶轮最重要的破坏形式是腐蚀磨损。使用的材料应具有既要保证耐常温磷酸腐蚀又要能抵抗硬质颗粒冲刷磨损的能力。

选择高铬白口耐磨铸铁 KmTBCr26，该铸铁含有 26％左右的铬，在铸铁基体和形成的碳化物中都含有较高的铬，所以可满足耐腐蚀要求。在经过硬化处理后，基体组织以马氏体为主（可能含有少量的残留奥氏体），基体组织具有超过 56HRC 的硬度。在马氏体基体上，还存在大量的含铬碳化物，如 $Cr_{23}C_6$、Cr_7C_3、Cr_3C 等，KmTBCr26 组织中 $Cr_{23}C_6$ 的含量最高。其硬度高达 1200HV（约 75HRC）以上。这种高硬度基体加高硬度合金碳化物的组织，决定了具有特别优良的抗硬质颗粒磨损性能。所以硬化处理后的 KmTBCr26 铸铁可以满足使用要求。

10.1.5.5 主要工序过程及关键工序的质量控制

根据叶轮的特点生产主要工序过程为：铸造及铸件检验→软化退火→加工→硬化处理→回火→硬度检验→表面液体渗透→完工检验。

（1）铸件入厂验收

对叶轮铸造毛坯入厂应进行验收，除外观、尺寸外，对化学成分也复验，保证达到技术要求，因为该材料碳、铬含量及铬碳比影响热处理后的组织和硬度。

（2）软化退火

铸态 KmTBCr26 存在很大铸造应力，由于零件壁厚不同及冷却条件的影响，成分不够均匀，组织也会有奥氏体、马氏体、珠光体等不同类型组织。铸态 KmTBCr26 硬度较高，不利于机械加工，所以应对铸件采用软化退火处理，工艺见图 10-12。铸件经软化退火处理后，应力基本被消除，硬度可下降至 38HRC 左右。软化退火后，铸件成分更均匀，组织基本以奥氏体和珠光体为主，分布一定数量的碳化物。软化退火

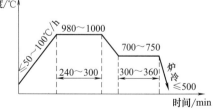

图 10-12 软化退火工艺

也为后续硬化处理作好组织准备，并保证硬化后具有不多含量的残留奥氏体，保证高硬度。

软化退火时，应注意低温装炉、缓慢升温，以防止由于应力产生裂纹。应充分保温，以保证碳化物充分溶解、成分均匀，确保处理后组织均匀。软化退火的冷却也很重要，在冷却过程中，由于缓慢冷却，使碳化物充分析出，奥氏体将转变为以珠光体为主的组织，降低硬度和应力。

（3）硬化处理

硬化处理实际上就是淬火处理，因为该材料只有经过硬化处理后才能获得高硬度和高耐磨性。KmTBCr26钢经软化退火后的组织是以奥氏体和珠光体为基体，基体上分布碳化物，硬度较低。硬化处理与软化处理主要区别是冷却方式。硬化处理是加热、保温后采用空冷。这种冷却速度比炉冷快，在冷却过程中，二次碳化物的析出受到抑制，从而有可能形成以马氏体为基体，并保留一些残留奥氏体的基体组织，其上分布一些碳化物，从而获得更高的硬度和耐磨性。高铬铸铁硬化处理也应低温入炉、缓慢升温和充分保温，保温后空冷，硬化工艺见图10-13。

硬化的冷却应充分，如果工件太大或装炉量较多，可采用风冷。但绝对不能采用更快冷速，以防止产生裂纹。

（4）回火处理

回火处理是为了稳定组织，消除应力以保证叶轮在使用中的稳定性，工艺见图10-14。

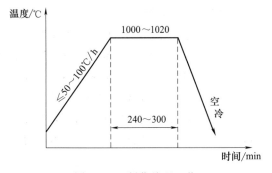

图 10-13　硬化处理工艺

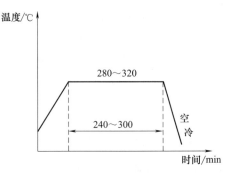

图 10-14　回火处理工艺

（5）液体渗透检验

KmTBCr26同其他高铬白口铸铁一样，属硬脆材料，在硬化过程中应力较大，在加热和冷却过程中易产生裂纹，所以，最好在硬化处理完工后或完工检验前进行一次表面液体渗透，以检验铸件是否存在裂纹。检验标准和结果评定根据技术条件确定。

10.1.6　锅炉给水泵筒体

10.1.6.1　功能及工况条件

这是一台高压锅炉给水泵，用于电站锅炉供水。介质为高温、高压水，无明显腐蚀条件。该泵筒体属承压件，与泵盖存在面接触，与吸入管吐出管连接处采用焊接结构。

10.1.6.2　可能的失效形式

泵筒体强度不足引起变形，与泵盖结合处（止口处）密封或耐冲刷能力不足，引起高温、高压水泄漏。吸入或吐出接管焊接处有缺陷也会引起介质泄漏，这些都会造成泵系统失效，甚至发生重大事故。

10.1.6.3 泵筒体满足功能要求应具备的性能

筒体强度与塑性、韧性应满足承压要求，保证在高温、高压水压力作用下不变形。与泵盖结合处（止口处）必须耐冲刷，具有良好的密封性。各焊接处无缺陷，能承受高温高压水的压力作用。

据此，设计技术要求为：室温抗拉强度 R_m 为 410～520MPa；$R_{p0.2} \geqslant 215$MPa；伸长率 $A_5 \geqslant 21\%$；冲击吸收功 $A_{kV} \geqslant 29$J 或 $A_{kDVM} \geqslant 34$J。

10.1.6.4 泵筒体材料选择及处理

考虑强度要求不太高，有焊接加工（与吸入接管吐出接管连接处）工序，止口处为保证密封和耐冲刷性能需要堆焊，所以采用控制 P、S、Mn 含量的 20 碳钢锻件，具体成分见表 10-2。

表 10-2 化学成分（质量分数）　　　　　%

成分	C	Si	Mn	P	S
熔炼成分	0.17～0.24	≤0.40	0.30～0.60	≤0.035	≤0.03
成品成分	0.15～0.26	≤0.43	0.26～0.64	≤0.040	≤0.035

采用正火回火处理，密封面采用奥氏体不锈钢堆焊。

10.1.6.5 主要工序过程及关键工序的质量控制

熔炼及熔炼成分分析→铸锭及成品成分分析→锻造及锻件验收→退火→加工→正火、回火→性能检验→加工→渗透检验→超声波检验→加工→密封面堆焊→渗透检验→焊接吸入和吐出接管→渗透检验→去应力处理→加工→硫酸铜检验→清理→完工检验。

（1）熔炼及熔炼成分分析

为保证钢的纯度和严格控制化学成分，应采用电炉熔炼。如果为保证更好质量，可再采用电渣重熔和其他有效措施。对钢水应进行熔炼成分分析并提交分析报告。

（2）化学成分检验

化学成分检验结果应符合表 10-2 的规定。

（3）锻造

由于锻件毛坯较大，应采用有足够能力的锻压设备，以保证锻坯整个截面锻透。铸锭应去除头部和尾部具有铸造缺陷的部分。为保证锻件质量均匀，特别是筒体内表面的质量，锻件应锻成圆筒形状。锻坯尺寸内径为 345mm，外径为 865mm，长度为 1300mm。锻造工艺和锻造操作应确保锻件质量，保证锻件各部分组织及力学性能达到质量要求。

（4）退火

锻件退火是为了改善锻造组织，消除应力。因锻件较大，应采用缓慢加热，以保证加热均匀。在退火加热保温后，炉冷至 550℃ 以下出炉空冷。

锻件退火工艺见图 10-15。

（5）正火回火处理

锻件经粗加工后进行正火回火处理。这是为了保证锻件获得较细密组织，保证力学性能达到要求。正火充分冷却后回火。正火回火工艺见图 10-16。

（6）力学性能检验

从锻坯一端切取环形试样毛坯，从其取切向拉力试样和冲击试样。应注意冲击试样切口形式，并采用相应的验收标准。检验结果应达到技术要求。

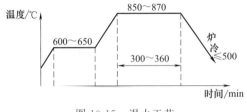

图 10-15 退火工艺

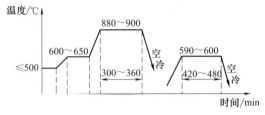

图 10-16 正火回火工艺

（7）表面渗透检验

表面渗透检验是为了检验整个锻件的表面质量。检验采用 NB/T 47013.5《承压设备无损检测 第 5 部分：渗透检测》标准。大于 1mm 的显示应纪录。如果出现线性显示、3mm 及以上的显示、3 个或 3 个以上边间距小于 3mm 的显示，均应拒收。

（8）超声波检验

超声波检验是为了检验锻件内部质量。采用 NB/T 47013.3《承压设备无损检测 第 3 部分：超声检测》标准。单个缺陷按Ⅰ级验收；密集区缺陷按Ⅱ级验收。

（9）密封面（止口）堆焊

密封面（止口）即泵筒体与泵盖结合处，为保证良好的密封性和抗冲蚀性能，应堆焊奥氏体不锈钢。堆焊应有工艺，并按工艺进行操作。

（10）渗透检验

对堆焊部位进行表面渗透检验。检验标准和验收条件同（7）。

（11）焊接

焊接泵筒体上的吸入接管、吐出接管、泵脚等件，焊接应按焊接工艺进行。

（12）表面渗透检验

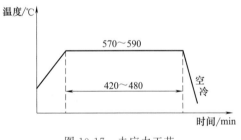

图 10-17 去应力工艺

对焊接部位进行渗透检验，以保证焊接质量，见（7）。

（13）去应力处理

去应力处理是为了消除堆焊和接管焊接产生的应力。

去应力工艺见图 10-17。

去应力工艺采用加热温度为 570～590℃，选择这个温度一方面是考虑能最大限度地消除应力，另一方面考虑不能超过正火后的回火温度，以保证泵筒体的性能不变。尽管堆焊是采用奥氏体不锈钢，而这个温度在奥氏体不锈钢的敏化区，由于接触的介质不是产生间晶腐蚀的介质，因此可以忽略这一影响。

（14）硫酸铜检验

硫酸铜检验主要是检验堆焊层质量和堆焊面积是否满足设计要求。堆焊面不得有红色沉淀物出现。硫酸铜检验后，应除净工件表面的硫酸铜残液。

10.1.7 飞轮

10.1.7.1 功能及工况条件

飞轮是某泵电机上的一个重要功能部件，其主要作用是增加泵的转动惯量，延长惰转时间。当有突发事故，如停电或其他设备故障等不能对泵正常提供能量时，还能保证泵依靠飞轮的巨大惯性延长转动时间，能够继续发挥泵的输送介质作用，避免系统重大事故的发生。

所以，为保证飞轮具有很大的惯量，飞轮应具有较大质量。并且，在进行高速旋转、承受的巨大离心力作用时保证不脆断。飞轮不承受明显的拉、压和弯曲、扭转应力，没有运动方向频繁变换。

飞轮工作环境无明显腐蚀和辐射。

10.1.7.2　可能的失效形式

飞轮在高速旋转、产生巨大离心力的作用下，材料强度不足，特别是材料质量不好或断裂韧性不足，引起断裂破坏，失去惰转功能，同时引起整个系统破坏，造成重大事故。

10.1.7.3　飞轮满足功能要求应具备的性能

为满足飞轮功能要求，材料除了具有一定强度外，还应该具有特别好的断裂韧性，保证在高速旋转和巨大离心力作用下，不发生断裂。所以，材料质量要求特别纯净，有害气体及夹杂物少，在满足强度要求的条件下，碳含量尽量低，可能引起夹杂物和容易产生热加工缺陷及可能引起脆性的合金元素尽量少，热加工性能好。

据此，设计技术要求为：室温抗拉强度 R_m 为 $500\sim600MPa$；$R_{p0.2}\geqslant300MPa$；伸长率 $A_5\geqslant23\%$；冲击吸收功 $A_{kV}\geqslant68J$（三个平均值），其中一个最小值不低于61J。

10.1.7.4　飞轮材料选择及处理

根据飞轮服役环境基本无腐蚀、无辐射，要求具有高断裂韧性的条件，材料应该选择较低碳含量、基本不含合金元素的金属材料，因为碳含量的高低会影响钢中碳化物含量，从而影响材料脆性，而各类合金元素在不同程度上都会形成钢中夹杂物、金属间化合物、低熔点化合物，而这些都会使钢材变脆，严重影响钢的断裂韧性。此外材料必须严格控制有害气体和残留元素，特别是能引起脆化和容易产生缺陷的元素，这就要求对材料生产全过程采取有效措施和增加材料检验试验程序，提高验收控制标准。

依据上述原则，飞轮选用严格控制 P、S、Mo、Cr、V、Nb、B 等元素，含碳量为 $0.22\%\sim0.28\%$ 的碳素钢锻件。具体成分见表 10-3。

表 10-3　化学成分（质量分数）　　　　　　　　　　　　　　%

成分	C	Si	Mn	S	P	Cu	Mo	Cr	V	Nb	B	Ni
熔炼成分	0.22~0.28	0.15~0.40	0.85~1.20	≤0.015	≤0.015	≤0.02	≤0.12	≤0.12	≤0.03	≤0.02	≤0.0018	0.6~0.9
成品成分	0.22~0.28	0.13~0.42	0.79~1.30	≤0.018	≤0.018	≤0.02	≤0.13	≤0.13	≤0.04	≤0.02	≤0.0018	0.57~0.93

为保证晶粒细化和沿截面上组织、性能的均匀性，最终热处理采用 $910\sim930℃$ 水冷并 $620\sim640℃$ 回火的工艺。

10.1.7.5　主要工序过程及关键工序的质量控制

根据飞轮的特点生产主要工序过程为：熔炼（熔炼成分分析）→铸锭（成品成分分析）→有害气体分析→锻造→退火→锻件毛坯加工→正火→加工→热处理→力学性能检验→硬度均匀性检验→低倍组织缺陷检验→非金属夹杂物检验→金相组织检验→落锤试验→渗透检验→超声波检验→机械加工→去应力处理→渗透检验→清理→完工检验。

（1）熔炼及铸锭

为保证钢的纯净度，应采用碱性电炉加电渣重熔的冶炼工艺，在熔炼和铸锭过程中应采用真空处理，充分去除有害气体，保证钢具有极低的杂质和有害气体。

（2）化学成分检验

应对熔炼成分和成品成分进行分析，保证满足表10-3的成分要求，特别是对硫、磷及一些合金元素的含量控制。

（3）气体检验

气体检验是指对钢中存在的有害气体含量的检测，主要有氢气、氮气、氧气等。通常控制范围：$H_2 \leqslant 3 \times 10^{-6}$；$N_2 \leqslant 60 \times 10^{-6}$；$O_2 \leqslant 30 \times 10^{-6}$。过多的有害气体会增加钢中的非金属夹杂物含量以及气泡等质量缺陷，尤其是氢气存在危害更大，由氢形成的白点是对钢危害极为严重的缺陷。这种严格的有害气体控制，要求从熔炼选料开始到钢锭退火为止的各个环节都应采取控制措施，采用真空处理技术更是必不可少的重要方法。

（4）锻造

锻造也是保证材料获得优良组织、减少内部缺陷的重要工艺过程。应采用具有足够能力的锻压设备，以保证锻坯整个截面都能受到充分锻压，各部分组织都得到改善。应充分切除锻坯的头、尾部分，确保铸锭有缺陷部分完全切除。总锻压比不小于4。

锻压时，应严格控制始锻和终锻温度。

锻件入厂时应按技术条件和订货协议要求验收。

（5）退火

锻件应经过退火，工艺见图10-18 锻件退火的目的是为改善锻态组织，消除锻造应力、降低硬度，便于加工。

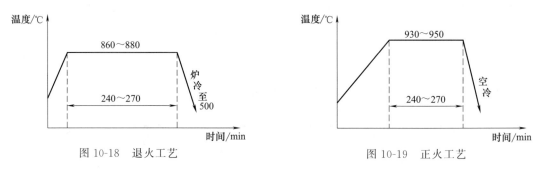

图 10-18 退火工艺　　　　　　图 10-19 正火工艺

（6）正火

该锻件采用正火工序，主要是为了进一步改善组织，由于正火采用空冷，比退火冷却速度大，组织会更细，实际上是为以后性能热处理工序作组织准备，使性能热处理效果更好。正火工艺见图10-19。

（7）性能热处理

众所周知，由于该钢含碳量很低，又没有足够的合金元素，因此，淬火并不能获得真正的淬火马氏体组织。这里所谓的淬火，只是加热后采用水冷，由于冷却速度更大，得到的组织更细，并且较细的组织层深度更深。所以，严格来讲，该工序并不是真正意义上的淬火。水冷之后的回火是为了稳定组织，消除应力。性能热处理工艺见图10-20。

（8）力学性能检验

试样取自切向，拉伸试样符合 GB/T 228、冲击试样符合 GB/T 229 V 形缺口试样，检

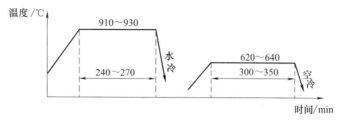

图 10-20　性能热处理工艺

验结果应符合技术要求。

（9）硬度均匀性检验

硬度均匀性检验是为了验证工件经热处理后硬度在件体上的均匀程度，硬度测试点位置分别在自工件圆心起 1/3 半径和 2/3 半径处及近外边缘处，沿圆周方向各取 8 点，共 24 点，加上圆心 1 点共 25 点，硬度最高最低之差不超过 40HB。

（10）低倍组织检验

低倍组织检验主要是为了检验工件内部是否存在裂纹、气泡等宏观缺陷，也是为了考核锻造质量。

根据该工件具体情况，检验试样取自锻件中心 ϕ140mm 圆饼体部分（锻坯中心孔到工件轴孔加工的环形部分），检验与锻件平面的垂直断面。

低倍组织检验采用 GB/T 226《钢的低倍组织及缺陷酸蚀检验法》中的热酸蚀方法。检验表面不得有用肉眼可见的缩孔、气泡、裂纹、夹杂、翻皮等宏观缺陷。一般疏松、中心疏松不大于 GB/T 1979《结构钢低倍组织缺陷评级图》中的一级缺陷标准。

（11）金相组织检验

金相组织检验主要检验铁素体，最终热处理后组织中不得存在网状铁素体或带状铁素体，不得存在魏氏组织。

检验采用 GB/T 13299《钢的显微组织评定方法》。带状组织按 B 系列 0 级评定，魏氏组织按 A 系列 0 级评定。

（12）非金属夹杂物检验

非金属夹杂物检验采用 GB/T 10561《钢中非金属夹杂物含量的测定　标准评级图显微检验法》。其中 A 类（硫化物）不大于 0.5 级；B 类（氧化物）不大于 1 级；C 类（硅酸盐）不大于 1 级；D 类（球状氧化物）不大于 1 级。各类夹杂物总和不大于 3 级。

（13）基准无塑（延）性转变温度的测定（落锤试验）

金属无塑（延）性转变温度是评价材料抵抗脆性断裂的能力。该温度越低说明抵抗脆性断裂能力越强。因为该飞轮的重要性，要求进行该项检测。

检测分两步进行。首先根据 GB/T 6803《铁素体钢的无塑性转变温度落锤试验方法》，测出无塑（延）性转变温度，$T_{NDT} \leqslant -12℃$ 为合格。在确定了 T_{NDT} 合格的基础上，再依据 MC1240《基准无塑性转变温度的确定》方法，通过 KV 冲击试验，确定基准无塑（延）性转变温度 RT_{NDT}，根据本飞轮使用温度，$RT_{NDT} \leqslant -41℃$ 为合格。

（14）渗透检验

渗透检验是为了检验工件材料的表面缺陷情况。渗透检验采用 NB/T 47013.5《承压设备无损检测　第 5 部分：渗透检测》。验收标准：尺寸等于或大于 1mm 显示应记录。以下显示予以拒收：线性显示；尺寸大于 3mm 的非线性显示；3 个或 3 个以上边缘间距小于

3mm 的非列成行的显示痕迹。

（15）超声波检验

超声波检验是为了检验工件内部缺陷。对飞轮要进行 100% 体积的检验。采用 NB/T 47013.3《承压设备无损检测　第 3 部分：超声检测》。

评定验收标准：

不允许存在下列显示：裂纹或链状的和密集的缺陷显示。

纵波检查条件下，允许有下列显示，但需记录：当量小于 $\phi1.5mm$ 的缺陷；零星分散的当量直径为 $\phi1\sim2mm$ 的缺陷显示，但缺陷间距不小于 40mm；允许个别当量直径为 $\phi2\sim$ 2.5mm 的缺陷，但缺陷间距不小于 100mm。

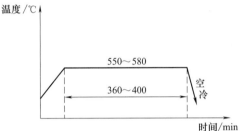

图 10-21　去应力工艺

（16）去应力处理

去应力处理目的是消除以前各工序可能残留的应力，以保证工件具有最小的应力，保持形状和尺寸的稳定性。去应力工艺见图 10-21。

（17）渗透检验

这是对该工件整体表面的最后一次表面缺陷检验。执行的标准和验收准则同第（14）项。

关于力学性能的重复试验：力学性能试验（包括拉伸试验和冲击试验）如果不合格，并且这种不合格确实不是由于材料本身的缺陷引起的，则允许在相邻位置切取双倍试样重新试验，加倍试样全部合格视为合格。

关于重复热处理：如果检查项目中有不合格项，且确认不合格是热处理不当所致，则允许重新热处理后再检验，但重复淬火次数原则上只限一次。

10.1.8　轴套

图 10-22 所示是一个离心泵密封部位的轴套。

10.1.8.1　功能及工况条件

这是输送 pH 值为 2~4 的酸性介质、温度不大于 80℃ 的矿山水的多级离心泵轴套，是保护泵轴的一个重要功能部件。

该轴套使用温度不高，接触具有腐蚀性的酸性介质，外表面与密封材料产生摩擦磨损，随泵轴高速旋转，承受一定的弯扭和疲劳应力。

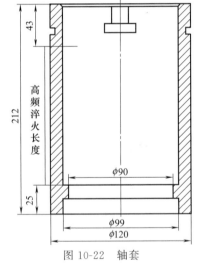

图 10-22　轴套

10.1.8.2　可能的失效形式

轴套本体强度不足，产生变形；本体受酸性介质腐蚀损坏；外表面受摩擦发生磨损间隙增大。这些都会引起介质泄漏，失去功能，影响泵效率甚至使泵丧失功能。

10.1.8.3　轴套满足功能要求应具备的性能

轴套用材料应具有耐酸性介质腐蚀能力，具有一定强度，特别是外表面应该具有较高硬度和耐磨性能。

据此，设计技术要求为：采用耐酸性介质腐蚀不锈钢，要求本体硬度为 241~285HB

（抗拉强度不小于 800MPa，屈服强度不小于 640MPa），轴套表面硬度为 50～55HRC，硬层不小于 1.5mm。

10.1.8.4　轴套材料选择及处理

根据工况条件和技术要求，保证耐腐蚀性能，材料应该在不锈钢范围内选择，又有一定强度和表面高硬度的要求，应该在马氏体或沉淀硬化不锈钢中选择，所以采用 3Cr13 马氏体不锈钢是合适的。3Cr13 钢可以通过调质热处理得到 241～285HB 硬度和足够的力学性能，通过表面高频淬火、回火可获得 50～55HRC 的表面硬度，满足硬度和耐磨性的要求。调质过程中的高温回火和表面淬火后的低温回火，可有效地消除应力，保证轴套在使用过程中的形状和尺寸稳定性。3Cr13 钢具有 13% 左右的含铬量，可以满足温度不高条件下耐酸性矿山水的腐蚀，为保证使用功能质量应该采用锻件，并且可以减少材料消耗。

10.1.8.5　主要工序过程及关键工序的质量控制

根据轴套特点生产主要工序过程为：锻件入厂检验→退火→粗加工→调质处理→硬度检验→机械加工→表面淬火、回火→表面硬度检验→加工内孔及键槽→磨削外圆→修整→完工检验。

（1）锻件进厂检验

轴套毛坯一般选用锻件，这主要是考虑节省材料，锻件组织好，热处理后更容易达到性能要求。锻件通常从锻造厂采购。锻件入厂时，除对外观、尺寸进行检验外，还应对化学成分复验，以保证材质成分符合标准要求。

（2）退火

3Cr13 属于接近共析成分的马氏体不锈钢，在锻造和锻后冷却过程中会存在较大的应力和组织的不均匀性，硬度偏高，不便于机械加工，为改善组织、为后续调质热处理作组织准备并消除应力和降低硬度，方便机械加工，锻坯应进行退火处理。通常采用完全退火，常见退火工艺见图 10-23。

完全退火加热温度可选择在 870～890℃ 范围内，充分保温后炉冷至小于 550℃ 时出炉空冷。在加热温度下充分保温是为了使较高的铬合金元素充分固溶，冷却时应缓慢冷却，以保证获得均匀的平衡组织和有效降低硬度。应注意，当工件装炉量较大时，在冷却过程中，虽然设备仪表指示温度为 550℃，但中间部位的工件的实际温度可能还较高，必须保证其实际温度低于 550℃ 方可出炉，否则工件硬度可能偏高。3Cr13 钢完全退火后的金相组织应为珠光体，可能有少量碳化物，退火后硬度一般不大于 220HB。

（3）调质处理

3Cr13 钢的调质处理包括淬火和高温回火，常见调质工艺见图 10-24。

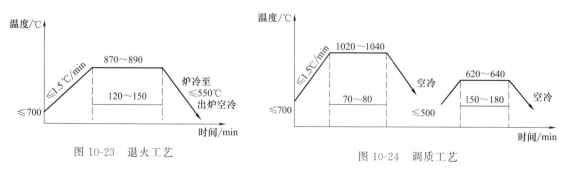

图 10-23　退火工艺　　　　　　　　图 10-24　调质工艺

3Cr13 钢的淬火加热温度应偏高一些，以保证含铬碳化物充分溶解，通常选择在 1020～

1040℃范围内加热。该零件是粗加工后调质，壁厚约为23mm，成批装炉处理，属长筒类零件。所以，保温时间系数取1min/mm，有效尺寸系数取1.5，装炉系数取2，总保温时间可取23×1×1.5×2＝69（min），实际取保温时间为70～80min。淬火冷却可采用空冷，因为对轴套的基体性能要求主要是强度，对韧性要求不高，而且工件较小，采用空气冷却完全可满足要求。淬火冷却后应具有马氏体和少量碳化物的金相组织，淬火硬度应不小于380HB。

3Cr13钢淬火后应及时回火，根据硬度要求，回火温度可选择620～640℃，采用空冷。回火后的金相组织应为索氏体，硬度为241～285HB。

（4）性能检验

由于3Cr13热处理性较好，工件又较小，所以，调质后只要满足硬度要求，即可保证应具有的力学性能和强度要求，因此，调质处理后只检验布氏硬度即可。

（5）高频表面淬火、回火

3Cr13钢高频感应加热表面淬火后可获得较高的表面硬度。该轴套表面淬火长度约为144mm，应采用连续加热淬火，即工件和感应器之间进行相对移动，边加热边冷却淬火。

感应器选择很重要，选用单匝连续加热淬火感应器，内孔直径为124mm，感应器内表面距工件淬火表面间隙为2mm，感应器高度为8mm，工件淬火长度总加热时间为30s（工件相对感应器移动速度约为4.8mm/s）。感应加热温度可选择1080～1100℃范围（通常通过电参数和移动速度控制）。淬火冷却采用水。回火温度为200～240℃。

3Cr13钢尽管在用炉加热整体淬火时可根据具体情况采用空气冷却或油冷却，但在高频加热表面淬火时，可采用喷水冷却，这是因为高频感应加热表面淬火时，工件表面产生的是压应力，而最大拉应力存在于超过淬火层深度的工件内部，并且，这个部位是调质组织，具有较高的强度和塑韧性，不至于产生裂纹。

3Cr13马氏体不锈钢套类零件进行高频表面淬火时，应注意对套内孔保留较大的加工余量，即保持套类有足够的壁厚，一般淬火部位壁厚不应小于8mm，如果壁厚太薄，在感应加热时，特别是当感应器与工件间隙大、加热速度较慢时，有可能使套内表面加热到较高温度，在冷却后，内表面硬度会很高，内孔表面难以进行机械加工，还会使变形增大。

（6）高频淬火的检验

轴套经高频表面加热淬火后，可用表面洛氏硬度计检验硬度。如果还要检查表面淬火层深度和金相组织，则应先准备一件材料及主要尺寸与轴套淬火部位相同的仿形件，再采用与轴套淬火相同的工艺规范进行表面淬火，然后检查仿形件的淬火深度和金相组织，以这个检查结果代表该批轴套的热处理效果。

因为该轴套截面尺寸较小，又用于一般泵，在制造过程中一般不会产生严重的表面或内部质量缺陷，所以可不进行表面或内部缺陷检验，如果有特殊需要，可对淬火后工件进行探伤或对完工件进行表面渗透检验。

10.1.9 平衡套

图10-25所示是锅炉给水泵的一个平衡套。

10.1.9.1 功能及工况条件

锅炉给水泵用于输送温度大约180℃以下锅炉用水，锅炉水具有一定的腐蚀性。平衡套是用来平衡轴向力的重要功能零件，平衡套在工作时随泵轴一起高速旋转，承受一定的弯扭和疲劳应力，A表面与平衡盘端面产生摩擦磨损，ϕ105mm的内孔会与轴套产生摩擦磨损。接触带有一定腐蚀性、温度大约180℃的锅炉水会受到腐蚀和冲刷。

10.1.9.2 可能的失效形式

平衡套本体强度不足，产生变形；本体受有腐蚀性介质腐蚀或高温高速水冲刷而损坏；A表面或内孔受摩擦发生磨损间隙增大。这些都会减小平衡能力，严重时会失去功能，影响泵效率甚至使泵丧失功能。

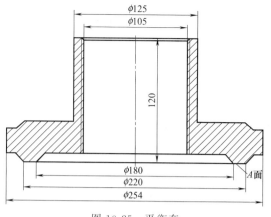

图 10-25　平衡套

10.1.9.3 平衡套满足功能要求应具备的性能

平衡套采用的材料应具有耐锅炉水腐蚀能力、抗高温高速水冲刷能力，具有一定强度，特别是A表面和内孔，应该具有较高硬度和耐磨性能。

据此，设计技术要求为：采用耐锅炉水腐蚀的不锈钢，要求本体硬度为241～285HB（抗拉强度不小于800MPa，屈服强度不小于640MPa），内孔离子渗氮硬度不小于650HV，渗层深度不小于0.3mm；平衡套A表面硬度为50～55HRC，硬层不小于1～1.5mm。

10.1.9.4 平衡套材料选择及处理

根据工况条件和技术要求，保证耐腐蚀性能，材料应该在不锈钢范围内选择，又有一定强度和表面高硬度的要求，应该在马氏体或沉淀硬化不锈钢中选择，所以采用3Cr13马氏体不锈钢是合适的。3Cr13钢可以通过调质热处理得到241～285HB硬度和足够的力学性能及抗冲刷性能，内孔经过离子渗氮可达到技术要求的硬度和深度，A表面通过高频淬火、回火可获得50～55HRC的表面硬度，满足硬度和耐磨性的要求。调质过程中的高温回火和渗氮及表面淬火后的低温回火，可有效地消除应力，保证平衡套在使用过程中的形状和尺寸稳定性。3Cr13钢具有13%左右的铬，可以满足180℃锅炉水的腐蚀要求。为保证使用功能质量，应该采用锻件，并且可以减少材料消耗。

10.1.9.5 主要工序过程及关键工序的质量控制

根据平衡套特点生产主要工序过程为：锻件入厂检验→退火→粗加工→调质处理→硬度检验→机械加工→高温时效→半精加工→离子渗氮→渗氮硬度检验→A表面高频淬火回火→表面硬度检验→加工内孔及键槽→磨削A表面→修整→完工检验。

（1）锻件入厂检验

锻件多半是从锻造厂采购的，锻件进厂后应进行成分复验，确保成分合格才能保证使用功能的需要。锻件尺寸及表面质量应符合订货条件。

（2）退火

锻坯退火是为了改善锻造组织、消除应力和降低硬度。参见3Cr13轴套零件退火。

（3）调质及硬度检验

坯料调质是为了提高平衡量整体强度，并为以后的高频表面淬火和离子渗氮作好组织准备。参见3Cr13轴套零件调质。

（4）高温时效

高温时效的目的是较彻底地消除以前各加工工序过程产生的应力，防止或减少零件离子渗氮时的变形。实质上，高温时效是为离子渗氮采用的预处理工序。因为尽管离子渗氮本身不会产生很大变形，但在离子渗氮温度（580～600℃）下，零件在加工中产生的应力会释放而加大零件变形。

高温时效加热温度选择的原则是，低于调质回火温度以下 20～30℃，接近或略高于离子渗氮温度。这既可保持零件基体调质硬度和性能，又可较大程度地消除应力，从而保证离子渗氮时少变形。高温时效保温后采用炉冷至 400℃ 以下出炉。高温时效工艺见图 10-26。

（5）离子渗氮及检验

离子渗氮的主要目的是提高平衡套内孔表面硬度。高频表面淬火虽然也可以提高表面硬度，但对于内孔的表面淬火难度较大、不易实现，也不易控制表面淬火质量，所以，此处采用离子渗氮处理。

平衡套离子渗氮工艺见图 10-27。

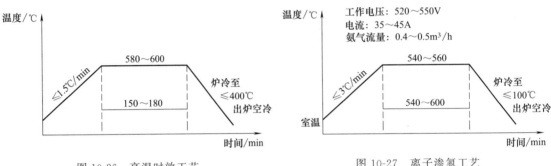

图 10-26　高温时效工艺　　　　　　图 10-27　离子渗氮工艺

离子渗氮温度选定在 540～560℃，这个温度区间是 3Cr13 钢离子渗氮的中下限温度。这主要是考虑平衡套调质回火温度确定的。高温时效温度是 580～600℃，离子渗氮温度应低于高温时效温度，才可能有效保证少变形。

3Cr13 钢属高合金钢，渗氮速度偏慢，应加长保温时间。平衡套属于薄壁易变形零件，应通过电参数适当控制升温速度、降温速度和出炉温度，以保证零件有较小的变形。低于100℃出炉还可以保证零件表面不出现氧化色而呈银白色。氨气供给量应根据设备容积大小、装炉工件有效表面积大小和装炉量确定。

平衡套渗氮内孔为 $\phi105$mm，深度为 115mm。对于如此径深比的内孔，不必在孔内增设辅助阳极，如果是多件叠在一起，或其他小内孔件离子渗氮，为保证内孔渗氮效果、应在内孔增设辅助阳极。

该零件的使用要求和技术条件只要求内表面离子渗氮，但当只进行内孔渗氮时，其他非渗氮面需要屏蔽或采取其他防渗氮措施，不仅增加了操作复杂性，还增加了处理成本，而其表面渗氮后对使用又无不利作用。所以，为简化操作，经设计人员同意，可以全件表面渗氮。当然，这时应请冷加工工艺人员调整工序。

根据平衡套使用功能和设计要求，平衡套 A 面应采用高频表面淬火。以提高该面硬度和硬层深度。A 面经离子渗氮后再进行高频表面淬火，不但对高频处理效果和质量无不利影响，反而有积极作用，因为工件表面渗氮后，表面富集了高浓度氮元素，再经高频加热淬火后，会获得富氮马氏体组织，使马氏体组织更细、更均匀，具有更高的硬度，对提高使用功能更有利。先离子渗氮再高频表面加热淬火，是通常采用的表面复合热处理方法之一。

平衡套离子渗氮后的硬度检验可以在工件可检面上进行，该件虽然要求内孔渗氮，但在硬度检验时，可在其他已经渗氮、易于硬度检验的表面上进行。硬度检验也可在同炉试块上进行。如果要检验渗氮层深度或渗氮层金相组织，则必须在随炉试块上进行。随炉试块应与工件同材质，并经过相同的热加工工序。由于渗氮层较浅，表面硬度检验时最好采用负荷不大于 9.8N 的硬度检验设备。

（6）高频表面淬火及检验

该平衡套高频表面淬火部位是内径为 180mm、外径为 220mm 的圆环表面，即图 10-25 中所示的 A 平面。

高频表面淬火相对于离子渗氮，硬层较厚，耐磨性更好，A 面具有高频表面淬火的条件，所以采用高频表面淬火。

A 面高频表面淬火应采用连续加热淬火方式，工件旋转、感应器加热并同时喷水冷却。

感应器的选择：可选用连续加热淬火感应器，感应器有效加热和冷却长度与 A 面宽度相当，应为 20mm 左右，感应器加热部分的宽度为 7mm。

加热温度：1080~1100℃。加热温度控制多用电参数控制，以目测为主。

工件总加热时间约为 135s（即工件旋转一周的时间）。采用喷水冷却。

回火温度为 200~240℃。

如果设备功率足够大，也可采用同时加热淬火，即采用圆环形平面感应器加热，工件浸水冷却。采用同时加热淬火方法可以防止采用连续加热淬火时在淬火面头尾衔接处产生的软带，但对感应器平行度的要求更严格。采用平面感应器加热时，应注意防止边缘部分的过热和裂纹。

高频表面淬火的表面硬度检验应采用表面洛氏硬度计在淬火面上检验。如果检验淬硬层深度和金相组织，应采用试件或破坏工件检验，检验结果代表该批零件的热处理质量。

这里应着重说明一个工序安排问题。本平衡套的表面硬化采用两种方式，即内孔的离子渗氮和 A 平面的表面淬火。这两种硬化方法工序的安排必须离子渗氮在前，高频表面淬火在后。这是因为渗氮后进行 A 面表面淬火不会影响渗氮效果，因为高频表面淬火是 A 面局部，并且回火时虽是整体回火，但回火温度很低，不对内孔渗氮结果产生影响，反之，如果先进行 A 面高频表面淬火后进行离子渗氮，则因为离子渗氮也包括 A 面，且渗氮温度很高，会降低 A 面高频表面淬火时的硬度和组织。

平衡套的锻造、调质处理、离子渗氮及高频表面淬火等热工艺稳定、质量有保证时，原则上可不进行表面或内部质量无损检验，如有特殊要求，按要求执行。

10.1.10　多级泵拉紧螺栓

10.1.10.1　功能及工况条件

这是一个多级泵的拉紧螺栓（M85×2，长度为 1130mm），作用是几个螺栓将泵的一个吸入段、多个中段和一个吐出段紧紧连接在一起，构成一个组合体，作为泵的外壳体。腔体内安装转子、导叶等部件。所以拉紧螺栓承受很大拉应力，其不接触输送的介质。

10.1.10.2　可能的失效形式

螺栓屈服强度不足，在拉应力作用下产生塑性变形，失去紧固功能，引起介质泄漏；抗拉强度不足，引起拉断破坏使设备失效；拉紧螺栓之间强度不均，受力和弹性变形不均衡，个别螺栓超负荷使用，也会引起壳体松动，产生介质泄漏；有时也可能表面锈蚀或螺栓与螺母粘连咬死，无法拆卸。

10.1.10.3　拉紧螺栓满足功能要求应具备的性能

从拉紧螺栓受力情况可见，满足强度要求是最重要的条件，并且要尽量提高螺栓整个截面强度的均匀性，要具有一定的抗松弛和抗蠕变性能，要注意整批次螺栓强度的均匀性，防止在使用过程中不同螺栓之间强度不同，引起受力的不均匀性。其次螺栓表面应具有一定的抗锈蚀和抗咬合能力。

据此，设计技术要求为：室温抗拉强度 $R_m \geqslant 830MPa$，$R_{p0.2} \geqslant 700MPa$，伸长率 $A_5 \geqslant 24\%$，冲击吸收功 $A_{kU2} \geqslant 60J$，表面硬度为 270～310HB，350℃高温屈服强度 $R_{p0.2(350)} \geqslant 550MPa$。

表面处理：E3J。

10.1.10.4　拉紧螺栓材料选择及处理

根据螺栓工作条件和技术要求，选用 25Cr2MoVA 锻件或棒料。该钢属珠光体型中碳合金钢，具有较高的强度和韧性、优良的淬透性，在 500℃ 以上还具有良好的高温性能及抗松弛性能和抗蠕变性能，是制造紧固件的优良材料，可通过表面处理提高抗大气腐蚀能力和与螺母间的抗咬合能力。

为保证力学性能可采用调质热处理。

10.1.10.5　主要工序过程及关键工序的质量控制

根据拉紧螺栓特点生产主要工序过程为：材料入厂检验→热处理→硬度均匀性检验→力学性能检验→加工→表面渗透检验→超声波检验→加工→加工螺纹→尺寸检验→表面渗透检验→表面处理（E3J）及检验→完工检验。

（1）材料入厂检验

材料入厂后除检验外观质量、尺寸外，重点复验化学成分，应符合 GB/T 3077《合金结构钢》中 25Cr2MoVA 材料成分。

（2）热处理

材料应经过调质热处理，以保证力学性能要求和硬度要求。热处理工艺见图 10-28。

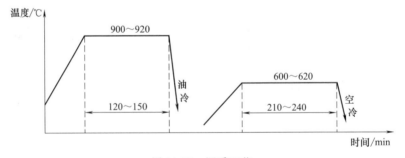

图 10-28　调质工艺

（3）硬度检验

对该批次螺栓坯料逐支检验硬度，硬度检测位置在每支坯料距端部 1/5 长度处各检验两点，均应达到 270～310HB 为合格，低于 270HB 的坯料应查明低硬度原因，并允许再热处理一次后再检验。对于高于 310HB 的坯料允许回火，再检验硬度。每支都检验硬度是为了保证硬度均匀性。并从其中抽取硬度最低和硬度最高的坯料各一支送检力学性能。因为硬度最低和最高的坯料力学性能都合格，才能确保该批坯料的力学性能全部合格。

（4）力学性能检验

从坯料一端（低硬度件硬度最低端和高硬度件硬度最高端）取样，拉力试样一支，冲击试块三支，高温拉力试样一支。试样应在坯料 1/2 半径处切取，所检性能值应符合技术条件要求。

（5）表面渗透检验

表面渗透检验是为了检验表面是否存在缺陷，以保证在滚丝工序中的螺纹质量。检验按 NB/T 47013.5《承压设备无损检测 第 5 部分：渗透检测》进行。对于任何线性显示、超过大于 3mm 的圆形显示、间距小于 3mm 的三个或三个以上连成一线的显示均为不合格。

（6）超声波检验

超声波检验是检验坯料的内部缺陷。按 NB/T 47013.3《承压设备无损检测 第 3 部分：超声检测》进行。按Ⅰ级标准验收。

（7）滚丝

滚丝是螺纹加工的主要工序。该螺栓采用滚丝工艺进行螺纹加工，是因为滚丝加工螺纹比切削螺纹有优点，如不破坏纤维组织、表面存在压应力、螺纹底部保证无尖角等。

（8）表面渗透检验

这次渗透检验部位是滚丝后的螺纹部分，主要是检验滚丝形成的螺纹是否存在表面缺陷。检验方法和验收标准与（5）相同。

（9）表面处理（E3J）

螺栓的表面处理的作用是防腐蚀。E3J 处理是指镀镍处理，公称镀层厚度为 $8\mu m$，镀后应进行镀层的铬酸盐处理，表面光亮无色。

螺栓的表面处理及检验按 GB/T 5267.1《紧固件 电镀层》进行。

10.1.11 给水泵主螺栓

10.1.11.1 功能及工况条件

这台泵是某重要工程用给水泵，主螺栓是将泵盖与泵体之间紧固连接用螺栓（M100×500）。泵输送介质是高温高压水。螺栓工作状态温度较高，承受较大拉应力。按一级紧固件进行质量控制，要求具有极高的使用安全性。

10.1.11.2 可能的失效形式

螺栓屈服强度不足，在拉应力作用下产生塑性变形，失去紧固功能，引起介质泄漏；抗拉强度不足，引起拉断破坏使设备失效；主螺栓之间强度不均，受力和弹性变形不均衡，个别螺栓超负荷使用，也会引起壳体松动，产生介质泄漏；高温时抗松弛性能和抗蠕变性能不足，引起螺栓变形伸长，把紧力不够产生介质泄漏；在高温潮湿条件下螺栓表面锈蚀或与泵体螺纹粘连咬死，无法拆卸。

这个螺栓的重要性不允许发生失效事故。

10.1.11.3 主螺栓满足功能要求应具备的性能

从主螺栓受力情况可见，满足室温和高温强度要求是最重要的条件，并且要尽量提高螺栓整个截面强度的均匀性，要具有较好的抗高温松弛和高温抗蠕变性能，要注意整批次螺栓强度的均匀性，防止在使用过程中不同螺栓之间强度不同，引起受力的不均匀性。并且螺栓表面应具有一定的抗锈蚀和抗咬合能力。

据此，设计技术要求为：室温抗拉强度 $R_m = 1000 \sim 1170 MPa$，$R_{p0.2} \geqslant 900 MPa$；伸长率 $A_5 \geqslant 12\%$；断面收缩率 $Z \geqslant 50\%$；表面硬度为 $320 \sim 370 HB$；冲击吸收功 $A_{kV} \geqslant 61J$；侧面膨胀量 $L_E \geqslant 0.63 mm$；$-12℃$ 时冲击吸收功 $A_{kV} \geqslant 41J$；$350℃$ 高温屈服强度 $R_{p0.2(350)} \geqslant 550 MPa$。

表面处理：A5B。

10.1.11.4　主螺栓材料选择及处理

根据螺栓工作条件和技术要求选用 40CrNiMoE，这是严格控制 S、P 含量的特级优质中碳高强度合金结构钢，具有很好的淬透性，如热处理后，在 $\phi 100 mm$ 直径钢棒的横截面上，表面与心部硬度差不大于 $\pm 8 HB$，这就保证了在螺栓整个截面上的强度均匀性。热处理后可获得很好的强度和韧性，还具有较好的抗高温松弛性能和抗蠕变性能。该材料可以进行表面化学处理，防止锈蚀和提高抗咬合能力，满足使用要求。

该材料具有较好的锻造及热处理性能。

10.1.11.5　主要工序过程及关键工序的质量控制

根据主螺栓的特点生产主要工序过程为：熔炼（熔炼成分分析）→锻造→锻件入厂检验→退火→锻件毛坯加工→低倍组织缺陷检验→非金属夹杂物检验→正火→加工→调质→硬度均匀性检验→力学性能检验→加工→渗透检验→超声波检验→螺纹加工→磁粉检验→表面处理（A5B）→去氢处理→表面盐雾检验→清理→完工检验。

（1）熔炼

由于该螺栓的特殊重要性，要求采用碱性电炉和电渣重熔的冶炼工艺，严格控制成分和夹杂物。由于使用工况的特殊性，不允许在钢中加入低熔点元素，如 Pb、Zn、Sn、Hg、Br 等。整个熔炼和铸锭过程中应严格保证质量。

（2）成分检验

严格控制成分，满足表 10-4 的规定。

表 10-4　成分及控制范围（质量分数）　　　　%

成分	C	Si	Mn	S	P	Cr	Ni	Mo
控制范围	0.37~0.44	0.15~0.35	0.70~0.90	≤0.015	≤0.020	0.70~0.90	1.65~2.00	0.30~0.40
成品分析±	0.02	0.02	0.04	0.05	0.05	0.05	0.05	0.02

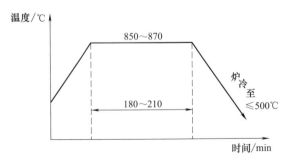

图 10-29　退火工艺

（3）锻造

采用有足够能力的设备进行锻造，钢锭两端要有足够的切除量，锻造比不小于 3。

（4）退火

退火是为了改善锻造组织、消除应力、降低硬度、便于加工。退火工艺见图 10-29。

退火后硬度不大于 220HB。

（5）低倍组织检验

抽取棒料对横截面进行低倍组织检验，检验采用 GB/T 226《钢的低倍组织及缺陷酸蚀试验方法》标准中热酸蚀法。检验截面不得有肉眼可见的缩孔残余、气泡、夹渣、白点、裂纹等缺陷。一般疏松和中心疏松不大于 GB/T 1979《结构钢低倍组织缺陷评级图》中Ⅰ级缺陷标准。

（6）非金属夹杂物检验

非金属夹杂物检验采用 GB/T 10561。其中 A 类（硫化物）不大于 0.5 级；B 类（氧化物）不大于 1 级；C 类（硅酸盐）不大于 1 级；D 类（球状氧化物）不大于 1 级。各类夹杂物总和不大于 3 级。

（7）正火

正火是为了进一步改善组织。特别是 40CrNiMoE 钢含碳量较高，可能存在较多碳化物，为保证后面的调质质量，采用正火处理，细化组织并减少或消除碳化物。正火工艺见图10-30。

（8）调质处理

通过调质处理，可获得理想的索氏体组织、优良的力学性能。该材质淬透性好，在整个截面上都可获得均匀组织和性能。由于该钢含碳量较高、淬透性好，淬火冷却时要正确控制出油温度，防止产生淬火裂纹。淬火后要及时回火，防止产生置裂。

调质工艺见图10-31。

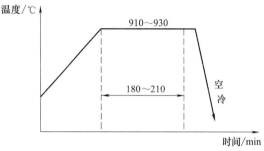

图 10-30　正火工艺

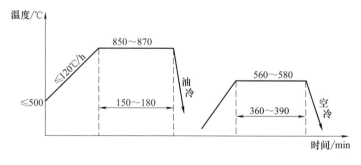

图 10-31　调质工艺

（9）硬度检验

对该批螺栓坯料应逐支进行布氏硬度检验，硬度检验位置选在每支坯料距两端各150mm 处，每支检两点，硬度在 320～370HB 范围内为合格。低于 320HB 的坯料应查明原因，由于热处理不当，允许重新处理一次，高于 370HB 的坯料允许再回火。每支坯料抽检硬度是保证整批坯料硬度均匀。并从该批坯料中选出硬度最低和最高各一支送检力学性能，两支坯料力学性能全部合格，视该批坯料全部合格。

（10）力学性能检验

考虑该主螺栓的特殊重要性，力学性能检验取样时，应先从坯料一端切除不小于半径尺寸的端部，再切取试样，各试样在坯料 1/2 半径处取用。各试样加工应符合标准。力学性能检验应全部合格。

（11）表面渗透检验

表面渗透检验采用 NB/T 47013.5《承压设备无损检测 第 5 部分：渗透检测》标准。凡是线性显示；尺寸大于 3mm 的圆形显示；间距不大于 3mm 的三个或三个以上连成一线的显示均为不合格。

（12）超声波检验

超声波检验采用 NB/T 47013.3《承压设备无损检测 第 3 部分：超声检测》标准。检验结果按 Ⅰ 级标准验收。

（13）螺纹加工

考虑该主螺栓的重要性，螺纹加工采用滚丝方法。这可保留材料纤维组织的连续性，并使螺纹表面产生挤压应力，螺纹底部保持圆角无应力集中。滚丝加工比切削加工成形的螺纹有更好的性能。

（14）螺纹表面磁粉检验

螺纹表面采用磁粉检验是为了更好显示螺纹部分的表面质量。采用 NB/T 47013.4《承压设备无损检测 第 4 部分：磁粉检测》标准，验收标准参见（11）。

（15）表面处理（A5B）及检验

表面处理 A5B，即表面镀锌，公称镀层厚度为 $15\mu m$，并进行铬酸盐处理，处理后表面呈浅蓝色至带浅蓝色的彩虹色。

螺栓表面处理及质量检验采用 GB/T 5267.1《紧固件 电镀层》标准。

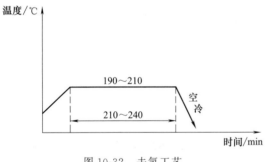

图 10-32 去氢工艺

（16）去氢处理

由于该主螺栓硬度达 320～370HB，镀锌过程中产生的氢对其破坏性更强，所以应采用镀后去氢处理，消除镀层残余氢，防止氢脆产生。去氢工艺见图 10-32。

（17）表面盐雾检验

表面盐雾检验是对镀层表面处理后的耐蚀性检验。盐雾检验采用 GB/T 10125《人造气氛腐蚀试验 盐雾试验》标准。第一次出现白色腐蚀物时间不少于 12h，第一次出现红色铁锈时间不少于 36h 为合格。

10.1.12 双头螺栓

10.1.12.1 功能及工况条件

这种双头螺栓（M16×85）是重要工程使用的消防泵紧固螺栓，其连接件是奥氏体不锈钢。使用环境具有腐蚀性，设备安全级别较高。

10.1.12.2 可能的失效形式

强度不足引起塑性变形，或抗拉强度不足被拉断，失去紧固功能，引起介质泄漏或设备失效；耐蚀性能不好，被腐蚀螺栓强度下降失去功能；螺栓与连接件粘连咬死无法拆卸。

10.1.12.3 双头螺栓满足功能要求应具备的性能

从使用条件分析，双头螺栓应耐腐蚀，应具有较好强度及一定的抗松弛性能和抗蠕变性能。与连接件应该存在不小于 40HB 的硬度差，以防止与连接件粘连咬死。

据此，设计技术要求为：采用 A4-70 即 0Cr17Ni12Mo2 奥氏体不锈钢，经冷加工硬化后，抗拉强度 $R_m \geq 700$MPa；$R_{p0.2} \geq 450$MPa（表面硬度 ≥ 230HB）。

10.1.12.4 双头螺栓材料选择及处理

工作环境有腐蚀性，所以在设计时已经选择了奥氏体不锈钢 0Cr17Ni12Mo2，为了保证一定的硬度、强度，对材料采用冷拉硬化方法提高材料硬度、强度。

10.1.12.5 主要工序过程及关键工序的质量控制

根据双头螺栓的特点生产主要工序过程为：材料验收→固溶化处理→力学性能检验→晶间腐蚀性能检验→加工→表面渗透检验→冷拉硬化加工→力学性能检验→表面渗透检验→加工→螺纹加工→表面渗透检验→完工检验。

（1）材料验收

进厂材料成分应符合 GB/T 1220《不锈钢棒》中 0Cr17Ni12Mo2 成分。

（2）固溶化处理

为了保证耐蚀性和获得低的硬度、便于冷拉硬化效果，材料应进行固溶化处理，固溶化处理后的力学性能和抗晶间腐蚀性能应达到标准。固溶化处理工艺见图 10-33。

（3）力学性能检验

固溶化处理后，0Cr17Ni12Mo2 材料应达到标准（固溶化状态）性能，$R_m \geq$ 520MPa；$R_{p0.2} \geq 205$MPa；$A_5 \geq 40\%$；$Z \geq 60\%$；硬度 ≤ 187HB。

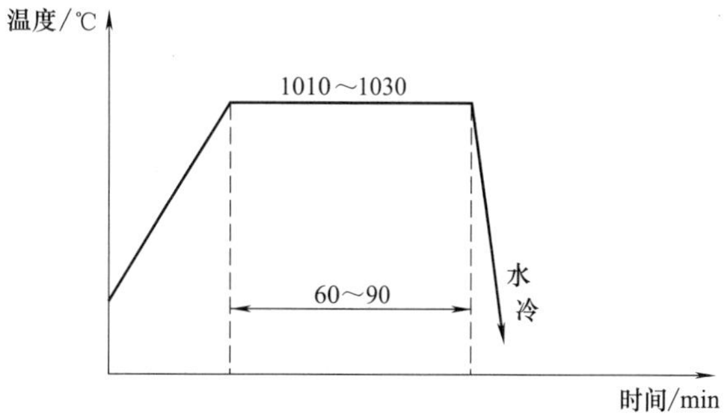

（4）晶间腐蚀检验

晶间腐蚀试验采用 GB/T 4334《金属和合金的腐蚀　不锈钢晶间腐蚀试验方法》。晶间腐蚀通过。

（5）表面渗透检验

图 10-33　固溶化工艺

渗透检验主要检验材料表面质量，如果表面存在较大缺陷，在冷拉硬化过程中将被扩大，不能进行螺纹加工。

表面渗透检验应采用 NB/T 47013.5《承压设备无损检测　第 5 部分：渗透检测》标准。对于尺寸大于 1mm 的任何痕迹应记录，存在 ≥ 3mm 的圆形显示；间距 < 3mm 的三个或三个以上连成一条直线的显示；任何线形显示均应判定不合格。

（6）冷拉硬化

冷拉硬化工序是主要的工序，冷拉变形度决定于冷拉后材料的强度，变形度不够即冷拉硬化程度不够，材料强度达不到要求，变形程度太大，强度可超过要求，但塑性要降低，硬化后的材料可能产生表面裂纹等缺陷。所以，冷拉硬化变形度应严格控制。根据经验，满足冷拉后性能的变形度应在 $3.6\% \sim 4.0\%$。

（7）力学性能检验

这是检验冷拉硬化后材料的力学性能，应达到技术要求，A4-70 的强度指标应该是：$R_m \geq 700$MPa；$R_{p0.2} \geq 450$MPa。

冷拉棒的力学性能检验时，应保持冷拉强化层的存在，所以，应合理选择拉力试样尺寸和适当的拉力试验设备。

（8）表面渗透检验

主要检验冷拉硬化后材料表面质量。检验采用标准及验收标准同（5）。这是因为表面存在过量缺陷时将影响螺纹加工。

（9）螺纹加工

将冷拉硬化后的圆棒料，根据螺栓长度加工成短料，螺纹加工应采用滚丝方法。因为冷拉硬化材料采用滚丝加工成螺纹才能完整保留冷拉硬化层，而且相对于切削螺纹更节省原材料和工时。

（10）表面渗透检验

这次表面渗透检验主要检验螺纹部分，检验方法采用标准和验收标准同（5）。

10.1.13　主螺母

10.1.13.1　功能及工况条件

这台泵是某重要工程用给水泵，主螺母是将泵盖与泵体之间紧固连接螺栓的配套螺母。泵输送介质是高温高压水。螺母工作状态温度较高，螺母螺纹承受较大拉应力。按一级紧固件进行质量控制，要求具有极高的使用安全性。

10.1.13.2　可能的失效形式

螺母材料屈服强度或抗拉强度不足，在拉应力作用下螺纹产生塑性变形或螺纹断裂，螺母与螺栓松动，失去紧固功能，引起介质泄漏和装备失效；螺母之间强度不均，受力和弹性变形不均衡，个别螺母超负荷使用，使螺纹变形或断裂，也会引起松动，产生介质泄漏；高温时抗松弛性能和抗蠕变性能不足，引起螺母螺纹变形、把紧力不够产生介质泄漏；在高温潮湿条件下螺母表面锈蚀或与螺栓粘连咬死，无法拆卸。

10.1.13.3　主螺母满足功能要求应具备的性能

从主螺母受力情况可见，满足室温和高温强度要求是最重要的条件，并且要尽量提高螺母螺纹强度的均匀性，要具有较好的抗高温松弛和高温抗蠕变性能。其次螺母表面和螺纹应具有一定的抗锈蚀能力，螺母螺纹与螺栓应具有抗咬合能力。

据此，设计技术要求为：室温抗拉强度 $R_m = 860 \sim 1060$ MPa；$R_{p0.2} \geqslant 725$ MPa；伸长率 $A_5 \geqslant 12\%$；断面收缩率 $Z \geqslant 50\%$；表面硬度为 $260 \sim 300$ HB；350℃高温屈服强度 $R_{p0.2(350)} \geqslant 620$ MPa；0℃冲击吸收功 $A_{kV(0)} \geqslant 60$ J；侧面膨胀量 $L_E \geqslant 0.64$ mm。

表面处理：A5B。

10.1.13.4　主螺母材料选择及处理

根据螺母（M100×200）工作条件和技术要求，选用 42CrMoV，这是优质中碳高强度合金结构钢，具有很好的淬透性，这就保证了热处理后在螺母整个截面及所有螺纹的强度均匀性。该钢含有合金元素 V，可有更好的热稳定性，热处理后可获得很好的强度和韧性，还具有较好的抗高温松弛性能和抗蠕变性能，满足使用要求。该材料可以进行表面化学处理，防止锈蚀和提高抗咬合能力，满足使用要求。

该材料具有较好的锻造、热处理性能。

10.1.13.5　主要工序过程及关键工序的质量控制

根据主螺母的特点生产主要工序过程为：熔炼（熔炼成分分析）→锻造→锻件入厂

验收→退火→锻件毛坯加工→低倍组织缺陷检验→非金属夹杂物检验→加工→一次正火→二次正火→调质→硬度均匀性检验→力学性能检验→加工→渗透检验→超声波检验→螺纹加工→螺纹表面渗透检验→表面处理（A5B）→表面盐雾检验→清理→完工检验。

（1）熔炼

考虑该螺母的重要性，要保证钢质纯净，尽量减少夹杂物，应采用碱性电炉和电渣重熔的冶炼工艺，严格控制成分和夹杂物，钢中不允许加入低熔点元素，如 Pb、Zn、Sn、Hg、Br 等。

（2）成分检验

严格控制成分，满足表 10-5 的规定。

表 10-5　成分及控制范围（质量分数）　　　　　　　　　%

成分	C	Si	Mn	S	P	Cr	Mo	V	Al
范围	0.36～0.47	0.15～0.35	0.45～0.70	≤0.015	≤0.020	0.80～1.15	0.50～0.65	0.25～0.35	≤0.015
成品分析±	0.02	0.02	0.03	0.05	0.05	0.05	0.03	0.03	—

（3）锻造

考虑该螺母的重要性，应进行单个锻造，并且锻成圆筒形。锻成圆筒形锻件可以使锻件质量更好，尤其是对以后热处理工序也有提高热处理效果的作用。保证螺母工作面（即内螺纹处）得到最好的锻造和热处理组织。这种较大尺寸的重要螺母最好不用实心锻件（圆棒锻件），因为这种锻件经热处理后再加工螺纹，内螺纹处得不到最好组织和性能，该处实际性能往往低于试验性能。

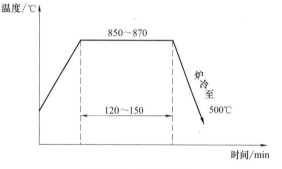

图 10-34　退火工艺

（4）锻件入厂验收

锻件入厂后应按技术条件和订货协议验收合格。

（5）退火

退火是为了改善锻件的组织，消除内应力、降低硬度、便于加工。退火工艺见图 10-34。锻件退火后，硬度不大于 220HB。退火后应进行机加工，各面适当保留加工余量，加工成外径为 165mm、内径为 85mm、高为 240mm 的筒形件，这样可保证以后的正火、调质都获得优良性能，特别是能保证螺母内螺纹处得到符合技术要求的组织和性能。

（6）低倍组织检验

抽取一件锻件毛坯，对环形横截面进行低倍组织检验。检验采用 GB/T 226《钢的低倍组织及缺陷酸蚀试验方法》中的热酸蚀方法。检验面不得有肉眼可见的熔孔残余、气泡、夹渣、白点、裂纹等缺陷。一般疏松和中心疏松不大于 GB/T 1979《结构钢低倍组织评级图》中Ⅰ级缺陷标准。

（7）非金属夹杂物检验

非金属夹杂物检验采用 GB/T 10561《钢中非金属夹杂物含量的测定：标准评级图显微检验法》，其中 A 类（硫化物）不大于 0.5 级；B 类（氧化物）不大于 1 级；C 类（硅酸盐）不大于 1 级；D 类（球状氧化物）不大于 1 级。各类夹杂物总和不大于 3 级。

（8）一次正火

该材料含碳量较高，又含有铬、钼、钒等合金元素，极易形成合金碳化物，特别是含钒的碳化物较难溶解，淬火加热时碳化物如果不能充分溶解于固溶体中，不利于保证淬火效果，因此，采用一次较高温度的正火处理，使尺寸较大、分布不均的碳化物在正火加热时充分溶解，在正火冷却时可以均匀的小尺寸析出，较好分布在基体中。一次正火工艺见图10-35。

（9）二次正火

一次正火是为了使合金碳化物充分溶解，所以，一次正火加热温度较高，产生的不良作用是冷却后珠光体基体、组织较粗，同样会影响最终热处理的效果和质量。所以，在一次正火后、最终调质处理前再增加一次正火，称二次正火。二次正火温度较低，在不改变一次正火获得的合金碳化物大小和分布的情况下，获得较细的珠光体组织，以利于提高淬火效果，保证最终热处理效果和质量。二次正火工艺见图10-36。

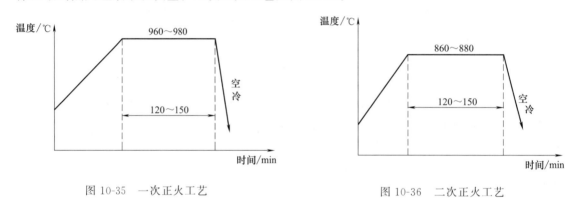

图10-35　一次正火工艺

图10-36　二次正火工艺

（10）调质处理

调质处理是为了获得需要的组织和性能。该材料淬透性好，热处理时又是只有一定加工余量的筒形件，调质效果会很好。但应注意加热、保温均匀、冷却要充分、合理控制出油温度并及时回火、防止产生裂纹。

调质工艺见图10-37。

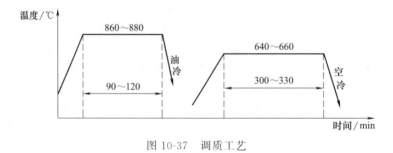

图10-37　调质工艺

（11）硬度检验

对经过调质处理的螺母料应逐支进行布氏硬度检验，硬度检测点在外圆面近中间部位。硬度在260～300HB范围内为合格。并选出最低硬度和最高硬度件各一支送检力学性能。整批热处理件逐支检硬度是为了保证该批零件硬度的均匀性和全部合格。

（12）力学性能检验

将硬度检验中选出的硬度最低和硬度最高各一支作为检验件，各试样在检验件 1/2 壁厚处切取。各试样加工应符合标准，力学性能检验应全部合格。

（13）表面渗透检验

对该批工件应全面进行表面渗透检验。

表面渗透检验采用 NB/T 47013.5《承压设备无损检测　第 5 部分：渗透检测》标准。凡是线性显示、尺寸大于 3mm 的圆形显示、间距不大于 3mm 的三个或三个以上连成一线的显示均为不合格。

（14）超声波检验

超声波检验采用 NB/T 47013.3《承压设备无损检测　第 3 部分：超声检测》标准。检验结果按 I 级标准验收。检测方向为零件纵向。

（15）螺纹加工

螺母内螺纹加工采用切削加工，应注意螺纹底部应保证不存在尖角，以防过大的应力集中。

（16）表面渗透检验

表面渗透检验部位主要是内螺纹处，检验方法及验收标准同（13）。

（17）表面处理（A5B）及检验

表面处理 A5B 即表面镀锌、公称镀层厚度为 $15\mu m$，并进行铬酸盐处理，处理后表面呈浅蓝色至带浅蓝色的彩虹色。

螺母表面处理及质量检验采用 GB/T 5267.1《紧固件　电镀层》标准。因为螺母硬度为 $260\sim300HB$，所以镀后也可不进行去氢处理。

（18）表面盐雾检验

表面盐雾检验是对镀层表面处理后的耐蚀性检验。盐雾检验采用 GB/T 10125《人造气氛腐蚀试验　盐雾试验》标准。第一次出现白色腐蚀物时间不少于 12h，第一次出现红色铁锈时间不小于 36h 为合格。

10.1.14　弹簧

图 10-38 所示是一个设备系统联调试验用弹簧。

10.1.14.1　功能及工况条件

弹簧是机械设备中的重要零件，主要起缓冲和减震作用。有的弹簧在需要产生或恢复变形时，将机械动能转变为机械能。在机械运行中弹簧出现故障会影响整个设备系统功能。这个是某重要系统联调试验时使用的弹簧，由于系统是工作在很重要的环境中，因此技术要求十分严格，不仅有硬度要求还要进行力-变形试验。

系统处于严重腐蚀环境中，所以要求弹簧材料具有较高的耐腐蚀性能。

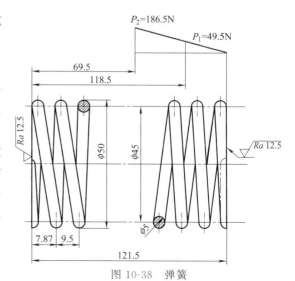

图 10-38　弹簧

10.1.14.2 可能的失效形式

弹簧硬度、强度不足,工作中产生变形,弹力不够失去功能;弹簧硬度、强度过大,满足不了弹性变形要求;弹簧脆性较大,工作中发生脆断失去功能;弹簧表面脱碳氧化,抗疲劳强度不足引起失效;弹簧材料腐蚀严重丧失功能。

10.1.14.3 弹簧满足功能要求应具备的性能

首先弹簧应该是采用耐腐蚀材料,弹簧要具有足够的强度和弹性,不能有明显的脆性,能够满足力-变形的技术条件,在外力作用时根据力的大小保持准确的变形程度。在制作过程中弹簧表面不得脱碳、氧化。

据此,设计技术要求为:硬度为 42~48HRC;压缩变形要求见图 10-38。

10.1.14.4 弹簧材料选择及处理

由于工作环境具有严重腐蚀性,因此弹簧材料可以在不锈钢中选择,奥氏体不锈钢耐腐蚀性能好,但强度低,制成弹簧后满足不了强度及弹性要求,马氏体不锈钢强度较高,但是耐腐蚀性能较差,为此选择半奥氏体型沉淀硬化不锈钢 0Cr15Ni7Mo2Al。该钢具有较高的屈服强度和屈强比,热处理后能保证弹簧的强度和弹性,又具有较低的含碳量和较高的铬、镍含量,所以耐蚀性能很好。

此外这种材料在固溶化处理后硬度较低,极易加工成形。成形之后在不太高的温度下进行调整处理和时效处理,就能获得较好的硬度和强度,满足性能要求。因为调整处理和时效处理温度都较低,不会产生脱碳、氧化现象。

10.1.14.5 主要工序过程及关键工序的质量控制

根据弹簧的特点生产主要工序过程为:钢丝材料入厂验收→加工成形及检验→调整处理→修形→时效沉淀硬化处理→硬度检验→矫形→去应力处理→压缩变形试验→完工检验。

(1) 材料入厂检验

制作弹簧钢丝在拉丝后进行固溶化处理,均由生产厂在专用设备上完成。采购入厂后应进行质量检验,包括外观、尺寸、强度、成分等多方面检验。钢丝外观应光滑、无裂纹、无划痕、无凹坑、无腐蚀,因为这些外观缺陷对制成的弹簧质量有明显影响。钢丝成分、强度应符合相应标准。

(2) 加工成形及检验

固溶状态入厂的钢丝硬度较低、塑韧性好,便于卷制成弹簧。弹簧的卷制应按相应规范进行,卷制后的尺寸、形状等应符合标准规定。

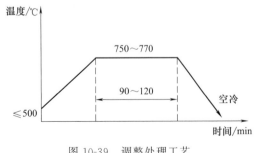

图 10-39 调整处理工艺

(3) 调整处理

0Cr15Ni7Mo2Al 属半奥氏体型沉淀硬化不锈钢,M_s 点很低,固溶状态基本是奥氏体组织,硬度不超过 120HB。这种组织直接进行时效沉淀硬化处理的效果不好,强度等性能不是最佳,保证不了弹簧的功能。所以,应对其先进行一次调整处理,工艺见图 10-39。经调整处理后使 M_s 点提高。经 750~

770℃的调整处理后，M_s 点可提高至 90℃ 左右，冷却后的金相组织应是板条状马氏体，硬度可达 300HB。这次调整处理是在钢丝卷制成弹簧后进行的。因为调整处理温度较低，不会发生氧化脱碳现象，为防止变形，在进行调整处理时应采取必要的工装或合理的装炉方式。调整处理后可进行硬度检验作参考，或进行金相组织检验，以确定调整处理效果。

（4）时效沉淀硬化处理

经过调整处理后，材料组织基本上是板条状马氏体，在此基础上再进行时效沉淀硬化处理，工艺见图 10-40。经过时效沉淀硬化处理，使钢中铝、钼等沉淀相充分析出，使材料得到强化，获得技术要求提出的性能。0Cr15Ni7Mo2Al 经过时效沉淀硬化处理，硬度可达 45HRC 以上满足设计和使用要求。

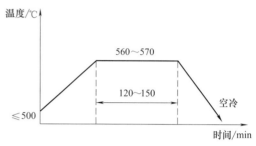

图 10-40　时效沉淀硬化处理工艺

（5）矫形及去应力处理

对弹簧形状、尺寸等各项要求检验，可进行一次在 250～300℃ 温度的去应力处理，以稳定形状和尺寸。

（6）压缩变形试验

弹簧应进行压缩变形试验，符合技术条件中规定的力和变形度之间关系试验，达到规定条件为合格。

10.1.15　耐腐蚀泵壳体

10.1.15.1　功能及工况条件

这是一台用于重要工况条件下的耐腐蚀泵的泵壳，该泵结构并不复杂，输送酸性介质，会产生较严重的晶间腐蚀、点腐蚀、应力腐蚀破裂等多种腐蚀形态。从使用可靠性考虑，设计选用锻焊结构，吸入接管和吐出接管焊接在泵壳体上。

10.1.15.2　可能的失效形式

泵壳强度不足，在应力作用下发生变形，引起介质泄漏；该泵壳最主要的是防止在焊接处由于各类腐蚀产生介质泄漏。

10.1.15.3　泵壳满足功能要求应具备的性能

泵壳强度满足设计要求，在满足基本强度的同时，应该具有很好的耐腐蚀性能，具有较好的焊接性能，保证在焊接处有良好的焊接质量，特别防止焊接热影响区发生腐蚀。应该进行消除应力处理，减小应力腐蚀倾向。

据此，设计技术要求为：室温抗拉强度 $R_m \geqslant 520MPa$；$R_{p0.2} \geqslant 205MPa$；伸长率 $A_5 \geqslant 35\%$；断面收缩率 $Z \geqslant 60\%$；表面硬度为 140～190HB；

10.1.15.4　泵壳体材料选择及处理

该泵属于耐腐蚀泵，输送具有严重腐蚀性的介质，所以必须选择耐腐蚀不锈钢。又要具有好的焊接性能，确保焊接质量，根据泵壳体结构形状，焊接后又不能进行高温性能处理和去应力处理，所以选择含稳定化元素的奥氏体不锈钢 1Cr18Ni9Ti 锻件。该钢经过固溶化处理后具有基本的力学性能和很好的耐腐蚀性能。

1Cr18Ni9Ti 钢不但具有一般 18-8 不锈钢的耐蚀性能，又因为含有稳定化元素钛，进一步提高了耐腐蚀特别是耐晶间腐蚀的能力。焊接后采用比固溶化处理温度（1020～1040℃，水冷）低和冷却方式缓慢的稳定化热处理（860～880℃，空冷），既可比较彻底地消除焊接应力，又可以进一步提高耐蚀性能，还可以保持泵壳体不发生大的变形。

但是由于钛元素的存在增加了在熔炼和锻造工序的难度。

10.1.15.5　主要工序过程及关键工序的质量控制

根据泵壳的特点生产主要工序过程为：熔炼（熔炼成分分析）→锻造→锻件入厂检验→锻件毛坯粗加工→固溶化处理→力学性能检验→晶间腐蚀性能检验→加工→焊接吸入接管和吐出接管→液体渗透检验→射线检验→消除应力（稳定化）处理→加工→清理→完工检验。

（1）冶炼和锻造

钢中含有钛元素，在冶炼过程中易形成 TiN 类夹杂物（钛渣），处理不好会影响钢材质量，为锻造质量控制带来不良影响，易产生锻造裂纹，也会影响材料耐蚀性。所以，在冶炼和锻造生产中，应采取有效措施，减少夹杂的形成，提高钢材纯净度，防止锻造裂纹形成。

（2）锻件入厂检验

锻件入厂应按技术条件和订货协议验收合格。

（3）固溶化处理

1Cr18Ni9Ti 钢的固溶化处理是保证其耐蚀性的重要热处理工序。应合理选择加热温度和保温时间，保证合金元素充分溶入奥氏体中，还要防止过热产生晶粒粗大缺陷，冷却应采用水冷。固溶化热处理工艺参见图 10-41。

（4）性能检验

固溶热处理后的锻件应取样按技术条件指定的标准进行力学性能检验，达到标准要求后，还应按指定标准取样进行晶间腐蚀检验并通过检验。

（5）焊接及渗透表面检验和射线检验

焊接时应选用合适的焊材和正确的焊接工艺。焊接后应进行表面渗透检验，检验焊接处是否有表面焊接缺陷，必要时还应采用射线检验，检验焊接处是否有内部缺陷。验收按技术条件规定的验收标准。

（6）消除应力处理

因为是焊接结构，所以，应采取焊后消除应力处理。因为是含钛的奥氏体不锈钢，所以，消除应力处理可以采用稳定化处理工艺，参见图 10-42。

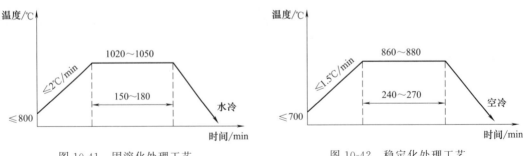

图 10-41　固溶化处理工艺　　　　图 10-42　稳定化处理工艺

稳定化处理不仅可以最大限度消除焊接应力，而且可以进一步提高材料特别是焊接处和焊接热影响区的抗晶间腐蚀能力。稳定化处理应严格执行工艺，尤其是加热温度和保温时间，一般情况下，稳定化处理的保温时间不应小于 4h。

如果正确采取了稳定化处理，对材料强度不会产生大的影响，对提高抗晶间腐蚀能力会更有利。所以，虽然稳定化热处理是最终热处理，但一般可不再进行力学性能和抗晶间腐蚀能力的再检验。有特殊要求时，按要求进行。

10.1.16 轴承套圈

图 10-43 所示是用于重要工作环境在的一个轴承套圈。

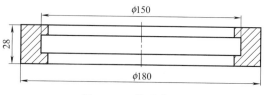

图 10-43　轴承套圈

10.1.16.1　功能及工况条件

轴承是机械产品重要的配套件，轴承套圈是轴承主要部件之一。通用机械，特别是泵类产品，由于使用工况的特殊性，对轴承不仅要求高硬度、高耐磨性、高耐疲劳性，还要求具有耐腐蚀性能，这个轴承套圈即是用于有腐蚀条件的轴承部件。

10.1.16.2　可能的失效形式

通常轴承部件最常见的失效是由于硬度不足或有软点，使耐磨性能、耐疲劳性能不足，引起早期失效。而有腐蚀条件的轴承，如果耐蚀性不好而在使用中产生腐蚀，同样会引起失效而丧失功能。

10.1.16.3　轴承套圈满足功能要求应具备的性能

根据使用条件，可见这个轴承套圈除满足硬度及其耐磨性和耐疲劳性能外，还应该满足耐腐蚀要求。

据此，设计技术要求为：应该选择耐腐蚀材料；热处理硬度为 58～62HRC。

10.1.16.4　轴承套圈材料选择及处理

首先考虑耐蚀性要好，还能通过热处理满足硬度要求，所以选用高碳马氏体不锈钢9Cr18Mo。9Cr18Mo 由于含有较高的碳和铬及钼元素，淬透性和淬硬性都很好，采用正确的热处理方法可以保证硬度要求，也就会满足耐磨性和耐疲劳性能要求。高的含铬量保证了耐腐蚀性能。

该材料由于碳和铬含量高，淬火后可能存在较多残余奥氏体，影响硬度和组织及零件尺寸稳定性，但是可以通过冷处理解决这些问题。

10.1.16.5　主要工序过程及关键工序的质量控制

根据轴承套圈的特点生产主要工序过程为：锻造→锻件入厂检验→球化退火及检验→加工→淬火及检验→冷处理及检验→回火及检验→磨削加工→稳定尺寸回火→外观检验。

（1）锻造

9Cr18Mo 是高碳马氏体不锈钢，钢中含高铬碳化物较多，锻造难度较大，容易产生裂纹等缺陷，所以应制订合理的锻造工艺，认真操作，锻后应及时退火。

（2）锻件入厂检验

锻件入厂时要进行入厂检验，包括锻件锻造比、主要锻造和锻后处理参数记录及锻造厂的复检报告等，必要时还应该再一次检验锻件的化学成分、锻件与订货合同的符合性、锻件外观、尺寸、表面质量等。

（3）球化退火

球化退火目的是为了促进钢中的合金碳化物充分球状化，保证组织均匀，主要是为淬火做组织准备。钢中碳化物充分球化后，保证消除锻造后保留下来的不均匀组织、网状碳化物等，保证淬火效果，降低锻后硬度。等温球化退火工艺见图10-44。

球化退火时，要充分保证等温温度和等温保温时间的准确性，以便获取良好的热处理效果。

球化处理后，一般可检验硬度，应不大于241HB，必要时应检验碳化物的球化程度。检验可参照JB 1255《滚动轴承　高碳铬轴承钢零件　热处理技术条件》进行，其中2～3级为合格组织，不允许有欠热组织（1级）和过热及碳化物不均匀组织（5级和6级）。

（4）淬火

淬火是保证零件获得高硬度的重要工序。零件淬火加热时应防止脱碳氧化，最好采用真空加热炉或保护气氛加热炉，也可采用盐浴炉加热。盐浴炉淬火加热工艺可参照图10-45。

淬火处理应严格执行工艺，保温后油冷。

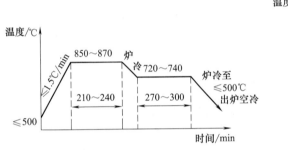

图 10-44　等温球化退火工艺

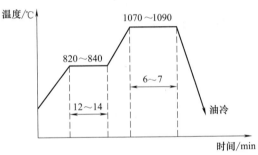

图 10-45　淬火工艺

淬火后应检验硬度，应不小于58HRC，必要时应检验金相组织和表面脱碳情况。淬火组织可参照JB/T 1255标准，应为隐晶、细针状马氏体。表面脱碳层厚度不应大于0.08mm。

（5）冷处理

冷处理可以减小或消除淬火后存在的残留奥氏体，从而进一步提高硬度，并保证组织稳定和零件尺寸稳定性。冷处理参见图10-46。

冷处理后硬度可比淬火硬度提高1～3HRC。

（6）回火

淬火并冷处理后的零件会存在一定的应力，不利于尺寸稳定，应采用低温回火处理，见图10-47。

回火处理后硬度应保持在淬火或冷处理后的高硬度，并满足技术条件要求的硬度。

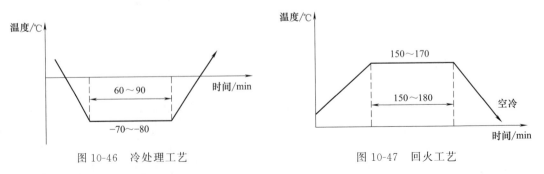

图 10-46　冷处理工艺　　　　　　　图 10-47　回火工艺

（7）稳定尺寸回火

轴承属精密部件，对尺寸稳定性有较高要求。因此，在主要工序完工后，应进行一次稳定尺寸回火，见图10-48。

通过稳定尺寸回火，零件进一步消除应力，可确保在以后长期使用中不发生尺寸变化和形状变化，满足产品精密性的功能要求。

当然，轴承的质量对机械产品质量的影响是重要的，如对防止轴的变形、磨损、降低噪声和震动都具有重要意义。

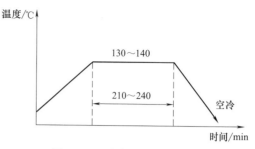

图 10-48　稳定尺寸回火工艺

10.2　因选材或处理不当引起的零件失效分析

机械产品在服役过程中不可避免地产生失效。对失效零件进行失效分析、找出失效原因、提出防止失效再发生的措施，提高零件或产品的质量及寿命是必要的。

机械零件失效有不同类型，大致可分变形失效、断裂失效和表面损伤失效。在每种失效类型中，又可细分更多的失效形式，参见图 10-49。

机械零件的失效几乎包括了图10-49 中所显示的失效的各种类型。如泵轴由于刚性不足产生的过量弹性变形，由于屈服强度不足产生的塑性变形，由于塑韧性不足可能产生的脆性断裂或塑性断裂，由于过载引起的疲劳断裂；紧固螺栓由于蠕变强度不足而产生的蠕变持久断裂；叶轮等过流部件由于腐蚀介质不同可能产生的全面腐蚀、晶间腐蚀、点腐蚀、缝隙腐蚀，由于介质中含有硬质颗粒产生的磨损、腐蚀磨损；密封环可能产生的黏着磨损等等，不一一列举。

引起机械零件失效的原因很多，如设计原因、工艺制造原因、安装原因、使用原因等，而材料选择不当或处理不当也是零件产生失效的重要原因之一。

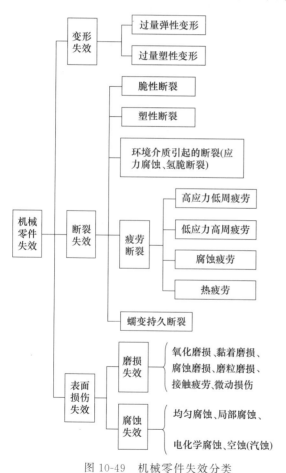

图 10-49　机械零件失效分类

下面只就零件选材或处理不当引起零件失效予以说明。

10.2.1　轴断裂失效分析（一）

（1）失效描述

某电厂大型立式斜流泵的泵轴在运行约六个月后断裂。轴断裂位置在近于轴承套侧的端部附近一个约 4mm 高台阶根部处，致使设备不能使用。

（2）调查分析

① 对泵现场安装、使用条件进行了调查，无异常和违规操作，可排除安装、使用不当的因素。

图 10-50　轴断口宏观形貌

② 调取泵轴的机械加工、装配工艺记录、操作记录和试验记录，均符合标准、规范，可排除加工、装配不当的因素。

③ 对泵轴断口进行宏观分析，在轴断裂处，可见明显的疲劳断裂特征，即断口处存在明显疲劳源及裂纹扩展区和瞬断区。轴断裂疲劳源在轴近外表面处。轴断口宏观形貌见图 10-50。

④ 化学成分和力学性能复验。从轴断口处取样进行化学成分化验和力学性能检验。化学成分见表 10-6。

表 10-6　化学成分（质量分数）　　　　%

成分	C	Si	Mn	P	S
标准	0.32~0.39	0.17~0.37	0.50~0.80	≤0.035	≤0.035
实测	0.36	0.32	0.65	0.025	0.020

从化学成分看，符合技术条件规定的 35 锻钢的成分要求，说明化学成分合格。

力学性能检验结果见表 10-7。

表 10-7　力学性能

性能	R_m/MPa	$R_{p0.2}/MPa$	$Z/\%$	A_{kU2}/J
标准	≥510	≥304	≥45	≥55
实测	540	270	48	48、52、44

从表 10-7 可见，该泵轴的屈服强度 $R_{p0.2}$ 和冲击吸收功未达标准要求。特别是冲击吸收功低于标准，易引起泵轴脆性断裂。

⑤ 金相组织分析。从泵轴断口处取试块进行金相组织分析，见图 10-51。从图 10-51 可见，泵轴组织为粗大的铁素体和珠光体，铁素体呈严重的网状分布。这种组织导致材料力学性能偏低，特别引起冲击吸收功降低。大块铁素体极易成为裂纹源，一旦

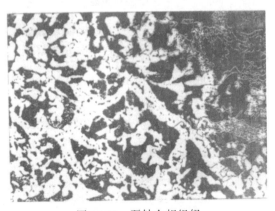

图 10-51　泵轴金相组织

产生裂纹，裂纹便会沿铁素体网迅速扩展延伸，导致泵轴断裂。技术条件要求泵轴进行正火处理，由于泵轴较粗，正火冷却速度很慢，导致形成非正常的正火组织。正是这种非正常的正火不良组织降低了性能，是泵轴断裂的重要原因。

⑥ 泵轴技术条件正确性质疑。该泵轴技术条件、材料与性能采用 CHB5 标准（日本某企业标准），而 CHB5 标准又来源于 J1SG4051 材料标准。但在 J1SG4051 标准中，对 35（相当于 S35C）钢的正火状态未提出冲击吸收功的要求，只对淬火、回火状态提出了冲击吸收功要求。并且是在 $\phi32mm$ 试棒热处理状态下的冲击吸收功标准。

可见，泵设计者忽略了标准与实际轴件的条件差异（热处理状态即正火与淬火回火差异及 $\phi32mm$ 小试棒与轴 $\phi230mm$ 的尺寸差异）导致对轴的要求不切合实际，使泵轴经正火后的金相组织和力学性能达不到要求。

（3）结论

① 泵轴断裂是由于热处理效果不良而产生不正常组织，导致性能降低，引起泵轴的断裂。

② 泵轴组织和性能达不到要求的原因是设计者未正确理解和选择标准，未考虑实际泵轴的具体情况，确定了不合理的热处理状态而引起泵轴组织不良、性能降低。

（4）建议与措施

就该泵使用条件、功能需求而言，对轴的力学性能要求并不是很高。综合考虑各方面条件和因素，选用 35 钢是合适的。考虑泵轴的具体尺寸等因素，将正火改为加热850℃水冷，再经600℃回火的热处理。处理后金相组织见图 10-52。可见这已属于 35 钢

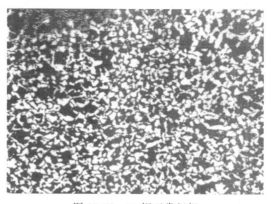

图 10-52　35 钢正常组织

正常组织，即在珠光体基体上，分布均匀的铁素体。具有该组织的泵轴的力学性能均达到标准要求。改进后的泵轴再未发生断裂，满足使用要求。

10.2.2　轴断裂失效分析（二）

（1）失效描述

某海水冷却泵组在运行几个月后，泵轮从电机轴脱落，造成停产事故。

（2）调查分析

① 现场观察发现，叶轮脱落是由于电机轴下端用于固定叶轮的锁紧螺母处的电机轴螺纹部分断裂造成的。电机轴断裂处见图 10-53。

② 电机轴材质为 1Cr17Ni2 钢棒，经热处理后加工而成，螺母为黄铜。

取样化验电机轴成分见表 10-8。

表 10-8　化学成分（质量分数）　　　　　　　　　　　　　　　%

成分	C	Si	Mn	P	S	Cr	Ni	N
轴样	0.147	0.461	0.486	0.028	0.0034	17.14	2.23	0.036
GB/T 1220	0.11～0.17	≤0.80	≤0.80	≤0.035	≤0.030	16.00～18.00	1.50～2.50	—

从表 10-8 可见，电机轴的化学成分符合标准规定。

从轴取样进行力学性能检验，结果见表 10-9。

表 10-9　力学性能检验

性能	$R_{p0.2}$/MPa	R_m/MPa	A/%	Z/%	HB	A_{kV}/J
轴样	905	1060	16.0	50.5	323～341	14
GB/T 1220	—	1080	10	—	—	≥39(A_{kU})

从表 10-9 可见，电机轴的抗拉强度略低于标准，冲击吸收功试样采用 V 形口，而标准要求 U 形口，但根据经验，A_{kV}14J 相当于 A_{kU}30J 左右，可见，电机轴冲击吸收功低于标准要求。

③ 宏观断口分析。对电机轴断裂的断口进行了宏观分析，断口宏观形貌见图 10-54。

图 10-53　电机轴断裂形貌

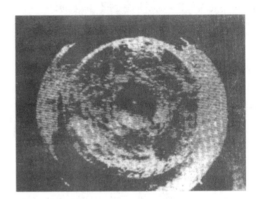

图 10-54　断口宏观形貌

从图 10-54 可见，这是一个具有疲劳断裂特征的断口，有明显的疲劳裂纹源区和裂纹扩展区以及失稳断裂区。裂纹起源于螺纹根部，然后向轴的心部扩展，直至断裂。同时可以看到裂纹源区覆盖着红褐色腐蚀产物，而瞬断区腐蚀产物很少，且呈灰色。这说明电机轴断裂属疲劳断裂，并与腐蚀因素有关。

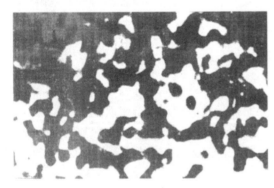

图 10-55　金相组织

④ 金相组织分析。金相显微镜观察断口金相组织，见图 10-55。从图 10-55 可见，金相组织为回火索化体，但有沿晶界分布的网状 δ 铁素体和少量碳化物。其中 δ 铁素体约占 15%，在心部还存在部分马氏体。另外，在对轴向组织检测时，发现有带状偏析。

金相组织检验表明，组织不均，有带状铁素体，且 δ 铁素体量达 15%，表明钢材成分虽然符合标准，但总的成分元素比例欠妥，致使淬火后 δ 铁素量偏高，而带状

铁素体是轧材的主要特征，这些都会对材料功能正常发挥起到不良影响。心部存在马氏体，说明回火不够充分。

⑤ 扫描电镜分析。通过扫描电镜对断口进行分析，可以发现断口及裂纹附近有晶间腐蚀现象，见图 10-56。通过电镜进行金相分析，同样证实组织是回火索化体及沿晶界呈网状分布的 δ 铁素体，见图 10-57。

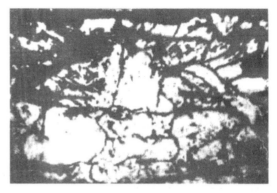

图 10-56　晶间腐蚀（抛光态）　　　　　　　图 10-57　电镜金相组织

说明，该电机轴在裂纹断面曾发生过晶间腐蚀，晶间腐蚀可能是由于晶界处贫铬区及介质引起的。而晶间腐蚀又成为电机轴断裂的重要因素之一。

图 10-58 同样是扫描电镜对断口的观察微观图片。可见裂纹源处的微观特征，裂纹源在螺纹根部应力集中处，裂纹呈沿晶特征。

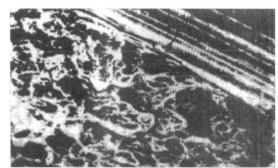

图 10-58　裂纹源及沿晶裂纹

（3）结论

通过上述调查分析，可得出以下结论。

① 电机轴化学成分虽然符合标准，但由于成合金元素之间配比欠佳，且采用的是轧材，致使组织中有较大量 δ 铁素体和带状铁素体，δ 铁素体又呈网状分布，这种组织不均，也就是成分不均，引起晶间腐蚀。

② 电机轴采用 GB/T 1220《不锈钢棒》标准中规定的性能标准。这个标准所确定的热处理工艺是近于低温回火工艺（275～350℃回火），片面追求了较高的强度，降低了韧性要求，且轴存在热处理应力不能有效消除，会诱发应力腐蚀破裂。

③ 电机轴材质为 1Cr17Ni2 马氏体不锈钢，而配制的螺母为黄铜材质，黄铜在海水中的电极电位明显高于 1Cr17Ni2 钢的电极电位，引起的电偶腐蚀对 1Cr17Ni2 钢的电机轴不利。致使电机轴加速腐蚀断裂。

（4）建议和措施

① 1Cr17Ni2 马氏体不锈钢存在一个致命弱点是易存在 δ 铁素体，δ 铁素体的存在对材料性能（力学性能、耐腐蚀性能）有不利影响，所以，在使用 1Cr17Ni2 钢时，应通过合理的成分配比（控制碳量偏上限，控制镍量偏上限，控制铬量偏下限），控制钢中 δ 铁素体量最好不大于 5％～10％。同时热处理时应防止加热温度偏高而提高 δ 铁素体量。

轧制钢材不可避免地存在带状铁素体，最好采用锻材。

② 在 GB/T 1220《不锈钢棒》标准中，1Cr17Ni2 按高强度标准提供，即采用的是偏低的回火温度，不仅影响韧性、塑性，而且不能有效消除应力。所以，对于大多数轴件，不宜采用这个性能标准，可根据具体情况适当降低强度指标，提高塑性、韧性指标，便于采取更高的回火温度，不仅有益于组织稳定，还可较大限度地消除应力。

③ 为避免产生电偶腐蚀，螺母可不采用黄铜材质，而改用 1Cr17Ni2 或其他马氏体不锈钢，且通过热处理方法保证螺母与螺纹（电机轴）之间的硬度差，减少咬合的可能性。

10.2.3 泵轴脆断失效隐患分析

（1）失效隐患描述

某泵用泵轴，采用国外标准研制，材料为 1Gr13 型含 Mo 马氏体不锈钢。原由某锻造厂锻造后调质处理，结果冲击吸收功不合格，后回厂后进行调质热处理，也是一直冲击吸收功达不到技术要求，见表 10-10。

表 10-10　力学性能

性能	R_m/MPa	$R_{p0.2}$/MPa	A/%	Z/%	A_{kV}/J
标准	≥690	≥550	≥20	≥60	≥65
实测	750	605	16	63	57（平均）

从表 10-10 可见，该泵轴伸长率 A 及冲击吸收功 A_{kV} 均不合格，表明该泵轴塑韧性严重不足，由于该泵的特殊重要性，对轴的塑韧性又显得特别重要。泵轴的塑韧性不足，是引起泵轴运行中发生脆断事故的重要原因，所以，一致认为这种性能的泵轴存在重大安全隐患，不能投入使用。又由于该批泵轴在锻造厂及泵厂的热处理都不合格，应分析原因，尽快解决，以免影响重大产品出厂和消除安全隐患，确保泵轴质量。

（2）调查分析

① 化学成分分析。该泵轴采用国外标准材料，经取样进行化学成分分析。结果见表 10-11。

表 10-11　化学成分（质量分数）　　　　　　　　%

成分	C	Si	Mn	P	S	Cr	Mo	Ni
标准	0.10~0.15	≤0.50	0.3~0.6	≤0.025	≤0.025	11.5~13.0	0.3~0.6	≤0.60
实测	0.13	0.41	0.42	0.023	0.009	12.03	0.3	0.41

从表 10-11 可见，该泵轴主要化学成分都符合标准要求，说明该泵轴成分合格，不是导致塑韧性降低的因素。

② 热处理情况调查。对原锻造厂及泵厂的泵轴调质处理工艺及操作记录进行调查，加热温度、保温时间、冷却方式及回火过程均符合该材料的热处理规范，操作正确。可以排除调质热处理工艺或操作不当引起性能不合格的因素。

图 10-59　不合格金相组织

③ 金相组织检验。从调质不合格的泵料上取样进行金相检验，见图 10-59。

从图 10-59 可见在回火索氏体组织的基体上分布着大量的铁素体块。在正常的、合乎规范的热处理状态下，不应产生这种组织，或者说，这种异常组织不是在调质热处理过程中形成的。正是这种组织使得泵轴的性能尤其是冲击吸收功较低。在运行过程中，大块铁素体有可能形成裂纹源，一旦产生裂纹，裂纹便会沿铁素体迅速扩展、延伸。

这种组织既然不是调质热处理过程中产生的，就应该在调质热处理前存在，应对调质热处理前工序即锻造和锻后热处理情况予以考察，确定原因。

④ 锻造及锻后热处理的情况调查与分析。为解决这一问题，对锻造厂的加工过程进行了调查。该锻造厂对于这类不锈钢的锻造经验不足，只凭经验而没有严格控制终锻温度的手段，锻后热处理不是常规的退火处理，而是高温正火后再回火的工艺方法。从其提供的锻造及锻后热处理的试块中取样进行金相组织分析，见图 10-60 从图中可以看到，基体为比较粗大的类似于回火索氏体的组织，其上分布着大量多边形大块铁素体。这种组织说明锻造时终锻温度太高，组织粗大，锻后又采取高温加热后空气冷却的热处理方式，再经回火处理。根据组织遗传学理论，对这类材料锻后采用高温快冷方式热处理，不但改善不了锻造组织，反而将由于终锻温度高形成的粗大组织保留了下来，这种粗大组织和保留下来的大块高温铁素体在以后经正常调质热处理无法彻底改变，而形成淬火后的非正常组织，见图 10-60。最终导致材料性能不良，特别是冲击韧性不好。

（3）结论

① 泵轴性能不良，特别是冲击吸收功太低，是因调质后组织不好所致。

② 调质组织不好是由于该泵轴锻造时，没有很好控制终锻温度，使终锻温度过高，组织粗大，而锻造后又采取了不当的锻后热处理，使锻造时的粗大、不良组织保留并遗传下来。

（4）建议与措施

根据上述分析，应将锻后的非正常组织予以改善。改善的方法是采取等温退火，根据本材料具体情况，等温退火的方法是：加热到 880℃ 充分保温，再炉冷至 730℃ 充分保温，炉冷至不大于 300℃ 出炉。采用这种等温退火后，获得稳定的平衡组织、珠光体和铁素体。之后再经正常的淬火、回火，获得正常的调质组织，见图 10-61。

图 10-60　锻后正火不正常组织

图 10-61　等温退后再调质组织

将图 10-61 与图 10-59 对比可见，经等温退火后再调质热处理获得的组织更细，在回火索氏体基体上分布少量铁素体，因钢含碳量较低又含 Mo，组织上有少量铁素体是正常的。这种金相组织对应的力学性能见表 10-12。可见，调质后性能比原来更好、冲击吸收功明显提高，完全满足技术条件要求（与表 10-10 对比）。

表 10-12　等温退火后调质性能

R_m/MPa	$R_{p0.2}$/MPa	A/%	Z/%	A_{kV}/J
790	660	22	66	76（平均）

10.2.4 叶轮磨蚀失效分析（一）

（1）失效描述

某输送海水用泵，在运行五个月左右的时间后，因叶轮严重腐蚀而难以正常运行，拆解后发现叶轮磨损非常严重。

（2）调查与分析

① 宏观观察。拆下后的叶轮表面分布着严重的鱼鳞状蚀坑，见图 10-62，最严重处几乎被蚀坑穿透。这是一种明显的固体颗粒磨损、损伤特征。

② 化学成分分析。从叶轮上取试样进行化学成分分析，结果符合 GB/T 2100《通用耐蚀钢铸件》标准中 ZG0Cr18Ni9 化学成分，与原设计规定材料相符，说明叶轮材质符合标准要求。

③ 性能检验。查该批叶轮出厂报告，性能符合标准要求，因已无法从叶轮截取试样进行复验，但可硬度检测为 158HB，符合该材料硬度要求。

④ 热处理状态及出厂检验。查该批叶轮热处理报告，经过 1080℃ 固溶化处理，热处理方式正确，从硬度和性能检验报告结果也说明叶轮热处理符合规范的要求。查验该批叶轮完工检验报告，各项指标符合设计要求、技术条件，说明叶轮不存在质量问题。

⑤ 金相组织检验。从叶轮切取金相试样，进行金相组织检验，金相组织为奥氏体组织，见图 10-63，符合 ZG0Cr18Ni9 固溶状态下正常组织要求。

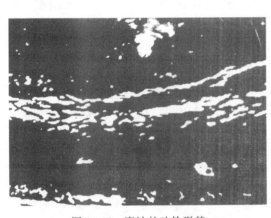

图 10-62 磨蚀的叶轮形貌

图 10-63 固溶态组织（ZG0Cr18Ni9）

⑥ 使用工况调查。根据用户提供要求，该泵用于从海边泵站抽送海水。根据这一条件，泵设计选材时考虑到海水的腐蚀作用，选用 ZG0Cr18Ni9。但后经考察，该处海水中含有大量海砂颗粒，颗粒大小和数量依据涨潮退潮、抽水量不同而不同，但只要泵运转，自始至终一定会伴有海砂颗粒存在。

（3）结论

该叶轮表面磨蚀是由于抽送海水中含有大量硬质海砂颗粒所致。因为采用 ZG0Cr18Ni9 材质制造叶轮，只能较好地满足抵抗海水腐蚀的要求，而海水中大量硬质海砂颗粒对子叶轮的磨损作用是明显的，硬度只有不足 170HB 的奥氏体不锈钢难以抵抗海砂的磨损作用，加之海水具有腐蚀性，使叶轮表面在磨损和腐蚀的双重作用下产生严重磨蚀。

（4）建议与措施

考虑泵使用工况、海水中存在大量硬质颗粒的具体情况，建议采用既耐海水腐蚀又具有较高硬度、可抵抗磨损的马氏体沉淀硬化不锈钢 ZG0Cr17Ni4Cu4Nb。

ZG0Cr17Ni4Cu4Nb 由于含碳量较低，含铬量较高，抗海水腐蚀能力与 ZG0Cr18Ni9 奥氏体不锈钢相当。而其又可以通过固溶沉淀硬化处理，获得高达 380HB 以上的硬度，可有效抵抗硬质颗粒的磨损破坏。金相组织见图 10-64。

泵厂改用 ZG0Cr17Ni4Cu4Nb 铸造叶轮后，经 1040℃ 固溶化后再经 490℃ 时效

图 10-64　固溶时效后组织（ZG0Cr17Ni4Cu4Nb）

处理，获得高的力学性能和表面硬度。$R_m = 1250 \text{MPa}$；$R_{p0.2} = 1080 \text{MPa}$；$A = 12\%$；$Z = 40\%$；表面硬度为 391HB。采用该材质的叶轮用泵，运行情况良好。

10.2.5　叶轮磨蚀失效分析（二）

（1）失效描述

某生产流程一台输送含有酸性浆液介质的泵失去功能，拆解后发现叶轮叶片严重磨损，已不能应用，见图 10-65。

（2）调查分析

① 该叶轮材质为 ZG0Cr18Ni9，成分、性能符合标准要求。

叶轮铸造后开箱时采用水爆除砂、清理后加工应用，没有经过固溶处理。

② 金相组织检验　对叶轮残体取样进行金相检验，组织中存在有沿晶界分布的碳化物和 δ 铁素体，见图 10-66。

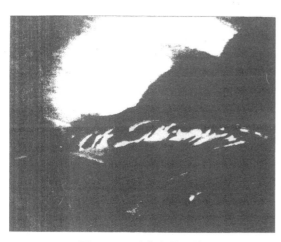

图 10-65　叶轮磨蚀形貌

图 10-66　未经固溶处理铸态组织

很显然，这是未经固溶处理的铸态奥氏体不锈钢组织，与正常固溶处理的铸造奥氏体不锈钢组织相比有明显区别，不但晶粒粗大，在晶界处存在大量的碳化物析出相，还有一定量的δ铁素体。δ铁素体及碳化物沿晶界析出后，在其周围形成的贫铬区不但引起晶间腐蚀，还会成为点腐蚀源，引起点腐蚀。

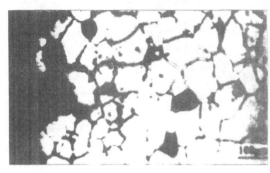

图 10-67　晶间裂纹形貌

③ 磨蚀表面金相分析。对叶轮磨蚀表面进行高倍金相检验，见图 10-67。

从图 10-67 可见，存在明显的晶间裂纹，表面晶粒之间已断离，说明叶轮表面磨蚀处是严重的晶间腐蚀破坏。

④ 叶轮工作条件调查分析。经了解，该泵用于输送含有硝酸的浆体，介质中含有较大量的硬质颗粒。这种介质对奥氏体不锈钢会引起晶间腐蚀和严重的表面磨损，即严重的磨蚀。这与该叶轮破坏实质相符合。

（3）结论

该叶轮铸后未经固溶化处理，在组织中存在大量沿晶界分布的碳化物及δ铁素体，它们周围形成的贫铬区构成晶间腐蚀条件，而其工作介质既是晶间腐蚀介质，又是具有颗粒磨损的介质。在这种条件下，叶轮工作表面很快产生晶间腐蚀，而叶轮由于未经固溶化，加速了晶间腐蚀的形成和发展，晶粒之间强度严重下降甚至相互脱离，而介质中的硬质颗粒对材料又产生磨损。所以，在这种情况下，材料表面的磨损会加速晶粒之间的脱解，或者说，叶轮表面的磨损使晶粒成片脱落。这就使叶轮很快地磨损并形成了图 10-65 所示的形貌。

（4）建议和措施

ZG0Cr18Ni9 叶轮必须经过固溶化处理，保证晶间处无碳化物或δ铁素体引起的贫铬区，保证材料的晶间腐蚀性能。如果无晶间腐蚀，只有硬质颗粒磨损，叶轮的使用寿命会延长，不致于短期内破坏。

如果条件允许，可改用其他材料，如铸造铁素体-奥氏体双相不锈钢 00Cr25Ni7Mo3.5WCuN，其经过固溶化处理后，不但有与 ZG0Cr18Ni9 钢相同的耐晶间腐蚀性能，而且表面硬度可提高到 270～280HB。相对于 ZG0Cr18Ni 钢的硬度 150～160HB 高得多。

如果采用马氏体沉淀硬化不锈钢，如 ZG0Gr17Ni4Cu4Nb 等，该类钢经固溶时效后，有相近于 ZG0Cr18Ni9 钢的耐腐蚀性能，而且硬度可高达 350～380HB，抵抗硬质颗粒磨损的能力比 ZG0Cr18Ni9 钢更好。

10.2.6　紧固螺栓松弛失效分析

（1）失效描述

某厂从国外引进一套高压试验回路装置，在安装好调试运行时，有几个回路管（直径为 930mm）接头处严重泄漏，险些造成事故。在拆卸检查时，发现泄漏处的连接紧固螺母松了，用手即可转动，说明是螺栓变形所致。

（2）调查与分析

① 松动螺栓来源调查。引进的高压试验回路是某国提供的二手装置，在国内安装时，

原装置配带的紧固螺栓数量不够。为此，厂内自配补充一部分紧固螺栓，现在发现螺栓松动的恰是厂内自配的这些螺栓，而国外带来的螺栓均未发现松动。初步判断是厂内自配螺栓强度不够而致松动失效。

② 失效螺栓的力学性能检验。对失效螺栓首先进行硬度检验，表面平均硬度为 221～225HB。之后从 1/2 半径处取样进行力学性能检验。实测值为：$R_m = 710$MPa；$R_{p0.2} = 568$MPa；$A = 18\%$；$Z = 55\%$；A_{kU2} 平均 58J。

③ 化学成分检验。从失效螺栓取样进行化学成分分析，结果为：$C = 0.37\%$；$Si = 0.22\%$；$Mn = 0.51\%$；$Cr = 0.95\%$；$Mo = 0.23\%$；$P = 0.025\%$；$S = 0.020\%$。符合 GB/T 3077《合金结构钢》中 35CrMo 成分标准。

④ 金相组织检验。从失效螺栓处取样进行金相组织检验，见图 10-68。从图 10-68 可见组织为索氏体＋铁素体。这不是 35CrMo 钢正常调质组织，而具有明显淬火加热不足的组织特征。该种组织力学性能也达不到要求，性能偏低。

⑤ 对国外配带螺栓的调查与分析。在对国外配带螺栓不破坏的条件下，进行了光谱分析，可确定螺栓材质应为中等碳含量的铬钼钢。表面硬度检测为 302HB。

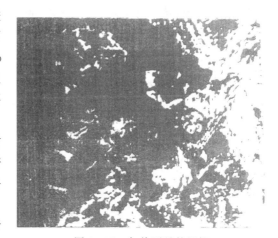

图 10-68　加热不足的组织

从该螺栓制造国推断，该螺栓应执行 ASTM A193 标准、查 ASTM A193 标准，其中 B7 或 B7M 级螺栓材料应为中碳铬钼钢。其化学成分为：$C = 0.37\% \sim 0.49\%$；$Mn = 0.65\% \sim 1.10\%$；$P \leqslant 0.035\%$；$S \leqslant 0.040\%$；$Si = 0.15\% \sim 0.35\%$；$Cr = 0.75\% \sim 1.20\%$；$Mo = 0.15\% \sim 0.25\%$。相当于我国 GB/T 3077 标准中 42CrMo 材料。

从螺栓表面硬度和 ASTM A139 中 B7 级螺栓的强度指标应为：$R_m \geqslant 860$MPa；$R_{p0.2} \geqslant 720$MPa；$A \geqslant 16\%$；$Z \geqslant 50\%$。

从⑤与②对比可见，厂内自配螺栓性能远低于国外配带的螺栓性能。

（3）结论

通过以上调查与分析，可断定厂内自配螺栓产生松弛失效主要原因：

① 厂内自配螺栓成分中碳含量低于国外配带螺栓。

② 厂内自配螺栓热处理不当，淬火温度偏低，调质组织中铁素体量偏高。

③ 厂内自配螺栓力学性能，特别是强度低于国外配带螺栓，且没有达到 ASTM A193 标准中 B7 级螺栓强度标准。

（4）建议与措施

厂内重新补制螺栓，并按以下几点要求制造。

① 采用符合 GB/T 3077 标准中的 42CrMo 材料。

② 参照 ASTM A193 B7 级螺栓标准，本批补充螺栓力学性能指标为：$R_m \geqslant 860$MPa；$R_{p0.2} \geqslant 720$MPa；$A \geqslant 16\%$；$Z \geqslant 50\%$；参考表面硬度 285～315HB；参考冲击吸收功 $A_{kU2} \geqslant 65$J。

图 10-69 42CrMo 钢调质组织

③ 根据材料和性能指标，热处理工艺推荐如下：退火加热温度为 820～840℃，淬火温度为 830～850℃，保温 100～120min，水-油双液冷却，回火温度为 580～600℃。

④ 质量效果。补充螺栓重新生产后，性能为：$R_m = 955MPa$；$R_{p0.2} = 810MPa$；$A = 18\%$；$Z = 52\%$；表面硬度为 302HB；冲击吸收功 $A_{kV2} = 70J$。

这批螺栓投入使用后，不再发生泄漏，完全达到技术要求。

补充螺栓热处理组织见图 10-69。

10.2.7 不锈钢螺柱锈蚀失效分析

（1）失效描述

某泵泵体、盖和紧固螺柱均采用双相不锈钢制造，泵体、泵盖为 ZG00Cr22Ni5Mo3N，紧固螺柱为锻造 00Cr22Ni5Mo3N。在用户使用运行三个月后发现锈蚀，六个月后严重锈蚀，而泵体、泵盖未发生锈蚀。虽未影响运行，但用户提出异议并担心长时间使用会导致螺柱断裂。

（2）调查与分析

① 化学成分分析。将锈蚀螺柱去除锈蚀表面层后取样分析化学成分，C：0.026；Si：0.80；Mn：0.65；P：0.020；S：0.015；Cr：21.8；Ni：5.95；Mo：3.10；N：0.15。成分符合 00Cr22Ni5Mo3N 标准。可排除材质错混因素。

② 金相组织分析。取螺柱本体试样进行组织分析，见图 10-70。可见组织为奥氏体-铁素体双相组织，属 00Cr22Ni5Mo3N 钢固溶化处理后正常组织，说明该螺柱材料确为经过固溶化处理的双相不锈钢。

③ 对表面层的组织分析。在对螺柱进行本体金相组织分析时，螺柱本体组织为奥氏体-铁素体双相组织，但发现边缘的局部处有暗色层状组织，接近于表面渗层组织，后采用金相显微镜对这部分组织放大 500 倍观察，见图 10-71。从图 10-71 中可见螺柱表面确有渗层，最外层灰色组织为渗氮层，次表层为过渡层。表面硬度达 950HV，可确认该螺柱表面采用了渗氮工艺（图中所示菱形压痕为硬度压痕）。

④ 对螺柱制造工艺过程的调查。经核对设计技术条件，有表面渗氮要求。与工艺人员确认，该螺柱在固溶化处理和加工后，进行表面离子渗氮处

图 10-70 固溶后组织

理。渗氮处理的目的是为提高螺柱的表面硬度。因为泵体和紧固螺栓是同一材质，硬度又较低，两者没有硬度差，会造成连接粘连、咬死，为解决这一问题，增大两者的硬度差距，才对螺柱采用离子渗氮处理。因为渗氮不但硬度高，也有耐腐蚀功能。

⑤ 对泵使用条件的调查。该泵为输送海水用泵，使用方要求采用超低碳双相不锈钢。

该泵安装使用在我国南部某港口，该处常年高温潮湿，大气中含盐量很高，特别是在夏季，泵表面经常存在一层含盐水膜。在这种环境中，材料极易腐蚀，这种潮湿的海洋大气相当于电解质溶液。这些条件下的具有不同电极电位的金属材料接触时，它们之间就会有电流

图 10-71　渗氮层组织

产生，出现电化学腐蚀，即电偶腐蚀。在本案例中，虽然泵体、泵盖与紧固螺柱本体属同一材质，具有同一电极电位，但是，由于螺柱表面进行了渗氮处理，渗氮层组织不再是双相钢组织，而是以氮化铁为主体的组织，可能含有少量的氮化铬等组织相。这层组织中，铬含量要远低于双相不锈钢组织中的铬含量。所以，其电极电位与双相不锈钢不同，在与双相钢接触时会成为阳极而加速腐蚀，特别是小螺柱与大泵体、泵盖之间形成大阴极（泵体、泵盖）和小阳极（螺柱）的配对形式，所以更加速了螺柱的腐蚀。这也是只发生螺栓腐蚀而泵体、泵盖不发生腐蚀的原因。

（3）结论

螺柱产生锈蚀是因为其表面渗氮处理，这层渗氮组织结构、成分与双相不锈钢有很大差异，在含 Cl⁻ 的潮湿大气中的电极电位低于双相不锈钢，之间接触形成微电池作用；而且螺柱体积（表面积）远远小于泵体、泵盖的体积（表面积），这种大阴极小阳极结构进一步加重阳极（螺柱）的腐蚀。

（4）建议与措施

① 本螺柱规格较小，在 M40 以下的紧固件可以采用可硬化的奥氏体不锈钢制造，如 A2-70、A4-70 等，会消除或减轻这种锈蚀。

② 选用更高等级双相不锈钢，如双相不锈钢 00Cr25Ni7Mo3.5WCuN 等，这类双相不锈钢固溶化处理后硬度更高，可与 00Cr22Ni5Mo3N 材料产生不小于 30HB 的硬度差。

③ 螺柱采用镍基合金如 Inconel 合金、Incoloy 合金、蒙乃尔合金等制造。

10.2.8　螺母裂纹失效分析

（1）失效描述

某泵用紧固螺母在电厂调试运行不足一周时间，因松动失效，经检查发现在螺母螺纹处有纵向裂纹。

（2）调查与分析

① 该批螺母为 M48×2，材质为 40Cr，表面硬度为 269HB，符合 241～285HB 的标准要求。

② 对螺母外观、尺寸检查，符合图纸及技术条件要求。说明加工符合要求。

③ 化学成分检验。对失效螺母检验化学成分，符合 GB/T 3077《合金结构钢》标准中 40Cr 材料要求，说明材料合格。

④ 对裂纹处的金相检验。在螺母裂纹处取试样，在未经腐蚀情况下用金相显微镜在 200 倍时观察，发现裂纹两侧有大块硫化物夹杂，裂纹正是在硫化物夹杂处形成的，见图 10-72。说明硫化物夹杂是裂纹产生的因素之一。

⑤ 金相组织检验。取试样经腐蚀后观察金相组织，见图 10-73。从图中可见，组织粗大，在回火索氏体基体上呈现部分针状铁素体，这是材料淬火温度偏高的组织特征，说明淬火加热温度高，不符合规范要求。

图 10-72　裂纹及夹杂物

图 10-73　淬火温度高的调质组织

图 10-74　带状组织

⑥ 对该批材料的金相检验。对该批材料进行金相检验，发现该批材料有明显的带状组织，见图 10-74。这说明该批材料的组织存在偏析，锻轧效果不好。

⑦ 对该批螺母加工过程的调查分析。经对该批螺母加工过程调查得知：螺母是采用 40Cr 圆钢，未经锻造、切段下料加工成的螺母；热处理时经过钻孔，毛坯呈筒状淬火回火；原材料进厂及制造螺母过程中未进行超声波检验，对成品螺母只进行了表面液体渗透检验。这说明对螺母原材料质量控制不够严格，材料存在的缺陷隐患无法暴露和控制。

（3）结论

① 对螺母原材料质量失控，将存在带状组织和严重硫化物夹杂的材料投入使用，成为裂纹潜在因素。

② 热处理时加热温度偏高，形成过热组织，不仅强度降低，也会形成过大淬火应力，诱发裂纹形成。

③ 对原材料及成品均未进行超声波探伤，产生裂纹螺母流入用户。

（4）建议与措施

① 严格控制原材料入厂检验，对超标材料不得入厂验收和投入使用。

② 螺母作为承压件，最好采用单个毛坯锻造成形，可更好地改善组织，提高螺母内部质量。

③ 严格控制热处理生产，不得存在过热或淬火不足等影响组织和性能的热处理缺陷。

④ 加强螺母成品质量检验、控制，对不合格产品应拒绝投入使用。

10.2.9 泵轮叶片裂纹失效分析

（1）失效描述

泵轮是泵配套用液力偶合器的核心部件，某电厂使用的液力偶合器在运行中，由于泵轮叶片开裂而不能正常运行。在失效的几个泵轮中，每个泵轮有 47 个叶片（叶片由电火花加工成形），而叶片断裂和未断裂但已可见裂纹的叶片有 6～16 片不等，断裂叶片分布无规律，图 10-75 是其中的一个失效泵轮叶片断裂情况照片。图 10-76 是泵轮断裂叶片的局部图，从图中可见尚未断开但已现裂纹的叶片。可见裂纹均发生在近轮心端的根部并向斜下方延伸。

图 10-75 泵轮外形及断裂图

图 10-76 泵轮断裂叶片局部图

（2）调查与分析

① 化学成分分析。该泵轮是用仿德材料 30CrMoV9 生产的，从泵轮取样进行成分分析，结果见表 10-13。从表 10-13 中可见，该泵轮化学成分完全符合标准要求。可排除化学成分不合格因素。

表 10-13 化学成分（质量分数） %

成分	C	Si	Mn	P	S	Cr	Mo	V	Ni
标准	0.26～0.34	≤0.40	0.40～0.70	≤0.035	≤0.030	2.30～2.70	0.15～0.25	0.10～0.20	≤0.3
实测	0.30	0.26	0.52	0.010	0.007	2.43	0.22	0.16	0.11

② 力学性能检测。该泵轮取样进行力学性能检测，结果见表 10-14。

表 10-14 力学性能

性能	R_m/MPa	$R_{p0.2}/MPa$	$A/\%$	$Z/\%$	A_{kDVM}/J	HB
标准	900～1000	≥700	≥12	≥50	≥50	285～321
实测	950	860	19	67	120、120、119	295

从表 10-14 中可见，该泵轮力学性能符合标准要求，可排除力学性能不合格因素。

③ 叶片断裂片的宏观分析。取多个已断裂叶片的残片，虽其大小、形状不同，但断口特征基本相似，图 10-77 所示是其中一个残片的断口形貌。

图 10-77　残片的断口形貌（放大倍数 2.5∶1）

从图 10-77 中可见，该断口有 a～d 四个断裂面和一个剪切唇断面 e。a～d 四个断裂面各有一个裂纹源。其中 a、c、d 三个断面的裂纹源在表面处，裂纹向内延伸；b 断面的裂纹源在内部，裂纹向外延伸。其中 a、d 两个断面平直、光滑，说明这两处裂纹出现较早、a 面仍可见贝纹痕迹。b、c 两断面有明显贝纹，说明这两处裂纹的出现晚于 a、d 裂纹。a 断面延伸方向的另一边处，产生一个剪切唇，剪切唇部分断面 e 有明显撕裂痕，此处为该断口的最后断裂区。其中 a、c 两断面裂纹源处的表面是电火花腐蚀坑密集区。

还可看见在 a、e 两断面与 b、d 两断面的交界处有一横向裂纹，裂纹源在 c 与 d 断面交界处的外表面，此处有一较大电火花腐蚀坑。

另外，在另一断片表面一个较大的电火花腐蚀坑内，用 30 倍放大镜观察可见坑内有较明显裂纹。

由上断口宏观分析可知，这个断片的断裂是与电火花腐蚀坑有关联的、由高频率交变应力诱发而形成的多源性疲劳断裂。

④ 金相组织分析。对断裂叶片取样，进行金相组织分析，叶片组织为回火索氏体组织，属正常调质热处理状态组织，见图 10-78。这说明热处理正确，排除热处理不当的因素。

⑤ 电镜分析。对在 30 倍放大镜下观察到的电火花腐蚀坑内裂纹源处进行扫描电镜分析，观察电火花腐蚀坑内形貌，如图 10-79 所示。

从图 10-79 中可见，该电火花腐蚀坑内有块状异物，在块状异物及腐蚀坑的四个方向有四条裂纹向外延伸。此处可认定是四条裂纹的源头，或者说该异物是四条裂纹产生的诱因。

图 10-78　调质组织

图 10-79　电火花腐蚀坑内形貌

通过能谱仪对腐蚀坑内异物进行分析，确定该异物主要含有 C、O、Fe、Al 等元素。其中 C 和 Al 元素可能是电火花加工用石墨电极和煤油为介质及含 Al 的添加剂所致。由较高的氧元素和铁可推断，该异物应是以 FeO 为主的氧化物。这种大块氧化物诱发了电火花加工时产生裂纹。

⑥ 低倍组织检验。氧化物类夹杂物可能是引起电火花加工中产生裂纹的诱因，基于这一考虑，对叶片取样进行了低倍检验。

从失效泵轮上取一完整叶片，进行热酸蚀，可见叶片表面存在大量酸蚀点，用 30 倍放大镜观察，这些蚀点均为大小不一的小孔，可见该材料存在严重的夹杂或疏松等缺陷。图 10-80 是该叶片经热酸蚀的宏观形貌图。可见蚀坑遍布叶片表面（叶片下面的圆坑是硬度检测压痕）。

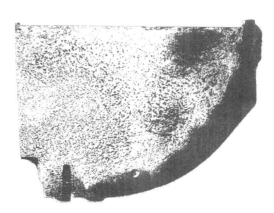

图 10-80　叶片热酸蚀形貌图

⑦ 夹杂物形态分析。为进一步考察夹杂物形态，用光学显微镜和扫描电镜对夹杂物进行微观分析，可见夹杂物微观形态一般为球形，见图 10-81。个别夹杂物直径大于 $100\mu m$。这种夹杂物尺寸大大超过标准规定的 $12\mu m$。巨大的夹杂物会形成裂纹源，并扩展成裂纹，见图 10-82。

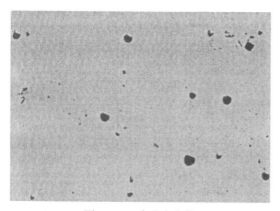

图 10-81　多个夹杂物

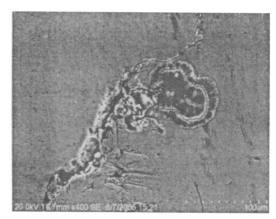

图 10-82　裂纹与夹杂物相连

⑧ 电火花加工过程的考察和分析。从上面的分析中，可见叶片裂纹与电火花加工有关。泵轮叶片是采用电火花加工成形，电火花加工工艺不当对裂纹形成会有一定的关联作用。为此，对泵轮电火花加工工艺和操作进行考察。

电火花协作厂对泵轮叶片的加工是采用单一规范一次成形的工艺方法，而且采用大电流（电流为 80~90A）、大脉冲能量、持续放电时间达 $400\mu s$。许多试验研究表明：电火花加工表面由于受到瞬时高温作用，并迅速冷却而产生残余拉应力，往往出现显微裂纹；脉冲能量对显微裂纹的影响是非常明显的，能量愈大、显微裂纹愈宽愈深。而泵轮确是在大电流、大脉冲能量条件下加工成形的，所以，在加工表面会产生显微裂纹就不奇怪了。同时，由于泵轮叶片型腔较深、较窄，在后期清理时，很难清除所有的蚀坑和熔化层，这会更加重裂纹形成的可能性。

（3）结论

① 这批锻件冶金质量不良，存在大尺寸的氧化物夹杂，在电火花加工过程中极易成为裂纹源。

② 泵轮加工叶片时，由于电火花放电参数过大，在大电流和大脉冲能量条件下加工，加工过程中熔化池和腐蚀坑过大。由于达到熔化温度，又在煤油中冷却，表面处于铸造组织的淬火状态，产生较大拉应力，加工后期清理不当，如果较大应力处又是夹杂物严重区，必然产生裂纹。

（4）建议与措施

① 对泵轮锻件质量严加控制，特别是夹杂物级别，D类夹杂物应不大于 1 级，并限制夹杂物尺寸不大于 $12\mu m$。

② 调整电火花加工工艺，电火花加工时应合理确定工艺参数，放弃采用大参数一个规范成形方法，采用粗规范→中规范→精规范的加工方法。电火花加工后，认真清理电火花蚀痕，并及时进行去应力处理。

10.2.10 涡轮套裂纹失效分析

（1）失效描述

某电厂使用的液力偶合器涡轮套在运行中发现裂纹，使设备停产。失效涡轮套裂纹形貌和位置分别见图 10-83 和图 10-84。

图 10-83 是失效涡轮套外侧局部图，可见一裂纹。从涡轮套内侧观察裂纹形貌见图 10-84。

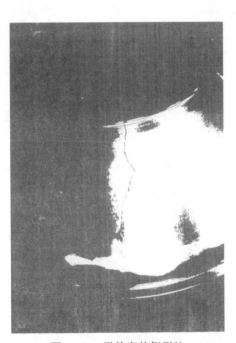

图 10-83 涡轮套外侧裂纹

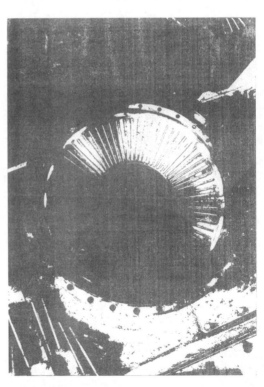

图 10-84 涡轮套内侧裂纹

这批涡轮套在泵厂生产时，在热处理过程中也发现有的锻件出现热处理淬火裂纹，其位置、方向与出厂运行失效的涡轮套裂纹位置和形貌相同，见图 10-85。为此，将两涡轮套裂纹原因统一进行分析。

（2）调查与分析

① 将图 10-83～图 10-85 对比可见，运行失效涡轮套裂纹与在热处理时产生淬火裂纹涡轮套裂纹的位置、方向、形貌是一致的，说明两涡轮套裂纹的形成原因是相同的。

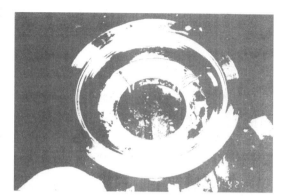

图 10-85　毛坯热处理时的裂纹

② 化学成分分析。从失效涡轮套上取样进行化学成分分析，见表 10-15。化学成分合格，可排除化学成分影响因素。

表 10-15　化学成分（质量分数）　　　　　　　　　　　%

成分	C	Si	Mn	P	S	Cr	Mo	V	Ni
标准	0.26～0.34	≤0.40	0.40～0.70	≤0.035	≤0.030	2.30～2.70	0.15～0.25	0.10～0.20	≤0.30
实测	0.33	0.20	0.51	0.010	0.006	2.44	0.22	0.14	0.29

③ 力学性能检验。根据涡轮套具体情况，只能切取径向试样，检测结果见表 10-16。因取径向试样，且近中心部，其性能与原标准规定的从边部取切向试样比，抗拉强度略低于标准，这个差异与试样截取方向位置有关，可视为该涡轮套性能符合标准。可排除力学性能不合格因素。

表 10-16　力学性能

性能	R_m/MPa	$R_{p0.2}$/MPa	A/%	Z/%	A_{kDVM}/J	硬度（HB）
标准	900～1000	≥700	≥12	≥50	≥50	285～321
实测	890	770	19	68	111（平均）	290

④ 断口宏观分析。从淬火时产生裂纹的涡轮套毛坯断面取试样，观察断口形貌，见图 10-86。

从图 10-86 可见，断口断面呈明显放射状条纹，裂纹源在右下角放射状条纹的收敛处，即该处应为淬火裂纹的起始点，在淬火应力作用下，裂纹迅速向放射线方向扩展至断裂，在试块四个边部可见瞬断撕裂痕。

⑤ 金相显微分析。从图 10-86 所示断口的另一半断面的裂纹源处取样进行金相显微分析，见图 10-87。

图 10-86　断口宏观形貌

图 10-87　断口金相图片

由图 10-87 可见有一条二次裂纹，在裂纹内可见有夹杂物痕迹。这说明条状夹杂物是裂纹产生的诱因。裂纹两侧无脱碳，说明裂纹产生于淬火的冷却阶段，由淬火应力作用在夹杂物处产生裂纹。试样基体组织为索氏体，属正常的调质组织。

⑥ 低倍检验。在同一部位取样，进行热酸浸试验，检验结果见图 10-88。

从图 10-88 可见，酸浸断面有大量腐蚀麻点，用 30 倍放大镜观察可见大小不一的针孔，说明该材料存在较严重的冶金缺陷。

⑦ 电镜检测及能谱分析。采用扫描电镜对裂纹断口进行检验，见图 10-89。由图 10-89 可见存在二次裂纹，裂纹处有球形夹杂物。通过能谱分析，夹杂物属氧化物类夹杂物。

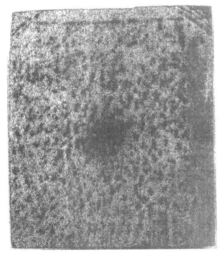

图 10-88　低倍检验形貌

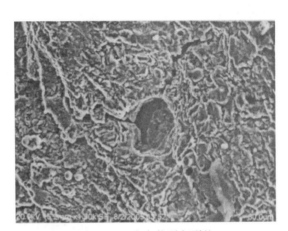

图 10-89　夹杂物引起裂纹

又对夹杂物通过金相显微镜进行检测，确认夹杂物呈圆形，且较多。个别夹杂物尺寸大于 $100\mu m$，见图 10-90 和图 10-91。

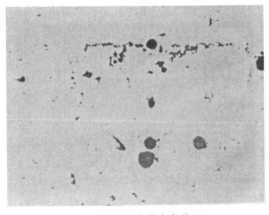

图 10-90　球形夹杂物

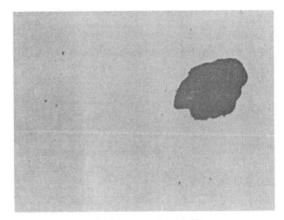

图 10-91　大块夹杂物

⑧ 涡轮套加工情况及分析。对涡轮套机械加工表面进行观察，发现涡轮套内壁凹槽加工过渡半径很小，在涡轮套内圆表面与内壁表面形成的两面角尖角处几乎没有加工倒角，该处存在应力集中，也是易产生裂纹的因素。

（3）结论

① 涡轮套裂纹主要因存在较多较大的氧化物所致。较集中和较大的氧化物处在应力（淬火应力、涡轮套运行中所受应力等）作用下形成裂纹源，导致涡轮套开裂。

② 涡轮套结构沟槽较多，加工无圆角过渡，存在尖角，造成应力集中，也易引起裂纹产生。

（4）建议与措施

① 严格控制材料冶金质量，特别是氧化物夹杂的数量和尺寸。应按氧化物检验 1 级标准验收，并控制氧化物尺寸不大于 $12\mu m$。

② 加工沟槽时，应保证加工圆角过渡，减少应力集中。

10.2.11 输水管应力腐蚀破裂失效分析

（1）失效描述

某泵供水系统的附属设备、换热器输水管系黄铜材质，在运行半年后，在管端部与管板胀接处发现泄漏，致使整套设备不能正常工作。

（2）调查与分析

① 对采用铜管取样进行成分分析，含 Cu77.4%、Al1.98%、As0.027%、Fe0.026%，其余成分为 Zn 约为 20%。符合 GB/T 5232 中 HAl77-2 成分。确认该铜管为 HAl77-2。

② 宏观检验。对泄漏处管端取样进行宏观分析，见图 10-92。从图 10-92 中可见，在铜管泄漏端有许多点蚀坑存在，有明显裂纹，有的裂纹穿过点蚀坑，但点蚀孔未出现穿透管壁现象，而是可见裂纹造成管子泄漏。

通过对泄漏管子的宏观、低倍检查分析，可确定铜管的泄漏部位，即裂纹都集中在管子端部胀管与未胀部分的过渡区。

③ 对管端胀接工艺的调查与分析。铜管的泄漏处即裂纹产生位置集中在管端部近胀接区处，胀接区是如何形成的呢？据调查，这是制造工艺形成的。为使铜管端部与管板连接处牢固连接、保证连接处良好密封，在组装时采用胀接工艺，即在铜管端部用金属胀芯，加力，使管端部扩口，从而实现良好接触。这种工艺方法一定会使管子胀与未胀过渡区产生变形拉应力。而图 10-92 可见的裂纹正好在拉应力形成部位。

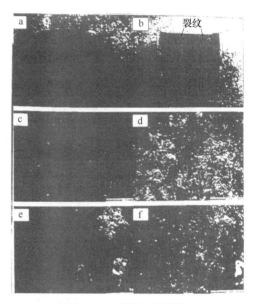

图 10-92　管端内壁裂纹

④ 断口分析。将泄漏管端裂纹处打开，得到裂纹断口，对其进行观察，见图 10-93。

从图中可见，在管子内壁可看到蓝绿色腐蚀物和与裂纹断口平行和垂直的裂纹，裂纹由管子内壁向外扩展，由裂纹打开后形成的裂纹断口无明显的塑性变形，呈脆性的断裂状态。

⑤ 金相分析。从断裂管端取横向截面金相试样，腐蚀后进行金相观察，可见泄漏管横向截面管壁上存在许多裂纹，见图 10-94，还可见裂纹从管壁内侧向外穿晶扩展、长短不

一，有的已穿透管壁；裂纹呈树枝状，有些裂纹起源于管子内壁的腐蚀坑；此类裂纹形态具有典型的应力腐蚀裂纹特征。无裂纹部位的金相组织是典型的黄铜轧材的金相组织。

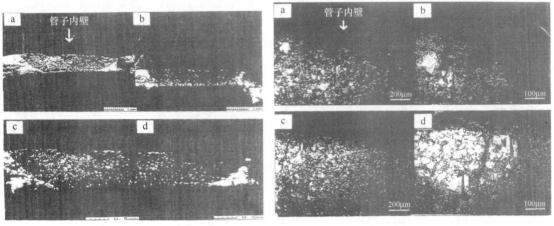

图 10-93　裂纹断口形貌　　　　　　　图 10-94　管壁裂纹及组织

⑥ 裂纹断口的电镜分析。借助于扫描电子显微镜分析（SEM），对铜管内壁点蚀坑及裂纹断口进行微观形貌观察，见图 10-95。

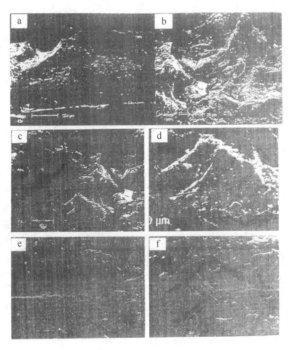

图 10-95　断口 SEM 形貌

从图 10-95 中可见，裂纹断口呈脆性状态，有很多二次裂纹存在；裂纹断口上存在扇形、台阶状花样。这是铜合金应力腐蚀破坏的典型特征，通过 SEM 分析，更明确地断定，黄铜管裂纹是应力腐蚀破裂裂纹。

⑦ 黄铜管输送介质的调查分析。换热器黄铜管内输送的介质是中水，即城市污水经过处理后的回用水。经化验和查阅中水标准可知，中水中含有氨氮、Cl⁻、COD 等成分，它

们都会对黄铜管产生腐蚀作用，其中氨氮作用最强烈。有研究表明，介质中氨氮含量超过6mg/L时，铜的腐蚀速度会迅速增大。还有许多研究和试验结果表明，游离氨在含氧水中会引起铜和铜合金的应力腐蚀开裂。可见黄铜管输送的中水是产生应力腐蚀的重要介质条件。

（3）结论

铜管端部泄漏是由该处产生应力腐蚀裂纹所致。因为铜管端部采用胀接工艺，使胀处与未胀处过渡区产生拉应力，而输送的中水介质中含有氨氮成分，其是黄铜材料产生应力腐蚀的环境条件。具有拉应力的黄铜管在含氨氮介质中应用，必然产生应力腐蚀破裂。

（4）建议与措施

① 改用不与含氨氮介质的中水产生应力腐蚀破裂的材料，如不锈钢管、钛合金管等。

② 坚持采用黄铜管，则改变胀接工艺，避免产生拉应力；或者胀接后采用退火工艺，消除应力。

10.2.12 试验回路管路穿孔失效分析

（1）失效描述

某泵厂试验用回路，在运行使用 3 年左右时间后，在管与管之间焊接部位出现渗漏，影响正常使用。

（2）调查与分析

① 现场观察。该试验回路在运行时，在管与管之间焊接部位附近有点状渗水点。当回路内压力升高时可见渗水点处水呈喷射状喷出。当回路停止运行后，擦去渗水处水迹，可发现渗水处有极细微孔，如图 10-96 所示。

从另一支路同样渗水的管段处取样，用金相显微镜观察，发现渗漏点处有穿透裂纹，见图 10-97。该裂纹呈穿晶形式连通，回路内水正是从这种裂纹处渗出的。

图 10-96　管部渗孔

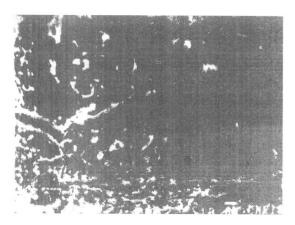

图 10-97　渗漏处裂纹

② 对管路制造过程的调查。该试验回路采用市供自来水。所以，管材选用 0Cr18Ni9。管材出厂经过固溶化处理；化学成分及性能符合相应标准要求。整个回路各管段之间采用焊接方式连接。焊后没有进行去应力处理，更无法重新进行固溶处理。焊后通过渗透检验和加

压试验均未发现问题后投入使用。

③ 使用水调查。该回路采用市供自来水，经化验符合供水标准，但由于是海边城市，自来水质虽符合标准要求，但水中 Cl^- 含量高达 $(90\sim100)\times10^{-6}$，这与内陆城市自来水中 Cl^- 含量相差近 10 倍。很显然，过高的 Cl^- 含量会引起点腐蚀。

（3）结论

该试验回路管路采用 0Cr18Ni9 材料，经焊接后无法进行固溶处理，所以在焊缝热影响区必定存在敏化区，即有含铬碳化物沿晶界析出，形成贫铬区。而采用的水中 Cl^- 浓度较高，在长期使用过程中，含较多 Cl^- 的水对该处产生点腐蚀作用。而某贫铬区会成为腐蚀源，一旦腐蚀产生，这种腐蚀将沿晶界贫铬区扩展、延伸，长时间作用会产生腐蚀穿孔，因而形成渗漏点。加压试验时，渗漏会明显加剧，以至于影响回路压力，难以正常运行。

（4）建议与措施

根据水质有较高 Cl^- 含量的特点，建议试验回路用管材选用超低碳奥氏体不锈钢，即00Cr18Ni9。由于 00Cr18Ni9 含碳量 $\leqslant0.03\%$，经过焊接后，不会有含铬碳化物沿晶界析出，也就是不会沿晶界产生贫铬区，当然也就不会有点腐蚀源存在，在使用中也不会形成沿晶界的腐蚀孔（裂纹）。因此，可避免试验回路产生渗漏现象。

附 录

附录 A　缩写

在科技文献、书籍、资料中常见缩写，现将与材料相关的一些缩写汇集如下。除特殊标注外均为英文缩写。

A1　标准相关缩写

1	GB	国标	16	NF	法国标准	
2	GB/T	国标（推荐采用）	17	DIN-EN	采用欧洲标准的德国标准	
3	JB	机械行业标准				
4	YB	冶金行业标准	18	BS-EN	采用欧洲标准的英国标准	
5	ГОСТ	俄罗斯标准				
6	JIS	日本工业标准	19	NF-EN	采用欧洲标准的法国标准	
7	ASME	美国机械工程师协会				
8	ASTM	美国材料试验协会	20	KS	韩国标准	
9	ASM	美国金属协会	21	SS	瑞典标准	
10	AISI	美国钢铁学会	22	RCC-M	压水堆核岛机械设备和建造规则	
11	ACI	美国合金铸造学会				
12	ISO	国际标准化组织	23	IDT	等同采用	
13	EN	欧洲标准	24	MOT	修改采用	
14	DIN	德国工业标准	25	EQ	等效采用	
15	BS	英国标准	26	NEQ	非等效采用	

A2　材料相关缩写

1	B.BZ	轴承青铜	9	CRES	耐蚀钢、抗蚀钢
2	BZ	青铜	10	CREI	耐蚀铁、抗蚀铁
3	CAS	铸造合金钢	11	CS	碳钢
4	CC	铸铜	12	CS	铸钢
5	CDS	冷拉钢、冷拔钢	13	DA	拉拔后退火后（材料）
6	CI	铸铁	14	DCI	可锻铸铁、延性铸铁
7	CPr	铜	15	FS	锻钢
8	C.r	冷轧的（材料）	16	HCS	高碳钢

17	LM	轻合金	23	SC	铸钢
18	LMA	易熔合金、低熔点合金	24	SS	不锈钢
19	MCI	可锻铸铁	25	St	钢
20	MS	软钢、低碳钢	26	TFS	回火锻钢
21	HTS	高强度钢	27	Gr	类别、组别
22	RS	轧制钢材	28	Typ	钢种

A3　熔炼及铸造相关缩写

1	AOD	氩氧脱碳法	17	ESC	电渣浇注
2	AOH	酸性平炉	18	ESR	电渣重熔
3	BAS	酸性转炉钢	19	IVM	真空感应熔炼
4	BOF	碱性氧气炼钢炉	20	OCP	氧气转炉炼钢法
5	BOH	碱性平炉	21	OH	平炉
6	BOP	碱性氧气炼钢法	22	OHS	平炉钢
7	BS	转炉钢	23	OLP	氧气顶吹喷粉转炉炼钢法
8	CC	离心铸造			
9	CD	压铸	24	VAD	真空除气处理
10	CM	金属型铸造	25	VAR	真空自耗重熔
11	CS	砂型铸造	26	VCD	真空脱碳
12	EAF	电弧炉	27	VIF	真空感应炉
13	EBR	电子束重熔	28	VIM	真空感应熔炼
14	EF	电炉	29	VOD	真空吹氧脱碳
15	ER	电渣重熔	30	VD	真空脱气
16	EIS	感应电炉钢			

A4　锻压加工相关缩写

1	AVO	不对称上下 V 形砧锻造法			锻造法
2	CDF	模锻	5	FR	锻压比
3	DF	落锤锻造	6	ODF	自由锻
4	FM	避免曼内斯曼效应（锻件心部不产生拉应力）	7	SUF	宽平砧压扁锻造法
			8	TER	梯森极限矩形锻造法

A5　热处理及表面（改性)处理相关缩写

1	A	退火			变曲线
2	AC	空气冷却	8	CVD	化学气相沉积
3	AV	真空退火	9	FC	炉冷
4	BA	光亮退火	10	H	硬化（淬火)
5	CA	空气冷却	11	HF	表面硬化
6	CH	表面硬化	12	HO	油冷却淬火
7	CCT	过冷奥氏体连续冷却转	13	HT	热处理

14	LCVD	激光化学气相沉积	22	PH	沉淀硬化
15	LSA	激光合金化	23	PVD	物理气相沉积
16	N	正火	24	Q	淬火
17	OH	油淬火硬化	25	OW	水冷淬火
18	OQ	油冷淬火	26	OPO	盐浴氮碳硫共渗复合处理（按工艺内容翻译）
19	PACVD	等离子体辅助化学气相沉积	27	TTT	奥氏体等温转变曲线
20	PCVD	等离子体（增强）化学气相沉积	28	WC	水冷却
21	PECVD	等离子化学气相沉积	29	WQ	水冷淬火

A6 焊接相关缩写

1	CAW	二氧化碳气体保护焊	15	IW	感应焊
2	EASP	电弧喷涂（热喷涂）	16	LBW	激光焊
3	EBW	电子束焊	17	LTHAZ	低温热影响区
4	ESW	电渣焊	18	MMA	焊条电弧焊
5	EW	爆炸焊	19	MIG	熔化极气体保护焊
6	FCAW	焊剂（保护）焊丝电弧焊	20	OW	堆焊
7	FLOW	波峰焊	21	PAW	等离子弧焊
8	FW	摩擦焊	22	PGW	压力气焊
9	GMAW	熔化极气体保护电弧焊	23	PWHT	焊后热处理
10	GSAW	气体保护电弧焊	24	RW	电阻焊
11	GTAW	钨极惰性气体保护电弧焊	25	SAW	埋弧焊
12	HAW	氦弧焊	26	SMAW	药皮（保护）焊条电弧焊
13	HAZ	热影响区	27	TIG	钨极气体保护焊
14	HTHAZ	高温热影响区	28	US	超声波焊接

A7 性能相关缩写

1	CAT	止裂试验	11	DWTT	落锤撕裂试验
2	CAT	裂纹截止温度	12	EL	延伸率（伸长率）
3	CMOD	裂纹口张开位移	13	FA	断口形貌
4	CTOD	裂纹尖端张开位移	14	FAD	断裂分析图
5	CVN	夏比 V 口冲击值	15	FATT	断口形貌转变温度
6	DBTT	塑-脆转变温度	16	FTE	弹性断裂转变（温度）
7	DT	动态撕裂（试验）	17	FTP	塑性断裂转变（温度）
8	DTE	动态撕裂能	18	HB	布氏硬度
9	DTT	动态撕裂试验	19	HL	里氏硬度
10	DWT	落锤试验	20	HR	洛氏硬度

21	HS	肖氏硬度	32	T$_{NDT}$	无延性转变温度
22	HV	维氏硬度	33	TS	抗拉强度
23	LE	侧向扩展（膨胀）	34	YS	屈服强度
24	LETT	侧向扩展转变温度	35	L	纵向（取样）
25	NDT	无延性（转变）温度	36	T	切向（取样）
26	NDT	无延性转变（温度）	37	R	径向（棒料、圆形锻件取样）、横向（板材取样）
27	NDTT	无延性转变温度			
28	RA	断面收缩率			
29	RCF	滚动接触疲劳	38	O	横向（取样）（仅用于德国标准）
30	RT$_{NDT}$	参考无延性转变温度			
31	TMFT	热机械疲劳试验			

A8　组织分析相关缩写

1	AEM	分析型电子显微镜	9	IR	红外线
2	AES	俄歇电子谱分析	10	LM	光学显微镜
3	AGS	平均晶粒度	11	OMI	光学显微图片
4	ASM	声扫描电子显微镜	12	OPI	光学宏观图片
5	EDS	能谱分析（仪）	13	SAM	扫描俄歇显微镜
6	EMMA	电子显微分析仪	14	SEM	扫描电子显微镜
7	EMP	电子探针	15	STEM	扫描透射电子显微镜
8	EPMA	电子探针显微分析	16	TEM	透射电子显微镜

A9　无损检测相关缩写

1	AE	声发射（检测）	8	NDE	无损评价
2	AT	声发射检测	9	NDI	无损检验
3	CT	计算机层析成像检测	10	NDT	无损检测
4	ET	涡流检测	11	PT	渗透检测
5	IT	红外检测	12	RT	射线检测
6	LT	泄漏检测	13	UT	超声波检测
7	MT	磁粉检测	14	VT	目视检测

A10　腐蚀相关缩写

1	CC	缝隙腐蚀	9	GC	均匀腐蚀
2	CCT	（临界）缝隙腐蚀温度	10	HC	氢腐蚀
3	CCR	缝隙腐蚀抗力	11	HE	氢脆
4	CF	腐蚀疲劳	12	IASCC	辐照加速应力腐蚀破裂
5	CPT	临界点（腐蚀）温度	13	IGC	沿晶腐蚀
6	CT	空蚀温度	14	IC	晶间腐蚀
7	EC	磨损腐蚀	15	IGSCC	晶间应力腐蚀破裂
8	FAC	流动加速腐蚀	16	IPM	英寸/月（腐蚀深度单位）

17	IPY	英寸/年（腐蚀深度单位）	25	SCC	应力腐蚀破裂
18	MC	微生物腐蚀	26	SSC	硫化物应力腐蚀（破裂）
19	NC	疖状腐蚀	27	SSCC	硫化物应力腐蚀破裂
20	PC	点（孔）腐蚀	28	TGC	穿晶腐蚀
21	PCCT	点腐蚀临界温度	29	TGSCC	穿晶应力腐蚀破裂
22	PCT	点（腐蚀）临界温度	30	UC	电偶腐蚀
23	*PRE*	孔蚀抗力当量（孔蚀指数）	31	Cr-eq	铬当量
24	SC	应力腐蚀	32	Ni-eq	镍当量

附录 B　术语

B1　金属材料术语

（1）钢　以铁为主要元素，含碳量一般不大于 2%，并含有其他元素的材料。

（2）碳素钢　碳含量一般为 0.02%～2% 的铁碳合金。其中含有限量的硅、锰和磷、硫及其他微量残余元素。

（3）低碳钢　碳含量小于 0.25% 的碳素钢。

（4）中碳钢　碳含量为 0.25%～0.60% 的碳素钢。

（5）高碳钢　碳含量大于 0.60% 的碳素钢

（6）合金钢　在碳钢中为了某种目的，有意添加一种或几种合金元素的钢。

（7）低合金钢　合金元素总含量不大于 5% 的合金钢。

（8）高合金钢　合金元素总含量大于 10% 的合金钢。

（9）碳素结构钢　用于建筑、桥梁、船舶、车辆及其他结构，必须有一定强度，必要时要求冲击性能和焊接性能的碳素钢。

（10）耐候钢　也叫耐大气腐蚀钢。指加入铜、磷、铬、镍等元素，提高了在大气腐蚀环境中耐蚀能力的钢。

（11）压力容器用钢　用于制造石油化工、气体分离和气体储运等设备的压力容器的钢。要求具有足够的强度和韧性、良好的焊接性能和冷热加工性能。常用的钢主要是低合金高强度钢和碳素钢。

（12）低温用钢　用于制造在 −20℃ 以下使用的压力设备和结构，要求具有良好的低温韧性和焊接性能。根据使用温度不同，主要用钢有低合金高强度钢、镍钢和奥氏体不锈钢。

（13）锅炉用钢　用于制造过热器、主蒸汽管、水冷壁管和锅炉汽包的钢。要求具有良好的室温和高温性能、抗氧化和抗碱性腐蚀性能、足够的持久强度和持久断裂韧性。主要用钢有珠光体耐热钢（铬钼钢）、奥氏体耐热钢（铬镍钢）、优质碳素钢（20 钢）和低合金高强度钢。

（14）管线用钢　石油天然气长距离输送管线用钢。要求具有高强度、高韧性、优良的加工性、焊接性和抗腐蚀性等综合性能的低合金高强度钢。

（15）Z 向性能钢　保证厚度方向性能，不易沿厚度方向产生裂纹、抗层状撕裂的钢。按厚度方向断面收缩率，这类钢分为 Z15、Z25、Z35 三个级别。

（16）CF 钢　在焊接前不用预热、焊后不热处理的条件下，不出现焊接裂纹的钢。这类钢的合金元素含量少，碳含量和碳当量、焊接裂纹敏感指数都很低，纯洁度很高。

（17）焊接用钢　用于对钢材进行焊接的钢（包括焊条、焊丝、焊带）。对化学成分要求比较严格，要控制含碳量，限制硫磷等有害元素。按化学成分，焊接用钢可以分为非合金钢、低合金钢和合金钢三类。

（18）易切削用钢　在钢中加入硫、磷、铅、硒、锑、钙等元素（加入一种或一种以上）明显地改善切削性能，以利于机械加工自动化的钢。

（19）非调质钢　在中碳钢中添加钒、铌、钛等微量元素，通过控制轧制（或锻制）温度和冷却工艺，产生强化相，使塑性变形与固态相变相结合，获得与调质钢相当的良好综合性能的钢。

（20）调质钢　中碳或低碳结构钢，先经过淬火再经过高温回火处理，获得较高的强度和冲击韧性等更好的综合力学性能的钢。

（21）超高强度钢　屈服强度和抗拉强度分别超过 1200MPa 和 1400MPa 的钢。其主要特点是有很高的强度、足够的韧性，能承受很大的应力，同时具有很大的比强度，使结构尽可能地减轻自重。

（22）合金结构钢　在碳素结构钢的基础上加入适当的合金元素，主要用于制造截面尺寸较大的机械零件的钢。具有合适的淬透性，经相应热处理后有较高的强度、韧性和疲劳强度，较低的脆性转变温度。

（23）保证淬透性钢　按相关标准规定的端淬法进行端部淬火，保证距离淬火端一定距离内硬度上下限在一定范围内的钢。这类钢的牌号常用保证淬透性带的符号"H"等表示。

（24）渗碳钢　用于表面渗碳的钢，包括碳钢和合金钢。一般含碳量为 0.10%～0.25%。表面渗碳后，经过淬火和低温回火提高表面硬度，而心部具有足够的韧性。

（25）渗氮钢　也叫氮化钢。含有铬、铝、钼、钛等元素，经渗氮处理后，使表面硬化的钢。

（26）不锈钢　指在大气、蒸汽和水等弱腐蚀介质中不生锈的钢。习惯上也把耐酸钢也包括在不锈钢中。耐酸钢是指在酸、碱、盐等浸蚀性较强的介质中能抵抗腐蚀作用的钢。

（27）耐热钢　在高温下具有较高的强度和良好的化学稳定性的合金钢。包括抗氧化钢（耐热不起皮钢）和热强钢两类。抗氧化钢一般要求较好的化学稳定性，但承受的载荷较低。热强钢则要求较高的高温强度和相当的抗氧化性。

（28）奥氏体型钢　固溶处理后在常温下其组织为奥氏体的钢。

（29）奥氏体-铁素体型钢　固溶处理后在常温下为奥氏体和铁素体双相组织的钢。

（30）铁素体型钢　在所有温度下均为稳定的铁素体组织的钢。

（31）马氏体型钢　在高温奥氏体化后，冷却到常温能形成马氏体组织的钢。

（32）珠光体型钢　高温奥氏体（经退火）缓慢冷却到 A_{r1} 温度以下温度得到珠光体组织的钢。

（33）高温合金　也叫耐热合金。一般在 600～1200℃ 高温下能承受一定应力并具有抗氧化或耐腐蚀性能的合金。

（34）耐蚀合金　耐特殊酸、碱、盐及气体腐蚀的合金。按合金基体组成元素分为铁镍基合金和镍基合金。按合金主要强化特征分为固溶强化型合金和时效硬化型合金。

（35）灰铸铁　碳主要以片状石墨形式析出的铸铁，断口呈灰色。

（36）球墨铸铁　钢液经过球化处理，使石墨大部分或全部呈球状，有时少量为团絮状的铸铁。

（37）可锻铸铁　白口铸铁通过石墨化或氧化脱碳退火处理，改变其金相组织或成分而获得有较高韧性的铸铁。

（38）蠕墨铸铁　金相组织中石墨形态主要为蠕虫状的铸铁。

（39）白口铸铁　碳以游离碳化物形式析出的铸铁，断口呈白色。

（40）麻口铸铁　碳部分以游离碳化物形式析出、部分以石墨形式析出的铸铁，断口呈灰白相间色。

（41）奥氏体铸铁　基体组织为奥氏体的铸铁。具有耐酸性、耐碱性、耐海水腐蚀性、耐热性和非磁性等性能。

（42）贝氏体铸铁　基体主要由贝氏体组成的铸铁。可通过添加镍、钼、铜等合金元素在铸态下获得，也可以通过热处理获得。

（43）马氏体铸铁　基体主要由马氏体构成的铸铁。用于形状简单、淬火不易开裂、要求耐磨的铸件。

（44）铁素体铸铁　基体绝大部分为铁素体的铸铁。如铁素体球墨铸铁、铁素体可锻铸铁等。

（45）珠光体铸铁　基体绝大部分为珠光体的铸铁。其化学成分特点是低碳、中硅、较高含锰量，常含有少量稳定珠光体的合金元素。强度和耐磨性能较高。

（46）索氏体铸铁　基体组织由索氏体组成的铸铁。

（47）高铬铸铁　含铬量大于 12% 的白口铸铁。具有优良的抗磨料磨损性能和耐热、耐蚀性能。可耐 1100℃ 以下高温。按用途不同分为低碳耐热铸铁（Cr＝$24\%\sim36\%$）和中碳抗磨铸铁（Cr＝$12\%\sim30\%$）。

（48）高硅铸铁　含硅量为 $14\%\sim18\%$ 的耐酸铸铁。

（49）高磷铸铁　含磷 $0.35\%\sim0.65\%$ 的灰铸铁。由于磷在铸铁中以磷共晶形式存在，呈断续网状分布，形成坚硬骨架，因此使铸铁具有较好耐磨性能。

（50）高铝铸铁　含铝 $18\%\sim26\%$ 的耐热铸铁。可长期在950℃以下温度中使用。

（51）镍铸铁　以镍为主要合金元素的铸铁。依成分不同，其中镍铬硅铸铁和镍铜铸铁属耐蚀、耐热铸铁，低镍铸铁有优良的耐碱蚀性能，含一定量铬的属马氏体抗磨白口铸铁。

（52）硼铸铁　含硼 $0.03\%\sim0.08\%$，组织中含有含硼渗碳体和含硼莱氏体，属耐磨灰铸铁。

（53）抗磨铸铁　具有较好的抗磨料磨损性能的铸铁。普通白口铸铁、低合金白口铸铁、高铬白口铸铁、贝氏体球墨铸铁等均属抗磨类铸铁。

（54）耐热铸铁　可以在高温下使用，其抗氧化性或抗生长性能符合要求的铸铁。铝铸铁、高铬铸铁、镍铸铁、中硅铸铁等均属耐热类铸铁。

（55）耐蚀铸铁　耐化学、电化学腐蚀的铸铁。高硅铸铁、高铬铸铁、镍铸铁等均属耐蚀铸铁。

（56）耐酸铸铁　具有优良的抗酸蚀性能的铸铁，如高硅耐酸铸铁等。

B2　金属熔炼术语

（1）高炉　以焦碳为主要燃料、炉体横断面为圆形的炼铁竖炉，是目前主要的以矿石为原料的炼铁设备。

(2) 平炉 以煤气或重油为主要燃料、配备有蓄热室的膛式火焰炉，是目前以生铁和废钢为主要原料的炼钢设备。依砌筑炉膛耐火材料的种类不同分为酸性平炉和碱性平炉。

(3) 转炉 具有圆筒形或近似圆筒形炉体且可自由转动的金属熔炼设备，是主要的炼钢设备。

(4) 感应炉 利用感应电流的电热效应加热炉料，以废钢为主要原料的熔炼设备。

(5) 电弧炉 利用电弧热效应熔炼金属或其他物料的冶金设备。依炉衬耐火材料不同，分为酸性电弧炉和碱性电弧炉。

(6) 电渣重熔炉 利用电流通过配制熔渣产生的电阻热，对各种钢或合金进行二次重熔精炼的炼钢设备。

(7) 电子束炉 也称电子轰击炉，是利用真空室内阴极电子枪发射产生的高能电子束轰击作为阳极的固体金属材料使其熔化的熔炼设备。

(8) 脱碳 在炼钢过程中加入铁矿石或吹氧，使钢液中的碳氧化，以减少含碳量的操作。

(9) 脱氧 为减少熔融金属中的氧，加入与氧亲合力较强的材料，形成易于排除的氧化物的操作。

(10) 脱磷 在炼钢过程的氧化期中用碱性渣进行降低含磷量的操作。

(11) 脱硫 降低熔融铁碳合金中含硫量的操作。这种操作可在钢、铁的熔炼过程中进行，称为炉内脱硫，也可在出炉后或浇注前进行，称炉外脱硫。

(12) 氩氧脱碳法（AOD 法） 向钢液中吹入氩-氧混合气体氧化和搅拌熔池，脱除钢液中的碳、气体和杂质的炉外精炼技术。

(13) 沉淀脱氧 向钢液中加入锰铁、硅铁和铝等脱氧剂或复合脱氧剂，使其与钢中氧结合生成脱氧产物析出，通过除渣降低了钢中氧含量。

(14) 扩散脱氧 向钢液上面的渣加入炭粉、铝粉、硅铝粉、电石粉等，通过降低钢渣中的氧含量以达到钢液脱氧的目的。

(15) 真空脱氧 利用真空条件下碳的高脱氧能力和某些金属氧化物的蒸气压比金属蒸气压高的原理，对钢液进行脱氧。

(16) 真空脱气 在真空（减压）条件下，钢液或液态合金脱氧、脱氢、脱氮的过程。用以排除或减少钢和合金中的有害气体，提高质量。

(17) 真空-氧脱碳精炼（VOD） 一种在真空条件下向钢液吹氧脱碳精炼的二次冶金方法。

(18) 精炼 去除液态金属中的气体、杂质元素和夹杂物等，以净化金属液和改善金属液质量的操作。

(19) 真空精炼 将熔融金属移入带有加热装置的真空炉中精炼的冶金技术。

(20) 炉外精炼 在熔炼炉外对出炉金属液进行精炼的冶金技术。用以去除金属液中的气体和杂质，调整金属液成分，提高金属液的纯净程度。

B3 铸造术语

(1) 铸造 熔炼金属、制造铸型，并将熔融金属浇入铸型，凝固后获得具有一定形状、尺寸和性能金属零件毛坯的成形方法。

（2）砂型铸造　在砂型中生产铸件的铸造方法。

（3）特种铸造　与砂型铸造不同的其他铸造方法，如熔模铸造、壳型铸造、金属型铸造、离心铸造、连续铸造等。

（4）金属型铸造　在重力作用下将熔融金属浇入金属型获得铸件的方法。

（5）压力铸造　将熔融金属在高压下高速充型，并在压力下凝固的铸造方法，也简称压铸。

（6）低压铸造　铸型安放在密封的装有熔融金属的坩埚上方，坩埚中通入压缩空气，在熔池表面形成低压力（一般为 $60\sim150kPa$），使金属液通过升液管充填铸型和控制凝固的铸造方法。多用于生产有色金属铸件。

（7）挤压铸造　金属液在高挤压压力作用下充填金属型腔，形成高致密度铸件的铸造方法。

（8）离心铸造　将金属液浇入绕水平、倾斜或立轴旋转的铸型，在离心力作用下凝固成铸件的铸造方法。

（9）失模铸造　用燃烧、熔化、气化、溶解等方法，使模样件从铸型内消失的铸造方法。

（10）熔模铸造　用易熔材料（如蜡料）制成模样件，在模样件上包覆若干层耐火涂料，制成型壳，熔出模样件后经高温焙烧即可浇注的铸造方法。

（11）壳型铸造　在树脂砂壳型中浇注铸件的铸造方法。

（12）连续铸造　往水冷金属型（结晶器）中连续浇注金属、凝固成金属型材的铸造方法。

（13）消失模铸造　也叫实型铸造。用泡沫塑料模制造铸型后不取出模样件，浇注金属液时模样件气化消失获得铸件的铸造方法。

（14）精密铸造　用精密铸型获得精密铸件的铸造方法的统称。

（15）陶瓷型铸造　用耐火浆料浇灌成形后再喷烧或焙烧而成的实体铸型或薄壳铸型浇注铸件的精密铸造方法。

（16）真空铸造　金属在真空条件下熔炼、浇注和凝固成铸件的铸造方法。

（17）铸造性能　金属在铸造成形过程中获得外形准确、内部健全的铸件的能力。主要包括金属液的流动性、吸气性、氧化性、凝固温度范围和凝固特性、收缩特性、热裂倾向性以及与铸型和造型材料相互作用的特性等。

（18）收缩　铸造合金从液态凝固和冷却至室温过程中产生的体积和尺寸缩减。包括液态收缩、凝固收缩和固态收缩。

（19）收缩应力　铸件在固态收缩时，因铸型、型芯、浇冒口、箱带以及铸件本身结构阻碍收缩而引起的铸造应力。

（20）铸造应力　铸件在凝固和冷却过程中由受阻收缩、热作用和相变等因素引起的内应力。它是收缩应力、热应力和相变应力的矢量合。

（21）残留应力　铸件凝固冷却后残留在铸件内不同部位的铸造应力。

（22）热应力　铸件在凝固和冷却过程中，不同部位由于温差造成不均衡收缩而引起的应力。

（23）相变应力　铸件由于凝固和相变，各部分体积发生不均衡变化而引起的应力。

（24）单铸试块　在单独成制的试块铸型中浇注的试块。

（25）附铸试块　连在铸件上，切除后不损坏铸件本体的试块。

（26）本体试样　为检测铸件本体的成分、组织和性能，在铸件本体规定部位切取的试样。

（27）熔炼分析　在钢液浇铸过程中采取样锭，然后进一步制成试样并对其进行的化学分析。分析结果表示同一炉（罐）钢液的平均化学成分。

（28）成品分析　在铸件（铸块）或成品钢材上采取试样，然后对其进行的化学分析。其表示同批铸件或钢材的化学成分。

（29）成品化学成分允许偏差　由于金属液在凝固过程中产生元素的不均性分布（偏析），成品分析值与熔炼分析值会有不同，在熔炼分析时的化验值虽在标准规定的范围内，但成品分析时化验值可能超出标准规定的成分界限值。对超出界限值的大小规定一个允许的数值，即成品化学成分允许偏差。不同种类材料，如碳钢（含低合金钢）、合金结构钢、不锈钢（含耐热钢）的成品化学成分允许偏差值不同，使用时应予以注意。另外，产品标准中规定的残余元素不适用于标准中规定的成品化学成分允许偏差。

（30）铸件缺陷　铸造生产过程中，由于种种原因在铸件表面和内部产生的各种缺陷的总称。

（31）飞翅（飞边）　垂直于铸件表面上厚薄不均的薄片状金属凸起物，常出现在铸件分型面和芯头部位。

（32）毛刺　铸件表面上的刺状金属凸起物，常出现在型和芯的裂缝处，形状不规则。

（33）冲砂　砂型和砂芯表面局部型砂被金属液冲刷掉，在铸件表面的相应部位上形成的粗糙、不规则的金属瘤状物。

（34）掉砂　砂型或砂芯的局部砂块在机械力作用下掉落，在铸件表面相应部位形成的块状金属凸起物。

（35）气孔　铸件内由气体形成的孔洞类缺陷。其表面一般比较光滑，主要呈梨形、圆形或椭圆形。

（36）皮下气孔　位于铸件表皮下的分散性气孔，为金属液与砂形之间发生化学反应产生的反应性气孔，形状有针状、球状、梨状等，大小不一，深度不等。通常在机械加工或热处理后才能发现。

（37）表面针孔　成群分布在铸件表层的分散性气孔。其特征和形成原因与皮下气孔相同，通常暴露在铸件表面。

（38）呛火　浇注过程中产生的大量气体不能顺利排出，在金属液内发生沸腾，导致在铸件内产生大量气孔，甚至出现铸件不完整的缺陷。

（39）缩孔　铸件在凝固过程中，由于补缩不良而产生的孔洞。形状极不规则、孔壁粗糙并带有枝状晶，常出现在铸件最后凝固的部位。

（40）缩松　铸件断面上出现的分散而细小的缩孔。

（41）疏松　也称显微缩松，是铸件在缓慢凝固区出现的很细小的孔洞，分布在枝晶内和枝晶间。

（42）冷裂　铸件凝固后在较低温度下形成的裂纹。裂口常穿过晶粒延伸到整个截面。

（43）热裂　铸件在凝固后期或凝固后在较高温度下形成的裂纹。其断面严重氧化、无金属光泽，裂口沿晶粒边界产生和发展，外形曲折而不规则。

（44）缩裂　由于铸件补缩不当、收缩受阻或收缩不均匀而造成的裂纹。可能出现在铸件刚凝固之后或在更低的温度环境下。

（45）冷隔　在铸件上穿透或不穿透的、边缘呈圆角状的缝隙。多出现在远离浇口的表面或薄壁处、金属汇流处。

（46）白点（发裂）　钢中主要因氢析出而引起的缺陷。呈现近似圆形或椭圆形的银白色斑点。

（47）重皮　充型过程中因金属液飞溅或液面波动，型腔表面已凝固的金属不能与后续金属熔合所造成的铸件表皮的折叠缺陷。

（48）粘砂　金属液与铸型或型芯表面型砂粘接在一起，铸件成形后在铸件表面或内腔附着一层难以清除的砂粒。

（49）浇不足　铸件残缺或轮廓不完整或可能完整但边角圆切光亮。常出现在远离浇口的部位或者薄壁处。

（50）夹渣　因金属液不纯净或浇注方法和浇注系统不当，由包在金属液中的熔渣、低熔点化合物及氧化物造成的铸件中夹杂类缺陷。

（51）砂眼　铸件内部或表面带有砂粒的孔洞。

（52）偏析　铸件各部分化学成分或金相组织不均匀的现象。

（53）宏观偏析　铸件中用肉眼或放大镜可以发现的化学成分和组织的不均匀性。

（54）微观偏析　铸件中用显微镜或其他仪器方能确定的化学成分和金相组织的不均匀性。

（55）晶间偏析（晶界偏析）　晶粒本体和枝晶之间存在的化学成分不均匀性。

（56）晶内偏析（枝晶偏析）　固溶合金按树枝方式结晶时，由于先结晶的枝干和后结晶的枝干及枝干间的化学成分不同所引起的枝晶内和枝晶间化学成分的差异。

B4　锻压加工术语

（1）可锻性　金属材料在锻压加工中能承受塑性变形而不破裂的能力。

（2）锻压比　在压力加工过程中，被锻压材料的变形程度叫锻压比。如拔长时锻压比：$Y_B = F_0/F$；镦粗时锻压比：$Y_D = F/F_0$。式中，F_0为坯料原始横截面积；F为变形后横截面积。

（3）拔长　减小坯料的横截面积而增加长度的锻压工序叫拔长。

（4）镦粗　缩小坯料高度而增大横截面积的锻压工序叫镦粗。

（5）自由锻　在锻锤或水压机上，利用几何形状简单的锤头或砧块的上下运动施力改变坯料形状的锻压方法叫自由锻。

（6）模锻　根据锻件要求用特定的金属模具来束缚坯料而获得锻坯的方法叫模锻。

（7）过热　由于锻造加热温度过高而造成晶粒粗大的现象，过热会影响锻件力学性能，特别是塑性和冲击韧性。

（8）过烧　锻坯加热温度太高引起晶粒特别粗大，晶界出现氧化或熔化。过烧锻件无法应用。

（9）加热裂纹　加热裂纹一般沿锻件横截面开裂，且由中心向四周扩展，多是因加热速度快而产生的。

（10）铜脆　钢锻件表面出现龟裂，有铜沿晶界分布，多是由于钢中含铜量高或加热炉内有铜残留物引起的。

(11) 萘状断口　在钢锻件的断口上出现如萘状晶体状闪闪发亮的小平面，多由过热引起。

(12) 低倍粗晶　在锻件酸浸低倍试片上呈现肉眼可见的多边形晶粒，也是过热的一种反映。

(13) 脱碳　锻件表层的含碳量明显低于正常含碳量，在高倍组织上可见表层渗碳体数量减少。

(14) 增碳　经油炉加热锻件其表面含碳量明显增高的现象。

(15) 鼓肚表面裂纹　自由镦粗锻坯的鼓肚表面上由于拉应力产生的不规则纵向裂纹。

(16) 十字裂纹（纵向内裂）　在锻件横断面上对角分布的裂纹，特别是在高合金钢锻件上容易产生。

(17) 纵向条状裂纹　在圆棒料锻件上产生的沿纵向分布的裂纹。

(18) 内部横向裂纹　在锻坯横向断面上出现的沿原直径方向的裂纹。

(19) 双相锻造裂纹　模锻奥氏体-铁素体双相不锈钢或半马氏体不锈钢时，沿 α 相和 γ 相界面或强度较低的 α 相出现的裂纹。

(20) 带状组织　铁素体或其他组织在锻件中呈带状分布的一种组织。其会降低材料横向塑性指标。

(21) 锻件流线分布不当　在锻件低倍试片上可见流线断开、回流、涡流等流线分布紊乱现象。

(22) 铸造组织残留　由于锻比不足或锻造方法不当引起的残余铸造组织，在低倍试片上可见树枝状晶。这种缺陷会引起性能下降，特别是冲击韧性和疲劳性能下降。

(23) 冷却裂纹　因锻后冷却过快，由较大的热应力和组织应力所致的裂纹。裂纹光滑细长，有时呈网状龟裂。

B5　焊接术语

(1) 气焊　以燃料气体（乙炔、丙烷等）与氧或空气混合燃烧形成的火焰为热源进行的焊接。

(2) 电弧焊　利用电弧作为热源的熔焊方法。简称弧焊，俗称电焊。

(3) 焊条电弧焊　用手工操纵焊条进行电弧焊的焊接方法，也叫手弧焊。

(4) 埋弧焊　利用在焊剂层下燃烧的电弧作为热源进行焊接的电弧焊方法，相对于焊条电弧焊其对熔池有保护净化作用，提高焊缝质量和性能。

(5) 气体保护电弧焊　用外加气体作为电弧介质，保护电弧和焊接区的电弧焊，总称气体保护电弧焊。气体保护电弧焊对焊接区的保护简单方便，可有效提高焊缝质量。

(6) TIG 焊　不熔化极（钨极）气体保护焊，即利用钨极和工件之间的电弧使金属熔化形成焊缝，由焊枪喷嘴送入氩气或氦气进行保护，分别叫作钨极氩弧焊和钨极氦弧焊。

(7) MIG 焊　熔化极气体保护焊。即利用可熔化的焊丝与被焊接工件之间的电弧作为热源，熔化焊丝与母材金属完成焊接过程，而采用的是惰性气体保护。采用氩气保护简称氩弧焊；采用氦气保护简称氦弧焊。

(8) MAG 焊　采用二氧化碳气体或氧化性混合气体保护的熔化极气体保护焊。

(9) 二氧化碳气体保护焊　利用 CO_2 气体（有时采用 $CO_2 + O_2$ 混合气）作为保护气体

的熔化极气体保护电弧焊。

（10）氩弧焊　用氩气作保护气体的气体保护电弧焊。它包括钨极（不熔化极）氩弧焊和熔化极氩弧焊。

（11）电渣焊　以电流通过熔渣时产生的电阻热为热源，用熔渣保护熔池金属的一种焊接方法。此方法的主要优点是一次可焊较大厚度（50～900mm以上）的工件，生产率较高。

（12）激光焊　以光受激辐射放大后形成的激光束为能源的一种焊接方法。其主要优点是功率密度高、热影响区窄、应力变形小，可用于高熔点金属，但可焊件的厚度小，大功率激光器可焊接厚度为几毫米至十几毫米的金属，成本高。

（13）电阻焊　焊件组合后，通过电极施加压力和馈电，利用电流流经焊件的接触面及邻近区域产生的电阻热完成焊接的工艺方法。

（14）摩擦焊　利用焊件接触端面相对旋转运动中相互摩擦而产生的热使端部达到热塑状态后迅速顶锻完成焊接的方法。摩擦焊可用来焊接异种金属和尺寸差别大的部件，焊接效率高、能耗低、焊接尺寸精度高。

（15）爆炸焊　利用炸药爆炸时产生的冲击波高压驱动金属运动，在两金属表面发生碰撞，形成射流，将表面膜清除，并在冲击波高压作用下形成冶金连接的一种焊接方法。爆炸焊过程发生在极短的时间里，被连接金属整体不承受高温，在结合区不发生扩散，属于固态连接，不加填充金属，对材料有广泛的适用性。

（16）超声波焊　两焊件在压力作用下，利用超声波的高频振荡使焊件接触面产生强烈的摩擦作用，清理表面，且局部被加热升温以实现焊接的一种焊接方法。由于焊接部位无电流通过且无外加热源，对被焊材料性能不发生宏观影响。

（17）钎焊　把被连接的母材加热到适当温度，同时应用钎料使被连接母材结合的一种焊接方法。钎焊与熔焊相比适应性强，母材性能变化和结构变形小。

（18）咬边　由于焊接工艺参数选择不正确或操作不当，在沿着焊趾的母材部位烧熔形成的沟槽或凹陷称为咬边。焊接咬边会减弱焊接接头强度，还会因应力集中容易产生裂纹。

（19）未焊透　焊接时焊接接头底层未完全熔透的现象叫未焊透。未焊透处会造成应力集中，容易产生裂纹。

（20）未熔合　熔焊时的焊道与母材之间或焊道与焊道之间未完全熔化结合的部分叫未熔合。未熔合会降低接头力学性能。

（21）焊瘤　焊接过程中熔化金属流淌到焊缝之外未熔化的母材上所形成的金属瘤状物。

（22）弧坑　焊缝收尾处产生的下陷部分叫弧坑。弧坑会削弱焊缝强度，有时会产生弧坑裂纹。

（23）气孔　焊接时，熔池中的气体在凝固时未能逸出而残留下来所形成的空穴称气孔。气孔会影响焊缝致密性，减少焊缝有效面积，降低力学性能。

（24）夹杂　夹杂是残留在焊缝金属中由冶金反应而产生的非金属夹杂和氧化物。夹杂会降低性能。

（25）夹渣　夹渣指残留在焊缝中的熔渣。夹渣减小了焊缝有效面积，降低焊缝强度，引起应力集中和裂纹。

（26）热裂纹　焊接过程中，焊缝和热影响区金属冷却到固相线附近的高温区间所产生的焊接裂纹叫热裂纹，是不允许存在的焊接缺陷。

（27）冷裂纹　焊接接头冷却到较低温度下产生的裂纹叫冷裂纹，又称延迟裂纹，是不允许存在的焊接缺陷。

（28）结晶裂纹 钢材焊接时，焊缝中的硫、磷等杂质在结晶过程中形成低熔点共晶，随着结晶过程的进行，它们被排挤到晶界，由于焊缝在凝固过程中产生应力，这个共晶物层承受不了而产生裂纹，叫结晶裂纹。

（29）氢致裂纹 焊接接头处含有较高氢，熔解在焊缝处的氢在焊缝冷却过程中会向外扩散，在更低温度下氢原子结合成氢分子，在金属内部产生很大局部应力，形成裂纹。

（30）碳当量 表示金属材料中碳、锰、铬、钼等合金元素对其可焊性影响程度的指标。常见公式：$w_{eq} = w(C) + \frac{1}{6}[w(Mn)] + \frac{1}{5}[w(Cr) + w(Mo) + w(V)] + \frac{1}{15}[w(Ni) + w(Cu)]$。$w_{eq} < 0.4$ 表示焊接性良好；$w_{eq} > 0.6$ 为不好。

B6 金属热处理术语

（1）热处理 采用适当的方法对金属材料或工件进行加热、保温和冷却以获得预期的组织结构与性能的工艺。

（2）整体热处理 对工件整体进行穿透加热的热处理。

（3）局部热处理 仅对工件的某一部位或几个部位进行热处理的工艺。

（4）化学热处理 将工件置于适当的活性介质中加热、保温，使一种或几种元素渗入它的表层，以改变其化学成分、组织和性能的热处理。

（5）表面热处理 为改变工件表面的组织和性能，仅对其表面进行热处理的工艺。

（6）真空热处理 在真空度低于 1×10^5 Pa（通常是 $10^{-1} \sim 10^{-3}$ Pa）的环境中加热的热处理工艺。

（7）光亮热处理 工件在热处理过程中基本不被氧化，表面保持光亮的热处理。

（8）磁场热处理 为改善某些铁磁性材料的磁性能而在磁场中进行的热处理。

（9）可控气氛热处理 为达到无氧化、无脱碳或按要求增碳，在成分可控的炉气中进行的热处理。

（10）保护气氛热处理 在工件表面不被氧化的气氛或惰性气体中进行的热处理。

（11）离子轰击热处理 在低于 1×10^5 Pa（通常是 $10^{-1} \sim 10^{-3}$ Pa）的特定气氛中，利用工件（阴极）和阳极之间等离子体加热进行的热处理。

（12）高能束热处理 利用激光、电子束、等离子弧、感应涡流等高功率密度能源加热工件的热处理。

（13）稳定化处理 为使工件在长期服役的条件下，形状和尺寸变化能够保持在规定范围内的热处理。

（14）形变热处理 将塑性变形和热处理结合，以提高工件力学性能的复合工艺。

（15）复合热处理 将多种热处理工艺合理组合，以便更有效地改善工件使用性能的复合工艺。

（16）炉冷 工件在热处理炉中加热保温后，切断供给炉子的能源，使工件随炉冷却的方式。

（17）空冷 工件在热处理炉中加热保温后，采用空气冷却，以获得相应组织和性能的冷却方式。

（18）油冷 工件加热（或加热保温）后，采用油作为冷却介质的冷却方式。

（19）水冷　工件加热（或加热保温）后，采用水作为冷却介质的冷却方式。

（20）等温转变　工件奥氏体化后，冷却到临界点（A_{r1} 或 A_{r3}）以下温度等温保持时，过冷奥氏体发生的转变。

（21）连续冷却转变　工件奥氏体化后，以不同冷却速度连续冷却时过冷奥氏体发生的转变。

（22）退火　工件加热到适当温度，保持一定时间，然后缓慢冷却的热处理工艺。

（23）再结晶退火　将冷塑性变形加工的工件加热到再结晶温度以上，保持适当时间，通过再结晶使冷变形过程中产生的晶体学缺陷基本消失，重新形成均匀的等轴晶粒，以消除变形强化效应和残余应力的退火。

（24）等温退火　工件加热到高于 A_{c3}（或 A_{c1}）的温度，保持适当的时间后，较快冷却到珠光体转变温度区间的适当温度并等温保持，使奥氏体转变为珠光体类组织后在空气中冷却的退火。

（25）球化退火　为使工件中的碳化物球状化而进行的退火。

（26）扩散退火　扩散退火也叫均匀化退火，是以减少工件（或铸锭、锻坯）化学成分和组织的不均匀性为主要目的，将其加热到高温并长时间保温，然后缓慢冷却的退火。

（27）稳定化退火　为使工件中细微的显微组成物沉淀或球化的退火。

（28）去应力退火　为去除（或减少）工件塑性变形加工、切削加工或焊接造成的内应力及铸件、锻件内存在的残余应力而进行的退火。

（29）完全退火　将工件奥氏体化后缓慢冷却，获得接近平衡组织的退火。

（30）不完全退火　将工件部分奥氏体化后缓慢冷却的退火。

（31）正火　工件加热奥氏体化后在空气中或其他介质中冷却，获得以珠光体为主的组织的热处理工艺。

（32）淬火　工件加热奥氏体化后，以适当方式冷却获得马氏体或（和）贝氏体组织的热处理工艺。

（33）局部淬火　仅对工件需要硬化的局部进行的淬火。

（34）表面淬火　仅对工件表层进行的淬火，其中包括感应淬火、接触电阻加热淬火、火焰淬火、激光淬火、电子束淬火等。

（35）穿透淬火　工件从表面至心部全部硬化的淬火。

（36）感应淬火　利用感应电流通过工件所产生的热量，使工件表层、局部或整体加热并快速冷却的淬火。

（37）火焰淬火　利用氧-乙炔（或其他可燃气体）使工件表层加热并快速冷却的淬火。

（38）激光淬火　以激光作为能源，以极快的速度加热工件并快速自冷的淬火。

（39）电子束淬火　以电子束作为能源，以极快的速度加热工件的自冷淬火。

（40）脉冲淬火　用高功率密度的脉冲能束使工件表面层加热奥氏体化，热量随即在极短时间内传入工件内部的自冷淬火。

（41）真空淬火　将工件在真空度低于 $1 \times 10^5 \, Pa$ 的加热炉中进行加热予以奥氏体化，随之在气体或液体介质中进行淬火冷却的淬火硬化处理工艺。

（42）等温淬火　工件加热奥氏体化后，快冷到某一温度区间等温保持，使奥氏体转变并获得需要组织的淬火工艺。如在贝氏体转变温度区间等温保持，获得贝氏体组织的等温淬火叫贝氏体等温淬火。

（43）分级淬火　工件加热奥氏体化后，浸入某一温度的碱浴或盐浴中保持适当时间，在工件整体达到介质温度后取出空冷以获得需要组织的淬火叫分级淬火。如在稍高于或稍低于 M_s 点介质中保持后在空气中冷却，以获得马氏体的淬火叫马氏体分级淬火。

（44）光亮淬火　工件在可控气氛、惰性气体或真空中加热，并在适当介质中冷却；或在盐浴中加热，在热碱浴中冷却，以获得光亮或光洁金属表面的淬火。

（45）冷处理　工件淬火冷却到室温以后，继续在制冷设备或低温介质中冷却至 M_f 以下温度（一般在 $-60\sim-80℃$）的工艺。

（46）深冷处理　工件淬火后继续在液氮或液氮蒸气中冷却的工艺。

（47）淬硬性　以钢在理想条件下淬火所能达到的最高硬度来表征的材料特性。

（48）淬透性　以在规定条件下钢试样淬硬深度和硬度分布表征的材料特性。

（49）淬硬层　工件从奥氏体状态急冷硬化的表层。一般以有限硬化深度来定义。

（50）有效淬硬深度　沿淬硬工件表面垂直的方向，测至规定硬度值（一般为 550HV）处的距离。

（51）回火　工件淬硬后加热到 A_{c1} 以下某一温度，保温一定时间，然后冷却到室温的热处理工艺。

（52）低温回火　工件在 250℃ 以下进行的回火。

（53）中温回火　工件在 $250\sim500℃$ 之间进行的回火。

（54）高温回火　工件在 500℃ 以上进行的回火。

（55）回火稳定性　工件回火时抵抗软化的能力。

（56）调质　工件淬火并高温回火的复合热处理工艺。

（57）固溶处理　工件加热到适当温度并保温，使过剩相充分溶解，然后快速冷却以获得过饱和固溶体的热处理工艺。

（58）沉淀硬化　在过饱和固溶体中形成溶质原子偏聚区和（或）析出弥散分布的强化相而使金属硬化的热处理。

（59）时效处理　工件经固溶处理或淬火后在室温或高于室温的适当温度保温，以达到沉淀硬化的目的。在室温下进行的称自然时效，在高于室温的温度下进行的称人工时效。

（60）渗碳　为提高工件表层的含碳量并在其中形成一定的碳浓度梯度，将工件在渗碳介质中加热、保温，使碳原子渗入的化学热处理工艺。

（61）渗碳层　渗碳工件含碳量高于原材料的表层。

（62）碳含量分布　在沿渗碳工件表面垂直的方向上碳在渗层中的分布。

（63）渗碳层深度　由渗碳工件表面向内至含碳量为规定值处（一般为 0.4%C）的垂直距离。

（64）渗碳淬火有限硬化层深度　工件渗碳淬火后的表面到规定硬度（一般为 550HV）处的垂直距离，以 CHD 表示。测定维氏硬度时所用的试验力为 9.807N（1kgf）。

（65）渗氮　在一定温度下于一定介质中使氮原子渗入工件表层的化学热处理工艺。

（66）离子渗氮　在低于 $1\times10^5\rm Pa$（通常是 $10\sim10^{-1}\rm Pa$）的渗氮气氛中，利用工件（阴极）和阳极之间产生的等离子体进行的渗氮。

（67）渗氮层深度　渗氮层包括化合物层（白亮层）和扩散层，其深度从工件表面测至与基体组织有明显的分界处或规定的界限硬度值处的垂直距离，以 D_N 表示。

（68）多元共渗　将两种或多种元素同时渗入工件表层的化学热处理工艺。

（69）碳氮共渗　在奥氏体状态下同时将碳、氮渗入工件表层，并以渗碳为主的化学热处理工艺。

（70）氮碳共渗　工件表层同时渗入氮和碳，并以渗氮为主的化学热处理工艺。

（71）QPQ处理　QPQ是quench polish quench的缩写。QPQ处理实质上是盐浴氮碳共渗复合处理。工件先在盐浴中进行氮碳共渗和氧化处理，经中间抛光后，再在氧化盐浴中处理，以提高工件耐磨性和抗蚀性的复合热处理工艺。

（72）物理气相沉积　在真空加热条件下利用蒸发、等离子体、弧光放电或溅射等物理方法提供原子、离子，使之在工件表面沉积形成薄膜的工艺。

（73）化学气相沉积　通过化学气相反应在工件表面形成薄膜的工艺。

（74）发蓝处理　也叫发黑处理。工件在空气-水蒸气或化学药物的溶液中，在室温下或加热到适当温度时，在工件表面形成一层蓝色或黑色氧化膜，以改善其耐蚀性和外观的表面处理工艺。

（75）磷化　把工件浸入磷酸盐浴液中，在工件表面形成一层不溶于水的磷酸盐薄膜的处理工艺。

（76）氧化　工件加热时，介质中的氧、二氧化碳和水蒸气等与之反应生成氧化物的过程。

（77）脱碳　工件加热时，介质与工件中的碳发生反应，使表层含碳量降低的现象。

（78）热处理畸变　工件的原始尺寸或形状在热处理时发生的变化。

（79）热处理裂纹　工件在热处理时，由于内应力作用导致的开裂。

（80）软点　工件在淬火硬化后，表面硬度偏低的局部小区域。

（81）过热　工件加热温度偏高而使晶粒过度长大，以致力学性能显著降低的现象。

（82）过烧　工件加热温度过高，致使晶界氧化和部分熔化的现象。

（83）σ脆性　高铬合金钢因析出σ相而引起的脆化现象。

（84）回火脆性　工件淬火后在某些温度区间回火产生韧度下降的现象。

（85）第一类回火脆性　也叫不可逆回火脆性。钢件淬火后在300℃左右温度区间回火后出现韧度下降的现象。已产生这类脆性的钢置于更高温度回火后，其脆性逐渐消失，再在300℃左右温度回火，脆性不再出现。

（86）第二类回火脆性　也叫可逆回火脆性。含有铬、锰、镍等元素的合金钢工件淬火后，在脆化温度区间（通常为400～550℃）回火，或在更高温度下回火缓慢冷却所产生的脆性。这种脆性可通过高于脆化温度的再次回火并快速冷却予以消除。消除后，若再次在脆化温度区间或更高温度回火后缓慢冷却，则会重新脆化。

B7　力学性能术语

（1）金属力学性能　金属在力作用下所显示与弹性和非弹性反应相关或涉及应力-应变关系的性能。常见有强度、塑性、韧性、硬度等。

（2）金属力学性能试验　测定金属力学性能判据所进行的试验。一般有拉伸试验、压缩试验、弯曲试验、冲击试验等多种方法。

（3）弹性　物体在外力作用下改变其形状和尺寸，当外力卸除后，物体又回复到其原始形状和尺寸，这种特性称为弹性。

（4）弹性模量　一般说来，在弹性范围内物体的应力和应变呈正比，其比例常数即为弹性模量。

（5）塑性　材料断裂前发生不可逆永久变形的能力，常用的塑性判据是伸长率和断面收缩率。

（6）韧性　金属在断裂前吸收变形能量的能力。金属的韧性通常随加载速度的提高、温度的降低、应力集中程度的加剧而减小。

（7）强度　金属抵抗永久变形和断裂的能力。常用的强度判据有屈服强度、抗拉强度。

（8）变形　金属受力时其原子的相对位置发生改变，其宏观表现为形状、尺寸的变化。变形一般分为弹性变形和塑性变形。

（9）断裂　金属受力后当局部的变形量超过一定限度时，原子的结合力受到破坏，从而萌生微裂纹，微裂纹扩展而使金属断开，称金属断裂。

（10）脆性断裂　几乎不伴随塑性变形而形成脆性断口的断裂叫脆性断裂。

（11）脆性断口　试样或材料断裂时，出现大量晶粒开裂或晶界破坏的有光泽的断口。

（12）延性断裂　伴随着明显塑性变形而形成的断裂。

（13）延性断口　试样或材料断裂时，出现纤维状剪切破坏的无光泽断口。

（14）解理断裂　沿着原子结合力最弱的解理面发生开裂的断裂。

（15）韧窝断裂　通过微孔的成核、长大和相互连接过程而形成的断裂。

（16）疲劳断裂　金属在循环载荷作用下产生疲劳裂纹萌生和扩展而导致的断裂称疲劳断裂。

（17）疲劳　材料在循环应力和应变作用下，在一处或几处产生局部永久性损伤，经一定循环次数后产生裂纹或突然断裂的过程称疲劳。

（18）高周疲劳　材料在低于其屈服强度的循环应力作用下，经 10^5 次以上循环而产生的疲劳。

（19）低周疲劳　材料在接近或超过其屈服强度的循环应力作用下，经 $10^2 \sim 10^5$ 次塑性应变循环次数而产生的疲劳。

（20）热疲劳　温度循环变化产生的循环热应力所导致的疲劳。

（21）热机械疲劳　温度循环与应变循环叠加的疲劳。

（22）冲击疲劳　重复冲击载荷所导致的疲劳。

（23）腐蚀疲劳　腐蚀环境和循环应力（应变）复合作用所导致的疲劳。

（24）接触疲劳　材料在循环接触应力作用下，产生局部永久性累积损伤，经一定循环次数后，接触表面出现麻点、浅层或深层剥落的过程。

（25）疲劳寿命　材料疲劳失效时所经受的规定应力或应变的循环次数。

（26）疲劳极限　指定循环基数下的中值疲劳强度。循环次数一般取 10^7 次或更高一些。

（27）拉伸试验　用静拉伸力对试样轴向拉伸，测量力和相应的伸长，一般拉至断裂，测定其力学性能的试验。

（28）屈服点　试样在试验过程中力不增加（保持恒定）仍能继续伸长（变形）时的应力。

（29）上屈服点　试样发生屈服而力首次下降前的最大应力。

（30）下屈服点　当不计初始瞬时效应时屈服阶段中的最小应力。

（31）抗拉强度　试样拉断前承受的最大标称应力。

（32）伸长率　标距的伸长与原始标距的百分比。

（33）断面收缩率　试样拉断后，缩颈处横截面积的最大缩减量与原始横截面积的百分比。

（34）夏比（V形缺口）冲击试验　用规定高度的摆锤对处于简支梁状态的V形缺口试样进行一次性打击，测量试样折断时冲击吸收功的试验。

（35）夏比（U形缺口）冲击试验　用规定高度的摆锤对处于简支梁状态的U形缺口试样进行一次性打击，测量试样折断时冲击吸收功的试验。

（36）冲击吸收功　规定形状和尺寸的试样在冲击试验力一次作用下折断时所吸收的功。

（37）冲击韧度　冲击试样缺口底部单位横截面积上的冲击吸收功。

（38）脆性断面率　脆性断口面积占试样断口总面积的百分率。

（39）韧性断面率　韧性断口面积占试样断口总面积的百分率。

（40）韧脆转变温度　在一系列不同温度的冲击试验中，冲击吸收功急剧变化或断口韧性急剧转变的温度区域。

（41）侧面膨胀值　冲击试样断口处宽度的增加量。

（42）压缩试验　用静压缩力对试样轴向压缩，在试样不发生弯曲下测量力和相应的变形（缩短），测定其力学性能的试验。

（43）抗压强度　试样在压至破坏前承受的最大标称压力。只有材料发生破裂情况下才能测出抗压强度。

（44）扭转试验　对试样两端施加静扭矩，测量扭矩和相应的扭角，一般扭至断裂，测定其力学性能的试验。

（45）抗扭强度　试样在扭断前承受的最大扭矩，按弹性扭转公式计算试样表面最大切应力。

（46）剪切试验　用静拉伸或压缩力，通过相应的剪切工具，使垂直于试样纵轴的一个横截面受剪，或相距有限的两个横截面对称受剪，测定其力学性能的试验。

（47）抗剪强度　试样剪切断裂前所承受的最大切应力。

（48）弯曲试验　对试样施加静弯矩或弯曲力，测定弯矩或弯曲力相应的挠度，一般弯曲至断裂，测定其力学性能的试验。

（49）抗弯强度　试样在弯曲断裂前所承受的最大正应力。

（50）落锤试验　将规定高度的重锤自由落体一次冲击处于简支梁状态的预制裂纹标准试样，测定无塑性转变温度的试验。

（51）无塑性转变温度　按标准落锤试验方法试验时试样发生断裂的最高温度。

（52）蠕变　在规定温度及恒定力作用下，材料塑性变形随时间而增加的现象。

（53）蠕变试验　在规定温度及恒定试验力作用下，测量试样蠕变变形量随时间变化的试验。

（54）蠕变极限　在规定温度下，引起试样在一定时间内蠕变总伸长率或恒定蠕变速率不超过规定值的最大应力。

（55）持久强度试验　在规定温度及恒定试验力作用下，测定试样在断裂时的持续时间及持久强度极限的试验。

（56）持久强度极限　在规定温度下，试样达到规定时间而不断裂的最大应力。

（57）应力松弛　在规定温度及初始变形或位移恒定条件下，金属应力随时间而减小的现象。

（58）应力松弛试验　在规定温度下，保持试样初始变形或位移恒定，测定试样上应力随时间变化关系的试验。

（59）料坯　用来制备试样的样坯所选取的材料部分。

（60）样坯（试料）　用来制造试样的料坯部分。

（61）试样　样坯经机械加工或不经机械加工而供试验用的一定尺寸的样品。

（62）取样位置　指采用的试样在实体工件上的截取位置，如距表面 x mm 处或 1/2 半径处等。

（63）取样方向　指采用的试样在实体工件上的位置与锻轧材料最大延伸方向的关系。

（64）纵向试样　试样的纵轴与材料在锻压或轧制过程中的最大延伸方向相平行。如轴类的纵向试样是平行于轴线的方向。

（65）横向试样　试样的纵轴与材料在锻压或轧制过程中的最大延伸方向相垂直。如钢板的横向试样指宽度方向取样。

（66）径向试样　试样的纵轴垂直于产品的轴线，并与以产品轴线上的一点为圆心画的圆的半径相一致。

（67）切向试样　试样的纵轴垂直于产品轴线所在的平面，并与以产品轴线上的一点为圆心画的圆相切。

（68）热处理缓冲区　为更真实地反映工件性能，减少热处理条件对测试结果的影响，在取样时所考虑的试样距热处理表面之间的部分。

B8　无损检测术语

（1）无损检测　在不破坏待检物原来状态、化学性质的前提下，为获取待检物的品质有关内容、性质或成分等物理、化学信息所采用的检测方法。

（2）目测　用肉眼或放大镜对待检物形状、尺寸、表面质量的检测。

（3）渗透检测　在待检物表面施以具有荧光或颜色的某些渗透力比较强的液体，利用液体对微细孔隙的渗透作用将液体渗入缺陷中，然后用水或清洗液清除待检物表面的剩余渗透液，最后再用显示材料喷涂在被检物表面，经毛细管作用将缺陷中的渗透液吸附出来并加以显示的检测表面缺陷的方法。

（4）磁粉检测　利用铁磁性材料被磁化后，由于材料不连续（缺陷）的存在，使工件表面和近表面磁力线发生局部畸变而引发磁粉形成的不均匀分布的磁痕，从而显示材料不连续性（缺陷）的表面缺陷检测方法。

（5）超声波检测　利用超声波（通常为 $0.5 \sim 25$ MHz）在介质中传播的性质，通过对形成的反射波、透射波、散射波的特征进行评定来判断材料缺陷的方法。

（6）射线检测　利用射线穿透物质时的衰减特性来探测被检物中的不连续性（缺陷），并以胶片作为记录信息的内部缺陷检测方法。

（7）涡流检测　被检物置于检测线圈交变磁场中时，会感应产生涡流，而涡流又会在被检物附近产生附加交变磁场，通过涡流磁场的畸变情况检测被检物内部缺陷的方法叫涡流检测。涡流检测多用于对管件缺陷的检测。

（8）声发射检测　物体在力或其他条件作用下会能动地发出声波，根据被检测物体发出的声波来判断其内部缺陷或形态的变化的检测方法叫声发射检测。

(9) 红外检测 任何物体的温度高于绝对零度时都会产生红外辐射，红外辐射的能量大小取决于物体的温度。通过被检物在空间和时间上红外辐射功率的变化测定其表面温度分布状态，以评定被检物内部缺陷或结构异常的方法叫红外检测。

B9 金属腐蚀术语

(1) 腐蚀 金属与环境间的物理、化学相互作用，其结果使金属的性能发生变化，并常可导致金属、环境或由它们作为组成部分的技术体系的功能受到损伤。

(2) 腐蚀深度 受腐蚀的金属表面某一点与其原始表面间的垂直距离。

(3) 腐蚀速率 单位时间内金属的腐蚀效应。腐蚀速率的表示方法取决于腐蚀体系和腐蚀类型。可采用单位时间内腐蚀深度的增加或单位时间内单位面积上金属的失重或增重等来表示。

(4) 耐蚀性 在给定的腐蚀体系中金属保持服役能力的能力，即金属抵抗腐蚀的能力。

(5) 腐蚀性 给定的腐蚀体系内，环境引起腐蚀的能力，即腐蚀条件对金属的腐蚀强度。

(6) 点蚀系数 最深腐蚀点的深度与重量损失计算而得到的"平均腐蚀深度"之比。

(7) 全面腐蚀 暴露于腐蚀环境中的整个金属表面上进行的腐蚀。

(8) 均匀腐蚀 在整个金属表面上几乎以相同速度进行的全面腐蚀。

(9) 局部腐蚀 暴露于腐蚀环境中，金属表面某些区域的优先集中腐蚀。

(10) 电偶腐蚀 由于腐蚀电池的作用而产生的腐蚀。

(11) 热偶腐蚀 由于两个部位间的温度差异而引起的电偶腐蚀。

(12) 双金属腐蚀 也叫接触腐蚀。由不同金属构成电极而形成的电偶腐蚀。

(13) 点蚀 产生于金属表面向内部扩展的点坑，即空穴的局部腐蚀。

(14) 缝隙腐蚀 由于金属表面与其他金属或非金属表面形成狭缝或间隙，在狭缝内或近旁发生的局部腐蚀。

(15) 选择性腐蚀 某些组分不按其在合金中所占的比例优先溶解到介质中所发生的腐蚀。

(16) 石墨化腐蚀 灰铸铁中金属组分优先失去，保留石墨的选择性腐蚀。

(17) 晶间腐蚀 沿着或紧挨着金属的晶粒边界所发生的腐蚀。

(18) 焊接腐蚀 焊接接头中，焊缝区及其近旁发生的腐蚀。

(19) 刀口腐蚀 在（或）紧挨着焊材/母材界面产生的狭缝状腐蚀。

(20) 磨损腐蚀 由腐蚀和磨损联合作用而引起的损伤过程。

(21) 空蚀 由腐蚀和空泡联合作用而引起的损伤过程。

(22) 应力腐蚀 由残余或外加应力和腐蚀联合作用而导致的腐蚀损伤。

(23) 应力腐蚀破裂 由应力腐蚀引起的破裂。

(24) 氢蚀 钢在高温（约200℃以上）高压氢中遭受的沿晶界腐蚀损伤。

(25) 辐照腐蚀 在存在射线的腐蚀环境中所发生的腐蚀。

(26) 钝化膜 金属和环境之间发生反应而形成于金属表面的薄的、结合紧密的保护层。

(27) 钝化 因钝化膜而造成的腐蚀速率降低。

(28) 钝态 金属由于钝化所导致的状态。

C1 元素的物理化学性质

元素符号	元素名称	原子序数	密度(20℃)/(g/cm³)	熔点/℃	沸点/℃	比热容(20℃)/[kJ/(kg·℃)]	熔解热/(kJ/kg)	热导率/[W/(m·℃)]	线胀系数(0~100℃)/10⁻⁶℃⁻¹	电阻系数(0℃)/10⁻⁸Ω·m	电阻温度系数(0℃)/10⁻³℃⁻¹	磁化率(18℃)/10⁻⁶	弹性模量E/9.807MPa
Ac	锕	89	10.07	1050	3200	—	—	—	—	—	4.23	—	—
Ag	银	47	10.49	960.8	2210	0.234	104.7	418	19.7	1.5	4.29	-0.1813	7000~8200
Al	铝	13	2.6984	660.1	2500	0.899	396.1	222	23.6	2.655	4.23	+0.62	6900~7200
Am	镅	95	11.7	约1200	约2500	—	—	—	50.8	145	—	-0.45	—
Ar	氩	18	1.784×10⁻³	-189.2	-185.7	0.523	28.1	1.7×10⁻²	—	—	—	—	—
As	砷	33	5.73	814(36atm)	613(升华)	0.343	370.1	—	4.7	35.0	3.9	-0.31	790
Au	金	79	19.32	1063	2966	0.130	67.4	297	14.2	2.065	3.5	-0.142	7900~8000
B	硼	5	2.34	2300	3675	1.292	—	—	8.3(40℃)	1.8×10¹²	—	-0.63	—
Ba	钡	56	3.5	710	1640	0.284	—	—	19.0	50	—	+0.9	1290
Be	铍	4	1.84	1283	2970	1.881	1088.6	146	11.6	6.6	6.7	-1.00	31500~28980
Bi	铋	83	9.80	271.2	1420	0.1230	52.3	8.4	13.4(20~60℃)	106.8	4.2	-1.35	3234
Br	溴	35	3.12(液态)	-7.1	58.4	0.293	67.8	—	—	6.7×10⁷	—	-0.39	—
C	碳	6	2.25(石墨)	3727	4830	0.691	—	24	0.6~4.3	1375	0.6~1.2	-0.49	490
Ca	钙	20	1.55	850	1440	0.649	217.7	126	22.3	3.6	3.33	+1.1	2000~2600
Cd	镉	48	8.65	321.03	765	0.230	55.3	92	31.0	7.51	4.24	-0.182	5350
Ce	铈	58	6.90	804	3468	0.176	35.6	11	8.0	75.3(25℃)	0.87	+17.5	3060
Cl	氯	17	3.214×10⁻³	-101	-33.9	0.486	90.4	7.2×10⁻³	—	10×10⁹	—	-0.57	—
Co	钴	27	8.9	1492	2870	0.415	244.5	69	12.4	5.06(a)	6.6	铁磁性(a)	21400
Cr	铬	24	7.19	1903	2642	0.461	402.0	67	6.2	12.9	2.5	+2.65	25900
Cs	铯	55	1.90	28.6	685	0.218	15.9	—	97	19.0	4.96	+0.1	—
Cu	铜	29	8.96	1083	2580	0.385	211.9	394	17.0	1.67~1.68(20℃)	4.3	-0.036	11700~12650
Dy	镝	66	8.56	1407	2300	0.172	105.5	10	7.7	56.0	1.19	铁磁性	6435
Er	铒	68	9.16	1500	约2600	0.167	102.6	10	10.0	107	2.01	低温时为铁磁性	7475

元素符号	元素名称	原子序数	密度(20℃)/(g/cm³)	熔点/℃	沸点/℃	比热容(20℃)/[kJ/(kg·℃)]	熔解热/(kJ/kg)	热导率/[W/(m·℃)]	线胀系数(0~100℃)/10⁻⁶℃⁻¹	电阻系数(0℃)/10⁻⁸Ω·m	电阻温度系数(0℃)/10⁻³℃⁻¹	磁化率(18℃)/10⁻⁶	弹性模量E/9.807MPa
Eu	铕	63	5.30	约830	约1430	0.163	69.1	—	—	81.3	4.30	—	—
F	氟	9	1.696×10^{-3}	-219.6	-188.2	0.754	42.3	—	—	—	—	—	—
Fe	铁	26	7.87	1537	2930	0.461	274.2	75	11.76	9.7(20℃)	6.0	铁磁性	20000~21550
Ga	镓	31	5.91	29.8	2260	0.331	80.2	29	18.3	13.7	3.9	-0.225	—
Gd	钆	64	7.87	1312	约2700	0.240	98.4	9	0.0~10.0	134.5	1.76	铁磁性	5730
Ge	锗	32	5.323	958	2880	0.3	30.69	58.5	5.92	$(0.86\sim52)\times10^{6}$	1.4	-0.12	—
H	氢	1	0.0899×10^{-3}	-259.04	-252.61	14.4	62.80	0.17	—	—	—	-1.97	—
He	氦	2	0.1785×10^{-3}	-269.5(103atm)	-268.9	5.23	3.504	0.14	—	—	10^{21}(20℃)	-0.47	—
Hf	铪	72	13.28	2225	5400	0.147	—	93.2	5.9	32.7~43.9	4.43	—	9809~14060
Hg	汞	80	13.546(液态)	-33.87	356.58	0.138	11.70	0.08	182	94.07	0.99	-0.17	—
Ho	钬	67	8.8	1461	约2300	0.163	104.3	—	—	87.0	1.71	—	6840
I	碘	53	4.93	113.8	183	0.218	59.5	0.42	93	1.3×10^{15}	—	-0.36	—
In	铟	49	7.31	156.61	2050	0.239	28.59	23.8	33.0	8.2	4.9	-0.11	1070~1125
Ir	铱	77	22.4	2443	5300	0.134	—	58.5	6.5	4.85	4.1	+0.133	52500~53830
K	钾	19	0.87	63.2	765	0.741	60.7	100.3	83	6.55	5.4	+0.455(30°)	—
Kr	氪	36	3.743×10^{-8}	-157.1	-153.25	—	—	0.0087	—	—	-0.39	—	—
La	镧	57	6.18	920	3470	0.200	72.4	13.8	5.1	56.8(20℃)	2.18	+1.04	3820~3920
Li	锂	3	0.531	180	1347	3.309	436.39	71.1	56	8.55	4.6	+0.50	500
Lu	镥	71	9.74	1730	1930	0.155	110.1	—	—	79.0	2.40	-0.36	—
Mg	镁	12	1.74	650	1108	1.026	368±8.3	153.4	24.3	4.47	4.1	+0.49	4570
Mn	锰	25	7.43	1244	2150	0.482	266.3	5.0(-192℃)	37	185(20℃)	1.7	+9.9	20160
Mo	钼	42	10.22	2625	4800	2.763	292.3	142.1	4.9	5.17	4.71	+0.04	32200~35000
N	氮	7	1.25×10^{-3}	-210	-195.8	1.034	26	2.50×10^{-3}	—	—	—	+0.8	—

元素符号	元素名称	原子序数	密度(20℃)/(g/cm³)	熔点/℃	沸点/℃	比热容(20℃)/[kJ/(kg·℃)]	熔解热/(kJ/kg)	热导率/[W/(cm·℃)]	线胀系数(0~100℃)/$10^{-6}℃^{-1}$	电阻系数(0℃)/$10^{-8}Ω·m$	电阻温度系数(0℃)/$10^{-3}℃^{-1}$	磁化率(18℃)/10^{-6}	弹性模量E/9.807MPa
Na	钠	11	0.9712	97.8	892	1.235	115.5	133.8	71	4.27	5.47	+0.51~+0.66	—
Nb	铌	41	8.57	2468	5130	0.272	289.8	52.2~54.3	7.1	13.1~15.22	3.95	+1.5~+2.28	8720
Nd	钕	60	7.00	1024	3180	0.188	49.5	13.0	7.4	64.3(25℃)	1.64	+36	3865
Ne	氖	10	0.8999×10^{-3}	-248.6	-246.0	—	—	4.6×10^{-2}		—	—	+0.33	—
Ni	镍	28	8.90	1453	2732	0.44	310.0	92.0	13.4	6.84	5.0~6.0	铁磁性	19700~22000
Np	镎	93	20.25	637		—	—	—	50.8	145(20°)	—	+2.6	—
O	氧	8	1.429×10^{-3}	-218.83	-182.97	0.913	13.9	0.03		—	—	+106.2	—
Os	锇	76	22.5	约3045	5500	0.130	—	—	5.7~6.57	9.66	4.2	+0.052	6000
P(白)	磷(白)	15	1.83	44.1	280	0.741	21.0	—	125	1×10^{17}	-0.456	-0.90	—
Pa	镤	91	15.4	约1230	约4000	—	—	—		—	—	+2.6	—
Pb	铅	82	11.34	327.3	1750	0.130	10.4	34.7	29.3	18.8	4.2	-0.12	1600~1828
Pd	钯	46	12.16	1552	约3980	0.245	14.3	70.2	11.8	9.1	3.79	+5.4	11280~12360
Pm	钷	61	—	约1000	约2700	—	—	—		—	—	—	—
Po	钋	84	9.4	254	960	0.188	—	—	24.4	42±10(α) 44±10(β)	4.6(α) 7.0(β)	—	—
Pr	镨	59	6.77	935	3020	0.135	49.0	11.7	5.4	68(25℃)	1.71	+25	3590
Pt	铂	78	21.45	1769	4530	0.135	112.4	69.0	8.9	9.2~9.6	3.99	1.1	15470~17000
Pu	钚	94	19.0~19.8	639.5	3235	0.135	—	8.4	50.8	145(28℃)	-0.21	+2.2~+2.52	10125
Ra	镭	88	5.0	700	1500	—	—	—		—	—	—	—
Rb	铷	37	1.53	38.8	680	0.334	27.2	—	90.0	11	4.81	+0.196(30℃)	—
Re	铼	75	21.03	3180	5900	0.138	—	71.1	6.7	19.5	1.73	+0.046	47100~47600

右上角：续表

元素符号	元素名称	原子序数	密度(20℃)/(g/cm³)	熔点/℃	沸点/℃	比热容(20℃)/[kJ/(kg·℃)]	熔解热/(kJ/kg)	热导率/[W/(m·℃)]	线胀系数(0~100℃)/10^{-6}℃$^{-1}$	电阻系数(0℃)/10^{-8}Ω·m	电阻温度系数(0℃)/10^{-3}℃$^{-1}$	磁化率(18℃)/10^{-6}	弹性模量E/9.807MPa
Rh	铑	45	12.44	1960	4500	0.247(0℃)	—	87.8	8.3	6.02	4.35	+1.1	28000
Rn	氡	86	9.960×10^{-3}	71	−61.8	—	—	—	—	—	—	—	—
Ru	钌	44	12.2	2400	4900	0.238(20℃)	—	—	9.1	7.157	4.49	+0.427	42000
S	硫	16	2.07	115	444.6	0.732	38.9	0.26	64	2×10^{23}(20℃)	—	−0.48	—
Sb	锑	51	6.68	630.5	1440	0.205	160.1	18.8	8.5~10.8	39.0	5.1	−0.736	7900
Sc	钪	21	2.992	1539	2730	0.560	353.0	—	—	61(22℃)	—	+0.18	—
Se	硒	34	4.808	220	685	0.322	68.6	0.29~0.76	37	12	4.45	−0.32	5500
Si	硅	14	2.329	1412	3310	0.677(0℃)	1805.7	83.6	2.8~7.2	10	0.8~1.8	−0.12	11500
Sm	钐	62	7.53	1052	1630	0.176	72.3	—	23	88.0	1.48	—	3475
Sn	锡	50	7.298	231.91	2690	0.226	60.6	62.7	23	11.5	4.4	−0.40	4150~4780
Sr	锶	38	2.60	770	1460	0.736	104.5	—	—	30.7	3.83	−0.2	—
Ta	钽	73	16.67	2980	5400	1.421	158.8	54.3	6.55	13.1	3.85	+0.93	18820~19200
Tb	铽	65	8.267	1356	2530	0.184	102.3	—	—	—	—	—	5865
Tc	锝	43	11.46	约2100	4600	—	—	—	—	—	—	—	—
Te	碲	52	6.24	450	990	0.196	133.8	5.9	17.0	$(1\sim2)\times10^{5}$	—	−0.301	4350
Th	钍	90	11.724	1695	4200	0.142	82.8	37.6	11.3~11.6	19.1	2.26	+0.57	7420
Ti	钛	22	4.508	1677	3530	0.518	434.7	15	8.2	42.1~47.8	3.97	+3.2	7870
Tl	铊	81	11.85	约304	1470	0.130	21.1	38.9	28.0	15~18.1	5.2	−0.215	810
Tm	铥	69	9.325	1545	1700	0.159	108.8	—	—	79.0	1.95	—	—
U	铀	92	19.05	1132	3930	0.115	—	29.7	6.8~14.1	29.0	2.18~2.76	+2.6	16100~16800
V	钒	23	6.1	1910	3400	0.531	—	30.9	8.3	24.8~26	2.8	+4.5	12950~14700
W	钨	74	19.3	3380	5900	0.142	183.9	165.9	4.6(20℃)	5.1	4.82	+0.284	35000~41530
Xe	氙	54	5.495×10^{-3}	−112	−108	—	—	0.052	—	—	—	—	—
Y	钇	39	4.475	1509	约3200	0.297	192.3	14.6	25	—	—	+5.3	6760
Yb	镱	70	6.966	824	1530	0.146	53.1	—	—	30.3	1.30	—	1815
Zn	锌	30	7.134(25℃)	419.505	907	0.387	100.7	112.9	39.5	5.75	4.2	−0.157	9400~13000
Zr	锆	40	6.507	1852±2	3580	0.284	250.8	88.2(25℃)	5.85	39.7~40.5	4.35	−0.45	7980~9770

注：1atm=101325Pa。

C2 常用不锈钢材料物理化学性质

序号	钢 号	熔点 /℃	密度 ρ /(t/m³)	弹性模量 E /MPa	比热容 c /[J/(kg·℃)]	热导率 λ /[W/(m·℃)]	线胀系数 α (20~100℃) /10⁻⁶℃⁻¹	电阻率 ρ /10⁻⁸Ω·m
1	1Cr17	1427~1510	7.72	—	—	25.12	10.0	60.0
2	1Cr28	1427~1510	7.72	196000	460.55	16.74	10.0	70.0
3	1Cr17Ti	1427~1510	7.70	205800	460.55	25.12	10.0	60.0
4	1Cr17Mo2Ti	1427~1510	7.60	196000	460.55	25.12	10.5	70.0
5	0Cr13	—	7.76	219520	481.39	25.12	10.5	—
6	1Cr13	1483~1532	7.75	204330	460.55	25.12 (100℃)	10.5	55.0
7	2Cr13	1450~1510	7.75	212170	460.55	23.03 (100℃)	10.5	55.0
8	3Cr13	—	7.76	212170	473.30	25.12 (100℃)	10.5	55.0
9	4Cr13	—	7.75	212415	460.55	27.63	10.5	55.0
10	3Cr13Mo	—	7.71	221480	—	—	10.5	—
11	1Cr17Ni2	—	7.75	205800	460.55	20.93	10.0	70.0
12	9Cr18	1371~1510	7.70	199812	460.55	29.30	10.5	60.0
13	9Cr18MoV	—	7.70	210700	—	29.30	10.5	65.0
14	00Cr18Ni10	1398~1454	7.90	—	502.42	16.33 (100℃)	16.8	72.0
15	0Cr18Ni9	1398~1454	7.85	198940	502.42	14.65	16.0	73.0
16	1Cr18Ni9	1398~1420	7.90	198940	502.42	—	16.0	—
17	2Cr18Ni9	—	7.85	196000	502.42	17.58	16.0	72.0
18	1Cr18Ni9Ti	—	7.90	197960	502.42	16.33 (100℃)	16.6	73.0
19	1Cr18Ni11Nb	1398~1427	7.90	196000	502.42	15.87 (100℃)	16.5	75.0
20	1Cr14Mn14Ni	—	7.80	198940 (100℃)	—	20.21	10.2	—
21	00Cr17Ni4Mo2	—	7.96	—	502.42	15.03 (100℃)	16.0	71.0
22	0Cr18Ni12Mo2Ti	1371~1398	7.90	198940	502.42	15.87	15.7	75.0
23	1Cr18Ni12Mo3Ti	1371~1398	8.00	198940	502.42	14.62	16.0	75.0
24	00Cr18Ni14Mo2Cu2	—	8.03	—	502.42	16.20 (100℃)	16.0	—
25	0Cr18Ni18Mo2Cu2Ti	—	7.90	—	502.42	16.70	16.5	85.0
26	0Cr21Ni5Ti	1500	7.80	198940	—	16.70	9.6	79.0
27	0Cr17Mn14Mo2N	1410	7.80	211680	468.92 (100℃)	20.46 (100℃)	15.30	—
28	0Cr17Ni4Cu4Nb	1400~1440	7.78	194880	460.55	17.12 (100℃)	10.80 (TH900)	77.0
29	0Cr17Ni7Al	1415~1450	—	194880	460.55	17.12 (150℃)	10.80 (TH1050)	80.0

序号	钢 号	熔点 /℃	密度 ρ /(t/m^3)	弹性模量 E /MPa	比热容 c /[J/(kg·℃)]	热导率 λ /[W/(m·℃)]	线胀系数 α (20~100℃) /10^{-6}℃$^{-1}$	电阻率 ρ /10^{-8}Ω·m
30	Y1Cr13Se	1482~1532	7.75	195840	460.55	24.64 (100℃)	9.90	—
31	Y1Cr18Ni9Se	1399~1421	8.03	193060	502.42	16.29 (100℃)	17.3	72.0
32	00Cr18Ni5Mo3Si	—	7.70	197933	—	20.88	13.2	—
33	00Cr25Ni5Mo2	—	7.70	193060	—	20.88	—	—

注：除标注温度外，其余均是20℃时的值。

C3 常用有色金属材料的密度

材料名称	密度 /(g/cm^3)	材料名称	密度 /(g/cm^3)
纯铜,无氧铜	8.9	ZCuZn40Mn2	8.5
磷脱氧铜	8.89	ZCuZn33Pb2	8.55
加工黄铜：		ZCuZn40Pb2	8.5
H96,H90	8.8	加工青铜：	
H85	8.75	QSn4-3	8.8
H80	8.5	QSn4-4-2.5	8.77
H68、H68A	8.5	QSn4-4-4	8.9
H65、H62、H59	8.5	QSn6.5-0.1	8.8
HPb63-3	8.5	QSn6.5-0.4	8.8
HPb63-0.1	8.5	QSn7-0.2	8.8
HPb62-0.8	8.5	QSn4-0.3	8.8
HPb61-1	8.5	QBe2	8.3
HPb59-1	8.5	QBe1.9	8.3
HSn90-1	8.8	QAl5	8.2
HSn70-1	8.54	QAl7	7.8
HSn62-1	8.5	QAl9-2	7.6
HSn60-1	8.5	QAl9-4	7.5
HAl77-2	8.6	QAl10-3-1.5	7.5
HAl67-2.5	8.5	QAl10-4-4	7.7
HAl66-6-2-3	8.5	QSi3-1	8.4
HAl60-1-1	8.5	QSi1-3	8.6
HAl59-3-2	8.4	QMn1.5	8.8
HMn58-2	8.5	QMn5	8.6
HMn57-3-1	8.5	QZr0.2	8.9
HMn55-3-1	8.5	QZr0.4	8.9
HFe59-1-1	8.5	QCr0.5	8.9
HSi80-3	8.6	QCr0.5-0.2-0.1	8.9
HNi65-5	8.5	QCd1	8.9
铸造黄铜：		铸造青铜：	
ZCuZn38	8.43	ZCuSn3Zn8Pb6Ni1	8.8
ZCuZn25Al6Fe3Mn3	7.7	ZCuSn10Pb11	8.76
ZCuZn26Al4Fe3Mn3	7.83	ZCuSn10Pb5	8.85
ZCuZn31Al2	8.5	ZCuSn10Zn2	8.73
ZCuZn35Al2Mn2Fe1	8.5	ZCuSn5Pb5Zn5	8.83
ZCuZn40Mn3Fe1	8.5	ZCuPb10Sn10	8.9

材料名称	密度/(g/cm³)	材料名称	密度/(g/cm³)
ZCuPb15Sn8	9.1	6063	2.7
ZCuPb17Sn4Zn4	9.2	7A03	2.85
ZCuPb30	9.54	7A04	2.85
ZCuAl8Mn13Fe3Ni2	7.5	7A09	2.85
ZCuAl9Mn2	7.6	4A01	2.68
ZCuAl9Fe4Ni4Mn2	7.64	5A41	2.64
ZCuAl10Fe3	7.45	5A66	2.68
ZCuAl10Fe3Mn2	7.5	LQ1、LQ2	2.74
加工白铜：		铸造铝合金：	
B0.6、B5、B10	8.9	ZL101	2.68
B19、B30	8.9	ZL101A	2.68
BFe30-1-1	8.9	ZL102	2.65
BMn3-12	8.4	ZL104	2.63
BMn40-1.5	8.9	ZL105	2.71
BZn15-20	8.6	ZL105A	2.71
BAl13-3	8.5	ZL106	2.73
BAl6-1.5	8.7	ZL107	2.80
加工铝及铝合金：		ZL108	2.68
1070A～8A06	2.71	ZL109	2.71
7A01	2.72	ZL110	2.89
1A50	2.72	ZL114	2.68
5A02	2.68	ZL116	2.66
5A03	2.67	ZL201	2.78
5083	2.67	ZL201A	2.83
5A05	2.65	ZL203	2.80
5056	2.64	ZL204A	2.81
5A06	2.64	ZL205A	2.82
5B0A	2.65	ZL207	2.8
3A21	2.73	ZL301	2.55
5A43	2.68	ZL303	2.6
2A01	2.76	ZL401	2.95
2A02	2.75	ZL402	2.81
2A04	2.76	加工镍及镍合金：	
2A06	2.76	N2、N4、N6	8.9
2B11	2.8	N8、DN	8.9
2B12	2.78	NY1～NY3	8.85
2A10	2.8	NSi0.19	8.85
2A11	2.8	NCu40-2-1	8.85
2A12	2.78	NCu28-2.5-1.5	8.85
2A16	2.84	NMg0.1	8.8
2A17	2.84	NCr10	8.7
6A02	2.7	加工锌及锌合金：	
2A50	2.75	Zn1、Zn2	7.15
2B50	2.75	电池锌板	7.15
2A70	2.8	照相制版用普通锌板和微晶锌板	7.15
2A80	2.77	胶印锌板	7.2
2A90	2.8	ZnCu1.5	7.2
2A14	2.8	铸造锌合金：	
6061	2.7	ZZnAl10-5	6.3

材料名称	密度 /(g/cm³)	材料名称	密度 /(g/cm³)
ZZnAl9-1.5	6.2	PbSb0.5	11.32
ZZnAl4-1	6.7	PbSb2	11.25
ZZnAl4-0.5	6.7	PbSb4	11.15
ZZnAl4	6.6	PbSb6	11.06
加工铅、锡及其合金：		PbSb8	10.97
Pb1~Pb3	11.34	Sn1~Sn3	7.3

C4 温度换算（摄氏度⇌华氏度）

				−459.4~39					
℃	换算值	℉	℃	换算值	℉	℃	换算值	℉	
−273	−459.4		−112	−170	−274	−12.2	10	50.0	
−268	−450		−107	−160	−256	−11.7	11	51.8	
−262	−440		−101	−150	−238	−11.1	12	53.6	
−257	−430		−96	−140	−220	−10.6	13	55.4	
−251	−420		−90	−130	−202	−10.0	14	57.2	
−246	−410		−84	−120	−184	−9.4	15	59.0	
−240	−400		−79	−110	−156	−8.9	16	60.8	
−234	−390		−73	−100	−148	−8.3	17	62.6	
−229	−380		−68	−90	−130	−7.8	18	64.4	
−223	−370		−62	−80	−112	−7.2	19	66.2	
−218	−360		−57	−70	−94	−6.7	20	68.0	
−212	−350		−51	−60	−76	−6.1	21	69.8	
−207	−340		−46	−50	−58	−5.6	22	71.6	
−201	−330		−40	−40	−40	−5.0	23	73.4	
−196	−320		−34	−30	−22	−4.4	24	75.2	
−190	−310		−29	−20	−4	−3.9	25	77.0	
−184	−300		−23	−10	−14	−3.3	26	78.8	
−179	−290					−2.8	27	80.6	
−173	−280					−2.2	28	82.4	
−169	−273	−459.4				−1.7	29	84.2	
−168	−270	−454	−17.8	0	32	−1.1	30	86.0	
−162	−260	−436	−17.2	1	33.8	−0.6	31	87.8	
−157	−250	−418	−16.7	2	35.6	0.0	32	89.6	
−151	−240	−400	−16.1	3	37.4	0.6	33	91.4	
−146	−230	−382	−15.6	4	39.2	1.1	34	93.2	
−140	−220	−364	−15.0	5	41.0	1.7	35	95.0	
−134	−210	−346	−14.4	6	42.8	2.2	36	96.8	
−129	−200	−328	−13.9	7	44.6	2.8	37	98.6	
−123	−190	−310	−13.3	8	46.4	3.3	38	100.4	
−118	−180	−292	−12.8	9	48.2	3.9	39	102.2	

40～390								
℃	换算值	℉	℃	换算值	℉	℃	换算值	℉
4.4	40	104.0	21.1	70	158.0	38	100	212
5.0	41	105.8	21.7	71	159.8	43	110	230
5.6	42	107.6	22.2	72	161.6	49	120	248
6.1	43	109.4	22.8	73	163.4	54	130	266
6.7	44	111.2	23.3	74	165.2	60	140	284
7.2	45	113.0	23.9	75	167.0	66	150	302
7.8	46	114.8	24.4	76	168.8	71	160	320
8.3	47	116.6	25.0	77	170.6	77	170	338
8.9	48	118.4	25.6	78	172.4	82	180	356
9.4	49	120.2	26.1	79	174.2	88	190	374
10.0	50	122.0	26.7	80	176.0	93	200	392
10.6	51	123.8	27.2	81	177.8	99	210	410
11.1	52	125.6	27.8	82	179.6	100	212	414
11.7	53	127.4	28.3	83	181.4	104	220	428
12.2	54	129.2	28.9	84	183.2	110	230	446
12.8	55	131.0	29.4	85	185.0	116	240	464
13.3	56	132.8	30.0	86	186.8	121	250	482
13.9	57	134.6	30.6	87	188.6	127	260	500
14.4	58	136.4	31.1	88	190.4	132	270	518
15.0	59	138.2	31.7	89	192.2	138	280	536
15.6	60	140.0	32.2	90	194.0	143	290	554
16.1	61	141.8	32.8	91	195.8	149	300	572
16.7	62	143.6	33.3	92	197.6	154	310	590
17.2	63	145.4	33.9	93	199.4	160	320	608
17.8	64	147.2	34.4	94	201.2	166	330	626
18.3	65	149.0	35.0	95	203.0	171	340	644
18.9	66	150.8	35.6	96	204.8	177	350	662
19.4	67	152.6	36.1	97	206.6	182	360	680
20.0	68	154.4	36.7	98	208.4	188	370	698
20.6	69	156.2	37.2	99	210.2	193	380	716
			37.8	100	212.0	199	390	734

400～1290								
℃	换算值	℉	℃	换算值	℉	℃	换算值	℉
204	400	752	260	500	932	316	600	1112
210	410	770	266	510	950	321	610	1130
216	420	788	271	520	968	327	620	1148
221	430	806	277	530	986	332	630	1166
227	440	824	282	540	1004	338	640	1184
232	450	842	288	550	1022	343	650	1202
238	460	860	293	560	1040	349	660	1220
243	470	878	299	570	1058	354	670	1238
249	480	896	304	580	1076	360	680	1256
254	490	914	310	590	1094	368	690	1274

400～1290								
℃	换算值	℉	℃	换算值	℉	℃	换算值	℉
371	700	1292	482	900	1652	593	1100	2012
377	710	1310	488	910	1670	599	1110	2030
382	720	1328	493	920	1688	604	1120	2048
388	730	1346	499	930	1706	610	1130	2066
393	740	1364	504	940	1724	616	1140	2084
399	750	1382	510	950	1742	621	1150	2102
404	760	1400	516	960	1760	627	1160	2120
410	770	1418	521	970	1778	632	1170	2138
416	780	1436	527	980	1796	638	1180	2156
421	790	1454	532	990	1814	643	1190	2174
427	800	1472	538	1000	1832	649	1200	2192
432	810	1490	543	1010	1850	654	1210	2210
438	820	1508	549	1020	1868	660	1220	2228
443	830	1526	554	1030	1886	666	1230	2246
449	840	1544	560	1040	1904	671	1240	2264
454	850	1562	566	1050	1922	677	1250	2282
460	860	1580	571	1060	1940	682	1260	2300
466	870	1598	577	1070	1958	688	1270	2318
471	880	1616	582	1080	1976	693	1280	2336
477	890	1634	588	1090	1994	699	1290	2354

1300～2190								
℃	换算值	℉	℃	换算值	℉	℃	换算值	℉
704	1300	2372	816	1500	2732	927	1700	3092
710	1310	2390	821	1510	2750	932	1710	3110
716	1320	2408	827	1520	2768	938	1720	3128
721	1330	2426	832	1530	2786	943	1730	3146
727	1340	2444	838	1540	2804	949	1740	3164
732	1350	2462	843	1550	2822	954	1750	3182
738	1360	2480	849	1560	2840	960	1760	3200
743	1370	2498	854	1570	2858	966	1770	3218
749	1380	2516	860	1580	2876	971	1780	3236
754	1390	2534	866	1590	2894	977	1790	3254
760	1400	2552	871	1600	2912	983	1800	3272
766	1410	2570	877	1610	2930	988	1810	3290
771	1420	2588	882	1620	2948	993	1820	3308
777	1430	2606	888	1630	2966	999	1830	3326
782	1440	2624	893	1640	2984	1004	1840	3344
788	1450	2642	899	1650	3002	1010	1850	3362
792	1460	2660	904	1660	3020	1016	1860	3380
799	1470	2678	910	1670	3038	1021	1870	3398
804	1480	2696	916	1680	3056	1027	1880	3416
810	1490	2714	921	1690	3074	1032	1890	3464

℃	换算值	℉	℃	换算值	℉	℃	换算值	℉
1300～2190								
1038	1900	3452	1093	2000	3632	1149	2100	3812
1043	1910	3470	1099	2010	3650	1154	2110	3830
1049	1920	3488	1104	2020	3668	1160	2120	3848
1054	1930	3506	1110	2030	3686	1166	2130	3866
1060	1940	3524	1116	2040	3704	1171	2140	3884
1066	1950	3542	1121	2050	3722	1177	2150	3902
1071	1960	3560	1127	2060	3740	1182	2160	3920
1077	1970	3578	1132	2070	3758	1188	2170	3938
1082	1980	3596	1138	2080	3776	1193	2180	3956
1088	1990	3614	1143	2090	3794	1199	2190	3974
2200～3000								
1204	2200	3992	1371	2500	4532	1538	2800	5072
1210	2210	4010	1377	2510	4550	1543	2810	5090
1216	2220	4028	1382	2520	4568	1549	2820	5108
1221	2230	4046	1388	2530	4586	1554	2830	5126
1227	2240	4064	1393	2540	4604	1560	2840	5144
1232	2250	4082	1399	2550	4622	1566	2850	5162
1238	2260	4100	1404	2560	4640	1571	2860	5180
1243	2270	4118	1410	2570	4658	1577	2870	5198
1249	2280	4136	1416	2580	4676	1582	2880	5216
1254	2290	4154	1421	2590	4694	1588	2890	5234
1260	2300	4172	1427	2600	4712	1593	2900	5252
1266	2310	4190	1432	2610	4730	1599	2910	5270
1271	2320	4208	1438	2620	4748	1604	2920	5288
1277	2330	4226	1443	2630	4766	1610	2930	5306
1282	2340	4244	1449	2640	4784	1616	2940	5324
1288	2350	4262	1454	2650	4802	1621	2950	5342
1293	2360	4280	1460	2660	4820	1627	2960	5360
1299	2370	4298	1466	2670	4838	1632	2970	5378
1304	2380	4316	1471	2680	4856	1638	2980	5396
1310	2390	4334	1477	2690	4874	1643	2990	5414
1316	2400	4352	1482	2700	4892	1649	3000	5432
1321	2410	4370	1488	2710	4910			
1327	2420	4388	1493	2720	4928			
1332	2430	4406	1499	2730	4946			
1338	2440	4424	1504	2740	4964			
1343	2450	4442	1510	2750	4982			
1349	2460	4460	1516	2760	5000			
1354	2470	4478	1521	2770	5018			
1360	2480	4496	1527	2780	5036			
1366	2490	4514	1532	2790	5054			

C5 黑色金属各种硬度之间的换算

硬　　度						
洛　　氏		表 面 洛 氏			维　氏	布　氏
HRC	HRA	HR15N	HR30N	HR45N	HV	HB
20.0	60.2	68.8	40.7	19.2	226	225
21.0	60.7	69.3	41.7	20.4	230	229
22.0	61.2	69.8	42.6	21.5	235	234
23.0	61.7	70.3	43.6	22.7	241	240
24.0	62.2	70.8	44.5	23.9	247	245
25.0	62.8	71.4	45.5	25.1	253	251
26.0	63.3	71.9	46.4	26.3	259	257
27.0	63.8	72.4	47.3	27.5	266	263
28.0	64.3	73.0	48.3	28.7	273	269
29.0	64.8	73.5	49.2	29.9	280	276
30.0	65.3	74.1	50.2	31.1	288	283
31.0	65.8	74.7	51.1	32.3	296	291
32.0	66.4	75.2	52.0	33.5	304	298
33.0	66.9	75.8	53.0	34.7	313	306
34.0	67.4	76.4	53.9	35.9	321	314
35.0	67.9	77.0	54.8	37.0	331	323
36.0	68.4	77.5	55.8	38.2	340	332
37.0	69.0	78.1	56.7	39.4	350	341
38.0	69.5	78.7	57.6	40.6	360	350
39.0	70.0	79.3	58.6	41.8	371	360
40.0	70.5	79.9	59.5	43.0	381	370
41.0	71.1	80.5	60.4	44.2	393	381
42.0	71.6	81.1	61.3	45.4	404	392
43.0	72.1	81.7	62.3	46.5	416	403
44.0	72.6	82.3	63.2	47.7	428	415
45.0	73.2	82.9	64.1	48.9	441	428
46.0	73.7	83.5	65.0	50.1	454	441
47.0	74.2	84.0	65.9	51.2	468	455
48.0	74.7	84.6	66.8	52.4	482	470
49.0	75.3	85.2	67.7	53.6	497	486
50.0	75.8	85.7	68.6	54.7	512	502
51.0	76.3	86.3	69.5	55.9	527	518
52.0	76.9	86.8	70.4	57.1	544	535
53.0	77.4	87.4	71.3	58.2	561	552
54.0	77.9	87.9	72.2	59.4	578	569
55.0	78.5	88.4	73.1	60.5	596	585
56.0	79.0	88.9	73.9	61.7	615	601
57.0	79.5	89.4	74.8	62.8	635	616
58.0	80.1	89.8	75.6	63.9	655	628
59.0	80.6	90.2	76.5	65.1	676	639
60.0	81.2	90.6	77.3	66.2	698	647
61.0	81.7	91.0	78.1	67.3	721	
62.0	82.2	91.4	79.0	68.4	745	
63.0	82.8	91.7	79.8	69.5	770	
64.0	83.3	91.9	80.6	70.6	795	
65.0	83.9	92.2	81.3	71.7	822	
66.0	84.4				850	
67.0	85.0				879	
68.0	85.5				909	

C6 肖氏硬度与洛氏、布氏、维氏硬度的换算

硬 度				
肖 氏 HS	洛 氏		布 氏 HB30D^2	维 氏 HV
	HRC	HRA		
48.0	36.2	68.5	333	339
49.0	37.1	69.0	341	348
50.0	38.0	69.5	350	356
51.0	38.8	69.9	358	365
52.0	39.7	70.4	366	373
53.0	40.5	70.8	375	382
54.0	41.3	71.2	383	391
55.0	42.1	71.6	391	400
56.0	42.8	72.0	400	409
57.0	43.6	72.4	408	418
58.0	44.4	72.8	417	428
59.0	45.1	73.2	426	437
60.0	45.8	73.6	434	447
61.0	46.6	74.0	443	452
62.0	47.3	74.3	452	467
63.0	48.0	74.7	461	477
64.0	48.7	75.1	470	488
65.0	49.4	75.5	479	498
66.0	50.0	75.8	488	509
67.0	50.7	76.2	498	521
68.0	51.4	76.5		532
69.0	52.1	76.9		544
70.0	52.7	77.3		556
71.0	53.4	77.6		568
72.0	54.0	78.0		580
73.0	54.7	78.3		593
74.0	55.3	78.6		606
75.0	56.0	79.0		620
76.0	56.6	79.3		633
77.0	57.2	79.7		647
78.0	57.9	80.0		661
79.0	58.5	80.3		676
80.0	59.1	80.7		691
81.0	59.7	81.0		706
82.0	60.3	81.3		721
83.0	60.9	81.6		737
84.0	61.5	82.0		752
85.0	62.1	82.3		768
86.0	62.6	82.6		785
87.0	63.2	82.9		801
88.0	63.8	83.2		818
89.0	64.3	83.5		834
90.0	64.8	83.8		851
91.0	65.4	84.1		868
92.0	65.9	84.3		885
93.0	66.4	84.6		902
94.0	66.9	84.9		919

C7 里氏硬度换算

HLD	HV	HB $(F-30D^2)$	HRB	HRC	HSD	HLD	HV	HB $(F-30D^2)$	HRB	HRC	HSD
300	80	80	38.4			390	134	133	73.5		
302	81	81	39.4			392	136	134	74.1		
304	82	82	40.3			394	137	136	74.7		
306	83	83	41.3			396	139	137	75.2		
308	84	84	42.3			398	140	138	75.8		
310	85	85	43.2			400	142	140	76.3		
312	86	86	44.2			402	143	141	76.9		
314	87	87	45.1			404	145	143	77.4		
316	88	88	46.0			406	147	144	78.0		
318	89	89	46.9			408	148	145	78.5		
320	90	90	47.8			410	150	147	79.0		
322	91	91	48.7			412	151	148	79.5		
324	92	93	49.6			414	153	150	80.0		
326	93	94	50.4			416	155	151	80.5		
328	94	95	51.3			418	156	153	81.0		
330	95	96	52.2			420	158	154	81.5		
332	96	97	53.0			422	159	156	82.0		
334	97	98	53.8			424	161	157	82.4		
336	98	99	54.6			426	163	158	82.9		
338	100	100	55.5			428	164	160	83.4		
340	101	102	56.3			430	166	162	83.8		
342	102	103	57.1			432	168	163	84.3		
344	103	104	57.8			434	170	165	84.7		
346	104	105	58.6			436	171	166	85.1		
348	106	106	59.4			438	173	168	85.6		
350	107	107	60.1			440	175	169	86.0		
352	108	109	60.9			442	176	171	86.4		
354	109	110	61.6			444	178	172	86.8		
356	111	111	62.4			446	180	174	87.2		
358	112	112	63.1			448	182	175	87.7		
360	113	114	63.8			450	183	177	88.1		
362	115	115	64.5			452	185	179	88.4		
364	116	116	65.2			454	187	180	88.8		
366	117	117	65.9			456	189	182	89.2		
368	119	119	66.6			458	191	184	89.8		
370	120	120	67.2			460	192	185	90.0		
372	121	121	67.9			462	194	187	90.3		
374	123	122	68.6			464	196	189	90.7		
376	124	124	69.2			466	198	190	91.1		
378	126	125	69.8			468	200	192	91.4		
380	127	126	70.5			470	201	194	91.8		
382	128	128	71.1			472	203	195	92.1		
384	130	129	71.7			474	205	197	92.5		
386	131	130	72.3			476	207	199	92.8		
388	133	132	72.9			478	209	200	93.2		

HLD	HV	HB $(F-30D^2)$	HRB	HRC	HSD	HLD	HV	HB $(F-30D^2)$	HRB	HRC	HSD
480	211	202	93.5			570	304	291		29.7	42.5
482	213	204	93.8			572	306	293		30.0	42.8
484	215	206	94.2			574	309	295		30.4	43.1
486	216	207	94.5			576	311	298		30.7	43.4
488	218	209	94.8			578	313	300		31.0	43.7
490	220	211	95.2			580	315	302		31.3	44.0
492	222	213	95.5			582	318	305		31.6	44.3
494	224	215	95.8			584	320	307		31.9	44.6
496	226	216	96.1			586	322	309		32.1	44.9
498	228	218	96.4			588	325	312		32.4	45.2
500	230	220	96.7		32.5	590	327	314		32.7	45.5
502	232	222	97.0		32.8	592	330	316		33.0	45.8
504	234	224	97.4		33.1	594	332	319		33.3	46.1
506	236	226	97.7		33.3	596	334	321		33.6	46.4
508	238	227	98.0		33.6	598	337	323		33.9	46.7
510	240	229	98.3	20.0	33.9	600	339	326		34.2	47.0
512	242	231	98.6	20.4	34.2	602	342	328		34.5	47.3
514	244	233	98.9	20.7	34.5	604	344	331		34.8	47.6
516	246	235	99.2	21.0	34.7	606	347	333		35.1	47.9
518	248	237	99.5	21.4	35.0	608	349	336		35.3	48.2
520	250	239		21.7	35.3	610	352	338		35.6	48.5
522	252	241		22.1	35.6	612	354	341		35.9	48.8
524	254	243		22.4	35.9	614	357	343		36.2	49.1
526	256	245		22.7	36.2	616	359	346		36.5	49.4
528	258	247		23.1	36.4	618	362	348		36.7	49.7
530	260	249		23.4	36.7	620	364	351		37.0	50.0
532	263	251		23.7	37.0	622	367	353		37.3	50.3
534	265	253		24.1	37.3	624	369	356		37.6	50.6
536	267	255		24.4	37.6	626	372	358		37.9	50.9
538	269	257		24.7	37.9	628	375	361		38.1	51.2
540	271	259		25.0	38.2	630	377	364		38.4	51.5
542	273	261		25.4	38.5	632	380	366		38.7	51.8
544	275	263		25.7	38.7	634	383	369		38.9	52.2
546	277	265		26.0	39.0	636	385	372		39.2	52.5
548	280	267		26.3	39.3	638	388	374		39.5	52.8
550	282	269		26.6	39.6	640	391	377		39.8	53.1
552	284	271		26.9	39.9	642	393	380		40.0	53.4
554	286	274		27.3	40.2	644	396	382		40.3	53.7
556	288	276		27.6	40.5	646	399	385		40.6	54.0
558	291	278		27.9	40.8	648	402	388		40.8	54.3
560	293	280		28.2	41.1	650	404	391		41.1	54.6
562	295	282		28.5	41.4	652	407	393		41.4	54.9
564	297	284		28.8	41.7	654	410	396		41.6	55.2
566	299	287		29.1	42.0	656	413	399		41.9	55.5
568	302	289		29.4	42.2	658	416	402		42.1	55.9

HLD	HV	HB $(F-30D^2)$	HRB	HRC	HSD	HLD	HV	HB $(F-30D^2)$	HRB	HRC	HSD
660	419	405		42.4	56.2	750	570	550		53.3	70.7
662	421	407		42.7	56.5	752	574	553		53.5	71.1
664	424	410		42.9	56.8	754	577	557		53.8	71.4
666	427	413		43.2	57.1	756	581	561		54.0	71.8
668	430	416		43.4	57.4	758	586	565		54.2	72.1
670	433	419		43.7	57.7	760	590	568		54.4	72.4
672	436	422		43.9	58.0	762	594	572		54.7	72.8
674	439	425		44.2	58.4	764	598	576		54.9	73.1
676	442	428		44.4	58.7	766	602	580		55.1	73.5
678	445	431		44.7	59.0	768	606	583		55.3	73.8
680	448	434		45.0	59.3	770	610	587		55.6	74.2
682	451	437		45.2	59.6	772	615	591		55.8	74.5
684	454	440		45.5	59.9	774	619	595		56.0	74.9
686	458	443		45.7	60.3	776	623	599		56.2	75.2
688	461	446		46.0	60.6	778	628	603		56.4	75.6
690	464	449		46.2	60.9	780	632	607		56.7	75.9
692	467	452		46.4	61.2	782	636	611		56.9	76.3
694	470	455		46.7	61.5	784	641	615		57.1	76.6
696	473	458		46.9	61.9	786	645	619		57.3	77.0
698	477	462		47.2	62.2	788	650	623		57.5	77.3
700	480	465		47.4	62.5	790	655	627		57.7	77.7
702	483	468		47.7	62.8	792	659	631		58.0	78.1
704	487	471		47.9	63.1	794	664	635		58.2	78.4
706	490	474		48.2	63.5	796	669	639		58.4	78.8
708	493	478		48.4	63.8	798	673	643		58.6	79.1
710	497	481		48.6	64.1	800	678	647		58.8	79.5
712	500	484		48.9	64.4	802	683			59.0	79.9
714	503	487		49.1	64.8	804	688			59.2	80.2
716	507	491		49.4	65.1	806	693			59.5	80.6
718	510	494		49.6	65.4	808	698			59.7	81.0
720	514	497		49.8	65.7	810	703			59.9	81.3
722	517	501		50.1	66.1	812	708			60.1	81.7
724	521	504		50.3	66.4	814	713			60.3	82.1
726	525	508		50.5	66.7	816	718			60.5	82.4
728	528	511		50.8	67.1	818	723			60.7	82.8
730	532	514		51.0	67.4	820	728			60.9	83.2
732	535	518		51.2	67.7	822	733			61.1	83.6
734	539	521		51.5	68.1	824	738			61.4	83.9
736	543	525		51.7	68.4	826	744			61.6	84.3
738	547	528		51.9	68.7	828	749			61.8	84.7
740	550	532		52.2	69.1	830	755			62.0	85.1
742	554	535		52.4	69.4	832	760			62.2	85.5
744	558	539		52.6	69.7	834	765			62.4	85.9
746	562	543		52.9	70.1	836	771			62.6	86.2
748	566	546		53.1	70.4	838	777			62.8	86.6

HLD	HV	HB $(F-30D^2)$	HRB	HRC	HSD	HLD	HV	HB $(F-30D^2)$	HRB	HRC	HSD
840	782			63.0	87.0	870	873			66.1	93.1
842	788			63.2	87.4	872	879			66.3	93.5
844	794			63.4	87.8	874	886			66.5	93.9
846	799			63.6	88.2	876	892			66.7	94.3
848	805			63.8	88.6	878	899			66.9	94.7
850	811			64.0	89.0	880	905			67.1	95.2
852	817			64.2	89.4	882	912			67.3	95.6
854	823			64.4	89.8	884	919			67.4	96.0
856	829			64.6	90.2	886	926			67.6	96.4
858	835			64.8	90.6	888	933			67.8	96.9
860	841			65.0	91.0	890	940			68.0	97.3
862	847			65.3	91.4	892					97.7
864	854			65.5	91.8	894					98.2
866	860			65.7	92.2	896					98.6
868	866			65.9	92.6	898					99.1
						900					99.5

注：HLD 指采用 D 型测头测得里氏硬度值。HSD 指表盘自动记录的所测肖氏硬度值。

C8　钢铁硬度与强度换算表（一）

硬　　　　度							抗拉强度/MPa								
洛氏		表面洛氏			维氏	布氏		碳钢	铬钢	铬钒钢	铬镍钢	铬钼钢	铬镍钼钢	铬锰硅钢	超高强度钢	不锈钢	不分钢种
HRC	HRA	15-N	30-N	45-N	HV	HB $30D^2$	d/mm (10/3000)									
70.0	86.6				1037											
69.5	86.3				1017											
69.0	86.1				997											
68.5	85.8				978											
68.0	85.5				995											
67.5	85.2				941											
67.0	85.0				923											
66.5	84.7				906											
66.0	84.4				889											
65.5	84.1				872											
65.0	83.9	92.2	81.3	71.7	856											
64.5	83.6	92.1	81.0	71.2	840											
64.0	83.3	91.9	80.6	70.6	825											
63.5	83.1	91.8	80.2	70.1	810											
63.0	82.8	91.7	79.8	69.5	795											
62.5	82.5	91.5	79.4	69.0	780											
62.0	82.2	91.4	79.0	68.4	766											
61.5	82.0	91.2	78.6	67.9	752											
61.0	81.7	91.0	78.1	67.3	739											
60.5	81.4	90.8	77.7	66.8	726											

硬度 洛氏		表面洛氏			维氏	布氏		抗拉强度/MPa									
HRC	HRA	15-N	30-N	45-N	HV	HB 30D²	d/mm (10/3000)	碳钢	铬钢	铬钒钢	铬镍钢	铬钼钢	铬镍钼钢	铬锰硅钢	超高强度钢	不锈钢	不分钢种
60.0	81.2	90.6	77.3	66.2	713										2691		2607
59.5	80.9	90.4	76.9	65.6	700										2623		2551
59.0	80.6	90.2	76.5	65.1	688										2558		2496
58.5	80.3	90.0	76.1	64.5	676										2496		2443
58.0	80.1	89.8	75.6	63.9	664										2437		2391
57.5	79.8	89.6	75.2	63.4	653										2380		2341
57.0	79.5	89.4	74.8	62.8	642										2326		2293
56.5	79.3	89.1	74.4	62.2	631										2274		2246
56.0	79.0	88.9	73.9	61.7	620										2224		2201
55.5	78.7	88.6	73.5	61.1	609										2177		2157
55.0	78.5	88.4	73.1	60.5	599					2066	2098			2086	2131		2115
54.5	78.2	88.1	72.6	59.9	589					2033	2061			2048	2087		2074
54.0	77.9	87.9	72.2	59.4	579					2000	2025			2010	2045		2034
53.5	77.7	87.6	71.8	58.8	570					1968	1990			1974	2005		1995
53.0	77.4	87.4	71.3	58.2	561					1937	1955	1925	1985	1938	1967		1957
52.5	77.1	87.1	70.9	57.6	551					1906	1920	1893	1951	1903	1930		1921
52.0	76.9	86.8	70.4	57.1	543				1881	1875	1887	1861	1918	1870	1894		1885
51.5	76.6	86.6	70.0	56.5	534				1841	1845	1854	1830	1886	1836	1860		1851
51.0	76.3	86.3	69.5	55.9	525	501	2.73		1803	1816	1821	1799	1854	1804	1827		1817
50.5	76.1	86.0	69.1	55.3	517	494	2.75		1767	1787	1790	1769	1823	1773	1795		1785
50.0	75.8	85.7	68.6	54.7	509	488	2.77	1744	1731	1758	1758	1739	1793	1742	1765	1759	1753
49.5	75.5	85.5	68.2	54.2	501	481	2.79	1714	1698	1730	1728	1710	1762	1712	1735	1723	1722
49.0	75.3	85.2	67.7	53.6	493	474	2.81	1686	1666	1702	1698	1682	1733	1683	1707	1688	1692
48.5	75.0	84.9	67.3	53.0	485	468	2.83	1658	1635	1675	1669	1654	1704	1654	1679	1655	1663
48.0	74.7	84.6	66.8	52.4	478	461	2.85	1631	1605	1649	1640	1626	1676	1627	1652	1623	1635
47.5	74.5	84.3	66.4	51.8	470	455	2.87	1606	1576	1623	1612	1599	1648	1600	1625	1592	1608
47.0	74.2	84.0	65.9	51.2	463	449	2.89	1581	1549	1597	1584	1573	1620	1573	1600	1563	1581
46.5	73.9	83.7	65.5	50.7	456	442	2.91	1556	1522	1572	1557	1547	1593	1547	1575	1535	1555
46.0	73.7	83.5	65.0	50.1	449	436	2.93	1533	1497	1547	1531	1522	1567	1522	1550	1508	1529
45.5	73.4	83.2	64.6	49.5	443	430	2.95	1510	1472	1522	1505	1497	1541	1498	1526	1482	1504
45.0	73.2	82.9	64.1	48.9	436	424	2.97	1488	1448	1498	1480	1472	1516	1474	1502	1457	1480
44.5	72.9	82.6	63.6	48.3	429	418	2.99	1466	1426	1475	1455	1448	1491	1450	1478	1433	1457
44.0	72.6	82.3	63.2	47.7	423	413	3.01	1445	1403	1452	1431	1425	1467	1427	1455	1410	1434
43.5	72.4	82.0	62.7	47.1	417	407	3.03	1425	1382	1429	1408	1402	1443	1405	1432	1387	1411
43.0	72.1	81.7	62.3	46.5	411	401	3.05	1405	1361	1407	1385	1379	1420	1384	1409	1366	1389
42.5	71.8	81.4	61.8	45.9	405	396	3.07	1386	1341	1385	1362	1357	1397	1362	1385	1345	1368
42.0	71.6	81.1	61.3	45.4	399	391	3.09	1367	1322	1364	1340	1336	1375	1342	1362	1325	1347
41.5	71.3	80.8	60.9	44.8	393	385	3.11	1348	1303	1343	1319	1315	1353	1322	1339	1305	1327
41.0	71.1	80.5	60.4	44.2	388	380	3.13	1331	1284	1322	1298	1294	1331	1302	1315	1286	1307
40.5	70.8	80.2	60.0	43.6	382	375	3.15	1313	1267	1302	1277	1274	1310	1283	1291	1268	1287

硬 度								抗拉强度/MPa									
洛氏		表面洛氏			维氏	布氏		碳钢	铬钢	铬钒钢	铬镍钢	铬钼钢	铬镍钼钢	铬锰硅钢	超高强度钢	不锈钢	不分钢种
HRC	HRA	15-N	30-N	45-N	HV	HB 30D²	d/mm (10/3000)										
40.0	70.5	79.9	59.5	43.0	377	370	3.17	1296	1249	1282	1257	1254	1290	1264	1267	1250	1268
39.5	70.3	79.6	59.0	42.4	372	365	3.19	1279	1332	1262	1238	1235	1270	1246	1243	1233	1250
39.0	70.0	79.3	58.6	41.8	367	360	3.21	1263	1216	1243	1219	1216	1250	1228	1218	1216	1232
38.5		79.0	58.1	41.2	362	355	3.24	1246	1199	1225	1200	1197	1231	1211	1193	1200	1214
38.0		78.7	57.6	40.6	357	350	3.26	1231	1184	1206	1182	1179	1212	1194		1184	1197
37.5		78.4	57.2	40.0	352	345	3.28	1215	1168	1188	1165	1162	1194	1177		1168	1180
37.0		78.1	56.7	39.4	347	341	3.30	1200	1153	1171	1148	1144	1176	1161		1153	1163
36.5		77.8	56.2	38.8	342	336	3.32	1185	1138	1153	1131	1128	1158	1146		1138	1147
36.0		77.5	55.8	38.2	338	332	3.34	1170	1124	1136	1115	1111	1141	1130		1123	1131
35.5		77.2	55.3	37.6	333	327	3.37	1156	1109	1120	1099	1095	1125	1115		1109	1115
35.0		77.0	54.8	37.0	329	323	3.39	1141	1095	1104	1084	1079	1108	1101		1095	1100
34.5		76.7	54.4	36.5	324	318	3.41	1127	1082	1088	1069	1064	1092	1086		1081	1085
34.0		76.4	53.9	35.9	320	314	3.43	1113	1068	1072	1054	1049	1077	1073		1067	1070
33.5		76.1	53.4	35.3	316	310	3.46	1100	1055	1057	1040	1035	1062	1059		1054	1056
33.0		75.8	53.0	34.7	312	306	3.48	1086	1042	1042	1027	1020	1047	1046		1041	1042
32.5		75.5	52.5	34.1	308	302	3.50	1073	1029	1027	1013	1007	1032	1033		1028	1028
32.0		75.2	52.0	33.5	304	298	3.52	1060	1016	1013	1001	993	1018	1020		1015	1015
31.5		74.9	51.6	32.9	300	294	3.54	1047	1004	999	988	980	1005	1008		1003	1001
31.0		74.7	51.1	32.3	296	291	3.56	1034	991	985	976	967	991	996		990	989
30.5		74.4	50.6	31.7	292	287	3.59	1021	979	972	964	955	978	985		978	976
30.0		74.1	50.2	31.1	289	283	3.61	1009	967	959	953	943	966	973		966	964
29.5		73.8	49.7	30.5	285	280	3.63	997	955	946	942	931	953	962		954	951
29.0		73.5	49.2	29.9	281	276	3.65	984	943	933	932	919	941	951		942	940
28.5		73.3	48.7	29.3	278	273	3.67	972	932	921	922	908	930	941		931	928
28.0		73.0	48.3	28.7	274	269	3.70	961	920	909	912	897	918	930		919	917
27.5		72.7	47.8	28.1	271	266	3.72	949	909	897	902	887	907	920		908	906
27.0		72.4	47.3	27.5	268	263	3.74	937	898	886	893	877	897	910		897	895
26.5		72.2	46.9	26.9	264	260	3.76	926	887	875	884	867	886	901		885	884
26.0		71.9	46.4	26.3	261	257	3.78	914	876	864	876	857	876	892		875	874
25.5		71.6	45.9	25.7	258	254	3.80	903	865	853	868	847	866	882		864	864
25.0		71.4	45.5	25.1	255	251	3.83	892	855	843	860	838		874		853	854
24.5		71.1	45.0	24.5	252	248	3.85	881	844	833	852	830		865		843	844
24.0		70.8	44.5	23.9	249	245	3.87	870	834	823	845	821		856		832	835
23.5		70.6	44.0	23.3	246	242	3.89	860	824	813	838	813		848		822	825
23.0		70.3	43.6	22.7	243	240	3.91	849	814	803	831	805		840		812	816
22.5		70.0	43.1	22.1	240	237	3.93	839	804	794	825	797		832		802	808
22.0		69.8	42.6	21.5	237	234	3.95	829	794	785	819	789		825		792	799
21.5		69.5	42.2	21.0	234	232	3.97	819	785	776	813	782		817		782	791
21.0		69.3	41.7	20.4	231	229	4.00	809	775	767	807	775		810		773	782
20.5		69.0	41.2	19.8	229	227	4.02	799	766	759	802	768		803		764	774
20.0		68.8	40.7	19.2	226	225	4.03	790	757	751	797	761		796		754	767
19.5		68.5	40.3	18.6	223	222	4.05	780	748	743	792	755		789		745	759

硬　　度								抗拉强度/MPa									
洛氏		表面洛氏			维氏	布氏		碳钢	铬钢	铬钒钢	铬镍钢	铬钼钢	铬镍钼钢	铬锰硅钢	超高强度钢	不锈钢	不分钢种
HRC	HRA	15-N	30-N	45-N	HV	HB 30D²	d/mm (10/3000)										
19.0		68.3	39.8	18.0	221	220	4.07	771	739	735	788	749		782		737	752
18.5		68.0	39.3	17.4	218	218	4.09	762	731	727	783	743		776		728	744
18.0		67.8	38.9	16.8	216	216	4.11	753	723	719	779	737		769		719	737
17.5		67.6	38.4	16.2	214	214	4.13	744	714	712	775	731		763		711	731
17.0		67.3	37.9	15.6	211	211	4.15	736	706	705	772	726		757		703	724

C9　钢铁硬度与强度换算表（二）

硬　　度							抗拉强度 /MPa
洛氏	表面洛氏			维氏	布氏		
HRB	15-T	30-T	45-T	HV	HB10D²	d/mm(10/1000)	
100.0	91.5	81.7	71.7	233			803
99.5	91.3	81.4	71.2	230			793
99.0	91.2	81.0	70.7	227			783
98.5	91.1	80.7	70.2	225			773
98.0	90.9	80.4	69.6	222			763
97.5	90.8	80.1	69.1	219			754
97.0	90.6	79.8	68.6	216			744
96.5	90.5	79.4	68.1	214			735
96.0	90.4	79.1	67.6	211			726
95.5	90.2	78.8	67.1	208			717
95.0	90.1	78.5	66.5	206			708
94.5	89.9	78.2	66.0	203			700
94.0	89.8	77.8	65.5	201			691
93.5	89.7	77.5	65.0	199			683
93.0	89.5	77.2	64.5	196			675
92.5	89.4	76.9	64.0	194			667
92.0	89.3	76.6	63.4	191			659
91.5	89.1	76.2	62.9	189			651
91.0	89.0	75.9	62.4	187			644
90.5	88.8	75.6	61.9	185			636
90.0	88.7	75.3	61.4	183			629
89.5	88.6	75.0	60.9	180			621
89.0	88.4	74.6	60.3	178			614
88.5	88.3	74.3	59.8	176			607
88.0	88.1	74.0	59.3	174			601
87.5	88.0	73.7	58.8	172			594
87.0	87.9	73.4	58.3	170			587
86.5	87.7	73.0	57.8	168			581
86.0	87.6	72.7	57.2	166			575
85.5	87.5	72.4	56.7	165			568

硬 度							抗拉强度 /MPa
洛氏	表面洛氏			维氏	布氏		
HRB	15-T	30-T	45-T	HV	HB10D^2	d/mm(10/1000)	
85.0	87.3	72.1	56.2	163			562
84.5	87.2	71.8	55.7	161			556
84.0	87.0	71.4	55.2	159			550
83.5	86.9	71.1	54.7	157			545
83.0	86.8	70.8	54.1	156			539
82.5	86.6	70.5	53.6	154	140	2.98	534
82.0	86.5	70.2	53.1	152	138	3.00	528
81.5	86.3	69.8	52.6	151	137	3.01	523
81.0	86.2	69.5	52.1	149	136	3.02	518
80.5	86.1	69.2	51.6	148	134	3.05	513
80.0	85.9	68.9	51.0	146	133	3.06	508
79.5	85.8	68.6	50.5	145	132	3.07	503
79.0	85.7	68.2	50.0	143	130	3.09	498
78.5	85.5	67.9	49.5	142	129	3.10	494
78.0	85.4	67.6	49.0	140	128	3.11	489
77.5	85.2	67.3	48.5	139	127	3.13	485
77.0	85.1	67.0	47.9	138	126	3.14	480
76.5	85.0	66.6	47.4	136	125	3.15	476
76.0	84.8	66.3	46.9	135	124	3.16	472
75.5	84.7	66.0	46.4	134	123	3.18	468
75.0	84.5	65.7	45.9	132	122	3.19	464
74.5	84.4	65.4	45.4	131	121	3.20	460
74.0	84.3	65.1	44.8	130	120	3.21	456
73.5	84.1	64.7	44.3	129	119	3.23	452
73.0	84.0	64.4	43.8	128	118	3.24	449
72.5	83.9	64.1	43.3	126	117	3.25	445
72.0	83.7	63.8	42.8	125	116	3.27	442
71.5	83.6	63.5	42.3	124	115	3.28	439
71.0	83.4	63.1	41.7	123	115	3.29	435
70.5	83.3	62.8	41.2	122	114	3.30	432
70.0	83.2	62.5	40.7	121	113	3.31	429
69.5	83.0	62.2	40.2	120	112	3.32	426
69.0	82.9	61.9	39.7	119	112	3.33	423
68.5	82.7	61.5	39.2	118	111	3.34	420
68.0	82.6	61.2	38.6	117	110	3.35	418
67.5	82.5	60.9	38.1	116	110	3.36	415
67.0	82.3	60.6	37.6	115	109	3.37	412
66.5	82.2	60.3	37.1	115	108	3.38	410
66.0	82.1	59.9	36.6	114	108	3.39	407
65.5	81.9	59.6	36.1	113	107	3.40	405

| 硬 度 | | | | | | | 抗拉强度/MPa |
| 洛氏 | 表面洛氏 | | | 维氏 | 布氏 | | |
HRB	15-T	30-T	45-T	HV	HB10D^2	d/mm(10/1000)	
65.0	81.8	59.3	35.5	112	107	3.40	403
64.5	81.6	59.0	35.0	111	106	3.41	400
64.0	81.5	58.7	34.5	110	106	3.42	398
63.5	81.4	58.3	34.0	110	105	3.43	396
63.0	81.2	58.0	33.5	109	105	3.43	394
62.5	81.1	57.7	32.9	108	104	3.44	392
62.0	80.9	57.4	32.4	108	104	3.45	390
61.5	80.8	57.1	31.9	107	103	3.46	388
61.0	80.7	56.7	31.4	106	103	3.46	386
60.5	80.5	56.4	30.9	105	102	3.47	385
60.0	80.4	56.1	30.4	105	102	3.48	383

C10　力学性能新旧名称对照表

| 新标准(GB/T 228.1—2010) | | 旧标准 | |
性能名称	符　号	性能名称	符　号
断面收缩率	Z[②]	断面收缩率	ψ[①]
断后伸长率	A[②]	断后伸长率	δ_5[①]
	$A_{11.3}$		δ_{10}
	A_{xmm}		δ_{xmm}
断裂总伸长率	A_t	—	
最大力总伸长率	A_{gt}	最大力下的总伸长率	δ_{gt}
最大力非比例伸长率	A_g	最大力下的非比例伸长率	δ_g
屈服点延伸率	A_e	屈服点延伸率	δ_s
屈服强度	—	屈服点	σ_s[①]
上屈服强度	R_{eH}[②]	上屈服点	σ_{sU}
下屈服强度	R_{eL}[②]	下屈服点	σ_{sL}
规定非比例延伸强度	R_p，例如 $R_{p0.2}$[②]	规定非比例伸长应力	σ_p，例如 $\sigma_{p0.2}$ 也曾记 $\sigma_{0.2}$[①]
规定总延伸强度	R_t，例如 $R_{t0.5}$	规定总伸长应力	σ_t，例如 $\sigma_{t0.5}$
规定残余延伸强度	R_r，例如 $R_{r0.2}$	规定残余伸长应力	σ_r，例如 $\sigma_{r0.2}$
抗拉强度	R_m[②]	抗拉强度	σ_b[①]

① 常用的旧标准的标识符号。

② 常用的新标准的标识符号。

C11　不同腐蚀速率单位的换算系数

	克/(米²·时) [g/(m²·h)]	克/(米²·天) [g/(m²·d)]	毫克/(分米²·天) [mg/(dm²·d) 或 mdd]	毫米/年 (mm/a 或 mmpy)	毫米/月 (mm/M 或 mmpm)	英寸/年 (in/a 或 ipy)	密耳/年 (mil/a 或 mpy)
克/(米²·时) [g/(m²·h)]	1	24	240	8.76/ρ	0.73/ρ	0.3449/ρ	344.9/ρ
克/(米²·天) [g/(m²·d)]	0.04167	1	10	0.365/ρ	0.0304/ρ	0.01437/ρ	14.37/ρ

	克/(米²·时) $[g/(m^2 \cdot h)]$	克/(米²·天) $[g/(m^2 \cdot d)]$	毫克/(分米²·天) $[mg/(dm^2 \cdot d)$ 或 mdd]	毫米/年 (mm/a 或 mmpy)	毫米/月 (mm/M 或 mmpm)	英寸/年 (in/a 或 ipy)	密耳/年 (mil/a 或 mpy)
毫克/(分米²·天) $[mg/(dm^2 \cdot d)$ 或 mdd]	0.004167	0.10	1	$0.0365/\rho$	$0.00304/\rho$	$0.001437/\rho$	$1.437/\rho$
毫米/年 (mm/a 或 mmpy)	0.1142ρ	2.74ρ	27.4ρ	1	0.0833	0.0394	39.4
毫米/月 (mm/M 或 mmpm)	1.37ρ	32.9ρ	329ρ	12	1	0.4724	472.4
英寸/年 (in/a 或 ipy)	2.899ρ	69.6ρ	696ρ	25.4	2.12	1	1000
密耳/年 (mil/a 或 mpy)	0.002899ρ	0.0696ρ	0.696ρ	0.0254	0.00212	0.001	1

注：ρ＝金属密度（g/cm^3）；1mil＝0.001in＝0.0254mm。

C12　铸铁常用的浸蚀剂

序号	组　　成	用途及使用说明
1	硝酸 0.5～6.0mL 乙醇 96～99.5mL	显示铸铁基体组织。浸蚀时间为数秒至1min。对于高弥散度组织,可用低浓度溶液浸蚀,减慢腐蚀速度,从而提高组织的清晰度
2	苦味酸 3～5g 无水乙醇 100mL	显示铸铁基体组织,腐蚀速度较缓慢,浸蚀时间为数秒至数分钟
3	苦味酸 2～5g 苛性钠 20～25g 蒸馏水 100mL	将试样在溶液中煮沸,灰铸铁 2～5min,球墨铸铁可适当延长。磷化铁由浅蓝色至蓝绿色,渗碳体呈棕黄或棕色,碳化物呈黑色(含铬高的碳化物除外)
4	高锰酸钾 0.1～1.0g 蒸馏水 100mL	显示可锻铸铁的原枝晶组织。磷化铁煮沸 20～25min 后呈黑色
5	高锰酸钾 1～4g 苛性钠 1～4g 蒸馏水 100mL	浸蚀 3～5min 后,磷化铁呈棕色,碳化物的颜色随浸蚀时间的增加,可呈黄色、棕黄、蓝绿和棕色
6	赤血盐 10g 苛性钠 10g 蒸馏水 100mL	需用新配制的溶液,冷蚀法作用缓慢,热蚀法煮沸 15min,碳化物呈棕色,磷化铁呈黄绿色
7	加热染色(热氧腐蚀)	与钢比较,此法对铸铁特别有效。染色时,珠光体先变色,铁素体次之,渗碳体不易变色,磷化铁更不易变色
8	氯化亚铁 200mL 硝酸 300mL 蒸馏水 100mL	用于各种耐蚀、不锈的高合金铸铁试样的浸蚀,组织清晰度较好
9	氯化铜 1g 氯化镁 4g 盐酸 2mL 无水乙醇 100mL	显示铸铁共晶团界面,用脱脂棉蘸溶液均匀涂抹在试样的抛光表面,浸蚀速度较缓,效果好
10	氯化铜 3g 氯化亚铁 1.5g 硝酸 2mL 无水乙醇 100mL	显示铸铁共晶团界面,浸蚀速度较快

序号	组　成	用途及使用说明
11	硫酸铜 4g 盐酸 20mL 蒸馏水 20mL	显示铸铁共晶团界面,浸蚀速度较快

C13　结构钢与工具钢常用的侵蚀剂

序号	成　分	使用说明
1	HNO_3　　　　　　　1～10mL 乙醇　　　　　　　90～99mL 2%～3%为最常用	是最重要、最常用的侵蚀剂,适用于所有结构钢与工具钢,室温下浸蚀或擦蚀
2	苦味酸　　　　　　　2～5g 乙醇　　　　　　　100mL	也是通用侵蚀剂,作用与1号试剂相似,但更易显示 F/Fe_3C 相界,对F体晶界的显示不敏感,必要时可先用1号预侵蚀
3	苦味酸　　　　　　　2～5g NaOH　　　　　　　25g 水　　　　　　　100mL	使 Fe_3C 染黑,F不变,可有效地显示工具钢晶界上的细网状 Fe_3C。也可显示渗硼层组织,FeB浅蓝色,Fe_2B 黄色 试样在沸腾水溶液中煮5～10min

原奥氏体晶粒大小侵蚀剂

序号	成　分	使用说明
4	苦味酸　　　　　　　1g HCl　　　　　　　5mL 乙醇　　　　　　　100mL	Vilella 试剂,可以显示回火马氏体的原奥氏体晶粒尺寸,轻微回火的效果更好,一般通过晶粒之间的衬度差显示,有时也显示晶界。试剂也可显示组织细节
5	苦味酸　　　　　　　10g 水　　　　　　　150mL 烷基磺酸钠　　　　　适量 (作浸润剂用,可用洗涤剂代替)	能显示大多数钢种的奥氏体晶粒度,如试剂对试样表面不起作用时,可滴入几滴至几十滴盐酸,使用时把试剂加热至40～60℃进行操作,把表面形成的膜用棉花擦去后观察
6	三氯化铁　　　　　　5g 水　　　　　　　100mL 盐酸　　　　　　　数滴	作为钢铁材料的一般侵蚀剂,有时也能显示中碳钢回火马氏体的原奥氏体晶粒尺寸
7	盐酸　　　　　　　50mL 硝酸　　　　　　　25mL 氯化铜　　　　　　　1g 水　　　　　　　150mL	适用于显示 $\varphi(Ni)=18\%$ 马氏体时效钢的奥氏体晶粒

双相钢侵蚀剂

序号	成　分	使用说明
8	硫酸铵　　　　　　　2g 氢氟酸　　　　　　　2mL 醋酸　　　　　　　50mL 水　　　　　　　150mL	马氏体呈暗黑色,残留奥氏体与铁素体不受蚀,但残留奥氏体颜色更浅
9	①焦亚硫酸钠　　　　　1g 　水　　　　　　　100mL ② 苦味酸　　　　　　4g 　乙醇　　　　　　　100mL	使用前混合等量①、②溶液,腐蚀7～12s,表面呈橙蓝色,显微组织中贝氏体呈黑色,铁素体呈棕黄色,马氏体呈白色
10	硫代硫酸钠饱和水溶液　50mL 焦亚硫酸钾　　　　　1g	Klemm Ⅰ号试剂,在20℃下浸蚀40～100s,铁素体呈深蓝色,马氏体呈黑褐色,残留奥氏体白色。可用硝酸溶液预侵蚀

高合金工具钢侵蚀剂

序号	成　分	使用说明
11	NaOH　　　　　　　4g $KMnO_4$　　　　　　　10g H_2O　　　　　　　85mL	将溶液加热至沸腾,试样浸入溶液中1～10min,可区分碳化铬(呈黑色)和碳化钒(亮色)
12	氯化铜　　　　　　　5g 盐酸　　　　　　　100mL 乙醇　　　　　　　100mL	室温下浸蚀,使铁素体优先侵蚀,碳化物不受蚀,残留奥氏体不明显受蚀,用以鉴别各相

序号	成　分		使　用　说　明
	高合金工具钢侵蚀剂		
13	硝酸 醋酸 盐酸 甘油	10mL 10mL 15mL 2～5滴	室温下使用,浸蚀或擦蚀,几秒至几分,对钢中碳化物有很好的显示作用
14	三氯化铁 盐酸 水 乙醇	2g 5mL 30mL 60mL	在室温下将试样浸入溶液几分钟,对高碳高铬工具钢特别有效,能显示钢中的碳化物、铁素体、珠光体等
	其他用途的侵蚀剂		
15	硫酸 硝酸 H_2O	10mL 10mL 80mL	化学侵蚀30s,用棉花擦去腐蚀产物,重复三次,再将试样轻度抛光。过热时晶界呈黑色网络状,过烧时呈白色晶界网络状
16	成分同10号试剂		侵蚀45～60s,显示过烧与过热,晶界衬度与15号试剂相反
17	重铬酸钾 蒸馏水	30g 225mL	显示铅夹杂物,使用时将溶液加热后,再加入30mL醋酸,在室温下使用,抛光试样浸没在试剂中10～20s,热水冲洗,吹干,在偏振光下铅微粒呈黄色或金色,钢基体不受蚀
18	CrO_3 蒸馏水 NaOH	16g 145mL 80g	显示中碳含镍合金钢的晶界氧化,在沸腾溶液中煮10～30min,清洗后吹干,NaOH应慢慢加入,不断搅拌

C14　不锈钢常用腐蚀试剂

分类	序号	腐蚀剂名称	配　方		用　法	作　用	说　明
化学浸蚀	1	氯化铁盐酸水溶液	$FeCl_3$ HCl H_2O	5g 50mL 100mL	浸蚀或擦蚀	显示奥氏体不锈钢一般组织	—
	2	混合酸甘油溶液	(A) HNO_3 HCl 甘油	10mL 20mL 30mL	浸蚀或反复浸蚀	显示 Fe-Cr 合金或奥氏体不锈钢显微组织,也可显示锰钢、高速钢组织	① 配制时,在加入 HNO_3 前,先将 HCl 和甘油彻底搅匀 ② 浸蚀前,在热水中将试样温热 ③ 溶液不能存放,应现配现用
			(B) HNO_3 HCl 甘油 H_2O_2	10mL 20mL 20mL 10mL		显示 Cr-Ni 及 Cr-Mn 钢及所有 Fe-Cr 奥氏体合金组织	
	3	氯化铜盐酸溶液	$CuCl_2$ HCl 酒精 H_2O	5g 100mL 100mL 100mL	浸蚀	显示奥氏体不锈钢及铁素体不锈钢	组织中铁素体易浸蚀,而碳化物和奥氏体不易浸蚀
	4	硝酸氢氟酸溶液	HNO_3 HF(48%) H_2O	5mL 1mL 44mL	浸蚀5s	显示奥氏体不锈钢一般组织	在通风橱中进行
	5	氯化铁盐酸溶液	$FeCl_3$ 在 HCl 中的过饱和溶液另加少许 HNO_3		浸蚀	显示不锈钢组织	—

分类	序号	腐蚀剂名称	配　方	用　法	作　用	说　明
化学浸蚀	6	氯化铜混合酸溶液	HCl　　　30mL HNO₃　　10mL 加入 CuCl₂ 饱和	擦蚀	显示不锈钢及其他高 Ni 或高 Co 合金组织	配好后，停置 20～30min 使用
	7	硝酸醋酸溶液	HNO₃　　　30mL CH₃COOH　20mL	擦蚀	显示不锈钢及其他高 Ni 或高 Co 合金	① 不能存放，现配现用 ② 在通风橱中进行
	8	硫酸铜盐酸水溶液(Marble 试剂)	CuSO₄　　　4g HCl　　　20mL H₂O　　　20mL	浸蚀	显示不锈钢组织	—
	9	赤血盐水溶液	K₃Fe(CN)₆　50g KOH　　　50g H₂O　　　100mL	煮沸试样 2.5min	显示区别 Fe-Cr、Fe-Cr-Ni、Fe-Cr-Mn 及有关合金的铁素体和 σ 相 浸蚀后铁素体呈黄色，σ 相呈蓝色	① 不能混合酸类，否则可能有剧毒 HCN 逸出 ② 现配现用，不能存放 ③ 在通风橱中进行
	10	盐酸·苦味酸酒精溶液(Vilella 试剂)	HCl　　　5mL 苦味酸　　　1mL 酒精(95%)　100mL	浸蚀	浸蚀 Fe-Cr、Fe-Cr-Ni 等合金，并浸蚀 Cr-Ni 奥氏体钢晶界	—
	11	硫酸铜过氯酸溶液	CuSO₄　　　10g 过氯酸(70%)　45mL H₂O　　　55mL	煮沸试样 15min	显示不锈钢，并显示 Cr 的偏析和贫 Cr 区	① 在通风橱中进行 ② 不能使酸浓度增加 ③ 有强爆炸性
	12	盐酸·铬酸溶液	HCl　　　25mL CrO₃(10%铬酸水溶液)　　50mL	浸蚀	用于 Cr-Ni 奥氏体钢	① 在通风橱中进行 ② 活动性随铬酸多少变化
	13	氯化铜溶液（Fry 试剂）	CuCl₂　　　5g HCl　　　40mL H₂O　　　30mL 酒精　　　25mL	浸蚀或擦蚀约 10s	显示含 Cu 的沉淀硬化不锈钢	—
电解浸蚀及电解抛光	1	铬酸水溶液	CrO₃　　　10g H₂O　　　100mL	电压：6V 时间：30～90s	除铁素体晶界外，能显示各种组织	—
	2	硝酸水溶液	HNO₃　　　50mL H₂O　　　50mL	电压：1.5V 时间：2min 以上	显示奥氏体不锈钢或铁素体不锈钢晶界	在通风橱中进行
	3	盐酸酒精溶液	HCl　　　10mL 无水酒精　　90mL	电压：6V 时间：10～30s	显示 δ 铁素体和 Cr 钢、Cr-Ni 钢一般组织	—
	4	硫酸水溶液	H₂SO₄　　　5mL H₂O　　　95mL	电压：6V 电流：0.1～0.5A 时间：5～15s	适用于 Fe-Cr-Ni 合金	—
	5	混合酸酒精溶液	乳酸　　　45mL HCl　　　10mL 酒精　　　45mL	电压：6V 时间：10～30s	适用于含 Cr4%～30%的铬钢或显示奥氏体不锈钢中 δ 铁素体	—

分类	序号	腐蚀剂名称	配　　方		用　　法	作　　用	说　　明
电解浸蚀及电解抛光	6	草酸水溶液	草酸 H_2O	10mL 100mL	电压:6V 时间:5~20s	适用于奥氏体不锈钢或高 Ni 合金 区别 σ 相和碳化物,σ 先蚀,碳化物次之	—
	7	混合酸水溶液	钼酸铵 HNO_3 HCl H_2O	5g 7.5mL 10mL 100mL	电压:12V 时间:2~3min	适用 Cr-Ni 不锈钢	—
	8	氢氧化钠水溶液	NaOH H_2O	40g 100mL	电压:1~3V 时间:60s	依次显示 σ 相、铁素体、碳化物(时间长)	NaOH 缓慢加入(高腐蚀性)
	9	氢氧化钾水溶液	KOH H_2O	56g 100mL	电压:1~3V 时间:60s	同时显示 σ 相和铁素体	KOH 缓慢加入(高腐蚀性)

C15　常用电解抛光液的配方、适用范围及工作参数

序号	电解液成分		适用合金	阴极材料	电压/V	时间	温度/℃
1	乙醇 蒸馏水(非必需) 高氯酸	800mL 140mL 60mL	Al 及含硅量<2%(质量分数)的铝合金	不锈钢	30~80	15~60s	<25
			碳钢、合金钢、不锈钢		35~65	15~60s	
			Pb、Pb-Sn、Pb-Sn-Cd、Pb-Sn-Sb		12~35	15~60s	
			Zn、Zn-Sn-Fe、Zn-Al-Cu		20~60	—	
			Mg 及高 Mg 合金				
2	乙醇 蒸馏水 丁氧基乙醇 高氯酸	700mL 120mL 100mL 80mL	钢、铸铁、Al、Al 合金、Ni、Sn、Ag、Be、Ti、Zr 及耐热合金	镍	30~65	15~60s	—
3	乙醇 蒸馏水 甘油 高氯酸	700mL 120mL 100mL 80mL	不锈钢、合金钢、高速钢 Al、Fe、Fe-Si、Pb、Zr	镍	15~50	15~60s	<25
4	醋酸 高氯酸	940mL 60mL	Cr、Ti、Zr、Fe、铸铁碳钢、合金钢、不锈钢	Al 或不锈钢	20~60	1~5min	<25
5	醋酸 高氯酸	800mL 200mL	Zr、Ti、Al、钢、超合金	不锈钢	40~100	1~15min	<25
6	蒸馏水 磷酸	300mL 700mL	不锈钢、黄铜、铜及铜合金(除 Sn 青铜外)	铜	1.5~1.8	5~15min	—
7	蒸馏水 磷酸	600mL 400mL	α 及(α＋β)黄铜、Cu-Fe、Cu-Co、Co、Cd	铜或不锈钢	1~2	1~15min	—
8	蒸馏水 乙醇 磷酸	500mL 250mL 250mL	Cu 及 Cu 基合金	铜		1~5min	—
9	焦磷酸 加乙醇至	400g 1000mL	不锈钢、奥氏体耐热合金	不锈钢或镍	—	10min	略高于 38
10	蒸馏水 甘油 硫酸	220mL 200mL 580mL	不锈钢、Al 合金	镍	1.5~12	1~20min	<35

注:1. 本表从 ASTME3 中摘录。

2. 序号 2、3、4 电解液是很好的通用电解液。

C16　渗层组织常用侵蚀试剂

序号	配方成分	使用方法	适用范围
1	氯化铜：2.5g 氯化镁：10g 硫酸铜：1.25g 盐酸：2mL 酒精：100mL	浸蚀或擦蚀	显示 20、45、40Cr 及 38CrMoAl 等钢的渗氮层深度
2	硒酸：3mL 或亚硒酸：5mL 盐酸：10～20mL 酒精：100mL	浸蚀（有毒性）	显示 45、40Cr、38CrMoAl 灰铸铁、球铁等钢铁的渗氮层深度
3	氢氧化钠：5～10g 水：100mL	煮沸浸蚀	使二次渗碳体染成黑色
4	硫酸铜：4g 盐酸：20mL 水：20mL （或酒精：100mL）	浸蚀或擦蚀	显示 45、40Cr、38CrMoAl 等钢渗氮层深度（白亮层易腐蚀）
5	铁氰化钾：10g 亚铁氰化钾：1g 氢氧化钾：30g 水：100mL	室温浸蚀 5～10min	显示渗硼层，区分 FeB 和 Fe_2B 相
6	氯化高铁：5g 盐酸：10mL 水：100mL	浸蚀 5～10s	显示奥氏体不锈钢氮化层及基体组织

C17　常用钢材理论质量的计算方法

（1）基本公式

$$m(\text{质量,kg}) = A(\text{断面积,mm}^2) \times L(\text{长度,m}) \times \rho(\text{密度,g/cm}^2) \times 1/1000$$

（2）钢材断面积计算公式

钢材类别	计 算 公 式	代 号 说 明
方钢	$A = a^2$	a—边宽
圆角方钢	$A = a^2 - 0.8584r^2$	a—边宽；r—圆角半径
钢板、扁钢、带钢	$A = a\delta$	a—宽度；δ—厚度
圆角扁钢	$A = a\delta - 0.8584r^2$	a—宽度；δ—厚度；r—圆角半径
圆钢、钢丝、圆盘条	$A = 0.7854d^2$	d—外径
六角钢	$A = 0.866s^2 - 2.598a^2$	s—对边距离；a—边宽
八角钢	$A = 0.8284s^2 = 4.8284a^2$	
钢管	$A = 3.1416\delta(D - \delta)$	D—外径；δ—壁厚
等边角钢	$A = d(2b - d) + 0.2146(r^2 - 2r_1^2)$	d—边厚；b—边宽；r—内圆角半径； r_1—边端圆角半径

钢材类别	计算公式	代号说明
不等边角钢	$A=d(B+b-d)+0.2146(r^2-2r_1^2)$	d—边厚;B—长边宽;b—短边宽; r—内面圆角半径;r_1—端边圆角半径
工字钢	$A=hd+2t(b-d)+0.8584(r^2-r_1^2)$	h—高度;b—腿宽;d—腰厚;t—平均腿厚; r—内面圆角半径;r_1—边端圆角半径
槽钢	$A=hd+2t(b-d)+0.4292(r^2-r_1^2)$	

注:钢材 ρ 值常定 $7.85\mathrm{g/cm^3}$。

C18 钢材的涂色标记

钢 种	钢号或名称	涂色标记
普通碳素钢	Q195(A1)	蓝色
	Q215(A2)	黄色
	Q235(A3)	红色
	Q255(A4)	黑色
	Q275(A5)	绿色
	6(A6)	白色＋黑色
	7(A7)	红色＋棕色
优质碳素钢	08～15	白色
	20～25	棕色＋绿色
	30～40	白色＋蓝色
	45～85	白色＋棕色
	15Mn～40Mn	白色二条
	45Mn～70Mn	绿色三条
合金结构钢	锰钢	黄色＋蓝色
	硅锰钢	红色＋黑色
	锰钒钢	蓝色＋绿色
	铬钢	绿色＋黄色
	铬硅钢	蓝色＋红色
	铬锰钢	蓝色＋黑色
	铬锰硅钢	红色＋紫色
	铬钒钢	绿色＋黑色
	铬锰钛钢	黄色＋黑色
	铬钨钒钢	棕色＋黑色
	钼钢	紫色
	铬钼钢	绿色＋紫色
	铬锰钼钢	紫色＋白色
	铬钼钒钢	紫色＋棕色
	铬铝钢	铝白色
	铬钼铝钢	黄色＋紫色
	铬钨钒铝钢	黄色＋红色
	硼钢	紫色＋蓝色
	铬钼钨钒钢	紫色＋黑色
高速工具钢	W12Cr4V4Mo	棕色一条＋黄色一条
	W18Cr4V	棕色一条＋蓝色一条
	W9Cr4V2	棕色两条
	W9Cr4V	棕色一条
轴承钢	GCr6	绿色一条＋白色一条
	GCr9	白色一条＋黄色一条
	GCr9SiMn	绿色两条
	GCr15	蓝色一条
	GCr15SiMn	绿色一条＋蓝色一条

钢　种	钢号或名称	涂色标记
不锈钢、耐酸钢和耐热钢及电热合金	铬钢	铝白色＋黑色
	铬钛钢	铝白色＋黄色
	铬锰钢	铝白色＋绿色
	铬钼钢	铝白色＋白色
	铬镍钢	铝白色＋红色
	铬锰镍钢	铝白色＋棕色
	铬镍钛钢	铝白色＋蓝色
	铬镍铌钢	铝白色＋蓝色
	铬钼钛钢	铝白色＋白色＋黄色
	铬镍钼钛钢	铝白色＋红色＋黄色
	铬钼钒钢	铝白色＋紫色
	铬钼钒钴钢	铝白色＋紫色
	铬镍钨钛钢	铝白色＋白色＋红色
	铬镍铜钛钢	铝白色＋蓝色＋白色
	铬镍钼铜钛钢	铝白色＋黄色＋绿色
	铬镍钼铜铌钢	铝白色＋黄色＋绿色
	铬硅钢	红色＋白色
	铬钼钢	红色＋绿色
	铬硅钼钢	红色＋蓝色
	铬铝硅钢	红色＋黑色
	铬硅钛钢	红色＋黄色
	铬硅钼钛钢	红色＋紫色
	铬硅钼钒钢	红色＋紫色
	铬铝合金	红色＋铝白色
	铬镍钨钼钢	红色＋棕色

参 考 文 献

[1] 樊东黎. 热处理技术数据手册 [M]. 北京：机械工业出版社，2001.

[2] 肖纪美. 不锈钢的金属学问题 [M]. 北京：冶金工业出版社，2006.

[3] （美）E. C. 贝茵，H. W. 帕克斯顿. 钢中的合金元素 [M]. 北京：中国工业出版社，1966.

[4] 沈宁福，张东捷，李仲达. 新编金属材料手册 [M]. 北京：科学出版社，2003.

[5] 陈果帮. 低温工程材料 [M]. 杭州：浙江大学出版社，1998.

[6] 宋小龙，安继儒. 新编中外金属材料手册 [M]. 北京：化学工业出版社，2008.

[7] 林慧国，林钢，吴静雯. 袖珍世界钢号手册 [M]. 北京：机械工业出版社，2003.

[8] 康大韬，叶国斌. 大型锻件材料及热处理 [M]. 北京：龙门书局，1998.

[9] 王廷博，齐克敏. 金属塑性加工学 [M]. 北京：冶金工业出版社，2001.

[10] 温景林. 金属挤压拉拔工艺学 [M]. 沈阳：东北大学出版社，1996.

[11] 吕广庶，张运明. 工程材料及技术成型基础 [M]. 北京：高等教育出版社，2001.

[12] 翟封祥，尹志华. 材料成型工艺基础 [M]. 哈尔滨：哈尔滨工业大学出版社，2003.

[13] 潘家祯. 压力容器材料实用手册 [M]. 北京：化学工业出版社，2004.

[14] 张文华. 不锈钢及其热处理 [M]. 沈阳：辽宁科学技术出版社，2010.

[15] 姜晓霞，李诗卓，李曙. 金属的腐蚀磨损 [M]. 北京：化学工业出版社，2003.

[16] 任凌波，任晓蕾. 压力容器腐蚀控制 [M]. 北京：化学工业出版社，2003.

[17] 吴玖. 双相不锈钢 [M]. 北京：冶金工业出版社，1999.

[18] 左景伊，左禹. 腐蚀数据与选材手册 [M]. 北京：化学工业出版社，1996.

[19] 黄嘉虎，吴剑. 耐腐蚀铸锻材料手册 [M]. 北京：机械工业出版社，1991.

[20] （日）河上益夫. 特殊钢の热处理 [M]. 东京：日刊工业出版社，1970.

[21] 韩顺昌. 金属腐蚀显微组织图谱 [M]. 北京：国防工业出版社，2008.

[22] 任松赞，张静江，等. 钢铁金相图谱 [M]. 上海：上海科学技术出版社，2003.

[23] 陆世英. 不锈钢概论 [M]. 北京：化学工业出版社，2013.

[24] 左禹，熊金平. 工程材料及其耐蚀性 [M]. 北京：中国石化出版社，2008.

[25] 杨瑞成，邓文怀，冯辉雯. 工程设计中的材料选择与应用 [M]. 北京：化学工业出版社，2004.

[26] 陈华辉，邢建东，李卫. 耐磨材料应用手册 [M]. 北京：机械工业出版社，2006.

[27] 何奖爱，王玉玮. 材料的磨损与耐磨材料 [M]. 沈阳：东北大学出版社，2001.

[28] 黄建中，左禹. 材料的耐腐蚀性和腐蚀数据 [M]. 北京：化学工业出版社，2003.

[29] 蔡元兴，刘科高，郭晓斐. 常用材料的耐腐蚀性 [M]. 北京：冶金工业出版社，2012.

[30] 夏兰廷，黄桂桥，张玉平. 金属材料的海洋腐蚀与防护 [M]. 北京：冶金工业出版社，2003.

[31] 陆世英. 超级不锈钢和耐蚀合金 [M]. 北京：化学工业出版社，2012.

[32] 薄鑫涛，郭海洋，袁风松. 实用热处理手册 [M]. 上海：上海科学技术出版社，2009.

[33] 才鸿年，马建平. 现代热处理手册 [M]. 北京：化学工业出版社，2009.

[34] 中国机械工程学会，热处理手册编委会. 热处理手册 [M]. 北京：机械工业出版社，2001.

[35] 张文华. 稳定化热处理对含钛奥氏体不锈钢力学性能的影响 [J]. 金属热处理，2001，26（12）：31-33.

[36] 王群骄. 有色金属热处理技术 [M]. 北京化学工业出版社，2007.

[37] 徐浜士. 表面工程 [M]. 北京：机械工业出版社，2000.

[38] 董允，张廷深，林晓娉. 现代表面工程技术 [M]. 北京：机械工业出版社，2000.

[39] 林丽华，章国英，腾清泉. 金属表面渗层与覆盖层金相组织图谱 [M]. 北京：机械工业出版社，1998.

[40] 姜晓霞，沈伟. 化学镀理论及实践 [M]. 北京：国防工业出版社，2000.

[41] 柴学义. 钢材检验手册 [M]. 北京：中国标准出版社，2009.

[42] 张俊哲. 无损检测技术及应用 [M]. 北京：科学出版社，1993.

[43] 肖天宇. 最新钢牌号性能用途技术标准速查手册 [M]. 北京：银声音像出版社，2000.

[44] 樊东黎. 热加工工艺规范 [M]. 北京：机械工业出版社，2003.

[45] 《工程材料实用手册》编委会编. 工程材料实用手册 [M]. 北京：中国标准出版社，2002.

[46] 刘建章，等，核结构材料 [M]. 北京：化学工业出版社，2007.

[47] 张文华. 泵零件材料的正确选择与应用 [J]. 水泵技术，2001 (1)：36-38.

[48] 简光沂. 中外钢号便查手册 [M]. 北京：中国电力出版社，2008.

[49] 冈毅民. 中国不锈钢腐蚀手册 [M]. 北京：冶金工业出版社，1992.

[50] 李维钺. 中外不锈钢和耐热钢速查手册 [M]. 北京：机械工业出版社，2008.

[51] 《中国航空材料手册》编委会编. 中国航空材料手册：1～4卷 [M]. 北京：中国标准出版社，2002.

[52] 《压力容器实用技术丛书》编委会编. 压力容器用材料及热处理 [M]. 北京：化学工业出版社，2005.

[53] 曾正明. 实用工程材料技术手册 [M]. 北京：机械工业出版社，2001.

[54] 张一公. 常用工程材料选用手册 [M]. 北京：机械工业出版社，1998.

[55] 《机械工程材料性能数据手册》编委会编. 机械工程材料性能数据手册 [M]. 北京：机械工业出版社，1995.

[56] 曾正明. 实用有色金属材料手册 [M]. 北京：机械工业出版社，2008.

[57] 朱中平. 中外钢号对照手册 [M]. 北京：化学工业出版社，2007.

[58] （日）日本热处理技术协会编. 金属组织と欠缺 [M]. 东京：日刊工业新闻社，1970.

[59] （日）日本热处理技术协会编. 表面热处理 [M]. 东京：日刊工业新闻社，1970.

[60] 刘平，任风章，等. 铜合金及其应用 [M]. 北京：化学工业出版社，2007.

[61] 曾正明. 机械工程材料手册 [M]. 北京：机械工业出版社，2003.

[62] 黄德彬. 有色金属材料手册 [M]. 北京：化学工业出版社，2005.

[63] 张文华. 镍铸铁——一种有发展前途的泵用材料 [J]. 水泵技术，2000 (3)：41-43，47.

[64] 赵雯姝，张文华. 偶合器涡轮套裂纹失效分析 [J]. 金属加工：热加工，2006 (3)：59-61.

[65] （美）L·柯洛母比，J·戈赫曼著. 不锈钢与热强钢 [M]. 赵忠，译. 北京：中国工业出版社，1965.

[66] 中国机械工程学会铸造分会编. 铸造手册（铸钢）[M]. 北京：机械工业出版社，1991.

[67] 中国机械工程学会铸造分会编. 铸造手册（铸铁）[M]. 北京：机械工业出版社，1993.

[68] 郁金南. 材料辐照效应 [M]. 北京：化学工业出版社，2007.

[69] 闫昌琪，王建军，谷海峰. 核反应堆结构与材料 [M]. 哈尔滨：哈尔滨工程大学出版社，2015.

[70] 许维钧，白新德. 核电材料老化与延寿 [M]. 北京：化学工业出版社，2014.